绿色建筑施工与管理

（2022）

湖南省土木建筑学会　组织编写
陈　浩　主　编
张明亮　副主编

中国建材工业出版社

图书在版编目（CIP）数据

绿色建筑施工与管理 . 2022 / 陈浩主编 . —北京：中国建材工业出版社，2022. 12

ISBN 978-7-5160-3594-8

Ⅰ. ①绿… Ⅱ. ①陈… Ⅲ. ①生态建筑-施工管理-文集 Ⅳ. ①TU18-53

中国版本图书馆 CIP 数据核字（2022）第 195799 号

绿色建筑施工与管理（2022）

Lüse Jianzhu Shigong yu Guanli（2022）

湖南省土木建筑学会　组织编写

陈　浩　主　编

张明亮　副主编

出版发行：中国建材工业出版社

地　　址：北京市海淀区三里河路 11 号

邮　　编：100831

经　　销：全国各地新华书店

印　　刷：北京印刷集团有限责任公司

开　　本：787mm×1092mm　1/16

印　　张：43. 75

字　　数：1200 千字

版　　次：2022 年 12 月第 1 版

印　　次：2022 年 12 月第 1 次

定　　价：168. 00 元

本社网址：www. jccbs. com，微信公众号：zgjcgycbs

编　委　会

前　言

在党的二十大报告中指出，高质量发展是全面建设社会主义现代化国家的首要任务。2022 年上半年，中国建筑行业从业人数 4174.7 万人，同比增长 0.1%。按建筑业总产值计算的劳动生产率为 27.9 万元/人，同比增长 6.3%。在从业人数微增 0.1%的情况下，劳动生产率实现 6.3%的增速，这是大量行业工人的更新换代结合信息技术的广泛运用，促使建筑行业加快转型升级而取得的良好成果，也是我国建筑行业扎实践行高质量发展战略的重要体现。

近年来，湖南省土木建筑学会施工专业学术委员会坚持以推动高质量发展为工作主题，充分发挥学会桥梁纽带作用，积极增进成员单位联系和人才交流，勠力推动构建开放创新生态，在绿色建造、数字建造等新型建造技术领域取得了较为丰硕的成果。

例如，2022 年由湖南建工集团有限公司与湖南省交通水利建设集团有限公司合并组建的湖南建设投资集团，重点围绕新型建筑业打造设计、施工、运营和投融资全过程产业链，成为链主企业。湖南建设投资集团积极承担省委、省政府重大项目建设和抢险救灾等功能性任务，以发展建筑产业互联网为目标，以技术、大数据、云计算三大平台为基础，建设面向设计、施工、运维全数字化产业链的项目集群，赋能行业高质量发展，致力打造世界一流的建设投资企业。

又如，中湘智能建造有限公司作为湖南省内首家智能建造企业，秉承“技术引领、专业赋能、开放创新、成就客户”的价值观，展望“数字建造、产业未来”的美好愿景，坚持“为用而研，研而有用”，立志成为一家以提供建筑工程领域专业应用为核心支撑，以建筑业垂直产业链的创新型产品为增值服务的数字化综合服务供应商。中湘智建着力构建建筑领域用工生态圈，推出面向行业升级与市场实践的“易匠通”软件平台。平台运行一年以来，累计签约任务订单额 40 亿元，注册人数 28 万人，注册班组 2 万个，为全国数以万计的企业与个人提供便捷、高效的数字服务。同时，中湘智建聚焦产业链的云上经济空间，成立“筑企通”建筑数字经济产业园，打造建筑行业数字产业集群新生态，憧憬与建筑产业元宇宙的美好相拥，通过“人、材、机”三项生产要素信息，聚焦 C to B to S 的 SaaS 服务，全方位助力企业实现“业、财、税、法”数字化管理，助力产业链上下游企业的数字化升级与协作。

本书系湖南省土木建筑学会施工专业学术委员会 2022 年学术年会暨学术交流会的优秀论文成果，经省内著名专家、教授及学者认真评审，优选 134 篇汇集而成。全书分为四篇：

第 1 篇　综述、理论与应用

第 2 篇　地基基础与处理

第 3 篇　绿色建造与 BIM 技术

第 4 篇　建筑经济与工程项目管理

党的十八大以来，建筑湘军坚持以习近平新时代中国特色社会主义思想为指导，立足新发展阶段，贯彻新发展理念，构建新发展格局，主动担当，积极作为，加速产业转型升级，持续推动高水平建造、高效益管理、高质量发展，实现了十年来的稳步发展。未来五年，让我们持续优化建筑市场环境，深化工程建设领域改革，以科技创新引领行业发展，筑牢工程质量安全底线，以“闯”的精神、“创”的劲头、“干”的作风，坚持以高质量发展为主线行稳致远，凝聚起建设富饶美丽幸福新湖南的强大合力，为实现人民对美好生活的向往做出新的更大贡献！

主编

2022 年 10 月

目　　录

第1篇　综述、理论与应用

第2篇 地基基础与处理

第3篇　绿色建造与BIM技术

第4篇　建筑经济与工程项目管理

第 1 篇

综述、理论与应用

复合陶瓷薄板干挂施工在装饰装修中的应用

郭雨秋

湖南六建装饰设计工程有限责任公司　长沙　410000

摘　要：本文对复合陶瓷薄板干挂的特点进行分析，跟传统石材干挂进行了技术、施工及经济性对比，突出介绍了复合陶瓷薄板的特性和优势及复合陶瓷薄板干挂施工在装饰装修中的施工要点，便于读者快速掌握和理解。

关键词：复合陶瓷；薄板干挂；装饰装修

1　引言

在外墙、内装干挂装饰中，面层材料多选用花岗岩石材，但花岗岩石材自重大，抗剪强度低，强度分散性大，造价高，施工效率低，色差大，放射性污染大。而复合陶瓷薄板干挂能够解决这些问题，适合应用在人流密集的大型公共场所。因此，复合陶瓷薄板干挂受到了更多的欢迎，目前已经被广泛地应用到装饰装修工程中。

2　复合陶瓷薄板干挂的特点

（1）与石材相比，复合陶瓷薄板由5mm钢化玻璃与陶瓷薄板夹0.76mmPVB复合而成，总厚度12mm，可实现各种天然石材95%仿真度，颜色质感可根据需求定制，无色差，永不褪色，耐候性更强，抗折强度更高，无放射性物质产生。复合板采用PVB中间层，既使是板面破碎，碎片附着PVB，也不会脱落伤人。

（2）与传统石材幕墙相比，复合陶瓷薄板上、下边采用通长铝合金挂件，挂件槽口内垫橡胶条，用螺栓将挂件与横龙骨固定，可实现前、后、左、右调节，整体安装模式为装配式安装，操作简单，实用性强，无须开槽，无扬尘，施工过程绿色环保。

（3）与传统石材幕墙相比，除钢转接件与后（前）置预埋件焊接外，其他组件均采用螺栓连接，施工便捷，质量可靠，拆卸方便并可反复利用，节能节材明显。

（4）与传统石材幕墙相比，复合陶瓷薄板密度更小，作业人员劳动强度低，施工安全更有保障，成本低，经济社会效益显著。

（5）采用复合板形式，其抗冲击能力强、防火、防潮、易清洁，特别适用地铁、机场等人流密集的大型公共场所。

3　复合陶瓷薄板干挂施工要点

3.1　施工准备工作要点

（1）组织施工技术人员在施工前认真学习技术规范、标准及工艺规程，熟悉图纸，了解设计意图，核对建筑、结构设计与土建、设备安装图纸的尺寸是否一致。

（2）检查墙体内各种管道安装情况，并验收合格。

（3）进行施工前技术交底。

（4）特种作业人员必须持证上岗。

3.2 基层处理要点

（1）基层平整度检查及处理：墙体基层平整度、门窗洞口的方正度如果达不到一般抹灰的要求，应采用1∶2水泥砂浆或聚合物水泥砂浆重新进行找平处理，找平层厚度宜大于等于10mm。

（2）基层缺陷检查及处理：若基层有空鼓、裂缝和起壳，用砂轮切割机切开，打凿干净，清理到原基层，用水湿润后，用1∶2水泥砂浆分层找平。

3.3 后置埋件安装要点

（1）用硬纸板制作一块与后置埋件形状、规格一致的纸埋件，在纸埋件上画出竖直方向的中心线，将纸埋件靠在墙上，中心线与竖向龙骨垂直定位线对齐，纸板上边线与每排后置埋件的水平安装控制线对齐，用记号笔分别在四个安装孔做记号。

（2）将后置埋件套在四根锚栓上，初步拧紧螺母，调整锚板的表面平整度和垂直度，然后拧紧螺母。安装完成后必须用扭矩扳手检验螺栓、螺母的拧紧力度，应不小于60N·m，抽检率不少于1/3，并点焊固定，保证安全可靠。

3.4 角码转接件安装要点

（1）角码安装。根据垂直控制线弹出角码安装位置线。角码焊接时，角码的位置应与墨线对准，并将同水平位置两侧的角码临时点焊，并进行检查，再将同一根立柱的中间角码点焊，检查调整同一根立柱角码的垂直度，符合要求后，进行角码与埋件的满焊。

（2）安装完成的后置埋件与角码转接件，经检查验收合格后，对焊接位置进行防腐、防锈处理。

3.5 立柱安装要点

（1）立柱采用镀锌方通，立柱下料完成后，根据角码转接件对螺栓孔进行定位，定位偏差小于2mm，然后使用台钻钻螺栓安装孔，立柱正面需先根据板块的分割排板定位放线后再冲长条形孔，保证横龙骨安装后的可调性，冲孔长度不宜大于5cm（该步骤对放线要求精度较高）。

（2）先安装墙面两端的立柱，立柱就位后通过不锈钢螺栓将立柱与角码转接件连接，根据垂直线及墙面端线，对立柱位置进行调整固定，确保立柱距墙面距离和垂直度。

（3）立柱从下而上逐层安装就位，对接处用镀锌角钢连接件做伸缩节，钢板上端用螺栓与上立柱固定，下端插入已安装的下立柱内，上、下立柱接头留20mm伸缩缝隙。

（4）两端立柱安装完成后，中间拉两根细钢丝，用于调整中间部分立柱安装的整体平整度。

3.6 横梁安装

（1）立柱安装完成后，根据水平安装控制线，按照板块的设计宽度及横缝宽度依次在立柱上弹出每排横梁的安装定位线，建筑四周的每排定位线必须闭合，复核无误后方能安装横梁。

（2）横梁采用镀锌角钢通长横梁，长度根据设计要求确定（一般不小于250mm），角钢下料完成后使用台钻钻大小为M10mm的挂件螺栓安装孔。

（3）待调整完毕并复核无误后用不锈钢螺栓将横梁连接到立柱的螺栓孔洞内。

（4）横梁全部安装完成后，会同监理、建设单位进行龙骨隐蔽验收，验收合格后进行挂件、陶瓷板安装。

3.7　薄板安装

（1）为方便操作，薄板从下往上逐排安装，每排先安装转角处薄板，再安装中间薄板。

（2）每块薄板安装上、下两道通长铝合金挂件，将三元乙丙橡胶条放入挂件槽口再将第一块薄板承载壁插入铝合金挂件槽口，扣上上排铝合金挂件，粗略调整薄板的位置后，初步拧紧螺栓。

（3）根据平整度控制线沿垂直墙面方向调整上排两个挂件，面板平整度符合要求后拧紧上排挂件螺栓；根据竖缝直线度控制线左、右移动面板使板边缘与控制线对齐。

（4）根据上述步骤依次安装其余薄板，左、右移动调整正在安装的板块竖缝，以刚能卡住分缝铝合金托码为准，避免用力过猛使邻近板块发生位移；通过中间设置的竖缝直线度控制线进行纠偏减少误差积累，安装过程中要经常用2m靠尺（垂直检测尺）检查板面安装的平整度。

3.8　填缝

（1）内墙干挂横向缝采用铝合金挂件的自然缝，一般为15mm，竖向缝隙根据业主需求采用填缝剂进行填缝处理，安装时竖向缝隙不能过大，需保持≤1mm。

（2）外墙干挂为了确保密封防雨，首先嵌入ϕ10mm泡沫棒，然后注入耐候结构胶进行嵌缝处理，缝隙宽度预留10~15mm。

3.9　细部构造处理要点

（1）阴、阳角构造处理。薄板墙阴、阳角处除使用成品异型薄板外，还可以采用现场拼接的方法。在处理阳角时，需要分别将两块相接的薄板边缘做成45°倒角，先安装固定一侧的薄板，并在接缝处均匀地涂抹耐候密封胶，然后安装另一侧的薄板，对薄板位置进行调整，接缝处应留出设计要求宽度的缝隙，接缝要均匀、阳角要方正。在处理阴角时，一侧的薄板边缘均匀地涂抹耐候密封胶后，直接盖过另一侧已安装好的薄板面，两块板不能直接接触，应根据邻近板缝的宽度留缝，接缝要均匀、阴角要方正。

（2）伸缩缝构造处理。墙体伸缩缝处应先安装好成品伸缩缝板并做好保温和防水处理，伸缩缝两侧各安装一根立柱及横梁，薄板接缝设在两立柱之间，防止建筑因不均匀沉降变形，导致薄板破裂。

4　复合陶瓷薄板干挂项目应用实例

（1）常州轨道交通一号线一期工程商业区，通道墙面均采用复合陶瓷薄板干挂，整体性好，观感效果通透，施工周期短，后期质量问题少。

（2）上海市轨道交通15号线公共区，施工便捷，施工期间现场安全隐患较少，为总工期按时交付提供了各种技术保障。

（3）重庆江北机场部分商业区采用复合陶瓷薄板干挂，对于整体装饰品质的提升，商铺租户的快速入驻起到了良好的促进作用。

5　结语

总而言之，在装饰装修施工中，复合陶瓷薄板干挂的应用具有良好的耐候性和抗折强度，操作简单，可反复利用，是一种安全、环保的低成本装饰装修施工技术，适合应用在人流密集的大型公共场所。

参考文献

[1] 陈乃坚. 外墙用铝蜂窝复合板施工技术探讨 [J]. 江西建材，2013，(3)：70-71.
[2] 朱灿军. 岩棉保温+铝质面板复合一体板施工技术 [J]. 建筑工程技术与设计，2016，(24)：229.
[3] 黄凯. 解析外墙干挂陶土板幕墙施工工艺 [J]. 建材发展导向（上），2016，14 (9)：81-82.
[4] 黄凯. 解析外墙干挂陶土板幕墙施工工艺 [J]. 建材与装饰，2016，(4)：26-27，28.
[5] 尚凯. 背栓式干挂瓷板幕墙施工方法研究 [J]. 城市建筑，2015，(17)：85.

钢木箱体（W系列）空心楼盖施工技术与实施效果分析

黄　晶

湖南省第六工程有限公司　长沙　410000

摘　要：现浇混凝土空心楼盖箱体容易受外力影响产生变形，浇筑混凝土时箱体易上浮、位置变动，对混凝土实体质量影响较大。本文围绕钢木箱体（W系列）空心楼盖施工技术展开分析，具体探讨了技术特点、工艺原理、材料设备与操作要点，并展开了效益与工程案例论述，供施工中参考。

关键词：钢木箱体；空心楼盖；大型厂房；大跨度建筑

1　前言

现代住宅和公共建筑发展的多样性要求传统的结构形式和施工作业方法不断改进以适应时代的发展，现浇混凝土空心楼盖是最近几年国内发展起来的新技术。根据工程实际应用情况，目前现浇混凝土空心楼盖箱体容易受外力影响产生变形；浇筑混凝土时箱体易上浮、位置变动，对混凝土实体质量影响较大。一般的做法是通过铁丝绑扎的方法进行抗浮处理。当楼层较高时，此方法并不适用，同时后期处理需要投入大量的人工。为此，我们通过一系列的优化、改进和创新，提供了一种钢木箱体（W系列）及其施工工艺，优势明显。

2　技术特点

本技术尤其适用于因传统梁板结构，梁底受设备安装高度影响、无法正常运行设备，而又无法调整梁截面尺寸的情形。钢木箱体（W系列）空心楼盖施工技术可归纳如下：

（1）本技术在施工过程中，支模体系高度一致，只需铺设平板，模板安装和钢筋绑扎效率大幅提升，缩短了工期。钢筋绑扎时，在支撑好的模板面上进行作业，极大地降低了高空作业和临边作业时的安全风险。

（2）使用该工艺施工的混凝土板底结构，在装饰层施工时，无须花费大量人力和精力去除铁钉所留下的锈迹，饰面施工高效且质量优良。

（3）箱体内设PVC管，外部特制拉钩进行加固，混凝土分层浇筑，利用箱体特制拉钩的拉力和混凝土的包裹力，有效地防止箱体上浮。

（4）本技术中钢木箱体结构稳固、造价经济、易采购、施工成本低；通过木板替换金属，降低了金属的使用量，节约了成本；同时使废弃建筑模板变废为宝。

3　工艺原理、材料与操作要点

3.1　工艺原理

本技术箱体的横截面为梯形结构的支撑骨架，支撑骨架的外部包覆由筋钢板折叠制成矩形箱体，矩形箱体内的中心位置安装有纵向设置并具有中心通孔的PVC管，PVC管的内径为10cm，PVC管的上、下两端分别贯穿至矩形箱体的上、下端面上，且PVC管上、下两端的外圆周分别与矩形箱体的上、下断面密封连接。钢木箱体外部包裹所用的镀锌铁皮为1mm厚，钢木箱体内的梯形骨架与竖向加强钢筋、两道横向加强筋进行焊接。

箱体内部的钢筋骨架主要对整个箱体起支撑作用，以此提高箱体的整体刚度和强度，避免因混凝土浇筑过程中箱体自身结构变形或者垮塌。箱体中部的PVC管，可在浇筑混凝土时将箱体底部的空气排出，有利于防止整个箱体上浮，还能使振动棒能够插入箱体底部进行充分振捣，确保底部混凝土振捣密实不出现空洞等质量隐患。四周包裹的模板和镀锌铁皮是整个箱体的外部结构，防止混凝土灌入箱体内部，减轻结构自重，形成的箱体空腔对隔声、隔热起到了一定的作用。

箱体装置示意如图1所示，钢木箱体实体如图2所示。

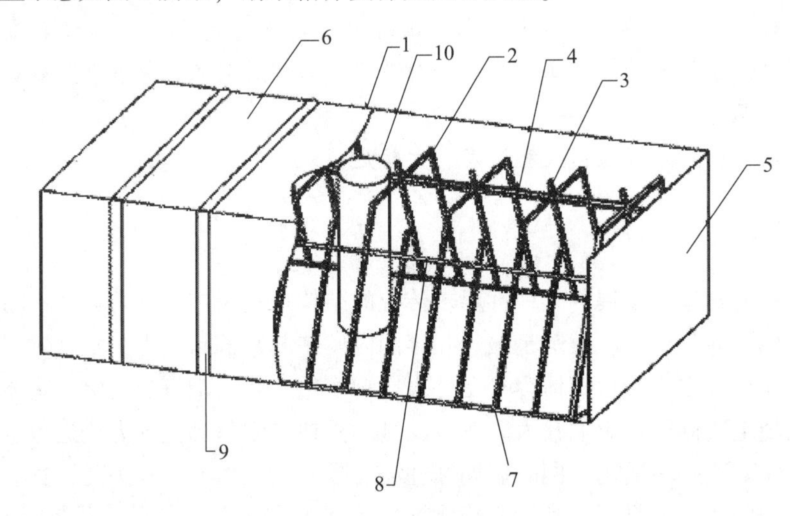

图1　箱体装置示意

1—矩形箱体；2—梯形骨架；3—竖向加强筋；4—第一横向加强筋；5—木板；6—有筋钢板；7—底框；8—第二横向加强筋；9—凸筋；10—PVC管

图2　钢木箱体实体

3.2　材料与设备

本技术所使用的主要材料和设备见表1。

表1　主要材料和设备规格

材料名称	型号规格	材质
模板	14mm	杉木
PVC管材	100mm	
铁皮	1mm	镀锌
井字支撑马凳	ϕ10mm	HRB400
射钉	30mm	
射钉枪	F30	
气泵		
门鼻		镀锌
拉钩		镀锌
电焊机	ZX7-200	
混凝土支撑块		混凝土

3.3　工艺流程及操作要点

3.3.1　施工工艺流程

施工工艺流程如图3所示。

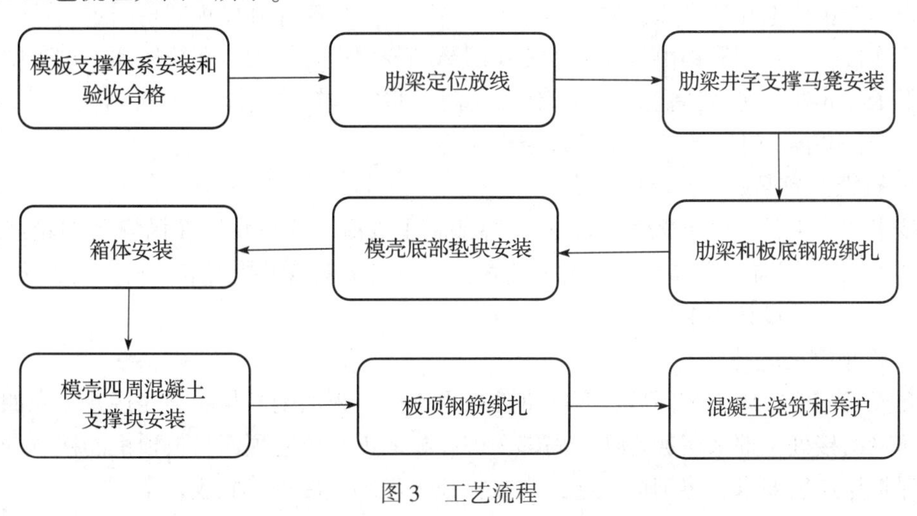

图3　工艺流程

3.3.2　操作要点

（1）模板支撑体系安装和验收

模板安装严格按照审批通过的专项施工方案和现行《建筑施工模板安全技术规范》（JGJ 162）进行搭设，搭设至6000~7000mm高度时由技术负责人组织质量及安全部门进行阶段性联合验收，搭设完成后自检合格，工序交接手续完善后，技术负责人报建设和监理单位对支模体系进行专项验收，为后续在模板面上绑扎钢筋和模壳安装提供安全和质量保障。

（2）肋梁定位放线

在钢筋绑扎前依据肋梁截面尺寸和位置，对肋梁和板底筋的分布情况进行控制线的放样，便于钢筋绑扎时钢筋位置的准确控制。

（3）肋梁井字支撑马凳安装

为保证肋梁截面尺寸，预先用ϕ 10mm 钢筋按照肋梁截面净尺寸焊好井字支撑马凳，沿肋梁纵向每隔 2000mm 设置，将井字支撑马凳临时固定牢固。

（4）肋梁和板底钢筋绑扎

将肋梁上部和底部纵筋绑扎在安装固定好的井字支撑马凳上，箍筋安装按传统绑扎工艺套在肋梁主筋上，弯钩朝上并相互错开，用镀锌铁丝将箍筋绑扎在主筋上。肋梁钢筋绑扎完毕后，拉通线检查并调整肋梁的位置与定位线一致。确保肋梁截面尺寸和位置与设计图纸一致。

在肋梁绑扎完毕并对照图纸核验无误后，按照设计要求进行板底钢筋的绑扎，钢筋间距确保与设计图纸一致，绑扎完毕后在板筋底部以 1500mm 的间距布置 15mm 厚预制混凝土垫块，确保保护层厚度满足要求，不发生露筋的现象。

（5）模壳底部垫块安装

板底筋绑扎完成，隐蔽验收后，将带脚座的塑料垫块在模壳四个角部，距离模壳各边 100mm 范围内共安装 4 个，并与板底筋绑扎牢固。

（6）箱体安装

沿纵横向拉通线从一侧开始安装模壳。使用尼龙施工线根据肋梁边线的位置，将其在纵向和横向拉通线悬挂在肋梁纵筋上，用于控制箱体的安装位置，确保边角顺直，以此保证肋梁的截面宽度与设计文件相一致。

防止单个箱体上浮的措施，根据实施项目特征，采取箱体底模板四角的定制拉钩与板底钢筋牢固连接。该定制拉钩由两部分组成：门鼻和金属镀锌拉钩。在箱体加工过程中，四个面距底部 15mm 处装门鼻，施工现场箱体安装时，将定制拉钩（上端 180°弯头，下端 135°，长 50mm）上端插入门鼻 U 环，下端拉结板底筋。

（7）模壳四周混凝土支撑块安装

本技术实施工程，肋梁宽为 150mm，特预制了混凝土支撑块，在已安装的箱体四个侧面用长度 150mm 混凝土支撑块顶紧周边模壳，并与肋梁钢筋绑扎固定，确保模壳位置准确，肋梁截面宽度满足设计要求且不发生水平位移。

（8）板顶钢筋绑扎

模壳安装完毕，固定牢固后，开始绑扎板面钢筋，板面钢筋与肋梁连接，模壳四周板顶钢筋与肋梁交接处全部采用镀锌铁丝满绑，绑扎扣向下，模壳顶面与板顶钢筋接触处按混凝土垫块保护层厚度要求，将钢筋垫起，完成板顶钢筋绑扎后进行验收。

（9）混凝土浇筑和养护

因箱体底部与模板间距只有 50mm，楼板混凝土强度为 C30，常规 C30 混凝土颗粒粒径较大，混凝土难以振捣密实，且混凝土成型以后箱体底部的混凝土易出现空腔，后期修补工作极为困难。

本技术中箱体底部的混凝土强度等级应一致，最大粒径不大于 20mm 的连续级配混凝土含砂率控制在 45%～50%，确定的混凝土骨料粒径及配合比见表 2。

表 2　调整后混凝土配合比

水泥（kg）	水（kg）	混合砂（kg）	5～20mm 石子	粉煤灰（kg）	减水剂（kg）	W/B
310	190	900	920	80	7.02	0.48

经试配并检测合格的细石混凝土方可进行浇筑，浇筑顺序是从四周到中心，且优先从箱

体周边肋梁部位进行浇筑，泵管距离板面约500mm，且垂直板面，利用此种方式将板底空气从箱体PVC排气孔进行排除，降低箱体上浮的风险。

待板底混凝土与模壳底面平齐时，即可加快浇筑混凝土至混凝土面高于箱体底面20mm，使用振捣棒依次插入PVC孔内和模壳四周肋梁部位进行振捣，待箱体四周混凝土泛浆且浆液充盈时，底部混凝土振捣密实。

待底部混凝土初凝后终凝前，此时箱体在混凝土的包裹约束下已基本定位稳固，极大地降低了上浮的现象，此时快速将上层剩余部分混凝土浇筑完毕并振捣密实。在上层混凝土浇筑过程中，利用拉钩的拉力和混凝土的包裹力，大幅降低箱体上浮风险，浇筑过程安全高效，构件尺寸未发生允许偏差外的变形。

在混凝土面层覆盖塑料薄膜保水，待水化热降低且表里温差至规范允许范围之内时，覆盖麻袋并洒水湿润麻袋，使板面在凝固初期，长时间处于湿润保温状态，防止板面出现温度裂缝。

4　实施效果分析

4.1　经济效益

本工程应用实例的柱网间距为9500mm×9900mm，使用钢木箱空心楼盖体系，使得钢筋、模板、混凝土的指标含量均有所下降。后续结构成型拆模后，避免了顶棚去钉、除锈等烦琐工序，在人工方面亦产生了一定的经济效益。

潍坊智能制造产业园主体结构的钢筋、模板、混凝土指标含量分别为：0.067、2.496、0.619，本工程应用空心楼盖的实例面积为52000m^2。

（1）木工和钢筋工功效大幅提升，相应工时消耗也出现不同程度的降低，传统框架结构每个工日可以绑扎钢筋约0.8t，模板安装约35m^2，钢木箱体空心楼盖每个工日可以绑扎钢筋约1.1t，模板安装约55m^2，木工每个工日350元，钢筋工每个工日400元。

即：[(52000×0.067/0.8)-(52000×0.067/1.1)]×400=475200元。

[(52000×2.496/35)-(52000×2.496/55)]×350=472150元。

（2）本技术的实施，有效避免了后续去钉和除锈的工序，对人工消耗和登高操作车租赁以及安全风险金额的降低也产生了较大的作用。登高操作车进出场费1200元/台，租金2400元/月，人工2人，工时15d。

即：1200×2+(2400/30)×15×2+2×15×300=13800元（层高较低的办公区域忽略不计入）。

（3）钢木箱体加工过程中可以对废旧模板进行利用，利用率约为40%，其中模板安装工程的损耗约为10%，模板29元/m^2。

即：52000×2.496×0.1×0.4×29=150559元。

根据成本计算分析，采用本技术，可直接带来的成本节约为1111709元。

4.2　安全效益

本技术的实施，极大地提高了施工效率，模板安装除柱子、柱帽有侧模外，其余均为大面积平板，施工进度显著提升，工时消耗量明显减少，另外，梁钢筋绑扎时无须在操作架上搭设木跳板和悬挂安全兜网，降低安全隐患的同时提高了绑扎效率。

4.3　社会效益

使用废旧材料再利用进行加工，减少木材的使用量以及固体废弃物的数量，响应了国家环保节能、绿色施工的号召。钢木箱模壳拆装便捷，有利于加快施工进度，降低了施工过程中的安全隐患，成型效果优良，优化了有效的建筑空间，赢得了业主单位、厂房使用单位等社会同行的一致好评。

5　应用实例

本工程为潍坊智能制造产业园工程总承包项目（EPC），位于山东省潍坊市潍城区长松路以西，潍昌路以南，开工日期为2019年6月10日，竣工日期为2021年6月30日。本工程项目A-4-3和B-1-2车间进行了本技术的实施，车间共2层，局部5层为办公用房，无地下室，结构形式为钢筋混凝土框架结构，基础形式为独立基础，两个产品功能区均使用钢木箱空心楼盖体系，总应用面积约为52000m^2，施工过程顺畅，未发生任何安全事故，主体结构操作工艺效率较高，满足建设单位的节点任务要求并超前完成，拆模后成型质量佳，板底平整度较好，整个板顶空间通透，整体效果好。

6　结语

综上所述，本技术是对原空心楼盖施工技术进行了改进和创新，抗浮措施采用了箱体内设PVC管，外部特制拉钩进行加固，特制混凝土分层浇筑，利用箱体特制拉钩的拉力和混凝土的包裹力，有效地防止箱体上浮，采用混凝土支撑块、井字支撑马凳保证了肋梁截面宽度以及楼板实心部分尺寸，有效地保证了工程实体质量。

参考文献

[1]　张运锋，张松海．浅析工程施工中提高大跨度现浇钢筋混凝土空心楼盖内置GRC箱体楼盖施工质量的控制［J］．河南建材，2011，（02）：94-95.

[2]　俞水新，陆宏敏，王伟．超高大跨度混凝土BDF箱体空心楼盖施工技术［J］．浙江建筑，2014，（12）：37-39.

[3]　李艳．GBF箱体现浇混凝土空心无梁楼盖技术在高校图书馆的应用［J］．建筑技术与应用，2012，（01）：32-33.

[4]　陈卫军，邱为人，卢盈．混凝土薄壁箱体空心楼盖技术存在的问题及创新［J］．浙江建筑，2010，（12）：45-46.

一种齿刀批瓷砖胶泥贴墙砖施工方法的应用

蒋海明

湖南六建装饰设计工程有限责任公司 长沙 410000

摘 要： 齿刀批瓷砖胶泥贴墙砖装饰施工是建筑装修工程的重要组成部分，由于一些项目仍然采用传统水泥砂浆湿贴法，历经冬夏变化，空鼓、脱落普遍。而齿刀批瓷砖胶泥贴墙砖是一种有利于提高工程质量的先进技术，可实现统筹规划和现场管理条件精细化，减少原材料浪费及损耗的现象。齿刀批瓷砖胶泥贴墙砖主要使用瓷砖胶粘剂铺贴，瓷砖胶能渗透到基层表面的空隙里，使成型后的饰面砖黏结性能更好；采用齿刀批瓷砖胶可减少胶泥用量，预防空鼓、脱落现象、质量可靠、工艺简单、工作效率高、寿命周期长，后期维护费用少等性能。玻化砖品质高，装饰效果佳，市场上推广应用前景广泛，施工过程绿色环保、经济和社会效益显著。

关键词： 玻化砖；瓷砖胶；齿形抹刀；空鼓脱落

1 引言

玻化砖由于表面光滑如镜、光泽透亮，硬度较高、不易划伤破损以及施工方便等优点，在装修中已普遍使用。齿刀批瓷砖胶泥贴墙砖是一种在工作面和瓷砖背面同时涂上胶浆，再用齿刀划出均匀的胶泥黏结层，利用胶泥之间的空隙达到胶泥满铺的效果，通过胶泥的黏结性使瓷砖与基层达到一个整体。瓷砖胶具有黏结强度高、柔韧性好、耐水、耐冻融、耐老化性能及施工方便的优良特点。其细部节点繁多，瓷砖粘贴使用的胶黏合度非常高，能节约许多空间，有助于减少水泥砂浆现场混合搅拌产生的粉尘，深受业主、施工方的青睐。近年来，我公司有幸承接和实施的湖南省美术馆及文艺家之家项目和麓谷文化产业园室内装饰装修工程等项目，正确的施工方法避免了空鼓、脱落现象，为建筑带来丰富观感和质量安全。

2 工艺特点

（1）按基层平整度和瓷砖大小来确定合适的齿形刀规格：室内贴瓷砖时最小涂覆面积应达到85%，室外或潮湿区域贴瓷砖时最小涂覆面积应达到95%；齿距8mm×8mm（图1）。

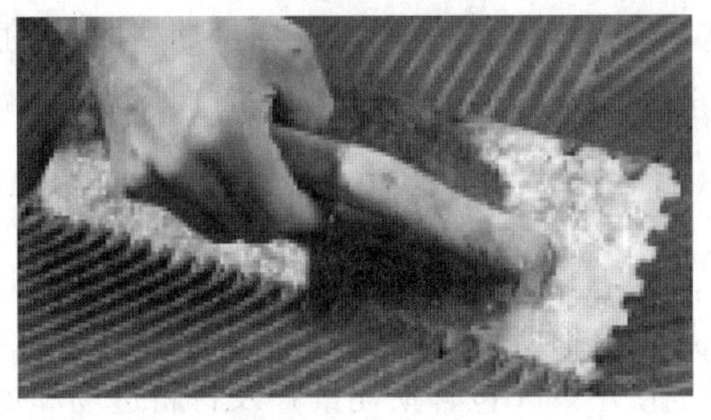

图1 齿距8mm×8mm齿形抹刀

（2）齿形刮板能很好地梳理浆料，减少贴砖厚度，节约装修空间。传统水泥砂浆贴砖厚度为20～30mm，用瓷砖胶10mm就满足贴砖需求，大大节省了使用空间。

（3）齿形刮板梳理过程中通过挤压，能让瓷砖充分填满基面孔隙和砖背凹槽，有效提高了瓷砖胶和黏结面的接触面积。在相同用力的情况下，双面上浆能够获得更好地揉压效果，所以对提高满浆很有帮助。双面上料并梳理齿形后，揉压的动作必不可少。

（4）与传统的砂浆粘贴施工方法比，瓷砖粘贴使用的胶黏合度非常高、能节约许多空间，有助于减少水泥砂浆现场混合搅拌产生的粉尘。

（5）与传统的灰刀抹面相比，能预防瓷砖黏结后出现空鼓的可能性。

（6）瓷砖胶温度、湿度变化适应性强，防止泛碱、耐水性好，还适用于特殊基面粘贴。

3 适用范围

适用于各类公共建筑及民用建筑中室内、外墙面、柱面装饰装修。

4 工艺原理

齿刀批瓷砖胶泥贴墙砖，采用320mm×420mm×320mm搅拌桶加瓷砖胶粘剂，直接用水搅拌5min、再静止2min，应控制在2h内使用完；对墙面基层处理必须达到横平竖直。粘贴周长超过1800mm规格较大玻化砖时，应在工作面和瓷砖背面同时涂上胶浆，再用齿刀划出均匀的胶泥黏结层，利用胶泥之间的空隙达到胶泥满铺的效果，通过胶泥的黏结性使瓷砖与基层达到一个整体（图2）。

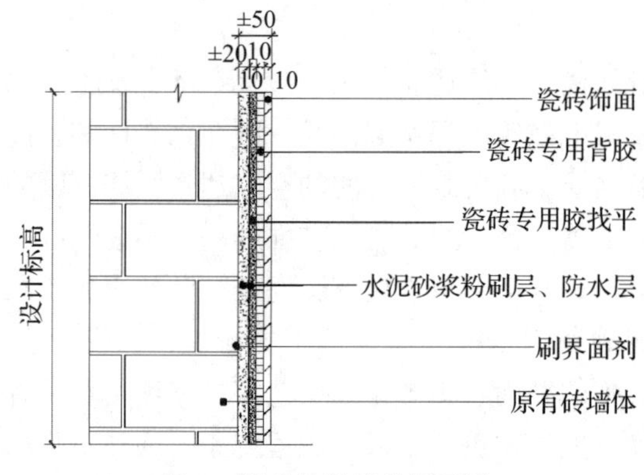

图2 瓷砖粘贴墙砖剖面图

5 工艺流程及技术操作要点

5.1 施工工艺流程

施工准备→基层处理→吊垂直、套方、找规矩→冲筋→抹找平层及刷防水层、界面剂→弹线排板、分格→选砖、浸砖→瓷砖胶泥上墙→瓷砖背面抹瓷砖胶泥→粘贴瓷砖→勾缝→清理验收→成品保护。

5.2 技术操作要点

5.2.1 施工准备

场地移交后组织专业队伍，根据设计图纸要求认真进行安全教育和技术交底。计算具体部位墙砖、瓷砖胶、填缝剂使用量（包含损耗量）及材料进场和加工计划，准备好相关安全设备、水、电、机具等。

5.2.2　基层处理

清理墙体表面杂质及松动部位。

5.2.3　吊垂直、套方、找规矩

对墙面凸出大于5mm的部位，洒水充分润湿后用瓷砖胶泥找补平整，养护24h。

5.2.4　冲筋

冲筋间距不宜超过2m，注意檐口、腰线、窗台、雨篷等饰面的流水坡度和滴水线。

5.2.5　抹找平层及刷防水层、界面剂

找平层分两层施工，严禁空鼓，厚度不应大于7mm，在前一层终凝后再抹后一层；总厚度不大于20mm。防水层、界面剂根据现场实际情况要求进行实施，并经总包、监理、业主隐蔽验收合格后再进行下一道工序。瓷砖背面刷背涂胶（图3、图4）。

图3　背涂胶材料

图4　瓷砖背面刷背涂胶

5.2.6　弹线排板、分格

按照图纸、大样图及墙面尺寸的要求，结合饰面砖规格和实际条件进行排砖、弹线，以保证砖横、竖向缝隙均匀、符合设计图纸要求；大墙面、柱子要排整砖，同一墙面上不得有小于1/3砖的非整砖行、列，非整砖行应排在次要部位，如窗墙阴角处等。

5.2.7　选砖、浸砖（非全瓷砖）

面砖镶贴前，应挑选颜色、规格一致的砖，浸泡砖时，将面砖清扫干净放入净水中浸泡2h以上，取出后阴干到表面无水膜再进行镶贴，通常为6h左右，以手摸无水感为宜。

5.2.8　瓷砖胶泥上墙（图5）

图5　瓷砖胶泥上墙

在浸砖的同时，按瓷砖胶包装上标明的搅拌方法进行现场搅拌，搅拌至瓷砖胶变为膏状且无结块后停止搅拌，让瓷砖胶熟化大约5min，在涂抹前再次短时间搅拌。搅拌好的瓷砖胶应在2h内使用完毕，已干结的瓷砖胶不能再稀释使用，也不能与干粉再次混合搅拌使用，要控制好瓷砖胶的和易性，不流淌、不板结。

5.2.9　瓷砖背面抹瓷砖胶泥

浸砖结束后，待饰面砖背面干燥后，将饰面砖平放，用瓷砖胶均匀涂抹于饰面砖整个背面，并保证饰面砖四角都涂抹上；瓷砖胶厚度 8mm 左右。待瓷砖胶涂抹均匀后，用专用带齿的抹子沿水平方向进行拉毛，齿距 8mm。保证背面的粗糙度，均匀无漏刮。

5.2.10　粘贴瓷砖

粘贴瓷砖应自下而上进行，要求面砖用胶粘剂饱满，否则取下重贴，并随时用靠尺检查平整度，保证缝隙宽度一致。严格按已定样板排板图施工，注重进门正视面看不到影缝，砖缝均匀不大于 2mm，十字缝对齐平整，无缺角掉瓷、崩边等。粘贴完成后，经自检无空鼓，用棉丝擦干净，至少 3d 过后再勾缝、美缝。粘贴瓷砖施工如图 6 所示。

图 6　粘贴瓷砖

5.2.11　勾缝

待瓷砖胶泥干固后方可进行勾缝处理，24h 内应避免重负荷压于瓷砖表面。采用专用填缝剂填满，避免漏填、黑缝。填缝完成后效果如图 7 所示。

图 7　填缝完成后效果

5.2.12　清理验收及成品保护

勾缝处理完成后，对完成面进行系统检查，检查是否有被污染的墙面砖及质量缺陷，发现质量缺陷及时修补，污染部位先用棉布蘸少许清洁剂擦拭，再用布蘸水擦拭一遍；粘贴过程中和勾缝完成后要注意做好成品保护工作，严禁重负荷压于瓷砖表面、重物撞击。

6　应用实例

湖南省美术馆及文艺家之家项目位于长沙市岳麓区潇湘中路和靳江路交会处，由美术馆及文艺家之家两部分组成，总建筑面积 30885.27m^2，建筑高度为 22m，该馆瓷砖胶泥贴墙砖面积约 1689.5m^2，采用本工艺施工。开工日期 2015 年 11 月 26 日，完工日期 2019 年 9 月 28 日。完工后，业主、监理、设计、施工、质检、创优评奖专家对馆内齿刀批瓷砖胶泥贴墙砖立面垂直度、表面平整度、阴阳角方正、接缝直线度、接缝高低差、接缝宽度等主要允许偏差进行了检查并提出整改要求，整改后检查均符合《建筑装饰装修工程质量验收标准》（GB 50210—2018）的允许偏差。齿刀批瓷砖胶泥贴墙砖与基层连接牢固、表面平整、无色差、整体协调美观，达到了预期的施工快、质量可靠、无空鼓、脱落。开馆到目前为止无任何质量投诉，避免了后期质量维修，得到了业主、设计、监理一致认可。

7　结语

与水泥砂浆、直贴砂浆相比，齿刀批瓷砖胶泥贴墙砖质量更可靠、安全更可控、进度更有保障，后期维护成本更低，达到了预期目的。我们还必须清醒认识杜绝墙砖空鼓、脱落等质量通病，应严格遵照规范及操守执行，材料或工艺的改变、改进替代不了必要的工程管理措施。玻化砖品质高，装饰效果佳，市场上推广应用前景广泛，施工过程绿色环保、经济和社会效益显著，值得我们进一步深入学习和拓展相关技术研究。

金属与石材幕墙的层间防火封堵探讨

肖有力　陈红霞

湖南六建装饰设计工程有限责任公司　长沙　410010

摘　要：本文作者结合自己多年的设计及施工经验，从相关规范对防火的要求入手，对金属与石材幕墙层间防火封堵的相关问题进行分析、探讨，同时提出了自己的看法和意见。本文所述金属与石材幕墙层间防火封堵，在宽度超过500mm的空腔内，应单独设置钢架承托1.5mm厚镀锌钢板保证其牢固；金属与石材幕墙为实体墙的，可按高度分层设置水平防火隔离带，仅供参考。

关键词：防火封堵；金属与石材幕墙

1　引言

随着经济和技术的进步，金属与石材幕墙越来越多地应用在各类建筑上。但是，建筑幕墙防火封堵的设计与施工在相应的防火技术规范中未有详细的说明和解释，极易造成疏忽，从而不能在火灾发生时有效阻止或延缓火势的蔓延。本文通过不同规范对防火要求的梳理，希望能够对当前的幕墙设计及施工人员有所帮助。

2　相关规范条文

2.1　《金属与石材幕墙工程技术规范》（JGJ 133—2001）中关于幕墙防火的说明

4.4.1条　金属与石材幕墙的防火除应符合现行国家标准《建筑设计防火规范》（GB 50016—2014）的有关规定外，还应符合下列规定：1. 防火层应采取隔离措施，并应根据防火材料的耐火极限，决定防火层的厚度和宽度，且应在楼板处形成防火带；2. 幕墙的防火层必须采用经防腐处理且厚度不小于1.5mm的耐热钢板，不得采用铝板；3. 防火层的密封材料应采用防火密封胶；防火密封胶应有法定检测机构的防火检验报告。

2.2　《建筑防火封堵应用技术标准》（GB/T 51410—2020）中关于幕墙防火的说明

4.0.3条　建筑幕墙的层间封堵应符合下列规定：1. 幕墙与建筑窗槛墙之间的空腔应在建筑缝隙上、下沿处分别采用矿物棉等背衬材料填塞且填塞高度均不应小于200mm；在矿物棉等背衬材料的上面应覆盖具有弹性的防火封堵材料，在矿物棉下面应设置承托板。2. 幕墙与防火墙或防火隔墙之间的空腔应采用矿物棉等背衬材料填塞，填塞厚度不应小于防火墙或防火隔墙的厚度，两侧背衬材料的表面均应覆盖具有弹性的防火封堵材料。3. 承托板应采用钢质承托板，且承托板的厚度不应小于1.5mm。承托板与幕墙、建筑外墙之间及承托板之间的缝隙，应采用具有弹性的防火封堵材料封堵。防火封堵的构造应具有自承重和适应缝隙变形的性能。

4.0.4条　建筑外墙外保温系统与基层墙体、装饰层之间的空腔的层间防火封堵应符合下列规定：1. 应在与楼板水平的位置采用矿物棉等背衬材料完全填塞，且背衬材料的填塞高度不应小于200mm；2. 在矿物棉等背衬材料的上面应覆盖具有弹性的防火封堵材料；3. 防火封堵的构造应具有自承重和适应缝隙变形的性能。

2.3　2009年9月25日，公安部、住房城乡建设部联合制定的《民用建筑外保温系统及外墙装饰防火暂行规定》中的有关规定

第四条：非幕墙式建筑应符合下列规定：（一）住宅建筑应符合下列规定：1. 高度大于等于100m的建筑，其保温材料的燃烧性能应为A级。2. 高度大于等于60m小于100m的建筑，其保温材料的燃烧性能不应低于B_2级。当采用B_2级保温材料时，每层应设置水平防火隔离带。3. 高度大于等于24m小于60m的建筑，其保温材料的燃烧性能不应低于B_2级。当采用B_2级保温材料时，每两层应设置水平防火隔离带。4. 高度小于24m的建筑，其保温材料的燃烧性能不应低于B_2级。其中，当采用B_2级保温材料时，每三层应设置水平防火隔离带。（二）其他民用建筑应符合下列规定：1. 高度大于等于50m的建筑，其保温材料的燃烧性能应为A级。2. 高度大于等于24m小于50m的建筑，其保温材料的燃烧性能应为A级或B_1级。其中，当采用B_1级保温材料时，每两层应设置水平防火隔离带。3. 高度小于24m的建筑，其保温材料的燃烧性能不应低于B_2级。其中，当采用B_2级保温材料时，每层应设置水平防火隔离带。（三）外保温系统应采用不燃或难燃材料作防护层。防护层应将保温材料完全覆盖。首层的防护层厚度不应小于6mm，其他层不应小于3mm。（四）采用外墙外保温系统的建筑，其基层墙体耐火极限应符合现行防火规范的有关规定。

第五条：幕墙式建筑应符合下列规定：（一）建筑高度大于等于24m时，保温材料的燃烧性能应为A级。（二）建筑高度小于24m时，保温材料的燃烧性能应为A级或B_1级。其中，当采用B_1级保温材料时，每层应设置水平防火隔离带。（三）保温材料应采用不燃材料作防护层。防护层应将保温材料完全覆盖。防护层厚度不应小于3mm。（四）采用金属、石材等非透明幕墙结构的建筑，应设置基层墙体，其耐火极限应符合现行防火规范关于外墙耐火极限的有关规定；玻璃幕墙的窗间墙、窗槛墙、裙墙的耐火极限和防火构造应符合现行防火规范关于建筑幕墙的有关规定。（五）基层墙体内部空腔及建筑幕墙与基层墙体、窗间墙、窗槛墙及裙墙之间的空间，应在每层楼板处采用防火封堵材料封堵。

第六条：按本规定需要设置防火隔离带时，应沿楼板位置设置宽度不小于300mm的A级保温材料。防火隔离带与墙面应进行全面积粘贴。

第七条：建筑外墙的装饰层，除采用涂料外，应采用不燃材料。当建筑外墙采用可燃保温材料时，不宜采用着火后易脱落的瓷砖等材料。

3　金属石材幕墙的层间防火封堵

3.1　水平层间防火封堵

在水平方向上，笔者认为层间防火封堵应根根《建筑设计防火规范》（GB 50016—2014）采用200mm防火岩棉，1.5mm厚镀锌钢板承托，对可能造成烟雾扩散的缝隙处打防火密封胶，镀锌钢板固定处螺钉处也应打防火密封胶（图1）。在宽度超过500mm的空腔内，应单独对1.5mm厚镀锌钢板设置钢架（图2）。

另外，层间防火封堵的材料和系统必须经过专业的试验检测，这些对于建筑幕墙层间防火封堵的规范都是强制性执行的，因此，无论在设计上还是施工上，都应当尽量保证其功能性的实现。

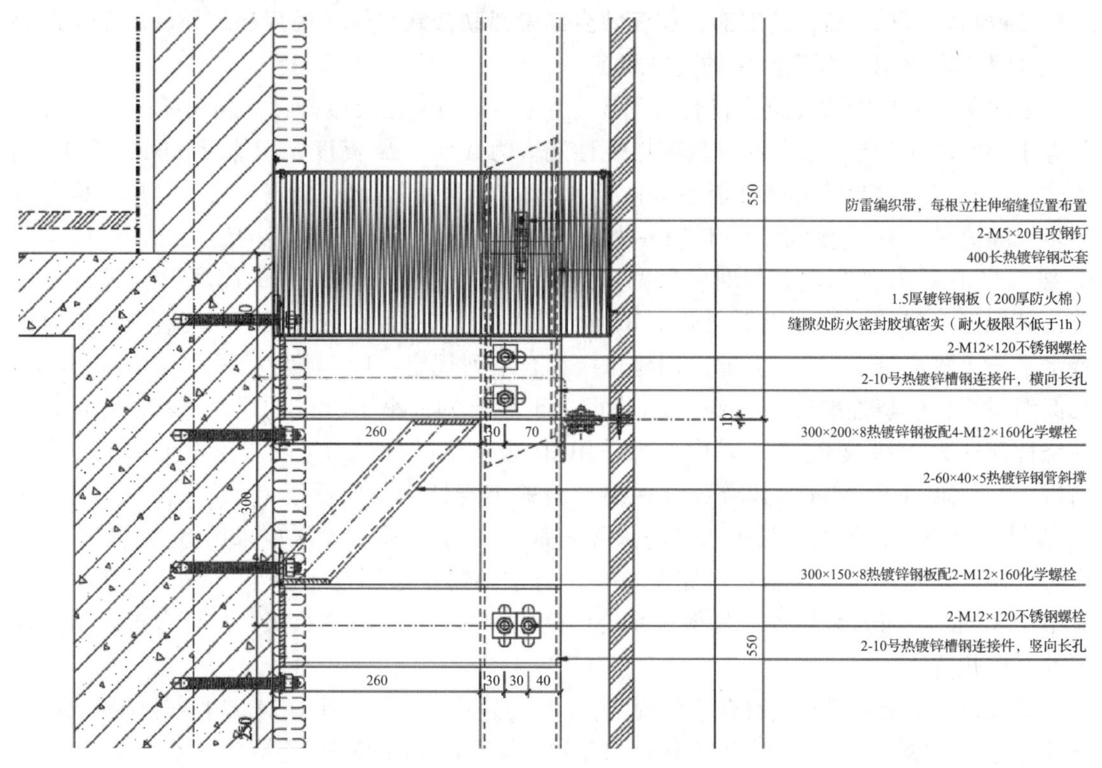

图 1　幕墙层间防火封堵（一）

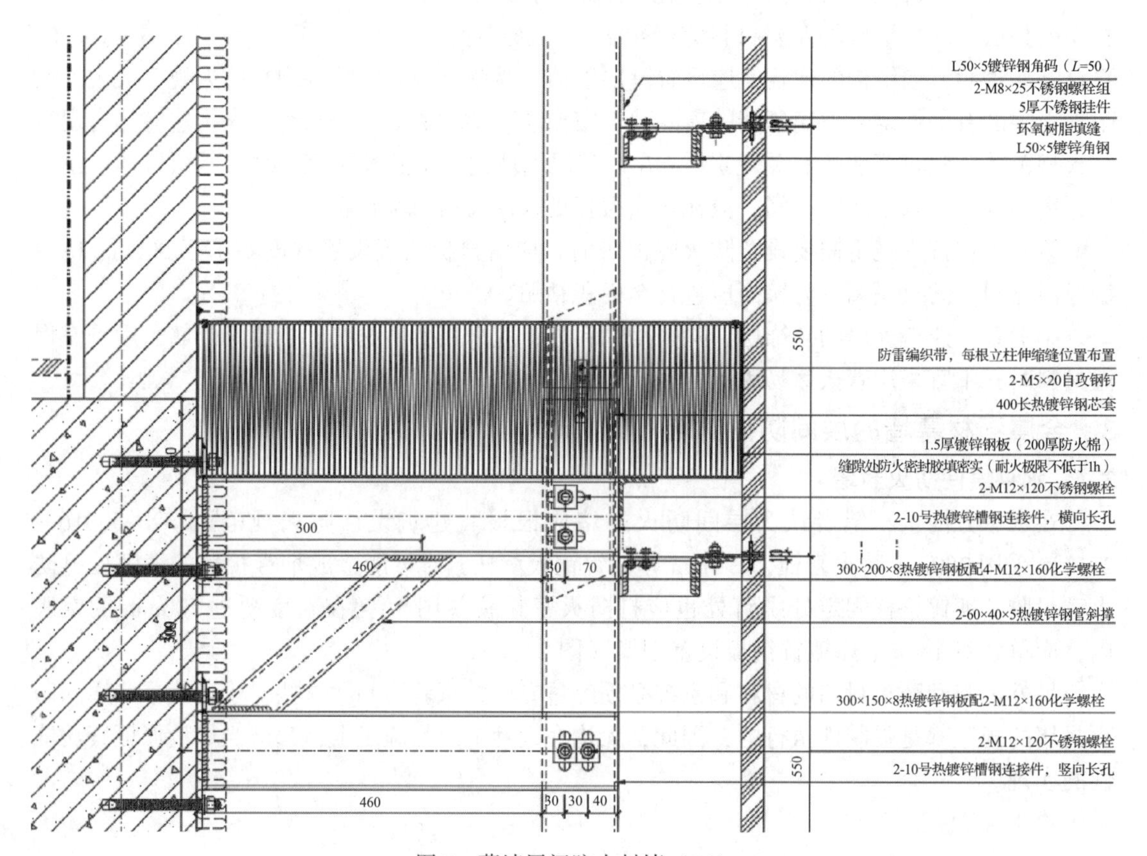

图 2　幕墙层间防火封堵（二）

3.2　竖向防火封堵

在竖向方向上，层间面板分格不宜跨越两个防火分区。有实体墙的金属与石材幕墙的保温材料应采用不燃材料作防护层。金属与石材幕墙后为填充隔墙的，笔者认为应参照玻璃规范每层均应设置水平防火隔离带。金属与石材幕墙后为实体墙的，笔者认为可参照《民用建筑外保温系统及外墙装饰防火暂行规定》（公通字〔2009〕46号）设置：1. 高度大于等于60m的建筑，每层应设置水平防火隔离带。2. 高度大于等于24m小于60m的建筑，可每两层设置水平防火隔离带。3. 高度小于24m的建筑，可每三层设置水平防火隔离带。

4　施工中应注意的问题

防火封堵系统应满足强度、耐久性、伸缩变形能力、稳定性和密封性的要求。施工支撑结构应固定牢固。需要采用支架或承托板进行支撑的，在施工中需要将其固定在建筑梁体和幕墙的架构上。镀锌钢板搭接处应搭接牢固，并用防火密封胶密封。在选用防火堵料时，在允许的情况下，尽量选用遇火后有一定膨胀率的堵料，这样能够有效地填塞封堵区域的缝隙，起到更好的封堵效果。堵料要有良好的防水性能，在遇水情况下其防火性能不变。在幕墙防火封堵施工过程中，不可避免地会有缝隙的存在，因此在工程施工过程中，在相应的缝隙处应注入防火密封胶，确保封堵的效果。

5　展望

本文通过对规范的梳理，阐述了金属与石材幕墙层间防火封堵在规范中的做法要求，并对实际工程的实施中注意问题进行了说明。但在实际的设计和施工过程中，实际情况与建筑外立面的多样性有直接的关系，这就需要更多的幕墙从业者参与进来，严格地按照要求进行幕墙工程的设计和施工，才能够有效地杜绝设计和施工隐患的存在，才能使得建筑美学和安全性得到有机的统一。

住宅批量精装瓷砖空鼓分析及防治

朱光威　陈博矜

湖南六建装饰设计工程有限责任公司　长沙　410000

摘　要：用大规格地砖裁切作为墙砖使用，已是房地产开发商在住宅批量精装中流行做法。数据显示，在住宅批量精装的诸多质量通病投诉中，瓷砖空鼓、脱落占据重要的位置。笔者根据实际工作经验，从原因分析、空鼓防治、特殊部位处理三个方面对瓷砖空鼓进行阐述，希望对类似项目有借鉴意义。

关键词：批量精装；空鼓、脱落；黏结层；胶粘剂

由于人们生活节奏快，工作压力大，没有精力和时间进行装修，希望购买已装修好的房子，再加上许多地产限价因素导致地产商若以毛坯交付无法获得可见利润，批量精装应运而生，双重因素极大地催生了房地产商以精装交房模式取代毛坯交房模式。精装交房给装饰施工企业带来了井喷式发展，但同时批量精装质量通病多，一旦出现质量问题易引起业主的群体投诉，给社会带来不稳定因素，施工企业也面临极大名誉和经济损失。在诸多质量通病中，瓷砖空鼓、脱落排在前三位，而且整改起来很困难。由于地砖的颜色、纹理、生产工艺优于墙砖，且地砖规格大，相比墙砖规格可供选择范围大，且可裁切成设计师追求的个性化设计需要的墙砖尺寸。因地砖上墙铺贴基本都是采用瓷砖胶施工，本文从原因分析、空鼓防治、特殊部位处理三个方面对地砖上墙进行阐述，旨在为避免质量通病提供切实有效的解决方案。

1　原因分析

结构墙体、基层抹灰、黏结层、瓷砖各层构造如图 1 所示。

1.1　瓷砖与黏结层出现空鼓

瓷砖与黏结层未完全紧密连接，之间存在空隙，引起空鼓。产生空鼓的原因：（1）黏结层涂刮不饱满、不密实；（2）黏结层厚薄不一；（3）黏结层超厚；（4）黏结层与瓷砖不相容；（5）瓷砖在黏结层终凝前出现了位移。瓷砖与黏结层出现空鼓如图 2 所示。

1.2　黏结层与基层抹灰出现空鼓

现场整改空鼓瓷砖凿除后发现：瓷砖与黏结层粘贴牢固，墙面基层抹灰出现砂灰起壳，无黏结力引起空鼓。产生空鼓的原因：（1）墙面基层施工后养护不到位；（2）墙面主体结构层光滑，抹灰前拉毛或滚胶处理不到位；（3）基层抹灰砂含量超标，砂浆王掺量过多引起黏结层与基层抹灰结合不牢。黏结层与基层抹灰空鼓如图 3 所示。

现场黏结层与基层抹灰空鼓照片如图 4 所示。

为避免此类型空鼓的出现，施工中应注意以下几个要点：

（1）砌体完成抹灰前，应对砌体进行充分浸润，否则导致基层抹灰被墙体大量吸收水分，造成基层抹灰强度不高，黏结力下降。铺贴墙砖时，基层抹灰与黏结层黏结力不足，不能抵抗瓷砖的拉力，导致瓷砖空鼓。

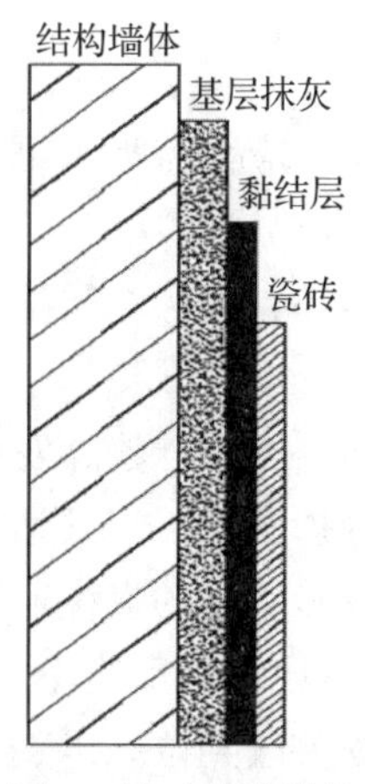

图1　墙砖粘贴结构

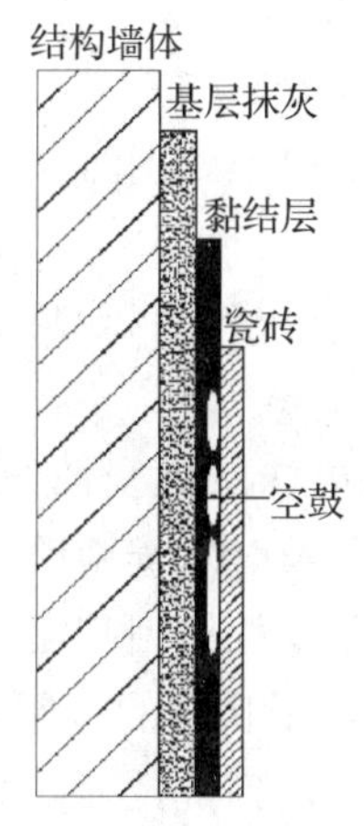

图2　瓷砖与黏结层出现空鼓

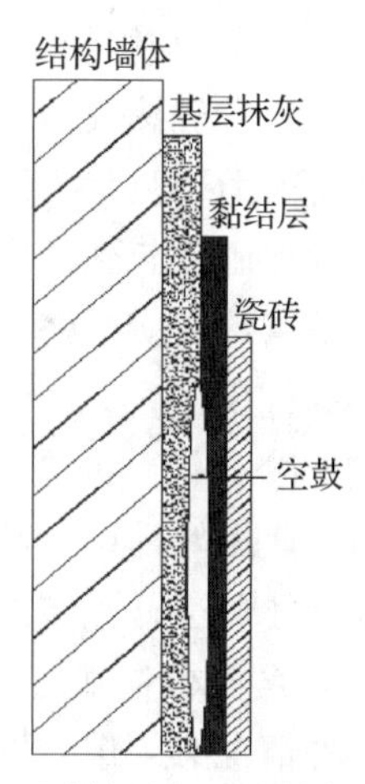

图3　黏结层与基层抹灰空鼓

对剪力墙及承重结构墙等光滑墙面毛化处理时，养护不到位，造成基层抹灰与结构墙体黏结不牢，此时瓷砖的外拉力导致空鼓，甚至稍有振动瓷砖便脱落。

现场土建基层抹灰受力后脱落现场照片如图5所示。

（2）墙体基层抹灰中采用的黄沙含泥量超标，为了提高工效作业人员掺加大量的砂浆王，加上养护不到位等原因，最终墙体砂化，导致瓷砖空鼓。

（3）墙体基层抹灰有空鼓。

瓷砖是在有空鼓的基层上施工的（图6）。产生空鼓的原因：对土建基层抹灰未作检查或检查不细致，导致瓷砖空鼓。

图4　黏结层与基层抹灰空鼓图

图5　土建基层抹灰受力后脱落现场照片

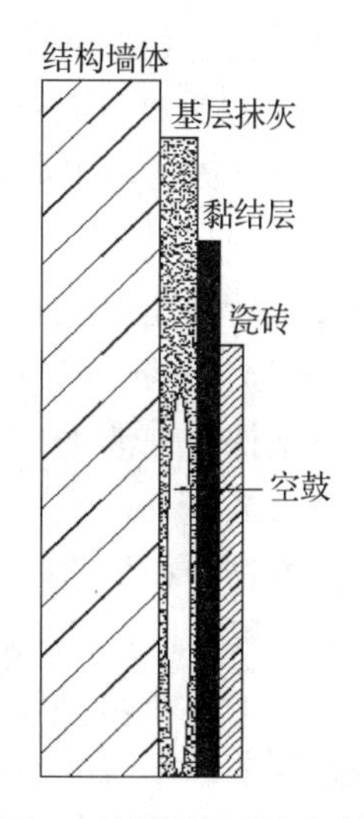

图6　墙体基层抹灰空鼓

2　空鼓防治

（1）材料的选取

瓷砖、水泥、瓷砖胶均应选取合格产品。本文对因材料不合格引起的质量问题不做详细阐述。

（2）把好结构墙体的基层抹灰质量关

①砌体完成抹灰前，应对砌体进行充分浸润。

②对剪力墙及承重结构墙等光滑墙面拉毛处理时，洒水应充分到位，应覆盖吸水物充分养护，确保固化起到结构承力作用。

③基层抹灰应严格控制黄沙含泥量，严格控制砂浆王掺量，充分养护，确保基层抹灰具备足够的抗拉强度。

（3）瓷砖铺贴前应对结构墙体的基层抹灰做全面细致的空鼓检查，必须全数。发现有空鼓在墙面做好标记，马上整改到位，并及时复查销项。整改处也应养护到位，当其达到规定强度后才可进行瓷砖的铺贴，从源头坚决杜绝因基层抹灰空鼓导致瓷砖空鼓的发生。

（4）全面检查基层抹灰的颜色，呈白干状态的基层抹灰往往吸水不足水化反应不充分。看到这种情况必须进行抗拉强度检查，达不到抗拉强度的基层抹灰必须整改到位。

（5）瓷砖铺贴必须将基层抹灰表面的水泥浮浆等附着物清理干净，对基层抹灰进行全面的毛化处理，确保其有合适的粗糙度。

（6）控制好瓷砖铺贴质量：

①选取优质的瓷砖胶粘剂、背胶。由于墙砖是由地砖裁切而成的，质量重，增加了附着在基层抹灰上的荷载，所以对瓷砖胶的黏结力要求严格。

②背胶滚涂有窍门。瓷砖背面清理干净晾干后，滚涂背胶。背胶滚涂必须按标准顺序滚涂到位；背胶阴干后应在规定时间之内用完。经我们反复研究试验发现，用齿形抹灰刀对瓷砖背面瓷砖胶进行竖向挂齿印条再叠合揉压能最大程度地保证瓷砖胶和瓷砖黏结强度。瓷砖胶采用竖向挂齿，如图 7 所示。

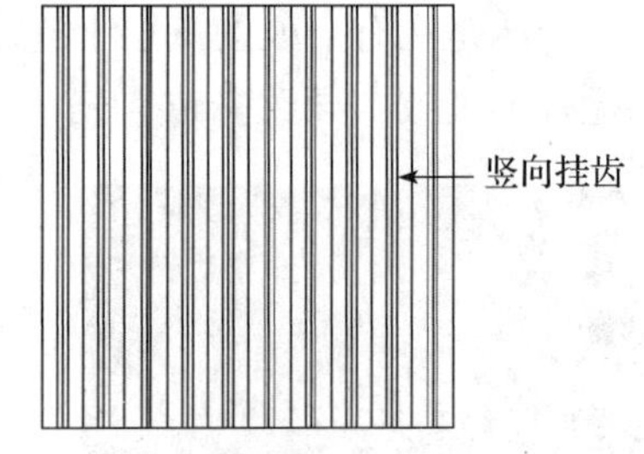

图 7　瓷砖背面瓷砖胶挂齿方向

（3）为避免因瓷砖胶黏结剂厚薄不一引起的收缩不同而导致空鼓，施工前必须测定基层抹灰表面的垂直度，偏差不允许超过 8mm。不达标的基层抹灰必须进行整改，符合要求后方能进入下道工序。

（4）因瓷砖模数及美观要求导致黏结层厚度过大，应由基层抹灰来消化，基层抹灰按要求分多次完成，避免瓷砖黏结层超厚情况发生。

（5）瓷砖粘贴前必须对瓷砖背面进行清理。出厂的瓷砖背面残留有脱膜剂、纸屑等其他附着物，如果铺贴前瓷砖背面处理不到位，瓷砖与胶粘剂之间被隔开不能紧密相连，瓷砖上墙一段时间经温湿循环变化，瓷砖与胶粘剂将分离，导致瓷砖空鼓脱落。

（6）一面墙不能一次性完成，必须分两次施工，之间留出必要的技术间歇，确保瓷砖胶终凝前因不能抵消外部作用力产生位移而导致空鼓。

（7）瓷砖胶终凝前周围不能有较大振动的施工作业，不能有碰触或者外力作用。

3　特殊部位处理

（1）阳角应采用搭接处理。采用搭接处理比碰角处理好，能避免空鼓发生。碰角处理需对阳角进行单独的加固和二次填充，施工质量不易控制。

（2）烟道、卫生间等包管瓷砖铺贴。烟道、卫生间等包管瓷砖极易出现空鼓、脱落的原因：①包管材料一般均采用水泥压力板，其自重轻，厚度仅 12mm；②为控制造价，包管安装一般采用挂钉在侧面固定，包管上部位置没有固定；③施工单位为节约成本往往将瓷砖直接粘贴在包管上；④管道在受到瓷砖荷载后不断发生变形，管道变形远大于瓷砖变形，最终导致瓷砖空鼓、脱落。为避免包管瓷砖空鼓、脱落情况发生，包管安装应牢固，不允许有结构变形。包管贴瓷砖应按以下工序和操作要点施工：①应牢固固定管道的上部和下部，确保管道在受力情况下不发生变形；②在管道外围采用钢丝网加固，钢丝网和原土建墙体要足够搭接；③在钢丝网外抹水泥砂浆；④按前述要求贴瓷砖。烟道包管厚度图、包管水泥压力板安装完成图，分别如图 8、图 9 所示。

图 8　烟道包管厚度图

（3）厨房与卫生间窗边门边的窄条瓷砖。为避免空鼓发生，瓷砖铺贴前，厨房与卫生间窗边门边的缝隙必须用水泥砂浆灌缝密实，如图 10 所示。

图 9　包管水泥压力板安装完成图

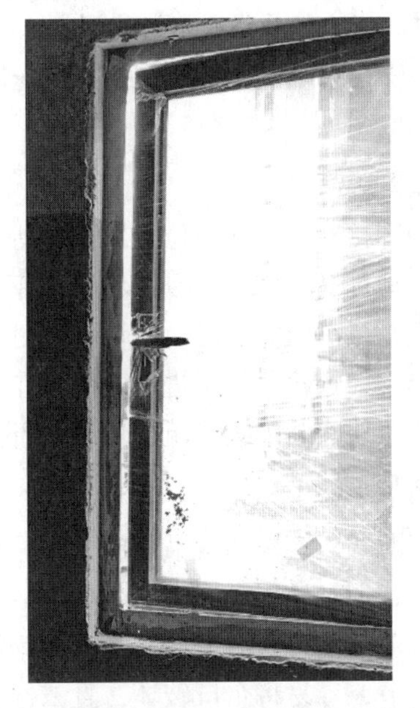

图 10　窗边门边的缝隙水泥砂浆灌缝完成情况

4　结语

地砖用作墙砖采取瓷砖胶施工是地产商的首选，该部分工程量在住宅批量精装中相当大，各构造层处理不当均可能造成瓷砖空鼓，引起业主的集体投诉，整改起来又特别困难，给施工企业带来难以挽回的经济损失和信誉受损，必须引起我们的足够重视，希望本文能给大家有益的借鉴。

参考文献

［1］　李继业. 建筑装饰装修工程施工技术手册［M］. 北京：化学工业出版社，2017.

［2］　理想·宅. 室内装饰施工工艺［M］. 北京：化学工业出版社，2018.

关于装配式外墙板企口防水施工工艺的应用与研究

廖智锴

湖南省第六工程有限公司　长沙　410000

摘　要：在装配式建筑外墙板吊装施工中，楼面需浇捣结构企口，与外墙构件板底部吻合，达到防水效果，但是施工中，80mm×60mm 企口为素混凝土，可与楼面板同时浇筑，也可以作为二次结构单独浇筑，因素混凝土中无钢筋，且后续吊装外墙板时需要使用撬棍等工具对外墙板进行调节，容易将企口破坏，且二次浇筑会留有冷缝，产生质量隐患。我公司经过多个装配式工程外墙板安装的研究和实际应用，研发出一种专门针对装配式外墙板防水企口，增加止水钢板配件，在桑植县芙蓉学校项目中试验使用，总结出装配式外墙板企口防水施工工艺。

关键词：房屋建筑工程；装配式建筑；吊装安装；混凝土；定位安装；防水企口；止水钢板

1　工艺特点

利用焊接对止水钢板位置、高度等质量点进行控制，确保止水钢板的位置精度及水平坡度，极大地提高了施工质量。将止水钢板固定在梁箍筋上部，与楼板混凝土同时浇筑，避免冷缝产生，待吊装完成后，封堵接缝处；操作方便，减少了交叉作业对施工进度的影响，避免返工修正，加快了施工进度、降低了施工成本、提高了成品保护。

适用于所有装配式建筑外墙板底部素混凝土防水企口施工。

2　工艺原理

在装配式建筑外墙板吊装施工中，楼面需浇筑结构企口，与外墙构件板底部吻合，达到防水效果，但是施工中，80mm×60mm 企口为素混凝土，可与楼面板同时浇筑，也可以作为二次结构单独浇筑，因素混凝土中无钢筋，且后续吊装外墙板时需要使用撬棍等工具对外墙板进行调节，容易将企口破坏，且二次浇筑会留有冷缝，产生质量隐患，本工法在预制梁箍筋上方焊接 8cm 高的止水钢板，与楼面混凝土同时浇筑，外挂墙板吊装后，用细石混凝土封堵原企口处，有效地防止混凝土冷缝造成的漏水现象。原设计混凝土自防水企口如图 1 所示；现设计混凝土自防水企口如图 2 所示。

3　施工工艺流程及操作要点

3.1　工艺流程

施工准备→绑扎钢筋→定位筋焊接→止水钢板焊接→浇筑混凝土→上层预制外墙板吊装→细石混凝土防水企口封堵→面层收光→二次装修。

3.2　操作要点

（1）焊接定位钢筋。

根据外墙板的位置，通过内控制点，将控制点用记号笔标志在箍筋上，拉线定位，然后将定位钢筋焊接在指定点位上，防止位移。

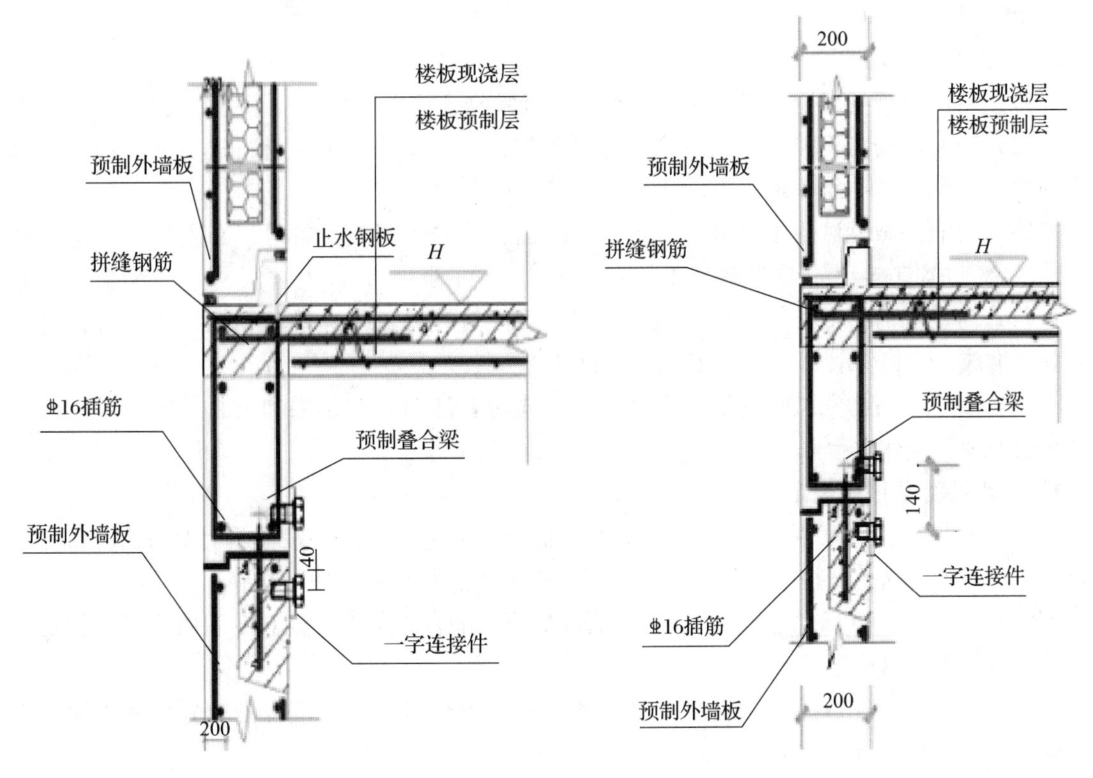

图1　原设计混凝土自防水企口　　图2　现设计混凝土自防水企口

（2）止水钢板定位焊接。

止水钢板在焊接时容易产生形变，焊接点间距应控制在300~400mm；控制好标高，使止水钢板水平一致。

（3）浇筑混凝土。

浇筑混凝土时，保证止水钢板周边混凝土密实及水平，防止止水钢板变形。

（4）上层外墙板吊装。

在吊装过程中，注意构件落脚点，在使用撬棍调节时，避开止水钢板位置。

（5）细石混凝土封堵。

4　材料与设备

主要材料：ϕ10钢筋、止水钢板、垂直运输设备、发电机、切割机、卷尺、焊条、焊机、记号笔等。

5　质量控制

5.1　执行的规范、标准

《焊接材料焊接工艺性能评定方法》（GB/T 25776—2010）；

《住宅室内防水工程技术规范》（JGJ 298—2013）；

《建筑工程施工质量验收统一标准》（GB 50300—2013）。

按照ISO体系运行文件的要求建立质量保证组织体系，设立专职质检员和成品保护管理员岗位，建立岗位责任制，并建立相应的台账，单位的领导要经常检查质量保证体系的运转情况。要根据专业特点制订本工程的质量管理重点，并成立QC小组，经常开展质量分析活动，做好记录。

5.2　物资检验规定

（1）对所有进场的原材料、半成品组织检查验收，建立台账。

（2）所有进场物资如由分包单位自行采购的，分包单位必须随材料进场向总包提供合格的材质证明、出厂合格证和试验报告。

（3）对需要做复试的原材料，如焊条、焊剂、钢筋、钢板材料等，必须按照规定及时取样试验，并将试验报告向监理报验。

（4）对进场的物资必须进行标识，按照已经经过检验、未经检验和经检验不合格进行分种类堆放，严格保管，避免使用不合格的材料。

（5）对不合格物资，坚决要求不准进场，同时要注明处理结果和材料去向。对不合格材料的处理，应建立台账。

5.3　过程检验及报验规定

（1）严格执行国家现行规范、标准及企业的各项规定，严格按照设计要求组织施工。每个工序开工之前，严格按工艺标准要求对操作班组进行技术、质量交底。

（2）工程施工实行“三检制”，应认真抓好班组的自检工作，设立专职质检员，督促班组的自检及填写自检记录。

（3）工序工程完成后，单位组织自检和工序间的交接检查，不合格的分项或工序，不经返修合格不得进行下道工序的施工。

（4）工序达到合格后填好报验资料报监理和总包责任工程师复查验收，附隐蔽记录、预检记录、检验批等资料。

（5）严格按照“三检制”组织检查各道工序的施工质量。做到检查上道工序，保证本道工序，服务下道工序。真正做到严格控制工序质量，不合格的工序不移交。

（6）质检人员必须严格控制施工过程中的质量，在施工过程中严格把关，不得隐瞒施工中的质量问题，并督促操作者及时整改。

6　安全措施

本工法执行国家、省、市、公司制定的施工现场及专业工种各种安全技术操作规程；包括国家“两规一标”即《建筑机械使用安全技术规程》（JGJ 33）、《建筑施工安全检查标准》（JGJ 59）和《职业健康安全管理体系要求及使用指南》（GB/T 45001）等。焊机、切割机等机具设备应由专人严格按照操作规程操作。

7　效益分析

以桑植县芙蓉学校项目工程为例，建筑面积42859.5m^2，共8栋，其中7栋为装配式建筑，以3号楼计算，每层外墙板20块，外墙长度为94.4m，4层，按照正常工序：人工装模4个工日，浇筑混凝土3个工日，工期3d，单位工程该工序共计28个工日（不包括吊装中损坏和修补的工日），工期12d；装配式外墙板防水企口止水钢板焊接预埋方式：人工焊接2个工日，工期1d，单位工程该工序共计8个工日，工期4d，按每个工日200元计算，节约工时费20个工日×200元/工日=4000元，工期节省8d。

采用本工法装配式外墙板防水企口止水钢板焊接预埋，将止水钢板固定在梁箍筋上部，与楼板混凝土同时浇筑，避免冷缝产生，待吊装完成后，封堵接缝处；操作方便，减少了交叉作业对施工进度的影响，避免返工修正，加快了施工进度、降低了施工成本、提高了成品保护，加快了施工进度，提高了工作效率；本工法的施工过程没有废弃物，对工地和周边没有任何污染，实现绿色施工，具有显著的经济和社会效益。

8　应用实例

桑植县芙蓉学校工程位于湖南省张家界市桑植县，2019年1月开工，2019年9月竣工，采用本工法装配式外墙板防水企口止水钢板焊接预埋，定位精准，工程质量优良，并减少了人工成本，加快了施工进度，减少返工返修，得到了甲方、监理、住建部门的好评。

9　结语

在现有房屋建筑工程中，随着装配式建筑的普及，其施工方法较传统式建筑环保、便捷、节材，但同时伴随着质量通病，采用此装配式外墙板企口防水施工工艺不但避免了冷缝的产生，且成型美观，经久耐用。有效地解决了吊装墙板企口容易被破坏及混凝土冷缝造成的渗漏难题，确保了施工质量，避免了后期维修费用。通过此工艺的应用，得到了建设单位的一致好评，反映了一个施工企业在质量管理上的精益求精，打响了企业声誉，创造了很好的社会效益和经济效益。

参考文献

[1]　陆长松，黄金．装配式建筑防水节点设计及施工要点［J］．住宅与房地产（中），2018（8）：36-43.

[2]　孟德宇．探讨柔性防水及屋面刚性防水相结合的施工技术［J］．建材与装饰，2015，11（45）：57-58.

[3]　杨霞，仲小亮．预制装配式建筑外墙防水密封现状及存在的问题［J］．中国建筑防水，2016（12）：16-18.

灌浆量控制对装配式建筑灌浆质量的影响分析

张卓普

湖南省第六工程有限公司　长沙　410000

摘　要：本文针对装配式建筑由于灌浆施工产生的质量问题，提出使用“7”字形PVC管作为灌浆孔的灌浆方法，实践发现该法可有效提高灌浆质量，具备较高推广价值。

关键词：装配式建筑施工；灌浆施工；质量问题；对策

1　引言

传统建筑现场施工不确定性因素多，投资回报率低等缺点日益凸显，随着装配式建筑的快速发展，越来越多项目开始采用装配式建筑。作为建筑行业全新的施工模式，装配式施工可弥补传统施工方式的不足，但装配施工过程中暴露出较多质量控制问题，这不仅会危害居民的生命财产安全，对整个社会来说也是一种极大的隐患，并将直接影响其在建筑行业的应用，因此如何有效地解决装配式建筑存在的质量问题非常必要。

2　灌浆施工质量问题成因分析

建筑工程的墙板大多是通过纵向连接形成结构承受荷载，在装配式建筑灌浆施工实际操作中，根据人、机、料、法、环的分析得出，由于施工人员无法全面掌握灌缝内部已灌浆液饱和程度，难以准确控制灌浆量，使得灌浆饱和程度不够，致使灌浆不饱满、不密实，这将直接导致墙板连接质量差，严重影响结构整体性和抗震能力（图1）。

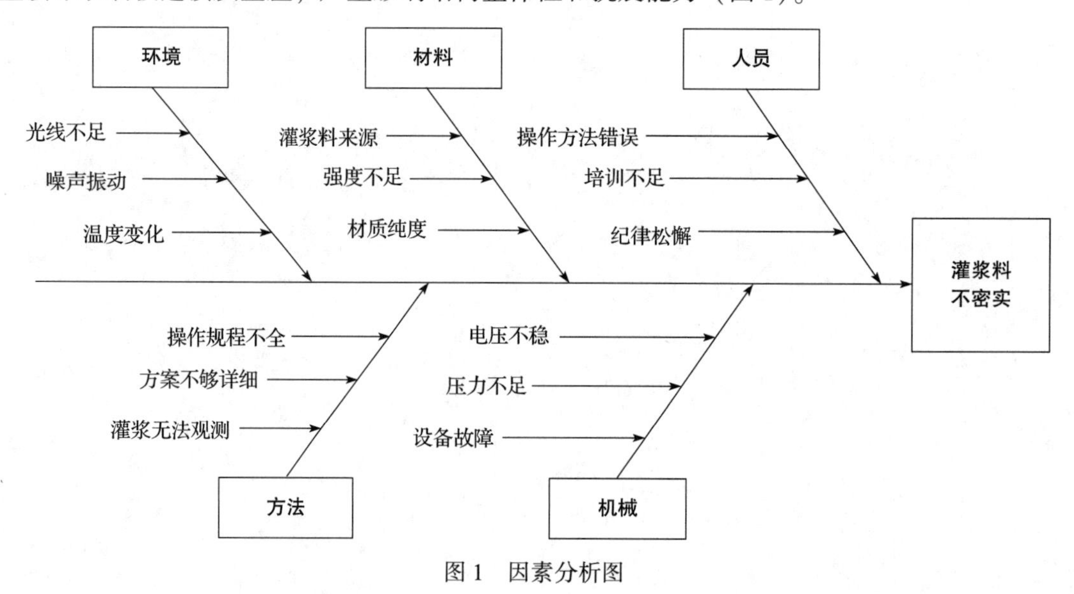

图1　因素分析图

此外，构件生产过程中通常存在误差，现场施工人员如果未能及时清洗灌浆口，很容易造成灌浆口堵塞，一旦灌浆口堵塞，将导致灌浆间断，甚至出现“二次”灌浆，形成连接结构薄弱面，也将影响结构整体性能。

3 灌浆问题的对策

针对装配式建筑在灌浆施工过程中的常见质量问题，本文在规范灌浆操作的基础上，提出使用一孔径比溢浆孔稍小、长度不小于30cm的“7”字形PVC管作为灌浆孔的方法，以提高灌浆质量。

控制原理如下：灌浆施工开始，将注浆管插入其中一个灌浆孔中，此时采用低压力灌浆；当有灌浆料从溢浆孔中溢出时，用橡皮塞堵住溢浆孔，直至本仓内所有套筒中灌满灌浆料，再利用“7”字形PVC管插入本仓内最后一个的溢浆孔，“7”字形PVC管朝上，继续灌浆，直至“7”字形PVC管溢出灌浆料，迅速拔出灌浆头并封堵下灌浆孔，采用自流的原理，待2~3min后“7”字形PVC管内的灌浆料回流满溢浆孔后方可拿掉“7”字形PVC管，再立即封堵溢浆孔（图2）。

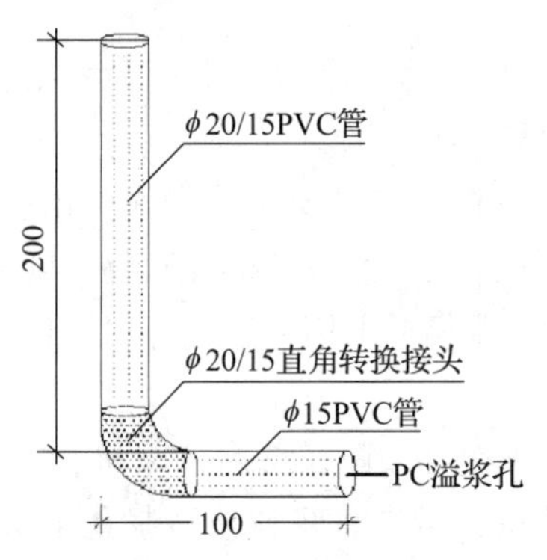

（a）PC灌浆用“7”字形PVC管构造示意图一（采用ϕ20/15直角转换接头制成）

注：1.灌浆使用时短端直接插入PC板上部溢浆孔，并用手持稳定。
2.灌浆使用时长端必须向上且垂直于溢浆孔。

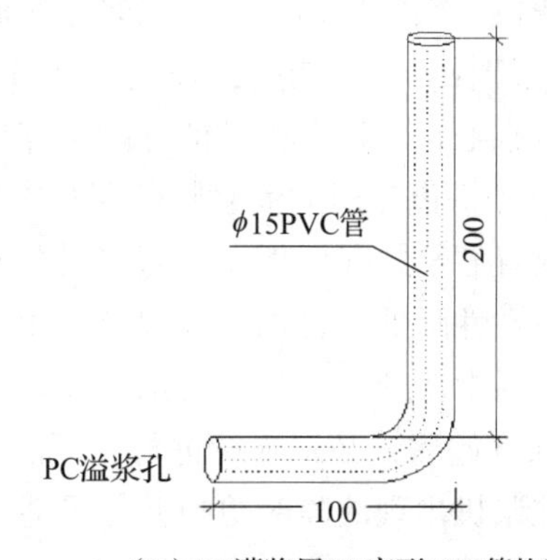

（b）PC灌浆用“7”字形PVC管构造示意图二（整体采用ϕ15PVC管冷弯制成）

注：1.灌浆使用时短端直接插入PC板上部溢浆孔，并用手持稳定。
2.灌浆使用时长端必须向上且垂直于溢浆孔。

图2 “7”字形PVC管构造示意图

3.1 材料与设备

材料及设备要求如下：

（1）手持式搅拌器1台；

（2）小型专用灌浆机1台；

（3）量程为100kg的地秤1台，用于称料；

（4）量程为10kg电子秤1台，用于量水，或能精确控制用水量、带刻度且容量合适的量筒（量杯）；

（5）温度计3支（分别用于测量现场气温、水温、料温）；

（6）30L灌浆料搅拌桶1只（严禁用铝质桶）；

（7）小水桶若干，用于盛水及运送灌浆料；

（8）泥工用铁板1只，供疏导灌浆料用；

（9）橡胶塞若干，用于堵塞灌浆孔、溢浆孔。

（10）4cm×4cm×16cm 试块试模 3 套；

（11）灌浆料若干；

（12）30cm 长“7”字形 PVC 管 1 个；

（13）符合《混凝土用水标准》（JGJ 63）规定的干净水；

（14）其他符合规范要求的检测工具。

3.2 施工工艺流程

预制墙板测定安装标高→垫块找平至设计安装标高→灌浆腔内分仓→吊装预制墙板→调整固定→座浆堵缝→灌浆料确认及拌制灌浆料→注浆→封堵同仓内上下排溢出浆料的孔→“7”字形 PVC 管插入最后一个溢浆孔→封堵最后一个溢浆孔→留置试块。

3.3 技术要点

（1）在预制墙板灌浆施工前对操作人员进行专项培训，通过培训增强操作人员质量意识，明确该操作具有一次性，且不可逆的特点，从思想上重视其所从事的灌浆作业，另外，通过灌浆作业模拟操作培训，规范灌浆作业流程。

（2）预制墙板与现浇结构，表面应清理干净，不得有油污、浮灰、木屑等杂物，构件安装结构面应剔毛且不得有松动的混凝土碎块和石子，无明显积水。

（3）现场需搭设专门的灌浆料储存仓库用以存放灌浆料，并且要求该仓库防雨、通风。仓库内搭设放置灌浆料存放架，使灌浆料存放于干燥、阴凉处。灌浆料的拌和物，随停放时间增长，其流动性降低。自加水算起应在 40min 内用完。灌浆料未用完应丢弃，不得二次搅拌使用，灌浆料中严禁加入任何外加剂或外掺剂。

（4）灌浆开始后，必须连续进行，不能间断。一个班次必须配备 2 台注浆机，1 台作为备用，以便注浆机出现故障时更换并尽可能缩短灌浆时间。当有灌浆料从溢浆孔中溢出时，用橡皮塞堵住溢浆孔，直至本仓内所有套筒中灌满灌浆料，再利用“7”字形 PVC 管插入本仓内最后一个的溢浆孔，“7”字形 PVC 管朝上，继续灌浆，直至“7”字形 PVC 管溢出灌浆料，迅速拔出灌浆头并封堵下灌浆孔。紧接着进行等待 2~3min、待“7”字形 PVC 管内的灌浆料回流满溢浆孔方可封堵溢浆孔。

4 结语

采用“7”字形 PVC 管作为灌浆孔的方法不需增加特殊设备，操作简单、施工方便，可做到“可视化”灌浆，既能很好地预防由于灌浆不饱满引发的质量问题，又利于绿色环保施工，具有较高的推广价值。

参考文献

[1] 刘伟华．监理环节对施工质量的控制［J］．工程技术研究，2017，（3）：150-151.

[2] 梁健，张波．预制装配式建筑施工常见质量问题与防范措施［J］．工程建设与设计，2020（5）：260-262.

[3] 于德鸿，李俊杰．浅谈装配式建筑施工常见质量问题与防范措施［J］．工程质量，2019（2）：13-16.

[4] 余正．装配式建筑施工常见质量问题与防范对策［J］．住宅与房地产．2016（33）：204.

[5] 文栋峰，温涛．装配式建筑施工质量问题与防范措施［J］．建材与装饰．2016（45）：24-25.

[6] 齐宝库，王丹，白庶，等．预制装配式建筑施工常见质量问题与防范措施［J］．建筑经济．2016（05）：28-30.

建筑保温隔声楼板技术分析及施工应用

赵子林

湖南省第六工程有限公司　长沙　410000

摘　要：随着人们生活水平的不断提高，人们对居住环境的要求也越来越高。分户楼板的保温隔声问题日渐凸显，尤其是撞击噪声问题是引发邻里矛盾的焦点问题。然而不做任何隔声措施的钢筋混凝土楼板的撞击声隔声性能较差，无法满足居民对声音环境的要求。目前国家对于分户楼板保温隔声技术还未出台专门规范，但多个省市、地方及企业已陆续出台相关标准，实际工程项目已开始应用，本文结合应用较多的几种保温隔声系统对楼板保温隔声技术进行简单的分析，并结合广元市利州区紫兰棚户区（三江龙门阁安置点）改造项目D区（简称“三江龙门阁项目D区”）中浮筑楼板保温隔声系统实际应用情况对施工工艺和质量控制要点进行简要阐述。

关键词：建筑保温隔声楼板；技术分析；施工应用

1　楼板保温隔声技术应用背景

由于楼板的隔声性能差引起的环境投诉在全世界范围内逐年增长，各国政府对楼板的撞击声隔声性能均做了相关要求。其中日本的撞击声压级的高标准要求为≤58dB，而韩国则要求≤50dB，澳大利亚环境保护法允许的撞击声压级范围为43~50dB。我国的国家标准《绿色建筑评价标准》（GB/T 50378—2014）、《民用建筑隔声设计规范》（GB 50118—2010）、《民用建筑绿色设计规范》（JGJ/T 229—2010）对住宅卧室、起居室的楼板撞击声压级也做了相关规定，高标准和低限值要求分别为≤65dB和≤75dB，《四川省绿色建筑评价标准》（DBJ 51/T009—2021）强制性条文要求≤70dB。居住建筑分户楼板热工性能要求传热系数K值最低不大于2.0W/(m^2·K)，部分地区要求K值不大于1.8W/(m^2·K)，而目前普遍采用的100~120mm厚钢筋混凝土楼板，经测定120mm厚钢筋混凝土楼板的空气隔声量为48~50dB，但其计权标准化撞击声隔声量为80dB以上，K值为14~17W/(m^2·K)，难以达到绿色建筑和节能设计要求。因此需对楼板撞击隔声性能和热工性能采取优化措施才能满足要求。

2　楼板保温隔声技术分析

目前应用较多的楼板保温隔声技术主要有以下几种。

2.1　减振垫楼板保温隔声系统

聚苯乙烯发泡塑料XPE、聚氨酯（橡胶）减振保温隔声垫是一种常见的建筑隔声材料，《建筑隔声与吸声构造》（08J931）图集中有所使用，简称减振垫，具有吸声降噪功能，应用广泛。其做法是将减振垫铺设在楼板基层上，上铺钢丝网片防止开裂，然后浇筑细石混凝土保护层，同时在与墙体交接处设置竖向隔声片防止产生声桥。减振垫其厚度一般为5mm以上，经撞击声隔声效果测试，其隔声量能达到60dB，隔声效果良好，一定厚度的热工性能也可以满足节能设计要求，其价格相对便宜，施工方便，广受设计、施工方喜爱。

2.2 轻质砂浆、泡沫混凝土楼板保温系统

轻质砂浆、泡沫混凝土楼板保温系统是指将轻质保温砂浆（如玻化微珠保温砂浆）、泡沫混凝土直接浇筑在楼板上形成的保温隔声系统，其主要依靠在轻质砂浆中添加橡胶颗粒、聚苯保温颗粒或采取混凝土发泡技术来起到减振保温作用。该系统施工便捷，造价相对较低，但其热工性能和撞击隔声性能一般，当在楼板上仅设置 40mm 轻质砂浆层时，其隔声量多在 70dB 以上，热工性能达不到要求，同时其强度较低，容易开裂，影响住户二次装修。根据 2015 川建勘设科发〔430 号〕文，2020 年四川省住建厅《关于发布建筑保温材料推广、限制、禁止产品目录的公告》明确了玻化微珠保温砂浆作为主要保温材料用于楼地面。四川省泸州某项目设计泡沫混凝土，普遍出现开裂，居民投诉集中，现已将泡沫混凝土全部铲掉。

2.3 楼板下设置隔声吊顶

在钢筋混凝土楼板下设置隔声层，然后在隔声层下设置装饰吊顶。其隔声层可以是密闭空气层，也可以是隔声保温材料。但因目前住宅楼层净高小于 3m，隔声吊顶非常影响层高，目前应用很少。

2.4 保温隔声板建筑楼地面保温隔声系统

保温隔声板是将兼具保温和隔声性能的板材铺设在楼板基层上，上铺钢丝网片防止开裂，然后浇筑细石混凝土保护层，同时在与墙体交接处设置竖向隔声片防止产生声桥。保温隔声板材料主要有石墨聚苯板（EPS）、挤塑聚苯乙烯泡沫塑料板（XPS）、聚丙烯保温隔声板等，当设置 20mm 的保温隔声板，40mm 的细石混凝土保护层时，热工性能符合节能设计要求，但用于楼板的标准依据不足，四川省地标《挤塑聚苯板建筑保温工程技术规程》（DBJ 51/T035）重点用于外墙、屋面，用于楼板缺乏声学指标、构造设计、施工及验收依据，难以满足声学指标，一般需再采取弹性地面材料才能满足隔声指标要求。板材对楼板基层平整度要求较高，施工时基层一般需经过找平处理，需要花费大量的人工、材料，施工周期较长，其材料价格普遍较高。

综上所述，减振垫楼板保温隔声系统，其保温和隔声性能均能满足要求；轻质砂浆保温隔声系统存在保温隔声效果一般且有强度不足的问题；楼板下设置隔声吊顶影响楼层层高，普遍不被居民接受；保温隔声板建筑楼地面保温隔声系统隔声性能无据可依，声学性能不满足指标要求。

减振垫楼板保温隔声系统属于浮筑楼板保温隔声系统兼具保温和隔声性能良好，是目前较为推崇的技术。《江苏省建设领域“十三五”重点推广应用新技术和限制、禁止使用落后技术公告（第一批）》中，把浮筑楼板保温隔声技术列为了可重点推广应用的新技术，而轻质砂浆保温隔声系统受制于其材料质量不稳定、强度不高、保温隔声性能相对较差的原因被列为禁止使用技术。江苏省地方标准《居住建筑浮筑楼板保温隔声技术规程》目前也已完成报批文本公示。

3 减振垫楼板保温隔声系统可行性探讨

三江龙门阁项目 D 区采用的是“12mm 聚乙烯泡沫减振隔声垫、30mm 厚细石混凝土（内配Φ4@150 钢筋）”浮筑楼板保温隔声系统。以聚乙烯泡沫减振隔声垫为例探讨其隔声、保温性能的可行性。

3.1 隔声性能

广西壮族自治区建筑科学研究设计院的谢小利以不同厚度聚乙烯泡沫减振隔声垫在厚度 120mm 的钢筋混凝土楼板，40mm 厚度 C20 细石钢筋混凝土、20mm 干硬性砂浆、10mm 厚

地砖试验研究如图1、图2所示。

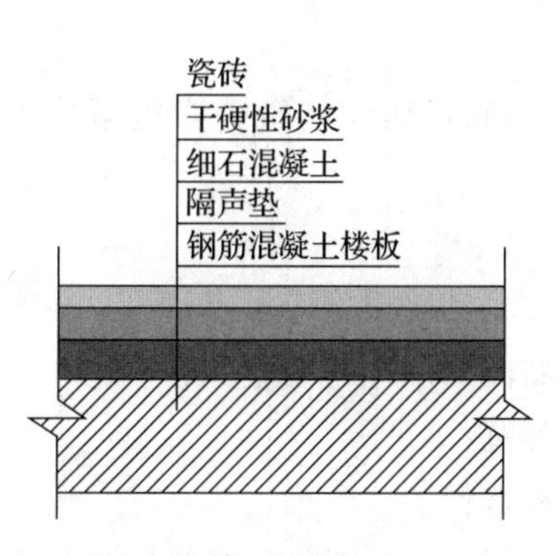

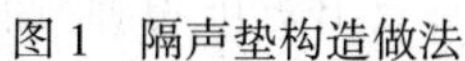

图1　隔声垫构造做法

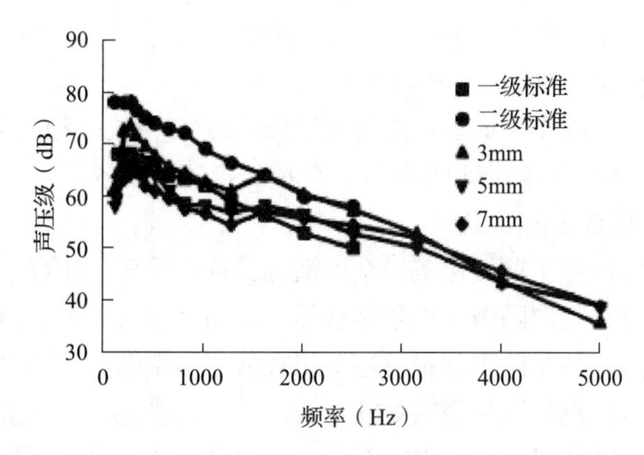

图2　不同厚度聚乙烯泡沫隔声垫对撞击声隔声性能的影响

其研究表明：在楼板上直接铺设隔声垫后均能满足二级楼板标准要求，隔声垫越厚隔声效果越好，本项目采用12mm厚聚乙烯泡沫减振隔声垫，其隔声性能完全能满足要求。

3.2　保温性能

根据三江龙门阁项目D区节能图纸中的节能计算报告书，其保温性能满足相关规范要求（表1）。

表1　节能计算数据

分户楼板每层材料名称	厚度（mm）	导热系数 $W/(m\cdot K)$	蓄热系数 $W/(m^2\cdot K)$	热阻值 $(m^2\cdot K)/W$	热惰性指标 $D=R\cdot S$	修正系数 α
细石混凝土	30.0	1.740	17.20	0.017	0.30	1.00
聚乙烯泡沫塑料	12.0	0.047	0.70	0.243	0.18	1.05
钢筋混凝土	120.0	1.740	17.20	0.069	1.19	1.00
分户楼板各层之和	162.0			0.33	1.66	
分户楼板热阻 $R_o=R_i+\sum R+R_i=0.56$（$m^2\cdot K/W$）				$R_i=0.115$（$m^2\cdot K/W$）；$Re=0.115$（$m^2\cdot K/W$）		
分户楼板传热系数 $K_p=1/R_o=1.79W/(m^2\cdot K)$						
满足《四川省居住建筑节能设计标准》（DB51/5027—2019）第5.1.1-3条 $K\leqslant1.8W/(m^2\cdot K)$ 的规定。						

分户楼板传热系数≤$1.8W/(m^2\cdot K)$ 满足节能要求。

4　减振垫楼板保温隔声楼板的施工

现结合三江龙门阁项目D区项目情况将施工工艺和质量控制要点介绍如下：

4.1　施工工艺

基层清理及找补→测量放线→铺设隔声垫及塑料薄膜→钢筋网片的绑扎→冲筋贴灰饼→振实细石混凝土并压光→养护。

4.2　施工工艺一般要求

（1）施工前编制专项施工方案，对施工人员技术交底，制作样板间，验收合格后方可大面积施工。

（2）保温隔声垫、防水胶带等材料进场时应有出厂合格证、出厂检验报告、有效期内的型式检验报告等并符合标准要求，同时应对保温隔声垫的表观密度、压缩强度、导热系数、吸水率以及钢丝网片的网孔偏差、丝径进行现场抽样复验。

（3）每 1000m² 为一个检验批，主要检查保温隔声板拼缝宽度（应小于 2mm）、竖向隔声片拼缝宽度（应小于 1mm），板材平整度、钢丝网搭接长度（不小于 100mm）、混凝土面层平整度、裂纹、起砂情况等。

（4）施工完成后应进行保温隔声楼板分项工程验收，应能满足居住建筑分户楼板热工性能、空气声隔声和计权标准化撞击声压级要求。

4.3 质量控制要点

（1）施工前楼板基层全面清理，确保平整、干净、干燥，尤其墙根处应重点清理；

（2）竖向隔声片应紧贴墙体，墙角处拼接粘贴，连续铺贴极易出现弯曲空隙；

（3）粘贴防水胶带时避免出现气泡与褶皱，拼缝两侧宜等宽；

（4）钢丝网片搭接处扎丝应压平于钢丝网上，防止刺破板材；

（5）灰饼与墙面保持至少 5cm 距离，且浇筑混凝土时应将灰饼取出防止灰饼与混凝土黏合处产生裂缝；

（6）细石混凝土内不得添加粉煤灰，易引起开裂，且室外日平均气温连续 5d 稳定低于 5℃时不得进行细石混凝土面层施工。

（7）浇筑混凝土过程中时需人工提拉钢丝网片至混凝土层中上部位，防止钢丝网片因踩踏下沉，同时应注意推车支脚及其他硬物损坏板材，浇筑完成后用平板振捣器振捣密实摊匀，终凝前用压光设备刮平收光；

（8）混凝土浇筑 48～72h 后，按构造要求在易产生应力集中处切缝，切缝时切断钢丝网片，宽度控制在 3～5mm，深度控制在 15～25mm；

（9）门槛处拆模后在两侧粘贴竖向隔声片，然后用细石混凝土填满、抹平；

（10）收光后应覆盖养护 7～14d，保持覆盖物湿润。养护期间禁止上人及重物，冬季增加养护时间。

5 结语

居住建筑常用的 120mm 厚的实心钢筋混凝土楼板的隔声性能无法满足 GB/T 50378—2014 的要求，在钢筋混凝土楼板上铺装隔声垫，由于隔声垫弹性层的柔韧性及阻尼特性，减弱由于撞击声引起的钢筋混凝土楼板的振动，使向楼下辐射的撞击声减弱。通常铺设隔声垫后的浮筑楼板的计权标准化撞击声压级均能满足低于 65dB 的要求。

随着更多新工艺和新材料的产生，楼板保温隔声技术将会有更大的改进，另外随着装配式建筑以及成品住宅的推进，楼地面保温隔声可以与叠合楼板、地面精装修进行一体化系统设计，从而使居民室内生活环境质量得到更大的改善。

参考文献

［1］ 张颜科．楼地面保温隔声砂浆的配制与性能研究［D］．重庆：重庆大学，2007.

［2］ 蔡阳生，赵越喆，吴硕贤，等．声压法和声强法测量建筑构件空气声隔声的比较［J］．振动与冲击，2013，32（21）：65-68.

［3］ 孟耀．实贴浮筑楼板隔声性能的研究［D］．南宁：广西大学，2017.

［4］ 谢小利．隔声垫浮筑楼板的撞击声隔声性能研究［R］．广西壮族自治区建筑科学研究设计院，2018.

［5］ 于忠．建筑楼地面保温隔声应用技术及发展［R］．四川省建筑科学研究院有限公司，2021.

浅谈纯水泥混凝土施工工艺与质量控制

周　伟

湖南省第六工程有限公司　长沙　410000

摘　要：纯水泥混凝土与普通混凝土在材料组成上存在一定差别，纯水泥混凝土由水泥、水、砂、石及外加剂组合而成，不添加粉煤灰、矿粉等掺和料。纯水泥混凝土与普通混凝土配合比存在较大差异，其中差异最大的为水灰比，纯水泥混凝土水灰比相对来说较小。因此，施工过程中的质量控制和后期养护要求更精细、更严格。本文着重探讨纯水泥混凝土施工过程中的质量控制措施、施工工艺流程和质量控制要点，并提供相应的解决方案。

关键词：纯水泥混凝土；配合比；质量控制

1　配合比分析

1.1　纯水泥混凝土配合比试验控制要点

纯水泥混凝土配合比依据《普通混凝土配合比设计规程》（JGJ 55—2011）进行试验配制，试验过程需注意以下几点：

（1）所有材料均为干燥状态。特别是砂、石，需对其含水率进行检测，将含水量考虑进去，扣除水的比重，搅拌用水总量维持不变。

（2）采用的水泥、外加剂、砂、石等原材料试验与实际拌制混凝土均为同一批，不同批次需重新进行配合比试验。

（3）应根据不同时段气温的高低及浇筑部位进行多项配合比试验，提供配合比调整的依据，满足施工现场的实际需求。

1.2　纯水泥混凝土与普通混凝土配合比分析

以某自来水厂工程为例，C30等级用于普通混凝土的配合比为水泥：水：石：砂：掺和料：外加剂为1：0.67：4.04：4.04：0.44：0.15，用于纯水泥混凝土的配合比为水泥：水：石：砂：外加剂为1：0.47：2.85：2.96：0.13，坍落度均为180±20mm，通过分析可知：

（1）水灰比差距较大。纯水泥混凝土为0.47，普通混凝土水灰比为0.67，水灰比越低，水泥水化程度越低，水泥浆密实，孔隙率低，反应更剧烈，放热更快速，早期强度增长也更快。

（2）纯水泥混凝土水灰比较大，为了满足施工需求及和易性，适当提高了砂率。通过配合比分析可知，纯水泥混凝土砂率比普通混凝土要高。砂率过小，骨料的空隙率显著增加，不能保证在粗骨料之间有足够的砂浆层，也会降低新拌混凝土的流动性，并会严重影响粘聚性和保水性，容易造成离析、流浆等现象。

（3）两者水胶比接近，均为0.47，胶凝材料接近，但纯水泥混凝土早期强度增长较快，标养试块7d强度基本能达到90%以上，普通混凝土标养试块7d强度约为65%。

2　纯水泥混凝土施工工艺

纯水泥混凝土与普通混凝土在施工工艺流程上基本无异，但施工过程中针对不同部位等应采取不同的技术措施。纯水泥混凝土施工流程：隐蔽验收及浇筑前准备工作→混凝土运输→现场混凝土施工→依据现场实际情况进行配合比微调→混凝土施工→养护→数据分析与总结。

3　施工操作要点及质量控制措施

3.1　施工操作要点

纯水泥混凝土施工应根据浇筑部位来确定浇筑方式。因纯水泥混凝土水化反应快，初凝时间比普通混凝土提前，可供施工操作时间相对较短，强度增长快。如现场具备施工条件，混凝土推荐采用臂架泵泵送方式进行施工，工人浇筑操作更方便，施工调整更快速。

（1）底板浇筑。混凝土浇筑可根据面积大小和混凝土供应能力采取全面分层、分段分层或斜面分层连续浇筑，斜面分层浇灌每层厚300～350mm，坡度一般取1∶6～1∶7，混凝土浇筑宜从低处开始，沿长边方向自一端向另一端推进，逐层上升。采取中间向两边推进，保持混凝土沿基础全高均匀上升。浇筑时，要在下一层混凝土初凝之前浇筑上一层混凝土，避免产生冷缝，并将表面泌水及时排走。混凝土拌和料在搅拌、浇筑入模后，必须振动捣固，密实成型。结构密实，就是使拌和料的颗粒之间以不同的振动加速度发生液化，破坏初始颗粒之间不稳定平衡状态，骨料颗粒依靠自重达到稳定位置，游离水分挤压上升，气泡逸出表面，混凝土最终逐渐达到密实状态，从而大大提高混凝土结构耐久性。大体积混凝土要按规范要求做好温度测量及控制措施。

（2）剪力墙及柱的浇筑。剪力墙混凝土浇筑可根据剪力墙高度和长度采取分层、分段浇筑。分层浇灌每层高度1200～1500mm，坡度一般取1∶1～1∶2。浇筑前底层浇筑150～200mm厚同强度砂浆，剪力墙、柱底部采用模板条子或木方压底，防止根部漏浆。浇筑前，调整止水钢板和暗梁主筋位置，如有止水钢板，则将止水钢板尽量靠近外侧主筋安装，确保止水钢板与内侧主筋净距大于100mm。浇筑过程中，混凝土流动距离约6m，根据计算每次浇捣接近1.5m时采用PVC管插入测量混凝土高度，振捣棒在层与层接口处需重复振捣，振动棒振捣间距不大于0.5m，确保接口处混凝土密实，依次浇筑。

3.2　质量控制措施

（1）混凝土温度控制：为了降低混凝土的总温度升高值，减少内外温差，控制混凝土出机温度和浇筑温度是一个很重要的措施。在具体施工中可采取降温措施来控制混凝土出机温度，如夏季混凝土搅拌站可采取加冰水进行搅拌。

（2）混凝土的振捣：振动器应均匀地插拔，每点振动时间10～15s以混凝土泛浆不再溢出气泡为准，不可过振。振捣过程中应将振捣棒上、下略有抽动，以使上、下振动均匀。每点振捣时间一般为20～30s，使混凝土表面不再显著沉降，不再出现气泡，表面泛出灰浆为止。每个浇筑区域应设专人指挥振捣工作，严防漏振、过振造成混凝土不密实、离析的现象产生。防止先将表面混凝土振实而与下面混凝土发生分层和离析现象，填满振捣棒抽出时造成的空洞。振捣器插点要均匀排列，采用“行列式”或“交错式”的次序移动，不应混用，避免漏振。振动器移动间距为500mm，振捣方式如图所示。

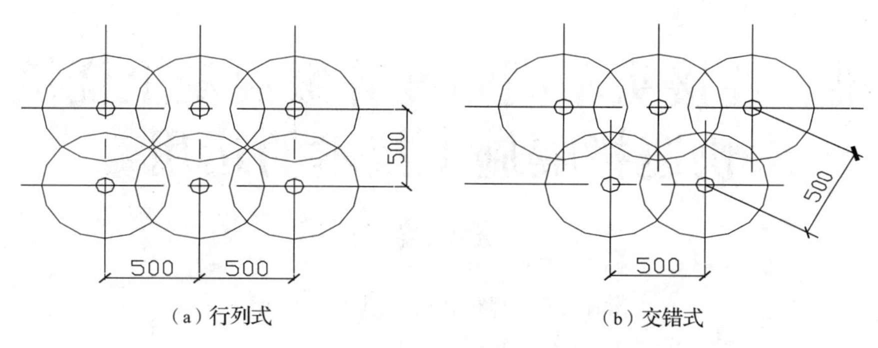

（a）行列式　（b）交错式

混凝土振捣示意图

（3）混凝土的养护：混凝土的养护，可根据工程的具体情况，采用薄膜加草袋或麻袋的养护方法。在控制内外温差的前提下，应尽可能推迟保温层开始覆盖的时间。大体积混凝土保温保湿养护中，应对混凝土的内表温度、顶面及底面温度、室外温度进行监测，温度测定可采用在每个测温点上埋设测温管，根据监测结果对养护措施做出相应的调整，确保温控指标的要求。

4　结语

（1）纯水泥混凝土水灰比较低，水化反应更剧烈，放热更快速，早期强度增长也更快。

（2）纯水泥混凝土和易性较差，初凝时间较短，施工操作难度较大。

（3）纯水泥混凝土无添加矿粉及粉煤灰等掺和料，对于有特殊要求的建、构筑物可以满足要求。如长沙市第二水厂扩建工程，纯水泥混凝土应用数量约5.2万m^3，应用效果良好；长沙市第七水厂工程，池体均采用纯水泥混凝土，结构自防水效果良好。

纯水泥混凝土不仅在抗渗等性能上有一定的优势，同时也因为它不添加掺和料，确保水质更优。纯水泥混凝土既是自来水厂构筑物一种较好的材料选择，也是一种趋势。

参考文献

[1]　曾光，赵军，郭新民．水灰比与混凝土配合比设计［J］．建筑技术开发，2007，（08）：34-51.

[2]　崔艳玲，薛飞，杨艳娟．纯水泥混凝土低水灰比问题的探讨［J］．河南建材，2009，（05）：152-153.

[3]　徐福纯．浅谈混凝土强度与水灰比的关系［J］．水利天地，2002，（06）：47.

[4]　韩君．大体积混凝土施工质量管控［J］．建筑施工，2021，43（09）：119-121.

梁、柱接头不同强度等级混凝土浇筑快速拦隔施工技术的运用

张　磊

湖南省第四工程有限公司　长沙　410119

摘　要：本文以城际空间站6号地块建安工程为例，介绍了项目为解决主要受力荷载框架柱高、低强度等级混凝土浇筑的难题，避免造成高强度等级混凝土浪费，以及低强度等级混凝土流入高强度等级混凝土区域，特别是流入梁、柱接头受力的核心部位而影响建筑结构安全，通过运用梁、柱接头不同强度等级混凝土浇筑快速拦隔施工技术，有效保证了现场混凝土成型质量，同时节约了施工成本。

关键词：梁柱接头；不同强度等级；混凝土；拦隔

1　引言

随着时代发展，土地资源日益紧张，高层建筑成为城市发展方向，高层建筑混凝土结构中的柱、墙混凝土等级不断升高，将会出现大量梁、柱浇筑混凝土时强度等级超过两个等级的现象。采用传统的框架结构梁、柱接头固定拦隔设施费时费力，而且绑扎钢丝网方法往往不能满足设计拦隔的要求。为此，针对传统的快易收口网拦隔装置偏位、难以固定绑扎、绑扎好的拦隔设施容易移位等问题，通过调查、研究、论证、实施，采用梁、柱接头不同强度等级混凝土浇筑快速拦隔施工技术，很好地解决了框架结构梁、柱接头钢筋密集，接头复杂，施工空间小，高、低强度等级混凝土施工难度大，质量与进度保证困难等问题，确保了现场混凝土成型质量，该技术操作简单、实用性强，具有良好的经济效益及推广前景。

2　工程概况

城际空间站6号地块建安工程由高层住宅1~3号楼、小高层洋房4~7号楼及商铺8号和9号楼大堂及配套地下室（1层）组成，总建筑面积为62888.38m^2，其中1~3号楼各25层；4~6号楼各11层；7号楼建筑共7层；8号和9号楼配套商业建筑各1层；非人防地下室1层。本工程框架柱的混凝土强度等级为C45，框架梁与楼面的混凝土强度等级为C35。

3　工艺原理

梁、柱接头不同强度等级混凝土浇筑快速拦隔施工技术的原理是在钢筋工程绑扎之前，预先根据设计图中节点部分梁的尺寸采用规格为A级14mm钢筋进行制作，A级14mm钢筋间距不宜大于90mm，可根据实际情况调整，按照规范和设计图置于需要拦隔的部位，为了方便装入或取出混凝土拦截单元，此混凝土拦隔单元在顶部设置拉手环以及多根拦隔条。有腰筋的在拦隔部位安装拉钩，并用扎丝将箍筋和拉钩绑扎牢固，放置在梁箍筋靠高强度等级混凝土区域一侧，一直插到梁底的模板上，利用梁箍筋和拉钩作为此设施的背楞，再放置快易收口网，拦隔梁、柱接头强度等级不同的混凝土。浇筑混凝土时，先浇筑高强度等级混凝土，再浇筑低强度等级混凝土，待高、低强度等级混凝土浇筑完成后，即可取出此装置，可

在下一层继续重复使用此装置。

4　工艺流程及操作要点

4.1　施工工艺流程

钢筋混凝土框架结构梁、柱接头不同强度等级混凝土浇筑快速拦隔施工技术施工工艺流程如图 1 所示。

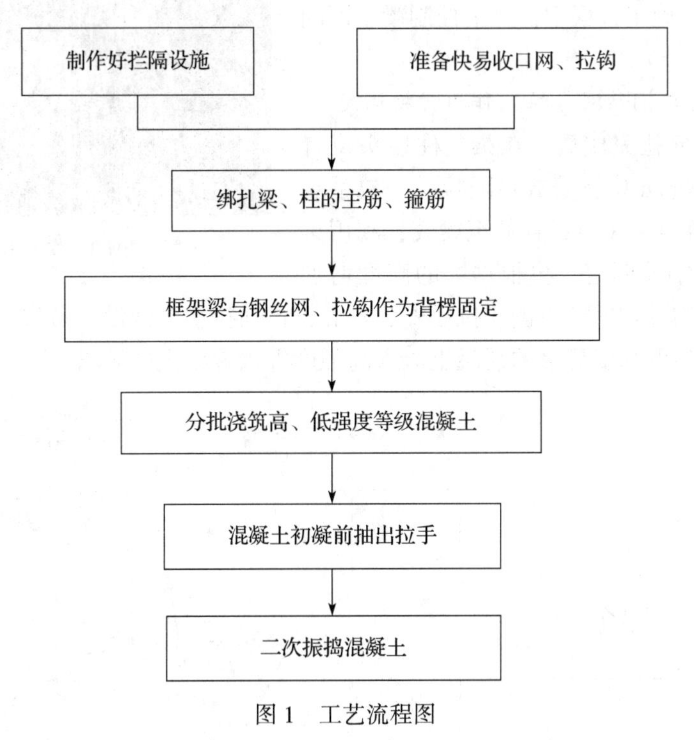

图 1　工艺流程图

4.2　操作要点

4.2.1　制作拉手

根据设计图纸，利用 BIM 技术统计各层梁、柱接头截面的尺寸与数量，做好制作拉手的数量。拉手均采用 A 级 14mm 的圆钢进行制作，拦隔部位 A 级 14mm 钢筋间距不宜大于 90mm，可根据梁的上、下钢筋进行适当的调整。具体制作如图 2 所示。

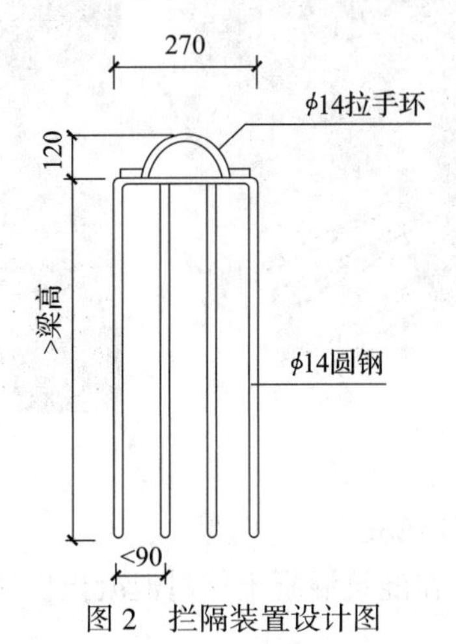

图 2　拦隔装置设计图

4.2.2 准备快易收口网、拉钩

材料部门采购质量好的快易收口网（图3），保证材料充足。钢筋班组根据梁的宽度制作好拉钩。

4.2.3 绑扎梁柱主筋、箍筋

绑扎梁柱主筋，在梁、柱接头处500~1000mm用箍筋进行绑扎。施工过程中，严格控制梁主筋间距和箍筋质量。

图3 快易收口网

4.2.4 框架柱梁与钢丝网、拉钩作为背楞固定

梁、柱钢筋绑扎完成后，在梁、柱接头位置离开柱边至少500mm位置安放拦隔拉手，拉手与梁顶面呈45°（图4~图6），且伸至梁底，利用梁箍筋上部和下部钢筋固定，再根据梁的高度增加中间拉钩，拉钩均设在靠柱一侧。拉手安装好后，再在拉手上铺设快易收口网，快易收口网应满铺拉手，以免低强度等级的混凝土流入高强度等级混凝土区域内。

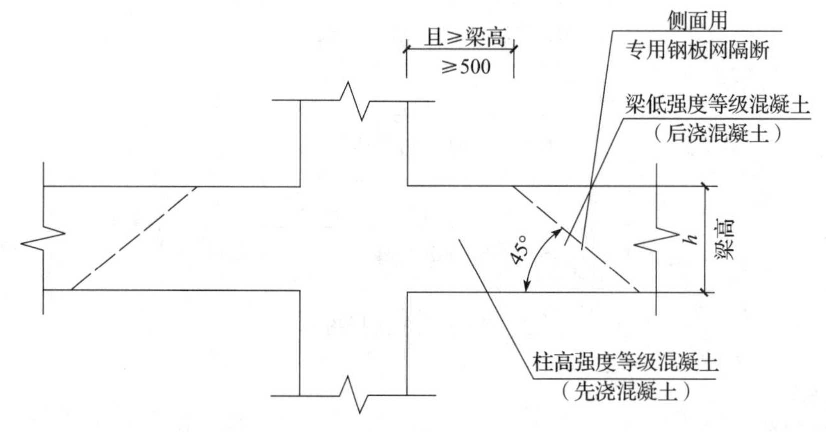

图4 拦隔位置示意图

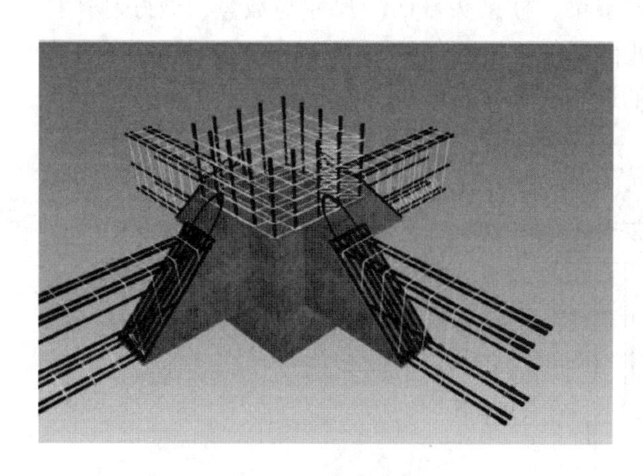

图5 拦隔模型图

图6 拦隔施工图

4.2.5 分批浇筑高、低强度等级混凝土

钢筋隐蔽工程验收合格后，在浇筑混凝土前对混凝土操作工人做好技术交底，先浇筑高

强度等级混凝土，再浇筑低强度等级混凝土，可以采用起重机进行配合。

4.2.6 混凝土初凝前抽出拉手

高、低强度等级混凝土在振捣完成后，应将拉手抽出，以免在混凝土初凝后无法抽出。抽出位置应做好收面，抽出的拉手应安排专人进行清洗和收集，可用于下一个项目的高、低强度等级混凝土拦隔使用。

5 效益分析

梁、柱接头不同强度等级混凝土浇筑快速拦隔施工技术操作简单，方便有效。本工程框架柱的混凝土强度等级为C45，框架梁与楼面的混凝土强度等级为C35，梁、柱接头使用不同强度等级混凝土浇筑快速拦隔施工技术。通过对比发现，单层施工可节约$3m^3$高强度等级混凝土，每$1m^3$C35比C45混凝土省60元，拦隔工具费用为100元（材料费）+300元（额外人工费），经综合计算，共节约成本为25700元。

6 结语

梁、柱接头不同强度等级混凝土浇筑快速拦隔施工技术与传统工艺相比，有效地解决了房建项目框架结构梁、柱接头钢筋密集，高、低强度等级混凝土施工难度大，质量与进度保证困难的问题，保证了混凝土成型质量，具有良好的经济效益及推广前景。

参考文献

[1] 张春良，薛梅生．框架结构节点处不同强度等级混凝土的施工措施［J］．建设科技，2009（11）：77-78.
[2] 朱艳．浅谈混凝土施工缝处理方法及预防节点区施工质量的措施［J］．甘肃科技纵横，2010（2）：143-144.
[3] 王洪印，薛玉晶．高层不同强度等级混凝土施工控制［J］．建设科技，2015（10）：154-155.

瓮安向阳隧道出口端塌方冒顶事故的处理

李志雄

湖南省第四工程有限公司　长沙　410100

摘　要：本文针对向阳隧道出口端发生的塌方冒顶事故，重点介绍了事故发生前的状况及事故处理方案和实施情况。采用小导管注浆超前支护结合T76N的自进式锚杆钻进辅助施工，既保证了塌方段支护安全，又保证了施工质量，取得了较好的效果，具有参考价值，希望能为同类地质条件工程施工提供一定的帮助。

关键词：塌方冒顶；小导管；超前支护；注浆；锚杆

1　引言

隧道进出口端浅埋段施工素来是隧道工程施工的一个难点，隧道施工中常有“进洞难”一说，尤其是地质条件复杂的隧道，洞口施工更加困难。隧道浅埋段施工当中出现断层等不良地质条件时，常常会产生塌方、冒顶、变形等不利情况。

2　工程概况

向阳隧道位于贵州省黔南布依族苗族自治州瓮安县拟建贵州瓮安港口大道新田嘴至张家院段，设计为分离式隧道，平均长度为2764m。隧道左洞纵坡大多为2.1%的单向下坡，隧道右洞纵坡大多为2.15%的单向下坡，横坡均为2%。左线隧道设计标高高差为60.501m，右线洞底隧道设计标高高差为60.254m，进出口洞门形式均为端墙式。隧道设计行车速度60km/h。根据地勘钻探揭露，隧道沿线内埋藏地层有植物层、第四系坡残积层，下伏基岩为三叠系中统关岭组泥质页岩、三叠系下统茅草铺组白云质灰岩和炭质灰岩、三叠系下统夜郎组页岩和灰岩、二叠系上统吴家坪（长兴）组页岩和灰岩、二叠系下统栖霞（茅口）组灰岩、奥陶系下统大湾组页岩、奥陶系下统红花（桐梓）组灰岩及奥陶系下统桐梓组白云岩，隧道普遍埋深不大。

3　事故调查

向阳隧道进出口端浅埋段均为V级围岩，洞口段设明洞，以系统锚杆、喷射混凝土、钢筋网、钢拱架等组成初期支护，辅以大管棚、注浆小导管超前支护进洞。2017年1月1日上午7点左右，隧道右洞出口端YK11+570～YK11+540段（设计为S4a、S4b衬砌支护）距右洞出口端80m左右的位置，出现喷射混凝土裂隙，顶部小块剥落现象，此时立即将全部人员及部分机械设备转移至洞外安全处。随后洞顶不断有崩塌现象，伴随有细微的粉尘从裂隙中溢出，至下午18点左右，该位置地表出现塌方冒顶，塌方面积约20m×30m。塌方面桩号为YK11+570，洞内塌方体呈45°倾斜角度、稳定。YK11+570-YK590段初期支护均受塌方体影响，发生变形与脱落，需要进行加固处理（图1）。

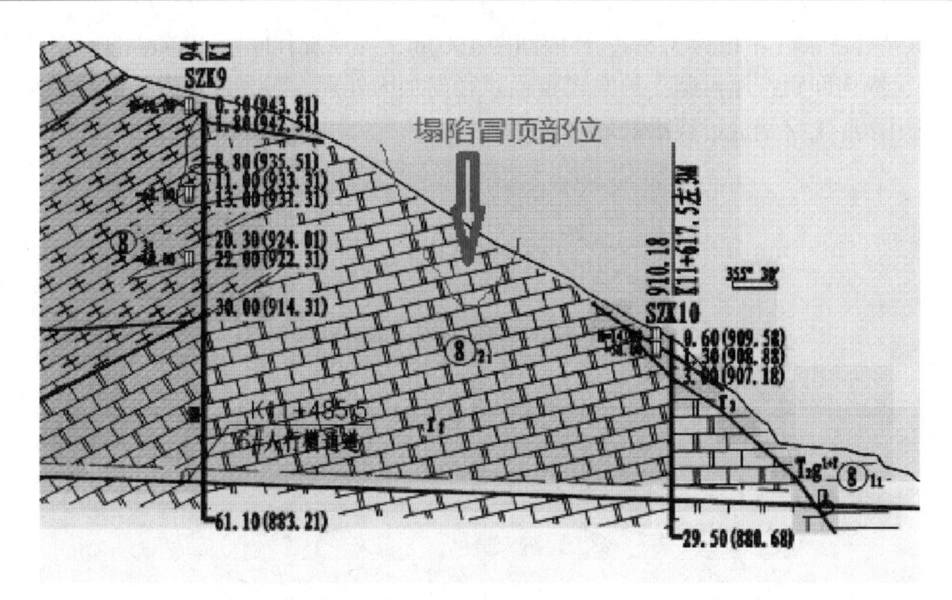

图1　塌陷位置示意图

4　原因分析

经现场考察和综合分析，向阳隧道出口端处于坡积形成碎块土及页岩残坡形成的黏性土覆盖层上，结构松散，岩体较破碎，洞内岩层有渗水，隧道围岩条件较差。该部位中风化页岩遇水极易软化，在未经扰动状态下硬度较大，但一经扰动便形成松散片状，其强度急剧下降。由于连续下雨，浅埋段地表水渗透，使隧道围岩软化。初次衬砌仰拱未及时封闭成环，加上开挖爆破振动的影响，导致了塌方冒顶事故的发生。

5　处理方案

隧洞塌方冒顶以后，我们立即组织有关工程技术人员及专家组对事故进行了全面诊断分析，经过多次的技术论证，从塌方体规模、性质、工程地质条件、施工技术设备、进度等诸方面进行技术、经济的综合比较，决定采取如下处理方案：

5.1　地表处理

（1）进一步核实地表塌方范围及规模，洞内坍塌体范围及受塌方影响发生初期支护破坏的范围。

（2）地表塌陷部位5m范围外施工截水沟，防止地表水流入；对地表受坍塌后牵引形成的裂缝进行封闭。

（3）在完成洞内加固后对地表塌陷部位进行素土回填处理，回填至离原地表1m处时覆盖一层50cm厚5%灰土封闭防水，继续回填素土至高出原地面50cm。

5.2　洞内未塌方段处理

（1）对洞内坍塌体表面采用喷射10cm厚C25混凝土临时封闭。

（2）在未变形处（从塌方面至大里程方向20m位置）设置3~5榀20b工字钢稳固后方，再从洞外运送石渣回填塌方面，回填至拱脚高度，形成工作平台。在平台上设置横向和竖向的20b工字钢，形成十字撑加固。

（3）在十字撑的加固下，对初期支护变形段（从塌方面至大里程方向20m）增加

ϕ42mm 小导管注浆（单根长 3.5m、环向间距 100cm，与原设计间距 100cm 的中空注浆锚杆间隔错开，纵向间距按原衬砌支护方式布置）径向加固处理。对靠近塌方面已经破坏的 3 榀工字钢采用 20b 工字钢进行换拱处理（图 2）。

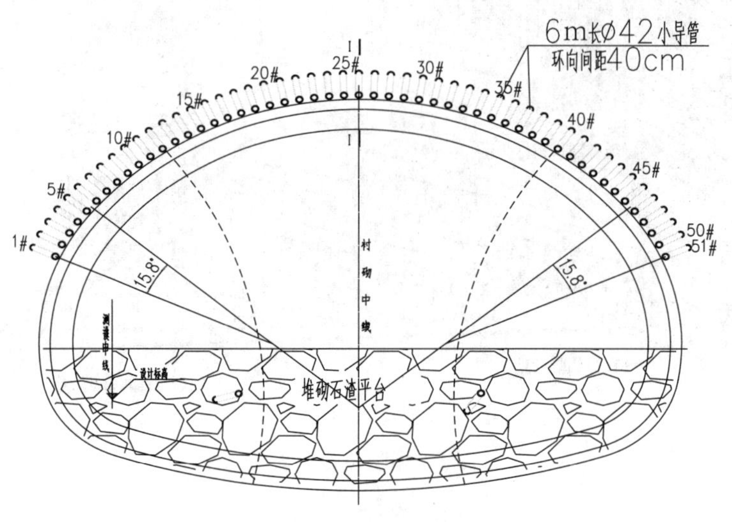

图 2　超前支护示意图

（4）加强出口端未施作二衬部位的监控量测工作，尤其是已经发生初期支护破坏的部位需加密监控量测点，通过监控量测数据确定是否趋于稳定，若异常应及时处理，可通过增设临时支撑及径向注浆加固。

5.3　洞内已塌方段处理

5.3.1　超前支护

采用 6m 长的ϕ42mm 小导管注浆超前支护。从塌方面处的钢拱架腹部以 10°~15°的外插角打入，环向间距 40cm，纵向间距 3m 一个循环，在初期支护拱部 120°范围内进行注浆加固。结合实际情况，部分小导管难以钻进部位采用 T76N 的自进式锚杆钻进行辅助施工。注浆材料采用 1∶1 的水泥水玻璃双液浆，水玻璃浓度 35 波美度，水玻璃模数 2.4，注浆压力初压 0.5~1MPa，终压为 2.0MPa。注浆前先进行注浆现场试验，注浆参数通过现场试验按实际情况确定。

5.3.2　掘进支护

超前小导管注浆加固处理完成后，在超前支护下，按照原设计图纸的 S5a 级支护开始逐榀开挖，逐榀支护。但工字钢纵向间距按 0.5m 考虑，4m 长度的 D25 中空注浆锚杆改为 4m 长度的ϕ42mm 小导管。二次衬砌在十字撑加固下，在通过塌方段处理之后再进行施作，原 S4b 支护形式二次衬砌的钢筋改为 S5a 的钢筋进行加强（即原 S4b ϕ22mm 的主筋改为 S5a ϕ25mm 的主筋）。

加强塌方处理段防水排水措施。重新开挖后每隔 2m 设置 1 道环向ϕ50mm 软式透水管直接引排至排水沟，隧道排水良好。

5.3.3　开挖方法

塌方段开挖采用 CRD 施工工法，单侧壁导坑采用 4 步开挖，预留 30cm 沉降量，设置临时支护（图 3）。

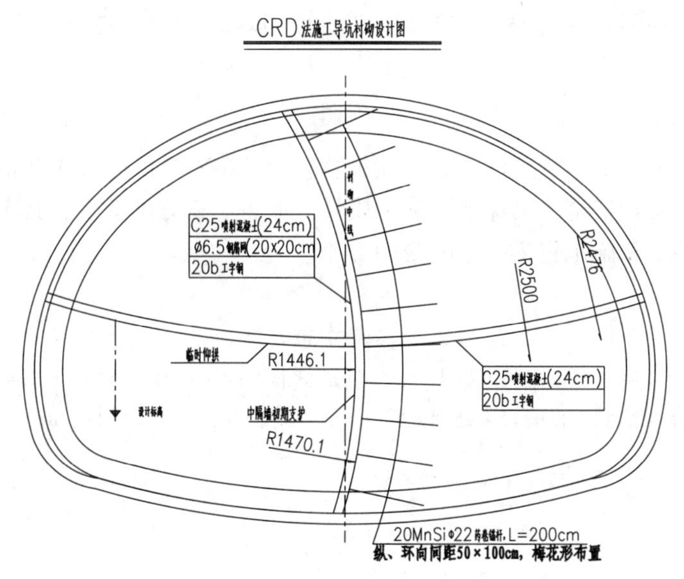

图3　CRD开挖法衬砌示意图

5.3.4　监控量测

施工过程加强塌方处理段监控量测工作。地表沉降、拱顶下沉及水平收敛按5m一个断面设置，监控量测频率3~4次/d。

隧道施工中开挖成形后，必须立即喷射不小于5cm厚的混凝土及时封闭围岩，紧跟监控量测，监控量测应在开挖后2~4h内进行。否则，工作人员不得进入掌子面作业。

6　施工注意事项

(1) 开挖进入塌方体后，若发现塌方体不稳定，首先应喷射混凝土封闭，必要时反压回填，待塌方体稳定后打设导管注浆固结后再实施开挖。初期支护后如果沉降变形比较严重，应设置临时支撑予以保护，防止变形过大，等待初期支护封闭成环后拆除临时支撑。

(2) 设计要求注浆加固部分按相关工艺要求施工，注浆过程派专人负责，记录注浆时间、浆液消耗量及注浆压力等数据，观察压力表值，监控连通装置，避免因压力猛增而发生异常情况。

(3) 隧道进洞后应坚持“随挖随支护和先喷后锚”的原则，尽快封闭围岩，控制围岩的初期变形，各工序之间紧凑合理，避免出现人为的延误导致支护不及时等事故。二次衬砌施作也应及时，不应超出规范要求，滞后掌子面过长。

(4) 施工过程中，应对围岩等各种需要检测点进行监控量测，根据量测结果及时反馈信息，合理修正支护参数和开挖方法，指导施工和确保施工安全。

(5) 右洞塌方段处理时应对左洞爆破施工进行控制，防止塌方加剧。

(6) 施工过程中，应以安全为重，禁止无关人员进入塌方段。现场所有施工人员要求佩戴相应的安全防护用品，现场各种机械设备要求有专人进行操作。安全员应随时注意观察围岩及支护变化，若有突变，及时撤离现场施工人员。

7　处理效果

通过采取未塌方段的加强支护处理和已塌方段的开挖支护处理措施，配合地质雷达超前探测，施工过程中加强监控量测，塌方段的围岩加固效果较好，初期支护稳定，变形较小，安全快速地通过了塌方段，而且保证了施工安全和施工质量。

8 结语

采用 6m 长的ϕ 42mm 小导管注浆超前支护，结合 T76N 的自进式锚杆钻进辅助施工，既保证了隧道塌方段支护安全，又保证了施工质量，取得了良好的效果，具有参考价值，希望能为同类地质条件工程施工提供一定的帮助。

参考文献

[1] 刘向阳．浅埋公路隧道洞口段施工技术［J］．铁道标准设计，2004，（11）：67-68.
[2] 曹武详，浅谈水工隧洞不良围岩段处理方案［J］．甘肃农业，2009，（11）：88-95.

混凝土钢板组合地坪机械锚固施工技术

石小洲　唐升刚　孔光大　田立新　易　谦

湖南省第一工程有限公司　长沙　410011

摘　要： 传统工业厂房常在混凝土地坪上直接铺设厚钢板，但在长期堆载或重荷作用下，钢板会产生翘曲变形，难以恢复，更换费用较高。针对上述问题本研究提供了一种针对钢板地坪拼接、钢板混凝土结合层处理、钢板锚固的钢板地坪施工方法，可以确保钢板在使用过程中不出现永久性翘曲、变形，且具有减小钢板用钢量，提高地坪使用寿命等优点。

关键词： 厂房；钢板地坪；锚固

1　概述

在工业厂房（尤其钢制品等重载厂房）中，因产品体积大、堆载重、转运多，导致厂房地坪磨损。因此，对厂房地坪的承载力、硬度、变形、耐磨等使用要求较高。如采用普通混凝土地坪，易出现开裂、表面划伤、起砂甚至破损，修复困难。为此，常见做法是在混凝土地坪上直接铺设厚钢板，但在长期堆载或重荷作用下，钢板会产生翘曲变形，难以恢复，更换费用较高。为此，本项目研究了一种针对钢板地坪的平整拼接、地坪与钢板面层的结合处理、钢板锚固等施工方法，可以有效提高钢板抵抗翘曲变形的能力。

2　应用项目简介

贵州钢绳股份有限公司年产 55 万 t 金属制品异地整体搬迁项目，占地面积约 73 万 m^2，建筑面积约 35 万 m^2，其中混凝土钢板组合地坪机械锚固施工面积约 2.5 万 m^2。

3　施工技术应用

工程采用钢板组合地坪机械锚固施工技术，将高强度、高硬度、高耐磨 20mm 厚钢板，通过排板、切割、二次铺装、固定，使钢板面层与地坪结构层紧密贴合，防止钢板永久性翘曲、变形，具体工艺流程：施工准备→钢板排板深化→地坪测量画线→钢板下料加工→钢板安装→植筋锚固与焊接→养护。

为了保证钢板地坪的整体成型质量，每项工艺环节质量控制内容如下。

3.1　实施前的准备工作

准备工作是确保工艺质量的前提，实施前准备工作由以下三部分组成。

（1）预留钢板铺装厚度：要求钢板铺装完成面标高与非铺装混凝土地面标高一致，因此在地坪混凝土浇筑前需预留钢板铺装的厚度（钢板厚度+结合层厚度）。

（2）现场平面布置测量：按照使用要求，对照建筑平面，在钢板铺装区边界弹线，画出设备基础、管沟、柱墩等的不需要铺装的预留位置。

（3）测量及平面图绘制：基于建筑平面图，将实测数据绘制成 CAD 图，形成平面总图，包括钢板铺装区域的外轮廓及内部设备、管沟、柱墩等预留洞口的轮廓线。若铺装钢板厚度不同，需进行区域划分。

3.2　钢板排板及深化设计

钢板排板及深化设计能确保钢板铺设过程中不会发生铺设位置与现场实际位置不一致、拼接不严密、拼接错位、材料浪费等问题。具体做法如下。

（1）热轧中厚钢板的常见宽度一般在 1800~2200mm 之间，长度 6~10m（不小于 2m），加工长度在 5m 以内容易铺设，过长操作会变得困难。

（2）排板布置：绘制钢板的下料裁剪图，分为预排板和精确排板。预排板是在采购前根据钢板常规尺寸来进行的，一般只需考虑宽度，其目的是通过预排板来达到节省材料的目的。

（3）通过预排板，可按照钢板宽度进行材料采购，若市场上的钢板尺寸有变化，需重新排布，采购钢板的宽度尺寸、类型尽可能少，以降低钢板切割损耗。

（4）钢板采购后，需要根据实际采购的钢板尺寸进行精确排板，以降低损耗并布局美观。

（5）钢板编号：根据排板情况对每一块钢板进行编号。

（6）钢板深化设计：对钢板的裁剪尺寸、锚固开孔布置进行深化，如图 1 所示。

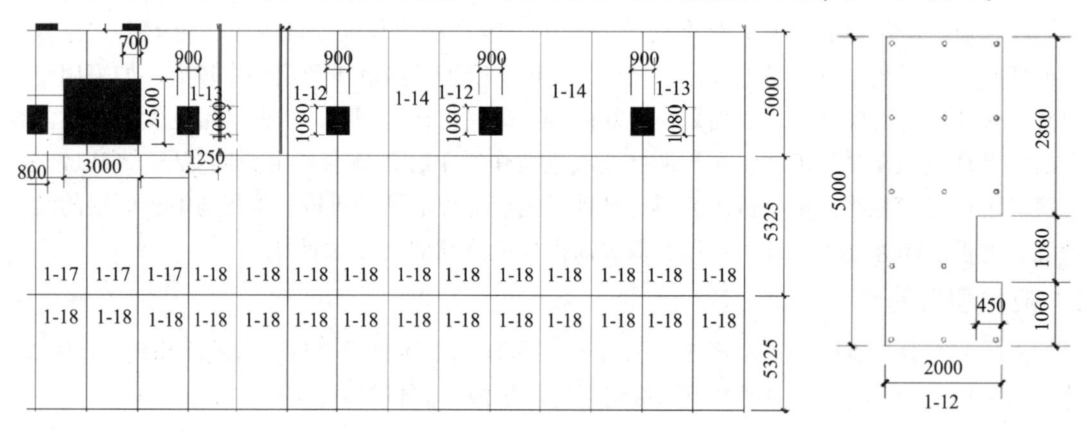

图 1　钢板排板示意图

3.3　地坪测量画线

钢板安装前需对钢板地坪铺设位置进行测量画线，同时核对现场实际尺寸与深化布置图是否存在误差并进行校对消除。平面画线测量按排板深化布置图，测设出现场平面布置外轮廓线、转角、不同厚度钢板的分界线，主要区分控制线，基础、管沟、柱墩等的预留边界线等。

3.4　钢板下料加工

根据现场测量画线的实样，复核和调整布置图和加工详图，再进行工厂下料、钻孔、编号。

3.5　钢板安装

钢板到位后，对钢板进行现场安装，施工过程如下。

（1）基层清理：将基础混凝土表面浮浆、垃圾、污染物清除干净。铺装提前一天用水湿润后次日铺装。

（2）为避免地面弹线被覆盖，安装前需对钢板位置和钢板面层标高进行控制，具体做法为：在混凝土地坪基层上布点钻孔，用ϕ 20mm 钢筋头打入结构层作为钢板的临时支撑，在钢筋上标注钢板铺装的控制标高，然后切割打磨平头，同时也作为结合层的控制标高，支撑钢筋的数量根据钢板大小确定，每块钢板不少于 4 个，长度大于 2m 的不少于 6 个，如图 2 所示。

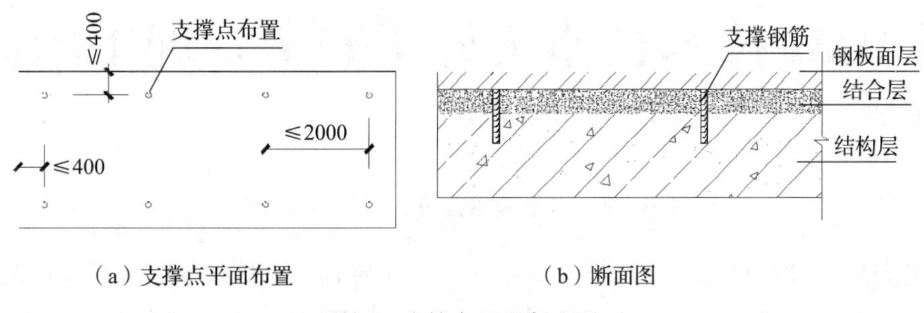

（a）支撑点平面布置　　（b）断面图

图 2　支撑布置及断面图

（3）铺摊 40mm 厚细石混凝土结合层，采用干硬性 C25 细石混凝土拌和，尽量减小水灰比，平铺挤压后用挂杠刮平至控制标高，然后在结合层上铺一道掺 102 胶的素灰浆。

（4）采用钢板磁力吸盘，按对应编号进行吊装铺装，用大锤、撬棍做精准调节，用小锤敲打钢板面以提浆，使钢板与结合层贴紧。

3.6　植筋锚固与焊接

植筋锚固与焊接在结合层 7d 养护期后进行，钢板植筋孔在工厂完成，孔径ϕ 17.5mm@ 0.6~1m，边排孔距离边沿约 100mm，孔内注入环氧树脂植筋胶，ϕ 14mm 螺纹钢筋植入地坪结构层 200mm，具体做法如图 3 所示。

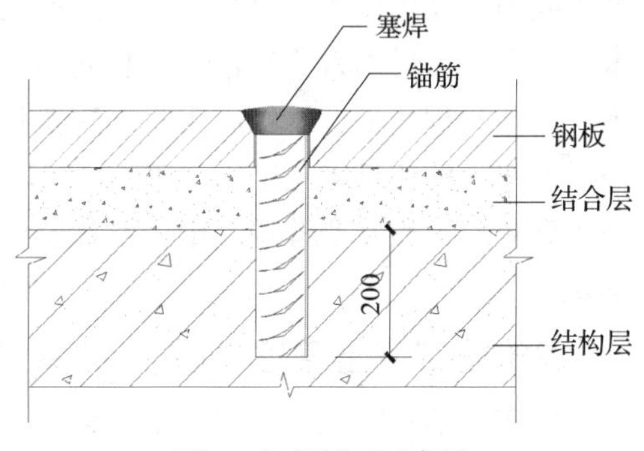

图 3　钢板锚固示意图

上述做法需要注意：（1）钢板之间的边沿焊接及植筋钢筋头与钢板塞焊，板间边沿固定焊缝按 100mm@ 200mm。（2）植筋钢筋头相对钢板面沉头约 8mm 以保证塞焊焊缝厚度，焊后打磨平整。（3）植筋完成 48h 后做拉拔试验检测，同时拉拔试验需在结构层混凝土 28d 龄期后进行。

3.7　养护要求

钢板铺装后结合层细石混凝土养护 7d，期间禁止施工车辆通行及堆载，结构层混凝土强度需达到设计强度的 75%后方可进行钢板地坪的铺装施工。

4　结语

本工程在施工过程中严格按照上述工艺进行施工，经检测，板与板、板与混凝土地坪之间整体结合良好，地坪整体受力均匀。采用钢板混凝土钢板组合地坪机械锚固施工，能有效防止钢板产生永久变形，同时钢板背面密封不受腐蚀，能提高钢板的使用寿命。传统方法需要 25mm 厚的钢板，采用该技术可减小至 20mm，节约了材料成本。同时由于钢板可通过工厂预制，能有效降低钢材损耗。

参考文献

张景龙，祝前程，李晓明．机库大面积超平耐磨地坪施工工艺［J］．建筑施工，2021，43（1）：133-177.

浅析 BIM 技术在建筑施工安全管理中的应用

唐鹏飞

湖南省第一工程有限公司　长沙　410011

摘　要：建筑施工过程中的安全风险主要源自不合理的施工组织设计、不科学的施工程序、不系统的安全管理制度、不全面的风险辨识方法。当 BIM 技术融入建筑施工安全管理工作中时，对施工组织设计、施工程序、施工安全管理制度、安全风险辨识等各项指标有很好的指导和理顺作用，可以全面提高生产效益和管理人员的综合管理水平，提升建筑工程经济效益和社会效益。

关键词：BIM 技术；建筑施工；安全管理；应用分析

1　概述

我国的民用建筑、市政建筑、工业建筑等工程在建设过程中都难以避免地发生一些安全事故，不仅造成了人员伤亡，而且还影响到了社会稳定。因此，如何积极且有效地提高建筑施工安全管理水平，已经成为我国建筑业可持续发展过程中必须要面对的问题。BIM 技术因为具有强大的信息采集能力，并且具有“三维设计、四维建筑、五维运营”等特点，可以嵌入到建筑工程安全管理当中，发挥它的智能作用，一定程度上弥补了传统管理方面存在的不足。

2　建筑施工安全管理中融入 BIM 技术的必要性

随着目前新时代的发展变革，以及近年来建筑技术不断更新和升级，各类新的材料、设备、工艺也纷纷涌现，这些都给施工安全管理带来了全新挑战。传统的人工安全管理模式受限于管理者经验总会出现各种短板，导致各类安全事故不断发生。这是因为传统安全管理集中在了材料、设备、人员、环境等方面，忽视了更多的影响因素（例如设计不合理性导致倒塌），即便在传统管理模式下，提高了材料品质、设备安全水平、人员的风险意识、构建了稳定的施工环境，仍然还会存在安全风险，而且这些风险具有隐蔽性，不容易被人发现。

3　BIM 技术在建筑施工安全管理中的应用

建筑施工安全管理是全过程管理内容，这就注定了 BIM 技术必须全程参与到安全管理当中，具体有施工组织设计当中的 BIM 技术应用、施工风险点排查时的 BIM 技术应用、施工安全管理制度制定时的 BIM 技术应用。另外，因为施工是动态的，BIM 技术还需要对施工环节进行监控。

3.1　施工组织设计当中 BIM 技术应用

项目经理是施工组织设计的编制主体，传统编制过程里容易受主观因素影响，导致对方案考虑的范围小、不具体，缺乏数据支撑，施工组织设计当中的安全事故预防单一化，做不到灵活应对。通过引入 BIM 技术能够利用虚拟演示功能，全程观察整体施工的情况，从材料配置到主体施工，尽收眼底，让项目经理的施工组织设计当中涉及的准备工作更具体、施工方案更合理、施工技术指标更详细全面。尤其是现场施工管理设计，能够通过 BIM 技术来实现现场施工的分区管理，避免不同班组彼此影响，让各类工种并行不悖，降低了各类施工事故发生的可能性。

3.2　施工风险点排查当中 BIM 技术应用

在施工之前有必要对整体施工情况展开风险点预测，之前这一环节主要是让工程监理、技术员、各班组负责人聚在一起，根据各自主观经验最终形成风险点表格。然后将该表发放到各组，加强安全教育，让施工者明白各个风险点，能够做到佩戴防护工具及正确施工。但目前建筑工程的风险点越来越多，过去的人工预测已经不够精准，这势必加大工程施工危险程度。故而可以积极融入 BIM 技术，该技术能够对脚手架设计、主体构件情况、施工工序等展开逐一排查，将一个个风险点高亮显示，让管理者一目了然。例如在香港地铁建设中，通过 BIM 技术进行临时风险排查，扫描出了多处构件间碰撞、构件和车辆碰撞、构件和暖通系统碰撞。再以设备吊运为例，通过 BIM 技术可以演示现场施工情况，帮助管理者找到吊运设备本身存在的问题、施工平台存在的安全风险等，最终为安全吊运施工提供保障。

3.3　安全管理制度制定时 BIM 技术具体应用

经历施工组织设计→风险点排查→风险点清单之后，管理者需要拥有一个系统的安全管理制度，此时可以将相应的技术规范、技术指标等录入到 BIM 系统当中，其结合这些规范、指标以及目前的风险点清单，形成一个相对完善的涉及人员、材料、设备、环境、技术、工艺等在内的完整的管理建议，为管理者的安全管理制度制定提供强有力的支持。

3.4　施工管理当中 BIM 技术的应用

在施工过程中为了保证对施工风险的安全防控，需在过程中不断地融入 BIM 技术来对隐蔽工程、危大工程展开动态的安全预测，主要有管线碰撞试验、构件碰撞试验、施工过程里风险点动态监测。

（1）管线碰撞试验。目前的建筑中出现了大量的弱电工程例如呼叫系统、电梯、消防工程、机电工程等，存在较多的管线碰撞现象，若是不能及时发现，很可能会埋下安全隐患。例如管线破裂零火线接触造成短路打火，可能导致建筑体发生火灾。通过 BIM 的思维建造功能，可以将管线布置图转化为立体形式，让管理者观看管线走向，找到其中不合理的交叉点，有利于做出科学调整，提升线路图水平，将风险化解于无形。

（2）构建碰撞试验。目前建筑的内部构成越来越复杂，承重墙与承重梁之间、承重梁之间、梁柱之间也都会存在碰撞问题。另外也存在这些构件和机电设备碰撞问题，这些问题都会导致建筑不合理，不仅提升施工成本，还会给后续投产使用造成安全隐患。同样引入 BIM 技术的四维建造功能，可以让管理者通过透视化的三维立体建筑模型看到内部构造存在的问题。

（3）对风险点动态监控。虽然在施工前有风险点排查，但随着施工推进，风险点会有所变化，需要管理人员按照最初的“施工安全风险清单”进行动态统计，将发现的新风险、消失的风险都标记清楚，然后和其他施工班组共享。其中虽然 BIM 技术没有直接应用，但之前形成的“安全风险点清单”发挥了指导和对比作用。另外，利用 BIM 技术出图功能，可以将阶段施工当中不同施工项目进度打印出来，让有关主体对安全水平进行评价。对于安全及质量检查人员而言，他们可以用 ipad 接入 BIM 模型，来完成具体的检查和分析，避免了过去人工检查效率低下的弊端。

4　建筑施工安全管理中 BIM 技术应用问题及对策

（1）技术人员不专业，不能灵活掌握 BIM 技术，数据采集、录入等操作存在偏差，会给 BIM 系统最终的安全分析带来负面影响。另外，信息是否齐全、资料是否完善，这些也直接影响到系统分析结果。所以，有必要培养专业的技术人员，使其能够顺利进行数据的导入导出，确保信息不失真；能够认真地按照原始数据录入数据，不发生错误输入。

（2）在利用 BIM 技术软件时，容易将模型展示作为主要功能，而忽视了构件碰撞、管线碰撞功能的利用。或者有的模型根本不具有碰撞试验能力，造成了安全管理的盲区。在这一点上首先需要在模型构建时，就将展示功能、构件碰撞试验等融入进去，力求 BIM 软件功能的完善。

（3）在安全管理当中，BIM 技术模型数据在各类终端传递中出现数据变形。在安全管理过程里，BIM 技术模型数据在建设单位、设计单位、施工单位、监理单位等主体间不断反复传递，因为环节当中涉及人为操作，会导致一些数据变形，无形中增加了 BIM 技术参与建筑施工安全管理的风险度。解决这一矛盾在于开发一款目标明确、标准清晰、数据统一的 BIM 技术模块。

5　结语

总之，BIM 技术具有强大的安全风险预测、计算以及分析能力，能够显著提高项目安全管理水平，可以发现传统人工安全管理不能发现的细微问题。但也不可忽视其具有的一些问题，需要对这些问题形成具体解决措施，目前最需要的就是我国可以提供一个公用的 BIM 技术平台，这是解决所有问题的关键。

参考文献

[1]　李斌 . BIM 技术在建筑工程安全管理中的应用分析［J］. 科技资讯，2020（06）：91-92.
[2]　文茂，雷鸣 . BIM 技术在建筑施工安全管理中的应用与前景［J］. 科技经济市场，2020（11）：72-73.
[3]　韩美言 . BIM 技术在建筑施工安全管理中的应用［J］. 汽车世界，2020（2）：89.

一种实用新型专利螺杆在安装工程预埋中的应用

黄景华

湖南省郴州建设集团有限公司　郴州　423000

摘　要：建筑安装工程的给排水管件及套管的预留预埋是安装工程的重要工序，其质量要求随着整个建筑行业质量的提高、技术的更新而不断提升。本文从一种实用新型专利螺杆在实际项目安装工程预埋中的相关问题进行分析及总结，为此类专利的应用提供借鉴。

关键词：实用新型；专利；螺杆；安装工程；预埋

1　前言

在安装工程施工中，前期配合土建进行的给排水管件及套管的预留预埋是重要的工序，但在施工中容易出现以下问题：

（1）现有建筑给排水管件及套管的预留预埋一般是在预埋件外部周围用四个钢钉或螺丝牵引铁丝压紧固定在木模板或钢（铝）模板上，钢钉或螺丝会损坏模板产生漏浆，拆除模板时可能会拉坏管件周围的钢钉或螺丝附近的混凝土，部分极端情况还可能损坏预埋件本身，从而影响预埋质量。

（2）现有建筑给排水管件及套管的预留预埋也有采用通丝螺杆固定的，此方法要求在管件的中心定位点的模板上钻孔，在模板的两侧由人工用螺帽锁紧来进行固定，模板拆除时也要由两侧的工作人员配合松开螺帽，不仅增加了劳动力成本，同时也降低了装置的安装效率；从而限制了使用范围，降低了装置的实用性。

因此，我们在实际工程中采用具有实用新型专利——一种便于安装的建筑排水管件预埋用螺杆来解决以上的问题。

2　一种实用新型专利螺杆

2.1　实用新型专利证书（图 1）

（1）证书号第 14428788 号。

（2）实用新型名称：一种便于安装的建筑排水管件预埋用螺杆。

（3）专利号：ZL 2020 2 2814401.4。

（4）专利申请日：2020 年 11 月 27 日。

（5）专利权人：湖南省郴州建设集团有限公司。

2.2　相关说明

本实用新型专利公开了一种便于安装的建筑排水管件预埋用螺杆，包括螺纹杆、锁紧螺纹套和偏重块。螺纹杆的底部焊接有安装端，安装端的内部通过通孔贯穿安装有转轴杆，转轴杆的两端通过螺纹结构安装有螺帽，安装端的正面通过螺帽与转轴杆的配合转动安装有偏重块，螺纹杆的外侧通过螺纹结构安装有锁紧螺纹套。本实用新型专利通过在安装端的正面

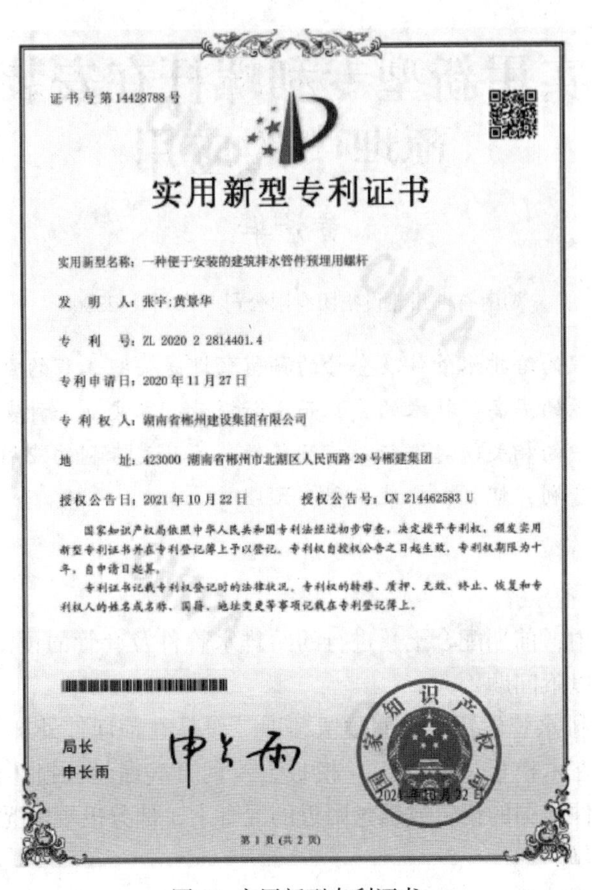
证书号第14428788号

实用新型专利证书

实用新型名称：一种便于安装的建筑排水管件预埋用螺杆

发　明　人：张宇；黄景华

专　利　号：ZL 2020 2 2814401.4

专利申请日：2020年11月27日

专 利 权 人：湖南省郴州建设集团有限公司

地　　址：423000 湖南省郴州市北湖区人民西路29号郴建集团

授权公告日：2021年10月22日　　授权公告号：CN 214462583 U

国家知识产权局依照中华人民共和国专利法经过初步审查，决定授予专利权，颁发实用新型专利证书并在专利登记簿上予以登记。专利权自授权公告之日起生效，专利权期限为十年，自申请日起算。

专利证书记载专利权登记时的法律状况。专利权的转移、质押、无效、终止、恢复和专利权人的姓名或名称、国籍、地址变更等事项记载在专利登记簿上。

局长
申长雨

2021年10月22日

第1页（共2页）

图1　实用新型专利证书

安装有偏重块，通过转动螺杆可带动偏重块进行旋转，而偏重块受到离心力的影响横向卡在安装孔的底部，从而可限定螺纹杆的位置，在拆装时不需要工作人员配合，不仅减少了劳动力成本，同时也提高了装置的拆装效率。

2.3　螺杆附图及图示（图2）

2.4　工作原理

在进行安装时，可通过转动螺纹杆1带动偏重块3进行旋转，而偏重块3受到离心力的影响发生旋转，旋转的偏重块3可横向卡在安装孔的底部，从而限定螺纹杆1的位置，并通过旋转锁紧螺纹套2与排水管件的顶部接触，实现排水管件的快速安装，在拆卸装置时，通过旋转锁紧螺纹套2至排水管件的顶部分离，在向下移动螺纹杆1至偏重块3与安装孔的底部分离时，偏重块3可受到重力影响成垂直状态，从而可垂直向上取出螺纹杆1，完成装置的拆卸工作。

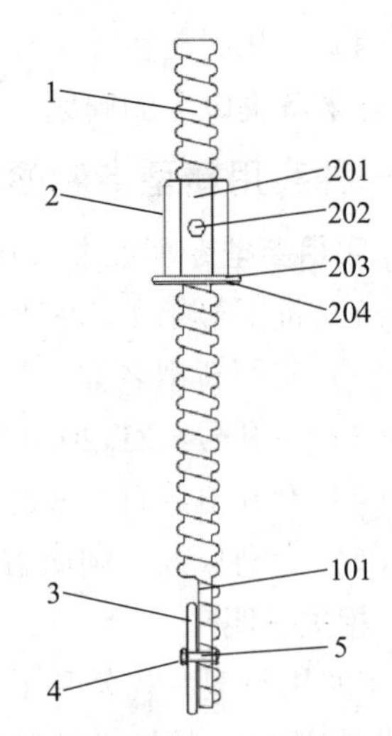

图2　实用新型专利—螺杆示意图

1-螺纹杆；2-锁紧螺纹套；3-偏重块；4-螺帽；5-转轴杆

2.5　有益效果

（1）本实用新型专利固定给排水管件及套管的方法是在管件中心定位点处钻孔穿过模板，靠上部结构压紧管件，固定螺杆不与混凝土浇筑面产生接触，避免在模板上穿孔，拆模后也不会有损坏预埋管件周围混凝土的质量缺陷。

（2）本实用新型专利在安装端的正面装有偏重块，通过转动螺纹杆带动偏重块进行旋转，而偏重块受到离心力的影响发生旋转，旋转的偏重块可横向卡在安装孔的底部，从而限定螺纹杆的位置，便于工作人员快速拆装，在拆装时由一人即可完成，不需要另一侧人员的配合，不仅减少了劳动力成本，同时也提高了装置的拆装效率。

（3）本实用新型专利通过在螺纹杆的外侧安装锁紧螺纹套，使锁紧螺纹套在螺纹杆外侧进行往复移动，从而可便于调节锁紧螺纹套与螺纹杆底部的距离，便于根据安装的实际需求进行调节螺纹杆的定位长度，扩大了其使用范围，提高了装置的实用性。

3　施工应用情况

3.1　工程概况

（1）本项目名为达康永乐府 2 号楼，位于湖南省郴州市安仁县。

（2）本建筑共 32 层，1 层为架空层，2 层以上为住宅，建筑总高度 97m，为一类高层住宅楼，建筑耐火等级为一级。

（3）安装工程给排水部分施工范围包括给水、排水及消防水。土建现场浇筑采用铝模板。

（4）给排水套管主要为钢套管，卫生间及阳台排水管穿楼板处设计为带止水环预埋件。

（5）实用新型专利产品（一种便于安装的建筑排水管件预埋用螺杆）主要用于楼板处的给排水预埋件及套管的安装固定。

3.2　预留预埋工艺流程

（1）预留模具制作→土建模板检查交接→定位画线→预留模具安装→质量检查验收（整改）→混凝土浇筑（检查保护）→预留固定用模具拆除。

（2）预留模具包括钢套管、带止水环预埋件、固定板及预埋用固定螺杆。钢套管及带止水环预埋件根据设计图纸选择相应的成品产品，预留预埋用固定板可用废旧模板或钢板根据相应的预埋件尺寸现场制作，预埋用固定螺杆按实用新型专利产品相关说明书现场制作。

（3）土建模板检查交接：土建模板安装后，安装技术人员和土建技术人员进行模板部分的验收，检查标高、尺寸偏差是否符合要求，是否有影响安装施工的遗留问题，各项指标检测符合要求后方可进行下道工序。

（4）定位画线：模板验收合格后，根据模板尺寸，将管道的具体定位尺寸用钢尺测量精准，用油漆或者画线笔在模板上画出管道预埋的位置中心点，成排的要弹线画点，在画好中心点位置用电钻钻好固定螺杆穿过的小孔。

图 3　预留模具安装

（5）预留模具安装（图 3）：根据画好的定位点线位置，把钢套管或带止水环预埋件以中心定位的形式安放到点位上，用预埋固定螺杆加固定板通过定位点上钻好的小孔将钢套管或带止水环预埋件固定到模板上，检查牢固无松动后交下道工序施工。

（6）质量检查验收：预留模具安装完成并在土建钢筋绑扎后，进行预留孔模具的质量检查，检查预留孔的直径、位置、固定牢固度等，出现问题进行整改，自检合格后报监理单位验收，验收合格后进行下道工序施工。

（7）混凝土浇筑（检查保护）：在土建浇筑梁板混凝土时，安排专人负责对预埋预留孔模具成品进行保护和检查，发现变形及时恢复，如有固定板破坏，及时清理干净，防止混凝土凝固后无法清理。

（8）预留固定用模具拆除：在混凝土强度达到上人条件时即可进行固定模具的拆除，将固定螺杆顶部的螺丝松开，向下移动螺纹杆至偏重块与安装孔的底部分离，从而偏重块可受到重力影响呈垂直状态，可垂直向上取出整个固定用螺杆及顶部固定板，完成固定模具的拆卸工作。将操作过程中出现的垃圾清理干净，把固定用螺杆及固定板等存放到指定位置以备下次使用。

3.3 质量控制

（1）预埋用管材、管件、固定板及固定螺杆应在现场指定地点存放，存放时要有可靠的防火防晒措施，每次使用前应做检测，确保合格方可使用。

（2）预留预埋的模具必须安装牢固，无松动现象，上部的固定板尺寸要合适、封口要严密，预埋位置要准确。

（3）安装时预留预埋的模具与模板的接触面应紧密。

（4）预留预埋的模具与模板接触部位，拆模后要及时清理干净，并做好成品保护。

（5）施工时应和土建搞好配合，施工完成后，应进行检验质量交接并形成记录。

3.4 注意事项

（1）本项目采用的实用新型专利螺杆仅适用于楼板等水平处安装工程预埋件的固定，其他墙面、斜坡面均采用传统固定方法施工。

（2）固定用螺纹杆的表面应喷涂防锈蚀涂层，不仅保证了螺纹杆的安全性，同时也延长了螺纹杆的使用寿命。

（3）螺纹杆下端的偏重块是固定的重要部件，每次使用前应进行牢固度和灵活度检查，如有损坏及时更换。

（4）螺纹杆配套使用的固定板应根据所对应的套管或预埋件尺寸现场制作，确保封口严密不会漏浆，同时尺寸不应过大影响附近套管或预埋件的安装固定。

（5）每次拆除的螺纹杆和固定板，要及时回收，可以利用的重复使用，无法利用的按有关规定进行无害化处理。

3.5 应用效果

（1）本项目所有穿楼板套管及预埋件均采用实用新型专利螺纹杆固定施工，已于2021年底竣工验收合格并交付使用。

（2）由于采用实用新型专利螺纹杆仅需在管件中心定位点处钻孔穿过模板，靠上部固定板压紧管件，固定螺杆不与混凝土浇筑面产生接触，从而避免破坏模板产生穿孔漏浆的现象，拆模后楼板混凝土整体完整，观感质量较好。

（3）本项目2层及以上均为标准层，同时采用编号模块式铝模板施工，标准层以上采用实用新型专利螺纹杆不需重复钻穿模板孔洞，基本只要复核定位尺寸即可直接进行套管及预埋件的固定安装，省时省工。

（4）本项目现场制作使用约50套新型专利螺纹杆及配套固定板，项目完工后均予以回收检查，螺纹杆及固定板损坏率低于 10%，经简单维修后均可投入下一个项目使用。

4　结语

就本项目的实用新型专利螺杆的应用实践来看，新型专利螺杆在安装工程预埋中较传统的预埋方式，节约了人工及材料费用约 20%，提高了工作效率，确保了套管管件等预埋件及其后序工序的施工质量，值得在总结相关经验的基础上予以推广。

参考文献

中华人民共和国建设部．建筑给排水及采暖工程施工质量验收规范：GB 50242—2002［S］. 北京：中国建筑工业出版社，2002.

路基高边坡破碎岩层坍塌处理施工方法

邝　雄

湖南省郴州建设集团有限公司　郴州　423000

摘　要：公路路基的高边坡病害是工程中普遍存在的问题，其中以高边坡塌方最为典型，其对公路的整体稳定性带来严重的影响。对此，本文以某一级公路路基高大边坡破碎坍塌为背景展开研究，分析其原因并在此基础上提出经济可行的处理方法，由此提升公路的整体性能。

关键词：一级公路；高边坡；岩层坍塌；处理

1　前言

在城市规模持续扩张，郊区一级公路大规模建设的背景下，路基施工中不可避免地会遇到高边坡结构，但其自稳性相对较差，岩层松散破碎不完整、岩质软弱含夹层现象经常存在，一旦处理措施不当，则会进一步引发坍塌或是滑动现象，对后续施工造成严重影响。在城市郊区高边坡岩层坍塌后需要及时快速地进行处治，且有严格的美观和环境协调性要求，这就必须选择一种快速高效、经济合理、美观大方的施工方法。

2　工程概况

本文所探讨的一级公路项目中，其全线总长约 6km，工程两侧为挖方路堑形式，多为三、四级边坡，最高边坡达到 50m。该段边坡为岩质边坡，地质勘察中未见地下水，上覆粒径 2~8cm 碎石，母岩成分为砂岩，其下为强风化砂岩，节理裂隙发育，岩质较脆，原设计方案为路堑边坡三维网植草灌防护，一级边坡高 10m 坡度 1：0.5，二级边坡高 10m 坡度 1：0.75，三级以上边坡高度均为 10m 坡度 1：1。

伴随着施工的持续开展，工程多次遇到了强降雨天气，原本小规模软弱加泥层的溜塌逐步扩大延伸，最终致使整个边坡遭到失稳破坏，出现了大面积的坍塌，如图 1 所示。

图 1　路基高边坡坍塌

3　原因分析

岩层本身破碎且出现设计中没有的软弱夹泥层是地质原因，而地表水下渗致使水土流失是诱发该现象的主要外部因素。由于坡面处于长期裸露状态，受春夏两季连续大规模强降水的影响，聚集在坡体中的水难以全部向外排除，降水致使坡体含水量随之增加，引发坡体先是从软弱夹泥层向下溜塌，在边坡外侧形成局部小范围的掏空，继而引起上层破碎岩层的失稳坍塌。岩层松散破碎土体会长期受到降水浸润的影响，抗剪强度被削弱，加之土体自重等因素，最终诱发整体性滑塌。

4　方案比选

由于出现软弱夹泥层致使原设计的路堑边坡三维网植草灌护坡无法阻止降水流入松散岩层，继续施工无法形成有效的防护，坍塌还将以肉眼可见的速度继续发展。不同的施工环境和要求，需要采用相应的施工方案，以保证施工的安全性、经济性、便捷性、美观性。本文针对该坍塌边坡适宜的施工方法进行探讨。

4.1　方案一：3m+挡土墙+10m 锚杆喷射混凝土护坡×4

打设长锚杆、挂钢筋网、喷射 C25 混凝土、路堑挡土墙、墙后换填。

此方案共涉及五级边坡，具体做法分析如下：

第一级边坡：3m 高挡土墙。在该结构中，路堑挡土墙的高度为 3m，对应埋深为 1m，基底进行碎石土换填施工，墙后设置相应的卵石排水层。

第二级边坡：10m 锚杆喷射混凝土护坡。在该结构中，边坡高度为 10m，坡率为 1∶0.75，打 6m 长锚杆，挂 HPB300（6）钢筋网，喷射 10cm 厚 C20 混凝土罩面，防止降雨和地表水渗入土层。

第三级边坡：为 10m 高锚杆喷射混凝土护坡。在该结构中，边坡高度为 10m，所形成的坡率为 1∶1.0，此环节所使用的锚杆长度为 8m，对应直径需要达到 70mm，使用 C25 混凝土材料进行喷射施工，厚度为 10cm。

第四、五级边坡：在该结构中，材料规格与工艺方法均与第三级边坡一致，此处不再赘述。

排水系统：为了全面提升排水效果，除了基本的坡外天沟与排水层外，每级平台设置纵向截水沟，坡面还需要按 2.0m×2.0m 间距安装仰斜式 PVC 泄水管，在每级边坡上每隔 20~30m 设坡面排水沟。

工程造价：较高，所需的工程成本相对较高。

优点：在实际施工过程中可操作性良好，施工速度快，工程效率高，喷射混凝土硬化后可形成完整的排水系统。

缺点：（1）所形成的临时边坡高度达 40 多米，需搭设超高的脚手架和锚杆钻孔、注浆、喷射混凝土操作平台，机械设备的功率较大，存在极大的安全风险。

（2）一级公路是城区附近的道路，附带景观功能，喷射混凝土罩面影响美观，且已经坍塌的地方坡面曲折不平顺，难以达到过往车辆赏心悦目的效果。

（3）工期长，需要增加锚杆钻孔和钢管架两个专业施工队，是现有的民工无法胜任的工作，且占路施工，无法快速通车。

4.2　方案二：3m 挡土墙（墙后注浆）+7mTBS 植被护坡（注浆）+10mTBS 植被护坡×3（不注浆）

打设短锚杆、挂钢丝网、喷射 20cm 厚绿化基材罩面、设置路堑挡土墙、墙后和第一级边坡增设压力注浆。

第一级边坡：3m 的路堑挡土墙+7mTBS 植被护坡（注浆）。边坡坡度 1∶0.75，在该结构中，路堑挡土墙的高度为 3m，对应埋深为 1m，需要对挡墙下方的 2m 区域进行碎石土换填施工，在此基础上对 3~10m 的区域垂直坡面进行压力注浆施工，注浆材料为 1∶1 水泥浆，使边坡硬化，增加下层结构的整体稳定性。然后打设 3m 长锚杆，挂直径 3.5mm 的镀锌铁丝网，喷射 20cm 厚绿化基材罩面。

第二级边坡：10m 高 TBS 绿化护坡，所形成的坡率为 1∶1，打设 3m 长锚杆，挂直径 3.5mm 的镀锌铁丝网，喷射 20cm 厚绿化基材罩面。

第三、四级边坡：为 10m 高 TBD 植被护坡。边坡坡度为 1∶1.25，在该结构排水系统中只需基本的坡外天沟、平台截水沟，因绿化后的草料高度可达 50～60cm，自带排水、吸水功能，无须另外设置特殊的 PVC 泄水管和坡面排水沟。

工程造价：所需的工程成本较低。

优点：（1）锚杆长度为 3m，无须搭设操作平台，工人可在边坡上挂安全绳进行操作；注浆设备安设在挡土墙和每级平台上，没有高空作业，安全隐患小（钻孔的钻杆为 2m 一根，是套接使用的。而锚杆长度为什么选 3m，一是夹泥层、破碎岩层表面破碎松散的岩土清除后，3m 长的锚杆和水泥浆足以稳固表面松散层，二是 3m 是人工可以在边坡上操作的长度，若换成 5m 的锚杆，无法从边坡上直接垂直插入，必须沿边坡搭设钢管架操作平台了）。

（2）比常见的锚杆喷射混凝土施工方法速度更快，可节省时间一半左右。

（3）绿化基材含草籽，绿化效果较好，特别是坡面曲折不平顺的地方被填塞泥土，线形美观大方。

缺点：绿化基材成长形成完整的排水吸水系统需要一个月，只能在少雨季节施工，防止雨水冲刷坡面和带走绿化基材。

考虑进度、质量、成本、环境保护、景观协调、施工效率等多方面因素，方案二具有的优势更大，是更佳的选择。

5 施工方法

5.1 施工准备和边坡土体清理

天沟、平台截水沟以及临时排水设施是确保路基开挖顺利进行的前提，在施工之前安排技术人员做好对路堑边坡的监测工作，由此明确其变形情况，施工过程中进行实时监控，防止边坡开裂造成再次坍塌。

采用自上而下的方式，逐层清理松散的坍塌土方，在高处局部挖掘机无法到达的位置，采用人工撬挖往下弃土，然后集中清运。

5.2 路堑浆砌片石挡土墙施工

以挡土墙首末两点为基准，由此逐步向中间区域展开分段跳槽开挖作业，单次分段开挖长度应控制在 10m 以内，在对挡土墙墙背进行填土施工时，材料以碎石土为宜，并在挡土墙后 30cm 范围内设置袋装卵石排水层。为了确保挡土墙墙背填土质量，应当在确保建筑墙体达到预定强度指标下进行，在砌筑过程中应同时进行回填压实处理。

在进行挡土墙基坑开挖作业时，需要对墙后坡体进行监测，明确其位移情况，还需要设置 4%的向外的 PVC 泄水管。

5.3 墙后和第一级边坡注浆

路堑挡土墙砌筑到其到达墙顶标高处时，需要对墙后进行整平以及压实处理，并以此作为压力注浆平台，设备和人员在挡墙顶进行操作施工。

对挡墙背后和第一级边坡采取压力注浆措施，钻孔深度以 10m 为宜，实际注浆深度需要达到底部 7m 处，孔间距以 1.5m×1.5m 为宜，并采用梅花形的方式进行布置，在此基础上进行单管注浆，注浆材料为 1∶1 水泥浆。

注浆前先冲洗孔内沉积物，单孔注浆压力达到设计要求值，持续注浆10min且进浆速度为开始进浆速度的1/4或进浆量达到设计进浆量的80%及以上时注浆方可结束。

注浆施工中认真填写注浆记录，随时分析和改进作业，注浆参数应根据注浆试验结果及现场情况调整。注浆压力一般为1.0~2.0MPa，泵压突然升高时，可能发生堵管，应停机检查。

在注浆过程中，应安排技术人员做好监测工作，防止边坡坍塌失稳事故的出现，特别是在软弱夹泥层注浆时，水泥浆初凝形成初步强度一般需要5min以上，会有临时性的水与泥土混合形成泥浆液往下流出，在注浆压力下从空隙喷射出来，故采用多孔间隔注浆的方式为宜。

当完成注浆施工后，需要对施工质量进行检验，具体应在完成注浆的28d后进行，如果所选取的监测点不合格率无法控制在20%以内，此时则需要再次进行注浆施工。

5.4　砂浆锚杆和挂铁丝网施工

路堑挡土墙往上高度均需进行锚杆及钢丝网施工。

锚杆按照2.0m×2.0m间距梅花形布置，采用风钻打孔，锚杆钻孔孔眼应垂直坡面，孔径50mm，成孔后采用高压风清孔。锚杆采用HRB400（22）螺纹钢现场制作，尾部留直角弯钩用于挂设钢丝网。

砂浆锚杆注浆材料使用普通硅酸盐水泥，采用粒径小于2.5mm的过筛砂子，水灰比0.4~0.5，砂浆为M30。

砂浆锚杆作业程序是：先注浆，后放锚杆，严禁采用网上流传的锚杆先安设，再用M30水泥砂浆固定的方式，因为需要水泥砂浆在压力作业下渗入破碎岩层形成稳固整体，若先插锚杆达不到这个效果，锚杆孔中必须注满砂浆，发现不满需拔出锚杆重新注浆。锚杆注浆7d后选取2%的锚杆进行抗拔试验。

钢丝网采用直径3.5mm的镀锌铁丝网，网孔50mm×50mm。挂网应在锚杆可受力后进行。固定网必须张拉紧，网间搭接宽度不小于5cm，并间隔20~30cm用铁丝绑扎牢固，保证网与网间的牢固连接和控制网与坡面的距离基本一致，使铁丝网与坡面的最小距离不小于5cm。高边坡锚杆挂网施工如图2所示。

图2　高边坡锚杆挂网施工

5.5　绿化基材喷射施工

绿化基材由种植土、有机肥料和各种添加剂混合组成，各组分材料的选择要求如下：(1) 种植土选择工地原有的清淤表土或附近农田土粉碎过筛，含水量不得超过20%；

(2) 有机质：有机质一般采用稻壳、秸秆、树枝的粉碎物，并添加肥料和保水剂；(3) 肥料和保水剂按需添加。

把绿化基材、纤维、种植土按 1∶2∶2（体积比）的比例及混合植被种子依次倒入混凝土搅拌机料斗进行搅拌，搅拌时间不应小于 90s。采用人工上料的方式，把拌和均匀的基材混合物倒入混凝土喷射机。

喷植所用设备为一般混凝土喷射机，20cm 分三层进行喷射。基层的喷护厚度为 8~9cm；中层也为 8~9cm，表层为 4~2cm。

喷植中，喷射头输出压力不能小于 0.3MPa，喷射采用自上而下的方法进行，单块宽度按 4~6m 进行控制，先喷局部坍塌的凹陷部分，基本补齐后，再喷整个坡面。基层施工结束 8h 以内进行表层喷护，保证各层之间的黏结，并且近距离实施喷播，以保证草籽播撒的均匀性。

喷播施工结束后 2d 内，在基材表面加盖无纺布，起保墒、控温和防止植物种子被风吹走和被飞禽啄食的作用，提高植物种子出芽率和成活率。坍塌处理后绿化效果如图 3 所示。

图 3　坍塌处理后绿化效果良好

6　结语

综上所述，本文对两种方案进行了对比分析，方案二无须特殊的机械设备和搭设脚手架，只是挡土墙+注浆+短锚杆+铁丝网+绿化基材的优化组合，不需要专业施工队伍，把现有的普通民工简单培训就可以胜任该施工任务，操作简单，不需要高处作业，安全隐患低。发挥人的主观能动性，把常见的多种施工方法优化组合，可以达到简单快捷、经济合理、美观与周围环境协调的效果。实施结果表明，该方法较为成功，施工效果很好，没有出现继续坍塌和落石现象，社会效果显著。经本文的探讨，可以为路基高边坡岩层破碎坍塌且下有软弱夹泥层处理工作提供较好的参考。

宁乡·嘉乐馨园第四代建筑跃层阳台部位爬架附着拉结施工技术

曾治国　周　意　李　旺　胡顺森

湖南省第二工程有限公司　长沙　410000

摘　要： 宁乡·嘉乐馨园第四代建筑项目，其跃层式阳台间高差较大，无法达到爬架附墙导座的安装高度要求，爬架提升及附着固定具有一定安全隐患。为保证施工安全和满足工期要求，本工程在跃层阳台间设置跃层支架附着装置，将一般安装在楼板、梁上的导轨支座固定在跃层支架上，并通过理论计算和数值模拟计算验证其安全性。工程应用证明，该方法简单有效，成功解决了爬架在跃层阳台部位的爬升难题。

关键词： 跃层阳台；爬架；四代建筑；钢立柱；附着拉杆

随着人们对高质量居住环境的追求和对“人居美学”的不断思考，第四代建筑应运而生。该类建筑为实现人、建筑与自然共融共生，在建筑外墙设计有跃层阳台以达到私人空中花园的效果，但其新颖、独特的设计给附着式升降脚手架施工带来不小的困难。本工程采用特殊建筑外形下跃层阳台内缩层部位爬架附着拉结施工技术，通过在跃层阳台间设置跃层支架附着装置，实现了爬架的安全提升。

1　工程概况

宁乡·嘉乐馨园第四代建筑工程项目（图1），其总建筑面积为308648.32m²，主要建筑形式为12栋高层建筑，营销中心3层，幼儿园3层，其中12栋高层建筑为钢筋混凝土框剪结构，建筑高度约89~98m，外墙设计有跃层阳台，偶数层阳台内缩（图2），导致两层阳台间周围出现空洞，间距为6.2m。

本工程外墙设计造型独特，若采用悬挑钢管脚手架作为外防护，难以满足工期要求，且经济效果不佳，因此本工程决定采用施工效率高，防护效果较好的全钢爬架。

图1　第四代建筑效果图

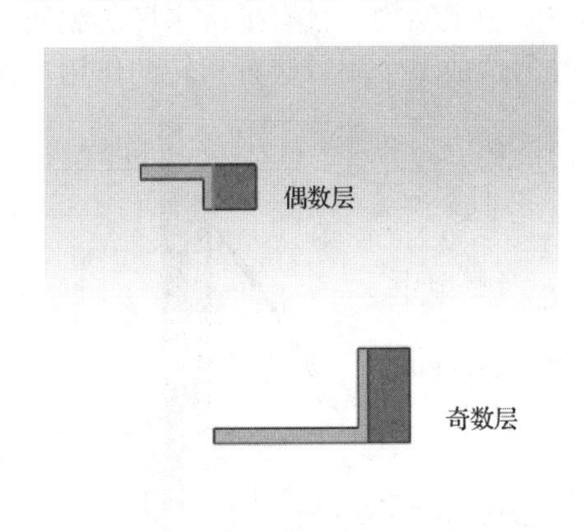

图2　跃层阳台示意图

2 爬架施工关键问题

宁乡·嘉乐馨园第四代建筑工程项目钢爬架施工主要有以下难点：外墙设计有跃层阳台，偶数层阳台结构内缩，上下阳台间出现空洞，净距达 6.2m，无法满足爬架附墙导座对高度的要求，导致钢爬架无法顺利爬升。为解决上述的施工问题，可采用以下几种方案：

方案 1：在奇数层阳台梁上设置混凝土构造柱，爬架导座附着在构造柱上，其荷载通过构造柱传递至挑梁上。但构造柱上部无约束构件，为非完整受力构件，具有一定的风险。另外，构造柱施工时需安装模板，拆除模板等工序，施工操作不便，且混凝土构造柱无法循环利用，造成资源浪费。

方案 2：在跃层阳台空洞处的两侧墙体中增设一根临时钢梁，将导轨附墙导座安装固定在钢梁上以实现爬架的提升。此方案施工较为复杂，操作不便。另外，临时钢梁的设置，对于墙体的结构有一定的影响，洞口后期处理较为麻烦。因此，采用该方案的综合效益不高。

方案 3：通过设置一种钢立柱转换系统，将设置在楼板、梁上的爬架导轨附墙支座固定在钢立柱上，实现内缩层的钢爬架提升（图 3），该方案具有较好的适用性，但其结构相对复杂，内含构件较多，其中上部支撑与下部支撑安装较为不便，精度难以达到要求。

经过比较分析，本工程最终采用第三种方案，并在其原有钢立柱转换系统的基础上进行优化和改良。通过螺栓将钢立柱固定在阳台梁上，不需要另外安装型钢底部挑梁，将上、下斜支撑及上部拉杆替换成一种可伸缩的附着拉杆，不仅保证了施工安全，且施工方便，满足需求。工程实践应用表明，该方法简单有效，适用性更强。

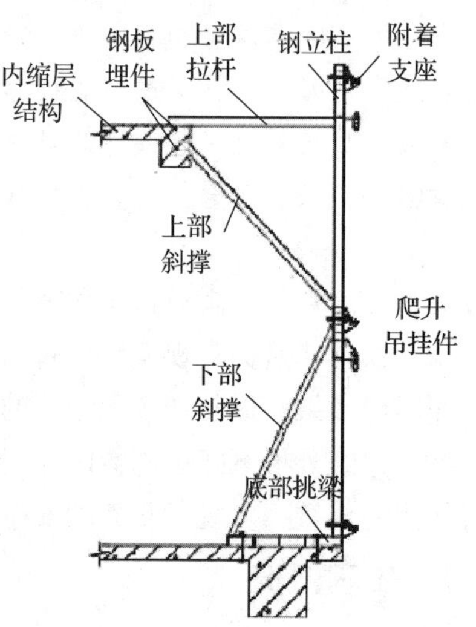

图 3 钢立柱转换系统

3 爬架附着拉结施工技术

本工程采用的跃层支架附着装置，包括钢立柱、可伸缩的附着拉杆、拉杆支座及螺杆等构件（图 4）。根据导轨的位置定位，采用螺栓将钢立柱底部固定在阳台梁上，相邻的立柱用连系杆件连接，立柱顶部通过可伸缩式附着拉杆与主体结构连接，爬架附墙支座通过螺栓安装在钢立柱的侧边。钢立柱主要承担爬架的竖向荷载，同时钢立柱、附着拉杆与阳台形成三角空间稳定结构，具有抵抗水平荷载防倾覆的作用以及防止导轨在钢立柱侧面附着产生的偏心受力造成整个附着装置扭转的作用（图 5、图 6）。

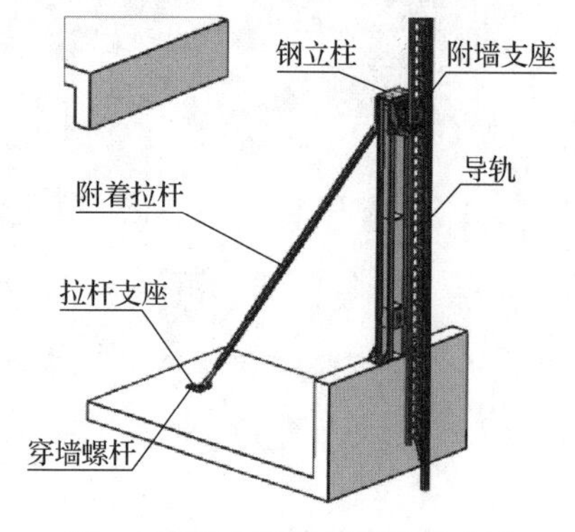

图 4 跃层支架附着装置示意图

图 5 钢立柱、阳台梁螺栓连接

3.1　钢立柱

钢立柱由 18a 槽钢、加强缀板及预埋件等构件组成，整体高度为 2.8m，顶部及底部钢板均设置有螺栓孔，钢立柱采用两根 T30 螺栓固定在阳台梁上，具体构造如图 7 所示。

图 6　导轨、立柱及附着拉杆连接节点

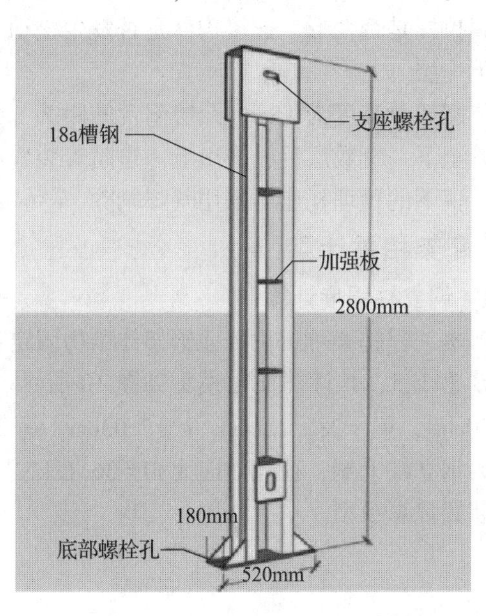

图 7　钢立柱构件大样图

3.2　可伸缩式附着拉杆

可伸缩式附着拉杆两端采用 T30 螺栓分别与主体结构梁板构件、钢立柱顶部的支座螺栓孔连接，拉杆中间设有可伸缩调节的方管及微调螺栓。施工时可根据钢立柱与结构主体的实际距离调整附着拉杆的长度，长度确定后采用普通销钉插入方管的通孔内固定。附着拉杆与钢立柱的角度宜在 30°~60°之间。相比常规固定式斜撑（拉）杆件相比，不需要根据现场需求定制不同长度的杆件，且可伸缩式附着拉杆安拆方便，周转灵活，更好地满足施工现场要求（图 8、图 9）。

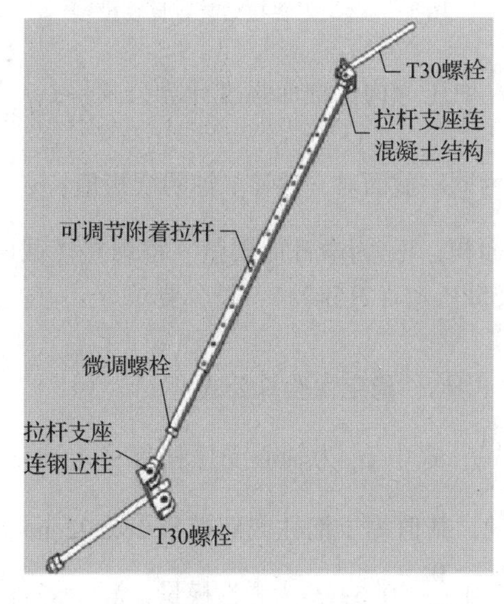

图 8　附着拉杆示意图

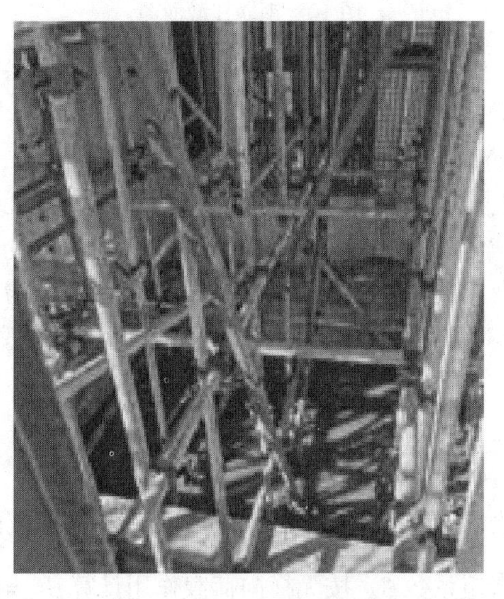

图 9　可伸缩式附着拉杆

3.3　提升周转

跃层附着装置整体安装完成后，爬架按常规的方式进行爬升，同时派专人于附着装置处观测。爬架爬升 20~30cm 时暂停爬升，观察爬架爬升过程中其整体的稳定状况，钢立柱与附着拉杆是否变形，连接构件是否发生松动等异常情况，观察完毕后，若无异常可继续提升至下一层。

爬架总高度为 15m，跃层阳台间距为 6.2m，在一个立面内共需 3 套循环使用，爬架每爬升至下一奇数层后，露出上一道附着装置，此时可以拆下整个装置周转至上层重新安装使用，留下的预埋托座可采用气焊割除。

4　爬架相关计算

4.1　钢立柱强度计算

本工程爬架单机位传递给架体结构固定荷载为 24.4kN，活荷载为 19.5kN，考虑动力系数 β 为 1.5，其计算简化模型如图 10 所示。钢立柱截面特性相关参数：$A=51.38\text{cm}^2$，$I_y=2540\text{cm}^4$，$W_y=282.22\text{cm}^3$，$I_x=7.03\text{cm}$。考虑最不利荷载组合为 $1.3G_{恒}+1.5Q_{活}$，取控制截面为钢立柱上端，荷载效应为 $M=36.12\text{kN}$，$N=114.2\text{kN}$，$V=12.9\text{kN}$。图 11 为爬架附着拉结装置计算模型。

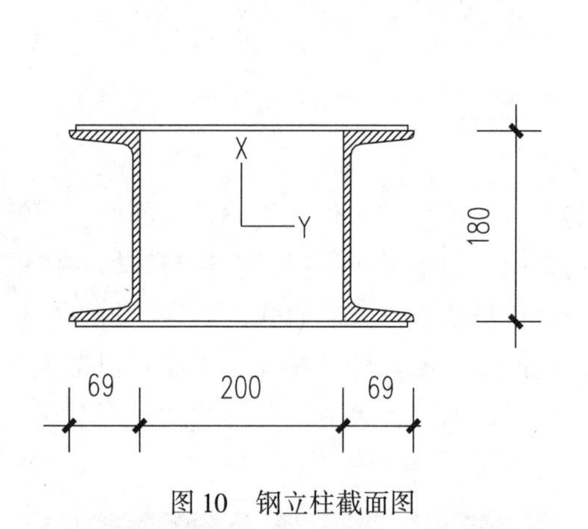

图 10　钢立柱截面图

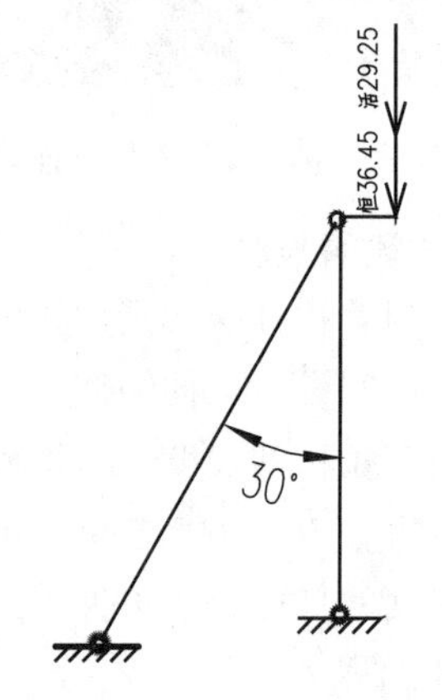

图 11　爬架附着拉结装置计算模型

根据《钢结构设计标准》（GB 50017—2017）中压弯构件截面强度计算公式 $\frac{N}{A_n}\pm\frac{M_x}{\gamma_x W_{nx}}\pm\frac{M_y}{\gamma_y W_{ny}}\leqslant f$。式中，$N$ 为轴心压力值；M_x，M_y 分别为同一截面对 x 轴和 y 轴的弯矩值；γ_x，γ_y 为截面塑性发展系数，取 1.0；A_n 为构件的静截面积；W_n 为净截面模量。将钢立柱截面参数及相关荷载代入公式中计算，最大应力为 169.55kPa<f（215kPa），符合要求。

4.2　钢立柱稳定性计算

根据《钢结构设计标准》（GB 50017—2017）中构件稳定性验算公式：

$\frac{N}{\varphi_x Af}+\frac{\beta_{mx}M_x}{\gamma_x W_{1x}(1-0.8N/N'_{Ex})\ f}\leqslant 1.0$，$N'_{Ex}=\frac{\pi^2 EA}{1.1\lambda_x^2}$，式中 φ_x 为轴心受压构件稳定性系数，查表取 1.0；M_x 为最大弯矩值；W_{1x} 为毛截面模量，其值等于钢柱截面模量 282.22cm³；等效弯矩系数 β_{mx} 按无横向荷载作用计算 $\beta_{mx}=0.6+0.4\frac{0}{M_1}=0.6$；$E$ 为弹性模量；λ_x 为长细比，

且 $\lambda_x = l_0/i_x = 280/7.03 = 39.83$；其余参数与上述钢立柱强度计算参数一致。将相关参数代入公式可知 $N'_{Ex} = 5980084.5$mm，平面内稳定计算最大应力为 25.11kPa $< f$（215kPa），最大应力比为 0.117，符合要求。

4.3　附加拉杆强度计算

附加拉杆相关参数：截面面积 $A = 5.4\text{cm}^2$，计算长度 $L_x = L_y = 3.47$，长细比 $\lambda_x = \lambda_y = 183.1$，宽 $B = 50$mm，厚度 $T = 3.0$mm。杆轴力 $N = 28.81$kN，根据《钢结构设计标准》（GB50017-2017）中轴心受拉构件截面强度计算公式：$\sigma = \dfrac{N}{A} \leqslant f$，代入数值计算得最大应力值为 56.59kPa $<$ 205kPa，强度计算最大应力比为 0.276，符合要求。

4.4　附加拉杆稳定性计算

根据《钢结构设计标准》（GB 50017—2017）相关规定拉杆不计算稳定性，由长细比确定，经查表可知对于间接承受动荷载外支点的拉杆长细比不得大于 250，附加拉杆长细比 $\lambda_x = 183.1 \leqslant [\lambda] = 250$，符合要求。

4.5　数值模拟计算

为进一步验证其施工安全性，采用 midas 软件进行建模计算，其计算结果如图 12~图 15 所示。

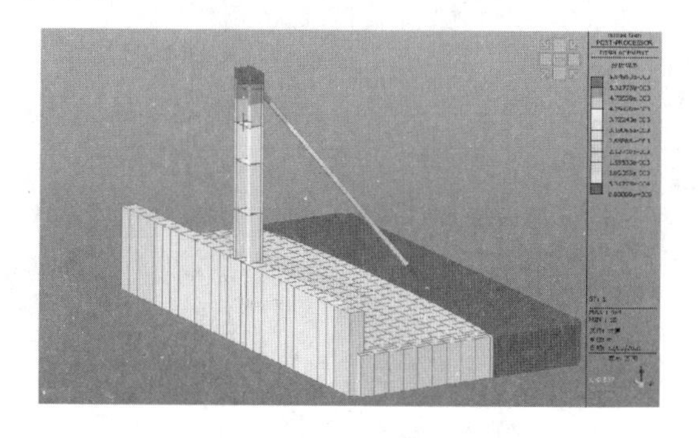

图 12　整体模型位移云图

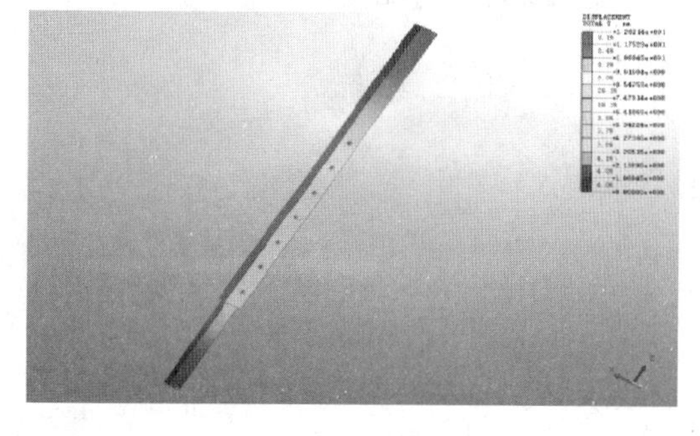

图 13　拉杆位移云图

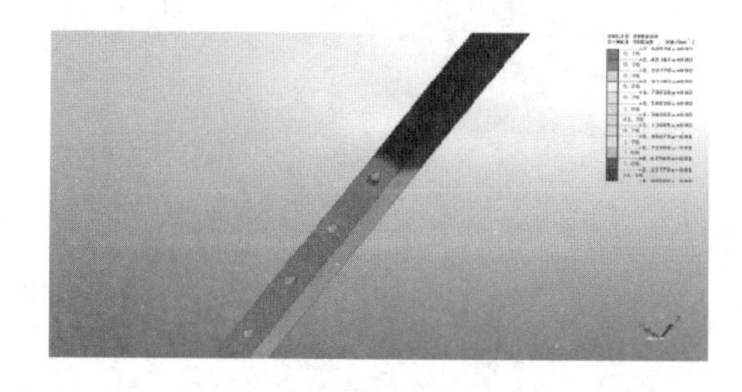

图 14　拉杆切应力云图

图 15　销钉切应力云图

数值模拟计算结果表明，整个爬架附着拉结装置最大位移为 5.8mm，拉杆最大切应力 2.9MPa，销钉最大切应力 1.375MPa，均处于安全范围以内，符合要求。

5　结语

第四代建筑作为跨时代的建筑产品逐渐进入房屋建造市场，其独特、新颖的设计必然给施工带来不少技术难题，对施工技术的要求也会越来越高。本文以宁乡 · 嘉乐馨园第四代建筑跃层阳台爬架施工为例，详细阐述了一种在跃层阳台部位的爬架附着拉结施工技术，并通过相应的计算验证其安全性，成功实现了爬架的提升，给类似工程提供一种可供参考的施工经验。

参考文献

[1] 李海霞，杜柏林，李嘉华．对第四代住宅人居美学的探讨［J］．城市住宅，2020，27（01）：193-195，198.

[2] 肖星星，孟珊，秦湜，等．特殊结构爬架附着拉结施工技术［J］．建筑技术开发，2021，48（16）：72-73.

[3] 郭伟超，孔闯．合肥华润万象城结构内缩层全钢爬架附着爬升技术［J］．施工技术，2016，45（20）：112-116.

[4] 熊峰，杭欣．特殊建筑外形及架空层部位爬架施工技术［J］．施工技术，2016，45（S2）：655-658.

[5] 何艳军，陈晟，黄宏林，等．爬架格构柱附着方案设计与施工［J］．施工技术，2018，47（S1）：307-311.

[6] 严柳，郑劲松，胡传发．高层住宅上、下层飘窗之间爬架附墙导座及加刚件安装方法［J］．建筑技术开发，2021，48（18）：29-31.

[7] 王银刚，欧阳芳，聂琼，等．附加水平支撑桁架对爬架的力学响应分析［J］．湖北第二师范学院学报，2021，38（08）：31-37.

大跨度钢网架整体顶升施工关键技术应用研究

龚伶妃　胡志勇　蒋　征

湖南航天建筑工程有限公司　长沙　410000

摘　要：本文以长沙华通汇达食品供应链基地项目为工程背景，结合该项目的工程特点、施工现场条件和施工难易程度，分别从网架拼装、液压同步顶升及计算机控制技术等方面，详细介绍了大跨度钢网架整体顶升的施工工艺及其应用，为类似的网架安装工程提供参考。

关键词：网架结构；焊接球；整体顶升法

近年来，随着国民经济的发展和综合国力的提升，我国的大跨度空间结构，包括传统的网架结构、网壳结构、立体桁架结构等，得到了迅速的发展。在形式众多的空间结构中，网架结构是当前发展最快的结构形式之一。空间网架是由一系列杆件按照某种有规律的几何图形通过节点连接起来的空间结构。空间网架结构与平面桁架、刚架等传统结构的不同点在于它的连接构造是空间的，可以充分发挥三维空间捷径传力的优越性，特别适宜覆盖大跨度建筑，且应用广泛。

1　工程概况

华通汇达食品供应链基地项目的网架结构形式为焊接球节点正放四角锥螺栓球钢网架，支撑形式为周边下弦多点支撑，结构平面尺寸为26.32m×83.28m，共2个平面。网架矢高1.84~2.25m，采用分次顶升，网架总高32.92m，每个柱中心设置一个顶升点，每个平面8个顶升点，网架总质量为162.4t×2。

本工程先将屋面网片在地面上拼装成整体，然后采用同步液压顶升的施工工艺，分次顶升安装钢柱构件，钢柱安装完成继续顶升到位后，补装柱子顶端支座及周边杆件，最后完成固定支座的焊接。整体结构经验收合格后，再拆除顶升设备。

2　整体液压顶升技术的优点

相较于常规的高空散装法，整体液压顶升技术在经济、效率、安全和施工工期等方面有其独特优势。整体液压顶升技术的主要优点是：①网架结构的拼装、焊接及附属结构安装等工作均在地面上进行，保证了安装精度，降低了高空作业量，提高了施工效率，同时安全性较好；②超大型构件液压同步顶升施工技术在网架结构安装中技术成熟，有大量类似工程成功经验可供借鉴；③液压顶升设备体积和质量较小，机动能力强，倒运、安装和拆除方便；④液压顶升平台可重复利用，顶升临时设施用量小，有利于成本控制。

3　整体液压顶升施工工艺

3.1　总体顶升思路

根据工程特点，采用先地面拼装，再用顶升架同步液压顶升，最后延伸拼装的安装方法。首先在地面拼装成整体网架后，在网架柱位置设置顶升点顶升网架，边顶升边安装网架柱。根据网架柱的高度，本工程网架分四次整体顶升就位。

3.2 钢网架整体顶升施工工艺流程

技术准备→顶升体系设计布置→网架地面拼装→顶升设备安装→整体顶升设备调试→设备系统检查→分级加载试顶升→网架整体顶升→顶升封边→顶升设备拆除。大跨度钢网架整体顶升施工工艺流程如图1所示。

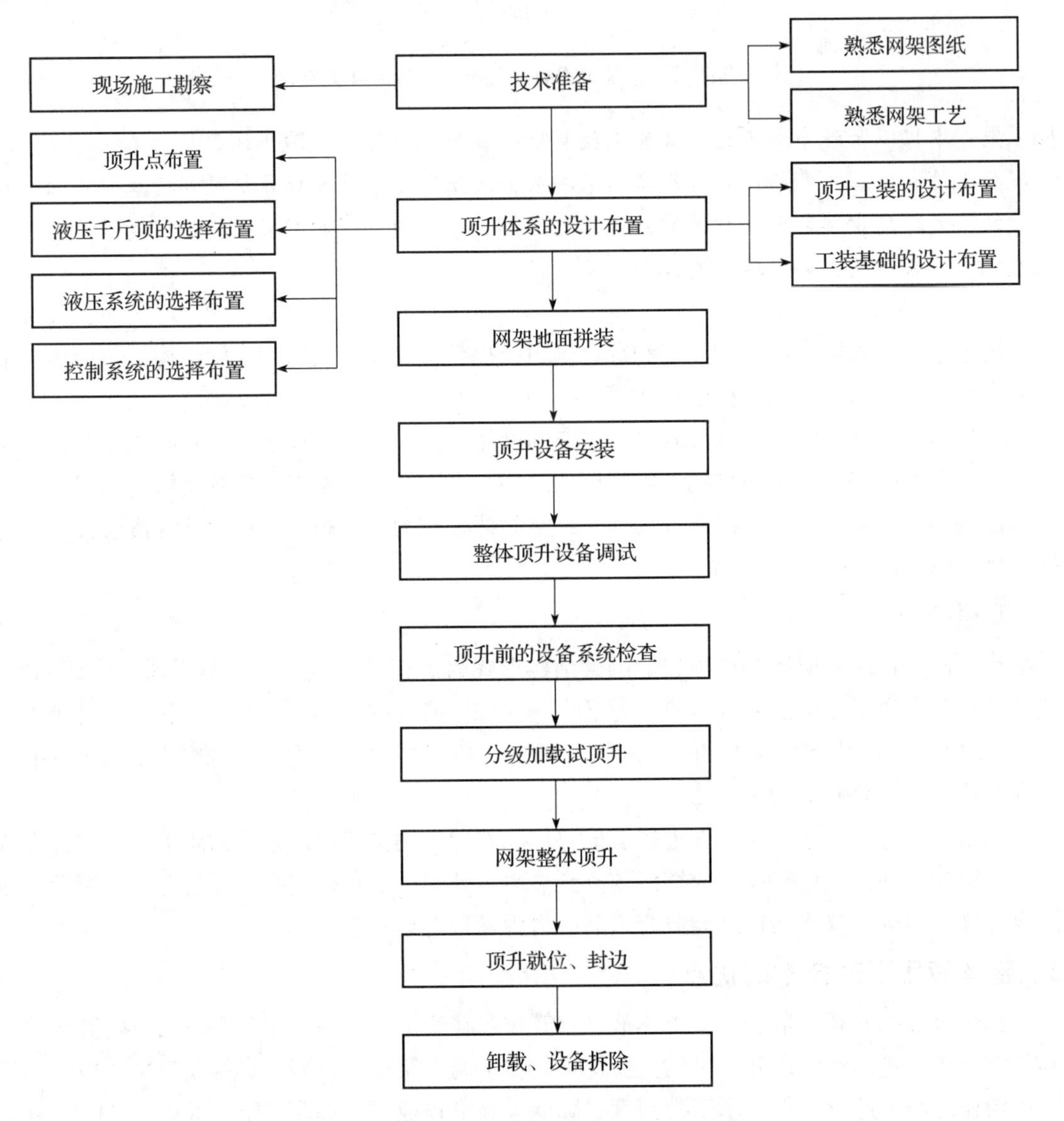

图1 大跨度钢网架整体顶升施工工艺流程

3.2.1 技术准备

先将施工现场堆放的杂物清理干净，保证工程施工顺利进行；再对已进场的网架材料进行清点，螺栓球、焊接球、立杆、横杆及斜撑需要分类堆放，并校核其尺寸规格是否满足规范要求，保证安装精度。

3.2.2 顶升体系的设计布置

顶升点布置：本工程16个网架柱，分两片进行顶升，每片每个柱中心设置一个顶升点，共计8个顶升点。

顶升设备布置：针对项目实际情况调配液压系统、控制系统、液压千斤顶等顶升施工设备，设备进场后检查现场顶升施工设备配备是否齐全，工具是否完好；绘制顶升坐标图，将顶升坐标一一标在顶升相邻柱子上以作顶升测控之用。

3.2.3　网架地面拼装

（1）网架拼装工艺流程

放线定位→布置定位下弦球专用支撑胎架→调整下弦球标高→组装下弦→组装上弦和其他腹杆→检查→顶升→校核→验收。网架拼装完成如图2所示。

图2　网架拼装完成

（2）网架拼装定位方法

首先根据图纸中球节点的定位尺寸及网架起拱值求出各下弦球的 Z 坐标和高差，再根据中心区网架球的大小在地面上布置下弦球专用支撑胎架，采用塔尺复核每个下弦球专用支撑胎架的标高，下弦球专用支撑胎架上分别测定中心十字线，确定球节点的位置，并连接拼装节间杆件，形成下弦四边形单元网格，再用3根腹杆将上弦中心球定位，使上弦球中心与地面投影中心位置吻合，连接拼装其他腹杆，形成一个小单元基准控制点。

3.2.4　顶升设备安装

顶升设备由千斤顶、泵站、标准节及笔记本电脑系统等组成。顶升支架借鉴了塔吊垂直顶升的设计理念，以1m为一个标准节，标准节与标准节之间采用螺钉连接，拆卸十分方便。顶升时把液压千斤顶放在支架的底部，上部与钢网架顶升点顶紧，经检查调试后开始顶升。

3.2.5　分级加载试顶升

在人员配置到位和各项准备工作完成后，应在操作总指挥的统一命令下开始对千斤顶进行加载，千斤顶的加载要均匀同步。第一次加载时千斤顶操作工必须注意各自的千斤顶发生行程时的油压表读数，并根据第一级加载的时间和顶升量调整各自的加载速度，保证千斤顶在规定的时间内均匀地完成规定的顶升量。

3.2.6　网架整体顶升

网架整体顶升施工步骤如下：

（1）正式顶升起重前，应对网架进行试提，试提过程是将顶升起重机启动，调整各顶升起重点同时逐步离地。当检查妥当后连续顶升起重，每顶升一个标准节为一个行程，一个行程主要有四个步骤。顶升标准节行程步骤，如图3所示。

（2）泵站回油使千斤顶顶针下降，将千斤顶顶针与第一节标准节连接。

（3）重复第（1）步和第（2）步工作，使网架逐步上升，继续顶升，当上弦顶升高度达到8m左右时，在顶升上弦球的四周反拉缆风绳，并与顶升架连接，避免网架晃动，增加顶升架的稳定性。

（4）顶升至设计标高32.92m时，停止顶升。总共分四次顶升，预计顶升时间为4d。

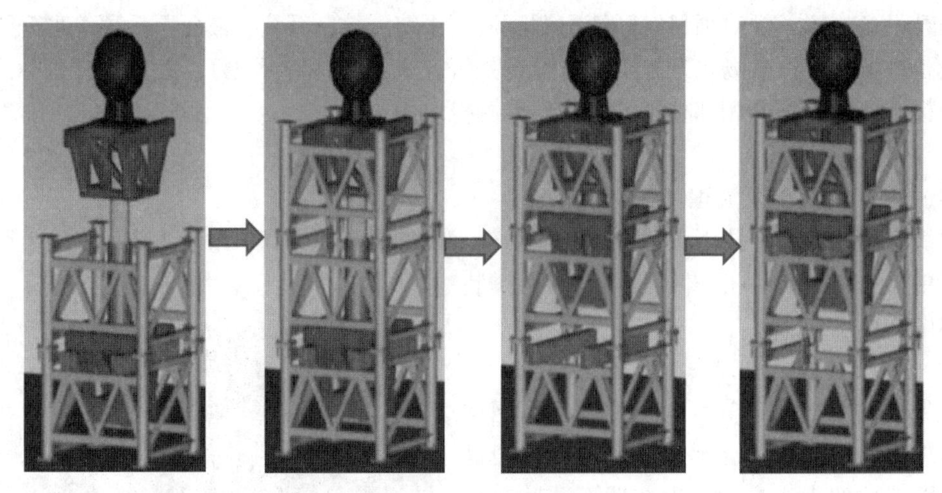

图 3　顶升标准节行程步骤

（5）安装支座及支座处杆件。网架顶升至设计标高后，立即进行支座及支座处杆件安装工作。用卷扬机将杆件吊至设计位置，用操作平台支撑高空作业人员完成安装、焊接。网架与支座进行连接时，应保证焊接质量，支座节点连接的焊缝等级应达到一级，且须探伤合格后方可卸载。

（6）卸载。拆除顺序是：先拆除挠度值较大的顶升点，再按相同的步骤逐步降低各顶升点的高度，直至全部顶升设备脱离被顶升焊接球。整体顶升安装完成如图 4 所示。

图 4　整体顶升安装完成图

3.3　验收

网架顶升完成，需经施工单位自检合格后，报监理单位，由建设单位、监理单位、施工总承包单位共同验收，依据《空间网格结构技术规程》（JGJ 7—2010），经验收合格后方可使用。自检和共同验收主要包含以下内容：

（1）网架整体挠度是否符合规范要求。测量点的位置可由设计单位确定。当设计无要求时，对跨度为 24m 及以下的情况，应测量跨中的挠度；对跨度为 24m 以上的情况，应测量跨中及跨度方向四等分点的挠度。所测得的挠度值不应超过现荷载条件下挠度计算值的 1.15 倍。

（2）检查网架结构的各边长度、支座的中心偏移和高度偏差是否符合规范要求，网架安装允许偏差见表1。

表1　钢网架结构安装的允许偏差（mm）

<table>
<tr><th>检查项目</th><th>允许偏差</th><th>检验方法</th></tr>
<tr><td>各边长度</td><td>边长的1/2000且不应大于40mm</td><td>钢尺实测</td></tr>
<tr><td>支座中心偏移</td><td>偏移方向网架结构边长（或跨度）的1/3000且不应大于30mm</td><td>钢尺和经纬仪实测</td></tr>
<tr><td rowspan="3">高差</td><td>周边支撑的网架结构：相邻支座高差为相邻间距的1/400且不大于15mm</td><td rowspan="3">钢尺和水准仪实测</td></tr>
<tr><td>多点支撑的网架结构：相邻支座高差为相邻间距的1/800且不应大于30mm</td></tr>
<tr><td>最大高差不应大于30mm</td></tr>
</table>

4　结语

本文结合实际工程，从地面网架拼装、网架整体顶升到顶升设备拆卸等方面，详细介绍了大跨度钢网架整体顶升技术在实际工程中的应用。该项顶升技术有利于控制网架安装成本，降低施工机械要求，提高施工效率和安全性，节省施工高空作业量和施工时间，对今后同类网架施工工程具有很好的借鉴意义。

参考文献

[1]　梁翼，邓兴，冯向阳．分阶段整体顶升法在高铁站房屋面网架中的应用［J］．铁路技术创新，2021（02）：80-85.

[2]　陈冬冬．大跨度网架结构整体提升技术研究与应用［D］．重庆：重庆大学，2010.

[3]　全国建筑制品与构配件产品标准化技术委员会．钢网架螺栓球节点：JG/T 10—2009［S］．北京：中国标准出版社，2009.

[4]　中华人民共和国住房和城乡建设部．空间网格结构技术规程：JGJ 7—2010［S］．北京：中国建筑工业出版社，2010.

[5]　王大磊，余流．超大面积钢网架高效施工及控制关键技术［J］．施工技术，2014，43（16）：1-4.

[6]　中华人民共和国住房和城乡建设部．钢结构焊接规范：GB 50661—2011［S］．北京：中国建筑工业出版社，2011.

土工格室加筋水泥混凝土力学性能试验研究

胡志勇　龚伶妃

湖南航天建筑工程有限公司　长沙　410000

摘　要：目前水泥混凝土无法满足当前公路交通流量出现了一系列病害现象。本文将土工格室作为加筋材料，在其内填充水泥混凝土，构成一种新型土工格室加筋水泥混凝土结构，并通过力学性能试验探究其力学特性规律。试验结果表明：加了土工格室后，水泥混凝土的强度得到不同程度的提升。

关键词：土工格室；水泥混凝土；力学性能试验

近年来，随着“乡村振兴”战略的提出，我国公路交通运输网不断扩大，水泥混凝土因原材料来源广且成本低、刚度大等特点，被越来越多地应用到乡村道路上。但普通水泥混凝土路面需设置各种接缝，行车舒适性差，且噪声大，后期修复困难。因此，为改善普通水泥混凝土的路用性能，本文利用土工格室作为加筋材料，将其应用到水泥混凝土中以提高混凝土强度，且土工格室的相互连接和张拉作用可有效分散外部荷载，防止混凝土结构层因内部荷载应力集中而被破坏。

1　试验内容

1.1　试验材料

（1）土工格室

土工格室是由具有高强度的聚乙烯或 HDPE 等高分子材料经过高强力焊接或扣件连接等方式形成的一种蜂窝状三维结构，如图 1 所示。土工格室折叠后运输方便，能伸缩自如，现场施工张拉后在格室内部填充土、砂石或水泥混凝土等松散材料，经过压紧密实后可以形成一种具有强大侧向约束力和大刚度的结构体。本文采用的排水土工格室是由北京市燕山石化研究所生产的，直径约为 300mm，厚度约为 0.5mm，高度约为 100mm。经测试和比对厂家的检测报告，其主要物理力学性能指标符合《土工合成材料塑料土工格室》（GB/T 19274—2003）要求。

图 1　排水土工格室

（2）水泥混凝土

本试验所用水泥混凝土是依据混凝土配合比设计原则要求，经施工配合比设计后选用水灰比为 0.41 作为水泥混凝土的施工配合比。各水灰比的试配混凝土 28d 抗弯拉强度实测值见表 1。

表1　试配混凝土28d抗弯拉强度实测值

水灰比（W/C）	灰水比（C/W）	强度实测值（MPa）
0.44	2.27	5.14
0.41	2.43	5.35
0.38	2.63	5.62

1.2　试验标准试件的制备

本次基本力学性能试验主要包括立方体抗压强度试验、劈裂抗拉强度试验和抗弯拉强度试验。每个试验以加入土工格室的数量作为自变量，且每组土工格室数量分龄期为7d和28d并分别制作3个试件，其中立方体抗压强度（编号A）和劈裂抗拉强度（编号B）试件均为标准尺寸（150mm×150mm×150mm），合计共制作48个标准试件；抗弯拉强度（编号C）试件标准尺寸为150mm×150mm×550mm，合计共制作24个标准试件。

标准试件制备过程大致相似，主要有：①制备素混凝土标准试件；②制备1层格室混凝土标准试件：先在试模中装填混合料，待插捣完成后将单个土工格室撑开至试模边缘，再装填混合料至整个试模并振捣完毕；③制备2层格室混凝土标准试件：先在试模内装填混合料，经插捣后，依次放入两个完全撑开的土工格室，将混合料装满试模并插捣；④制备3层格室混凝土标准试件：先在试模内放置一个完全撑开的土工格室，然后在格室内部及格室和模壁的缝隙处装填混合料并插捣密实，之后按同样操作将第二、第三个土工格室放入并装填混合料后插捣密实，最后抹平试模表面，用不透水的薄膜覆盖，静放48h后，进行拆模编号，并逐一将试件放置在标准养护箱养护至试验开始为止，如图2所示。

（a）拌和物称量

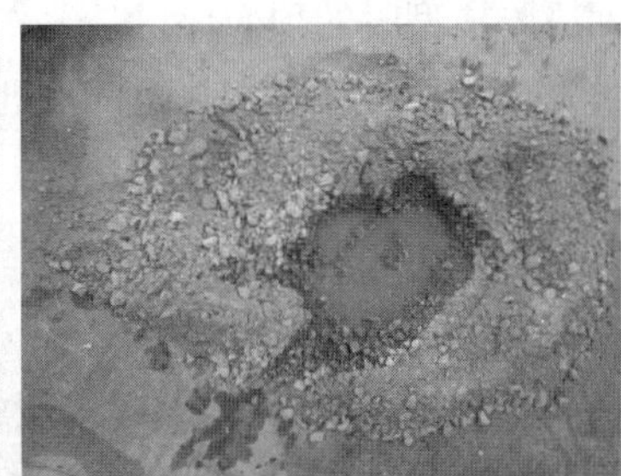

（b）加水拌和

（c）混合料拌制

（d）坍落度测试

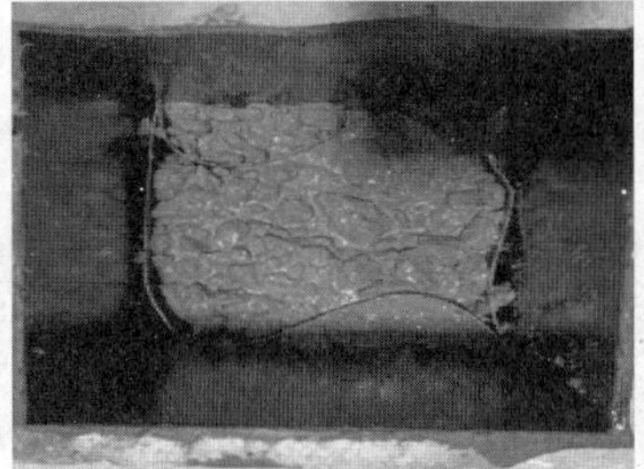

（e）混合料装模

（f）人工插捣

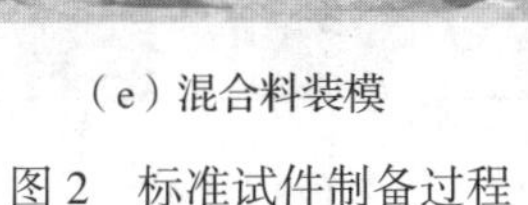

图2　标准试件制备过程

（g）一层格室试件制备

（h）二层格室试件制备

（i）三层格室试件制备

（j）无格室试件制备

（k）试件养护中

（l）试件脱模成品

图 2　标准试件制备过程（续）

1.3　试验加载过程

三类试验加载过程基本相似，主要步骤有：①取出试件，擦干表面水珠；②将试件与试验机下压板中心对准，试件的承压面应与成型时的顶面保持一致；③对不同的试验设置合适的加载速率，并连续均匀加载，当试件发生变形破坏时，关闭试验机并记录破坏荷载和破坏状态。

2　试验结果分析

2.1　立方体抗压强度分析

加入不同数量土工格室的 7d 和 28d 立方体抗压强度，如图 3 所示。

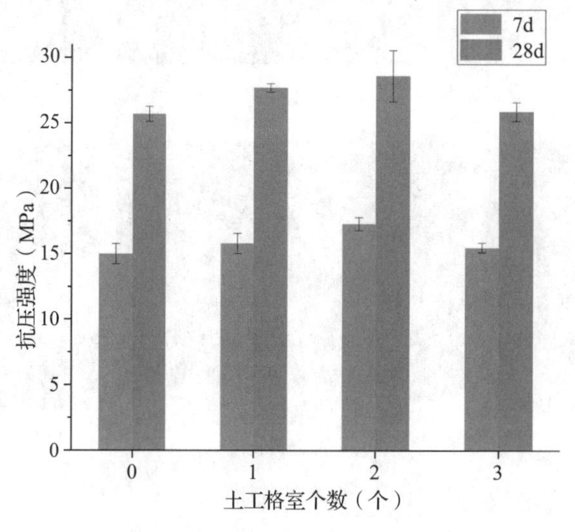

图 3　7d 和 28d 的立方体抗压强度

由图3可知，加入不同数量土工格室，其7d和28d的立方体抗压强度值是随格室数量增加呈现先增加后下降的趋势，其中加入2个土工格室的抗压强度最高。总体上，加入不同数量土工格室加筋水泥混凝土试件的抗压强度均高于素混凝土，且28d抗压强度分别比素混凝土试块提高了7.8%、11.3%、1.2%。由此得出：加入土工格室后能显著提高水泥混凝土的抗压强度，且加入2个格室，其总高度为100mm，水泥混凝土抗压强度值最大，加筋效果最佳。

2.2　劈裂抗拉强度

加入不同数量土工格室的7d和28d劈裂抗拉强度如图4所示。

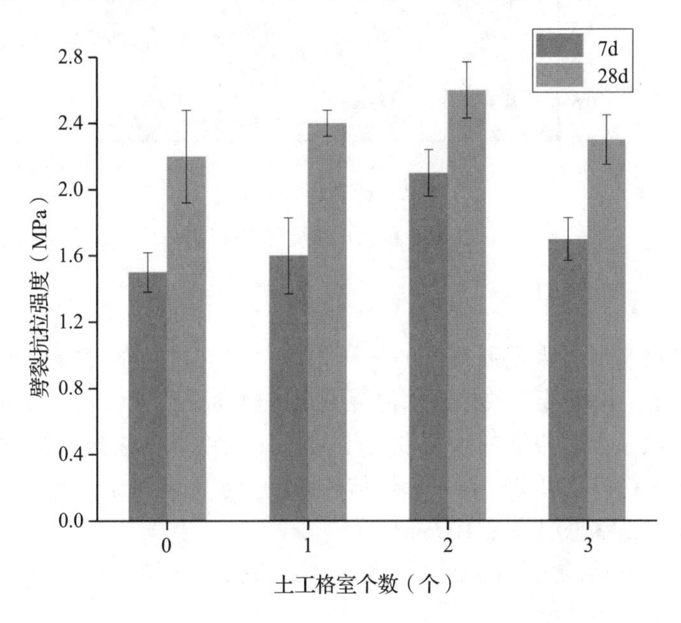

图4　7d和28d的劈裂抗拉强度

由图4可知，加了土工格室的水泥混凝土试块的劈裂抗拉强度值均高于素水泥混凝土试块，总体上呈现先增加后降低的趋势，间接验证了土工格室与水泥混凝土黏结良好。加入土工格室后的水泥混凝土试块因土工格室的侧向约束作用及自身能承受拉力的特点，使劈裂抗拉强度得到提高。加入1~2个土工格室时，7d的劈裂抗拉强度提高幅度大于28d的，分别比28d提高了5.2%、20.2%，且加入2个土工格室后提高量最大。

2.3　抗弯拉强度

加入不同数量土工格室的7d和28d抗弯拉强度如图5所示。

由图5可知，随着加入土工格室层数的增加，7d和28d的抗弯拉强度值都呈现出先增加后下降的趋势。当加入两层土工格室时，抗弯拉强度达到最大值。加入不同层数土工格室后水泥混凝土的抗弯拉强度均高于素混凝土，其中28d水泥混凝土抗弯拉强度比素混凝土分别提高了8.5%、18.3%、12.4%。因土工格室加入到水泥混凝土中后，其强大的拉伸性能使水泥混凝土不易折断，格室片材上的孔隙使相邻格室内部的水泥混凝土镶嵌良好，能更好地发挥加筋效果。

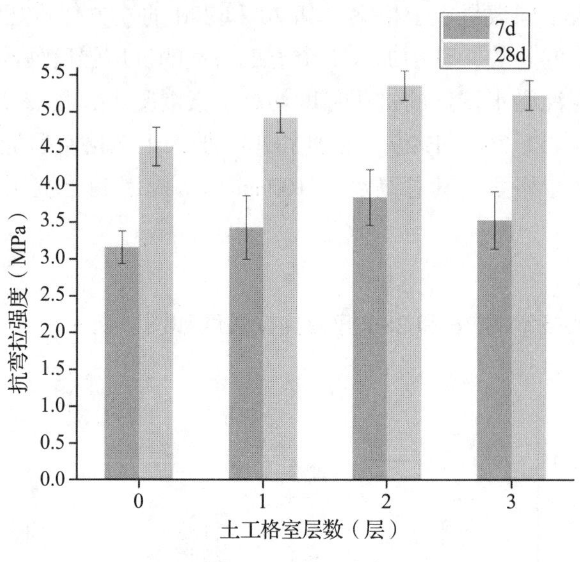

图 5　7d 和 28d 的抗弯拉强度

3　结语

（1）加入土工格室后，水泥混凝土的抗压强度、劈裂抗拉强度、抗弯拉强度均得到了一定程度的提高；土工格室能有效控制水泥混凝土的侧向变形，起到了加筋作用。

（2）加入不同数量土工格室的水泥混凝土其抗压强度、劈裂抗拉强度、抗弯拉强度均呈现先增加后降低的趋势，可见存在一个最佳加筋层使水泥混凝土强度达到最好。本试验中最佳加筋层是两层，格室总层高是 100mm。

（3）加入土工格室后的水泥混凝土因格室自身的张拉联结作用，可有效提升水泥混凝土路面的抗裂性，减少接缝设置。

综上所述，水泥混凝土加入土工格室后能较好改善混凝土的力学性能，提高混凝土路面结构的整体承载力。随着我国“乡村振兴”战略和“碳中和”理念的提出，乡村道路路网将得到大范围的建设，土工格室应用于水泥混凝土路面中一方面能减少水泥用量，另一方面土工格室能大规模铺摊施工，能有效加快施工进度，降低施工成本，具有良好的经济、社会和环保效益。

参考文献

［1］ 王武林，杨文越，曹小曙．中国集中连片特困地区公路交通优势及其对经济增长的影响［J］．地理科学进展，2015，34（06）：665-675.

［2］ 田森．重载车辆作用下普通水泥混凝土路面破坏机理研究［D］．济南：山东交通学院，2019.

［3］ 谢永利，俞永华，杨晓华．土工格室在处治路基不均匀沉降中的应用研究［J］．中国公路学报，2004（04）：10-13.

［4］ 王炳龙，周顺华，宫全美．不同高度土工格室整治基床下沉病害的试验研究［J］．岩土工程学报，2003（25）：165-169.

［5］ 金顺浩．土工格室加筋土加固机理的研究［D］．哈尔滨：东北林业大学，2013.

［6］ 中华人民共和国住房和城乡建设部．土工合成材料 塑料土工格室：GB/T 19274—2003［S］．北京：中国标准出版社，2003.

浅谈高层建筑转换层混凝土裂缝控制技术

夏 清

湖南南托建筑股份有限公司 长沙 410000

摘 要：高层建筑转换层是整个建筑物钢筋混凝土工程的关键部位，转换层的施工是整个高层建筑施工的重点和难点，保证混凝土施工质量，控制转换层混凝土裂缝产生是转换层施工的关键。本文从裂缝产生的原因、裂缝控制的具体措施进行研究分析。

关键词：高层建筑转换层；混凝土裂缝；裂缝控制

随着经济社会的发展和城市化进程的加速，高层建筑鳞次栉比，而高层建筑又多以商住一体居多，即底部一层或多层为商铺，上部为住宅。为了满足商铺开间大、住宅开间小而灵活的要求，通常在商铺与住宅间设计一转换层，通过转换层来改变上下柱网结构布置。转换层的施工是整个高层建筑施工的重点和难点，保证混凝土施工质量，控制转换层混凝土裂缝产生是转换层施工的关键。本文通过工程实例就如何控制转换层混凝土裂缝进行分析和探讨。

1 工程概况

恒广国际景园一区一期工程位于长沙市经济技术开发区，建筑面积约28万m^2，由7栋33层高层建筑组成，地下2层，为框架剪力墙结构。建筑1层、2层为商铺，3层以上为住宅，转换层设计在3层楼面，通过大截面框支梁来改变柱网布置。框支梁最小截面为700mm×1500mm，最大截面达1100mm×2200mm，属大体积混凝土，板厚为200mm。

2 裂缝产生原因分析

转换层混凝土裂缝多产生于大截面梁，其产生原因主要有以下几方面。

2.1 结构裂缝

结构裂缝是由荷载作用引起的受力裂缝。

2.2 温度裂缝

温度裂缝主要是由温差造成的。转换梁混凝土浇筑后，由于混凝土的导热性能低，混凝土体积大，大量的水化热积聚在混凝土内部不易散发，常使混凝土内部温度上升，而混凝土表面温度为室外环境温度，这就形成了内外温差，当这种内外温差在混凝土凝结初期产生的拉应力超过混凝土抗拉强度时，就会导致混凝土裂缝；另外，在拆模前后，表面温度降低很快，造成温度陡降，也会导致裂缝产生。

2.3 收缩裂缝

混凝土在逐渐散热和硬化过程中会导致体积收缩，对于大体积混凝土，这种收缩更加明显。如果混凝土的收缩受到外界的约束，就会在混凝土体内产生相应的收缩应力，当产生的收缩应力超过当时的混凝土极限抗拉强度时，就会在混凝土中产生收缩裂缝。

3 裂缝控制措施

根据转换梁裂缝产生的原因，结合工程经验，在本工程施工中，主要采用了以下措施控制裂缝的产生。

3.1 加强转换层施工方案的编制和审批，方案经审批后严格按照方案制定的施工方法和措施执行和组织验收

本工程转换层施工方案由项目技术负责人编制，公司技术负责人审核，并报总监理工程师审批，同时在实施前经过了专家论证，确保施工方案科学、经济。在方案执行过程中，项目部着重控制了转换层支模架的搭设。一方面，施工前对作业人员进行施工技术交底，强调施工要点，过程中严格按照经计算、论证符合要求的支模体系进行支模架的搭设；另一方面，加强支模架的检查验收。项目部先组织施工管理人员和施工班组人员进行自检，自检合格后再请建设、监理单位及公司质安部门有关人员进行验收，对检查验收中提出的问题实行零容忍政策，确保实际操作与方案相符。

3.2 采用梁板混凝土分离浇筑、梁分层浇筑方式；先浇筑梁混凝土，再浇筑板混凝土

以2200mm高梁为例，第一次浇筑900mm高，第二次浇筑1800mm高，整个梁板分三层浇筑，层与层浇筑间歇时间不超过混凝土初凝时间，一般为3～5h。通过分层分次浇筑混凝土方法，将大体积混凝土水化热化整为零，让水化热在浇筑中逐渐削弱，有效控制转换梁混凝土内外温差，防止温度裂缝的产生。

3.3 优化混凝土配合比

（1）采用低水化热的普通硅酸盐水泥，同时掺用缓凝剂和减水剂以减少和延缓水化热的释放，防止施工裂缝的生成。

（2）在保证混凝土强度和坍落度要求的前提下，通过控制掺加粉煤灰和矿粉用量，以降低1m^{3}混凝土的水泥用量，达到降温的目的。

（3）采用连续级配的粗骨料，工程中选用了5～31.5mm的石子，且含泥量控制在1%以内。此连续级配的粗骨料配制的混凝土，具有良好的和易性、较少的用水量、节约水泥用量、较高的抗压强度等优点。

（4）采用细度模数为2.8、平均粒径为0.381mm的优质中粗砂，以减少用水量，降低混凝土的温升和减小混凝土的收缩。为防止细骨料中含泥量过大，对混凝土强度、干缩、徐变等性能指标产生不利影响，引起开裂现象，施工中，砂的含泥量严格控制在2%以内。

3.4 进行覆膜养护和不拆模保水保温养护

由于转换层框支梁截面尺寸较高，通过覆膜保温对整个大截面梁下部混凝土温度变化进行有效控制（图1），因此，为了全方位控制温差，达到有效控制温度裂缝的目的，施工中，我们采取了不拆模保水保温养护方式。由于模板未拆除，模板与混凝土表面紧密接触，混凝土释放的热量和水分不易损失，从而有效控制了混凝土内外温差和混凝土面干缩变形，有效控制了裂缝。

图1　混凝土覆膜养护

4 传统大体积预埋散热管养护

预埋散热管的方式，主要是在承台内部预

埋冷却水管，通过通入冷却水带走混凝土内部热量，从而降低混凝土内部的温度。该方式在工艺上，要根据混凝土的结构大小设计冷却水管的铺设安装和测温点的设计安装；在实际操作中，要不停地通入自来水，进行降温。在初期（1~7h）使用仪器对混凝土进行不间断的监控测温，中期和后期要按要求间隔测温，对测温数据进行详细记录并进行分析。在整个养护过程中，耗费的材料及人力成本明显增大，这与覆膜养护和不拆模保水保温养护的方式相比，既不高效也不经济。

5　结语

工程实践证明，通过优化混凝土配合比，采用分层浇筑混凝土、覆膜养护和不拆模保水保温等方式，可有效控制转换层大截面梁裂缝的产生。笔者所施工的恒广·景园一区一期工程，转换层梁板未见混凝土有裂缝，获得了业主和政府职能部门的一致好评。

参考文献

[1]　中华人民共和国住房和城乡建设部. 混凝土结构工程施工质量验收规范：GB 50204—2015 [S]. 北京：中国建筑工业出版社，2015.
[2]　本书编委会. 建筑施工手册 [M]. 4版. 北京：中国建筑工业出版社，2003.
[3]　徐有邻. 混凝土结构工程裂缝的判断与处理 [M]. 北京：中国建筑工业出版社，2010.

桥梁桥面混凝土裂缝修复 DPS 防水层施工技术

王　山　王喜元　冷俊强　何承锦

湖南省第三工程有限公司　湘潭　411101

摘　要：湘潭市二大桥维修改造项目施工中，针对北引桥预应力小箱梁桥面混凝土铺装层表面出现的微小裂缝，修复采用了 DPS 防水层的施工技术。研究表明，通过在铺装层混凝土表面涂刷一层 DPS 防水层，能有效自动修复桥面混凝土微裂纹等缺陷，提升小箱梁梁结构承载能力，增加结构刚度，提升桥梁运营能力和使用寿命。

关键词：桥面混凝土；裂缝修复；DPS 防水层；施工技术

城市桥梁水泥混凝土桥面改造施工中，由于自身结构、自然环境、外力作用和施工工艺等因素，桥面水泥混凝土铺装层容易出现微小裂缝等病害。雨水容易通过微裂纹渗透至桥面水泥混凝土铺装层下层，致使桥梁混凝土腐蚀疏松、脱落，钢筋锈蚀、部分预应力钢绞线和波纹管锈蚀，影响桥梁的使用功能，降低桥梁的使用寿命。目前常见的处理方式为白改黑整体化改造，在水泥混凝土铺装层上加铺一层沥青混凝土。白改黑整体化改造虽然整体效果好，但沥青混凝土面层就现有的材料工艺还不能完全达到防水效果且成本较高，同时加大了桥面荷载。对城市桥梁水泥混凝土桥面微小裂缝病害处理，可通过在水泥混凝土表面喷涂一层 DPS 防水涂料，其中活性物质所产生的结晶能充分地填充混凝土表层 5~50mm 深的空隙，并使其成为抗渗性好的刚性防水层，能有效自动修复桥面混凝土微裂纹等缺陷，能有效提升小箱梁梁结构承载能力，增加结构刚度，提升桥梁运营能力和使用寿命。我公司通过在湘潭市二大桥维修改造项目中应用此施工技术，取得了很好的效果，现将该施工工艺总结并形成本施工技术。

1　工程概况

湘潭市湘江二桥位于湘江一桥的上游，是 107 国道上的一座特大桥梁，横跨湘潭市区至湘潭县城易俗河镇的湘江两岸，为湘潭境内的咽喉要道。大桥于 1988 年开始施工图设计，1993 年竣工通车。大桥总长 1830.4m，主桥分跨为 50+5×90+50+7×42.84（m）连续梁；南北引桥分别为 7×16+2×12（m）和 2×15+11.42+49×16（m）简支空心板。由于大桥通车使用时间较久、车辆荷载过重等多种原因，南北引桥桥梁上部结构水泥混凝土桥面出现较多裂缝。在维修改造施工中，基于适用、耐久、安全、可靠、经济原则，设计方案对于北引桥桥面裂缝较大、破损严重桥面，采用破除原有铺装层后重新浇筑水泥混凝土桥面+涂刷一层 DPS 深渗透结晶型防水层；对于出现微小裂缝的其他桥面，水泥混凝土表面整体涂刷一层 DPS 深渗透结晶型防水层，总面积约 12000m^2。

2　工艺原理

DPS 防水涂料是一种分子结构为活性硅的活性物质，由活性硅、水泥、活性无机混合物等混合而成，防水涂料活性材料与混凝土中的游离碱发生化学反应，生成稳定的枝蔓状晶体胶质，能有效地封堵混凝土内部微细裂缝和毛细空隙，使混凝土结构具有持久的防水功能和更好的密实度及抗压强度。

3 施工特点

（1）自动修复桥面混凝土微裂纹。被涂层封闭的活性物质遇水后能在水泥混凝土桥面缺陷处产生二次结晶，具有自动修复桥面混凝土微裂纹等缺陷的功能。

（2）有良好的耐酸耐碱、耐腐蚀性。可抵抗温度变化对混凝土的影响，可以抵抗氯离子对混凝土的渗入破坏和对钢筋的锈蚀，可以增强桥面混凝土结构表面的抗压强度。

（3）物化性能好，渗透性强。渗透深度可以达到5cm左右，抗渗等级可达到W6以上，表面形成防水生物膜，防水效果好。

（4）环保性能好，便于施工。不含甲醛、重金属，不燃、无色、无味，总挥发性有机化合物挥发量远低于国际标准，绿色环保，施工安全；水性无机防水涂料，直接喷涂，施工方便。

4 施工工艺流程及施工方法

4.1 施工工艺流程

施工准备→水泥混凝土桥面表面清理、湿润→涂料准备→涂料喷涂→二次喷涂→渗透养护→修复后效果评估。

4.2 施工方法

4.2.1 施工准备

正式施工前，将施工所用的材料、人员、机具到位。技术人员熟悉图纸，了解相关参数。对进场的防水涂料等进行验收，并对操作人员进行施工技术交底和安全技术交底，达到开工的条件。

DPS材料进场验收时检查质量证明材料、规格、包装质量，运输过程中是否有破损等，合格后方可进场。进场后妥善保管，及时取样进行复检，经有资质的检测机构复检合格后方可使用。

4.2.2 水泥混凝土桥面表面清理与湿润

防水材料使用前桥面表面必须完全清理干净并确保表面的蜂窝、麻面、开裂、疏松得到修补，表面用水湿润，但表面没有明水（图1）。

图1 桥面湿润准备

4.2.3 涂料准备

用原液直接喷涂，不要将DPS防水涂料稀释或与其他液体混合使用。使用前先将溶液摇匀（至少1min），直至起泡沫。如溶液有冻结现象，待完全融化后再使用，材料性能不受影响。

4.2.4 涂料喷涂

喷涂以使用大中型的低压喷雾器为宜。应确保均匀涂抹，确保表面DPS防水涂料渗透达到饱和（图2）。施工环境温度在5~40℃之间；混凝土表面温度不低于5℃；相对湿度在10%~90%之间，天气过热时应先喷洒清水降温，施工面温度控制在5~35℃为佳。

4. 2. 5　二次喷涂

根据混凝土表面的吸收情况来决定施工 DPS 防水涂料的用量，正常情况下，一般的混凝土涂抹两层 DPS，施加量为 0. 2~0. 3kg/m^2。根据现场情况，在混凝土局部渗透度及孔隙度大的地方充分地使用 DPS。

4. 2. 6　渗透养护

喷涂后正常渗透时间为 2~3h，处理后 30min 可允许轻度触碰（图 3）。3h 后或表面干燥时地面便可行走。喷涂 24h 后可以开放交通。

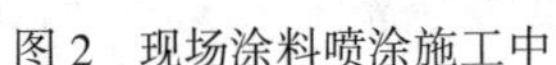

图 2　现场涂料喷涂施工中

图 3　施工完成后渗透养护中

4. 2. 7　修复后效果评估

DPS 防水层施工完成后，经具有相关资质的检测单位对防水效果进行试验检测，新建桥面混凝土防水涂料平均渗透深度达到了 2cm，原有桥面混凝土防水涂料平均渗透深度达到 1. 5cm，混凝土细微裂缝全部封闭。经过试验，桥面混凝土抗渗等级达到 W6，具有良好的防水效果。防水工程试运行 6 个月内，项目部对原有桥面混凝土裂缝进行了定期监测，桥面混凝土微裂缝没有进一步发展。

5　施工质量控制

5. 1　材料质量控制

防水涂料质量应重点检查下列内容：应具有出厂合格证及厂家产品的认证文件，并应进场后抽样送复检（性能检测报告），其技术性能必须满足有关标准的要求等。

5. 2　施工过程中质量控制

（1）检查 DPS 溶液是否符合标准规定。

（2）检查 DPS 喷涂是否均匀，是否符合施工规范要求。

（3）检查渗透及养护时间是否符合施工规范要求。

（4）施工过程中对环境温度、混凝土表面温度、相对湿度进行监测。

6　安全措施

（1）在施工中贯彻执行“安全第一，预防为主，综合治理”的方针，采取有效措施确保施工安全。

（2）开工前需对全体施工人员进行安全教育和安全交底。针对存在的危险源制订相应的应急预案。施工前做好班组安全交底和安全教育，严格遵守施工操作规范和安全技术规程，确保施工安全。

（3）施工所用机具和劳动用品经常检查，及时排除安全隐患，确保安全。

（4）施工现场用2.5m高围挡封闭施工，夜间设置警示灯，主要出入口安排专人值班，禁止非施工车辆和行人通行。

（5）与气象部门沟通，如遇到大雨，停止施工，组织人员和机械撤离。

（6）施工过程中，安全管理人员做好巡查，排查安全隐患，督促落实整改。

7　环保措施

（1）施工过程的垃圾必须清理干净，每次施工后的残料、塑料包装不得随地乱扔、乱倒，污染环境，严格做到工完场清。

（2）出入口设置自动洗车平台，防止材料运输车辆轮胎带泥上路。

（3）需要夜间施工时，及时办理相关夜间施工许可，对周边居民进行告示，并对灯光照明和噪声采取防护措施，尽量减少对周边居民正常生产生活的影响。

8　结语

实践证明，DPS防水涂料可以显著提高桥梁桥面的防水能力，具有自动修复微裂纹等缺陷的能力，增强其混凝土的耐用性，延长其使用寿命。静、动载试验测试结果表明，刚度和承载能力达到了设计荷载等级要求，从而有效提升桥梁的运营能力，具有非常良好的经济效益和社会效益，在类似桥梁水泥混凝土桥面施工或维修施工中可广泛推广应用。

参考文献

[1]　于力昌．水泥混凝土桥面防水层施工技术［J］．技术与市场，2013，20（11）：85-87.

[2]　杨飞，胡晓辉．水性渗透型无机防水剂提高混凝土渗透性试验研究［J］．中国建筑防水，2018（14）：15-19.

[3]　郑新国，张旭，李广辉，等．无机水性渗透结晶型防水材料渗透性能影响因素研究［J］．中国建筑防水，2022（08）：9-13.

超高层建筑高空支模系统承重钢平台优化设计及应用

胡泽辉　谭安石　陈安德　金泽文　谢新春

湖南省第三工程有限公司　湘潭　411101

摘　要：本文主要介绍超高层建筑两塔楼中庭屋面结构板支模系统下部高空承重钢平台的施工方案。结合原设计主体结构钢材型号，通过调整平面布局、减小钢材型号并降低自重、缩小钢梁间距、设置水平系杆等系列结构优化措施，达到安全、经济、绿色、环保的新时代施工管理要求。经按规范验收并经工程应用，成效显著。

关键词：超高层建筑；高空支模；承重钢平台；优化设计；施工应用

1　工程概况

“温州中心工程”系温州地标项目、超高层建筑，总建筑面积26.8万m^2。A标段由3栋塔楼（A1楼高280m，A2楼高126.4m，A3楼高126.4m）和5层裙房组成。

此前，原施工单位已完成主体进度：A2楼主体结构封顶，A3楼施工至16层，A1楼施工至首层结构，裙楼施工至地下三层底板。至此，原施工单位因故退场。

此后，我司承接余下全部工程。其中，塔楼A2、A3栋六层（标高23.3m）以上屋面（标高136.4m）以下的中庭区域无结构板，平面尺寸13.4m×13.3m，空间高度113.1m，该区域屋面结构需采用高空超高支模浇筑。

2　原施工方案

支模承重钢平台采用主、次梁垂直相交的平面结构体系，次梁间距900mm、支模立杆间距900mm，二者均较密；主梁（H型钢）间距较大（2400mm/2900mm），截面尺寸为500mm×800mm，通过在主梁底部两端分别设置钢斜撑及两层框架梁之间增加临时钢柱的加强措施，使得全部施工荷载传递至屋面结构之下的两层楼板上。

该方案虽解决了高空超高支模问题，但临时钢柱及钢斜撑施工难度大；主梁自重3t，超过塔吊最大起重量1.5t，必须将主梁分三段进行高空拼装，危险系数大，技术要求高；钢梁拆除较困难，钢梁型号与主体结构设计选型不匹配，不能充分有效利用，且总用钢量较大，约60t。

3　优化后的施工方案

结合工程实际，经方案对比，并依据《钢结构设计标准》（GB 50017—2017）计算，将原施工方案“主、次梁垂直相交的平面结构体系”改为“单向平行钢梁+侧向水平系杆的承重体系”（图1）。

（1）每排立杆下均布置一根钢梁（H型钢，200mm×500mm），钢梁间距缩小，数量增加到18根，传力点位增多，单一支撑杆集中力减小，传递至下层楼板结构的传力方式相对均匀，单根钢梁重量大幅降低且小于塔吊起重限值。下层的框梁承载力满足荷载要求，并取消了临时钢柱、钢斜撑，减少钢平台安拆难度。

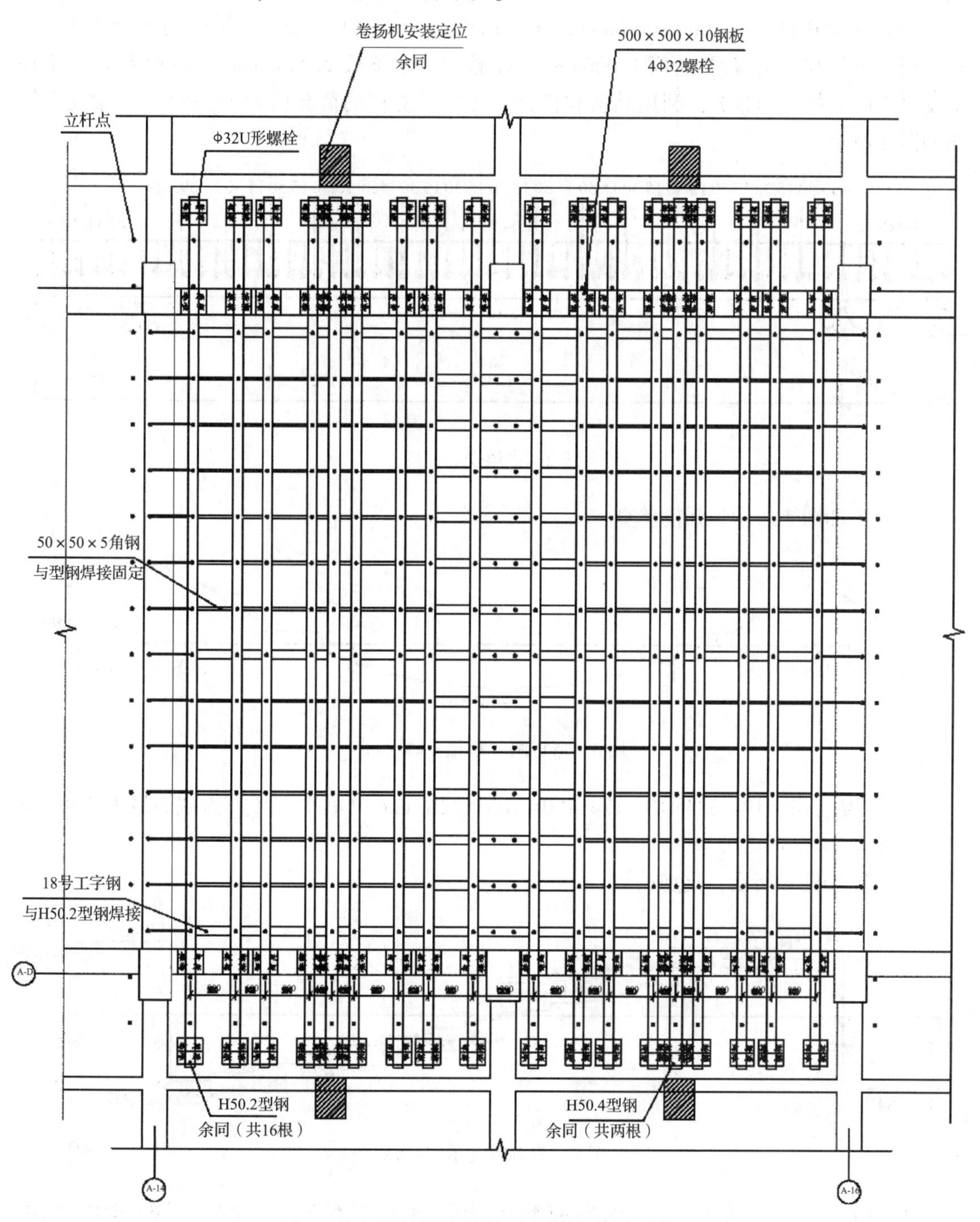

图1　单向平行钢梁+侧向水平系杆的承重体系

（2）钢梁设计时，着重考虑其强度、稳定性（局部稳定和整体稳定）、刚度、扰度等关键指标，并按《钢结构设计标准》（GB 50017—2017）的要求进行核算。因结构布置时钢梁是按单跨梁设置，故不用考虑其端截面塑性发展的有利作用及活荷载不利布置的影响。钢平台梁设计成等截面的热轧普通工字型钢，钢型选用Q355-B，结构用钢平台梁强度$f=305\mathrm{N/mm^2}$，梁挠度$<L_0/250$。

（3）主梁选材截面 500mm×200mm×16mm×10mm（与 A1 塔楼主体结构钢梁设计选型一致，便于重复利用），计算跨度 17000mm（A1 楼设计钢梁长度 8400mm），每根主梁上有 15 根支模架的立杆均匀布置，利用品茗软件计算出每根立杆的荷载值为 15. 3kN。主梁受力简图如图 2 所示。

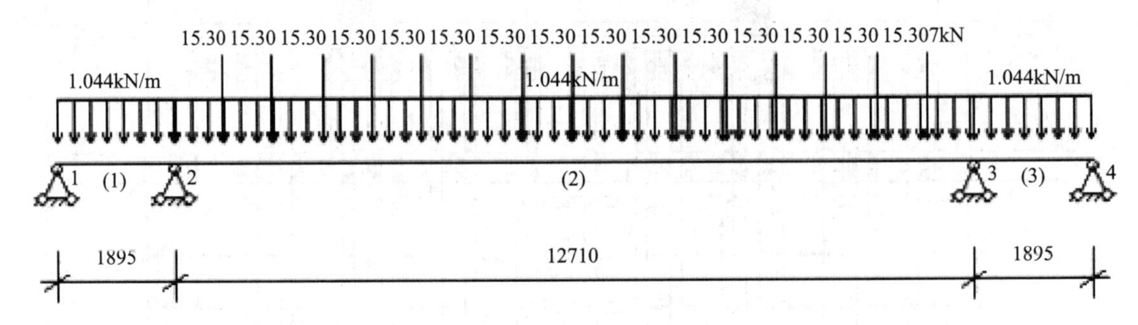

图 2　主梁受力简图

弯矩图如图 3 所示，强度验算：

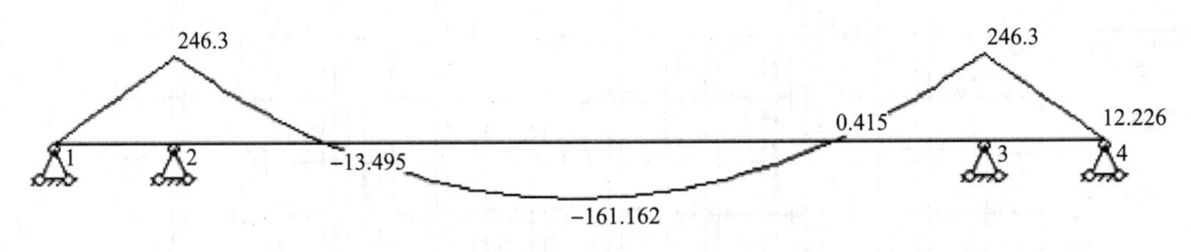

图 3　弯矩图（单位：kN · m）

$\sigma_{max} = M_{max}/W = 194.334 \times 10^6/1841460 = 105.532\text{N/mm}^2$（其中，$M_{max}$ 为截面最大弯矩，W 为截面抵抗矩），符合要求。

剪力图如图 4 所示，抗剪验算：

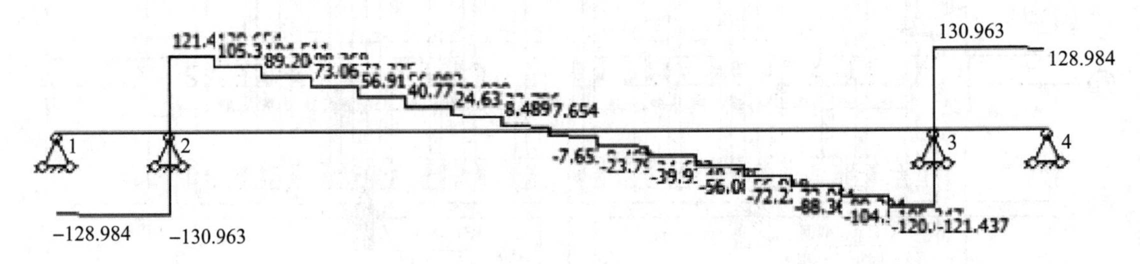

图 4　剪力图（单位：kN）

$\tau_{max} = V_{max} \cdot S_{max}/(I_x \cdot t_w) = 103.54 \times 1000 \times [162 \times 500^2 - (162-16) \times 460^2]/(8 \times 460365000 \times 16) = 16.879\text{N/mm}^2$（其中，$S_{max}$ 为最大面积，I_x 为截面惯性矩）。

$$\tau_{max} = 16.879\text{N/mm}^2$$

变形图如图 5 所示，挠度验算：

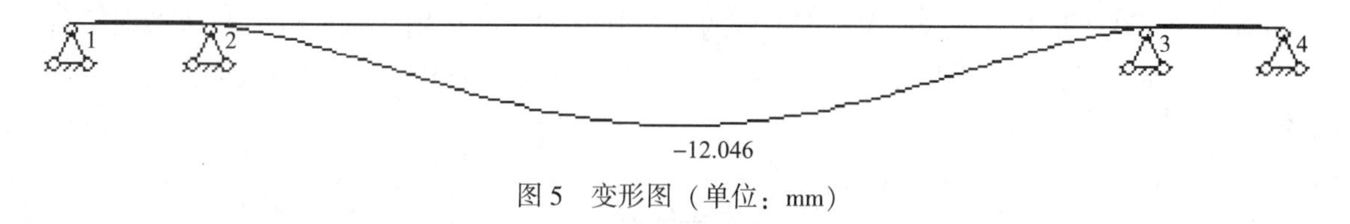

图5　变形图（单位：mm）

经计算，此受力体系中钢梁最大挠度。

$\nu_{max}=12.046\text{mm}\leqslant[\nu]=L_0/250=12710/250=50.84\text{mm}$，符合要求。

支座反力计算：

设计值：$R_1=-101.562\text{kN}$，$R_2=199.425\text{kN}$，$R_3=199.425\text{kN}$，$R_4=-101.562\text{kN}$。

主梁整体稳定性验算：

受弯构件整体稳定性分析：$f\geqslant M_x/(\phi_b W_x)$，其中，$\phi_b$ 为均匀弯曲的受弯构件整体稳定系数。

查《钢结构设计标准》（GB 50017—2017）得$\phi_b=0.4$。

$M_{max}/(\phi_b W_x f)=194.334\times10^6/(0.4\times1841.46\times305\times10^3)=0.865\leqslant1$，符合要求！

（4）为避免单梁两侧受压失稳破坏，侧向增加三道18号工字钢连系梁，同时每道立杆处钢梁靠近上翼缘腹板两侧增加焊接50mm×5mm等边角钢钢隅撑，形成整体支模钢平台，总计重量约30t，比原施工方案减少50%。

4　承重钢平台的安装与拆除

承重钢平台除满足屋面结构施工支模系统荷载外，还要考虑拆卸方便。因单根主梁重量小于塔吊起重限值，故主梁在工厂加工、验收合格后进入现场，直接用塔吊将钢梁转运至预埋件楼面处，方便就位并精准固定。其余水平系杆及钢结构构件进行现场焊接或螺栓连接，大幅度提高了生产效率。

钢平台拆除则利用上层混凝土结构中预埋的钢环，在拆除钢平台时直接将钢梁平移至126m处的大屋面上，然后通过塔吊将整根钢梁吊出建筑物，消除了拆除超重钢梁的安全隐患，且拆除后的钢梁重复利用，降低了工程成本（图6）。

5　综合效益分析

超高层建筑塔楼之间的高空超高支模体系，其承重钢平台由“主、次钢梁垂直相交的平面结构体系”改为“单向平行钢梁+侧向水平系杆的承重体系”，结合原设计主体结构钢材型号，通过调整平面布局、减小钢梁型号、降低平台自重、缩小钢梁间距、设置水平系杆等系列结构优化措施，使之降低施工成本、减小施工难度、提高安全性能、消除施工荷载对原建筑主体结构的不利影响，达到了安全、经济、绿色、环保的新时代施工管理要求，具有明显的经济效益和社会效益。

图6　钢梁安装作业实景图

6　结语

本工程钢平台超高支模体系上部浇筑完混凝土后，测得钢梁的实际最大挠度变形为

20mm，符合设计要求。通过本次对钢平台的理论计算和实际运用，承重钢平台“单向平行钢梁+侧向水平系杆的承重体系”在使用上更为方便，经济性和实用性较为显著，具有更高的运用价值。

参考文献

[1] 中华人民共和国住房和城乡建设部．钢结构设计标准：GB 50017—2017［S］．北京：中国建筑工业出版社，2017.

[2] 中华人民共和国住房和城乡建设部．建筑施工高处作业安全技术规范：JGJ 80—2016［S］．北京：中国建筑工业出版社，2016.

[3] 中华人民共和国住房和城乡建设部．建筑结构荷载规范：GB 50009—2012［S］．北京：中国建筑工业出版社，2012.

[4] 中华人民共和国住房和城乡建设部．建筑施工临时支撑结构技术规范：JGJ 300—2013［S］．北京：中国建筑工业出版社，2013.

超高层建筑电梯井道可拆卸工具式支模平台研制及应用

张吉江　谢建凯　张　辉　韩　玮　金泽文　谢新春

湖南省第三工程有限公司　湘潭　411101

摘　要：针对超高层建筑电梯井数量多、楼层数量多、垂直方向高、支模与安全防护难度大等特点，自行研制可拆卸工具式支模平台，由固定部件、过渡部件、活动部件等组成，分别应用于主体结构及装饰施工两个阶段，电梯安装前随即拆除，方便重复利用。对保证质量、加快进度、降低成本、确保安全起到了积极作用，已申请专利并获通过，满足了绿色施工要求。

关键词：电梯井道；可拆卸；工具式支模平台；安全防护

“温州中心工程”系温州地标项目、超高层建筑，总建筑面积268635.07m^2。A标段由3栋塔楼（即A1楼高280m，A2楼高126.4m，A3楼高126.4m）和5层裙房组成。

其中，超高层建筑各类电梯井道累计数量44座，累计楼层1190层，见表1。

表1　温州中心工程电梯井道一览

栋号	电梯井道平面尺寸（mm）	数量（座）	分布层数（层）	累计数量（层）
A1	2700×2600	8	49	718
	2700×3000	2	16	
	2700×2800	4	17	
	3000×2900	2	57	
	3000×3000	1	56	
	3000×3300	1	56	
A2	2500×2800	1	32	221
	2500×2400	2	26	
	2500×2450	4	29	
	2500×2650	2	7	
	2500×2600	1	7	
A3	2500×2600	1	7	221
	2500×2800	1	32	
	2500×2400	2	26	
	2500×2450	4	29	
	2500×2650	2	7	
裙房	2200×2000	2	5	30
	2400×2800	2	5	
	2200×1800	2	5	

1　施工设计原理

可拆卸工具式支模平台由固定部件、过渡部件和活动部件等组成，其中：

（1）固定部件为预埋 ⌀20 钢筋及直螺纹套筒，预埋在楼层梁（剪力墙）侧内。

（2）过渡部件为 10 号短槽钢与 10mm 厚钢板焊接而成，与固定部件之间采用直螺纹套筒连接。固定部件与过渡部件连接形成受力支座，如图 1 所示。

（3）活动部件为 8 号主梁槽钢及井字架体（图 1），主梁槽钢与支座连接，形成架体搭设底座；架体搭设在底座上，形成操作平台架。施工层混凝土浇筑完成后，活动部件向上提升一层，依次循环，直至主体结构完成即可将活动部件拆除并入库。固定部件与过渡部件继续用于井道水平防护搭设支座。

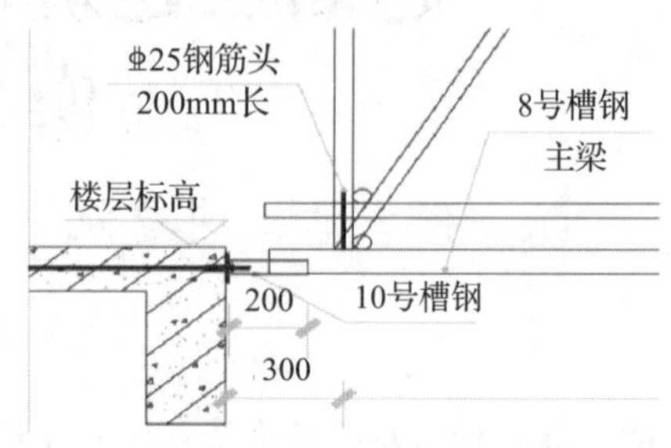

图 1　固定、过渡、活动部件部分结构

2　施工工艺流程

预埋件现场制作→预埋件安装→操作平台配件制作→可拆卸支座支撑平台组装（预埋固定部件→安装过渡部件）→搭设活动部件→搭设操作层水平防护→操作平台提升作业→操作平台拆除→操作平台周转使用。

3　施工技术要点

3.1　操作平台配件制作

可拆卸工具式支模平台配件均在项目部现场制作。

固定部件与过渡部件连接，由长度 650mm、2⌀20 预埋钢筋及ϕ 20 直螺纹套筒的组合件作为可拆卸支座的主要受力构件，即固定部件；其中直接受力部分为 100mm×100mm×10mm 厚钢板与 200mm 长 10 号槽钢组合件，通过焊接组装而成，即过渡部件；再通过直螺纹套筒连接固定于梁（墙）上。

活动部件，根据电梯井道的长宽尺寸，长边方向采用 2~3 根 8 号槽钢为主梁，主梁长度为井道短边长度减 200mm，如图 2 所示。8 号槽钢两端焊接 ⌀25 钢筋头，长度 200mm，用于固定上部钢管架。在主梁上面采用钢管搭设操作平台，钢管立杆立于 8 号主梁槽钢上，钢管底口套在已焊接的 ⌀25 钢筋上，用来保证钢管的位置和防止滑落，如图 2（a）所示。可拆卸式电梯井工具式支模操作平台吊装的安全性主要决定于吊环的设置，吊环采用 U 形 ⌀20 钢筋与顶部内爬架架体连接作为吊装点，底部用ϕ 16 钢丝绳与主梁 8 号槽钢捆绑四个点，捆绑点距离梁（墙）300mm，主要方便整模的放置，并保证整模板与操作平台吊装的安全性。

依电梯井道平面尺寸的不同，支模平台及架体分别采用两种方案，在长边可设置两排或三排 8 号槽钢，如图 2 所示。

3.2　可拆卸支座支撑平台组装

首先是固定部件的预埋，在楼层梁（剪力墙）内预埋 ⌀20 锚筋，锚筋一端滚轧直螺纹并套上直螺纹套筒，然后固定部件与过渡部件连接，梁（墙）侧模拆除后，采用一根长度 200mm、一端滚轧直螺纹的钢筋，将 100mm×100mm×10mm 厚钢板与 200mm 长 10 号槽钢组合件通过直螺纹套筒连接固定于梁（墙）上。最后安装活动部件，采用 8 号槽钢作为主梁，搁置在可拆卸过渡部件上并用 U 形卡环进行固定，然后即可搭设操作架体。操作平台组装后，立即对其进行功能性检查，检查合格后方可投入使用。为保证平台的使用功能，对过渡部件及活动部件采用防腐漆进行涂装。

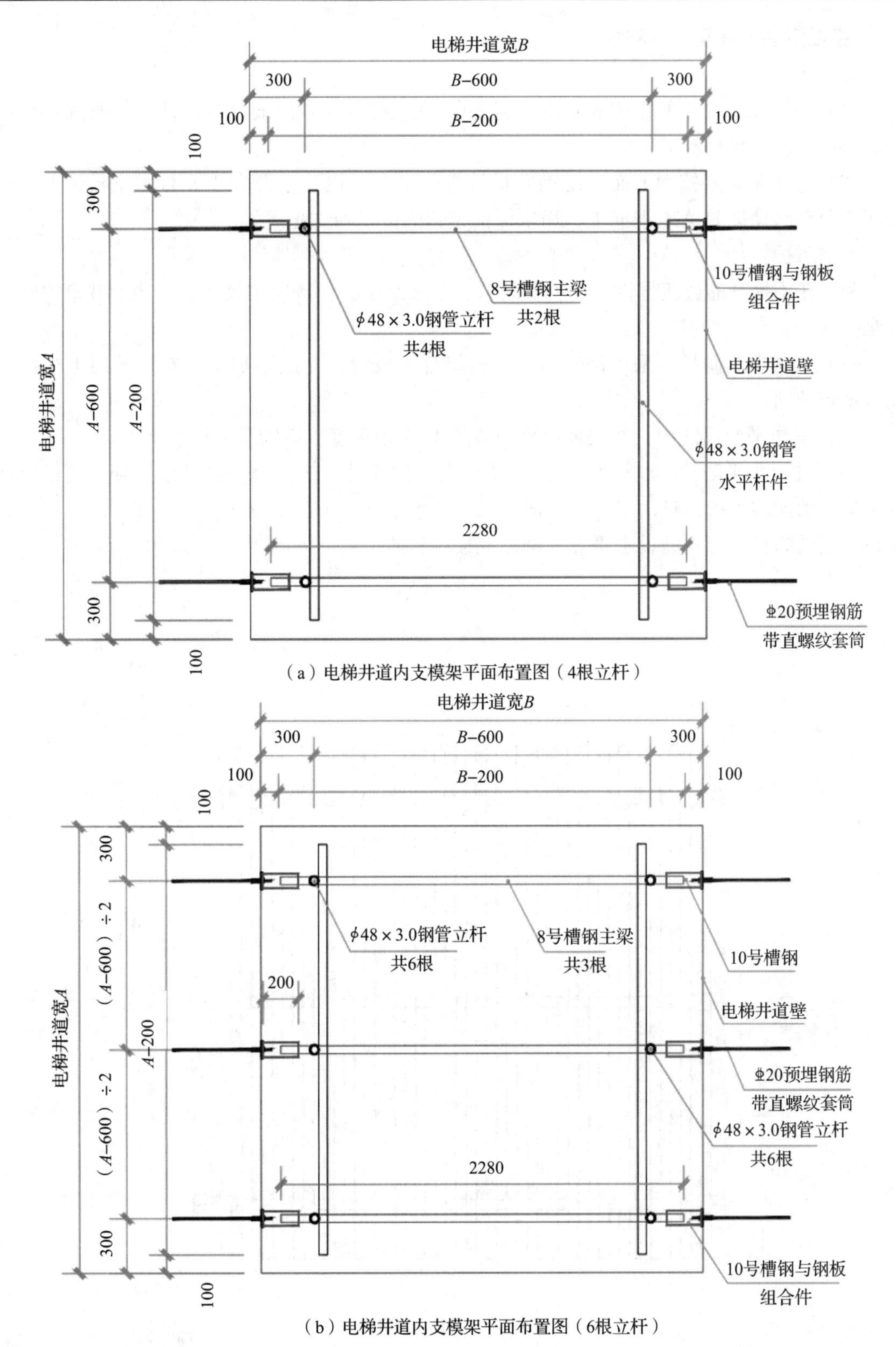

（a）电梯井道内支模架平面布置图（4根立杆）

（b）电梯井道内支模架平面布置图（6根立杆）

图2　不同工况的电梯井道平面布置图

注：A≤B，且A>2200mm时

3.3 搭设活动部件及水平防护

活动部件：

（1）将活动部件中的主梁 8 号槽钢搁置在 10 号槽钢组合件即过渡部件上，通过ϕ6U 形钢筋卡环固定（可拆卸）。

（2）在主梁 8 号槽钢上面采用钢管搭设操作平台，钢管立杆立于 8 号主梁槽钢上，钢管底口套在已焊接的 Φ25 钢筋上，用来保证钢管的位置和防止滑落。

水平防护：

利用在不提升的过渡部件上交替安装软、硬水平防护，解决砌体装饰阶段的井道内竖向安全问题。

（1）架体底层防护，采用钢管与脚手板组合形成封闭兜底防护层，在防护层上步架搭设水平防护网。

（2）操作平台层防护，在架体纵横向增加 1~2 根钢管，满铺脚手板。

（3）井道水平防护，利用原有 10 号槽钢组合件即过渡部件搁置水平主钢管，搭设成钢管主架，满铺脚手板，每两层一设形成楼层井道水平硬防护，如图 3（a）、图 3（b）所示；在每两层硬防护中间层铺设水平安全网形成楼层软防护层，如图 3（c）所示。

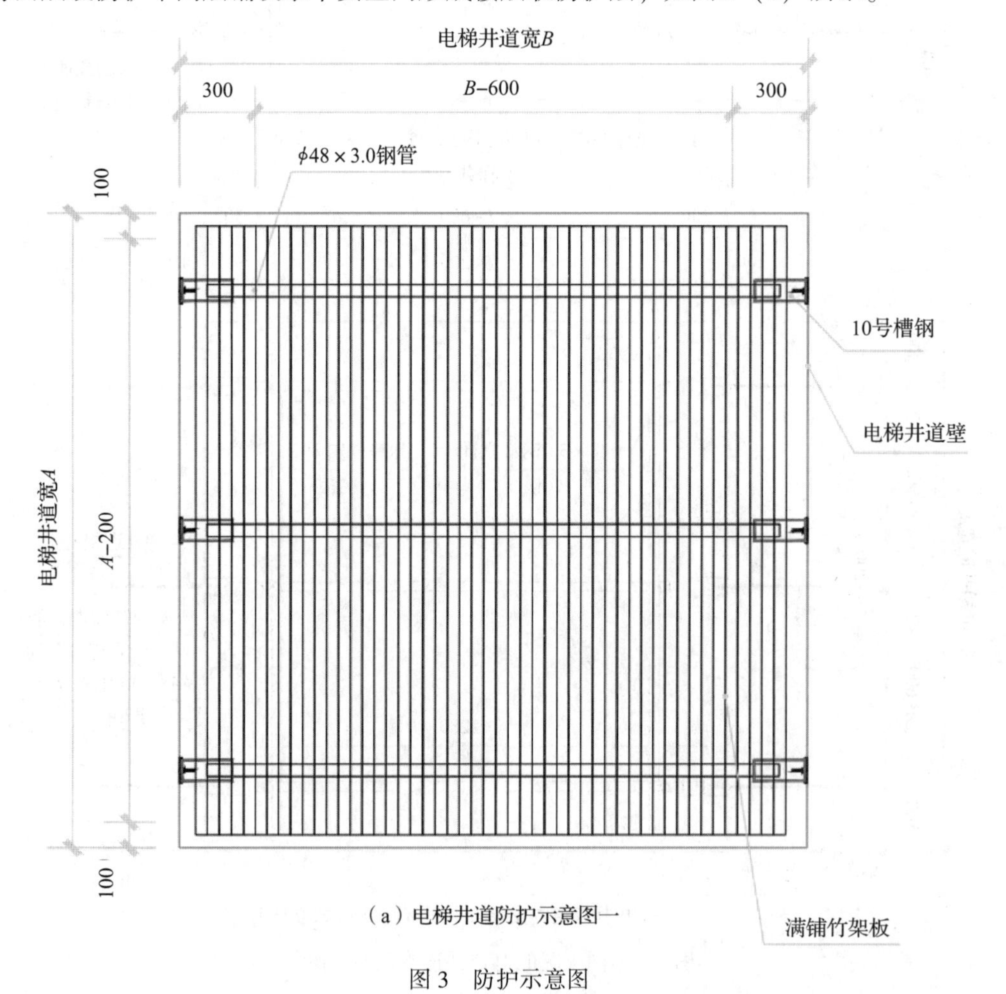

（a）电梯井道防护示意图一

图 3　防护示意图

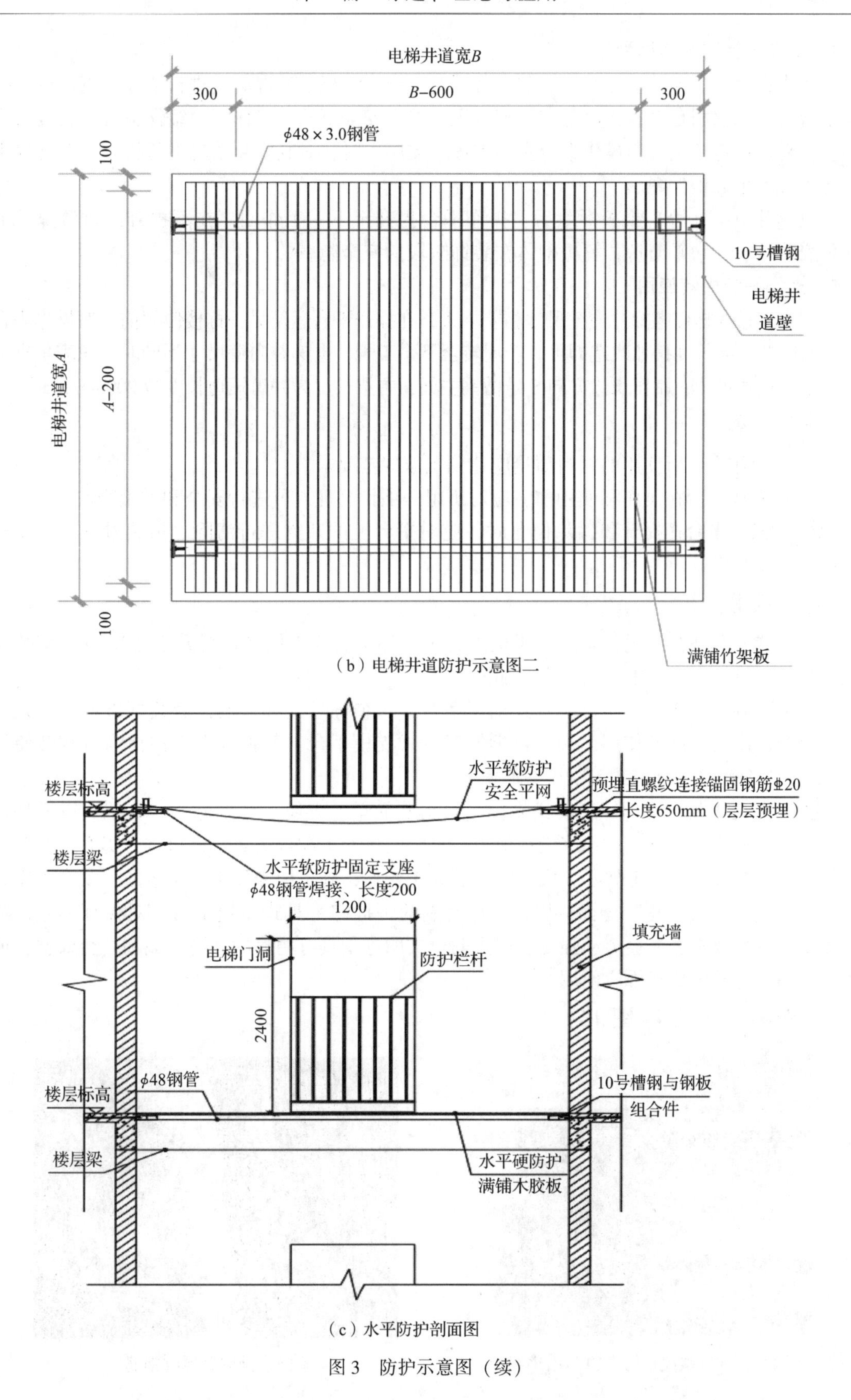

（b）电梯井道防护示意图二

（c）水平防护剖面图

图3　防护示意图（续）

3.4 操作平台提升和拆除作业

操作平台在电梯井道提升作业前，必须对上层平台板上的混凝土进行清除。钢丝绳在操作平台上应采取固定措施，以防在吊装过程中发生安全事故。操作平台缓慢提升，安装人员随时对平台进行校正。当操作平台主梁支撑于支座上时，对其安装情况进行检查，符合要求后方可拆除吊装钢丝绳。

电梯井道梁（墙）模板拆除后，操作平台提升至下一工作面。在不提升的过渡部件上交替安装软、硬水平防护，解决砌体在装饰阶段的安全隐患。

3.5 操作平台周转使用

因本工程3栋楼电梯井内壁尺寸相差不大，在操作平台运至另一栋楼使用前，对操作平台下部底座的主梁长度稍加改造即可。若周转至下个工程，电梯井内壁尺寸不同时，只需根据电梯井道的长宽尺寸，制作长边方向8号槽钢主梁，主梁长度为井道短边长度减200mm即可。

4 注意事项

（1）操作平台所使用的材料质量应达到国家规范要求。

（2）操作平台在制作和使用前，应对班组、项目管理人员进行安全和质量交底。

（3）操作平台在提升和拆除作业时，应对平台上的杂物进行清除。吊装过程中，安全员应全程跟踪作业。

5 综合效益分析

（1）单层施工周期短。塔式起重机配合可拆卸工具式支模平台提升不超过1h，安装完验收后，可进入电梯井主体模板安装加固。

（2）使用成本低。可拆卸工具式支模平台，一个栋号安装一次，后续标准层，塔式起重机配合依次往上循环使用，一套可拆卸工具式支模平台，若施工中维护得当可翻转使用200次，综合经济指标节约不少于20%。

（3）施工方便。可拆卸工具式支模平台组装简单、方便，只需组装一次就可以循环使用提升至屋面完成。且支撑系统设计简单，只需安排专人配合塔式起重机进行提升，避免每个栋号每层搭设电梯井道架子，大大减少了人工操作，施工中未发生安全事故，安全可靠。

经“温州中心工程”全面应用，自行研制的可拆卸工具式支模平台，对保证质量、缩短工期、降低成本、减轻劳动强度、促进安全文明施工具有明显的经济效益和社会效益，值得在超高层建筑中广泛推广使用。

6 实例图片（图4~图13）

图4 预埋直螺纹钢筋、10号槽钢组合件

图5 预埋直螺纹钢筋

图6　10号槽钢、钢板组合件安装

图7　8号槽钢固定于10号槽钢组合件上

图8　操作架固定于8号槽钢上

图9　操作平台层

图10　操作架提升塔吊吊装

图 11　电梯井道水平防护利用已有直螺纹钢筋及槽钢组合件搁置防护层钢管

图 12　井道水平防护仰视图

图 13　井道水平防护俯视图

参考文献

[1]　丁瑞丰，刘丹，张亚军，等．浅析电梯井工具式整体提升操作平台优化及应用［J］．四川建筑，2020，40（5）：61-63.

[2]　谭良斌．可拆卸式电梯井定型化操作平台在工程中的应用［A］．土木工程新材料、新技术及其工程应用交流会论文集：中册［C］．中冶建筑研究总院有限公司，2019，421-423.

橡胶充气气囊隔离用不同强度等级混凝土的探究

段昭帅　田　信　谢建凯　罗　胜　金泽文　谢新春

湖南省第三工程有限公司　湘潭　411101

摘　要： 本文重点阐述的内容是在高、低强度等级混凝土的临界部位采用钢筋骨架+橡胶充气气囊的隔离施工技术，替代传统的钢丝网隔离技术，不仅能满足实际生产需求，还避免了由钢丝网隔离引起的漏浆及垮塌的质量问题，既保证了施工质量，也提高了工作效率，气囊可重复使用，经济效益明显提高。

关键词： 隔离；充气气囊；不同强度等级混凝土；质量；环保

抗震设计中，墙柱等竖向构件的混凝土强度等级普遍高于梁板等水平构件，当超过两个等级时（含两个等级），梁柱核心区的混凝土强度等级必须与高等级的竖向构件相同。在混凝土浇筑过程中梁柱核心区部位必须严格隔离，目前的常规做法是在梁钢筋绑扎完成后将钢筋网片硬塞入梁内，再用扎丝将网片与梁钢筋绑扎固定。这种施工方法导致收口网片没有起到理想的分离作用，高、低强度等级的混凝土经常会错入不同区域，造成质量事故或材料的浪费。在我司承建的温州中心工程中采用橡胶气囊隔离拦截高、低强度等级混凝土的施工技术取得了较好的效果。

1　钢丝网与橡胶气囊隔离、拦截的比较与分析

1.1　钢丝网隔离、拦截

在距高、低强度等级混凝土临界面一定部位采用快易收口钢丝网隔离、拦截，由于靠近梁、柱（墙）节点区域，梁的截面高，主筋较密，钢丝网安装操作难度非常大，钢丝网隔离拦截形式耗工耗时、成本高、易漏浆、易垮网等，难以达到预期拦截效果。

1.2　橡胶气囊隔离、拦截

在距高、低强度等级混凝土临界面一定部位采用橡胶气囊隔离拦截高、低强度等级混凝土，操作简单，施工方便，隔离、拦截的效果好，避免了用钢丝网隔离拦截高、低强度等级混凝土出现的工程质量问题，气囊可重复利用，间接降低了成本，能更好地满足生产的需要。

2　采用橡胶气囊的做法

2.1　原理

气囊由固定部件和活动部件两部分组成；固定部件为简易钢筋骨架，活动部件为ϕ60橡胶气囊。当梁高度小于等于600mm时，只需安装活动部件，即将橡胶气囊充气后，通过胶囊与胶囊相互挤压产生水平向静摩擦力，达到阻隔不同强度等级混凝土的目的；当梁高大于600mm时，单独使用气囊隔离时，其刚度不足，需增加固定部件（简易钢筋骨架）支撑充

气胶囊，增强气囊刚度，抵抗混凝土侧压力，确保气囊的稳定性，达到有效隔离混凝土的目的。

2.2 气囊隔离、拦截的材料

（1）橡胶气囊（棒）：直径ϕ 60mm×800mm/1000mm/1200mm，长度需根据不同梁高尺寸采购不同规格的气囊，总长度=梁高+300mm。

（2）要求气囊气密性、韧性好，不易漏气、破裂。

（3）短头钢筋，直径>12mm，长度=梁高-2 倍保护层，钢筋无锈蚀、无油污。

2.3 主要机具

便携式无油、静音小型空气压缩机，型号 OTS-550，额定排气压力 0.7MPa，储气罐容积 8L，整机质量 16kg；要求设备性能良好，各项指标应确保合格，设备试运行正常。

2.4 施工流程

梁、板底模板安装→梁钢筋骨架安装绑扎→简易钢筋骨架安装绑扎→梁侧模安装→板钢筋绑扎→质量自检→橡胶气囊安装、充气→板面钢丝网+木方拦截→隐蔽验收→混凝土浇筑前准备工作→柱墙混凝土浇筑（气囊补气）→梁板混凝土浇筑→气囊拆除→板面整平、薄膜覆盖→养护。

梁、柱节点区域不同强度等级混凝土分隔平面图如图 1 所示。

2.5 操作要点

（1）气囊安装前需将表面水泥浆清理干净，检查是否完好，第 1 次充气后由于搁置时间久会导致漏气现象，因此，混凝土浇筑到该部位时需进行第 2 次补气，确保气囊间无缝隙、相互挤压。

（2）待梁板混凝土浇筑完成即拆除该核心区范围内气囊，接缝处需进行二次振捣。

（3）在梁高大于 600mm 时，为了防止气囊隔离混凝土时向还未浇筑混凝土的一侧发生形变，在气囊安装前则需提前在梁内临界面的箍筋下部绑扎 2～4 根水平短钢筋，形成简易的钢筋骨架，以确保气囊的稳定。

（4）气囊拆除后需用清水冲洗干净，回收入库，待下次使用。

（5）施工中操作的情况如图 2～图 8 所示。

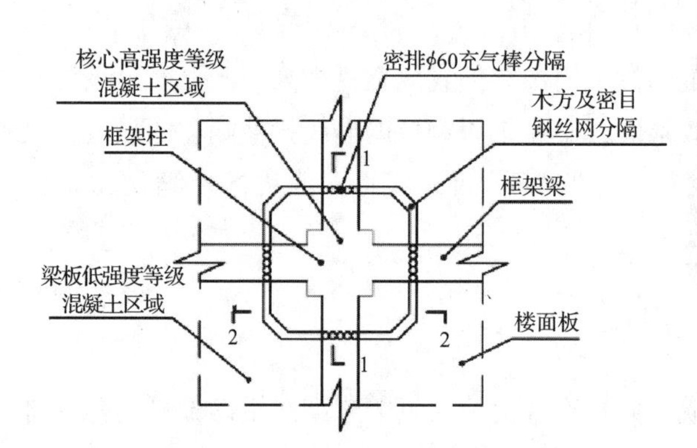

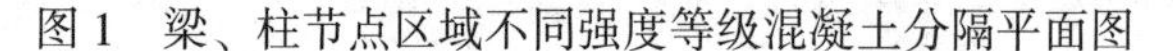
图 1 梁、柱节点区域不同强度等级混凝土分隔平面图

图 2 橡胶气囊安装

图 3　充气前

图 4　充气后

图 5　补气

图 6　混凝土浇筑前

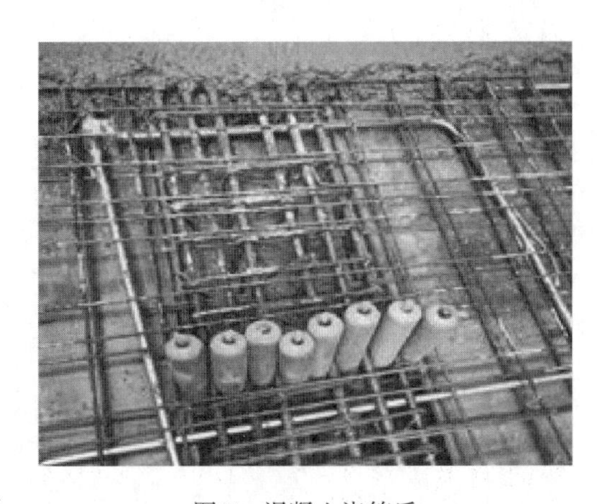

图 7　混凝土浇筑后

图 8　回收利用

3　橡胶气囊应用的实例与成果

3.1　实例工程的应用

首先在地下三层梁板混凝土浇筑时做了对比试验，墙、柱混凝土强度等级为 C60，梁板混凝土强度等级为 C35。浇筑时按后浇带划分两个区域进行测试，一批为钢筋网隔离、拦截，另一批为橡胶气囊隔离、拦截。经过实际测量，钢筋网隔离、拦截检查 310 个点，合格 265 个点，合格率仅为 85.5%，橡胶气囊隔离、拦截检查 120 个点，合格 117 个点，合格率高达 97.5%。在后期的地下室及 A3 楼建设中，均采用了橡胶气囊隔离、拦截不同强度等级的混凝土。

3.2　成果

该施工技术已应用于 A3 楼及地下室结构施工中，效果显著；与传统的施工工艺相比，既节约成本又节约时间。实践证明，该施工工艺先进、技术可靠，对施工现场环境污染少、施工进度快，模板施工质量有保障，安全也有保证，并将继续应用于 A1 楼施工中。

4　结语

对梁柱核心区混凝土高、低强度等级隔离技术的改进，确保了混凝土浇筑施工质量，避免了钢丝网隔离引起的漏浆及垮塌的质量问题。可有效隔离强度等级高、低混凝土，方便可靠；操作简单，易于现场操作，降低了工人的现场操作施工难度；减少了后期的修补，提高了施工质量；有效地抑制了高强度等级混凝土流入低强度等级混凝土的现象，大幅度减少了材料的浪费。既保证了施工质量，也大大提高了工作效率，气囊可重复使用，绿色环保，经济效益明显提高。

浅析布置内爬式混凝土布料机楼板的加固施工

李　芳　蔡望海　陈凭毅　杨凤民

湖南建工集团有限公司　长沙　410000

摘　要：为了减少混凝土泵送管和传统移动式布料机对楼面钢筋、模板造成影响，减少混凝土运输和布料难度，目前高层及超高层建筑均优先采用内爬式混凝土布料机，以提高施工效率、缩短工期。目前市场上内爬式混凝土布料机的内爬装置有楼面内爬装置和电梯井内爬装置两种。楼面内爬式混凝土布料机主要是布置在结构楼板上，由结构楼板、框架梁承担机身和工作荷载并传递至框架柱或剪力墙上，设备布置位置选择灵活；电梯井内爬式混凝土布料机则是由电梯井内剪力墙承受布料机的机身和工作荷载，设备布置位置的选择局限性大。本文通过项目实践，对机身周边楼板进行局部加强处理，解决了楼面内爬式混凝土布料机布置的相关技术问题。

关键词：内爬式混凝土布料机；楼板加固；楼面内爬装置

近年来，高层、超高层建筑数量持续增加，为解决混凝土输送及浇筑问题，内爬式混凝土布料机的应用越来越广泛，且采用电梯井内爬式布料机居多，但电梯井内爬式布料机布置位置的选择局限性大。而采用楼面内爬式混凝土布料机，设备布置位置选择灵活，不受其他因素的限制，但增加了局部楼面的荷载，进行局部楼面加固施工则可解决相关问题。以下结合工程实践，探讨楼板内爬式混凝土布料机对楼板的加固施工及应用。

1　加固原理

（1）因内爬式布料机的质量一般都在26t以上，根据设备的使用要求，在设备的爬升过程中，需由一层楼板承受所有的机身荷载。但普通设计的结构楼板的承载能力远远不能满足要求，故需对机身周边的结构楼板进行加强处理（即从使用设备的起始层开始至屋顶为止）。

（2）根据机身的摆放方向，对结构楼板进行受力分析，在垂直的主梁或剪力墙方向（即平行于机身洞口的两边）分别增加一道框架梁并分别锚入剪力墙或框架梁中，确保加强后的框架楼板能够承受的荷载不应小于布料机整机的质量。

（3）结构加强处理方案应得到原结构设计单位设计师的认可，现场严格按照既定方案对拟安装布料机的区域进行结构加强处理。

（4）根据布料设备的顶升液压杆与预留洞口周边新增框架梁之间的位置关系的不同，分两种方式在布料机的内爬框架下增设加强型H型钢。加强型H型钢的布置形式如下：

①若布料机顶升液压杆位于新增设的框架梁上方，则在内爬框架下即新增设的两根框架梁上分别放置两根加强型H型钢。

②若布料机顶升液压杆位于新增设的框架梁之间的楼板上，则在内爬框架下共放置4根加强型H型钢。4根H型钢两两垂直，通过增设的H型钢将布料机传递下来的荷载均匀地传递至框架梁上。

（5）布料机下层、中层和上层孔洞周边各增加三排钢管进行顶撑加强，钢管纵横向间距 600mm×600mm。

2　布置内爬式混凝土布料机楼板加固施工方案

2.1　布料机位置的确定

根据建筑的外形几何尺寸及塔吊的布置位置综合考虑布料机的位置，应做到如下几点：

（1）当建筑物几何平面为方形时，布料机位置应尽量布置在建筑物的中心区域，确保布料机混凝土浇筑过程中能覆盖整个建筑物平面，尽可能不出现死角。

（2）当建筑物为长方形或其他形状，需安装两台及以上混凝土布料设备时，重点考虑施工过程中多台设备的防碰撞。

（3）为方便布料机的拆除，布料机的位置设置在现场塔吊的可起吊布料机设备分解后最重模块质量的范围内。

2.2　结构楼面施工、预留机身洞口

（1）模板工程

①支模系统应按照设计文件及专项施工方案的要求进行搭设，模板工程搭设时所使用的钢管、扣件的规格应满足规范要求。

②对跨度大于 4m 的梁、板，其支模系统应按照规范要求进行起拱。同时，当高度达到一定规模时，应按照规范要求设置好纵、横向的剪刀撑。

③布料机机身预留洞口所处区域的模板支撑系统应独立设置，在模板拆除过程中保留该区域支模系统不拆除。

④机身预留洞口应严格按照设备说明中要求的尺寸进行预留，上、下层之间应采用吊锤线等方法，确保上、下层之间的洞口边线保持平齐。

（2）钢筋工程

①布料机设置区域范围内的钢筋工程应按照原设计单位结构复核的结果进行结构加固处理。对机身两边增加的框架梁的钢筋按 G101 图集中的要求锚入到两边的结构框架梁或者剪力墙内。

②钢筋工程保护层厚度应符合设计及规范的要求。

③机身预留洞口在封闭前，采用同型号的钢筋与洞口四周凿出的钢筋连接段进行双面焊接，钢筋间距同相邻结构板。若凿出的钢筋外露部分较短，不利于焊接时，则采用植筋的方式进行钢筋施工。

（3）留设布料机机身洞口

根据楼面内爬式布料机的说明文件，在楼面相应位置留置机身洞口。确保上、下楼层之间机身洞口边缘在同一条直线上。楼面内爬框及楼面预留孔示意图如图 1、图 2 所示。

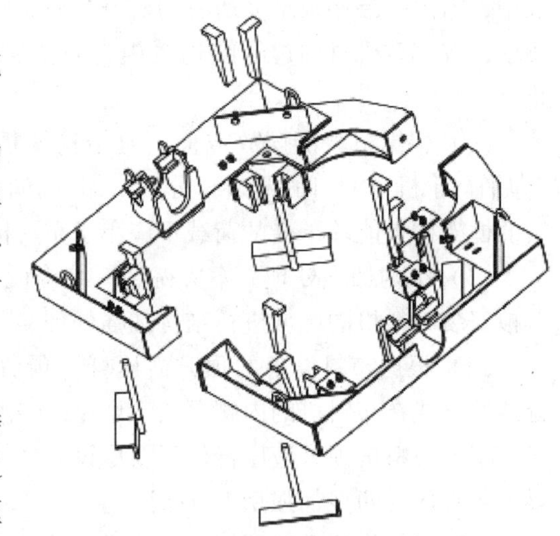

图 1　楼面内爬框示意图

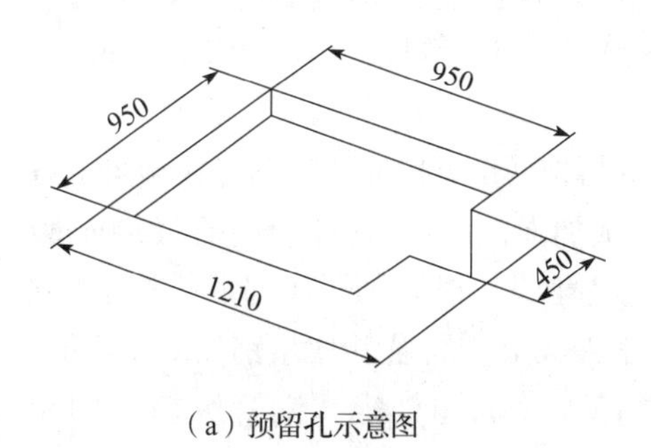

（a）预留孔示意图

（b）现场实际留孔

图2　楼面预留孔示意图及现场实际留孔

2.3　布料机周边结构加固处理

（1）楼面内爬式布料机因机身稳定性的要求需穿过三层楼面，故布料机所穿楼层的上、中、下三层应按要求预留好洞口。楼面内爬式布料机示意图如图3所示。

（2）布料机在爬升过程中，每层楼设置布料机的区域结构楼板应能独立承受整个布料机的荷载。通过结构复核，在每层楼设置布料机的机身两侧垂直于框架主梁或剪力墙的方向（即平行于布料机内爬框受力方向，位于内爬框下部）各增设一根框架梁锚入垂直方向的框架梁或剪力墙中（为不影响建筑日后装修效果，新增设的框架梁原则上高度应小于周边建筑物结构梁设计高度），区域范围内楼板钢筋按复核要求进行加强处理，楼板钢筋加强处理实例如图4所示。

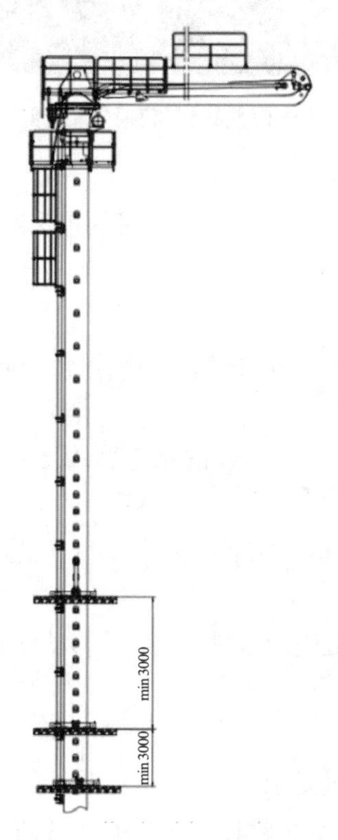

图3　楼面内爬式布料机示意图

图4　楼板钢筋加强处理实例

（3）加强型H型钢布置

①当布料机液压杆的位置处于新增设框架梁的上方时，在新增框架梁上各放置1根加强

型 H 型钢（H 型钢腹板处采用 1.5mm 厚钢板加强，加强钢板长不小于 1200mm），将布料机荷载均匀传递到结构框架梁上。

②当布料机液压杆的位置在新增设框架梁的另外两个方向时，在新增框架梁上各放置 1 根加强型 H 型钢（H 型钢腹板处采用 1.5mm 厚钢板加强，加强钢板长不小于 1200mm），并在垂直于新浇混凝土框架梁方向，布料机机身两边再各增设 1 根加强型 H 型钢，并放置在新增框架梁的 H 型钢上，将布料机荷载均匀传递到结构框架梁上。加强型 H 型钢如图 5 所示。

③各楼层布料机周边各增加三排钢管进行顶撑加固处理，钢管纵横向间距 600mm×600mm。支模系统钢管顶撑加固实例如图 6 所示。

图 5　加强型 H 型钢实例

图 6　支模系统钢管顶撑加固实例

2.4　布料机安装

根据现场实际情况，一般采用塔吊或汽车吊进行安装，塔吊或汽车吊的最大起重量应大于布料机单个部件的最大重量。

2.5　浇筑结构楼板混凝土

（1）混凝土输送管水平管的设置不宜小于垂直管道长度的 1/5，且不小于 15m，当运用到超高层建筑中，在混凝土的泵机出料口处应设置截止阀。

（2）泵送混凝土的坍落度不宜小于 100mm，对强度大于 C60 的泵送混凝土，混凝土的坍落度不宜小于 180mm。

（3）布料机应由专人进行控制，施工作业的操作人员与接料口的操作人员应配备好通信联络设备，并能进行有效地沟通。

（4）混凝土的浇筑顺序应满足规范要求。严禁在同一处连续布料，应水平移动分散布料。

2.6　布料机爬升

（1）准备工作

在布料机爬升前，应认真检查布料机的工况是否满足要求，在第一次进行顶升时，应拆卸最下一节立柱与底架之间的连接螺栓。根据设备说明书的要求，应至少准备两套内爬框，在爬升前将布料机臂架收拢仰至 90°，且确保机身立柱保持垂直，拆开楼层中的泵管连接接头，取出内爬框与机身立柱之间的楔块。同时，将顶升油缸搬至中层内爬框，接通顶升快速接头，启动油泵，满行程伸缩顶升油缸活塞杆，空载运行 5min，保持油路畅通。

（2）爬升过程

全部缩回顶升油缸活塞杆的同时，将顶升用的长轴插入到离顶升油缸活塞杆卡槽最近的塔身预留孔中，然后缓慢伸出活塞杆，使顶升油缸活塞杆卡槽卡到长轴的卡槽中，使得整个布料机的垂直荷载全部由油缸承受。当整机爬升超过一个机身孔距时，油缸停止伸出，将另外一根承重长轴插入到机身顶升杆下部最近的一个预留孔中，并缓慢缩回活塞杆，使得承重长轴落在中层内爬框支承耳板上，使整机的垂直载荷由承重长轴承受，如此反复操作，使得布料机不断地向上爬升。当下节立柱的倒数第三个预留孔顶出最下层框架上表面时，停止顶升，将承重用的长销轴插入此孔中，然后缓缓缩回顶升油缸，使长销轴落到中框架的销座中，完成一次的顶升工作。

在爬升过程中，应特别注意下节立杆下端面不能被顶出离有顶升油缸的框架楼面下表面1m以上位置，否则会发生倒塔事故。同时，必须保证至少有两道内爬框架受力时才能顶升。顶升过程实例如图7所示。

（3）顶升完毕

拆掉下层内爬框并搬运至最上方楼面预留孔成为上层内爬框，用楔块或卡板固定内爬框架，缓慢伸出长活塞杆，抽出下层内爬框的长轴插入到上层内爬框上方最近塔身的预留孔中，缓慢缩回活塞杆，长轴落在上层内爬框支承耳板上，使整机的垂直荷载由长轴承受。

布料机在布料及待机状态，上层内爬框和下层内爬框与立柱之间用楔块揳紧。中层内爬框与立柱之间不得插入楔块，否则布料机结构及墙体载荷将会过大。完成顶升后实例如图8所示。

图7　顶升过程实例

图8　完成顶升后实例

2.7　逐层封闭机身洞口

当布料机最末端爬升离开楼层后，即可安排专人对布料机机身预留洞口（除泵管位置外）进行封闭。每层机身洞口封闭时采用人工将洞口四周凿成45°坡口，并露出结构钢筋，结构钢筋的露出长度应满足板筋双面焊接的长度。凿除洞口四周的混凝土块应清理干净，做到无松散混凝土块，用清水冲洗干净，再采用高一级微膨胀混凝土进行洞口封闭施工，经试验达到强度后方可拆除楼板下方支模系统。封堵布料机机身预留洞口实例如图9所示。

图9　封堵布料机机身预留洞口实例

2.8　布料机拆除

结构封顶后，由专业人员现场负责，根据布料机的拆卸顺序，对布料机各部件进行逐步解体后，由施工现场塔吊分别吊装至室外地坪并办理好退场手续。

3　结果分析

通过项目实践分析，楼面内爬式布料机楼板局部加固具有以下特点：

（1）安全性能高。设备安装前对结构的加强处理方案应由原设计单位经过严格的技术复核，施工过程中严格按照楼板加强的方案进行施工，加强结构体本身的监测，确保结构体的承载力满足要求，设备在整个施工过程中结构安全可靠。

（2）机身穿过周边结构加强措施简单。在楼板上按要求预留好设备洞口，并通过在结构周边增加框架梁等措施，将设备的荷载通过结构体依次传递。

（3）设备布置位置更加灵活。根据设备的特点及加固措施的应用，该布料设备可根据建筑平面的需要选取任意的位置进行布置。

（4）楼板混凝土施工质量明显改善。楼面内爬式混凝土布料机本身与正在浇筑的楼层结构无连接，布料机工作时所产生的振动不会对楼板新浇筑的混凝土及支模系统造成影响，避免了因机械设备的振动对新浇结构造成暗伤等情况。布料机操作灵活，可快速将混凝土浇筑至指定的位置，可避免楼板浇筑过程中出现冷缝等现象，保证了楼板混凝土的浇筑质量。

4　结语

综上所述，随着建筑物高度的增加，高层、超高层混凝土泵送技术发挥着越来越重要的作用，而楼面内爬式混凝土布料机不同于普通式混凝土布料机及电梯井内自爬式布料机，该种类型的布料设备可根据现场灵活布置，能有效避免在混凝土浇筑过程中产生盲区，且楼面内爬式混凝土布料机本身与正在浇筑的楼层结构无连接，在作业过程中，布料机产生的振动不会对楼板新浇筑的混凝土及支模系统造成影响，避免了因机械设备的振动对新浇结构造成暗伤等情况，提高了混凝土的浇筑质量。

使用楼面内爬式布料机可独立进行结构竖向和水平构件混凝土浇筑施工，减少了对其他垂直运输设备的占用，减少了施工机具的噪声污染及能源消耗，施工环境也得到了比较大的改善，符合绿色环保的要求，而楼面内爬式布料机局部楼面加固施工方法解决了楼面内爬式布料机局部楼面荷载增加的问题，使楼面内爬式布料机布置更加灵活，可为类似工程施工提供借鉴，确保施工安全高效。

参考文献

[1]　苑丹丹．混凝土布料机器人轨迹跟踪控制［D］．天津：天津职业技术师范大学，2017.

[2]　汤传彬．内爬式混凝土布料机的结构形式及其应用［J］．建筑机械，下半月，2014（4）：82-85.

[3]　孙孝财，徐小兵，唐英俊，等．超高层内爬式混凝土布料机施工技术［J］．建筑技术开发，2021，48（16）：101-103.

[4]　欧阳碧波．内爬式布料机高效经济环保［J］．建筑工程技术与设计，2015（5）：1268，1259.

抗震楼梯预埋钢板式可滑动支座施工技术

贺　敏　徐艺鹏

湖南建工集团有限公司　长沙　410000

摘　要： 楼梯滑动支座施工方法主要是以梯段板下端无约束为思路，利用水准仪控制预埋钢板的四角标高，控制预埋钢板滑移面的水平度。同时在楼梯平台板预埋钢板表面的四周用海绵胶条做成边框，封堵严密，防止上部混凝土浇筑时混凝土浆污染滑移面。上层梯段板混凝土进行二次浇筑，使平台板与上层梯段板隔离，以满足结构6的抗震性要求。

关键词： 框架结构；滑动支座；预埋钢板；石墨粉；施工技术

近年来，我国曾多次发生地震灾害，造成了人员伤亡和经济损失。有专家对地震后房屋的受损情况进行分析，楼梯作为房屋重要的疏散和逃生通道，在地震灾害过后的破坏情况最为明显，故本文重点研究抗震设防要求下可滑动支座楼梯的施工技术。

1　工程概况

金阳·紫星广场商务区（一期）一区项目，建筑面积90355.23m²，由1栋商业楼、1栋市民中心、2栋精品公寓、10栋独栋办公楼组成。为达到抗震设计要求，各栋主体正负零以上全部采用可滑动支座楼梯。该楼梯安全可靠，同时可搭配装配式楼梯进行施工，符合绿色建造的要求，并具有较好的推广效益。

2　工艺原理

可滑动支座楼梯梯板上端采用固定支座、梯板下端采用可滑动支座，能有效削弱刚性，在受到地震力破坏时，释放地震破坏力而不至于产生梯板结构变形甚至破坏。

预埋钢板式可滑动支座，是在支承构件上表面、梯段板下端下表面分别预埋一块钢板，上、下钢板的接触面之间满铺石墨粉，形成滑动位移面（图1）。可滑动支座只承受压力而不传递弯矩，使平台楼板和楼梯自由变形平移，减少地震对梯段的破坏。

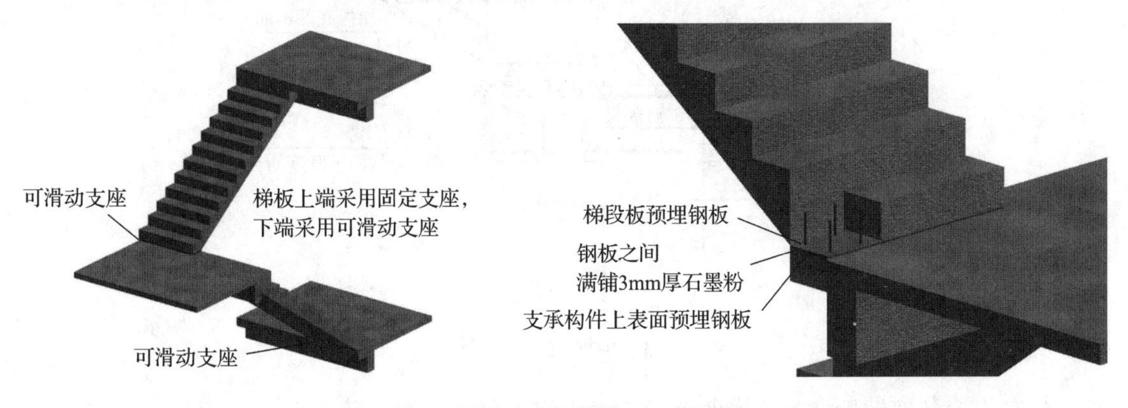

图1　可滑动支座楼梯BIM模型图

3 施工工艺流程

3.1 工艺流程

施工准备→支承段预埋底面钢板→支承段浇筑混凝土→滑移段支模→滑移面标高复测，粘贴海绵胶条及铺撒石墨粉→滑移段铺设面钢板→滑移段绑扎钢筋→滑移段浇筑混凝土→拆模、养护→楼板找平面层施工缝处理。

3.2 操作要点

3.2.1 施工准备

（1）设计施工图纸和有关技术资料文件齐全；编制专项施工方案，经监理单位审批通过后，组织一、二级技术交底。

（2）钢板、石墨粉有出厂产品合格证书，预埋钢板已按照图纸要求尺寸加工完成（钢板长同梯板宽，钢板宽同踏步宽，见图 2），所有物资、机具、人员准备完毕。

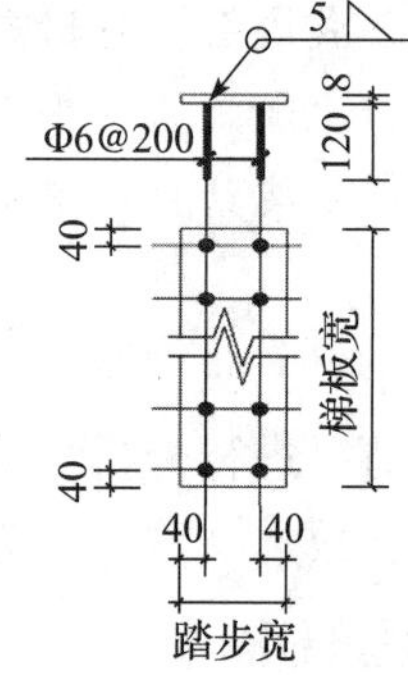

图 2 预埋钢板制作尺寸要求

（3）上一道施工工序验收全部合格。

3.2.2 支承段预埋底面钢板

（1）预埋底面钢板（图 3）。

①楼梯平台板钢筋绑扎完毕后，钢筋经监理验收合格。

②按图纸尺寸要求预埋平台钢板，预埋钢板放置后标高误差 2mm 内，平面位置误差 3mm 内。

③利用水准仪检查其钢板四角标高，控制四角高差不得超过 1.5mm。

④钢板中心可进行开孔处理，保证混凝土浇筑密实，无气泡孔，贴合钢板。

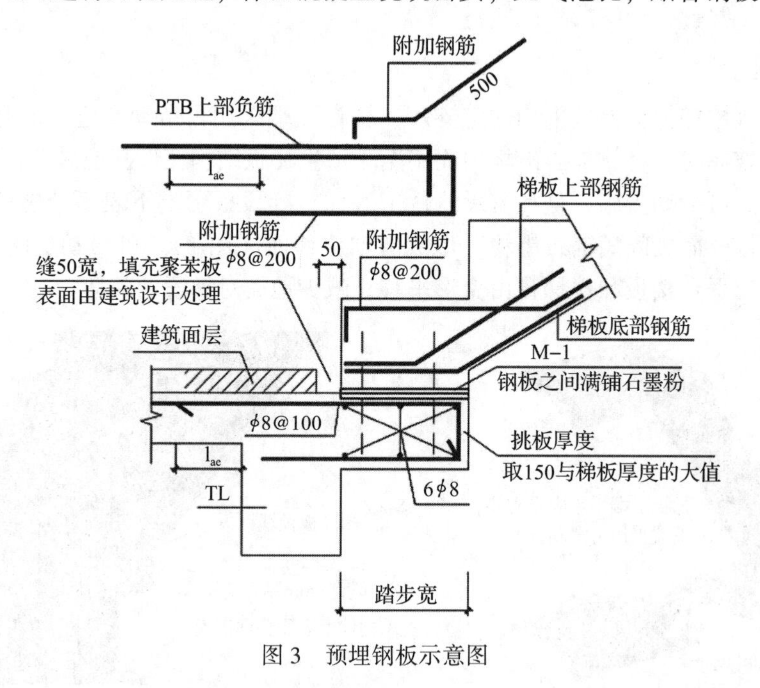

图 3 预埋钢板示意图

（2）平台预埋钢板与支承构件进行点焊固定。复核无误后将平台预埋钢板的锚脚（锚脚采用三级钢ϕ8 钢筋制作，间距<200mm）与支承构件钢筋点焊焊接，确保其位置准确、焊

接牢固。

（3）检查平台预埋钢板标高及水平位置。利用水准仪检查平台预埋钢板标高及四角标高。根据控制线检查平面位置。

（4）校核后焊接加固。

①如平台预埋钢板标高超过设计2mm，四角标高相差超过1.5mm，平面位置偏差3mm，需重新定位并加固，然后再次进行标高、平面位置校核，直至满足要求为准。

②用电焊机对预埋钢板锚脚与平台板钢筋进行点焊加固。

（5）平台预埋钢板成品保护。在预埋钢板上表面铺设塑料薄膜，防止浇筑混凝土时污染钢板。

3.2.3　支承段浇筑混凝土

（1）浇筑平台板结构件混凝土，需注意混凝土振捣质量，钢板下混凝土密实。

（2）混凝土标高控制准确。

（3）浇筑混凝土时平台预埋钢板不得受到人为外力作用。

3.2.4　滑移段支模

楼梯平台板混凝土可上人时，进行梯段模板搭设，模板拼缝需严密，防止漏浆。

3.2.5　滑移面标高复测，粘贴海绵胶条及铺撒石墨粉

（1）平台预埋钢板表面混凝土浮浆清理。

①首先清理预埋钢板上塑料薄膜，再利用施工用水对浮浆进行清理使其表面整洁干净。

②利用干抹布擦干预埋钢板表面水分。

（2）复测平台预埋钢板四角标高及水平位置。利用水准仪测定平台预埋钢板四角标高。

（3）若预埋钢板四角标高超过1.5mm，需采用角磨机进行打磨，然后再次利用水准仪进行水平校核，直至满足要求。

（4）钢板上表面周边粘贴海绵胶条。在楼梯平台板预埋钢板上表面的四周用海绵条做成边框，封堵严密，防止上部混凝土浇筑时混凝土浆料污染滑移面。

（5）铺撒石墨粉并控制其厚度均匀一致。

①用手（戴手套）将石墨粉均匀铺撒在钢板上，并用毛刷涂刷均匀一致。

②控制石墨粉铺撒厚度为3mm左右。

3.2.6　滑移段铺设面钢板

（1）将梯段板预埋钢板按照图3要求放置在石墨粉上。

（2）使上、下两块钢板对齐。

（3）用海绵胶条封堵模板内钢板与模板缝隙，保证在滑移面高度空间内只有钢板，并防止混凝土浆进入滑移面。

3.2.7　滑移段绑扎钢筋

钢筋工进行梯段板钢筋绑扎。

3.2.8　滑移段浇筑混凝土

（1）在混凝土浇筑前再次检查梯段板预埋钢板的位置与标高，确保无误。

（2）钢筋隐蔽验收通过后，浇筑混凝土，振捣密实，浇筑混凝土时梯段预埋钢板不得受到人为外力作用。

3.2.9 拆模、养护

（1）用铁抹子进行二次收面抹平压光。

（2）混凝土应尽早养护，楼梯板侧模拆除后立即用塑料薄膜包裹，并洒水养护保持湿润，养护时间不少于7d。

（3）楼梯踏步混凝土强度需达到100%，方可上人并拆除底模。

3.2.10 楼板找平面层施工缝处理

（1）在楼板建筑面层抹灰工艺流程上需增加一道措施：楼板地面抹灰时，在建筑楼板与第一级楼梯踏步交接处，填充50mm厚挤塑聚苯板进行分隔，形成施工缝。待楼板地面抹灰完成，达到强度后，在施工缝缝隙表面进行填充聚氨酯封闭。上部可继续做楼面装饰面层（如地板砖）。

（2）在楼梯涂饰工艺流程上需增加一道措施：楼梯涂饰工程进行前，在可滑动支座钢板接合处侧边做防锈涂刷处理，并打耐候胶封闭。

（3）以上两条措施可有效防止装饰面层开裂、预埋钢板生锈。

4 材料与设备

4.1 主要材料（表1）

表1 主要材料

材料	要求
预埋钢板（Q235）	符合《热轧钢板和钢带的尺寸、外形、重量及允许偏差》（GB/T 709—2019）指标要求
石墨粉	无杂质
海绵胶条	—
聚苯板	30mm厚

4.2 主要机具设备（表2）

表2 主要机具设备

名称	型号
角磨机	150mm
水准仪	DS3普通水准仪
小毛刷	—
电弧焊机	交流手工电弧焊机

5 质量控制

5.1 滑动支座现浇板式楼梯施工须遵守的主要规范规程

《混凝土结构施工图平面整体表示方法制图规则和构造详图（现浇混凝土板式楼梯）》（16G101-2）；

《混凝土结构工程施工质量验收规范》（GB 50204—2015）；

《混凝土结构工程施工规范》（GB 50666—2011）；

《钢结构焊接规范》（GB 50661—2011）。

5.2 滑动支座楼梯施工质量控制标准

（1）所有钢板需有出厂质量合格证书，并与监理单位经外观查看合格后方可使用，外观质量符合要求，表面平整，尺寸准确，钢板无锈迹，锚脚的规格、尺寸、间距准确，焊接牢固。

（2）石墨铺设均匀一致，满足3mm厚度要求，且无杂质。

（3）预埋钢板表面需平整，四角高差不得超过1.5mm。

（4）安装钢板时，标高误差控制在±2mm内。

（5）安装钢板与楼梯梯段板钢筋焊接牢固，焊渣和飞溅物及时清除干净。

（6）锚脚与预埋钢板采用焊角高度为5mm的角焊缝进行围焊。

6　安全控制

（1）石墨本身化学性质稳定，但石墨粉颗粒很小，会产生粉尘，对环境的可吸入性颗粒物指标有影响，必须密闭存放。

（2）使用角磨机时，操作工要戴好保护眼罩；打开开关之后，要等待3~5min，观察砂轮转动稳定后才能工作；严禁用手拿小零件对角磨机进行加工，切割方向不能向着人；连续工作半小时后要停15min。

7　效益分析

（1）施工便捷。与传统楼梯施工方法相比，采用滑动支座替代固定支座，一是采用滑动支座将整体现浇楼梯分为两段施工，避免在楼梯段中间1/3部位因留设施工缝而带来的施工不便。

（2）节材降本。框架结构体系下，如梯板滑动支承于平台板，楼梯构件对结构刚度等的影响较小，可不参与整体抗震计算，使其周边框架柱整体配筋率降低，节约钢筋用量，符合绿色建造要求。

（3）保障安全。在地震发生时，可滑动支座楼梯可以有效延缓楼梯发生破坏的时间或减轻楼梯破坏的程度，从而为人员营造宝贵的逃生竖向路径，减少伤亡。

8　结语

采用滑动支座楼梯的连接构造措施，解决了传统楼梯在地震的作用下发生重大破坏的问题，保证人员生命安全，并且施工工艺相对简单，是一种理想的楼梯与框架结构抗震连接形式，值得全面推广。

浅谈架空式施工临时用电综合布线的应用

单建斌

湖南建工集团有限公司　长沙　410000

摘　要：结合相关工程施工经验和施工实践，通过应用架空式规范化施工临时用电综合布线方法，有效地解决了传统施工临时用电布线不安全、不规范等问题。即采用将动力与照明用电整体架空综合布线，有效形成规范化、标准化的用电布置，相比传统拖地式防护套管电缆敷设更加安全有效、规范文明。重点突出安全用电的实用性与安全性，为提高施工临时用电安全管理提供施工经验。

关键词：架空式；临时用电；综合布线；用电安全管理

触电事故是施工现场“五大伤害”之一，施工现场临时用电关系到工程建设各阶段的施工安全，贯穿于建设工程安全管理的全过程。随着建筑业机械化施工水平的提高，用电设备越来越多，临时用电的安全问题日益突出。

就目前建筑施工现场临时用电现状而言，施工单位往往认为施工临时用电是临时的，只要能满足施工动力和照明的需要就可以了，但临时用电过程中普遍存在裸露性、临时性、移动性、易损性、环境复杂性，这些特性使得施工现场的诸多用电设备和线路布设存在许多不安全因素。本文从建筑施工现场临时用电规范化布线出发，对临时用电进行整体布线策划，结合《施工现场临时用电安全技术规范》（JGJ 46—2005）和《建筑施工安全检查标准》（JGJ 59—2011）的有关规定，提出临电实施优化措施，以最大限度地杜绝或减少施工现场安全用电事故发生，保障现场施工人员的人身及财产安全，确保工程项目安全可靠、快速高效地建设。

1　工程概况

某医院工程位于湖南省湘西自治州，地下 1 层，地上 9 层，框架结构，建筑高度 42.7m，属于一类公共建筑。工程专业全、工期紧，各专业交叉施工较多，特别是针对医疗配套的重点施工区域，包括净化室、手术室、CT 放射室等施工要求高，故在装饰装修前期就必须提前策划好相关临时用电布局。

2　施工原理

2.1　基本介绍

本架空式规范化布线工艺，采用整体布线、化二为一的方式，将动力用电与照明用电进行同步分层布设，并将动力电缆进行架空敷设，同时照明用电布线采用同步布设、局部加强的方式，结合采用 LED 灯带，使施工照明范围更广、全区域覆盖，满足正常室内施工照明需要。该方式既满足实际施工临时用电需求及规范要求，又树立了施工临时用电安全管理的形象。

2.2　施工特点

通过采用该架空式临时用电布设，避免了很多传统临时用电的隐患，如电缆拖地、泡水、局部破损漏电等因素导致的人员伤害及用电维护成本增加，相比传统临时用电更加安全有效。

3　施工流程及操作要点

3.1　施工流程

主体工程封顶后，二次结构施工前，根据平面布置特点，结合临时用电需求，做好架空线路敷设的平、立面策划，确保与砌体结构、圈梁、过梁等无交叉冲突，具体流程如图1所示。

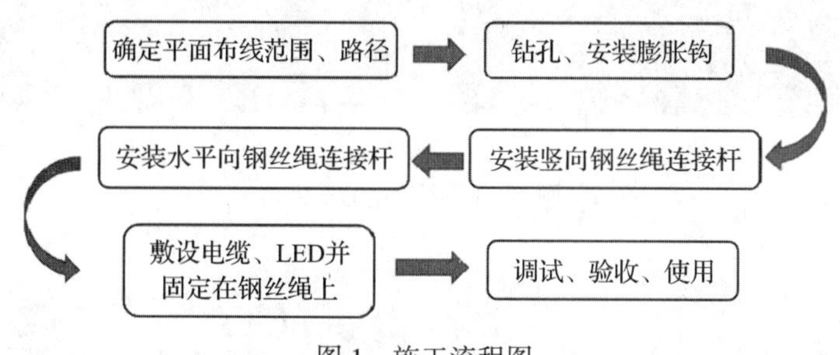

图1　施工流程图

3.2　操作要点

（1）确定平面布线范围、路径

根据房屋布局特点，结合工程施工用电需要，确定临时用电平面布线范围及敷设路径，严格按照《施工现场临时用电安全技术规范》（JGJ 46—2005）相关要求及TN-S配电系统进行策划，整体布线。放样定位如图2所示。

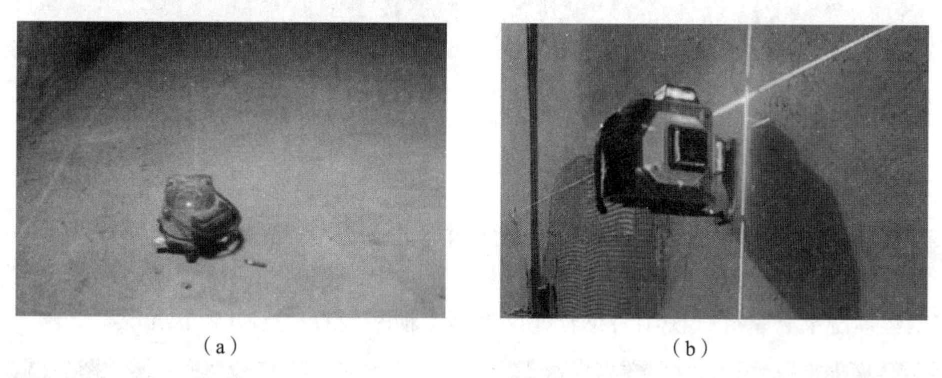

（a）　（b）

图2　放样定位

（2）钻孔、安装膨胀钩

在混凝土结构上钻孔安装膨胀钩时，注意避开钢筋，并控制钻孔深度，竖向联系杆分别在楼板上下端采用两个膨胀钩固定，避免单个膨胀钩拉力不足的情况。单个膨胀钩安装后最小拉力不小于100kN，极限承重拉力320kN（图3）。

（3）安装竖向钢丝绳连接杆

竖向钢丝绳穿绕在拉环上，用锁扣固定、夹紧，拉环直接挂在膨胀钩上，呈三角形拉结，形成竖向主拉结杆件，每个竖向主拉结杆件水平间距宜为5~15m，中间段按不大于2m的间距设置与上部楼板固定的钢丝绳副拉杆，主拉杆必须拉紧、绷直，能有效承受水平向钢丝绳拉结力（图4）。

（a）

（b）

图 3　膨胀钩钻孔安装

（a）

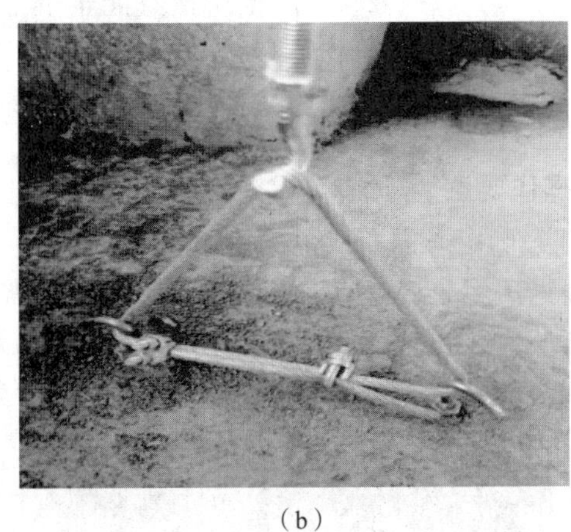
（b）

图 4　竖向钢丝绳安装

（4）安装水平向钢丝绳连接杆

根据楼层高度及吊顶要求，在距吊顶完成面下方 0.5~0.7m 处设置立面双层水平向钢丝绳连接杆，将水平方向钢丝绳固定在竖向钢丝绳上，同样用锁扣固定拉紧，形成可承受一定重量的钢丝绳网架联系杆，使用时钢丝绳网架基本横平竖直，无明显下沉现象（图 5）。

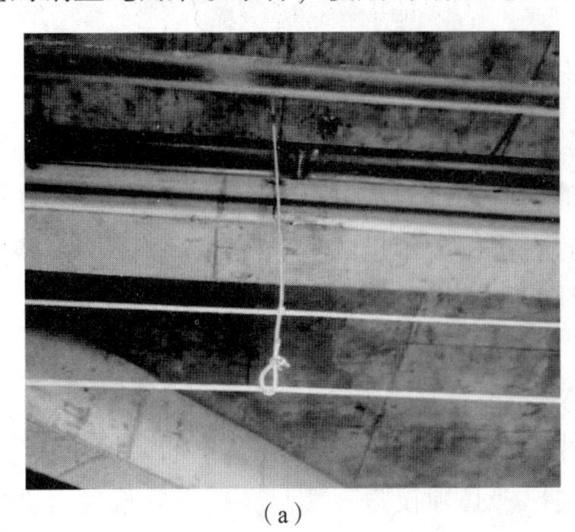
（a）

（b）

图 5　水平向钢丝绳安装

（5）敷设电缆、安装灯带

敷设电缆时，用尼龙扎带按30cm间距将LED灯带绑扎固定在上方第一排水平方向钢丝绳上，以同样方式将电缆绑扎固定在第二排水平方向钢丝绳上。通过此类方法形成整体施工临时用电布线网络，达到安全美观、使用方便（图6）。

（a）

（b）

图6　电缆及LED灯带敷设安装

（6）调试及使用

线路敷设后进行送电调试，调试正常后正式使用（图7）。

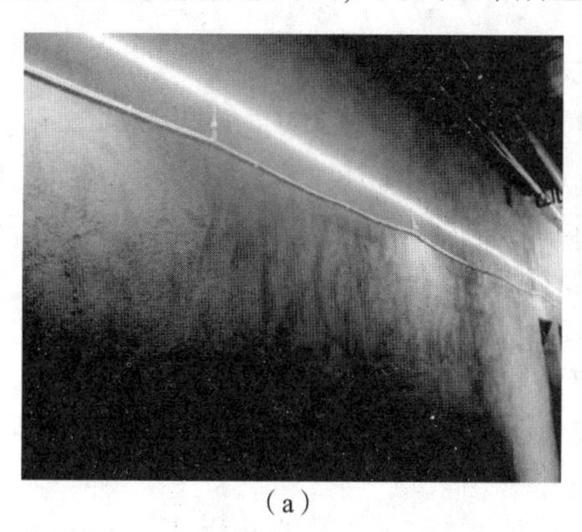
（a）

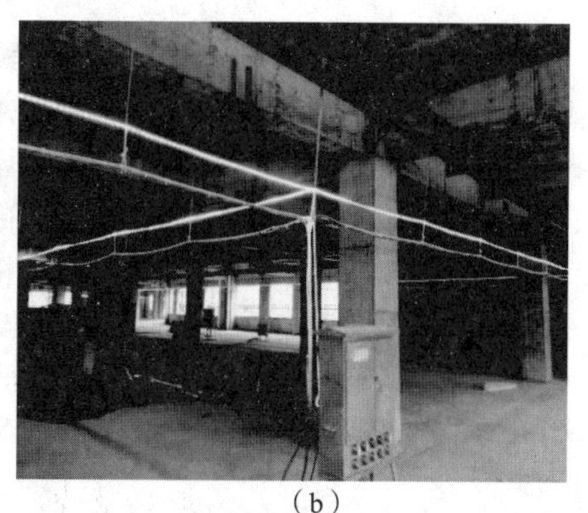
（b）

图7　调试及使用

4　综合效益

4.1　经济效益

与传统临时用电布线施工方法相比，采用架空式规范化布线，满足施工临时用电规范相关要求，在节约成本的前提下创造了良好的安全文明施工效益（表1）。

表1　经济效益分析对比

序号	工作内容	常规做法（元/m^2）	本工法（元/m^2）	成本节约（元/m^2）
1	人工安装	5	6	—
2	材料配件	6	7	—
3	日常维护（含整改）	4	1	—
4	合计	15	14	1

注：按照湘西宁儿医院项目总建筑面积26172m^2计算，累计临时用电节约26172元，同步降低触电伤害率，所产生的安全文明效益非常显著。

4.2　社会效益

在装饰施工阶段，通过架空式临电布线，有效提高了施工作业效率，降低了临时改线、转移等临时用电维护成本，同时解决了传统临时用电布线不规范的问题，满足了相关企业及行政主管部门日常检查要求。本施工方法工序简单，容易操作。采用架空式规范化布线，大幅度降低了安全隐患事故率，满足临电规范及使用要求，安全效益明显。

5　结语

（1）与传统临时用电布线施工方法相比，采用架空式规范化布线，有效形成整体施工临时用电布线网络，达到整齐清洁、安全美观，降低了因临时用电拖地、漏电、泡水等安全隐患及可能带来的人员及财产损失。

（2）在成本分析上总体较传统临时用电节约成本约32%，其相关配件包括钢丝绳、LED灯带、拉环、配电箱等重复使用率更是高达75%，全面优于传统式临时用电成本，经济效益明显。

（3）通过架空式临电布线，有效提高了施工作业效率，降低了临时改线、转移等临时用电维护成本，同时解决了传统临时用电布线不规范的问题，满足了企业及行政主管部门日常检查要求。该施工方法工序简单，容易操作。采用架空式规范化布线大幅度降低了安全隐患事故率，满足临电规范及使用要求，安全效益明显，值得进一步推广应用。

参考文献

［1］　范柏杰．关于施工现场临时用电安全问题的探讨［J］．河南科技，2014（04）：221-222.
［2］　罗一钟．施工现场临时用电管理的探讨［A］．煤矿综合自动化与机电技术论文集［C］，2012：5.
［3］　肖光，丁林涛．施工临时用电安全问题探讨［J］．炼油与化工，2011（04）：158-159.
［4］　陈荣伟．浅谈建筑施工临时用电的规划与设计［J］．价值工程，2011（06）：56-58.
［5］　陈海刚，尚宁．浅谈施工临时用电问题及正确做法［J］．建筑安全，2009（09）：101-103.
［6］　董绪明，刘效国，武银凤．浅谈落实建筑施工临时用电安全规范［J］．科学之友，2012（18）：32-33.
［7］　李晓文．建筑工程施工临时用电的特点及管理技术研究［J］．科技资讯，2013（15）：65-66.

浅谈倒置式屋面刚性保护层分格缝的施工方法

徐艺鹏

湖南建工集团有限公司　长沙　410000

摘　要： 倒置式屋面刚性保护层分格缝采用自保温砌块砌筑，将细石混凝土保护层分隔为若干个4m×4m方块，可有效防止混凝土因温度变化而收缩开裂，规避屋面渗漏风险。此方法施工便捷，同时也保证了屋面防水保温体系的整体性。

关键词： 刚性保护层；防开裂；防渗漏；分格缝；分仓法；自保温砌块；施工技术

1　工程概况

金阳·紫星广场商务区（一期）一区项目，建筑面积90355.23m^2，由一栋商业楼、一栋市民中心、两栋精品公寓、十栋独栋办公组成。

项目技术部对屋面防水保温体系进行了设计优化，最终成型的屋面防水性能优良，感官质量佳。

2　工艺原理

在加强绿色建造的大环境背景下，房屋节能的要求也随之提高。本项目屋面保温层设计材料为90mm厚挤塑聚苯板，保温层较厚，如采用传统倒置式屋面的做法，防水保护层极易造成开裂及空鼓现象（图1、图2）。本刚性保护层施工方法类似于混凝土浇筑“分仓法”的施工工艺技术，用自保温砌块将细石混凝土保护层分隔为若干个4m×4m方块，强化了分格缝的作用，避免混凝土保护层产生裂缝。

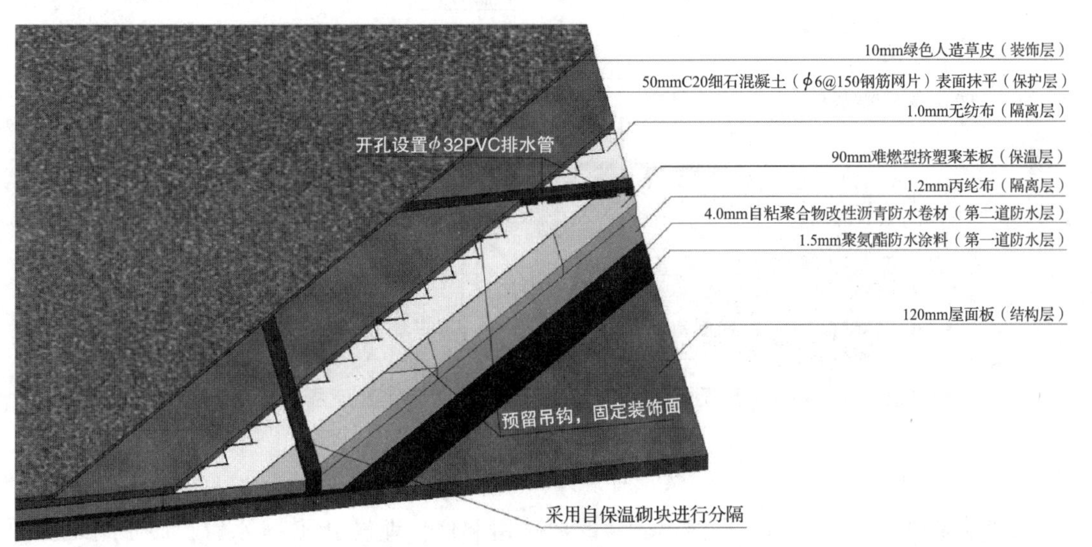

图1　工艺做法剖面图

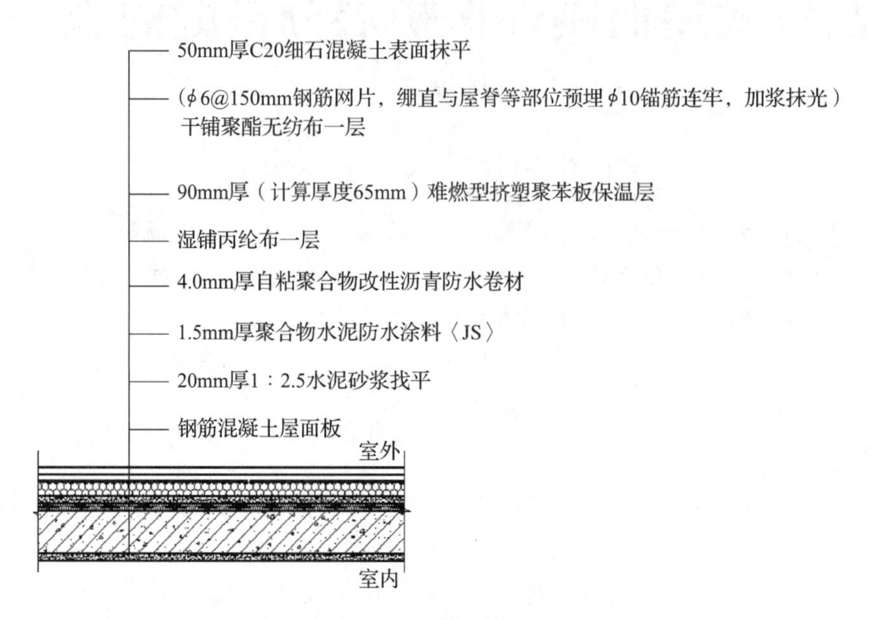

图 2　屋面做法剖面图

采用砌筑分格缝的方式，有利于屋面面层标高的控制，便于找坡（图 3）。工人只需对砌筑高度进行标高控制，在浇筑保护层的过程中，利用砌块高度进行找平即可。成型的屋面平整度佳，排水通畅。

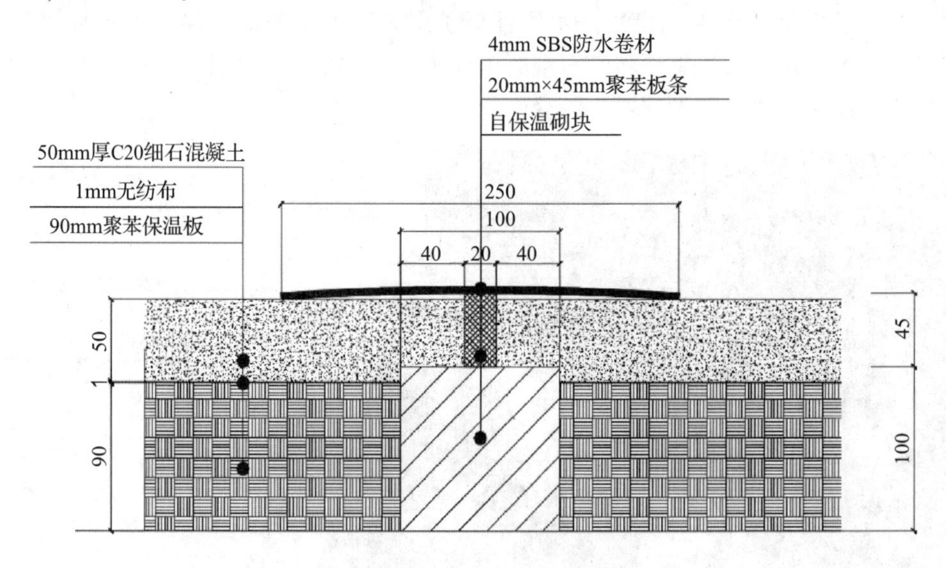

图 3　分格缝做法大样图

垂直于坡度方向，在砌筑自保温砌块时要预留洞口，埋设 PVC 排水管，便于组织屋面排水。如果雨水渗透保护层进入到了防水层，由于挤塑聚苯保温板为憎水材料，雨水不会留滞于屋面，而是有组织地流向天沟处。“疏”与“防”相结合，防水整体性能强。

3　施工工艺流程

3.1　工艺流程

施工准备→基层检查→涂刷聚氨酯→铺贴防水卷材→弹线分块，湿贴丙纶布→砌筑自保温砌块分格缝，埋设排水管→聚苯保温板铺设→铺贴无纺布→绑扎钢筋网→细石混凝土保护层浇筑→伸缩缝灌聚氨酯，其上铺贴防水卷材。

3.2　操作要点

3.2.1　施工准备

（1）在进行施工作业之前，相关技术人员必须进场熟悉施工现场和图纸以及相关的规范操作流程，核对相关施工流程在现场的可行性、经济性以及是否存在可优化的空间。

（2）施工前编制好专项施工方案、劳动力需求计划以及材料进场计划并报监理单位及建设单位审批。核对屋面施工所用的配料，核对材料品种、尺寸、数量，如有漏错，应立即增补。

（3）施工前要根据图纸信息、相关标准规范以及施工方案对班组进行详细的施工技术与安全交底，对存在施工难度的部位和易发生的质量安全问题进行提前预控，策划先行。

3.2.2　基层检查

屋面刷涂聚氨酯涂料前要求屋面板的面层干燥、平整、干净，必须严格对屋面板的面层进行检查。先对基层表面进行检查和清理，清除基层表面的垃圾以及疏松混凝土、带有棱角的混凝土，清除油迹等，确保基层表面光滑、平顺。若发现薄弱环节，需要先行补强，经检查合格后方可进行上面防水层的施工。

3.2.3　涂刷聚氨酯

屋面板必须经检查合格后方可进行聚氨酯防水涂料的涂刷。涂料施工宜在10~30℃气温的晴天进行，雨天和五级以上大风天不得施工，雾天时亦不宜施工。将已搅拌均匀的涂料滚涂在基层表面上，每遍的涂刷厚度不要太厚，涂布量一般以0.1~0.2kg/m^{2}为宜。涂刷程序一般先阴阳角，再垂直面，最后大面积施工。涂刷时尽量做到均匀、厚薄一致，一般可分2~3遍完成。每遍涂料涂抹的方向应与前一遍相互垂直，应涂满整个基层，并覆盖所有的细部节点。

3.2.4　铺贴防水卷材

待聚氨酯涂料冷却之后，在上方铺贴一层4mm厚自粘聚合物改性沥青防水卷材，结合现场实际情况，本屋面工程的铺贴工艺采用自粘法，卷材的厚度应符合设计要求。

3.2.5　弹线分块，湿贴丙纶布

在铺贴好防水卷材之后，为方便砌筑分格缝，需事先将分格缝位置用墨线弹出。套模数弹线分块之后，在需要砌筑的位置湿贴200mm宽丙纶布。

3.2.6　砌筑自保温砖分格缝，埋设排水管

工艺流程是本工法不同于一般施工工艺的核心步骤，也是本工法在工程实例中使用的根本步骤。在丙纶布上砌筑100mm宽自保温砌块（吸水率较低的材料砌块）作为分隔，目的是将挤塑聚苯保温板及细石混凝土保护层分仓断开。采用自保温砌块砌筑的原因是避免产生冷热桥效应，保证屋面保温效果。

砌块上部预埋20mm宽挤塑聚苯板条作为伸缩缝，两侧用防水砂浆抹斜面固定（厚度按图纸要求）。屋面面层找坡坡度控制挤塑聚苯板条顶部标高，以此作为标高控制点，控制屋

面面层平整度。

垂直于坡度方向的自保温砌块要预留洞口，埋设排水管，便于组织屋面排水。

3.2.7　放置保温板，上部铺无纺布

（1）屋面保温层可采用难燃型挤塑聚苯板保温层。材料具有高抗压、轻质、不吸水、不透气、耐腐蚀、不降解等特点，铺贴时必须保证基层平整。板与板之间的缝隙不需要做任何填缝处理。但在实际案例中，结合层施工时，如水分与砂浆混合不均（含水过多流动性大），易造成水泥砂浆施工时无缝，施工固化后发生沿板缝出现裂缝，建议在板之间用胶带沿缝贴好，可有效避免此问题。

（2）挤塑板在相应的分隔区域内采用满铺，从一边开始铺设块状保温材料，在雨水口处半径 50cm 范围内不铺设聚苯板；板块紧密铺设、铺平、垫稳，保温板缺棱断角处用同类材料碎块嵌补。

（3）挤塑板保温层施工时，应注意保护防水层。

3.2.8　铺贴无纺布

保温板上干铺 1mm 厚无纺聚酯纤维布，作为保护层与保温层之间的隔离层。

3.2.9　绑扎钢筋网

（1）钢筋网片型号间距按设计要求，采用ϕ6@150 单层双向绑扎钢筋网片，钢筋网片下要设置垫块，确保钢筋保护层的厚度。

（2）施工时注意钢筋网片的保护工作。如果采用手推车运送细石混凝土，必须铺走道板或废旧多层板，以防止对钢筋网片及分格缝挤塑板的破坏。

3.2.10　细石混凝土保护层浇筑

屋面保护层采用 50mm 厚 C20 细石混凝土表面抹平。浇筑混凝土前，应将表面浮渣、杂物清除干净，检查隔离层质量及平整度、排水坡度和完整性；留出伸缩缝部位，标出混凝土浇筑厚度。混凝土应用木抹子搓毛并找平。混凝土表面收光，混凝土终凝后应及时将分格木条松动，并仍放于原位，以防止下道工序的砂浆漏入。

3.2.11　伸缩缝灌聚氨酯，其上铺贴防水卷材

将之前设置的充当分格缝的聚苯板条撕除，再灌入聚氨酯，上部铺贴 250mm 宽防水卷材。

4　主要材料（表 1）

表 1　主要材料

材料	要求
自粘聚合物改性沥青防水卷材	4mm 厚
聚氨酯防水涂料	按标准要求
自保温砌块	采用吸水率较低的材料
无纺布、丙纶布	1mm 厚
聚苯板	20mm 厚、90mm 厚
水泥砂浆	M5

5　质量控制

做好屋面施工策划工作。事先用 CAD 画出分格缝排板图，确定分格缝位置、找坡方向，

按照找坡方向设置砌块处的排水管预埋。屋面分格缝与女儿墙分格缝需对齐。

6　效益分析

本方法施工便捷，有利于屋面找平及放坡控制，成型的屋面无开裂及渗漏现象，节省了维修成本。

7　结语

屋面的防水保温是质量控制难点，经过施工方法的优化，消除了工人质量意识淡薄引起的质量隐患，把施工工艺程序化、节点化，管理人员便于在关键节点进行质量把控。此方法值得全面推广使用。

参考文献

中华人民共和国住房和城乡建设部. 屋面工程质量验收规范：GB 50207—2012 [S]. 北京：中国建筑工业出版社，2012.

大面积混凝土楼地面高效整平成型施工技术

徐　博　李　欣

湖南建工集团有限公司　长沙　410000

摘　要：在设计为整体面层的混凝土楼地面施工过程中，一般需要重新用细石混凝土或水泥砂浆找平，浪费材料，需要大量施工人员配合，作业效率低下，平整度控制难度大。本施工技术通过多个项目的技术攻关，组合激光整平机和座驾式混凝土抹光机两种主要先进设备，对混凝土楼地面施工过程中的主要环节（混凝土浇筑整平、打磨收光、养护、切缝等）施工工艺进行改进和规范，机械化施工程度和施工质量大大提高，且平整度高、施工速度快，质量优良，平整美观，效益明显。

关键词：混凝土楼地面；非传统工艺；大面积；平整度控制；机械化施工

在大面积混凝土楼地面施工过程中，传统工艺需要大量施工人员配合，作业效率低下，平整度控制难度大，现场施工平整度往往超过规范允许偏差，无法满足某些特殊工程的要求，并且对于设计为整体面层的地坪，一般需要重新用细石混凝土或水泥砂浆找平，浪费材料、费时费工，还存在开裂空鼓等质量隐患。本技术对大面积混凝土楼地面高效整平成型施工进行探索研究，先采用激光整平机进行混凝土整平施工，再采用座驾式混凝土抹光机进行打磨收光，可使混凝土楼地面高效成型，且平整度高、施工速度快，质量优良，平整美观，效益明显，具有推广价值。

1　工艺特点

（1）相较于传统工艺，采用该技术混凝土楼地面无须二次找平，平整度高，可达 3mm/3m，传统工艺一般按 5m×50m 分仓设缝，本技术可不设置分仓缝，混凝土整体性好，从源头上可避免空鼓，减少开裂现象。

（2）本技术机械化作业程度高，施工速度可达传统工艺的 3 倍，工期效益明显，且现场施工作业人员少，比传统施工工艺节约 40%以上的人工，安全效益更好。

2　适用范围

本技术适用于所有楼地面混凝土整平成型施工，特别适用于单层面积大、对平整度要求高、竖向构件较少、造型较规整的混凝土楼地面层或环氧地坪、固化地坪等混凝土基层的整平成型施工。

3　工艺原理

激光整平机通过激光及微电脑自动控制并实时调整整平头高度，时刻保持与基准点标高一致，避免人工操作产生累计误差，以保证整平的精确度，同时整平施工时整平头上配备的刮板、布料螺旋、振动器、整平梁一体化部件将混凝土摊铺、振捣、整平工作一次性完成，效率极高。

座驾式混凝土抹光机为双盘工作，驾驶式作业，工作宽度可达 2500mm 左右，重量大，对混凝土地面有更好压实效果，施工质量和施工效率都得到大大提高。通过组合激光整平机和座驾式混凝土抹光机两种先进设备，对混凝土楼地面主要环节（混凝土浇筑整平、打磨收光、养护、切缝等）施工工艺进行改进和规范，先使用激光整平机进行混凝土整平作业，人站在混凝土面上无明显下沉时立即使用座驾式混凝土抹光机进行两遍打磨收光，浇捣完成12h内进行养护，混凝土强度达到8MPa左右采用锯缝机切缝，把控各工序开展的时机，机械化施工程度和施工质量得到大大提高，使大面积混凝土楼地面优质、高效的成型得以实现。

4　施工工艺流程及操作要点

4.1　施工工艺流程（图1）

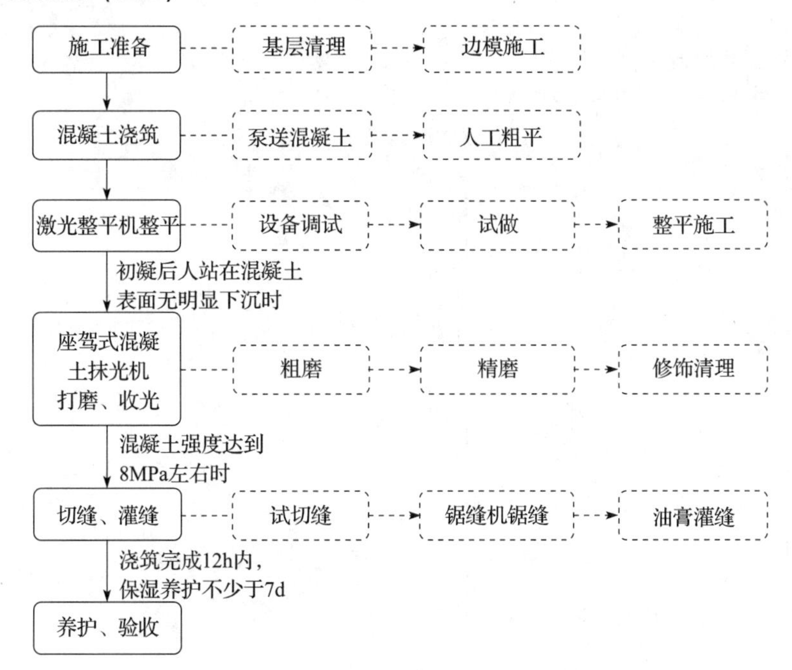

图 1　大面积混凝土楼地面高效整平成型施工流程

4.2　施工操作要点

4.2.1　施工准备

基层清理干净后安装边模，外侧边模及施工缝模板宜采用槽钢，与墙柱等竖向构件间采用木模板或聚苯板进行隔离，施工缝应根据施工方案留设在伸缩缝处。用水准尺检测模板标高，钢模高度偏差处用楔块调整高度，对于基层与钢模之间的缝隙可采用泡沫胶条进行封堵。

4.2.2　混凝土浇筑

在浇筑混凝土之前，提前一天将基层清扫干净，用水冲洗，临近浇筑时，排干明水，严禁出现明显积水。铺筑应分幅进行，铺筑宽度不宜过大，比整平头宽度宽出 1~2m 即可，宜采用商品混凝土。混凝土入仓后，人工将其进行初步摊平，粗平高度以高于设计地面标高 20~30mm 厚为宜，应保证混凝土供应充足，以避免出现冷缝。

4.2.3　激光整平机整平

（1）设备调试

从项目原始水准引测两个固定的基准水准点到施工区域，根据当天浇筑区域选定激光发射器架设位置，应保证施工过程中激光整平机在任何位置都能接收到激光信号。激光发射器调平架设稳固后，将带手持激光接收器的水准标尺垂直立于基准点，根据提示上下调整激光接收器，直至指示灯显示为绿色。之后校准整平机整平系统的高度，操作员先抬起整平头，另一人将手持型激光接收器下端的铁圈搭在整平机刮板刀的上端，操作员调整整平头的高度直至手持型激光接收器指示灯显示为绿色，然后根据箭头显示上下调整整平头上激光接收器的位置直至其上的指示灯也显示为绿色，使发射器、手持接收器、整平机上接收器的接收位置都位于同一个激光束扫射水平面上。同法将整平头上的另一个激光接收器也调整到位(图2)。

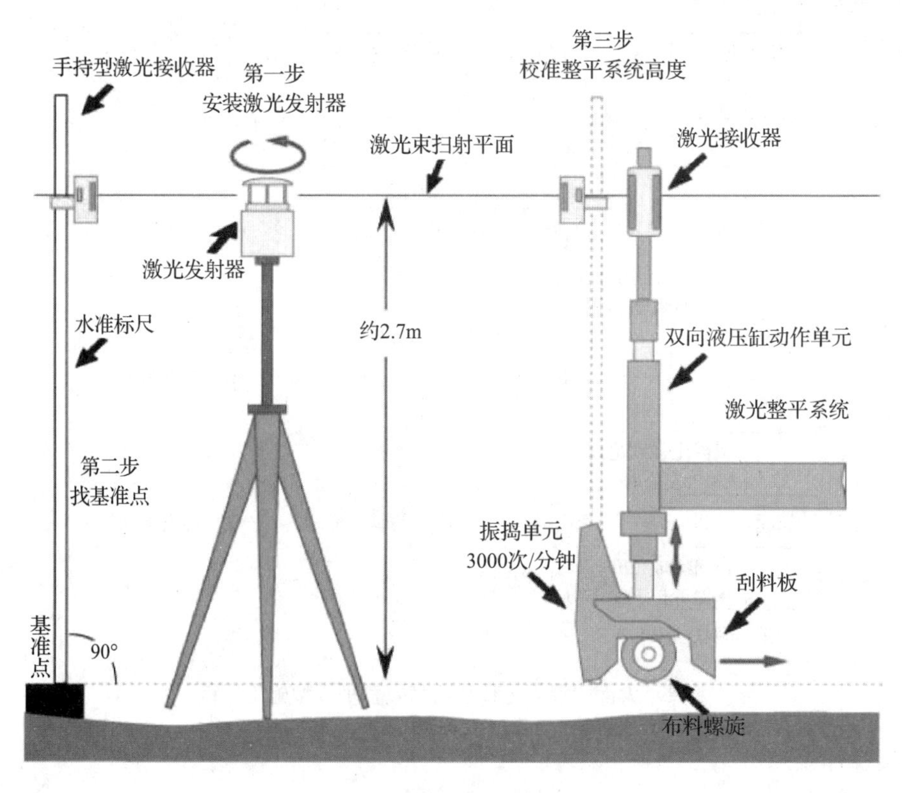

图2　设备调试示意图

激光发射器应安设于平整坚实的地面上，施工过程中不应受到干扰，施工现场应无电焊作业、无玻璃等反光物体，避免其干扰激光接收，影响整平效果。激光整平机调试时应保证整平头处于水平状态，两端高差不得大于0.5mm。

（2）整平施工

待人工粗平出充足的工作面后，开始用激光整平机进行整平，一人主操作、两人配合耙平，由内向外退行施工，激光整平机操作人要平稳缓慢地退行，不宜过快，一般控制在5m/min左右。先对50m^{2}左右地坪进行试做，用水准尺对试做地面平整度进行校核，若平整度不满足要求则按程序重新对整平系统进行调校，直到平整度满足要求再进行大面分幅施工。为保证整平质量，两幅整平搭接宽度不宜小于500mm，随时用水准尺对地面平整度进行校核。施工过程中整平头距离边模、墙柱脚、设备基础应保持一定的安全距离，100~200mm为宜，边角部位也宜先用振动棒振捣密实，后人工及时用整平尺刮平反复滚压、抹子压浆收光（图3、图4）。

图3　整机

图4　整平施工

4.2.4　打磨收光

混凝土开始初凝后，人站在混凝土面上无明显下沉时，使用座驾式混凝土抹光机进行打磨收光作业，抹压打磨的重点区域在激光整平机工作两幅交接的地方，座驾式混凝土抹光机无法工作的边角部位采用手扶式抹光机或人工进行打磨。打磨按照混凝土浇筑先后呈“S”路线行进，不得漏磨。打磨不少于两遍即粗磨、精磨，保证整个混凝土表面色泽均匀一致。整个打磨收光作业应在混凝土终凝前完成（图5）。

图5　打磨收光

4.2.5　养护、切缝、灌缝

在打磨收光的同时应及时对边角部位进行修饰清理，平整度及观感保持跟大面一致。浇捣完成12h内进行养护，使地面保持湿润，养护时间不得少于7d，养护期间宜用薄膜覆盖以防地面污损。在混凝土地面强度达到5MPa前不允许上人行走，切缝应尽早进行，一般强度达到8MPa左右时开始切缝。先进行试切，切缝未出现崩边、龟裂即可大面积进行切缝作业，按柱网尺寸设计切缝距离，最大不超过6m，缝宽5mm，缝深不少于板厚的1/3，切缝作业应尽快完成（图6）。混凝土浇筑28d后，采用沥青：细砂=1：1（体积比）进行灌缝。

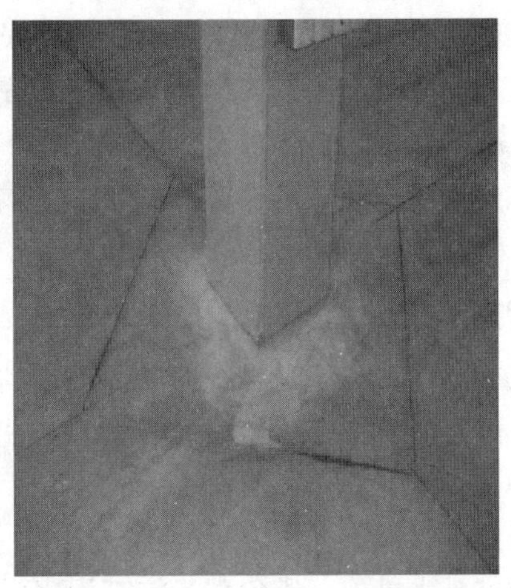

图6　切缝

5　材料及设备

5.1　施工材料

施工材料见表1。

表1　主要施工材料

序号	材料名称	规格型号	单位	数量
1	水泥混凝土	C20	m^3	按实
2	槽钢	14a	m	200

5.2　机具设备

施工机械及配套设备见表2。

表2　主要施工机具

序号	设备名称	规格型号	功率（kW）	单位	数量
1	激光整平机（配套激光发射器与手持激光接收器）	SRZP-21M	3	台	1
2	座驾式混凝土抹光机	RWMG248C	7	台	1
3	锯缝机	SRC-4	9.6	台	2

6　质量控制

（1）按照《建筑地面工程施工质量验收规范》（GB 50209—2010）及设计要求对地面施工进行质量控制。

（2）激光整平机整平过程中随时校核地面的平整度，注重边角部位的及时处理，掌握好打磨收光的时机。

7　安全措施

（1）施工前认真阅读施工图纸及设备使用说明书，踏勘现场实际情况，并根据收集到的现场资料制订详细的施工安全措施并进行交底。

（2）科学合理部署施工，把施工区域内的障碍物清理干净，以免绊倒施工人员，在靠近墙柱、设备基础等障碍物时，应保持一定的安全距离。

（3）夜间施工时场地需设置足够的照明设备，并设置应急电源。

（4）激光整平机及座驾式混凝土抹光机配备专人进行维护保养，使设备保持良好工作状态。

（5）在使用激光整平机、座驾式混凝土抹光机和锯缝机时，要佩戴好劳保用品，严格遵守操作规程，避免机械伤害事件发生。

8　环保措施

（1）成立环保督察实施小组，在施工现场平面布置和组织施工过程中严格执行国家、地区、行业和企业有关防治空气污染、水源污染、噪声污染等环境保护的法律、法规和规章制度。

（2）做好路面清洁工作，混凝土搅拌车、泵车等车辆应经洗车池冲洗干净后方可离场。

（3）做好排水措施，避免现场施工污水污染土壤和施工道路，应将污水汇集到集水坑，经三级沉淀池处理后回收利用或排入市政污水管网。

（4）安排专人做好设备的维修保养，使其废气排放符合国家环保要求。

9　效益分析

本技术采用激光整平机对大面积混凝土楼地面进行整平，配合座驾式混凝土抹光机打磨收光，提高了施工质量，加快了施工进度，且无须二次找平，节约了材料，经济效益明显。采用本技术施工工程质量好，地面平整度远好于人工整平，机械化作业程度高，安全可靠，施工速度快，且经济效益比较明显，得到业主单位及建设行政主管部门好评，社会效益显著。传统工艺与高效整平成型技术主要效益对比见表 3。

表 3　传统工艺与高效整平成型技术主要效益对比

内容	传统工艺	高效整平成型技术
平整度	5mm/2m	可达 3mm/3m
效率	$900m^2/d$	$3000m^2/d$
二次找平	需要	不需要
所需工人配合	多	节约 40%人工
质量	均匀度密实度一般、易空鼓开裂、观感质量一般	致密均匀、无空鼓、裂缝少，观感质量好
成本	高	节省二次找平工序，可节约成本约 15 元/m^2

10　结语

长沙绿色安全食品交易中心一期项目约 $65500m^2$ 混凝土楼地面整平成型施工使用该技术，星城春晓 1 号、3 号、5 号住宅楼及住宅地下室项目共约 $15000m^2$ 混凝土楼地面整平成型施工使用该技术，该技术解决了大面积混凝土楼地面施工平整度控制难、人员需求多、施工效率低以及地面成型质量差的难题，采用本技术施工对周边环境无影响，安全环保，混凝土地面成型质量好，经济效益与社会效益十分明显。

参考文献

[1]　吴敬召，史泰龙．探讨大面积混凝土楼地面一次性抹光施工［J］．黑龙江科技信息，2015（16）：184.

[2]　黄志辉，廖湘华，姜俊超，等．驾驶式抹光机的运动机理分析与研究［J］．现代制造工程，2016（08）：151-156.

[3]　朱东东，彭振峰，陈业伟，等．浅析激光整平机在大面积地坪施工中的应用［J］．江西建材，2020（05）：149-150.

浅析高空悬挑构架层型钢支模体系施工

刘学军　杨凤民　谢子望　陈凭毅　游玉龙

湖南建工集团有限公司　长沙　410000

摘　要：高空悬挑构架层模板支撑系统即按照悬挑外架的方式安装型钢，是采用上拉下撑的形式固定作为悬挑构架支模基础的施工工艺。该工法既保证了悬挑构架模板、混凝土一次成型，又让用于支撑的型钢与钢丝绳反复使用，节约了钢管脚手架的使用量，提高了工作效率，增加了施工人员在施工过程中的安全保证系数。

关键词：悬挑架；上拉下撑；混凝土

1　工程概况

奥凯航空后勤办公基地项目位于长沙市长沙县黄花镇内，总建筑面积为52010m²，框架结构。其中，2号楼、3号楼屋面构架为长悬挑梁板，悬挑长度2.3m，构架悬挑板厚120mm，构架悬挑梁截面为300mm×700mm、200mm×700mm，每栋悬挑2.3m构架总长度为114.4m，总面积各约263.12m²，悬挑构架共需混凝土56.5m³，总质量约为135.6t，悬挑构架每米质量约为1.19t。悬挑构架离地高度为31.4m，外挑2.3m，构架层高3.6m，7层高3.8m。

2　技术特点

（1）根据型钢的受力特点，使用型钢作为悬挑支模架基础。在悬挑构件以下二层梁板放置型钢主梁，采用上拉下撑的方式固定支撑，钢丝绳上拉至悬挑构件以下一层，下撑杆件撑至悬挑构件以下三层，确保支模体系的安全稳定，然后可在悬挑主梁上进行悬挑构件的支模作业。悬挑支撑体系示意图如图1～图3所示。

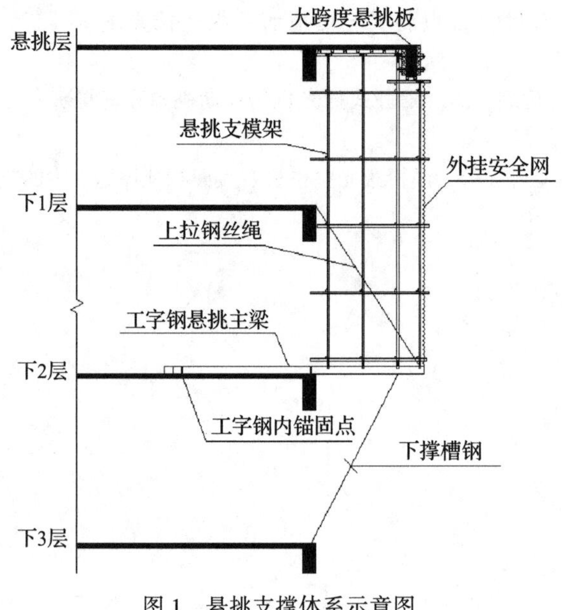

图1　悬挑支撑体系示意图

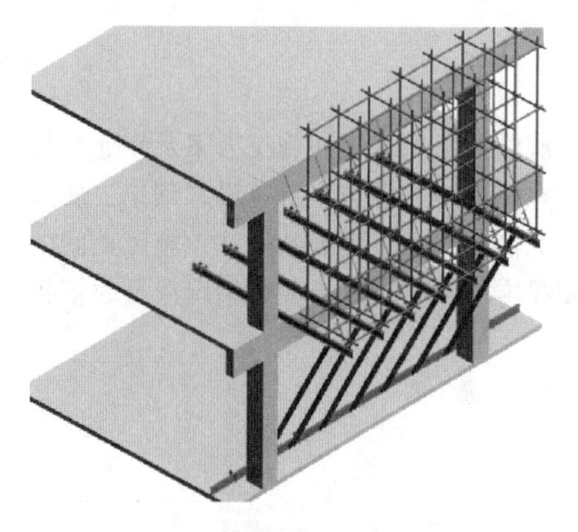

图2　悬挑支模架模型示意图

图3　悬挑支模架斜撑下端固定示意图

（2）充分利用型钢自身的承载能力，高空长悬挑结构使用型钢作为支模架基础，可将高支模转换为普通支模，大量减少材料与劳动力的投入，降低安全风险。

（3）悬挑型钢支模架采用上拉下撑形式，支模架所有立杆受力在型钢梁上，受力明显，结构稳定，无复杂施工工艺。

（4）采用此施工方式，悬挑构件可以与同楼层一同施工，节约工期。

（5）所用型钢与钢丝绳为周转材料，如工程内有多处高空长悬挑构件可重复使用，减少成本，符合绿色施工的理念。

高空长悬挑构架支撑体系计算简图如图4所示。

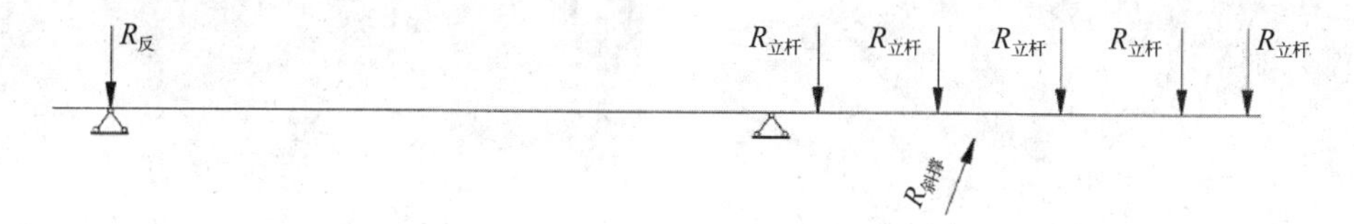

图4　悬挑支撑体系计算简图

（6）受力性能分析

悬挑支模体系属于超静定结构，通过上部各个立杆的压力值可以算出斜撑杆件所受的内力值。根据斜撑杆件受力情况验算杆件长细比与对接焊缝是否满足要求。

下撑杆件符合要求后，还需计算一榀型钢主梁的整体稳定性。

①压弯构件强度分析：

$$\sigma_{max}=[M_{max}/(\gamma W_x)+N/A]\leqslant[f]$$

式中，σ_{max} 为压弯构件强度最大值；M_{max} 为型钢主梁上所受最大弯矩值；γ 为塑性发展系数；W_x 与 A 分别为压弯构件的截面抵抗矩与截面面积；N 为型钢主梁轴向力总和；$[f]$ 为型钢主梁材料抗弯强度设计值。

②受弯构件整体稳定性分析：

$$M_{max}/(\phi_b W_x[f])\leqslant 1$$

式中，ϕ_b 为均匀弯曲的受弯构件整体稳定系数。

3 施工工艺流程及操作要点

3.1 操作要点

根据施工方案进行作业指导，并组织有关人员交底学习，要求按照施工方案及作业指导书组织施工。根据悬挑支模体系的受力特点，上拉下撑结构应按照方案计算设置到位，所有支模架立杆需有效作用在型钢梁上。该支模施工方式为高空作业，需要特别注重施工期间的安全措施与安全防护。在支模架搭设过程中，必须安排专人看护，如有异常情况应及时汇报并处理。

3.2 施工准备

（1）编制专项施工方案，并进行技术交底。

（2）提前准备所需的施工材料。

3.3 悬挑层以下二层结构预埋型钢梁锚环

根据方案计算的型钢间距，先在方案图纸上进行型钢预定位，定位时需注意型钢梁锚固端不能相互碰撞。特别是一些特殊部位如结构阳角、楼梯间、阳台等在方案中要预先考虑好型钢和锚环设置位置和方式。特殊部位完成后的实例如图 5 所示。

施工到型钢梁所在层模板时，根据方案图纸在模板表面弹墨线测放型钢梁安装位置，并按型钢梁位置精准定位预埋型钢梁 U 形锚环。锚环在型钢内侧端部设置两道，在楼面结构边缘设置一道。U 形锚环要与楼板钢筋网片牢固固定，避免混凝土浇捣时发生位置变动。U 形锚环预埋完成后实例如图 6 所示。

图 5 特殊部位悬挑工字钢放置实例

图 6 U 形锚环预埋实例

3.4 悬挑层以下二层梁板混凝土浇捣后安装型钢梁及配件

悬挑支模体系地基为型钢梁，型钢梁所在楼层混凝土浇捣完毕后，搭设型钢梁时型钢放置区域内下一层支撑体系不得拆除，同时保证一层梁板混凝土强度至少达到 80%，方可用塔吊吊运型钢梁至楼面，由人力配合逐一与 U 形环对应摆放，确保型钢梁位置符合要求。型钢梁上在距离建筑物外边 400mm 处放置一个 U 形环，在型钢梁距尾部大于 200mm 处放置两个 U 形环。

钢梁上预先焊牢ϕ 25mm 短钢筋头作为支撑架立杆和上拉钢丝绳定位用。型钢与 U 形锚环间隙用硬木楔楔紧。

3.5 下撑斜杆设置

（1）在型钢梁底部支设槽钢斜向支撑共同承受上部荷载。槽钢斜向支撑与其上部水平型钢梁一一对应设置，其上端与水平型钢梁底部双面焊接，焊接应符合规范要求；下端使用工字钢横向固定，工字钢预埋U形环进行固定。实例如图7、图8所示。

图7　斜撑放置实例

图8　斜撑下部连接实例

（2）当斜撑杆件下端是混凝土墙柱结构时，则斜撑杆件采用槽钢。混凝土墙柱结构施工时，结构平直部位预埋钢板，钢板上焊接水平槽钢托梁。结构阳角部位预埋钢板，钢板上焊接水平支座钢板和加劲肋。槽钢斜向支撑与其上部水平型钢梁一一对应设置，其上端与水平型钢梁底部焊接，下端与水平槽钢托梁或水平支座钢板进行焊接固定。示意图如图9所示。

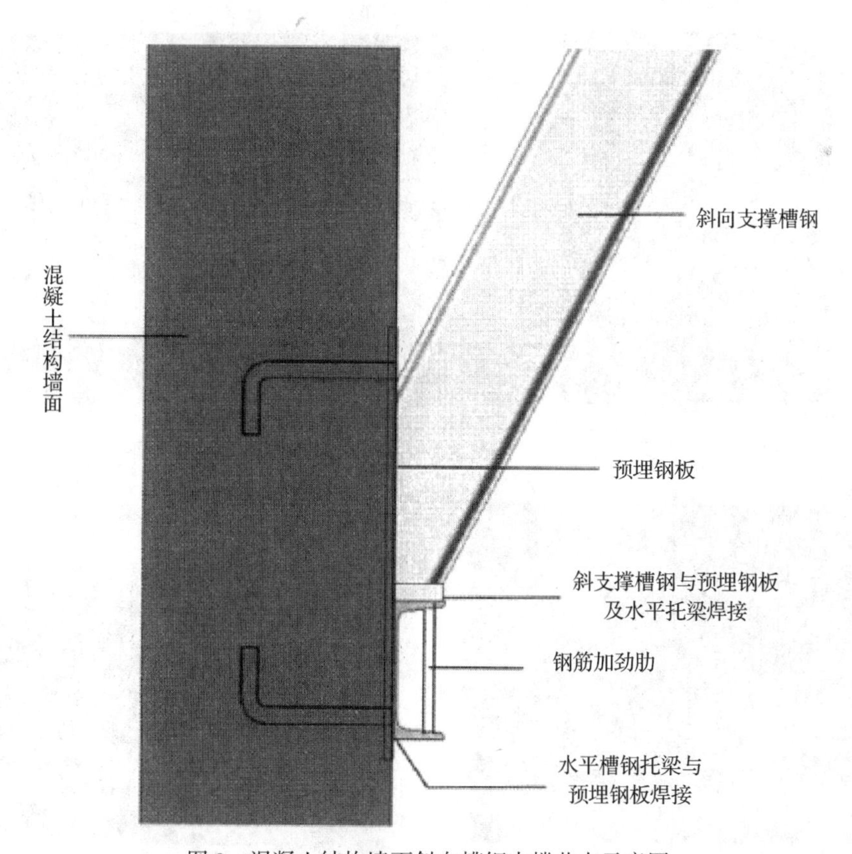

图9　混凝土结构墙面斜向槽钢支撑节点示意图

3.6　悬挑支模架搭设至悬挑层以下

搭设程序：支撑立杆定位→扫地杆搭设→立杆安装→水平杆安装→剪刀撑安装→外悬挑架体与本层结构内支模架对应有效拉结。

（1）依图纸在钢梁上进行支撑架立杆定位，将每一立杆在钢梁上位置做出标志；按先纵向后横向的顺序摆放扫地杆；安装支撑立杆，按照计算步距搭设水平杆。支撑架每步完成后，对架体进行检查验收。

（2）搭设支撑架竖向和水平剪刀撑，竖向剪刀撑的端部应靠近立杆顶部和底部，连接牢固；剪刀撑按照加强型进行设置，采用扣件式钢管在架体外侧周边及内部纵、横向每 4 跨（且不大于 5m）由底至顶设置连续竖向剪刀撑，剪刀撑宽度为 4 跨。扫地杆层设置水平剪刀撑，从扫地杆层向上不超过 6m 设置一道水平剪刀撑。

3.7　悬挑层以下一层梁板混凝土浇捣后上拉钢丝绳安装

悬挑层以下一层结构模板施工时，做好钢丝绳吊环的定位预埋。钢丝绳吊环应使用 HRB300 级钢筋，且直径不小于 20mm。该层楼面混凝土浇捣完毕，从型钢梁张拉斜向钢丝绳至预埋吊环上，以作为安全保险储备。钢丝绳上、下端卡扣均不少于 3 个。

3.8　悬挑支模体系搭设至悬挑层

搭设程序：立杆安装→水平杆安装→剪刀撑安装→外悬挑架体与本层结构内支模架对应有效拉结→悬挑构架板底主梁安装→悬挑构架板底小梁（木方）安装→悬挑构架底平板模板安装。实例如图 10~图 13 所示。

图 10　悬挑梁上支模实例

图 11　模板安装实例

图 12　混凝土实体质量实例

图 13　支模体系外观实例

3.9　悬挑构架混凝土浇捣

为减小混凝土输送时的冲击力，宜采用塔吊吊运骨料，浇筑采用点振法施工。悬挑层混凝土浇筑时混凝土输送速度宜缓慢，坍落度控制在 80~100mm，严格控制悬挑构架梁板上施工荷载不超过此区域支模架设计荷载。

3.10　模板及支架拆除

悬挑构架结构模板拆除需满足混凝土强度达到 100%后，按照由外向内的顺序进行拆除。拆除开始后按由外及里先松模板下部顶托，再拆除模板、木方、钢管、模板支架，逐跨往里进行拆除，实时观察支撑体系拆除后混凝土结构实体情况，观察有无裂纹。无异常按此顺序全面拆除高支模悬挑构架模板支撑体系。

4　结果分析

高空长悬挑构架支模体系的施工方法成功地解决了高层高空长悬挑构件难支模的问题，以及影响总体施工进度的情况。同时，由于本施工方法为在悬挑型钢梁上支模，区别于传统的采用钢管斜向支模悬挑构架的施工工艺，经实践，本施工方法可提高施工过程中的安全性，提高施工效率，确保高空长悬挑构件混凝土成型后的观感质量，加快施工进度，同时也取得了良好的社会效益。

参考文献

[1]　景剑，王永泉，郭正兴．高空超大悬挑混凝土结构模板支撑体系设计与施工关键技术 [J]．施工技术，2016 (21)：39-45.

[2]　江志炜，吴立标，陈建锋．高空大悬挑混凝土结构支撑体系施工技术 [J]．建筑机械，2019 (02)：79-82.

悬挑支模架在高层房屋屋面造型悬挑板施工中的运用

谭世玉

湖南长大建设集团股份有限公司　长沙　410000

摘　要：在高层房屋屋面大悬挑板中，型钢悬挑支模架以成本低，方便管理，安全性更好，满足现场支模架选择及使用要求，对悬挑宽度大于等于 2m 的大悬挑楼板进行经济对比分析，通过项目特征的分析，进行了对比方案，采用型钢悬挑支撑的方式，加快了进度，在确保安全的同时，节省 9.34 万元的经济效益，见下表。

经济效益分析

项目		满堂脚手架搭设方法	型钢悬挑支撑体系
措施项	脚手架费用	脚手架搭设体积： 23.8m 高处： *H*23.8m×*B*2.1m×*L*92.2＝4608.16m³ 27m 高处： *H*27m×*B*3.9m×*L*25.2m+*H*27m×*B*3.3m×*L*14.4m+*H*27m×*B*2.1m×*L*10.8m＝4548.96m³ 脚手架用量约：32049.92m；共计约 106.73t 扣件总用量约：22892.8 个 34.09t 共计费用为：106.73t×26 元/d+43.09t×9 元/d＝3162.79 元/d 措施费用：立杆基础处理：100mm 厚地面硬化（362.10m²）	18 号工字钢用料：745m；18t； 方钢、加劲板、钢丝绳等用料：1t 架体搭设：*H*3.9m×*B*2.1m×*L*92m+*H*3.9m×*B*3.9m×*L*25.2m+*H*3.9m×*B*3.3m×*L*14.4m+*H*3.9m×*B*2.1m×*L*10.8m＝1410.55m³ 共计：19t×10 元/d+1410.55×0.91＝1473.60 元/d
	人工费用	人工费用：300 元/d×30 人＝9000 元/d	人工费用：300 元/d×30 人＝9000 元/d
	时间周期	搭设周期 20d	搭设周期 15d
合计	费用共计	3162.79×20+9000×20+12.12×600＝250527.8 元	1473.60×15+9000×15＝157104 元
共计节约成本：		250527.8 元－157104 元＝93423.8 元	

关键词：屋面大悬挑板；型钢悬挑支模架

随着我国经济的不断发展，人民生活水平的不断提高，建筑业的发展非常迅猛。建筑造型因审美以及文化、使用需求，屋面大悬挑板设计成为部分公用建筑的重要组成部分，其也给施工创造了难题。高处的悬挑板若采用传统的落地支模架存在很大的安全隐患，钢管扣件模架倒塌而导致重大人员伤亡的事故越来越多，承重支模架的安全问题日益突出。而型钢悬挑式支模架作为工程常用的模板支撑架之一，架体施工灵活成本相对较低，由于没有制定相应的行业规定，各省施工企业的做法也不尽相同，所以必须进一步规范和加强对钢悬挑式支模架的安全施工及监督管理，预防安全事故，保障施工现场人员生命和财产安全。型钢悬挑式支模架工程实例应用，为类似工程施工提供了借鉴。

1　工程概况

麻阳检察院办公楼屋顶悬挑混凝土模板支撑工程，即屋面标高 23.8m 处 1-5 轴与标高 27m 处 11-15 轴部分。主要特点：本工程建筑功能为公用建筑。本工程悬挑支模内容为：标高 23.8m 处 1-5 轴与标高 27m 处 11-15 轴，为屋面四周悬挑板。该处结构悬挑基本情况见表 1。

表 1　23.8m1-5 轴区域一览表

构件类型	尺寸（mm）	长度（mm）	数量（条）
悬挑板	厚 120	2100	
外伸梁	250×600/400	2100	8
	300×600/400	2100	6
悬挑梁	350×600/400	2100	3
连梁	300×400	5400	6

该处悬挑区域位置分布如图 1 所示。

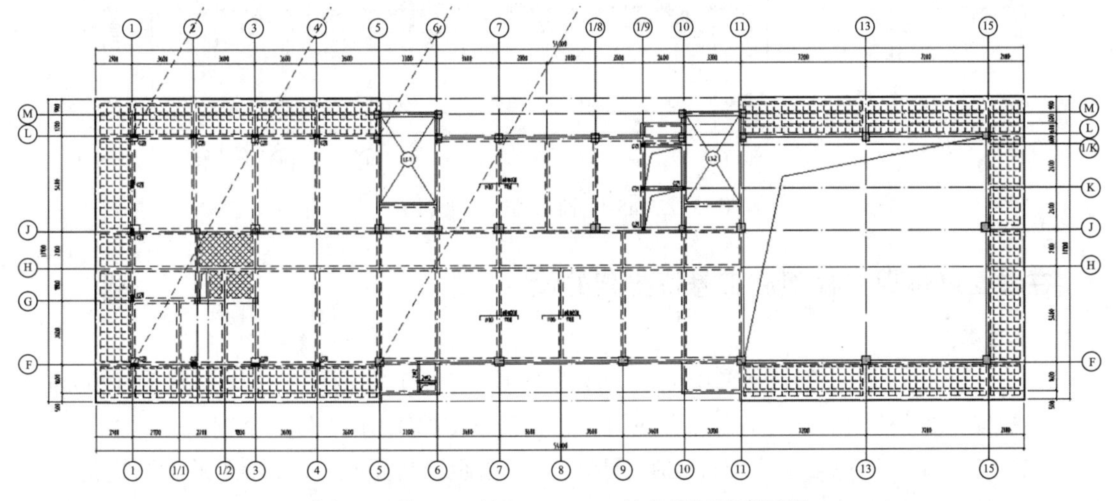

图 1　23.8m1-5 轴、27m11-15 轴悬挑区域平面图

标高 27m 处 5-11 轴，为屋面四周悬挑板。该处结构悬挑基本情况见表 2。

表 2　27m5-11 轴区域一览表

构件类型	尺寸（mm）	长度（mm）	数量（条）
悬挑板	厚 120	北侧 3300、南侧 3900、东西侧 2100	
北侧外伸梁	250×600/400	3300	5
	250×600/400	2100	2
南侧外伸梁	350×500/700	3900	4
	300×500/700	3900	3
连梁	300×400		
框梁	250×600		
	250×700		

悬挑区域梁板位置分布如图 2 所示。

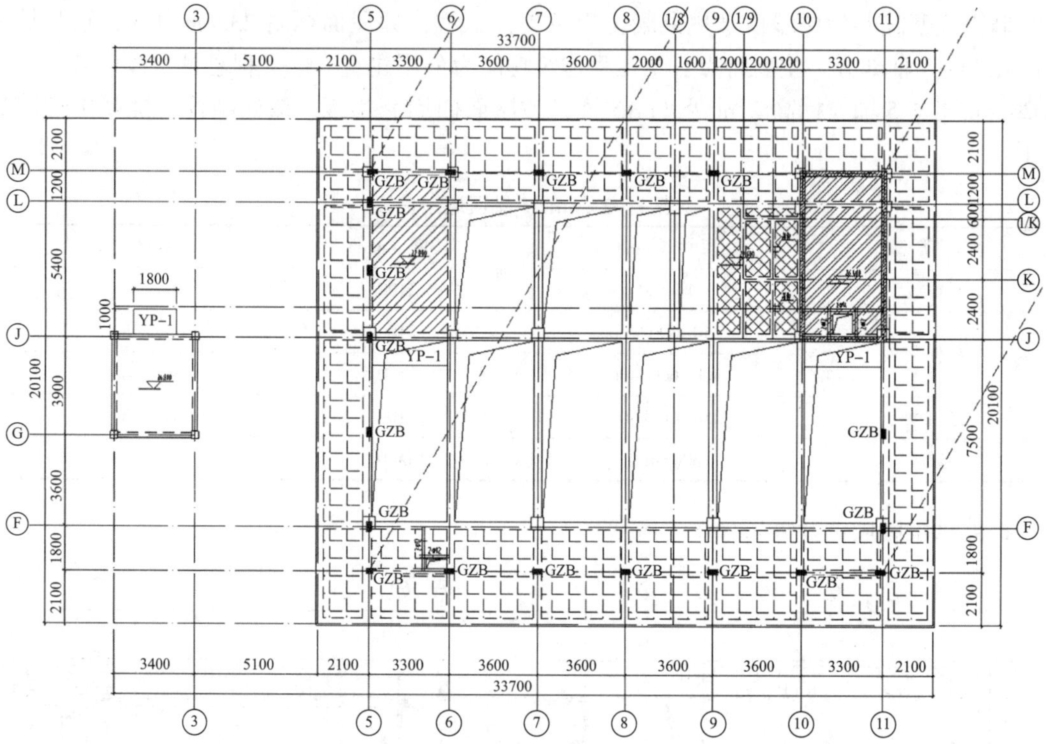

图 2　27m5-11 轴悬挑区域平面图

2　在屋面悬挑板支模架施工悬挑支架的设计

2.1　技术参数

（1）工字钢：工字钢主要采用 6m、9m 等型号 16 号工字钢，工字钢间距为 1200mm，局部防护架位置采用 14 号工字钢配合使用，悬挑梁下支撑采用 16 号工字钢。

（2）支撑架：支撑架采用扣件式脚手架，立杆横距或排距≤1500mm（根据结构情况可适当调整），立杆纵距或跨距为 1200mm×1000mm，立杆步距≤1500mm，扫地杆≤200mm。

（3）板模板设计：面板采用 15mm 厚竹胶合板，次楞采用 40mm×70mm 木方，主楞采用 ϕ48mm×3. 0mm 双钢管，间距不大于 1200mm×1000mm。

（4）梁模板设计：面板采用 15mm 厚竹胶合板，梁底次楞采用 60mm×80mm 木方，梁侧次楞采用 60mm×80mm 木方，间距 150mm，主楞采用ϕ48mm×3. 0mm 双钢管，间距 1200mm×1000mm。

（5）外防护架：外防护架采用双排脚手架，立杆纵距 1. 2m，立杆横距 0. 85m，水平杆步距 1. 5m，连墙件采用预埋钢管扣件，设置方式为两步三跨。

2.2　工艺流程

加工悬挑工字钢主梁→预埋“U”形环→安装悬挑工字钢主梁→工字钢主梁间设置水平兜网→搭设工字钢底部斜撑→搭设立杆和扫地杆→搭设水平杆和剪刀撑→安放顶撑→安放模板主楞→安放模板次楞→拼装模板→搭设悬挑支模架斜撑→安装绑扎钢筋、浇筑混凝土、混凝土养护→悬挑支模架拆除→落地式外架拆除。

2.3　工艺说明

（1）加工悬挑工字钢主梁

悬挑主梁采用16号工字钢，悬挑长度为2.5m、4.4m两种，悬挑2.5m的采用6m工字钢，悬挑4.4m的采用9m工字钢。

每道立杆处都应设置一道定位钢筋，悬挑工字钢距悬挑最远点100mm处开始设置立杆定位钢筋，定位钢筋采用钢筋废料池中的三级钢制作，直径不得小于20mm，长度不得小于100mm且不得大于200mm。钢筋与工字钢焊接。加工完成的工字钢应先涂刷一道防锈漆，再涂刷一道黄色油漆。

（2）预埋“U”形环

“U”形环直径采用16mm圆钢加工而成，表面涂刷一层防锈漆后，再涂刷一层黄色油漆。“U”形环浇筑混凝土前应预先埋入混凝土楼板中，“U”形环丝口部分用直径为20mmPVC管套住，上部洞口采用胶布封堵，防止浇筑混凝土时将丝口部分破坏。

9m的工字钢设置7道“U”形环固定，第一道距结构外边缘150mm，第二道距第一道1500mm，第三道距第二道150mm，第四道距第三道1500mm，第五道距第四道150mm，第六道距第五道1500mm，第七道距第六道150mm。

6m的工字钢设置5道“U”形环固定，第一道距结构外边缘150mm，第二道距第一道1500mm，第三道距第二道150mm，第四道距第三道1500mm，第五道距第四道150mm。

“U”形环定位如图3所示。

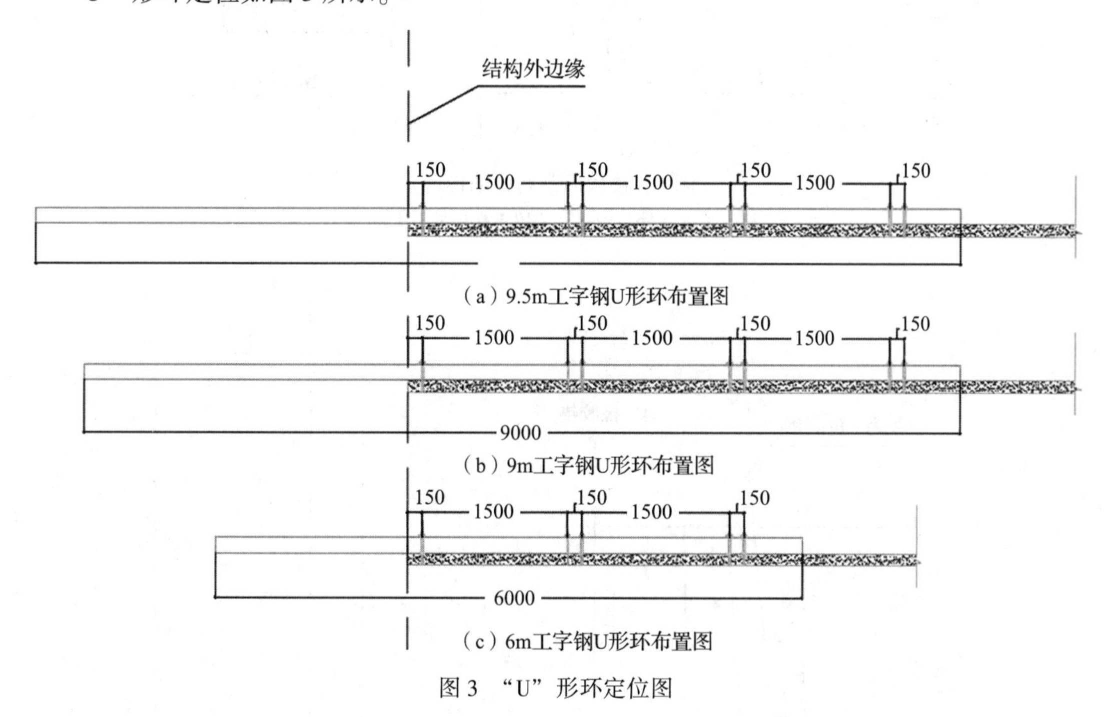

图3　“U”形环定位图

（3）安装悬挑工字钢主梁

安装悬挑工字钢主梁采用塔吊吊装辅助，安装工字钢前必须确保混凝土强度达到75%以上。吊装前确保安装的工字钢加工完成，并且每根工字钢都已经涂刷2遍油漆，不会掉漆（第一遍涂刷防锈漆，第二遍涂刷黄色油漆）。安装采用吊装一根、安装一根，安装采取两次紧固，第一次为初拧，将工字钢安放在提前预留好的“U”形环内，悬挑端悬挑至指定长度，然后拧上螺帽确保工字钢不会移动；第二次为终拧，将该区段内所有工字钢初拧完成后，检查该区段内的工字钢间距、悬挑长度、方向等是否正确，如果有不正确的地方立即调整，如果没有任何问题，在工字钢锚固点有空隙的地方采用木方将空隙填堵，如图 4 所示，最后将“U”形环上的双螺帽拧紧。

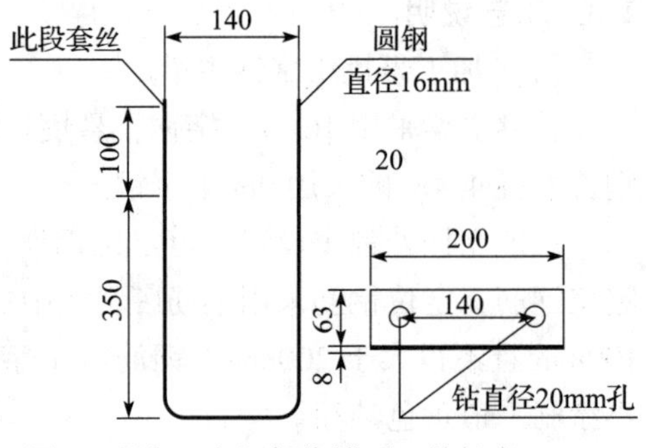

图 4　预留工字钢部位锚环，总长度 450mm

预埋“U”形环，外侧锚环尽量埋设于边梁内，制作示意图如图 5～图 6 所示。

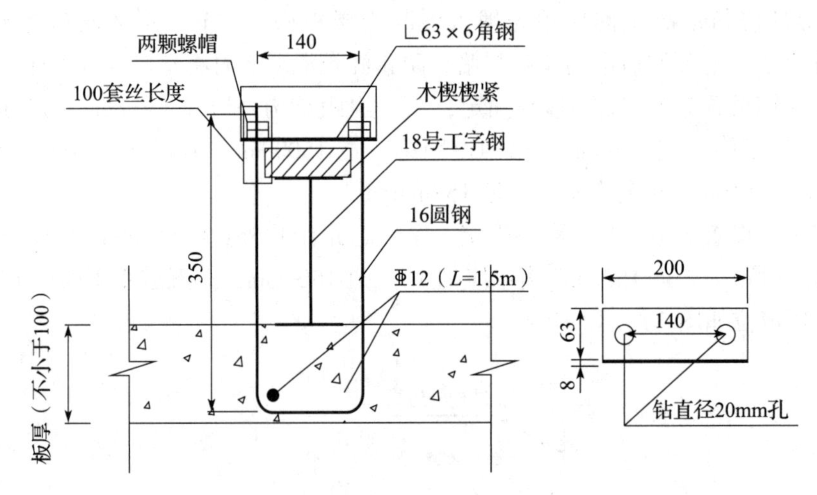

图 5　楼板内预埋详细构造

注：预埋在楼板内锚环应置于楼板低筋上部。

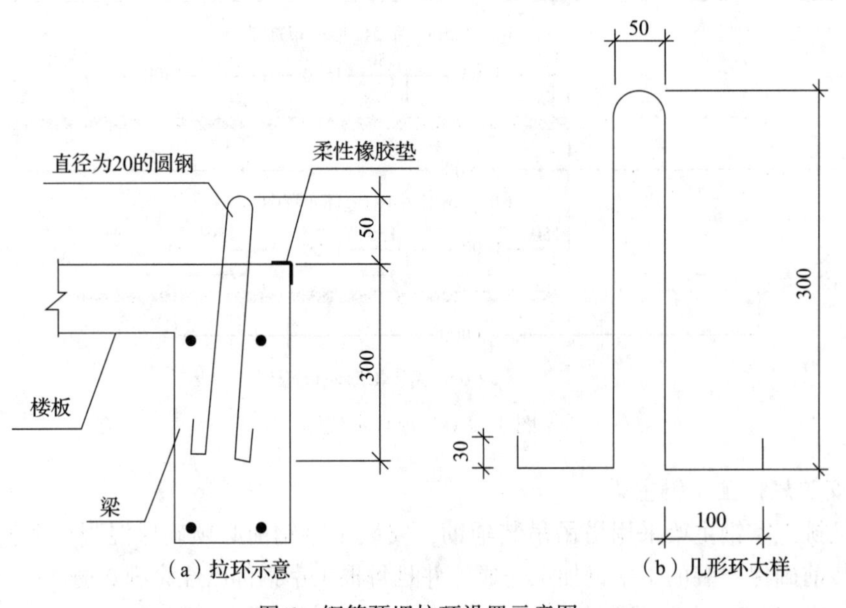

图 6　钢筋预埋拉环设置示意图

（4）工字钢主梁间设置水平兜网

所有工字钢主梁设置完成，并且固定到位后，将水平兜网铺设在工字钢主梁上，水平兜网连接在一起，如图7所示。

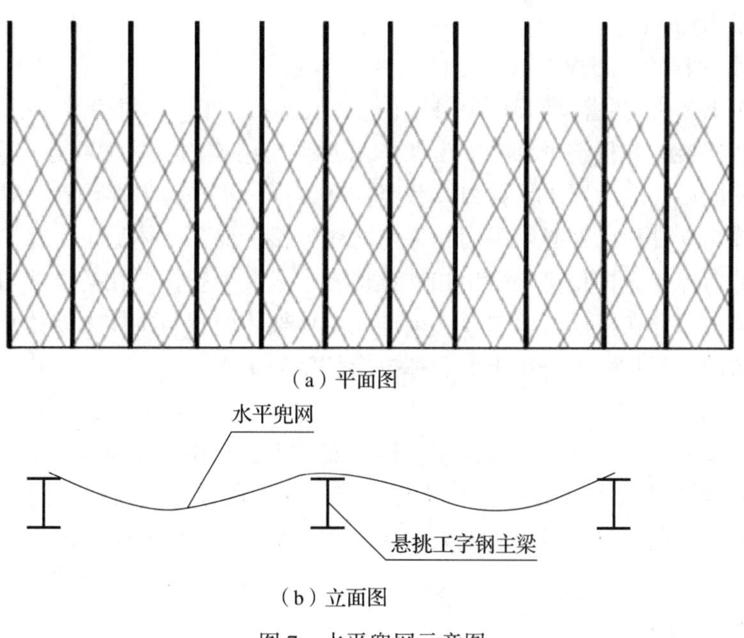

图7　水平兜网示意图

（5）搭设工字钢底部斜撑

工字钢底部斜撑采用工字钢搭设，上部顶撑住悬挑工字钢，距工字钢悬挑最远点约500mm处（图8）。

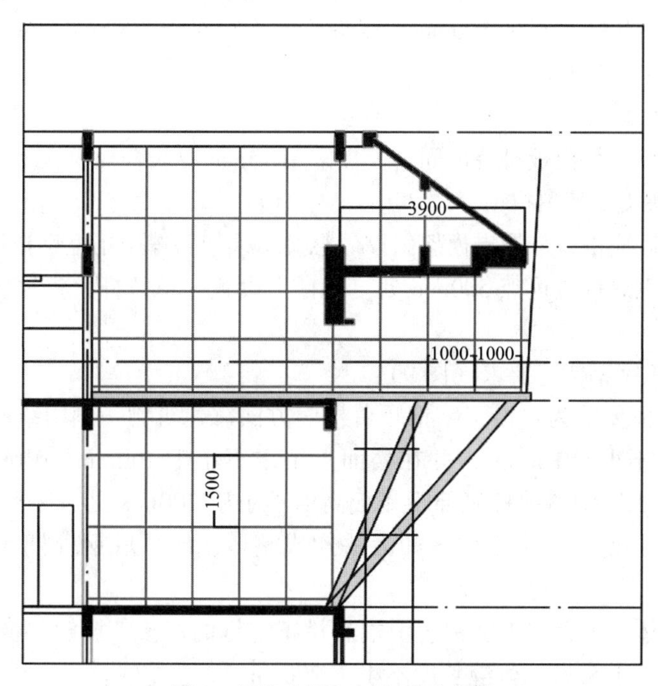

图8　悬挑支模架剖立面示意图

（6）搭设立杆和扫地杆

立杆间距 1.2m×1000m，沿工字钢方向搭设进入主体结构，并与主体结构可靠连接。扫地杆距悬挑工字钢顶部 200mm，横向在下，竖向在上。所有钢管对接都必须相互错位，错位长度不得小于 500mm。

（7）搭设水平杆和剪刀撑

水平杆步距 1.8m，共搭设四道水平杆（包括底部扫地杆）。每道水平杆与立杆相交处必须使用扣件相连接，并且整个悬挑支模架体系必须与结构内支模架相连，形成一个整体。立杆横杆搭设完成后，应设置水平剪刀撑和竖向剪刀撑。水平剪刀撑设置一处位于第三道水平杆上，剪刀撑与立杆相交处必须采用扣件与之相连接，保证架体稳定。竖向剪刀撑每隔两跨设置一道，剪刀撑与立杆相交处采用扣件连接，形成一个整体。在搭设剪刀撑时应注意竖向剪刀撑和水平剪刀撑在搭设时剪刀撑必须伸入主体架体内，与主体内架体相连接，剪刀撑伸入主体内架体的投影长度不得小于剪刀撑投影长度的 1/3。

（8）安放顶撑

底部架体搭设完成后，开始安放顶撑。顶撑安放于立杆顶部，顶撑伸出自由长度不得大于 300mm，顶部水平杆以上自由长度不得大于 500mm。顶撑必须控制在同一标高，安放完成后可采用鱼线来精确调整，对于跨度大于 4m 的梁板，应进行起拱处理，起拱高度为整跨长度的 2/1000。

（9）安放模板主楞

顶撑安装调整完成后，应安放模板主楞，模板主楞采用双钢管，钢管平行于结构边缘方向放置于顶撑内。

（10）安放模板次楞

模板次楞采用 50mm×100mm 木方，间距 200mm，同一截面上木方接头比例不得大于 50%，且每处接头相互错开至少 500mm，接头长度不得小于 300mm。木方应均匀铺设在模板主楞上，并且与主楞呈 90°。

（11）拼装模板

木方铺设完成后进行模板拼装加固，模板采用 15mm 厚胶合板模板。

（12）搭设悬挑支模架斜撑

模板支设完成后应搭设悬挑支模架斜撑。悬挑支模架斜撑采用型钢搭设，上部顶撑住悬挑工字钢，距工字钢悬挑最远点 500mm 处。斜撑上设置一道拉杆，将斜撑与结构内满堂架相连接。

①悬挑 2.5m 工字钢构造要求（图 9）：

斜撑杆下端具体要求为：沿工字钢顺着楼面方向靠建筑物一侧用结构胶植入 2ϕ16 三级钢筋，植入深度不小于 100mm，并在楼面上留出不小于 100mm，ϕ16 三级钢筋与工字钢双侧满焊；所有工字钢斜撑杆底部距楼板高度不小于 200mm 处，采用ϕ50mm 钢管电焊尽量横向加强连接，连成一个整体；如无法连成整体，应采取钢管抵住混凝土柱予以加固加强。

斜撑杆上端具体要求为：工字钢与上端悬挑工字钢的焊接，接触部位用 J422 焊条必须焊接，焊缝厚度不小于 8mm；焊缝长度不小于 200mm。

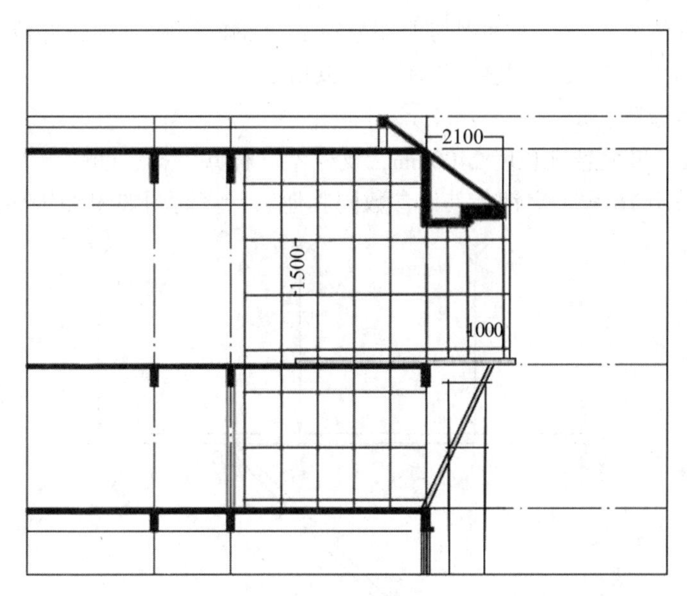

图9　2.5m悬挑板支模架剖立面图

②悬挑4.4m工字钢构造要求（图10）：

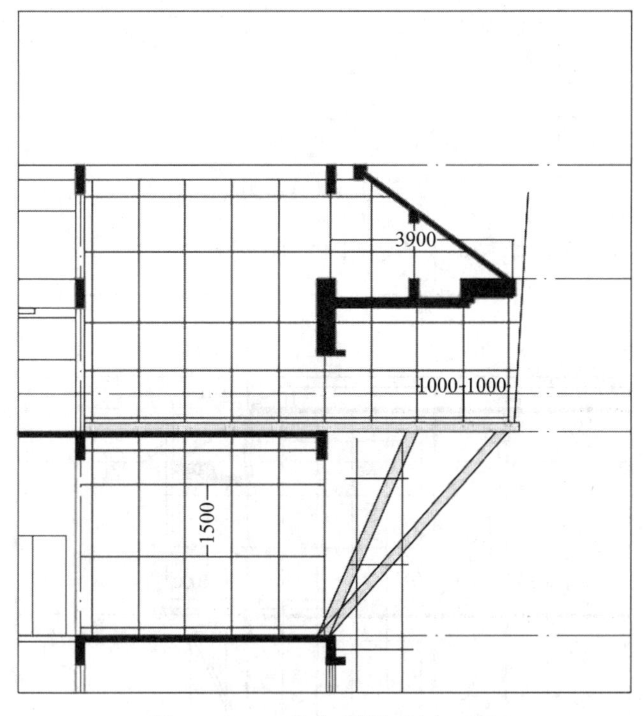

图10　4.4m悬挑支模架剖立面图

斜撑杆下端具体要求为：沿工字钢顺着楼面方向靠建筑物一侧用结构胶植入2ϕ16三级钢筋，植入深度不小于100mm，并在楼面上留出不小于100mm，ϕ16三级钢筋与工字钢双侧满焊；所有工字钢斜撑杆底部距楼板高度不小于200mm处，采用ϕ50mm钢管电焊尽量横向加强连接，连成一个整体；如无法连成整体，应采取钢管抵住混凝土柱予以加固加强。两根工字钢底部焊接在一起，所有接触部位必须满焊，焊缝厚度不小于8mm。

斜撑杆上端具体要求为：工字钢与上端悬挑工字钢的焊接，接触部位用 J422 焊条必须焊接，焊缝厚度不小于 8mm，焊缝长度不小于 200mm。

预埋焊接斜撑验算：

工字钢计算 1：最大悬挑长度 2400mm，支模架立杆共三排，间距不大于 1000mm，悬挑钢梁上连梁型钢采用 16 号工字钢。其他参数同其他。计算简图如图 11 所示。

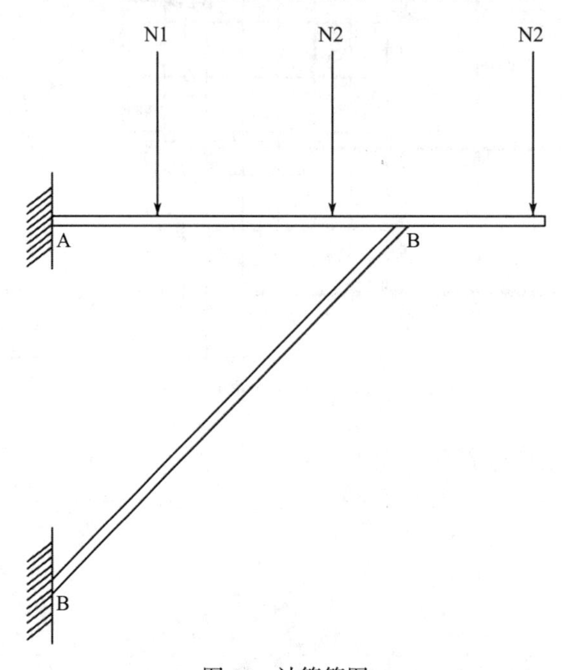

图 11　计算简图

③6m 工字钢悬挑，净悬挑 3.4 米，如图 12 所示。

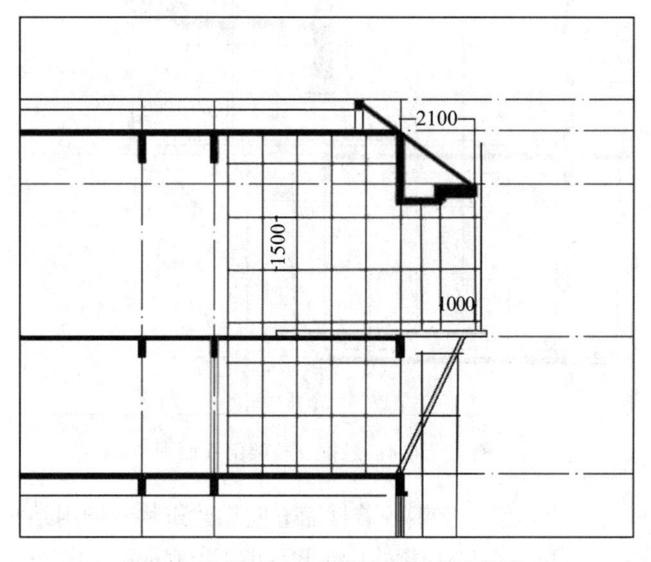

图 12　悬挑 3.4m 支模架剖立面示意图

悬挑 3.4m 工字钢构造要求：

斜撑杆下端具体要求为：沿工字钢顺着楼面方向靠建筑物一侧用结构胶植入 2ϕ16 三级

钢筋，植入深度不小于100mm，并在楼面上留出不小于100mm，ϕ16三级钢筋与工字钢双侧满焊；所有工字钢斜撑杆底部距楼板高度不小于200mm处，采用ϕ50mm钢管电焊尽量横向加强连接，连成一个整体；如无法连成整体，应采取钢管抵住混凝土柱予以加固加强。

斜撑杆上端具体要求为：工字钢与上端悬挑工字钢的焊接，接触部位用J422焊条必须焊接，焊缝厚度不小于8mm；焊缝长度不小于200mm。

（13）阳角部位悬挑架处理

在1轴交F、M轴与15轴交F、M轴阳角部位，采取多根转交工字钢悬挑的方式进行；转交处共6根6m工字钢悬挑，上面采用工字钢连梁，与工字钢主梁焊接，钢管坐落于工字钢连梁上面（图13）。

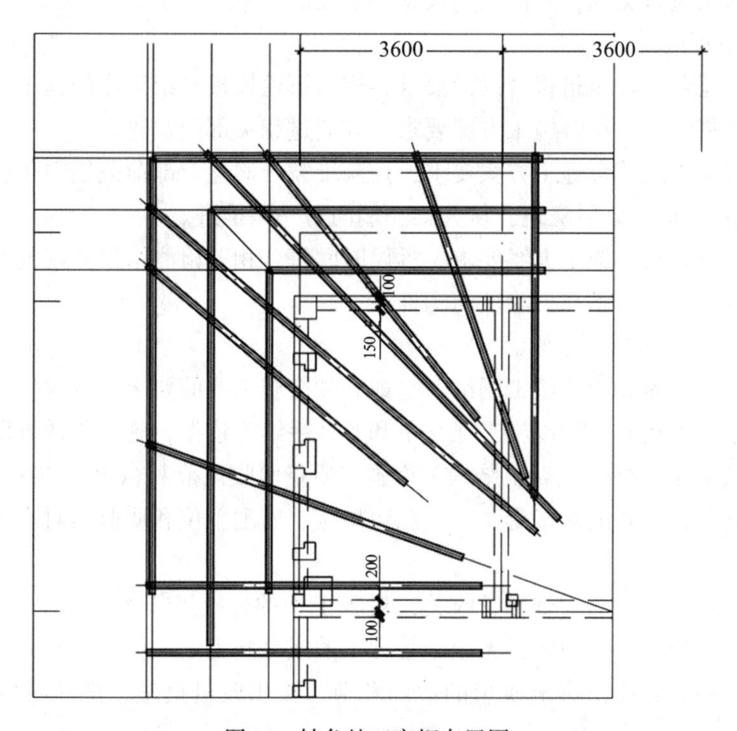

图13　转角处工字钢布置图

（14）安装绑扎钢筋、浇筑混凝土、混凝土养护

悬挑支模架搭设以及模板拼装完成，经验收合格后可安装绑扎钢筋以及浇筑混凝土。绑扎钢筋、浇筑混凝土以及混凝土养护详见《钢筋专项施工方案》《混凝土专项施工方案》。悬挑板结构拆模时间必须使混凝土强度达到100%后方可拆除。

（15）悬挑支模架拆除

当混凝土强度达到100%（养护天数在28d以上）方可拆除悬挑支模架体系。悬挑支模架拆除遵循“先搭设后拆除，后搭设先拆除”的原则，从上往下依次拆除模板→次楞木方→主楞双钢管→顶撑→水平、竖向剪刀撑→水平杆→立杆→扫地杆→悬挑工字钢。拆除时，注意所有材料不得随意从高处扔下，必须将所有材料转运进主体结构，通过悬挑式卸料平台用塔吊将材料调运至地面。

（16）落地式外架拆除

悬挑支模架拆除完成后，可将落地式脚手架拆除，拆除原则同悬挑支模架拆除原则。悬挑支模架和落地式外架在拆除过程中必须由专职安全员旁站拆除，并且在底部于拆除范围投影面范围内设置警戒线，禁止该处有行人通行。

3　过程管理

（1）施工前管理

①材料管理：材料质量满足方案设计和相关规程要求，搭设模板支架用的钢管、扣件，使用前必须进行抽样检测，抽检的数量按有关规定执行。未经检测和检测不合格的一律不得使用。

②交底管理：交底的形式分为技术交底和安全交底，均由项目技术负责人对相关班组成员、管理岗位人员进行交底，并落实相关签字手续。

（2）施工中管理要点

①竖向结构隐蔽工程质量符合设计要求，进入下道模板支架工序的施工。

②模板支架搭设方式符合施工方案要求，并通过相关部门验收。

③混凝土浇筑方式符合施工方案要求，控制堆载，避免上部荷载集中化；严格按照一次浇筑高度不超过400mm分层浇筑，从大梁一端向另一端推进。

④模板拆除方式符合施工方案要求，拆模时间符合相关检测结果和规范要求。拆模以接到拆模通知书为准，不得私自拆除任何构件。

（3）质量管理措施

①认真仔细地学习和阅读施工图纸，吃透和领会施工图的要求，及时提出不明之处，遇工程变更或其他技术措施，均以施工联系单和签证手续为依据，施工前认真做好各项技术交底工作，严格按国家颁行《混凝土结构工程施工质量验收规范》（GB 50204—2015）和其他有关规定施工和验收，并随时接受业主、总包单位、监理单位和质监站对本工程的质量监督和指导。

②认真做好各道工序的检查和验收关，对各工种的交接工作严格把关，做到环环紧扣，并实行奖罚措施。出了质量问题，无论是管理上的或是施工上的，必须严肃处理，分析质量情况，加强检查验收，找出影响质量的薄弱环节，提出改进措施，把质量问题控制在萌芽状态。

③严格落实班组自检、互检、交接检及项目中质检“四检”制度，确保模板安装质量。

④混凝土浇筑过程中应派2～3人看模，严格控制模板的位移和稳定性，一旦产生位移应及时调整，加固支撑。

⑤对变形及损坏的模板及配件，应按规范要求及时修理校正，维修质量不合格的模板和配件不得发放使用。

⑥为防止模底烂根，放线后应用水泥砂浆找平并加垫海绵。

⑦所有柱子模板拼缝、梁与柱、柱与梁等节点处均用海绵胶带贴缝，楼板缝用胶带纸贴缝，以确保混凝土不漏浆。

4　结语

麻阳检察院办公楼屋面超大悬挑板设计，采用钢悬挑式支模架，很好预防安全事故，保障现场施工人员生命和财产安全。

参考文献

[1] 中华人民共和国住房和城乡建设部．建筑施工安全检查标准：JGJ 59—2011［S］．北京：中国建筑工业出版社，2012.

[2] 建筑施工手册编委会．建筑施工手册［M］：北京：中国建筑业工业出版社，2012.

[3] 中华人民共和国国家质量监督检验检疫总局．钢管脚手架扣件：GB 15831—2006［S］．北京：中国标准出版社，2007.

[4] 中华人民共和国住房和城乡建设部．建筑施工脚手架安全技术统一标准：GB 51210—2016［S］．北京：中国建筑工业出版社，2017.

铝模体系下铅黏弹性阻尼器安装工艺的研究

吕　锦　郝东亚　任仰新　石付海

中国建筑第五工程局有限公司　太原　030000

摘　要：简要说明铝合金模板体系施工工艺特点、优点以及施工流程等，说明消能减震设计的必要性，说明弹性阻尼器在房屋建筑领域中的布置原则、与两侧支座的连接构造、在连梁位置处的安装要点等，论述了在铝合金模板体系下，通过合理安排，以阻尼器为代表的消能减震设备安装要点，以及与其他工种相互配合施工，达到设计要求，高效、合理、有序地施工。

关键词：铝合金模板体系；消能减震；铅黏弹性阻尼器

随着建筑业的绿色发展，以铝合金模板为代表的工具式模板，在房屋建筑领域（层高2. 8~3. 3m）逐渐取代了传统的木模板，因其质量优质、施工噪声小、节能环保、构件轻便、周转使用等优点得到了行业内较高的评价与青睐。而我国部分地区又属于地震频发地带，房屋建筑设计中关于抗震设计的要求越来越高，消能减震设计是其中最重要的一部分，复合型铅铅黏弹性阻尼器为代表的消能减震设备越来越多地应用于普通的房屋建筑设计与施工中。如何在新型的铝合金模板体系下，通过合理安排施工工序，达到设计要求，是应该重点关注的问题。

1　铝合金模板体系施工工艺

1. 1　铝合金模板施工主要技术特征

目前国内外使用的铝合金模板体系十分丰富，其中以房屋建筑领域中工具式的铝合金模板体系应用最为广泛、成熟。主要应用于层高2. 8~3. 3m的居住建筑中，标准模板在不同工程中可以通用，不同厂家的标准模板可以互换，符合国家绿色施工技术政策要求，且因其独特的工具式的设计，构件之间的连接均采用销钉与销片进行临时连接，多为半刚性连接，拆卸较为方便，可以做到早拆，即利用混凝土结构的早期强度和早拆装置的特殊构造，将楼板模板和梁底模板先行拆除而保留早拆头和竖向支撑，使得标准墙、柱、梁、板的标准模板加快周转，达到快速建造的目的。

铝合金模板具有以下优点：（1）承载力高，浇筑成型的混凝土品质高。（2）材料传递可节省大量时间，施工周期短。（3）循环使用次数多，且回收率高，残值大，均摊成本较低。（4）模板可回收利用，不产生建筑垃圾，绿色环保。

1. 2　铝合金模板施工流程

铝合金模板施工流程一般为：

①放墙柱定位线→②标高抄平→③安装墙柱模板→④安装背楞→⑤检查垂直度及平整度→⑥安装梁模板→⑦安装楼面模板→⑧检查楼面平整度及复核墙柱垂直度和平整度→⑨移交绑扎梁板钢筋→⑩混凝土浇筑。

2　铅黏弹性阻尼器在铝合金模板体系下的安装与使用

2.1　消能减震设计的意义

建筑物使用年限是设计规定在既定的时间内，建筑只需进行正常的维护而不需进行大修就能按预期目的使用，完成预定的功能，即房屋建筑在正常设计、正常施工、正常使用和维护下所应达到的使用年限。

为此，在消能减震结构设计中，消能器的设计至关重要，消能器一旦失效，不仅原有减震设计目标很难达到，而且在地震作用下还可能产生负面效果，如结构刚度的改变、周期改变、加大地震作用，引起破坏等。作为结构中消耗地震能量的主要构件之一，在结构设计使用年限内应时刻处于有效工作状态，从而保证地震时起到减震作用。

2.2　铅黏弹性阻尼器的基本原理与技术特征

2.2.1　铅黏弹性阻尼器的基本原理

铅黏弹性阻尼器由复合黏弹性层、剪切钢板、约束钢板、铅芯和连接板等组成。黏弹性材料、薄钢板、剪切钢板和约束钢板通过高温高压为一体，铅芯灌入后采用盖板封盖孔洞。

铅黏弹性阻尼器主要通过铅的剪切变形和挤压变形及黏弹性材料的剪切滞回变形进行耗能。将铅黏弹性阻尼器安装于结构的柱间支撑、剪力墙连梁、填充墙与框架之间以及相邻结构或主附结构之间，当结构因地震或风振引起层间变形时，阻尼器也将发生变形，从而耗散结构的振动能量，减小主体结构的破坏。

2.2.2　铅黏弹性阻尼器的技术特征

（1）构造简单，机理明确。由钢材、铅和黏弹性材料三者组成，构造简单，具有明确的耗能减震机理。

（2）小位移即耗能，变形能力强。铅黏弹性阻尼器能够小位移（1mm内）屈服耗能，延性系数大；铅具有较高的柔性和延展性，黏弹性材料在设计变形范围内可恢复原来形状，使得该阻尼器表现出良好的变形能力。

（3）耗能效率高，疲劳性能好。铅黏弹性阻尼器同时利用其铅芯的剪切和挤压塑性滞回变形以及黏弹性材料的剪切滞回变形耗能，耗能效率更高；铅在室温下作塑性循环不会发生累积疲劳以及黏弹性材料良好的耐疲劳特性使得该阻尼器表现出良好的疲劳性能。

（4）屈服力可调，力学模型简单

铅黏弹性阻尼器的需求屈服力可控调节；铅和钢材均可简化成双线性模型，且黏弹性材料在设计变形范围内处于弹性状态，其力学模型简单。

（5）自恢复功能，无须更换

铅的熔点低，在室温下具有动态回复和再结晶性，而黏弹性材料在设计变形范围内又可恢复原来形状，且能提供一定阻尼耗能，从而其性能保持不变。

2.3　铅黏弹性阻尼器在房屋建筑设计中布置原则

铅黏弹性阻尼器在房屋建筑中，一般设计于非约束区，即标准层的中间区域，如33层住宅建筑，则在7~28层左右，均布置于结构连梁中，与主体结构进行可靠连接。在具体设计中，应遵循下列原则：

（1）布置宜使结构在两个主轴方向的动力特性相近；

（2）竖向布置宜使结构沿高度方向刚度均匀；

（3）布置在层间相对位移或相对速度较大的楼层，同时可采用合理形式增加阻尼器两端的相对变形或相对速度的技术措施，提高减震效率；

（4）布置应不宜使结构出现薄弱构件或薄弱层。

本案例中阻尼器平面布置如图 1 所示。

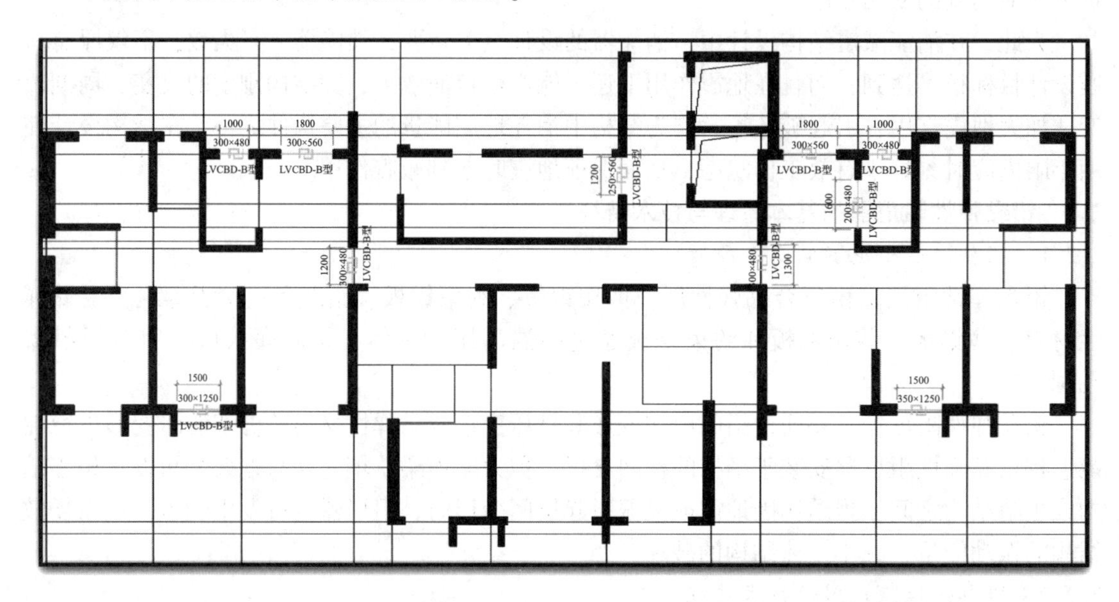

图 1　阻尼器平面布置图

2.4　铅黏弹性阻尼器与主体结构的连接技术

根据常规结构类型特点，铅黏弹性阻尼器主要采用墙墩式（LVWD）和连梁式（LVCBD）两种。在高层房屋建筑中，大多采用连梁式（LVCBD）。考虑到施工制作方便且易于更换，消能器与支撑构件和主体结构的连接，多采用螺栓连接的方式。具体为：先行安装连梁主筋，与支座（柱、墙）主筋进行可靠连接，阻尼器锚筋采用 6Φ25，长度 350mm，末端设置螺栓锚头，与连梁纵筋进行连接，再通过 Φ16 附加箍筋进行加固安装。阻尼器装配后四周采用 1mm 厚收口板封包，再用防腐泡沫填充。除特殊情况外，所有阻尼器顶同楼板底标高。阻尼器连梁支墩配筋见表 1。复合型铅黏弹性阻尼器连接如图 2 所示。

表 1　阻尼器连梁支墩配筋表

类型	上部纵筋	下部纵筋	箍筋	备注
LVCBD-B 型	3Φ22 ［4Φ20］	3Φ22 ［4Φ20］	Φ12@100（2） ［Φ12@100（4）］	用于连梁洞口≤1500mm ［］用于宽 350mm 梁
LVCBD-B 型	5Φ20 3/2	5Φ20 2/3	Φ12@100（2）	用于连梁洞口>1500mm

2.5　铅黏弹性阻尼器在铝合金模板体系下的安装

2.5.1　安装时安全技术保证措施

（1）操作人员在进行高空作业时，必须正确使用安全带。安全带应高挂低用，即将安全带绳端的钩环挂于高处，而人在低处作业。

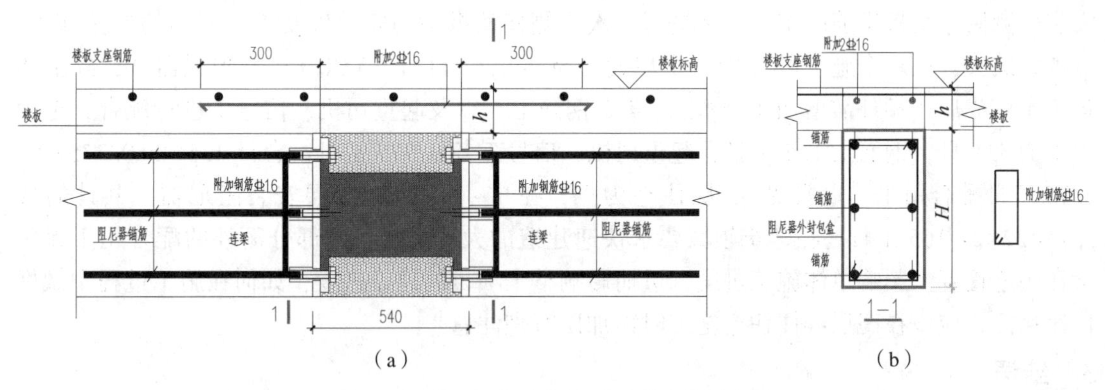

（a）　　　　（b）

图2　复合型铅铅黏弹性阻尼器连接示意图

（2）在高空使用撬杠时，人要站稳，如附近有脚手架或已安装好构件，应一手扶住，一手操作。撬杠插进深度要适宜，如果撬动距离较大，则应逐步撬动，不宜急于求成。

（3）工人如需在高空临边作业时，应尽可能搭设临时操作台或挂工具式挂笼。操作台为工具式，宽为0.8~1.0m均采用Φ20的螺纹钢焊接挂笼固定在梁上，低于安装位置1.0~1.2m，工人在上面可进行阻尼器的校正与焊接工作。

（4）如需在悬空的钢梁上行走时，应设置独立结构系统的生命线。

（5）在一般平台面上登高用的梯子必须牢固。使用时必须用绳子与固定的构件绑牢。梯子与地面的夹角一般为65°~70°为宜。

（6）安装有预留孔洞的楼板或屋面板时，应及时用木板盖严。

（7）操作人员不得穿硬底皮鞋上高空作业。

2.5.2　在铝合金模板体系下的具体安装技术

（1）阻尼器在安装前，应完成的准备工作内容为：

①安装点的定位轴线、标高点复查无误；

②阻尼器的进场、存储等符合制作单位的说明书和国家现行标准要求；

③对阻尼器的制作质量按照说明书进行核查。

（2）在铝合金模板体系下，铝模板的安装按照上述流程正常进行。在施工流程第⑧步后，需要铝模工配合，将梁一侧模板临时拆除，塔吊等吊装机械进行配合，阻尼器专业安装工进行吊装、调整，且过程中需要钢筋工配合进行锚筋与连梁配筋的连接。

具体安装流程为：①对照阻尼器深化图，用卷尺等对阻尼器安装位置进行确定，要求阻尼器位于连梁中心位置。②用吊装设备将阻尼器初步吊装到位，调整阻尼器与连梁一侧铝模的距离，大于3mm。③阻尼器锚筋与连梁纵筋进行初步连接。④人工配合吊装设备，对阻尼器标高、位置进行复核、调整到位。⑤阻尼器锚筋与连梁支墩配筋按照钢筋连接规范进行连接施工。⑥铝模工安装连梁另外一侧模板，加固后移交进行板钢筋安装及混凝土浇筑等下部工序。

同时，在安装时应注意：①阻尼器及连接构件无形状异常与损害功能的外伤。②阻尼器及连接构件漆膜外观无裂纹、漏涂、流挂、起皱、凹陷等。③未出现涂层脱落。

由此可见，在铝合金模板体系下，在安装阻尼器之前，需要木工配合拆除梁侧模，安装阻尼器并经检验合格后，才能进行连梁钢筋与阻尼器锚筋的连接以及箍筋等安装，再由木工安装梁侧模移交板钢筋的施工。多进行一次梁侧模的拆除与安装以及连梁钢筋的连接施工。经现场试验，在一个施工段（即一个单元）标准层以 11 个 LVCBD-B 型阻尼器计，经上述各工序完成后，额外需增加 4 个木工、4 个钢筋工，以及起重司机、信号工进行配合，至少木工 1.5 工日，钢筋工 1.5 工日，起重司机、信号工各 0.375 工日，合计 1.5×2+0.375×2=3.75 工日配合用工，以常见 33 层住宅为例，在 7～28 层共 22 层安装阻尼器，共计需要 3.75×22×2=165 工日。在建筑领域要求快速建造的大背景下，此部分额外的配合用工无疑会在一定程度上影响单体施工进度，进而影响整个项目的建设进度，如何在施工过程中做好快速穿插，应该在高层群体住宅施工时需加以特别注意。

3　结语

综上所述，在铝合金模板体系下，铅黏弹性阻尼器的安装需要在现场施工过程中，充分发挥总包单位的协调管理作用，统筹安排人员、机械、材料、周转场地等资源，合理调整现场各施工工序，以满足房屋建筑结构中消能建筑设计的要求，进而符合设计使用功能。合理做好铝合金模板体系下的快速穿插，满足项目建设进度、成本、安全等要求，是当前有抗震设计要求的房屋建筑领域施工中应重点管控的问题。

参考文献

[1]　中华人民共和国住房和城乡建设部．组合铝合金模板工程技术规程：JGJ 386—2016［S］．北京：，中国建筑工业出版社，2016.

[2]　中华人民共和国住房和城乡建设部．铝合金结构工程施工质量验收规范：GB 50576—2010［S］．北京：中国计划出版社，2010.

[3]　中华人民共和国住房和城乡建设部．建筑消能减震技术规程：JGJ 297—2013［S］．北京：中国建筑工业出版社，2013.

[4]　中华人民共和国住房和城乡建设部．建筑消能阻尼器：JG/T 209—2012［S］．北京：中国建筑工业出版社，2012.

预制清水混凝土看台加工与吊装技术分析

程万强　侯冠楠　马志阳　李　博　杨彩佳

中国建筑第五工程局有限公司　北京　100000

摘　要：近年来，随着国家综合国力的提高，建筑行业也随之腾飞，为满足社会各个方面越来越高的需求，各种建筑施工技术的研发和优化工作就显得尤为重要。本篇文章分析了预制清水混凝土看台加工与吊装的现状，介绍其关键施工技术，总结相关施工技术的不同要求，提出针对部分问题的处理措施，希望能够供工程建设实践参考。

关键词：清水混凝土；看台板；吊装；可调堵头；处理措施

一个世纪之前清水混凝土研发成功，第二次世界大战后，清水混凝土技术得到快速的发展，尤其是日本建筑师将清水混凝土技术广泛应用于日本建筑当中。近年来，我国的建筑行业也逐步重视清水混凝土技术的应用。清水混凝土浇筑的是较高质量的混凝土，浇筑模板拆除后，已具有一定的装饰效果，可以省去外部抹灰的工作，因此混凝土定位更加广阔，不仅能够作为结构材料，更能够因材料本身优良的质地，而呈现较佳的装饰效果。

1　概述

以邯郸市综合体育馆作为研究对象，该体育馆的外形似“太极”。在该体育馆当中，预制清水混凝土看台分布在篮球综合馆南、北侧和跳水游泳馆北侧，看台板的形状多样，因为清水混凝土技术的参与，使得看台的气势变得宏伟，并且拥有淡雅之美，凸显出整个体育馆的形象特点。

2　关键施工技术

2.1　预制看台钢模板两端可调堵头技术

在通常的看台施工当中，会根据看台的型号配备一套钢模板，造成施工成本增加，产生资源浪费。而在该项目中，选择预制看台钢模板两端可调堵头技术，在堵头处借助丝杆可以进行位置的调节，能够让长度不同而截面相同的看台，共同使用配套的钢模板进行看台施工。钢模板两端堵头可进行自由调节，经过改变堵头与钢模板端部相连接的丝杆长度，可以改变可堵头的相对位置，能够自由调节台板的长度。根据施工具体情况，适当提高钢模板的周转次数，以提高钢模板利用率，降低施工成本。图 1 是看台板钢模板示意图。

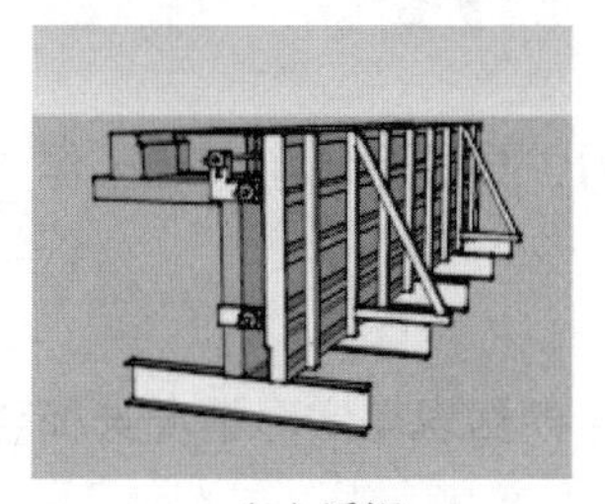

（a）透视

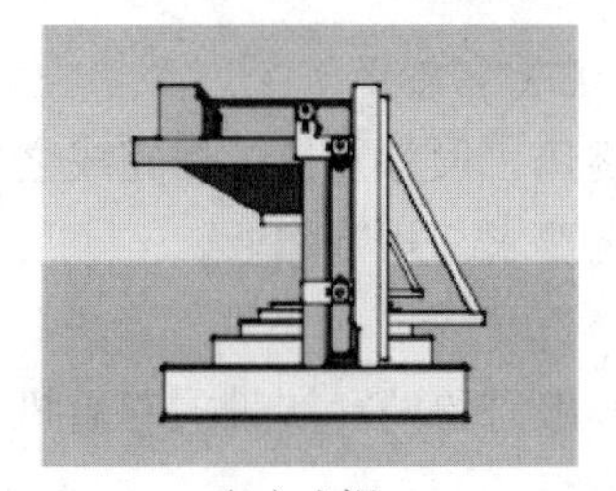

（b）左视

图 1　看台板钢模板

2.2　预制清水混凝土看台加工技术

2.2.1　脱模剂

在预制清水混凝土看台加工技术当中，一般选择专用的蜡制脱模剂进行脱模工作。另外，为施工能达到相关要求，普遍规定蜡质脱模剂用量约为20m²/kg。

2.2.2　预埋件安装

在看台加工技术当中，采用工具式螺栓对侧模上的预埋件进行固定工作，借助附加定位板和螺栓对看台底面和浇筑面上的预埋件进行稳固处理。另外，施工人员完成固定工作后，要及时进行核查，以便稳固效果能够达到施工要求。

2.2.3　模板安装

模板的安装工作要精准，要确保模板的支撑足够稳固，在施工时应该时刻复核轴线位置、几何尺寸及标高等，在完成模板安装后，应该及时进行全面复核。要确保模板安装位置、顺序符合相关要求。

2.2.4　混凝土振捣

清水混凝土制作时通常选用插入式振动棒与附着式振捣器相结合进行混凝土振捣工作。该振捣方式能够保证混凝土的质量足够可靠，并且满足防渗漏要求，所需施工时间短有利于加快施工进度。

2.2.5　蒸汽养护

对混凝土进行蒸汽养护，能够确保混凝土达到有效的清水效果，并且能够节省钢模板的使用时间，加快钢模板的使用周转。

2.3　预制清水混凝土看台吊装技术

2.3.1　吊装顺序

该体育馆的清水混凝土看台吊装顺序根据项目的环向轴线，按照逆时针的顺序吊装，看台的安装从最低阶逐步向上进行。

2.3.2　测量放线

在清水混凝土看台吊装施工中，要重视测量放线工作。测量放线的主要内容有：在施工前，对看台梁轴线和标高进行核验，以减少标注误差对施工产生的影响。还需要在看台梁立面设置相关的标高控制线，确保能够精准把控看台的高度。最后，依照看台安装位置控制线，检查预留孔安装位置是否合理。

2.3.3　看台梁找补

在找补施工之前，要注意清除原混凝土面上的污物，确保其表面光滑干净，以便到达施工要求，在完成找补工作后，采用塑料薄膜对其表面进行养护工作，确保其效果可靠后，再安装看台板。

2.3.4　看台板检查挑选，尺寸复核

确保看台板的挑选，尺寸复核工作完成之后，再进行装车倒运工作。在装车倒运时，要注意按照相关的施工要求，规范作业。

2.3.5　吊车就位

进行吊装施工一般需要两台履带式起重机，根据现场实际情况选择合适型号的起重机。

2.3.6　橡胶支座安放

在进行橡胶支座安放工作之前，需要将台阶梯梁支座处清理干净，然后复核支座顶面的标高，确保其符合施工要求。之后需要把橡胶支座设置在砂浆找平层处，并且要确保橡胶垫块中心线与定位中心能够重合。

2.3.7　看台梁预留孔灌浆

在完成橡胶支座施工后，需要对看台梁预留孔进行清洁处理，然后再进行灌浆工作，在灌浆时要确保灌浆料强度不小于60MPa，在冬期施工时，需要在其中加入适量的防冻剂。

2.3.8　看台板起吊

看台板的主要形式有T形、L形与H形。T形和L形都会在背面的两侧设置吊环，方便连接吊索进行起吊。图2是H形看台板的专用起吊效果图，H形看台板背面两端同样设置有吊索，不同的是其前段设置有特制吊具（图2）。

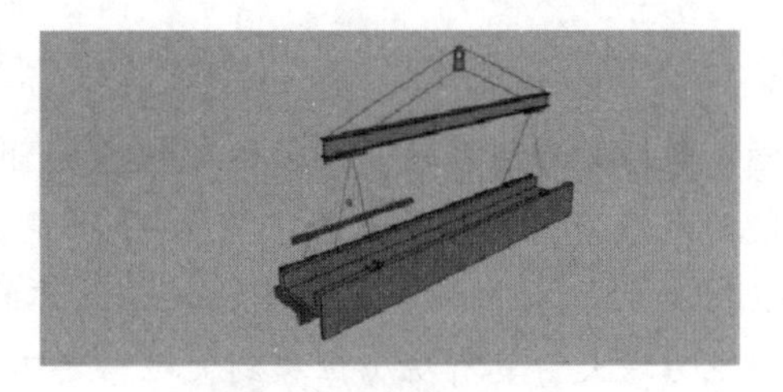

图2　专用吊具吊装

2.3.9　安装连接件

在看台板安装施工当中，借助起吊装置将看台板输送到空中合适的位置，在确定看台板稳定后，可以安装镀锌连接件。需要注意的是，连接件需要在预留的套筒内进行安装，要采用力矩扳手稳固。另外，通常在台板前后都设置相关连接件，连接件需要与主体梁上预留孔相密切对应。

2.3.10　看台板安装就位

在确保连接件稳固之后，再安放看台板。要确保预制看台板就位准确，要注意看台板连接件与灌满灌浆料的预留孔能够准确对应，并且能够与橡胶垫块进行贴密。安装后，与相邻看台板之间的缝宽进行核查，若是缝宽不符合相关要求，应该吊起看台板进行微调。完成看台板安装工作后，需要对后背吊环进行切割处理，并且用砂浆做补平处理。

2.3.11　塞缝打胶

在看台板施工完成之后，需要对看台板存在缝隙的地方进行密封打胶，要严格遵循相关施工要求，以确保密封打胶效果足够可靠，杜绝三面黏结和污染现象的发生。

3　结语

本文主要对预制清水混凝土看台加工与吊装施工技术进行分析和研究，针对清水混凝土看台施工中存在的相关质量问题，提出相关的解决措施。同时也建议看台施工单位总结相应的施工经验，选择更加先进的技术、材料和设备，进而才能够促进清水混凝土看台施工的发展，以推动社会经济健康发展。

参考文献

[1]　袁剑军．防浪墙清水混凝土施工技术在水电站大坝工程的应用［J］．工程建设与设计，2021（5）：119-120，123.

[2]　张晓峰．清水混凝土表观质量影响因素及评价方法研究［J］．商品与质量，2021（3）：250.

[3]　贾龙，沈培，王介炀，等．凹凸木纹清水混凝土模块化拼板施工技术［J］．建筑施工，2021，43（2）：234-235，238.

[4]　翟旭东．土建施工中应用清水混凝土施工技术要点分析［J］．砖瓦世界，2021（4）：48.

黏滞性阻尼墙安装及施工质量的综合管理

胡 敏 邵 斌 侯冠楠 刘登志

中国建筑第五工程局有限公司 长沙 410000

摘 要：黏滞阻尼墙是一种由钢板在封闭的高黏度阻尼液（烃类高分子聚合物）中运动，使阻尼液产生剪切变形而产生黏滞阻尼力的阻尼器。黏滞阻尼墙所使用的填充材料不易老化，且基本上不与空气接触，在正常的使用期间性能几乎没有变化，随着速度增加，其阻尼力增大，具有从小位移到大位移都有效、循环性能好、地震后复位性好等技术特点。黏滞阻尼墙质量大，受场地及机械限制安装具有较大的难度。本文以唐山凤凰新城施工总承包项目为例，针对黏滞阻尼墙安装施工的施工方案，质量控制的要点、难点、重点进行详细表述。

关键词：粘滞阻尼墙；施工过程；管理

1 概述

住宅工业化是一种住宅建造方式的变革，是由半手工半机械比较落后的建造方式转变成一种工业化生产方式，即住宅建造工业化。具体来讲，是将住宅的部分或全部构件在工厂预制完成后运到施工现场，将构件通过可靠的连接方式装配成为整体。简言之，就像造汽车一样造房子。由于大部分构件均在工厂预制，其加工精度和品质是传统的现场操作无法比拟的，这意味着住宅各项质量性能的提高，同时由于建造方式的转变，现场施工作业量减少，提高了节约资源与能源的水平，污染和排放同时减少，更重要的是消费者满意度的提高及实现客户价值最大化。

大力发展工业化住宅建设，是发展低碳经济、实现产业升级的必然要求和趋势。抗震黏滞阻尼墙安装对研究住宅工业化具有极其深远的价值。

2 施工准备

2.1 本工程用钢结构

钢材强屈比不得小于1.2；应有明显的屈服台阶；延伸率应大于20%；应有良好的可焊性。高强度螺栓、普通螺栓、锚栓等紧固件的品种规格性能应符合现行国家产品标准。

2.2 钢材力学性能指标（表1）

表1 钢材力学性能表

钢材		抗拉、抗压和抗弯强度，f（MPa）	抗剪强度，f_v（MPa）	屈服强度，f_y（MPa）
牌号	厚度或直径（mm）			
Q235-B	≤16	215	125	≥235
	>16~40	205	120	≥225
	>40~60	200	115	≥215
	>60~100	190	110	≥205

续表

钢材		抗拉、抗压和抗弯强度，f（MPa）	抗剪强度，f_v（MPa）	屈服强度，f_y（MPa）
牌号	厚度或直径（mm）			
Q345-B	≤16	310	180	≥345
	>16~35	295	170	≥325
	>35~50	265	155	≥295
	>50~100	250	145	≥275

注：钢材质量应分别符合表1中的规定，具有抗拉强度、伸长率、屈服强度、屈服点和硫、磷含量的合格保证，并具有碳含量、冷弯试验、冲击韧性的合格保证。交货状态Q235、Q345钢材可采用热轧状态交货。

2.3　黏滞阻尼墙数目分布（表2）

表2　黏滞阻尼墙分布情况

黏滞阻尼墙	阻尼墙型号（mm）	数量（套）
B-1	VFD-NL×400×60	66
B-4	VFD-NL×400×60	66
B-3	VFD-NL×400×60	55
B-6	VFD-NL×400×60	55

2.4　焊接材料

根据现场施工条件，本工程采用手工电弧焊。焊条选用型号以及要求见表3。

（1）手工电弧焊焊条型号

表3　焊条型号表

钢材型号	焊条型号
Q235-B	Q345-B、Q345GJ-B
E4315、E4316	E5015、E5016

（2）焊条应符合国家标准《非合金钢及细晶粒钢焊条》（GB/T 5117—2012）、《热强钢焊条》（GB/T 5118—2012）规定。

（3）除注明外，不同强度等级的钢材连接时，焊接材料一般应和较低强度钢材相适应。

（4）由焊接材料及焊接工序所形成的焊缝，其力学性能及机械性能应不低于原构件的等级。

2.5　主要施工工具及仪器

（1）100kW电焊机两台，用于阻尼墙上、下钢板与连接副梁焊接固定。

（2）水准仪一台，用于校核副梁板面水平度。

（3）自调整电子水平尺一把，用于检查副梁水平度及黏滞阻尼墙安装水平度。

（4）大盘尺一把，测量放线。

（5）钢尺一把，测量放线。

（6）塔式起重机一台，用于吊装及搬运粘滞阻尼墙，其他常用工程机械工具。

3　黏滞阻尼墙施工安装过程

黏滞阻尼墙安装图如图1所示。

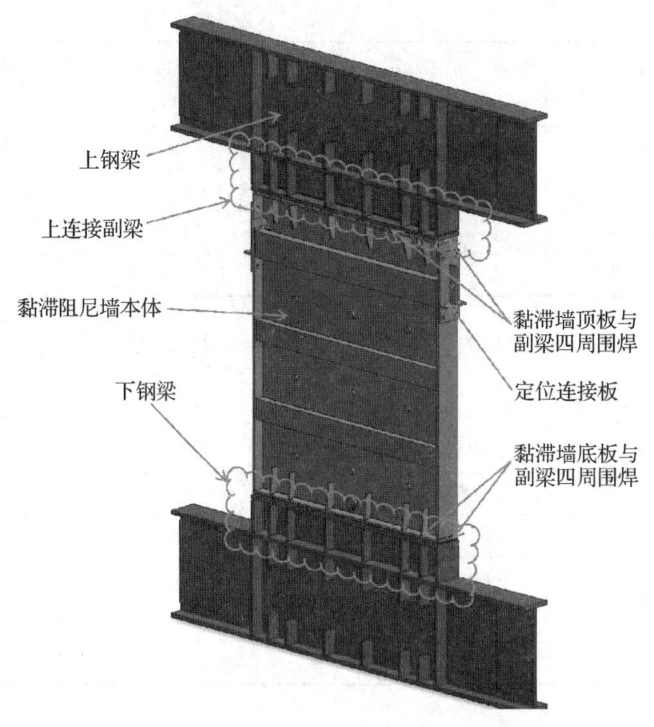

图 1　黏滞阻尼墙安装示意图

3.1　黏滞墙现场安置及搬运注意事项

与速度相关型之非线性黏滞液体阻尼器，外观尺寸为 1840mm×1580mm×160mm。除提供阻尼器本体外，另提供与阻尼器相关的连接附件。由于产品特性，在运输、安放、吊装等过程中须保持墙体竖直状态，严禁阻尼器倾斜、平躺、侧放。产品在出厂前已做好密封防漏措施，为了产品性能得到保障，须避免墙体长期露天淋雨。

3.2　副梁与阻尼器的连接

钢梁上焊接的阻尼器连接副梁，须按图纸设计及技术要求加工。阻尼器安装的第一层下端的钢梁，只焊接与阻尼器连接一端的副梁。最后一层仿照第一层。中间层的钢梁上、下端都需焊接连接副梁（图 2、图 3）。

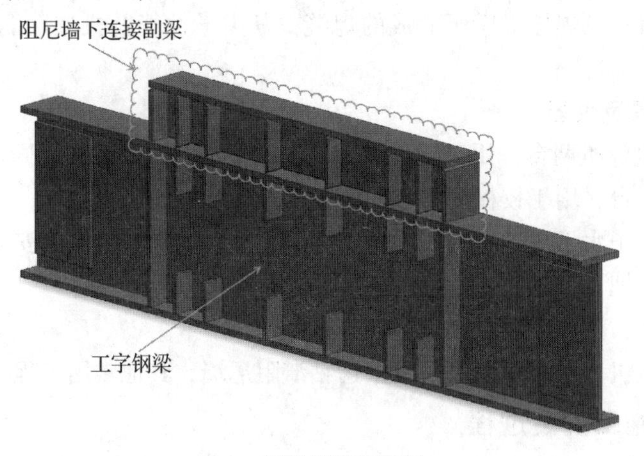

图 2　钢梁焊接示意图

图 3　钢梁实际焊接图

3.3　阻尼墙的定位与焊接

在下连接副梁上表面画出墙体定位位置记号后，把墙体吊装至记号位置。墙体调整 Y 方向垂直度误差小于 1000：1，检查无误后墙体下端与副梁焊接牢固（图 4）。

图 4　钢梁焊接施工效果图

3.4　调整阻尼墙高度符合层间标高要求

如图 5 所示，可把运动组件撬起或下压来调整墙体高度，调整好高度后须用水准仪校核运动组件上表面的水平度（水平度要求与副梁相同）。调整好的高度可用铁块或硬质物塞住左右钢板间距，防止运动组件自由下落。

3.5　上连接副梁的定位与焊接

与下端副梁相同，先在副梁表面画出定位记号，然后吊装至记号线内。确保墙顶面与副梁紧密贴合，无间隙。检查无误后墙体上端与副梁焊接牢固。墙体安装好后出厂封条无须拆封，保持封口状态（图 6）。

4　钢梁的安装与焊接

4.1　钢结构加工详图制作

（1）制作单位应按本设计图纸和技术文件编制相应的加工详图，并应经过设计方批准，或由合同文件规定的监理工程师批准。

（2）加工详图中，应列明所有相关的规范规程、技术标准、材料标准、检测标准及工艺要求。

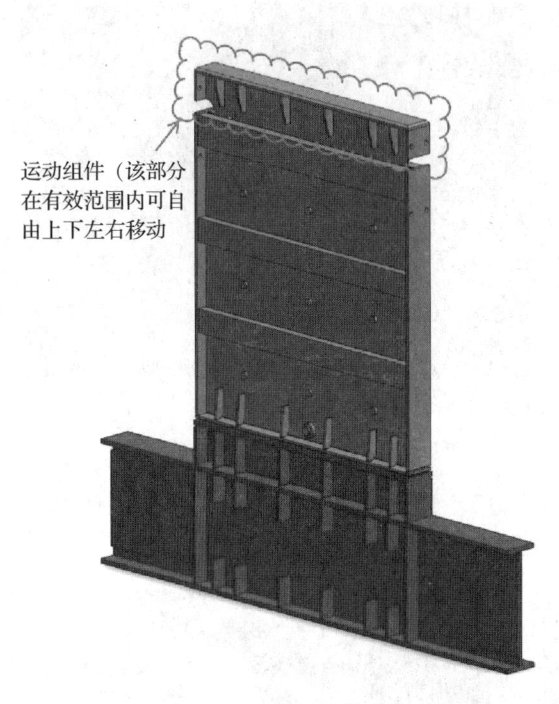

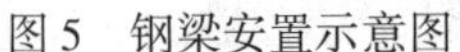
图 5　钢梁安置示意图

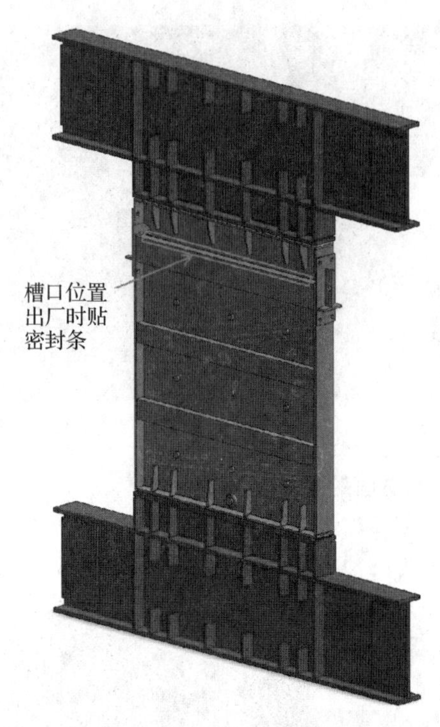

图 6　副梁定位连接示意图

4.2　工厂制作和预拼装

（1）所有钢构件的制作均应在工厂进行，严格按钢结构有关规范执行。

（2）需油漆的板和型材的边和角，应打磨至最小 2mm 半径的倒角。

（3）焊接坡口加工宜采用自动切割、半自动切割、坡口机、刨边等方法进行。坡口加工时，应用样板控制角度和各部分尺寸。

（4）制作厂焊接应尽量采用自动或半自动埋弧焊、气体保护焊。根据工艺要求，进行焊接预热及后热，并采取防止层状撕裂（特别是对于 T 形接头、十字接头、角接接头焊接）、控制焊接变形的工艺措施。对重要构件重要节点，应进行焊后消除应力处理。

4.3　焊接

（1）对于全熔透焊缝，制作单位可根据焊接规程的基本要求，结合焊缝质量等级、焊接工艺和焊接次序，确定坡口形式和尺寸。

（2）本施工图焊缝简化图例如下：

C-1，全熔透一级焊缝；C-2，全熔透二级焊缝；P，部分熔透焊缝；P-2，部分熔透焊缝，坡口深度为 $t-2$（mm）

（3）未注明焊缝尺寸的部分熔透焊缝及角焊缝尺寸要求如下：

对于 T 形接头，采用部分熔透 K 形焊缝时，焊缝单侧深度不小于板厚的 1/3；板厚 $t\geqslant 16$ 采用双面角焊缝时，角焊缝高度不小于 $2\sqrt{t}$，且不小于 6mm。

采用单面角焊缝时，角焊缝不小于 $0.7t$ 且不小于 6mm（板件 $t<6$mm 时，角焊缝高度取与板件同厚）。

对于侧面角焊缝，$t<25$ 时，焊缝高度取 $0.7t$ 且不小于 6mm（板件 $t\leqslant 6$mm 时，取为板

件高度)；$t\geq25$ 时，应改用局部开坡口的角焊缝。

梁横向加劲肋与梁的焊接采用三面围焊（双面焊)。除注明外，$t\leq20$ 时，角焊缝高度不小于 $2\sqrt{t}$，且不小于 6mm；$t>20$ 时，采用部分熔透 K 形焊缝时，焊缝单侧深度不小于板厚的 1/3。

4.4　安装定位

（1）安装前，应对构件的外形尺寸、螺栓孔径及位置、连接件位置及角度、焊缝、栓钉焊、高强度螺栓接头摩擦面加工质量、栓件表面的油漆进行全面检查，在符合设计文件和有关标准的要求后，才能进行安装工作，各部位节点图如图 7～图 14 所示。

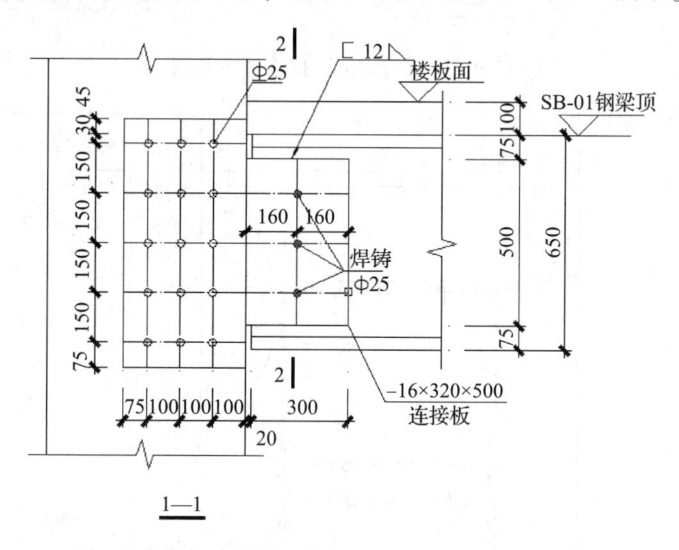

图 7　暗柱与暗柱预埋件连接和预埋件与钢梁的连接

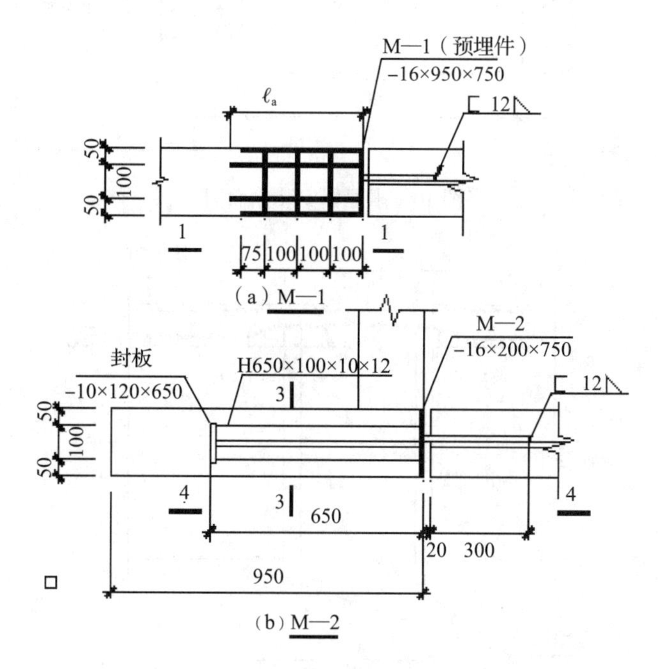

图 8　M-1 与 M-2 连接件预埋件示意图

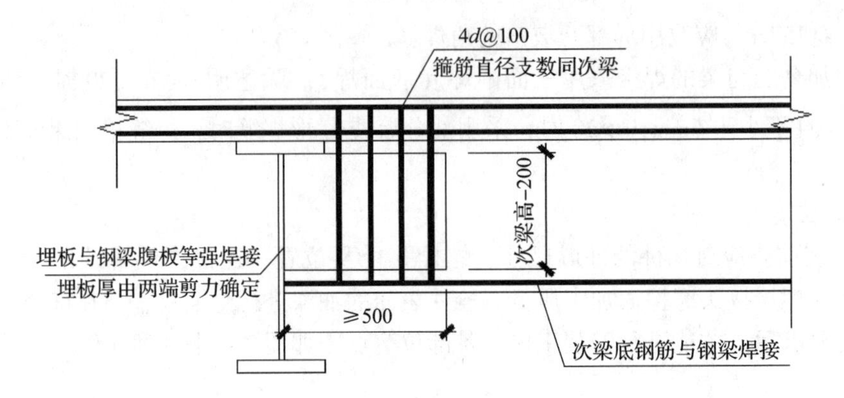

图 9　次梁与钢梁铰接连接示意图

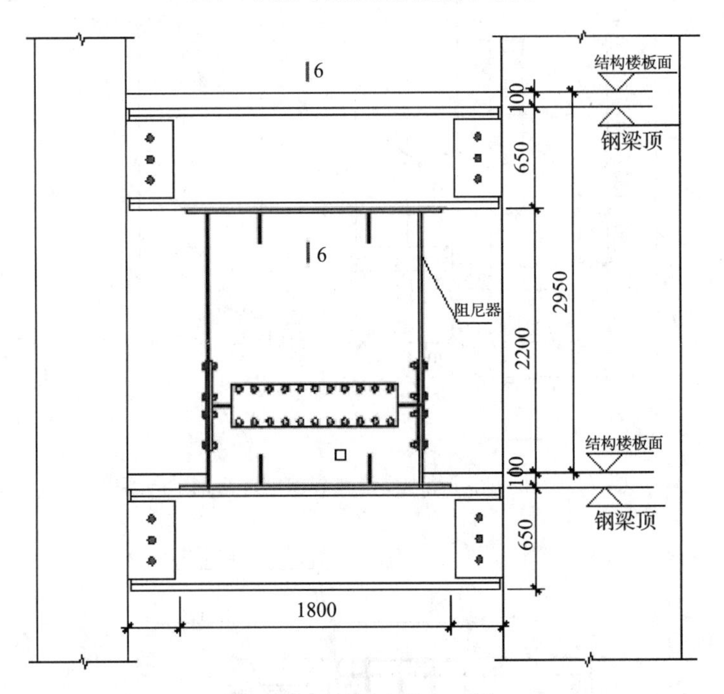

图 10　阻尼器安装立面图

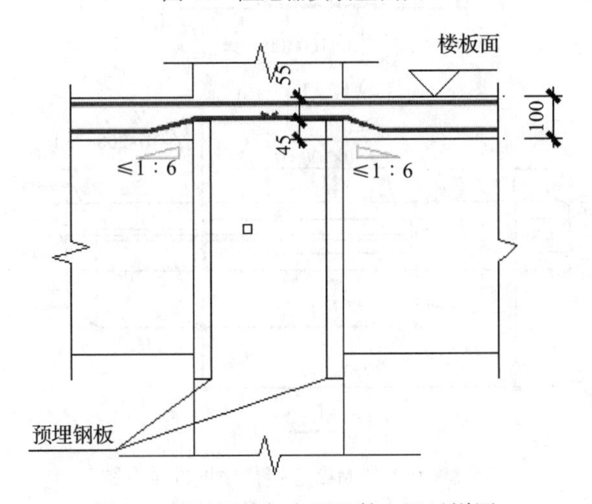

图 11　楼板钢筋与在预埋件上通过详图

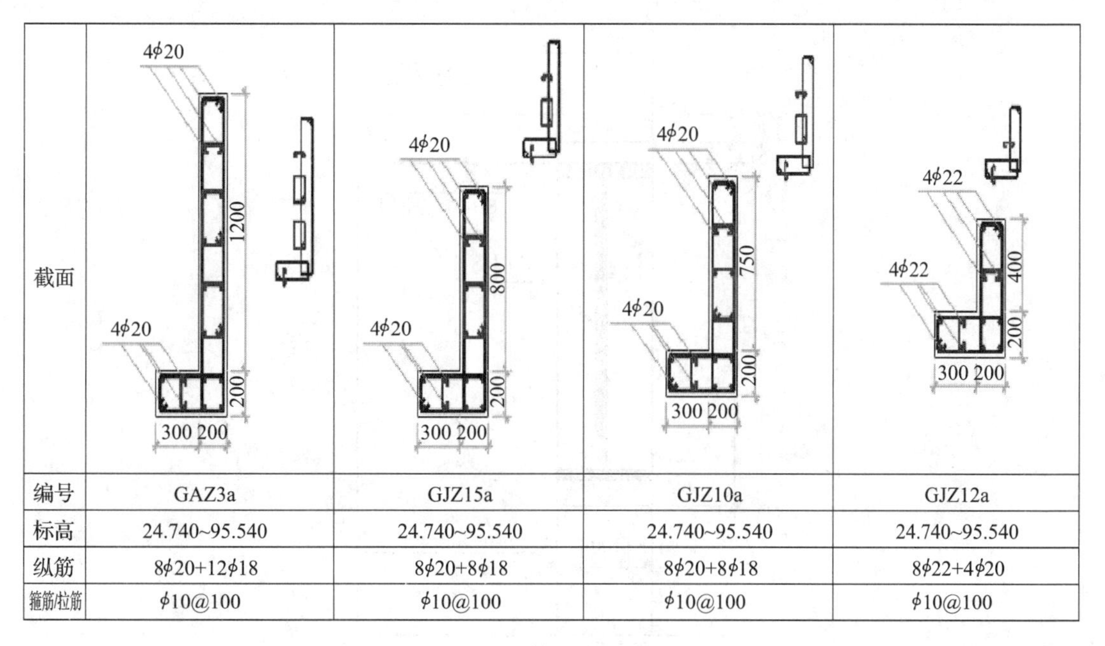

编号	GAZ3a	GJZ15a	GJZ10a	GJZ12a
标高	24.740~95.540	24.740~95.540	24.740~95.540	24.740~95.540
纵筋	8ϕ20+12ϕ18	8ϕ20+8ϕ18	8ϕ20+8ϕ18	8ϕ22+4ϕ20
箍筋/拉筋	ϕ10@100	ϕ10@100	ϕ10@100	ϕ10@100

图 12　墙体暗柱配筋图

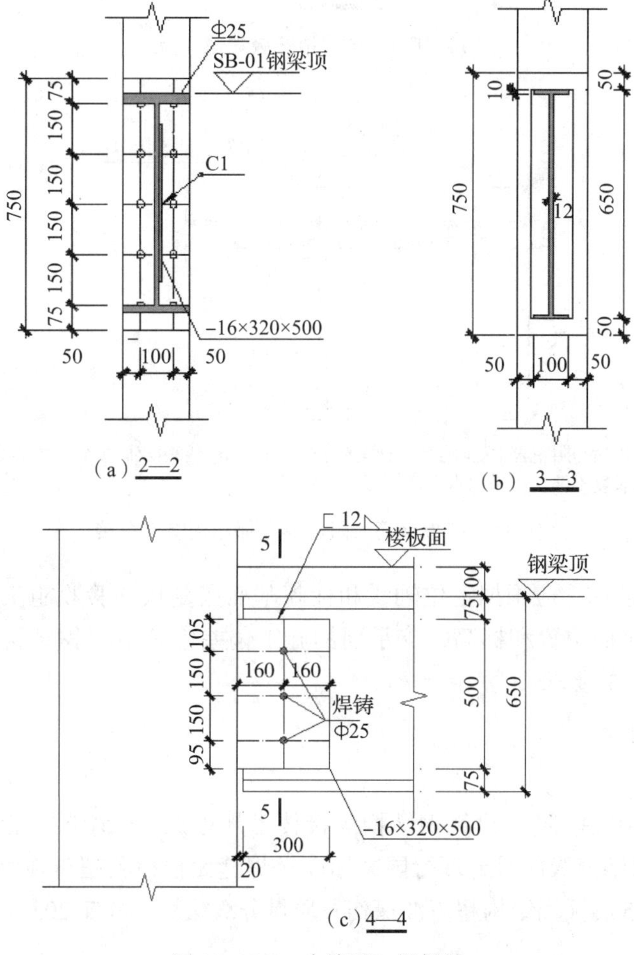

图 13　C-1，全熔透一级焊缝

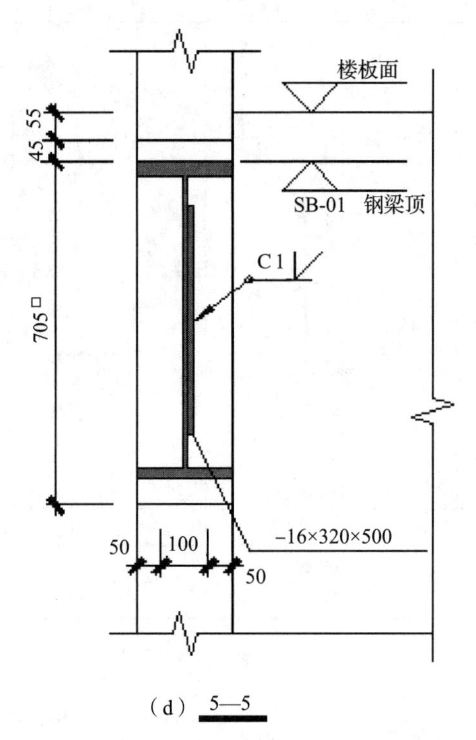

（d） 5—5

图 13 C-1，全熔透一级焊缝（续）

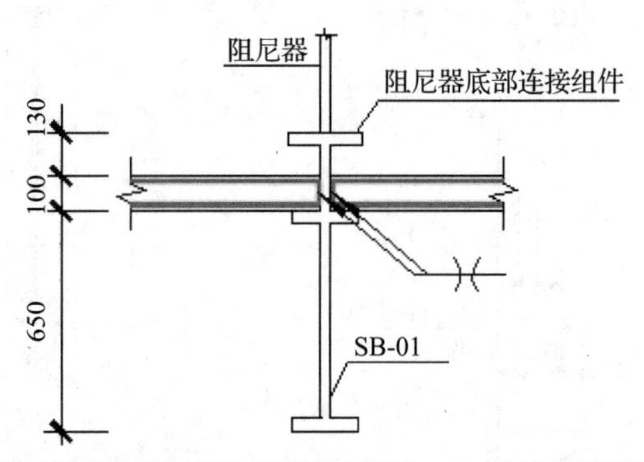

1.板筋直角弯折后与阻尼器底部连接组件焊接弯折长度≥5*d*，采用双面焊缝，焊缝高度≥6mm。
2.若竖直弯折长度不够，可采用水平弯折。

图 14 楼板钢筋与阻尼器底部连接组件焊接

（2）钢结构安装前，应根据定位轴线和标高基准点复核和验收施工单位设置的支座预埋件或预埋螺栓的平面位置和标高。支承面的施工偏差应满足《钢结构工程施工质量验收规范》（GB 50205）的要求。

5 连接质量控制

5.1 焊接连接

焊接的质量检验应按照《建筑钢结构焊接技术规程》、《钢结构工程施工质量验收规范》，接头的内部缺陷分级应符合现行国家标准《焊缝无损检测超声检测技术、检测等级和评定》（GB/T 11345）、《钢结构超声波探伤及质量分级法》（JG/T 203—2007）。

5.2　成品保护

阻尼墙安装完成后及时做好成品保护措施，用模板固定封堵好以防止后序施工的操作对阻尼墙的损坏。

5.3　焊缝质量等级

钢构件工地拼接焊缝，为一级焊缝；钢结构构件的工厂接长为一级焊缝；除图纸注明外，其他全熔透焊缝质量等级不低于二级；部分熔透焊缝、角焊缝质量等级三级，外观缺陷二级。

5.4　焊缝的探伤检测

焊缝探伤质量等级及缺陷分级见表4。

表4　二级焊缝质量等级及缺陷分级表

焊缝质量等级		一级	二级
内部缺陷超声波探伤	评定等级	Ⅱ	Ⅲ
	检验等级	B级	B级
	探伤比例	100%	20%

探伤比例的计数方法按以下原则确定。

（1）对工厂制作焊缝，应按每条焊缝计算百分比，且探伤长度应不小于200mm，当焊缝长度不足200mm时，应对整条焊缝进行探伤。

（2）对一般现场安装焊缝，应按同一类型、同一施焊条件的焊缝条数计算百分比，探伤长度应不小于200mm，并应不少于1条焊缝。

（3）对于$t<8$mm的钢板，采用超声波检测难以准确对缺陷性质做出判断时，可采用射线探伤进行检测、验证。

5.5　钢结构防腐要求

（1）钢构件出厂前需涂漆部位，清锈后涂防锈底漆一道，焊接区清锈后涂专用坡口焊保护漆两道。

（2）构件安装后需补涂漆部位包括高强螺栓未涂漆部分、工地焊接区以及经碰撞脱落的工厂油漆部分。

（3）涂漆前应严格进行金属表面喷砂防锈处理，其级别达到Sa2.5级；对于工地焊缝，宜采用工地用喷砂。设备除锈，当采用手工除锈时，应不低于St3级别。

（4）防腐涂装各层涂层做法见表5。

表5　水性无机富锌方案

涂层	涂料	干膜厚度（μm）	施工方式
底层	水性无机富锌底漆	80（2×40）	无气喷涂
中间层	环氧云铁中间漆	100（2×50）	无气喷涂
面层	可复涂聚氨酯面漆	2×30	喷涂

6　结语

通过预埋件、钢梁、阻尼墙的施工紧凑焊接，进行黏滞阻尼墙的安装，包括连接钢梁与剪力墙的连接技术；下部分钢梁与阻尼墙的连接技术，重在连接的技术以及质量；钢梁顶标高比楼板高，墙体出负弯矩钢筋的连接锚固技术；门洞口处联系梁主筋与钢梁连接、锚固技术。

实现了阻尼墙安装随主体施工进度一致甚至超前，使复杂的施工工艺简单化，可以加快施工速度，缩短工期，节约了成本，更好地体现了设计理念。抗震阻尼墙安装施工并不多见，安装施工过程中易产生较多问题，对许多关键技术需要进行深入研究。

目前房屋建筑施工房屋高度原来越高，对房屋抗震要求也随之提高，抗震阻尼墙在抗震方面的效果有待研究，另一方面抗震阻尼墙的安装对建筑工业化施工的研究具有较大意义，安装施工中的关键性技术具有较大研究价值。

参考文献

[1] 中华人民共和国住房和城乡建设部．钢结构工程施工质量验收标准：GB 50205—2020 [S]．北京：中国建筑工业出版社，2020.

[2] 中华人民共和国建设部．钢结构超声波探伤及质量分级法：JG/T 203—2007 [S]．北京：中国建筑工业出版社，2007.

装配式施工体系研究

崔少军

中国建筑第五工程局有限公司北京分公司　北京　100000

摘　要： 结合工程实例，通过在装配式施工实施过程中不断地摸索，并且在修改中进行质量控制的优化及深化设计中存在的问题，总结出一套完全适应施工质量控制要点的施工综合技术，为施工提供便利性、经济性、安全性。

关键词： 装配式；建筑类型；关键技术；施工问题

1　工程概述

山西省某工程总建筑面积约 18.38 万 m^2，6 栋 27 层剪力墙结构住宅。工程的主要特点是参与第三方评估机构检测，对质量的要求较高。为了确保本工程满足进度、质量、安全、环保、装配率的需求，其中一栋正负零以上全部采用叠合板。经过前期对装配式的二次深化，以及施工过程中的管控，对成型的室内混凝土墙面、顶棚装修能否进行免抹灰施工的技术进行研究，结合本工程实际经验，总结施工过程中叠合板施工各项控制重点。

2　装配式关键技术及要点

2.1　预制构件设计关键技术

根据建筑、结构、电气图纸对 PC 构件图进行拆分，主要包括拆分深化设计说明，平面拆分图（图 1）、拼装节点详图、墙身构造详图、工程量清单明细、构件结构详图、构件细部节点详图、构件吊装详图、构件预埋件埋设详图。

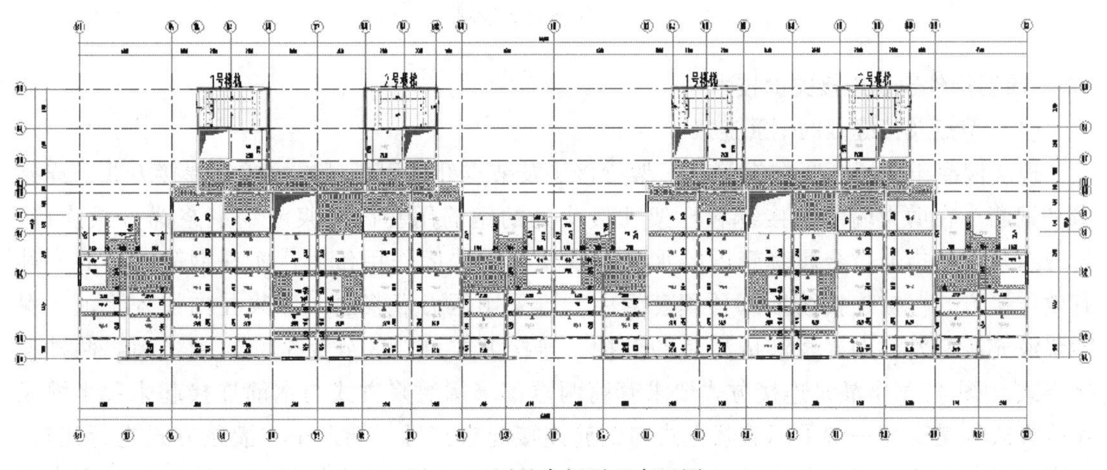

图 1　三层叠合板平面布置图

2.2　预制构件生产关键技术

预制构件生产技术是建筑装配式结构施工中的关键技术，直接影响装配式混凝土结构施工效果。要求相关技术人员做好以下几项控制工作，才能保障预制构件生产关键技术的应用效果。

（1）预留预埋件位置

在装配式混凝土施工中，预埋件位置预留和安装是首要环节，此施工方式的预埋件类型众多，如预埋吊件、管线、连接件等，在混凝土构件生产阶段，隐蔽工程的预埋件位置埋设应准确定位，并预留一定的调节量。一旦出现位置定位有误，将对施工质量产生负面影响。为保证管线等预埋位置的合理性和精准性，要求在生产中采取相应措施来加固其位置，以此确保预埋件预留位置的合理性。预埋件布设如图 2 所示。

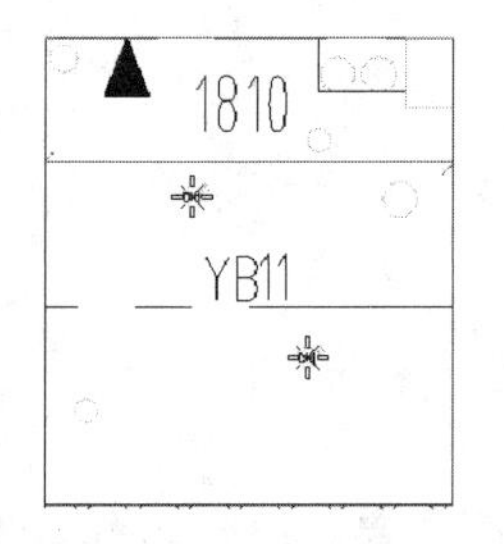

图 2　预埋件位置图

（2）保温墙板成型

装配式混凝土结构中，保温墙板的生产主要采用水平方式进行浇筑成型，保温层位于混凝土外侧。制作时具体方法如下：

一是按照设计要求组装好构件模板，随后安装固定外侧保温板；二是保温材料铺设在底层，要在混凝土浇筑并凝结后进行，为保障成型后的保温效果，应做好保温材料及混凝土的保护和固定，避免两者黏结而影响保温性能。三是浇筑顶层混凝土，严格按照工艺有序作业，时刻关注保温板是否偏移，才能保障保温墙板成型效果（图 3）。

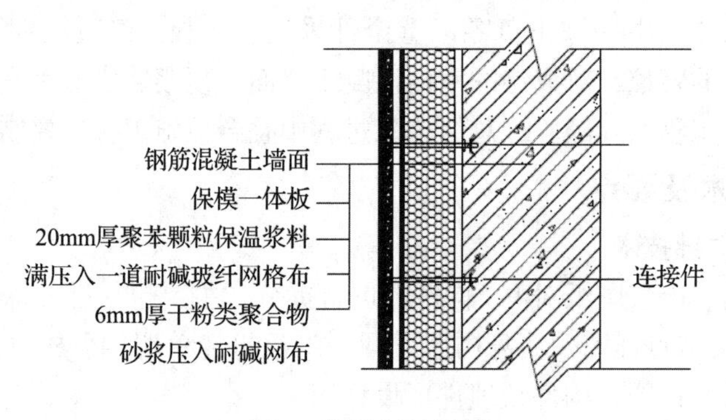

图 3　保温板效果图

2.3　预制构件安装连接关键技术

（1）节点及接缝处的钢筋连接

现浇混凝土中插入竖向钢筋，框架梁接头及节点处采用机械连接或者焊接方式，连接水平钢筋。在剪力墙水平接缝和框架柱接头处的钢筋用套筒灌浆或约束浆锚方式连接。套管灌浆连接指通过金属套管内的水泥基灌浆料的锚固作用传力，实现钢筋对接的一种有效连接方式。被连接筋插入预埋套管中，再采用压力灌浆法向灌浆孔内注入浆液，保障浆液充满套管，做好浆液成型后的养护。连接方式可以区分为全灌浆和半灌浆两种连接方式（图 4）。全灌浆连接方式要求套筒两端都采用灌浆方式与钢筋连接起来；半灌浆连接方式则是套筒一端采用灌浆方式与钢筋连接起来，另一端采用非灌浆方式进行连接。非灌浆段的连接方式主要有滚轧直螺纹钢筋连接、剥肋滚轧直螺纹钢筋连接、镦粗直螺纹钢筋连接等。其次，约束浆锚连接主要在预制构件中的预埋钢筋下段周围预留一定的孔洞，且要求孔洞内壁为波纹状，并且表面粗糙，随后在孔洞周围设置螺旋加强筋。在后续构件安装时，可以直接将连接筋插入孔洞内，利用孔洞相连接的灌浆孔和排气孔进行灌浆处理，所用方法为压力灌浆法，压力灌浆作业结束后，及时做好养护工作，以此保障其连接的有效性和可靠性（图4）。

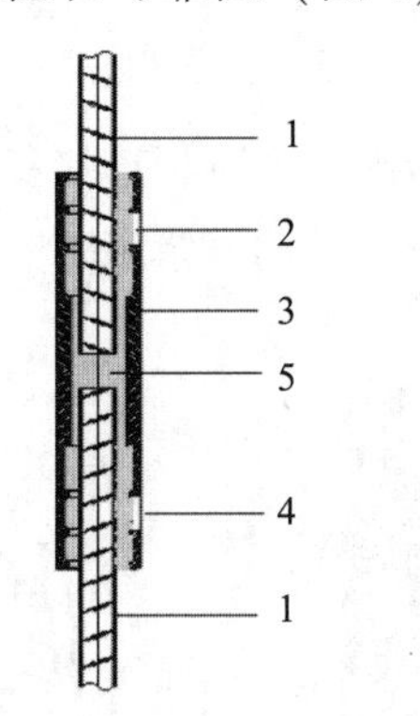

（a）全灌浆套筒连接
1—连接钢筋；2—出浆孔；
3—套筒；4—注浆孔；5—灌浆料

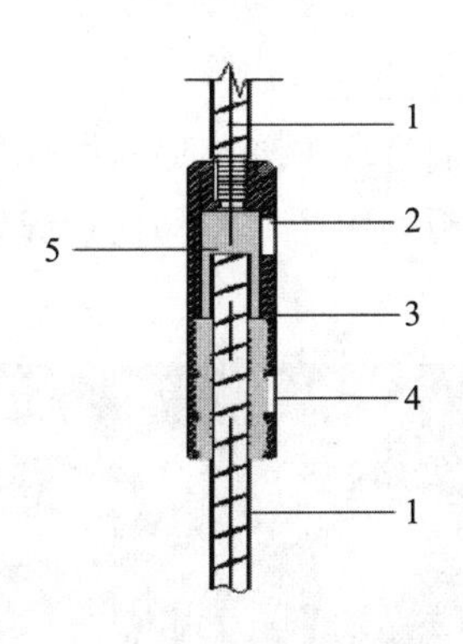

（b）半灌浆套筒连接
1—连接钢筋；2—出浆孔；
3—套筒；4—注浆孔；5—灌浆料

图4　灌浆套筒连接示意图

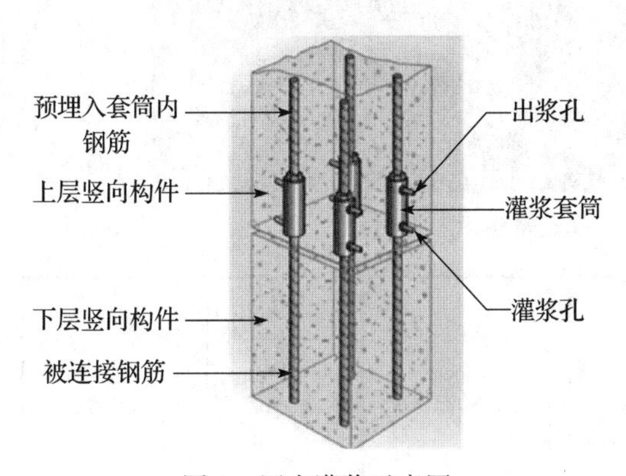

图4　压力灌浆示意图

（2）构件之间、构件与混凝土之间的连接

构件连接包括构件之间的连接、构件与现浇混凝土之间的连接。构件与现浇混凝土连接时，往往采用湿法连接。连接作业之前，对两者结合位置混凝土进行拉毛处理，同时洒水湿润，保障构件与混凝土有效结合。构件之间连接时，采用干法连接方式（图5），使用预应力方式压接或者其他有效连接方式，使构件之间紧密可靠连接，所具备的优势是无须混凝土养护作业，使得其在实践中往往有着较高的施工效率。

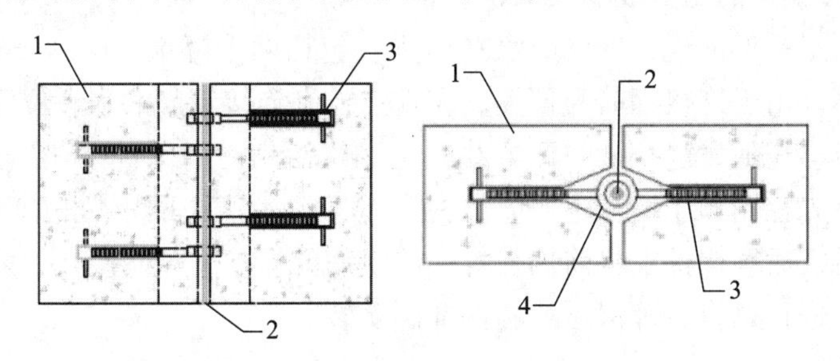

图5　构件连接示意图
1—预制墙板；2—钢筋；3—带螺纹的预埋件；4—连接环

3　装配式施工过程控制要点

3.1　预制外墙板运输控制

外墙板在运输过程中需确保支撑件稳定，支撑件与内、外页板连接稳固可靠，避免因振动造成内、外页板发生相对位移在接缝处产生裂缝，造成后期灌浆施工时浆体从裂缝处渗出（图6）。

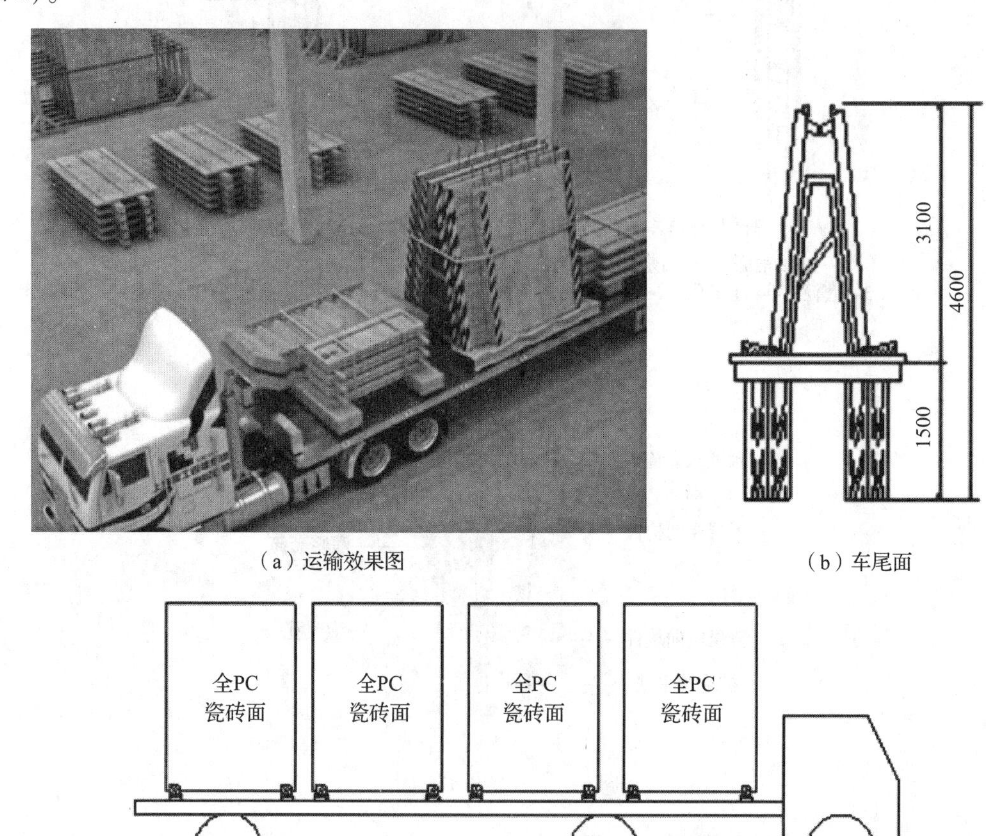

（a）运输效果图　（b）车尾面

（c）车侧面

图6　预制外墙板运输示意图

3.2　套筒灌浆连接钢筋的定位控制及保护

采用定位控制工具保证连接钢筋的水平位置。包括两个环节：（1）现浇层与装配层连接部位的连接纵筋。由于连接钢筋为预埋，应重点控制连接钢筋的水平位置、外露长度，特别在混凝土浇筑时，应随时浇筑随时调节并避免浇筑污染；（2）装配层与装配层连接部位的连接纵筋。应首先控制预制墙板连接纵筋在预制工厂生产中的定位精度，并在运输环节、存放环节、吊装后、后续构件安装前加强对连接钢筋的保护避免碰撞。如发生碰撞则应在不损伤预制件前提下进行调直，确保后续构件准确安装。

3.3　墙板安装控制

安装施工前应进行测量放线、设置预制部品安装定位标识并进行复核。安装过程中严禁预制部品碰撞下部连接筋。必须保证下部连接钢筋完全、准确插入上部预制部品灌浆套筒内。插入过程应留有影像资料。影像资料除包含施工时间、预制构件编号、定位、钢筋插入情况等施工信息外还应包括安装施工人员、监理人员等人员信息。影像资料应每日进行内业整理，确保后期可快速准确进行检索调用。

3.4　灌浆施工控制

（1）灌浆前灌浆部位的准备：①对每块预制件的灌浆部分进行分仓设计并根据分仓情况计算出每舱段的设计灌浆量；②通过高程控制手段控制关键连接层的有效厚度、清理灌浆区。

（2）灌浆料的拌和、准备：控制灌浆料拌和配合比、控制灌浆料搅拌时气温环境及搅拌工艺。灌浆料应在30min内使用完毕。

（3）灌浆作业操作要点：①对预制件灌浆部分根据设计进行分仓施工并采取可靠的防止漏浆措施。②灌浆。灌浆料拌和物从灌浆筒采用增压，通过导管经注浆孔注入腔体与套筒内。当灌浆料拌和物从构件其他灌浆孔、出浆孔流出且无气泡后应及时用橡胶塞封堵。当存在无灌浆套筒的灌浆封仓时，首先灌注无套筒的灌浆仓，有套筒的灌浆仓注浆时选择靠近无套筒灌浆仓一侧的注浆孔。③灌浆仓保压。所有灌浆套筒的出浆孔均排出浆体并封堵后，调低灌浆设备的压力，开始保压（0.1MPa）1min。保压期间随机拔掉少数出浆孔橡胶塞。观察到灌浆料从出浆孔喷出时，要迅速再次封堵。经保压后拨出灌浆管。拔除灌浆管到封堵橡胶塞时间间隔不得超过1s，以避免造成灌浆不实。

（4）对灌浆操作作业面及周边环境温度要求控制灌浆区域温度：低温灌浆施工，环境温度不应低于5℃，低于0℃时不得施工。当连接部位养护温度低于10℃时，应采取加热保温措施；高温灌浆施工时，环境温度高于30℃应采取降低灌浆料拌和物温度的措施。

（5）施工记录灌浆施工现场应有专人监督填写灌浆记录，并与设计灌浆量进行对比。当发现注浆异常时应立即查明原因，在未经查明之前不得盲目灌浆。灌浆施工时应留下影像资料。

（6）漏浆、无法出浆情况的处理：灌浆时若出现漏浆现象，处理漏浆部位停止灌浆。如漏浆严重，则应提起预制墙板重新封仓。当灌浆完成后发现渗漏，必须进行二次补浆，需打开漏浆部位的出浆孔，并选择距离漏浆部位最近的灌浆孔进行注浆，待浆体流出，且无气泡后用橡胶塞封堵，并依次进行。

3.5　注浆质量检查控制

灌浆完毕30~60min之内应对灌浆孔及注浆孔全数进行灌浆饱满度检查。当发现不满足要求时需采用手动设备结合细管进行二次压力灌浆，出现灌浆量较大等异常情况需及时查明原因，必要时应报设计共同讨论处理方案。

4　施工过程中的结构问题

4.1　预制楼梯的质量缺陷

在装配式建筑施工中，预制加工的楼梯常常因为其制作过程中没有严格按照规范标准进行，导致出现楼梯踏面阴角处烂根、蜂窝及麻面，楼梯踏面阳角破损等问题，使得预制楼梯在施工中容易出现开裂、甚至断裂等严重的质量缺陷。

4.2　叠合板的质量缺陷

在装配式建筑工程施工过程中，利用运输设备进行叠合板的组装和搬运，在运输过程中，常常发现叠合板出现明显的缺棱掉角或者开裂、断裂的现象，降低了装配式建筑的安全性。在叠合板的预制过程中，若没有严格按照规范要求加工生产，就容易使得叠合板出现明显的开裂、缺角、掉角等质量缺陷。

4.3 构件连接强度不符合要求

（1）灌浆不饱满

灌浆过程中常存在的问题有：①施工前未对灌浆的相关施工员进行技术交底，使得其在施工过程中，因未按要求施工导致出现明显的灌浆缺陷，影响连接部位的质量；②灌浆的施工员受施工现场环境的影响等因素，导致其在灌浆过程中无法控制注浆用量，使得连接部位出现注浆不均、强度过低等问题；③注浆前相关机械设备未按期检测维修，使得其在运行过程中，因设备故障等问题导致注浆施工停滞或分期注浆等问题；④注浆采用的浆体配合比不符合设计规范要求，出现配合比过高或者过低的现象，使得连接部位的灌浆质量存在明显缺陷。

（2）套件连接错位

在装配式建筑工程施工过程中，容易因为套筒的孔径大小选择不恰当，使得预制构件的钢筋没有办法通过套筒，进而导致套筒与钢筋之间的连接存在明显的偏差以及错位等严重的质量缺陷。削弱了构件与构件之间的加固作用，很大程度上降低了施工质量与安全。

（3）管线定位埋设不当

管线埋设问题的主要原因有：①在预制生产过程中，未按照设计标准进行管线的埋设定位，使得不同构件之间的管线埋设部位无法实现准确的拼接；②在预制构件灌浆过程中，振捣方式不当，导致部分混凝土等材料堵塞预埋的管线，管线无法穿过；③管线埋设定位后，未对确定的位置进行固定，使其在振捣过程中出现管线位置移位、脱落等问题，不同构件之间的管线位置无法实现准确对接。

参考文献

[1] 袁强，张达生，黄磊，等．装配整体式剪力墙结构设计及关键施工技术控制［J］. 建筑结构，2021，51（S1）：2223-2228.

[2] 谢峰．装配式建筑施工存在的问题和解决途径［J］. 绿色环保建材，2019（12）：158，161.

[3] 傅黎明．建筑混凝土工程施工质量问题与解决对策［J］. 房地产世界，2021（14）：129-131.

[4] 唐慧斌．建筑结构设计过程中常见问题分析［J］. 中国建材科技，2020，29（05）：102，48.

浅谈商业裙楼外幕墙项目工程质量控制要点

马　毅　廖晓松　代庆琴　郑彦来　易　霄

中建不二幕墙装饰有限公司　长沙　410000

摘　要：随着我国经济建设的蓬勃发展，建筑行业整体水平得到不断提高。然而，在建筑行业的发展过程中，建筑工程质量事故却频繁出现，给国家和人民的生命财产造成了巨大损失。因此，建筑工程项目质量控制越来越凸显其重要地位。幕墙作为外围护的一种常用形式，其工程质量会影响到建筑的使用功能，因此质量问题受到社会各界广泛关注，特别是商住楼的商业部分，人流量大。工程项目质量控制是个系统工程，贯穿整个建设程序包括可行性研究、勘察设计、施工、竣工验收等阶段，都存在一个质量控制问题。结合实体项目，考察发现与建筑幕墙质量相关的有如下几个方面：（1）设计的合理性：高质量的幕墙设计是确保幕墙工程质量的前提，首先要严把设计关，以保证设计图无功能性问题；（2）合格品质的材料：做好材料采购和物质进场验收关；（3）按图施工：按工序验收施工质量，项目做好技术交底和每道工序验收工作的质量管控，以确保项目现场实际按设计、按施工图进行施工，保证工程项目优良品质。

关键词：设计合理性；BIM 技术；工序验收；功能性问题

随着社会经济的飞速发展，作为建筑外围护结构的一个部分，建筑幕墙得到了广泛的应用，并取得了较好的建筑效果。但其构造复杂，施工技术要求高，专业性强，随着建筑幕墙工程的日益增多，出现了各类质量问题，因此必须做好幕墙工程施工过程中的各项工序验收。异型幕墙在测量放线、安装等难度较大的工程应采用 BIM 技术和三维激光扫描仪进行测量放线来进行质量控制。

建筑工程施工阶段质量控制是一项极其复杂的工作，如何做好这项工作，是建筑企业发展的永恒课题，虽说近些年我国建筑工程施工阶段质量控制在理论及实践方面都取了众多的成果和长足的进步，但就目前建筑工程施工阶段质量控制现状来看，还存在着质量管理手段相对滞后，质量管理体系有失健全，质量管理人员素质不高等问题，因此有必要对建筑工程施工阶段质量控制进行研究，以促进建筑企业在激烈的市场竞争中获得一席之地，并带动国民经济的发展。

1　工程概况

重庆龙湖沙坪坝商业裙楼外幕墙项目用地为重庆沙坪坝火车站站区、铁路生活办公用地及城市建设用地。项目用地北靠城市主干道站东路、站西路；东、西侧有规划中的东、西连接道，南侧有规划的城市干道站南路，西南面为沙坪坝公园、东原 ARC 广场，东面为重庆市八中，北面为三峡广场、华宇花园、丽苑酒店，西北面靠近翁达平安大厦。本文中的重庆龙湖沙坪坝商业裙楼外幕墙项目为 C 区商业楼（不包含 A 区商业、塔楼和沙坪坝站房等部分）。项目外幕墙面积约 63000m^2，地面以上有 7 层，幕墙高度 41.4m。

项目结构形式：钢筋混凝土框架结构；结构安全等级：一级；基本风压：0.4；幕墙使

用年限为 25 年

项目建筑耐火、结构安全等级：一级；抗震设防烈度：6 度；钢结构防腐设计年限：15 年。

项目幕墙种类：框架式玻璃幕墙系统、夹具式玻璃幕墙系统、铝板幕墙系统、玻璃采光顶系统、铝板玻璃雨篷系统、玻璃栏板系统、不锈钢地弹门系统。

2 项目出现的质量问题

重庆龙湖沙坪坝外幕墙项目从设计到现场施工存在如下质量问题：

（1）设计不合理

C 区商业楼在玻璃采光顶旁边有铝板屋顶，铝板尺寸有 13m×29m，设计时放坡的坡度太小，铝板分格较大，且仅有铝板一层防水层，使得此部位施工完成后经常有积水，大雨过后两天还有雨水渗漏到室内。

（2）设计下单编号、排板不合理

此项目分为不同的区域，不同区域的劳务队也不同，而设计材料下单时未根据区域不同进行放料，导致不同区域的分格编号和尺寸是一样的，有些劳务队多卸材料堆积在自己仓库，有些劳务队在没有材料的情况下用大板切成小板安装，导致材料变形及观感差。

（3）因结构偏差大使外幕墙不能按原设计放线施工

C 区商业楼整体结构呈椭球造型，从上往下收分。由于主体结构偏差大，项目管理人员未做硬性要求，一开始劳务队用常规的放线方法进行测量放线，未核查出主体结构偏差，致使钢龙骨一部分成型后因偏差太大，导致无法交圈、闭合。

（4）因材料二次搬运未做好成品保护，导致铝板等面板材料变形

商业楼在施工阶段，由于材料到场时是几个区域一起到的，工人在材料搬运时没有现场管理人员进行交底和跟踪，导致部分铝板到场后未及时进行安装。

（5）因工期紧急，项目管理不到位，对隐蔽工程未做好工序验收，存在钢转接件满焊不到位，未刷防锈、防腐漆。

（6）劳务测量放线未按交底实施或者出现错误，现场工程师复核不到位，导致部分铝板幕墙龙骨不在铝板分格处，铝板未能固定在龙骨上而出现表面不平整。

（7）商业楼大、小铝板龙骨在安装时未拉通线，龙骨位置偏差大，致使面板平整度、直线度偏差大。

（8）C 区商业楼玻璃采光顶曲面部分胶缝未注好胶，致使大雨后有漏水情况。

3 对质量问题的分析及解决措施及研究的过程

针对上述 8 个质量问题，进行如下分析并提出解决措施：

（1）C 区商业楼在玻璃采光顶旁边的铝板屋顶设计坡度不够，分格较大，出现积水渗漏到室内的问题，其主要是因为密封胶与喷漆后金属铝板的相溶性不太好，随着热胀冷缩易产生细小裂缝，导致积水渗漏。

解决措施：①拆除两块铝板，在室内增做一层防水铁皮，使渗漏的水通过里层防水铁皮有组织排出；②对屋面的铝板缝隙进行清理，检查是否有砂眼等。有砂眼的地方铲除原有胶后再补胶，同时在铝板面胶缝之间贴上丁基胶带。

（2）设计下单编号、排板不合理致使材料被乱用、乱切的情况，其是设计管理的失误。

解决措施：现场材料发放前，各区现场管理人员应将已下单到场的材料编号和尺寸统计出来，对现场缺口进行补单，后续材料下单均需按区域分开下单，可用首字母区分。

（3）因主体结构偏差大，致使外幕墙不能按原设计放线进行施工，通过现场三维激光扫描仪复测及与三维模型比对（图1），发现现场钢结构无法满足现场幕墙安装条件。主要原因是其中竖向构件存在200mm的偏差，横向构件存在100mm的前后偏差，局部的横向构件与理论结构相差甚远，无法按原设计进行幕墙施工。

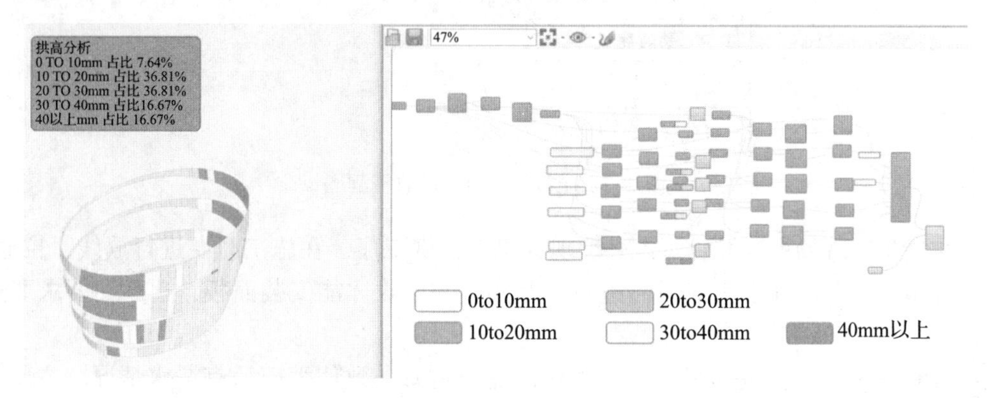

图1　BIM分析示意图

解决措施：经与业主沟通后，我公司根据3D扫描结果重新确认表皮分格，BIM技术指导设计建模下单、深化设计下单、测量放线、现场定位等全过程，此项目的难点在于原主体结构偏差太大，在无法进行主体结构调整的情况下，只能根据激光扫描后的结果重建表皮。现场用激光扫描仪指导登高车进行安装。对这类异型的、非常规的幕墙的测量放线，尽量采用全站仪或者三维激光扫描仪等高科技的工具进行测量放线、复核三维及指导现场进行定位安装，以确保原始数据的准确性。

（4）因材料二次搬运，未做好成品保护导致铝板等材料变形的情况，其是管理问题。

解决措施：在材料到场前，设计下单人员对各区域负责人进行交底，各区域负责人对劳务负责人进行交底和跟踪，要求材料在到现场后两天内应完成安装，或现场根据施工进度安排将已加工好的成品幕墙分批次进场，避免过多的二次搬运导致成品损伤。如未及时安装或因多次搬运而导致铝板变形的，要进行处罚。

（5）因工期紧，项目管理不到位，对隐蔽工程未做好工序验收，存在隐蔽工程未达到施工要求的情况，如满焊、防锈漆、防腐漆等问题。

解决措施：要求现场各区域负责人对区域内每道工序进行签字验收，如有质量问题必须整改到位后才能进行下一道工序，如果没有签字验收单或者有质量问题未能发现或未整改到位就进行了下一道工序，要对相应的区域管理工程师和责任人进行处罚。

（6）劳务测量放线未按交底实施或者出现错误，导致部分铝板幕墙后龙骨不在铝板分格处而出现面板不能按设计进行固定的问题。

解决措施：同情况（5），要求现场各区域负责人必须对区域内的每道工序验收并签字，有问题要及时进行整改，整改好之后才能进行下一道工序，其流程如图2所示。

（7）商业楼大、小铝板龙骨在安装时未拉通线，龙骨存在偏差，致使面板平整度、直线度偏差大。

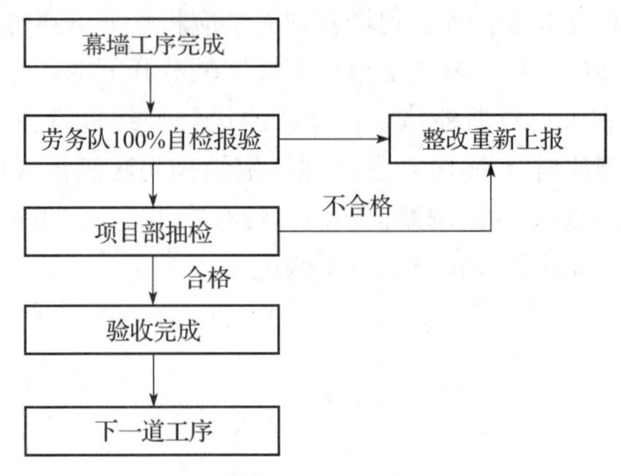

图 2　工序检验和质量验收流程图

解决措施：现场各区域负责人必须现场跟踪关键工序，在施工时要进行放线、拉通线，不能胡乱施工，龙骨施工完成后需进行实测实量和验收才能安装面板，达不到要求要进行整改。

（8）C 区商业楼在玻璃采光顶曲面注胶缝未注好，致使大雨后有漏水情况。主要原因有：①采购的密封胶质量有问题；②胶缝的泡沫棒塞得位置太高，密封胶的厚度不够；③注密封胶时未能清理干净玻璃周边或者有雨水时进行注胶，使得密封胶与玻璃铝合金不能很好地相溶。

解决措施：对第①项要严格按合同和设计要求采购质量合格的材料，材料到场后要进行密封胶型号、规格、日期的三证检查，全部符合要求才能通过验收和允许进场使用。对第②和第③项原因，在注胶前对劳务人员进行交底，注胶时现场管理人员要现场旁站或者进行巡查以确保注胶质量，整个密封胶注完后，有条件的进行淋水试验或者在雨后到现场查看是否有漏水点。

夜幕下的龙湖沙坪坝天街如图 3 所示。

图 3　夜幕下的龙湖沙坪坝天街（自搜狐网）

4　结语

幕墙工程的施工过程有较高的技术要求，成熟的施工工艺是质量保证手段。总而言之，在实际工程质量控制过程中，要从事前、事中、事后三个方面开展质量控制与管理，要从各个环节进行合理的控制，以便消除质量隐患，确保幕墙工程的结构安全和使用功能，做出越来越多的幕墙精品工程。

参考文献

[1] 郑了然．建筑工程施工阶段质量控制与工程应用研究［J］．企业技术开发，2012，31（08）：127-129，139.

[2] 陆总兵．浅谈玻璃幕墙设计与安装安全质量控制要点［A］．第三届全国钢结构工程技术交流会论文集［C］，2010：695-697.

[3] 袁慧．简析玻璃幕墙设计与施工的质量控制［J］．建材与装饰，2016（41）：43-44.

[4] 蔡仁忠．浅析建筑幕墙设计及施工质量控制［J］．散装水泥，2021（06）：17-19.

[5] 徐永选，翁邦正，李俊成，等．重庆万达城展示中心异型多曲面幕墙外观质量控制技术［J］．施工技术，2018，47（11）：10-12，58.

[6] 王强，邓继清．玻璃幕墙施工质量控制与安装技术分析［J］．施工技术，2019，48（S1）：538-541.

[7] 袁钟俊，曹龙飞．建筑幕墙工程的设计及施工质量控制分析与研究［J］．房地产世界，2021（13）：87-89.

房屋建筑工程中预应力施工技术的探讨

陈　炳

中国建筑第五工程局有限公司　长沙　410000

摘　要：房屋是人类工作和生活的重要场所，城市建设的不断发展，在一定程度上提高了房屋建筑需求量，建筑结构裂缝问题也越来越多见，在房屋建筑中合理地应用预应力施工技术，有助于房屋建筑结构抗裂性以及耐久性等优质性能的提高。此文针对预应力施工技术特点与技术要点，及该技术在房屋建筑施工中的具体应用和应用过程中的注意事项进行综合分析，以期为同类施工提供一些参考资料。

关键词：房屋；建筑工程；预应力施工技术

随着建筑行业的持续发展和人们对建筑要求的不断改变，当前的建筑工程与过去大不相同，施工工序越来越多，施工技术应用也趋向多种多样发展，预应力施工技术是众多建筑工程技术中的一种，凭借其能够减少建筑结构裂缝等诸多技术优势，其在房屋建筑施工中的应用越来越广泛，但是处在以改进创新为发展动力的时代背景下，相关人员也需要不断加强预应力施工技术的研究，借此促进预应力技术的合理优化与改进，以便更好地为构建高品质房屋建筑工程提供技术支撑。

1　预应力技术特点

1.1　结构施工更为灵活

实际使用中，预应力结构可以很好地适应物理变化，可以放置在很多位置上，这大大提高了预应力结构的灵活性，同时也可以改善房屋的功能。预应力在使用中还可以代替室内梁，在方便安装的同时，可以避免铺设相应的通风管道，降低了项目的复杂程度。

1.2　优化地下室结构施工

在设计有超深地下室的高层建筑的时候，施工单位可以把预应力板铺设到底板和顶板的位置。而在设计建设配电室、发电机房时，可以结合实际情况根据设备高度要求来挖掘地面，让底板高度和底板弯曲过程都符合应用的要求，降低成本。一般的钢筋混凝土抗裂性非常弱，这是因为它没有预应力，耐压性直接决定了外部荷载抗拉力。如果负载对应的拉伸应力使得构件破裂，钢筋混凝土也会非常容易受到影响，出现开裂的情况。预应力混凝土有非常优秀的表现，其抗穿透性和抗腐蚀性都非常强。而且由于质量轻、跨度大，实际应用范围非常广，很多建筑构件都可以使用预应力混凝土。通常来说预应力加固方法会用到表面增强层以及外部预应力上，这时候预应力施加在构件上，会导致张力区域和压缩区域产生相应的拉应力，而压缩应变以及拉伸应变会因此减小，从而起到很好的抗性。

2　房屋建筑工程中预应力施工技术流程控制要点

2.1　预应力筋、锚具的控制

施工单位需要根据每一个项目的具体情况来综合分析，结合施工设计方案，来选择需要的预应力筋，使其长度和设计方案完全一致。需要根据施工进度方案来做有效的调整和计算，根据施工要求安排施工进度。技术人员需要计算好施工中会使用到的钢绞线的长度和数量信息，做好钢绞线的准备，预应力筋的曲线控制点之间的距离应保持在1~1.5m，不要因为钢绞线折叠等问题而导致工程项目无法顺利推进。

2.2 预应力筋的定位

施工中合理使用固定架，是保证预应力筋定位的重要工作内容。要让预应力定位足够准确，需要让固定架发挥作用，使预应力筋能够被竖直固定住。要控制好垂直度，使其和预期要求一致。做好预应力筋的定位后，施工单位需要安装泌水管，施工人员需要将孔的直径控制在20mm。要用海绵及时包裹泌水管，并使用铁丝固定，这样才能最大程度避免泥浆渗漏，让工程项目的质量得到保障。

2.3 螺纹管安装要点

（1）要根据设计方案确定螺纹管位置，同时也要使用符合要求的螺纹管，做好材料质量检测。安装时要保证坐标位置足够准确，使用曲线定位确认具体方位。

（2）要让螺纹管安装地顺利，需要制作钢筋底架，这样才能让施工人员更方便更安全地安装螺纹管。组装时，不同项目现场有不同的情况，可以根据具体要求钻孔，然后铺设好需要的海绵底片和塑性平板，做好固定工作。

（3）螺纹管施工过程中，需要对更大尺寸的螺纹管进行应用，其长度具体为400mm，最后旋入其中即可。在具体工作中，长度要有150mm，这样才能对最终连接的稳定性给予保障。

（4）如果有螺纹管存在破损的情况，工作人员一定要及时抢修，让螺纹管可以尽快恢复使用。

2.4 灌浆孔布置要点

施工单位在进行后张法预应力施工时，需要浇筑管道。而在浇筑管道之前，一定要预留洞口，保证工作可以顺利展开。布置灌注孔不能盲目，需要根据施工设计方案，找到一个最科学合理的位置，然后再布置灌浆孔，及时排出孔内气体和水分，这样可以大大提高泥浆灌注的整体质量。

2.5 混凝土浇筑要点

（1）要结合项目具体内容确定浇筑方式，保证混凝土的应用能够达到项目要求。在土建工程框架梁施工时，由于梁的高度低，所以施工人员不用分段浇筑。但是如果一些项目中梁的高度比较高，就可以根据要求分段浇筑，让混凝土施工达到预期目标。

（2）振捣是混凝土施工中保证混凝土密实度的重要工序，只有振捣的频率和时间足够科学合理，混凝土强度才能到达规定指标，混凝土施工的质量才能得到保障。

2.6 预应力筋张拉要点

首先施工人员需要在展开工作前清理锚杆内部可能存在的垃圾，及时去除钢筋表面的污渍，做好锚杆连接。施工人员需要在连接完成后的锚杆成孔内部及时涂刷油，让锚杆可以正常使用，不会因为种种原因而被锈蚀。另外也要使用千斤顶定位，铺设好锚杆洞内夹片。张拉前必须根据试验测量混凝土预应力筋与通道壁之间的摩擦指数和通道各部分对摩擦的破坏指数，并根据具体钢绞线制造商给出的弹性模量值和截面（同时对比进样抽检的相应参考值），调整设计方案给出的基本理论伸长值，明确拉应力，并科学调整张拉液压千斤顶。

2.7 孔道灌浆要点

在结束施工之后，相关的施工人员需要根据内部的实际情况来完成灌浆工作。要注意最大程度避免锚固设备和钢筋出现锈蚀的情况。要做好保护工作，让设备、钢筋都能良好地投入使用，同时要控制可能存在的抽丝问题。工作人员还要做好全面检查工作，让压浆设备能正常运行，再把设备投入压浆施工中。技术人员要根据项目要求和当地环境，合理调节泥浆的原料比例，控制好水灰比，根据要求使用缩水剂，让孔道灌浆施工可以达到预期目标。注意泥浆灌注时一定要连续，这样才能很好地避免混凝土凝固，提升灌注质量。工作人员灌注好泥浆之后，要立刻排出泥浆内存在的气体，让孔道灌注的质量达到要求。

3　土建施工的预应力技术质量控制要点

3.1　加固施工

随着时间的推移，我国建筑工程项目所对应的规模越来越大，建筑的整体稳定性是行业和群众都非常关心的问题。要提高国土资源利用率，相关单位需要及时采取合适的方式来做好建筑加固和改造工作，提高整体的改造水平。在进行预应力施工的时候，要能够从整体的角度出发来提高建筑支撑能力，做好建筑的加固，让建筑的使用质量和安全性得到保障。预应力施工技术有两个主要优势，首先就是可以做整体结构的加固，其次是可以做局部加固。两方面的共同作用，大大提高了施工项目的强度。

3.2　受弯构件

实际房屋建筑施工时，很多因素都可能影响施工质量和强度，让建筑的稳定性受到一定程度的冲击。这时候合理使用改良过的受弯构件，能很好地提高建筑整体稳定性，这样可以使建筑有更好的承载能力。处理构件的过程中，如果应用碳纤维技术，那么构件承载力会因此下降，使用之后建筑安全性也会因此降低。而如果把碳纤维施工技术和预应力技术结合起来，则能够提高建筑结构整体的承载能力，让受弯构件可以起到加固建筑的作用。

3.3　混凝土框架

在城市建筑建造时，要提高混凝土框架应用的实用价值，尤其是现代社会我国人口众多，房屋建筑可用面积小，因此更是需要通过对建筑结构的优化来提高资源利用率。建筑结构承载能力和很多方面的内容有关，其中框架结构会大大影响框架稳定性。相关的工作人员在进行设计的时候，需要从建筑整体稳定性出发，重视混凝土框架的优化和搭建，不断摸索和探究，让预应力施工技术能够与混凝土框架更好地融合在一起，以此来提高框架混凝土的结构稳定性。在施工勘察分析中，还需要了解混凝土框架的整体情况，根据实际情况来制订更加科学合理的施工方案，让混凝土更好地达到预期标准和要求。混凝土施工的时候，要能够从实际情况出发，明确工作中存在的问题，做好结构分析，根据要求制订施工方案并落实，提高混凝土框架应用的效果。

3.4　转换层结构

现代化的建筑有非常多的高层建筑，并且很多建筑都具备综合性。不同功能的建筑在受力上是有不同要求的。合理使用结构转换层能很好地融合不同的结构体系；合理使用预应力技术能让转换层更好地满足大空间应力，进一步节省空间与材料，降低成本的同时提高应用效果。

3.5　多跨连续梁

实际施工时，多跨连续梁的难度比较大，涉及的问题和环节非常多。要想让多跨连续梁的质量有所提升，相关的工作人员就需要从更全面的角度出发来做好施工技术的调整，结合具体要求加固整体结构，让结构稳定性能得到更好的提高。合理使用预应力施工技术，能更好地避免变形，让工程项目更具备安全稳定性。

4　预应力施工技术的注意事项

4.1　加强人员培训

正式开始施工之前，相关单位要做好专业培训，从实际情况出发，委派专业的工作人员对设备进行检查，明确工作中可能存在的问题并及时处理发现的问题，保证施工质量，从整体的角度出发，让每个工作人员都具有专业水平，并长期投入在工作中，而不是因为技术问题而频繁更换人员，让施工质量不稳定。

4.2　采取安全措施

要合理地采取安全措施，让工程项目的推进更稳定。而预应力施工本身危险系数比较高，所以施工单位一定要督促施工人员佩戴安全帽，保障自身的生命财产安全；要做好规范管理，并将安全管理措施落实下去，让施工人员得到全方位的保护。

4.3　专人负责安全

生产施工的时候，施工单位一定要在危险区域设置安全警示标志，要有专业的工作人员来做现场监督管理，让施工安全得到保障，避免安全事故的产生。

4.4　用电符合规范

很多临时施工在施工现场是不可避免的，比如有临时用电需求的时候，就需要使用相关设备临时供电。这时候施工人员一定要保证供电安全，让工程项目可以顺利推进。

4.5　控制材料质量

材料质量是保证施工项目质量的基础，必须要做好全面的检查，只有符合要求的材料才能进入现场。要做好抽样检查，随时保证材料的应用符合要求。

4.6　定期维护设备

施工现场会使用到非常多的设备，预应力施工也会用到一系列的设备和仪器。如果没有做好检查，让有故障的设备投入使用，很可能带来安全隐患，也可能导致施工质量达不到要求。施工单位需要组织工作人员定时定期地维护和检查设备，保证设备一直处于一个良好的工作状态中。

5　结语

近年来我国房屋建筑需求量越来越大，广大民众对房屋建筑提出了更多要求，尤其是对房屋建筑的质量要求更加严格，由于当前的多层数大跨度结构建筑项目越来越多，为了进一步提高房屋建筑结构的耐久性和抗裂性，从而确保房屋建筑工程质量符合相关要求标准，就必须切实加强预应力施工技术研究，合理进行技术优化与创新，以便进一步提高预应力技术在房屋建筑工程中的应用价值。

参考文献

[1]　胡根龙．结合实例对房屋建筑工程预应力施工技术进行探讨［J］．中华民居：下旬刊，2012（019）：56-58.

[2]　邓昕．浅析房屋建筑工程预应力施工技术［J］．建材与装饰：下旬，2012（6）：2.

[3]　符涛．铁路房屋建筑预应力施工技术要点及质控方式分析［J］．建筑技术开发，2018，45（15）：2.

[4]　戴树娜．民用房屋建筑工程预应力施工技术的探讨［J］．建筑工程技术与设计，2016（036）：474.

[5]　韩宏玮．浅析铁路房屋建筑预应力施工技术及质量控制［J］．建筑工程技术与设计，2016（007）：849-849.

浅谈医院品质提升项目中医疗抗菌板的应用

童龙飞　何　进　潘金勇　苏　毅

中建五局装饰幕墙有限公司　长沙　410000

摘　要： 2020年随着新型冠状病毒在全球的扩散，世界各国都受到其影响，经济衰退。而我国在短短的几个月内迅速控制疫情蔓延，恢复国内经济，使得我国成为世界为数不多经济正增长的国家之一。经过本次全球疫情，我国医疗系统短板也显现出来，为有效抗击疫情，各地医院迎来了一波品质提升改造工程，大量的人性化配套设施得以应用。医院品质提升项目中的医疗抗菌板以其良好的防火性、抗菌耐污性、安全牢固性以及经济环保性等特点得到广泛使用。医疗抗菌板的选型和安装在医院建设中是一项重要的工作。本文重点从消防、抗菌、环保、院感控制和色彩搭配等多方面的需求对医院品质提升项目中的医疗抗菌板应用进行总结分析。

关键词： 装饰技术；品质提升；医疗抗菌板；选型原则

1　前言

通过对本次疫情，人们对健康服务的需求越来越迫切，医疗服务市场也迅速扩展。新一代医疗抗菌板应运而生，并得到广泛使用和一致好评。我国内地城镇医院装修多数在20世纪末及本世纪初完成，医院内的走道及房间多数以墙面墙裙铺贴瓷片为主，以隔离抗菌和安全牢固为主要目的，经过长时间的使用，多数墙裙瓷片存在空鼓、破损且污垢不易清理等问题。医院走道及房间属于密集人群流动的特殊公共场所，特别容易导致细菌的滋生和传播，并且容易受到病床推车的撞击。因此在选用走道两侧和房间内的隔墙材料时就必须考虑产品的抗菌耐污性能和坚固耐撞击性能。

本案以赣州市南康区第一人民医院项目为例，从设计、采购、施工三个方面对医院品质提升项目中的医疗抗菌板的应用进行探析。

2　医疗抗菌板设计选型基本原则

医院医疗抗菌板的运用多数是设计在公共走道和房间内，使用人员主要是医护人员、患者和陪护者，其中大部分是老人妇女儿童和体弱者，都是需要关心和照顾的特殊人群，因此医疗抗菌板的设计方案和材料选型需要遵循一些特殊的基本原则。

2.1　符合消防安全规范的原则

医院属于密集人群流动的特殊公共场所，人流量大、高度集中。在医院内的人员大致可分为三类，第一类为医护人员，这类人员属于长期在医院内工作的，接受过一定火灾培训，能及时疏散医院内的一定人群。第二类为患者家属，这类人员属于患者陪同人员，具有一定的逃生能力和自救能力，但对医院内的逃生路线不清楚。第三类为患者，这类人员多数为老人、妇女儿童及体弱多病者等。这些人员往往自救能力及逃生能力较差，甚至有些人员不能移动，不具备逃生能力和自救能力，例如手术中的病人和需要医疗设备维持生命的重病患者等。一旦发生火灾，疏散难度大、任务重，疏散时人员极易拥挤，甚至发生群死群伤的严重事故。

根据《建筑内部装修设计防火规范》（GB 50222—2017）等消防安全相关规范的标准，材料必须达到防火 B_1 级及以上，即使用周期内经过多次洗消后仍然有较好的阻燃作用，其在空气中遇明火或在高温作用下难燃，不易发生蔓延。

火灾导致人员伤亡最直接的原因是室内可燃烧的物体产生的烟雾窒息所致。因此，采用医疗抗菌板，是以高密度硅酸钙板、水泥纤维板为基材，且按照《建筑材料及制品燃烧性能分级》（GB 8624—2012）达到A级不燃标准，即使明火烧板材，也无任何变化。

2.2　较高质量的抗菌耐污标准原则

医院属于密集人群流动的特殊公共场所，容易导致细菌的滋生和传播。我们传统的消毒灭菌方式分为两种形式，物理杀菌和化学杀菌。不管是物理杀菌还是化学杀菌，都存在一定的时效性，必须反复地杀菌才能确保效果，这样增加了医院的人力成本。

医疗抗菌板是现代新型材料之一，第一是无毒、无异味。在制作阶段加入适量的抗菌剂，能够抑制基板表面的细菌生长，使细菌没有生根的地方，从源头阻止细菌繁殖。第二是洗刷不影响抗菌性能，主要针对化学杀菌而言。化学杀菌的方式是通过喷洒化学试剂达到杀菌消毒的目的，在这种情况下杀菌的功能会随着时间的长短和化学试剂挥发而消失。第三是效果稳定。医疗抗菌板的抗菌成分能长时间稳定作用于产品，其功效不会因使用寿命长而削弱。第四是杀菌范围大，这主要与物理杀菌有关。常见的物理杀菌是紫外线以及高温杀菌的方式，但是物理杀菌有一个弱点就是它的杀菌范围有局限性。而使用医疗抗菌板则能很好地避免这个问题，因为它的杀菌范围是覆盖到板材的全部。

2.3　高环保标准的原则

甲醛一直以来都是装修中的一大安全隐患。在医院密闭空间以及人员高度集中的场所，接触人群多是老人、妇女、儿童和体弱患者。针对甲醛危害，除了传统通风办法以外，随着技术的进步，各类新型材料也越来越多，为健康的生活带来更多保障。正因为多数室内环境通风不理想，为了保障病患人群的安全健康，医疗抗菌板则是以高密度硅酸钙板、水泥纤维板为基材，无异味，使用过程中无毒、无害，以实现安全、环保、健康、卫生的目标。

2.4　符合院感控制要求的原则

医院感染的预防与控制是保证医疗质量和医疗安全的重要内容。为加强医院感染管理，预防和控制医院感染的发生尤其重要。所以，医院使用的医疗抗菌板必须便于清洁和消毒，其材料应选用经国家认可的产品质量认证机构出具的具有抗菌性认证证明的产品。另外，医疗抗菌板应满足在高温下进行洗刷、消毒杀菌后保持不变形，不褪色，抗菌、阻燃性能不受影响的要求。

2.5　色彩搭配的原则

医院装修中的色彩是一种无声的语言，它通过不同的作用表现出装饰的重要性，装饰色彩能够体现形象美，表现出不同的气氛。色彩也是一种复杂的艺术手段，可用于治病，因为每种色彩都有其电磁波长，并由视觉传递到大脑，从而影响人的生理和心理，达到调整体内色谱平衡、恢复健康的目的。所以，加强现代医院的色彩设计尤其重要，其对提升医院的环境品质，促进患者康复具有重要影响。

医疗抗菌板的选色也需要与医院的走道及房间的使用功能、整体风格统一。色彩的选择需要和走道及房间的使用功能相吻合，并与周围环境、灯光相搭配，营造与患者心情舒畅的疗愈环境。在医疗抗菌板的色彩选用上，应尽可能地体现出对使用者心理上的关怀，尽可能提高使用者的舒适性体验。

3　医疗抗菌板的实施

3.1　医疗抗菌板的排板设计

根据装饰方案和深化图纸，我们使用 BIM 模型软件统一对医院室内部分进行建模，并结合消防、弱电智能化、暖通、装饰等所有专业图纸和数据，可以提前规避消防、弱电智能化、暖通、装饰等专业所有末端设备预留口，做到一体成型。另外，对于医疗抗菌板的尺寸规格，我们对施工部位进行科学合理的综合排板，可做到两头尺寸均分，避免一边尺寸过大或过小，让墙面更加整齐美观。

3.2　医疗抗菌板的招标采购与选样

通过 BIM 模型测量，统计所有医疗抗菌板的工程量，汇总形成招标采购清单，并对各种需求产品明确技术参数要求。同时，在编制招标清单时按照国家或行业现行的质量标准要求编制，确保材料源头的安全环保性。最后将成果汇总编制成为项目采购招标文件的商务技术需求清单，进行招标采购。

为了确保实际采购与装饰方案设计效果一致，由中标厂商对装饰方案中的医疗抗菌板样式进行打样和配对，每个产品提供多个符合质量标准和设计风格色调的样品，组织医院领导和科室主任护士长进行样品选样，最后确定每个产品的选样（图 1）。

图 1　医疗抗菌板样式及颜色

3.3　统一尺寸集中加工

根据 BIM 模型软件提供的尺寸以及结合现场实际情况，经过复核无误后，我们采用统一尺寸，对医院的医疗抗菌板进行集中加工，在施工过程中有效避免了各楼层遍地开花，材料浪费，有效地控制了扬尘扩散，起到了一定的环境保护作用。同时，将集中加工完成的医疗抗菌板编号，送至各施工区域，现场核对数据无误后，确保没有遗漏即可施工，方便快捷高效。

3.4　抗菌板的施工工艺流程

抗菌板安装对于平整度需符合以下要求：用 2m 靠尺调整基层或龙骨，平整度≤2mm，垂直度≤3mm，阴角 90°±5°。对于轻钢龙骨石膏板（或硅酸钙板）基层工艺，在基层满足平整度要求后，石膏板钉眼部位批嵌的腻子要牢固，压光不起层、不掉灰，石膏板接缝处应拿腻子批平整，然后用 801 胶水将石膏板面涂两遍，等胶水干透后确保表面无大量粉尘才可继续安装抗菌板。结构胶需距双面胶约 10mm 处均匀打胶，要求双面胶带与结构胶是相邻而不粘连与接触，打胶的厚度高于双面胶带宽度约 10mm。板缝若是打密封胶需在离板边 2~4mm 处贴胶带，抹平按实，四周一圈、板材中间竖向通长两条或横向三条。

4　结语

医疗抗菌板以其防火等级高、抗菌性强、环保性好、安装方便、经济环保等特点，在新一轮的医院建设中得到了广泛的应用。同时医疗抗菌板的应用，还满足了院感控制和空间环境色彩搭配等多方面的需求，符合我国医院的实际使用需要。

参考文献

[1]　中华人民共和国住房和城乡建设部．建筑内部装修设计防火规范：GB 50222—2017 [S]．北京：中国计划出版社，2018.

[2]　中华人民共和国国家质量监督检验检疫总局．建筑材料及制品燃烧性能分级：GB 8624—2012 [S]．北京：中国质检出版社，2013.

地铁轨下铁垫板优化及其静力学性能研究

唐恩宽[1]　宋智慧[2]　唐善武[1]

1. 中国建筑第五工程局有限公司　长沙　410004
2. 湖北瑞立德科技有限公司　武汉　430062

摘　要：对轨道线路上使用的定型轨下铁垫板进行针对性的优化设计，设计出两种螺栓孔径、厚度不同于定型轨下铁垫板的优化型铁垫板，为研究其静力学性能，对优化后铁垫板原材料进行质量检测，对各构件的强度进行检算，并采用 ABAQUS 有限元软件对其受力情况进行模拟。研究表明，优化型轨下铁垫板制作所采用的原材料及成品质量符合相关行业规范要求，锚固螺栓、调距扣板强度均小于其屈服极限或设计强度，优化前后三种铁垫板竖向刚度与实际情况相符，符合安全使用要求。

关键词：铁垫板；优化设计；静力学性能；强度检算

随着城市轨道交通行业的快速发展，在列车运行速度不断加快、行车密度逐渐增加的同时，轨道线路设备也出现了大量的病害。通过对武汉轨道交通 2 号线钢弹簧浮置板道床段线路进行调研，对中南路—宝通寺区间钢弹簧浮置板地段现场工况进行分析，全面调查线路所存在的病害，区间段主要存在尼龙套管失效、浮置板空吊板和铁垫板凹陷等问题，发现在武汉轨道交通 2 号线的曲线地段，尤其是在钢弹簧浮置板道床的小半径曲线地段，铁垫板上螺栓孔位置已达到极限，而且部分区段线路的轨距、方向等仍处于超临修状态或接近超临修状态，严重影响日常的维修作业及线路的安全运营[1-2]。

分析区间道床病害的成因及解决办法，对线路上使用的定型轨下铁垫板进行有针对性的优化研究，从而设计出两种螺栓孔径、厚度不同于定型轨下铁垫板的优化型铁垫板。通过对两种优化后的铁垫板进行原材料检测，对所组成的扣件系统各部件力学强度检算，分析优化后的两种铁垫板的静力学性能[3]。

1　铁垫板优化设计

通过分析武汉轨道交通 2 号线中南路—宝通寺区间道床病害的成因及解决办法，对线路上使用的定型轨下铁垫板（图 1）进行有针对性的优化研究，从而设计出两种螺栓孔径、厚度不同于定型轨下铁垫板的优化铁垫板，以扩大垫板长度和孔径为手段，实现调距扣板调整量和轨距调整量扩大的目的，调距扣板调整量优化为±20mm。提高铁垫板厚度可增大竖向调整量，可以实现在保证现场轨下垫板调整片不超标的前提下，使竖向线路达到设计线型。优化后铁垫板设计图如图 2 所示

2　优化后铁垫板原材料质量检测

根据铁路和城市轨道交通的相关规范要求，轨道交通线路上所使用的轨下铁垫板的技术要求主要包括铁垫板材料和整性能的技术指标，而铁垫板的整体性能与其所采用的材料性能有很大关系，为充分验证轨下铁垫板改造工程所采用材料的性能，确保检测结果的准确性，先后分两批将 6 件优化后的铁垫板样品（未加厚、加厚型铁垫板各 3 块）送至中国国家铁

路产品质量监督检测中心进行权威检测[4]。优化后的铁垫板样品图如图 3 所示。

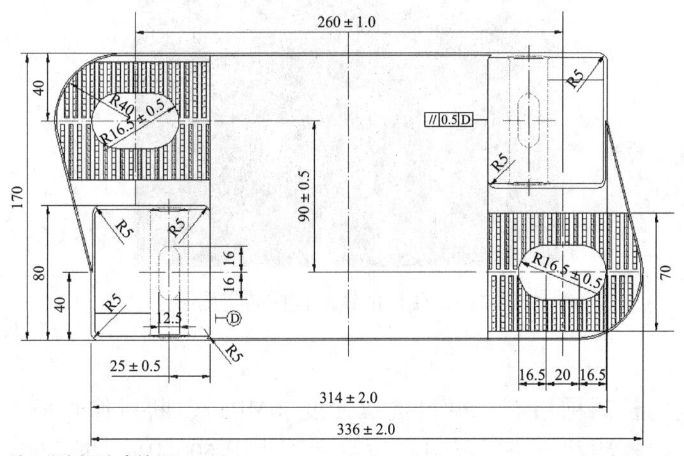

注：图中尺寸均以mm计

图 1　原定型铁垫板设计图

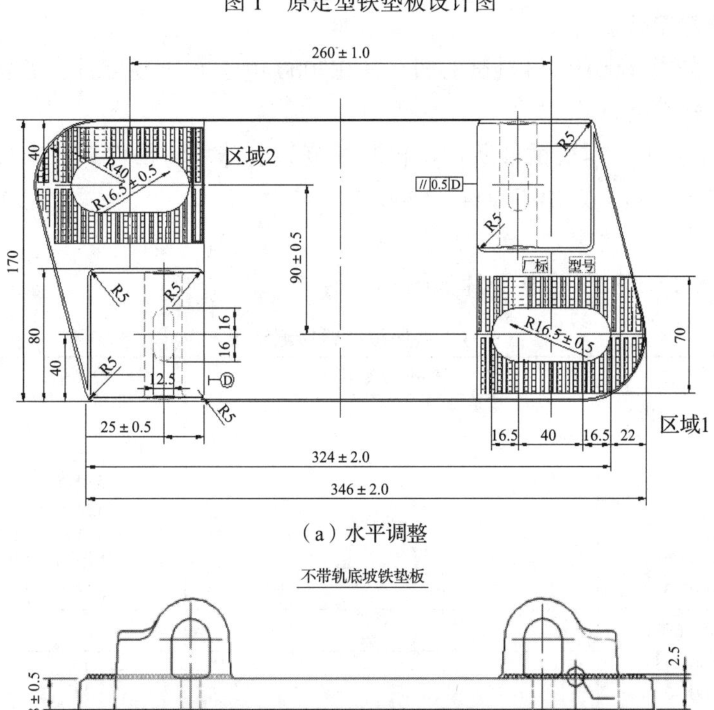

（a）水平调整

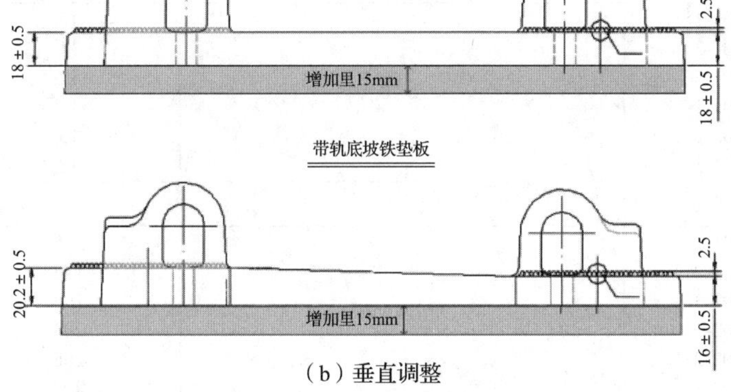

（b）垂直调整

图 2　优化后铁垫板设计图

图 3 优化后的铁垫板样品实体图

2.1 检测项目

相关规范规定的检测项目有：材料抗拉强度（MPa）、断后伸长率（%）、硬度（°）、外观质量、金相组织检测共五个。材料抗拉强度不小于 500MPa，断后伸长率不小于 10%，硬度为 170°~230°，试验结束后对被检试件进行外观检查无损坏及严重变形。

2.2 检测主要仪器及依据

检测主要仪器有：600DX 材料试验机、HBE3000 电子布氏硬度计、游标卡尺、LeicaD-MT5000M 型金相显微镜等。

根据相关规范要求，本次试件所适用检测规范为《球墨铸铁件》（GB/T 1348—2019）、《球墨铸铁金相检验规范》（GB/T 9441—2009）。

2.3 检测结果

检测结果见表 1、表 2，金相照片如图 4 所示。

表 1 铁垫板材料检测结果

序号	检测内容	标准检测值	检测值	判定
1	抗拉强度（MPa）			
	W1001-1 W1001-2 W1001-3 W1002-1 W1002-2 W1002-3	≥500	535.0 530.5 529.5 533.5 530.0 535.5	合格
2	伸长率（%）			
	W1001-1 W1001-2 W1001-3 W1002-1 W1002-2 W1002-3	≥10	12 11 12 11 13 12	合格
3	硬度（°）			
	W1001-1 W1001-2 W1001-3 W1002-1 W1002-2 W1002-3	170~230	205 198 195 203 206 200	合格
4	外观质量			
	被检试件	试验结束后被检试件无损坏及严重变形	无损坏及严重变形	合格

表2　铁垫板金相组织检测结果

序号	检测内容	单位	检验结果	备注
1	石墨形态	—	VI型	金相照片见图4
2	石墨大小等级	级	6	
3	珠光体含量	%	≈55	

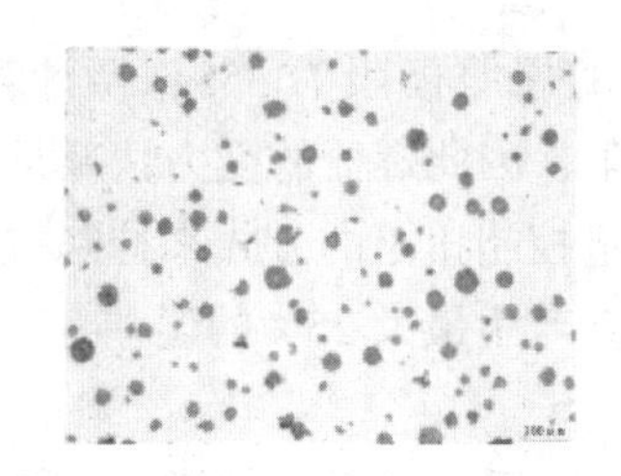
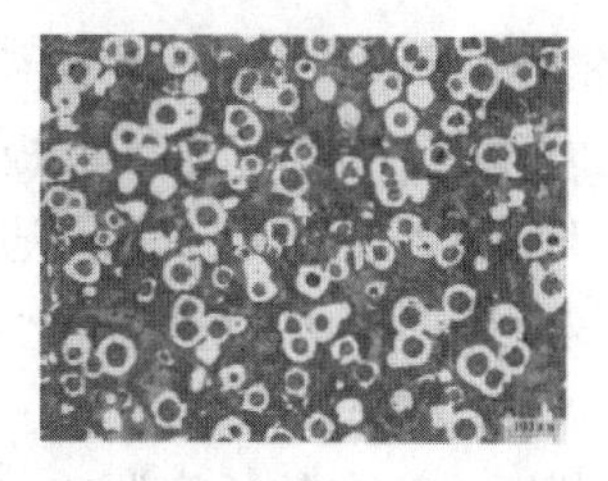

图4　金相照片

2.4　检测结论

经检测，优化后铁垫板根据检验规范要求所进行检测的五个项目的指标均符合要求，说明优化后轨下铁垫板制作所采用的原材料及成品质量符合相关行业规范要求。

3　各构件强度检算

本文采用高速铁路轨道结构的设计荷载进行优化后扣件系统各构件的强度检算。

其中，垂直荷载按最大动轴重 $F_1=340\text{kN}$ 取值；横向水平荷载按 $F_2=80\text{kN}$ 取值；纵向水平荷载只考虑列车制动力和起动力的影响，所引起的钢轨应力按 $\sigma=10\text{MPa}$ 取值[5]，由于高速铁路及地铁线路轨道所采用的P60钢轨截面面积为 $S=77.45\text{cm}^2$，因此纵向水平荷载为 $F_3=\sigma\cdot S=10\times10^6\times77.45\times10^{-4}=77.45\text{kN}$。

3.1　锚固螺栓检算

扣件系统的扣压力可通过给锚固螺栓施加的预紧力矩进行控制。具体的力矩控制计算方法可按下式：

$$Q=\frac{T}{1.25\mu_0 d}$$

式中，Q 为抗拔力，N；T 为锚固螺栓的预紧力矩，N·m；d 为锚固螺栓的公称直径，m；μ_0 为锚固螺栓的扭矩系数，本文按0.15进行取值。

当螺栓的预紧力矩为200N·m、公称直径为30mm时，拧紧后锚固螺栓的受力值即抗拔力为：

$$Q=\frac{T}{1.25\mu_0 d}=\frac{200\text{N}\cdot\text{m}}{1.25\times0.15\times30\text{mm}}=35.56\text{kN}$$

同时当扣件系统处于最大调高量时（单独考虑加厚型铁垫板受力情况），由于扣件系统受到钢轨横向力（这里分析时按照扣件系统所受最大横向力80kN考虑[5]）的影响，会对螺栓产生一个附加的弯矩，螺栓的最不利受力位置位于螺栓与下部锚固套管的结合位置，此时螺栓的悬臂长度 L 为：

$$\begin{aligned}L&=d_{\text{扣板}}+d_{\text{加厚型铁垫板}}+d_{\text{高弹垫板}}+d_{\text{绝缘垫板}}+d_{\text{调高垫板}}\\&=8\text{mm}+33\text{mm}+16\text{mm}+3\text{mm}+20\text{mm}\\&=80\text{mm}\end{aligned}$$

单个螺栓承受的附加弯矩 M 为：

$$M=FL=40\text{kN}\times 80\text{mm}=3200\text{N}\cdot\text{m}$$

螺栓的受力为：

$$\sigma=\frac{Q}{A}+\frac{M}{W}=\frac{35.56\text{kN}}{706.5\text{mm}^2}+\frac{3200\text{N}\cdot\text{m}}{\frac{\pi\times(30\text{mm})^3}{32}}=171.12\text{MPa}$$

对于采用 45 号钢材质的锚固螺栓，螺栓的屈服极限为 355，经计算可知安全系数为 2.07，可见螺栓的受力远小于其材料的屈服极限，因此螺栓的受力情况是偏于安全的，满足现场的使用要求。同时需要注意的是，采用通过控制扭矩的方式来控制抗拔力时，由于润滑情况等现场条件存在差异，螺栓所受拉力大小会产生最大 25%的误差。

3.2 调距扣板检算

调距扣板沿线路横断面方向的长度调整 10mm 后，降低了扣板受力结构的剪切面积，计算时扣件系统所受横向力取 80kN，由于两个扣板受力相同，则可计算得到扣板剪切面的受力：

$$\tau=\frac{Q}{A}=\frac{40\text{kN}}{572\text{mm}^2}=69.93\text{MPa}$$

对于 45 号钢材质的调距扣板，扣板的屈服极限为 355MPa，经计算可知安全系数为 5.08，调距扣板所受剪切力远小于其屈服极限，可见扣板强度改造后仍能保证有较大的安全系数，满足使用要求。

3.3 优化后铁垫板检算

为准确地计算优化后轨下铁垫板的受力情况，采用 ABAQUS 有限元软件对其受力情况进行模拟，并计算出所受最大应力情况，以此对优化后的两种轨下铁垫板进行强度检算。

3.3.1 有限元模型建立

本次轨道交通钢弹簧浮置板道床轨下铁垫板的优化部分主要为铁垫板处的锚固螺栓连接孔左右各扩大 10mm，或厚度同时增加 15mm，对优化前和两种改进后的铁垫板分别建立实体模型，如图 5 所示。

3.3.2 强度检算

为准确检算优化后铁垫板在列车荷载作用下的强度，探究优化前后铁垫板的受力情况，对其力学性能做出评价，采用 ABAQUS 有限元软件建立了该扣件结构力学分析计算的有限元模型，对铁垫板结构受力等情况进行模拟分析，并分别计算出扣件结构的最大变形和应力情况。

综合计算分析了三种铁垫板扣件结构在垂向载荷 70kN、横向水平载荷 80kN、纵向载荷 77.45kN 条件下的受力情况，力作用面分别为铁垫板承轨槽上

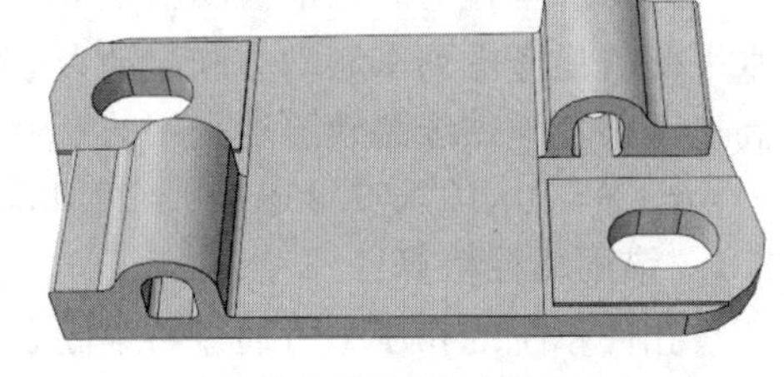

（a）优化前铁垫板实体模型

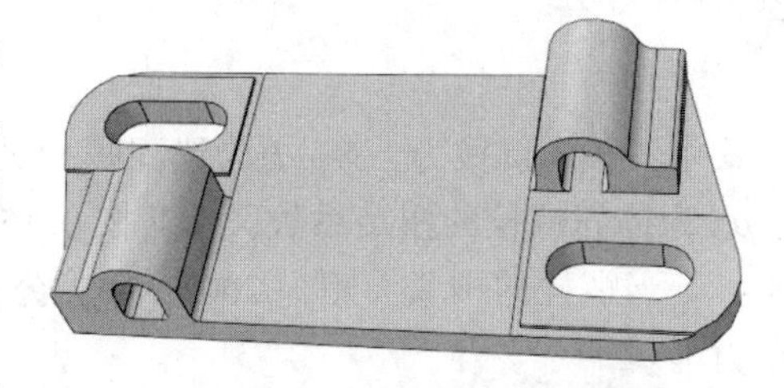

（b）优化后未加厚铁垫板实体模型

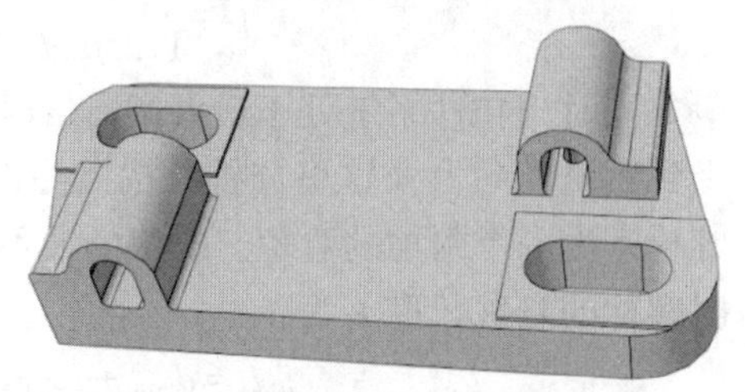

（c）优化后加厚铁垫板实体模型

图 5 铁垫板实体模型

表面、左边侧表面和铁垫板前表面。优化前、优化后未加厚、优化后加厚三种工况下的铁垫板受力状态计算结果，如图 6 所示。

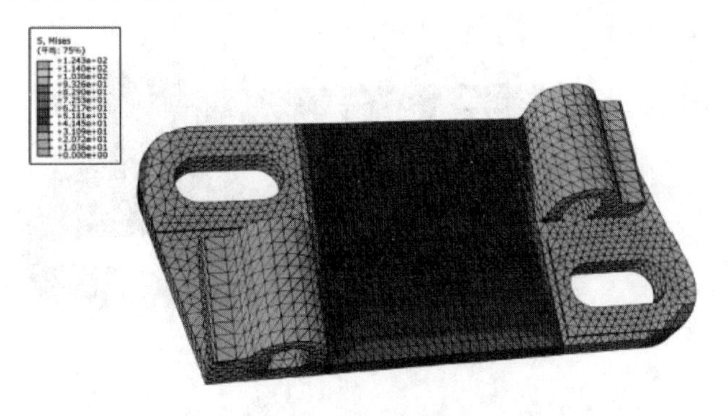

（a）优化前铁垫板受力状态

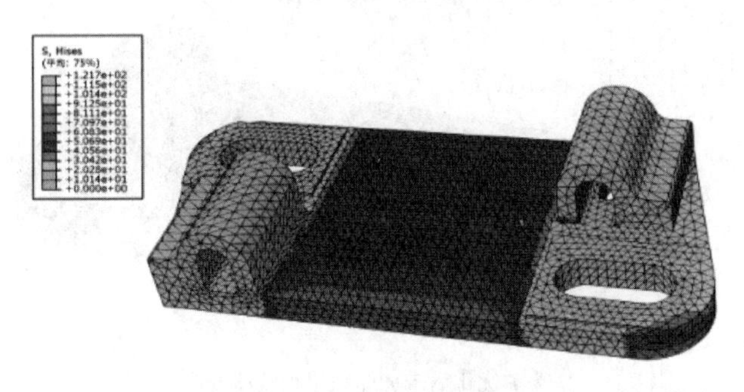

（b）优化后未加厚铁垫板受力状态

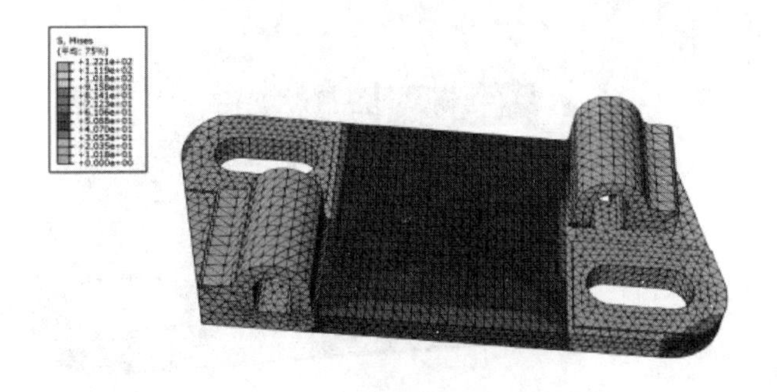

（c）优化后加厚铁垫板受力状态

图 6　三种工况铁垫板下受力情况

由仿真结果可知，铁垫板在 70kN 垂向载荷、80kN 横向水平载荷、77.45kN 纵向载荷作用下，优化前、优化后未加厚、优化后加厚三种铁垫板的最大应力分别为 124.3MPa、121.7MPa 及 122.1MPa。应力分布从铁垫板由上而下扩散逐渐增大，最大应力产生在铁垫板下表面四周边缘处，计算得到的最大应力均小于铁垫板的设计强度 450MPa，因此纵向力载荷分析表明优化后铁垫板的强度满足使用要求。

3.3.3　变形分析

研究表明，扣件垂向刚度越低，减振降噪效果越好。因此，竖向静刚度是橡胶减振扣件的重要性能指标之一。下面通过对优化前、优化后未加厚、优化后加厚三种铁垫板进行的静力学仿真，研究其变形特性，验证其横向刚度和竖向刚度是否与实际情况相符。三种铁垫板结构的变形如图 7 所示。

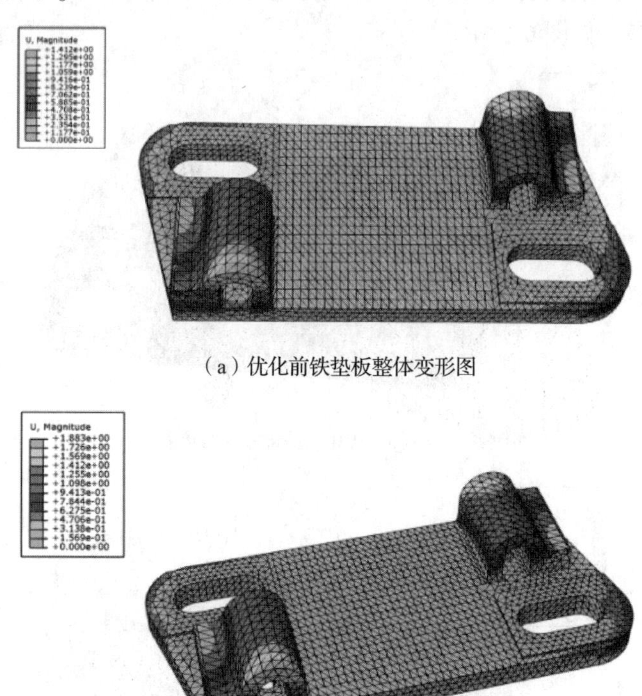

（a）优化前铁垫板整体变形图

（b）优化后未加厚铁垫板整体变形图

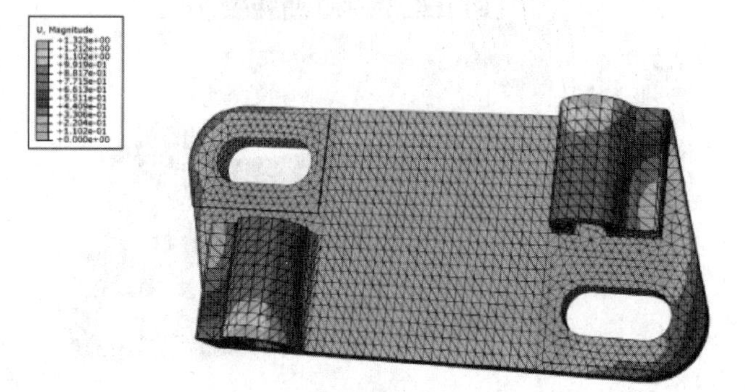

（c）优化后加厚铁垫板整体变形图

图 7　优化前后三种铁垫板变形图

优化前铁垫板结构的总体变形如图 7（a）所示，最大位移为 1. 412mm，产生在弹条孔上表面边缘处，四个象限内铁垫板顶面四角的位移分别为 0. 589mm、1. 295mm、0. 942mm、0. 706mm。根据试验要求，求得仿真竖向刚度为 54. 6kN/mm。仿真得到的竖向刚度在中等减振扣件设计刚度的范围内，并且与实际情况相符，所以材料设置合理，模型正确。

优化后未加厚铁垫板结构的总体变形如图 7（b）所示，最大位移为 1. 883mm，产生在弹条孔上表面边缘处，铁垫板顶面分别位于 4 个象限的 4 个角点的位移分别为 0. 655mm、1. 412mm、1. 255mm、0. 784mm。根据试验要求，求得仿真竖向刚度为 46. 4kN/mm。仿真得到的竖向刚度在中等减振扣件设计刚度的范围内，并且与实际情况相符，所以材料设置合理，模型正确。

优化后加厚铁垫板结构的总体变形如图7（c）所示。最大位移为1.323mm，产生在弹条孔上表面边缘处，铁垫板顶面分别位于4个象限的4个角点的位移分别为0.331mm、0.882mm、0.935mm、0.661mm。根据试验要求，求得仿真竖向刚度为58.4kN/mm。仿真得到的竖向刚度在中等减振扣件设计刚度的范围内，并且与实际情况相符，所以材料设置合理，模型正确。

3.4　检算结论

通过采用高速铁路轨道结构的设计荷载，对优化前后的轨下铁垫板所组成的扣件系统各构件进行强度检算，可以得出锚固螺栓、调距扣板以及优化前后铁垫板的强度均小于其屈服极限或设计强度，并且对优化前、优化后未加厚、优化后加厚三种铁垫板进行的静力学仿真，研究其变形特性，验证其竖向刚度与实际情况相符，符合安全使用要求。

4　结语

（1）经检测，优化型铁垫板按《球墨铸铁件》（GB/T 1348—2019）、及《球墨铸铁金相检验规范》（GB/T 9441—2009）要求所进行检测的材料抗拉强度、断后伸长率、硬度、外观质量、金相组织检测五个项目的指标均符合的要求。说明改进型轨下铁垫板制作所采用的原材料及成品质量符合相关行业规范要求。

（2）采用高速铁路轨道结构的设计荷载，对优化前后的轨下铁垫板所组成的扣件系统各构件进行强度检算，可以得出锚固螺栓、调距扣板强度均小于其屈服极限或设计强度，螺栓及调距扣板的受力情况是偏于安全的，锚固螺栓和扣板强度改造后仍能保证有较大的安全系数，满足现场的使用要求。

（3）采用ABAQUS有限元软件对优化前后三种铁垫板结构受力情况进行模拟，并计算出在高速铁路轨道结构的设计荷载作用下铁垫板所受的最大应力情况，对优化后的两种轨下铁垫板进行强度检算，得到优化前后铁垫板所受最大应力均小于设计强度，并通过对优化前、优化优化后未加厚、优化后加厚三种铁垫板进行的静力学仿真，研究其变形特性，验证其竖向刚度与实际情况相符，因此符合安全使用要求。

参考文献

[1]　王艳华，崔冬芳，胡智博．弹条疲劳试验断裂分析［J］．理化检验（物理分册），2012，48（1）：68-70.

[2]　郭骁．地铁e型弹条扣件系统疲劳伤损机理研究［D］．北京：北京交通大学，2016.

[3]　杨文茂，周华龙，蔡文锋，等．橡胶支座预制浮置板轨道静动力学研究［J/OL］．铁道标准设计：1-6，2021-03-29.

[4]　陈卫中，邵忠，杨明昊．地铁轨道用铁素体球墨铸铁垫板的开发［J］．铸造，2011，60（06）：607-609.

[5]　孙洪强．简析城市轨道交通减振降噪措施［J］．现代城市轨道交通，2012（4）：60-63.

几种沉降模型在地基沉降预测中的应用分析

唐恩宽[1]　高　磊[2]　吉博歆[2]

1. 中国建筑第五工程局有限公司　长沙　410004
2. 中建五局第三建设有限公司　长沙　410004

摘　要：实际工程中地基沉降的预测一直是重要的问题。通常可以采用经典的地基沉降计算方法和数值计算方法对沉降进行预测。如何找到一种切实可行的方法相对精确地预测出工程未来的沉降，是值得探究的问题。本文介绍了几种地基沉降预测模型，并详细介绍它们的精度和检验方法，并且在同一工程中应用这几种预测模型，通过实际沉降数据与计算出的结果进行对比分析并得出结论。

关键词：沉降预测；建立模型；数据拟合；比较分析；误差分析

建筑物在修建或是投入使用期间，基础会出现较大的沉降，引起建筑物产生倾斜，形成重大安全隐患，因此在实际工程中，预测建筑物在施工以及建成使用后的沉降具有十分重要的意义。沉降量的预测是岩土结构工程中最为主要的问题之一，目前主要分为计算方法和预测方法。

传统计算方法主要是根据土力学基本原理：土是一种三相物质，地基土在荷载的作用下发生压缩变形，也称作沉降。在地基土压缩变形的同时，土壤中的孔隙水被排出，体积被压缩，从而密度增大，这一过程称为土体的固结过程。土力学的压缩固结原理是传统土力学进行沉降计算的基础。目前应用最广泛的方法是修正分层总和法计算最终沉降量以及利用土壤室内试验，确定土体的各种参数再去计算地基沉降的方法。数值计算方法则是以土体本构模型为基础，根据土体固结理论，利用数值计算软件计算地基的最终沉降，常用方法有差分法、有限元法和边界元法。

预测模型法是依据实测得到的数据来建立起沉降量和时间的关系，从而得出一种预测模型的方法。国内外也已提出不少的预测方法，主要包括静态与动态预测法，其中静态预测法有指数曲线法、双曲线法、Asaoka 法。而动态预测法主要有人工神经网络法、灰色模型法以及 BP 神经网络法。

传统计算方法公式简便、直观且计算所需要的参数少，但引起地基沉降最主要的两个因素附加应力和土体固结度是遵循线性变形理论进行计算，同时为了方便计算，所假定的条件与实际土体相比差异很大，其参数的选取因工程不同而不同，受主观因素影响明显，因而传统的计算方法在实际应用中精确度不高。

当下随着计算机科学技术的普及发展，出现了较多高性能计算机，经过严密的理论验证，通过建立严谨的理论计算模型，再利用程序来推算地基沉降的数值计算方法是我们应该探索的方向。理论上利用数值计算的方法能够达到很高的效率与精度，但是对使用者的要求较高，很难掌握计算方法，并且使得新的理论研究能够达到推广使用的程度，还需要进一步的探索。总而言之，由于各种因素的影响，完全依靠理论数值计算地基沉降是不切实际的，结果也不一定满足我们的需求。因而通过对沉降的实测资料，预测地基沉降是一种实用性比较高的方法。

1　几种常用的地基沉降预测模型

1.1　指数曲线法

指数增长在我们的生活中是非常常见的，我们也可以将指数增长的模型应用于沉降预测中。通过统计沉降量的实测值，建立起沉降量 $S(t)$ 与时间 t 的指数函数，表示为：

$$S(t)=S_{\infty}-(S_{\infty}-S_0)e^{\overline{\eta}}\quad t\geqslant t_0 \tag{1}$$

式中，t_0 为某一观测时刻；$S(t)$ 为预测时刻 t 时的沉降值；S_0 为对应于 t_0 的沉降值；S_{∞} 为最终沉降量，为待定值；η 为参数，为待定值。

对式（1）进行变换求导，可得

$$\frac{\Delta S}{\Delta t}=\frac{S_{\infty}-S_0}{\eta}e^{\frac{t_0-t}{\eta}} \tag{2}$$

令 $a=-\frac{1}{\eta}$，$b=\frac{S_{\infty}}{\eta}$，则式（2）变为

$$\frac{\Delta S}{\Delta t}=aS+b \tag{3}$$

式中，a、b 为待定系数。

未知量 a、b 的计算通过观测资料 $\{(t_0, S_0), (t_1, S_1), \cdots, (t_n, S_n)\}$ 得出方程组

$$MX=V \tag{4}$$

式中，

$$M=\begin{bmatrix}\bar{S}_1 & \bar{S}_2 & \cdots & \bar{S}_n\\ 1 & 1 & \cdots & 1\end{bmatrix}^{T},\quad X=[a\quad b]^{T},\quad V=\left[\left(\frac{\Delta S}{\Delta t}\right)_1\left(\frac{\Delta S}{\Delta t}\right)_2 L\left(\frac{\Delta S}{\Delta t}\right)_n\right]^{T}$$

在式（4）两侧分别乘以 M^{T}，并最终解得：

$$a=\left[n\sum_{i=1}^{n}\bar{S}_i\left(\frac{\Delta S}{\Delta t}\right)_i-\sum_{i=1}^{n}\bar{S}_i\sum_{i=1}^{n}\left(\frac{\Delta S}{\Delta t}\right)_i\right]\Big/\Delta$$

$$b=\left[\sum_{i=1}^{n}(\bar{S}_i)^2\sum_{i=1}^{n}\left(\frac{\Delta S}{\Delta t}\right)_i-\sum_{i=1}^{n}\bar{S}_i\sum_{i=1}^{n}\bar{S}_i\left(\frac{\Delta S}{\Delta t}\right)_i\right]\Big/\Delta \tag{5}$$

式中，

$$\Delta=n\sum_{i=1}^{n}(\bar{S}_i)^2-\left(\sum_{i=1}^{n}\bar{S}_i\right)^2$$

求得 a，b 后，代入 $a=-\frac{1}{\eta}$，$b=\frac{S_{\infty}}{\eta}$，从而得到最终沉降量 S_{∞}。

通过大量工程实践，有学者发现虽然地基沉降随时间的变化曲线符合指数曲线的趋势，但是该方法也有一定的局限性，主要是对沉降观测数据的单调性要求非常严格，不可直接用在沉降量小、数据起伏大的工程项目。针对上述问题又提出了三点修正指数曲线模型。

1.2　双曲线法

通过对实测值统计分析，当沉降量 $S(t)$ 与时间 t 之间的变化符合双曲线趋势时。其表

达式为：

$$S\ (t)=S_0+\frac{t-t_0}{a+b\ (t-t_0)} \tag{6}$$

式中，$S(t)$ 为时刻 t 时的预测沉降量；t_0 为整个施工期 T 的一半；S_0 为对应于 t_0 的沉降量；S_∞ 为最终沉降量；a，b 为待定参数。

式（6）可变化为

$$\frac{t-t_0}{S(t)-S_0}=a+b(t-t_0) \tag{7}$$

式中，a，b 分别为$\frac{t-t_0}{S(t)-s_0}-(t-t_0)$ 关系曲线的截距和斜率，其值可用图解法或线性回归方程求解。

1.3　泊松曲线

泊松曲线也称作逻辑曲线，又称饱和曲线。在时间序列的预测中，其表达式为：

$$S_t=\frac{c}{1+ae^{-bt}} \tag{8}$$

式中，S_t 为第 t 期的沉降预测值；t 为时间；a、b 和 c 为待定参数。利用时间序列求出 a、b、c 三个参数，然后建立泊松曲线方程，从而对沉降值 S_t 进行预测。

梅国雄、宰金珉等[10] 从本构关系角度，通过严格的数学方法证明线性加载下沉降-时间曲线呈“S 形”，并且充分说明了泊松曲线具有以下特点：不通过原点性、单调递增性、有界性、呈“S”形、良好的适应性以及满足固结度条件。泊松曲线方程中的各个参数可运用三段计算方法求解。

1.4　灰色 GM(1,l) 模型

灰色系统理论主要是指一种研究少数据、少信息的不确定问题的技术方法，由中国学者邓聚龙教授于 1982 年发明创立。该理论诞生四十年来，越来越多的学者进一步完善了这个理论，其应用范围已经拓展到了数十个领域，很好地解决大量的实际问题。

在岩土工程领域的沉降预测中，灰色系统理论的基本原理是指：在空间与时间都有限的范围内，且所得信息有限的情况下，将杂乱无章的原始数据列分类通过一定的计算方式对其进行处理，得到比较有规律的时间数据列，而不是寻求这些灰色量的计算规律。一般来说灰色模型为 GM(n,h)，其表示为对 h 个变量建立 n 阶微分方程。而做预测所使用的模型一般为 GM(n,l)，在沉降预测中实际使用最多的还是 GM(l,l) 模型。

灰色模型的建立过程如下：

设观测到的原始数据序列为：

$$x^{(0)}=[x^{(0)}(1),\ x^{(0)}(2),\ \cdots,\ x^{(0)}(n)] \tag{9}$$

经过 r 次累加，得到光滑的生成数列：

$$X^{(r)}=[x^{(r)}(1),\ x^{(r)}(2),\ \cdots,\ x^{(r)}(n)] \tag{10}$$

其中，

$$X^{(r)}(k)=\sum_{i=1}^{k}x^{(r-1)}(i) \tag{11}$$

一般经一次累加，可得到光滑的生成数列。因此对于 GM(1,1) 预测模型，其微分方程为：

$$\frac{dx^{(1)}}{dt}+ax^{(1)}=u \tag{12}$$

将 $X^{(1)}(k)$ 取为均值生成序列 $Z^{(1)}(k)$，则

$$Z^{(1)}(k)=\frac{1}{2}[x^{(1)}(k)+x^{(1)}(k-1)](k=2,\ 3,\ L,\ \cdots,\ n) \tag{13}$$

最后解得微分方程式（11）得：

$$\hat{x}^{(1)}(k+1)=\left(x^{(0)}(1)-\frac{u}{a}\right)e^{-ak}+\frac{u}{a} \tag{14}$$

其原始数据的拟合值为：

$$\hat{x}^{(0)}(k)=\hat{x}^{(1)}(k)-\hat{x}^{(1)}(k-1) \tag{15}$$

以上建模过程的前提为假定原始数据序列等距，因此 GM(l,l) 模型的实质就是以指数函数作为拟合函数，首先对等时距数据序列进行拟合，然后利用最小二乘法准则对曲线进行延伸，并将此预测值作为此曲线下最优曲线的延伸所得的值。针对不等时距序列，学者又提出了不等时距 GM(l,l) 和不等时距时变参数 GM(l,l) 模型。

近年来，针对灰色模型在长期预测中，由于模型没有考虑到建筑物的最新变形趋势，从而导致预测准确性下降的问题，提出了基于灰色模型与马尔科夫预测模型，结合生物学上新陈代谢思想的动态修正模型。而在实际工程中，由于各种因素的影响，建筑物变形的规律会发生改变，利用前期沉降的数据去预测未来长期的沉降，往往会有很大的误差。利用新陈代谢的思想进行动态修正则是对预测模型在不同的时间区域内进行修正，剔除掉不符合沉降规律的数列，加入符合当下沉降规律的数列，进行不同时间区域内的动态修正，以期望提高灰色模型在长期预测中的精度。靳鹏伟利用灰色模型与马尔科夫模型相结合的改进灰色模型，预测某高铁工程隧道的沉降值，并同传统的算法相对比，结果证实利用动态修正的灰色模型的预测结果精度更高，并且对于“波动性”的变形也能预测出。

2　每种模型的优缺点

2.1　指数曲线法模型

指数曲线法模型常用两种方法：残差检验法和关联度检验法。其优点在于建模方便，当数据项数 n 较大时，采用指数曲线模型预测更精确。但是指数模型前期预测能力较差，只适用于工期较长的项目，并且在沉降预测时，待定系数确定较为繁琐，需要的数据较多。

2.2　双曲线法模型

双曲线法的运用相对简单，当用较短的实测资料来推测最终沉降量时，其优于泊松曲线法和指数曲线法；双曲线法也适合用于高压缩性及次固结影响较大的软土。双曲线法缺陷之处为不适用于工期较长项目，而且利用双曲线法计算出的结果较实测值略为偏大。

2.3　泊松曲线法模型

泊松曲线法相较于其他模型的拟合和预测精度都更高，对于沉降量与时间之间呈“S”形曲线时，泊松曲线法能够很好地拟合。但是泊松曲线法在拟合时要求实测数据必须是等时空距，若实测数据为非等时空距时，则需利用数学方法将其转换成等时空距数据才能进行预测。

2.4　灰色 GM(1,1) 模型

灰色 GM(l,l) 模型在进行结果检验时可采用残差检验法、后验差检验法及关联度检验法。灰色 GM(l,l) 模型样本需求量小，一般来说只需要 5 个样本数据就能够达到较高的拟合水平，相对于其他模型来说计算较简单且精度也高。同时随着监测资料不断充实、优化，还能为后续施工提供可靠的预测数据。其主要缺点是对工期较长的工程沉降预测中，随时间推移，不断有一些干扰因素进入系统，使得信噪比增大，即使在前几个预测值精准度较高的情况下，后续的预测值会慢慢偏离。因此需要采用一些方法，对 GM(l,l) 模型进行优化修正，从而进一步提高预测的精度。

3　实际案例比较分析

3.1　实测数据与沉降预测数据的对比

为了更好地验证上述几种模型在沉降预测中的应用情况，以西安市紫薇山庄 8 号楼的沉降实测数据为例，见表 1.1 和表 1.2。该项目的沉降观测时间是从 2000 年 6 月 29 日开始，一直到 2002 年 11 月 4 日结束，共 858 天。实测数据以 14 天为一个周期，前 18 次的实测数据见表 1 与表 2。将这几种预测模型应用于同一工程，并绘制拟合预测曲线，如图 1 所示。

表 1　紫薇花园 8 号楼实际沉降观测值一

观测序号	1	2	3	4	5	6	7	8	9
沉降量 S(mm)	0.9	2.0	3.1	4.40	6.80	9.00	11.60	12.80	13.50
沉降差 ΔS(mm)	0.90	1.10	1.10	1.30	2.40	2.20	2.60	1.20	0.70
时间 T(d)	14	28	42	56	70	84	98	112	126

表 2　紫薇花园 8 号楼实际沉降观测值二

观测序号	10	11	12	13	14	15	16	17	18
沉降量 S(mm)	13.80	14.30	15.90	17.00	17.60	18.00	18.20	18.30	18.37
沉降差 ΔS(mm)	0.30	0.50	1.60	1.10	0.60	0.40	0.20	0.10	0.07
时间 T(d)	140	154	168	182	196	210	224	238	252

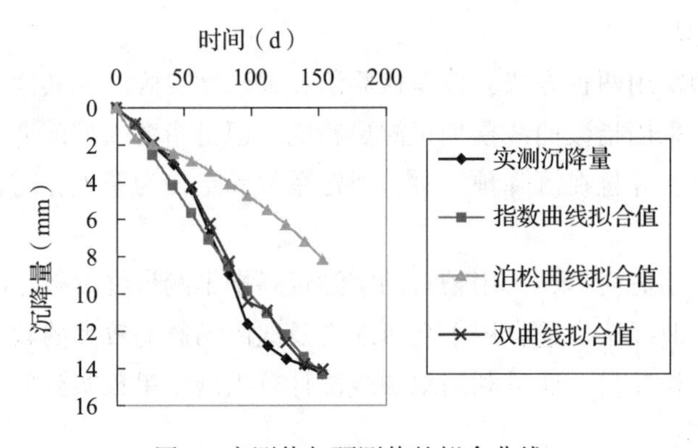

图 1　实测值与预测值的拟合曲线

3.2　各模型计算值与实测沉降值的误差比较

综合考虑各模型的预测精度与时间的关系，我们抽取沉降观测后期连续五次的观测值，然后同各模型预测值进行对比，根据实测值与预测值之间的相对误差的大小来决定模型的选

取。现将四种预测模型的误差比较列于表3中。

表3　各模型预测值与实际值误差比较

时间（d）	实测值（mm）	GM(l,l)模型（mm）	相对误差（%）	指数曲线法（mm）	相对误差（%）	双曲线法（mm）	相对误差（%）	泊松曲线法（mm）	相对误差（%）
168	15.900	15.900	0.0	15.392	3.19	15.967	0.42	9.116	42.67
182	17.000	16.971	0.17	16.329	3.95	16.777	1.31	10.071	40.76
196	17.600	17.600	0.0	17.218	2.17	17.462	0.78	11.004	37.48
210	18.000	17.968	0.18	18.059	0.27	18.048	0.27	11.989	33.9
224	18.200	18.184	0.09	18.855	0.359	18.555	1.95	12.737	30.01

为了更好地检验各沉降预测模型的拟合精度，距离第一次沉降观测858d后，测出此时建筑物的沉降值作为最终沉降值，其值为20.14mm，将各预测模型的预测结果与最终实测值进行比较和精度检验，结果见表4。

表4　预测值与沉降最终实测值比较及精度检验

模型	预测值（mm）	实测值（mm）	相对误差（%）
GM(1，1)模型	18.702	20.14	7.14
指数曲线法	33.119		64.44
双曲线法	22.65		12.46
泊松曲线法	18.241		9.43

根据紫薇花园8号楼观测后期的五项观测值与各模型预测值的比较，以及该工程沉降最终实测值与各模型预测值精度的检验，可以看出灰色模型对于建筑物沉降的预测最为合理，整个观测周期内的预测值与实测值偏差不大。指数曲线法在一年内的预测值与实测值的相对误差都在4%以内，但是随着时间的增加，在长期预测上的误差则很大，最终达到了64.44%。双曲线法的预测值则比较稳定，在中期与长期预测上误差较之灰色模型较大，但比其余两种模型要好。泊松曲线在前中期的预测值与实测值的偏差较大，不能很好地拟合实际沉降曲线，但是其最终沉降量误差仅次于灰色模型的预测误差。

4　结语

通过对以上工程实测资料的分析，可以得到下面的结论：

（1）建筑物沉降变形有其自身的规律，我们可以把握这些规律，在基于实际沉降测量数据的基础上，通过建立不同的模型来预测建筑物的沉降；

（2）通过对比，不同的沉降模型预测的结果差异较大，我们应当根据工程特性以及初期沉降曲线的变化趋势采用最优的沉降模型；

（3）灰色GM(l,l)模型具有适应性好，预测结果离散性和准确性高的特点，能够较好地预测沉降；

（4）泊松曲线法最好适用于“S”形沉降-时间曲线，当沉降曲线趋势不是“S”形时，拟合程度很差，而且泊松曲线要求实测数据必须为等时空距数据；

（5）指数曲线法适用于较长的工程，需要的实测数据较多，而且需要反映地基固结参数的物理量，因此对于不同沉降曲线的拟合程度都较好；

（6）双曲线法运用比较简单，但是其得到的预测值和实测曲线不能很好地拟合，因此在选择双曲线法时必须考虑工期是否够长，保证模型能很好地建立。

参考文献

[1] 中华人民共和国住房和城乡建设部．建筑地基基础设计规范：GB 50007—2011．［M］．北京：中国建筑工业出版社，2011.
[2] 杨光华．现代地基设计理论的创新与发展［J］．岩土工程学报，2021，43（01）：1-18.
[3] 刘忠玉，纠永志，乐金朝，等．基于非 Darcy 渗流的饱和黏土一维非线性固结分析［J］．岩石力学与工程学报，2010，42.
[4] 郑立善，谢威，宋录彬，等．考虑软土固结的一级公路碎石桩路基沉降规律数值模拟研究［J］．湖南交通科技，2020，46（01）：5-8，85.
[5] 艾智勇，王禾，慕金晶．层状分数阶黏弹性饱和地基与梁共同作用的时效研究［J］．力学学报，1-9.
[6] 刘思峰，蔡华，杨英杰，等．灰色关联分析模型研究进展［J］．系统工程理论与实践，2013，33（08）：2041-6.
[7] 李红霞，赵新华，迟海燕，等．基于改进 BP 神经网络模型的地面沉降预测及分析［J］．天津大学学报：自然科学与工程技术版，2009，（01）：60-64.
[8] 刘射洪，袁聚云，赵昕．地基沉降预测模型研究综述［J］．工业建筑，2014，（s1）：738-741.
[9] 陈善雄，王星运，许锡昌，等．路基沉降预测的三点修正指数曲线法［J］．岩土力学，2011，32（11）：3355-3360.
[10] 梅国雄，宰金珉，赵维炳，等．地基沉降-时间曲线型态的证明及其应用［J］．土木工程学报，2005，（06）：69-72，96.
[11] 邓聚龙．灰色控制系统［J］．华中工学院学报，1982，03）：9-18.
[12] 靳鹏伟，何永红．改进灰色模型高铁隧道路基沉降分析与预测［J］．铁道科学与工程学报，2016，13（12）：2355-2359.

高层超长钢筋混凝土悬挑结构施工方法

孙亿海　王李颗　周　鹏　肖敏威　张　晗　伍民和

中国建筑第五工程局有限公司　长沙　410000

摘　要：郴州宁邦广场项目文华里一期有5栋高层住宅建筑屋面以上为长度伸出4.2m的钢筋混凝土悬挑结构，距离室外地面超过99m。支模架体系及外脚手架防护架体系搭设难度较大，施工成本极高。通过研究悬挑结构荷载、支撑防护体系等施工因素，对支模架体系及外脚手架防护架体系进行合理设计，达到降低施工难度，减少施工成本的目标。

关键词：高层；超长悬挑结构；支模架体系

随着国内外城市化的不断推进，房屋建筑工程的发展速度也越来越快，房地产商为抢占市场，通过独特的建筑外形提高企业自身的竞争力，这使住宅建筑的外观设计创新程度越来越大，如在屋面以上的构架层延伸出悬挑长度较大的悬挑结构。这种悬挑结构一般距离地面极高，施工难度极大，因此确保作业人员的人身安全是重点。

1　工程概况及施工重点难点

1.1　工程概况

单栋高层住宅建筑面积15979.29m^2，屋面结构高度99m，地上33层，悬挑结构高度100.5m，为框架剪力墙结构，部分女儿墙上部存在悬挑长度为4.2m的钢筋混凝土结构（图1），远大于悬挑式脚手架规范标准要求的：悬挑结构存在挑檐及两条梁、挑檐结构复杂、悬挑结构两侧临空、距地面100.5m，两侧均需设置防护脚手架。

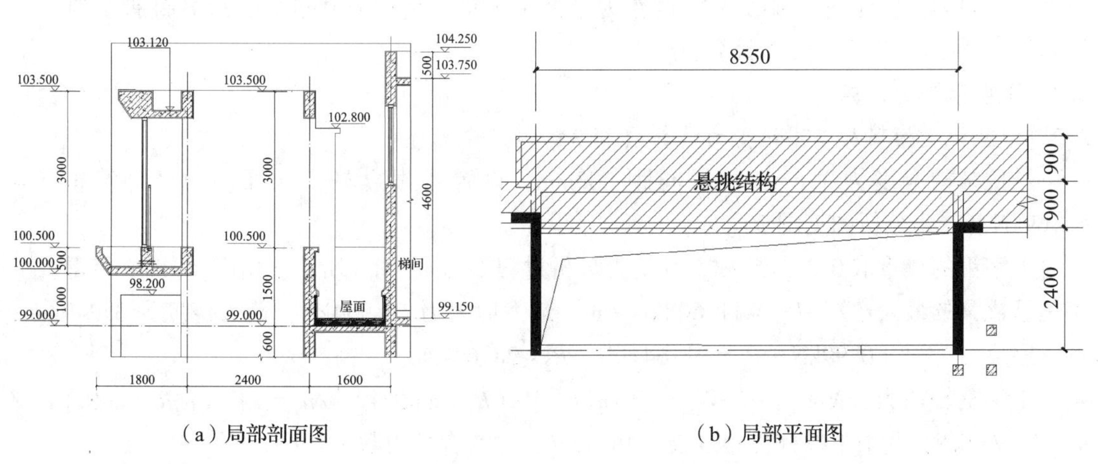

（a）局部剖面图　　（b）局部平面图

图1　悬挑结构示意图

1.2　施工重点难点分析

（1）支模难度高。悬挑结构距地面100.5m，如采用普通扣件式钢管脚手架施工，支撑体系的整体稳定性、高宽比不能满足相关规范标准要求。

（2）悬挑结构跨度达到 8.2m，跨度大。由于悬挑结构悬挑长度为 4.2m，如采用悬挑式钢管脚手架，悬挑工字钢长度超过 5m，悬挑支撑体系的整体稳定性、工字钢的挠度不能满足规范标准要求。

（3）工期短。根据总进度计划，屋面以上结构施工时间最长为 45d。如采用大型操作工具平台，安装拆除难度大，要使用大量人力物力资源，大大延长施工时间。

2 施工体系选择及深化设计

2.1 施工体系选择

为解决屋面以上悬挑结构的施工难题，国内通常采用“高空斜拉型钢支模平台+满堂支撑架”的模板支撑体系施工，本工程若采取此方案，需使用大型吊装机械，增加经济成本。

为降低施工成本，提供安全可靠的作业环境，确保项目按期完工，项目决定将“高空斜拉型钢支模平台+满堂支撑架”的模板支撑体系与悬挑式脚手架体系结合，保证悬挑式脚手架的整体稳定性，减小悬挑式脚手架悬挑工字钢的挠度，以满足规范标准要求。

2.2 悬挑支模架及外架体系深化设计

悬挑结构采用悬挑式脚手架施工，悬挑结构悬挑长度达到 4.2m，外侧需间隔 0.3m 搭设 0.85m 宽外脚手架，即悬挑工字钢悬挑长度需达到 4.2m+0.3m+0.85m+0.1m=5.45m，要满足 1.25 倍锚固长度，需 12m 长工字钢。

工字钢长度极长，为使悬挑式脚手架满足规范标准要求，在工字钢荷载集中位置设置工字钢斜撑支撑悬挑工字钢，斜撑工字钢与悬挑工字钢之间采用钢板加螺栓固定。同时，由于本工程结构形式为框架剪力墙结构（图 2），施工时采用铝模外全剪力墙施工工艺，如在外墙上预埋斜撑工字钢固定件，会破坏铝模完整性，提高施工成本，因此，在斜撑工字钢下部设置一层悬挑长度为 3.5m 的悬挑工字钢，作为斜撑工字钢支撑点及工字钢安装平台。本项目因条件限制，仅能使用 20A 工字钢作为悬挑工字钢，结构荷载过大，故悬挑脚手架分三层悬挑（图 2），以满足受力计算。

2.3 工字钢受力计算

2.3.1 悬挑支模架层工字钢受力计算（图 3）

悬挑结构宽度为 1.8m，立杆间距 600mm，设置 4 根立杆，立杆轴力经计算得 $F=6.169\text{kN}$（受力分析图见图 3）。

工字钢的自重取 0.335kN/m，其受力分析过程如图 4～图 6 所示。由图 4～图 6 可得，工字钢悬挑梁的最大弯矩 $M_{max}=11.608\text{kN}\cdot\text{m}$，最大剪力为 12.954kN，最大挠度为 3.249mm，各支座反力为 $R_1=0.99\text{kN}$，$R_2=-1.641\text{kN}$，$R_3=28.69\text{kN}$。

工字钢轴向力：$N=|[-(+N_{Z1})]|/n_z=|[-(R_{X1}/\tan\beta_1)]|/n_z=|[-(n_zR_3/\tan\beta_1)]|/n_z=26.778\text{kN}$；式中下撑杆件角度 $\beta_1=46.975°$，主梁合并根数 $n_z=1$

强度：$\sigma_{max}=M_{max}/(\gamma W)+N/A=11.608\times10^6/(1.05\times237\times10^3)+26.778\times10^3/3555=54.177\text{N/mm}^2\leqslant[f]=215\text{N/mm}^2$。符合要求！

式中，塑性发展系数 $\gamma=1.05$，截面抵抗矩 $W_x=237\text{cm}^3$，截面面积 $A=3555\text{mm}^2$。

受弯构件整体稳定性分析：

$M_{max}/(\phi'_b W_x f)=11.608\times10^6/(0.718\times237\times215\times10^3)=0.317\leqslant1$。符合要求！

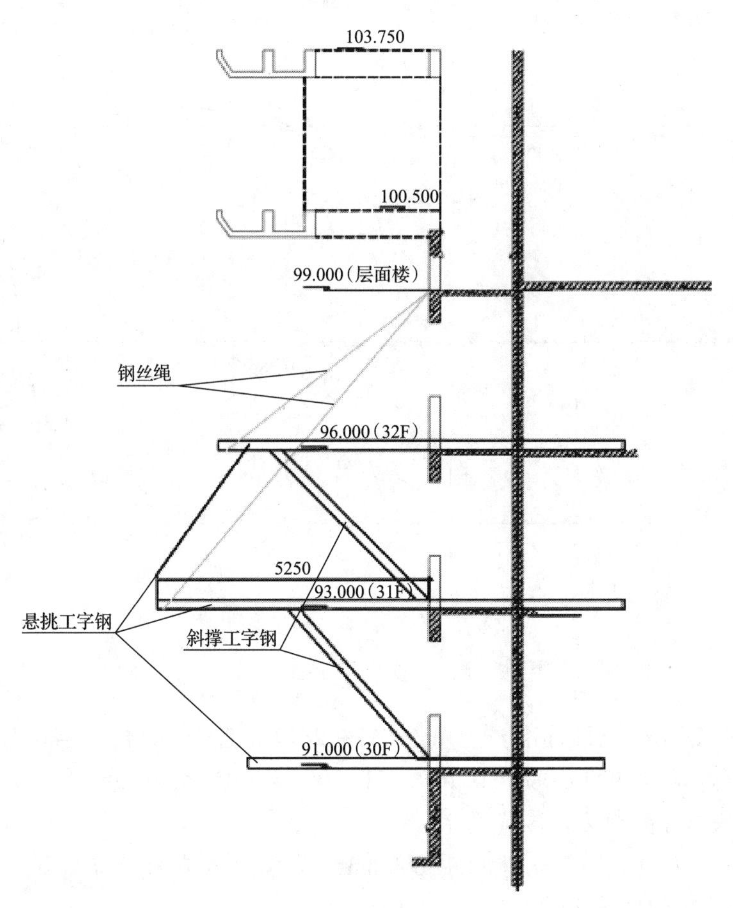

图2　悬挑结构示意图

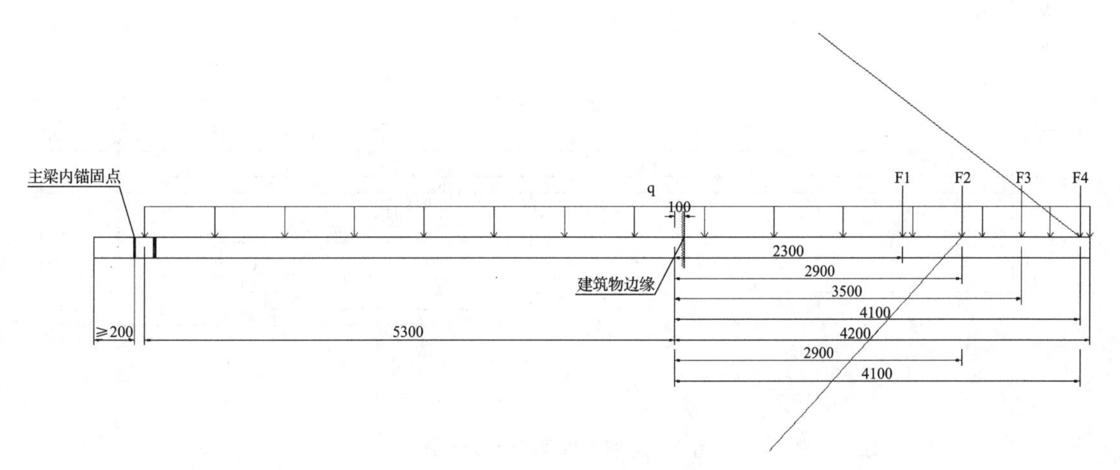

图3　悬挑支模架受力分析图

根据《钢结构设计标准》（GB 50017—2017）查表得，$\phi_b=0.80$。由于$\phi_b>0.6$，根据《钢结构设计标准》（GB 50017—2017）附表C，得到ϕ_b'值为0.718，其中ϕ_b为均匀弯曲的受弯构件整体稳定系数。

斜撑工字钢型号为16号工字钢，截面面积$A=2611\text{mm}^2$，轴向力$N_1=R_3/\sin\beta_1=28.69/\sin46.975°=39.245\text{kN}$，工字钢长度$L0_1=4103.657\text{mm}$，长细比$\lambda_1=L0_1/i=4103.657/18.9=$

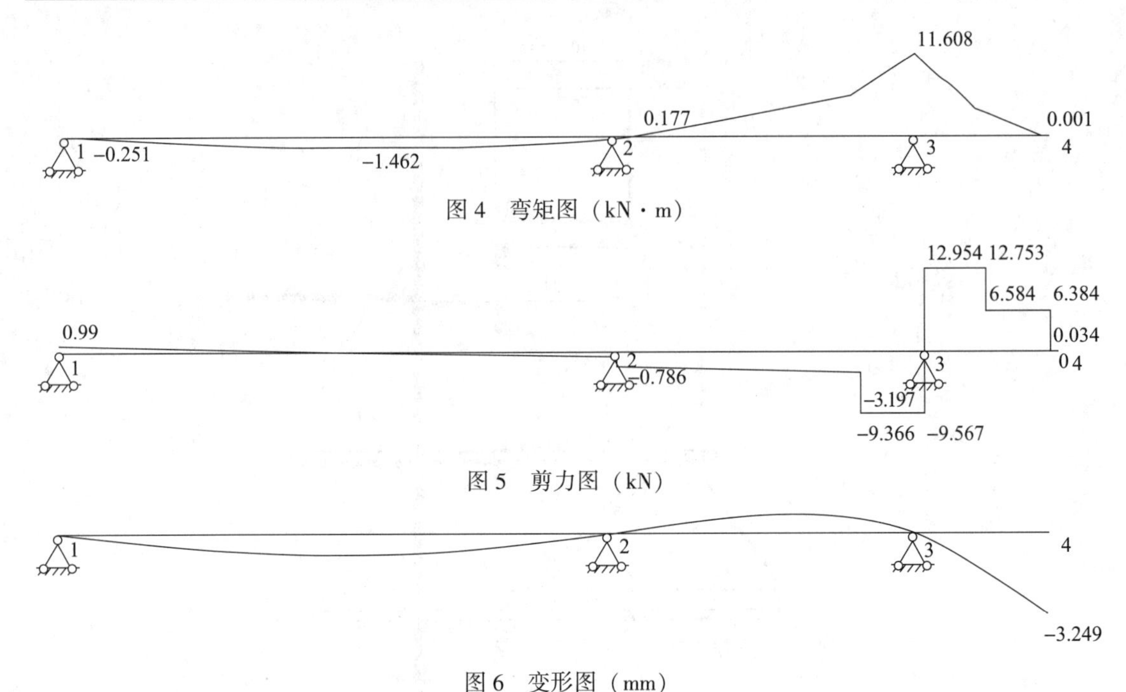

图 4　弯矩图（kN · m）

图 5　剪力图（kN）

图 6　变形图（mm）

217.125，依据《钢结构设计标准》（GB 50017—2017）查表 D 得，$\phi_1=0.16$。轴心受压稳定性计算：$N_1/(\phi_1 Af)=39245.086/(0.16\times2611\times205)=0.458\leqslant1$。符合要求！

2.3.2　悬挑外架工字钢受力计算（图 7）

悬挑外架宽度为 0.85m，立杆间距 600mm，设置 6 根立杆，立杆轴力经计算得 $F=2.212$kN（受力分析图见图 7）。

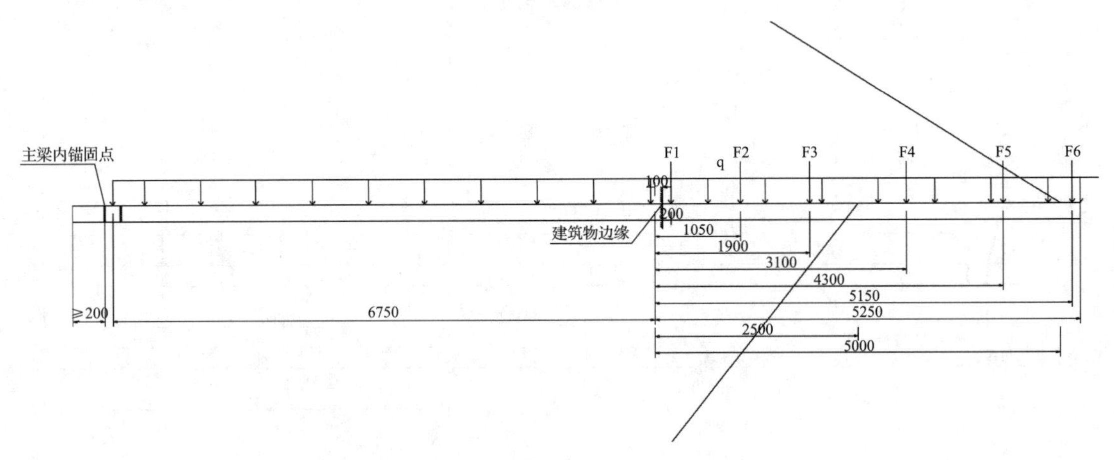

图 7　悬挑支模架受力分析图

工字钢的自重取 0.335kN/m，其受力分析过程如图 8～图 10 所示。由图 8～图 10 可得，工字钢悬挑梁的最大弯矩 $M_{max}=23.038$kN · m，最大剪力为 15.613kN，最大挠度为 10.122mm，各支座反力为 $R_1=1.213$kN，$R_2=-1.222$kN，$R_3=28.752$kN。

工字钢轴向力：$N=|[-(+N_{Z1})]|/n_z=|[-(R_{X1}/\tan\beta_1)]|/n_z=|[-(n_zR_3/\tan\beta_1)]|/n_z=23.002$kN；式中下撑杆件角度 $\beta_1=51.34°$，主梁合并根数 $n_z=1$

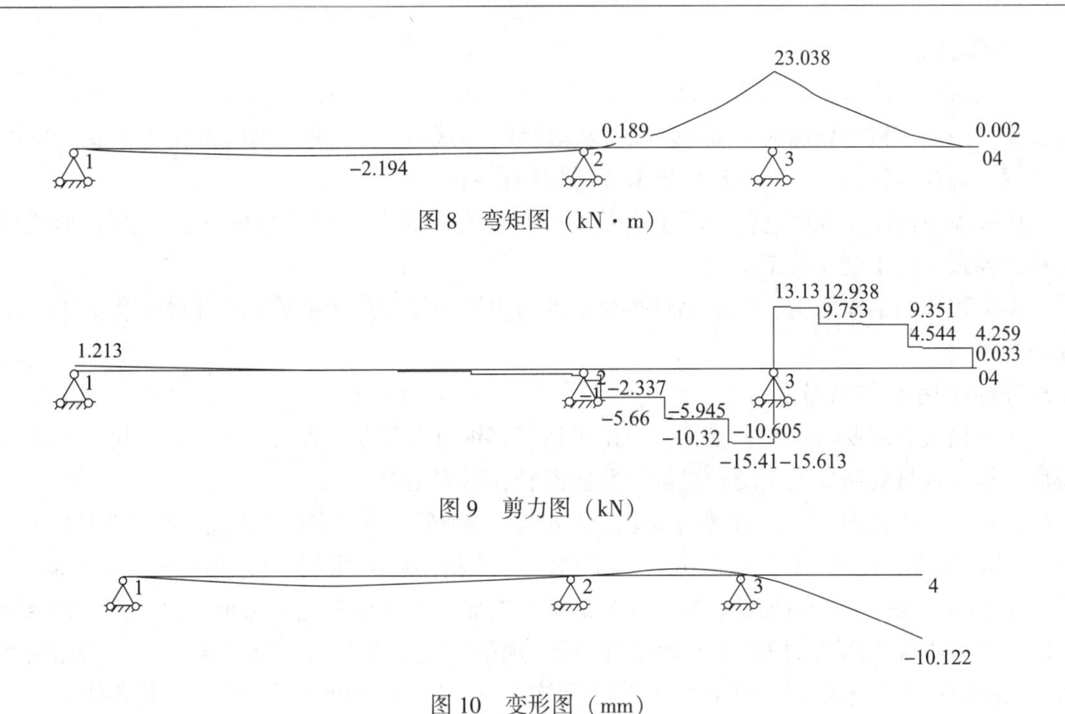

图8　弯矩图（kN·m）

图9　剪力图（kN）

图10　变形图（mm）

强度：$\sigma_{max}=M_{max}/(\gamma W_x)+N/A=23.038\times10^6/(1.05\times237\times10^3)+23.002\times10^3/3555=99.048N/mm^2\leqslant[f]=215N/mm^2$；符合要求！

式中塑性发展系数$\gamma=1.05$，截面抵抗矩$W_x=237cm^3$，截面面积$A=3555mm^2$。

受弯构件整体稳定性分析：

$M_{max}/(\phi_b' W_x f)=23.038\times10^6/(0.655\times237\times215\times10^3)=0.69\leqslant1$；符合要求！

根据《钢结构设计标准》（GB 50017—2017）查表得，$\phi_b=0.68$。由于$\phi_b>0.6$，根据《钢结构设计标准》（GB 50017—2017）附表C，得到ϕ_b'值为0.655，其中ϕ_b为均匀弯曲的受弯构件整体稳定系数。

斜撑工字钢型号为16号工字钢，截面面积$A=2611mm^2$，轴向力$N_1=R_3/\sin\beta_1=28.752/\sin51.34°=36.82kN$，工字钢长度$L0_1=3841.875mm$，长细比$\lambda_1=L0_1/i=3841.875/18.9=203.274$，根据《钢结构设计标准》（GB 50017—2017）查表D得，$\phi_1=0.181$。轴心受压稳定性计算：$N_1/(\phi_1 Af)=36820.474/(0.181\times2611\times205)=0.38\leqslant1$，符合要求！

3　悬挑支模架及外架体系施工

3.1　斜撑工字钢加工

本工程悬挑支模架及外架体系的悬挑工字钢搭设方式独特，施工时不能按常规方法购买工字钢材料，需要寻找厂家定制悬挑工字钢及工字钢斜撑。悬挑工字钢的斜撑支撑位置设置4个ϕ15mm矩形分布孔洞（图11），横向间距60mm，纵向间距55mm。斜撑工字钢两端斜切平，并在两端焊接4mm厚的钢板，钢板同样设置4个孔洞，分布方式同上。

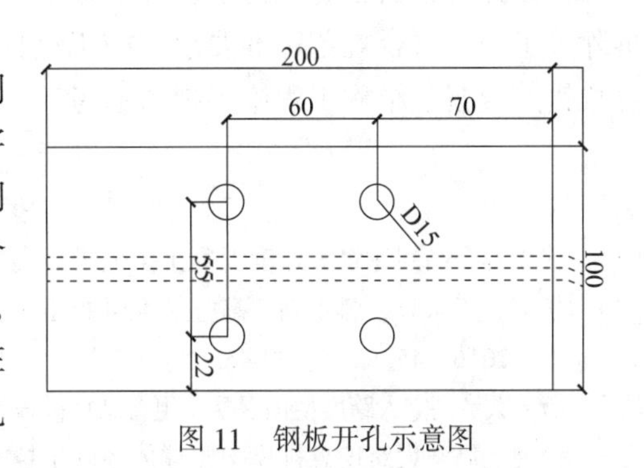

图11　钢板开孔示意图

3.2　预埋件施工

施工时首先进行U形锚环预埋，U形锚环采用HPB300级钢材，直径20mm，施工作业人员要按照工字钢布置图对U形锚环的位置放线，为防止工字钢铺设时悬挑工字钢与斜撑工字钢上的孔洞错位，U形锚环位置偏差需控制在±1cm之内。

U形锚环预埋完成后进行混凝土浇筑，此时要安排专人看护U形锚环，防止U形锚环位移，导致后期不能安装工字钢。

本工程采用铝模施工，工字钢悬挑楼层的剪力墙柱模板封闭前要预埋木盒，作为工字钢穿墙孔洞。

3.3　悬挑脚手架体系搭设

工字钢安装需要塔吊配合施工，塔吊吊运工字钢时下部要设置警戒区，并安排专人旁站警戒，作业人员要做好安全防护措施，穿防滑鞋，系安全带。

悬挑工字钢按照从下至上的顺序安装，先安装斜撑下部支撑工字钢，再安装脚手架悬挑工字钢，最后安装斜撑。最下面一层悬挑工字钢安装完成后搭设悬挑架防护并采用模板封闭底部，安装上部超5m悬挑工字钢后加设斜撑，悬挑工字钢端部设置斜拉钢丝绳保护。由于工字钢悬挑长度过长，外侧搭设的防护脚手架距结构边线的距离过远，单独设置防护架连墙件的作用不大，故防护脚手架搭设时与内侧的支撑脚手架连接在一起，增强外侧防护架的抗倾覆能力。

3.4　悬挑结构施工及悬挑脚手架体系拆除

悬挑混凝土结构浇筑时，需安排专人在支模架下部测量支撑结构形变值，变形按高度的0.1%进行控制，预警值为2cm，垂直度按高度的0.3%进行控制，预警值为5cm，当达到预警值时应停止使用，采取应急措施，并组织相关人员研究处理，在确保安全的情况下对支撑系统进行加固。

混凝土浇筑完成后，悬挑结构强度达到设计值的100%，进行模板和脚手架的拆除施工。

工字钢拆除时，先拆除横起上部工字钢，拆除时，先使用塔吊分别用两根钢丝绳将工字钢两头拴牢后，再进行拆除，横起工字钢拆除后，再由指挥进行吊装作业。横起工字钢拆除完成后，再逐步拆除每根悬挑工字钢，拆除时根据现场具体情况，先将工字钢使用钢丝绳捆绑后挂在塔吊吊钩上面，再设置一根风浪绳捆绑，配合塔吊指挥将工字钢一步步拆除。

4　结语

本文通过郴州宁邦广场项目实际案例，对在高空大悬挑结构施工过程中遇到的问题进行了专门的研究。在保证安全、经济的前提下，对悬挑结构的支撑防护体系进行深化设计，项目部根据此方案实施后取得了良好的效果，顺利完成了模板支设、混凝土浇筑及模板和支撑拆除等工作，符合规范标准要求，施工过程中无发生任何质量、安全事故，可为同类高空大悬挑钢筋混凝土结构工程施工提供参考。

参考文献

[1]　穆立春．高层建筑大跨度混凝土挑檐模板支撑设计与应用［J］．建筑施工，2021，43（1）：65-68.
[2]　景剑，王永泉，郭正兴．高空超大悬挑混凝土结构模板支撑体系设计与施工关键技术［J］．施工技术，2016，45（21）：39-45.
[3]　历天数．高空大跨度型钢混凝土组合结构模板支撑体系施工技术［J］．施工技术，2014，43（2）：84-87.
[4]　姜健．高空大跨度悬挑模架支撑体系施工技术研究［J］．工程技术，2017，7：561.

浅谈承插型盘扣式脚手架搭设

康泽民　易　凤

湖南省第五工程有限公司　株洲　420000

摘　要：承插型盘扣式钢管支架技术起源于德国，在国外使用已经有将近 30 年的历史，是欧美国家使用最为普遍的支撑体系。盘扣式脚手架在我国是一种新型脚手架，是继碗扣式脚手架之后的升级换代产品，具有安全、美观、省材料、工效高、施工速度快等特点。目前已在民用建筑和市政路桥、轨道交通等工程上推广使用。总结承插型盘扣式钢管支架搭设及模板安装工艺技术，能有效提高工程施工质量、安全和缩短工程工期。

关键词：承插型盘扣式钢管支架；安全；缩短工期；BIM

随着我国经济不断发展，建筑市场的竞争越来越激烈，如何运用新材料、新工艺、新技术来降低企业施工成本，是保证企业能够在竞争中保持优势，不断发展的前提。湖南省第五工程有限公司华南分公司自 2018 年开始，陆续承接碧桂园、金乐地产等大型标杆房地产开发项目。在主体结构施工过程中大量采用承插型盘扣式脚手架支模体系施工工艺，涉及采用这项新施工工艺的项目有四个。项目管理团队面对新挑战，积极学习新施工技术，在施工管理过程中边应用边改进，最终总结出我们自己的承插型盘扣式脚手架支模体系的施工经验。承插型盘扣式脚手架支模体系施工工艺能提高施工质量安全和降低工程建造成本，缩短工程工期，是建设工程项目重点推广的施工技术。

1　工艺介绍

承插型盘扣脚手架的型号分为 A 型和 B 型两类。A 型：指立杆直径是 60mm，主要用于重型支撑，如桥梁工程。B 型：立杆直径 48mm，主要用于房建与装饰装修、舞台灯光架等领域。

承插型盘扣式脚手架的连接方式是国际主流的脚手架连接方式，合理的节点设计能达到各杆件传力均通过节点中心，是脚手架的升级换代产品，连接牢固、结构稳定、安全可靠。主要材料全部采用低合金结构钢（国标 Q345B），强度高于传统脚手架的普碳钢管（国标 Q235）的 1.5~2 倍。以 60 系列重型支撑架为例，高度为 5m 的单支立杆的允许承载力为 10.3t（安全系数为 2）。破坏载荷达到 22t。是传统产品的 2~3 倍。一般情况下，立杆的间距为 1.5m、1.8m，横杆的步距为 1.5m，最大间距可以达到 3m，步距达到 2m。所以相同支撑体积下的用量会比传统产品减少 1/2，质量会减少 1/2~1/3。由于用量少、质量轻，操作人员可以更加方便地进行组装。搭拆费、运输费、租赁费、维护费都会相应地节省，一般情况下可以节省 30%。

2　工艺原理

承插型盘扣式脚手架的插座为直径 133mm、厚 10mm 的圆盘，圆盘上开设 8 个孔，采用 ϕ48mm×3.5mm、Q345B 钢管做主构件，如图 1 所示，立杆是在一定长度的钢管上每隔 0.50m 焊接上一个圆盘，用这种新颖、美观的圆盘连接横杆，底部带连接套，横杆是在钢管两端焊接上带插销的插头制成。下部设置扫地杆，上部设置顶托。

图 1　盘扣节点

3　施工工艺

3.1　工艺流程

测量放线，确定本层梁、板位置→定位立杆，并做出十字标记→按位置放置可调底座→竖立杆并搭设扫地杆及第一步横杆→搭设上部横杆、斜杆及剪刀撑→安装顶托及铺设钢管→调节顶托高度至理论标高→模板铺设。

3.2　施工要点

（1）定位放线

根据项目的特点，针对项目整体运用 BIM 技术创建支模架搭设和模板安装模型，通过 BIM 模型的三维可视化，优化放线方案（图 2）。参照初步施工方案进行模拟施工，分析和优化施工方案，以及重点难点的可行性进行研讨，从而发现施工中可能出现的问题，在施工前就采取预防措施，直至获得最佳的施工方案，尽最大可能实现缩短工期、降低返工成本，减少资源浪费以及安全问题。

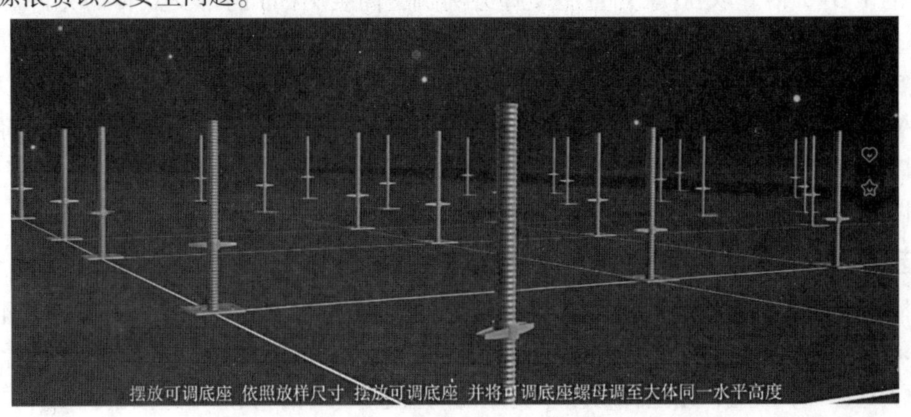

图 2　按放线位置摆放可调底座

（2）搭设架体

架体搭设质量从选材开始控制，架管材料采用低合金结构钢（国标 Q345B），强度高于传统脚手架的普碳钢管（国标 Q235）的 1.5~2 倍。主要部件均采用内、外热镀锌防腐工艺，既提高了产品的使用寿命，又为安全提供了进一步的保证，同时又作到美观、漂亮。

承插型盘扣式脚手架可调底座调节丝杆外露长度不大于 300mm。调整可调底座的调节螺母，使调节螺母在同一水平面上，使整体结构受力更加均匀。将起步杆套筒部分朝上套入调整底座上面，起步杆下缘需完全置入可调螺母受力平面的凹槽内。立杆与立杆之间通过承插式连接形成刚性连接，立杆与横杆、斜杆之间通过连接头与楔形插销连接形成半刚性连接，使整个结构成为几何不变体的稳定结构，横杆头套入圆盘小孔位置使横杆头前端抵住主架圆管，再以斜楔贯穿小孔敲紧固定。插销连接应保证锤击自锁后不拔脱，抗拔力不小于 3kN。扫地杆为最底层水平杆离地高度不大于 550mm，立杆保证垂直度。扫地杆离地间距如图 3 所示。

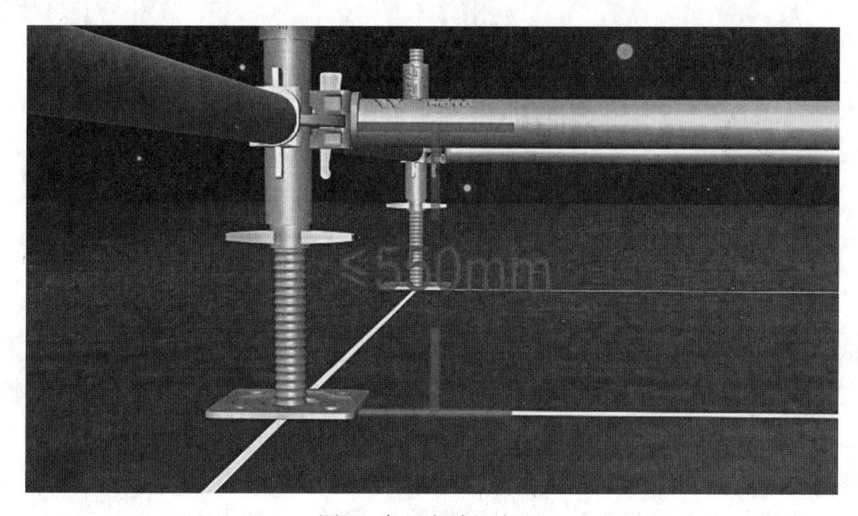

图 3　扫地杆离地间距

（3）斜杆或剪刀撑搭设

模板支架四边满布竖向剪刀撑，中间每隔四排立杆设置一道纵、横向竖向剪刀撑，特别是主梁方向必须设置剪刀撑，由底至顶连续设置。斜杆或剪刀撑搭设主要用于竖向固定立杆，防止变形，形成三角形稳定结构，增加架体整体刚度。斜杆全部依顺时针或全部依逆时针方向组搭，如图 4 所示，通过布设斜杆或剪刀撑增加支模架结构的整体稳定性。

（4）安装可调顶托

可调托座丝杆采用梯形牙，B 型立杆配置 ϕ38mm 丝杆和调节手柄，丝杆外径不小于 36mm。可调托座的托板采用 Q235 钢板制作，厚度不小于 5mm，允许尺寸偏差±0.2mm，承力面钢板长度和宽度均不小于 150mm；可调托座托板设置开口挡板，挡板高度不小于 40mm。可调底座丝杆与螺母旋合长度不小于 5 扣，螺母厚度不小于 30mm，可调底座插入立杆内的长度符合规范规定。模板支架可调托座伸出顶层水平杆或双槽钢托梁的悬臂长度不超过 650mm，且丝杆外露长度不超过 400mm，可调托座插入立杆或双槽钢托梁长度不小于 150mm，通过安装可调顶托确保楼板梁的平整度和外观质量，大大提高了工程实体质量。

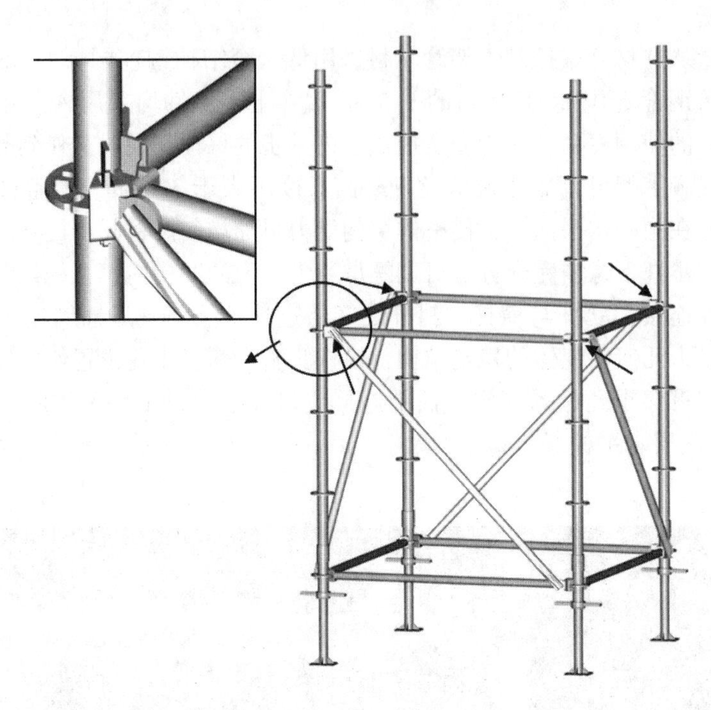

图 4 斜杆安装

4 结语

通过总结分析承插型盘扣式脚手架的优势较为明显，作为一种新型材料与施工工艺，无论在工程实体质量的把控上，还是对施工安全方面考虑，较其他传统脚手架都有较突出的优势。所以总结一套成熟完整的承插型盘扣式脚手架施工工艺技术，不仅可以提高工程施工质量和安全性，降低工程建造成本，还可以提高企业的核心竞争力，我们要不断地钻研总结经验，并积极向业界其他单位交流学习，让我们的技术力量更加强大。

参考文献

[1] 中华人民共和国住房和城乡建设部．建筑施工承插型盘扣式钢管支架安全技术规程：JGJ 231—2010［S］．北京：中国建筑工业出版社，2010.

[2] 中华人民共和国住房和城乡建设部．建设工程高大模板支撑系统施工安全监督管理导则［R］．建质〔2009〕254 号文．

[3] 中华人民共和国住房和城乡建设部．建筑施工扣件式钢管脚手架安全技术规范：JGJ 130—2011［S］．北京：中国建筑工业出版社，2011.

[4] 中华人民共和国住房和城乡建设部．建筑施工安全检查标准：JGJ 59—2011［S］．北京：中国建筑工业出版社，2011.

[5] 陈龙．承插型盘扣式钢管模板支架受力性能影响因素分析［D］．长沙：中南大学．2013.

房建、土建工程中高支模施工技术的应用

唐凯旋　蔡德元　赵孝文　秦　维

湖南省第五工程有限公司　株洲　412000

摘　要：高支模施工技术在现阶段房建、土建项目中的应用，可以在保证施工质量的前提下，进一步提升现场施工的安全性，并提高项目施工效率。所以，施工企业需认知高支模技术应用的必要性，结合项目实际建设情况与建设需求，合理引进高支模施工技术，结合相关质量控制措施的实施，做到对高支模施工全过程的监督管理，加强人员技术培训，进而提升高支模施工质量，确保在房建、土建建设中发挥其应有的功能与作用。鉴于此，本文主要分析房建、土建工程中高支模施工技术的应用。

关键词：房建、土建工程；高支模；施工技术

1　引言

随着居民生活质量的提升，应逐渐完善房屋土建工程施工技术和施工工艺，提升房屋土建工程质量在经济可持续发展的过程中具有重要的作用。高支模安装、验收、拆除全过程与施工方案均须落实因地制宜的理念，施工人员须科学设计房屋高支模施工的施工工艺、方案和管理制度，基于房屋建筑工程施工的现场实际情况，不断完善房屋土建高支模施工技术和施工工艺，加强对高支模施工的管理和检验工作，以提升房屋土建工程的实用性能、施工质量。

2　高支模施工概述

高支模技术在现阶段房建土建项目中的应用存在特殊要求，即高于5m的支模高度方可实施高支模施工。同时，若混凝土结构跨度不低于18m，并且在施工期间，需要以8m以上的支模进行辅助作业，也可采用高支模施工技术。另外，高支模技术的应用具有高标准、高难度等特点，要想发挥出高支模技术的最大作用，相关人员需严格按照施工方案进行高支模施工，结合相关工艺标准进行各高支模施工流程与环节的把控，确保高支模作业的开展符合标准要求。此外，要求施工人员具备较强的专业素养与技术能力，能够做到对高支模各施工工艺的合理应用，避免因高支模技术应用不合理而影响到项目整体建设效果。

3　房建、土建工程中的高支模施工技术应用实例分析

3.1　案例概述

以某房建工程项目为例，基本情况见表1。按照工程设计，首层和二层结构框架梁主要截面尺寸如下：①250mm×500mm；②300mm×500mm；③200mm×700mm；④450mm×1000mm；⑤300mm×1500mm；⑥300mm×2000mm。板厚参数分为120mm、130mm、180mm、400mm、450mm以及500mm，最大层高主要为5.95m。设计的模板支撑系统属于高支模。现结合高支模施工作业实践，总结应用中的控制措施。

表 1 工程基本情况

序号	名称	数据
1	建筑层数	33 层
2	建筑高度	98. 20m
3	地下室	1 层

3. 2 模板支设

墙柱模板支设。此工程中柱子截面形状，主要分为正方形、矩形与 L 形。使用的支模为七夹板，型号为 915mm×1830mm×18mm，设置规格为 50mm×100mm 的方钢与钢管抱箍加固。设置的方钢，横向距离控制为 250～350mm；对于钢管抱箍的设置，竖向间距按照 500mm。整个工程的竖向构件，以剪力墙为主，形状一致的剪力墙支模方法与柱相同。做好方钢条的定位，保障柱的线角顺直，确保边缘墙柱的方钢定位准确，可以选择方钢端部位置设置挂钩进行固定，并且保证柱模的侧向刚度达标。对柱模位置，设置双向拉螺杆，按照 400～500mm 的间距进行布置。按照设计方案，剪力墙模板选择七夹板制作，模板竖楞选择的是 50mm×100mm 木方，横楞使用的是钢管材料，模板支撑选择的是钢管脚手架，钢管立杆下部设置可调整支座，同时使用钢管制作斜撑。设置拉螺杆时，将与柱墙边的距离控制为小于 150mm。

梁板模的支撑作业。使用七夹板配置梁板模来达到配模的需求。对于模板支撑选择钢管进行搭设，钢管立杆下端位置设置 50mm×100mm 的垫板，高支模底钢管立杆纵横向间距控制为 1200mm×1200mm；梁底位置设置为 800mm×1200mm。若梁的高度大于 1000mm，则将梁底立杆间距控制为 800mm×800mm，同时选择梁底加撑。若地下室板子厚度大于 400mm，板底立杆的间距控制为 1000mm×1000mm，并且在距离楼面 200mm 位置设置纵横扫地杆；选择距离楼面 1500mm 位置，设置纵横水平杆，同时要加设 2～3 道水平杆。选择梁底与板底位置，设置纵横向水平支模杆，同时水平支模杆和立杆要加双扣件进行连接。高支模搭设作业要严格遵循技术要点。构建的钢管高支模系统，不可以使用竹竿或者木杆进行代替；对于相邻立杆对接位置，不可以处于同水平面，高差不可以小于 50cm。此系统纵横向都设置剪力撑，板底按照间隔 3. 6m 标准设置受到纵横方向的落地剪刀撑；梁底按照 2. 4m 的间隔，设置受到纵横向的落地剪力撑，要求剪力撑设置到顶部，并且设置一道水平剪力撑。

3. 3 模板拆除

高支模拆除环节的重要性不言而喻，若拆除不合理，轻则影响到高支模技术应用效果，重则对相关人员的生命安全造成威胁。所以，需结合现场情况分析，针对不同跨度高支模采用不同的拆除形式。如高支模高于 8m，需在确保混凝土强度达到 100%后方可拆除，若高支模低于 8m，在混凝土强度达到 75%即可拆除。针对具体拆模作业的开展，包括：（1）结合混凝土凝结情况的分析，控制拆模作业的时间为浇筑 10d 后，借助专业工具进行混凝土强度的检测，确定其强度符合要求后方可拆模施工。若检测强度未达到标准，禁止对高支模强行拆除。（2）实际拆除作业过程中，需以“拆除→分级→分段拆除”的流程施工，在主要模板拆除前进行从属模板的优先拆除。（3）为避免拆除作业的开展无法顺利进行，需先构建符合现场要求的拆除平台，并按照上述原则进行逐个拆除。而对于拆除构件而言，必须做到堆放分类有序，如在拆除支架、散板后，必须按照规定要求，在规定区域堆放。同时，在拆除作业过程中，尽可能避免构件对建筑主体结构造成冲击和影响，并第一时间将拆除后的模板清理和运输。若模板拆除时涉及临时堆放，需保持模板堆放距离与建筑主体间隔1m以上，并保持其堆放高度低于1m。禁止在楼层附近、脚手架旁等位置堆放模板。待模板拆除结束后，相关人员需及时进行混凝土质量检测，一旦发现存在质量问题，需制订针对性措施进行处理。(4) 拆除的模板构件要及时清理，清楚多余杂物后进行模板构件维护，以便用于其他工程。

3.4　模板以及支撑体系的验收

在进行验收时，首先要能够根据专项施工方案，考察模板以及支架在施工顺序和具体布置上，是否能够符合施工方案，并且对于一些比较重要位置的扣件和螺栓，要能够利用专门的工具，随机进行抽样检测，并且要做好书面记录。对于全部项目都验收完毕以后，如果达到了合格的标准，则需要由项目负责人以及监理工程师来进行签字确认，才能继续实施下一道工序。

4　房建、土建工程中的高支模施工技术应用策略总结

4.1　落实高支模施工技术方案

高支模施工技术的应用，要认真落实高支模技术方案交底制度。梳理技术应用的重点难点，交代给施工作业人员，使其能够掌握技术的要点，认真组织开展房建、土建工程高支模施工作业，促使技术应用的质量得到保障。采用BIM技术或者三维模拟技术，模拟高支模施工技术的应用流程和技术重难点，使作业人员对此技术的应用要点和关键有全面的掌握，切实保障房建工程施工的质量达标。除此之外，要审核编制的技术方案，分析存在的不足与问题，提出改进与优化的措施，实现方案指导土建施工的价值。

4.2　做好高支模施工安全的把控

(1) 要做好安全防护，制订安全性较高的施工方案。根据高支模施工技术应用安全风险的分析结果，围绕环境因素与其他因素，采取严格的保护措施。严格按照高支模安全文明施工制度要求，落实环境的构建，营造安全的作业环境，保障作业人员的安全性。对高支模施工作业人员，做好安全教育与培训，增强其安全意识，注重施工作业的防护，切实保障安全防护到位，保障施工的安全。(2) 做好现场的监督管理。组织专门的监督管理人员，严格地监督和检查高支模施工现场，动态排查潜在的隐患与问题，保障作业的安全。对于重要工序和工程，组织技术人员旁站监督，增强人员的安全意识，保证房建土建工程施工安全，切实保障作业的效益。(3) 高效处理安全问题。高支模施工作业期间，若发现安全问题，要立即采取安全处理措施，切实保障高支模作业的安全性。积极进行安全管理的反思，分析存在的问题与隐患，提出优化安全管理的策略，保障房建工程的安全效益目标实现。

4.3　做好技术人员的培训

实现高支模施工技术的应用效果，要做好技术人员的培训，切实保障技术应用的效果。结合房建工程的特点，采用高支模技术方法，围绕知识与技能等内容，做好相应的培训，促使业务水平得到提高。作为高支模施工人员要具有学习意识，主动学习新技术和新方法，精准把握高支模施工技术的要点，实现对房建工程质量的把控。

4.4　提升高支模施工质量管理的水平

技术管控人员须全面把握施工现场实际情况，严格控制房屋土建工程整体施工质量、施工进度，并不断提升高支模施工质量管理的水平，学习现代化、科学化、全面化的管理理

念，增强高支模施工的规范性。在房屋高支模施工过程中，应建立完善的技术管控制度，并根据施工实际情况、客观条件，增强高支模施工的经济性、实用性。

专业人员应全面进行高支模的管理和检验工作，避免钢管出现变性、生锈现象，避免施工过程中因材料管理不完善、人员素质低等造成的建筑资源浪费，提升经济效益与管理效果。为了提升房屋高支模施工的实际质量，工作人员应提高高支模施工质量管理的水平，并强化房屋土建高支模施工和混凝土浇筑工作的管理意识和安全意识，参考以往房屋高支模施工高支模安装与拆除的经验，确保高支模支撑效果符合房屋土建工程建设的行业规范和安全标准。

实践中，优化房屋高支模施工工艺需要房屋土建工程施工人员的共同参与，制订完善的屋土建工程高支模安装方案，以避免出现监管不严的问题，建设团队应明确意识房屋土建工程施工的复杂性，解决房屋土建工程施工的管理问题。设计人员应提高对房屋高支模施工管理制度和施工技术的重视程度，在房屋土建工程施工中及时引入先进的施工方案和管理机制，加强对高支模施工的管理和检验工作，提高高支模施工的规范性、有效性，充分发挥现代化的高支模施工技术的优越性。

5　结语

面对复杂的房建、土建工程施工环境和地质条件，施工团队须提高高支模施工质量管理的水平，明确房屋高支模施工的安装设计图纸，把握现代化的高支模施工质量管理理念，落实先进的高支模施工技术机制。高支模安装、验收、拆除均须落实因地制宜的理念，结合房屋土建工程施工的具体环境条件进行合理规划，并对房屋土建工程施工的现状进行详细分析。施工作业人员应落实房屋高支模施工的建设效果和规划设计，严格管控施工材料，及时检查钢管规格和性能，避免因材料不达标导致施工效果降低。施工人员应充分重视工程施工中的支撑体系，避免在土建工程施工过程中出现支撑体系承载力不足等问题。

参考文献

[1]　李爱红．建筑工程中高支模施工工艺及施工技术研究［J］．绿色环保建材，2020（10）：163-164.
[2]　王琳，仲崇红，安晓清．房建土建工程中的高支模施工技术［J］．工程建设与设计，2020（05）：193-195.
[3]　石志峰．关于房建土建工程中的高支模施工技术运用分析［J］．绿色环保建材，2019（06）：150-151.
[4]　卜琼．建筑工程中高支模施工工艺研究［J］．居业，2021（10）：70-71.
[5]　李荣．建筑工程中高支模施工工艺及施工技术分析［J］．中国住宅设施，2021（06）：103-104.
[6]　王小军，王家栋．浅谈建筑工程中的高支模施工技术［J］．中国新技术新产品，2021（05）：95-97.

BIM技术在装配式建筑一体化设计中的应用

黄　欣

湖南省第五工程有限公司

摘　要：本文介绍了在装配式建筑工程一体化设计中，应用BIM技术的部分关键点，以及BIM技术所体现的价值。利用DYNAMO、C#等基础编程语言进行REVIT二次开发，编制插件解决了装配式建筑工程正向设计中易出现的问题。本文采用BIM技术并利用自研插件来进行装配式工程中的插件辅助设计，具有较大的参考价值。

关键词：BIM；装配式；一体化设计；REVIT二次开发；插件

装配式建筑是高度工厂化的工程，它具有节点多样、协同难度大等特点，对设计的精细程度要求非常高；传统的CAD设计已经不能满足短工期、低设计费的情况下完成高质量的装配式建筑设计的要求了，采用BIM技术可以利用程序语言针对我公司情况研制出针对性强的插件辅助设计，例如：装配式预制构件拆分一体化设计、水电预留预埋点位导入导出等，利用快速的协同手段和各专业模型高集成度，实现高质量装配式建筑设计。

1　工程概况

示范项目为一栋多层幼儿园建筑，该项目构件种类较多，预埋点位复杂，连接节点多样，对设计要求非常高。该建筑造型比较丰富，连接节点较多，建筑中有非常多的建筑构件和电气设备，这些构件和设备安装高度与成人所使用的不一致，进一步增加了装配式预留预埋的难度。建筑设计过程中，必须仔细审阅BIM模型，对重要的防水节点单独绘制防水节点图；针对幼儿园所有的设备设施，必须从整体模型中导出预留预埋点位，然后导入每块预制构件深化图中。

2　装配式建筑一体化设计

2.1　工作流程

建筑方案设计模型→建筑施工图设计模型→结构施工图设计模型→装配式拆分模型→合模→整合装配式建筑设计模型→节点提取深化。

2.2　节点提取

将预制构件图集中未涉及的防水节点单独提取出来，建筑师可针对可能出现的防水问题单独绘制防水图（图1、图2）。

2.3　施工图绘制

预制构件深化设计师提供的模型应该符合我公司出图要求，用节点视图直接套用视图样板即可正确显示不同构件的填充图例，建筑设计师补充部分标注和注释之后即可满足施工图要求（图3）。

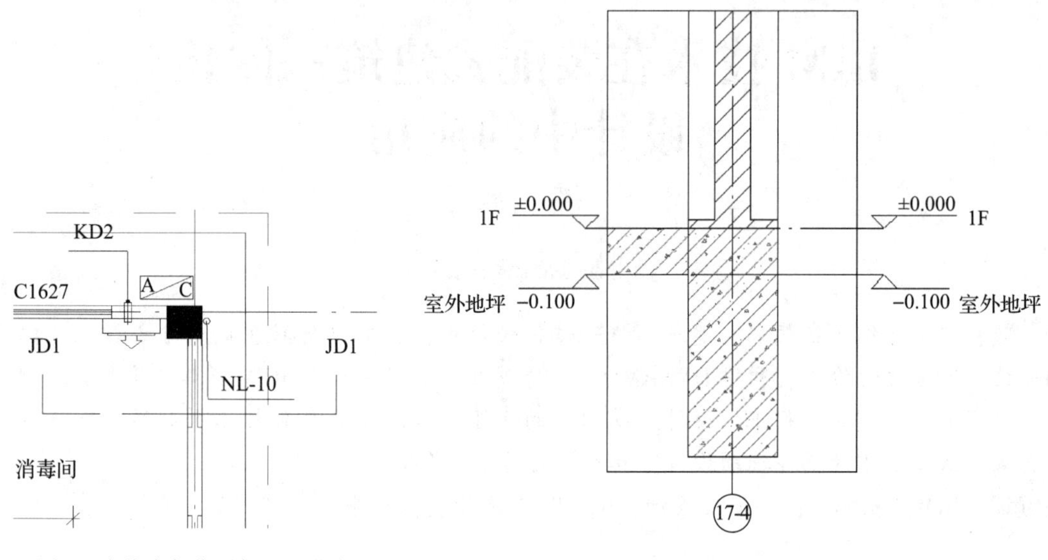

图 1　在指定部位添加 JD1 节点　　　　图 2　直接提取的节点

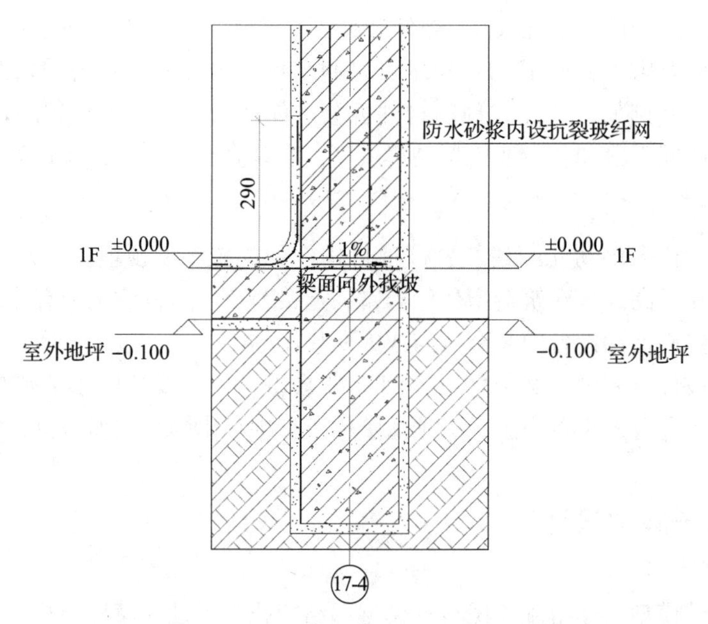

图 3　施工图深度的节点

3　预留预埋点位提取及核对

3.1　模型创建

机电设计模型应为深化设计完成后的机电模型，有准确的管线位置、开关插座等预留预埋位置（图 4），在模型中所使用的族应规范命名，族实例参数应能准确表示其设计意图，例如是否为残障人士使用、是否为防火系统等。装配式拆分模型不需要将钢筋建模出来，只需体现预留预埋位置，供设计人员后期检查使用，模型中的构件名称必须和构件编号对应，一个编号也只能对应一个构件（图 5）。

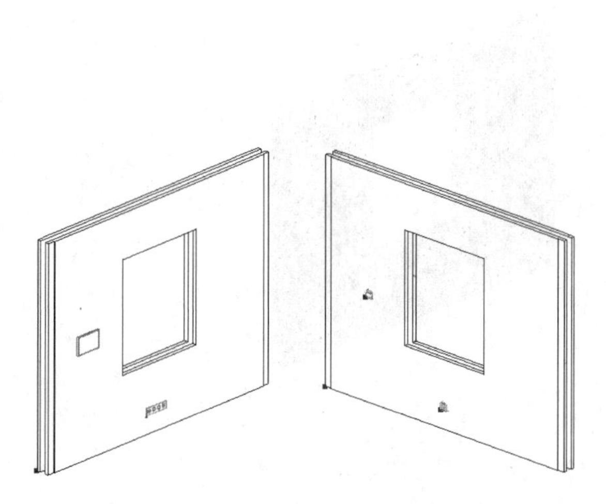

图 4　将设备预留预埋导入拆分模型

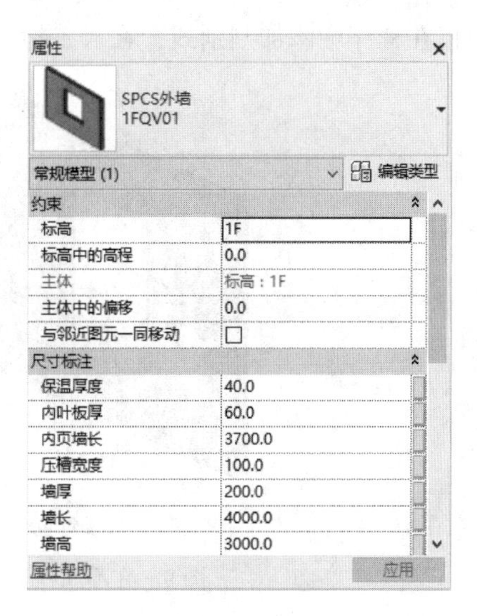

图 5　构件类型名称为构件编号

3.2　预埋点位提取及导入

将机电深化设计模型导入装配式拆分模型中，利用 DYNAMO 批量将机电预留预埋点位于所在构件的相对位置提取到 EXCEL 中（图 6、图 7）。

1FQH01	单控开关,-700.000000,18.000000,-1350.000000	普通二三插,-1950.000000,18.000000,-250.000000
1FQV01	LB102,-80.000000,-325.018194,-1400.000000	综合插板,-180.000000,-1759.991283,-250.000000

图 6　构件及与之相关的预埋件名称和相对位置

预制构件深化过程中，根据本构件名称，读取对应预留预埋点位，并在相对位置生成对应的预埋件族（图 8）。

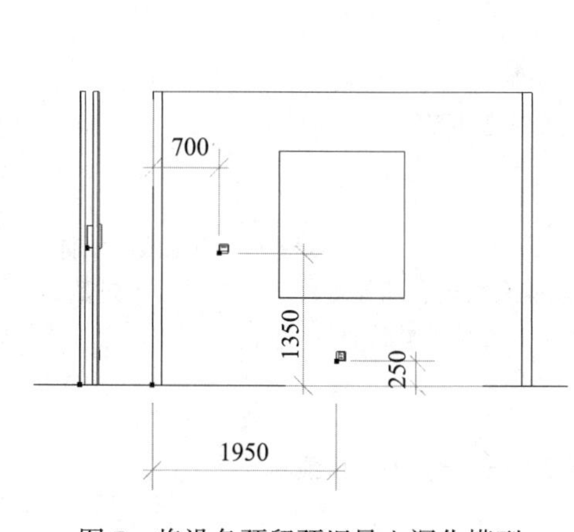

图 7　将设备预留预埋导入深化模型

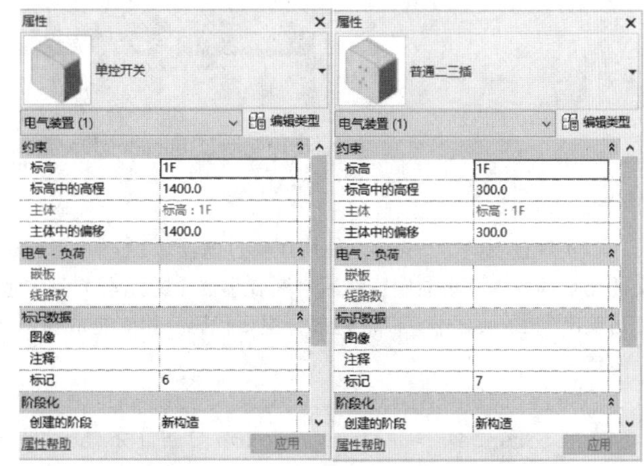

图 8　预埋件类型名为预埋件名称

3.3　线盒种类检查

通过对线盒要求的读取，或对预埋设备的型号进行判别，可以将不同种类的预留预埋分颜色标注出来，红色设备即为消防系统，其线盒对材质有特殊要求；绿色设备供无障碍人士使用，其高度位置有严格要求；水电设计师可以根据提示更准确快速地完成预制构件复查；

也可以在程序中添加判别式，在人工检查前先进行一次计算机筛查（图 9）。

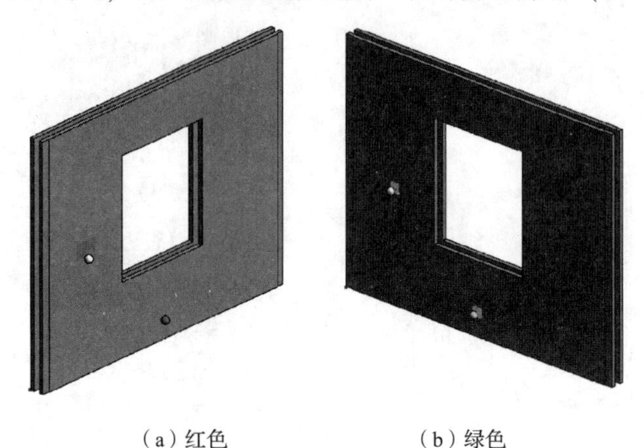

（a）红色　　（b）绿色

图 9　在不同种类线盒位置生成不同颜色的标识符

3.4　程序逻辑

DYNAMO：

利用 DYNAMO 的 BoundingBox 方法获取每一个元素的 BoundingBox，即构件的三维边界；然后用 Intersects 方法获取所有与构件碰撞的预埋件的 BoundingBox，通过对数据的处理，即可转化为“预制构件+预埋件（XYZ）”的数据格式（图 10）。

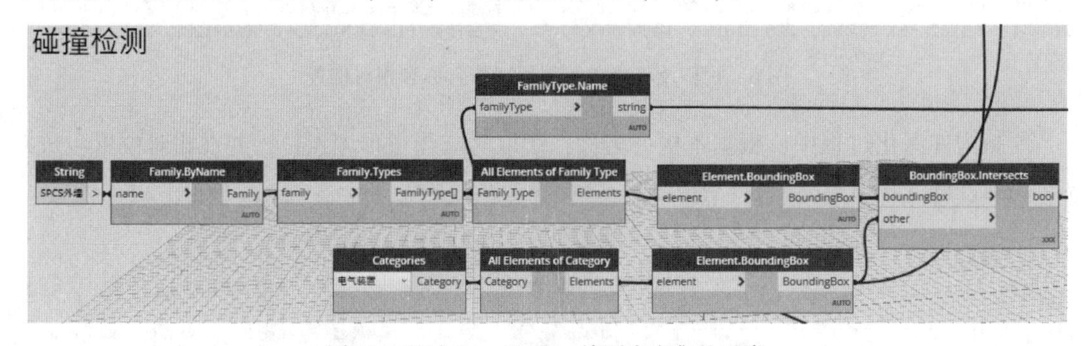

图 10　通过 BoundingBox 检测有交集的元素

C#：

C#实现逻辑同 DYNAMO，使用逻辑过滤器“ElementIntersectsElementFilter”将与预制墙体相交的元素都放入收集器中，然后判断收集器中的元素类型，提取所有机电预留预埋件的位置并添加进数组，即可输出到 Excel 中，以下是部分主要代码，用于提取与该墙相关的预埋件位置：

```
trans. Start () ;
  Selection select = uiDoc. Selection;
  Reference r = select. PickObject (ObjectType. Element, " 选择预制墙体" ) ;
  Element SelectededObj = doc. GetElement (r) ;
  FilteredElementCollector collector = new FilteredElementCollector (doc) ;
  ElementIntersectsElementFilteriFilter = new ElementIntersectsElementFilter
(SelectededObj, false) ;
  collector. WherePasses (iFilter) ;
  List<Element> elementObj = new List<Element> () ;
  List<Location>mepLocation = new List<Location> () ;
```

```
   foreach (Element elem in collector)
          {
           elementObj.Add (elem) ;
           mepLocation.Add (elem.Location) ;
          }
 trans.Commit () ;
```

4　预期效果

以上仅介绍部分BIM+装配式建筑一体化设计所带来的优势，若各参与单位的模型交付标准能统一，则可最大化利用模型信息，利用计算机批量操作以减少人工设计所需的时间，提高工作质量和准确度，也可为日后公司的信息化管理创造非常优越的基础条件。

5　结语

基于BIM的装配式的一体化设计和EPC工程管理是提高装配式建筑工程质量、降低工程成本的有力保障，需要有高度标准化的工作流程支持，随着我司自研功能插件的整合，最终形成管理平台，BIM技术将成为公司转型升级的重要手段。

参考文献

[1] 中华人民共和国住房和城乡建设部．建筑设计防火规范：GB 50016—2014［S］. 2018年版，北京：中国建筑工业出版社，2018.

[2] 中华人民共和国住房和城乡建设部．无障碍设计规范：GB 50763—2012［S］. 北京：中国建筑工业出版社，2012.

[3] 中华人民共和国住房和城乡建设部．托儿所、幼儿园建筑设计规范：JGJ 39—2016［S］. 北京：中国建筑工业出版社，2016.

[4] 中华人民共和国住房和城乡建设部．房屋建筑制图统一标准：GB/T 50001—2017［S］. 中国建筑工业出版社，2001.

[5] Autodesk Asia Pte Ltd. Autodesk Revit二次开发基础教程［M］. 上海：同济大学出版社，2015.

浅析超高层建筑电缆垂直敷设施工技术

刘　毅

湖南天禹设备安装有限公司　株洲　412000

摘　要：在超高层机电工程施工过程中必须着重关注垂直电缆的敷设，管井内垂直电缆的敷设路径长，一旦在吊装敷设过程中把控不准，极易发生质量隐患与安全问题。本文结合施工实际情况，对株洲武广地标项目电缆垂直吊装与敷设技术进行了总结，为类似项目提供参考。

关键词：电缆；吊装；垂直敷设；超高层

近年来超高层建筑日益增多，给电气施工带来了不小的难度。在电缆垂直吊装过程中，由于电缆质量大、垂直敷设距离长，如果吊装与敷设不当，容易对建筑内用电设备产生影响。所以我们在施工时要结合工程本身特点，考虑经济合理性、吊装可靠性、可操作性及受力程度，并结合施工人员的能力、现场环境、电缆的型号等因素来选择相应的施工方法。本文重点阐述了超高层垂直电缆敷设的施工过程，运用钢丝绳牵引技术，对限位、导向装置进行创新设计，实现了高效安全的电缆垂直吊装与敷设。

1　项目概况

武广地标项目由一栋36层5A甲级写字楼和一栋10层四星级酒店及集中商业街区、商业地下车库构成，总建筑面积为15.9万m^2（地下室建筑面积为6万m^2），建筑高度168m。供电系统采用两路10kV市电电源供电。10kV电源引入设在地下一层的高压配电房，再由高压配电房引至各配电房，最后由变配电房引至大楼的各总配电箱中。其中各类型号大电缆12根，包括WDZ-YJY-4×300电缆2根，WDZ-YJY-4×240电缆2根，WDZ-YJY-4×185电缆2根，WDZ-YJY-4×150电缆2根，WDZ-YJY-3×120电缆4根，WDZ-YJY-4×300为本工程最重电缆，单根质量达到3.12t。

2　电缆吊装的特点和难点

（1）设计图纸要求电缆必须采用不间断供电方式，分支采用T接箱，电缆不允许接头，必须一次敷设安装到位。

（2）井内电缆垂直吊装距离长，最长长度达到143m，因场地的限制，无法满足大吨位、大容绳量电动卷扬机布置要求。

（3）强电井洞口狭小，长度为2.4m，操作宽度仅为0.5m，在电缆穿越楼板时，容易触碰楼板与桥架，造成电缆表面划伤或拉坏电缆。

（4）在长距离电缆吊装过程中会出现晃动，井口容易刮伤电缆导致绝缘层破坏。

（5）主、辅卷扬机吊装时，需要控制好两台卷扬机的运行速度，保证两台卷扬机能够同时动作。

3　技术措施

（1）强电管井内无法布置大型卷扬机。我们针对现场情况，在19层与35层（顶层）

各安装1台小型卷扬机，通过吊具抱箍、卡具把电缆紧固在钢丝绳上，并使用卷扬机提升电缆，解决了大吨位卷扬机无法布置及容绳量不够的问题。

（2）电缆敷设时摆动大问题。由于部分楼层的高差较大，吊装时电缆容易出现摆动，无法保证电缆的敷设质量与作业人员安全。对此，我公司自主研发了一种高层竖井电缆导向施工用限位装置，在导向装置设置纵横向调节组件，通过调节活塞杆的行程，将电缆限制在两个限位块之间，限位块内存橡胶垫，有效地避免了电缆与竖井壁的碰撞以及牵引过程中的晃动，提高了电缆吊装时的安全系数。

（3）井内操作空间小，洞口狭窄，敷设过程中容易出现磨损而破坏绝缘保护层。为确保能顺利敷设电缆，我们在桥架内、分支拐弯处均设置转弯和导向滚轮，避免电缆吊装过程中的磨损。

（4）吊装前，现场设总指挥、吊装负责人和技术负责人，在B1层、10层、19层、35层安排安装施工员进行看护，并在管井内架设临时照明设施，临时照明采用36V安全电压。

（5）电缆敷设时，每一步都要按照相关指令进行，作业人员要完全听从指挥，看护人员时刻关注电缆的变化，一旦出现异常情况马上用对讲机向指挥人员汇报，并停止作业，待排除故障后再开始施工。

4　施工方法

（1）施工机具设置

根据电缆的质量、型号通过计算后确认卷扬机参数。我们在19层和35层分别布置2台起重量为5t的卷扬机，钢丝绳长度满足牵引要求。在2台卷扬机设置点安装固定好槽钢，最后将卷扬机固定在槽钢上。

（2）吊具选择

根据电缆垂直吊装的特点，我们选取主吊具与辅助吊具各1副。

①主吊具选用旋转头网套连接器（图1），安装在电缆始端，用以减少电缆及钢丝绳的垂直受力和转动扭力。

②辅助吊具选用侧拉型中间网套连接器（图2），主要用来分担主吊具的吊装质量，使电缆保持竖直不弯曲。

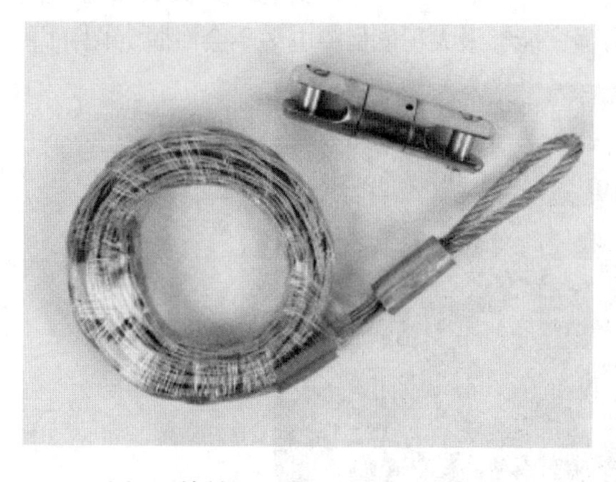

图1　旋转头网套连接器（主吊具）

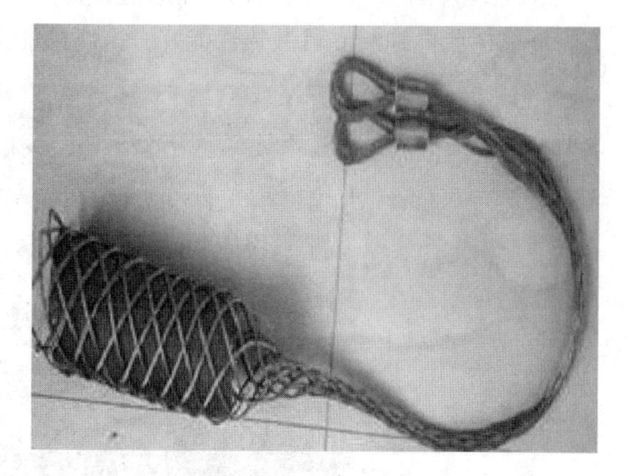

图2　侧拉型中间网套连接器（辅助吊具）

（3）电缆敷设吊装

电缆敷设采用自下而上的方式，先将主吊具固定在钢丝绳吊钩上，然后进行试吊，检查无问题后才能正式起吊。吊装开始时，先启动 19 层卷扬机，将电缆始端从 B1 提升至 19 层后停止起吊，然后再用抱箍卡具临时固定，主吊具与 35 层钢丝绳吊钩连接后拆除抱箍卡具。在 B1 层辅助吊具与 19 层的钢丝绳吊钩连接，再次试吊，无异常后方可进行卷扬机同步吊装工作。随着卷扬机的继续提升，当电缆进入 35 层后，拆除辅助吊具，并用麻绳将电缆始端固定牢固，麻绳末端固定在结构柱上。电缆向前进一段，绳索相应向前固定一段，直至主吊具将电缆提升到安装高度。从 35 层到末端设备的电缆通过人工牵引方式敷设完成（图 3）。

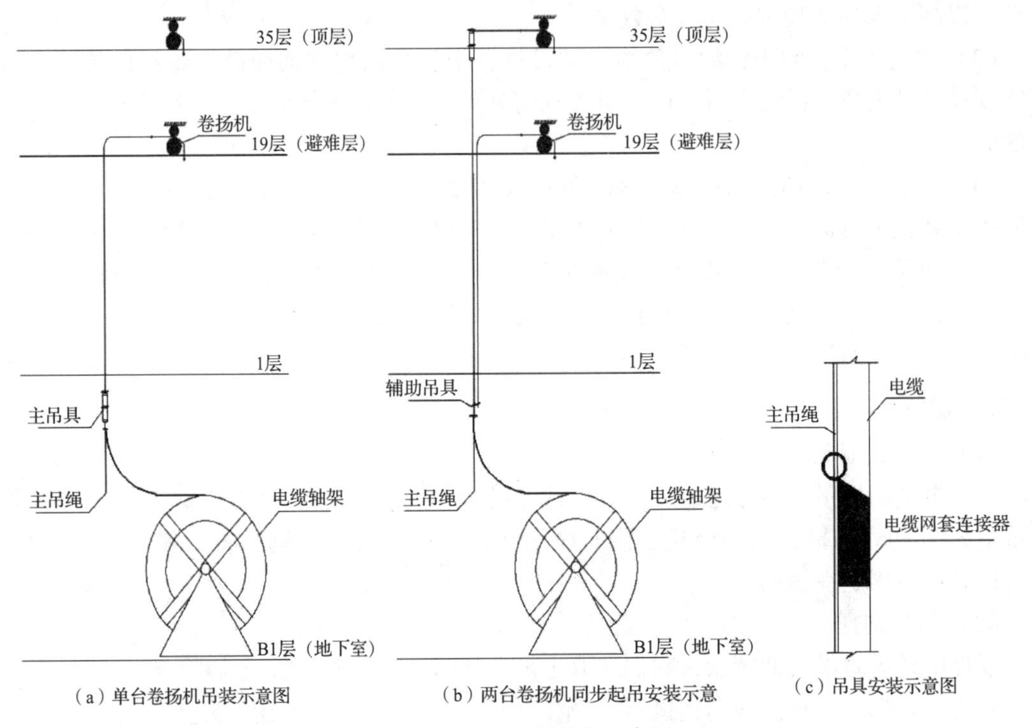

图 3 电缆垂直敷设吊装示意图

（4）电缆固定

①电缆每两层用一个专用电缆抱箍锁住电缆，每层设置一个环氧树脂电缆线夹具将电缆固定，环氧树脂电缆线夹具散热性能好，抗腐蚀能力强，能够最大程度保障电缆不会滑脱（图 4）。

图 4 环氧树脂电缆线夹具

②电缆敷设整齐并固定牢固，挂好电缆标牌。电缆的首尾端、拐弯位置、交叉处均设置标牌，标牌大小一致，并注明回路编号、规格型号和电压等级。

5　控制要点

（1）卷扬机应采用低速卷扬机，控制好电缆上升速度。为避免电缆在提升过程中遭受阻力而出现受拉损伤的现象，我们采取以下保护措施：①在电缆拐弯处、穿楼板及电缆轴架设位置，设置导向限位滑轮装置，以确保电缆路径的顺畅；②在以上部位均设有卷扬机急停按钮，一旦发生电缆阻塞的情形，作业人员可及时按下急停按钮，停止卷扬机工作。③在以上位置安排责任感较强的工作人员监护，并通过对讲机保证联络的顺畅。

（2）机械设备应完好无损，电气线路运行可靠，卷扬机由专人负责操作。

（3）在卷扬机起吊前应进行试吊，检查合格后方可正式起吊。在起吊过程中发现任何异常情况，立即中止起吊。

（4）当施工人员在强电井内洞口作业时，应在洞口下方楼层设置防护隔离措施，防止施工物料坠落发生安全事故（图 5）。

图 5　电缆垂直吊装敷设现场

6　结语

钢丝绳牵引吊装技术应用范围广，施工环节灵活，便于操作，可以实现超高层建筑电缆敷设一次安装就位，且不会对电缆造成损伤，吊装过程中受力均匀，大大降低了线路的隐患。武广地标项目成功运用了该项施工技术，在工程质量、施工安全、科技等方面均取得了良好的效果，提高了企业生产技术水平，保证了供电系统的运行稳定，也为今后类似工程起到了一定借鉴。

参考文献

［1］　陈洪兴，谢上冬，黄能芳．高耸建筑竖井电缆敷设技术［J］．电气与仪表安装，2011（11）：39-4.

［2］　张岩．超高层建筑电缆垂直敷设综合施工技术［J］．建筑技术，2012（2）：136-3.

［3］　湖南天禹设备安装有限公司．一种高层竖井电缆导向施工用限位、导向装置［P］．中国：CN202110266172. 3，2021.

钢丝网架整体珍珠岩夹芯板抹灰控制

陈　灿

湖南省第五工程有限公司　株洲　412000

摘　要： 本文针对隆回某医院内墙采用 GZ 墙板即钢丝网架整体珍珠岩夹芯板的施工实践，阐述了抹灰及夹芯板靠近梁边无法采用手工抹灰而采用喷射砂浆施工的工艺和控制要点。根据以往施工经验，正确合理地使用该施工方法，可为同类项目施工提供借鉴和技术参考。

关键词： 钢丝网架；珍珠岩夹芯板；抹灰；喷射

1　前言

钢丝网架整体珍珠岩夹芯板（简称 GZ 墙板）是以冷拔镀锌低碳钢丝焊接成型的双面网架结构，填充膨胀珍珠岩夹芯板而构成的网架芯板。其中膨胀珍珠岩由酸性火山玻璃质溶岩（珍珠岩）经破碎、筛分至一定粒度，再经预热一定时间高温烧制而成的一种浅白色的高品质不燃材料，该材料颗粒内部是蜂窝状结构，无味、无毒、不燃、不腐蚀、耐酸碱。施工现场按照预先排板图对板材拼装（切割），安装固定板材，预埋相应埋件、专业管线、开关盒、门窗框等，与结构连接处、板材阴阳角处、板材拼接处、门窗洞口等处通过设置钢筋混凝土方柱和梁进行补强处理，减少抹灰面层的伸缩裂缝，保证面层有足够的抗拉强度，增加墙体整体性。在安装固定并验收后 GZ 芯板两侧抹一定厚度的 1：2.5 水泥砂浆并养护达到设计强度，形成表面平整度极高、无裂缝、无空鼓的钢丝网架整体珍珠岩轻质夹芯板。其具体构造如图 1、图 2 所示。

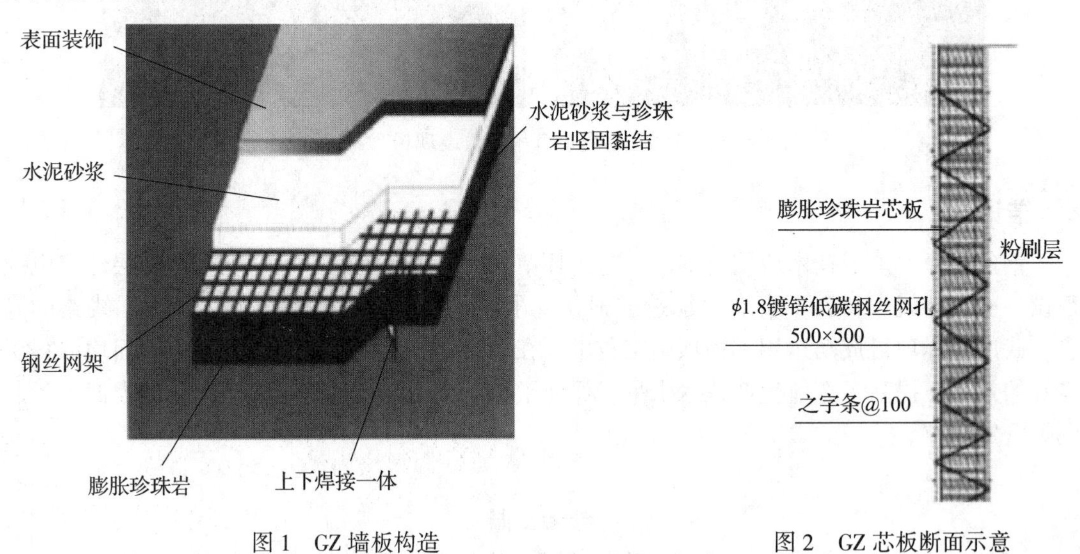

图 1　GZ 墙板构造　　　　图 2　GZ 芯板断面示意

钢丝网架整体珍珠岩夹芯板厚度分为 70mm 厚和 120mm 厚两种，70mm 厚时芯板厚 50mm，120mm 厚时芯板厚 100mm。墙板尺寸：宽 1150mm、高 2000～3100mm，宽度方向两边钢丝网搭接错开 100mm，这样有助于 GZ 墙板之间的连接。高度超过 3100mm 的需进行竖向搭接，中间设钢筋混凝土圈梁进行上与下的拼接；墙体长度超过5000mm时需设钢筋混凝土构造柱以增加整体稳定性。横竖型钢组成的骨架系统能保证较长、较高的墙板强度、刚度、整体稳定性等要求。

2　钢丝网架整体珍珠岩夹芯板施工特点

2.1　加快施工进度、缩短施工工期

钢丝网架整体珍珠岩夹芯板的运输、进场方便，可以提高施工效率，加快施工进度，节约施工工期。

2.2　节约配套建筑材料、降低建筑成本

钢丝网架整体珍珠岩夹芯板由于自重轻，节约基础投资及室内占地面积，安装简便，人力投入较少，成本投入显著降低。

2.3　墙体薄，增加使用面积

钢丝网架整体珍岩夹芯板成型厚度较薄，墙体厚度为120mm（隔墙）和180mm（防火分区墙），增加了房间的开间和进深，使用面积增加。

2.4　保温隔声、节能环保

膨胀珍珠岩抑制了水平的噪声传递，墙板隔声小于45dB，隔声效果良好。此外膨胀珍珠岩还可以显著提高建筑的隔热保温性能，满足建筑节能标准，为图书馆、教学楼、商居楼、医院等提供了一种保温隔声、节能环保的新型建筑体系。

2.5　刚度大、变形小、抗震性能好

采用装配式安装技术，将若干成品板材两侧的镀锌钢丝网通过钢丝焊接成为一个整体，整个装配过程无任何化学胶粘剂，保证了墙体、墙面的环保及耐久性，从而增加了建筑结构的整体性，提高了抗震性能。

2.6　减少墙面空鼓、开裂等质量通病

通过对墙体进行钢丝网处理，面层抗裂性能有极大的提高，可显著减少墙面空鼓、开裂等质量通病。

本文介绍的隆回某医院内墙就是采用GZ墙板，该工程GZ墙板约2万m^2，抹1∶2.5水泥砂浆约4万m^2。

3　钢丝网架整体珍珠岩夹芯板施工方法

（1）钢丝网架整体珍珠岩夹芯板安装施工工艺

放线→安装固定锚→安装构造角钢→安装钢丝网架整体珍珠岩夹芯板→水电管线安装→安装特殊钢丝网→门窗洞口U形网安装。

（2）施工要点

放线：建筑设计要求内隔墙的厚度为100mm。在地面上根据施工轴线首先放出墙的中心线，然后根据墙中线向两边每边移出50mm弹线作为安装珍珠岩板的边线。根据地面上的控制线用吊垂直的方法将地面上的控制线弹到顶面的梁或板上。在与钢丝网架整体珍珠岩夹芯板相交的柱面或墙面上按照地面上的控制线用墨线弹出墙体立面上的控制线。

安装固定锚：根据弹好的控制线，从距柱边或墙边50mm的地方按间距400mm画出应安装固定锚的位置。在画好的位置上用ϕ8mm电钻在楼板或梁上钻孔，钻孔深度为100mm。将长度为250mm的ϕ6mm钢筋用铁锤敲进钻好的孔中，保证外露部分的长度大于150mm；

立面上的固定锚安装方法同水平面上的安装方法。

安装构造角钢：在固定锚安装完成后根据设计要求和施工规范的要求在间距大于 5m 的墙体中间按照间距不大于 2.5m 的要求、宽度大于 2.1m 的洞口两边及洞口上部、钢丝网架整体珍珠岩夹芯板墙体相交和拐角处安装∟ 50mm×3mm 等边角钢。安装角钢时先在弹好的控制线上定好位置，在应安装的位置上、下分别打入 3 根固定锚，经过垂直度检查后将角钢焊接到固定锚上。安装完成后检查安装角钢的垂直度，在垂直的角钢完成安装并检查后将水平角钢焊接到已安装好的垂直角钢上。

安装钢丝网架整体珍珠岩夹芯板：将珍珠岩夹芯板的表面固定于房屋主体结构上，从固定的一端开始按顺序向另一边安装。用扎丝将钢丝网架整体珍珠岩夹芯板表面的钢丝网与已安装好的固定锚绑扎牢固。钢丝网架整体珍珠岩夹芯板安装的垂直度和平整度均应达到相关施工规范要求。

水电管线安装：根据埋管的具体位置用钢丝钳将应安装管线的地方的钢丝网剪开。用掏缝刀将管道的位置掏空。根据抹灰厚度的要求安装好线管和线盒。

安装特殊部位的钢丝网：在洞口的上端两角和窗洞的四个角按照 45°的斜角安装长度为 600mm 的加强平网，平网宽度为 250mm。在钢丝网架整体珍珠岩夹芯板与上、下的梁、板交接处以及与墙体、柱的交接处安装 100mm×100mm 的阴角加强钢丝网片。在安装好的线管部分和墙板之间有拼缝的地方用宽度为 200mm 的钢丝网片覆盖好。新安装的钢丝网片必须用扎丝将新增的钢丝网片与原钢丝网架整体珍珠岩夹芯板上的钢丝网绑扎牢固，并安装平整。

门窗洞口 U 形网安装：在门窗洞口的内侧四周安装厚度为 100mm，宽度同墙宽的 U 形钢丝网以方便门窗洞口细石混凝土的施工。

4 钢丝网架整体珍珠岩夹芯板抹灰施工遇到的问题

4.1 抹灰前 GZ 墙板稳定性及刚度差的问题

由于 GZ 墙板安装是用ϕ 6mm 钢筋在混凝土地面及顶棚固定，在没有抹灰前，GZ 墙板稳定性及刚度都较差，在一侧抹底层 15mm 厚砂浆时，GZ 墙板会往没有抹灰的另一侧倾斜。因此，造成下列问题：①抹灰成型后墙面的垂直度、平整度难以满足验收规范要求；②抹灰的进度慢；③抹灰成型厚度会比设计要求的厚很多，增加施工成本。

4.2 GZ 墙板靠梁一侧无法抹灰的问题

不是所有的 GZ 墙板在图纸上的定位尺寸都在梁上面，有些是安装在混凝土楼板上面，所以造成 GZ 墙板顶靠近梁边，当梁高度较大时，GZ 墙板靠梁一侧无法抹灰（图 3）。如果没有抹灰的 GZ 墙板部位，上部固定墙板的钢筋及冷拔镀锌低碳钢丝会被锈蚀，影响墙体的使用寿命。

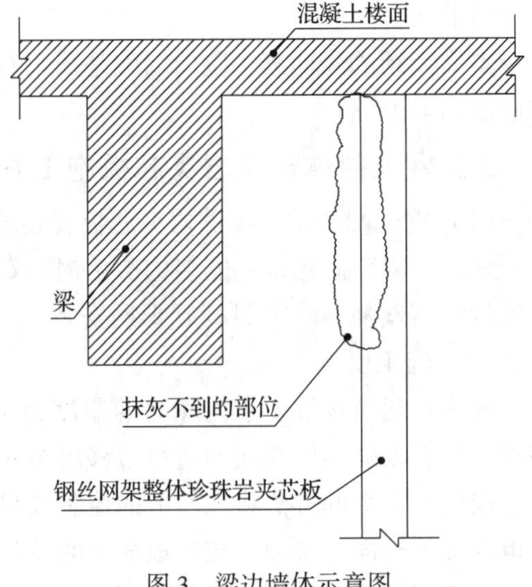

图 3　梁边墙体示意图

5　钢丝网架整体珍珠岩夹芯板抹灰控制措施

为解决GZ墙板抹灰时不利操作的问题，保证该工程施工质量、加快了施工进度、控制工程施工成本，采用下面的施工措施：

5.1　抹灰时GZ墙板往没有抹灰一侧倾斜的控制措施

（1）先将GZ墙板的构造柱、门窗洞口周边的混凝土浇筑完毕，增加GZ墙板的约束点。

（2）以一层楼为单位，抹灰前先将GZ墙板校正，在墙板一侧用间距1000mm×1000mm的架管将其撑住，另一侧底层15mm砂浆全部抹完后，将支撑架管拆除抹另一侧墙板底层砂浆。两侧底层砂浆全部抹完后再充筋做灰饼。墙体每层抹灰应按规范要求间隔一段时间，正常气温下一般间隔时间不得小于48h，周边环境气温较低时，应适当延长间隔时间，墙体抹灰水泥砂浆终凝后应适当喷水进行保温、保湿养护。

5.2　靠梁边GZ墙板无法抹灰，采用喷浆处理措施

GZ墙板大面积抹灰后，靠梁边GZ墙板无法手工抹灰，采用水泥砂浆喷涂机进行水泥砂浆喷涂，按水泥砂浆喷涂机的工作特性参数调节好工作风压，喷头在受喷面的移动一般以螺旋形式前进，喷射厚度要略大于下部已完成的砂浆抹面，然后用铝合金方条将喷射后的砂浆墙面找平。喷射中的砂子宜用中粗砂，含水率不大于5%。

6　结语

钢丝网整体性珍珠岩夹芯墙板材料来源广泛、使用安全环保、可减小建筑物自重、增加使用空间、施工周期短和工程成本较低，适用于一般住宅、多层、高层建筑的内隔墙；工业厂房和高层建筑大面积的围护墙、防火墙；保温要求较高的冷藏、仓储、医院、图书馆等公共建筑和新建筑、改扩建工程。但是，墙体是由多道工艺完成，每道工艺都十分关键，所以，从开始就必须树立起全过程控制、主动控制的观念，发现问题及时纠正，在整个施工过程中，严格控制每一道工序的质量，以保证产品符合设计要求及验收规范要求。

参考文献

[1]　陈奕安．钢丝网架水泥珍珠岩夹芯板隔墙（GSZ）施工技术［J］，科技信息，2008（12）：109-110.
[2]　傅寿国．钢丝网架整体珍珠岩夹芯板墙施工技术［J］．工程质量：A版，2009（3）：33-36.
[3]　刘春燕．钢丝网架珍珠岩保温板墙面施工技术［J］．山西建筑，2014（12）：109-110.

一种通过转接件替代外脚手架连墙杆的施工技术

冯　惟

湖南艺光装饰装潢有限责任公司　株洲　412000

摘　要：通过使用转接件替代连墙杆的施工技术，能够准确高效地对施工现场进行测量定位，在此基础上绘制的方案更加精准，更具有可操作性，保确外脚手架的整体稳定性，方便施工。

关键词：金属幕墙装饰板；外脚手架；连墙杆；转接件

1　关键施工技术简介

在建筑装饰装修工程中，金属幕墙装饰板需要借助外脚手架进行安装，这种施工技术安全可靠且能满足大面积施工，深受人们信赖。尽管如此，在施工过程中也发现了一些问题，例如：连墙杆的存在给金属幕墙装饰板的施工带来了不便。

本施工技术通过转接件替代连墙杆保证了外脚手架的整体稳定性，也解决了连墙杆安装不利的问题，其具体做法如下：

在金属幕墙装饰板直立锁边处或接缝处安装T形铝合金支座，转接件采用不锈钢螺栓组与T形铝合金支座进行固定（图1），转接件另一端采用不锈钢螺栓组与角钢固定，钢丝分别与角钢、不锈钢螺栓组、外脚手架立管连接固定，从而替代连墙杆与建筑主体结构连接，金属幕墙装饰板从上往下安装，安装完毕后松开转接件不锈钢螺栓组即可。

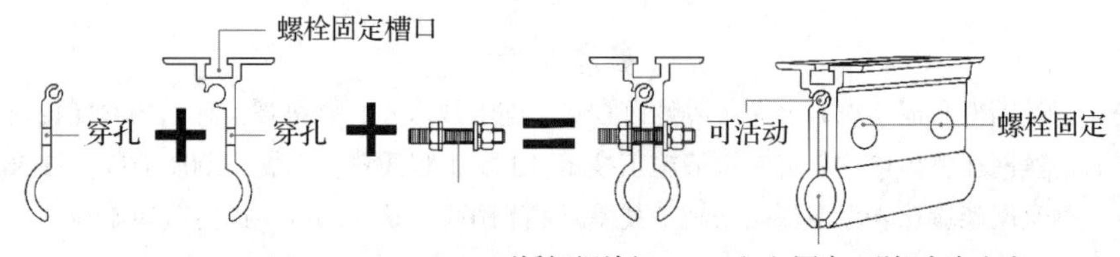

（a）M8mm × 60mm不锈钢螺栓组　（b）固定T形铝合金支座

图1　固定形式

转接件安装步骤如下：

（1）转接件固定T形铝合金支座，如图2所示。

（2）转接件固定角钢，如图3所示。

（3）钢丝绳两头分别与角钢不锈钢螺栓组、外脚手架立管连接固定，如图4所示。

株洲市第二工人文化宫提质改造（重建）项目金属幕墙面积为6000m^2，在同样规模的情况下，相比没有采用此施工技术的工程，节省了20元/m^2 搭设脚手架的成本，工期节省约30个工日。

此施工技术可将转接件替代连墙杆与建筑主体结构连接，在保证外脚手架的整体稳定性的同时也解决了安装不便利的因素，还能满足外立面美观的效果。

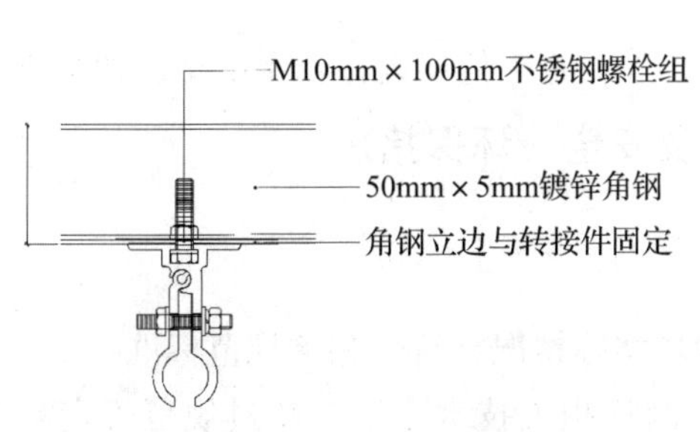

图2　转接件固定T形铝合金支座

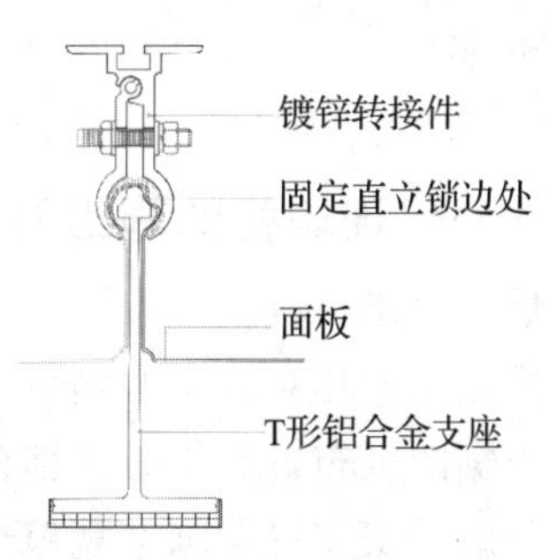

图3　转接件固定角钢

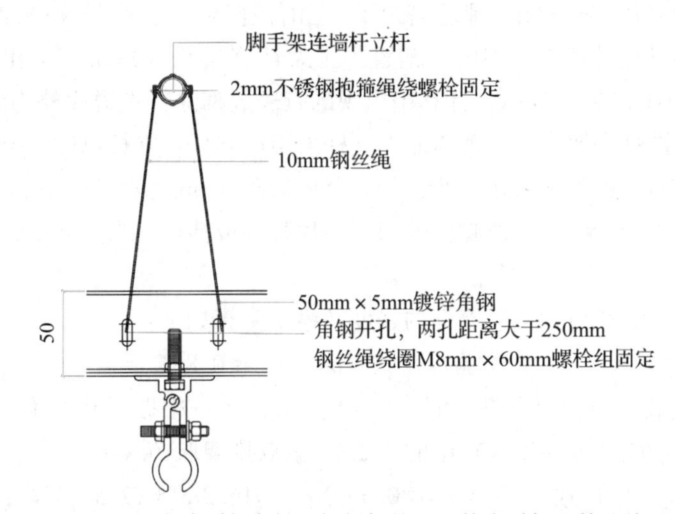

图4　钢丝绳两头分别与角钢不锈钢螺栓组、外脚手架立管连接固定

2　转接件替代连墙杆的施工技术内容

2.1　施工技术特点和适用范围

（1）采用转接件替代连墙杆安装金属幕墙装饰板节省安装时间，方便施工，安全可靠，原理简单。

（2）适用于通过外脚手架安装金属幕墙装饰板的工程。

2.2　工艺原理

利用金属板直立锁边系统的原理，在金属幕墙装饰板锁边处或接缝处安装转接件、角钢、钢丝绳，并与立杆连接，替代连墙杆与建筑主体结构连接，保证外脚手架的整体稳定性，方便施工。

2.3　施工工艺流程

根据图纸布置点位→转接件安装固定→角钢安装固定→钢丝绳安装固定→金属幕墙装饰板安装→拆除转接件、角钢、钢丝绳。

2.4　操作要点

（1）确定施工图纸与施工现场是否一致；

（2）计算平衡力确定位置；

（3）转接件、角钢、钢丝绳安装时确保平整。

2.5　测量设备

测量仪器设备：记号笔、钢卷尺、钓鱼线等；施工仪器设备：手电钻、切割机。

3　转接件替代连墙杆的施工质量控制及安全、环保措施

（1）使用合格材料；

（2）采用误差相对较小的测量工具；

（3）根据图纸布置点位时要结合工地现场实际情况，符合相关规范标准；

（4）外脚手架需符合国家规范要求，并制订相关技术方案，超过规范规定高度需通过专家认证方可搭设；

（5）外脚手架采用钢管双排外脚手架搭设用扣件连接，钢管型号ϕ48.3mm×3.6mm，自重39N/m，抗压强度设计值20.5MPa。钢管脚手架计算参照《建筑施工扣件式钢管脚手架安全技术规范》（JGJ 130—2011），计算中出现的查表数据除特殊说明外均出自此规范。

现场参数：双排脚手架搭设高度36m，立杆采用单立杆，立杆纵距$L_a=1.5$m，横距$L_b=0.8$m，步距$h=1.8$m，连墙件采用二步三跨，竖向间距3.6m，水平间距3m。脚手板采用竹串片脚手板，自重0.35kN/m^2；挡脚板采用竹串片脚手板挡板，自重0.172kN/m；施工活载2kN/m^2。

转接件、角钢、钢丝绳替代连墙杆的强度及稳定验算如下：

$$\text{强度验算公式：}\sigma=n/a_c\leqslant 0.85f$$

式中，N_1为连墙件的轴向力设计值，$N_1=N_{lw}+N_0$；N_0；根据《建筑施工扣件式钢管脚手架安全技术规范》（JGJ 130—2011）中的5.2.12条双排架取3kN；

$$N_{lw}=1.4\cdot W_k\cdot A_w=1.4\times0.55\text{kN/m}^2\times16.2\text{m}^2=12.5\text{（kN）；}$$

A_w为单个连墙件所覆盖的脚手架外侧面的迎风面积，本工程连墙件采用二步三跨连接，覆盖面积为1.8m×2步×1.5m×3跨=16.2（m^2）；

W_k为风荷载标准值；

$$N_1=N_{lw}+N_0=12.5\text{kN}+3\text{kN}=15.5\text{（kN）。}$$

因为本工程连墙件一端采用双扣件连接，扣件抗滑移承载力为8kN×2=16kN>N_1；

代入强度验算公式$\sigma=N_1/A_c=30$（N/mm^2）<0.85×205N/mm^2=174（N/mm^2），满足规范要求。

稳定验算公式$\dfrac{N_1}{\phi A}=163$（N/mm^2）<0.85×205N/mm^2=174（N/mm^2），满足设计要求。

（6）执行《建筑施工安全检查标准》（JGJ 59—2011）、《施工企业安全生产评价标准》（JGJ/T 77—2010）、《施工现场临时用电安全技术规范》（JGJ 46—2005）、《建筑施工高处作业安全技术规范》（JGJ 80—2016）、《建筑施工扣件式钢管脚手架安全技术规范》（JGJ 130—2011）、《施工现场机械设备检查技术规范》（JGJ 160—2016）、《工程建设标准强制性条文》安全部分、《建筑机械使用安全技术规程》（JGJ 33—2012）和有关地方标准。

（7）执行《建设工程施工现场环境与卫生标准》（JGJ 146—2013），严格控制人为噪声，进入施工现场不得高声叫喊、乱吹口哨、限制高音喇叭使用，按照《建筑施工场界环境噪声排放标准》（GB 12523—2011）制订降噪措施。施工现场进行噪声值监测，噪声值不超过国家或地方噪声排放标准。施工使用的设备，可能产生噪声污染的，按有关规定向所在

地的环保部门申报。严格执行国家、地区、行业和企业有关环保的法律法规和规章制度。

4　结语

通过使用转接件替代连墙杆的施工技术，能够准确高效地对施工现场进行测量定位，在此基础上绘制的方案更加精准，更具有可操作性。大大节约了因方法不合适导致反复测量投入的人力、物力、财力；大大降低了因方案不符合现场情况导致的停工、返工损失的可能性；为施工质量一次成优奠定了良好的基础。株洲市第二工人文化宫提质改造（重建）项目幕墙工程采用此施工技术进行金属幕墙装饰板安装，制定复合现场实际的方案，并严格按方案指导施工。在节约工期、节约人力、避免浪费方面取得了非常好的效果。

参考文献

[1]　阎玉芹，于海，苑玉振，等．建筑幕墙技术［M］．北京：化学工业出版社，2019.

[2]　郝永池．幕墙装饰施工［M］．北京：机械工业出版社，2015.

[3]　中华人民共和国住房和城乡建设部．建筑施工扣件式钢管脚手架安全技术规范：JGJ 130—2011［S］．北京：中国建筑工业出版社，2011.

[4]　中华人民共和国住房和城乡建设部．建筑施工高处作业安全技术规范：JGJ 80—2016［S］．北京：中国建筑工业出版社，2016.

型钢混凝土结构施工技术

金　乐

湖南省第五工程有限公司　株洲　412000

摘　要：型钢混凝土结构具有钢结构和混凝土结构的双重优点，它刚度大，承载能力高，抗震性能强，可以增大跨度，是近年来发展起来一种新型结构体系，有着可观的经济效益。本文结合株洲市莲花中学新建工程型钢混凝土结构施工技术进行了探讨。

关键词：型钢混凝土；施工技术；质量控制

随着建筑业的不断发展，建筑物的高度、跨度不断增加，高层、超高层建筑物层出不穷。采用传统的钢筋混凝土柱，由于受轴压比的限制，导致柱截面尺寸非常大，不仅影响使用功能，且不利于结构抗震。而型钢混凝土结构与钢筋混凝土结构相比，型钢混凝土结构减少了构件的截面尺寸，提高了构件的承载力，增加了建筑使用面积和净高，同时也减轻了建筑物自重。截面中的型钢和混凝土协同工作，共同承担荷载，使得型钢混凝土构件的承载力高于同样截面尺寸的钢筋混凝土构件的承载力，因此型钢混凝土具有优良的抗震性能。

1　工程概况

（1）莲花中学新建工程项目位于株洲市天元区原金德工业园内（东邻江河二路，南邻黄河北路，西邻江河一路，北邻株洲大道），项目建成后将成为周边良好的教育资源。

（2）工程规模：本工程净用地面积 46799. 33m^2，总建筑面积 67909. 53m^2。其中计容面积 57985. 81m^2，容积率 0. 85。

（3）施工承包范围为发包人确认的设计施工图范围内的所有工程内容（校园文化建设、装备、大型土石方工程除外）。

（4）莲花中学新建工程项目的建设内容包括：教学综合楼、行政综合楼及文体综合楼等建筑，配套建设地下室、运动场、道路、给排水、供配电、景观绿化等工程。

（5）校区建筑由地下室部分（含地下室停车场、地下室架空活动场所、半地下食堂、图书馆、地下教学庭院等）和地下室以上部分（含教学楼综合楼、行政综合楼、体育馆、连廊、走廊、主席台、田径运动场等）组成。西面为田径运动场，地下一层为停车场；北面行政综合楼为地上 6 层，建筑高度 23. 5m；南面教学综合楼地上为 6 层，地下一层（地下一层为半地下室），建筑高度 23. 5m；西面文体综合楼地上为 2 层，地下为一层（地下一层为半地下室），建筑高度 18. 8m。本工程主要结构形式为框架结构。建筑设计使用年限为 50 年，抗震设防烈度 7 度，屋面防水等级一级，地下室防水等级一级，建筑耐火等级地下为一级，地上为二级。±0. 000 相当于绝对标高为 59. 9m。

（6）行政综合楼多功能厅主梁及周边柱均为型钢混凝土结构，型钢柱尺寸为 1000mm×900mm（内设型钢尺寸为 600mm×500mm×28mm×30mm），型钢梁尺寸为 700mm×1600mm（内设型钢尺寸为 400mm×1200mm×28mm×30mm，型钢梁、柱交接处设置 440mm×325mm×22mm 型钢腹板，型钢柱及梁上、下部均焊接栓钉（ϕ20@200，长度 $L=100$mm），型钢梁长度为27.5m，将型钢梁内型钢分别与端部2根型钢柱焊接，并按图纸要求留孔绑扎钢筋，组成一个梁柱整体，以达到施工主体承重要求。莲花中学新建项目效果图如图2所示。

图1　莲花中学新建项目效果图

2　施工准备

2.1　材料准备

型钢：采用Q355-b级低合金高强度结构钢。

钢板：采用Q355-b级低合金高强度结构钢。

钢管：钢管采用外径48mm，壁厚3.5mm的焊接钢管，长度1m或3m。焊条：采用E50系列木方、U托等。

2.2　机械准备

大型吊车一台（300t）、电焊机4台。

2.3　人员准备

焊工4人、小工4人以及其他工种随时配合。

3　施工流程

3.1　第一阶段——型钢支撑体系

主梁为大型钢（27.5m），荷载约12.1t，在进行梁、柱焊接之前，需编制高大支模专项施工方案，且应通过专家论证。搭设加强支撑体系，具体要求如下：

为确保本工程此处重梁的顺利浇筑，经计算决定采用梁两侧立杆间距1200mm，梁跨度方向立杆横向间距为450mm扣件式钢管支撑架作为其支模体系，架体非顶层步距为1500mm，顶层步距为800mm，梁底增加立杆根数3根，具体参数见表1。多功能厅梁支撑搭设平面图如图2所示，剖面图如图3所示。

表1　型钢支撑体

基础信息	代表性梁截面尺寸宽×高（mm）	700×1600
	梁所在位置	1F
	支架纵横长度 $L×B$（m）	27.5×42.1
	支架高度 H（m）	7.5
	梁侧楼板厚度（mm）	120

续表

梁底模设计	面板（mm）	胶合板/12
	次龙骨（mm）	方木 50×70@ 117；与梁长度方向平行
	主龙骨（mm）	单钢管 48×3.0@ 450；与梁长度方向垂直
	可调托撑	内 1 根主梁
梁侧模设计	面板（mm）	胶合板/12
	次龙骨（mm）	方木：50×70@ 150；与梁长度方向垂直
	主龙骨（mm）	双钢管 48×3.0@ 550；与梁长度方向平行
	对拉螺栓（mm）	M14；3 道距梁底 200、750、1300
支架设计	支架基础	多功能厅底板（350mm）
	梁跨度方向立杆间距 l_a（mm）	450
	梁两侧立杆间距 l_b（mm）	1200
	步距 h（mm）	1500
	顶层步距 h（mm）	750
	可调托座伸出顶层水平杆的悬臂长度 a（mm）	300
	梁底增加立杆根数	3
	梁底增加立杆布置方式	按梁两侧立杆间距均分

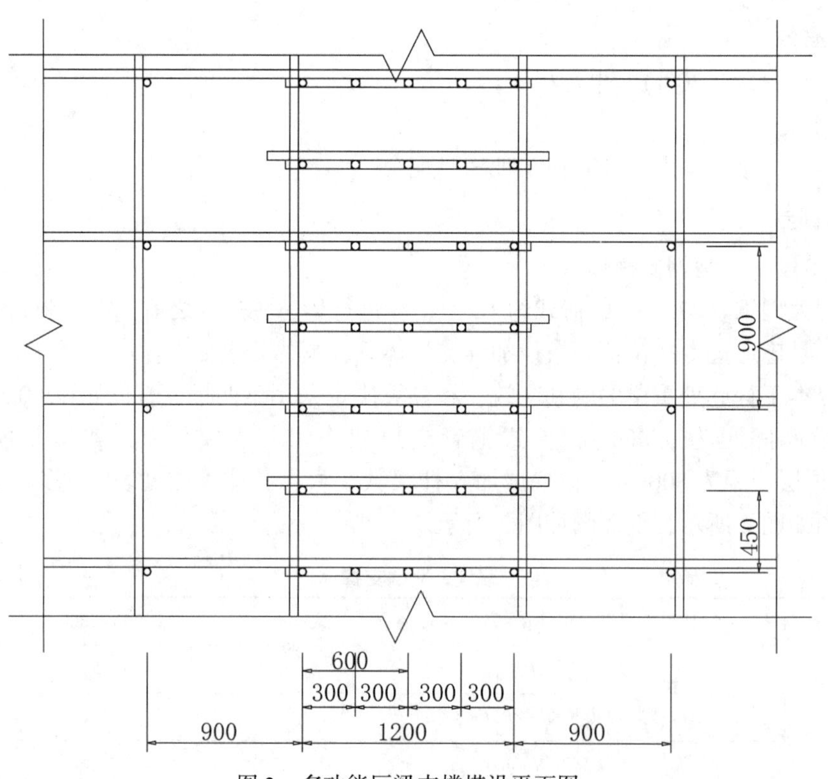

图 2　多功能厅梁支撑搭设平面图

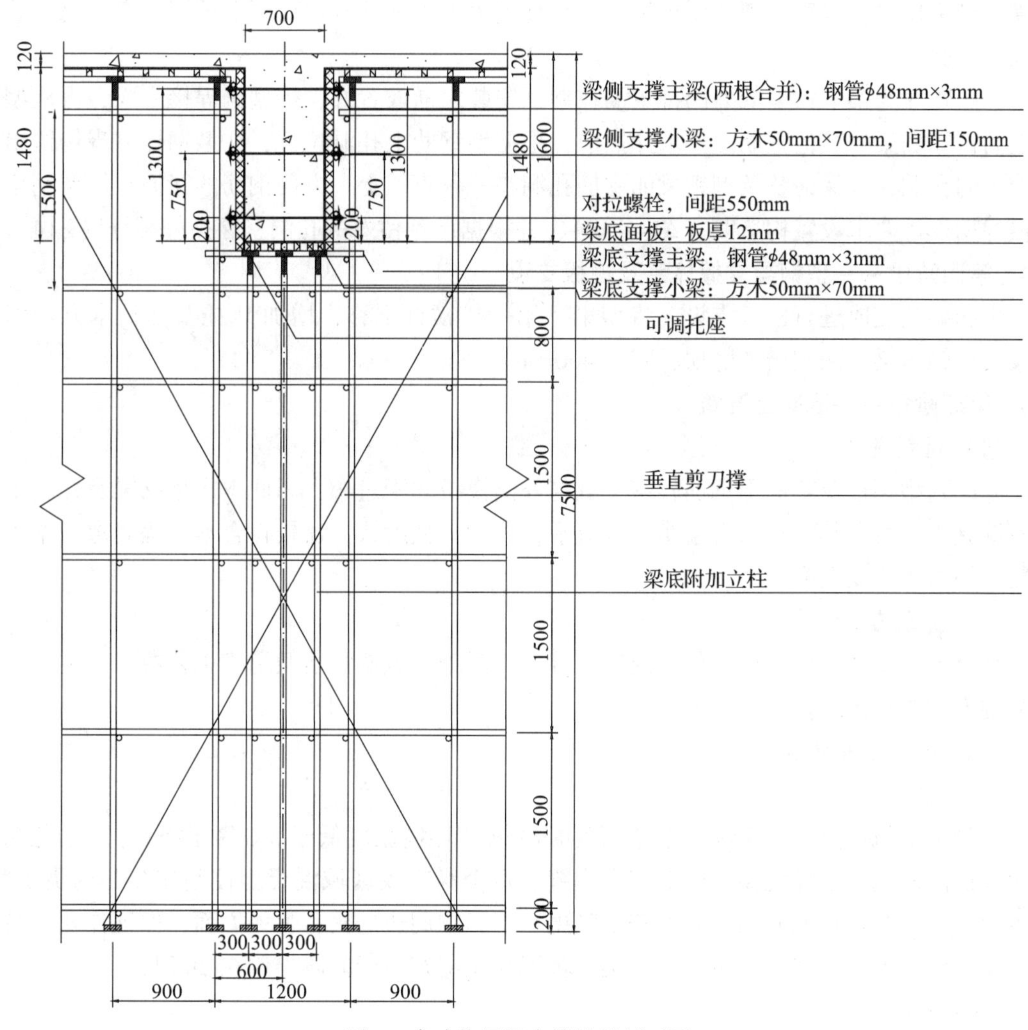

图3　多功能厅梁支撑搭设剖面图

3.2　第二阶段——梁柱焊接

（1）支撑体系完成以后，即开始进行梁柱焊接。焊接时均采用一级焊缝进行焊接。

（2）大型钢梁因荷载过大，将其分为3段，分别是9000mm、9500mm、9000mm。两端梁柱焊接，中间梁搭接。搭接时，断开处采用24M22，10.9级高强度螺栓连接板，水平间距72mm，垂直间距72mm，连接板厚30mm，长度900mm，宽400mm，距梁顶及底100mm。

（3）柱型钢与梁型钢节点构造图详见结构施工图纸（本文略）。

（4）型钢均为Q355钢材，焊缝采用E50型焊条。型钢腹板和翼缘板采用等强对接焊缝，其横向加劲肋与腹板、翼缘采用角焊缝（$l_f=6$mm），节点加劲肋厚$t=20$mm，与柱内型钢等强对接焊。

（5）型钢梁翼缘和腹板孔应在工厂预留，采用机械钻孔，孔径为钢筋直径每边加3mm，按设计要求和规范打眼，不得任意留眼，影响结构质量。

（6）大梁分段焊接顺序为先焊接两端长的型钢，再同时进行中间段型钢搭接。

3.3　第三阶段——钢筋绑扎

在型钢梁与型钢柱连接完成以后，开始进行梁柱钢筋绑扎。按设计尺寸，钢筋规格锚固长度，接头位置，以符合规范要求施工，且型钢梁上预埋件按设计要求预埋，安装完成后与钢筋一起验收。

绑扎顺序为梁下铁最低处两排主筋在型钢安装之前放置好，待型钢焊接完成，再从型钢肋上洞口穿插梁的其他主筋。要求穿插前，根据型钢肋上孔洞位置，在型钢柱上现场留出相应位置的孔洞，以保证整条型钢梁的主筋孔洞在一条直线上，方便钢筋的穿插。该型钢梁两侧需根据设计要求设置构造筋（Δ14ϕ16），并根据已预留好的孔洞，穿插好螺杆（ϕ14）。

3.4　第四阶段——型钢梁支撑体系及模板支设

钢筋绑扎完成进行模板支设，将型钢下第一排横杆下移，增加 U 托及通长木方与型钢梁梁底接触，梁底两侧增加竖楞，间距 400mm。

3.5　第五阶段——混凝土浇筑

（1）材料选择

考虑到型钢柱及梁周围钢筋较密，且与外侧模板间距过小，因此本次型钢梁及柱均采用细石混凝土浇筑，其特点为自密实、自流平，早期上强度快，比较符合本工程要求。本工程混凝土均采用商品混凝土。

（2）浇筑方式

结合各高支模区域现场条件、混凝土分布、混凝土流淌性能及施工工艺特点，主要采用天泵的方式进行浇筑。

（3）浇筑时间及顺序

①浇筑时间

混凝土浇筑尽量选择全天中最低温度时浇筑（环境温度低于 5℃禁止浇筑），避免高温浇筑和低温浇筑，以免混凝土收缩产生裂缝。每个高支模区域混凝土控制在 24h 内浇筑完。一方面，尽量缩短夜间施工，降低安全隐患、不影响周边居民；另一方面，保证作业人员体力，从而保证混凝土浇筑质量。柱、梁、板混凝土浇筑时间间隔控制在 2h 以内。

②浇筑顺序

柱按照每层 500mm 先行浇筑，浇筑到梁底。1000mm（到板底的高度）高以内的梁，按照均分两次同柱一起浇筑；1000mm（到板底的高度）以上的梁，按每层不大于 500mm 高度同柱一起分层浇筑，浇筑到板底后，同板一起浇筑。

对于柱混凝土比梁板高两个等级的，先将柱浇筑到板顶，并向梁方向浇筑 500mm（大于 45°斜坡坡顶）。梁、板、柱浇筑时间间隔控制在 2h 以内（图 4）。

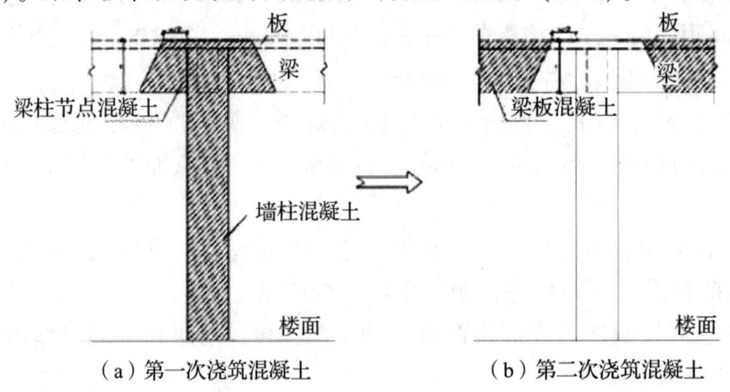

（a）第一次浇筑混凝土　　（b）第二次浇筑混凝土

图 4　混凝土浇筑顺序

梁、板混凝土浇筑顺序遵循“由中间至两端、对称浇筑”的原则。

4　施工进度和安全保证措施

由型钢厂家提前完善施工前所需要的各种机具和材料，项目部负责考察厂家实力和技术能力，检查原材料是否符合设计要求，编制方案和技术交底，质量员把关检查每一道施工程序，是否符合施工规范要求，做到心中有底，无错无遗漏。施工前由专职安全员检查架子是否牢固和操作平台板铺设是否稳固，安全防护是否到位，确认无任何安全隐患后，通知各工种施工，确保进度、质量、安全达标顺利实现。

5　型钢施工质量控制措施

（1）施工前质量控制。

第一，施工前根据有关规范及设计要求编制施工及焊接工艺卡，并组织操作人员认真学习。

第二，所有电焊工必须进行技术培训，持证上岗，并做好焊接技术评定。

第三，钢材、焊材按相关标准验收合格后，方能使用。

（2）施工阶段质量控制。

第一，为保证型钢柱、梁加工质量，从钢材下料入手严格控制。所有型钢均委托专业厂家制作。

第二，组装前，连接面及沿焊缝每边50mm范围内的铁锈、油污等清除干净。焊接完毕后，清除熔渣和金属飞溅物。

第三，焊缝表面不允许有裂缝、气孔等缺陷。

第四，型钢柱、梁安装精度严格按照技术要求控制，并且加强复核观测。

6　注意事项

6.1　支撑体系

（1）脚手架的搭设、拆除及维护必须由专业架子工持证上岗，其他人员严禁对脚手架任何杆件动、拆、改，并且在混凝土未达到强度或未经现场管理人员认同之前不允许任何人进行拆除。

（2）在搭设之前，必须对进场的脚手架杆配件进行严格的检查，禁止使用规格和质量不合格的构配件。

（3）脚手架搭设作业，必须在统一指挥下，按照规定程序进行。

6.2　吊装过程

（1）型钢梁跨度长，其运输和吊装难度大，因此按设计规范要求，可取三段加工，用大型拖板车运输到现场，经甲方、监理单位验收（有材质检验报告，合格后准备吊装）。

（2）型钢吊装：为了吊装方便，每段端头焊上一个耳板，耳板上留眼，能挂钩，耳板焊在钢梁中线上，耳板眼上穿上钢丝绳，绳另一端挂在汽车起重机的吊钩上。

（3）吊装完成后，按照测量给出的梁轴线和标高点拉线校正三段梁，确定无误后，按照规范连接。焊缝接连按《型钢混凝土组合结构构造》（04SG523）的要求施工，确保型钢质量要求。

7　型钢混凝土组合结构经济性分析

7.1　型钢混凝土组合结构与普通混凝土结构比较

由于在钢筋混凝土中增加了型钢骨架，使得这种结构具有钢结构和混凝土结构的双重优点，具体如下：

（1）型钢混凝土在设计上不受含钢率限制，刚度、承载力高。型钢混凝土结构的构件承载能力可以高于同尺寸钢筋混凝土构件的一倍以上，因此，对于高层、大跨度建筑，可以减小构件截面，增加使用面积和层高，其经济效益显著。

（2）型钢构件截面积小，对于建筑物而言，可以增大跨度，增加使用面积和层高，其经济效益可观。

（3）型钢混凝土梁结构的延展性远高钢筋混凝土结构，因此，具有优良的抗震性能，刚度加强，抗屈服能力增强。

（4）型钢混凝土梁、柱建筑不必等待混凝土达到一定强度就可继续施工上层，有效地缩短了建设工程的工期，即节约了施工成本。

7.2　型钢混凝土组合结构与钢结构比较

型钢混凝土组合结构与钢结构比较，优点有：

（1）与钢结构比较，型钢外包混凝土参与承受荷载，同型钢结构共同受力；同时由于型钢包裹混凝土后，能够抵抗有害物质侵蚀，从而防止钢材锈蚀。

（2）受力性能好，型钢混凝土结构构件内部的型钢由于受到外部钢筋混凝土的约束，克服了普通的钢结构构件的受压失稳的弱点，同时也克服了钢结构的耐火性能差的弱点，型钢混凝土组合结构耐火性和耐久性优良。

（3）由于钢筋混凝土和型钢共同受荷载，使型钢混凝土成为节约钢材的一种有效手段。型钢混凝土组合结构较钢结构可节省钢材50%以上。

在我国，随着钢材产量和质量的不断提高，型钢混凝土组合结构已开始广泛应用于大跨、超高层建筑。上海的东方明珠电视塔、北京香格里拉饭店、国家大剧院等均采用了此种结构。

8　结语

综上所述，通过莲花中学新建工程施工，显著提高了我项目部型钢混凝土组合结构施工质量控制水平，加快了施工进度，有效地保证了工程质量，创造了良好的经济效益和社会效益，积累了丰富的施工经验，培养了一大批优秀专业施工人员，为类似工程的施工提供了宝贵的经验。

参考文献

[1] 中华人民共和国建设部．钢结构工程施工质量验收规范：GB 50205—2001 [S]．北京：中国建筑工业出版社，2001.

[2] 中国建筑标准设计研究院．型钢混凝土组合结构构造：04SG523 [S]．北京：中国建筑标准设计研究院，2001.

浅谈沥青混凝土上硅PU面层龟裂的原因分析及防治措施

陈雲鹏

湖南省第五工程有限公司　株洲　412000

摘　要：硅PU面层是以聚氨酯材料与含有有机硅成分的材料复合而成，是新一代球场铺面材料，专为运动而设计的弹性系统，为人在运动时提供缓冲和减振保护，弹性层通过回缩瞬间吸收冲击力，缓冲后的受压蓄势通过加强层形成向上的高回弹力，有效缓减地面对脚踝、关节、韧带的作用力。

关键词：沥青混凝土基层；硅PU面层；龟裂；治理

1　引言

硅PU球场具有摩擦性能良好、弹性缓冲优良、免维护保养、环保无毒、抗老化等优点，已广泛应用于大、中、小学校及各类公共体育场馆篮球场工程。硅PU施工技术成熟、操作简单，对基础层要求低，可施工于混凝土及沥青混凝土上，施工完成后使用性能稳定，使用过程中不易损坏，深受广大业主及施工单位青睐。但硅PU施工过程中也常见开裂与鼓包问题。现就沥青混凝土基层上硅PU面层龟裂原因及防治措施做以下阐述。

2　硅PU面层龟裂的原因

硅PU地面开裂来自剪切力，硅PU材料本身具备较大的拉伸强度，不会裂缝，但由于基础下沉或裂缝所产生的剪切力或伸缩力使依附在基础表面上的硅PU面层的拉伸强度无法承受而被拉断，从而出现裂纹。

硅PU面层龟裂主要由基层或面层问题导致。

2.1　基层出现问题

（1）基层出现沉降

球场基础未夯实，导致出现沉降，沥青混凝凝土出现裂纹，并导致硅PU面层撕裂。

（2）伸缩缝设置不到位或未设置

沥青混凝土下素混凝土基层未设置伸缩缝或设置不到位，导致沥青混凝土出现放射性裂纹，从而影响硅PU面层出现裂纹。当伸缩缝内填充的材料弹性较差，也会导致硅PU面层出现裂纹。

（3）沥青混凝土未夯实

大面积球场施工时，沥青混凝土一般采用压路机进行压实，但是压路机体型较大，角边处可能压实不到位。硅PU面层拉伸强度较大，沥青混凝土处于未压实时底层的沥青容易被硅PU面层拉扯出来，从而导致硅PU面层出现裂缝。

当球场围挡立柱基础提前浇筑时，人工和机械较难将围挡立柱周围10cm范围内的沥青混凝土进行压实，沥青混凝土未压实导致硅PU面层在围挡立柱处出现裂缝。

（4）沥青混凝土热稳定性较差

由于设计师在图纸设计时考虑造价问题，让施工单位采用重油沥青进行施工。重油沥青的热稳定性及抗老化能力一般，在天气炎热的夏季，硅 PU 面层温度较高，沥青混凝土基层软化出油，抗拉强度减弱，沥青混凝土与硅 PU 之间的黏结强度变小，导致硅 PU 面层出现裂缝。

2.2　面层出现问题

（1）采用不可用的稀释剂

硅 PU 面层施工时采用不允许使用的稀释剂，有些稀释剂会与沥青混凝土发生化学反应，破坏沥青混凝土的结构，降低沥青混凝土抗拉强度，并降低沥青混凝土与硅 PU 之间的黏结强度，从而导致硅 PU 面层出现裂缝。

（2）沥青混凝土基层未清理干净

沥青混凝土基层在施工前应采用大量洁净的水进行冲洗，清洗后的基础应无脏物及其他杂物。杂物会影响沥青混凝土与硅 PU 面层之间的黏结强度，从而导致硅 PU 面层出现裂缝。

3　硅 PU 面层龟裂的预防措施

3.1　施工队伍的选择

要选择有施工专业资质（不是挂靠的）的施工队伍，要看重队伍的信誉，考察队伍的业绩，最好在公司长期合作的硅 PU 专业队伍中进行比选。信誉好的队伍，对待自己单位的品牌和声誉就像对待自己生命一样，不仅在施工中十分注重质量，而且对售后服务做得也会很到位。如果队伍信誉不好，不重视工程质量，即便是工程预留的质保金超过国家标准规定也没有多大意义，他们宁肯不要质保金，也不愿投入大量人力、物力去对工程做完善的维护、维修等售后服务。

3.2　施工质量控制

在施工过程中需要严格控制，要做好每一道环节、每一个细节的管理工作。开始施工前注意对上道工序进行交接检验。

施工时保证基层夯实到位，如果基础土质较差应进行换填或者强夯。沥青混凝土基层下的素混凝土基层应按照规范要求设置伸缩缝。

沥青混凝土基层必须充分压实，表面均匀坚实，平整无裂纹，无烂边堆挤，无麻面，接缝平顺光滑。沥青混凝土基层自然养护大于 28d，以保证硅 PU 面层与沥青混凝土有良好的黏结。

3.3　材料控制

沥青混凝土基层应采用改性沥青混凝土基层，改性沥青相对于重油沥青来说，热稳定性、抗老化性能要好很多，出油量也少，与硅 PU 面层之间的黏结也更好。

4　硅 PU 开裂的治理措施

当硅 PU 面层出现开裂时，首先把硅 PU 面层开裂的地方起掉，裂纹两边各留 2.5cm（依据现场开裂程度为主）；把露出的基层裂纹用角磨机或者其他机械切成“V”字形。再把基层裂纹上面硅 PU 面层切成斜坡也就是“V”字形的一半；基层和面层全部切好以后，清扫干净（注意千万不能用水，如果赶上阴天下雨，必须等到完全干透以后方可进行下一步工作）。

清扫干净以后，用专业硅 PU 弹性胶将“V”字形的切缝填满，直至和地基一样平；待弹性胶完全干透以后，打磨一次；把打磨的残渣清理干净，清理干净以后，开始刮涂硅 PU 面层材料（依据现场的硅 PU 面层厚度，逐步刮涂）；待硅 PU 面层干燥以后，打磨一遍，直至和整场面层一样平。

5　项目应用

株洲市南方中学新建工程篮球场采用了硅 PU 面层的做法，针对可能出现的问题按照预防措施进行事前控制及事中控制，确保篮球场地面一次验收合格，为项目整体提前竣工验收奠定了基础。在后期使用过程中，基本未出现裂缝，为公司节约了维保费用。

6　结语

硅 PU 材料虽具有其他材料无法比拟的防滑、缓冲、美观及耐久等优越性，但施工过程中须做好全过程质量控制，切实采取合理的预防和治理措施，才能消除开裂这一质量通病，从而做出完美、优质、使用耐久的硅 PU 球场。

参考文献

[1]　郭齐．室外硅 PU 运动场施工工艺及病害防治［J］．中国水运，2017（17）：226-227.
[2]　王领．浅析硅 PU 篮球场常见质量问题与施工注意事项［J］．装饰装修天地，2020（8）：45-46.

混凝土开裂防治的思考

黄望回

湖南省第五工程有限公司　株洲　412000

摘　要：混凝土是世上产量最大、使用最广泛并且必不可缺的工程材料。混凝土裂缝的防治与其施工难度有一定的关联性，处理不当将会引发质量问题。有的裂缝对结构不产生影响，只需用砂浆抹平表面遮挡，甚至因为混凝土本身的自愈性可不处理，像干缩裂缝和宽度不大于0.1mm的温度裂缝等；而有的裂缝宽度过大，出现的位置、产生的原因不同，尤其是贯穿裂缝和深层裂缝，会改变混凝土的受力情况，从而使局部或整体结构发生破坏，影响建筑物的正常使用。而裂缝一旦产生，就显著降低了建筑物的美观度，使人感官上觉得不安全。混凝土开裂的危害大，是建筑工程中的质量通病，所以，对于混凝土开裂有必要探求与之相应的防治措施。

关键词：耐久性；混凝土开裂；正常使用；防治措施

1　混凝土产生裂缝的原因

1.1　混凝土材料的构成

想要了解混凝土产生裂缝的原因先要了解它的材料构成、材料性能、各种材料结合后的效果。

本文主要探讨强度等级在C7.5~C60的普通混凝土。

普通混凝土主要由粗、细骨料与水、水泥及添加剂组成，在初凝、终凝过程中处于固相、液相、气相并存状态。

固相由粗、细骨料与水泥水化后的水泥石组成，而水泥石又有两种状态，一种是完全硬化的硬质晶格，另一种是未完全硬化的软质胶凝体，随着时间的推移，变成硬质晶格，这就是混凝土硬结的过程。

液相为拌和用水及各种添加剂。气相不仅存在于砂子、石子、水泥石的间隙中，还存在于水泥石水分蒸发所形成的孔隙中。

由上可知，混凝土是非均质、多孔并随着时间变化产生性能变化的材料，它的组成成分决定了一系列与裂缝有关的物理力学性能，如收缩、徐变、抗拉强度、抗压强度等。

1.2　混凝土开裂原因分析

1.2.1　混凝土收缩

收缩是指混凝土在空气中非受力硬结体积缩小的现象。

混凝土的收缩受各种各样因素的影响，可以划分为两类：一个是混凝土碳化；另一个是湿度的变化，即失水引起的，像干燥蒸发、颗粒沉降析水等。

影响因素：水泥品种、水泥细度、水灰比、水泥浆量、骨料类型、养护期、湿度、构件尺寸（截面周长与其所围面积之比）、配筋率及模量比、施工方法。

估算公式：

$$\varepsilon_{sh(\tau)}=\zeta_1,\ \zeta_2,\ \zeta_3,\ \cdots,\ \zeta_{10}\left[1-e^{-(0.2+\beta\tau)}\right]\varepsilon^k_{sh(\infty)}$$

式中　$\varepsilon^k_{sh(\infty)}$——标准状态下的混凝土极限收缩值，取$324\times10^{-6}$；

$\zeta_1,\ \zeta_2,\ \zeta_3,\ \cdots,\ \zeta_{10}$——非标准状态下的混凝土收缩修正系数；

τ——混凝土龄期（d）；

β——经验系数，一般取0.005，养护较差时取0.015。

1.2.2　混凝土徐变

混凝土在荷载保持不变的情况下随时间变化而增长的变形称为徐变。

一方面，徐变会产生不利于结构的变形以及增加预应力的损失，可能导致受压杆件出现徐变引起的破坏。另一方面，徐变有利于混凝土在约束状态下收缩变形。

影响因素：水泥品种、水泥强度等级、水灰比、水泥用量、骨料类型、养护时间、湿度、构件尺寸及暴露度、应力比、施工方法。

估算公式：

$$\varepsilon_{cr(\infty)}=\eta_1,\ \eta_2,\ \eta_3,\ \cdots,\ \eta_{10}\varepsilon^k_{cr(\infty)}$$

$$\varepsilon^k_{cr(\infty)}=c^k\sigma_c$$

式中　$\varepsilon_{cr(\infty)}$——标准状态下混凝土极限徐变值，随混凝土强度的提高而减小；

$\eta_1,\ \eta_2,\ \eta_3,\ \cdots,\ \eta_{10}$——非标准状态下混凝土徐变修正系数；

c^k——标准极限徐变度见表1；

σ_c——混凝土在荷载持续作用下引起的应力。

表1　不同混凝土强度等级对应标准极限徐变度

混凝土强度等级（10^{-6}，MPa）	C15	C20	C30	C40	C50	C60-C90	C100
c^k	8.28	8.04	7.40	7.00	6.44	6.03	6.03

1.2.3　混凝土热性能

热胀冷缩是混凝土热性能之一，以入模温度为基准，使用过程中周围环境温度高于其入模温度时为热胀，周围环境温度低于其入模温度为冷缩。当与混凝土的碳化收缩，失水收缩组合使混凝土受到约束不能自由完成时，出现开裂。因为这一性能，要控制拆模的速度，注意在不同极端天气影响下周围环境与混凝土内部环境的温差。

1.2.4　混凝土的抗拉强度

混凝土强度的关键在于养护，养护条件指混凝土所处环境的湿度和温度。

未能及时保湿养护，将使强度降低，若浇筑24h后再进行养护，几乎得不到强度。

温度适当升高可加速水化反应，但过高会导致快速水化产生对结构不良的水化产物，使孔隙得不到充分填充，且这种产物分布不均匀对强度产生不利影响。因此要注意控制温度在合理的范围内，防止产生温差裂缝。

1.2.5　保护层厚度的影响

混凝土保护层起着保护钢筋，防止其裸露在外产生锈蚀，降低混凝土抗拉强度的作用。也应注意保护层不要过厚，过厚导致不必要的荷载削弱承载能力，同时也容易出现收缩裂缝和温度裂缝。

2　混凝土裂缝的预防措施

通过以上对混凝土开裂原因的分析，以及现场施工经验的结合，总结防止混凝土开裂的措施主要有：

2.1 干缩裂缝

较为常见。

预防措施：

（1）制备混凝土时，严格控制水泥用量、水灰比和砂率不能过大；使用级配良好的石子，以减小孔隙率和砂率；搅拌均匀密实；控制砂石含泥量。

（2）浇筑后，在裸露表面用草帘、苫布棉等进行覆盖，避免被阳光直射，定期浇水。

（3）模板和基层在浇筑前要浇水，防止模板吸收混凝土的水分，使混凝土不密实，拆模后出现麻面。

（4）可在混凝土初凝后、终凝前进行二次抹压，提高混凝土抗拉强度。

（5）设挡风设施。

（6）可采用纤维型膨胀剂补偿混凝土的收缩，依靠纤维的阻裂效应，通过无数条纤维在混凝土中形成网状的支撑体系阻止混凝土的收缩，降低了表面析水与集料的离析，使孔隙率降低，同时其本身高分子聚合物的填充还提高了混凝土的抗渗性，效果良好。

治理措施：此类裂缝会使钢筋裸露导致锈蚀，且影响建筑物的美观，给人感官不好，所以仅需在裂缝表面涂抹一层砂浆遮挡一下就好。

2.2 温度裂缝

在浇筑大体积混凝土基础或浇筑在坚硬地基及厚大的混凝土垫层时注意温度裂缝的产生。

预防措施：

（1）尽量选用低热和中热水泥（矿渣水泥，粉煤灰水泥）配制混凝土。

（2）掺加缓凝剂，调节混凝土的凝结时间，使散热时间充分均匀；或掺减水剂，影响水泥的水化速度，使水化热有足够的散发时间。

（3）在高温炎热天气浇筑混凝土时，拌和用水的温度需要更低，或配备简易的遮阳装置。

（4）分层浇筑，每层不大于30cm，加快热量散发，使温度分布均匀，利于振捣密实。

（5）大体积混凝土预留孔道，采取通冷水降温。

（6）大型设备基础采取分层分块间隔浇筑（间隔5～7d），分块厚度为1～1.5m，利于减少约束作用和水化热。

（7）夏季高温天气要更长时间地养护；寒冷天气，混凝土表面要有保温措施，避免表面温度降低过快与内部产生温差而发生开裂；同时，温度过低会使水泥的水化速率变慢，影响混凝土的强度变化；薄壁结构拆模不易过快，让其缓慢降温。基础混凝土拆模后要及时回填。

（8）在坚硬地基或厚大的混凝土垫层上浇筑大体积混凝土时，可在岩石地基或混凝土垫层上浇沥青并撒5mm厚砂子，减少约束作用。

治理措施：宽度不大于0.1mm的裂缝，由于混凝土的自愈性，可不处理或只对表面进行处理。宽度大于0.1mm，深度大于0.5倍结构厚度的裂缝，可用水泥浆或化学浆液灌入（化学浆液因其不含固体颗粒，可灌性更好；胶凝时间可控；抗渗性好；强度可调的优点，虽然价格更贵，但若产生裂缝的地方有抗渗强度等要求，比水泥浆更好），同时表面可抹一层砂浆遮挡。

2.3　不均匀沉陷裂缝

主要出现在地基上，如地基未夯实，混凝土结构因沉降被破坏发生渗漏等。

预防措施：

（1）对填土地基、松软土进行必要的夯实和加固。

（2）避免在未夯实处理前直接在松软土和填土上制作预制构件。

（3）模板应支撑牢固，并使地基受力均匀。拆模时间不宜过早。

（4）构件制作场地周围做好排水措施，不然水渗入地基可能导致发生沉降。

治理措施：

不均匀沉降裂缝对结构的承载能力和整体性有较大的影响，要根据裂缝的严重程度会同有关部门对结构进行适当加固处理（如设钢筋混凝土围套、加钢套箍等）。

2.4　张拉裂缝

预应力大型屋面板、墙板、槽型板常在上表面或端头出现裂缝，预应力吊车梁、桁架多在端头出现裂缝。

预防措施：

（1）预应力张拉或放松时，混凝土必须达到规定的强度。操作时，控制应力应准确，并应缓慢放松预应力钢筋。

（2）板面适当施加预应力，使纵肋预应力钢筋引起的反拱减小，提高板面抗裂度。

（3）在吊车梁、桁架、托架等构件的端部节点处，增配箍筋或钢筋网片，并保证预应力钢筋外围混凝土有一定的厚度。

治理措施：

轻微的张拉裂缝在结构受荷后逐渐闭合，基本不影响承载力，可以不处理。严重的裂缝，将明显降低结构刚度，可采取预应力加固或用钢筋混凝土围套、钢套箍加固等方法处理。

2.5　其他施工裂缝

构件制作、脱模、运输、堆放、吊装过程中，会因为各种原因产生方向不一、深度长短各异的裂缝。

预防措施：

（1）翻转模板生产构件时，应在平整、坚实的铺砂地面上进行，翻转、脱模应平稳，防止产生剧烈冲击和振动。

（2）预留构件孔洞的钢管要平直，预埋前要除锈刷油，浇筑后，要定时转动（15min左右）钢管。

（3）运输中，构件之间应设置垫木并互相绑牢，防止晃动、碰撞。

（4）对于屋架等侧向刚度差的构件，吊装时可用脚手杆横向加固，并设牵引绳，防止吊装过程中晃动、碰撞。

（5）浇筑混凝土前应对木模浇水湿透。

2.6　合理的结构设计

在设计中要注意避免结构突变（或部分突变），如果不可避免，就要进行局部处理。同时为了强化结构，斜线加固和弯道、悬挑角、外墙阳角以及长跨度角可以设置放射钢筋以满足更大孔洞的条件。如果结构允许，可以适当在施工时预留一定的缝隙用来伸缩。

3 混凝土裂缝的评定与检测

3.1 混凝土裂缝宽度

裂缝宽度允许值见表 2。

表 2 裂缝宽度允许值

类别	结构构件所处条件	允许裂缝宽度（mm）
因荷载变化要求控制的裂缝宽度	按设计（不允许出现裂缝的工程）	不允许
	屋架、托架的受拉构件； 烟囱、用于储存松散体的筒仓； 处于液体压力而无专门保护措施的构件	0.2
	处于正常条件下的构件	0.3
因持久强度（钢筋不受腐蚀条件）要求控制的裂缝宽度	严重腐蚀条件下，有防渗要求；混凝土自防水，有防渗要求的地下、屋面工程、非高压水条件	0.1
	轻微腐蚀条件下，无防渗要求	0.2
	处于正常条件下的构件，无防渗要求	0.3

3.2 混凝土裂缝深度

裂缝深度 h 与结构厚度 H 之间的评定关系为：表面裂缝是 $h \leqslant 0.1H$ 时，$0.5H \geqslant h > 0.1H$ 时为浅层裂缝，$h > 0.5h$ 时则为纵深裂缝，$h = H$ 时被称作贯穿裂缝。

3.3 混凝土裂缝检测

裂缝的深度与宽度由于产生的位置有所差别，它们的测量方法也有所不同。裂缝深度检测方法有传感仪器检测、超声波检测、光纤传感网络检测。裂缝宽度检测方法有光纤裂缝传感器检测、脆漆涂层法。

裂缝的深浅很难事先断定，一般可以根据表面宽度、产生原因、结构的断面尺寸粗略地判断，实际施工中，可先灌水判断是否是贯穿裂缝，若不能判断，可先按深裂缝考虑，一般在裂缝两侧钻孔，用径向振动式换能器放入孔中测试。测试过程中需注意：钢筋的影响，因温度和外力使混凝土发生的变形，使裂缝变窄甚至闭合的情况。

4 混凝土裂缝的处理措施

混凝土裂缝防治以预防为主，当裂缝产生时，处理产生的费用高于预防的费用，且难度也更高。裂缝产生后，传统的方法是采用灌浆法处理，但处理难度大，灌浆质量难以保证。裂缝处理工艺应实现如下目标：

（1）处理过的裂缝不再产生渗流和湿渍现象；

（2）随着时间的推移，应力发生变化，处理过的裂缝可能再次发生渗漏，要求裂缝处理工艺具有自我修复功能；

（3）处理工艺不会腐蚀钢筋、影响建筑物的寿命，理想的效果是增加混凝土的强度。传统的灌浆方法无法从根本上解决上述目标。可以采用 XYPEX（赛柏斯）水泥渗透结晶型防水材料进行处理。

4.1 XYPEX（赛柏斯）防水材料介绍

XYPEX（赛柏斯）化学公司坐落于加拿大西海岸的温哥华，是世界上较早的（已有 40

多年历史）研制生产 CCCW（水泥基渗透结晶型防水材料）的厂家，XYPEX 产品通过 ISO 9001：2001 认证，XYPEX 产品行销世界上 100 多个国家和地区，在全世界有 13 个生产基地和上万个成功的工程实例，年生产能力超过 60 万吨。

1969 年 XYPEX 化学公司研制出了可以防渗、防污、防腐，改变混凝土结构的特种工程材料。XYPEX 水泥基渗透结晶型防水材料含有独特催化作用的物质，能长久有效地加强混凝土的性能。这种具有保护和增强混凝土结构性能的材料和技术在世界范围内、在各种气候、各种环境的工程中得到广泛应用和验证。XYPEX 在 2003 年获得美国著名建筑杂志《Architecture》评选的优秀“王牌奖”。在水泥性能的科学研究和试验发展方面一直保持世界先进地位。

4.2　XYPEX（赛柏斯）材料的工作原理

XYPEX 材料是由水泥、硅砂等多种特殊的活性化学物质组成的灰色粉末状无机防渗材料。其工作原理：XYPEX 特有的活性化学物质利用水泥混凝土本身固有的化学特性及多孔性，以水为载体，借助渗透作用，在混凝土微孔及毛细管中传输、充盈，使混凝土内的微粒和未完全水化的成分再次发生水化作用，而形成不溶性的枝蔓状结晶并与混凝土结合成整体，使得从任何方向来的水及其他液体被堵塞，达到永久性的防水、防潮和保护钢筋、增加混凝土结构强度的效果。

图 1 是在混凝土表层 50mm 以下切取的芯样，可以看到在切面照片上呈现的氢氧化钙立方体、菱形六面体的胶凝体和微粒。

图 2 所示为 XYPEX 浓缩剂涂刷 26d 后，在混凝土表层下 50mm 切取的试样，可以看到混凝土的毛细管中已经生成了致密的、充分发展的结晶体结构。

图 1　未经处理的混凝土

图 2　涂刷过 XYPEX 材料结晶过程的成熟状况

4.3　XYPEX（赛柏斯）材料的主要性能

（1）XYPEX（赛柏斯）材料的主要性能见表 3。

表 3　XYPEX 的主要性能

序号	材料性能	说明
1	长期承受强水压	试验证明最大承受水压达 12.3MPa
2	渗透深度	化学反应的渗透深度达 30cm
3	使用寿命	使用寿命与混凝土同步
4	自我修复能力	裂缝宽度≤0.4mm 时，可自愈

续表

序号	材料性能	说明
5	通气性好	能阻水但不挡气，不影响混凝土的呼吸
6	耐高温、耐氧化、耐碳化	在-32~-130℃下，能正常工作
7	耐腐蚀、耐冻融	使用时，在pH在3~11下，不损坏；抗冻融300次
8	无公害、无毒	符合卫生、健康、环保部门的要求
9	接受别的物质	XYPEX表面仍可用油漆、环氧树脂、水泥砂浆等材料涂刷
10	成本低、施工方法简单	不需底层涂料或表面找平；不需要修整、防护

（2）XYPEX的自我修复能力：使用过XYPEX产品的结构，对结构产生的0.4mm以下宽度的裂缝，遇水后有自愈修复能力。如果结构多次产生裂缝，遇水后仍可以二次、三次至*N*次产生结晶，使裂缝自愈。

图3~图5是一个污水池的裂缝（0.4mm左右）经过XYPEX浓缩剂涂刷处理后，裂缝逐渐自我修复的现场照片，可以清楚地看到涂刷1d后、涂刷4d后，涂刷9d后，裂缝渗水的地方在逐渐自我修复，9d以后已完全封闭、干燥。

图3　涂刷1d

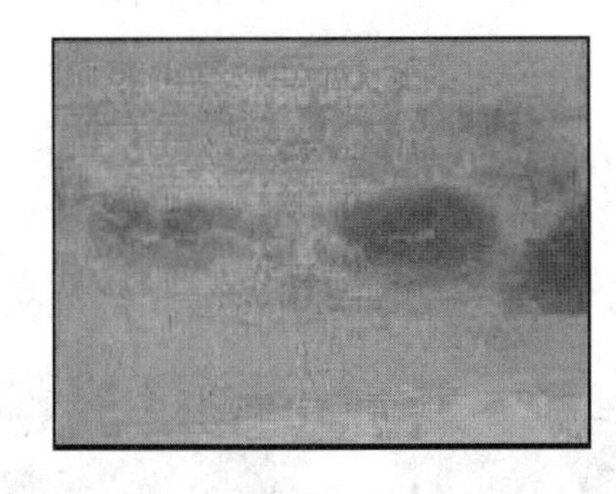

图4　涂刷4d

图5　涂刷9d

（3）XYPEX（赛柏斯）材料在混凝土裂缝处理过程中的应用范围及方法

XYPEX材料应用于混凝土建筑物的裂缝处理，如水利大坝、防渗面板、船闸、隧洞、水电站、港口码头、蓄水池、渠道、压力管道以及桥梁工程等。

4.4　小于0.4mm宽混凝土裂缝的处理

当裂缝有水流时，需先用XYPEX堵漏剂封堵漏水，然后将裂缝表面清洗干净，直接涂刷两层XYPEX浓缩剂灰浆（灰与水的体积比按5∶2）。待涂层呈半干状态后连续养护72h，在热天或干燥天气要多喷几次水，加强养护，防止涂层过早干燥。施工后48h内应避免暴晒、雨淋、霜冻、污水及4℃以下的低温，露天施工用湿草袋覆盖为好。

4.5　大于0.4mm宽的混凝土裂缝与不合格的连接处的处理

需先把裂缝或连接处剔槽，槽宽25mm、深35~70mm，呈燕尾形（有水流时挖深些，无水流时浅些），“V”形槽是不允许的。然后清除松散物质，用水浸渍基面。调制XYPEX浓缩剂灰浆（灰与水的体积比按5∶2），在槽内和槽口两边宽150mm处涂一层，约10min后用XYPEX浓缩剂调制成的半干状料团（灰与水的体积比按6∶1）填充槽一半，再用XYPEX修补堵漏剂填充剩下的半槽空间。待XYPEX修补堵漏剂凝固后，用水洒湿填缝的表面，随后在所修复的区域上涂一层XYPEX浓缩剂灰浆，养护同小于0.4mm宽混凝土裂缝的处理。

当裂缝处有松动的散块或蜂窝麻面时，需先进行清理和填平。嵌填的材料用 XYPEX 浓缩剂调制成的半干状料团（灰与水的体积比按 6：1）并砸实。

4.6　对渗水混凝土裂缝的处理

当裂缝有水流时，需先剔槽，槽宽 25mm，深 35~70mm，呈燕尾形，先用 XYPEX 堵漏剂封堵漏水，当漏水量较大或难以封堵时，可采用引流封堵技术处理，之后，再按大于 0.4mm 宽的混凝土裂缝与不合格的连接处的处理方法处理。

XYPEX 赛柏斯系列材料用于混凝土结构的裂缝处理，具有长期防渗漏、裂缝能自我修复、防止钢筋腐蚀、增强混凝土强度、施工方便、无公害等优越性，其在混凝土建筑物工程和其他领域中有广阔的应用前景。

5　结语

混凝土如今是世上产量最大、使用最广泛并且必不可缺的工程材料，各类建筑工程广泛使用，是基础性原材料。虽然混凝土开裂是建筑施工过程中的普遍现象，它的防治是建筑施工过程中极其重要的一环。混凝土裂缝的防治与其施工难度有一定的关联性，处理不当将会引发质量问题，如引起钢筋锈蚀和混凝土保护层脱落，影响建筑结构的正常使用和降低耐久性。有的裂缝对结构不产生影响，只需用砂浆抹平表面遮挡，甚至因为混凝土本身的自愈性可不处理，像干缩裂缝和宽度不大于 0.1mm 的温度裂缝等；而有的裂缝宽度过大、出现的位置、产生的原因不同、尤其是贯穿裂缝和深层裂缝，会改变混凝土的受力情况，从而使局部或整体结构发生破坏，影响建筑物的正常使用。而裂缝一旦产生，显著降低了建筑物的美观度，使人感官上觉得不安全。作为建筑工程中的质量通病，有必要对于混凝土进行防治开裂措施的总结和研究。

参考文献

[1]　郭永圣，李岳顺，黄全华．浅谈屋面混凝土开裂原因与防治措施［J］．四川建材，2014（6）：210-211.

[2]　李力广．房屋建筑工程混凝土结构开裂的原因与防治措施［J］．山西建筑，2018（11）：97-98.

建筑工程中屋面防水施工技术及质量控制探析

王湘龙

湖南省第五工程有限公司　株洲　412000

摘　要：随着社会经济的发展，我国的建筑行业有了很大发展。在建筑工程中，屋面防水施工是非常重要的一项内容。我国建筑工程屋面防水技术进步较大，但是建筑工程屋面渗漏问题依然存在，建筑工程屋面渗漏会直接影响建筑物的整体质量和使用的安全性。基于此，本文首先分析了房屋建筑屋面防水施工要求，其次探讨了建筑工程屋面防水施工技术，最后就建筑工程屋面施工质量控制进行研究，以供参考。

关键词：建筑工程；屋面防水；施工技术

在社会发展新时期，各类防水施工技术得到创新应用。但是在防水技术应用中，仍存在较多问题导致应用成效受到较大影响。目前，要注重对屋面防水技术的规范化，结合技术应用现状，拟定质量控制措施。

1　屋面防水施工要求

进行屋面防水工程找平层施工的过程中，一般会选择使用 C20 细石混凝土和水泥砂浆。要保证砂浆和混凝土的厚度均匀，将砂浆的厚度控制在 25mm 左右，混凝土的厚度需要控制到大于 30mm 且小于 35mm 的范围内，这样的厚度可以确保防水工程施工质量合格。在对找平层进行处理时，要将分割细缝提前预留出来，确保可以将密封材料填筑到细缝之中。此外，工程施工对分割细缝的宽度也有要求，一般情况下要控制在 20mm，然而也需要根据不同的要求，参考工程的实际情况进行合理调整。所以，在进行分割细缝的预留工作时，要参考工程的实际施工情况，经过测量以后才可以对细缝的宽度进行确认。要把找平层的分割间距控制在 6m 以内，而且必须要压实找平层，确保屋面能够具有水平的排水能力。在对找平层面的坡度以及平整度进行设计和施工的过程中，必须做到和房屋建筑具体情况相匹配，为屋面防水性能提供基础保障，确保流水在排放过程中顺利，不会出现积水。

2　建筑工程屋面防水施工技术

2.1　施工前的准备工作

在项目施工中，首先，要对基层实施有效处理，保障基层质量能满足施工要求。在施工中，施工人员要先对基层实施有效清理，集中清理基层各类杂物，对基层坑洼区域进行填平，提升基层的平顺性，为后续施工组织奠定基础。其次，要有效处理基层缝隙，在混凝土板预制中，缝隙不能超出 20mm。当缝隙超出 20mm 时，要参照现有施工技术标准对板内缝隙进行实施灌注。再次，施工中还要有针对性地展开技术交底，施工部门要组织技术人员对施工方案实施复核处理，在复核阶段要注重对施工现场基本现状深入探究，找寻施工方案中存在的各项问题。规范化完善施工方案，在施工中组织施工技术人员展开技术交底，强化施工培训力度，有效规范施工操作行为，强化屋面防水施工成效。

2.2　找平层施工技术

屋面防水常常采取“找平层+防水层”技术（图 2、图 1）进行施工。在结构层上采取找平层施工可以最大限度地保证防水材料铺贴的平整性，大大减少因空鼓而引发的防水性能下降的情况。在实际施工时，利用 30mm 厚的 C20 细砂混凝土实施找平，更便于防水层进行施工。

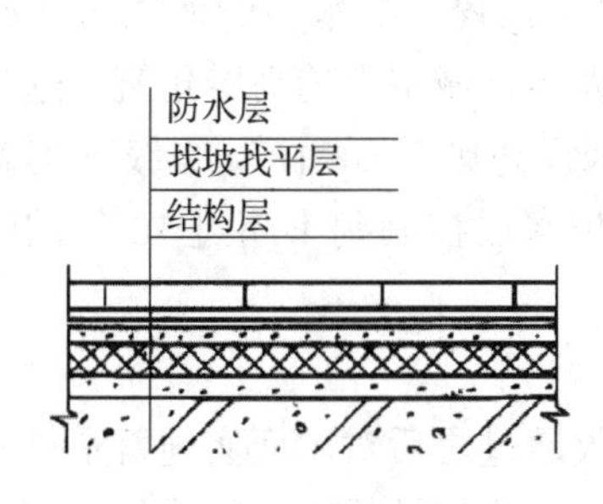

图 1　屋面防水工程基本构造示意图

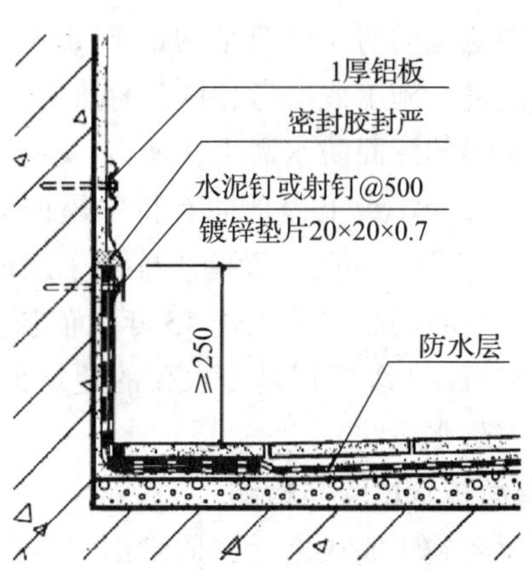

图 2　屋面立墙泛水构造示意图

2.3　刚性防水技术

刚性防水技术指为了达到屋面防水的目的，对建筑屋面进行细石混凝土的现浇施工，在混凝土成型后能够获得防水效果，可以选择在防水等级处于 1～3 级之间的房屋建筑工程中进行使用。这种技术不仅结构十分稳定，而且操作十分简易，是早期房屋建筑工程施工中十分常见的一种屋面防水技术。但是，在房屋建筑使用过程中，刚性防水层可能会因为外部环境气候条件发生变化导致裂缝出现，很难发挥屋面防水抗渗的效果。而且，这项技术的使用有很强的局限性，很难在屋面坡度太大的房屋建筑工程中使用，如果房屋构造里分布一些松散的保温层也会限制这项技术的使用。

3　建筑工程屋面施工质量控制策略

3.1　选择防水性能好的材料

在建筑工程屋面防水施工中，要想提升项目施工质量，要注重对防水施工材料合理应用，这样能全面强化屋面的防水性能。在施工中要选取防水抗渗作用突出的施工材料，比如聚氨酯防水涂料，其应用的经济性、防水性突出，有助于控制屋面渗透等常见病害，提升建筑应用寿命。聚氨酯防水涂料应用的适用性突出，能基于不同建筑设计要求搭配各类填充剂与溶剂运用，适应各类项目建设施工要求。相关管理人员在选购防水建材中，要注重对项目建设现状进行预判，选取综合性能突出的防水施工材料。施工人员要在施工现场因地制宜地对各类材料进行加工生产，保证屋面防水施工质量满足验收标准要求。

3.2　不断完善防水施工质量管控机制

要想提升屋面防水施工效果，需要采用高性能防水材料，同时对已排水系统进行优化设计。除此之外，施工单位还要建立并不断完善施工质量管控体系，从而确保建筑屋面的防水效果和质量。通常，建筑屋面防水工程都是高空作业，所以，施工人员在施工过程中应严格按照高空作业的要求进行操作。另外，施工人员应增强对防毒、防水的关注度，从而确保施工效果达到工艺标准。在进行建筑工程防水施工的过程中，影响施工质量的因素较多，施工技术人员应进一步加强质量监管工作，做好各防水层的质量验收和蓄水试验，对防水工程的各个阶段进行质量监控，确保在防水施工的不同阶段能很好地完成屋面防水工作，全面提升屋面防水的质量等级，避免屋面施工出现问题。

3.3　全面推行屋面防水工程分级制度

不同地区的房屋建筑结构各不相同，质量以及建设标准也存在很大差异，如果使用同种防水工艺进行施工或参考相同的标准，可能会导致屋面防水层的使用性能被浪费，也可能难以满足实际的屋面防水需求。所以，企业要对屋面防水工程进行分级，将不同的工程划分成1~4级，其中1级工程是拥有特殊屋面防水要求的建筑工程，防水层的使用时间必须超过25年，而且设置的防水设施不能少于三道。2级工程大多是城市中的高层建筑，这种建筑的防水层使用时间必须要大于15年，而屋面设置的防水设防则需要两道。3级工程就是普通的房屋建筑。4级工程是非永久的建筑，这种建筑的防水层控制到不超过10年的时间，只需要一道防水设防。

3.4　屋面防水试验与检测

在屋面施工完成之后，监理部门要组织验收，验收通过之后对屋面实施蓄水试验，判定施工质量是否合格。在蓄水试验操作前，要及时封堵会对施工结果产生影响的屋面洞口，检查各类设备以及出水管道。各项工作完成之后，对屋面蓄水进行检测。当屋面施工质量不合格时，要及时通知施工方进行返工。

3.5　后期维护

屋面防水施工完毕后，应做好后期维护和保养，及时清理各个落水口，避免堵塞；若需要在屋面进行施工，应注意保护防水层；此外，应定期检查泛水处防水构造状态，及时处理存在开裂、脱落的部位。

4　结语

综上所述，建筑工程屋面防水施工是非常关键的，其施工质量对于确保建筑物的整体建设质量具有重要影响。正式施工前，施工单位需要严格控制材料质量，同时进行充分的施工交底和严格的图纸会签。在施工过程中，施工人员需要特别注重屋面防水细部节点的施工，加强质量监督，并且要不断完善相应的管控机制和施工工艺，从而保证屋面防水工程的施工质量。

参考文献

[1]　董志贵．浅析建筑工程中屋面防水施工质量管理与控制［J］．居舍，2021（30）：153-154.
[2]　赵振华．建筑工程屋面防水施工技术及质量控制［J］．居舍，2021（16）：67-68.
[3]　黄俊义．建筑工程中屋面防水施工质量控制探讨［J］．建材与装饰，2016（15）：4-5.

浅谈复杂地质条件下大直径长距离顶管施工工艺

刘　准　宋继武　邱　燕　胡　双

湖南望新建设集团股份有限公司　长沙　41000

摘　要： 随着城市建设的发展，顶管法在地下工程中普遍采用。但在复杂的地质环境，各种黏土层、混合岩层和淤泥层会影响顶进进展，拖慢工程。同时，由于地质条件不同，对泥水平衡的控制难度也会相应提高，对整个施工环境造成影响。在大直径的管节施工中，施工距离增长，管节与土体的阻力增大，而管道在顶进中与地层摩擦而引起的地层变化会导致土体向开挖面及管道外围移动，从而引起地面沉降。在长距离的顶进施工中，常常出现推力不足、顶力不足、纠偏精确度不足和顶进方向失控等问题，从而影响工程。而维持施工过程中泥水平衡也很重要，往往会因为施工环境的复杂，导致泥水失衡，发生常见的突沉等现象，从而拖缓了施工进程，对施工方造成损失。本文针对以上列举的顶管施工技术问题进行研究，使顶管施工技术取得创新。

关键词： 测量；定位纠偏；注浆材料

1　工程概况

东莞市万江区污水次支管网工程地点在东莞市万江区严屋。建设规模：管线全长约12.2km，钢筋混凝土顶管（内衬PVC）ϕ1000mm Ⅲ级管约8864m，D820mm×18mm钢管4099m，8m×6m混凝土顶管工作井18座，ϕ12m混凝土顶管工作井6座，ϕ4m混凝土顶管接收井15座。该工程所处位置地质环境相当复杂，埋深较大，管道直径较大，顶进距离长，泥水平衡要求高。

2　技术特点

（1）使用自制的测量架固定激光经纬仪，不能与其他设备相连，必须与井单独连接，以保证其他设备因顶力反作用力而位移的同时，确保降低长距离顶进对测量精度的影响。

（2）采用最新的红外线跟踪定位技术，自动测量定位，借助偏差趋势图辅助判断偏差趋势的纠偏方法及时、准确、高效地进行纠偏。

（3）使用性能良好的膨润土和新型的高分子、高膨胀率的注浆材料，通过精心研制配合比，改良注浆工艺，变滑动摩擦为滚动摩擦，极大地降低了摩擦阻力和总顶力。

3　工艺原理

3.1　测量用固定架

3.1.1　自制激光经纬仪挂墙式固定架

结合对施工现场的观察，自制了一款全新的经纬仪挂墙式固定架。该仪器结合自行车链锁以及运货叉车的思路进行创新，通过链式的滚动带动伸臂的竖向移动。

3.1.2　经纬仪挂墙式支架简介

经纬仪挂墙式支架正面图、概念图、侧面图如图1~图3所示。各部件简介如下：

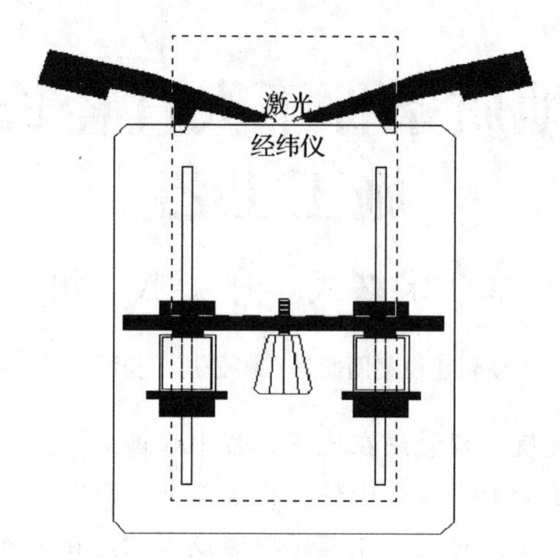

图 1　经纬仪挂墙式支架正面图

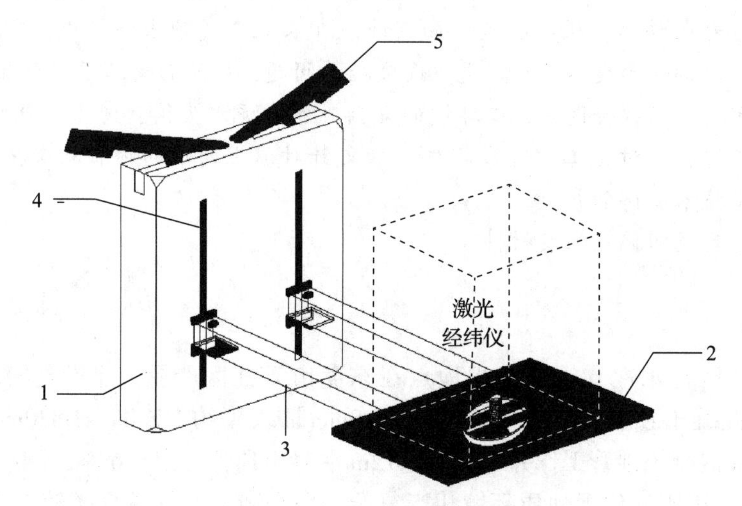

图 2　经纬仪挂墙式支架概念图

1—固定支架外壳；2—经伟仪云台；3—伸臂；4—竖向位移间隙；5—竖向固定杆

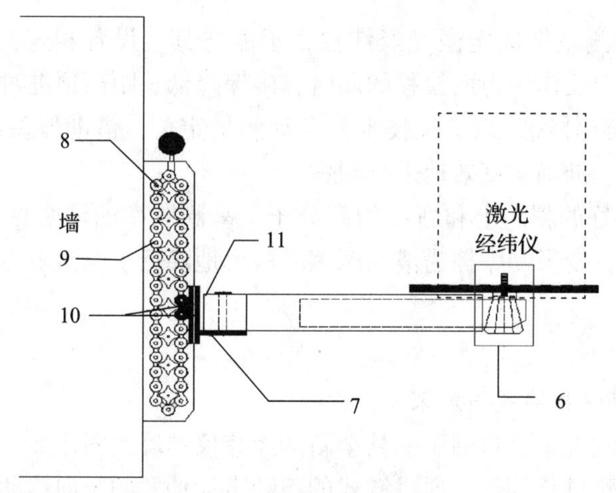

图 3　经纬仪挂墙式支架侧面图

6—经纬仪固定部件；7—伸壁安置钢片；8—钢齿轮；9—转动钢链；10—内外卡阻钢片

（1）固定架外壳：起到保护固定架内部零件，承受经纬仪重力通过伸臂间接产生的拉力。

（2）经纬仪云台：作为经纬仪的放置平台，仪器可通过与云台上的通用螺丝衔接固定于云台上，进而使用固定架进行水平与竖直方向上的粗调。

（3）伸臂：两条伸臂各有两节，控制经纬仪前后位移。

（4）竖向位移间隙：可供内外卡阻钢片上下移动，以供经纬仪的竖向调整。

（5）竖调固定杆：分为左右杆，靠外壳中心轴一端作为轴心，杆另一端可45°圆周运动，杆间有一枚卡阻钢片，当杆水平放置时，钢片卡于转动的钢链缺口中，可阻止伸臂的竖直移动，确定竖直调整。

（6）经纬仪固定部件：用于经纬仪的固定，包括公英制中心螺丝、塑料壳套、可移动螺丝架梁等，尺寸大小与普通测绘仪器的三脚架一致。

（7）伸臂安置钢片：一端与外卡阻钢片焊接的水平钢片，用以安置伸臂，钢片上有竖直长轴承，伸臂安置后可进行横向变向。

（8）钢齿轮：辅助转动钢链移动，调节伸臂升降。

（9）转动钢链：闭合“8”字形钢链，由多段可拆卸链节连接而成，其中两段链节与内卡阻钢片固定，沿绕钢齿轮转动，调节伸臂升降。

（10）内外卡阻钢片：两钢片分别置于固定架外壳内外，通过位移间隙之间的钢片相连，内钢片又与两段链节固定，整个构件上下滑动时用以调节伸臂升降。

（11）水平固定旋钮：用于固定伸臂水平方向上的位移，松开时可调整伸臂水平位移，对准后旋紧即可固定。

3.2　顶管测量

3.2.1　纠偏

（1）纠偏就是当管道顶进方向未按照原先预定的轨迹前进，就需要改变工具头走向，减少偏差，当其被纠偏到原来设计轨道后继续顶进，如此重复实施。实际过程中，主要是由于工具管在前端发生了偏移而引起后续管道跟随偏移，因而在纠偏过程中主要是运用工具管的机械纠偏或靠人工实行纠偏，由此看出工具管是纠偏重要的工具，它纠偏好与坏，关系顶管工程质量的好与坏。

（2）纠偏方法：普通校正法和顶管机校正法

①普通校正法：管道顶进过程中首节管起导向作用，普通校正法就是采用各种方法制造校正力矩，从而改变首节管前进的方向。普通校正法又分为挖土法和强制校正法。

②顶管机校正法：利用顶管机的纠偏油缸进行纠偏操作是顶管常规的纠偏方法。对于二段一铰的顶管机，一般纠偏油缸分成四组，呈井字形布置。纠偏液压系统能够满足任意两组纠偏油缸共同伸缩，起到纠偏的目的。对三段二铰顶管机，可以将高程和水平纠偏区分开来，每个铰仅作用一个方向的纠偏。但也可以设计成两铰都能够进行全断面的纠偏操作。

3.2.2　技术原理

（1）顶管机偏差计算。

顶管机偏差计算工作原理如图4所示。

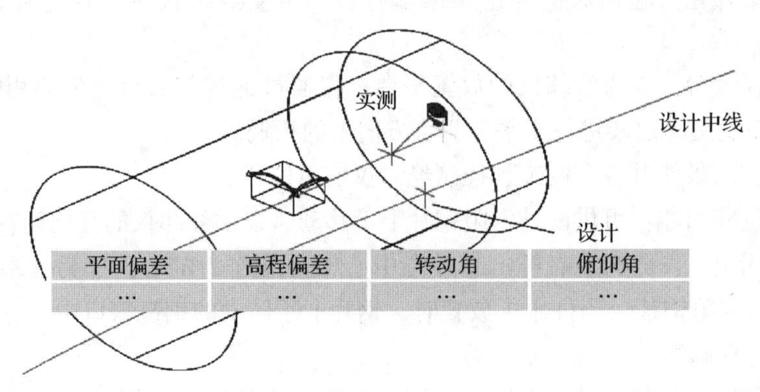

图4　顶管机偏差计算工作原理图

①计算顶管机中心在设计中线上的投影点。

②计算过两点之间的位置偏差（平面、高程）。

（2）自动化测量传感器（图5）。

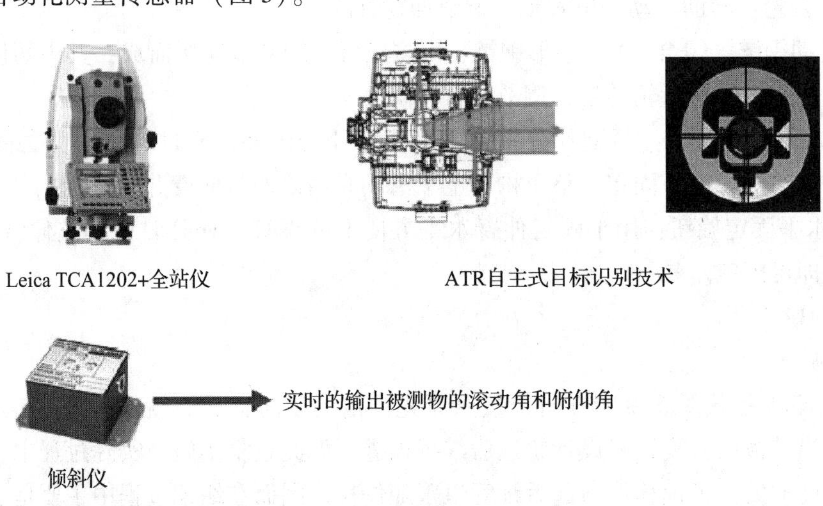

图5　自动化测量传感器工作原理图

（3）自动安平基座应用（图6）。

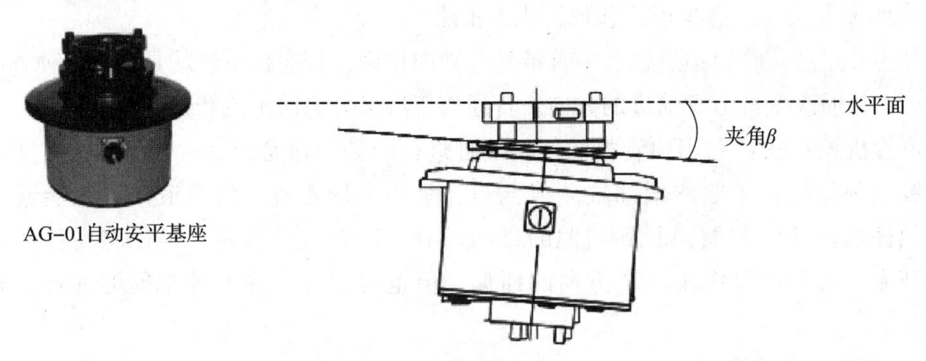

图6　自动安平基座工作原理图

①水平调节范围：±12°；

②调整后水平精度：±30″;

③两轴跟踪速率：6′~8′/s。

（4）远程监控（图 7、图 8）

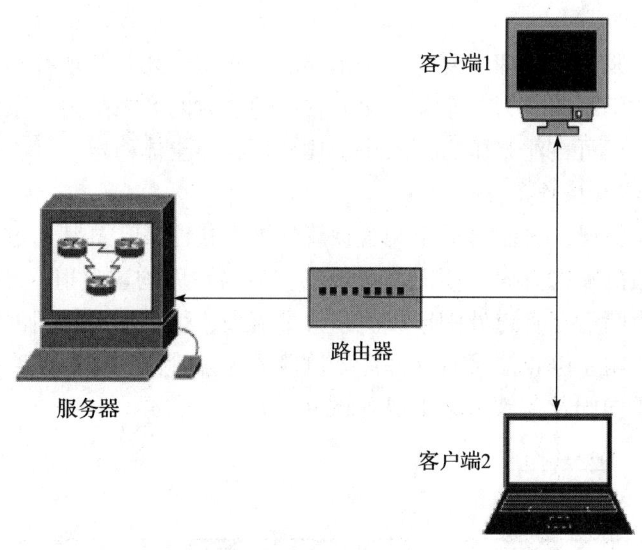

图 7　系统 C/S 架构图

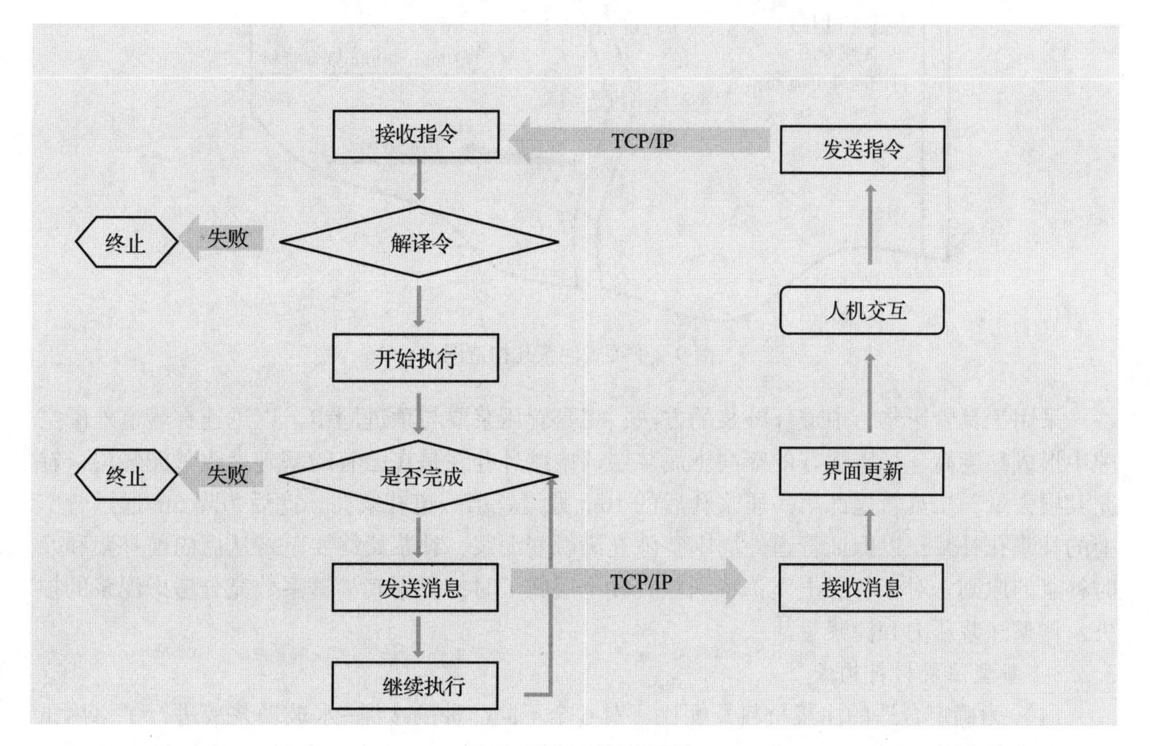

图 8　系统工作流程图

3.3　顶管注浆工程

为了减少顶管时管外壁承受的巨大摩擦阻力，注浆减阻技术应运而生。注浆减阻作为一种新发展起来的顶管施工辅助技术，其出色的减阻效果已越来越多地被广大施工单位认可和使用。针对上述情况，本着技术可靠、施工可行、经济合理和对现状土体扰动小的原则，我们不仅采用了新型的水泥注浆材料，而且使用了更合理的水灰比、改良注浆工艺，极大地降低了摩擦阻力和总顶力。

3.3.1　注浆减阻机理

在顶管施工中注浆作用机理主要为：一是起润滑作用，二是起填补和支撑作用。泥浆能将管道与土体之间的干摩擦变为湿摩擦，从而减小顶进时的摩擦阻力。浆液在填补管道与土体之间空隙的同时，还可在注浆压力下减小土体变形，使土体稳定。

3.3.2　施工工艺流程及操作要点

针对不良的地质情况，研制出适于钢管顶管的平喷式注浆孔。其通过在注浆孔端部设置的盖帽，可改变泥浆的喷射方向，使泥浆变单点直喷为平面均匀喷射（沿管壁），克服了以往泥浆从注浆孔垂直喷射至管道外围造成泥浆大量流失，很难形成封闭泥浆套环的弊病。孔内设置专用单向阀，阻止停止注浆时外部泥砂倒流入注浆管内，堵塞注浆孔。平喷式注浆孔由钢制注浆套管、单向阀及铸铁水堵组成（图9）。

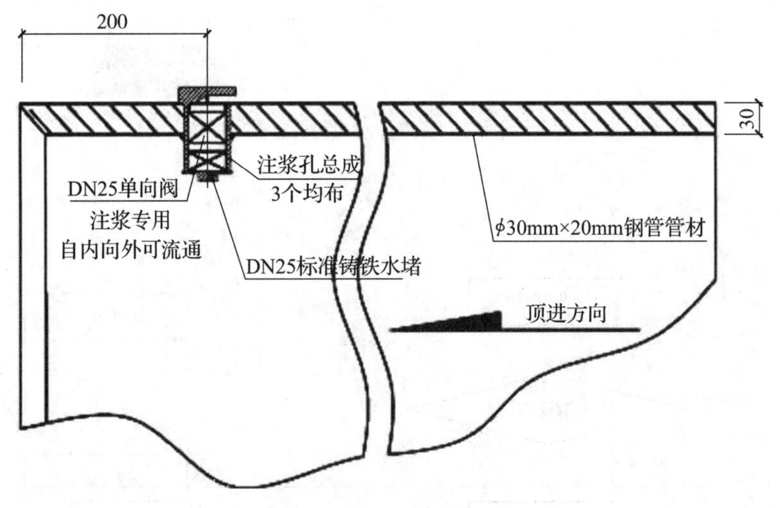

图9　平喷式注浆孔构造图

采用工具管压浆、中继环补浆的方法，工具管压浆要与顶进同步，以迅速在管道外围空隙中形成黏度高、稳定性好的膨润土泥浆层。中继环补浆是在已有的基础上改善泥浆层，补充其损失量。工具管尾部第一压浆孔后的10m处设置第一道补浆孔，此后每隔6m通过管节上的补浆孔补浆，以保证管道处周围空隙充满触变泥浆，补浆始终要坚持从后向前补浆和及时补浆的原则。对于各层土质，特别在夹砂土层施工时，根据其渗透系数充分考虑泥浆的损失，调整注浆压力和注浆量。

3.3.3　新型注浆材料构成

（1）为确定合适的注浆材料及配比，对6个不同品种的水泥-水玻璃浆液进行了室内试验，考察了浆液初凝时间、净浆立方体膨胀率与水泥品种、水灰比及水玻璃加量范围的关系。试验分两个步骤进行：

第一步通过对浆液凝结时间、净浆立方体抗压强度（40mm×40mm×40mm）与水泥品种关系的研究，选出两种合适的浆材。

第二步对选出的两种浆材，通过对其与水玻璃反应特性的比较，从中选出最合适的水泥品种、水灰比及水玻璃加量范围。试验采用正交设计方法，用多指标综合平衡法分析试验结果。

（2）经过技术经济论证，决定对不同注浆管采用不同注浆材料进行现场试验。

大管棚：42.5级普通硅酸盐水泥-水玻璃双液，水玻璃浓度35~40Be°，模数2.6，水灰比0.6~0.7，水泥浆与水玻璃体积比1∶0.5。

小导管和PVC劈裂注浆管：超细硅酸盐水泥-优质钠基膨润土凝结时间可调超细灌浆材料，水灰比0.6，水玻璃浓度25Be°左右，水玻璃加量1%~3%。

注浆料在不同水灰比下的指标数据见表1。

表1　注浆料在不同水灰比下的各指标数据

水灰比	结石率（%）	初始流动率（min）	抗压强度（MPa）			凝结时间（min）	
			1d	3d	28d	初凝	终凝
0.5	99.6	210	26.8	35.5	71.3	43	81
0.6	98.6	235	23.5	32.3	66.2	55	113
0.7	97.9	265	21.8	30.7	63.5	73	136
0.8	97.1	285	18.8	28.9	60.3	95	151
0.9	96.4	305	17.3	26.5	57.6	117	180
1.0	95.7	320	13.2	23.2	50.5	126	187
1.1	94.3	350	9.9	19.6	41.5	137	195

（3）在研发中，我们发现了该新型材料成分的最佳配比（表2）。

表2　新型水泥注浆材料各组分掺量

矿物组成	水泥熟料	偏高岭土	粉煤灰	熟石灰	石膏
掺量（%）	77	10	5	5	3

注浆材料的性能见表3。

表3　注浆材料性能指标

初凝时间（min）	结石率（%）	初始流动度（min）	抗压强度（MPa）		
			1d	3d	28d
≥120	≥96	≥260	≥15	≥25	≥60

4　质量控制

4.1　混凝土工程质量控制标准

（1）预拌混凝土必须在现场进行坍落度检测，并做好检测记录。实测的混凝土坍落度与要求的坍落度之间的偏差不得超过±30mm。

（2）进场的混凝土必须有质量证明书。

（3）混凝土必须按照混凝土施工规范的规定留置试块，并进行标准养护和试验，按照规范要求进行的混凝土强度统计评定结果，必须符合设计和规范要求。有抗渗要求的混凝土抗渗试验必须符合要求。

（4）混凝土的振捣应密实，表面及接槎处应平整光滑，不得出现孔洞、露筋、缝隙夹渣等缺陷。

（5）混凝土浇筑过程中，要保证混凝土保护层厚度及钢筋位置的正确性。不得踩踏钢筋、移动预埋件和预留孔洞的原来位置。如发现偏差和位移，应及时校正。特别要重视竖向结构的保护层和板负弯矩的位置。

（6）使用插入式振捣器进行振捣，应做到“快插慢拔”，相邻两个插点的间距不应大于振动棒作用半径的 1.5 倍，即 30~40cm。振动棒与模板间距不应小于 30cm，并应注意不要碰撞钢筋和预埋件。为保证上、下层混凝土能结合成整体，在进行上层振捣时，应插入下层不小于 50~100mm，并在下一层混凝土初凝前，将上层混凝土振捣完毕。振捣时间以混凝土表面水平、不再出现下沉、不出气泡、表面出现灰浆时为准。每点振捣时间控制在 20~30s 内即可。严禁欠振或过振，以免造成混凝土振捣不实或离析。

（7）混凝土浇筑应分层振捣，每次浇筑高度不应超过振动棒长度的 1.25 倍，即不得超过 500mm；在振捣上一层时，应插入下层中 50mm 左右，以消除两层之间的接缝。下料点应分散布置，一道墙至少设置两个下料点，门窗洞口两侧应同时均匀浇筑，以避免门窗口模板走动。

（8）在浇筑中应使用照明和尺竿进行配合，来保证振捣器插入深度。

4.2 筒体施工的质量控制

（1）筒体施工的质量标准

①刃脚平均标高与设计标高的偏差不得超过 100mm。

②筒体水平位移不得超过下沉总深度的 1%。

③下沉总深度是筒体下沉前刃脚底面标高与下沉结束后刃脚底面标高之差。

（2）质量控制的相关措施

筒体平面位置与标高的控制是在筒体四周的地面上设置纵横十字控制线、水准基点。筒体垂直度的控制，是在井筒内按 4 或 8 等分标出垂直线，以吊线锤对准下部标板进行控制。在挖土时随时观测垂直度，当线锤距离墨线大于 50mm，或四面标高不一致时，应及时纠正。筒体下沉的控制，通常在井壁上的两侧用白油漆或红油漆画出标尺，可采用水平尺或水准仪来观测沉降。在筒体下沉中，应加强平面位置、垂直度和标高（沉降值）的观测，每班最少观测两次，并做好记录，如有倾斜、位移和扭转，应及时通知值班负责人，指挥操作负责人，及时纠偏，使偏差控制在允许范围之内。以上施工测量纠偏参照点应设置在不受筒体下沉影响的点位上，并派人经常进行复核。

5 结语

本技术可用于所有复杂地质条件大直径长距离顶管施工，对测量架固定激光经纬仪和红外线跟踪定位技术做了改进，以减少施工过程中产生的顶进方向误差，同时还研究出新型超细硅酸盐水泥-优质钠基膨润土，减少顶进阻力的同时提高施工速度，对该技术进行了一次总的升华，对其他施工提供了借鉴。

型钢柱与钢筋混凝土梁连接节点施工技术

范泽文　陈进仕　宋松树　周　浪　肖　义

湖南望新建设集团股份有限公司　长沙　410000

摘　要：文章简述了钢筋混凝土结构的概述和特点，分析了型钢柱-钢筋混凝土梁结构施工技术，重点探讨钢筋施工问题分析及质量保证措施。

关键词：型钢柱；钢筋混凝土梁；连接节点施工

1　前言

在建筑工程施工中，结构的节点是联系整个结构体系的枢纽，因此，节点要求具有足够的强度，以抵抗所承受的各种负载，保证整个结构体系的坚固，所以型钢柱与钢筋混凝土梁节点的连接做法，对钢管在节点区的安全、可靠十分重要。

2　型钢柱与钢筋混凝土梁连接节点方式与特点

型钢柱与钢筋混凝土梁节点连接可设置钢牛腿、连接板、型钢柱腹板穿孔、钢筋连接器或梁主筋锚入柱五种方式。下面笔者分别对这五种节点连接方式进行分析。

型钢柱在柱翼缘板上设置工字型钢牛腿，钢筋混凝土梁主筋与钢牛腿采用焊接或搭接方式连接。采用这种节点连接方式，梁主筋与型钢柱连接施工便利，但在钢牛腿末端，截面承载力和刚度存在突变，容易发生混凝土挤压破坏。同时，采用设置工字形型钢牛腿，也不是最经济的连接方式。

型钢柱在梁主筋标高位置采用连接板，梁主筋与连接板上皮或下皮焊接。采用这种节点连接方式，现场焊接作业量较大，且梁主筋与连接板下皮焊接是仰焊，现场作业困难。如需与连接板下皮焊接，采用在钢结构加工场制作时焊接，即可保证焊接质量，同时也减少现场焊接工作量。

如采用型钢腹板穿孔方式，梁主筋可直接通过型钢柱，方便现场施工。但采用这种方式，腹板打孔定位精度要求高，同时也需校核腹板打孔标高累计误差；型钢腹板截面损失率应小于腹板面积的25%。

采用钢筋连接器连接，连接器与型钢柱翼缘板焊接，钢筋与连接器丝接。梁跨内主筋可采用机械连接或焊接，现场施工方便。采用这种连接节点，钢筋连接器在钢结构加工厂焊接，减少现场焊接作业量，但连接器焊接定位精度要求高。

采用梁主筋在型钢柱腹板区域直接锚入柱的连接节点，现场施工方便，但柱头部位钢筋较密，且存在多根框架梁相交于同一柱头的现象，导致多层钢筋互相重叠，钢筋与型钢柱连接及钢筋标高的控制难度很大，且易造成混凝土浇筑困难和钢筋与混凝土握裹效果差。

3　钢柱-钢筋混凝土框架梁结构施工技术

3.1　型钢柱加工

柱钢筋施工型钢框架柱体自身的受力钢筋在完全避开了工字形牛腿之后，可以从上至下，采取螺纹接头的方式来进行连接。也就是说，其外围箍筋安装的方式与普通钢筋框架柱一样从柱纵向钢筋接头向下套入，通过掰开箍筋就位。在箍筋完全就位之后，通过变形箍筋恢复原貌的方式来进行绑扎。

3.2　型钢柱与混凝土梁相交钢筋连接方法

根据框架梁与轴线的角度及型钢柱十字型钢的特点，框架梁钢筋与型钢柱连接方式主要采用两种：当梁纵向钢筋与十字型钢柱翼缘垂直相交时，采用牛腿与型钢柱连接；当梁纵向钢筋与十字型钢柱腹板垂直相交或与十字型钢柱斜向相交时，采用穿过腹板的方式与型钢柱连接。

3.3　梁钢筋与型钢柱采用牛腿的连接方法

采用牛腿连接时，当梁钢筋上铁或下铁为上、下两排时。上、下排钢筋需分别与连接板上皮及下皮焊接。上排钢筋可在型钢柱吊装就位后在作业面焊接；下排钢筋若在型钢柱吊装就位后焊接就必须仰焊施工，不易保证质量。

3.4　两根框架梁和型钢柱在柱头相交时钢筋的连接方法

柱头部位框架梁纵向钢筋存在交叉现象，因设计单位不同意降低框架梁有效截面高度。因此当两根框架梁在柱头部位相交时，存在钢筋超高的现象。经与设计单位协调，柱根部1.0m范围内，梁、板混凝土标高可以高出设计值30mm，将来利用地面装修垫层找平。

4　钢筋施工问题分析及质量保证措施

4.1　根据工程设计要求进行配料

在具体施工时，主筋配料要注意锚固长度必须足够，特别是顶层柱钢筋的锚固长度经常被忽略。在箍筋配料时，要注意规范对钢筋保护层厚度的要求。正常环境下，梁、柱主筋保护层厚度为25mm，但不应小于主筋直径，且箍筋直径大于10mm时，主筋保护层厚度不是25mm，应根据实际情况，确定正确的钢筋保护层厚度。

4.2　钢筋配料完成后

钢筋配料完成后就需要解决钢筋的连接问题。梁、柱主筋一般都需要连接，梁、柱结构受力主筋应优先用焊接方法连接，接头位置应在构件弯矩最小处，不宜设在梁端、柱端的箍筋加密范围内，设在同一构件内的接头应相互错开。

4.3　钢筋绑扎时

要特别向工人说明钢筋绑扎先后顺序，否则就可能出现节点处钢筋无法穿插或穿插混乱。在绑扎柱钢筋时，容易漏绑梁柱节点核心区的箍筋。这一方面是由于对该处箍筋的重要性认识不足，另一方面是由于这一区域钢筋集中，箍筋绑扎困难。柱箍筋除了起固定主筋作用，组成钢筋骨架外，更重要的是防止主筋受压弯曲，充分发挥钢筋的强度。钢筋混凝土梁、柱结构在地震力作用下，塑性铰首先出现，应避免、延迟或减少在柱中出现塑性铰。因为如果柱首先出现塑性铰，柱就可能首先破坏，使梁等构件的承载力得不到充分发挥。在绑扎梁钢筋时，容易漏绑主、次梁相交处的配箍筋。在主、次梁相交处，次梁两侧的附加箍筋都表示得很清楚，容易让人产生误解，以为主梁箍筋绑到附加箍筋位置就行了，而事实上，这里的附加箍筋是要承担次梁这一集中荷载在主箍梁上产生的剪力，而主梁自身的剪力仍需原配箍筋承担，因此在主、次梁相交处，主梁内箍筋不可忽视，不可漏绑。

4.4　钢筋绑扎完后

要做好钢筋骨架的固定工作，尤其是柱钢筋，在浇筑混凝土时，柱钢筋最容易发生偏移，如果发生了偏移，单靠板来处理，虽然简单，但会给结构带来很不利的影响。因为如果弯折钢筋承受拉和在钢筋趋于拉直的过程中，钢筋变形所产生的力，可能导致混凝土破坏，而使柱丧失承载能力。

5　结语

综上所述，钢筋混凝土梁、柱结构钢筋的施工质量，直接关系到结构的安全性、可靠性。因此，施工时在针对容易出现质量问题的同时，必须做出可行的预防措施，加强质量保证，以免造成不必要的损失和后果。

20 万吨离子膜烧碱生产装置电解槽离子膜更换重难点分析与创新

罗 挺 付 淳

湖南湘安运维科技有限公司 长沙 410000

摘 要：介绍了电解槽的结构，着重论述了电解槽部分换膜以及更换绝缘垫的技术特性，并定量分析了各部分的工艺指标，结合理论与实践提出最佳处理方案。

关键词：电解槽；离子膜

1 前言

电解槽运行时间长、盐水质量波动、停车时膜保护不好、平时操作中压差控制不稳等原因会导致离子膜的强度、性能下降，造成阴极效率的下降，槽电压升高，从而引起电解槽直流电耗过大。平时阴极效率下降也将导致生产效率下降，生产质量降低，从而造成经济损失。而解决这些问题最有效的方法就是更换离子膜。早在几年前离子膜的价格就已经上万元一块，更换离子膜又是一个细致而复杂的工作，拥有好的更换离子膜的工艺将会大大提高离子膜的使用寿命，所以对电解槽离子膜更换的重难点分析是必要的。

2 电解槽更换离子膜的工作原理结构和工序步骤

经过两次精制的浓食盐水溶液连续进入阳极室（图 2），钠离子在电场作用下透过阳离子交换膜向阴极室移动，进入阴极液的钠离子连同阴极上电解水而产生的氢氧离子生成氢氧化钠，同时在阴极上放出氢气。食盐水溶液中的氯离子受到膜的限制，基本上不能进入阴极室而在阳极上被氧化成为氯气。部分氯化钠电解后，剩余的淡盐水流出电解槽经脱除溶解氯，固体盐重饱和以及精制后，返回阳极室，构成与水银法类似的盐水环路。离开阴极室的氢氧化钠溶液一部分作为产品，一部分加入纯水后返回阴极室。碱液的循环有助于精确控制加入的水量，又能带走电解槽内部产生的热量。

电解槽结构如图 1 所示；电解槽工作流程及工作原理如图 2 所示。

更换离子膜工序：

（1）电解槽停车。

（2）电解槽检查后拆分。

（3）将旧膜旧密封垫拆除并清理。

（4）单元槽贴密封垫（贴好后涂硅橡胶密封剂）。

（5）膜的预处理和换膜（配碱泡膜后贴膜）。

（6）单元槽的回装。

（7）电解槽针孔试验和密封性试验。

（8）电解槽的整体检查回装。

（9）电解槽开车。

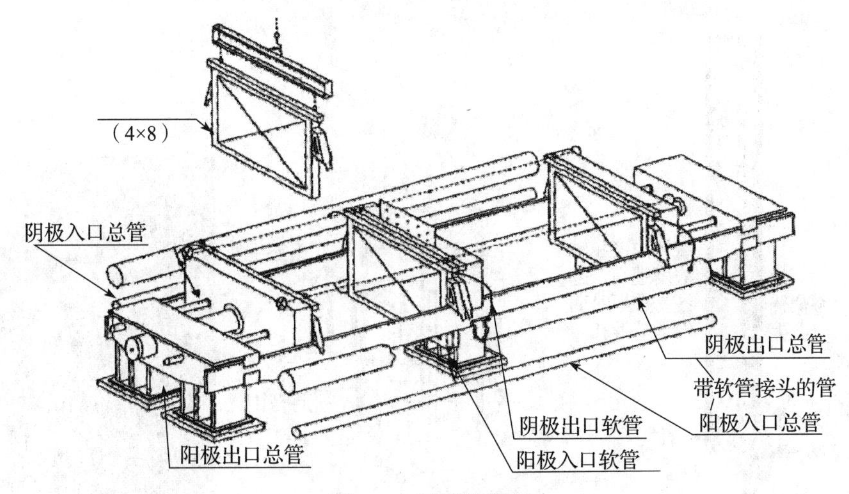

图 1　电解槽结构图

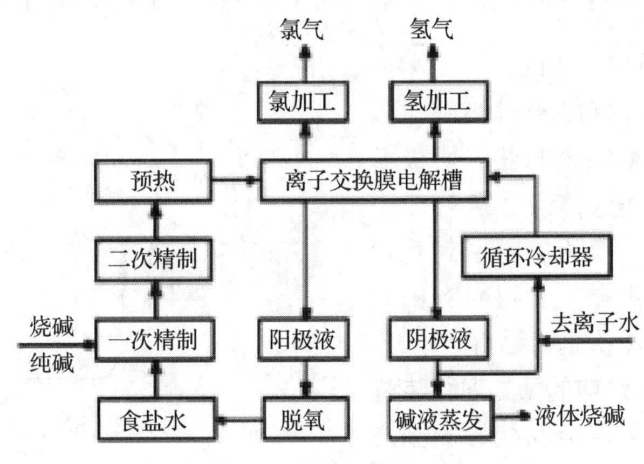

图 2　电解槽工作原理图

3　重难点分析及措施

难点①：电解槽离子膜密封垫的粘贴位置

烧碱生产用离子膜价格昂贵、离子膜的运行寿命直接关系到烧碱的运行成本。电解槽垫片粘贴不当会使单台电解槽大部分离子膜出现针孔。分析不同离子膜泄漏情况及阴阳极垫片粘贴情况，找到离子膜出现针孔的原因。正确的粘贴顺序和粘贴位置可以有效防止因氯气滞留以及阴极垫片腐蚀而导致的离子膜针孔。

（1）分析：在离子膜电解槽的运行过程中，越靠近电解槽的上部，气泡分布越多。阳极侧滞留的氯气和阴极侧的碱通过渗透在离子膜内部发生以下反应：

$$Cl_2+2NaOH \longrightarrow NaClO+NaCl+HO$$

而 NaCl 在膜内析出形成盐泡，出现针孔。

对离子膜上部出现针孔的分析：由于电解槽的阳极垫片部分粘贴靠下，堵塞了气液出口，致使氯气滞留在阳极部分并渗透（图 3）。

（2）措施：

阳极密封垫位置如图 4 所示。

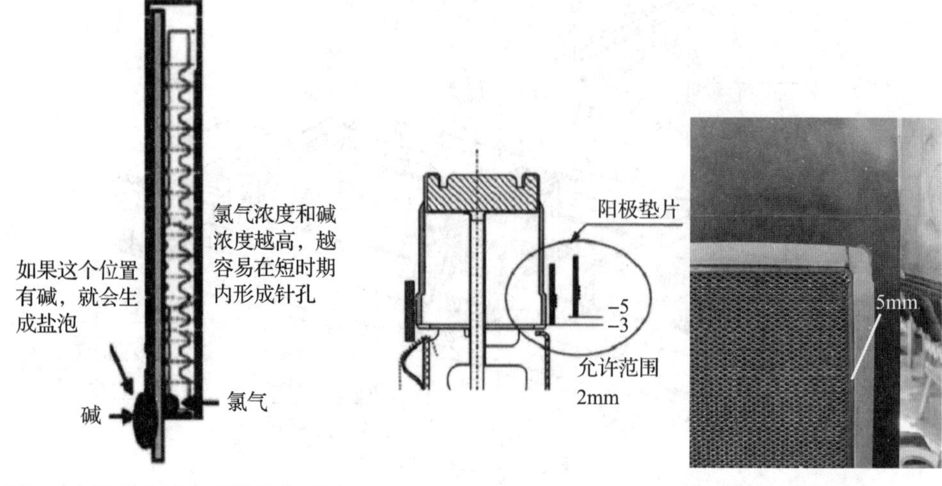

图 3　离子膜上部出现针孔的原因　　　图 4　阳极垫片单元槽上部粘贴位置图

阴极密封垫位置如图 5 所示。

贴密封的步骤为：擦净密封垫后（阳极面使用橡胶胶粘剂粘贴密封垫；阴极面使用双面胶粘贴密封垫），四个角站四个人，两条边的中间站一个人，将密封垫四角与单元槽四角对齐后贴上，再对齐中间后紧贴密封面，重复确认是否贴好。

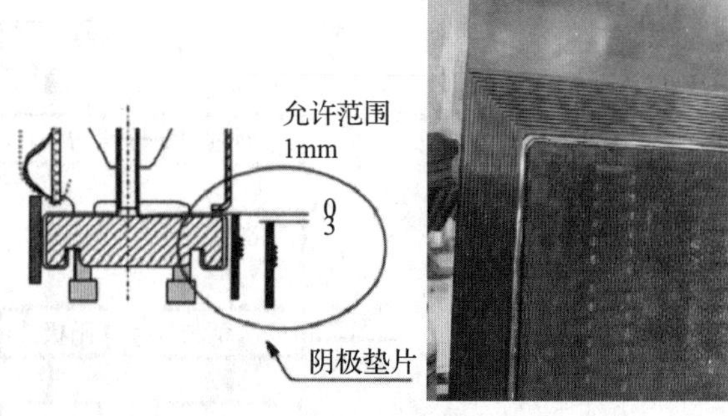

图 5　阴极垫片单元槽上部粘贴位置图

难点②：离子膜粘贴前的预处理和装膜

如果说密封垫的位置会间接影响到离子膜出现针孔，那么离子膜的预处理和装膜则会使膜出现鼓泡，鼓泡的增多会导致碱含盐超标，槽电压升高，从而使电的消耗增加，并影响到膜的生产效率和使用寿命。为避免出现上述情况采取的措施如下：

（1）配碱。泡膜时的碱浓度 1.8%~2.3%，泡膜的数量为 100 张，泡膜时间不低于 8h。有利于清洗离子膜，增加离子膜对溶液的亲水性能。

（2）膜泡完后用干净的橡胶膜盖住泡膜池。

（3）装膜时用清水冲洗湿润的阳极面，清洗阳极面也可以使膜更好地吸贴在阳极面上，不产生气泡（水不要开太大，防止溅到阴极网上，会使阴阳极网上的残留物发生化学反应造成危害）。

（4）贴膜前用 2%碱溶液均匀喷至离子膜阴极面，上面杂质冲洗干净的同时还能在电解开始时增强溶液导电性，又不引入新杂质。

（5）装膜前用硅油涂抹垫片表面，增加气密性。

难点③：电解槽离子膜更换的时间把控

我项目负责运维的为年产 20 万吨离子膜烧碱的氯碱厂的项目，该厂有一期 4 台、二期 6 台电解槽，而电子膜的使用寿命普遍为 2.5~3.5 年，我们一年需要更换 2~3 台电解槽的离子膜，若更换离子膜的时间过长会占用施工的工期，会对其他检修工作造成负担，也会对甲方厂里的生产造成影响，所以我们要确保在不影响工作质量的同时减少更换的时间。

措施如下：

（1）熟悉施工过程工艺，了解每项工作需要的人数和工作的内容。

（2）做好提前准备，在停车前做好相应准备，找好工器具，购买充足需要物品等。

（3）与甲方工作人员做好沟通和配合。

（4）单元槽阴极面撕下旧的密封垫后有黑色胶渍不好处理，用刀片抹布难以擦净，可用带百叶片的手磨机小心打磨。

（5）制作一些小的器具，能方便、快速、安全地将单元槽吊下和吊回。

4　工艺创新点：制作可拆装离子膜更换平台

图6　离子膜更换平台

在电解槽框架原有的基础上制作安装一个可拆装式的组装平台，可多次使用（图6）。设计爬梯和栏杆来保证平台的安全性，使单元槽不用吊离电解槽，并可缩短贴离子膜所需要的时间，在确保安全的情况下又能提高工作效率和贴膜的质量，可以在电解槽上直接贴膜也能避免对贴好的膜在二次转运过程中损坏，能更快速地更换组装好电解槽，开启盐水循环，从而不影响每一张离子膜的性能。

5　结语

离子膜烧碱工艺一般2.5~3.5年之间需全部更换一次离子膜，在更换离子膜的过程中，稍有差错则导致无法开车运行，小的失误或者忽略一个小的细节都将会让离子膜受到不同的影响，小则影响离子膜的性能与寿命，大则影响电解槽正常运行。本项目召集了一批有着更换过数十次离子膜丰富经验的班组，结合项目经理和项目部技术人员的理论与班组的实践经验，总结提出更优质的处理方案，编写了检修步骤及注意事项，改进了许多细节，做出了自己的一些创新。希望以后能进一步地改良，做到安全、环保、简单、高效，以更换的每一张膜都能超出正常使用寿命为目标而努力。

参考文献

[1] 李明杰 . 膜及离子膜电解槽垫片粘贴的重要性［J］. 氯碱工业，2019.（6）：8-11.
[2] 高金龙 . 浅谈 n-BiTAC898 电解槽整体更换离子膜方法［J］. 智能环保，2020，（19）：132-134.
[3] 武秀梅 . F2 型离子膜电解槽部分换膜及更换绝缘垫工艺技术［J］. 氯碱工业，2002，（7）：15-17.

大型钢结构管廊侧穿前拉布管技术

雷福鹏　胡超财

湖南省工业设备安装有限公司　长沙　410007

摘　要：大型钢结构管廊采用传统穿管方法无法满足现场施工进度要求的情况下，可采用侧穿前拉技术进行高效快速布管。在横向钢梁上固定自制支座，在支座上放置托辊，托辊两端设置槽钢挡板，将管道从管廊一侧吊装到托辊上，利用卷扬机牵引管道纵向移动，且在固定穿管口处进行管道连续组对焊接，达到快速穿管的目的。针对大型管廊管道施工，这种是效率高、速度快、成本优的技术，是可以推广的。

关键词：钢结构管廊；侧穿管；布管；高效

1　工程概述

浙江石油化工有限公司4000万吨/年炼化一体化项目一期工程，管廊长、宽度和高度都较大，其中1号管廊301~514轴为国内最大单体管廊，管廊长度约980m，最大宽度41m，管廊层数7层，最大跨度为6轴5跨，每跨宽度9m。该段管廊设计布管121根，规格从DN25到DN2500，其中管径DN2000以上的管道达10根。因管道穿管难度大，采用常规方法无法满足穿管进度，本工程管廊中间跨管均采用了侧穿前拉布管技术的施工方法，并成功穿管约52000m，加快了管道穿管速度，提高了管道安装效率，保证了工期和节约成本。

2　工艺原理

因常规穿管方法不能满足本管廊的管道安装需要，采用侧穿前拉技术进行布管很好地解决了问题，该技术的工艺原理是：在确定的管廊穿管点的钢结构上安装管道平移平台，在横向钢梁上固定自制支座（间距约3m），在支座上放置托辊，然后将管道吊装到平台上，再滚至托辊上，利用卷扬机牵引托辊上的管道纵向移动。待下一根管子滚至托辊上后，与前面的管子组对焊接，连接成一根。待达到一定长度后，拉到安装位置，用手拉葫芦或吊车将管道从托辊上吊起，移至管道支座上定位固定，完成安装。这样就加快了管道安装速度，提高了施工效率。

3　工艺流程及操作要点

3.1　工艺流程

设计、加工支座→穿管点的选择及要求→管子平移平台和组焊平台安装→在管廊横梁上安装支座、托辊→安装牵引卷扬机→在首根管子牵引端底部焊接防撞弧板、内部焊接拉耳→在穿管点吊装管道至托辊上→管子组对、焊接→卷扬机牵引管道移动→管道牵拉到位后卸下管子。

3.2　施工准备

（1）技术准备：根据施工图纸、现场条件等因素，加工托辊、弧板设置、选择卷扬机及配套的钢丝绳、选择吊装机械，编制管道侧穿前拉及安装方案。编制好方案后，向作业人员进行施工技术交底及安全技术交底，并做好交底记录。

（2）材料准备：托辊及支座加工、管道平移平台、焊接操作平台等所需材料，现场管道到位并具备安装条件。

（3）施工机具准备：根据吊装方案确定吊车型号以及进场时间，根据需吊装管道的重量选好吊装用绳索及卡具，选择合适吨位的卷扬机、手拉葫芦等施工机具。

（4）作业条件准备：安装管道平移平台、焊接平台、现场生命线、临时走道平台，验收合格；钢结构已安装焊接完成，且验收合格；管道已防腐，具备穿管条件；吊车已到位。

3.3　操作要点

（1）设计、加工支座

因正常穿管难以达到要求，通过项目技术人员策划，测算管道的重量及管径，选取合适的钢棒直径进行托辊加工，并将托辊加工成一定的弧度，以减轻管道和钢结构之间的摩擦力，并防止管子牵引中跑偏，加工示意图及实物如图 1 所示。

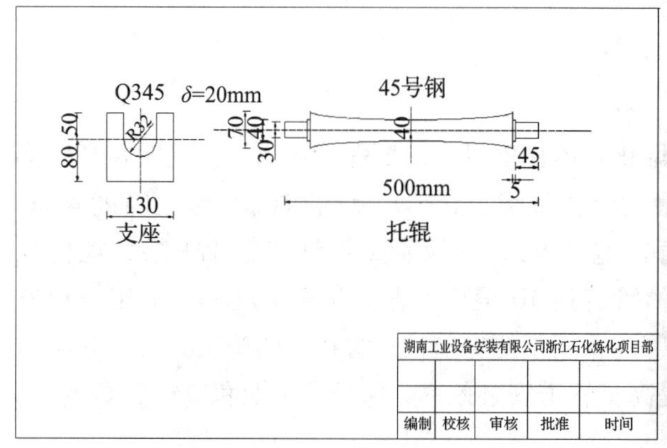

图 1　托辊加工示意图及实物图

（2）穿管点的选择及要求

钢结构管廊穿管口处桁架纵向跨度长度不应小于最长单根管子长度，应比管长 1m 左右。穿管点位置便于吊车站位及操作。穿管点位置便于管道运输和存放，且便于吊车吊装。

（3）管子平移平台和组焊平台安装

在桁架上穿管口位置安装管道平移平台（图 2），平台设置成不大于 5°的坡度，吊车将管子吊上平台，管子顺平台滚到预定拖管点的托辊边，再使用手拉葫芦将管子吊上托辊，与前一根管道进行组焊。在托辊安装的跨内离穿管端约一根管长处搭建一个管工和焊工用管道组焊平台。

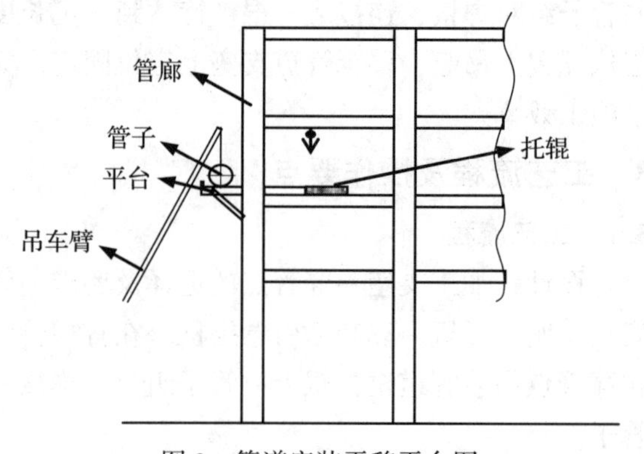

图 2　管道安装平移平台图

（4）在管廊上安装支座及托辊

根据管道直径及重量，沿着穿管方向在管廊上每隔一定距离安装一个支座及托辊（图 3），支座必须保证和管廊钢结构固定牢靠，且安装快捷、拆卸容易。本装置采用钢筋做的卡环进行快速固定和拆卸。

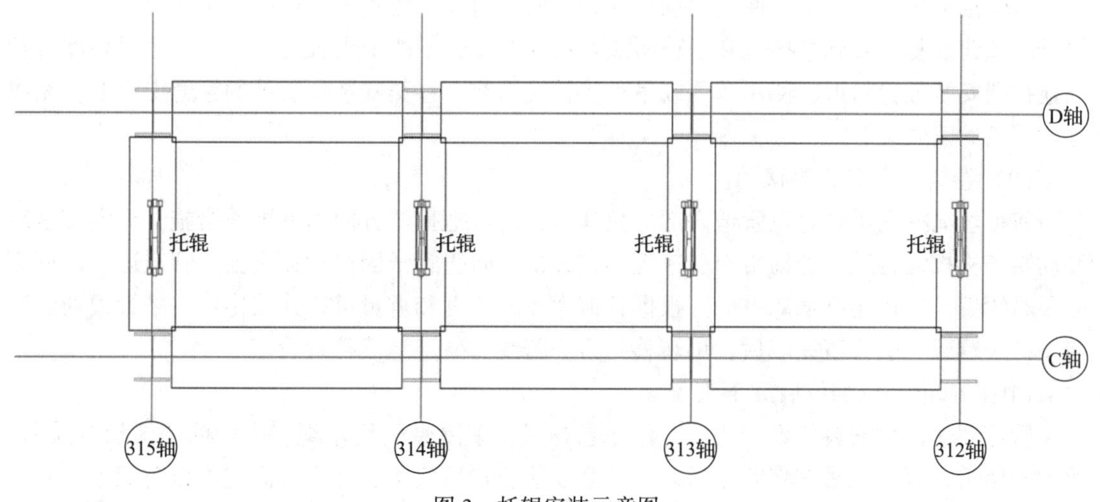

图3　托辊安装示意图

（5）安装牵引卷扬机

根据需拖拉管道的最大长度和重量选定好卷扬机型号和钢丝绳直径、长度，沿管廊方向在待安装管线末端摆放好卷扬机，并固定牢固，挂好钢丝绳。卷扬机牵引管子的钢丝绳轴向与托辊中心线一致，以免管子拉偏。

（6）在管牵引端底部焊接防撞弧板、内部焊接拉耳

为防止在拉动过程中牵引端管口和滚筒、管口和钢结构横梁相撞，需设置安装弧板(图4)，弧板弧度应平缓，并在管道内部焊接径向拉耳，以与卷扬机的钢丝绳相连，为以后拖拉管道做准备。

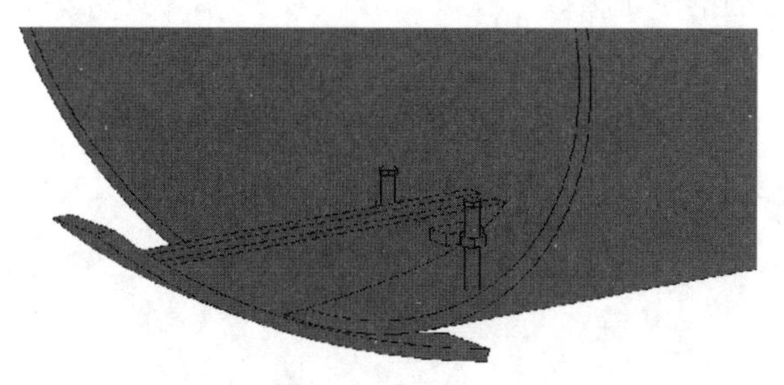

图4　弧板安装图

（7）在穿管点吊装管道至托辊上

穿管前应首先进行策划，根据现场情况确定先穿哪条管线和后穿哪条管线，一般是先两侧后中间。管廊横向有多跨的，先穿离穿管处最远的那一跨，再穿中间跨，最后穿最近的一跨的管子。根据现场情况安排好吊车位置，宜尽量减少吊车的移动。根据吊装顺序将管子吊装到平移平台上。只有在管子平稳地落到平台上，且不会滚动或滑动时方可解除钢丝绳，然后将管子滚或吊到托辊上。吊装管道时应注意防止管道滚动或滑动伤人。

（8）管子组对、焊接

一条管线的第一根管子落到托辊上后，用卷扬机将管子向前拖拉一根管子的长度，然后穿下一根管子到托辊上，在组焊平台上与前一根管子进行组对、焊接。管子组焊应执行相应

规范标准，确保质量。

每焊接完成一根管子，便用卷扬机将管子向前拖拉一根管子的长度，再吊装组焊下一根管子。如此反复，直到卷扬机和葫芦所能拖拉、起吊管子的最大长度和重量。然后将该根管线拖拉到安装位置附近，使用葫芦或吊车将管线吊起，移至安装位置处的管道支座上，完成这段管道的安装。

（9）卷扬机牵引管道移动

将钢丝绳挂在预先焊在管道内部的拉耳上，沿着拖拉的方向做好警戒措施，确定安全后开动卷扬机拉动管道，卷扬机牵引速度不宜过快，防止管子因惯性而失控。管道运动过程中应及时纠偏，防止尾部偏离方向。根据管道大小、长度和重量可以连续拖拉一条管线到位安装。待一跨或一层管道完成后，可转移到另一跨或另一层继续拉设管道。

（10）管道牵拉到位后卸下管子

管道到达指定安装位置旁边后，停止卷扬机，解除牵引钢丝绳，去除防撞弧板和拉耳。然后利用手拉葫芦或吊车将管子吊起，移至安装位置后放下，并进行固定，以防滚动。

4　技术创新点

为解决因常规方法不能满足管廊管道安装需要，采用侧穿前拉布管技术进行施工，很好地解决了管道的安装布管。该技术对施工作业人员的素质和施工管理水平无特殊要求，关键技术的研制与应用具有创新，优势明显。

5　结语

本工程的关键技术已成功应用于本项目及其他多个项目，技术成熟、安全可靠，绿色环保、操作简单方便，易于推广应用。本技术适用于多层钢结构管廊管道的安装，对于多层且横向多跨和大跨度的管廊，这种方法更具优越性，对施工场地受限，人流、车流较大，工期较紧的工程，具有广泛的推广价值。

一种涂塑复合钢管施工新工艺

王长胜

湖南省工业设备安装有限公司　长沙　410007

摘　要：涂塑复合钢管是内外均有涂塑保护层，中间为增强焊接钢管或无缝钢管的复合结构，其整合了塑料输水管和钢管的优点，克服了钢管本身存在的易生锈、易腐蚀、高污染及塑料管强度低、易变形的缺点，可广泛用于市政给水排水、排污以及石油、化工及水处理等工程领域。但目前涂塑复合钢管连接在实际应用过程存在造价高，管道不允许现场切割，无法适应施工现场的多变性等问题，对其推广应用有一定的局限。本文从实践角度出发，分析了涂塑复合钢管新型连接方式的优势，剖析了焊接连接新工艺的应用要点，并结合相关案例验证涂塑复合钢管新型连接方式的实际应用。结果表明，涂塑复合钢管新型连接方式在实际生产中可得以广泛应用。

关键词：涂塑复合钢管；新型焊接方法；优势；施工工艺

1　前言

目前，市面上涂塑复合钢管连接方式主要采用双密封焊接，但此连接方法需在管口两端焊接一对双密封头，该封头为机加工产品，造价高，且管道不允许现场切割，无法适应施工现场的多变性。

新的涂塑复合管新型连接方式，采用普通焊接连接，即加工时，在管口两端焊接一段长度 250mm 不锈钢管道后再进行涂塑处理，施工时，只需对不锈钢管口进行焊接，这不仅加强了管道强度；管道对口更加简单，施工效率至少提高 30%；焊接时，经过不锈钢管道的隔离，内塑层不易被破坏，保证了管道内塑层的完整性，管道连接处不会出现“脱塑的启口”，避免了内涂塑层脱落的重大质量事故。涂塑复合钢管预接不锈钢短管如图 1 所示。

图 1　涂塑复合钢管预接不锈钢短管

2　涂塑复合管连接新工艺优势

2.1　造价低、施工方便、缩短工期

涂塑钢管焊接连接对口方法、焊接方式与普通不锈钢管相同，工艺成熟，施工方便快捷，即焊即完，工序减少；相比于双密封焊接，焊接连接不需要机加工密封封头，降低管道造价；焊接连接时焊口尺寸与工作管相同，焊接量减小；管道基础简化，开挖量少，无须做混凝土基础，施工快，不受天气影响，可节约工期及成本。

2.2　刚柔兼备，耐压耐冲击、适应性强

涂塑复合钢管有足够的刚度，通过焊接连接而产生耐压、耐冲击等特性，从而提高了管道对土壤荷载的抵抗力，同时又具有较强的土壤适应性，所以对地基的不均匀沉降、土层变动具有很强的适应性而不断裂。

2.3　保证涂塑复合钢管内壁完整性、耐腐蚀、寿命长

管道涂塑加工前，在管口两端焊接一段长度不小于250mm的不锈钢接头，再进行喷砂除锈、涂塑（接头焊缝与管道同时涂塑）。施工焊接时，不锈钢焊缝距离涂塑层约200mm，经施工实际测量，焊接时涂塑层温度不超过55℃（高密度聚乙烯熔点132～135℃，环氧树脂熔点145～155℃），因此涂塑层不被热熔、烧结，从而保证了涂塑复合钢管内壁的完整性，达到抗腐蚀，延长使用寿命的目的。

3　涂塑复合管连接施工工艺流程和操作要点

3.1　施工工艺流程图

施工准备→测量放线及管沟开挖→管道敷设→管道连接→管道压力试验→管沟回填。

3.2　操作要点

3.2.1　施工准备

（1）施工单位应有相应的企业资质，施工人员应有相应的技术资格。

（2）施工图纸等有关技术文件齐全，并通过审核批准后，施工单位在施工前进行安全、技术交底工作。

（3）工程材料进场后相关人员需清理管材及管件内外的污垢、杂物等，并进行外观质量检查，防腐层检查，管材、管件均配套齐全，并按照一定规范标准验收合格，确保施工机具、施工过程顺利。

（4）施工组织设计、施工方案经相关单位审批通过。

（5）施工用水、用电和材料堆放地、仓库等能满足建设施工需要。

（6）施工人员在作业前必须经过专门的培训课程，充分了解涂塑复合管的一般特性，熟悉掌握管道的连接技术和作业要领。

3.2.2　测量放线及管沟开挖

（1）测量放线由专业测量技术人员完成，测量仪器必须经国家法定计量部门校验合格且在有效期内合理使用。根据图纸设计控制桩、水准标桩具体位置实行放线，并撒白灰线，通过测量放线放出管道轴线与管道开挖的界限线。当管道与其他隐蔽工程交叉时，放线时在交叉范围两侧应做出明确标记；放线过程中对地下障碍物应在与管道交叉点两侧做出明确标记，并注明其深度和名称。

（2）管沟开挖时应严格控制沟槽基底标高，严禁扰动基面。施工开挖时，首先应挖至

基底设计标高以上0.2~0.3m，安装管道前先采用人工清理沟槽至设计标高，当局部超挖或发生扰动时，可换填粒径较小的天然级配碎石，再进行整平夯实。

（3）沟槽形式以设计图纸为准，沟槽开挖前应充分了解施工区域的土质、地下水、管道直径、埋设深度及地面构筑物等情况，如果现场施工条件不满足设计要求，应及时上报，由业主、设计等单位重新确定沟槽形式，焊接处应设置操作坑，以便现场施工人员操作。

（4）根据工程设计要求和现场土质情况，需对沟槽底部进行处理，一般在沟槽底部铺150mm厚级配碎石垫层或中粗砂。

3.2.3　管道敷设

（1）管道敷设之前，施工人员应分别检查开槽后的宽度、凹槽深度、基础表面标高、操作坑等作业项目，沟槽内应无污染杂物，基面无扰动，经检测合格后方可实施管线敷设。同时，必须严格按产品标准对管材逐节进行检验，不符合标准者不得下管敷设。

（2）采用吊车或挖机下管，一般采用尼龙吊带捆绑，同时不要在槽底拉拽管道，避免管道防腐层被破坏。

（3）雨期施工应采取防止浮管及防止泥浆进入的措施。

（4）为了防止敷设管道时在接口合龙处发生轴线偏离，需采取管道固定措施。常用编织袋装满黄沙并封口压在已敷设管线的顶端以稳定管线，编织袋的多少一般根据管径尺寸确定，管道接口处应重新复核其轴线与高程。

（5）管线敷设后，由于意外原因出现管壁破坏时，需及时修补或者更换。

3.2.4　管道连接

（1）本工法管道连接方式采用手工钨极氩弧焊。

（2）焊接工艺参数见表1。

表1　焊接工艺参数

钨极直径（mm）	喷嘴直径（mm）	钨极伸出长度（mm）	焊丝直径（mm）	焊接电流（a）	氩气流量（L/m）
2.5	8或10	6~7	ϕ2.5	80~90	8或10

（3）由于氩弧焊接时对杂质比较敏感，因此焊接件在组装前应将焊口表面及附近20mm母材内、外壁的油、漆、垢、锈等清理干净，直到现出金属光泽。

（4）所有管道必须采用充氩保护焊进行焊接，焊接前焊工必须注意氩气保护时间的操作控制，焊接前要有一个充气的过程即保证保护区内充满氩气才能开始进行焊接，焊接完成之后要继续通气保护一段时间，避免焊口的氧化。

（5）不得在被焊工件表面引燃电弧、试验电流以及随意焊接临时支撑物。

（6）在焊接时，管子外及管子内不能有穿堂风。

（7）定位焊接时，除焊工、焊接材料、预热温度和焊接工艺等需与正常施工时一致，还应当符合以下规定：

①在坡口根部采用焊缝定位时，要检查各个定位焊点的焊接质量，若有缺陷时应立即清除，并再次进行定位焊接。

②厚壁大口径管若通过临时定位焊接，定位焊件应必须选择相同材质材料；采用其他材料作定位焊件时，应堆敷过渡层，堆敷材料应与正式焊接一致且堆敷厚度应不低于5mm。当去除定位件时，不能损伤母材，将残余焊疤重新清理干净并打磨修整。

（8）为确保施工焊接质量，所有低层焊缝应经检验合格，并尽快进行上一层焊接工作。多层多道焊接时，每层都必须检查，只有检查合格后才能焊接上一层焊缝。

（9）不应对焊接接头的变形进行加热校正。

涂塑复合钢管与不锈钢短管焊接如图2所示。

图2　涂塑复合钢管与不锈钢短管焊接

3.2.5　管道压力试验

管道安装完成且经检验合格后，应进行水压试验，水压试验按照图纸以及《给水排水管道工程施工及验收规范》（GB 50268—2008）中9.2条相关规定执行。

3.2.6　管沟回填

从管底至管顶0.5m区域内，需采取人工回填中粗砂，密实度必须达到工程设计要求，管顶0.5m以上部位的回填，通过机械回填方式从管道两侧同时回填、夯实。管沟回填时，沟槽内不应有积水，回填土必须达到设计要求，其不得含有淤泥、有机质及冻土，不能含有石头、砖块等硬质有棱角的大块物体。地下水应在管沟回填前尽量排除，回填土运入沟内不得损伤管节及其接口。沟槽回填土的压实应当遵循以下规则：

回填压实工作应当逐层进行，且不得损伤管道。在管道两侧和管顶以上0.5m区域内，应当轻夯压实，管道两侧压实面也应当平行压实，且高差不应大于30cm。分段进行回填压实时，相邻段的接槎应呈阶梯形，且不得漏夯。用蛙式打夯机等压实工具时，应夯夯相连。

4　质量控制

4.1　执行国家行业标准

《给水涂塑复合钢管》（CJ/T 120—2016）；

《给水排水管道工程施工及质量验收规范》（GB 50268—2008）；

《建筑给水排水及采暖工程施工质量验收规范》（GB 50242—2002）。

4.2　管道施工要点

（1）合理选用焊接材料，保证连接强度和密封性。

（2）布管安装时，应防止外防腐层划伤，影响管道使用寿命。

（3）焊接时，实时监测涂塑层温度，宜于焊缝两端距离焊缝50mm处缠绕湿毛巾，控制焊接热量传递，保证涂塑层完好无损，防腐不锈蚀。

（4）焊接施工完成并经验收合格后，采用热缩带对焊口位置进行防腐补口。

（5）管道回填之前，需进行水压试验，试验合格后冲洗管道。

（6）自管底基础开始至管顶以上0.5m区域内，应选择中粗砂，以人工分层方式对称进行回填，密实度不应低于95%，不得使用机械回填。

（7）管道系统只有在竣工验收合格后才能使用。

5　结语

采用新的涂塑复合钢管连接方式，施工时只需对不锈钢管口进行焊接，加强了管道强度，减少焊接工作量，管道对口更加简单，施工效率至少提高1/3；焊接时，经过不锈钢管道的隔离，内塑层不被破坏，保证了管道内涂塑层的完整性，管道连接处不会出现“脱塑的启口”，避免了内涂塑层脱落的重大质量事故。相比市面上涂塑复合钢管连接方式，本工法主要采用双密封焊接方式，施工范围更为广泛，不受时间、地域的限制，可以简化管道基础，减少管沟开挖量，满足施工现场多样性，不仅可节约工期，同时可以节约施工成本，有利于涂塑复合钢管的推广。

参考文献

[1] 刘静云．涂塑复合钢管双密封焊接的应用[J]．山西建筑，2014，40（01）：108-109.

[2] 刘森成．衬（涂）塑复合钢管应用之思考[J]．安装，2013（07）：37-39.

[3] 高印军，王大勇，杨华杰，等．新型输水涂塑复合钢管及接口的研制与应用[J]．中国给水排水，2017，33（06）：116-119.

[4] 徐德茹，魏安家，熊俊波，等．钢塑复合管管端失效分析及解决办法探讨[J]．焊管，2012，35（06）：26-29.

一种现浇混凝土薄壳斜坡屋面结构抗裂施工关键技术

陈宣茗　刘　舜　周晨楷

湖南省工业设备安装有限公司　长沙　410007

摘　要： 采用常规方法浇筑薄壳斜坡屋面混凝土时，为避免混凝土流淌，仅能采用坍落度约100mm的混凝土进行浇筑，且无法充分振捣，导致混凝土结构不密实，造成开裂，本文研究坡度30°以上的现浇混凝土薄壳斜坡屋面结构，通过在斜坡屋面安装若干道快易收口网形成阻流带，可以将混凝土坍落度提高至140mm左右，工人可以沿屋脊对称向下浇筑混凝土；有了收口网的阻挡效果，即使在混凝土的坍落度较大及充分振捣的情况下，也能保证混凝土不流淌至坡底，仅会有少量流入下道网格，从而有效地防止混凝土浇捣过程中的产生离析。该工法能大大降低现场作业人员的劳动强度，同时也能保证斜坡薄壳屋面混凝土结构的均匀性、密实性，减少结构裂缝，确保工程质量。

关键词： 斜坡屋面；结构抗裂；施工技术

1　现浇混凝土薄壳斜坡屋面结构抗裂施工技术简介

斜坡屋面作为一种常见的屋面形式，常采用双层模板开洞浇筑或采用单层模板用低坍落度混凝土进行浇筑；两种施工方式的缺点如下：

（1）双层模板开洞浇筑

支模工程量增大，增加施工成本（图1），且无法看见模板内混凝土情况，容易造成孔洞，由于模板无法大量开洞，混凝土也容易振捣不密实。

（2）单层模板，采用低坍落度混凝土浇筑

为避免混凝土流淌，须采用坍落度约100mm的混凝土由低往高进行浇筑（图2），且无法充分振捣，导致混凝土结构不密实，产生裂缝，影响屋面混凝土的耐久性。

图1　双层模板施工

图2　单层模板低坍落度混凝土施工

那么有没有一种方法既能确保施工质量，又能简化操作并节约成本呢？

2　研究方案

本文研究坡度30°以上的现浇混凝土薄壳斜坡屋面结构，通过在斜坡屋面安装若干道快易收口网形成阻流带，可以将混凝土坍落度提高至140mm左右，工人可以沿屋脊对称向下浇筑混凝土。

有了收口网的阻挡效果，即使在混凝土的坍落度较大及充分振捣的情况下，也能有效保证混凝土不流淌至坡底，仅会少量流入下道网格，从而有效地防止混凝土浇捣过程中产生离析。对贝雷架的受力形态进行分析，进行深化设计，编制针对性的高空支模平台等施工方案。

3　阻流带设计方案

根据研究思路，做了如下方案设计，如图3~图6所示。

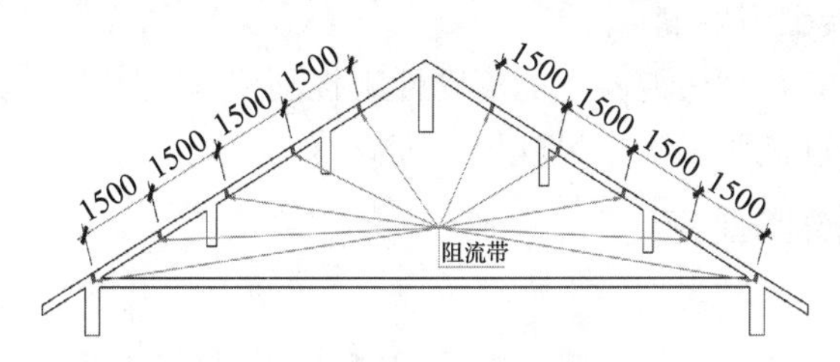

图3　阻流带剖面布置图

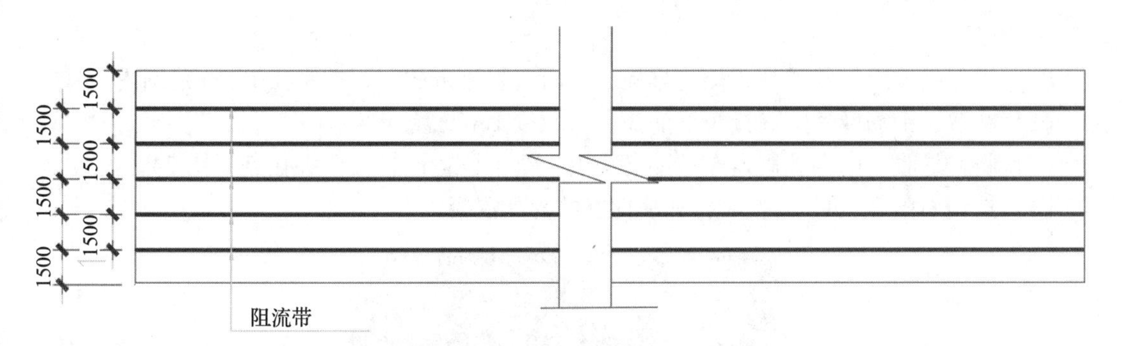

图4　阻流带平面布置图

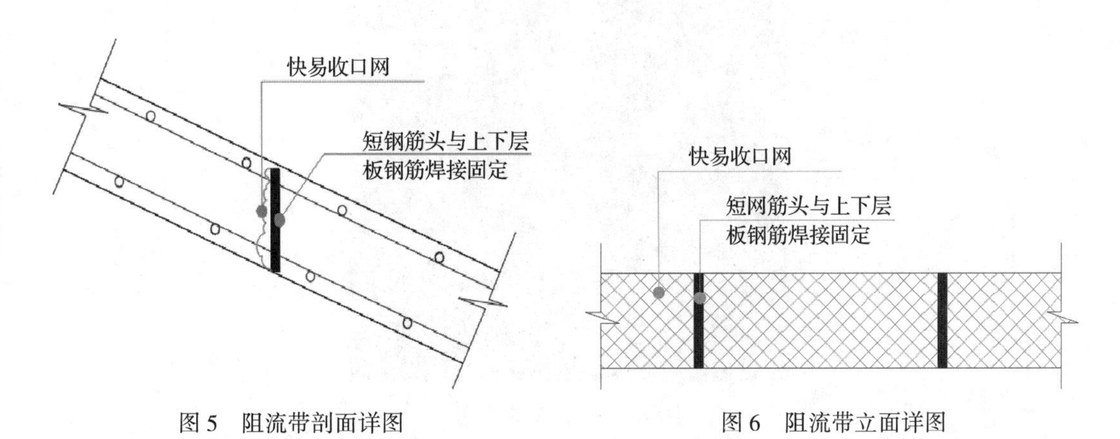

图5　阻流带剖面详图　　图6　阻流带立面详图

该工法的研究成功，能大大降低现场作业人员的劳动强度，减少斜坡面上处理混凝土时的工作量，从而提高工效，降低施工难度。同时也能保证斜坡薄壳屋面混凝土结构的均匀性、密实性，有效消除斜坡薄壳混凝土结构的施工冷缝增多、结构层面开裂等问题，从而保障了屋面混凝土施工质量。

4　该方法需突破的技术问题

4.1　阻流带的固定方式

解决方案：通过试验确定快易收口网的固定方式，主要分两种，分别为与双层钢筋绑扎固定和在双层钢筋间焊接短钢筋，再将收口网固定于短钢筋上；该试验主要在于确定绑扎固定收口网方式是否能兜住混凝土，如若不行，则必须焊接短钢筋。

4.2　阻流带的间隔距离

解决方案：通过试验确定阻流带最合适的间隔距离，在能确保能兜住混凝土的同时，使间隔距离尽量大，减少安装工程量。

4.3　确定最适合的混凝土坍落度

解决方案：该方法需要利用混凝土的流动性来提高施工效率，但坍落度太大又会导致混凝土堆积，所以必须通过试验来确定最佳坍落度。

5　施工工艺流程及操作要点

5.1　施工工艺流程

确定斜坡屋面分格尺寸→定位放线→焊接短钢筋→安装快易收口网→沿屋脊对称向下浇筑混凝土→振捣→收面→二次抹压收面。

5.2　操作要点

（1）根据斜坡屋面的尺寸，均匀排板，将两道阻流带的间距控制在 1.5m 范围内。

（2）在双层钢筋网片间焊接短钢筋头，间距按 1m 设置。

（3）将快易收口网绑扎固定在短钢筋头上，每个位置设置三个绑扎点（图 7）。

（4）选用坍落度 140mm 左右，和易性好的商品混凝土。

图 7　绑扎快易收口网

（5）浇筑混凝土应沿屋脊从上至下对称浇筑，每次浇筑长度以 8m 为宜，浇筑完一格，应立即振捣、抹平（图 8、图 9）。

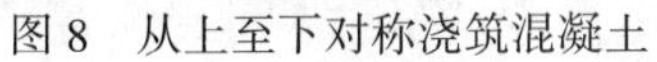

图8　从上至下对称浇筑混凝土

图9　混凝土浇筑完成效果

6　结语

（1）利用简单的支挡方式，能有效地解决斜坡薄壳屋面混凝土流淌堆积问题，降低劳动强度，节约施工成本。

（2）利用阻流带，解决斜坡薄壳屋面混凝土的流淌而无法振捣充分的问题，能有效防止屋面混凝土因离析而造成混凝土强度降低、施工冷缝增多、振捣不到位而开裂等问题。

（3）利用阻流带，解决斜坡薄壳屋面只能采用低坍落度混凝土浇筑问题，减少了施工难度，提高了施工效率。

通过全过程管控，该现浇混凝土薄壳斜坡屋面结构抗裂施工关键技术对现场有较好的指导作用，且该方法已应用于沙洲红色旅游景区提质改造项目，效果良好，可为类似工程提供参考。

第2篇

地基基础与处理

磁悬浮车站深基坑超长空桩格构柱定位技术研究

郭　虎　孟子龙　廖星宇　彭　晋　王　健

湖南省机械化施工有限公司　长沙　410000

摘　要：当基坑支护体系中存在多道内支撑时，格构柱的姿态与垂直度直接决定其服役质量，因此，格构柱的定位成为施工中关键的一环。本文在总结前人相关技术研究成果的基础上，分析现有定位技术中存在的不足，并以实际情况出发，结合黄花机场磁悬浮T3车站基坑项目，开展针对超长空桩格构柱精准定位技术的研究，提出了3项定位装置设计，包括：可复用导向架、孔口定位器及柔性接头，简述了深大基坑中格构柱施工工艺流程及控制要点，实践结果表明：与传统定位技术相比，该整体解决方案具有定位精度更高、定位耗时更短的优点。该成果值得国内相似工程借鉴与参考。

关键词：格构柱；导向架；精准定位；空桩

随着城市建设的高速发展，地铁、磁悬浮等轨道交通正如火如荼地规划与建设，与地铁或磁悬浮车站相关的深大基坑工程层出不穷。无论采用盖挖逆作法施工，还是采用明挖顺作法施工，基坑开挖都应遵循“先撑后挖”的原则。当基坑采用多道内支撑进行支护时，为避免第一道混凝土支撑因弯矩过大而发生过度变形，须设置格构柱，以提高支撑构件的抗弯性能，保证基坑支护体系的整体稳定。而格构柱的姿态与垂直度决定其服役质量，因此，对格构柱的精准定位就成为基坑工程施工的关键环节之一。许多专家对此展开了深入的研究。

陈新华[1]利用夹具保障结合仪器测量等措施，将格构柱的中心偏差降低到10mm以内、垂直度控制到1/500以内；杨德生等[2]借助全自动液压调垂系统，在保证格构柱定位精度的基础上，提高了定位作业的工作效率；魏倩[3]在厘清“一柱一桩”技术难点的基础上，提出了若干定位措施；胡锦等[4]借助双联置换式激光测斜装置，以实现格构柱调垂作业全过程的监测；韩阳等[5]采用多层多向定位导向架+调垂托板+胀缩式胶桶等设备，以保证格构柱的安装质量；向泽等[6]采用抽样调查法对3处已完工项目的200根格构柱进行质量因素分析，发现主要的质量缺陷有：方位偏差、垂直度偏差与缀板变形等，其中，方位偏差占样本总数的56.25%，垂直度偏差占样本总数的39.06%，缀板变形仅占样本总数的4.7%；龙莉波[7]回顾了目前常用的7种格构柱调垂系统（气囊法调垂系统、校正架法调垂系统、调垂盘法调垂系统、孔上液压调垂系统、孔下液压调垂系统、孔下机构调垂系统及HDC高精度液压调垂系统）及3种垂直度监测系统（传感器监测系统、侧斜管监测系统及激光倾斜仪监测系统）。根据技术迭代过程，指出：高精度数字化、自动化的调垂系统将成为未来的主流；应用无线传感技术的垂直度监测系统将成为发展的方向。

上述研究在格构柱精准定位方面确实取得了不少成果，但依然存在不足之处：

（1）某些定位措施适应性不强，如气囊法仅适用于格构柱与孔壁间距较小的情况；

（2）某些定位措施虽提高了定位精度，但却为其他相关工作带来了不便，如导向套筒法的应用势必会扩大钻孔孔径；

（3）严格地讲，格构柱的精确定位属于一项系统工程，仅靠单一措施，难以保证最终定位质量；

（4）针对超长空桩格构柱的系统定位技术罕见。

为尝试补足上述短板，本文结合具体工程——黄花机场磁悬浮 T3 车站基坑项目，开展针对超长空桩格构柱精准定位技术的研究，提出整体解决方案，旨在为国内相似工程提供借鉴与参考。

1 工程概况

作为全国首座全地下车站，隶属长沙黄花机场改扩建项目的磁悬浮 T3 车站位于 T3 航站楼南侧，呈东西走向，为地下三层岛式车站，并与机场 T3 航站楼、地铁 6 号线、地铁 10 号线、S2 线及站前高架桥共同组成立体交通枢纽，以实现四类五轨“零距离”换乘。

磁悬浮车站基坑总长 753m（其中：磁悬浮车站段长 385m、配线段长 328m、东西端盾构接收井长 40m），标准段宽 25.1m（盾构扩大端宽 30.7m），开挖深度为 28.54~29.45m。

围护结构体系中共设有格构柱 86 根，作为第一道混凝土内支撑的临时支撑立柱，由上、下两部分组成。上部为钢立柱，采用 Q235B 级 160mm×16mm 角钢与 500mm×300mm×12mm 缀板焊接而成；下部为灌注桩基础，桩径为 1200mm、桩长为 3000mm，桩芯混凝土采用 C35 水下 P8 混凝土，受力钢筋采用 HRB400 钢筋、箍筋采用 HPB300 钢筋，主筋钢筋层保护厚度为 70mm。格构柱具体施工参数见表 1。

表 1 格构柱施工参数

序号	格构柱编号	数量	移交场地标高（m）	格构柱顶标高（m）	格构柱长（m）	空桩长度（m）
1	lzz1-lzz7	7	58.0	56.89	29.20	1.11
2	lzz8	1	57.0	55.00	27.14	2.00
3	lzz9-lzz21	13	60.3	51.19	23.26	9.11
4	lzz22	1	59.5	46.86	18.81	12.64
5	lzz23-lzz31	9	58.9	41.30	13.25	17.61
6	lzz32-lzz33	2	59.5	41.30	16.25	18.21
7	lzz34-lzz51	18	60.1	47.65	19.60	12.45
8	lzz52	1	59.6	49.35	24.30	10.25
9	lzz53	1	59.6	54.40	26.35	5.20
10	lzz54-lzz84	31	60.0	57.70	29.65	2.30
11	lzz85-lzz86	2	60.5	39.40	11.90	21.10

2 格构柱精准定位装置的设计

作为基坑第一道混凝土内支撑的临时支撑立柱，格构柱的定位与垂直度直接决定其服役姿态，进而影响其受力状态与稳定性，一旦出现转动或倾斜，其承载能力势必发生损失，因此，采用具体的精准定位技术将格构柱的安装偏差控制在设计规定范围之内，就成为基坑围护体系施工中亟待解决的关键环节之一。此外，本项目中格构柱截面尺寸为（550mm×550mm）、较长的柱长（最长 29.2m）与空桩长（最长 21.1m），均会增加其导向、定位及调垂等工作的难度。为解决上述问题，项目部有针对性地提出了以下几项解决措施。

2.1 可复用导向架的设计

为解决本项目中空桩长、柱顶标高不统一带来的导向难问题，项目设计了一种可复用导向架，如图 1 所示。与传统方法（先将格构柱延长至移交场地标高，待基坑开挖后，再将柱顶标高以上部分切除）相比，应用可复用导向架的施工方案，经济性更好。

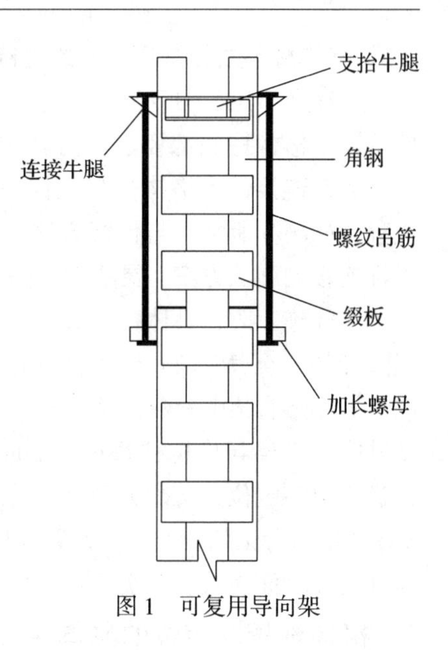

图 1　可复用导向架

具体设计思路为：以格构柱设计柱顶标高为界，标高以下部分为“一桩一柱”的格构柱，标高以上部分为可复用导向架，二者采用嵌套连接，与导向架上的限位与制动装置，共同实现导向架快捷安装与拆卸、灵活控制体系长度的功能。

实际施工时，首先，通过截面尺寸为 500mm × 500mm 的格构柱插头，将格构柱与可复用导向架进行连接。该插头由角钢与缀板焊接而成，末端设置 1∶2 的坡口并打磨光滑，以方便格构柱与可复用导向架的安装与拆卸。连接时应保持插头略向内倾且角度不大于 5%。其次，待混凝土达到初凝、具备一定强度后，可割开吊筋，使可复用导向架与格构柱脱开，再用吊车将其吊出。

根据本项目格构柱空桩长的分布情况（表 2），结合施工方案，遵循“先深后浅”原则，项目部决定制作 4 根可复用导向架以满足施工需求。

表 2　格构柱空桩长度分布

空桩长度	3m 以内	3～10m	10～15m	15～22m
数量	39	14	20	13

2.2　孔口定位器的设计

为解决本项目中格构柱长度长、自重大带来的定位难问题，项目设计了一种简易孔口定位器，如图 2 所示。与传统方法（千斤顶搭配水平尺）相比，应用孔口定位器的施工方案，精准性更高。

本简易孔口定位器由基座与定位盘两部分构成，具体调节原理为：通过位于定位盘盘身上的 8 处法兰螺栓调节格构柱的平面位置与偏角；通过位于定位盘 4 角处的 4 部千斤顶调节格构柱的垂直度；法兰螺栓采用滑动导轨，以适应不同截面尺寸的格构柱。

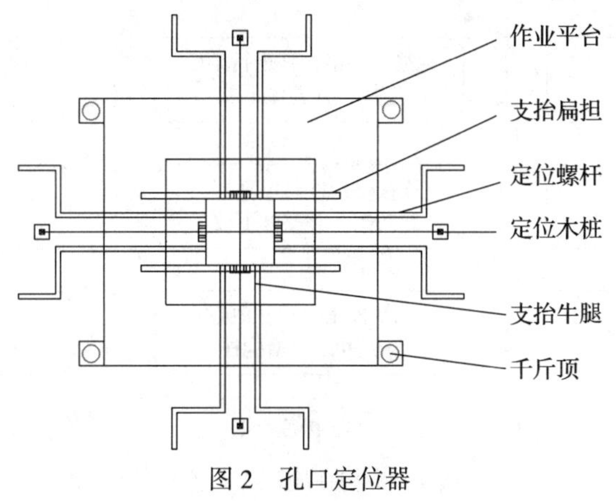

图 2　孔口定位器

2.3 格构柱与立柱桩钢筋笼的连接设计

上述孔口定位器仅涉及部分格构柱的调垂功能，即能对格构柱顶部进行调节，却无法便捷地调整格构柱底部姿态。为完善调垂作业，项目部决定采用柔性连接作为格构柱与立柱桩钢筋笼连接的施工工艺流程，如图3所示。与传统方法（刚性连接）相比，应用柔性连接的施工方案，灵活性更高。

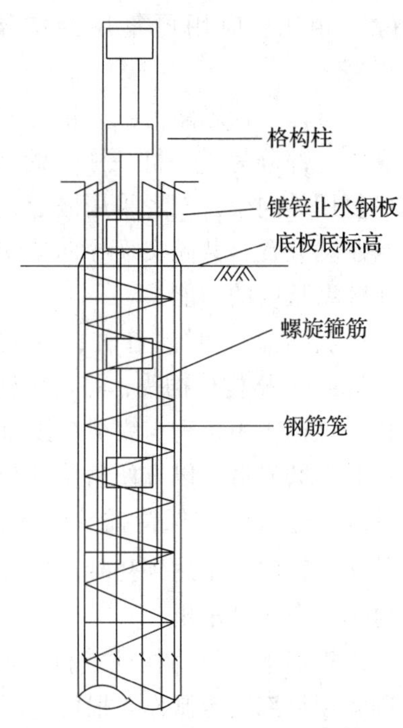

图3　格构柱与钢筋笼连接

实际施工时，具体操作如下：（1）自钢筋笼第一匝加强圈开始，至其后2m位置，每隔1m焊接一井字形骨架；（2）井字形骨架由4根直径16mm的钢筋焊接而成；（3）保证井字形骨架与格构柱每边有20mm的冗余，既能对格构柱进行粗略定位，又能为精确定位留有调整空间；（4）在3处井字形骨架位置，分别设置4根直径10mm的钢筋与格构柱的4个面连接，以实现格构柱与钢筋笼的标高控制。

3　格构柱精准定位的具体实现

3.1　施工工艺流程

格构柱具体施工工艺流程为（图4）：

（1）平整并压实现场地面，测量放线；

（2）铺设路基箱或钢板，成孔设备就位（本项目成孔设备为山河智能360旋挖钻机）、下放钢护筒，完成立柱桩的钻孔施工；

（3）钻孔完成后，将钻孔周边泥浆、土等清理干净，按照格构柱4边中点延长线进行放线；

（4）孔口定位器安装并调整定位盘高程；

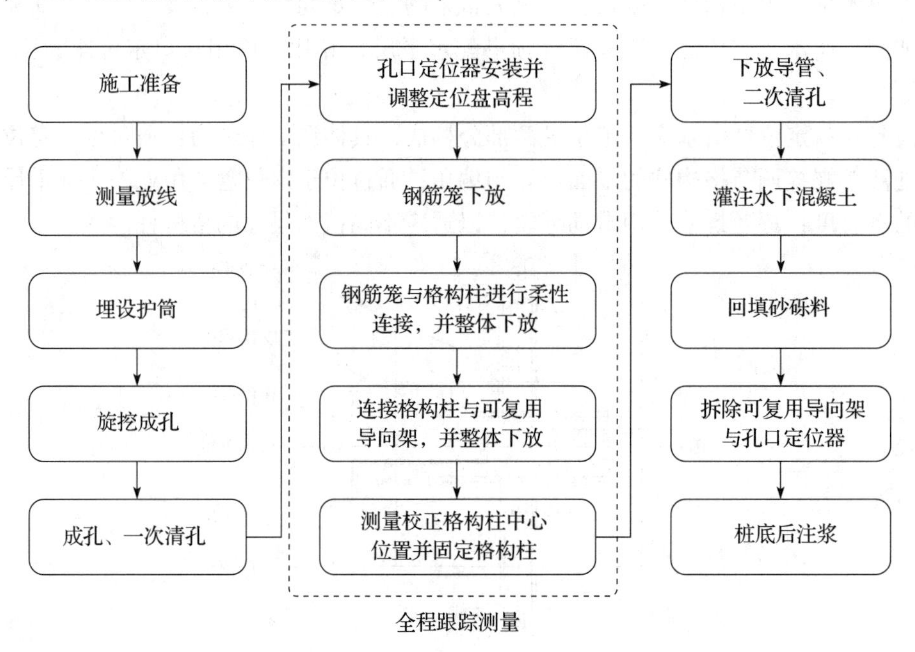

图4　格构柱施工工艺流程

（5）钢筋笼下放；

（6）钢筋笼与格构柱进行柔性连接，并整体下放；

（7）通过格构柱插头连接格构柱与可复用导向架，并整体下放；

（8）测量校正格构柱中心位置并固定格构柱；

（9）下放导管、二次清孔；

（10）灌注水下混凝土；

（11）回填砂砾料；

（12）拆除可复用导向架与孔口定位器；

（13）桩底后注浆。

3.2　控制要点

（1）格构柱加工应满足精度要求

为确保构件的外形尺寸、角度、垂直度等，本项目所用格构柱均应在工厂内加工；拼装模具制出的第一批构件要进行首检，符合设计图纸与规范后，才能进行批量加工；角钢拼装前，应用砂轮机将两个接触面打磨光滑，端面则应保持水平；与格构柱相连的插头，其连接处也应用砂轮机打磨光滑，以保证安装、拆卸的便捷。

（2）旋挖机与埋设护筒的定位应确保精确

护筒底部应穿透软土层，埋设于原状土层以下不少于 1m 处，以避免施工过程中护筒下沉及偏位。

（3）立柱桩的垂直度应满足要求

本项目采用旋挖钻机进行开孔作业，并对钻进作业进行全程测量监测，确保垂直度不超过 1/300，若出现偏差，应立即纠偏。

（4）孔口定位器的安装应确保牢固

按照已测放好的方位点，将孔口定位器吊放于孔口硬化地面上，待调整定位器中心对准桩孔中心、定位器四边与格构柱方位大体一致后，就位定位器，并在其底脚设膨胀螺栓焊接，以确保固定牢靠。

（5）钢筋笼与格构柱应连接可靠

钢筋笼与格构柱采用柔性连接，以便吊装后，对格构柱位置进行微调。

（6）格构柱定位作业应全程跟踪测量

从孔口定位器的安装，到钢筋笼、格构柱及可复用导向架的整体下放，再到校对格构柱中心位置并固定，整个过程应保持跟踪测量、实时记录、及时纠偏。

本项目于 2021 年 11 月完成全部 86 根构格柱的施工作业，与传统定位技术相比，应用本项目部提出的格构柱精准定位整体解决方案的优势在于：

（1）格构柱的安装质量明显提高，具体体现在：旋转角度均$<3°$、垂直度偏差均$<1/400$、桩底与柱顶标高得到精确控制。

（2）孔口定位器、可复用导向架的引入，降低了超长空桩格构柱的定位难度，有效地缩短了定位作业时间，定位效果稳定可靠。

4　结语

本文在调研现有格构柱定位技术的基础上，分析了前人研究中存在的不足之处，并以此为契机，结合黄花机场磁悬浮 T3 车站基坑项目，开展针对超长空桩格构柱精准定位技术的研究，阐述了定位装置的3项设计（可复用导向架、孔口定位器及柔性连接）与格构柱具体施工工艺流程及其控制要点。实践结果证明与传统定位技术相比，本项目部所提出的整体解决方案具有控制精度更高、定位耗时更少的优点。笔者认为其可以作为国内相似工程的借鉴与参考，值得进一步完善与推广。

参考文献

[1] 陈新华．逆作法施工中一柱一桩垂直度的有效控制［J］．建筑施工，2012，34（8）：3.

[2] 杨德生，顾国明，刘星．一柱一桩全自动液压调垂技术在逆作法施工中的应用［J］．建筑机械化，2017，38（10）：4.

[3] 魏倩．上下同步施工逆作法一柱一桩垂直度控制施工技术［J］．施工技术，2017，46（13）：4.

[4] 胡锦，顾兵兵．逆作法一柱一桩新型调垂工艺的应用［J］．建筑施工，2018，40（12）：3.

[5] 韩阳，张义，石军，等．超深逆作法一柱一桩钢柱定位及调垂技术［J］．施工技术，2019，48（16）：3.

[6] 向泽，鲍安红，索瑞．基于孔口定位器的格构柱位移控制研究［J］．西南师范大学学报：自然科学版，2015，40（2）：4.

[7] 龙莉波．逆作法竖向支承柱调垂技术的回顾及展望［J］．建筑施工，2013，35（1）：4.

深大基坑土石方边坡开挖施工技术研究

廖春阳

湖南省机械化施工有限公司　长沙　410000

摘　要：土石方工程边坡修整施工的质量直接影响到整个边坡支护工程的质量和进度。施工中不得超挖和欠挖，应按照技术要求控制坡度，合理采用施工机具和测量方法进行坡度校核。本文以长沙机场改扩建工程磁浮 T3 站基坑土石方开挖项目为背景，简述土石方边坡施工概况及应注意的问题。

关键词：土石方；边坡；安全措施

1　工程概况

磁浮 T3 站基坑边坡共有 6 处：ZDK3+800～YDK3+895.848 南北侧边坡，高度 2.7m，坡比 1∶1；YDK3+895.848～YDK3+996.216 北侧 3 级边坡，坡比分别为 1∶1、1∶0.55、1∶0.55，边坡高度分别为 3.32、4.85m、6.35m，及南侧边坡，坡比为 1∶0.55，高度为 6.35m；YDK4+189.048～YDK4+211.898 南北边坡。边坡断面如图 1 所示。

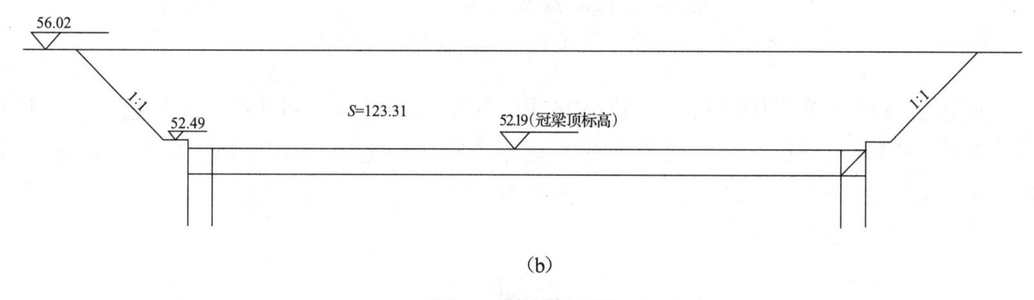

（b）

图 1　边坡断面图

2　施工方法

边坡严格遵循“分级开挖、逐级支护”的加固原则，及时做好坡面的防护及排水，减少边坡的暴露时间。

施工时做好高边坡监测，对监测数据及时整理、分析并上报监理及业主。充分做好施工前的准备工作，提前修筑施工临时便道，提前做好机具和器材的准备。现场核实横断面，按设计坡比放线，放线以路线中心线及坡底标高为准。开挖前，先修好截水沟。开挖及支挡工程施工前需做好地表临时排水系统。

严格测定和掌控边坡的开挖（定位和坡比），台阶法逐级开挖。边坡开挖过程中须严格遵循“分级开挖、分级稳定、坡脚预加固”原则，必须采取随挖随支护的施工方法，严禁一次开挖到底，应开挖一级，支护一级，然后再开挖下一级。对工程地质水文地质条件差的地段采取必要的预加固措施，防止因局部边坡失稳造成边坡整体失稳。同时也要避免开挖暴露时间过长，使边坡松弛范围变大，造成新病害。边坡开挖施工要保证坡面平整顺直，以利支挡防护工程的施工。边坡开挖中，如有地下水涌出，应将地下水排出或引入排水系统，不可堵死。

边坡施工工艺流程如图2所示。

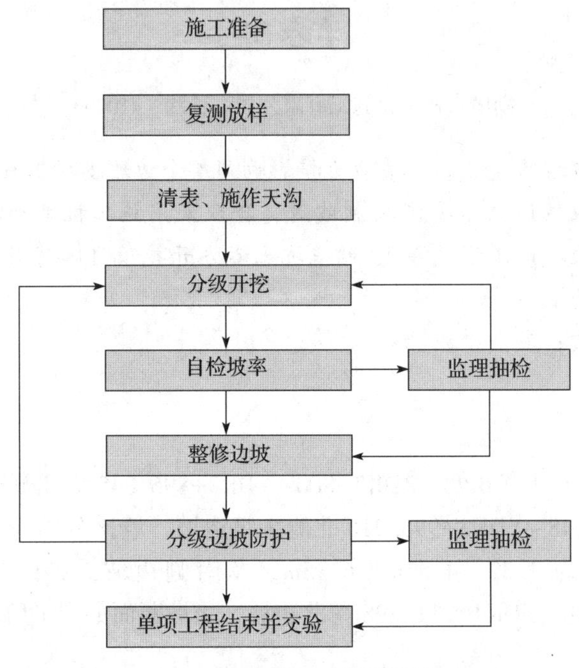

图2　边坡施工工艺流程图

石质边坡开挖。施工中遇石方，则小方量石方段采用挖机慢刷开挖，大方量石方地段采用重型炮击破碎分层开挖，严禁暴力开挖。先开挖出初步毛坯。靠近边坡处，预留30cm修整层，修整施工时分段顺线路方向平行于边坡面进行，使其表面保持光滑平整。施工时保证土体稳定，不受扰动（图3）。

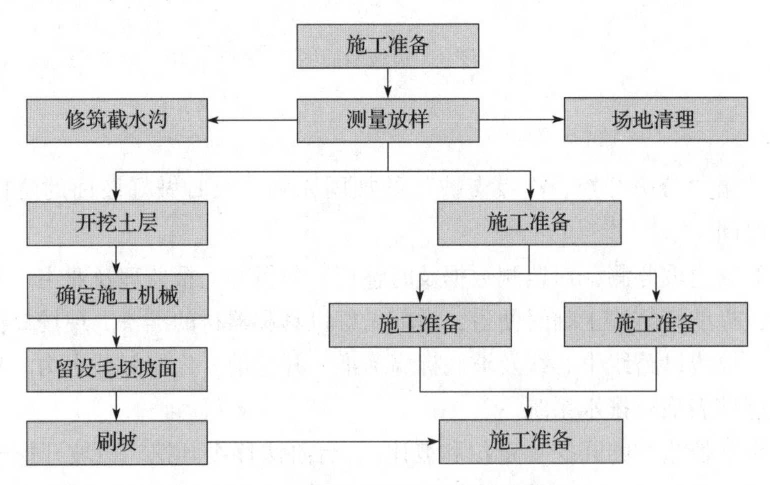

图3　石质边坡施工工艺流程图

3　施工质量控制措施（图4）

（1）表土清除后，应对地面线进行复测，若地面线误差将导致边坡坡比和占地宽度发生变化时，及时通报业主、监理工程师和设计单位进行处理。每挖填 3m 应复测中线桩，测定标高及宽度，以控制边坡的大小。开挖前，先修好路堑天沟等排水系统。

（2）在全线导线点复测、水准点加密、路基横断面复测工作完成后，放出路线中桩，标明坡脚、堑顶、边沟的具体位置。严格测定和掌控边坡的开挖（定位和坡比）；纵横台阶法逐级开挖。

（3）每开挖至一级台阶后，及时复测，及时修整，及时挂钢筋网、喷射混凝土。施工过程中及时测量检查，避免超挖和欠挖，边挖边修整边坡，以防坍塌。

（4）边坡在开挖中和防护过程中，随时以塑料布覆盖，防雨水冲刷。

（5）提前、充分做好机具和器材的准备。

（a）坡面平整

（b）坡比复核

（c）坡面压实

图 4　质量控制

4　施工安全预防措施

（1）高边坡开挖采用随挖随支护的施工方法，即开挖一级，防护一级，严禁一次开挖到底或通长大断面开挖，以避免施工过程中边坡失稳破坏，造成重大损失。

（2）加快边坡支护工序施工，避免坡面暴露时间过长，造成坡面破坏范围变大，形成新病害。

（3）避免安排在雨季施工，无法避免时开挖前必须做好地表和山顶的排水系统。

（4）加密勘探，按照地质情况开挖断面并按设计坡比进行施工放线。

（5）为确保施工安全，坚硬岩石的边坡开挖应采用松动覆盖爆破，严格控制用药量，并做好落石措施。

（6）边坡开挖后若地质实际情况与设计不符，应及时报监理单位、设计单位和业主，根据实际情况做动态设计。

（7）路堑开挖时经常注意坡面的稳定，每天开工、收工前对坡面、坡顶附近进行检查，发现有裂缝和塌方迹象时，立即处理。路堑开挖做到自上而下分层进行，严禁掏底开挖。开挖工作与装、运作业相互错开，严禁上下重叠作业。

5　结语

深大基坑中土（石）方边坡修整质量，直接影响到基坑支护体系的受力模式，进而影响基坑工程质量与进度，是基坑施工关键环节之一。本项目遵循“平衡土方、不得超（欠）挖、严格控制坡度、合理调度设备”的原则，保证了磁悬浮 T3 站基坑工程的顺利实施。

参考文献

[1] 张彦春，朱培男，王安华．邻近建筑物的基坑边坡开挖破坏趋势模拟分析［J］．科技创新导报，2008（15）：1.

[2] 韦伟．局部顺层基坑边坡开挖与支护过程对邻近既有建筑的影响研究［D］．重庆：重庆交通大学，2019.

[3] 王富，杨震，王彦红．地铁工程深基坑开挖临时边坡的稳定性计算分析［J］．施工技术，2016（S1）：4.

集群作业环境下明挖顺作深基坑土方开挖优化研究

夏金皇

湖南省第六工程有限公司　长沙　410000

摘　要：对复杂的集群地下工程，若采用传统的建设规划理念及建造技术，易导致不同地下工程主体结构施工存在空间上的冲突、结构安全的冲突及运营功能的冲突，造成工程建设协调难度大、资金和资源重复投入、风险灾害防控难等问题，一旦处置不当便会诱发工程灾害。本文以黄花机场改扩建工程（长沙磁浮东延线接入T3航站楼工程）为例，介绍了专项施工方案优化在保证了施工过程安全、进度、质量和成本目标等的实现所起的作用。

关键词：深基坑；明挖顺作；土方开挖

绝大多数工程项目都有基坑工程，基坑施工最简单、最经济的办法是放大坡开挖。放大坡开挖经常会受到场地条件、周边环境的限制，所以需要设计支护系统以保证施工的顺利进行，并能较好地保护周边环境。本文提出基坑工程与支护工程配合的施工作业，在保障基坑开挖过程安全的前提下，优化施工作业，缩短施工工期。

1　工程简介

1.1　工程概况

本项目位于湖南省长沙县黄花镇，磁浮T3站为长沙磁浮东延线接入T3航站楼工程第2座车站，站位位于规划T3航站楼南侧，呈东西向布置，为地下三层岛式车站。车站与机场T3航站楼、地铁6号线、10号线、S2线黄花机场东站共同组成换乘交通枢纽，在站厅层与航站楼GTC中心共用大厅换乘，在站台层与地铁采用扶梯换乘（图1）。车站所在位置的地面条件较简单，为果园、菜地、民宅及池塘，场地空旷，周边无建（构）筑物、无道路及重要管线，因此本站不涉及交通疏解和管线迁改。整个车站位于规划机场用地内，在征地拆迁工作完成后，场地平整到59.0m。

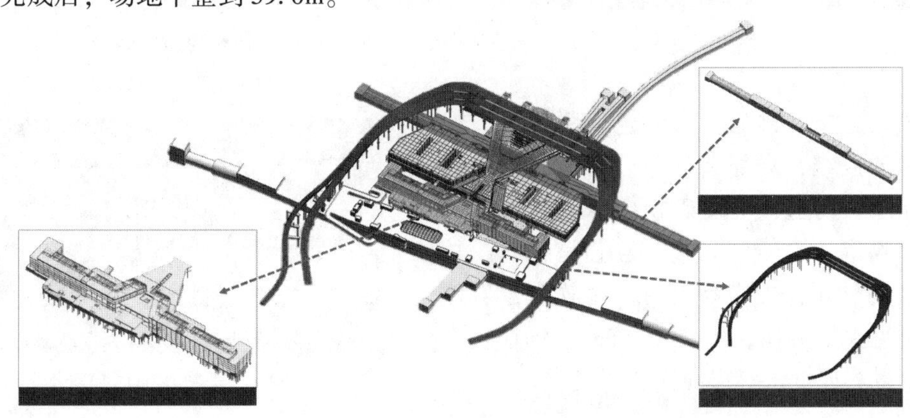

图1　长沙磁浮东延线接入T3航站楼工程

1.2　工程地质条件

根据地勘报告，本工程所在位置为第四系覆盖层，第四系覆盖层主要为残积粉质黏土（Q^{el}），局部不均匀分布人工填土（Q^{ml}）、淤泥质黏土（Q^{h}），基岩由白垩系上统戴家坪组泥质粉砂岩（K2d）组成，岩层产状315°∠25°。

野外特征按自上而下的顺序依次描述如下：

杂填土：褐灰色、褐黄、红等杂色，松散-稍密，稍湿-湿，主要由黏性土夹风化岩块及砖块等建筑垃圾组成，硬质物含量约10%~45%，为道路及地坪修建回填而成，未完成自重固结，局部分布，层厚不均，最大厚度约2.5m，本次勘察仅EZ3-ZT3-106揭露，厚度2.2m。

素填土：褐黄色、褐红色，松散-稍密，稍湿-湿，主要由黏性土夹少量砾石组成，为房屋及道路修建回填而成，堆填时间大于5年，未完成自重固结，局部分布，层厚不均，最大厚度约3m，本次勘察仅EZ3-ZT3-3、EZ3-ZT3-6、EZ3-ZT3-68、EZ3-ZT3-89揭露。

淤泥质黏土：褐灰色、灰黑色，饱和，软塑-流塑状态，有机物含量2.99%~4.18%。该层主要分布于鱼塘、水田等地势低洼浸水地段，层厚不均，最大厚度不超过2m。本次勘察钻孔未揭露。

残积粉质黏土：褐红色，稍湿-湿，可塑-坚硬状态，系泥质粉砂岩风化残积而成，可见原岩组织结构，切面稍光泽，摇振无反应，干强度及韧性高，大部分地段分布，最大厚度4.30m（图2）。

强风化泥质粉砂岩：褐红色、紫红色，大部分矿物已风化变质，主要矿物成分为石英、长石及黏土矿物等，泥质及少许钙质胶结，节理裂隙发育，岩体破碎，岩芯呈土饼状、碎块状或短柱状，遇水易软化、失水易崩解，局部可见少量溶孔，属极软岩，大部分地段分布，最大厚度5.6m（图3）。

图2　残积粉质黏土

图3　强风化泥质粉砂岩

中风化泥质粉砂岩：褐红色、紫红色，泥质及少许钙质胶结，局部夹钙质砂岩，泥质粉砂结构，中厚层状构造，主要矿物成分为石英、长石及黏土矿物等，岩体较完整，岩芯呈柱状、长柱状，遇水易软化，失水易崩解，属软岩，岩体表面局部可见少量溶孔，孔径2~5mm，场地均有分布，本次勘察厚度未揭穿（图4）。

图4　中风化泥质粉砂岩

1.3　初始基坑开挖方案简介

本工程土方采用机械开挖和人工开挖。人工挖时派专人测量基底土层开挖标高，防止超挖；场平土石方开挖采用 KT320C 挖掘机挖土、自卸车运输，以机械施工为主，佳腾 460 型挖土机进行松土，全面分层开挖。

针对本工程的施工特点，必须做到合理划分施工区域，合理安排施工顺序，以确保施工安全和目标工期为原则。

（1）土方按分区、分层开挖，每次开挖深度不得超过 0.7m，严禁超挖。开挖方向为由西向东，后退开挖向前运土（图 5）。

（2）挖土方：采用全面分层法进行开挖，以机械施工为主，采用挖掘机挖装、新型环保车运输至规划好的弃土点（图 6）。

图 5　土石方开挖作业

图 6　新型环保车外运

（3）石方开挖：采用拉槽退台开挖，用 460 型挖土机进行松土，再用佳腾 460 型挖装、新型环保车运输至规划好的弃土点，装车后复测场地标高，开挖至设计标高 30cm 采取人工清底至设计标高，严禁超挖、欠挖。

2　深基坑土方开挖优化研究

2.1　土方开挖优化目标与要求

施工作业中取土，需在桩的土的侧压力允许范围之内同时采取措施，以便取土施工便捷、高效。

施工过程中便道位置的设计是一个很重要的措施，应本着避开构筑物的同时还要提升便道利用率的原则进行。

施工机械在施工过程中，要保证能在构筑物作业空间有限制的情况下进行施工作业。

2.2　土方开挖优化方案

本工程用明挖顺筑法施工。结合大型深基坑工程常用的土方开挖形式，本着方案科学、技术先进可行、工艺简单适用、措施保障得力、组织管理严密、计划详细实用的原则，为确保工程质量、进度、安全及投资节省，经过讨论决定采取分区、分层、分段的基坑开挖。

基坑开挖分放坡开挖施工层和围护桩开挖施工层。本工程施工便道总平面示意图如图 7 所示。

放坡开挖施工层采取多个工作面，进行 3m 一层开挖施工，边坡修整按照设计要求，0 号施工便道（图 8）、临时施工便道（图 9）、1 号施工便道（图 10）以及 2 号施工便道（图 11）可同时进行出土工作，根据地勘报告，按照土、石分界和岩层走向，对边坡的平面位置、平整度和标高进行有效控制，尽可能地保证风化岩边坡表面的平整度，对下一步边坡支护绑扎钢筋、喷射混凝土提供平整的工作面，这样可大大减少混凝土喷射的工作量，是对施工过程中成本的有效控制。

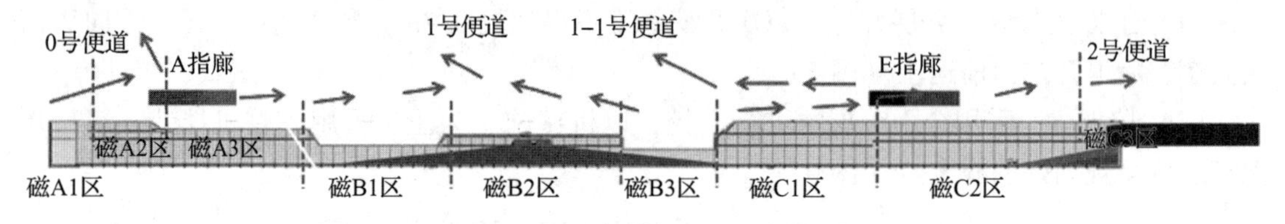

图 7　施工便道总平面示意图

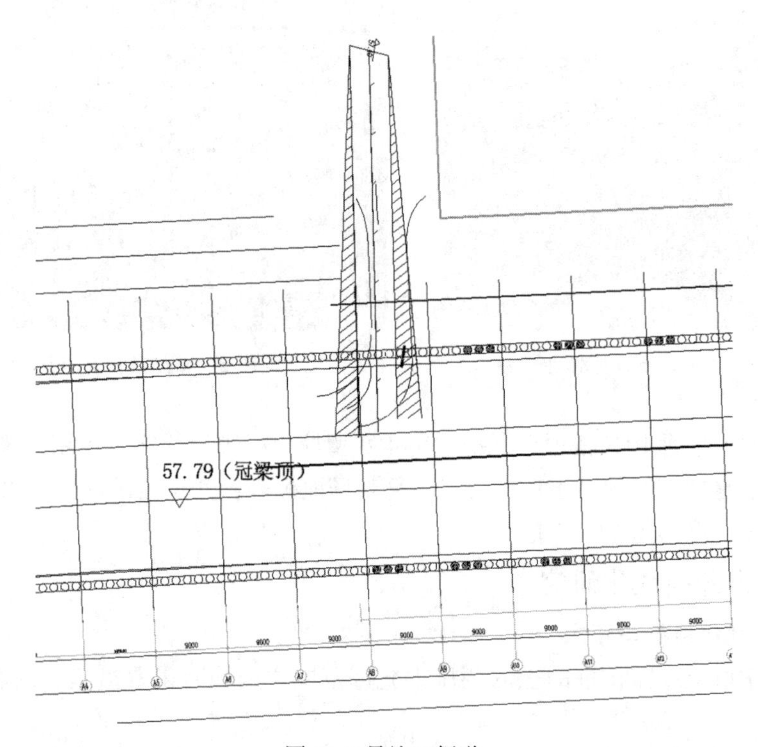

图 8　0 号施工便道

围护桩开挖施工层（本工程东西高、中间低），可分为东、西两段施工，两段平行作业，提升工作效率，并互不影响。由于东、西两侧与中间有 10m 以上的高差，如果由中间向两头开挖会影响围护桩中间的支撑梁的施工。在开挖的过程中应当遵守“开槽支撑、先撑后挖、分层开挖、严禁超挖”的原则，所以将 0 号施工便道设置在西侧中间附近（无构筑物处），0 号施工便道处先做支撑，再覆土向西侧开挖，先降出工作面再采用退台法进行施工作业，西区东侧从高差处向西进行开挖施工作业，此方法可增加一个工作面。围护桩中的土方开挖施工作业采取 3m 一层，两层同时施工，施工开挖后断面图呈“T”字形，3m 进行一次挂网喷射混凝土作业。当 0 号施工便道满足放坡要求时，可使围护桩内土石方开挖至底标高。东区（采用 2 号施工便道）采用上述方法同样施工。

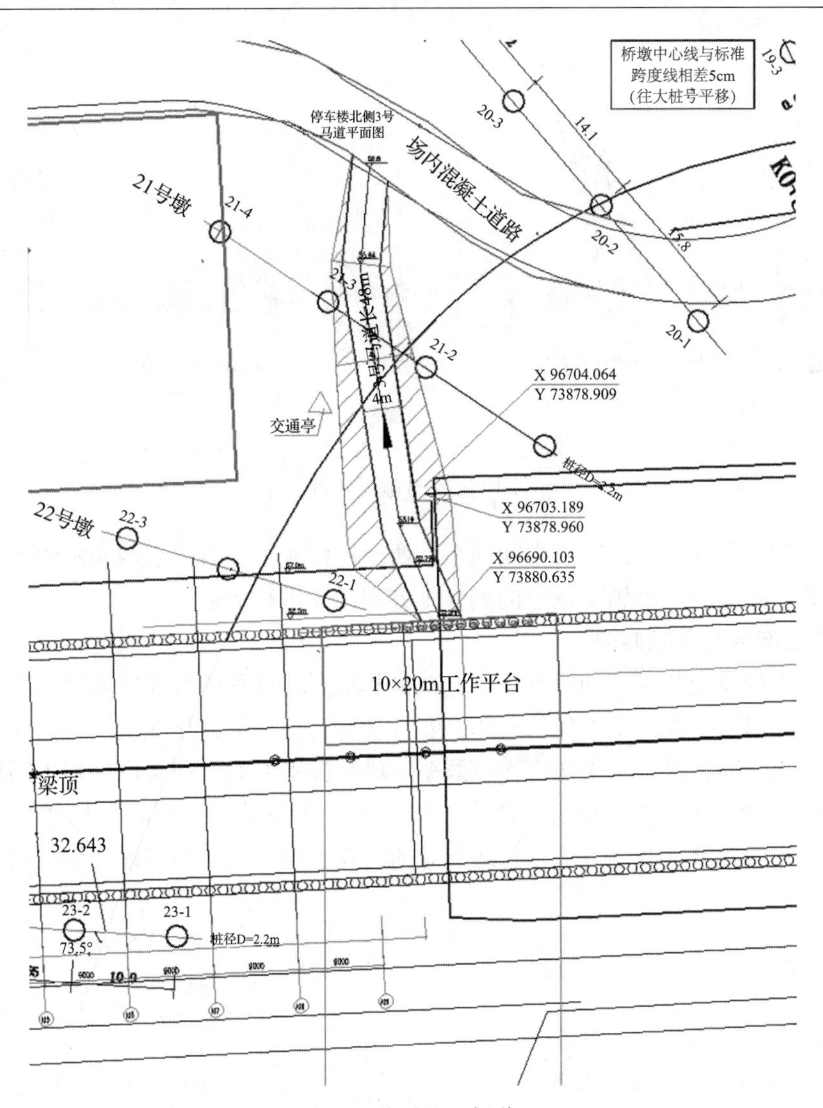

图9　临时施工便道

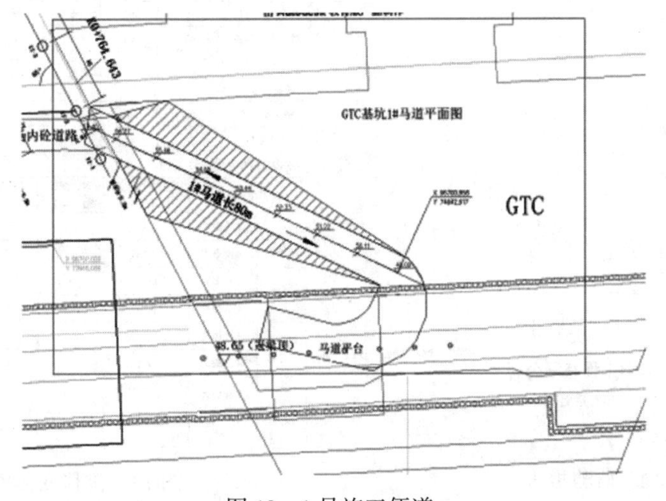

图10　1号施工便道

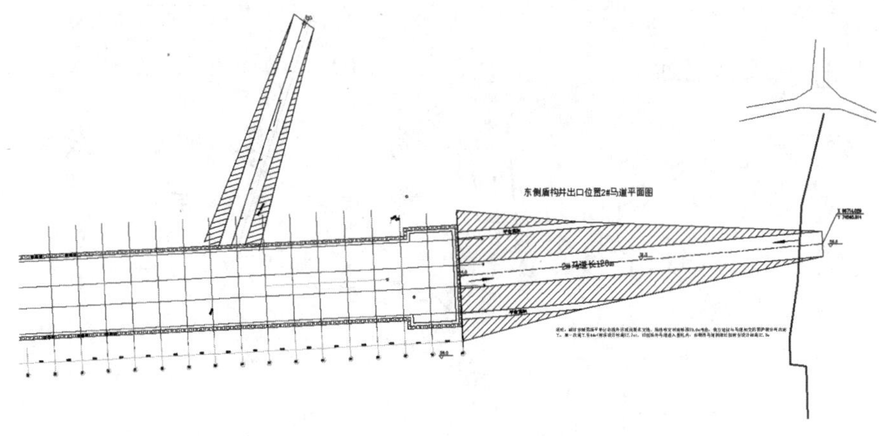

图 11　2 号施工便道

中间段采用 1 号施工便道，由中间向东、西开挖作业，土石由东西向中间 1 号施工便道进行外运工作。最后将三个施工便道的剩余土方用抓斗进行清运。

2.3　优化方案产生的实际效益

为保证施工的安全和开挖的顺利进行，减少基坑开挖过程中对周边环境的影响，在整个施工过程中委托第三方进行全方位的监测，实行动态管理和信息化施工。施工作业过程中保障了挖机作业工作面，提升了工作面作业效率。优化施工方案工期与原计划工期相比，工期缩短至少 20%。深基坑开挖至坑底过程中，周边构筑物和道路等沉降量均在设计报警值范围以内，由此说明深基坑开挖方法是行之有效的，在缩短工期的同时能有效控制基坑的变形（图 12、图 13）。

监测-次（No. 198）

长沙磁浮东延线接入 T3 航站楼工程磁浮 T3 站土建工程施工监测

监测次报

（第 198 次）

工程项目：长沙磁浮东延线接入 T3 航站楼工程磁浮 T3 站土建工程
工程地点：磁浮 T3 站基坑
委托单位：湖南机场股份有限公司
监测单位：湖南省第六工程有限公司
监测日期：2022 年 5 月 7 日
报告页数：164 页 不含本页
报告编号：CX-CF-C198

湖南省第六工程有限公司
二〇二二年五月七日

图 12　监测报告

（四）本期巡视情况

本期共进行 1 次监测，天气情况及巡视情况见下表：

日期	天气情况	温度	巡视情况
2022 年 5 月 7 日	多云	20℃-27℃	无异常

（五）本期监测项目

本期监测项目	本期应测点数	本期实测点数	本期监测次数	本期监测点数	监测仪器	备注
边坡水平位移	38	36	1	36	TOPCON DS-101AC	
地表沉降	315	303	1	303	Trimble DINI03	
桩顶水平位移	69	69	1	69	TOPCON DS-101AC	
深层水平位移	65	61	1	61	CX-03C	
立柱沉降	17	17	1	17	TOPCON DS-101AC	
砼支撑应力	11	11	1	11	609 频率计	
钢支撑应力	8	8	1	8	609 频率计	
地下水位	5	5	1	5	智能水位计	

（六）监测情况说明

监测项目		变形最大位置（点号）	累计变形值（mm）	本次变形值（mm）	变形速率（mm/d）	控制值	是否预警
边坡水平位移	累计最大	CF-B11	9.7	-0.3	-0.3	40mm	否
	本次最大	CF-B17	2.7	-0.5	-0.5	3mm/d	否
地表沉降	累计最大	CF-DB013-3	-15.5	0	0	30mm	否
	本次最大	CF-DB017-4	-1.9	-0.5	-0.50	3mm/d	否
桩顶水平位移	累计最大	CF-ZH072	7.0	0.2	0.2	40mm	否
	本次最大	CF-ZH052	-0.4	-0.5	-0.5	3mm/d	否
深层水平位移	累计最大	CF-CX041(3.5m)	-7.10	-1.22	-1.22	40mm	否
	本次最大	CF-CX023(4.5m)	-4.96	1.40	1.40	3mm/d	否

图 13　位移变形值报告

3　结语

工程实践证明，深基坑土方开挖采用本文所述的优化方案可以保证深基坑安全开挖的同时，提升工作面作业效率，进而保证安全、进度、质量及成本等多项目标的达成。此外，本项目的成功经验可以为后续类似工程提供借鉴。

参考文献

[1]　任斌向，郭卫萍，张增国．大型超深基坑支撑及土方开挖施工技术［J］．建筑技术，2014，45（07）：619-622.

[2]　殷帅杰，王鹏，李书信，等．复杂环境条件下的深基坑土方开挖技术［J］．建筑施工，2017，39（11）：1579-1581.

[3]　黎映呈，任庆斌，蒋筠．复杂环境下超大、超深基坑施工技术及其高效安全出土方式［J］．建筑施工，2016，38（10）：1347-1349.

[4]　王宁．局部深基坑无水平支撑条件下的开挖施工技术［J］．建筑施工，2016，38（08）：999-1000.

[5]　王珏非．邻近地铁的深基坑结构设计与施工技术［J］．建筑施工，2017，39（03）：287-288，293.

现浇桩基地热盘管施工技术

孔光大　石小洲　周胜权　唐升刚　易　谦

湖南省第一工程有限公司　长沙　410011

摘　要：本文以贵州某在建项目为例介绍了项目所使用的现浇桩基地热盘管施工技术，该技术涵盖了换热盘管的敷设、固定、下管（笼）、保护、测试、维护等一整套施工方法，能有效控制换热管的施工质量，提高安装效率。

关键词：地热盘管；桩基；施工技术

1　前言

地源热泵系统中 PE 管盘起到换热器的作用，传统方法采用机械钻孔布设 PE 盘管，对地基原状土的扰动大，同时在钻孔成本及地下水丰富的地质条件下，板式基础抗浮成本花费较多。本文以项目实例介绍一种无须单独钻孔布管的方法，即将热盘管绑定桩基钢筋笼，在桩基施工中一同埋入地下。该方法能有效保证桩基施工质量，同时提高热盘管安装效率。

2　工程总体情况

贵州钢绳股份有限公司年产 55 万 t 金属制品异地整体搬迁项目，占地面积约 73 万 m^2，建筑面积约 35 万 m^2，基础形式有桩承台、独立基础、筏板基础等，其中生产厂房、生活用房和办公楼，桩基础采用桩基盘管技术，通过埋设地底桩基 PE 盘管进行地源热交换，实现夏天制冷、冬天供暖，同时为施工生产提供冷却水冷源并将生产过程中产生的热量进行储存，为办公楼及车间生活提供热水和空调。

3　施工工艺介绍

该施工工艺是将地源热泵换热器-PE 管盘绕固定于孔桩桩基钢筋笼外围，随钢筋笼一起整体埋设安装，待混凝土浇筑成桩后形成桩基换热循环系统。施工工艺流程：桩基钢筋笼制作成型→盘管的下料、安装、固定→盘管水压试验→下管（钢筋笼）施工→桩孔混凝土浇筑→盘管封堵→养护期压力记录。

具体施工内容如下：

3.1　桩基钢筋笼制作成型

钢筋笼是桩基结构的基本组成，同时也是 PE 盘管支撑与附着物，其制作需考虑接下来 PE 盘管安装，于是采用钢筋笼架空制作方式，支垫采用铁马凳，间隔约 4m，高度 400mm，钢筋笼加工完成后方可安装盘管。

3.2　盘管的下料、安装与固定

盘管下料：盘管下料的 PE 管径由设计确定，常用 DE20～DE32；PE 管长度根据设计桩径、桩长、埋深、换热量计算来确定，一般不小于 120m；盘管间距按照钢筋笼的加工长度和盘管的设计长度来进行计算，在盘管安装前，提前在钢筋笼纵筋上标出盘管间距。

盘管安装与固定：盘管从钢筋笼底部开始，先将 PE 管一头经绑扎在钢筋笼内壁的 PVC

套管直穿到顶，另一头距钢筋笼底部 300mm 开始沿钢筋笼外围盘绕至距顶部 1m，再穿入钢筋笼内壁，然后通过钢套管直穿出地面。盘管间距控制在 100mm 以上，PVC 直套管及 PE 盘管与钢筋笼采用扎丝或自锁式尼龙带绑扎固定，沿纵向主筋跳扎，出桩顶钢套管焊接固定于钢筋笼上（图 1、图 2）。

图 1　盘管安装图

3.3　盘管水压试验

PE 盘管敷设完成后，需注水排气并进行盘管水压试验，将盘管用 1MPa 稳压 5min 后无泄漏即为合格，通过水压试验后，将水压泄至 0.1MPa 保压，水保留在盘管里直到混凝土浇筑完成 24h 后。

3.4　下管（钢筋笼）施工

下管施工包含钢筋笼的转运吊装及钢筋笼下笼过程。

（1）钢筋笼的转运吊装

钢筋笼在装卸过程中，采用两点绑扎平衡起吊，转运过程需采用支垫架空并临时固定，确保盘管不受挤压破坏。

（2）下笼

采用双机抬吊或单机旋转法进行吊装。当采用双机抬吊时，待钢筋笼直立后，底部吊车再松钩。当采用单机旋转法吊装时，应确保吊钩处于吊点的正上方，严禁拖拽钢筋笼，竖立后再进行单机回旋吊装，当靠近孔口后静止、对孔，缓慢下笼，下笼过程中需双人扶稳，避免钢筋笼与孔壁碰撞。

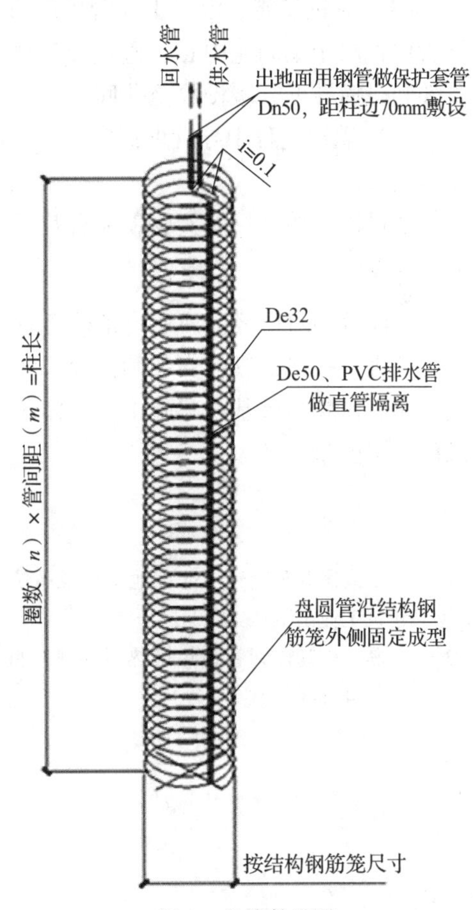

图 2　盘管敷设图

3.5　桩孔混凝土浇筑

混凝土导管采用吊车配合人工安装，导管安放时，人工配合扶稳，使导管位置居于钢筋笼中心，避免导管碰撞 PVC 隔离套管，然后稳步沉放，防止卡、挂钢筋骨架和碰撞孔壁，缓慢放至孔底。

将导管提起，使导管底距孔底40cm，固定套管开始浇筑混凝土，灌注过程中导管埋深宜为2~6m，提升导管时，避免导管倾斜或刮碰钢筋笼而挤压盘圆管。

3.6　盘管封堵

混凝土凝固后可拆除压力测试表并用堵头封堵保护。

通过上述6个步骤，完成、项目现浇桩基地热盘管施工。

3.7　盘管安装与钢筋笼浇筑质量控制

钢筋笼浇筑时需要考虑混凝土浇筑时PE盘管受挤压变形与浇筑混凝土过程中出现浮笼现象，所以对盘管进行充水并满载后才能进行钢筋笼混凝土浇筑。同时为了浇筑过程中不对PE盘管进行扰动，还进行了以下控制：

（1）钢筋笼的长度建议不超过20m，如果桩基深度大，钢筋笼需要焊接接长，盘管需在最后一节钢筋笼上安装并计算好最后一段钢筋笼的下料长度。

（2）考虑盘管对桩身的影响，钢筋笼的保护层厚度需要由50mm加大到75~80mm，桩基结构设计过程中需要考虑盘管的影响，通常按桩径不变、缩小钢筋笼直径、增大保护层的方式处理。

（3）对钢筋笼、混凝土导管采用吊车配合人工安装，导管安放时，人工配合扶稳，使导管位置居于钢筋笼中心，避免导管碰撞PVC隔离套管，然后稳步沉放，防止卡、挂钢筋骨架和碰撞孔壁，缓慢放至孔底。

（4）灌注过程中导管埋深宜为2~6m，提升导管时，应避免导管倾斜或刮碰钢筋笼而挤压盘圆管。

通过以上质量控制实施，能有效保障PE盘管安装与钢筋笼浇筑成型质量。

4　结语

当前该项目已经完成所有地热盘管桩基础的施工。在节本增效方面，该技术利用建筑物的桩基进行换热盘管的安装和深埋，无须单独钻孔埋管，较传统钻孔埋管方法可节省成本。同时换热盘管与桩基一起施工，一体成型，安装操作简单、方便，施工效率高，具有良好的推广应用前景。

参考文献

［1］　中华人民共和国建设部．地源热泵系统工程技术规范：GB 50366—2005［M］．2009版，北京：中国建筑工业出版社，2009.

［2］　石磊．桩基螺旋管地热换热器导热模型分析与实验研究［D］山东：山东建筑大学硕士学位论文，2010. 4. 5-6.

深基坑格构式钢平台复合型塔吊基础施工关键技术应用研究

龚伶妃　胡志勇　左志坚

湖南航天建筑工程有限公司　长沙　410015

摘　要：对于有地下车库的高层建筑，存在基坑开挖深度较深、地下水位较高等问题，加大了塔吊基础施工难度。本工程以格构式钢平台复合型塔吊基础代替传统的钢筋混凝土整板基础，将钢平台和格构柱焊接成一个整体，形成一种复合型可拆卸式的塔吊基础，大大降低了深基坑塔吊基础施工的难度，确保了施工质量安全，以期为同类工程施工提供参考。

关键词：深基坑；格构柱；钢平台；塔吊基础

近年来，随着我国城市中高层建筑的增多，对于有地下车库的新建建筑，既有施工方法是在基坑施工完成后才开始进行塔吊基础施工，且传统的钢筋混凝土塔吊基础需等混凝土达到设计强度后方可进行后续工序，导致施工周期长，施工成本增加[1]。为解决现有施工问题，通过在基坑土方开挖前安装格构柱，以格构柱为基础搭设钢平台，能够有效解决建筑基坑施工和塔吊吊装需求，提高塔吊运输效率，降低施工成本。

1　工程概况

本工程为四会新城吾悦广场工程，地址位于四会市东城街道陶塘村委会地段，包括5栋5层高商业楼、2栋商业广场及地下车库，地下车库为2层，总建筑面积为165542.21m^2，地上面积为101557.61m^2，地下车库建筑面积为63984.6m^2。本工程采用核心筒框架结构形式，建筑物抗震设防类别为乙级，岩土工程勘察等级为甲级。

根据本工程建筑物分布和垂直运输施工要求，施工现场布置了4部QTZ80型塔吊，臂长60m。塔吊基础承台尺寸为5m×5m，高为1.35m，塔吊成桩工艺采用旋挖钻孔灌注桩。塔吊在土方开挖前安装完成并投入使用。

2　塔吊基础设计

2.1　旋挖灌注桩设计

根据项目所在地的岩土结构特征，结合土方开挖深度和现场实际情况，塔吊基础采用4根直径为800mm的旋挖灌注桩，其中有效桩长为38m，以强风化花岗岩为持力层，桩长以桩端进入持力长度为主控指标，桩心距为3.2m。灌注桩混凝土强度等级为C40，主筋采用8根HRB400⌀22加筋箍，并在桩顶设置一道螺旋箍加密，提高旋挖灌注桩的承载力。所有塔吊基础均经低应变动力检测合格后方可进入下一道工序[2]。

2.2　格构柱设计

格构柱现场加工困难，采用专业工厂加工制作后分批运输至现场并焊接加工。支撑钢格构柱的4根160mm×16mm角钢通过缀板焊接而成，格构柱界面尺寸为500mm×500mm，缀板采用350mm×400mm×14mm钢板制成。格构柱长度为9.15m，格构柱上端与钢平台通过焊接竖向锚固钢筋连接在一起。图 1 所示为灌注桩、格构柱、钢平台及塔吊结构连接示意图。格构柱在水平面和竖向平面分别布置水平剪力撑和竖向剪力撑，以提高格构柱整体稳定性，如图 2 所示。

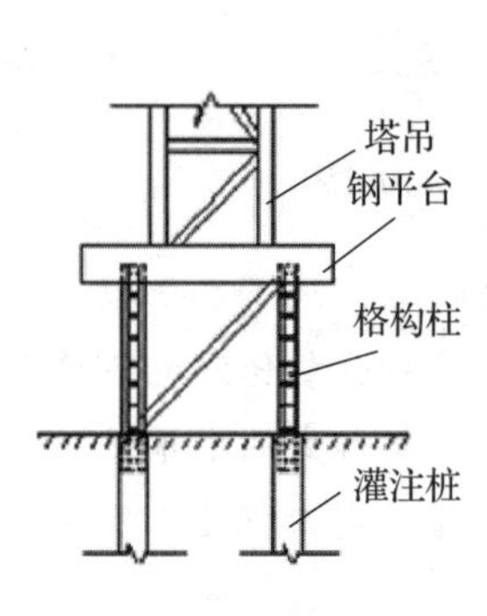

图 1　塔吊基础连接示意图

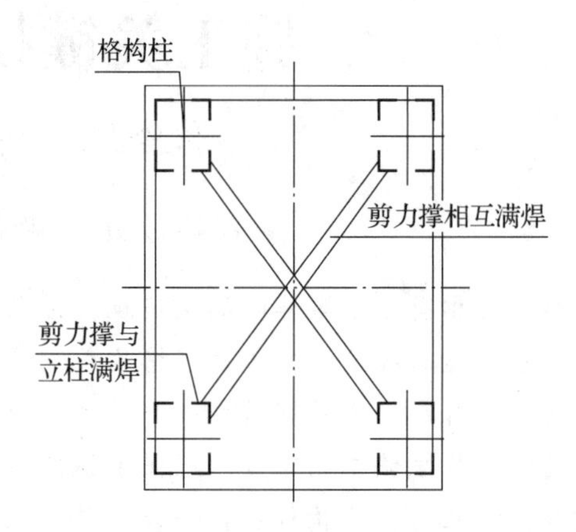

图 2　剪力撑布置图

2.3　钢平台设计

钢平台作为塔吊基础的基座承台，设置于地下室顶板以下。主梁采用 16a 槽钢，次梁采用 12.6 槽钢，边梁采用 10 槽钢，柱托型号为 100mm×10mm 角钢，塔吊基础节加固杆为 28a 槽钢。采用十字交叉钢梁焊接法，在十字钢梁安装前在相应位置焊好加劲肋，然后用 36a 槽钢将十字钢梁连成整体，再在十字钢梁交叉处上、下各焊接 1 块 450mm×450mm×20mm 钢板，使十字钢梁有效连接形成整体，最后将十字钢梁与钢平台焊接在一起。钢平台与格构柱连接前需进行校核，使钢平台表面平整度不超过 0.1%，高差不大于 10mm。钢梁与塔吊标准节采用 4 颗ϕ30mm 的 8.8 级高强螺栓连接，上表面保持水平，高出钢平台上表面 130mm。

3　塔吊基础施工技术应用

3.1　塔吊基础施工工艺流程

塔机型号的选择和定位→格构式钢平台复合塔吊基础的设计→格构柱的制作→格构柱桩基施工→钢平台施工→塔机基础施工→塔吊基础拆除。

3.2　主要工序的施工技术

（1）格构柱桩基施工。在格构柱与钢筋笼定位焊接时，为保证格构柱定位安装垂直度，避免格构柱在安装过程中发生转动，在格构柱安装时需制作定位导向架。格构柱安装时，应先将吊起的格构柱放入灌注桩钢筋笼内，并缓慢下放避免碰撞钢筋笼。在钢筋笼下放过程中，应使用靠尺对钢筋笼至孔壁距离进行检测和调整，保障格构柱安装位置符合工程设计要求[3]。在格构柱调整到位后，应及时上紧固定螺栓防止位移，并在格构柱下浇筑混凝土，如图 3 所示。

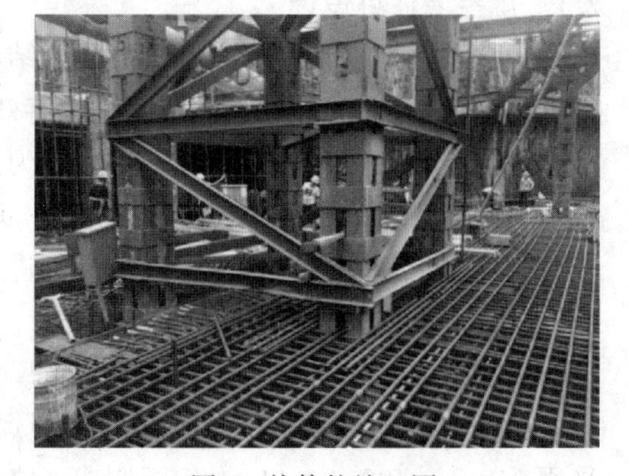

图 3　格构柱施工图

（2）钢平台施工。钢平台焊接前必须对 4 根钢格构柱顶端进行校正，平整度控制在 0.1% 以内。当表层土开挖后，钢柱露出后进行柱托主梁、次梁、边梁现场焊接安装；塔吊基座连接螺栓开孔，并安装塔身基础节、标准节。随着基坑土方的开挖，应及时设置剪力撑、水平撑拉结，其中每1.8m设置一道剪力撑、水平支撑、斜支撑。为防止焊接变形，控制焊接质量，在焊接时采用对称焊接方式。

（3）塔吊基础拆除。塔吊拆卸与立塔组装的安装程序相反，即先装的后拆，后装的先拆，应等主体结构施工完毕后，先拆除塔机后拆除塔吊基础。如果遇到附着装置时，须先拆除附着装置，但必须是塔机套架接近要拆除的附着装置时才能进行拆除，其离下一个附着装置的独立高度不能超过规定高度[4]。塔机与钢平台的连接需通过拧动高强螺栓进行拆除，再通过切割格构柱上端以拆除格构柱与钢平台的连接，以便回收利用。

4 结语

本工程中，旋挖灌注桩、格构柱、钢平台及塔机施工质量均通过联合验收，满足施工技术规范和工程设计要求。对于大型地下工程施工项目，该施工工艺可以在土方开挖前安装塔吊，实现了在土方开挖、围挡支护、底板施工、垫层浇筑等基础施工的同时使用塔吊，大大节省施工工期，实现资源重复利用，取得良好的经济和社会效益。

参考文献

[1] 储开春．钢平台加格构柱式塔吊基础的应用［J］．上海建设科技，2011，(05)：47-49.

[2] 孙吉，戚万恩．钢格构柱平台式塔吊基础在超深基坑中的设计与施工［J］．建筑施工，2012，34(11)：1064-1065.

[3] 刘玉涛，龚永庆，徐双全．一种新型塔吊高空支模钢平台的研究与应用［J］．结构工程师，2018，34(02)：160-166.

[4] 丁勇祥，胡文晗，高龙辉．塔吊钢格构柱连桩基础的应用［J］．建筑施工，2011，33(03)：179-180.

浅析深基坑工程稳基土降水施工

蔡望海　李劲波　文杰明　魏宏伟　贺钰鹏

湖南建工集团有限公司　长沙　410000

摘　要：在地下水资源丰富的地区，地层中含水层分布广，承压性强，基坑开挖及地下室施工过程中易产生流砂、管涌、基坑底部隆起、支护结构破坏、基底变形及周边建筑物的不均匀沉降性断裂等现象，导致基础施工困难甚至无法施工，造成较大的经济、社会影响。本文介绍新型真空井点降水技术，经实践分析，新型真空井点降水技术主动降水、止水，防止基坑周边建筑物和构筑物基土固体颗粒物运移，能有效地控制地下水位、稳定地基土、保障周边建（构）筑物安全。

关键词：深基坑工程；降水；稳基土

随着城市建设的蓬勃发展，地下空间被大量开发和利用，如地铁、高层建筑地下室等。近年来，繁华地区兴建高层建筑，产生了大量深基坑工程，且随着建筑层数的增加，基坑尺寸逐渐加宽增深，对周围建筑物和构筑物的影响更大。在深基坑工程施工过程中，基坑降水技术直接影响基坑的稳定性，对主体结构及周围建筑物结构安全稳定具有重要影响意义，故本文结合实际工程重点研究深基坑降水施工技术方案。

1　新型真空井点降水施工方案

1.1　系统装置

真空井点降水止水的系统装置由井点管、滤水管、集水总管、射流式真空泵主机组成（图 1）。

1.2　施工工序

（1）施工准备：编制切合实际的施工方案，方案应充分考虑场地工程地质、水文地质条件及雨季汛期对基坑工程的影响，要有确保现场电力使用计算及应急措施，并做好相关技术交底、安全交底、人员教育培训及场地清理工作。

（2）井点管制作：根据施工图纸及方案，工厂预制，采用 D40 焊接管制作，下端 1m 制作成花管，焊接管端花管用两层以上滤网包裹，在滤水管的部位形成“双滤构造”，要求制作长度与图纸及方案一致。

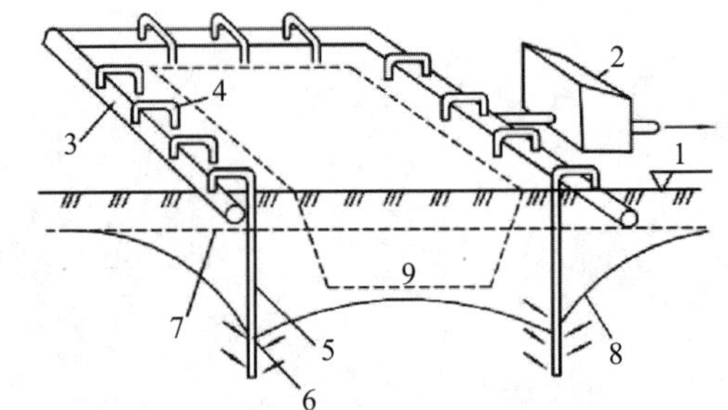

图 1　真空井点降低地下水位示意图

1—地面；2—主机；3—总管；4—弯连管；5—井点管；6—滤管；7—原有地下水位线；8—降低各地下水位线；9—基坑

（3）平面布点、定位测量：成孔前，应根据图纸要求对真空井点进行定位测量，井点管水平距离一般为 1~3m（可根据不同土质与降水时间确定），基坑四角部分适当加密布置井点管，以保证降水质量。

（4）成孔及井点管安装：成孔使用地质钻机 100 型，采用旋回式或冲击式实现成孔，井孔孔径不宜小于130mm，孔深宜比滤管底深0.5～1m；真空井成孔过程使用地质钻机+套管全程跟进，井点管沉入套管孔内居孔中心位置，在井管与孔壁间埋入0.45cm砾石回填密实，砾石回填至顶面与地面高差不宜小于1m。砾石顶面至地面之间，须采用黏土封填密实，以防止漏气。填砾石过滤器周围的砾石应为磨圆度好、粒径均匀、含泥量小于3%的砂石料，投入砾石数量应大于计算值的85%，埋入的砾石还能起到支撑孔壁的作用（图2）。

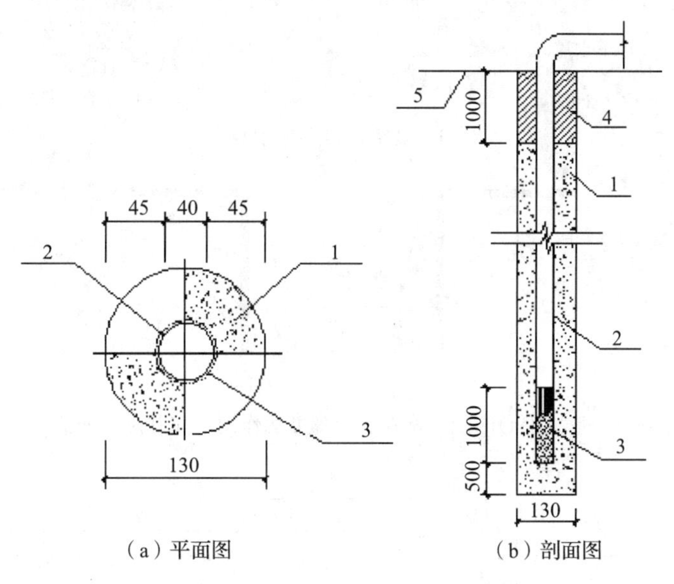

（a）平面图　（b）剖面图

图2　新型真空井点构造

1—砾石；2—钢管；3—滤网；4—弯连管；5—黏土

（5）安装真空井点群井：重复单个井点管安装工艺，对真空井点进行群井安装，应复核每个井点管位置，并抽检回填砾石情况，在确定井点管数量时应考虑在基坑四角部分适当加密。

（6）井点管周密封：井点管上端的软管与主管水嘴应采用密封式连接，以防止漏气。

（7）安装集水总管及设备：①沿井点管布置集水总管，主管管件连接处及与主机连接处都采用密封式连接，以防止漏气，一套机组携带的总管最大长度一般不超过150m，主管过长时，可采用多套抽水设备，井点系统可以分段，各段长度应大致相等，宜在拐角处分段，以减少弯头数量，提高抽吸能力，分段宜设阀门，以免管内水流紊乱，影响降水效果。②根据相关图纸分段安装降水设备，连接主管及相关管件。

（8）降水系统试运行：①新型真空井点降水系统完成安装后进行试抽水，不得有漏气或翻砂冒水现象，根据现场试抽水情况调整降水系统主机的真空度，使其与基坑要求降水深度相一致。②新型真空井点降水系统运行后，以约$d/2$为半径的圆心形成真空帷幕区（图3）。③真空帷幕区以外的地下水，靠水头梯度作用不断地向井点方向流动，形成降水漏斗曲线（图4），新型真空井点降水系统的降水止水是在真空力与水头梯度作用下进行工作的。④新型真空井点降水系统运行稳定后形成的小降水漏斗所包围的区域为非饱和土区域（图5）。⑤因真空井点降水形成的降水漏斗很小，故降水的影响范围较小，在距井点不远处设置监测井进行监测，记录地下水位恢复其正常水位值情况。

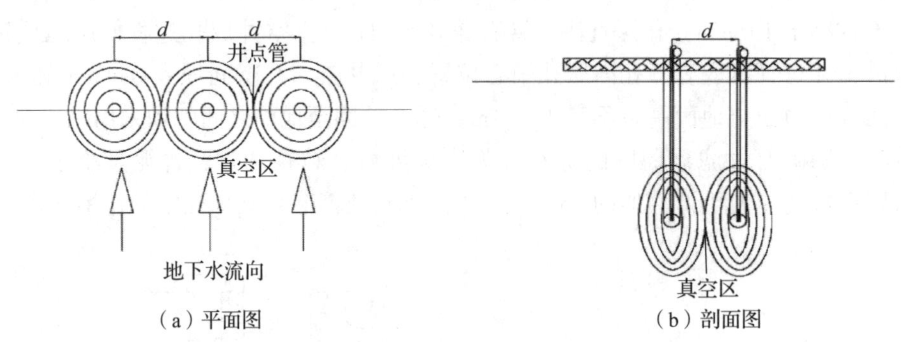

图 3　真空帷幕形成示意图

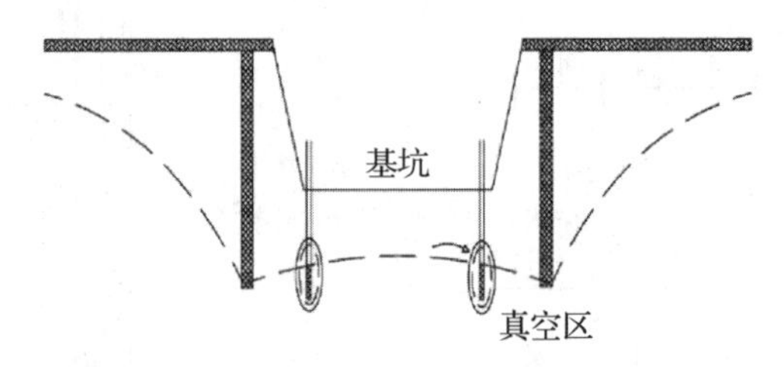

图 4　基坑中心的地下水在水头梯度的作用下向井点方向流动

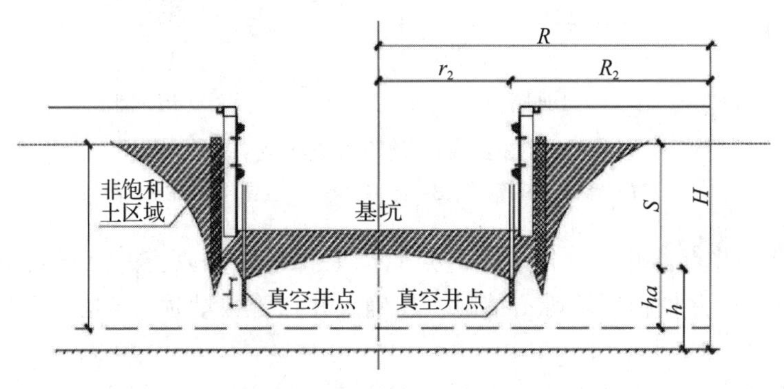

图 5　非饱和土区域范围

（9）地下水排入现场收集系统：新型真空井点抽水排入现场收集系统（图 6），排入现场收集系统的清水经具有资质的检测单位检测合格后，可用做施工用水，多余的清水可直接排入市政管网（图 7）。

图 6　新型真空井点降水实施效果

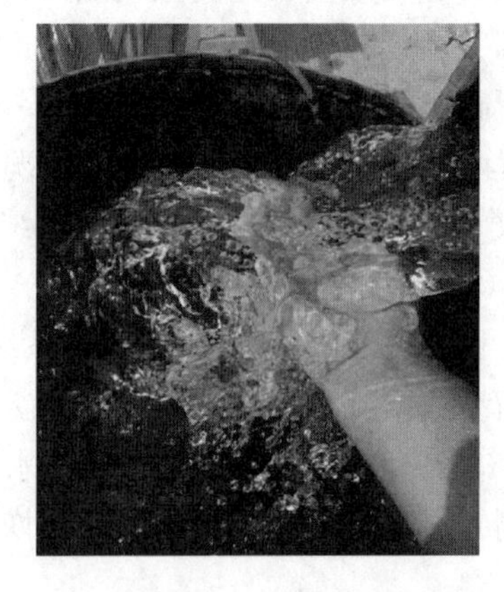

图 7　新型降水主机排出的清水

(10) 新型真空井点运行维护：每日应对新型真空井点进行巡视检查，每月对新型真空井点设备进行维护，根据水位高低调整主机参数，以满足降水深度要求。

(11) 降水系统拆除：逐步拆除降水系统的射流式真空泵主机、集水总管、滤水管、井点管，对未造成损伤的材料进行回收再利用，造成损伤的材料进行修补再利用，对无法拆除的井点管进行填埋处理。

2　深基坑工程稳基土原理分析

启动主机后，井点管、总管、主机、储水箱空气被吸走，形成一定的真空度（负压）。由于管路系统外部地下水承受大气压力的作用，为了保持平衡状态，由高压区向低压区流动。地下水被压入至井点管内，经总管至储水箱，然后用水泵抽走（或自流），抽水装置在平原地区产生的最大真空度为0.098MPa。新型真空井点系统工作原理如图8所示。

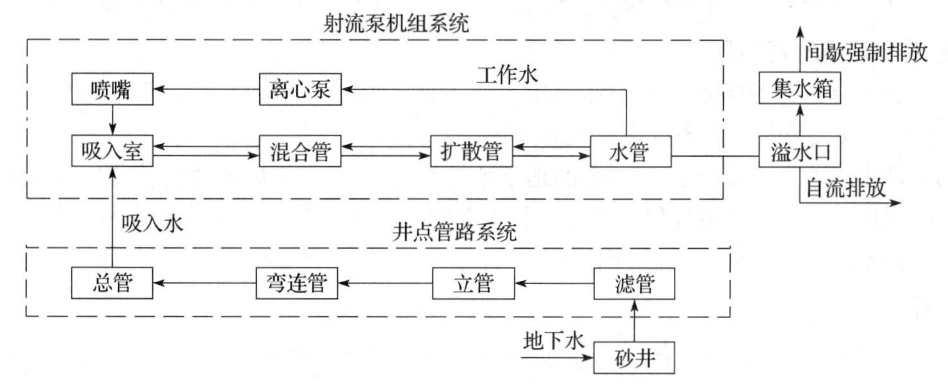

图8　新型真空井点系统工作原理框图

井点管内吸水高度按下式计算：

$$H=\frac{0.098}{0.1}\times10.3-\Delta h=\frac{0.098}{0.1}\times10.3-0.5=9.6\text{m}$$

式中，0.098为平原地区最大真空度，MPa；0.1为绝对真空度，MPa；Δh为管路水头损失，取0.3~0.5m；10.3为绝对真空度相当于一个大气压（换算水柱高10.3m），m。

3　深基坑工程稳基土结果分析

3.1　抗渗流、稳基土

(1) 新型真空井点降水技术可以截流不断侵入基坑的地下水、降低基坑内土层的含水量，起到止水、降水作业。

(2) 井点管端部花管采用双层滤网包裹能过滤土层固体颗粒物，其抽出的地下水为清水，有效防止基坑周边建筑物和构筑物基土固体颗粒物运移的作用，对周边造成的影响范围小，能够消除土层上行水头压作用于基底的顶托力量，固结基底所有土层中的砂性颗粒，能有效地避免基坑因渗流变形所带来的风险，有力地保证了施工安全。

(3) 新型真空井点降水能将基坑内的地下水上行方向改变为下行方向，从而达到防止流砂和管涌的产生，稳定基坑周边及基坑内的地基土，降低地下水位并截流含水土层补给基坑施工作业区的地下水，本工法在构筑物自重物尚未达到抗浮要求时起到抗浮的安全技术方法（图9、图10）。

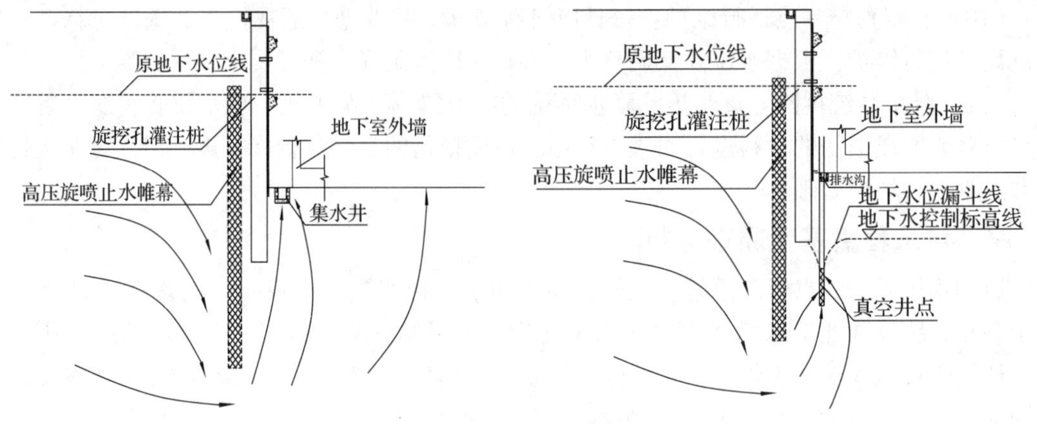

图 9　排水的动水压力方向向上　　　　图 10　排水的动水压力方向斜向下

3.2　绿色环保资源再利用

（1）新型真空井点降水技术操作简单、成本低，井点管、滤水管、集水总管、射流式真空泵等均可重复利用，节约了材料与成本。

（2）新型真空井点降水技术抽出的地下水为清水，该水源可利用价值高，经检测合格后可以作为施工用水，绿色环保，管井、轻型井点及降水井等降水方式抽取的地下水均为污水，经沉淀才能排出，且不能再利用。

4　结语

（1）新型真空井点降水系统施工造价较低，且相关系统材料 60%~90%可重复利用节约了大量成本。

（2）新型真空井点降水系统零部件可由工厂集成化，安装工期短，施工进度快，安装制作过程无污染，不会造成施工现场内的环境污染。

（3）新型真空井点降水系统排出的清水，防止基坑周边建筑物和构筑物基土固体颗粒物运移，防止了水污染，且抽出的地下水可作为非传统水源使用，节约了自来水资源，相比于其他降水形式抽排水中含固体颗粒物，污染水资源。

（4）与高压喷射注浆帷幕+降水井相比，新型真空井点降水是通过一定时间将基坑中孔隙水从土体中排出，使基土体由内饱和土改变为非饱和土，非饱和土物理性质稳固从而达到全面稳定基土和边坡支护体系的作业，新型真空井点降水不会造成基坑周边建筑物和构筑物基土固体颗粒物的运移，能有效避免基坑底部隆起、支护结构破坏、基底变形及周边建筑物的不均匀沉降性断裂等现象，有效地保证了周边建筑物的安全，社会效益显著。

（5）新型真空井点降水技术控制基坑渗流变形的效果好，制作安装安全可靠，无事故率，社会效益显著，该施工方法可以在其他地层中含水层分布广，承压性强的工程中得到广泛应用，具有一定推广价值。

参考文献

［1］　建筑基坑支护技术规程［J］. 岩土力学，2012，33（11）：3317-3317.
［2］　胡世亮 . 地铁车站深基坑工程降水施工技术的数值模拟分析［J］. 安徽建筑，2020，27（1）：162-164.
［3］　周巍 . 深基坑工程降水施工技术的应用［J］. 建筑工程技术与设计，2016（20）：353-353.

膨胀剂与液压劈裂棒组合静力破岩施工技术

李维晨　李　欣

湖南建工集团有限公司　长沙　410004

摘　要：周边环境受限（邻近有已成型建筑物、构筑物；处于闹市区、周边环境敏感等）不适宜采用爆破情况下进行破岩破碎施工，且岩石硬度超过100MPa、地势起伏大岩面不平整、地下水丰富的适宜采用本工法施工。本施工技术通过多个项目的技术攻关，根据地下水的分布情况钻不同直径孔后，采用液压劈裂棒物理破碎和膨胀剂化学破碎岩体的两种方式结合，充分利用两种破岩方式的优点，将影响后续施工的硬岩从构筑物临边安全、快速、经济地破碎并取出，对环境破坏小，经济效益和社会效益好。

关键词：环境受限；爆破；膨胀剂；液压劈裂棒；组合静力破岩

环境受限情况下的岩石破碎根据有无地下水分别采用液压劈裂棒劈裂和膨胀剂静态破碎岩石。膨胀剂静态破碎主要是通过人工造孔后，在静态爆破剂的作用下使岩石胀裂、产生裂缝，再使用破碎锤或风镐解体、破除，从而达到开挖的目的。膨胀剂反应后体积增大，孔内压力可上升到50MPa，介质在这种压力作用下会产生径向压缩应力和切向的拉伸应力从而将岩石沿着裂隙挤裂。液压劈裂棒破碎主要是通过人工造孔后，孔内插入液压劈裂棒而后加压挤裂岩石。液压劈裂棒主要由液压泵和劈裂棒两大部分组成。其通过油泵产生巨大的推动力，从而使活塞产生的作用力作用于被劈裂岩石的孔壁，岩石在巨大的作用力下按指定方向裂开。

该项破岩施工技术工期效益十分显著，比传统方法工期快15倍左右，且经济效益较好，对环境破坏小，安全可靠，产生了很大的社会效益。

1　工艺特点

（1）针对构筑物间液压破碎锤无法破碎整块硬岩的岩间裂隙水分布情况，本项破岩施工技术采用膨胀剂与液压劈裂棒组合静力破岩方式。钻孔内无水或潮湿的情况下采用膨胀剂静态破碎岩石，成本低，所需设备少，局部破岩速度慢，适用于大面积破岩施工。钻孔内有地下水浸入时，采用液压劈裂棒劈裂破碎，破碎零星单体硬岩速度快，但整体速度相对较慢，所需机械设备多，可适用于各种破岩环境。

（2）相较于基础施工过程中先爆破石方后施工基础，采用本破岩施工技术可同时施工石方和基础，既保证了已施工桩基和基础的安全，又加快了施工进度。

（3）施工过程中无飞石、无振动、无毒、湿作业低扬尘，安全、高效、环保。

2　适用范围

本项破岩施工技术适用于已施工完成桩（基础）间及其他所有因周边环境受限不能采用炸药、气体等爆破的岩石（强度较高、采用普通液压破碎锤无法破除）破碎施工。

3　工艺原理

（1）液压破碎锤无法破碎的岩石根据有无地下水分别采用液压劈裂棒劈裂破碎和膨胀

剂静态破碎岩石。

（2）两种破碎工艺均需岩体有临空面，无自然临空面时采用潜孔锤配ϕ90mm 钻头叠孔双排钻孔机械掏槽创造临空面以利于后续破岩（图 1）。

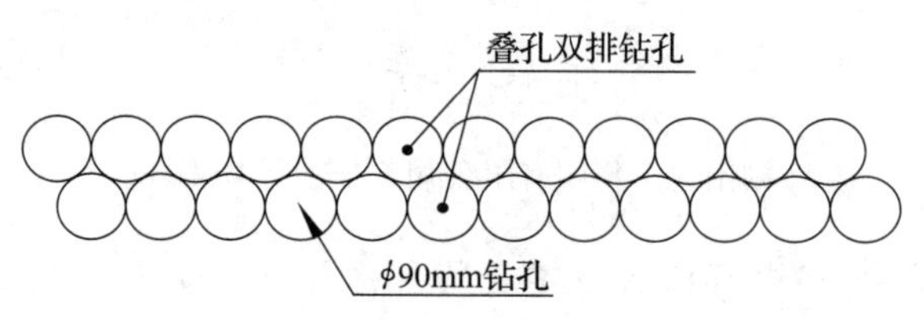

图 1　临空面开设钻孔示意图

（3）膨胀剂静态破碎主要是通过人工造孔（ϕ42mm）后，在孔内静态爆破剂的作用下使岩石胀裂、产生裂缝，再使用破碎锤或风镐解体、破除，从而达到开挖的目的。静态爆破剂是以特殊硅酸盐、氧化钙等为主要原料，配合其他有机、无机添加剂而制成的粉末状物质，典型的化学反应之一为：

$$CaO+H_2O \longrightarrow Ca(OH)_2+6.5\times10^4 \tag{1}$$

当氧化钙变成氢氧化钙时，其晶体结构发生变化，会引起晶体体积的膨胀。将它注入炮孔内，这种膨胀受到孔壁的约束，8h 左右压力可上升到 50MPa，介质在这种压力作用下会产生径向压缩应力和切向的拉伸应力从而将岩石沿着裂隙挤裂。

（4）液压劈裂棒破碎主要是通过人工造孔（ϕ90mm）后，孔内插入液压劈裂棒而后加压挤裂岩石。液压劈裂棒主要由液压泵和劈裂棒两大部分组成。120～150MPa 超高压油泵站输出的高压油驱动油缸产生巨大的推动力（1300～1500t），推动劈裂棒上的活塞向外运动，从而使活塞产生的作用力作用于被劈裂岩石的孔壁，岩石在巨大的推力下按指定方向裂开。

4　施工工艺流程及操作要点

4.1　施工工艺流程

施工工艺流程如图 2 所示。

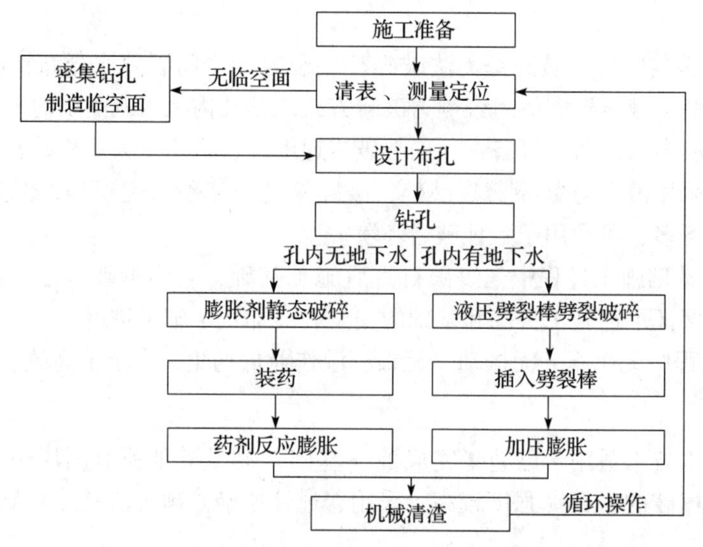

图 2　膨胀剂与液压劈裂棒组合静力破岩施工流程图

4.2　施工操作要点

4.2.1　施工准备

（1）膨胀剂参数确定

根据常规施工温度为20～45℃以及施工工期短的要求，选用HSCA（High Efficiency Soundless Cracking Agent）型高效无声膨胀剂。该膨胀剂无毒、无味、无声、无振，主要成分是铝酸钙、硅酸盐水泥、碱水剂、缓凝剂，适用于大理石、花岗岩等石材开采，其静态膨胀破碎岩石能力完全满足破岩要求。膨胀剂的水灰比根据孔内的湿润情况采用0.28～0.33，以达到最佳流动性和膨胀压力。

（2）液压劈裂棒的选取

根据中风化花岗岩强度高的特性，选取YD-9011型液压劈裂棒，其高压油泵最大压力120MPa产生的油缸推动力可满足劈裂花岗岩的要求。

4.2.2　清表、测量定位

施工前使用反铲挖掘机配合人工将开挖标高范围内的泥土清除干净，将需破碎岩石裸露并查看是否有劈裂破岩所需的临空面。测量石方标高及尺寸，观察有无地下水情况，以便确定打孔深度、打孔直径、设备及药剂的选取。

4.2.3　设计布孔

（1）孔径和孔间距设计

结合施工经验、岩石强度、设备型号、经济合理等因素，膨胀剂静态破岩钻孔孔径取$D=42$mm，钻孔间距根据岩石强度及裂隙情况现场确定，一般为300～500mm之间。液压劈裂棒静态破岩钻孔孔径取$d=90$mm，钻孔间距为500mm，梅花形布置。

（2）孔深设计

根据试验结果证明，炮孔深度与被破碎体的高度（或宽度）有关。当被破碎体的高度和其他条件相同时，炮孔深度大的比炮孔深度小的更容易开裂，破碎效果也更好，它们之间的关系可用下式表示：

$$L=aH \tag{2}$$

式中，L为孔深，m；H为被破碎体的高度或破碎高度，此处为台阶高度，m；a为孔深系数，与约束条件有关。对于混凝土块或孤石$a=2/3\sim3/4$；对于原岩$a=1.05$；对钢筋混凝土体$a=0.95\sim1.0$。

本实施项目中，最大台阶高度取1.5m，故钻孔深度$L=1.05\times1.5=1.57$m，为确保施工后尽量少留根底，故膨胀剂破岩实际钻孔最大深度取1.7m。当采用劈裂棒时由于一般情况下液压劈裂棒每次劈裂影响深度在1m左右，由于本工程工作面狭小，没有好的临空面，且岩石十分坚硬，影响深度都不到1m，故实际钻孔深度取1.2m。

4.2.4　钻孔

钻孔布置如图3所示。

ϕ42mm钻孔采用挖改钻机配合手风钻人工打孔，ϕ90mm钻孔采用履带式潜孔钻机钻孔（图4、图5）。

（1）钻孔布置可根据结构的自由面而定，或尽可能多地创造自由面，自由面多者破碎时间短。对不同自由面采取不同的布孔方法。

（2）钻孔应尽量选用垂直孔，少用水平孔，以免造成操作困难及延长填充时间。

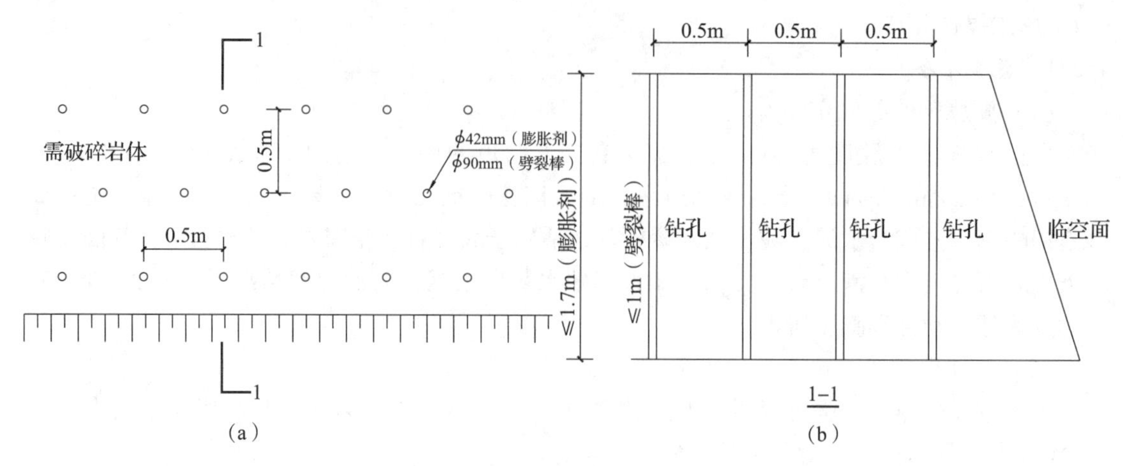

图3 钻孔布置图

图4 挖改钻钻孔（ϕ42mm）

图5 潜孔钻机钻孔（ϕ90mm）

（3）尽可能一次钻多个孔，多人同时操作，使每个钻孔内膨胀效力同时发生。

（4）顺着纹理钻孔，能够使破裂更快。

（5）周边的钻孔应适当密集，以确保外围岩体先被破裂。

4.2.5 *劈裂破岩*

（1）当需破碎岩体位置高于地下水位且钻孔内无裂隙水涌入，钻孔后采用静态膨胀剂劈裂岩石（图6、图7）。

图6 膨胀剂灌装

图7 膨胀剂将岩石劈裂

①对于散装粉状破碎剂，先按设计时确定的水灰比计算用水量和破碎剂的用量，然后用

1000mL带刻度的玻璃量筒，量好所要的水，倒入塑料或铁皮桶中，再将称量好的破碎剂倒入，然后用手持木棒或手提式搅拌机搅拌至均匀，搅拌时间一般为40~60s。

②将搅拌好的药剂直接倒入孔内灌满，灌入过程中使用细铁棒上下捣实，装药时分成多个灌装小组的方式，每组两人，一人负责取药分量和搅拌并灌装进孔，另一人负责捣实，完成后用旧麻布袋覆盖孔口。各小组采用“同步操作，少拌勤装”的方式操作，每组工人在每个循环中灌装的孔数不能过多，每次拌药量不能超过实际能够完成的工作量。各工作小组在取药、加水、拌和、灌装各步骤中应保持同步，尽量让每个孔内药剂的最大膨胀压基本保持在同期出现，有利于岩石的破碎。

③在夏季装填完浆体后，孔口应当覆盖，以免发生喷孔。冬季，气温过低时，应采取保温和加温措施。等待药剂反应膨胀将岩体劈裂。

（2）当需破碎岩体位置低于地下水位或钻孔内有裂隙水涌入，钻孔后采用液压劈裂棒劈裂岩石（图8~图10）。

图8　液压劈裂棒

图9　加压劈裂

图10　劈裂棒将岩石劈裂

①劈裂时将劈裂棒插入最外侧钻孔，确保劈裂棒活塞全部插入孔内，调整活塞方向一致朝向临空面。

②打开液压泵加压，随着油压升高活塞在孔内顶升将岩石撑裂。

4.2.6　机械清渣

劈裂完成后采用液压破碎锤与挖机配合清理工作面，将松散石方破碎至适合装车尺寸后装车外运并清理干净，沿着临空面继续劈裂整块岩石。

5　材料及设备

5.1　施工材料

主要施工材料见表1。

表1　主要施工材料

序号	设备名称	规格型号	单位	数量
1	膨胀剂	HSCA	t	约20
2	遮尘网	三针	m^2	约2000
3	橡胶水管	$\phi25$	m	500

5.2 机具设备

主要施工机具及配套设备见表 2。

表 2 主要施工机具

序号	设备名称	规格型号	功率（kW）	单位	数量
1	潜孔钻机	13-10		台	2
2	挖改钻机	XE200D	135	台	1
3	全液压挖掘机	卡特 320D（带破碎锤）		台	2
4	螺杆空压机	SF	18.5	台	2
5	手风钻			台	5
6	液压劈裂棒	YD-9011	8	个	1

6 质量控制

（1）钻孔过程中如需调整钻孔间距，宜减少孔距不宜增加孔距。

（2）钻孔完成用高压空气将孔内余渣吹洗干净后及时对孔口进行覆盖，以防杂物掉入。

（3）严格控制膨胀剂的水灰比，按要求拌和，拌和料必须在 10min 内使用完毕。

7 安全措施

（1）施工前认真阅读施工图纸及地勘报告，踏勘现场实际情况，并根据收集到的现场资料制订详细的施工安全措施并进行交底。

（2）操作人员必须戴好防护眼镜、橡胶手套，现场必须备有洁净水和毛巾。

（3）装药期间，必须指派专人在装药区巡视，禁止无关人员进入装药区。

（4）操作人员应集中精力装药，分工合作并相互配合好。每组施工工人在每次操作循环过程中负责装孔的孔数不能过多。每次拌药量不能超过实际能够完成的工程量。

（5）夜间施工时场地需设置足够的照明设备，并设置应急电源。

（6）每次装填药剂，均需观察确定岩石、药剂、拌和水的温度是否符合要求。灌装过程中，已经发烫和开始冒气，开始的药剂不允许装入孔内。观察孔内药剂状况时，应注意防止喷孔伤人。

（7）膨胀剂等材料需有专人保管，装运膨胀剂不得有约束的容器，以免雨水侵入，发生喷出、炸裂或出现响声。各种机械设备有专人进行维护保养，用电机械设备做好接地保护，遇大风、雷雨等恶劣天气应停止施工。

8 环保措施

（1）成立环保督察实施小组，在施工现场平面布置和组织施工过程中严格执行国家、地区、行业和企业有关防治空气污染、水源污染、噪声污染等环境保护的法律、法规和规章制度。

（2）施工现场主要道路全部硬化，做好路面清洁工作，做好排水措施，设置三级沉淀池，场地外围设置全封闭围挡。

（3）加强现场燃油设备的维护与保养，确保尾气排放标准满足要求。

（4）钻孔过程中全部带水作业，利用炮雾机、洒水车等设备做好施工场地的防尘降尘工作，所有运输车辆出场进行清洗，土石方进行封闭运输。

（5）钻机、空压机、手风钻使用过程中会产生一定的噪声，22：00—6：00之间不进行施工。

9　效益分析

结合施工现场地质水文条件、施工环境，周边有已成型的建筑物（构筑物）或周边环境较敏感，不能有较大振动等情况，各破岩工艺效益分析汇总统计见表3。

表3　炸药爆破受限情况下各破岩工艺效益对比表

效益	水磨钻破岩	组合静力破岩	备注
经济效益	综合造价约2600元/m^3	综合造价约800元/m^3	采用本项破岩施工技术的破岩造价是水磨钻破岩的三分之一，经济效益显著
工期效益	一组设备每天约能完成$3m^3$岩石破除	一组设备每天约能完成$54m^3$岩石破除	采用本项破岩施工技术的施工速度是水磨钻破岩速度的18倍左右，工期效益显著
环保效益	破岩无飞石、无振、噪声较小、低扬尘	破岩无飞石、无振、噪声较小、低扬尘	采用本项破岩施工技术对环境破坏小
安全效益	破岩无振、无飞石，工艺简单成熟、安全可靠	破岩无振、无飞石，工艺简单成熟、安全可靠	采用本项破岩施工技术施工安全可靠
社会效益	破岩无振动、无飞石、无噪声、无毒、无污染	破岩无振动、无飞石、无噪声、无毒、无污染	采用本项破岩施工技术环保、安全、高效，适用范围广、对周围环境无影响，可取得良好的社会效益

10　结语

长沙绿色安全食品交易中心一期、长沙星城春晓1号、3号、5号住宅楼及住宅地下室等工程使用了该破岩施工技术，该组合施工破岩技术成功解决了破碎已施工完成桩（基础）间及其他所有因环境限制不能采用炸药、气体爆破的岩石破碎。采用本破岩施工技术施工对周边环境无影响，适用范围广，无飞石、无振动、无毒、低扬尘，安全、高效、环保，各方面效益好。

参考文献

[1]　吴敬召，史泰龙．浅谈静力爆破在拆除岩体中的应用［J］．工程技术，2016：250-251.

[2]　黄舰，杜子建．硬岩区近距下穿既有建筑复合破岩技术［A］.2014中国（青岛）城市轨道交通管理和技术创新研讨会论文集［C］.2014.

[3]　何方．液压劈裂技术在隧道静态破碎开挖中的应用［J］．矿山与地质，2021，35（6）：7.

浅谈水厂混凝土取水头水下作业技术

卢　林　李天成　唐开锋

湖南长大建设集团股份有限公司　长沙　410000

摘　要：水厂取水头是埋设于河道中，用于给自来水厂、火力发电厂等吸取原水的一种水下构筑物。传统的取水头施工方法多为围堰施工法或预制吊装法。本文所提及的长沙县黄花水厂二期扩建及水质改造项目，其取水头施工受限于河道狭窄及一期取水头等条件，采取了取水头水下混凝土浇筑的施工方式，取得了良好的施工效果。

关键词：水厂取水头；箱模；浮吊；水下浇筑混凝土

1　工程概况

1.1　工程概述

长沙县黄花水厂二期扩建及提质改造工程取水头与虹吸管工程位于长沙县黄花镇黄花村捞刀河内，其下游30m为使用中的黄花水厂一期工程取水泵房，下游400m为郭公渡拦河坝。因一期工程取水泵房负责黄花镇及周边地区数万居民的生活用水及厂矿企业的生产用水，其对原水的水质要求极高，取水头如采取传统的围堰施工，必将产生大量泥沙，影响一期工程的取水质量，同时，捞刀河航道狭窄，拦河坝众多，大型浮吊船无法进入，拼装的浮吊平台无法吊起岸边整体现浇的取水头（图1）。受上述原因制约，经建设单位、设计单位、施工单位多次探讨、论证，决定采用岸上绑扎取水头沉箱钢筋，支设箱模，用浮吊平台吊运至指定地点下沉后再进行水下混凝土浇筑的作业方式。

图1　取水口地理位置图

1.2　取水头设计概况

取水头为整体现浇钢筋混凝土结构，中间为矩形空腔结构，两端为三角形实心导流与镇墩结构（图2、图3）。全长15m，宽2.8m，高3.7m，箱壁厚度350mm，底部高程31.9m，顶面高程35.6m，其自身总质量约90t。空腔结构墙体为C30，实心部分则采用C20水下混凝土填充。取水头底部外侧和底板同样浇筑C20水下混凝土，使其与河床嵌固。取水头采用单侧4根ϕ630mm×10mm钢管进水，捞刀河原水经过取水头离岸侧的拦污栅进入取水头箱内，再经过虹吸管流入取水泵房。

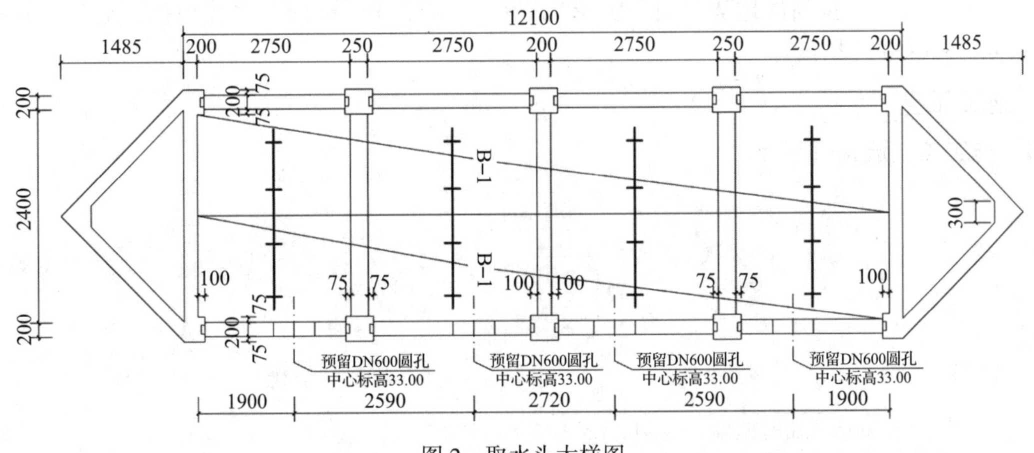

图2　取水头大样图

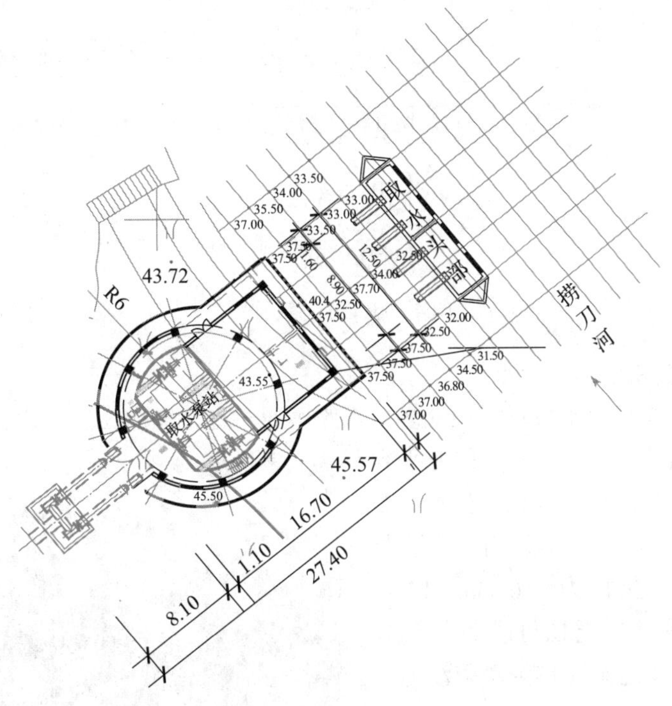

图3　取水头平面位置图

1.3　施工难点

（1）捞刀河常水位为38.5m，河床底标高32.5m，水深约6m，能见度极差，且河床底部凹凸不平，需进行人工凿岩找底，沉箱定位困难。

（2）为确保邻近的一期泵房取水质量，需尽可能地减少水下凿岩，虹吸管需顺地势安装，因此对于虹吸管的制作精度要求极高，同时也给安装带来了很大的困难。

1.4　根据以上施工难点，项目部制定了以下处理措施，确保施工的顺利进行

（1）为确保取水头沉箱在河床底部定位准确，项目部制作了钢结构样架，样架尺寸稍大于沉箱基础尺寸。样架通过浮吊平台吊运至指定位置后进行GPS定位，定位准确后垂直沉入河中。潜水员根据样架框定范围进行凿岩。

（2）虹吸管根据河岸地势走向、沉箱标高，在地面进行设计、拼装焊接，通过浮吊平台安装，确保安装精度。

2 施工工艺

2.1 施工工艺流程（图4）

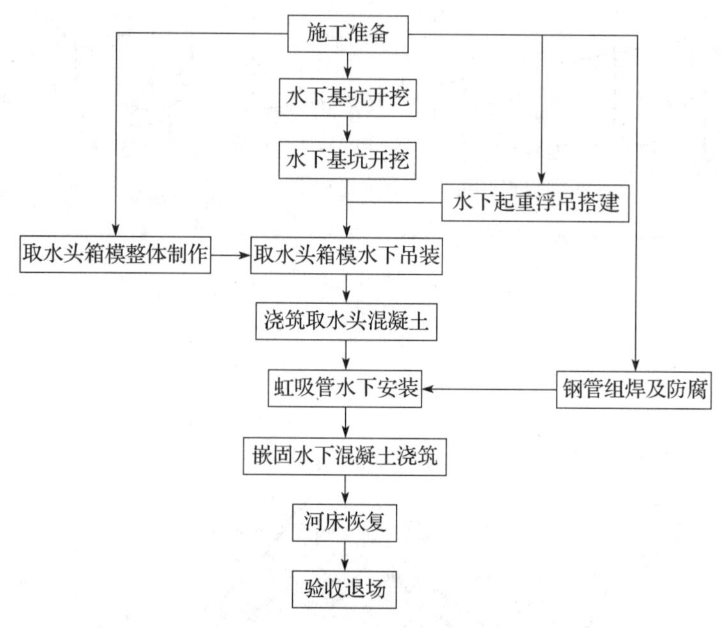

图4 施工工艺流程图

2.2 水上浮吊平台搭设

由于项目所处捞刀河水域拦河坝众多，水路不通，施工船舶无法抵达，故采用浮箱拼装成水上作业平台（图5）。该水上作业平台主要用于潜水作业、起重作业以及浇筑水下混凝土，总吨位约60t。浮吊采用人字扒杆吊，起重能力20t。扒杆为ϕ 168mm×14mm的无缝钢管，并采用5t卷扬机或2个5t拉力葫芦与滑轮组（4道丝）作为牵引动力。

图5 水上作业浮吊平台

2.3 水下基坑开挖

根据地勘和河床地形测量资料，取水头所处河床基本无覆盖层，且只需局部开挖岩层，其厚度0.1~0.4m。项目采取潜水工使用水下风镐凿除代替水下爆破，虽然潜水员劳动强度大，但由于岩层凿除量很少，相比爆破所需的爆破专项方案评审、爆破安全评估、爆破安全监理和公安部门审核批准等一系列流程和手续，时间更省、费用更低。

对水下凿除的岩石，潜水工采取高压水枪或气枪冲扫，大块则由潜水工装入吊篮后吊出水面运走。

为避免潜水员水下盲目凿岩，在潜水工凿岩前，通过四锚定位的浮吊水下放置凿岩范围样架，兼做水下整平与水下安装样架，样架采用钢制型材（2mm×50mm 角钢）制作，为施工方便，样架做成长方形，尺寸为 3. 10m×15. 37m，每边与取水头轮廓保持不少于 10cm 间距（图 6）。样架内全部以及离样架外周 10～20cm 范围的河床均为潜水工凿岩范围。

图 6　水下整平样架

在样架下沉前于 6 个点上系上带浮标的钢丝绳，入水落床后通过测量拉直的钢丝绳的坐标来确定样架位置，并通过测量水深来确定样架高程。潜水工则通过样架来确定凿岩清渣的范围和控制凿岩的高程。通过测量样架位置（坐标）和高程来确定取水头基坑位置和高程是否达到设计要求，也可直接测量取水头基坑河床坐标和高程来进行验槽，并配以水下摄影予以随时检查。

2. 4　水下基床整平

由于水下基坑基床不平，必须先抛石后整平，方可水下安装构件。

（1）抛块石基床粗平

在浮箱拼装船艏平行设置 2 根钢轨，钢轨一端固定在船上，另一端伸出船外。钢轨上设有 2 个起重滑车，分别固定在两根钢轨的外端，用来控制基床整平过程中使用的刮道，又名刮尺。刮尺用型钢制成，并用钢丝绳通过滑车悬吊在水中。潜水员在水中沿水平方向推动刮尺，以达到整平目的；刮尺每向前移动 1m，方驳必须移动一次。整平块石用机动驳运到施工现场，人工均匀抛设在基坑内，待潜水员下水整平使用。

粗平时，先将方驳定好位，再把刮尺底面的标高调整到粗平表面的设计标高，刮尺底面标高根据施工时的水位用专用钢丝尺进行丈量控制。待上述工作准备妥当后，潜水员下水根据刮尺的位置进行粗平，凡是在刮尺底面以上的石块均应搬走，并用夹钳或铁丝筐吊出水面待用。如果刮尺底面有空隙，则用块石填平，方驳随潜水员向前移动。要求整平后的基床尽可能密实，其高程与设计基床标高不得相差±200mm。

（2）抛二片石基床细平

细平是在粗平的基础上进行的。细平采用规格为 8～12cm 的二片石。细平方法与粗平大致相同。

细平时，首先配备一条船，装上二片石，备好一定数量的铁丝筐置于刮尺约 1. 5m 处即可。由 2 名潜水员在水下各执刮尺一端并移动刮尺，将高出的块石拿掉，有低凹处则用二片石填补到与导尺（又名导轨）顶面平齐。

导尺用钢轨做成，沿基床两边各设置一根，用来控制细平的范围及标高。当基床较宽，刮尺长度不够时，则必须分条设置导尺。此次分两条进行。

导尺的标高是由潜水员在水下把带底盘的测量标尺立在导尺的顶面上，由陆上通过水准仪进行测量控制。对于水深处则用配重后的测深水砣（用专用钢丝尺悬挂）与水准仪结合进行。

导尺的顶面标高即为要求的细平表面标高，刮尺横放在两相邻的导尺上。为了基床平整密实，导尺埋在基床里不再取出。

为了方便进行基床极细平，细平后尽量保持负误差。

2.5　箱模制作

箱模在项目所在地下游200m河边滩地进行制作，并将钢筋按照设计图进行安装，箱模连同钢筋约10t。待箱模制作后，利用浮吊平台吊运至基坑水面，然后在浮吊平台的牵引下由潜水工指挥下沉就位。

整体钢箱模制作如图7所示。

图7　取水头箱模

2.6　整体箱模水下安装

待箱模制作后，利用20t浮吊从河边制作场地吊运至基坑水面，然后在浮吊的牵引下由潜水工指挥下沉就位（图8）。

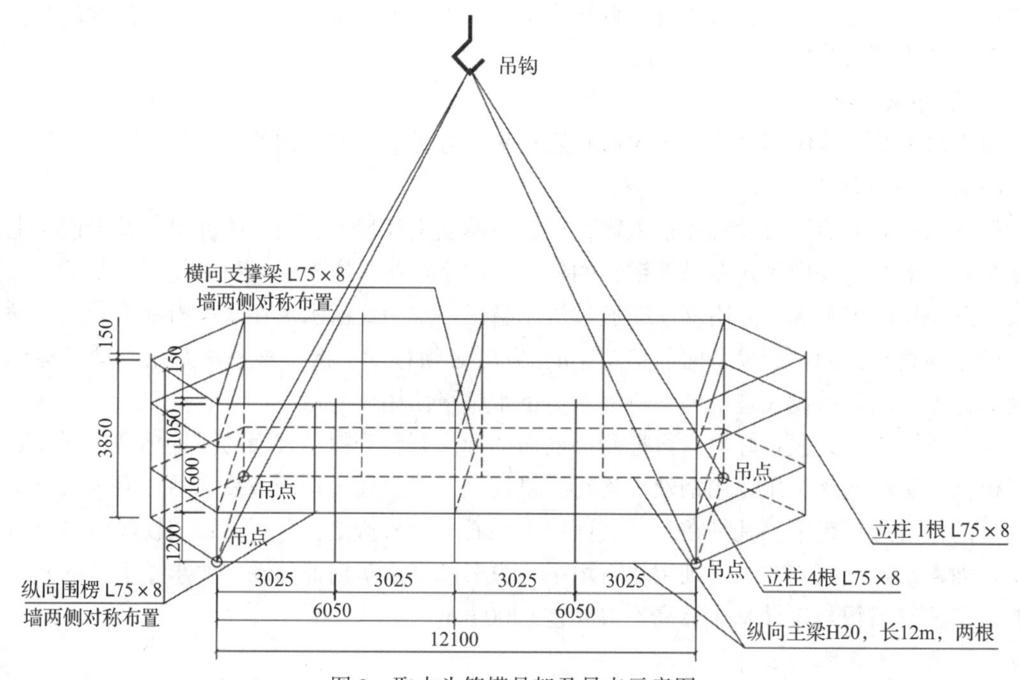

图8　取水头箱模骨架及吊点示意图

（1）水下安装顺序为：在整平的基床上，先安装样架，接着安装箱模。

（2）考虑到取水头钢套箱构件平面尺寸大，整体刚性较差，为防止箱体在吊装过程中变形破坏，吊点设置于箱体底部并加大吊装角度，可使构件吊环上索具保持较为竖直且构件均匀受力状态。

（3）吊装前应检查各种有关机械、索具、夹具、吊环等是否符合安全要求，并对构件进行试吊，以确保正式起吊顺利进行。

（4）在垫梁两侧中轴线上安装定位标尺，定位标尺预埋在垫梁内，与垫梁顶面齐平，用直径50mm的钢管做成，管节之间采用丝扣连接，并用三角撑固定，垫梁安装完成后，水下拆除。

2.7　取水头水下混凝土现浇

(1) 水下混凝土浇筑方式

本工程水下混凝土采用导管法进行浇筑。导管采用直径200mm×3mm的钢管，导管长度分别为0.5m、1m、6m不等，采用法兰连接，橡胶圈密封，水下混凝土浇筑漏斗容积1.0m^3，导管漏斗采用水上浮吊牵引。

(2) 浇筑点布置

由于水下混凝土浇筑时其扩散半径有限，一般按3m考虑，故水下混凝土浇筑面积或浇筑长度较大时，需布置多个浇筑点。根据该取水头尺寸，在箱模顶部布置了7个浇筑点，即2个三角形实心体各1个点位，中间隔墙中部各1个点位，沿取水头两长边方向各均布4个点位，合计7个浇筑点。每个浇筑点由潜水员配合对位。

(3) 混凝土浇筑

首仓水下混凝土浇筑时，系吊隔水球于水面以上导管内，当漏斗装满混凝土时，剪掉系带，混凝土在自重的作用下通过隔水球挤排水到达浇筑面。首次浇筑时导管下口距基底约0.2m，并且首批混凝土浇筑量满足导管埋深≥1.5m。首次混凝土浇筑量约30.0m^3。

水下混凝土浇筑应连续进行，用测深绳或测深杆探测混凝土高度，并及时采用吊提浮升导管调整其埋深，导管埋深控制在1.5~2m左右。

采用泵送混凝土，施工中严格控制混凝土配合比及和易性，混凝土坍落度宜为18~22cm。

施工中尽量减少拆卸导管，相邻两个浇筑点的浇筑间隔时间控制在4h内，保证所有相邻2个浇筑点的混凝土在初凝前浇筑完成（图9）。

水下混凝土浇筑时，派潜水员立在模板外侧跟踪检查，确保浇筑到位。如有浮浆溢出进入取水头内部，则派潜水员清除。

图9　取水头水下混凝土浇筑

2.8　虹吸管组焊防腐与安装

为保证泵房正常施工，虹吸管的安装需在泵站进水阀门安装并关闭后方能进行。

钢管在河边箱模制作处每根分两节进行组焊防腐，再用水上作业平台运抵施工水域，两节钢管采用焊接，这样可确保虹吸管的气密性。

每根钢管分两节利用浮吊进行水下安装，一根钢管插入泵房预留孔中，另一根插入取水头预埋套管内，两节钢管于围堰内焊接。

钢管安装轴线控制：钢管下沉前先进行粗定位。利用全站仪或经纬仪控制吊点轴线位置来进行控制钢管的轴线位置及走向，保证钢管下沉前各吊点中心点都位于轴线上。钢管下沉时再进行精定位：钢管在下沉过程和落槽中为确保钢管的轴线和位置，在每安装段钢管两端中心位置系一根带有刻度的钢丝绳，安装时对其拉直用经纬仪控制来控制钢管轴线和用测绳控制管顶标高，使管轴线偏差为±100mm，管顶标高偏差在±50mm范围内。

3　效益分析

以我公司黄花水厂二期扩建及提质改造工程取水头施工为例，采用水下混凝土浇筑法与传统方法施工经济效益对比见表1。

表 1　不同施工方法经济效益对比

方法		传统的围堰施工法	传统的预制吊沉法	取水头箱模浮运沉放水下混凝土浇筑施工工法
施工方法简介		在江河边垂直水流方向修筑临时土石围堰至河心，然后沿围堰堰体中心线采用高压旋喷桩止水帷幕作为临时围堰止水措施，再进行围堰内部抽水清淤，基坑凿挖，基础处理，然后进行取水头钢筋混凝土结构施工，管道支墩钢筋混凝土施工，管道安装，支墩之间沟槽块石回填，最后拆除临时围堰恢复原河床标高	将取水头部构筑物在河岸进行预制，并用大型浮吊船吊运至江河上取水头部设计位置，然后沉入设计河底，最后再进行管道安装	利用河道岸边进行取水头部箱模组装，然后通过浮吊吊运至设计河道位置，沉入清理平整的河底，浇取水头底部周边混凝土，使其取水头嵌固在河床底部，然后水下浇筑取水头部的壁板，浇筑取水头部三角形内嵌混凝土，待下水混凝土达到强度后再进行取水头部与泵房间的管道接驳，以及取水部附属的格栅和顶部盖板安装
资源消耗比较（元）	材料消耗	119153.03	6398.33	43349.15
	人工消耗	1193710.71	237693.57	146505
	机械费	97340.36	500738.16	201516.36
	综合管理费	95894.56	50648.16	26613.23
	总价	1506098.66	795478.51	417983.74
优缺点		一是围堰施工工期长；二是施工工序多；三是工艺要求高。尤其在水位较深，水域环境差的河道上施工费用大，实施困难	施工必须采用 80~100t 的大吨位浮吊船，河道条件需要满足航行大型浮吊船要求，对于无船只通行的河道，则需要拆解船然后在河道上重新拼装，其施工费用高	克服了传统围堰施工法和预制吊沉法所带来的费用高，施工环境要求高的要求。节约了施工成本，加快了施工进度

采用取水头箱模浮运沉放水下混凝土浇筑施工工法预制吊沉法克服了传统围堰施工法和预制吊沉法所带来的费用高，施工环境要求高的要求。节约了施工成本，加快了施工进度，施工质量好；其经济和社会效益是非常可观的。

4　结语

就本项目而言，相较于在陆上预制取水头后再进行吊装下沉的方式和围堰筑坝的方式，水下浇筑取水头无疑具有更大的优势，既解决了大型吊车和驳船无法进入现场进行取水头整体吊装的问题，又解决了围堰筑坝导致原取水泵房水质污染的问题。此外，采用水下浇筑的方式，可多点同时施工，在进行基底整平的同时，取水头钢筋绑扎、箱模安装、钢管组焊防腐等多道工序可同时施工，也缩短了工期，节约了成本，可谓一举多得。

参考文献

[1]　中华人民共和国住房和城乡建设部．给水排水构筑物工程施工及验收规范：GB 50141—2008［S］：北京：中国建筑工业出版社，2009.

[2]　中华人民共和国住房和城乡建设部．给水排水管道工程施工及验收规范：GB 50268—2008［S］：北京：中国建筑工业出版社，2009.

[3]　中华人民共和国交通运输部．水运工程混凝土施工规范：JTS 202—2011［S］：北京：人民交通出版社，2011.

[4]　国家能源局．水电水利工程水下混凝土施工规范：DL/T 5309—2013［S］：北京：中国电力出版社，2014.

装配式桩机平台在旋挖桩施工中的应用

岳文海　谢全兵　李鸿基　阳岳峰　彭亚洲

湖南北山建设集团股份有限公司　长沙　410000

摘　要：本文以昆明傲珀澜庭城项目为例，介绍了软弱地基中装配式桩机平台在旋挖桩施工中的应用。与换填法相比，其有着成桩质量高，成本低，绿色环保的特点。

关键词：装配式；桩机平台

软土地基环境下，大型钻机无法直接行驶和施工。在采用换填法处理后虽地基承载力效果有所改善，但通过我公司工程实践的情况来看，地基压实后需重新开挖进行护筒埋设，护筒周边回填后的土质难以再次压实充分，因此大型钻机行驶和施工时仍存在一定的不均匀沉降现象。通过装配式桩机平台，能够有效减少旋挖桩在软土地基上施工时的沉降，提高成桩质量。

1　工程概况

昆明傲珀澜庭城项目位于官渡区六甲街道办事处五甲塘片区，南邻住宅用地，北邻商务用地，东邻大清河，西邻盘龙江，由昆明恒汇置业有限公司开发建设。项目整体规划地上 13 栋建筑，其中 12 栋住宅，1 栋配套用房，地下设 2 层地下室。

由于该项目地基表层淤泥质粉质黏土、泥炭质土较厚，地基容许承载力较小，旋挖钻机无法直接在原状土上作业，需对机械作业范围进行地基处理。

旋挖钻机在施工时地表沉降较大，致使出现钻孔桩孔口塌陷的情况较为严重，项目需采取有效措施进行改善，减少现场地表沉降量，要求≤5. 5cm 以保证成孔质量。

2　技术特点

新型装配式桩机平台能有效改善施工过程中现场地表的不均匀沉降，施工安全稳定，可以保证成孔质量，同时装配式平台安装速度快，预制构件能周转使用，节材、节能减碳、经济环保。

3　工艺原理

将钢筋混凝土平台分块浇筑后进行拼装，组成可拆卸式平台，替代软土地基中的换填垫层，旋挖桩机在钢筋混凝土平台上作业，保证成孔质量，进而确保灌注桩成桩质量。

4　工艺流程及操作要点

4.1　工艺流程

计算所需基底面积→场地平整及硬化→平台分块测量放样→平台结构钢筋绑扎→PBL 连接板焊接埋设→PVC 管预埋→管道加强箍筋绑扎→包边角钢焊接固定→模板安装→标高测量→混凝土浇筑→填筑黏土防护堤→吊装至施工场地拼装→进行旋挖桩施工。

4.2 操作要点

4.2.1 设定目标并计算所需基底面积

本项目施工平台沉降目标值为≤5.5cm。

由于表层淤泥质粉质黏土的容许承载力$f_{ak}\approx 30\sim 40\text{kPa}$，本工程旋挖钻机质量约90t，基底面积至少为$A=N/p=900\text{kN}/30\text{kPa}=30\text{m}^2$。

地基表层按10m软弱土层考虑，压缩模量E约7.5MPa，上述荷载作用下，通过公式$s=\psi_s\sum_{i=1}^{n}\frac{p_0}{E_{si}}\cdot(z_i\cdot\alpha_i-z_{i-1}\cdot\alpha_{i-1})$得出沉降大于目标值5.5cm。将基底计算面积增加至35m^{2}后沉降值符合目标。

4.2.2 平台分块制作

项目部拥有钢筋加工场地，场地内具备桁架龙门吊，自有材料运输平板车和起重吊车，能够自行完成上述两种平台的加工制作。

考虑到现场桩位的实际分布情况，选择将桩机平台分为6块6m×3.4m，厚30cm的小分块单独制作，基底实际总面积为122.4m^2，制作完成后再吊装至桩机施工场地进行拼装。

采用水准仪分块分点进行标高测量，测量后采用定位钢筋焊接至结构钢筋上进行标记，控制混凝土施工时浇筑顶面与定位筋顶面齐平，6块预制平台利用模板分隔后，整体一次性浇筑完成后进行人工抹平。

平台采用C20混凝土制作，三级钢ϕ12@150双层双向配筋。

平台6个分块之间采用PBL键式双铰连接（图1~图4），PBL键式双铰连接板尺寸为60m×20cm，板厚2cm，其中50cm预埋至钢筋混凝土平台结构内，与结构钢筋紧贴密实焊接，合理布置于板块拼缝处，采用双排 ⌀28 钢筋穿孔连接。

4.2.3 预埋PVC管

旋挖成孔期间的泥浆通过平台预埋的双排PVC管排出（图5、图6）。旋挖成孔期间实测泥浆外溢流速约为0.4~0.6m/s，钻杆提速峰值为0.8m/s，提杆时累计时间为75s，考虑到施工期间其他因素，单孔周边设置4根直径20cm的导流管，管道双向坡度0.5%布置，以满足泥浆的溢出及回流。

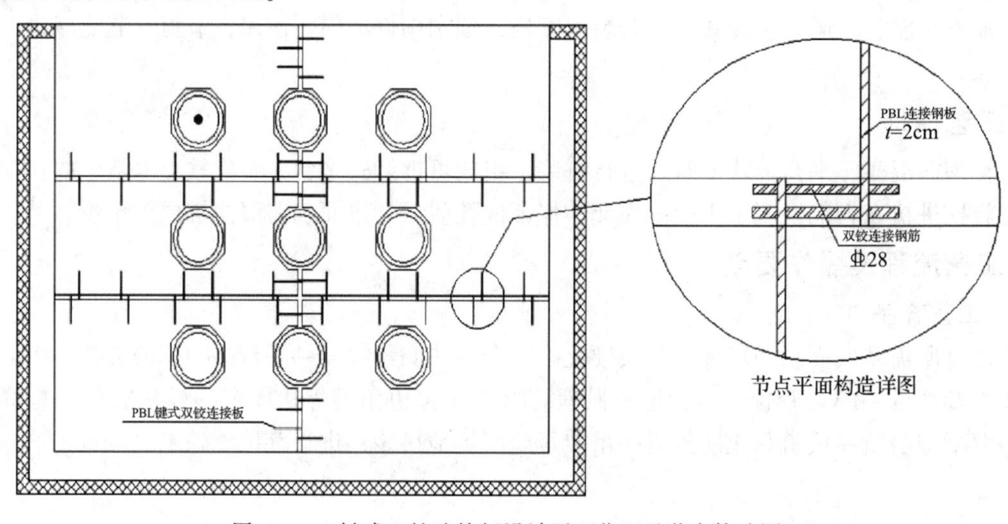

图1 PBL键式双铰连接板设计平面位置及节点构造图

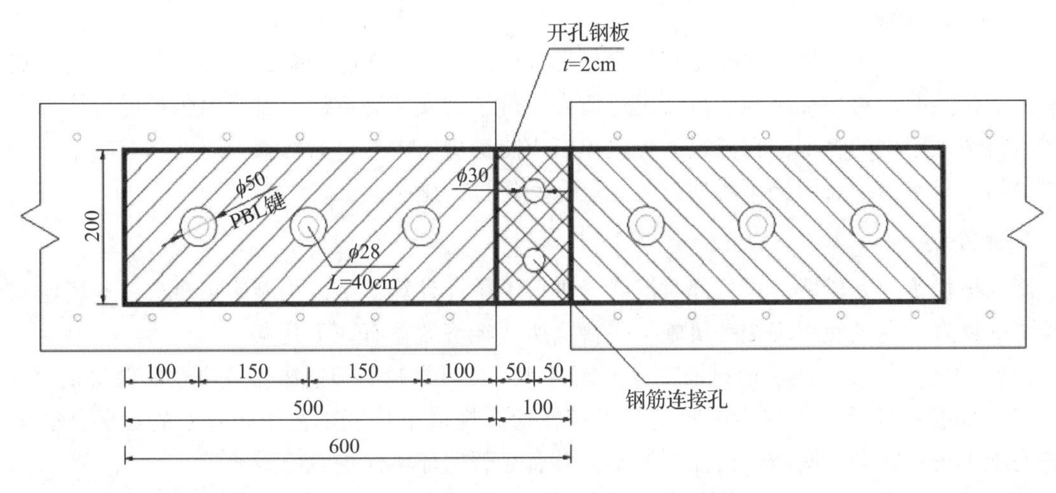

图 2　PBL 键式双铰连接板立面构造图

图 3　PBL 键式双铰连接板焊接加固照片

图 4　PBL 键式双铰连接板成型照片

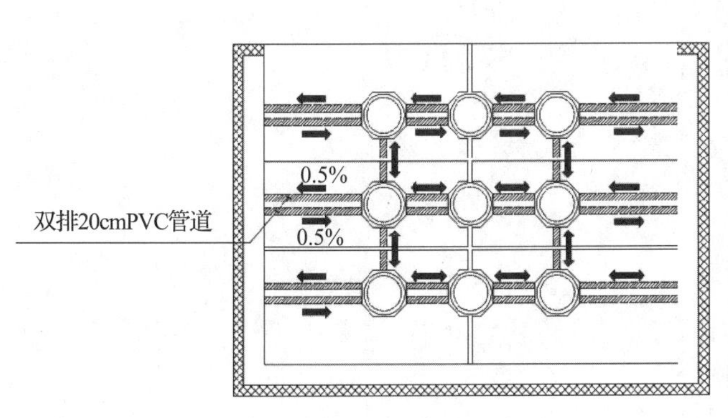

图 5　管道预埋设计平面图

图 6　结构预埋管道照片

PVC 管采用加强箍筋进行固定和保护。管道安放的中心间距不小于 40cm，且在其周边设置直径 12mm 的闭口加强箍，箍筋间距 10cm 布置以保护管道。

4.2.4　*砌筑防护堤*

用挖机配合人工，将清表黏土在平台外扩 60cm 处周围筑起防护堤，坡脚夯实。施工现场在平台拼装前，对钻孔桩施工范围进行清表，待平台安装完成后，测量出防护堤边线，利用挖机将清表产生的黏土，在测量的位置填筑成防护堤，人工进行修整，对坡脚夯实。

最后，将平台吊装至施工场地拼装，进行旋挖桩的施工。

5　效益分析

旋挖桩机施工完成后，项目部对沉降量进行了统计计算，结果均能达到要求，现场泥浆污染情况良好。通过使用旋挖钻机施工平台，所获经济效益有如下几点：

（1）塘渣、土方等换填地材消耗量大幅降低，具有卓越的节能减排效应及环保价值。

（2）钻孔泥浆反复“溢出—回流”渠道畅通，规避了传统工艺泥浆外溢的难题，能大幅提高施工现场安全文明质量，控制扬尘，具有显著的环境保护效应。

（3）预制拼装式构件反复周转使用，措施材料利用率高，具有较高的节能、环保效益。当预制装配式平台周转次数超过 2 次时，其综合成本低于换填法，周转次数越多，其经济效益越显著。

6　结语

软土地基环境下，大型钻机无法直接行驶和施工。通过装配式桩机平台能够有效优化大型钻机在软土地基上作业导致的沉降问题，不但提高了成桩质量，且经济环保，值得推广。

参考文献

中华人民共和国住房和城乡建设部．建筑地基基础设计规范：GB 50007—2011［S］．北京：中国建筑工业出版社，2011.

建筑工程施工中深基坑支护的施工技术探讨

杨　峻　符叶菲　秦　维　赵孝文　彭玉新

湖南省第五工程有限公司　株洲　412000

摘　要：在我国传统的地下施工技术已不能满足施工的需要，因此，迫切需要开发新的深基坑支护技术，为大、高层建筑提供安全保障。

关键词：建筑工程施工；深基坑支护；施工技术

在混凝土施工过程中，深基坑支护施工对建筑物的耐久性和提高承载力有着十分重要的作用。深基坑施工中，特别是深基坑工程地质条件复杂，在施工范围附近有大量的房屋和道路，或有房屋和道路正在施工，地下管线和结构已存在，车辆荷载和人群荷载在长期或短期内交替作用情况下，如果施工不规范，基坑支护不合理，容易引起基坑周围地面沉降和坍塌、道路损坏、房屋开裂等问题，危及人民生命财产安全。因此，为了防止这些问题，应合理地将深基坑支护技术应用于施工，严格控制和规范深基坑支护的施工过程。本文从施工管理的角度出发，对深基坑支护施工技术进行了探讨，为相关工程的施工提供参考。

1　深基坑工程综述

深基坑是基础工程中需要地下开挖的深度较大的基坑，开挖距离地面5m以上的基坑是一种常见的建筑工程。随着对各种施工指标和参数要求的提高，以及标准越来越科学、严格，深基坑工程也逐渐成为一个比较复杂的工程。在工作时，需要其抗压能力和承载能力能够满足项目推进过程中的各种条件和要求。深基坑施工质量将直接影响整个结构的稳定性和安全性，但也应注意到，深基坑工程施工中存在许多问题和技术难点，因此，有必要从技术角度和具体工作环节加强管理，确保施工质量。

2　深基坑支护的主要内容

2.1　对环境和安全进行管理

在民用建筑的基础施工中，为了充分发挥深基坑支护功能，不仅要采取技术措施，还要做好相应的环境和安全管理。首先要做好施工区域的环境保护工作，积极采取相应措施，减少施工过程中的化学污染、噪声污染和环境污染；其次，在施工过程中，还要做好相应的安全管理工作。通过建立安全管理体系，确保施工过程中的每个环节都能更加高效、顺畅、安全。只有这样，才能更好地提高深基坑支护施工的整体质量。

2.2　科学确定深基坑支护方式

在基础结构施工中，为了合理地利用深基坑的沟槽支护技术，有必要根据施工项目的实际情况选择合理的支护形式。巨型地槽深基础的结构支护形式包括多种类型，每个支撑模式都有支持结构的特征。只有将建筑基础的施工过程按具体属性进行比较，采用科学合理的深基坑支护模式才能达到最佳效果。例如，建筑物工程周围的自然条件、土壤特性和水文条件是需要注意的内容，并应在关键监测的视野中。只有选择与这些条件相匹配的支护方式，才能最大程度地发挥深基坑支护技术的应用效果。

2.3 深化深基坑土体止水管理

由于地下水等的影响，以及上层的滞水和承压水、管道水和雨水的渗漏，需要对深基坑支护施工中的排水和降水进行综合控制。全面调查深基坑周围环境，认真分析其影响，合理控制土体的止水。同时，在深基坑支护施工中应加大注浆压力。

2.4 地下连续墙支撑结构

如果建设项目建在相对较软的土壤上，这时基坑的质量决定了建筑物的稳定性和可靠性。土壤较软，对建设项目沉降和偏移的要求就高，地下连续墙支护结构可用于基坑支护，这种结构可以适应各种复杂的地质构造。该结构在稳定性、整体性和刚性方面能更好地满足建设项目的需要，对建设项目周边环境的影响较小，极大地促进了建设项目的建设。但是，这种技术如果在坚硬的地质环境下，会增加开挖的难度，增加设备准备的难度和成本。除此之外，在施工中产生的废泥浆和废液无法处理，会污染已建好的地下室，这也是阻碍地下连续墙支护结构大规模推广的重要因素。

3 深基坑支护的施工技术探讨

3.1 建立科学的建设体系

在建设项目中，科学的施工体系对整个项目的建设至关重要。一个完整、科学的建筑体系涉及很多方面，不仅包括建筑规划、建筑施工、建筑材料等，还有整体协调等内容。同时，施工系统也是复杂的施工过程，它涉及更多的技术、现场施工管理、施工人员管理等，房屋建设的联合支护技术体现了一定的综合性。在某些情况下，这种全面的施工系统会产生新的技术概念。

3.2 充分考虑基坑施工周边环境

对周边环境的考虑不仅是建设项目深基坑施工的组成部分，也是提高项目建设质量和社会效益的前提。在深基坑施工中，施工人员应充分考虑建筑物周边的人口密度和居民活动范围对工程的不利影响，也就是说，在深基坑开挖中，施工人员应在保证基坑开挖安全可靠的前提下，采用科学的明排水回注方法，并采取合理的降水、截水措施，提高建设项目的科学合理性和经济实用性。深基坑土方施工前，要认真确定开挖方案和施工组织，按照"抢险、先支、分层开挖、不超挖"的原则；面对突发事件，一个好的监控系统可以有效地保证施工安全；在施工过程中，应随时监测深基坑边坡变形、周围建筑物变形和地下管线变形等情况，如果超过设计允许范围，应立即停止工作进行检查，以免潜在的危险进一步扩大。

3.3 处理意外问题

为有效提高深基坑的强度和稳定性，需要合理控制各施工环节的顺序。相关工程建设单位需要派出更多专业人员，充分了解现场实际施工情况和地质条件，选择相应的深基坑支护方式，有效提高深基坑支护结构的稳定性。当施工中发生突发事件时，需要进行临时变更，改变施工工艺或改变深基坑支护方式，以保证深基坑支护工程的顺利开展，保障相关人员的人身安全。

3.4 钢筋施工技术管理要点

钢筋作为建筑工程的主要支撑体，是深基坑工程中不可缺少的原材料。钢筋施工的技术要点是严格控制预埋钢筋数量和质量，从而提高整体结构的稳定性。此外，要密切关注钢筋的种类和规格，加强钢筋的管理方式和储存方式。管理人员必须做好仓储空间的干式管理，延长钢筋的使用寿命，保证工程的整体质量。

4　结语

综上所述，随着建筑业的发展，越来越多的施工工艺被应用到施工中，由于深基坑施工过程受多种因素影响，不利于保证整体施工质量，在采用深基坑支护技术的过程中应充分考虑这些因素，并结合实际情况选择合适的支护技术。同时，要不断总结经验，创新技术和理论，不断完善支护技术，提高支护技术应用水平，提高住宅建设项目的施工效率和质量。

参考文献

[1]　钟世鸣 . 深基坑支护施工技术在建筑工程中的应用分析［J］. 江西建材，2015（03）：79.
[2]　李超 . 高层建筑工程中深基坑中支护施工技术研究［J］. 江西建材，2015（13）：55-56.
[3]　邹洋 . 建筑工程中的深基坑支护施工技术分析［J］. 江西建材，2015（14）：99，104.

深厚卵石、漂石、崩积层冲孔桩施工质量控制

卢　斌

湖南省第五工程有限公司　株洲　412000

摘　要： 以华丽高速第十三合同段树子特大桥为例，阐述山区河谷嵌岩灌注桩施工中，采用冲孔桩机在深厚卵石、漂石、崩积层冲孔桩施工，根据工程的具体情况及其施工工艺的特殊性，在施工中增加一些辅助桩孔稳定的工程技术措施，严格现场管理，可对桩基质量进行有效控制。此工法有效保证成孔效率及成桩质量，满足设计要求，同时达到消除漏浆、塌孔等质量通病，做到了既安全可靠、降低成本，又缩短工期，取得良好的经济效益。现总结深厚卵石、漂石、崩积层冲孔桩施工质量控制要点，对同类型地质条件冲孔桩施工有一定的指导作用和参考价值。

关键词： 深厚卵石、漂石、崩积层；冲孔灌注桩；施工工艺；质量控制

1　工程概况

华丽高速第十三合同段承建施工工程有：路基、隧道、桥梁，其中特大桥三座、大桥一座。工程位于永胜县六德乡境内，沿马过河道或跨越河道布置，设计采用嵌岩灌注桩，桩长40~48m，各大桥桩基见表1。

表1　桩基汇总表

序号	桥梁名称	冲孔桩基数量（个）	桩径（cm）
1	树子特大桥	334	160、190、220
2	甘箐塘大桥	8	210、220
3	下白特大桥	216	190、210、220
4	半岩子特大桥	36	150、160、190、220
合计		594	

2　地质、水文情况

2.1　地质情况

设计提供地质资料，桥址地区地层结构较为简单，上覆盖层主要为第四系全新统残坡积（Q_4^{el+dl}）粉质黏土、崩积层（Q_4^{coil}）、碎石、块石，下伏基岩为泥盆系中统（D_2）白云岩。

2.2　水文情况

桥址区地表水发育，桥梁跨越马过河。马过河为常年流水，水位季节变化较大，3~6月份水面宽约30m，水深0.5~1.5m，流量较小，7~9月进入雨季，河水暴涨，水面宽度约50~80m，流量较大。

3　成桩工艺的选择

3.1　桥址区地层结构及周边环境

（1）本文以树子特大桥为例：卵石、漂石、残坡积粉质黏土、碎石、崩积层、块石最

深覆盖层14.9m，最薄处9.8m，平均深度12.3m。整个旱季河道中石头裸露，穿透卵石、漂石、崩积层为桩基工程的难点，直接影响着整个桩基工程的质量、工期和成本。因而如何快速穿透深厚卵石层及保持桩孔稳定是本工程质量控制的重点，也是保证施工目标的顺利实现。

（2）进场初期，项目分别引进旋挖钻机、冲孔桩机，分别在同一大桥进行成孔比较，最后确定采用冲孔桩机成孔。卵石、漂石、崩积层冲孔桩施工有一定难度，主要体现在成孔以及成孔前到水下混凝土浇筑前的桩孔的稳定上。由于卵石层结构比较松散，颗粒之间黏结力差，所以在实际施工中除通常使用优质泥浆，提高钢护筒高度以增大泥浆对孔壁的平衡压力及控制冲程，尽量避免塌孔外，在深厚卵石层的施工中还应增加一些辅助桩孔稳定的工程措施，例如抛水泥包，调整成孔泥浆浓度，超前灌浆，抛片石调整桩的垂直度等。具体措施应根据施工现场的地层情况、水文地质情况及施工工况综合选用，以确保成孔及成孔前到水下混凝土浇筑前的桩孔的稳定，保证成桩质量。

基桩桩身完整性检测都为Ⅰ类桩，桩身完整，承载力满足设计要求，基桩成桩质量好，卵石、漂石、崩积层冲孔桩有其施工工艺的特殊性，通过对树子特大桥、甘箐塘大桥、下白特大桥、半岩子特大桥案例的分析并结合以往工程经验，总结出冲孔灌注桩施工过程中的四个关键工序：即成孔、清孔、钢筋笼制作和安装以及水下混凝土灌注的质量控制。

3.2　冲孔灌注桩施工工艺流程（图1）

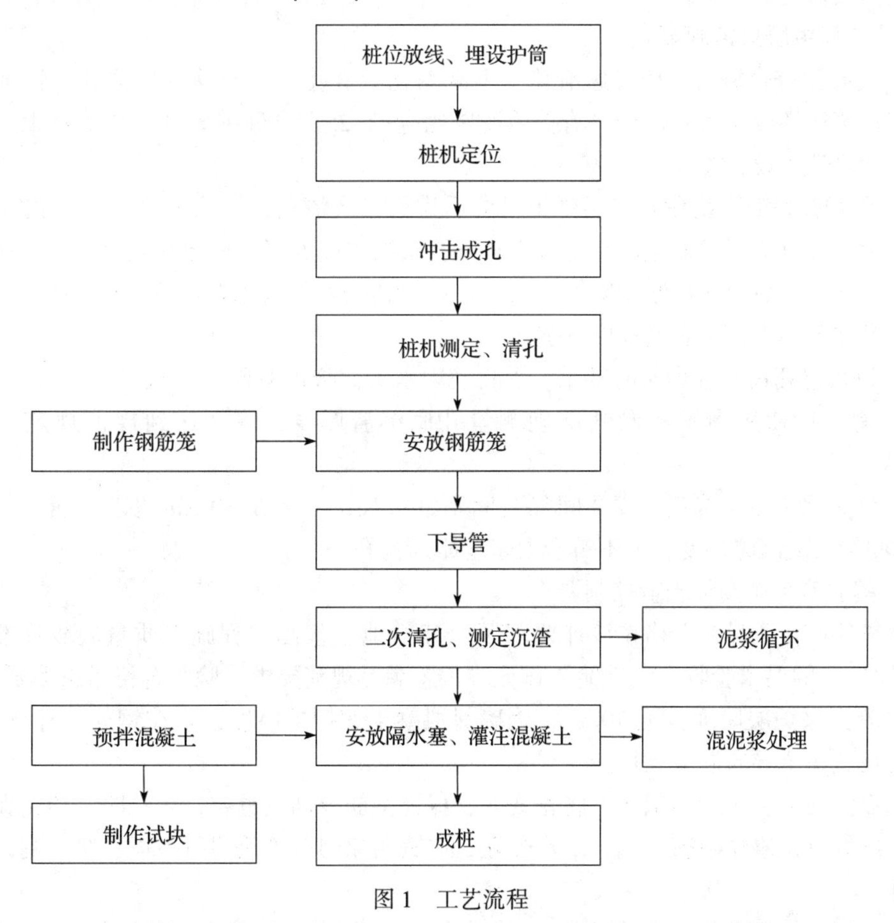

图1　工艺流程

4　关键工序施工质量控制

4.1　成孔过程中质量控制要点

（1）根据地质条件及施工环境选择合适的成孔机械，场地布置应根据施工组织设计，合理安排泥浆池、沉淀池的位置。

（2）复测桩位：测量好的桩位必须复测，开孔时必须由现场技术人员用经纬仪（或全站仪）核准桩位，误差控制在5mm以内，并有监理单位代表在场共同确认。

（3）考虑雨季山洪的突发性，冲孔期应避开雨季，护筒周围一定要用黏土夯实，严防护筒倾斜、漏水、变形，并确保护筒溢浆孔高出地下水位或河水位1.5~2.0m，以增大泥浆对孔壁的平衡压力，必要时采取抛土块，抛水泥包，超前灌浆等措施，还应避免用高冲程，以免扰动孔壁而引起塌孔或卡钻事故。

（4）勤检查钻机，钻头是否偏移，当发现钢丝绳偏离孔中心产生孔斜时，抛填相同硬度的片石块，黏土块至偏孔上方300~500mm，用小冲程（1m左右）进行修正，调整桩的垂直度后再继续冲击钻进，如发生塌孔应按适当的比例抛填黏土块、片石、整包水泥后冲挤压密实，待凝固后复冲。

（5）钻进至设计入岩深度后，必须对桩端岩石取样鉴定确认达到设计持力层方可终孔。

（6）终孔后用检孔器检查孔径和垂直度，对桩位偏差值进行复测，各项偏差应符合设计和有关验收规范的要求。

4.2　清孔过程中质量控制要点

（1）终孔检查合格后，应迅速清孔，不易塌孔的桩孔，可用反循环清孔，稳定性差的孔壁应用泥浆循环或掏渣筒排渣，清孔后泥浆比应<1.25，含砂率<8%，清孔结束后准确测定孔深，使之达到设计要求。

（2）在安放好钢筋笼和灌注混凝土导管后进行二次清孔，导管配直径5cm的无缝钢管为高压气管，通过空压机输送压缩空气，排除孔底高浓度泥浆，冲散孔底沉淀层，使之呈悬浮状态，二次清孔后要求泥浆比降至1.15~1.2，黏度21s，以清除孔壁泥皮，减小孔内泥浆密度，为灌注混凝土创造有利孔内环境。

（3）每次清孔都应注意及时补浆，保持孔内水头，防止塌孔。

（4）清孔后使用圆锥形测锤准确测量孔底沉渣厚度，使之达到规范规定，沉渣厚度50mm。

（5）清孔完毕后，混凝土灌注间隔时间不宜过长，一般在30min内进行灌注，若超过30min应测量孔底沉渣厚度，如不符合要求应重新清孔。

（6）钢筋笼制作安装质量控制要点

①钢筋笼制作质量应严格按设计要求及《建筑地基基础工程施工质量验收标准》（GB 50202—2018）的要求验收，钢筋笼制作允许偏差满足规范要求，验收合格后应编号挂牌。

②混凝土保护层厚度应为70mm，为确保混凝土保护层厚度，应在钢筋笼外侧每隔3m环向均匀设置4个导向混凝土块。

③钢筋笼的安装应双点起吊，防止变形，保证钢筋笼轴线重合，入孔时，始终保持垂直状态，对准轻放，避免碰撞孔壁，一旦受阻，应查明原因，不得强行下放，防止刮碰卵石层引起塌孔。

④分段制作的钢筋笼，其长度以<10m为宜（最好按9m定尺钢筋进行加工），选择滚轧

直螺纹连接工艺，在车间加工成笼，成型过程中始终将前一段作为下一段的模型，确保每段间所有接头的对接精度，钢筋笼的接长采用机械接头（直螺纹钢接头），相接两节须保持顺直，接头牢固可靠，同一断面的接头数量不超过50%，笼顶标高要符合设计要求和施工规范要求，高度偏差±50mm。

⑤当笼长约剩下1m时暂停下沉，顶端锚固筋向四周均匀拨开，形成喇叭口，钢筋笼全部入孔后，按设计要求检查安放位置并做好记录，符合要求后，可将主筋点焊于护筒上或用钢管横穿钢筋笼并加载固定于孔口，防止因自重下落或灌注混凝土时上串而错位。

4.3　水下混凝土灌注质量控制要点

（1）混凝土采用拌和站拌混凝土，用罐车运输配合导管灌注，混凝土坍落度控制在180~220mm，混凝土充盈系数大于1.0，水泥用量不少于360kg/m^3，含砂率为40%~45%，混凝土初凝时间一般宜低于3~4h。

（2）安装导管时必须根据孔深确定导管长度，导管使用前要进行闭水试验，合格的导管才能使用，并居中稳步沉放，导管下口离孔底距离一般25~40cm。

（3）灌注前利用圆柱形混凝土塞作为止水塞，导管顶部的贮料斗内混凝土量必须满足首灌注量剪球后导管能埋入混凝土中0.8~1.2m，尽量使用大体积混凝土冲击灌注法，利用混凝土的向上顶升力和侧向挤压力来提高桩的摩阻力和桩身混凝土密实度。

（4）在混凝土灌注过程中，导管内应始终充满混凝土，随着混凝土的不断浇筑，及时测量混凝土顶面高度和埋管深度，及时提拔拆除导管，使导管埋入混凝土中的深度保持在2~6m，导管提升时应保持轴线竖直，位置居中，防止卡挂钢筋笼。

（5）混凝土的浇筑应连续进行，严禁中途停工，混凝土面接近钢筋笼时需放慢灌注进度，防止钢筋笼被混凝土顶托上升，浇筑完成后，混凝土面标高宜控制高出桩顶标高0.5~1.0m，保证破桩头后桩身混凝土强度。

（6）混凝土灌注过程中，应按规定要求留置混凝土试件，并做好试块的编号和养护工作，养护28d后按规定送检。

（7）每根导管的水下混凝土浇筑工作，应在该导管首批混凝土初凝前完成，否则应掺入缓凝剂。

5　施工中需做好的其他工作

（1）现场施工技术人员必须认真学习设计图纸和施工方案内容，对工人进行技术和安全交底，严格工序管理，提高工艺水平。

（2）认真执行原材料见证取样送检制度，主要材料进场要有产品质量出厂合格证，并在现场按规定见证取样送检，检验合格后方能使用。

（3）各个施工过程必须严格执行“三检”制度，即自检，互检，交接检，若上一道工序不合格绝不能进入下一道工序施工。

（4）施工过程中，每道工序都应按规定程序组织有关单位人员及时做好隐蔽工程验收签证工作，并做好施工记录和有关资料的整理，归档工作，做到资料与工程同步。

6　结语

深厚卵石、漂石、崩积层是冲孔灌注桩施工的难点，通过对冲孔桩的施工质量、工期、成本等多方分析研究对比，冲孔桩能更好地解决和提高在深厚卵石、漂石、崩积层的钻进效率，它能够降低成本，缩短工期。

从冲孔桩工程实践来看，尽管冲孔桩在深厚卵石层的施工有一定难度，但只要根据工程的具体情况及其施工工艺的特殊性，在施工中增加一些辅助桩孔稳定的工程技术措施，严格现场管理，进行有效质量控制，就能有效保证成孔效率及成桩质量（深测管检测一类桩占98%以上，其余也均为合格桩；钻芯法抽检混凝土断面致密，胶结良好），满足设计要求，同时达到消除漏浆，塌孔等质量通病，做到既安全可靠，又缩短工期，取得良好的经济效益，可供同类工程参考。

参考文献

［1］ 中华人民共和国住房和城乡建设部．建筑桩基技术规范：JGJ 94—2008［S］．北京：中国建筑工业出版社，2008.

［2］ 中华人民共和国住房和城乡建设部．建筑基桩检测技术规范：JGJ 106—2014［S］．北京：中国建筑工业出版社，2014.

［3］ 中华人民共和国住房和城乡建设部．建筑地基基础工程施工质量验收标准：GB 50202—2018［S］．北京：中国建筑工业出版社，2018.

［4］ 林宗元．岩土工程治理手册［M］．北京：中国建筑工业出版社，2005.

探究建筑工程旋挖桩基础施工的质量控制要点

曾　龙

湖南省第五工程有限公司　株洲　412000

摘　要：随着我国城市现代化建设进程的不断推进，各地区的建筑工程数量与规模都得到了显著的提升。在建筑工程项目中，旋挖桩基础的应用也变得更加广泛，有必要对旋挖桩基础的质量控制工作展开深入的探索与分析。本文先阐述了旋挖桩基础在建筑工程中的工艺内容、应用效果等，在明确现存问题的基础上，做好施工准备工作、完善施工设备管理制度、注意施工工艺的质量控制、进行旋挖桩桩基质量检测。本文还探讨了旋挖桩基础施工质量控制的要点。

关键词：建筑工程；旋挖桩；基础施工；质量控制

在我国建筑工程技术不断创新发展的背景下，桩基施工工艺得到了创新。相较于传统基础施工来说，旋挖桩技术能够显著提高成孔速率，同时也可以在施工过程中做好环境保护工作，跟当前我国全面贯彻的生态文明等战略理念有较高的契合度。需要注意的是，旋挖桩技术在具体应用过程中容易受到施工环境、设备操作等多个方面的因素影响，导致旋挖桩技术很难取得预期的效果。在这种情况下，就有必要结合旋挖桩技术的应用细节，探讨旋挖桩基础施工的质量控制措施，保证建筑工程可以顺利施工。

1　建筑工程旋挖桩基础施工现状分析

1.1　旋挖桩基础施工工艺内容

旋挖桩技术主要是指利用钻头重力进行回旋切割岩土的方式进行钻孔，并且在钻孔过程中通过钻头内置的活门构件，将下方钻渣提取出来，完成连续的钻孔过程。结合当前我国建筑工程领域的实际情况来看，旋挖桩的实践应用工艺主要可以分为三种，干作业、湿作业、全护筒护壁。其中干作业工艺主要应用于岩土比较坚硬的地质条件环境中，不需要设计护壁，可以直接成孔；湿作业工艺则应用于软土地质环境中，需要使用泥浆护壁提供一定的保护作用。全护筒护壁工艺则主要用于地下水、溶洞等地质环境中，不仅需要护壁保护，在钻进的时候还要使用套管跟进，充分保证钻进的安全性和有效性。无论使用哪一种工艺方法，整体工艺流程还是比较一致的，需要施工人员进行测量放线、护筒埋设、钻挖成孔、清孔检查、钢筋笼制作与安装等，具体工艺流程与细节如图1所示。

1.2　旋挖桩基础施工应用效果

在我国建筑工程领域中，旋挖桩技术已经得到了较好的应用。一方面，旋挖桩技术的钻进速度可以达到10m/h，使得钻孔效率得到了较好的保证。不仅如此，在钻进过程中，操作人员可以对钻进位置进行精准定位，显著提高了钻进精度，保证最终钻进成效。这也使得旋挖桩技术显著提高了基础施工活动的效率，缩短了基础施工的时间周期，给建筑工程其他施工环节提供了更加宽裕的时间。另一方面，旋挖桩技术在使用过程中可以将钻渣储存起来，并且储存的密封性也比较好，很少产生泥浆。不仅如此，旋挖桩技术使用过程中的噪声也明

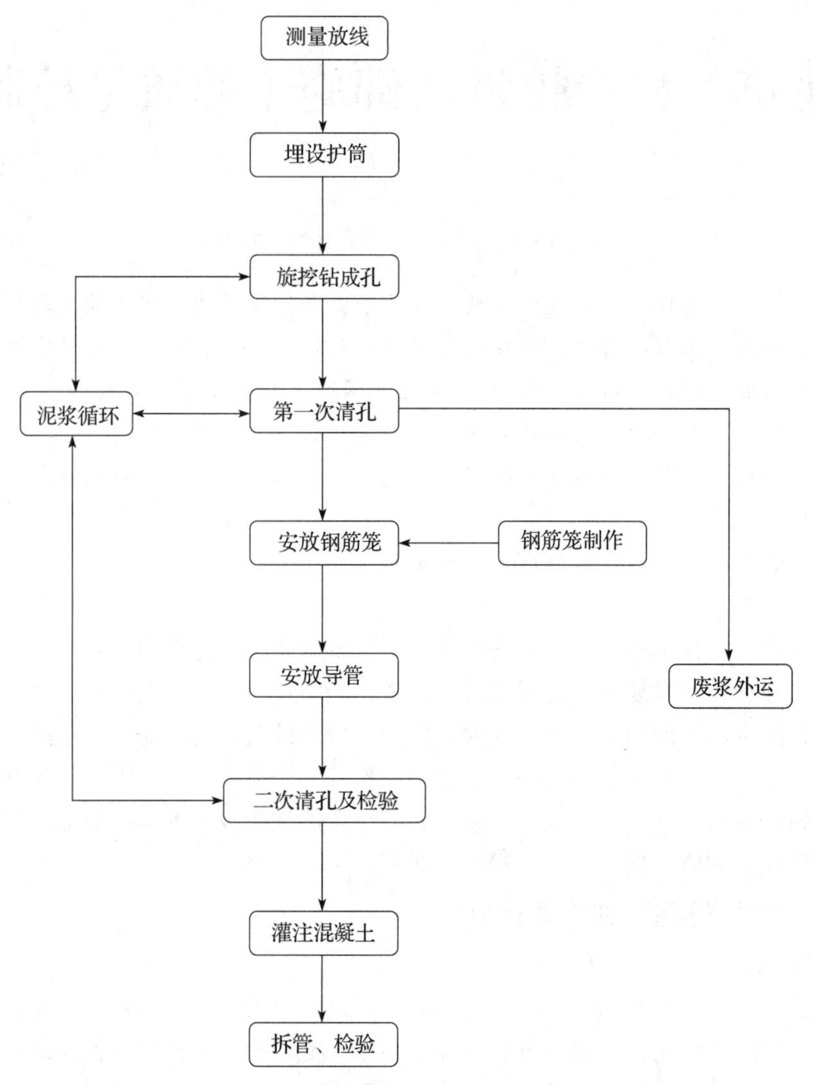

图 1　旋挖桩施工工艺流程展示图

显降低，在城市地区表现出了较强的环保效益。旋挖桩技术应用以后，给建筑工程项目带来了较高的经济收益，节约了人力成本、环境成本、设备成本等多项成本费用。

2　旋挖桩基础施工的质量控制存在的问题

旋挖桩基础施工技术具有较为显著的应用优势，但部分建筑工程在使用旋挖桩技术的时候也存在较多的问题，导致旋挖桩技术不仅没有达到上述效果，还使工程出现了较多质量问题，造成了一定的经济损失。之所以出现这种情况，主要是因为部分工程项目在使用旋挖基础施工技术的时候，并没有关注质量控制要点，导致旋挖桩基础的施工活动很难取得预期效果。一方面，部分施工团队并没有做好准备工作，导致水文地质勘察和技术交底等环节都存在欠缺，给后续施工活动带来了较多阻碍。另一方面，部分施工团队还没有构建全过程动态管理制度，在施工设备、施工工艺、质量检测等环节没有取得预期效果，也就很难完成相应的质量控制目标。在这种情况下，有必要结合建筑工程基础施工的实际情况，从多个角度探讨旋挖桩施工技术的质量控制要点内容，使这项技术可以发挥较好的作用。

3　旋挖桩基础施工的质量控制策略

3.1　做好施工准备工作

工程团队在使用旋挖桩技术时，应该做好多个方面的施工准备工作，保证旋挖桩技术可以取得较好的应用效果。第一，做好水文地质勘察工作。工程团队需要在施工开始之前做好水文地质勘察工作，保证这些勘察资料的精细化和全面化，不能出现关键资料的缺失和疏漏。在完备水文地质勘察资料的前提下，旋挖桩技术可以取得较好的应用效果。第二，进行施工方案和技术图纸的设计与敲定。工程团队需要结合实际情况设计多套施工方案，并立足于经济、效率、安全、环保等多个角度进行综合评价，选择最合适的施工方案。在此基础上，工程团队还要进行技术图纸的会审工作，保证技术图纸具有较强的科学性和合理性。第三，做好技术交底工作。在施工方案和技术图纸最终敲定以后，还要针对各个施工人员做好技术交底工作，保证施工人员可以清晰掌握后续各个施工环节的细节内容，使得旋挖桩技术可以取得较好的应用效果。

3.2　完善施工设备管理制度

旋挖桩技术在具体应用过程中需要使用多种设备，这些设备的性能水平直接关系着施工活动的最终质量。因此，工程团队一定要完善施工设备的管理制度，使得各个设备都可以得到较好的维护保养，保证设备的性能。在施工活动开始之前，设备操作人员需要对设备的性能进行检查，保证设备可以在后续旋挖桩基础施工中发挥较好的作用。在每天施工工作结束和第二天工作开始之前，相关人员还要进行设备的维护保养和检查工作，甄别设备存在的安全隐患和质量问题。与此同时，工程团队还应该形成施工设备管理的完善制度，逐步形成施工设备的岗位责任制，提高操作人员在设备维护保养等方面的积极性与主动性，使得各个设备可以在旋挖桩技术应用过程中发挥更好的作用。

3.3　注意施工工艺的质量控制

工程团队在使用旋挖桩技术时，应做好施工工艺的质量控制工作。第一，钢筋笼制作与安装的质量控制。钢筋笼制作过程是非常复杂的，要求相关人员可以熟知各项工艺的细节标准，才能够保证钢筋笼制作的质量。一方面，制作人员应该保证钢筋材料直径为 5~9cm，同时还要检查焊接部分的质量，如果发现焊接质量不达标的情况要及时进行补焊，保证钢筋笼制作质量可以较好满足相关标准要求。另一方面，钢筋笼安装过程中需要确定孔洞是否清理完毕，同时还要观察钢筋笼下放的全过程。如果发现下放的时候出现阻碍，则应该立即检查原因，避免强行下放造成钢筋笼变形等问题。第二，混凝土工程质量控制。工程人员需要做好混凝土的现场配比试验，并且根据试验结果对混凝土配合比方案进行调整，保证配置的混凝土泥浆具有较好的性能。在关注混凝土之前，相关人员应该先完成清空工程，避免底部沉渣影响桩基质量。在混凝土灌注的时候，施工人员一定要严格按照预先设计好的施工工序进行，保证混凝土工程的施工合理性。与此同时，施工人员在每次浇筑混凝土的时候，应该有半个小时的间隔，同时在泥浆流出的时候也要做好相应的处理。在低温环境中进行混凝土浇筑还应该做好保温工作，避免因为内外温差较大而产生不必要的裂缝问题。第三，钻孔成孔的质量控制。在旋挖桩技术应用过程中，钻孔成孔质量是非常关键的，直接关系着旋挖桩基础的最终品质。因此工程团队在钻孔环节中，一定要结合工程实际情况选择最合适的钻孔工艺，同时还要保证桩距等参数信息的合理性。在钻孔的时候，施工人员一定要保证成孔的垂直度，并保证各项精度在技术标准范围内，提高成孔质量。

3.4 进行旋挖桩桩基质量检测

在使用旋挖桩技术的时候，工程团队要做好旋挖桩桩基的质量检测工作。旋挖桩技术工艺的最终目的是要按照施工图纸完成施工活动，并保证最终施工完成的桩基符合我国相关技术标准。因此，针对于桩基的质量检测工作就变得非常重要。在具体检测的时候，为了避免工程团队存在内部舞弊等情况，主要采取了第三方检测的模式。在检测过程中，第三方机构可以使用钻芯检测法、振动检测法、射线法等方法，具体根据工程实际情况灵活选择。在大部分建筑工程中，最终都需要Ⅰ类桩数量超过80%，同时不能出现Ⅲ类桩和Ⅳ类桩。

4 结语

综上所述，旋挖桩技术在建筑工程基础施工中可以取得较好的应用效果。但是旋挖桩技术的应用细节比较多，想要充分发挥这项技术的价值，也需要工程人员做好多个方面的工作。在这之中，施工团队应该在使用旋挖桩技术之前做好准备工作，具体有水文地质勘察、人员设备准备、技术交底等，保证基于旋挖桩技术的基础施工活动可以顺畅进行。与此同时，施工团队还要结合施工工艺构建完善的质控制度，并在桩基施工完毕以后进行质量检测。这样，旋挖桩技术就可以较好取得预期效果，保证建筑工程的整体质量。

参考文献

[1] 杨惠龙．建筑工程旋挖桩基础施工质量控制［J］．房地产导刊，2016（07）：23.
[2] 张荣伟，丛绍运．建筑工程旋挖桩基础施工技术的应用分析［J］．建材与装饰，2018（20）：12-13.
[3] 刘传龙．建筑工程旋挖桩基础施工研究［J］．建筑技术开发，2019，46（21）：161-162.

长螺旋钻孔灌注桩技术应用
——以高科·万丰上院-西郡地基处理技术为例

冯　琰　谢壮志

湖南省第五工程有限公司　株洲　412000

摘　要：软弱地基处理的方式有很多种，其中碎石桩、水泥土搅拌桩、长螺旋钻孔灌注桩都因其各自的优点得到广泛使用。本文对上述几种地基处理方法进行了分析对比，最后展示了长螺旋钻孔灌注桩技术在土质不良条件下的工程应用实例。

关键词：长螺旋钻孔灌注桩；地下工程；施工技术

1　工程概况

高科·万丰上院-西郡项目位于株洲市天元区新马工业园。场地无建筑物分布，无地表及地下管网、电缆的分布，地势相对平坦，场地工程环境较好。其中 10 号楼、14 号楼周边场地地基承载力低，根据地勘报告，10 号、14 号楼的场地地质情况依次为人工填土、粉质黏土、圆砾、全风化泥灰岩、强风化泥灰岩，地下水位标高约为 40.0m，比现有场地标高低 3~4m。地基承载力不能满足设计要求，需对该处地基进行处理。

2　地基处理技术

地基加固处理的方式一般有碎石桩、粉喷桩、水泥土搅拌桩、长螺旋钻孔灌注桩等，其中粉喷桩与水泥土搅拌桩的性质有部分重合，粉喷桩是指利用打桩机具将干粉状的硬化剂，如水泥、石灰、粉煤灰，均匀地搅入成桩范围内的土体，使土体硬化形成具有一定整体性和强度的桩身；而水泥搅拌桩则是指利用水泥作为硬化剂，使成桩范围内的土体与固化剂发生反应，从而形成桩身。水泥搅拌桩的施工工艺又可分为干法及湿法两种，干法属于粉喷桩类型，湿法是指先将水泥配制成水泥浆，水泥土搅拌桩桩机工作时喷的是水泥浆而非水泥粉等干料。这两种基底处理方法因使用土质范围广、施工工期短、成本低、施工机械化程度高的特点在国内得到广泛使用，但也并非完美，存在置换率高的缺点，若想得到满意的设计结果，还需在工作机理上加强研究。

与水泥土搅拌桩不同，碎石桩是以碎石（卵石）为主要材料制成的复合地基加固桩。用振动、冲击或水冲等方式在软弱地基中成孔后，再将碎石（卵石）挤压入土孔中，形成大直径的碎石而构成密实桩体，由碎石（卵石）桩和桩间土组成了复合地基加固桩。碎石桩技术提高了土壤的承载能力和排水能力，同时降低了沉降和液化的可能性。碎石桩的制桩工艺也分为振冲（湿法）碎石桩和干法碎石桩两大类，对于地基承载力不满足设计要求，液化土或软黏土地基需要处理时可以采用碎石桩加水泥土搅拌桩的地基处理方法，能够很好地解决以上的问题，并且降低了工程的造价。碎石桩加水泥土搅拌桩可以因地制宜，根据场地情况采用不同的桩径、桩长、桩间距进行调整，以满足工程的要求。

长螺旋钻孔灌注技术作为建筑业十项新技术的推广项目之一，具有施工工期较短，施工中不产生明显振动或过大噪声，无须临时套管，在大规模使用中经济等优点。如图 1 所示，长螺旋钻孔压灌桩技术主要是采用长螺旋钻机钻孔至设计标高，通过螺旋钻管的空心将混凝土/浆液混合物泵入螺旋钻底部，边压灌混凝土边提升钻头直至成桩，混凝土灌注至设计标高后，再借助钢筋笼自重或利用专门振动装置将钢筋笼一次插入混凝土桩体至设计标高，形成钢筋混凝土灌注桩。后插入钢筋笼的工序应在压灌混凝土工序后连续进行。与常见的钻孔技术相比，长螺旋钻孔灌注桩施工过程中产生的噪声较小，对环境污染也很小，但是它也有一个较大的劣势，因为长螺旋钻孔灌注桩施工是一个体量较大的隐蔽工程，所以对施工工艺的要求较高，同时，由于成桩过程需要一气呵成，在施工过程中专业人员的专业素质和人员之间的配合度也是影响成桩质量的一大因素。

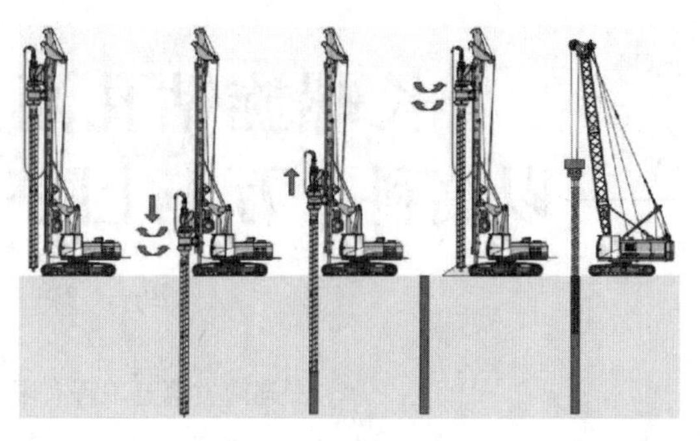

图 1　长螺旋钻孔灌注桩施工示意图

3　设计概况

本工程针对 10 号楼、14 号楼周边场地地基处理方式采用长螺旋钻孔灌注桩，土层位于地下水位以下采用长螺旋钻孔中心压灌成桩，桩径 500mm，桩体采用 C20 素混凝土。桩顶采用级配良好的砂砾石，最大粒径不大于 20mm。施工桩顶标高应高于设计桩顶 0. 5m。桩底穿过软土层进入老土（硬塑状粉质黏土或全风化岩）不小于 3m，桩长不小于 6m。单桩承载力特征值不小于 310kN，1 号汽车坡道区域处理后复合地基承载力不小于 250kPa，其余区域处理后复合地基承载力不小于 350kPa。地基处理平面布桩如图 2 所示。

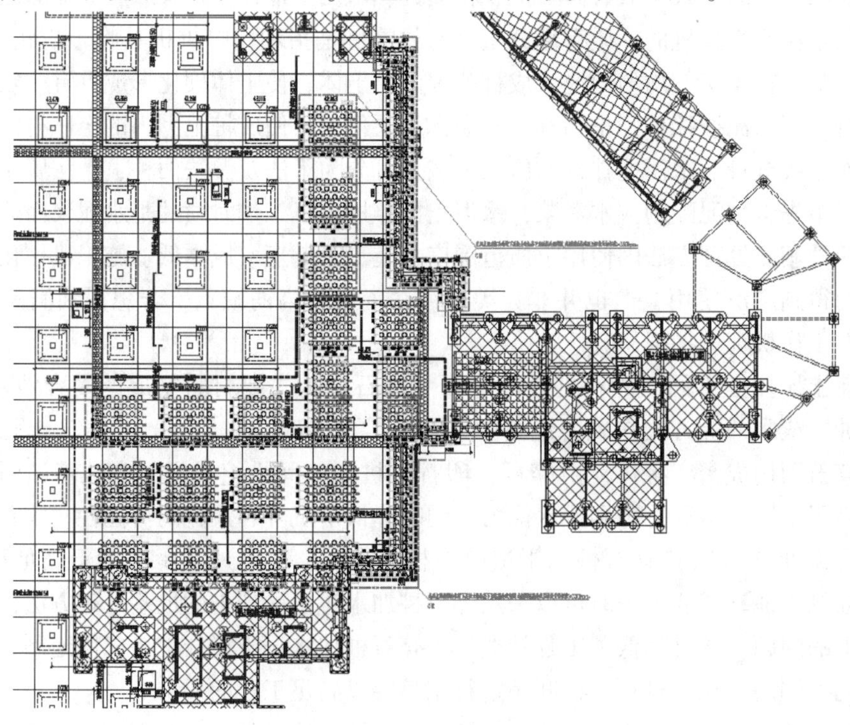

图 2　地基处理平面布桩土

4　施工工艺

长螺旋钻孔灌注桩工序较复杂，各工序的质量直接影响整个工程的质量，必须严格按照工艺流程施工，每道工序未经检查验收不得进入下道工序施工，如果相邻桩间距小于5倍桩径，则还应隔桩跳打，以避免因桩距过小发生“窜孔现象”从而影响施工质量。工艺流程如图3所示。

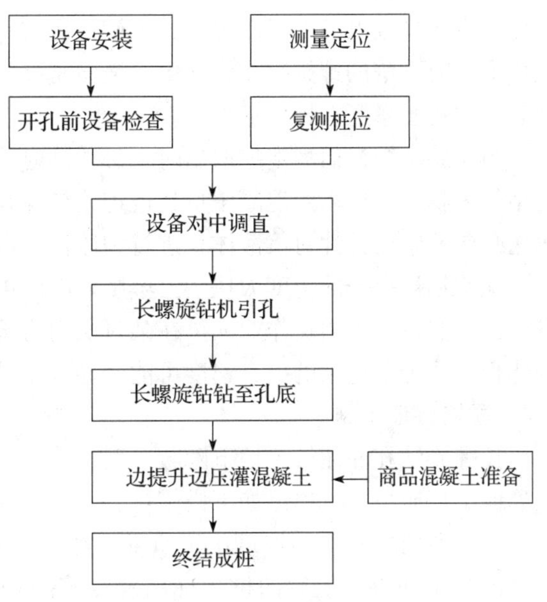

图3　长螺旋钻孔灌注桩施工工艺流程图

4.1　测量定位

根据建筑物轴线，进行施工测量放线，并根据桩位布置图，确定桩位，桩位偏差应小于70mm，并用油漆标示。钻机就位后，校正桩身垂直度，桩垂直度允许偏差小于1%。固定桩位后，在机架或钻杆上设置标尺，以便控制和记录孔深。

4.2　成孔工艺

长螺旋钻孔灌注桩系统的关键是要保证长螺旋钻机一次连续成桩。在将螺旋钻钻进到所需深度时，螺旋钻的间隙必须充满土壤，土在上升时被挤压致密与钻杆形成一个土柱，土柱与钻孔间隙仅几毫米，类似于一个长活塞，以保持孔的稳定性。如果相对于钻入地下的速度而言，螺旋钻转得太快，那么螺旋钻会将土壤输送到地表，这样会导致维持孔的稳定性所需的水平应力的减少。因此，土壤向孔的横向移动和由于过度挖掘造成的土壤流失会导致地表下沉，同时也会降低土对附近已完成的桩的约束性。

4.3　混凝土压灌工艺

当钻孔阶段完成，螺旋钻钻到要求的深度，混凝土压灌阶段必须立即开始。超流态混凝土在压力下通过软管泵送到钻机顶部，并通过螺旋钻杆的空心输送到螺旋钻的底部。

一般灌注顺序如下：

（1）在达到设计标高后，螺旋钻被提升一小段距离（通常为150~300mm），然后在压力下泵出灌注的混凝土，排出内部管道底部的堵塞物，然后将螺旋钻钻回原始桩底标高，在孔底形成桩头，实现与土的良好接触。

（2）超流态混凝土在压力下（螺旋钻顶部的压力通常高达30kPa）持续泵送，同时螺旋钻在一次连续操作中平稳提升。随钻杆土柱的上升，孔内混凝土压满，由于孔内积聚高压，并有钻杆的抽吸作用，在软地段混凝土会充盈较多形成扩径桩，对提高桩承载力很有好处。

（3）随着螺旋钻被提起，土被螺旋钻机叶片带到地面，应立即将土清除运走。在注压灌程序完成后，及时对桩顶区域进行清理。

灌混凝土过程必须在达到桩尖标高后立即开始，如果有任何延误，钻机就有可能被卡住，无法取出。为避免卡钻的发生，施工过程中会选择让钻机空转，然而这可能会影响孔的稳定性。避免这类问题的最好方法是，在施工现场有足够数量的混凝土来完成打桩之前，不要开始打桩。

作为最低要求，在考虑了测量点和螺旋钻尖端之间的高程水头差异之后，压力必须超过螺旋钻尖端排放点的上覆压力。当螺旋钻缓慢平稳地退出时，必须保持灌浆压力。这种压力取代了填充土壤的螺旋钻作为孔中的横向支撑。在施加灌浆压力时，灌浆还会向上推动螺旋钻叶片并将土壤压在螺旋钻上。

当螺旋钻缓慢而稳定地取出时，必须同时输送足够的混凝土，以取代被取出的土壤和螺旋钻的体积。应要求灌混凝土量超过理论桩体积约15%～20%。在拆除螺旋钻时，必须连续输送必要的浆液，并对浆液体积进行和监控，以确保输送足够的混凝土。与泵的输送能力相比，螺旋钻被提升的速度太快，土壤则可能向内坍塌，并在桩中形成断桩。需要对土的体积进行连续监控，以避免作业人员在某时段内将螺旋钻提升得太快，然后再放慢速度以赶上土的体积。这种不连续的提升速度可能会导致断桩、缩径等桩身缺陷。

4.4　质量保证措施

长螺旋钻孔灌注桩为地下隐蔽工程，施工过程中必须实行严格而有效的质量管理制度，以确保工程质量，特提出如下措施：

（1）保证桩底沉渣厚度小于5cm，因为桩底沉渣厚度直接影响桩的承载力。

（2）灌注混凝土后的桩顶标高及浮浆的处理，必须符合设计要求和施工规范的规定，本工程灌注混凝土要求完成面之标高比桩顶的设计标高高出500mm。

（3）灌注桩的原材料和混凝土必须符合设计要求和施工规范的规定，检验混凝土搅拌质量，水泥、砂子、石子、水必须过磅，按配合比进行搅拌。

（4）认真、准确地做好各工序施工记录，发现问题后立即采取补救措施，对原始资料严格管理，及时整理归档，工程结束后写出施工报告。

4.5　检测

在桩浇筑完成后28d，对桩进行竖向抗压静载试验、基桩钻芯法试验与低应变试验检测，检测结论桩身完整性均满足设计要求；桩混凝土强度代表值均满足要求；桩端均支承于全风化灰岩；单桩竖向抗压承载力特征值均达到设计要求。

5　结语

通过上述工程实例应用分析与讨论，长螺旋钻孔压灌桩技术作为建筑业10项新技术之一，凭借自身的优势在国内的应用越来越普遍，在保证施工现场的技术人员专业水平，加强对灌注混凝土过程的实时监测与管理的情况下，成桩的完整性与桩的各项质量标准将有所提升。

参考文献

[1]　许德胜．长螺旋钻孔灌注桩施工技术的应用［J］．企业科技与发展：下半月，2014（6）：3.

[2]　中华人民共和国住房和城乡建设部．建筑地基处理技术规范：JGJ 79—2012［S］．北京：中国建筑工业出版社，2012.

[3]　中华人民共和国住房和城乡建设部．建筑业10项新技术［S］．北京：中国建筑工业出版社，2017.

[4]　中华人民共和国住房和城乡建设部．建筑桩基技术规范：JGJ 94—2008［S］．北京：中国建筑工业出版社，2008.

浅析湿陷性黄土地区的综合管道预埋

邓　奇

湖南省第五工程有限公司　株洲　412000

摘　要：湿陷性黄土是指在上覆土层自重应力作用下，或者在自重应力和附加应力共同作用下，因浸水后土的结构破坏而发生显著附加变形的土，属于特殊土。湿陷性黄土多分布于我国华北、西北、华中等地区。在此种特殊土上预埋管道，需要考虑黄土由于降雨造成自身重量增大，导致土的不均匀沉降，而进一步导致管道的破坏以及无压力管道形成倒坡。由此可见，消除黄土的湿陷性以及降低管道的自重，增强管道的抗压能力尤为重要。本文以铜川市王益中学项目为例，就湿陷性黄土地区的管道预埋进行重点难点以及关键技术分析。

关键词：湿陷性黄土；管道预埋；控制自重

1　项目概况

铜川市王益中学建设项目位于陕西省铜川市王益区王家河南路31号。东邻包茂高速，西邻王家河。工程依山而建。工程规模：规划总用地面积128498.9m^2。总建筑面积108940m^2，其中地上面积92940m^2（新建85740m^2，改建建筑面积7200m^2），地下建筑面积16000m^2；王益中学建设项目主要建筑包含教学区、综合办公服务区、宿舍区、运动区共16栋建筑。

结构形式：钢筋混凝土框架结构，1~7号楼地上5层，8号楼地上1层，9号楼地上2层，10号楼地上6层，11号楼地下一层、地上7层。基础为条形基础或独立柱基础。建筑物抗震等级二级。防火设计建筑分类：多层建筑耐火等级二级。建筑群体共计14栋，属于大型群体公共建筑。混凝土强度等级：梁板C30、框柱为C35，其余均为C30。

根据项目实际使用用途以及图纸设计，本工程要在室外预埋给水、雨污水、消防、暖通、生活热水管道。给水以及消防管道采用PE-RT管道，管径为50mm、80mm、100mm、150mm，公称压力2.0MPa，管件采用S系列屈弹电容管件连接。雨污水管采用高密度聚乙烯HDPE双壁波纹排水管单体密封圈承插接口，管径为300mm、400mm、600mm和800mm。环刚度等级为8kN/m^2。暖通生活热水管道采用无缝钢管，弯头采用煨制弯头，90°煨制弯头曲率半径R=2.5~4.0DN。钢管外刷防锈漆两道，聚氨酯保护层，最外层为聚乙烯管壳保护层。各种管道的总平面图如图1~图3所示。

2　重点难点分析

本项目管道预埋的重点在于防止由于黄土湿陷导致的管道下沉造成无压力管道内水的倒流，因此需要对原图纸设计进行优化，对施工工艺加强控制，避免由于管道井自重大造成的管道下沉。原图纸设计管道井为钢筋混凝土矩形井，通过与设计院沟通，经现场实际考虑，决定改为质量更轻的塑料预制检查井。塑料检查井能有效降低井自重，降低下沉的可能性，加快施工进度，节约成本。同时，在沟底以及井底通过换填水泥灰土，消除黄土湿陷性，进一步降低沉降的可能性。本项目难点在于场地内单体建筑较多，场地

图 1　室外消防、给水总平面图

图 2　室外雨污水总平面图

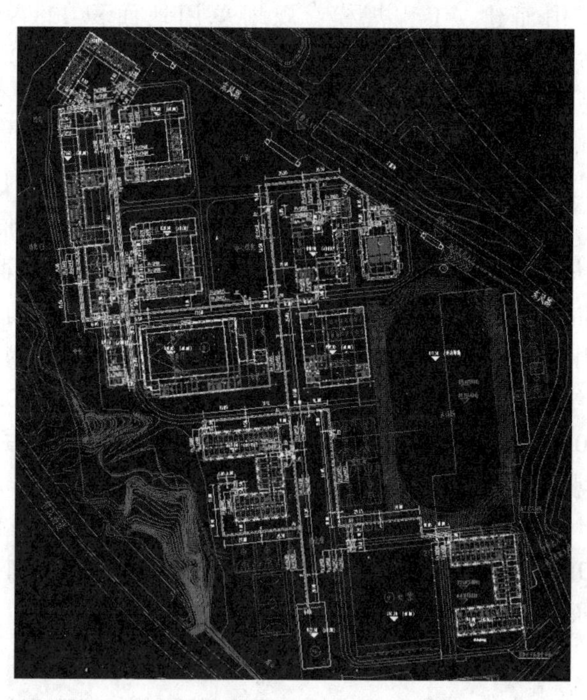

图 3　室外热力管道总平面图

较小，而各类管道错综复杂。怎么在狭小的场地内合理地对管道进行排布，使其能正常工作为本项难点。因此在预埋管道时最重要的一点原则便是：小管让大管、电管让水管、有压管让无压管。

3　施工以及施工前准备

3.1　优化图纸设计

施工前先与设计单位沟通，将井筒材质变更，改为塑料井筒。管线的分部进行深化设计，现场经过施工，场地与图纸设计时已有较大变化，预埋管线时部分管线预埋有较大难度，因此需要改变部分管线的位置。从实际施工角度出发，经设计单位勘察，在原图纸的基础上深化设计图纸，最终达到理想的施工图纸设计。

3.2　施工工艺

图纸优化→材料及机械到位→放线及验线→开挖管沟→测量标高→沟底压实→测量标高→分层回填灰土→测量标高→回填中砂→测量标高→安装管道→测量标高→实际标高与图纸设计相符→闭水试验、加压试验→回填中砂至管顶→管道两侧压实→继续回填至管顶→回填土→压实。

4　施工工艺的加强控制

4.1　放线及验线

依据图纸进行放线，如图4所示。由3位测量员相互对已放线进行查验（图5），避免因人工失误出现误差，查验无误后通知监理进一步复查，再次避免误差。

图4　依据图纸进行放线

图5　测量员相互验线

4.2　开挖管沟

开挖管沟前需根据现场实际，选定挖掘机型号，各挖掘机型号和参数见表1。开挖管沟如图6所示。

表1　挖掘机型号和参数

制造商	型号	整机质量（kg）	标准斗容（m^3）	行走方式
三一重工	SANY SY60C	5800	0.2	履带式
三一重工	SANY SY200C	19600	0.9	履带式
卡特彼勒	Catepillar 325C	26330	1.3	履带式
柳工	Liugong CLG925LC	23250	1.1	履带式

对于管沟内只有一条管道的管沟，选择三一重工整机质量为5800kg的挖掘机，管沟内有多条管道的管沟选用柳工23250kg的挖掘机。开挖管沟时，严格按照白线进行开挖，不得超挖。开挖时，管沟边1.2m范围内不得堆载重物，防止管沟塌方。管沟开挖至指定标高后对原土进行压实，使用环刀法对压实度进行测量，同时监理到现场进行核验，要求压实度达到0.95以上算为合格。

4.3 测量标高

沟底压实度合格之后对标高用水准仪进行测量，5m为一测点（图7），对不合格的点重挖或者回填，达到标高即为合格。

图6 开挖管沟

图7 测量标高

4.4 灰土回填

回填的灰土必须严格控制水泥与土的比例，在搅拌灰土之前须有施工员及监理旁站，灰土中的黏土须过筛，不得有超过15mm粒径的土。灰土回填是必须分层回填，管沟回填要求30cm回填厚度，分两层回填，每层15cm。采用蛙式电夯机进行夯实，每层虚铺厚度为20cm。回填至标高后采用环刀法对土的压实度进行检测，达到0.97及以上即为合格。

4.5 回填中砂

中砂铺设厚度为10cm，回填之前须过筛，保证中砂内没有尖锐硬块，避免损伤管道。

4.6 安装管道

根据小管让大管、有压管让无压管原则。当一条管沟内有多条管道且包含雨污水管道时，先安装雨水或污水管道。安装雨污水管道时应注意：

（1）承插接口安装时应将插口顺水流方向，承口逆水流方向。

（2）安装管道可由人工下管安装，人工抬起管两端，递给沟底施工人员，施工人员将管道平稳地放在中砂上，调整管道放置在预定位置。管道过长时可用手锯将管道截断，注意管道口应垂直平整。

（3）管道连接时，插口插入承口，应先将两口内外清理干净，涂上润滑剂，将插口对准承口就位。

（4）人工将管道插口推入承口，或者使用辅助手动葫芦等工具，将插口送入承口。

（5）安装完毕、检测标高。

（6）标高检测无误之后，将管道一端使用气囊封堵，由另外端注水，注水时注意管井内水位线高出预制管井口与管井接口处即可。试验24h之后，检查水位线，若没有下降即表示管道密封良好，可进行下一步施工。

安装雨污水管道之后，可安装给水、消防管道。注意给水消防管道需安装在雨污水管道上方，若雨污水与给水管道有交叉，应在给水管上增加套管，套管两端相距交叉点50cm。安装有压管道时，注意加压24h，不得用气压代替水压，若压力无变化即表示管道密封良好，可进行下一步施工。

（7）安装雨污水预制井，在管沟底回填灰土时，应预留预制井位置，灰土回填时预留10cm用以浇筑混凝土垫层，混凝土采用C20，在浇筑混凝土前，应采用$\phi 6$钢筋绑扎一层钢筋网片，规格10mm×10mm，防止混凝土开裂。

4.7　回填中砂

标高检测无误后即可回填中砂，回填中砂时应注意，不得使用施工机械将大量中砂倒至管沟，以免管道发生位移，甚至导致管道弯曲而破坏管道。回填时，应先回填管道两侧，两侧同时回填避免管道位移，回填至管中时，人工使用铁锹等工具将中砂压实（若管沟较宽，在经检查不会损坏管道的情况下，可使用蛙式电夯压实），然后回填至管顶、压实。

4.8　回填土

使用粒径小于15mm的黄土分层回填，每层20cm，人工夯实（图8）。当回填土厚度达到80cm时，可使用蛙式电夯机夯实。管道预埋完毕。

图8　分层回填土

5　预埋管道验收

预埋管道安装完成后，由现场施工组长上报项目部验收，项目部组织监理方等现场单位组织联合验收，验收内容如下：

（1）管道的材质、规格是否与图纸设计要求一致。现场施工工艺、施工步骤是否与图纸设计要求一致。管材、胶圈的出厂合格证，以及与设计单位联系后出具的设计变更单以及变更后的设计图纸。

（2）管材不得有破损或者明显裂缝，波纹管道接槎处不得有明显的水渗漏。

（3）PE 管道水压试验的静水压力不得小于管道工作压力的 1.5 倍，试验压力不得小于 0.8MPa。

（4）PE 管道试压时，管道的长度不得大于 1000m，对于中间没有附件的管段，试验长度不得大于 500m。

（5）管道试压前，试压管段连接处的端头支撑挡板应进行牢固性和可靠性检查。

（6）管道试压 24h 之后，管道压力失压应在 0.1MPa 之内，视为合格。

验收全部合格之后，即可开始下一步回填工作。

6　结语

本工程充分体现了在湿陷性黄土地区安装管道时的施工特点，根据特殊土质的特性，选用轻质材料降低自重。同时摒弃传统的砖砌井，使用高强度塑料预制井，大大节约了人工成本，时间成本，提升了工作效率。同时，也能很好地防止沉降。在防止沉降上，也通过在湿陷性黄土地区常规的灰土做法，规避黄土下沉。通过本工程实例，为今后在湿陷性黄土地区的室外管道预埋积累了经验以及高效的施工方法。

参考文献

杨校辉，黄雪峰，朱彦鹏，等．大厚度自重湿陷性黄土地基处理深度和湿陷性评价试验研究［J］．岩石力学与工程学报，2014，33（05）：1063-1074.

建筑施工地基基础回填与压实施工技术分析和探讨

郭　凯

湖南省第五工程有限公司　株洲　412000

摘　要： 建筑施工地基基础回填土必须具有一定的密实度，以免造成建筑物的不均匀沉降或填土区的塌陷。为使填土满足强度、变形和稳定性方面的要求，施工时应根据填方的用途，充分考虑施工现场土质特点、结构类型和现场条件，正确选择填方土料和填筑压实方法。本文主要就地基基础回填土的土料选用、含水率的控制、基底处理及填方压实方法进行分析和探讨。

关键词： 建筑工程；地基基础；土方回填；压实技术

随着城市的建设，建筑工程施工过程中地基基础土方的回填以及相应的压实作业受到了更多工程人员的关注，因为其关系到整个建筑物地基的牢固性和安全性，所有回填和压实作业，都要严格按照设计要求和施工规范来进行作业，要根据现场实际情况，正确选择回填土料和压实方法，确保填土能达到设计要求。

1　地基基础回填土料的选用

填土土料的质量直接影响填土施工质量，选择的土料应符合设计要求，在满足设计要求的前提下，应根据项目施工现场及场外周边的实际情况，选择最经济又能满足施工质量的填土。填土土料一般分无限制使用、有限制使用和不得使用土料。项目可根据以下原则，择优选择回填土料。

1.1　无限制使用的土料

无限制使用的土料有碎石类土料、砂土、爆破石渣和含水量符合压实要求的黏性土。碎石类土、砂土和爆破石渣可作为表层以下的填料，含水量符合压实要求的黏土可作为各层填料。

1.2　有限制使用的土料

有限制使用的土料为碎块草皮和有机质含量大于8%的土，仅用于设计无压实要求的填方；淤泥和淤泥质土一般不能做填料用于有压实要求的地方，但软土或沼泽地区，经过降水或挖出晾晒等方法处理后，使其含水量降低到符合压实要求后，可用于填方中的次要部位；含盐量符合施工验收规范规定的盐渍土一般可以使用，但填料中不得含有盐晶、盐块或含盐植物的根茎，否则将会影响填土质量。

1.3　不得使用的土料

含水量大的黏土不宜作填土用；含有大量有机物质的土，因日久腐烂后容易发生变形；含有水溶性硫酸盐大于5%的土，在地下水作用下，硫酸盐会逐渐溶解流失，形成孔洞，影响土的密实性。

2 土料的含水量控制

（1）在同一压实条件下，填土的含水量对压实质量有直接影响。当土具有适当含水量时，水起到了润滑的作用，从而易压实。当含水量不足时，适当增大压实功能，如果土的含水量过大，此时再增大压实功能，压实效果就会很差（表1）。所以，土基压实施工中，控制最佳含水量是关键。项目在回填土施工过程中控制土的含水量可根据以下公式进行计算：

$$W=(M_w/M_a)\times 100\%$$

式中，W 为土的含水量；M_w 为土中水的质量；M_a 为土中固体颗粒的质量。

表1 各种土的最佳含水量和所获得的最大干密度

土的种类	变动范围	
	最佳含水量（%，质量比）	最大干密度（g/cm³）
砂土	8~12	1.80~1.88
黏土	19~23	1.58~1.70
粉质黏土	12~15	1.85~1.95
粉土	16~22	1.61~1.80

（2）控制回填土含水量的目的是防止出现以下情况：

含水量大导致基础为橡皮土，弹性很大，影响整体结构；违反规范要求，可能对业主造成巨大损失；影响建筑物的安全，严重的会造成安全事故。

3 基底处理

基底通病为填方基底未经过处理，局部或大面积填方出现下陷，或者发生滑移等现象。很多项目在回填之前都忽视了基底处理工作，最后影响了回填质量，给工程造成了经济损失，所以在进行回填之前应做好相应的基底处理工作并进行基底验收。例如基底的树墩及主根应拔出，坑穴应清除积水、淤泥和杂物等，并分层回填夯实；在建筑物和构筑物下面的填方或厚度小于0.5m的填方，应清除基底上的草皮和垃圾等。

4 填方压实方法

填土压实的方法一般有碾压、夯实、振动压实等几种。

（1）碾压法。碾压法适用于平整场地、大面积填土工程。它是利用机械滚轮的压力压实土壤。碾压机械有平碾（压路机）、羊足碾、振动碾等。按质量大小，平碾分为轻型、中型、重型三种。砂类土和黏性土用平碾压实效果好；羊足碾只适宜压实黏性土；振动碾是一种振动和碾压同时作用的高性能压实机械，适用于碾压爆破石渣、碎石类土等。

用碾压机械进行大面积填方碾压时，宜采用“薄填、低速、多遍”的方法。碾压时每层铺土厚度一般为200~300mm，碾压应从填土两侧逐渐压向中心，并应至少有200mm的重叠宽度。为了保证填土压实的均匀性和密实度，提高碾压效率，宜先用轻型机械碾压，使其表面平整后，再用重型机械碾压。

（2）夯实法。夯实法是用夯锤自由下落的冲击力来夯实土壤，主要适用于小面积回填土，可以夯实较厚的黏性土层和非黏性土层。夯实机械有夯锤、内燃夯土机和蛙式打夯机。夯锤借助起重设备提起落下，其重量大于15kN落距2.5~4.5m，夯土影响深度可超过1m，常用于夯实黏性土、砂砾土，杂填土及含有石块的填土等。

蛙式打夯机在小型土方工程中应用非常广泛，它灵活简单，操作方便，尤其对零星分散或边角部分的夯实较为灵活，其铺土厚度一般为200~250mm，夯打遍数依据填土的类别和含水量确定。

（3）振动压实法。振动压实法是利用振动机械作用的振动力，是土颗粒发生相对位移而趋向密实的稳定状态。采用的机械主要有振动压路机、平板振动器等，这种方法适用于非黏性土的振实。目前多用于砂垫层或砂石垫层的施工，亦可用爆破石渣、碎石类土、杂填土等的填方工程。

5　基础回填常见问题的处理措施

5.1　基坑积水

由于场地填土过深、未分层夯实、排水设施设置不合理等原因而导致场内在回填平整后出现局部或大面积积水。

处理措施：①遭水浸的土，要全部铲除干净才能进入下一道工序；②填土区域保持一定的坡度，中间稍高两边稍低，以利于排水；③设置排水沟与集水井相连，用水泵直接抽走。

5.2　基坑回填出现沉陷

基坑回填土出现局部沉陷会造成整体性被破坏。

处理措施：①回填前将填土区坑底的淤泥、杂物清理干净，积水排净；②回填土严格分层回填、夯实，回填土料和含水量应符合规定；③若沉陷继续发展，必须挖除回填土，重新用透水性小的黏土或粉质黏土回填压实。

5.3　回填土出现弹簧土

填土在碾压时受力处出现下陷，四周鼓起，形成塑性状态，踩上去有种弹簧的感觉，这是由于土的含水量过大造成的。

处理措施：①清除腐殖土和淤泥，控制回填土的含水量，将填土翻晒晾干后再回填；②做好填土区周边排水措施；③使用吸水性强的石灰粉、碎石等材料掺入到橡皮土中，让其吸收土中的水分，从而降低土的含水量。

6　结语

在土方回填之前，应该科学合理地选用回填土料和压实方式，严格控制回填土料的含水量，基础回填与压实技术也是工程施工中非常重要的工序，有任何环节没有按照设计要求施工，都会对工程质量、工程工期和工程安全造成严重的影响。所以我们要严格按照设计要求和施工规范来进行作业，保证工程施工质量，进而达到提高建筑物整体形象以及使用寿命。

参考文献

[1]　张欣琳．浅谈建筑工程中土方的填筑与压实施工技术 [J] 民营科技，2015（2）：179.

[2]　陆紫金．浅谈土方的填筑与压实施工 [J]．门窗，2014（5）：168，171.

[3]　郑忠鸿．建筑基础土方的施工工艺分析 [J]．中国建材科技，2014（S1）：237.

[4]　段玉顺，徐长伟．建筑工程施工手册 [M]．北京：化学工业出版社，2020.

基坑开挖对邻近建筑的影响

邝　政　白　科

湖南省第五工程有限公司　株洲　412000

摘　要：本文采用软件 Midas NX 建立整体三维有限元模型对基坑开挖与支护施工方案进行模拟计算，模型边界采用地面及地上建筑都为自由面无约束，模型底面每个方向均约束，模型四个侧面均只约束法向，其余方向自由无约束，计算得出基坑开挖过程对万象中心大楼的沉降和水平位移，本次评估采用理论分析与数值模拟手段，对基坑开挖和支护施工影响既有建筑安全性进行评估并提出改进建议。

关键词：基坑开挖；既有建筑；影响性分析

随着我国大中型城市的发展建设不断加快，城市中心的高层、超高层建筑越来越多，建筑基坑工程逐渐向宽、大、深的方向发展。与此同时，在核心城区的大型基坑工程也引发了许多环境安全事故，主要是对周边既有建筑的结构等造成的损伤或破坏。

基坑施工对邻近建筑的影响问题，本质上属于岩土工程中邻近施工对环境影响的问题。从基坑施工的过程来看，一般有 4 个阶段可能对周边地层产生影响，当基坑周边存在建筑物时，则会引起建筑物下方及其附近土层的位移，主要表现在围护结构的施工阶段、基坑开挖前的预降水及开挖中的排水阶段、基坑开挖阶段、开挖结束以后的阶段。

针对工程实际情况，根据剧院基坑周围线路、建筑交叉的具体条件，进行基坑开挖的安全稳定性分析与评价，分析基坑周围既有建筑——万象中心大楼的环境、道路、地下通道等安全性，以保障基坑施工的安全以及周围环境的安全稳定。

1　剧院的计算模型与基本假定

1.1　有限元模型

建立基坑开挖方案模型，以多功能剧院长轴向方向为 X 轴，以剧院短轴向方向为 Y 轴，竖直方向为 Z 轴建立三维模型计算分析，为消除模型边界效应，X 轴方向取 240m，Y 轴方向取 245m，Z 轴方向取 50m（Z 轴取值已考虑支护与工程桩深度）。模型中土体采用四面体单元模拟，柱和桩及锚索采用线单元模拟，楼板和墙面以及基坑壁喷射混凝土和坑底垫层采用板单元模拟，同时基坑的围护桩采用等效刚度的板单元模拟，共划分单元 486221 个，节点 103278 个。计算模型基本尺寸及相应的位置关系如图 1 所示。

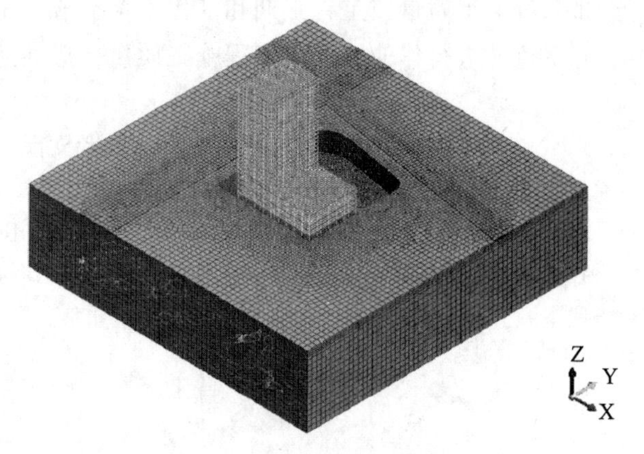

图 1　基坑开挖施工完成后的模型示意图

1.2　模型边界条件

有限元数值模拟是基于一定的假设

和模型简化进行的，假定如下：

（1）认为各土层均呈匀质水平近层状分布且同一土层为各向同性，结构体的变形、受力均在弹性范围内；

（2）因考虑到基坑开挖是一个相对短期的过程，基坑周边设计有止水帷幕，并未充分考虑固结和地下水渗流；

（3）模型中围护灌注桩结构根据等刚度原理利用地下连续墙模拟。

1.3　分析步设置

为了准确地模拟体育中心基坑开挖对多功能剧院大楼的影响，计算采用动态模拟施工过程的计算方法，设计为依照实际施工方案为背景的分步开挖方案，按照施工图纸在基坑周围打入一定数量的围护桩后，再如图 2 所示对基坑进行按Ⅰ-A、Ⅰ-B、Ⅱ-A、Ⅱ-B、Ⅱ-C 的开挖施工顺序进行开挖，并在开挖的同时及时进行相应的支护。其施工步骤如下：

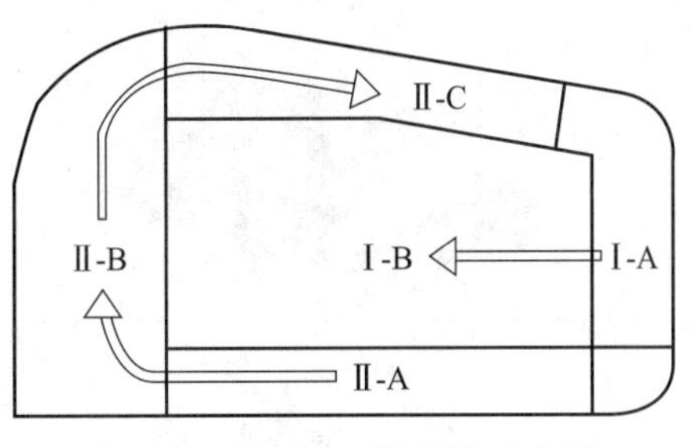

图 2　基坑土方开挖顺序示意图

（1）初始地应力平衡；

（2）进行剧院的基坑开挖及其地下室和上部建筑的施工；

（3）对剧院施工产生的变形进行位移清零；

（4）对基坑进行围护桩的施工；

（5）按Ⅰ-A、I-B、II-A、Ⅱ-B、Ⅱ-C 的开挖施工顺序对基坑进行开挖，并进行相应的喷射混凝土和锚索支护。

2　万象中心大楼的有限元模型计算结果分析

2.1　万象中心大楼结构沉降分析

（1）沉降最大值分析

大楼结构竖向位移云图见表 1。从表 1 中可以看出，竖向位移最大值与最大值出现的位置随开挖工序的变化而变化（正值表示隆起，负值表示沉降）。

表 1　基坑开挖完成万象中心大楼结构竖向位移

开挖	位移图	开挖	位移图
Ⅰ-A		Ⅰ-B	

续表

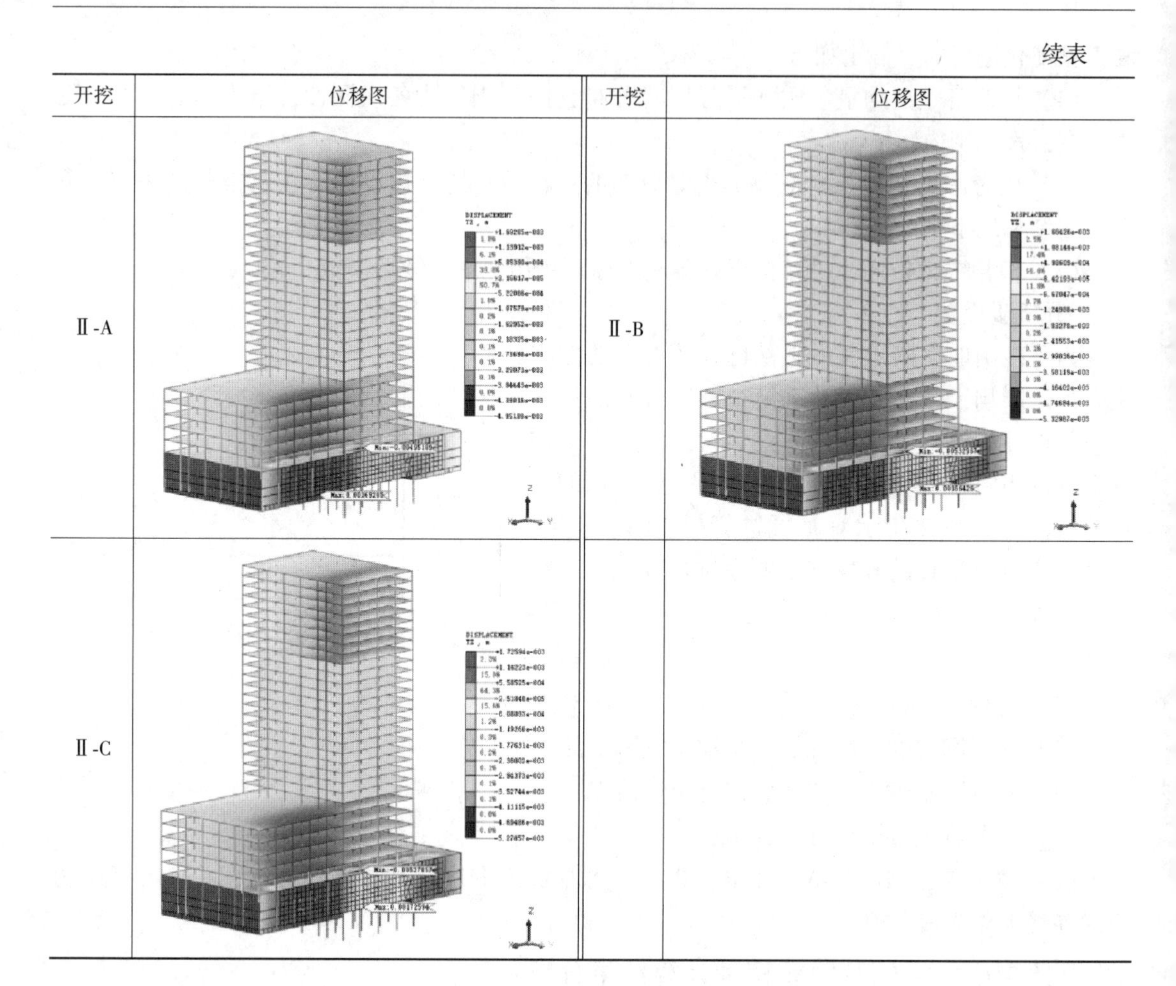

具体沉降数据见表 2（正值表示隆起，负值表示沉降）。

表 2　万象中心大楼结构沉降值

开挖阶段	最大沉降量（mm）	控制指标（mm）	最大沉降量所处位置
Ⅰ-A 开挖	0.4	15	大楼北侧靠西端地面处
Ⅰ-B 开挖	0.2	15	大楼北侧靠西端地下室地下 2 层处
Ⅱ-A 开挖	4.9	15	大楼北侧中间偏西地面部分
Ⅱ-B 开挖	5.3	15	大楼北侧中间偏西地面部分
Ⅱ-C 开挖	5.3	15	大楼北侧中间偏西处地面部分

从表 2 中可以看出，在各开挖阶段中，万象中心大楼的沉降主要集中于万象中心大楼结构的北侧（靠近基坑侧）部分，且随着开挖施工工序的变化，最大沉降的位置发生了变化。在Ⅰ-A、Ⅰ-B 开挖的时候，最大沉降位于万象中心大楼北侧靠西端处。到Ⅱ-A 开挖的时候最大沉降转移到万象中心大楼北侧中间的地面部分，且之后的施工阶段中最大沉降所发生的位置保持不变，主要原因是在于该位置对应于万象中心大楼建筑结构高层部分的最底端，该位置所受的建筑自重荷载最大，从而导致在对其相邻的土体进行开挖时，由于土体的卸载变

形，该处产生最大的沉降，但最大沉降值为5.3mm，在控制指标（15mm）以内。

（2）不均匀沉降分析

以万象中心大楼结构的地面部分为研究对象，万象中心大楼结构的地面层的竖向位移云图见表3，且在万象中心大楼的地面部分上以南北方向划分的5个轴，对该5个轴线两端的沉降进行标注并研究。位移最大值与最大值出现的位置随开挖工序的变化如图1所示（正值表示隆起，负值表示沉降）。

表3　基坑开挖完成万象中心大楼地面层竖向位移

开挖	位移图	开挖	位移图
Ⅰ-A	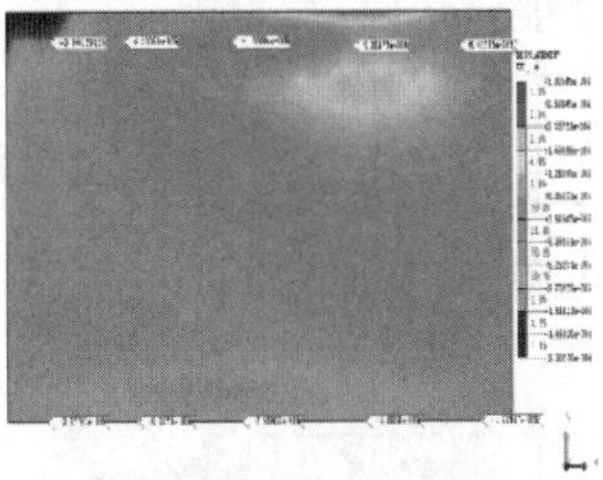	Ⅰ-B	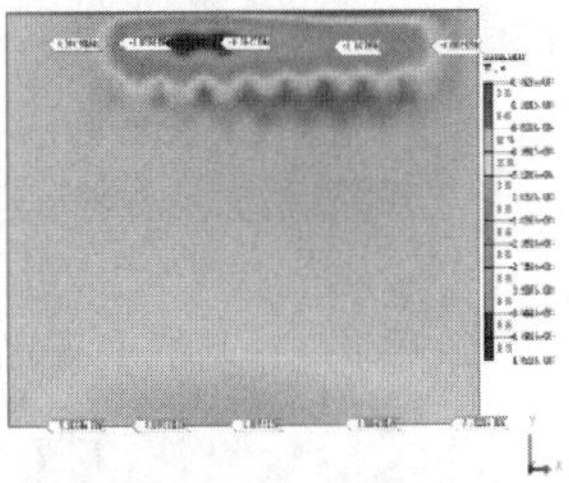
Ⅱ-A	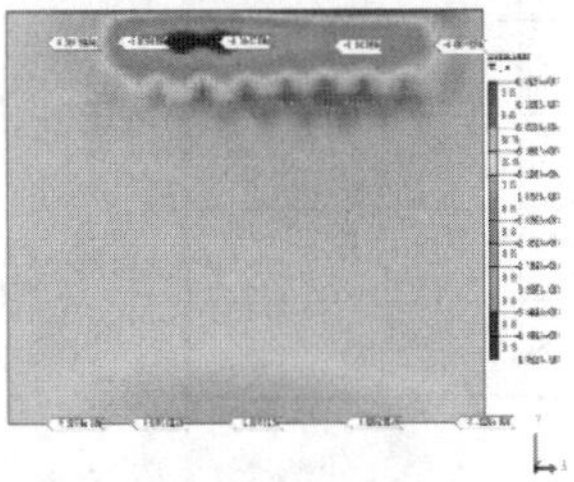	Ⅱ-B	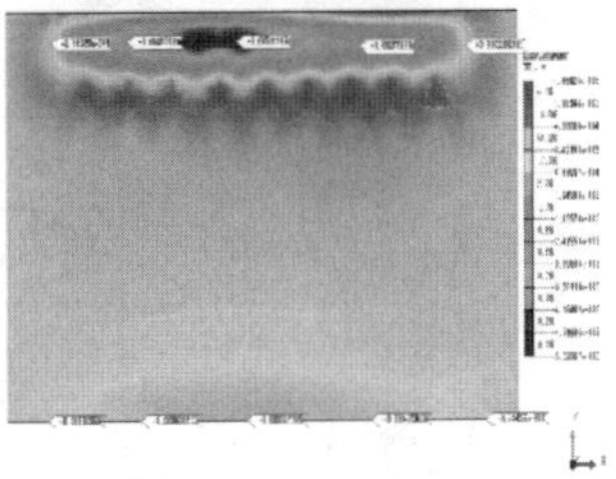
Ⅱ-C	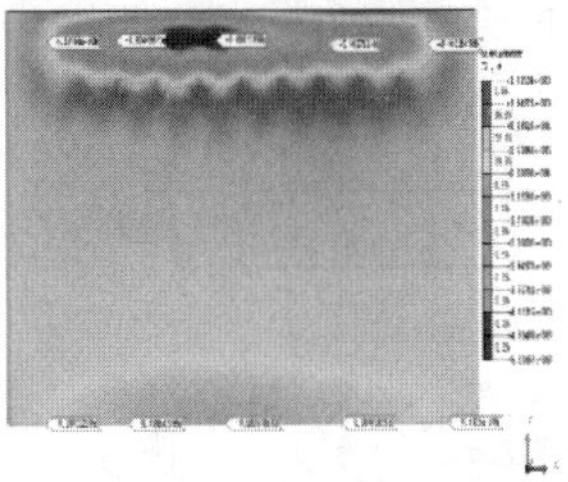		

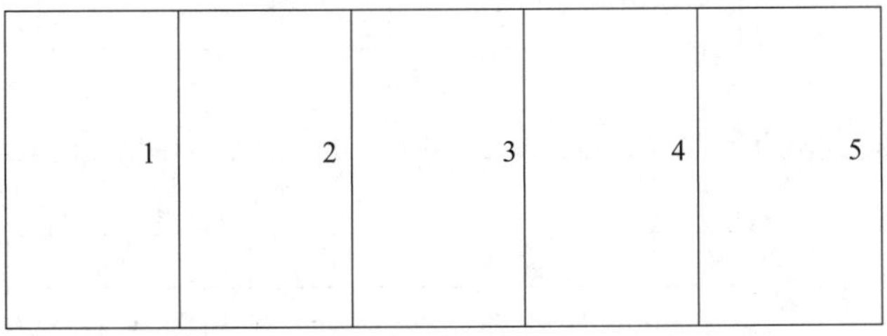

图3　万象中心大楼结构地面层划分

如表3所示，开挖工序中，万象中心大楼结构地面层的沉降是不均匀的，且随着开挖工序而不断地变化。地面所发生的沉降主要分布于万象中心大楼结构北侧（靠近基坑侧）部分，且随着开挖施工工序的进行，最大沉降的位置发生了变化。在Ⅰ-A、Ⅰ-B开挖的时候，最大沉降位于万象中心大楼结构地面层北侧靠西端处。到Ⅱ-A开挖的时候最大沉降转移到万象中心大楼北侧中间的地面部分，且之后的施工阶段中最大沉降所发生的位置基本保持不变。

由于万象中心大楼结构地面层的沉降总体呈北侧沉降大，南侧沉降小。则其会产生沿南北方向的差异性沉降，即建筑产生由南向北的倾斜。现以图 2 所示的 5 个轴上南北两侧的沉降差随着开挖阶段步的变化，制成图 4~图 8 的曲线图。图中沉降差为南侧的沉降值减去北侧的沉降值，即正为向南倾斜，负为向北倾斜。

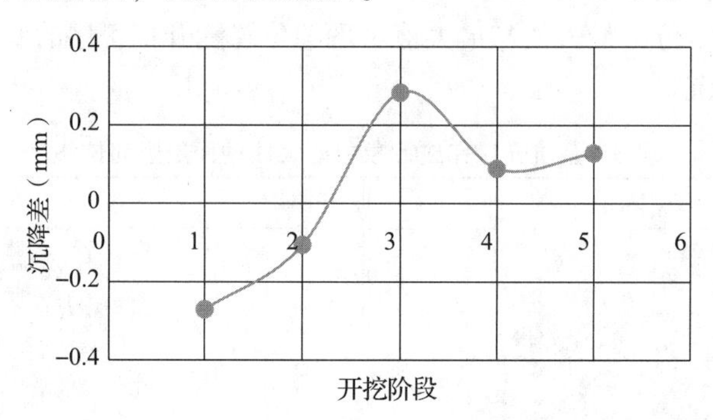

图 4　基坑Ⅰ-A 区域开挖完成万象中心大楼地面层 1 轴南北侧沉降差

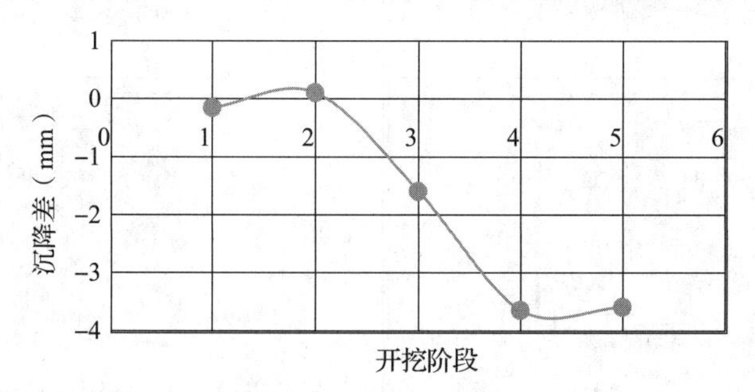

图 5　基坑Ⅰ-B 区域开挖完成万象中心大楼地面层 2 轴南北侧沉降差

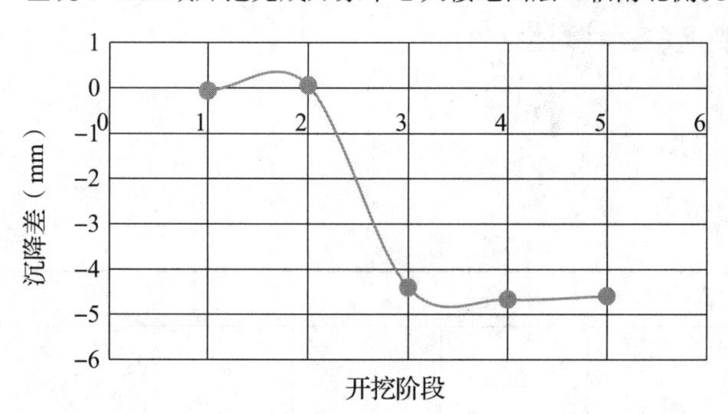

图 6　基坑Ⅱ-A 区域开挖完成万象中心大楼地面层 3 轴南北侧沉降差

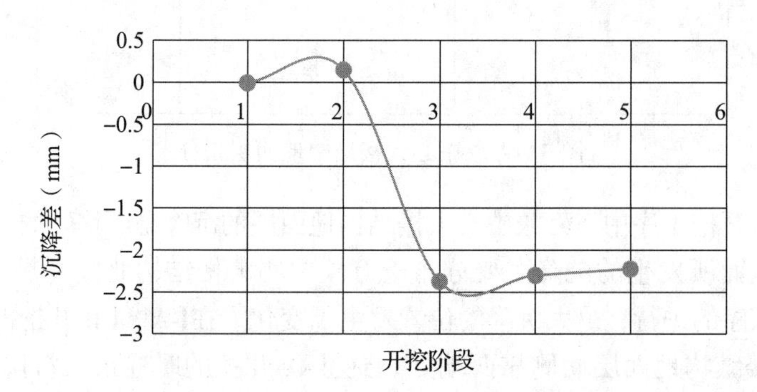

图 7　基坑Ⅱ-B 区域开挖完成万象中心大楼地面层 4 轴南北侧沉降差

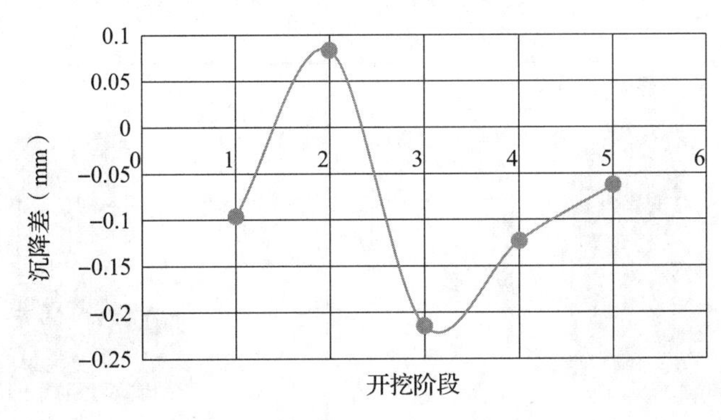

图8　基坑Ⅱ-C区域开挖完成万象中心大楼地面层5轴南北侧沉降差

如图4~图8所示，除1轴外，其余各轴上大部分都处于由南向北倾斜。最大的沉降差发生于3轴上，为4.7mm，在控制指标（10mm）范围内。

2.2　象中心大楼结构水平位移分析

本基坑项目邻近万象中心大楼，尤其在万象中心大楼的北侧距离基坑围护结构仅为5.4m。由于万象中心大楼属于高层建筑，对地面的荷载较大。随着基坑开挖引起周围土体的卸载变形，万象中心大楼结构将会产生相应的水平位移。选取基坑开挖的五个主要阶段，对万象中心大楼结构的水平位移进行分析（表4）。

表4　基坑开挖完成万象中心大楼地面层竖向位移

开挖	位移图（东西）	位移图（南北）
Ⅰ-A	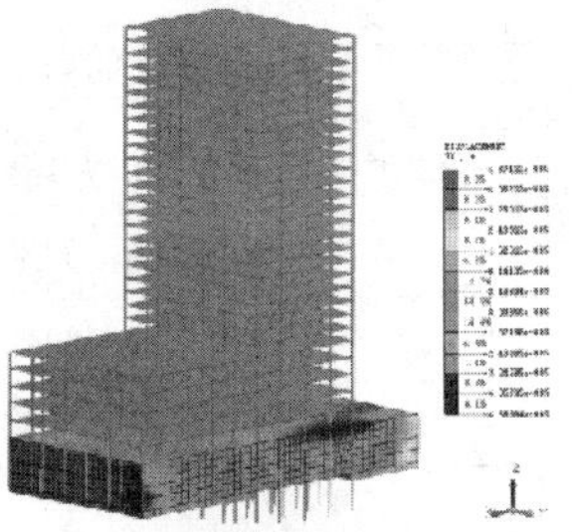	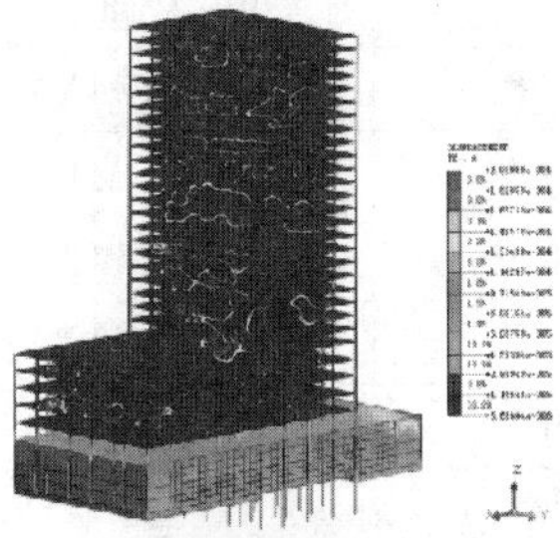
Ⅰ-B	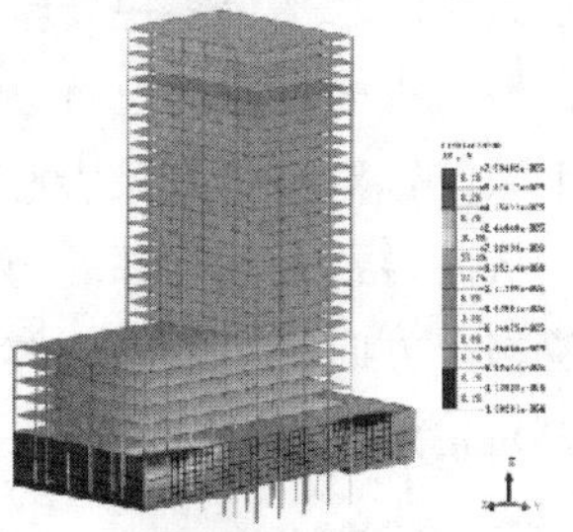	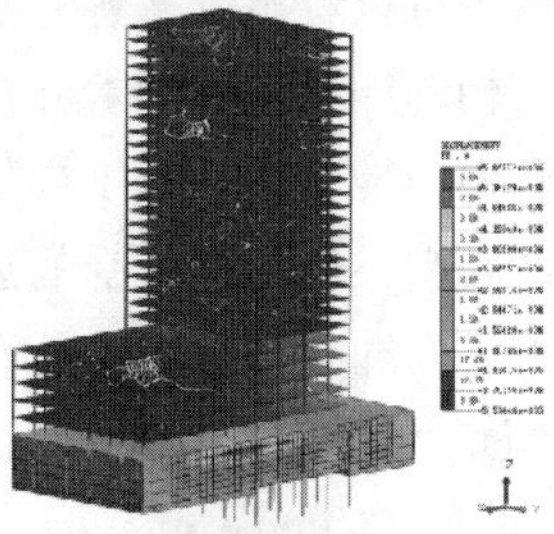
Ⅱ-A	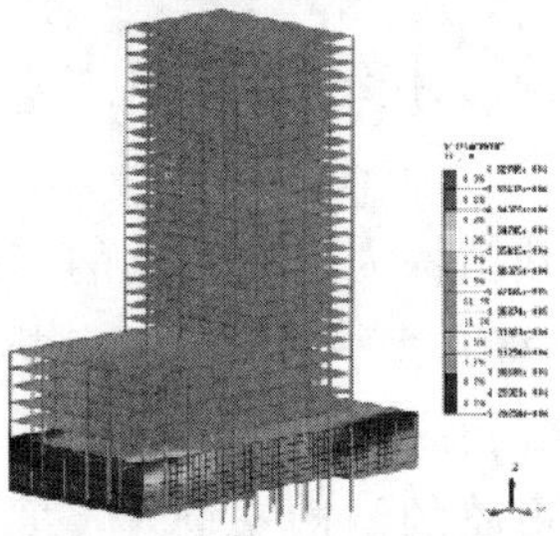	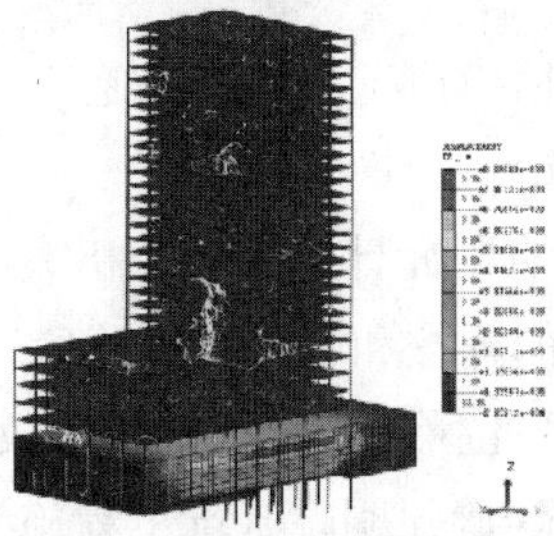

续表

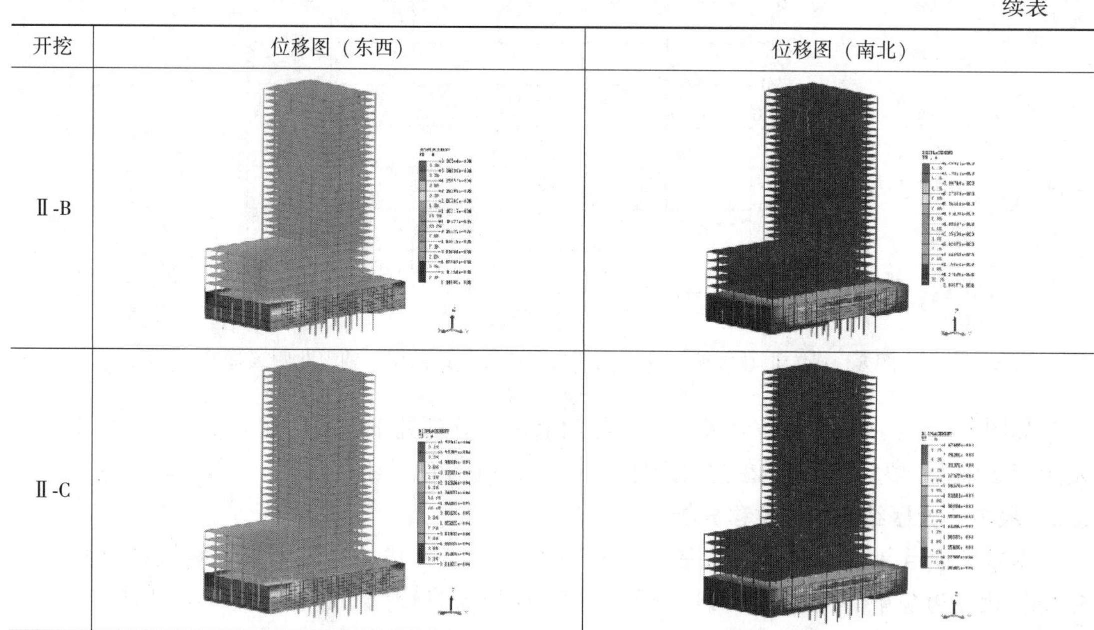

开挖	位移图（东西）	位移图（南北）
Ⅱ-B		
Ⅱ-C		

具体水平位移数据见表 5。

表 5　万象中心大楼结构水平位移值

开挖阶段	最大水平位移量（mm）	控制指标（mm）	最大沉降量所处位置
Ⅰ-A 开挖	0.2（朝北）	20	万象中心大楼北侧靠西端地面处
Ⅰ-B 开挖	0.6（朝北）	20	万象中心大楼北侧靠东端地下室地下 1 层处
Ⅱ-A 开挖	8.1（朝北）	20	万象中心大楼北侧中间地下室地下 1 层处
Ⅱ-B 开挖	8.5（朝北）	20	万象中心大楼北侧中间地下室地下 1 层处
Ⅱ-C 开挖	8.5（朝北）	20	万象中心大楼北侧中间地下室地下 1 层处

从表 5 中可以看出，在各开挖阶段中，万象中心大楼的水平位移主要集中于万象中心大楼地下室结构的四周，且随着开挖施工工序的变化，最大水平位移的位置逐渐稳定于万象中心大楼北侧中间地下室地下 1 层处。主要原因是在于该位置对应于万象中心大楼建筑结构高层部分的最底端，该位置所受的建筑自重荷载最大，从而导致在其相邻的土体进行开挖的时候，由于土体的卸载变形，该处会产生最大的水平位移，方向则为朝向土体被开挖的基坑侧（北侧），但最大水平位移值为 8mm，在控制指标（20mm）以内。

3　结论

此评估模拟了剧院开挖施工对基坑南侧的万象中心大楼结构所产生的影响分析，评估得出以下结论：

（1）有限元计算结果分析表明，在万象中心大楼结构为既有结构的前提下，其结构在剧院基坑的开挖和施工完成阶段均产生一定的竖向位移和水平位移，从分析结果来看，竖向位移和水平位移变形指标数值均处在变形控制标准之内，符合评估标准。

（2）为确保剧院基坑工程施工期间既有建筑和道路的结构安全、人员、行车及运营安全，综合考虑既有结构的预测变形、极限变形，建议采取预处理方案控制剧院基坑施工对万象中心大楼结构和周边道路结构的影响，并加强影响段落内的变形监控量测。

（3）考虑三维数值分析能够更好地反映基坑开挖对既有结构体位移、变形和内力的影响，其计算结果能够与实际工程经验更好地吻合。由于土质条件的变化、土参数的空间变异、实际施工过程与数值模拟的差异等原因，应最终以信息化施工、适时修正为指导施工的原则。

参考文献

[1] 袁海峰，郑刚．邻近建筑物受基坑开挖影响有限元分析［J］．低温建筑技术，2006（03）：102-104.

[2] 吴荣良．基坑开挖对周边建筑物安全性影响及评定方法研究［D］．重庆：重庆大学，2012.

[3] 官新鹏．基坑开挖对邻近桩基建筑物影响的研究［D］．天津：天津大学，2012.

[4] 原利明．基坑开挖对周边框架结构建筑物影响［D］．长春：吉林建筑大学，2016.

深基坑安全风险监测预警及防控技术

吕林红

湖南建工集团第五工程有限公司　株洲　412000

摘　要：湖南省肿瘤医院综合防治楼项目深基坑达24m，因医院运行需要，周边建筑物不能拆除，施工场地有限，周边环境复杂，给深基坑施工带来了安全隐患，为了保证深基坑开挖过程和地下室施工过程的安全，采用深基坑安全风险监测预警及防控技术，确保本项目的深基坑施工安全。

关键词：深基坑安全；变形监测；变形预警；安全防控

湖南省肿瘤医院综合防治楼项目总建筑面积为108707.32m^2，其中地上建筑面积58391.92m^2，地下建筑面积50315.40m^2，建筑总高度为59.3m，建筑地上14层，地下5层，建筑类别为一类高层公共建筑，设计床位数495床。因医院运行需要，部分现有建筑需在拟建楼投入使用后拆除，故本项目需分两期实施，主体建筑分期施工，基坑也按分期施工考虑。一期实施主楼建设，待主楼投入使用后，拆除二期内的既有建筑，再施工二期地下室范围。一期、二期深基坑平面图如图1所示。

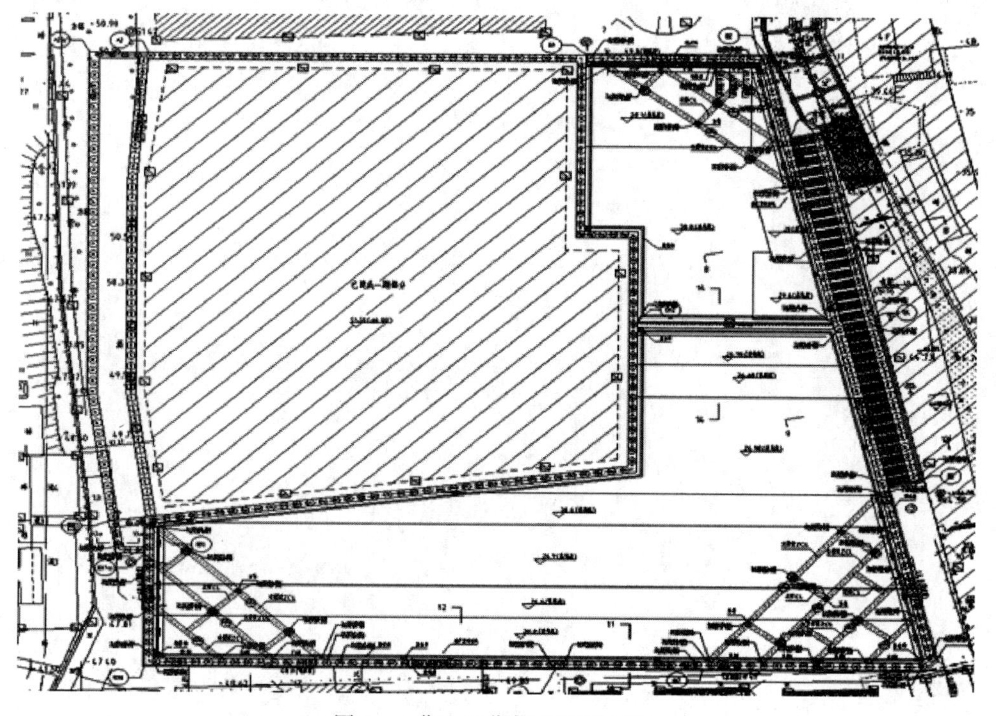

图1　一期、二期深基坑平面图

1　深基坑概况

一期基坑长约82.1m，宽约74.8m，周长约243.1m，基坑平面呈矩形状，基坑深度

21.0~24.4m；西侧采用双排桩支护，其他方向采用桩锚支护。二期基坑长约116.6m，宽约117m，周长约444.2m，基坑平面呈L形，基坑深度16.5~22.9m（其中坑中坑3.5m）。本项目因分期建设，一期建设完部分基坑不回填，一期基坑的西侧、北侧按永久支护设计，设计使用年限为8年，其他范围段基坑为临时支护，基坑使用年限为2年。

2　深基坑的特点

（1）基坑深，分期施工，支护方式多

基坑深达24m，支护桩桩长达32m，分两期施工。一期只施工主楼部位，基坑不回填，投入使用后再施工二期地下室部位。深基坑支护的方式为桩锚支护、双排桩支护、排桩+内撑支护、悬臂桩支护等多种形式。

（2）基坑周边管线及建筑物多

①根据现场管网资料，基坑范围内及周边管线较多，施工时应对各种管道采取安全保护措施、避让措施或改迁措施，避免造成不必要的损失。

②周边建筑物较多，并且都在正常使用，施工时应注意对既有建筑物的监测，出现异常立即停止施工并上报，同时拿出可行方案，确保安全。

（3）需确保基坑周边正常运行

①工程在医院内施工，要充分考虑院内整体医疗运营及工程施工对其的影响，科学合理地组织交通。施工前，在院内各大路口设置交通指示牌，告知院内正在施工的范围，提示大家按导向牌行驶，从而将影响降低到最低程度。在施工期间，做好施工范围周边的围挡和交通警示标志，方便过往车辆。

②为了保证医院正常运行，本工程分两期建设，一期建设期间需对周边部分建筑进行加固和改造。在施工过程中尽量减少对周边建筑物的影响，并做好建筑物的沉降和位移等变形监测。

（4）微风化岩的开挖

深基坑区域进入微风化岩层达5m，因在医院内施工不能采取爆破，只能采用机械破碎，计划采用炮机和钩机相结合，进入岩层后施工进度较慢。

（5）施工场地狭小

本工程西侧为片石挡墙，东、南、北面均为建筑物，而且距离较近，施工现场场地非常有限。

（6）环境保护

在医院正常运行条件下施工，为医生和病人创制更好的环境特别重要，桩基施工和土方开挖外运过程中将产生噪声、粉尘、泥浆、废水、固体废弃物等，做好对周围环境的保护也是本工程的重点和难点。

3　深基坑安全风险监测预警及防控技术目的

建筑工程的深基坑施工安全对于工程的顺利进行和人员安全与财产保障具有非常重要的意义，因此建筑工程的深基坑施工安全问题备受社会和业界的关注。目前的建筑工程深基坑施工安全重大危险源风险评估由于理论性偏强，施工安全管理人员在重大危险源识别、评估指标的选取赋值等方面，主观性比较大，导致对安全管理的系统性较差，而建设单位外委第三方监测机构对工程实际情况、施工现场了解不足，工程经验方面也存在不足，造成监测成果针对性不强，形成重大危险源监管与施工现场实际工作两张皮的情况。

本项目通过智能化监测设备将监测数据传送至监测预警平台，监测预警平台根据设计、规范要求并结合现场实际情况设置预警目标值，再通过互联网与相关单位管理人员建立连接，各相关单位管理人员可随时掌握深基坑监测数据及报警情况，为现场深基坑重大危险源防控及时做出决策提供依据。

4 深基坑安全风险监测预警及防控技术措施

基坑施工前在周边建筑物和构筑物及重要管线上做好位移和沉降监测点；基坑支护桩施工时根据设计图及施工现场，在可能作为重点的监测位置埋设测斜管；根据设计图要求在基坑周边用钻机做好水位检测点；在基坑开挖过程中根据设计图及塔吊、材料堆场和主要行车道路等重点关注部位的桩锚锚索埋设好轴力计。

在每个监测点安装自动无线传递数据的装置，将这些数据发送至智能监测系统，智能监测系统根据设计及规范要求设定预警值和报警值，相关单位人员可通过智能 App 随时关注这些检测数据，当数值达到预警值、报警值时，会发信息通知相关单位人员，并能对后期的数值发展做出预判，使相关单位根据数据及预判情况做出正确的应急处理。

（1）深基坑监测自动报警及预判系统信息化

在深基坑开挖前，根据设计要求在基坑周边设置沉降、位移、地下水、测斜等自动监测装置，在开挖后基坑支护预应力监测点设置自动监测装置。这些自动监测装置将监测到的相关数据传送至智能监测系统，智能监测系统根据设计要求设定报警值，并能根据监测数据推断发展趋势和可能出现的最不利后果（图 2）。系统数据信息在本项目相关单位人员的手机、电脑、监控室监控中随时查阅，监测数据 24h 有人关注。项目负责人根据现场情况和系统的数据信息，可以在现场情况不利时果断采取应急措施。

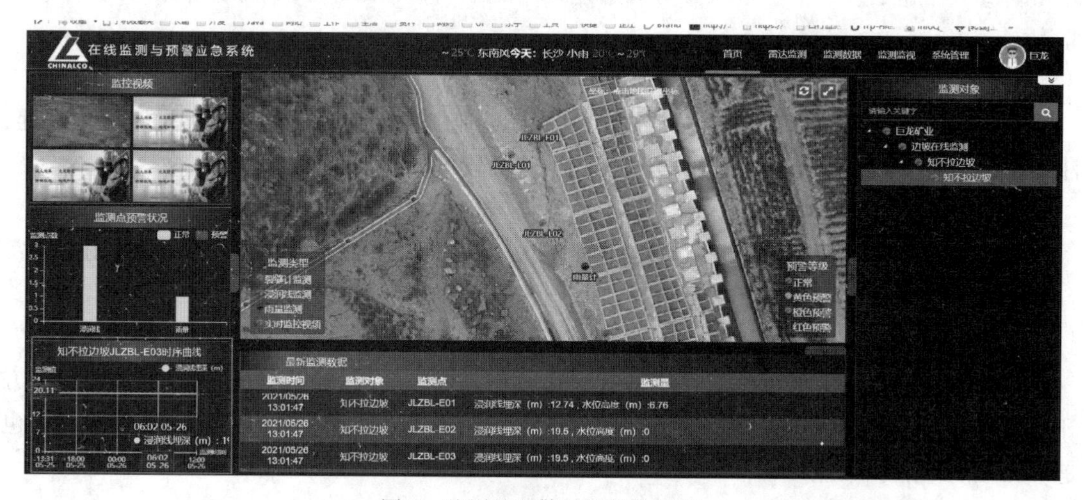

图 2 监测及预警系统监控视频

（2）狭小空间复杂环境施工场地基坑周边堆载情况监控及管理

项目位于湖南省肿瘤医院内，周边建筑物离深基坑较近，管线较多，西侧为片石挡墙，还需要在支护桩上完成地下车辆通路施工，并作为医院西边的运行道路；北面为 9 号楼，离基坑距离只有 2m 多；一期基坑施工时，南面为 15 号楼，最近距离只有 1m 多；东面一期施工时，12 号楼、14 号楼均只拆除局部一小部分，保留部分离一期深基坑只有 2m 多，基坑支护为桩锚支护，因周边建筑物近，施工场地空间狭小，一些材料及加工场地堆场均设在离深基坑较近的位置。如发生基坑支护位移、沉降、地下水位下降、周边地面下沉、锚索应力异常等情况，如不能及时发出报警，将有可能造成周边建筑开裂、下沉、倒塌等安全隐患或事故，并影响医院的正常运行，造成不可估量的损失。为了保证周边建筑物、管线及施工场地的正常使用和安全，建筑物及管线通过自动监控系统得到实时监控。

（3）深基坑上部塔吊和基坑底部塔吊管理

本项目设两台塔吊，一台位于项目南面的深基坑边上，一台位于东北角深基坑内。基坑边上的塔吊通过设计计算，利用原支护桩三根再增设两根同样的桩基，在使用过程中对这台塔吊周边的基坑做重点监控。在基坑内的塔吊因周边建筑物高度的问题需要在深基坑的支护冠梁上增加一道塔吊附着，塔吊附着对冠梁的影响也是监控的重点。

（4）深基坑的变形数据情况

通过智能化自动监测系统对深基坑的全天候的监测，相关的管理人员可以通过每个监测点的数据变化调整相关施工，如数据异常可采取相应的应急措施控制变形继续发展，确保减少深基坑的变形数据达到报警值。本项目最终累计监测的相关数据见表 1。

表 1　监测系统的监测数据

序号	监测项目	监测点位（个）	报警值	最终累计最大监测值	备注
1	坑顶水平位移监测点	18	25mm	18mm	
2	坑顶沉降位移监测点	18	20mm	12mm	
3	锚索内力	30	最大值：70%f_2 最小值：90%f_y	最大值：63%f_2 最小值：82%f_y	
4	地下水位监测	2	1500mm	1250mm	
5	周边建筑物	30	8mm	4mm	
6	管线	6	15mm	11mm	

相关数据表明（图 3），本项目的深基坑施工基本是处在一个安全有效的控制范围内。满足医院安全运行和施工安全的要求。

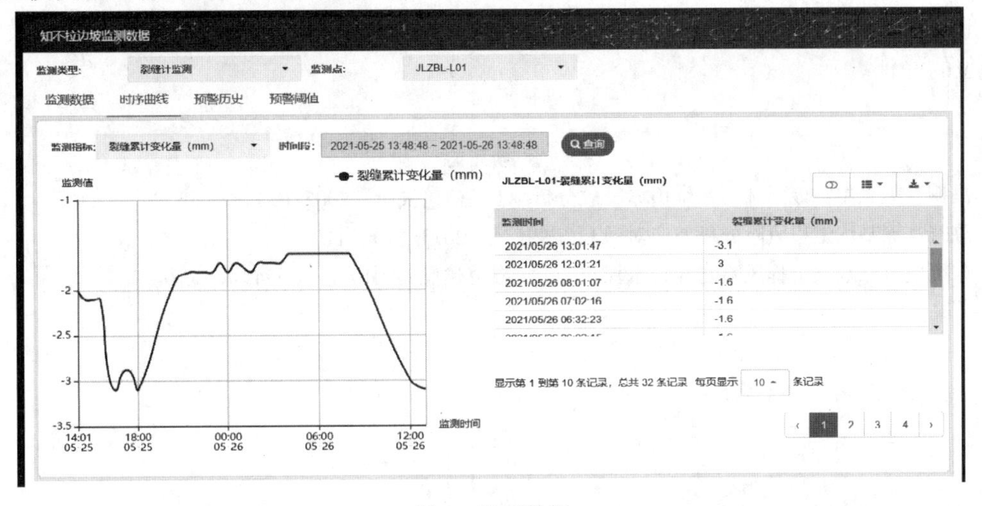

图 3　监测数据

5　深基坑安全风险防控措施

当基坑支护结构或周围建（构）筑物发生水平位移、地下管线沉降不均匀、锚索或支护结构构件内力超过报警值时，停止施工，并根据险情原因选用如下应急措施：

（1）坡脚被动区临时压重；坡顶主动区卸土减载；

（2）注浆加固措施；设置回灌井；

（3）做好临时排水封面处理；

（4）对支护结构临时加固；

（5）对险情段加强监测；

（6）尽快向设计、监理、业主汇报，并根据设计处理措施调整施工方案。

6　深基坑安全风险监测预警及防控技术应用前景及效益

随着我国经济的快速发展，大城市的建筑发展趋于饱和，为了城市更好地发展，地下空间的开发和建设是一种趋势，超深基坑越来越多，特别是市中心的周边，环境复杂，不确定安全因素多，这样对深基坑的施工和监测就变得越来越重要，此技术的应用能很好地解决这个问题，也不会让深基坑监测出现真空期，能确保深基坑的施工安全。

此技术相对于常规监测会增加几十万元的成本，但相比可能发生的安全隐患和安全事故所带来的经济损失，成本的增加利大于弊。比如湖南省肿瘤医院项目，医院停止运行一天，经济损失就达100多万元，如果发生人员伤亡的安全事故，那经济损失将会更多，同时安全事故会造成施工进度滞后，并影响施工质量。

深基坑安全风险监测预警与防控关键技术能随时对深基坑的安全状态进行观测，能及时对发现的问题进行报警，能准确预判深基坑出现问题发展的趋势，为应急处理提供重要信息，保证深基坑支护的稳定。相对于传统人工定时监测方式，减少了信息传递不畅的问题，也大大提高了监测数据的准确性、及时性，为施工人员、周边建筑物和构筑物及管线的正常使用安全带来了保证，让后续相同深基坑的安全保证达到质的飞跃，社会效益显著。

7　结语

深基坑安全风险监测预警及防控技术应用能有效地保证医院内的正常运行，也为深基坑施工的安全、质量、进度提供了保障，取得了很好的效果，得到了上级主管部门和建设、监理单位的好评。

参考文献

[1]　冯柳，彭光俊，伋雨林．基坑坍塌事故分析［J］．建筑安全，2005（2）：11-13.

[2]　陈曦．深基坑工程风险分析及应对［J］．科技风，2013（1）：117.

[3]　朱雁飞．深基坑工程风险防控技术探讨［J］．隧道建设，2013（7）：545-551.

浅谈电梯井渗漏水原因分析及防治措施

陈雲鹏

湖南第五工程有限公司　株洲　412000

摘　要：电梯是房屋建筑工程重要的分部工程，电梯井为混凝土浇筑而成，为防水薄弱点，一旦出现问题无法进行返工处理，因此在施工过程中必须严格控制该重点环节的施工质量。电梯井出现渗漏问题，轻则承担经济损失，严重的会影响到电梯运行甚至造成安全事故。现就电梯井渗漏水原因及防治措施做以下阐述。

关键词：电梯井；渗漏水预防；治理

1　引言

随着社会经济的发展，生活水平的提高，人们更加追求舒适的生活环境。对于居住环境，人们对房屋的舒适性和实用性的功能要求越来越高。电梯作为民用建筑中的重要组成部分，其对整个工程质量的影响不容忽视。电梯井一旦出现渗漏或积水，不但会滋生蚊虫并发出异味，而且影响到环境卫生及人们的健康。更由于电梯轿厢在电梯井内的空气湿度升高，不可避免地影响电梯机件与电器元件的使用寿命，使其日常故障率与维护成本倍增，甚至能引致电梯轿厢失控。解决电梯井坑渗漏问题已成为民用建筑必须要直面的重要任务之一，为很好地解决此类问题，需对内墙渗水的原因进行研究，并提出合理的预防和治理措施。

2　电梯井渗漏水的原因分析

造成电梯井渗漏的直接原因是渗漏水源和地下水的迁移。渗漏水源主要有雨水、上层滞水和地下水。电梯井内所渗出的水是地下水透过结构层渗入的，而结构层中的裂隙水又来源于地表水（包括雨水、上层带水）。由于电梯井的开挖，改变了原有地下水的渗流规律，使电梯井处于地下水的包围之中。

造成电梯井渗漏的原因主要有设计因素和施工因素。

2.1　设计原因

（1）工程应该严格按照国家标准《地下工程防水技术规范》（GB 50108—2008）进行防水设防，按照国家标准《地下防水工程质量验收规范》（GB 50208—2011）进行验收。一些渗漏水的工程，是由于设计师未对施工现场进行调查了解，对地下水的运动规律认识不足，未对电梯井进行相应等级的防水设防。设计在根本上是忽视了上层带水和地下水的危害，从而造成了工程渗漏。

（2）受力分析不够，电梯井基本处于建筑物的地下水位以下，长期处于压力水作用下，井坑结构的薄弱部位极容易出现渗漏。

（3）结构细部防水设计不详细或根本未做防水设计。

2.2　施工原因

（1）由于电梯井处于地下室底板最低处，防水施工时，电梯井内有较深的积水，施工时需要及时将电梯井内积水清理干净。否则电梯井外部的防水层难以保证质量。电梯井的施工条件较差，施工企业未必按照规范要求做到位。

（2）土建施工时，电梯井的大量积水没有排干、排净，直接进行混凝土的浇筑，造成底板及侧墙四周出现很多蜂窝、麻面、孔洞。电梯井基本处于地下水位以下，地下水压较大，由于电梯底板及井壁混凝土不密实，导致地下水通过孔洞、麻面、裂缝渗漏至底坑造成电梯井积水。

（3）由于电梯井坑施工作业空间较狭窄，底板及混凝土浇筑过程中，混凝土未振捣到位，导致造成底板及侧墙四周出现很多蜂窝、麻面、孔洞的现象，从而导致电梯井渗漏水。

（4）由于电梯井坑施工作业空间较狭窄，后续施工过程中容易将已完成的防水层破坏，导致失效。

（5）由于固定电梯锚栓的定位精度要求较高，在混凝土浇筑前固定构件的位置较困难，土建施工未必配合到位，需要在安装电梯前在井坑侧壁上打膨胀螺栓，这可能会导致电梯井结构自防水失效。

3 电梯井渗漏水预防

3.1 防水施工队伍的选择

电梯井必须要进行防水设防，要选择一支合格的施工队伍，这支队伍一定要有防水的专业资质（不是挂靠的），要有专业的防水施工人员，要看队伍的信誉，考察队伍的业绩，最好在公司长期合作的防水专业队伍中进行比选。一支信誉好的队伍，对待自己单位的品牌和声誉就像对待自己的生命一样，不仅在施工中十分注重质量，而且对售后服务做得也会很到位。如果信誉不好，不重视工程质量，即便是工程预留的质保金超过国家标准规定也没有多大意义，他们宁肯不要质保金，也不愿去投入大量人力物力去做完善的维护、维修等售后服务。

3.2 防水质量控制

需要从施工工序及材料对防水工程质量进行控制。如果材料有问题，做得再好都是白搭，很难保证防水寿命。在控制材料质量方面不要没有依据地狠压价格，一分价钱一分货的道理想必大家都懂。防水工程的价格为主材价格+辅材价格+人工费+管理费+合理利润，通过市场调查，工程造价很容易计算确定，而不是到鱼目混珠的防水市场去东打听西考察。

在施工过程中也需要进行严格控制，要做好每一道环节、每一个细节的管理工作。开始施工前一定注意对上道工序进行交接检验，做好防水后确保绝对不能出现积水。在防水层及面层施工完毕后应检测防水的工程质量，必须要做蓄水试验，不能因赶工期等原因省略。

3.3 施工质量控制

电梯井和集水坑在模板支护时，杜绝野蛮施工。土建单位与安装单位在交叉作业时做到相互配合、相互交流。混凝土浇筑过程中，混凝土应振捣到位，确保电梯井结构混凝土的质量。

4 电梯井渗漏水治理

当电梯井出现渗漏水时，我们应先采取先堵漏止水，再防水设防，堵漏采用最新的化学灌浆工艺，防水设防按照地下一级防水设防等级进行防水设防处理。采用刚柔结合，堵防结合，综合治理的措施。

4.1 化学灌浆

化学灌浆用于当前有明显渗漏，且渗漏点较大，出水点位于施工缝或边墙上的部位。针对渗漏水部分打孔安置专用注浆针头，运用电动机械的运动压力将料杯内的化学浆液注入到结构体内，化学浆液遇水发生铰链反应，迅速膨胀形成不透水的胶状物，堵塞结构体内的渗漏水通道，从而提高结构体的防渗密实强度，达到止水堵漏封水的效果和作用。

4.2　表面封堵

表面封堵用于混凝土表面有渗漏痕迹、范围小或当前无渗漏的部位。把修补点表面凿毛，使修补处下陷2cm，再以出水孔为轴，凿直径100mm，深5cm的锥形孔穴。用钢丝刷除去表面浮渣，并用水清洗干净；用环氧砂浆填充锥形孔穴；用水泥基渗透结晶型防水涂料涂刷表面两遍。

化学灌浆法治理电梯井渗漏水的工艺流程如图所示。

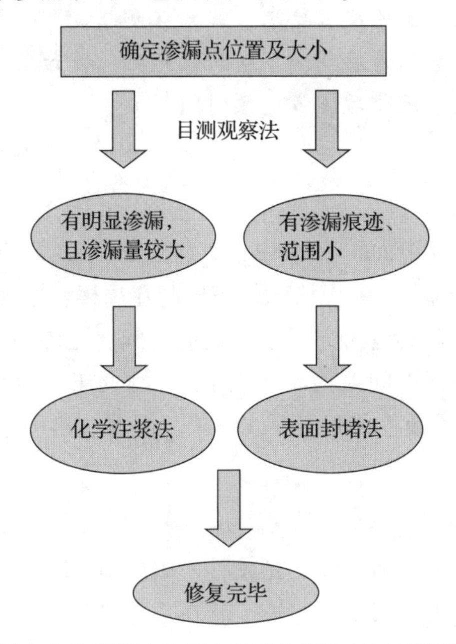

图　化学灌浆法治理电梯井渗漏水的工艺流程

5　项目应用

株洲市南方中学新建工程是株洲市重点项目，项目针对电梯井可能出现的问题按照预防措施进行事前控制及事中控制，确保电梯工程一次验收合格，为项目整体提前竣工验收奠定了基础。且在后期维护过程中，电梯井未出现漏水等问题，为公司节约了维保成本。

6　结语

切实采取合理的预防和治理措施，一定能消除电梯井渗漏水这一质量通病，给予人们更舒适的居住环境。

参考文献

［1］ 唐英波．严寒地区车站地下通道电梯井渗漏综合整治［J］．中国建筑防水，2021（1）：41-44

［2］ 周洋．地下室外板墙开裂和渗漏问题的分析和防治［J］．石油化工高等专科学校学报，2000，10（4）：62-64.

覆土顶板后浇带先封闭后浇筑施工工艺的应用

范泽文　陈进仕　宋松树　周　浪　肖　义

湖南望新建设集团股份有限公司　长沙　410000

摘　要：主要讲述了覆土顶板后浇带“先封闭后浇筑”施工技术的应用。采用预制盖板提前封闭沉降后浇带、预设混凝土浇筑管、接缝防水、自密实混凝土浇筑等配套技术措施，实现了后浇带在覆土后浇筑混凝土的技术要求，缩短了施工工期，提高了施工现场的利用率，同时利用预设的混凝土浇筑管作为后期地下室的采光孔，提升了环保节能效益。

关键词：高层建筑；地下室；沉降后浇带；预封闭

1　工程概况

望新锦璨商业中心项目建筑面积 100082m^2，地上 36 层，建筑面积 71789m^2，地下 3 层，建筑面积 28293m^2，框筒结构。本工程从基础底板起在裙楼、主楼分别设置了后浇带，根据工程总体施工计划，地下室顶板结构全部施工完成时间为 2022 年 1 月，而主楼主体结构完成时间最快为 2022 年 11 月，时间差为半年以上。为了实现 2022 年春节后进行车库顶板土方回填，4 月即要开始进行顶板各种配套管线施工，因此，必须采取特殊措施减少因沉降后浇带存在带来的影响。

2　工艺原理

沉降后浇带在地下车库顶板结构施工完成后采用预制混凝土板提前封闭，在预制板上间隔预留浇筑孔，提前进行防水、回填土的施工。在主体结构完工且后浇带沉降基本稳定后，采用自密实混凝土从预留浇筑孔完成后浇带混凝土的浇筑。

混凝土浇筑时，通过选用流动性强的自密实混凝土，在不需要振捣的情况下，保证混凝土强度，满足设计要求。本技术实现了对后浇带“先封闭回填、后浇筑混凝土”的设想，打破了传统的后浇带必须“敞开浇筑、同时振捣”的传统方法。

3　施工难点及对策

（1）盖板设计。

盖板上部覆土厚度为 1.7m，盖板设计要满足材料堆放和其他各种活荷载的要求。根据计算结果，盖板设计配筋为双层双向 ϕ8@ 120，混凝土等级为 C25，钢筋保护层为 15mm。此外，盖板应满足现场运输、安装的需要，将其长度设置为 1.5m，预埋 ϕ8mm 钢筋吊环。

（2）后浇带两侧的结构安全及支撑设计。后浇带两侧的梁板为悬臂结构，同样承受着地下室顶板覆土的压力和其他各种活荷载。经过与设计院沟通、测算，决定在后浇带两侧做双排支撑。为保证支撑体系的稳定、有效，需要做架体设计，并计算其受力安全性能。

（3）混凝土灌注管道的布置及固定。灌注用管道采用 ϕ300mm 钢管，壁厚 4mm，高度为 1.8m（满足车库顶板第一步杂土和最终的种植土回填），钢管底部与后浇带分布筋焊接固定。管道间距不大于 4m，后浇带转角部位必须设置一处。

（4）后浇带钢筋的保护。为避免后浇带钢筋在混凝土浇筑前出现锈蚀，可涂刷环氧树脂，以确保其在自然环境中不受侵蚀。

（5）自密实混凝土的浇筑。采用C30自密实混凝土进行浇筑，为保证密实效果，可采用振捣棒振捣。

4　施工工艺

施工工艺流程为：支撑体系施工→灌注管道固定和后浇带封闭→防水及保护层施工→回填土施工→浇筑准备→混凝土浇筑。

4.1　支撑体系施工

在后浇带两侧分别设置双排脚手架支撑，并与地下室满堂脚手架断开，以免在地下室满堂脚手架拆除时对其造成影响。立杆纵横间距为600mm，内侧立杆距后浇带边缘100mm，立杆自由端长度≤350mm；大小横杆步距为1800mm，且不少于3道，纵横扫地杆距地面300mm；立杆底部设置木方垫块，立杆上用U形托托住100mm×100mm木方顶紧梁底。后浇带两侧双排脚手架用脚手管连成一体，以增强整体稳定性，其间距同立杆，步距同小横杆。沿后浇带纵向每隔3m设置一道剪刀撑。

4.2　灌注管道固定和后浇带封闭

后浇带验收后即可安装预制盖板。灌注钢管设置部位后浇带预留1m的范围进行焊接固定。钢管焊接完成后，开始此部位现浇盖板的施工，配筋和混凝土强度等级同预制盖板。盖板封闭完成后，对其边缘采用细石混凝土抹边，然后对盖板表面整体进行一遍抹灰，使其表面平整、光滑，满足下一道防水工序的施工需求。对管道上口进行临时封闭，避免混凝土浇筑前掉落杂物。

4.3　防水和保护层施工

防水施工前首先要进行防水附加层施工，重点处理好管道根部。现阶段，防水层沿管道上返高度不小于1m，待混凝土灌注完成后再进行剩余部分的防水封闭施工。防水保护层同车库顶板保护层，采用C15细石混凝土，配筋为ϕ6@150，避免保护层出现收缩裂缝。

4.4　浇筑准备

主体结构施工完成后，由设计、勘察、桩基础施工单位进行沉降观测，确认主楼沉降稳定后，立即进行后浇带混凝土浇筑施工。由专人检查地下室后浇带支撑和模板的情况，并进行必要的加强和封堵。检查灌注管道的封堵情况，如果有杂物掉入，需及时清除。

4.5　混凝土浇筑

提前沿后浇带布设浇筑用混凝土泵管。混凝土采用C30自密实混凝土。自密实混凝土具有较高的流动性，不易离析、不泌水，不用振捣，可自流平。浇筑前应严格检查配比单，添加剂必须有出厂合格证和产品技术信息，并按照相应的技术标准和设计要求配比，同时要检验混凝土坍落度、扩展度、和易性，确保符合技术要求。浇筑前用清水浸润后浇带，灌注由拐角部位开始，向两端延伸，并通过观察灌注管道内的情况，掌握灌注效果。为了避免局部不密实、影响结构安全的情况出现，现场采用直径为35mm的振动器，通过灌注管道下部探入后浇带进行振捣，以利于排气并加强整体密实效果。地下室内设专人看管，发现异常情况，及时处理。此外，在浇筑混凝土时，利用工具敲打后浇带底模板下部和边缘部位，加强混凝土的密实效果。最终所有的灌注管道内混凝土高度应保持在1m左右，并不再下降。管道上部剩余空间择机灌注微膨胀混凝土进行封闭。相关工作完成后，将管道外侧防水层完全封闭，并浇筑混凝土，封为一个整体。浇筑完成后留置 1 组标准养护试块和 3 组同条件试块，同条件试块强度作为拆模依据。

5　施工工艺的优缺点

本施工工艺具有如下优点：

（1）后浇带提前覆盖封闭后，可及时做防水并完成保护层，既能防止杂物掉入、雨水流入，为地下室施工创造良好的条件，又能避免钢筋锈蚀，削弱结构强度。

（2）整体完成土方回填，避免因后浇带无法封闭出现以主楼为核心的“孤岛”。该施工工艺更加科学地规划并利用场地，满足消防环形通道要求、二次结构砌筑材料的堆放、水电及各专业装修材料的堆放，满足文明施工要求。

（3）提前半年完成土方回填，使土体在自然环境下经过进一步的沉降密实，满足了提前插入给水、中水、热力、雨污排水等管线施工，避免了后期交叉作业互相影响的情况。

（4）科学地缩短了项目工期，降低了周转材料租赁费、大型机械使用费、人员工资等费用，带来了一定的经济效益和社会效益。

缺点如下：

（1）后浇带两侧支撑架体需要严格计算并适当加强，同时施工电梯位置支撑也要相应加强，这会增加一部分钢管支撑的费用。

（2）需要投入灌注用钢管、制作预制盖板及安装、混凝土包封等相关资金。

（3）自密实混凝土造价比同强度等级的普通混凝土略高。

参考文献

[1]　覆土顶板沉降后浇带先封闭后浇筑施工技术［J］. 城市住宅，2015，（7）：108-111.

[2]　湖南望新建设集团股份有限公司望新锦璨商业中心项目经理部．望新锦璨商业中心项目后浇带专项施工方案［R］. 长沙：湖南望新建设集团股份有限公司，2021.

浅谈水中钢板桩围堰设计与施工

汤彦武 盛金辉 何汉杰 李 勇

湖南望新建设集团股份有限公司 长沙 410000

摘 要：通过有限元软件 MADIAS Civil 对钢板桩围堰进行整体建模并对施工过程进行模拟，对围堰结构进行强度、刚度、稳定性检验，围堰结构各构件在围堰内封底后抽干水时工况最为不利，现场施工严格监测、监控，保证施工安全性，成功完成深水钢板桩围堰施工，施工效率高，工期短，取得了较好的经济效果。

关键词：钢板桩；围堰；设计施工

1 围堰设计简介

茅溪河大桥承台拟选用拉森Ⅳ型止水钢板桩进行施工，该钢板桩为小锁口，有很好的止水能力，水中墩钢板桩桩长12m，围堰内平面尺寸为31.2m×8.8m，围堰顶标高为+167.5m，钢板桩底口标高为+155.5m，封底混凝土厚度50cm，基坑开挖底标高+157.0m，基坑开挖最大深度7.7m，拟设置两道框架式内支撑，第一道内支撑设置标高为+165.5m，第二道内支撑设置标高为+161.0m，内支撑主要由工字钢梁和钢管撑杆组成。

2 工程地质、水文条件

设计常水位：$H_{设}$=+165.1m；

实测水位：$H_{实}$=+164.7m；

实测最大水深：4.0m；

受下游水坝影响，桥位区河段流速非常缓慢，不考虑水流冲击力。

地面及河床起伏不大，标高为+163.5~+160.7m。

覆盖层主要为粉质黏土和卵石土，其中水中墩位主要为卵石土，厚度4~5m，下伏基岩为页岩，其中强风化页岩厚度1m左右，河床面标高+160.5m，中风化岩面顶标高+155.5m。

3 施工方法

水中墩采用钢板桩围堰围水开挖施工承台，钢板桩刃脚振打到中风化岩面，单根钢板桩长度12m，基坑深度（含水深）为8m，排水开挖，干浇封底混凝土。

取开挖深度最大的水中墩钢板桩围堰进行结构受力计算。

施工步骤：

（1）在+165.5m标高安装钢板桩打设导向框，兼做钢板桩第一道内支撑。

（2）逐根振打钢板桩完成。

（3）第一道内支撑与钢板桩焊接固定，围堰内抽水至+160.5m标高。

（4）在+161.0m标高位置安装第二道内支撑。

（5）围堰内基坑开挖至+157.0m标高。

（6）浇筑0.5m厚封底混凝土。

（7）封底混凝土达到设计强度后，进行承台施工。

（8）承台侧面回填砂卵石材料至+160.0m 标高，拆除第二道内支撑。

（9）墩身施工至+165.0m 标高以上，围堰内灌水至+164.0m 标高，拆除第一道内支撑。

（10）墩身施工至水面以上后，拔出钢板桩。

4 围堰结构分析

4.1 围堰有限元计算模型

采用有限元分析软件 MADIAS Civil 对围堰进行空间建模分析，模拟围堰在实际施工中的受力。计算模型中，钢板桩按照每延米的等效钢板，用板单元建模，圈梁、斜撑及十字撑按照梁单元建模，围堰内封底混凝土采用实体单元模拟。

4.2 围堰计算工况

（1）工况一：钢板桩打设后，在+165.5m 位置安装第一道内撑，基坑内排水开挖至+160.5m 标高位置，安装第二道内支撑前，基坑深度 4.5m，钢板桩入土深度 5.0m，钢板桩为单支撑浅埋结构，按弹性地基梁计算。

（2）工况二：在+161.0m 位置安装第二道内支撑后，基坑内开挖至+157.0m 标高，浇筑封底混凝土前，基坑深度 8m，钢板桩入土深度 1.5m，钢板桩按弹性地基梁计算。

（3）工况三：承台侧面周边填砂卵石材料至+160.0m 位置，拆除第二道内撑，准备第一节墩身施工，钢板桩按 5.5m 简支梁计算。

4.3 围堰计算结果

（1）工况一：

钢板桩按竖向弹性地基梁计算，钢板桩入土深度 5m，基坑以下的钢板桩上的弹性支座取 1m/个，计算宽度 b 取 1m，卵石土的地基比例系数 m 取下限值 $m=30000\text{kN/m}^4$。

地基系数 $C=m\cdot b$。

弹簧系数 $K_i=h_i\cdot b\cdot(C_{上}+C_{下})/2$。

基坑深度 h	1.0m	2.0m	3.0m	4.0m	5.0m
弹簧系数 K_i	11250	26250	41250	56250	71250

本工况下钢板桩最大弯矩 $M_1=104.84\text{kN}\cdot\text{m}$，最大剪力 $N_1=104.6\text{kN}$，第一道内支撑位置的支点反力 $R_1=43\text{kN}$，最大挠度 $f_1=6\text{mm}$。

（2）工况二：

钢板桩按竖向弹性地基梁计算，钢板桩入土深度 1.5m，两道内撑位置设刚性支点，基坑以下的钢板桩上的弹性支座取 0.5m/个，计算宽度 b 取 1m，卵石土的地基比例系数 m 取下限值 $m=30000\text{kN/m}^4$。

地基系数 $C=m\cdot b$。

弹簧系数 $K_i=h_i\cdot b\cdot(C_{上}+C_{下})/2$。

基坑深度 h	0.5m	1.0m	1.5m
弹簧系数 K_i	3750	11250	18750

本工况下钢板桩最大弯矩 $M_2=138.36\text{kN}\cdot\text{m}$，最大剪力 $N_2=162.26\text{kN}$，第一道内支撑

位置的支点反力 $R_1=-7kN$（拉），第二道内支撑位置的支点反力 $R_2=249.3kN$，最大挠度 $f_2=6mm$。

（3）工况三：

承台混凝土浇筑完成后，承台侧面回填砂卵石至+160.0m，拆除第二道内支撑，钢板桩按简支梁进行计算，计算宽度 b 取 1m，第一道内支撑以及承台顶面位置设为刚性支点。

本工况下钢板桩最大弯矩 $M_3=87.57kN\cdot m$，最大剪力 $N_3=87.12kN$，第一道内支撑位置的支点反力 $R_1=37.9kN$，承台顶面位置的支点反力 $R_2=87.12kN$，最大挠度 $f_3=3mm$。

4.4　强度验算

钢板桩在三个工况情况下最大弯矩为 $M=M_2=138.36kN\cdot m$，最大剪力 $N=N_2=162.26kN$。

最大弯曲应力：

$\sigma_{弯}=M/W=(138.36\div2270)\times1000=61MPa<[f]=265MPa$。

最大剪应力：

$\tau=N/A=(162.26\div242.5)\times10=7.0MPa<[f_v]=150MPa$。

钢板桩强度满足设计要求。

5　结论与建议

（1）水中墩钢板桩围堰的强度、刚度以及稳定性均满足设计和规范要求。

（2）水中墩围堰封底混凝土厚度满足要求。

（3）钢板桩围堰施工所采购钢板桩和支撑材料规格、材质及力学性能应与本计算一致，并根据相关验收标准严格执行材料进场验收程序。

（4）钢板桩围堰的各施工阶段应与本计算依据的施工步骤保持一致，严禁随意施工，确保施工安全。

（5）安装第二道内支撑前和基坑开挖到设计位置前，应放慢开挖速度，安排专人观察围堰结构和基坑土体是否异常，基坑开挖到设计标高后，应持续观察 24h，无异常后再进行下一道工序施工。

（6）由于基坑底以下卵石层厚度不大，钢板桩应尽量振打到中风化岩面，如果不能振打到位，需要重新调整施工步骤，并对钢板桩结构重新进行验算。

复杂地质人工顶管方向控制及防突变、形变技术

周楷运　樊明军　黎　智

湖南省工业设备安装有限公司　长沙　410007

摘　要：在天然气管道建造项目中的复杂地质情况下，人工顶管（钢筋混凝土套管）施工极易产生偏差，本文针对人工顶管的顶进方向难控，管道顶进后产生沉降位移、形变现象及开挖过程中安全风险较大等情况，阐述如何在复杂地质（黄沙、粉砂、粉土、黏土、坚土等）情况下解决人工顶管时对顶进方向进行控制，以及防止因土质差异产生突变、形变现象的构思及解决方法。

关键词：套管结构整体化；方向调节刃头；顶管方向控制

为确保“双碳”目标，我国“十四五”时期将加紧现代能源体系建设。区域性天然气管网的建设中，管道敷设环境和敷设方式也变得繁杂多样，涉及诸多地质环境下的穿越，为确保主管道在无法实现开挖直埋敷设的地段免受损坏，故采取了各种保护性穿、跨越的方式对管道进行敷设。其中人工套管顶管施工因其成本低廉、对施工场地条件要求相对较低，在天然气管道、输油管道、热力管道等诸多穿越工程中均有广泛使用。

在沿海、湖区、沉积平原等因地壳运动及环境变化导致地质结构多样化的地带，地层组成复杂，局部黄沙、粉砂、粉土、黏土、坚土交错复合，对人工顶进套管施工影响较大，为确保顶管质量和精确顶管，以及顶管施工安全，本文通过针对性分析，力求从套管整体化和方向控制装备入手来解决问题。

1　地质分析

以驻马店乡镇天然气管道项目穿越一处无名乡道为例，此段为路面以下 4m 顶管穿越 1200mm×2000mm C40 Ⅲ级企口钢筋混凝土套管，穿越长度 36m。其地质条件极为复杂，在穿越路径中存在黄沙、粉砂、坚土等多种土质（图 1），发生了因入口处底部为黄沙，第一根套管顶进后“栽头”现象；套管顶进后因下部出现黄沙、粉砂造成局部管道下沉造成顶

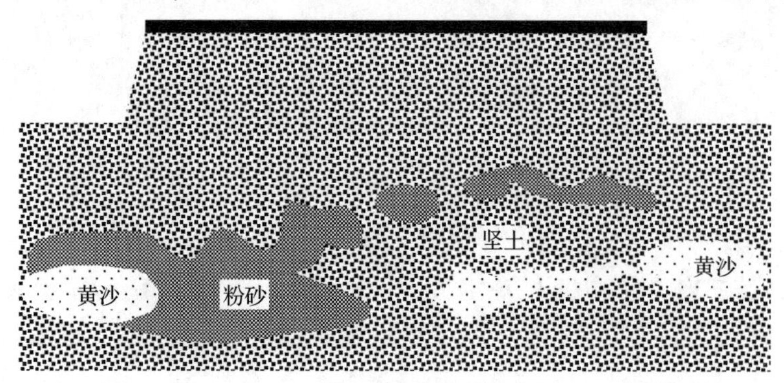

图 1　地质情况示意图

进方向产生轴向和水平偏差，套管局部节点产生突变，导致管道整体形变；人工顶杆纠偏造成孔道扩大，导致路面局部沉降等问题。

2　套管顶管中的偏差现象

（1）因顶管坑固化底板与顶进坑道土质差异，遇到松散土质（比如黄沙），顶进过程中第一节套管就会出现“栽头”的情况（图 2）。

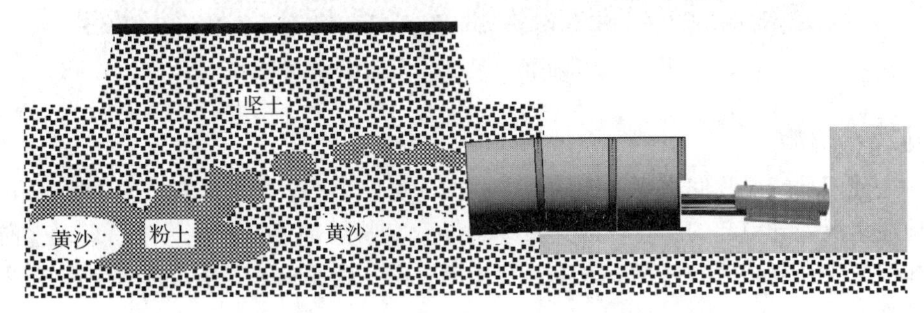

图 2　顶进套管前端“栽头”现象

（2）套管在顶进过程中因地质条件分布不均，管道迎力面受力条件产生差异，导致管道顶进方向易产生轴向和水平偏差（图 3）。

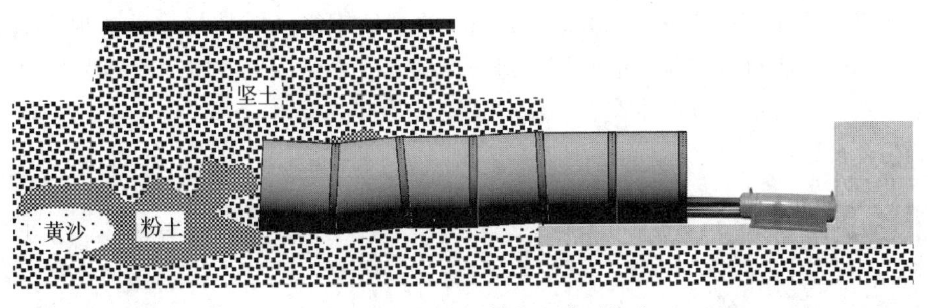

图 3　顶进方向产生轴向和水平偏差

（3）套管在坑道内因地质条件分布不均，且单根套管自重较重，在施工过程中会产生局部沉降，导致套管局部节点产生突变，管道整体形变（图 4）。

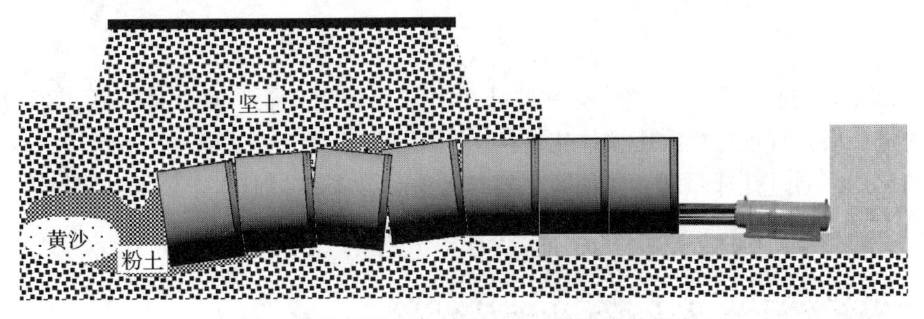

图 4　套管局部节点因突变导致管道整体形变

（4）以往在调整管道顶进方向时，通常采用坑道轴向和环向局部超挖配合顶杆调整套管顶进方向，这种方式往往具有极大的安全风险以及扩孔超挖部分引起地质塌陷，导致路面沉降（图 5）。

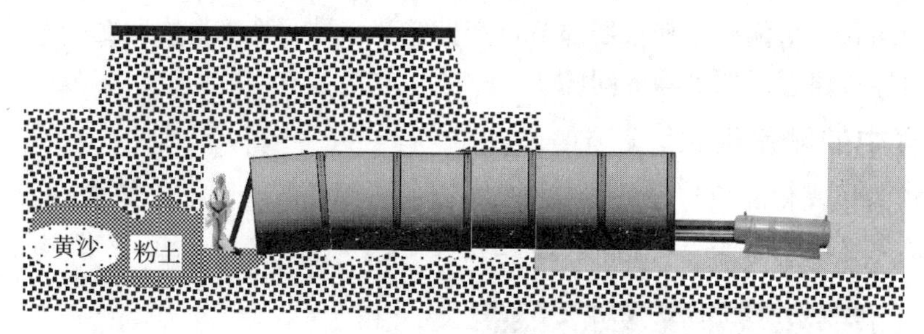

图 5　扩孔超挖引起地质塌陷、路面沉降

3　纠偏技术措施

针对上述四种情况我们需要考虑两个方面的问题。第一，如何使各节套管整体化，防止套管因地质情况差异引起的套管环向受力不均导致套管局部节点产生突变，管道整体形变；第二，如何解决在复杂地质情况下人工顶管微调控向，确保施工安全及预防因超挖调向引起的路面沉降。

3.1　螺纹钢筋连接套管结构整体化

（1）顶管一般采用钢衬口企口水泥套管，以 1200mm×2000mm C40 Ⅲ级企口钢筋混凝土套管为例，其钢衬口宽度为 200mm。施工过程中采用每根套管轴向位于管道上、下、左、右四个方向进行搭接焊接四条 2200mm ϕ 20mm 的螺纹钢筋，使其与前后两根套管整体化，从而在原有承插式企口管防脱套的基础上进一步防止了套管因地质情况差异引起的套管环向受力不均导致套管局部节点产生突变，使管道整体形变（图 6）。

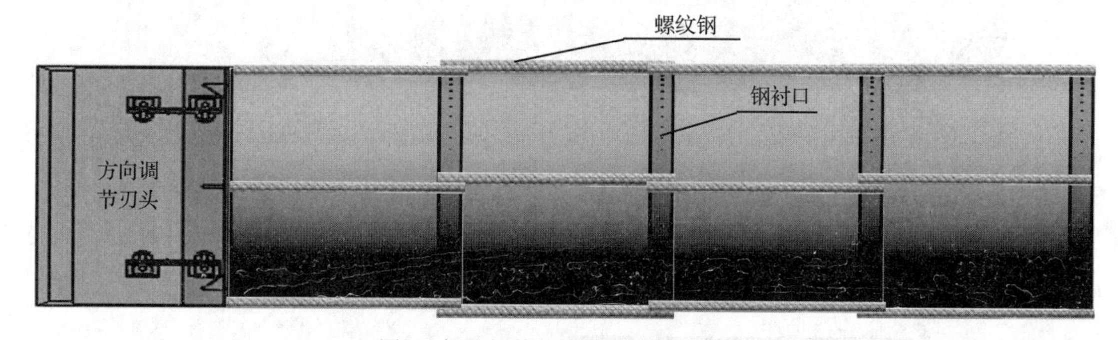

图 6　螺纹钢筋连接套管结构示意图

（2）螺纹钢连接套管结构整体化在防止第一节套管“栽头”现象的应用。通过在顶管坑内预先将三根套管进行螺纹钢整体化连接，当第一节套管顶进过程中，由于第二、三节套管重力的作用，通过杠杆原理，使得第一根管无法“栽头”（图 7）。

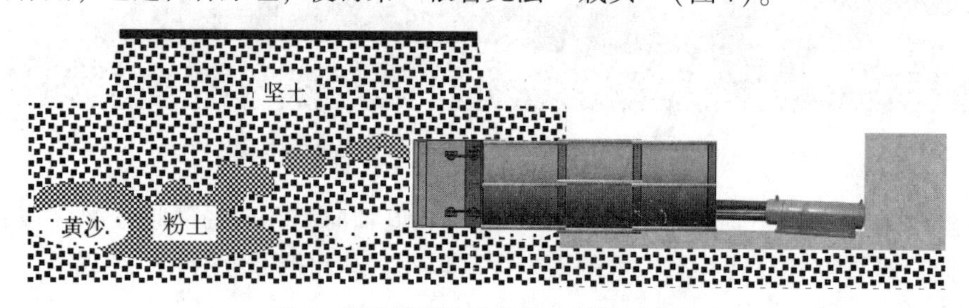

图 7　螺纹钢筋连接套管后顶管示意图

3.2　方向调节刃头及顶管方向控制

（1）基于泥水平衡及土压平衡设备调向原理，结合人工顶管便于操作及节约成本的特点，可设置如图8所示的这种便于人工顶管工操作的方向调节刃头。

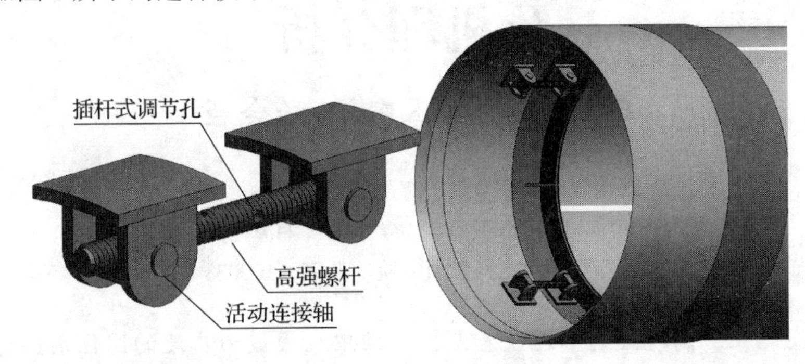

图8　方向调节刃头示意图

（2）通过双套管刃头之间的高强度活动螺杆调节（也可采用千斤顶代替），拉伸或收缩，对套管整体顶进方向进行微调，通过双套管刃头两圈20mm钢套管之间的间隙可以精确计算出顶进方向调差量，在满足《油气输送管道穿越工程施工规范》（GB 50424—2015）相关条款的条件下对微调量进行控制。

（3）方向调节刃头前端钢套管安装活动连接轴时应注意预留500mm空间作为削切刃口削切空间，在人工顶管时采取先顶后挖的工作模式，确保施工作业人员安全。

4　结语

采用上述两种方法配合使用，既能有效地解决复杂地质条件下人工顶管施工顶进方向精细化控制的问题，又能解决套管局部节点产生突变、管道整体产生形变的现象，同时大大降低了因人工修偏带来的安全风险隐患和道路塌陷、沉降问题。对在复杂地质条件下人工顶管施工起到推广和辅助作用。

参考文献

［1］　寸江峰．顶管施工测量技术［J］．山西建筑，2009，35（22）：356-356.
［2］　农胜．顶管施工中管道偏差成因及纠偏措施［J］．企业科技与发展，2009，（16）：145-145.
［3］　张应盛，任海峰，王伟，等．特殊地质条件下人工顶管施工［J］．云南水力发电，2017，33（6）：139-142.

地聚物固化临江软弱土的强度试验研究及机理分析

李新宇[1]　罗正东[2]　杨会臣[3]

1. 湖南省西湖建筑集团有限公司　长沙　410000
2. 湘潭大学土木工程与力学学院　湘潭　411105
3. 中国水利水电科学研究院　北京　100038

摘　要：高能耗、高污染的水泥一直是搅拌桩中应用最为广泛的固化剂，为了提高搅拌桩施工的可持续性，有必要寻求能替代水泥的环保材料。本文采用“两步法”制得矿渣-粉煤灰基地聚物作为固化剂，通过无侧限抗压强度、SEM 形貌观察和 EDS 能谱分析研究了地聚物固化软黏土的力学性能及固化机制，并评估地聚物作为固化剂与水泥相比的可靠性。结果表明：固化剂掺量相同的情况下，地聚物固化土比水泥固化土的微观结构更加密实，无侧限抗压强度更高，这证实了地聚物可以替代水泥作为固化剂，且其掺量宜取 15%；地聚物中矿渣粉-粉煤灰比例越小，固化土强度越低，但流动性越好；通过综合考虑，矿渣粉-粉煤灰比例宜取 80：20。研究成果可为临江软弱土的加固提供新的思路，为类似工程提供参考。

关键词：搅拌桩；临江软弱土；地聚物；无侧限抗压强度；微观结构

临江软弱土具有高含水率、高压缩性、低强度等工程特性，易导致地基失稳或发生不均匀沉降，给基础设施的施工建设和运营维护提出了严峻的挑战。目前在软弱土地基处理中常采用水泥作为固化剂注入原位土壤中，通过水泥与土壤之间的物理化学作用，在地表下形成了更具完整性、水稳定性和一定强度的圆柱体，即水泥搅拌桩[1-2]。为有效改善原位土壤的工程特性，水泥使用量往往达到了土壤质量的 15%～20%，然而，水泥的生产过程伴随着能源的大量消耗、温室气体及有害物质的排放，并且水泥早期水化不完全，导致水泥搅拌桩出现早期强度低、耐久性差等质量问题[3-4]。

在推进落实“碳达峰、碳中和”举措的大环境下，相比于水泥，由硅铝材料在强碱激发下制成的地质聚合物不仅具有良好的力学性能和耐久性能，而且在节能、环保、经济等方面具有重要意义[5]。在绿色地基及其最佳全生命周期管理方案中，地聚物的使用具有以下两个优势[6]：（1）制备地聚物不需要高温煅烧，生产过程能耗低、有毒气体和有害物质排放少，相比于水泥，地聚物的使用对全球变暖的影响降低了大约 80%；（2）地聚物的原料主要是粉煤灰、矿渣和其他工业副产物，因此，制备地聚物以替代水泥不仅可以减少水泥使用量，还可以减少工业副产物对环境的破坏。

为探索地聚物固化临江软弱土的可行性，本文拟采用“两步法”制备矿渣-粉煤灰基地聚物代替水泥作为固化剂。本文通过无侧限抗压强度试验研究固化剂掺量、矿渣粉-粉煤灰比例对地聚物固化土力学性能的影响，同时还对矿渣-粉煤灰基地聚物与水泥固化软黏土的性能进行比较，并采用扫描电镜（SEM）和 X 射线能谱分析（EDS）试验方法对固化土样的微观结构及水化物物相组成进行分析，揭示其固化机理，以期为地聚物在临江软弱地基加固中的应用奠定基础。

1　试验

1.1　试验材料

试验土样取自长沙市湘江边某工程场地，属于典型湘江流域淤泥质软黏土，其基本物理指标见表1。从现场运出后，将其粉碎并在105℃的烘箱中干燥至恒重，最后采用5mm筛网进行筛分处理并储存在密封桶中。

表1　试验土样基本物理指标

取样深度（m）	天然含水率（%）	液限（%）	塑限（%）	孔隙率	可压缩性（MPa）	有机质含量（%）
8.0	51.8	49.4	26.9	1.53	1.38	2.21

为了对比分析，所取固化剂为P·O42.5硅酸盐水泥和矿渣-粉煤灰基地聚物。制备地聚物的原材料包括S95矿渣粉、Ⅰ级粉煤灰及碱激发剂，其中矿渣粉和粉煤灰的比表面积分别为429m^2/kg和420m^2/kg，密度分别为3.10g/cm^3和2.42g/cm^3。由厂家提供的原材料化学组成见表2。

表2　水泥、矿渣粉和粉煤灰的成分表　%

材料	MgO	Al_2O_3	SiO_2	CaO	Fe_2O_3	SO_3
P·O42.5硅酸盐水泥	3.30	5.50	21.00	65.40	2.90	2.00
S95矿渣粉	6.01	17.70	34.50	34.00	1.03	1.64
Ⅰ级粉煤灰	0.86	27.4	49.04	3.23	1.53	1.15

1.2　试验方案

本次试验采用相同的初始含水率，即52%（水与干土质量之比）；水泥和地聚物加固软黏土的固化剂掺量（固化剂与湿土质量之比）分别为12%、15%和18%；并在15%地聚物掺量基础上，设置3种矿渣粉-粉煤灰比例，分别为90：10、80：20和70：30，具体试验方案见表3。本试验中旨在明确矿渣-粉煤灰基地聚物掺入（代替水泥）后，其对软黏土的固化效果是否等同或者优于水泥。

表3　试验方案

组号	水泥掺量（%）	地聚物掺量（%）	矿渣粉：粉煤灰	水胶比	碱激发剂（%）	养护龄期（d）
A-12	12	—	—	0.5	—	7，28
A-15	15	—	—	0.5	—	7，28
A-18	18	—	—	0.5	—	7，28
B-12	—	12	80：20	0.5	30%	7，28
B-15	—	15	80：20	0.5	30%	7，28
B-18	—	18	80：20	0.5	30%	7，28
C-15	—	15	90：10	0.5	30%	7，28
D-15	—	15	70：30	0.5	30%	7，28

1.3 试验过程

1.3.1 试样制备

地聚物的制备：首先将模数为 3.31 的液体硅酸钠（俗称水玻璃）与一定质量的 NaOH 片剂采用磁力搅拌器均匀混合制得模数为 1.50 的硅酸钠溶液，用作碱激发剂，考虑 NaOH 遇水迅速放热，碱激发剂需在试验前 1~2h 制备；将碱激发剂和拌和水预先混合，然后掺入混合均匀的矿渣-粉煤灰干粉中以形成地质聚合物。

试样制作及养护：（1）根据上述试验方案，分别制备重塑土和固化剂浆料；（2）将制备完成的固化剂浆料连续均匀地掺入重塑土样搅拌锅中，并继续搅拌直至混合物达到均匀状态；（3）将搅拌完成的固化土样分三次填充到内径为 39.8mm 而高度为 80mm 的圆柱形试模中；每次填充后振动 1~2min 以消除试样中的气泡，再填入下一层，直至圆柱形试模填满压实并用刮刀抹平表面，每种比例的固化土样均制作 3 组平行试样；（4）用塑料薄膜覆盖固化土样表面以防止失水，然后放入温度为（20±2）℃、湿度变化范围为（95±1）%的恒温养护箱中，并在养护 1d 后脱模；（5）将已脱模的固化土样密封，并继续放入养护箱中进行养护。

1.3.2 试验方法

无侧限抗压强度试验：待固化土样养护至相应龄期后，采用量程为 30kN 的万能试验机进行无侧限抗压强度试验，轴向应变速率设置为 1mm/min，记录最大压力值，然后转换为最大抗压强度值。强度代表值取三组平行试样强度的平均值。

SEM/EDS 分析：从无侧限抗压强度试验破坏的试样中取得小块样品用于扫描电镜观察（SEM）和 X 射线能谱分析（EDS），以分析固化土样的微观结构及其物相组成。根据 SEM 测试要求，在进行测试之前，对样品进行风干处理并镀金。

2 结果与分析

2.1 无侧限抗压强度

2.1.1 强度与固化剂类型及掺量的关系

不同固化剂类型及掺量下制备的固化土样的 7d、28d 无侧限抗压强度值如图 1 所示。由图 1 可知，固化剂掺量为 12%、15%和 18%时，水泥固化土的 7d 无侧限抗压强度分别为 0.72、0.86 和 0.93MPa（分别为水泥固化土 28d 强度的 69.9%、68.8%和 69.4%），而地聚物固化土的 7d 无侧限抗压强度分别为 0.96MPa、1.29MPa 和 1.32MPa（分别为地聚物固化土 28d 强度的 71.1%、73.3%和 72.5%），可以看出，固化剂掺量相同时，地聚物固化土的 7d 无侧限抗压强度始终高于同龄期水泥固化土的强度，并且具有更高的 7d 与 28d 强度比值，这是由于水泥早期水化不完全，而地聚物在碱激发剂作用下快速反应，产生了大量硅铝酸盐凝胶产物（N-A-S-H），对软黏土颗粒起到了很好的包裹填充作用，从而提高了固化土样的整体强度[7]。

在相同试验条件下，龄期为 28d 时，测得原状土的无侧限抗压强度为 0.03MPa。固化剂掺量为 12%时，水泥固化土和地聚物固化土的 28d 无侧限抗压强度分别为 1.03MPa 和 1.35MPa，分别是原状土的 34.3 倍和 45.0 倍，其中地聚物固化土的强度是水泥土的 1.31 倍。当固化剂掺量为 15%时，水泥固化土和地聚物固化土的无侧限抗压强度分别为 1.25MPa 和 1.76MPa，分别是原状土的 41.7 倍和 58.7 倍，其中地聚物固化土的强度是水泥土的 1.41

倍。当固化剂掺量提高到 18%时，水泥固化土和地聚物固化土显示出最高的无侧限抗压强度，分别为 1. 34 和 1. 82MPa，分别是原状土的 44. 7 倍和 60. 7 倍，其中地聚物固化土的强度是水泥土的 1. 36 倍。

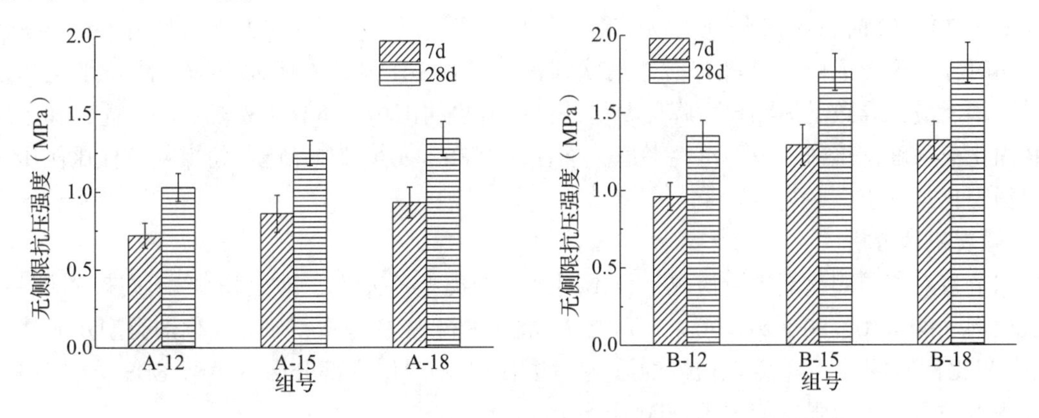

图 1　固化剂类型及掺量对固化软黏土无侧限抗压强度的影响

结果表明，水泥和地聚物作为固化剂加固软黏土，均明显改善了土体的工程特性；在固化剂掺量相同、龄期相同的情况下，地聚物固化土的强度明显高于水泥固化土，这表明地聚物对软黏土的加固效果更好，这可归因于地聚物固化土中的火山灰反应[8]。

同时可以看出，地聚物对软黏土的固化效果随着地聚物掺量的增加而持续提升，这是由于地聚物的掺入使得固化土中硅相和钙相有所增加，碱激发剂中溶出的钠导致矿渣粉和粉煤灰中无定型硅、铝和钙发生溶解，形成了大量单体，由此在土体结构中构建了缩聚地聚物网状结构，从而提高了固化土样的无侧限抗压强度[9]，此外，软黏土中也存在部分硅相和非晶相，在碱激发剂作用下也可能有助于地聚物网状结构的形成。当地聚物掺量从 12%增加到 15%时，固化土强度显著提高，但当地聚物掺量继续增加到 18%时，固化土强度提升迟缓，这是由于固化土样中存在过量未反应的矿渣粉、粉煤灰颗粒，导致胶凝产物内部结构劣化[10]。因此，综合考虑经济因素，在实际应用中地聚物掺量宜取 15%。

2. 1. 2　*地聚物固化土强度与矿渣粉–粉煤灰比例的关系*

图 2 给出了矿渣粉–粉煤灰比例对地聚物固化土无侧限抗压强度的影响。由图 2 可知，矿渣粉–粉煤灰比例为 90：10、80：20 和 70：30 时，7d 无侧限抗压强度分别为 1. 36、1. 29 和 1. 08MPa（分别为地聚物固化土 28d 强度的 75. 1%、73. 3%和 67. 9%），28d 无侧限抗压强度分别为 1. 81MPa、1. 76MPa 和 1. 59MPa。可以看出，矿渣粉占比越大，强度发展越快，这是由于矿渣粉在碱激发剂作用下，硅相和铝相发生溶解，并与 Ca^{2+} 聚合生成大量互相搭接的胶凝产物，从而提高了地聚物固化土的强度。当矿渣粉–粉煤灰比例为 80：20 时，B-15 组的无侧限抗压强度较 C-15 组仅有小幅度降低，分析其原因：一方面，更多球形粉煤灰颗粒的

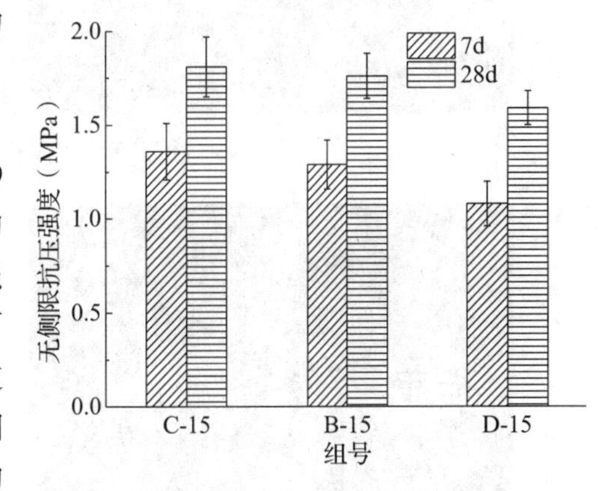

图 2　矿渣粉–粉煤灰比例对固化软黏土无侧限抗压强度的影响

掺入对地聚物浆料起到了润滑作用，有效提升了浆料的流动性，有助于地聚物在软黏土中均匀扩散；另一方面，由于矿渣粉中存在钙，粉煤灰中存在的硅相和铝相有助于实现水化硅酸钙（C-S-H）凝胶产物和水化硅铝酸钠（N-A-S-H）凝胶产物的共存[11]。但当矿渣粉-粉煤灰比例为70：30时，D-15组地聚物固化土的无侧限抗压强度明显降低，这是由于粉煤灰含量较高时，缩聚形成的三维硅铝酸盐网状结构（N-A-S-H凝胶）阻碍了与矿渣粉水化物发生进一步反应，导致土体黏聚力降低。另外，矿渣粉的市场价格高于粉煤灰。因此，基于地聚物固化土强度、工作性及经济性考虑，推荐选用80：20作为矿渣粉-粉煤灰较佳比例用于地聚物固化软黏土。

2.2　微观机理分析

本节将对相同固化剂掺量情况下，不同固化剂类型（水泥、地聚物）、不同矿渣粉-粉煤灰比例（90：10、80：20、70：30）的7d试样进行SEM分析，研究固化剂类型及矿渣粉-粉煤灰比例对固化土样微观结构的影响，并对SEM图像中部分区域进行EDS能谱分析，将所测得的元素相对强度值列于SEM图像上方。

图3和图4分别为固化剂掺量均为15%情况下水泥和地聚物固化软黏土的SEM图像。由图3可知，水泥部分发生水化反应，所生成的水化产物包裹在土颗粒表面，未能有效地对土颗粒之间的空隙进行填充，导致土颗粒离散性较大；结合EDS能谱分析结果可知，水泥水化产物主要为无定形水化硅酸钙凝胶（C-S-H）。如图4所示，在碱激发剂作用下矿渣粉和粉煤灰被激活，产生了大量均匀分布的地聚物水化凝胶产物，将土颗粒彼此黏结在一起，形成了较为致密的微观结构，宏观上表现为无侧限抗压强度的提高；结合EDS能谱分析结果，水化产物多为C-S-H、C-A-H及N-A-S-H凝胶体。

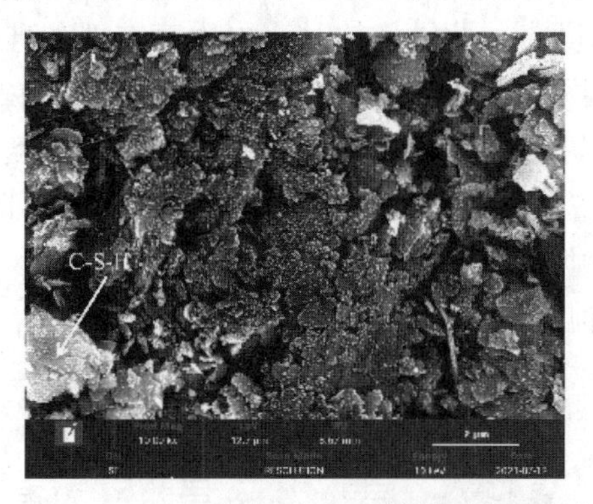

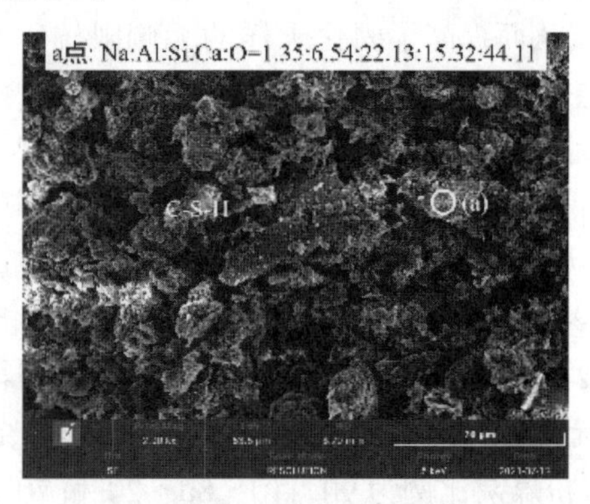

图3　15%掺量下水泥固化土（A-15组）的SEM图像

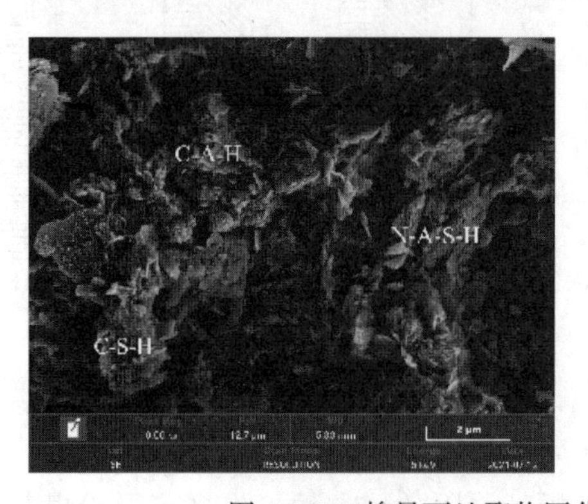

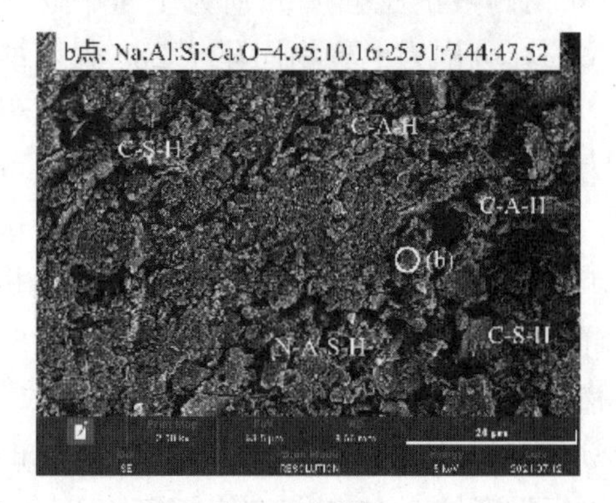

图4　15%掺量下地聚物固化土（B-15组）的SEM图像

为了进一步分析矿渣粉-粉煤灰比例对地聚物固化土微观结构的影响，分别对矿渣粉-粉煤灰比例为90∶10（C-15组）和70∶30（D-15组）的地聚物固化土进行SEM分析，如图5（a）和（b）所示。通过对比B-15和C-15两组发现，矿渣粉-粉煤灰比例为90∶10时，土颗粒表面覆盖着较多的胶结性水化产物，微观结构较为密实，EDS能谱分析结果证实水化产物多为C-S-H凝胶。而对于矿渣粉-粉煤灰比例为70∶30的D-15组，微观结构存在着连通微裂缝，并且呈三维网状结构的水化产物较为疏松，这是由于粉煤灰含量过高时，碱激发剂促使粉煤灰中Al—O键和Si—O键发生断裂，然后缩聚形成非晶体硅铝酸盐[9]，即低钙体系下的N-A-S-H凝胶体，此类胶凝体的三维网状结构十分稳定，阻碍了与矿渣水化产物之间的二次反应，从而削弱了地聚物对土颗粒的黏聚作用，宏观上表现为地聚物固化土无侧限抗压强度的降低。

（a）C-15　（b）D-15

图5　15%掺量下地聚物固化土（C-15组和D-15组）的SEM图像

3　结语

本文将“两步法”制得的矿渣-粉煤灰基地聚物作为改善临江软弱土工程特性的固化剂，通过无侧限抗压强度试验、SEM微观形貌观察和EDS能谱分析研究了地聚物固化临江软黏土的力学性能及固化机理，并对地聚物与水泥固化软黏土的性能进行了比较，得到以下结论：

（1）研究表明，水泥和地聚物作为固化剂加固临江软黏土，均明显改善了土体的工程特性；相同固化剂掺量情况下，地聚物固化土的无侧限抗压强度始终高于同龄期水泥固化土的强度，这表明地聚物对软黏土的加固效果更好；并且地聚物对软黏土的固化效果随着地聚物掺量的增加而有所提升，但当地聚物掺量超过15%时，固化土强度提升迟缓，因此，综合考虑经济因素，在实际应用中地聚物掺量宜取15%。

（2）矿渣粉占比越大，地聚物固化土强度越高；当矿渣粉-粉煤灰比例从90∶10调整为80∶20时，固化土强度有小幅度降低，但流动性更好，基于地聚物固化土强度、工作性及经济性考虑，推荐选用80∶20作为矿渣粉-粉煤灰较佳比例用于地聚物固化软黏土。

（3）7d龄期时，水泥水化生成的水化产物包裹在土颗粒表面，未能有效地对土颗粒之间的空隙进行填充；而地聚物固化土中有大量均匀分布的水化凝胶产物（包括C-S-H、C-A-H及N-A-S-H）产生，并将土颗粒彼此黏结在一起，形成了较为致密的微观结构；此外，矿渣粉-粉煤灰比例过低会削弱地聚物对土颗粒的黏聚作用。

参考文献

［1］ 张新建，唐昌意，刘智．淤泥水泥土室内配合比试验及成桩效果分析［J］．公路，2021，66（06）：81-84.

［2］ 温宇轩，贺九平．水泥搅拌桩在软土路基施工中的应用研究［J］．灾害学，2019，34（S1）：236-242.

［3］ 付佰勇，宋神友，徐国平，等．碎石垫层与深层水泥搅拌桩复合地基沉降研究［J］．公路，2021，66（05）：65-70.

［4］ 杨有海，刘永河，任新．水泥搅拌饱和黄土强度影响因素试验研究［J］．铁道工程学报，2016，33（01）：21-25，64.

［5］ 杨世玉，赵人达，靳贺松，等．粉煤灰地聚物砂浆早期强度的影响参数研究［J］．工程科学与技术，2020，52（06）：162-169.

［6］ 邓永锋，吴子龙，刘松玉，等．地聚合物对水泥固化土强度的影响及其机理分析［J］．岩土工程学报，2016，38（03）：446-453.

［7］ 吴俊，征西遥，杨爱武，等．矿渣-粉煤灰基地质聚合物固化淤泥质黏土的抗压强度试验研究［J］．岩土力学，2021，42（03）：647-655.

［8］ NATH P，SARKER P K. Flexural strength and elasticmodulus of ambient-cured blended low-calcium fly ash geopolymer concrete［J］. Construction and Building Materials，2017，130，22-31.

［9］ PALOMO A，GRUTZECK M W，BLANCOA M T. Alkali-activated fly ashes：a cement for the future［J］. Cement and Concrete Research，1999，29（8）：1323-1329.

［10］ JIANG N J，DU Y J，LIU S Y，et al. Multi-scale laboratory evaluation of the physical，mechanical，and microstructural properties of soft highway subgrade soil stabilized with calcium carbide residue［J］. Candian Geotechnical Journal，2016，53（3）：373-383.

［11］ PHOO-NGERNKHAM T，MAEGAWA A，MISHIMA N，et al. Effects of sodium hydroxide and sodium silicate solutions on compressive and shear bond strengths of FA-GBFS geopolymer［J］. Construction and Building Materials，2015，91：1-8.

第3篇

绿色建造与BIM技术

BIM+装配式住宅建筑施工解决方案

旷诗洁

湖南省第六工程有限公司　长沙　410000

摘　要：本文以BIM技术在中南熙悦装配式项目中的应用为例，从BIM实施方案及计划出发，介绍了BIM技术在该工程深化设计、现场管理应用中的实施与应用，并对预制构件的拆分、预留预埋、场内综合管理及PC构件运输及安装进行了阐述。最后，对同类工程BIM应用发展做了一些总结和思考。

关键词：BIM；装配式；设计优化；施工管理

1　引言

随着科技的发展和人民对于绿色、环保的重视程度的不断深入，装配式建筑越来越受到重视。与传统的建筑方式相比，装配式建筑具有污染少、施工速度快、资源利用率高等优点。在装配式建筑中使用BIM技术，可以大大提升装配式建筑在设计阶段、预制构件生产阶段、施工过程管理阶段以及运维管理阶段的管理效率。装配式建筑正因为BIM技术的引入而得到更快速的发展。

2　项目简介

中南熙悦项目（图1）由湖南省第六工程有限公司承建，位于盐城东台中南市亭湖区，项目由6栋高层以及地下车库组成，总建筑面积168093.19m^2。其中1号楼、10号楼采用装配式剪力墙结构，单体预制率为45.16%，三板应用总比例为106.35%。PC构件类型包括：预制叠合板、预制楼梯板、预制剪力墙、预制阳台、预制空调板、ALC墙，预制构件体量5727.57m^3。相对传统住宅建筑而言，大体量装配式预制构件的深化、运输、堆放、吊装、节点等是本工程施工管理的一大难点。

图1　项目效果图

3　BIM实施应用

3.1　深化设计阶段应用

本工程PC设计由深化设计单位与施工公司共同完成。设计单位在传统设计基础上进行深化，确定其可行性，进而进行方案设计。施工公司通过深化设计方案利用BIM进行构件拆分。在PC构件的深化设计中考虑生产因素和吊装施工因素，以提高PC构件深化设计的可生产性和可施工性[1]。

（1）PC构件拆分。本项目利用BIM三维可视化的特性，在保证预制率和装配率的前提下，拆分成模数化、体系化预制构件，将构件连接节点细部拆分展示。

（2）创建 PC 构件库。根据 1 号楼、10 号楼整体户型和拆分的 PC 构件进行构件模型创建（图 2），按照结构设计要求的钢筋型号和混凝土等级不同，在创建模型族库过程中建立不同的钢筋型号、预埋件、所需混凝土强度等级等数据信息库。将构件外形尺寸、体积、面积和钢筋型号等数据在 BIM 软件中一一对应标注建模，形成 PC 构件族库。

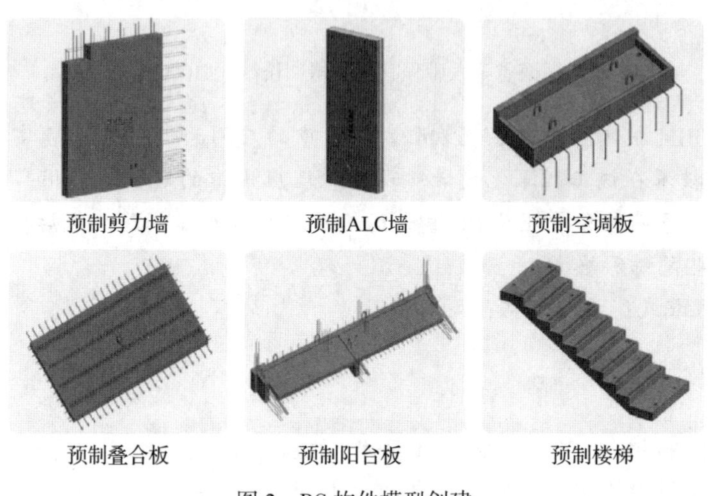

图 2　PC 构件模型创建

（3）节点优化。利用 BIM 技术三维可视化进行精细化设计，充分考虑管线与钢筋的碰撞等问题。构件精细化设计使得钢筋的浪费减到最小，并实现预制构件现场无差错安装（图 3）。

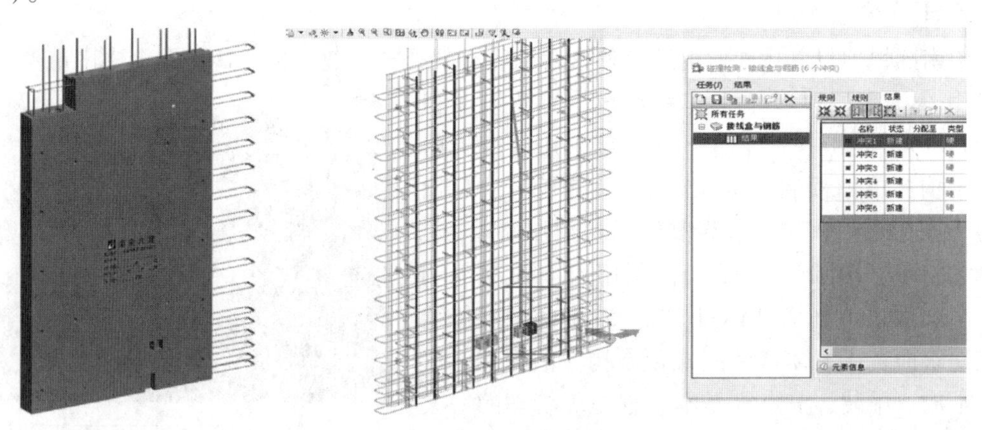

图 3　钢筋节点深化设计

（4）机电管线优化（图 4）。根据设计院图纸信息搭建模型，管线无协调性、无美观感、碰撞严重，净高低矮；利用 Revit 进行管线综合优化后，整体协调性、美观度提高，碰撞及净高等硬性设计问题浮出水面，在施工前加以修正，避免返工，以节省施工工时，提高工作效率[2]。截至目前，发现碰撞 3000 余处，图纸问题 84 处，为项目部节约成本 100 余万元。

3.2　现场施工管理应用

本工程施工管理 BIM 应用主要包括施工方案的选择，施工场地的布置，施工模拟与可视化交底，构件运输、存储、吊装环节等。

图 4　地下室管线优化前后对比

3.2.1　场内综合管理[3]

（1）场地布置。

项目依据公司及建设单位的 CI 策划标准，运用 BIM 技术可视化、综合协调的优势，从施工区到办公区、样板区，将各阶段、各区域平面布置合理布局，优化平面布置方案，指导现场施工，使总平面布置更加完善经济、更符合绿色环保的趋势。

（2）PC 运输道路及堆放。

考虑运输车长度及宽度，设置场内不小于 6m 宽的运输道路，以保证运输车辆在施工现场转弯、直行等方式的畅通。

考虑 PC 构件的安全库存，现场设置 PC 堆放区，由于运输线路及 PC 构件存放区覆盖地下车库，利用 BIM 对车库顶板进行顶撑加固等（图 5）。

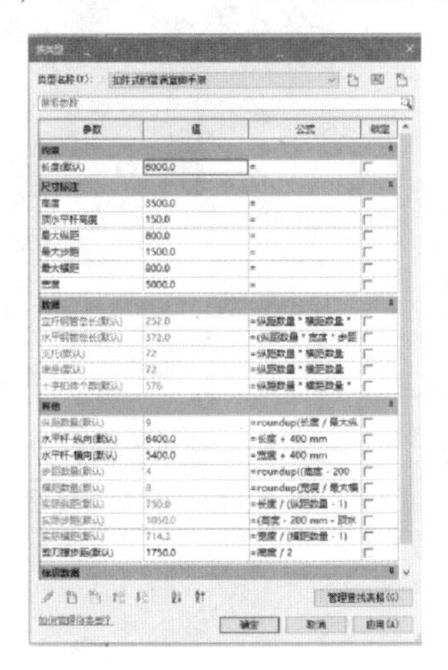

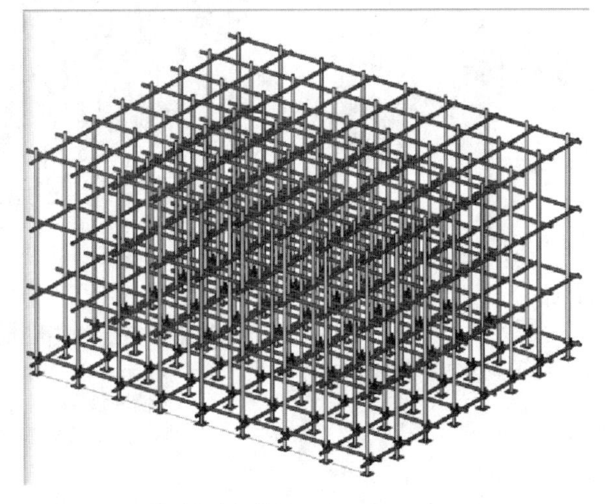

图 5　地下室顶板加固参数

（3）塔吊选型。

本工程最重构件为阳台板，重 4.8t。根据 PC 构件分布、重量、施工等特点，确定本工程 1 号、10 号起重机均为 QTZ160 型，其中 1 号起重机臂长 54m，10 号西面起重机臂长 48m，10 号东面起重机臂长 36m，进行施工时能最大限度地降低施工过程中误差的叠加、累积。

3.2.2　施工作业管理

本工程采用“装配式+铝模+附着式升降脚手架”一体化施工工艺[4]。在 PC 构件正式开始施工之前，先利用 BIM 三维可视化技术组织 PC 构件生产技术交底，包括对 PC 构件模具组装、PC 构件生产工艺流程等过程中的关键技术要点进行技术交底，确保技术交底的质量和 PC 构件生产过程中的精确，实现装配式建筑 PC 构件标准化生产。

（1）吊具选型。

本工程吊具选型利用迈达斯对钢扁担梁进行受力分析（图 6），分析其刚度、强度以及变形值，确保吊具安全可靠[5]。吊运钢扁担梁采用工字钢制作，为防止预制构件起吊时单点起吊引起构件变形，特殊构件采用吊运钢梁均衡起吊就位，吊运钢梁设计多点垂直起吊构件。

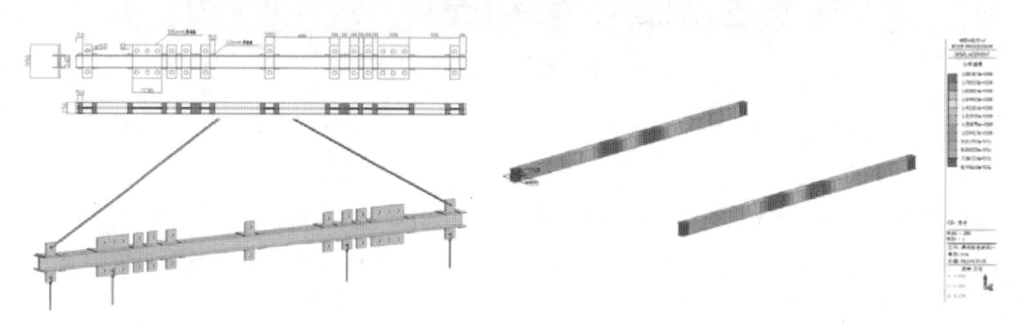

图 6　钢扁担梁受力分析及三维模型

（2）三维节点详图。

制作各节点三维详图模型（图 7），配以尺寸标注、施工做法、材料要求、工艺标准等用于技术交底，指导现场施工，效果显著。

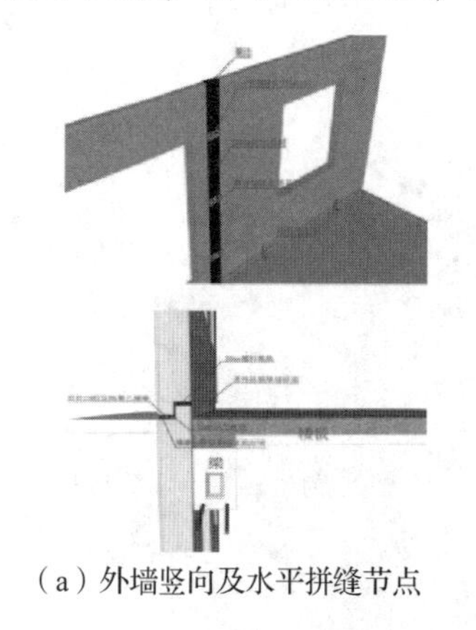

（a）外墙竖向及水平拼缝节点

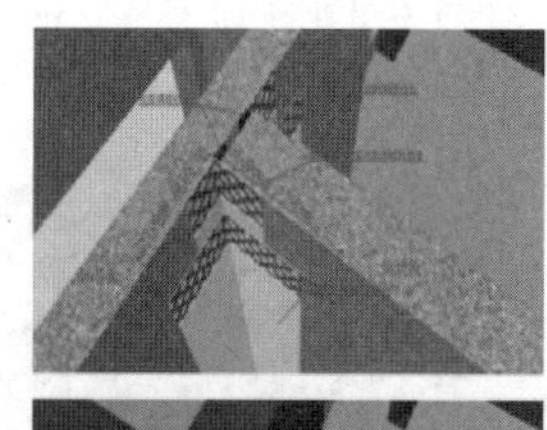

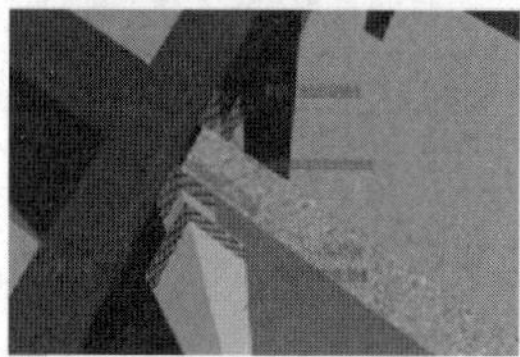

（b）内墙与内隔墙和剪力墙拼缝节点

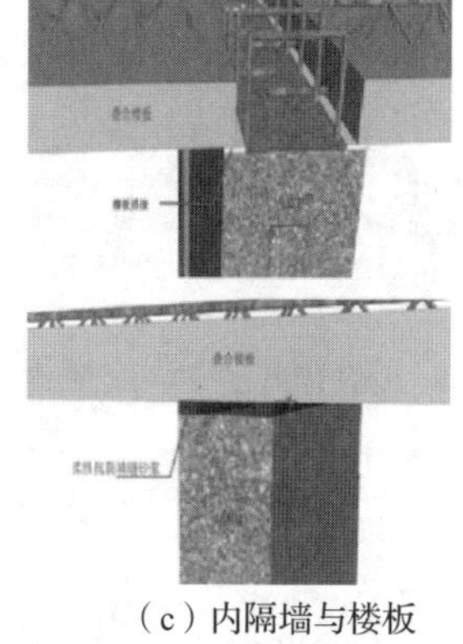

（c）内隔墙与楼板水平拼缝节点

图 7　三维节点图

（3）BIM 仿真模拟指导现场吊装。

项目部在构件吊装前，利用 BIM 技术进行 PC 构件吊装施工模拟，三维模拟软件对构件各种不同的吊装顺序、吊装路径等吊装施工工艺流程进行模拟施工，优化和调整吊装工艺和工序，选择最优的构件吊装方案，从而提高 PC 构件吊运和安装施工的可行性和安全性[6]。

借助三维仿真技术进行 PC 构件吊装施工的可视化技术交底，全方位地保障构件吊装过程的顺利进行（图 8），以避免后期造成的工期延误以及施工成本的增加。

（4）BIM+VR 技术

在 BIM 建模基础上，利用 VR 实现仿真全景漫游[7]（图 9），通过手机扫描二维码或者访问链接即可进入全景进行浏览，既可以感受建筑建构、装饰装修的真实效果，又可以作为对外展示的窗口。

图 8　仿真模拟与现场实际施工

图 9　VR 仿真全景漫游

4　BIM 应用总结

伴随着装配式建筑的迅速发展，对其在设计、预制构件生产、现场施工等各个环节也都对技术有了更新更高的要求。特别是在建筑施工阶段，预制构件的生产以及如何合理地安排吊装顺序是装配式建筑施工的关键。本文通过 BIM 技术在实装配式项目中的解决方案，从深化设计及施工管理等方面的应用总结展示了 BIM 技术可视化、优化性、模拟性等诸多优点，对促进 BIM 技术落地，推动建筑企业高质量发展有重要意义。

参考文献

[1]　邢本国 . 装配式建筑预制构件二次深化设计管理［J］. 城市住宅，2020，27（10）：219-220，222.

[2]　陈康，孙明倩 . 基于 BIM 技术的地下车库机电管综［J］. 四川建筑，2021，41（S1）：88-90.

[3]　崔维华 . 基于 BIM 技术的装配式建筑施工场地布置及评估［J］. 铁道建筑技术，2021，（11）：175-180.

[4]　李文俊，钟强，张凯 . 装配式建筑铝模爬架一体化施工技术［J］. 施工技术，2019，48（S1）：895-899.

[5]　郑艺杰，张晋，尹万云，等 . 装配整体式剪力墙结构构件吊装分析［J］. 施工技术，2015，44（S1）：572-576.

[6]　冉林英，张海鹏，吴春亮，等 . 交互式可视化虚拟施工过程技术研究［J］. 云南水力发电，2018，34（S2）：41-45.

[7]　王艺瑾，王睿 . BIM 建模与漫游动画结合的分析［J］. 四川建筑，2019，39（1）：37-39.

BIM 技术在城市更新项目中的探索应用

何平国

湖南省第六工程有限公司　长沙　410000

摘　要： 城市的发展和建设是我国发展的重要内容，也是未来促进城市宜居、人民生活水平提升的重要工作，大量基础设施的建设推动了城市的发展也方便了人们的生活。很多设施因为年代久远，而产生了一定的损毁，或者是因为城市拓展的需求，需要进行更新，更新项目的内容有很多，市政、道路、桥梁等，都属于城市的更新项目。不断发展的技术水平，为城市更新项目提供了便利而高效的技术支持，通过这些新技术，能够更好地完成工程质量、投资以及工程进度的控制，让“三控”更加地科学合理，为城市更新项目和城市未来的发展奠定基础。本文通过探讨 BIM 技术在城市更新项目中的应用，来探索 BIM 技术的优势，为今后城市更新项目运用 BIM 技术提供参考。

关键词： BIM 技术；城市更新；探索应用

城市化进程标志着一个社会经济文明发展的程度，是我国未来发展的重要方向。当前的城市建设，极大地方便了人们的生活，建立了宜居的城市生态，吸引了更多的人口进入城市，扩大了城市的影响。随着城市规模的不断扩大以及城市功能的不断完善与增加，城市建设者需要对城市有更深层次的考虑，因此城市更新已成为城市发展的必经之路，城市更新项目的种类很多，包含的专业技术也很多，因此，城市更新项目在实施的过程中需要具备足够的专业知识，才能保证城市更新项目的安全和有效。而 BIM 技术作为计算机应用的一种信息处理技术，具有直观性、方便性、高效性的特点，能够充分适应工程建设的特点，也能够解决城市更新项目过程中的各种问题。充分利用 BIM 技术可以有效地提升城市更新项目的管理水平，促进城市项目建设的高效性，为城市建设打下坚实的基础。

1　BIM 技术的概况及主要应用

BIM 技术是基于计算机软件的一种建模技术，是在原有绘图 CAD 的基础上拓展的计算机建模应用。该技术出现以来，对建筑工程行业产生了重要的推进作用，使原来的平面图形能够变成立体的建模，建筑的各项数据、规格、材料等信息，在 BIM 的建模中都可以充分地体现出来，节省了分析图纸、标注等大量的时间，也方便工程施工人员对整个工程有着更加清晰的把握，对于工程的整体情况更加清晰可视。

基于以上的优势，国家大力倡导 BIM 的应用，相关部门先后发文，在行业中推广使用 BIM 建模，提升整个领域的技术水平，让工程管理更加科学规范，这对 BIM 在市政、土建、水利、机电等重要工程领域中都有着积极的推进作用。BIM 的应用已成为城市更新项目中的一大特色，将城市更新项目的管理变得更加科学，保障了城市化进程加快的同时，提升了工程的效率和质量。

1.1　保证工程的质量

BIM 建模技术相比于传统的 CAD 建模，具有建模立体，能够还原工程的实体模型，并且在实际工作中，能够将建设的技术参数和相关要求充分地体现在建模中，做到了技术参数的可视化，以及各重要环节的简单化，让工程管理和施工人员不需要过多的培训和专业知识，就能很好地看清楚整个工程项目的组成以及重要部位的控制参数，可以有效地保证工程质量，降低工程质量控制的难度。特别是在城市项目更新的过程中，实现质量控制的可视化和简约化，保证了城市更新项目的本质质量安全。

1.2　提升工程效率加快工程进度

BIM技术的应用，能够将整个工程实施的进度节点反映在模型之中，做到工程完成时间节点的可视化，能够帮助工程管理人员确定各时间节点能够完成的工程量，将以往用百分比表示的工程进度管理数据变成实际可以观察到的形式，能够更加准确地调整工程内的物资和人员的比例，以保证工程实施的进度，做到工程的高效，进一步保质保量地加快工程进度。

1.3　促进工程投资的节约

BIM建模的方式能够精确地实现整个工程项目的造价和结算，通过具体的建模，将整个工程的模型和组成可视化，因此在前期计算工程造价的时候，能够更加精确地把控工程量，能够通过造价的定额，更加精确地计算出整个工程的造价，减少工程的总造价，节约投资。并且在工程实施的过程中，BIM能够准确反映出工程的实施进度，能够作为准确的工程进度款的结算依据，让工程管理人员更好地把控工程的投资进度，从而从细节上减少工程的投资，减少浪费。

2　BIM技术对于城市更新项目案例

BIM作为工程领域计算机建模的重要技术更新，已经在全行业进行了广泛的推广。在实际的应用过程中，BIM技术体现了比较大的优势，下面以某市的城市更新项目为例子，阐释BIM技术在城市更新项目中的探索与应用，寻找优势，弥补不足，为今后城市更新项目应用BIM技术做好铺垫，也为未来BIM技术的发展和进一步改善提供具体的案例支持，在整个城市更新项目中更广泛地应用。

2.1　某城市更新项目简介

某市城市更新项目是城市森林带的建设。随着城市的发展，绿色环保是城市发展的理念，也是未来发展的方向，因此，城市更新项目中，绿化、林带等建设成为城市更新项目的热点和重点。某城市拟建设城市森林带，长约6km。项目的总投资210亿元。这一项工程关系到未来城市的发展，关系到整个城市环境的改善，因此属于城市更新项目的重点项目，受到市政府以及各方的关心。项目采用EPC模式，由工程总承包单位进行项目的实施，从设计到施工，作为城市的一项标杆项目来抓。

2.2　BIM在设计阶段的应用探索

由于这项工程是市政建设的一项大工程，关系到未来城市的文明宜居的程度，因此，从工程建设设计阶段就要做好了整个工程的规划和安排工作。BIM作为设计阶段应用的重要技术发挥了巨大的作用。

建立BIM设计协同平台（图1）。该城市绿化林带项目基于BIM技术建立了可兼容Fuzor、Revit、Civil 3D、3ds Max以及Navisworks等多种数据格式的EBIM云平台，可以通过手机等移动端平台进行相关数据的查阅，让设计内容能够更快捷和方便地被实时进行调取和商讨，减少了前期设计阶段的时间，专业的协调和高效的沟通，保证了整个项目在设计过程中保持高度的意见一致，及时反馈各种信息。同时利用协同平台的计算模块，可以实现专业设计的进度反馈，辅助进行各项前期的设计管理，以促进整个设计阶段的顺利实施。

图 1　BIM 设计协同平台

BIM 的可视化建模能够将整个工程全貌进行模拟，并且可以通过建模，完成地埋部分管线、地下设施等隐藏设施的设计参数，让设计图纸更加立体，一目了然。可视化建模的模拟下，对整个工程内部的结构能够进行清晰的计算，不断地验证每一处的计算结果，使得整个项目在设计的时候实现可视化，便于控制。

最后，BIM 可视化模型可以辅助设计不同天气、气候下的各种设施。通过这样的模拟可以确定不同温度和气候下项目的工况，从而设计建立最优的设施布局，选定最合适的设施材料。同时，完成了地下空间管线碰撞检查、综合管廊入廊管线检查及设备箱体设计优化等，如图 2 所示。

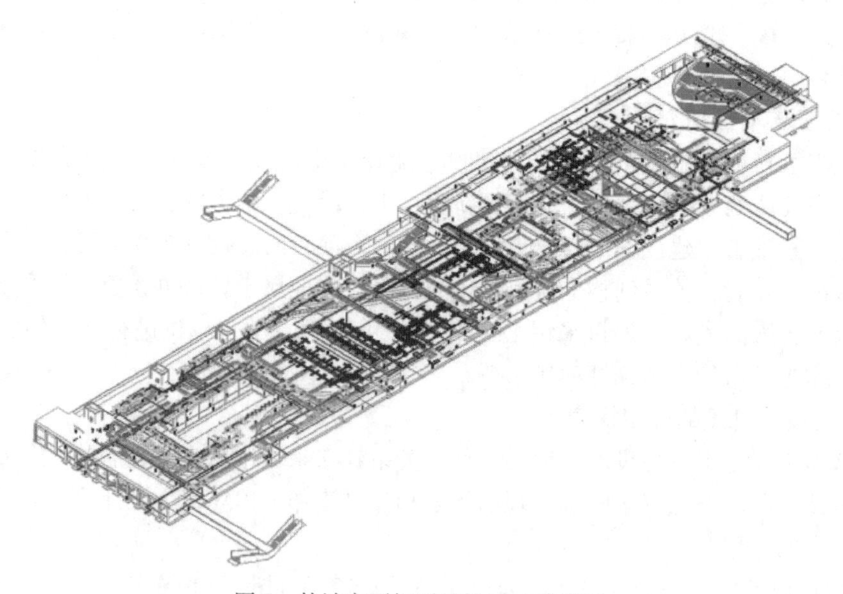

图 2　某城市更新项目的 BIM 建模图

2. 3　BIM 在施工阶段的应用探索

施工阶段是整个城市项目更新的关键，也是整个工程实施的关键。只有做好施工过程的管控，才能最终实现项目更新，使得城市森林绿化带发挥应有的作用，起到为城市生态提供保障的作用。

首先，BIM 技术的应用，有效地集成了整个项目的全部工程量，让各部分的设计和施工效果都能清晰可见。森林绿化带的灌溉、交通线路、地下建筑等都能够变成数字化的形式，及时地在施工过程中进行采集和调用，及时掌握整个工程的进展状况，便于对整个施工过程的细节进行管控。

其次，BIM 技术辅助完成了动力控制室的装配设计和施工。动力控制室作为整个森林绿化带的动力保障单元，对整个项目的运行有着极其重要的作用。其有复杂的管线，因此对于其装配设计和施工具有一定的难度。利用 BIM 建立可视化模型，将控制室的布线和主要装配模块做到精细可视化，大大降低了识别和装配的难度，为装配化施工提供了技术保障。

最后，BIM 技术可以对危险性较大的部位以及施工技术难点的部位进行可视化的模拟，分析施工部署是否能够满足施工需求，是否能够保证施工的安全，为施工合理布置分配资源提供了依据。

3　结语

本文对 BIM 这一新型的计算机建模技术进行了详细的阐释，展示了其巨大的作用。特别是在城市更新项目中，更能体现 BIM 的优势。为了更好地阐释 BIM 在实际城市项目更新上的应用，以某市的森林绿化带建设的城市更新项目为例，全面介绍了 BIM 技术在整个项目设计到实施阶段的应用，从工程角度，对 BIM 应用的探索，为今后同类型的工程应用 BIM 技术提供参考。

参考文献

[1]　李绵辉 . BIM 技术在地铁车辆段室外综合管线优化设计中的应用［J］. 科技创新与应用，2021，11（36）：104-109.
[2]　廖晓波 . 智慧城市建设中 BIM 技术的应用与实践［J］. 建筑结构，2021，51（22）：160-161.
[3]　周爱华 . 数据挖掘技术在智慧城市建设中的应用［J］. 电子技术，2021，50（11）：94-95.

BIM 技术在大型综合体机电安装项目中的应用

蒋雨薇

湖南六建机电安装有限责任公司　长沙　410015

摘　要：结合爱尔眼科总部大厦机电安装项目施工实践，分析了在大型综合体项目中机电安装系统复杂、管线密集且装修标准高的情况下，通过 BIM 技术有效解决了有限吊顶空间内管线碰撞的难题，确保了使用功能及装饰效果。

关键词：BIM 技术；机电安装；管线综合

随着我国经济实力的迅速提升，建筑行业也随之进入快速发展阶段，人们更加注重项目建设质量与居住安全，同时建筑物功能的扩展与装饰风格档次的提高，使得工程项目的复杂程度越来越高。对于复杂多样的项目，机电设备和末端点位的布置很容易与装饰造型产生冲突，同时受室内层高限制，易出现吊顶空间不足，系统复杂，管线交叉，现场施工困难等情况。传统机电安装管线设计方法是利用二维图纸直接完成综合设计、施工与优化，但这种设计技术已经无法满足当前工程项目的建设要求。通过对 BIM 技术的运用，在施工准备阶段就可对机电设备及管线进行综合排布，利用结构建筑及机电模型之间的碰撞分析检查，提前发现施工中可能出现的问题；轻量化管理下，统筹各个部门，最大限度地规避现场返工，保证项目施工质量，降低工程施工成本，提高经济效益。

1　工程概况

爱尔眼科总部大厦项目位于长沙市芙蓉南路与新姚北路交会处西北角。项目总建筑面积为 15.4 万 m^2，划分为南、北两地块，南地块为商业商务办公楼，北地块为爱尔眼科集团总部大厦，2 栋塔楼、8 层裙楼及 4 层地下室。

机电安装工程包括通风空调、地暖、消防、电气照明、给排水、弱电等，系统齐全，管线复杂；室内净高要求较高，结构梁体大，吊顶空间紧张。

2　BIM 技术应用

2.1　基础模型的搭建

完善基础模型搭建的前提是确定统一的构件命名，构件命名统一才能保证模型信息具有通用性，在此基础上实时检测获取的消息，如果出现问题，模型能够快速定位具体位置，方便及时修改与调整。需注意，一定要保证建模中模型参数的精度，只有完成模型参数精度的定位之后才能推进施工工作有序开展。以建模构件材质的增加、类型等信息为例，机电模型中添加类型、用途等信息，是对图纸进行全面的检测，保证图纸的完整性，为施工提供有效的指导，进一步地细化与分类，即可达到精确定位的目的。

结构建筑建模的主体是建筑内部的主要构件，如梁柱、墙板、楼板等的建模，主要建模对象是二次结构墙、门窗和楼梯。建筑结构模型如图 1 所示。

机电模型建模的主体是机电设备及管线，如风机、管道、桥架、末端设备（如风口和喷头）等。机电模型如图 2 所示。

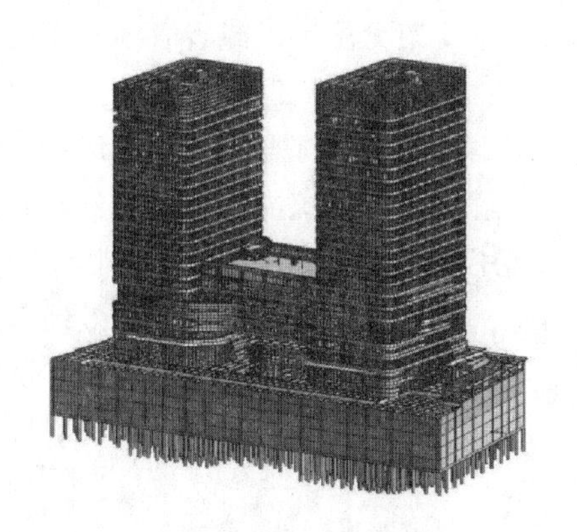
图 1　建筑结构模型

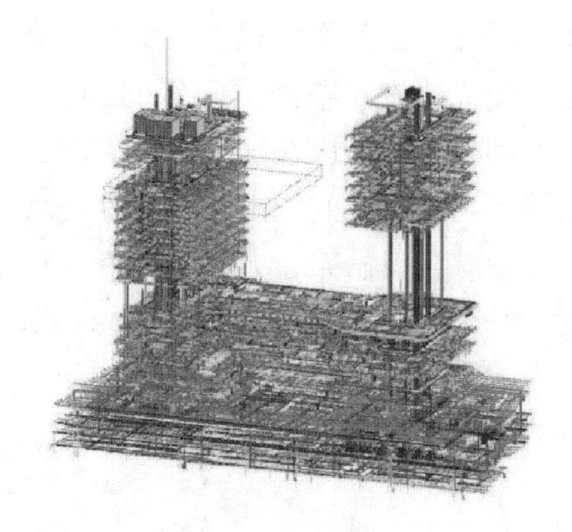
图 2　机电模型

2.2　管线综合碰撞检测

管线碰撞是机电安装中普遍存在的问题，一旦发生碰撞情况必定会对施工质量造成不好的影响，严重的甚至出现拆除返工的现象。针对该情况，可以应用 BIM 技术将机电、结构、建筑等专业模型整合后，从三维角度检查管道空间分布情况，及时发现并确定管线碰撞发生的位置，采取针对性地修正。管线碰撞检查的对象主要是机电管线之间，管线与建筑之间或结构与建筑之间发生的碰撞，可通过 Revit 软件来寻找碰撞点，还可自主生成碰撞报告，为建模人员修改提供正确信息。同时通过模型的碰撞检查，在一些需要预留孔洞的位置，可在施工开始前运用 BIM 模型的可出图性，导出预留孔洞图，对预留孔洞的数量、位置、大小进行合理规划，做到精准定位且满足规范要求，规避因开孔造成的结构安全隐患。

2.3　管线综合调整

首先，确定净高要求，避免随意布置，提高空间利用率。其次，针对碰撞点进行整体调整或局部调整。最后，确定机电管线碰撞调整原则，要以专业设计规范为标准。机电管线设计基本原则是电让水、水让风、小让大。电缆桥架和与线槽的安装高度越高越好，尽量贴梁底安装，低位安装通风管道，分开布置电缆桥架与液体管道；桥架与医用气体管道水平净距不得小于 300mm；强、弱电线槽之间留有间距，避免二者互相打架；管道交叉布置秉承小管让大管、有压让无压的原则，调整前后对比如图 3、图 4 所示。碰撞处理完成后进行最后的细节优化，例如，确认整个管道系统的正确设置与连接，保证系统的完整性；风口与喷头等末端点位是否与装修相符；复杂节点位置管线布置是否合理，等等。

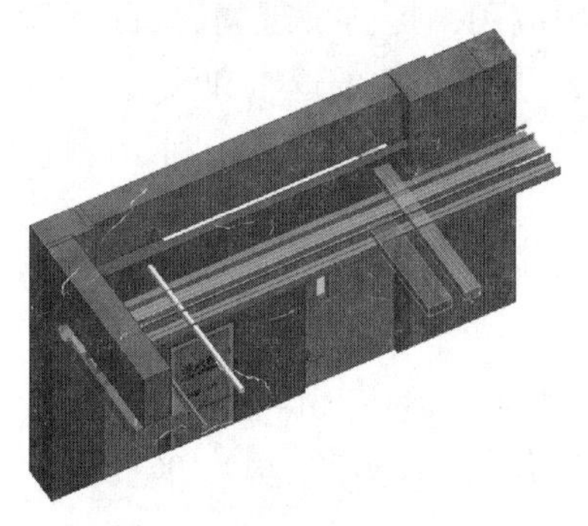
图 3　调整前多处碰撞

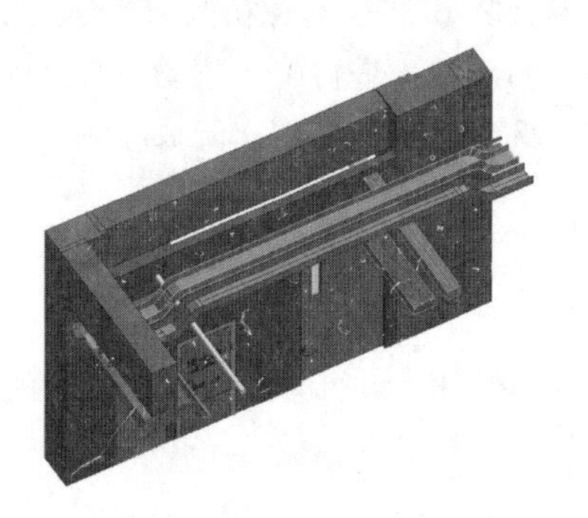
图 4　调整后无碰撞

2.4　综合支吊架的布置

机电安装施工过程中通常伴随管线集中、种类繁多、施工条件差等特点，各机电专业若设置单独的支吊架就会出现由于支架过多，造成吊顶上方支架无法生根或者管线与支架间过分拥挤从而无法设置检修空间等问题，既浪费材料和人力，又导致工作效率低，工程进度慢，协调问题多。所以在地下室、管廊、走廊或管道密集区域使用综合支吊架可以最大限度地实现设计与施工之间的衔接，在保证功能的情况下，解决机电系统内部管线的标高和位置问题。设置综合支吊架，方便进行拆改调整，可重复使用；多专业统一协调，可尽量提高净空高度；综合支架安装速度快，节约工期，使用寿命长，后期维护方便，不但有效地节约了吊顶上方的空间，保证了检修通道，而且大大减少了支吊架制作、安装的钢材用量，从而降低工程成本。综合支吊架设计如图 5 所示。

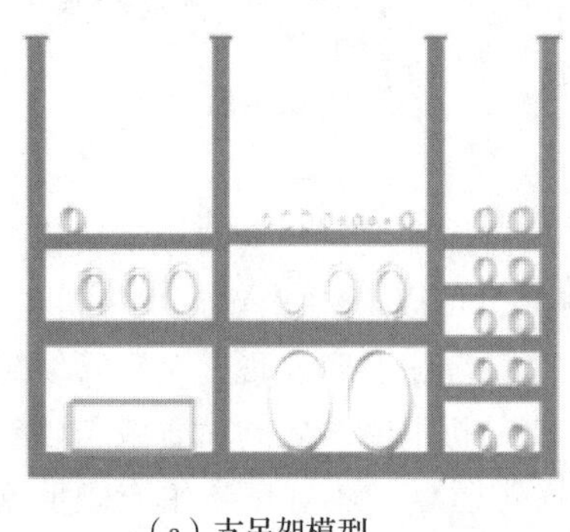

（a）支吊架模型　　（b）计算模型

图 5　综合支吊架设计及受力计算

2.5　三维可视化交底及指导施工

BIM 技术运用下完成机电管线的综合排布，使工程项目实现三维可视化交底。无论面对多复杂的建筑空间，三维模型都可直观反映，如配电室、锅炉房及制冷机房等，它们的管线与设备布置相当复杂，在正式施工开始前，需要对机电各专业和班组进行可视化交底，让工人在模型中直观地了解管线具体走向，明确各单位施工顺序，高效传递施工方法及技术要求，减少因文字信息篇幅过长造成的传达偏差，避免了不必要的返工，加快施工进度，提高施工质量，同时减少了各专业之间的协调量。项目部及时上传轻量化模型至 EBIM 平台，方便业主、监理、各专业管理人员、班组实时查阅模型。

3　结语

机电安装 BIM 技术在精装修的大型综合体项目中应用，提前发现问题，运用深化设计和优化后的模型，进行施工模拟、施工方案对比，减少了不必要的返工和浪费，保证了施工质量和水平。对照模型与实际施工成果，便于进度量及进度成本的计算，利于进行变更的校核和计量结算。

参考文献

[1]　朱莎 . BIM 技术在机电管线综合优化中的应用研究［J］. 商业与质量，2018（18）：55.

[2]　李明耀 . 建筑机电安装工程中 BIM 技术的应用研究［J］. 住宅与房地产，2019（06）：152.

BIM 技术应用在建设工程中实现绿色建造与降本增效的研究

王利斌　杨尚东

湖南省第六工程有限公司一分公司　长沙　410000

摘　要：近年来，随着国家大力推广信息化、数字化技术，BIM 技术作为其中重要的一环得以在整个建筑行业快速应用发展。本项目积极以 BIM 技术为技术指导，做到助力项目实现绿色建造与降本增效。

关键词：BIM 技术；绿色建造；降本增效

BIM 技术是一种信息建模技术，属于现代信息技术中的一种。在建筑领域中利用 BIM 技术建立一个建筑施工信息的三维立体模型，它能够使建筑施工的相关信息变得规范化、直观化，为建筑施工的后期工作打下一个良好的基础。本文就 BIM 技术在建设工程中实现绿色建造与降本增效的重要作用做如下论述。

1　BIM 在绿色建造中的应用

（1）建设项目为一所职业学校。为贯彻落实国家对建筑行业提出的绿色建造要求，提出了永临结合施工计划并通过 BIM 技术对学校大门、围墙、道路、散水明沟、停车场、绿化工程等进行建模综合分析。大门方面，根据实际情况在前期利用 BIM 进行施工场地布置策划，分析表明大门具备永临结合的可行性，因此结合公司标准化 CI 大门形象，最终将校门改造成具有特点的施工出入大门，节约了制作临时大门、保安亭的费用。围墙方面，由于学校项目的围墙与临时围挡的安装往往具有高度重合性，根据 BIM 模型可视化的特点，在建模时综合考虑永久性围墙的位置、地形地貌、施工难易度之后，对不利于施工的凸出部位进行红线标记，再与甲方和设计方进行沟通后，视情况对红线位置进行变更，在节省围墙和围挡费用的同时还能节约工程后期扫尾所花费的时间。道路方面，在项目前期利用 BIM 进行施工场地布置策划时，根据施工平面布置模型上的各类建筑要素进行综合可视化分析，用完全仿真的视角去考虑临时施工道路与学校永久性道路的结合程度以及对施工过程中的影响，最大限度地避免了二维图纸而造成的考虑不周引发的问题，最终可以节省大量混凝土以及人工成本。散水明沟方面，由于永临结合的明沟散水需要对外架与明沟散水位置关系有精准的把握，其中涉及建筑物外形、明沟散水与外架排水结合情况、部分位置对外架整体的搭设影响等问题。人为考虑难以做到面面俱到，因此利用 BIM 技术在外架基础与明沟散水永临结合方案初步确定后对方案进行模拟，发现原方案中在实际施工时可能会遇到的问题，提前做好预案或者调整方案提前进行规避，减少大量改架返工。停车场方面，通过利用 BIM 技术建立场地布置模型，对停车场的位置、大小、是否影响前期施工车辆进出等问题进行分析，最终合理利用学校永久性停车场代替施工期间的临时停车场，节约大量混凝土的同时还能减少大量人力成本，减少施工碳排放实现绿色建造。园林绿化方面，传统的园林绿化永临结合分析方式是通过将施工平面布置图与绿化图纸放在同一张 CAD 图纸中进行分析，往往会因为图纸中元素过多而造成分析偏差或者错漏，最终不得不进行返工，这样不仅达不到绿色建造的要求反而会造成资源浪费。利用 BIM 技术建立施工现场布置模型与园林绿化模型，再将两处模型合并，通过三维展示直观地找出可能会造成返工的绿化部分，既符合绿色建造又能在不增加额外费用的同时显著改善施工作业环境（图 1）。

图 1　BIM 在本项目永临结合中的应用

（2）BIM 技术的另一大特征则是数据的可交互性与可存储性，通过建立模型将各类数据输入到模型构件中去，再通过模型导入到数据交互平台实现数据互通，让所有管理者通过数据交互平台实时查看所有需要的建设资料，真正实现无纸化项目管理，减少了传统管理模式中许多不必要的纸张消耗，是项目实现绿色建造的一个重要方法。例如安全员可实时发布电子整改单至项目各个管理部门，也可将整改后的安全隐患节点照片发给各个部门进行监督，确认整改完成后由各个部门进行在线电子签章认可，再由资料员统一将整改单保存至管理平台上实现管理闭环，既提高了管理效率又减少了纸张消耗，满足绿色建造的要求。

2　BIM 在降本增效中的应用

（1）BIM 技术通过建模可以对场地进行 1∶1 复制，复制后的场地可以充分模拟不同建设阶段建筑物与周边环境之间的关系，让决策者可以充分考虑各类设施布置的合理性后再进行投入与使用，最大限度地避免平面布置图中无法计算到的各种错误。本项目根据现场实际情况，以及未来公司对项目的创优策划、永临结合及施工观摩场地要求，对场布进行多次设计，确定最终实施方案，根据方案进行实际施工场地布置，减少了因场布考虑不全面而造成的返工，达到了降本增效的作用（图 2）。

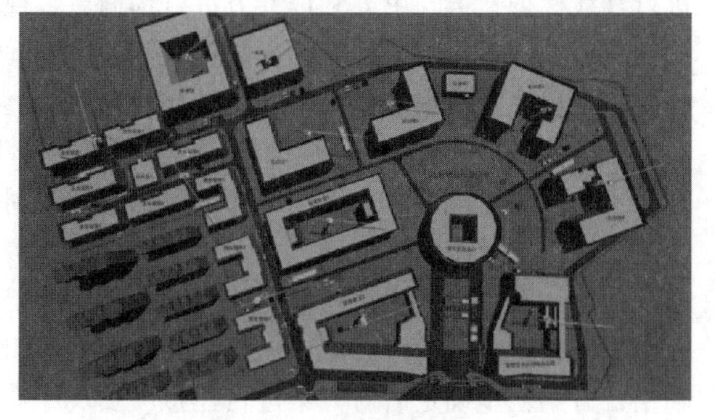

图 2　场地布置模拟

（2）由于学校项目往往会有单栋栋号较多的现象，所以在布置塔吊时需要多台塔吊，极易造成群塔碰撞及塔吊工效浪费；利用 BIM 技术根据塔吊平面布置图建立起群塔模型，再导入建筑物模型（包括脚手架及内场布置），确定好最合理的塔吊型号、位置及高度，可以最大限度地利用好每一台塔吊，避免了群塔施工的安全隐患，还增加了塔吊利用的效能，为塔吊充分利用降本增效提供了新的方案（图3）。

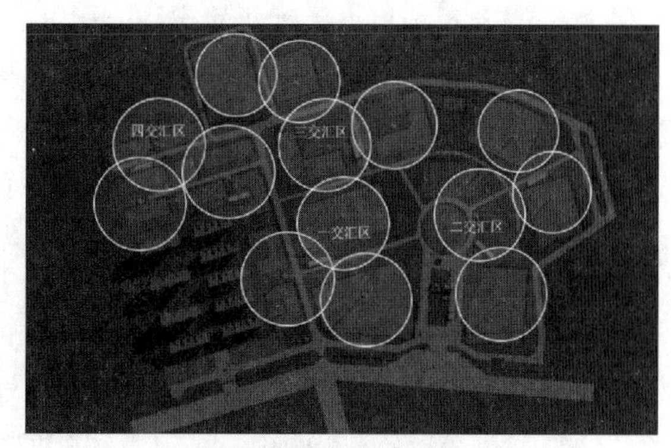

图3　塔吊模拟布置

（3）BIM技术的一个突出作用在于可以突破二维纸质化交底的各种弊端，通过三维展示或者以动画形式让被交底人更方便地理解交底意图，让技术交底更加生动形象。比如，根据桩基工程专项施工方案建立桩基工程施工模型，模拟整个桩基施工过程并将其中的重要施工参数逐一标注再对班组进行交底，提高了施工质量，控制了桩基施工成本。此外，还可以利用VR技术实现VR沉浸式质量+安全交底，将机房管综、砌体样板间、安全体验等项目对现场管理人员及班组人员进行交底，提升交底效果，最大程度的降低了因交底效果不理想而造成的返工现象，为项目降本增效注入新动力（图4）。

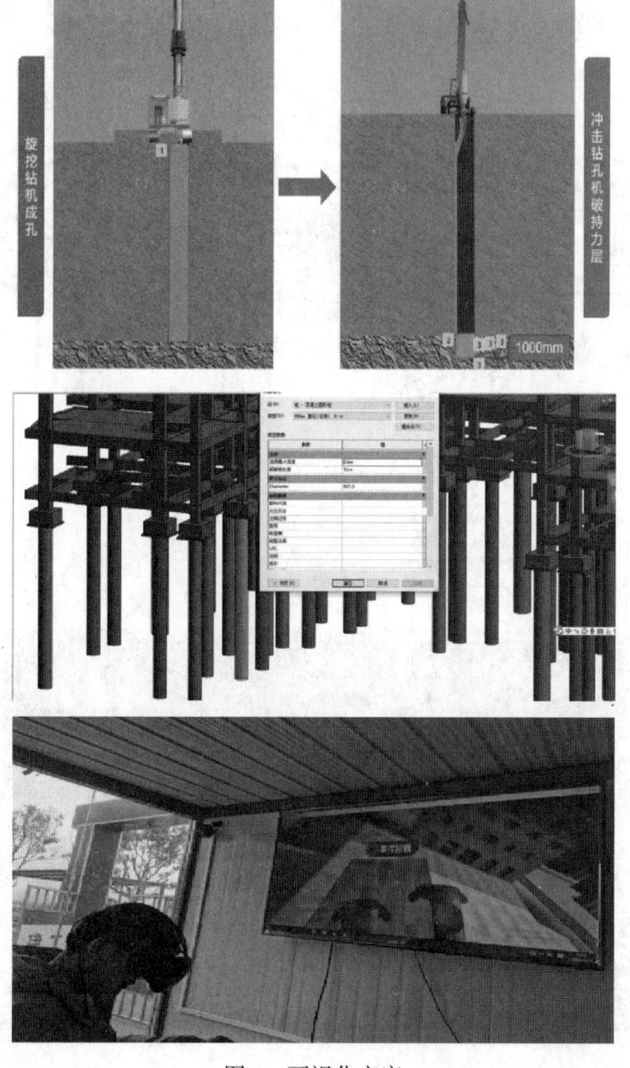

图4　可视化交底

（4）通过碰撞报告可以精准定位碰撞点。按照小管让大管，有压管让无压管，低压管让高压管，给水让排水，可弯管让不可弯管，水管让风管，桥架在上，水管在下等避让原则进行管线综合优化。在机电管线优化后确定各专业管道穿墙所需预留预埋的洞口位置，出具便于识读的精准定位图，配合建筑、结构及装饰做好预留预埋，避免后期开洞，使项目降本增效。在对管线进行支吊架深化设计时，利用 BIM 技术对复杂部位采用综合支吊架深化，解决空间不足等问题，同时达到美观的效果，并出具支吊架定位图及样式图，分别编号，方便作业人员进行制作安装，实现机电安装工作的“谋定而后动”，避免因返工而造成的材料浪费和人工浪费，实现项目的降本增效（图 5）。

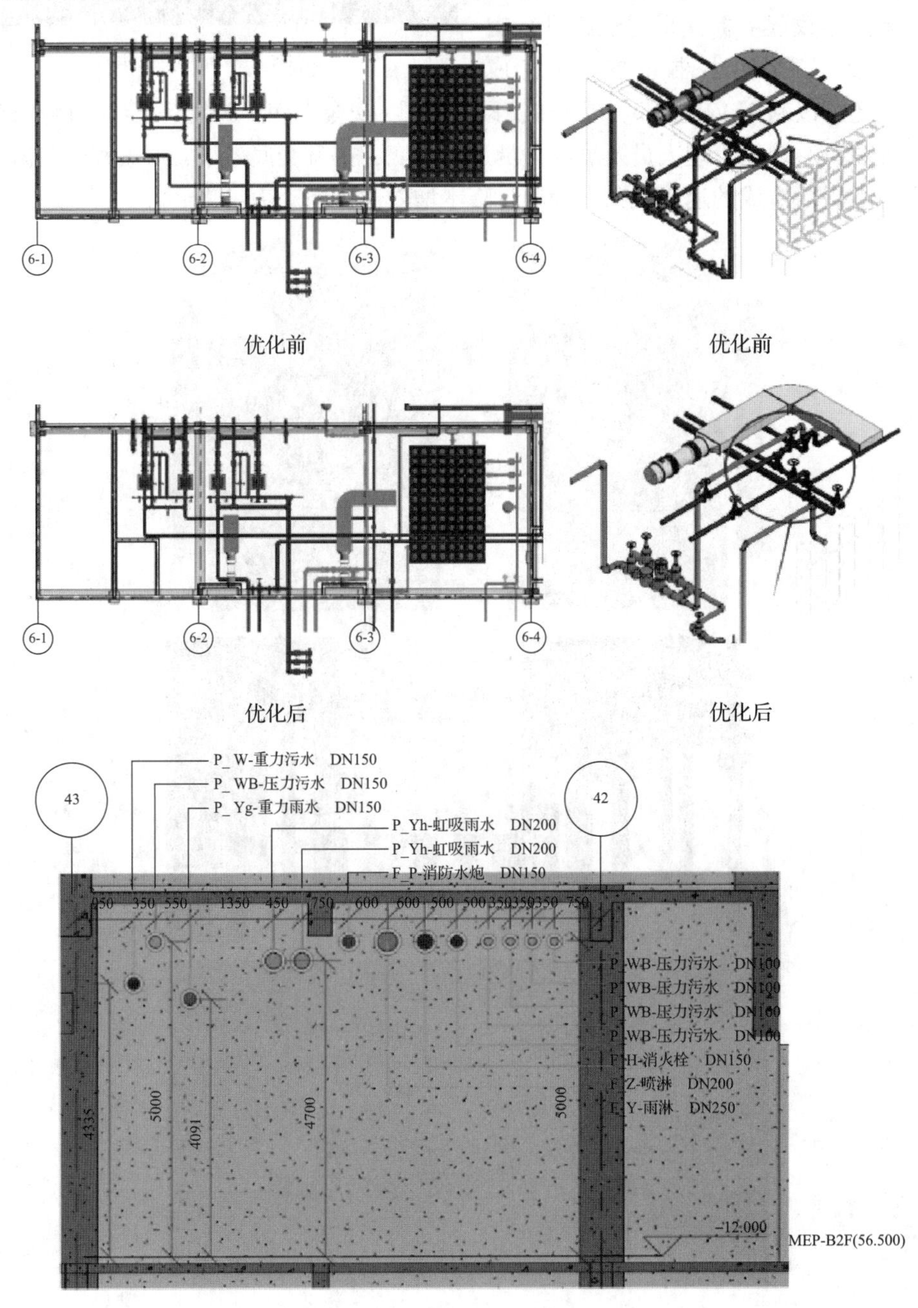

图 5　机电 BIM 应用

（5）目前现行的BIM软件中有许多便于项目进行成本管理的软件，通过BIM软件建立模板配模模型，对单个构件模板进行调整，优化配模方案，规划模板转运量，指导班组下料、拼模，最终达到减少随意裁切木模板而造成的损失；通过BIM软件辅助钢筋下料，优化钢筋断料节点，根据断料图生成钢筋下料表指导班组下料、配料，避免了因人为原因造成的钢筋下料不精准而造成的钢筋废料多，浪费现象严重的问题；此外还能利用BIM软件建立模型计算混凝土量，通过精细化建模而生成的构件混凝土量可以直接用来指导现场管理人员安排浇筑，既控制了混凝土的成本又方便快捷，起到了为项目节约成本的作用（图6）。

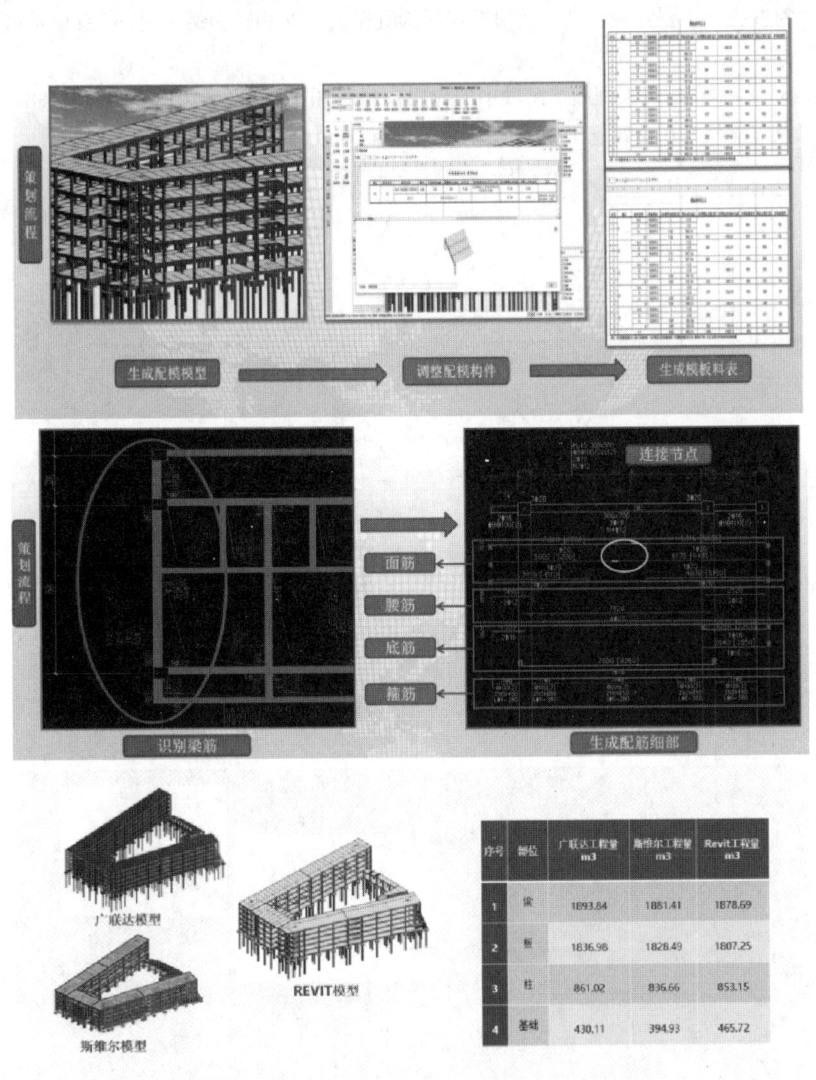

序号	部位	广联达工程量 m3	斯维尔工程量 m3	Revit工程量 m3
1	梁	1893.84	1881.41	1878.69
2	板	1836.98	1828.49	1807.25
3	柱	861.02	836.66	853.15
4	基础	430.11	394.93	465.72

图6　BIM成本控制

3　结语

随着BIM技术的不断应用和推广，带动了整个建筑业进入到了一个新的阶段，BIM技术的应用正在深刻地改变着整个建筑行业的生产模式。通过BIM技术的应用，能够最大化地提升资料利用效率并实现对施工中各个环节的把控，辅助绿色建造的实施。同时BIM技术还能够极大地提升施工人员对整个项目管理的集中化程度，有效地减少材料浪费、节约生产成本，从而促进工程效益的提升。未来还能将大数据、云计算与施工现场相结合，实现房屋建筑的模块化生产，将BIM数据输入中央控制器让建筑的各个构件通过机器人进行生产与安装，真正完成建筑施工的全新革命。

参考文献

[1] 刘曼华. 刍议绿色建筑设计中BIM技术的实践［J］. 智能城市. 2018，4（05）：25-26.

[2] 陈铭锐，符博尘. 工程管理信息化应用模式现状研究——以BIM为例［J］. 信息记录材料，2018，19（05）：36-37.

[3] 于庆波. BIM技术在建筑工程施工阶段中的应用［J］. 中国高新区，2018，（05）：188.

[4] 白伟. 绿色节能技术在建筑施工中的运用［J］. 建材与装饰，2018，（50）：30-31.

BIM技术在解决项目重点难点问题中的探究——以海口江东寰岛实验学校项目为例

李红喜　张　波

湖南省第六工程有限公司　长沙　410000

摘　要：海口江东寰岛实验学校项目，通过从中心放射形成互联互通，打造自由、无限、流动、想象的校园理念，为全异型结构，尤其是幼儿园，为“8”字回环，施工难度大。项目充分利用BIM技术的可视化、可模拟性、可出图性，解决了木纹清水混凝土、缓黏结预应力筋、型钢混凝土梁柱节点等重点难点问题的施工质量及冲突碰撞问题，提高了施工效率，减少了建造过程中的返工，为项目降本增效。

关键词：BIM技术；木纹清水混凝土；缓黏结预应力筋；型钢混凝土梁柱节点

1　引言

随着建筑业的发展，公众审美日益提升，中规中矩的建筑造型已难以满足审美需求，不拘一格的异型建筑越来越多，并且对建筑外观的设计理念也日渐新颖，这对施工技术难度和质量把控提出了更高的要求[1]。

随着BIM技术的快速发展，其应用的核心价值不仅在于建立模型和三维效果，已逐渐成为项目施工中解决重点难点的重要工具，其三维可视化、可模拟性等优点越来越受施工人员的青睐[2-3]。

本文以海口江东寰岛实验学校项目为例，利用BIM技术解决木纹清水混凝土、缓黏结预应力筋、型钢混凝土梁柱节点等重点难点问题。

2　工程概况

项目位于海口江东大道与临海三路交接口处，总建筑面积64702.03m^2，其中地上建筑面积59640.52m^2、地下建筑面积5061.51m^2，包括1栋小学综合教学楼、1栋幼儿园、2栋宿舍楼、3栋教学单元、学校食堂、体育馆及中心区。项目建成后系海南省打造的第四所寰岛系学校，将成为学生汲取知识营养和心灵成长的场所。项目效果图如图1所示，项目BIM模型如图2所示。

图1　项目效果图

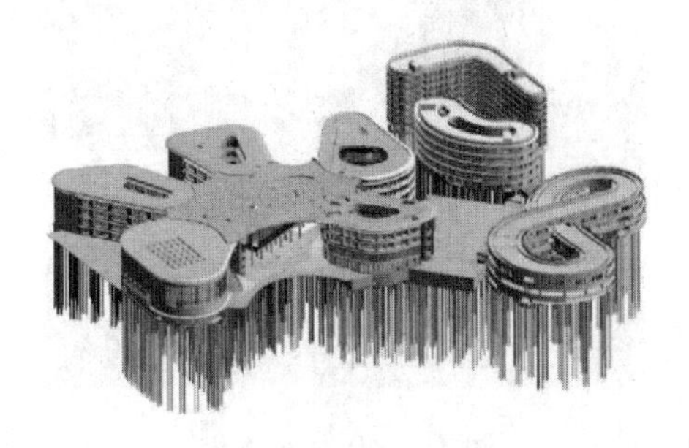

图2　项目BIM模型

本工程造型设计感强，外观设计要求高，部分采用清水混凝土；幼儿园为“8”字回环，结构为型钢混凝土梁柱设计，体育馆二层及屋面结构梁部分为缓黏结预应力筋，对施工技术和施工质量提出了更高的要求。具体解决的重点难点问题如下：

（1）木纹清水混凝土设计，外观观感效果要求极高，施工技术难度大和施工质量要求高，这就对模板支设和工人素质提出了更高的要求。

（2）本工程体育馆为大跨度超长混凝土结构，为控制大跨结构的裂缝和挠度，采用缓黏结预应力筋钢绞线施工工艺，缓黏结预应力筋曲线分布及孔道布置应充分考虑与梁钢筋排布的碰撞问题。

（3）本工程幼儿园为型钢混凝土结构，由于其结构造型复杂，型钢柱与弧形梁节点处钢筋的排布交错，必须对此处节点施工进行严密把控，避免返工误工。

3　BIM 技术应用

3.1　木纹清水混凝土

（1）清水混凝土样板先行

清水混凝土对装饰装修施工工艺要求高，不能进行二次剔凿[4]，项目采用 BIM 技术建立清水混凝土虚拟样板（图 3），以虚拟样板为依托，结合实体样板（图 4、图 5），做到样板先行，无论是在模板体系的支设还是在混凝土浇筑成型方面，对清水混凝土质量进行全面控制。从实体样板来看，效果不是很理想，通过不断探索，优化清水混凝土施工方案和措施。

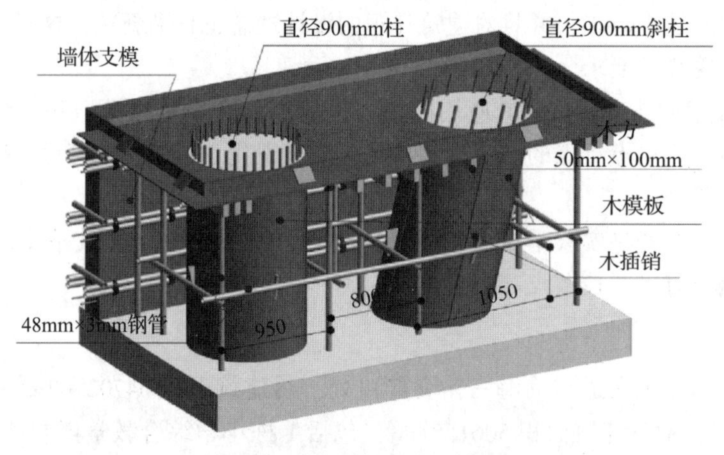

图 3　清水混凝土虚拟样板

图 4　实体样板支模

图 5　实体样板拆模效果

（2）木纹清水混凝土

从上述样板效果来看，清水混凝土外观没达到预期，为总结清水混凝土样板效果不佳，项目部集合各方人员进行积极探讨，对木纹清水混凝土方案进行整改。采用 BIM 技术进行可视化模拟，再结合现场经验，可以达到项目高标准质量要求（图6）。BIM 出具了木纹清水混凝土楼板详图，使各方更好地了解和展示模板的支设情况，对现场清水施工人员进行详细的交底，确保清水混凝土质量（图7）。

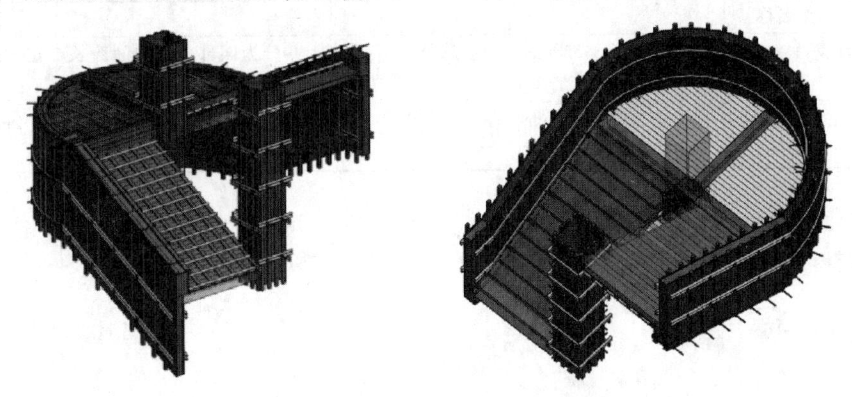

图6　木纹清水混凝土楼梯支模 BIM 模型

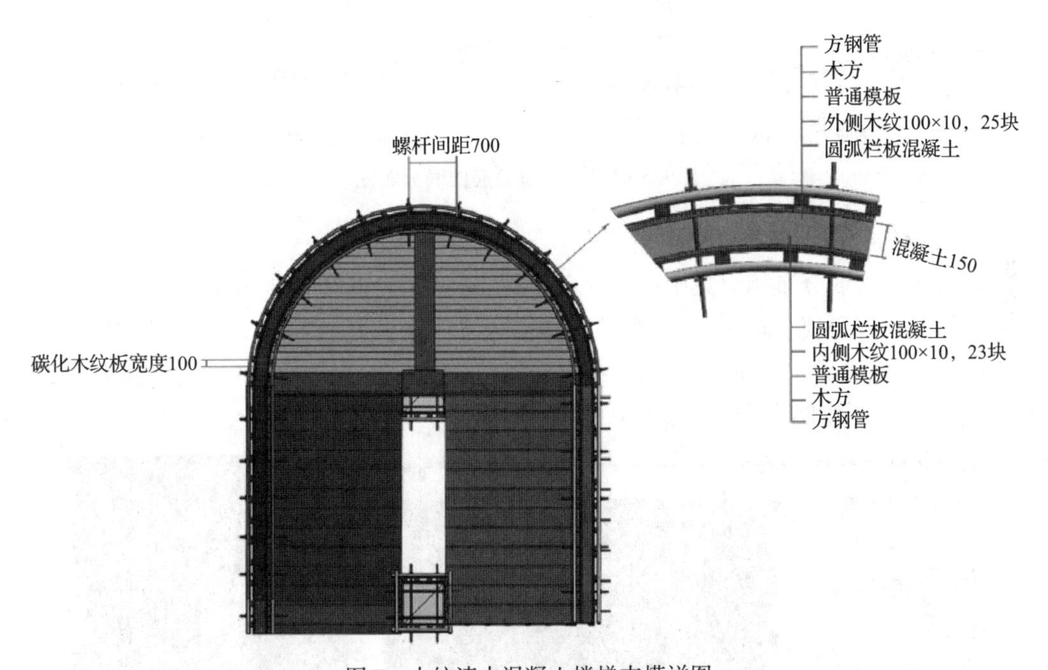

图7　木纹清水混凝土楼梯支模详图

通过建立的 BIM 模型，对木纹清水混凝土楼梯出具明细表、辅助材料总量、增加材料的周转次数，减少材料浪费。单个木纹清水混凝土楼梯材料用量见表1。

表1　木纹清水混凝土楼梯材料明细表

材料类别	木模板面积（m^2）	碳化木面积（m^2）	步步紧（套）	木方（m）	钢管（m）	方钢管（m）	混凝土用量（m^3）
工程量	95.260	21.870	65.000	367.000	183.600	56.000	7.675

3.2 缓黏结预应力筋

（1）预应力筋曲线分布图

体育馆二层结构平面和屋面结构平面大跨度梁采用缓黏结预应力梁，梁最大截面尺寸为600mm×1600mm；梁最大跨度为32.6m，详细信息见表2、图8。

表2 缓黏结预应力梁信息表

缓黏结预应力梁名称	基本信息
二层预应力梁 1-YKL2（2B）	曲线总长度33620mm，曲线总角度1.02度，共分为四部分，中间跨长21639mm，预应力筋组成为8Hϕ^S21.8
屋面预应力梁 W-YKL2（1B）	曲线总长度33090mm，曲线总角度0.79度，共分为三部分，中间跨长25712mm，预应力筋组成为10Hϕ^S21.8

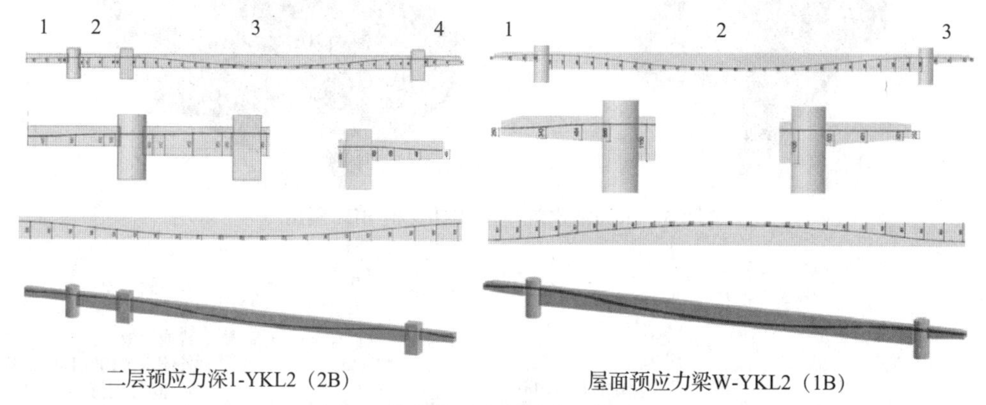

图8 缓黏结预应力筋曲线分布图

（2）缓黏结预应力筋与钢筋碰撞检查

缓黏结预应力筋分布相对集中，条数最多达16条，为连续预应力梁，预应力筋与梁钢筋的碰撞检查很有必要。通过采用建立预应力筋与钢筋模型，导入Navisworks进行碰撞检查，检查出52处碰撞，1-YKL2（2B）与钢筋碰撞23处，1-YKL3（3A）与钢筋碰撞29处，做到提前预警，做到钢筋绑扎一次成型（图9）。

图9 缓黏结预应力筋与钢筋碰撞检查

（3）缓黏结预应力梁钢筋优化

在钢筋绑扎中，梁两侧普通钢筋应等预应力钢筋穿束完成后再绑扎，并且要注意不应破坏预应力筋的PE保护层。通过建立梁钢筋BIM模型，缓黏结预应力筋与梁纵筋、箍筋都有碰撞，及时与设计方进行沟通，根据规范，在合理范围内调整缓黏结预应力筋和纵筋位置，既不影响梁安全使用也能够避免缓黏结预应力筋与梁钢筋的碰撞问题（图10）。

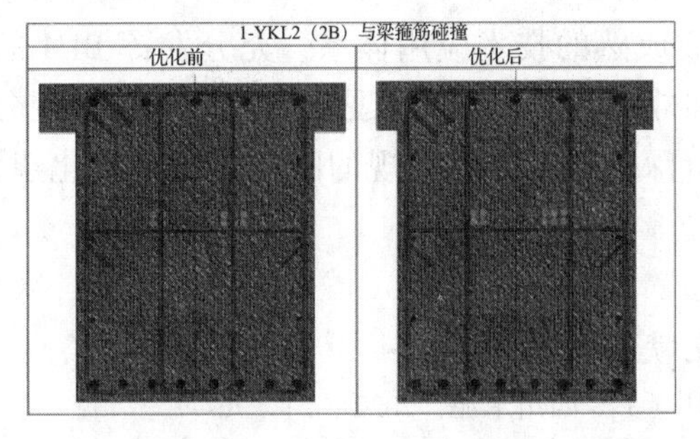

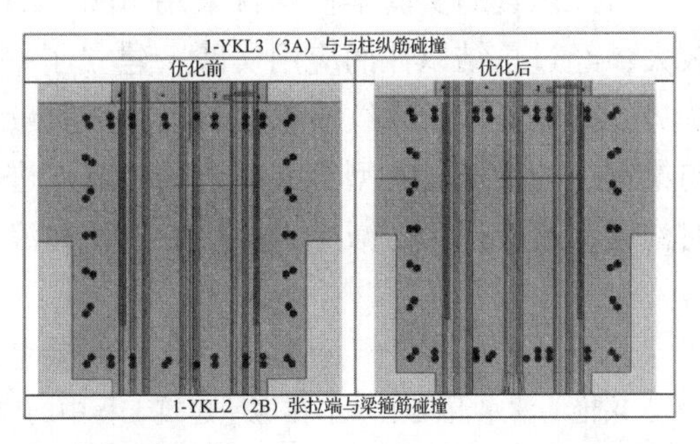

图10　缓黏结预应力梁钢筋优化

3.3　型钢混凝土梁柱节点深化设计

（1）型钢混凝土梁柱节点模型创建

本工程幼儿园造型复杂，型钢柱与梁节点处，梁钢筋穿过型钢，通过建立复杂部位节点模型，确定钢筋穿孔位置，再经设计院校核同意后进行加工[5]。经各方确认，共建立10余个节点模型，进行深化（图11）。

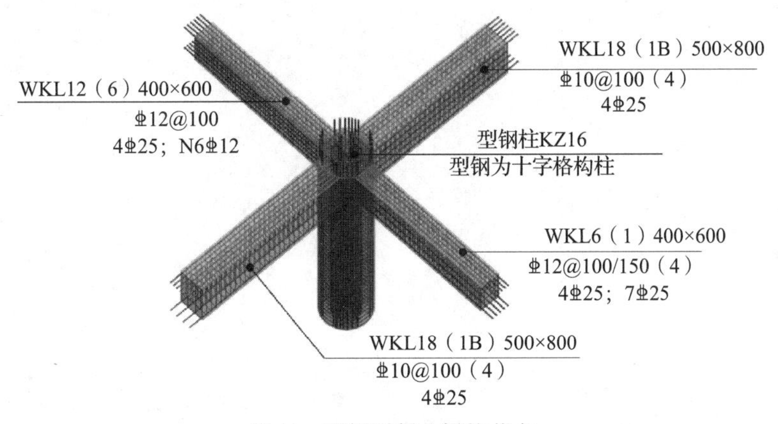

图11　型钢混凝土梁柱节点

（2）型钢混凝土梁柱节点深化设计

此节点钢筋穿型钢柱型钢腹板，从优化前节点2、节点4可以看出，可能会影响结构受力，经设计确定进行优化，根据等截面原则替换穿腹板钢筋，由原来1根直径25mm钢筋，替换为2根直径为16mm的钢筋（图12）。

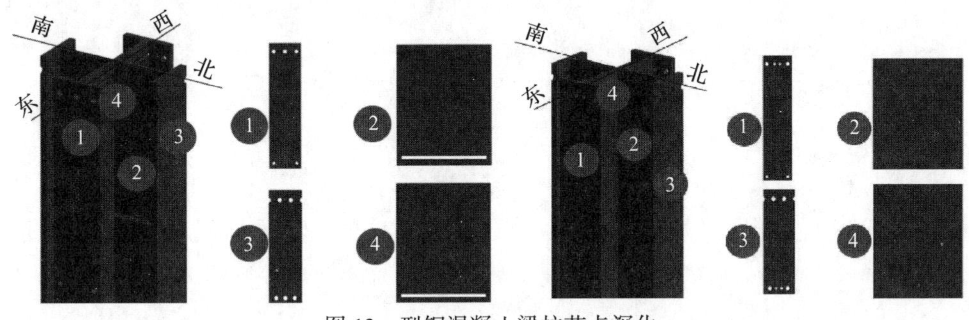

图12　型钢混凝土梁柱节点深化

4　结语

海口江东寰岛实验学校项目采用 BIM 技术辅助施工，项目为全异型结构，施工技术难度较大，经过总结以往的应用实践，建立了一套成熟的技术应用体系，充分发挥 BIM 的技术优势，确保了项目木纹清水混凝土施工质量和外观效果、解决缓黏结预应力筋的合理分布及与梁钢筋的碰撞、对型钢混凝土梁柱节点进行深化设计，对发现的问题提出合理化建议，及时沟通，避免返工，减少人材机的损耗和浪费。

参考文献

［1］ 李兴艳．清水混凝土技术在房屋建筑工程中的应用［J］. 四川水泥，2022（1），76-77.
［2］ 刘著群，等．BIM 技术在某商业综合体地下室中顶板放坡及异型支模体系［A］. 绿色施工技术与施工组织［C］，2019，443-446.
［3］ 谢斌．BIM 技术在房建工程施工中的研究及应用［D］. 成都：西南交通大学，2015.
［4］ 陈群源．BIM 技术在异型双曲面清水混凝土施工应用［J］. 工程技术，2021（7），113-115.
［5］ 张亚超．BIM 技术在超高层型钢混凝土梁柱节点深化中的应用研究［J］. 铁路技术创新，2020，（1），82-86.

新型悬挑脚手架在自来水厂建设中的应用

周　伟

湖南省第六工程有限公司　长沙　410000

摘　要：针对市政工程自来水厂池体钢筋混凝土剪力墙不能留洞，且悬挑位置无固定工字钢的结构梁板等施工的特点，为了克服以上困难，采用一种不同于传统悬挑脚手架的新型悬挑脚手架施工方法——钢拉杆悬挂式外脚手架施工工法。在介绍该方法特点、适用范围和工艺原理的基础上，对其施工工艺流程和操作要点进行深入分析，结合自来水厂工程的实际情况，提出质量控制要点与综合效益分析，为该工法在自来水厂建设等特定环境的应用提供可靠的参考依据。

关键词：自来水厂；钢拉杆；悬挑脚手架

传统的悬挑脚手架体系，一般采用预埋U形圆钢制作成拉环预埋在结构板内，工字钢穿过拉环固定在混凝土梁板结构上，工字钢需破坏外墙结构穿过墙体，转角区域需穿过结构柱才能进行悬挑，一般来说工字钢固定段长度不应小于悬挑段长度的1.25倍。而采用新型悬挑脚手架，工字钢可通过高强螺栓与主体钢筋混凝土结构进行可靠连接，再通过钢质可调拉杆与建筑物拉结，形成一个安全可靠的悬挂体系，由于该工法无须在外墙上留设穿墙孔洞，对外墙结构不会产生较大破坏，有效避免了因孔洞修补引起的渗水隐患。目前这项技术已经在长沙市第二水厂扩建工程、长沙市第七水厂新建工程项目中成功应用，很好地保证了水池池体质量，减少人员和材料的投入、缩短工期、提高工程质量，带来良好社会效益与经济效益，具有较高的推广价值。

1　工法特点与适用范围

新型悬挑脚手架——钢拉杆悬挂式外脚手架主要具有以下特点：

（1）操作简便，效率高。所有构件可在工厂进行定型化生产，整个体系安装方便，节省人工的投入，能有效缩短工期。

（2）低碳环保，节省材料。工字钢通过高强螺栓与主体结构进行连接，无须锚入1.25倍悬挑长度，可节省钢材。

（3）技术合理，质量可靠，社会效益显著。工字钢支座无须穿过外剪力墙，拉杆拉结也无须在模板上开洞预埋拉环，不存在后期外墙洞口封堵过程，消除了因补洞引起外墙渗漏水的隐患，社会效益显著。

（4）重复利用率高，经济效益显著。该体系的拉杆、工字钢、螺栓等均可拆卸重复利用，大大节约成本，经济效益显著。

该工法适用于新建房屋建筑工程及市政自来水厂建设，尤其是池体位于结构上部的叠合池结构，通过此工法，可消除因孔洞修补引起墙体渗漏水隐患。

2　工艺原理

新型悬挑脚手架——钢拉杆悬挂式外脚手架施工工法，在传统工字钢悬挑脚手架的基础上，对悬挑方式加以改进，通过高强螺栓和可调拉杆与建筑结构形成有效连接，形成悬挂超静定结构受力体系，结构稳定可靠，本工程结构示意如图1所示。

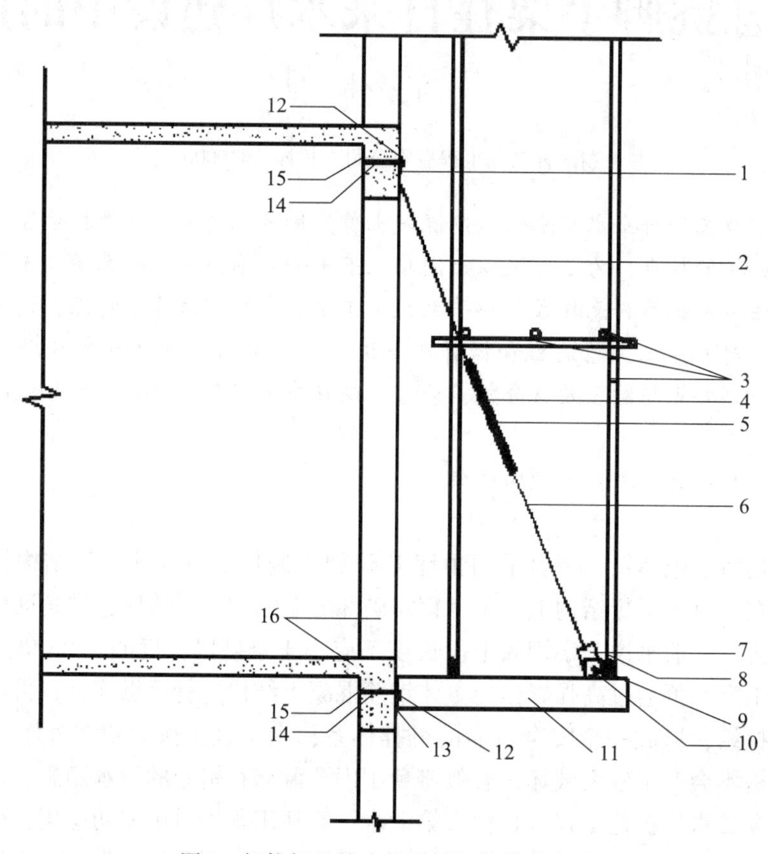

图1　钢拉杆悬挂式外脚手架结构示意图

1—上拉杆耳板；2—上拉杆（下端带有螺纹）；3—钢管；4—直螺纹套筒；
5—拉杆调节洞；6—下拉杆（上端带有螺纹）；7—下拉杆耳板；8—钢管定位钢筋；
9—M22×120高强螺杆；10—型钢连接耳板；11—18工字钢；12—钢板垫片；
13—型钢底座；14—M22×210高强螺杆；15—预埋螺帽；16—主体结构

3　施工工艺流程和操作要点

3.1　施工工艺流程

施工应按照以下工艺流程进行：依据图纸进行方案设计及评审→预埋螺栓连接套管→混凝土浇筑→待强度满足要求后安装悬挑工字钢→搭设钢管脚手架→拉杆层成品预埋件预埋→拉杆层结构混凝土浇筑→钢拉杆安装→悬挑架验收并使用→悬挑脚手架拆除。

3.2　操作要点

3.2.1　依据图纸进行方案设计及评审

根据工程实际情况和新型悬挑架的特点，对型钢的平面布置进行设计，编制专项施工方案，因该新型悬挑架属于新技术新工艺，按规范要求需组织专家论证，完善审批流程后对现场作业的工人及管理人员进行技术交底后再进行施工。通过对现场安装过程中经验的总结，应注意以下原则：

（1）小拐角位置拉直，外架的整体性更好、更美观。

（2）阳角转角部位需布置可旋转式工字钢，以本工程立杆间距1200mm为例，配置5根即可完成调整，可避免工字钢搭桥重叠，既安全又美观。

3.2.2　预埋螺栓连接套管

在剪力墙或结构梁外侧模板封闭前，对照工字钢布置图，定好位置，画好预埋螺栓控制线。预埋件是成品塑料组装预埋套筒，一端与主体结构钢筋绑扎在一起固定牢固，另一端通过螺栓外包塑料套筒与外侧模板固定，待浇筑混凝土后将固定螺栓取出。成品预埋件如图2所示，现场预埋件安装如图3所示。

图2　成品预埋件

图3　现场预埋件安装

3.2.3　混凝土浇筑

（1）螺栓套管预埋按平面布置图安装完成后，定专人检查复核安装位置，偏差控制在允许范围内，特别是控制好每根工字钢两个螺杆的水平及间距。

（2）混凝土浇筑宜采用臂架泵泵送，浇筑前在螺栓套管相应位置用红油漆做好标记，振动棒落点必须避开已做好标记的预埋件位置。

（3）混凝土浇筑后及时按规范要求进行养护，加快混凝土强度的提高。

3.2.4　待强度满足要求后安装悬挑工字钢

要求同条件试块混凝土强度达到C15才能安装悬挑梁，如因安装时混凝土强度未达到要求，把悬挑梁搁置在底层脚手架上，保证安装悬挑梁时结构构件不受损伤，如图4所示。普通悬挑梁安装时只需将底座上的固定孔对准预埋件套筒孔后将高强螺杆拧入预埋件内的螺帽内即可；转角可调悬挑型钢的底座与工字钢是分开的，工字钢内侧端为螺杆套筒，先按上述办法固定好底座，再将工字钢与底座通过M22高强螺栓进行铰接，根据外架布置图调整好工字钢方向后采用M10螺栓将工字钢固定住方向。

图4　悬挑梁可搁置在底层脚手架上

3.2.5　搭设钢管脚手架

型钢安装好后，按照常规方法搭设脚手架立杆、横杆、扫地杆、设置连墙件等，为确保施工安全，最底层采取模板全封闭的硬防护，防止高处坠物伤人。

3.2.6　拉杆层成品预埋件预埋

在拉杆层结构混凝土浇筑前，边梁外模封闭前，将成品预埋件一分为二，作为预埋拉杆螺栓套筒的预埋件，方法与预埋连接型钢的成品预埋件相同，先定位画线，确保其预埋的位置准确。

3.2.7　拉杆层结构混凝土浇筑

拉杆层结构混凝土浇筑方法与注意事项同悬挑层结构混凝土浇筑施工。

3.2.8　钢拉杆安装

安装钢拉杆前，先将上下拉杆通过套筒连接好，调整到合适的长度。然后，将上拉杆耳板用高强螺栓紧固，调节套筒，使拉杆有一定的预应拉力，同时确保拉杆拧入套筒内长度至少有45mm。拉杆安装后效果如图5所示。

3.2.9　悬挑架验收并使用

钢拉杆悬挂式外脚手架安装完成后，对型钢螺栓紧固程度、安装位置、平整度、间距、下部加固措施以及钢拉杆各项指标等进行联合验收，验收合格后方可使用并搭设上部脚手架，现场安装完成后实际效果如图6所示。

图5　现场拉杆安装后效果

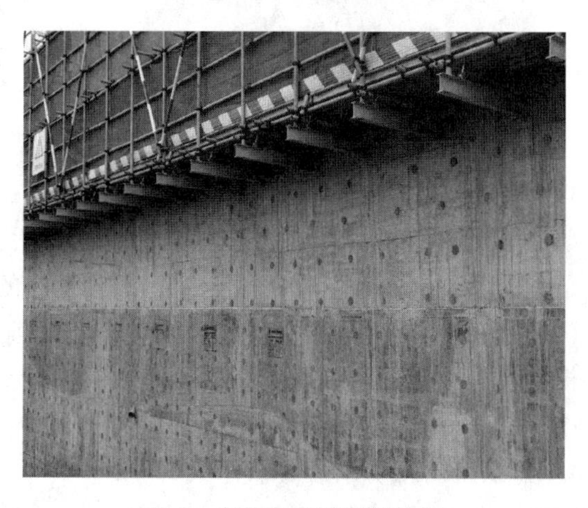

图6　安装完成后实际效果

3.2.10　悬挑架拆除

悬挑架拆除，严格安装先搭后拆、后搭先拆的原则进行。同时，拆除作业应由上至下逐层拆除，严禁上、下同时作业。型钢上部架体完全拆除后，才允许拆除拉杆，最后拆除型钢。拆除的螺栓、栏杆、型钢等分类堆放，方便转运及重复利用。

4　施工质量控制

（1）本工法使用的型钢、钢拉杆、预埋件等各构件均为工厂定型化加工制作，质量可靠，构件精度满足要求。

（2）所有部位的焊接均应光滑、平整、饱满，出厂前对焊缝质量进行抽样检测，符合规范要求才允许使用。

（3）成品预埋件预埋时，安排专人复核预埋套管位置及标高，采用螺栓固定在侧模板上，浇筑混凝土时，提前用红油漆标注预埋件位置，避免振动棒接触预埋件，造成偏位，影响后续型钢安装。

（4）安装型钢时，由于上部结构未施工，此时拉杆无法安装，应及时通过下层脚手架加设大横杆，对型钢进行临时支撑，防止外架荷载破坏外侧的混凝土结构。

（5）脚手架搭设及质量验收遵循《建筑施工扣件式钢管脚手架安全技术规范》（JGJ130—2011）、《建筑施工安全检查标准》（JGJ 59—2011）。

5　综合效益分析

5.1　经济效益

（1）钢拉杆悬挂式外脚手架安装方便，安装比普通悬挑脚手架简单，可大大节约劳动力，从本工程整体成本对比分析可知，每100根工字钢安装可节约人工8个工日，拆除可节约6个工日，每100根工字钢安拆可节约人工费约4000元（人工价格以本工程实际情况为依据）。

（2）无穿墙洞口，普通悬挑脚手架需对穿墙洞口进行凿毛处理后用细石混凝土封堵，封堵密实难度大，有渗水隐患，劳动效率低，经济成本高。

（3）从本工程整体成本对比分析可知，按每100根工字钢使用180d时间计算，钢拉杆悬挂式外脚手架的直接成本将节约4328元。钢拉杆悬挂式外脚手架不需要用细石混凝土封堵外墙预留洞口，只需用防水砂浆封堵预埋件直径25mm的小洞，外墙洞口的封堵每个可节约38元，每100根工字钢约堵洞费用3800元（以长沙地区信息价及本工程实际情况为依据）。

5.2　社会效益

（1）悬挑工字钢安装不需要穿墙，不用破坏外剪力墙钢筋，对结构破坏小，确保工程实体质量。

（2）没有穿墙洞口需要后期堵洞，不存在因留洞造成的外墙渗水隐患。

（3）钢拉杆悬挂式外脚手架构件均能重复利用，符合国家低碳、节能减排环保要求，节约钢铁资源。

6　结语

（1）钢拉杆悬挂式外脚手架是一种新型外脚手架悬挑技术，能有效解决传统悬挑脚手架施工中的很多问题与弊端，特别是在自来水厂建设的运用中，不用破坏主体结构，避免了池体渗漏的风险。

（2）钢拉杆悬挂式外脚手架施工中需要注意方案设计及评审、预埋螺栓连接套管、混凝土浇筑、安装悬挑工字钢、拉杆层成品预埋件预埋、安装钢拉杆安装几个环节的要点，并加强质量控制和检查，确保施工质量和安全。

（3）钢拉杆悬挂式外脚手架具有良好的经济效益与社会效益，值得大范围推广应用。

参考文献

［1］黄宗权，陈权，冉小和，等．锚固螺栓连接式悬挑外脚手架设计与施工技术［J］．施工技术，2018，47（S4）：419-425.

［2］钟平，饶泽豪，余祖胜，等．组合悬挑外脚手架施工技术的相关应用［J］．建筑技艺，2018，（S1）：313-314.

［3］杜荣军．脚手架、支架工程安全的设计计算和施工管理要点［J］．施工技术，2016，45（19）：124-128.

［4］吕焕明，刘祖雄．外挂式悬挑脚手架施工技术［J］．建筑技艺；2018，（S1）：78-79.

“永临结合”在绿色施工中的应用研究

朱　斌　王利斌

湖南省第六工程有限公司一分公司　长沙　410000

摘　要：国家提倡建设节约型建筑工程工地和大力推广降本增效措施以来，工程施工中各种节能降耗的方法和措施不断地涌现和完善，其中“永临结合”这个新颖的措施在绿色施工中出现，其原因主要在于有些项目通过“永临结合”措施取得了很好的社会评价和经济效果，成为典型的案例。本文将结合实际工程项目对“永临结合”在绿色施工中的应用进行研究分析。

关键词：建筑工程；绿色施工；“永临结合”；应用研究

1　引言

绿色施工是建筑行业未来发展的大趋势，也是必然的，而“永临结合”符合绿色施工发展的趋势，顺势而生出现在建筑行业的领域，被行业所关注。所谓“永临结合”即某项工作是建筑中的一部分（属于永久性质的），同时在施工时也需要该项工作所具备的功能，为避免重复设置，减少消耗，提前将此项工作完成。发展“永临结合”的优势：可缩短建设工期，节省建设投资成本，改善施工作业环境及形象。宁远县职业中专新校区建设项目（EPC）项目基地地处宁远县文庙街道三合园村，总建筑面积约16万m^2，总投资约3.69亿元，总工期24个月。项目从进场开始，便有了“永临结合”的思路，通过对项目设计图及现场踏勘分析，确定大门、围墙、管网、道路、绿化、明沟散水与外架基础可以实施“永临结合”，下面对以上“永临结合”的内容展开论述。

2　大门、围墙的“永临结合”技术

建筑施工现场具有封闭性，围墙与大门是工地的标配，而城市建设工程门类众多、性质不同、工期不一，很多围挡只是临时性的，仅仅是为了保障施工期间的安全和环境整洁。本工程在施工前就考虑“永临结合”，先对大门、围墙进行施工，因地制宜地将正式大门、围墙做法与临时大门、施工围挡做法相结合，提前施工正式大门、围墙，并按图纸要求进行装饰装修、安装围墙防护栏（图1、图2）。此做法可提前完成对地砖、墙砖、门、窗、外墙真石漆的定式定样，可减少后续定样的工作。同时，减少了后期临时大门、围挡的拆除工作，减少建筑垃圾，降低环境污染，节约成本，符合绿色施工的要求。

图1　现场“永临结合”大门

图2　现场“永临结合”围墙

在项目前期进度要求相对宽松的条件下，分析大门具备“永临结合”的可行性，结合设计图纸和公司标准化CI大门形象，稍加改观后作为现场工地大门，可节约制作临时大门楼费用；本工程施工现场封闭施工需沿红线全程布置围挡（930m），采用“永临结合”围墙可节约使用临时砖砌围墙和铁艺围挡费用，节约费用根据具体项目计算确定，且可节约工程后期扫尾围墙施工工期，一般1个月左右。在工程交付前，需对围墙围挡进行全面检查与修复以及相关的清理清洗工作，再对大门改动部位进行改正，以符合设计图纸要求，达到竣工验收合格条件。

3　管网的“永临结合”技术

管网的“永临结合”需在永久道路施工前进行，以便于后续道路的“永临结合”施工。道路周边的雨水、污水管道需先施工，考虑管网采用“永临结合”的方式在施工工程中的泥沙污染，在接入市政管网前隔一布一设置沉沙井（低于市政管道接口50cm，工程竣工交付前回填浇筑混凝土至设计标高），便于清理泥沙，保证后期管道正常使用，施工完成后再按照道路做法要求施工永久道路基层；同时，除雨水管、污水管外，消防管及给水管、弱电管、强电管和燃气管均需要预留过路管，以便于后期施工过程中，管线的安装及施工（图3）。

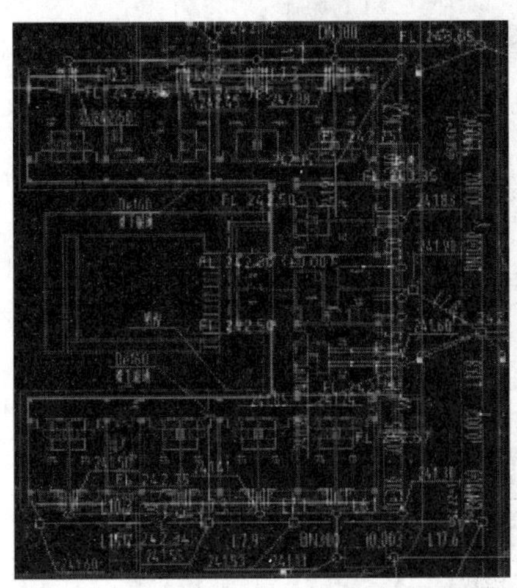

图3　建筑周边管网的“永临结合”

给排水、强弱电管网在道路路基处理前与建筑物基础回填同步，确保现场有组织排水。节约2400m临时排水沟，可大量减少工程后期扫尾工期约两个月。为了确保工程的交付使用率，防止管道堵塞，施工过程中对沉沙井、检查井定期清理，并做好检查记录。

4　道路的“永临结合”技术

为保证施工道路与永久道路结合，确保永久道路路基满足施工道路荷载要求，又不增加建设方造价的基础上，经参建各方同意对道路做法做如下变更调整如图4所示。

原设计为：（1）60mm厚1∶6沥青豆石混凝土面层，碾压平整；（2）200mm厚1∶2∶7石灰∶粉煤灰∶级配砂石压实；（3）300mm厚碎砾石或3∶7灰土分两步夯实；（4）素土夯实，压实度大于等于93%。所用沥青应为50~70号道路石油沥青。

“永临结合”道路做法调整为：（1）40mm厚1∶6沥青豆石混凝土面层，碾压平整，所用沥青下应为50~70号道路石油沥青；（2）200mm厚C25混凝土，按4~6m做分仓缝；

（3）200mm 厚碎砾石或 3∶7 灰土分两步夯实；（4）素土夯实，压实度大于等于 93%。

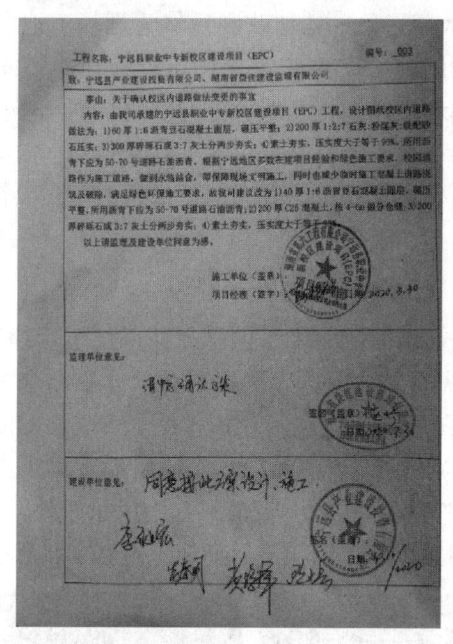

工程名称：宁远县职业中专新校区建设项目（EPC）　　编号：003

致：宁远县产业建设投资有限公司、湖南省[illegible]建设监理有限公司

事由：关于确认校区内道路做法变更的事宜

内容：由我司承建的宁远县职业中专新校区建设项目（EPC）工程，设计图纸校区内道路做法为：1)60 厚 1:6 沥青豆石混凝土面层，碾压平整；2)200 厚 1:2:7 石灰:粉煤灰:级配砂石压实；3)300 厚碎砾石或 3:7 灰土分两步夯实；4)素土夯实，压实度大于等于 93%。所用沥青下应为 50-70 号道路石油沥青。根据宁远地区多数在建项目经验和绿色施工要求，校园道路作为施工道路，做到永临结合，即保障现场文明施工，同时也减少临时施工混凝土道路浇筑及破除，满足绿色环保施工要求，故我司建议改为 1)40 厚 1:6 沥青豆石混凝土面层，碾压平整，所用沥青下应为 50-70 号道路石油沥青；2)200 厚 C25 混凝土，按 4-6m 做分仓缝；3)200 厚碎砾石或 3:7 灰土分两步夯实；4)素土夯实，压实度大于等于 93%。

以上请监理及建设单位同意为感。

施工单位（盖章）：

项目经理（签字）：

监理单位意见：

签字（盖章）：

日期：

建设单位意见：

签名（盖章）：

日期：

图 4　变更联系单

“永临结合”道路现场施工照片如图 5 所示。

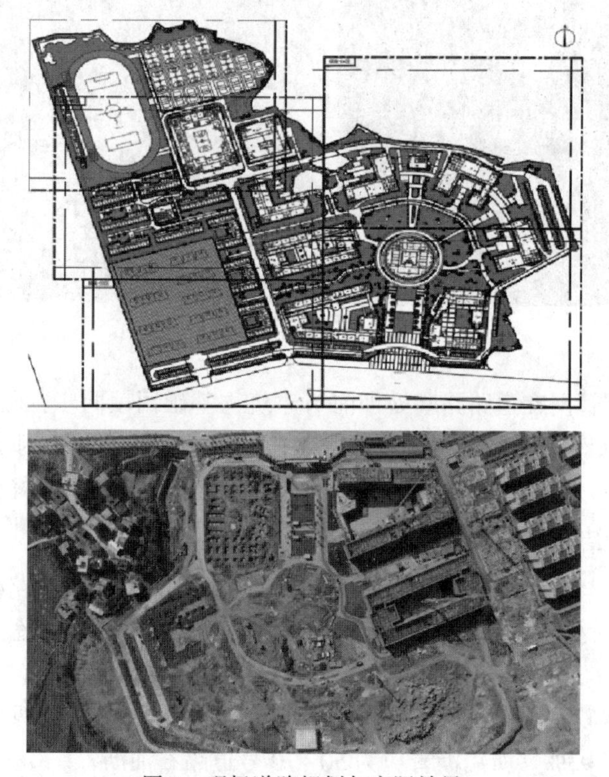

图 5　现场道路规划与实际效果

永久道路施工时，需注意以下几个方面：（1）道路周边的雨水、污水管道需先施工，

保证后期管道正常使用；（2）施工道路设置与永久道路相同位置，与路基统一标高，宽度同永久道路宽度，局部地方为了满足现场施工需求可能会增加道路宽度和长度，需做好施工缝的处理，以便于后期破除；（3）施工过程中先施工至混凝土层，标高、找坡同正式道路混凝土层，待施工结束后施工正式道路面层；（4）此项“永临结合”的实施要获得设计、监理、建设单位的大力支持，同意修改设计，要融洽地处理好各方关系。

满足施工需求的情况下，现场根据施工总平面布置图需设置临时施工便道约1200m，采用“永临结合”道路可节约临时施工道路成本，同时大幅度减少后期扫尾工程量。

综上，在永久道路施工时，采用“永临结合”道路无须破碎，直接在混凝土层上施工沥青面层即可。在减少建筑垃圾产生的同时响应了节能环保，符合绿色施工的要求。

5　绿化的“永临结合”技术

目前建筑工程提倡绿色施工，而绿色施工又包含扬尘治理、裸土覆盖，由此我们便产生了绿化的“永临结合”思想，绿化的“永临结合”需要提前做好现场策划，绿化“永临结合”可以有效地治理扬尘、裸土覆盖的问题，同时还可以对外树立一个较好的工程形象，尤其是对于要争取获奖的项目更为有利。但是绿化施工图纸一般没有与建筑、结构图一同设计出图，往往在项目中后期才开始设计，所以我们的技术工作就要走在前面，在工程基础施工阶段，我们就要提前介入，请求建设方、设计方出具绿化施工图纸。绿化的“永临结合”显著地提高了现场文明施工形象，树立了良好的企业形象，但增加了一部分养护费用，通过综合对比分析，计算最终节约成本费用。绿化的“永临结合”最要注意的就是成品保护，在道路两侧可设置实心短柱墩，并涂刷黑黄警示颜色，绿化区域设置醒目的保护标识语，有效减少车辆驶入和施工人员的踩踏（图6）。

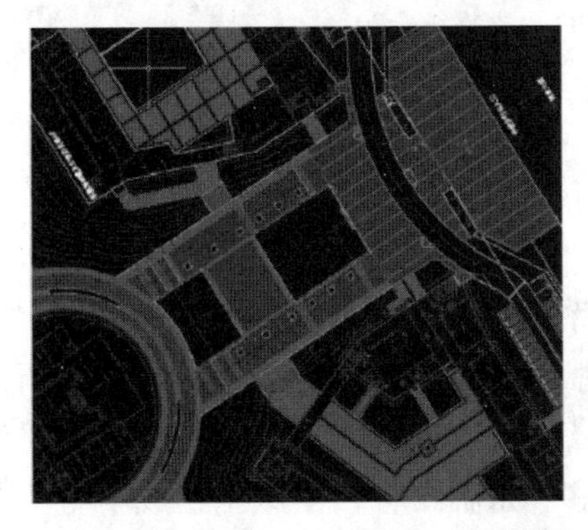

图6　现场绿化规划与实际效果

6　明沟散水与外架基础的“永临结合”技术

外架基础与明沟散水“永临结合”。首先考虑的是明沟散水的做法，再结合散水的宽度，提出合理的优化建议。本工程的具体思路是经与设计沟通，将原设计中的散水宽度从1m增加到1.2m，将原方案中外架与墙间距从300mm调整到250mm，同时利用废旧钢筋和混凝土余料制作排水沟盖板。考虑外架基础与室外明沟散水相结合的“永临结合”方式，防止在施工工程中的建筑垃圾堵塞排水沟，建议设计单位及建设单位采用暗沟（设置沟盖板，学生嬉戏踩踏摔伤），利用钢筋和混凝土余料制作成品沟盖板，安装时采用塑料薄膜覆盖保护，定位后再浇筑散水暗沟混凝土。整体浇筑可避免沟盖板边槽装模，采用薄膜保护不但使沟盖板与沟混凝土隔离，同时防止建筑垃圾堵塞排水沟。项目的具体实施，可节约工程成本（约 1400m 明沟散水）、减少建筑垃圾，节约散水施工工期 7d 以上。实施过程中注意两点：第一，散水放坡坡度考虑到外架搭设须留置到工程收尾阶段进行散水面层成型施工；第二，施工过程中要在外架的底层铺设一层彩条布保护散水。

实施外架基础与明沟散水的"永临结合"优化工序：基础混凝土浇筑→基础土方回填→地梁开挖→地梁砖模砌筑→一层地面回填夯实+与室外管网连通处管道预埋+明沟散水基础平整夯实→地梁及一层地面混凝土浇筑→地梁外侧拆模→明沟散水混凝土浇筑（图 7）。

图 7　明沟散水的"永临结合"

7　结语

本工程已完成一期主体结构施工，正在进行装修的收尾工程及后期室外绿化施工，根据现场实际应用情况来看，做到了大门与临时大门、围墙与施工围挡、管网与临时排水、正式道路与临时道路、绿化、明沟散水与外架基础等一系列"永临结合"技术。在实行"永临结合"的前期，由于与设计图纸结合现场实际充分探讨不利因素，及时做好利与弊的分析，提前做好策划工作和施工部署非常重要。"永临结合"一经确认实施要及时跟踪检查、及时纠偏，以确保顺利实施。值得注意的是我们不能一味地追求"永临结合"不顾工程成本与工期，适时地选取或者放弃部分"永临结合"，以减少不必要的返工费用，合理节约成本，保证工期。

综上所述，"永临结合"技术在建筑工程的现场施工中，能有效地降低施工成本，同时又减少了建筑垃圾的产生，达到了降本增效的目的，提高了建筑施工的绿色施工、节能环保的效率，符合绿色施工节能降耗、减少污染的基本条件，以此证明"永临结合"在绿色施工中是可以应用的。建议只在符合既定条件的建筑工程中推广使用。

参考文献

[1]　刘茂 . 建筑工程绿色环保施工技术应用研究 [J]. 山西建筑，2019，45（02）：189-190.
[2]　张娟 . 建筑施工中绿色节能施工技术的应用 [J]. 居舍，2019，(01)：70-71.
[3]　白伟 . 绿色节能技术在建筑施工中的运用 [J]. 建材与装饰，2018，(50)：30-31.

住宅空间场景化设计浅析

郑　莎

湖南省第六工程有限公司设计分公司　长沙　410007

摘　要：在设计中如何准确地诠释生活，将感性认知落实到理性操作的层面上，以人们生活感受为中心，满足生活的同时追求生活细节的需求，让人们有更多的获得感和幸福感。只有琢磨生活的各种场景，研究感性认知的细节，结合生活方式进行场景化设计，增强户型的多元化，才能满足不同住户需求的生活方式。

关键词：改善性住房；品质居住体验；场景化营造

1　现代住宅空间设计中场景化的遗失

住宅空间具有人体空间体验和家庭生活场景的回应，在以往的住宅设计中，设计师更关注建筑户型的平面布置和功能组合。然而，在现代的住宅空间设计中，应该将场景化设计理念引入到室内空间中来，把人体体验、心理感受和场景营造等模式应用于住宅建筑设计中，可以在一定程度上打破呆板、冷漠和程序化的空间布置，营造出具有归属感、亲情氛围的现代居住户型。场景化的设计手法对于增强室内空间的可用性，延长空间趣味、情节及细节具有重要的意义。在国内商品住宅同质化、批量化的情况下，设计师能将场景化的设计手段带入住宅设计中，对于提升居住品质，改善居住条件具有积极的意义。

2　住宅场景化设计的意义

随着国家生育政策的调整，多胎家庭越来越多，仅满足基本生活功能的户型已无法满足当下家庭的需求。随着时代不断更迭，居住升级，人们的首要诉求是什么？毫无疑问就是场景空间带来的多元复合空间。三居室以上的户型，如果设计理念毫无新意、盲目将小户型放大，哪怕几百平米的户型，会让人感觉像住在高级宿舍里。空间场景化设计是以人的情感需求为出发点，在满足日常功能需求的同时，也满足人在情感中的认知。营造身临其境的氛围，寻找生活情趣及浪漫情怀。求新、求异、求知已成为现代人的生活主题，而场景化设计迎合了这一需求，在有限的空间内可以创造出独特的空间环境，从而陶冶人们的情操和摆脱生活的枯燥和单调，使人们有丰富的情感引导[1]。

3　住宅场景化设计

户型空间是家庭成员和访友间交流互动的重要场所，场景化设计可提高空间活力及舒适趣味性，使人主观进入空间并享受其中，使现实与精神结合，给人以情感引导。比如玄关功能的多样性、客厅餐厅一体的社交性、卫浴使用的便捷性、私密主卧的舒适和独立性。好的户型动线设计能提升空间的居住体验，通过合理的动线规划，有效地减少或避免住户在空间内重复行走、劳动。这是人们沉浸于生活对空间场景提出的更多需求。

3.1　入户玄关的多样性

我国传统文化重视礼仪，讲究含蓄内敛，在住宅文化上，玄关是一个生动的写照。入户讲究“喜回旋勿直冲”，说的就是玄关功能。玄关是指从入户到客厅之间形成的过渡空间，是让人第一印象感受到这个家庭的喜好，也为来客引导了方向。玄关面积不大，但使用频率高。它不仅是一个展示区域，还是兼具换鞋、放置雨具、悬挂外套、收纳随手杂物或放置婴儿车的多功能区域（图 1）。“绿城”设计的双玄关使其功能更加强大，正面入户玄关摆放展示柜，入户两侧为功能玄关柜。特别在疫情当下，玄关是出门前做防护准备、回家后做清洁消毒的重要区域，其合理的布置可以避免把污物及病毒带入户内空间（图 2）。

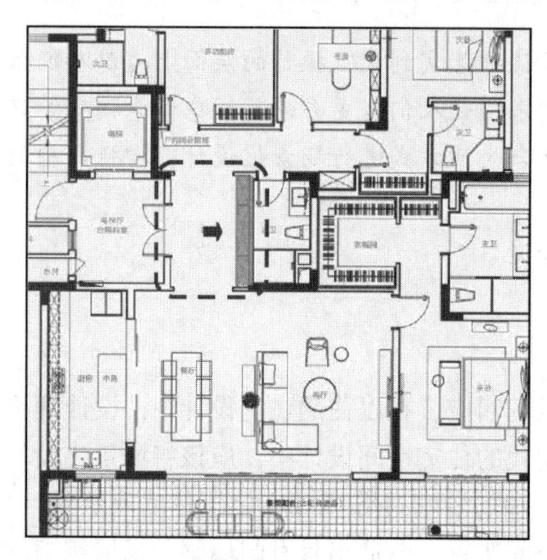

图 1　入户玄关

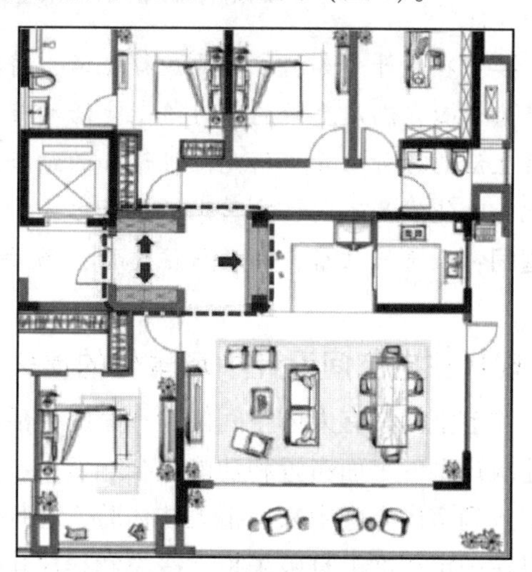

图 2 “绿城”设计的入户双玄关

3.2　客厅、餐厅空间融合的场景化

承载着一个家庭的欢乐时光最多地方就是客厅和餐厅。一个好的客厅是凝聚一个家的聚会、娱乐、交流的场所。一个好的餐厅，不仅是家人品尝美食的地方，还是家风家教传承的地方。

3.2.1　竖厅空间

传统竖厅是指客厅的开间小于进深，讲究穿堂风，大多坐北朝南。但会有采光面窄、功能单一、中间过道面积利用率低等。

3.2.2　横厅空间

横厅空间避免了竖厅空间的弊端。

（1）客厅与餐厅空间的相连

横厅是指客厅的开间大于进深，客厅和餐厅相连，且都在同一采光面。不仅可以加大采光空间，同时可以达到更好的通风效果，透过客厅让阳光与生活交会。横厅没有独立的过道，卧室直接面向客厅，通道侧边的墙面，还可嵌入收纳柜。空间的利用率高，使用面积可达 30m^2 以上，横厅已然成为改善型住宅的标配。

（2）客厅、餐厅与厨房空间合并

客厅、餐厅与厨房合并，用玻璃门做隔断，增加了空间的通透感，形成一体互动线路。在厨房做饭、在餐厅喝茶、在客厅玩耍，家庭成员可以在自己喜欢的空间做自己的事，互不打扰又互相陪伴。将客厅、餐厅更好地融合在一起的同时，利用空间的设计元素可以注入更多的生活交流场景，让每个场景有其最舒适的动线贯通（图 3）。

（3）客厅结合阳台空间

客厅结合阳台也可以是“百变空间”，一个好的户型能够因需而变，富有弹性，让房子在家庭的变化中成长，为家庭的不同阶段需要带来更多的可能性。如阅读、静心、健身、瑜伽、嬉戏等，营造最适宜的居住场景（图4）。

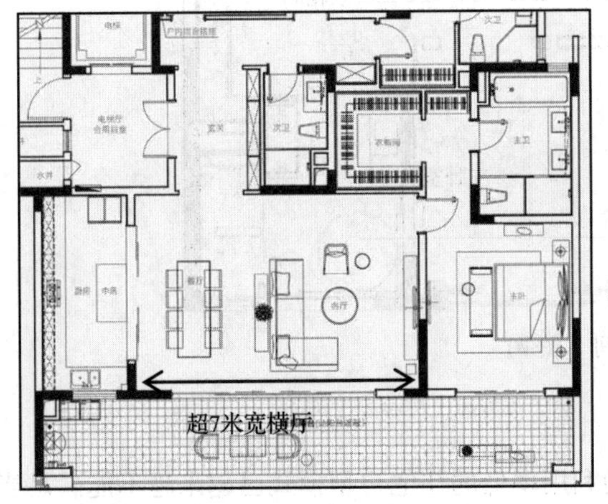

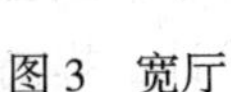
图3　宽厅

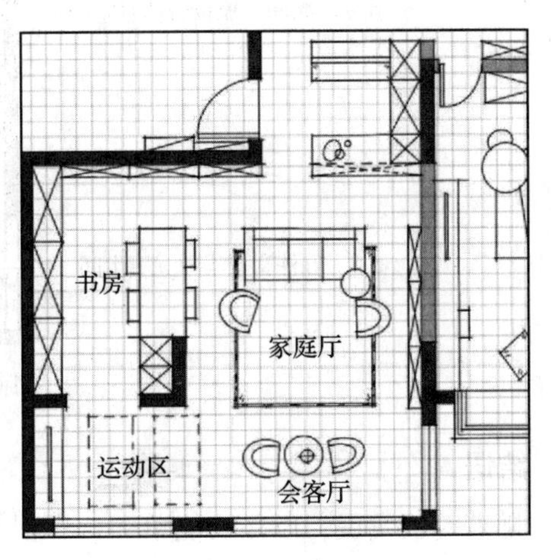

图4　宽厅结合阳台

3.3　卫浴间的便捷性

传统的卫浴间一般共用一个区域，但随着家庭人口增多，单一的区域无法满足日常需求。卫浴间基本3件（洗面器、洗浴器、便器）最小的使用面积不得小于2.5m^2，若放置洗衣机，则不能小于4m^2。在“寸土寸金”的卫浴空间里，布局动线混乱，无疑会影响使用感受。利用场景设计，将淋浴区和如厕区分开设计，盥洗台和家政区分区布置且又在一条动线上。这种四分离卫浴间系统的设计，既增加了使用功能，又减少使用者的时间成本，功能独立又兼具共享（图5）。此外，也可以增加孩童的盆浴区，不同的家庭可以具有不同的生活场景（图6）。

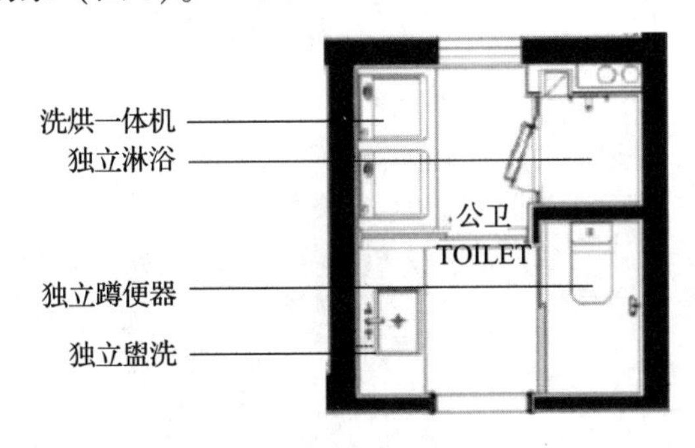

图5　四分离卫浴间

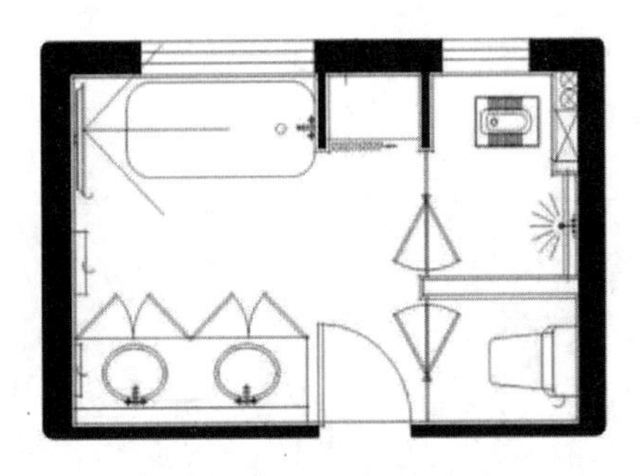

图6　增加盆浴区卫浴间

3.4　卧室舒适生活体验

在住宅设计中，卧室属于私密性最强的地方，是人们进行睡眠休息的地方，卧室要保持独立性，不能穿越。单人卧室使用面积宜在6m^{2}以上，双人卧室宜在12m^{2}以上。卧室需要采光好，自然通风好[2]。

主卧空间集休憩、洗浴、收纳等多功能于一体，不仅要舒适温馨，更要讲究细节和尊严感。户主通过卧室玄关可直接到达衣帽间，保护卧床的隐私及避免噪声干扰。衣帽间兼具换衣等功能。卫浴间的台盆与梳妆镜分开设计，给予了男女户主使用的便利。淋浴与浴盆独立设计更具人性化（图7）。

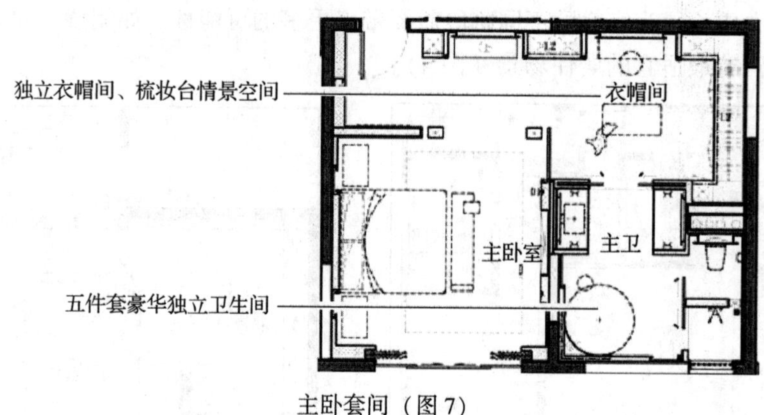

主卧套间（图 7）

4　结语

随着时代发展，以往功能单一、户型空间利用率低的住宅户型模式已越来越不能满足当下人们的多样化诉求。场景化设计只是为了把生活的感受融入设计，提高生活的便捷度，满足人们对居住环境与生活方式的追求。住宅户型场景化设计将越来越受到市场和住户的青睐。

参考文献

[1]　林淑萍. 基于当代都市住宅小空间场景化营造的设计探讨［J］. 城市住宅，2019（08）：199-200.
[2]　黄小炜. 住宅建筑设计中的空间组合与户型配置的思考［J］. 现代物业，2020（2）：66-67.

基于AHP-S法的绿色建筑施工安全风险评估体系研究

王　斌　夏　丽　赵晓宇　倪　扬　马　俊　汤　秀

湖南省第四工程有限公司　长沙　410100

摘　要： 针对绿色建筑施工开展安全风险评估，运用AHP-S法建立绿色建筑施工安全风险评估框架，确定底层评估指标的评判标准及分值，邀请多位专家构建评估指标的判断矩阵及各专家的判断矩阵，计算出各指标的综合权重值，确定绿色建筑安全风险评估指数，从而形成一套综合权重值相对客观的绿色建筑施工安全风险评估体系。

关键词： 绿色建筑施工；层次分析法；熵权法；安全风险评估体系

绿色建筑是指在建筑全寿命周期内最大程度地保护环境、节约资源、减少污染，为人类提供安全舒适、健康、高效适用的生活空间，以达到人与自然和谐共生的高质量建筑。而在绿色建筑寿命周期内，施工阶段为最关键的一环，该阶段是决定绿色建筑质量的重要阶段，且绿色建筑施工阶段的风险具有复杂性、严峻性及多元性，故对绿色建筑开展安全风险评估尤为重要。绿色建筑施工阶段进行安全风险评估，确定安全风险等级，对绿色建筑工程的施工及管理工作具有重要的理论意义及工程应用价值。

祁华等[1] 采用AHP-模糊综合评价方法对绿色建筑设计阶段的风险开展评估，确定了各风险因素的权重值。蔡久顺等[2] 针对绿色建筑的设计阶段采用模糊多层次灰色法开展了风险评价研究。贾宏俊等[3] 运用AHP-多级可拓模型对绿色建筑的全生命周期进行了风险评价，并综合评价结果给出对策及建议。洪文霞等[4] 对绿色建筑项目全寿命周期的微观风险进行了客观全面的评价。孙玉峰等[5] 针对绿色建筑全寿命周期内的风险因素进行分析，确定了各因素的综合权重值，形成了一套绿色建筑的风险评价方法。马媛[6] 采用AHP-模糊综合评价方法对绿色建筑的投资决策阶段开展风险评估。曹小琳等[7] 针对绿色建筑全寿命周期内的成本风险，构建了成本风险评价模型，形成了评价体系。

刘进[8] 采用AHP-风险矩阵对绿色建筑施工阶段进行评价，验证了其风险评价模型的有效性及可行性。常瑞阳[9] 对绿色建筑风险最大的施工阶段开展风险研究，采用熵权法赋权，并构造评价模型。胡庆国等[10] 以绿色建筑施工阶段为研究对象，运用五元联系数集法对分析模型从5个视角展开对其安全风险进行评价。

运用层次分析法进行风险评估时权重值的计算存在较大的主观因素，故在评估时需要对权重值进行客观优化再计算出综合权重，并将定性研究与定量研究相结合。

1　AHP-S绿色建筑施工安全风险评估方法

应用AHP法对绿色建筑的安全风险进行评价时，仅依据专家主观意愿来确定判断矩阵的权重，在确定权重值时个人偏好具有随意性。熵权法确定的客观权重值可有效传递评估指标的数据信息与差别。AHP-S绿色建筑安全风险评估方法是在层次分析法的基础上，运用熵权法对权重值进行客观化，可较全面地对评估对象开展评估，可计算出主观与客观相结合的综合权重值。

1.1 建立层次结构模型

将评估目标、评估指标和评估对象按照其相互关系分为目标层、准则层和底层，绘制出层次结构图。

1.2 确定底层评判标准及分值

运用层次分析法对绿色建筑施工进行安全风险评价，可将定量分析与定性分析相结合对评价指标开展评估。在评估过程中，需确定底层评估指标在不同安全风险等级阶段的取值范围即评估指标的评判标准，并对其进行打分。

根据文献［11］将评估指标的安全风险等级划分为低风险、较低风险、中等风险、较高风险、高风险5个等级。将1均分为5个数值对应于5个不同的风险等级，对底层指标进行判断，其结果对绿色建筑安全基本不造成影响则分值取0.2，对绿色建筑安全造成不严重影响则分值取0.4，对绿色建筑安全造成明显影响分值取0.6，对绿色建筑安全造成较大影响则分值取0.8，对绿色建筑安全造成严重影响分值取1.0。

1.3 构造判断矩阵

在计算每层各指标的权重时，如果给出定性的结果，则不易被接受，Santy等提出一致矩阵法，即只是将评估指标进行两两比较，而不是所有指标共同比较，运用相对标度，以尽量降低性质不同的各因素互相比较的难度，从而提高精度。判断矩阵是本层全部评估指标对上层某一指标的相对重要性的判断。判断矩阵的元素 a_{ij} 用Santy1—9标度给出，见表1。

表1　判断矩阵元素 a_{ij} 的标度方法

标度	含义
1	表示两个因素相比，具有同样重要性
3	表示两个因素相比，一个因素比另一个因素稍微重要
5	表示两个因素相比，一个因素比另一个因素明显重要
7	表示两个因素相比，一个因素比另一个因素强烈重要
9	表示两个因素相比，一个因素比另一个因素极端重要
2，4，6，8	上述两相邻判断的中值
倒数	因素 i 与 j 比较表示为 a_{ij}，则因素 j 与 i 比较表示为 $a_{ij=1/}a_{ij}$

1.4 确定综合权重值

1.4.1 评估指标判断矩阵权重值 $\hat{w}_i$

根据1.3小节所构建的判断矩阵，计算评估指标判断矩阵的最大特征值和其对应的特征向量，采用几何平均法[12] 进行计算。

（1）计算判断矩阵 A 第 i 行元素乘积

$$m_i = \prod_{i=1}^{n} a_{ij} i = 1,\ 2,\ \cdots,\ n \tag{1}$$

（2）计算 n 次方根

$$w_i = \sqrt[n]{m_i} \tag{2}$$

（3）对向量 $\overline{w}_i = (\overline{w}_1,\ \overline{w}_2,\ \cdots,\ \overline{w}_n)^{\mathrm{T}}$ 进行规范化

$$\hat{w}_i = \frac{\overline{w}_i}{\sum_{j=1}^{n} \overline{w}_j} \tag{3}$$

矢量 $\hat{w}=(\hat{w}_1, \hat{w}_2, \cdots, \hat{w}_n)^T$ 为所求的特征向量，即为所占权重。

（5）计算 A 的最大特征值 λ_{max}

$$\lambda_{max} = \frac{1}{n}\sum_{i=1}^{n} \frac{(A\hat{w})_i}{\hat{w}}，对任意 i=1，2，\cdots，n \tag{4}$$

式中，$(A\hat{w})_i$ 为向量 $A\hat{w}$ 的第 i 个元素。

1.4.2　专家判断矩阵权重值 β_j

信息是系统有序程度的一个度量，熵则相反，是系统无序程度的一个度量。若系统处于多种状态，且每一状态出现的概率是 $p_i(i=1, 2, \cdots, m)$ 时，则系统的熵就定义为：

$$e = -\sum_{i=1}^{m} p_i \ln p_i \tag{5}$$

现有 m 个待评项目，n 个评价指标，形成原始评价矩阵 $R=(r_{ij})_{m\times n}$，对于某个指标 r_j 有信息熵：

$$e_j = -\sum_{i=1}^{m} p_{ij} \ln p_{ij} \tag{6}$$

式中，$p_{ij} = r_{ij} \Big/ \sum_{i=1}^{m} r_{ij}$。

根据每位专家对评估指标的专业性，按照重要程度标度确定专家本身的判断矩阵，矩阵的确定采用百分制，专家对指标具有很高的权威性即分值高，专家对指标不熟悉则分值低，对于 m 个待评指标，n 个评审专家，形成原始数据矩阵 $R=(r_{ij})_{m\times n}$：

$$R = \begin{pmatrix} r_{11} & r_{12} & \cdots & r_{1n} \\ r_{21} & r_{22} & \cdots & r_{2n} \\ \cdots & \cdots & \cdots & \cdots \\ r_{m1} & r_{m2} & \cdots & r_{mn} \end{pmatrix}_{m\times n} \tag{7}$$

式中，r_{ij} 为第 j 个专家对第 i 个指标的专业程度。

采用熵权法求解专家所占权重的计算过程为：

（1）计算第 j 个专家对第 i 个指标的比重 p_{ij}：

$$p_{ij} = r_{ij} \Big/ \sum_{i=1}^{m} r_{ij} \tag{8}$$

（2）计算第 j 个专家的熵值 e_j：

$$e_{ij} = -k\sum_{i=1}^{m} p_{ij} \cdot \ln p_{ij} \tag{9}$$

式中，$k=1/\ln m$。

（3）计算第 j 个专家的熵权 w_j：

$$w_j = (1-e_j) \Big/ \sum_{j=1}^{n} (1-e_j) \tag{10}$$

（4）确定指标的综合权数 β_j：

假定专家依据自己的目标和要求将评估指标重要性的权值确定为 α_j，$j=1, 2, \cdots, n$ 综

合指标的熵权 w_j 就可以得到专家 j 的综合权数：

$$\beta_j = \frac{\alpha_i w_i}{\sum_{i=1}^{m} \alpha_i w_i} \tag{11}$$

1.4.3　综合权重值 κ_{ij}

对每一位专家在各层判断矩阵权重值加权处理，乘以专家各自所占权重，所得最终权重值即为一个比较合理的综合权重值。

第 j 个专家对第 i 个底层指标的权重值为 $\hat{w}_{i,0}$，该专家的底层自身综合权数为 $\beta_{j,0}$，则该专家对第 i 个底层指标的综合权重值 $\kappa_{ij,0}$：

$$\kappa_{ij,0} = \hat{w}_{i,0} \times \beta_{j,0} \tag{12}$$

同理，该专家对第 i 个底层评估指标所对应的准则层指标的综合权重值 $\kappa_{ij,1}$。

1.5　一致性检验

为验证评判的可靠性，在 AHP 法中引入判断矩阵 A 的最大特征值 λ_{max} 和 n 之差与 $n-1$ 的比值作为验证判断矩阵偏离一致性的指数，可以表示为：$I_C = \frac{\lambda_{max} - n}{n-1}$，随机一致性比率，用 R_C 表示：$R_C = \frac{I_C}{I_R}$。当 $R_C < 10\%$时，认为评估指标判断矩阵具有满意一致性。

2　绿色建筑安全风险评估指数

对绿色建筑的施工阶段进行安全风险评估，可以从宏观因素、施工因素、管理因素、成本因素等指标进行考虑，根据每层评估指标所占比重的不同，可以表征出不同评估指标对绿色建筑施工阶段安全风险评估等级的影响。结合模糊数学算法，邀请 n 个专家对 m 个评估指标开展评估，定义安全风险评估指数（Safety Risk Assessment Index，I_{SRA}），计算如下：

$$I_{SRA} = \sum_{j=1}^{n} \sum_{i=1}^{m} s \times \kappa_{ij,0} \times \kappa_{ij,1} \tag{13}$$

式中，I_{SRA} 为安全风险评估指数；s 为底层根据评判标准的得分值。

针对绿色建筑施工阶段安全性等级，参照文献［11］将绿色建筑施工阶段的安全风险评估等级划分为 5 级：

（1）Ⅰ级：低风险；

（2）Ⅱ级：较低风险；

（3）Ⅲ级：中等风险；

（4）Ⅳ级：较高风险；

（5）Ⅴ级：高风险。

结合规范内容，对 I_{SRA} 值做出规定，如表 2 所示。

表 2　某变电站不同破坏等级的 I_{SPE} 值

破坏等级	I_{SRA} 取值范围
Ⅰ级：低风险	(0, 0.2]
Ⅱ级：较低风险	(0.2, 0.4]

续表

破坏等级	I_{SRA} 取值范围
Ⅲ级：中等风险	(0.4，0.6]
Ⅳ级：较高风险	(0.6，0.8]
Ⅴ级：高风险	(0.8，1.0]

3　绿色建筑施工安全风险评估体系

3.1　绿色建筑安全风险评估框架

本文针对绿色建筑施工阶段进行安全风险评估，可将绿色建筑施工安全风险作为总目标层，准则层划分为宏观因素、施工因素、管理因素、成本因素 4 个指标，如图 1 所示。其中总目标层用 A 表示，准则层用 B 表示，底层用 C 表示。

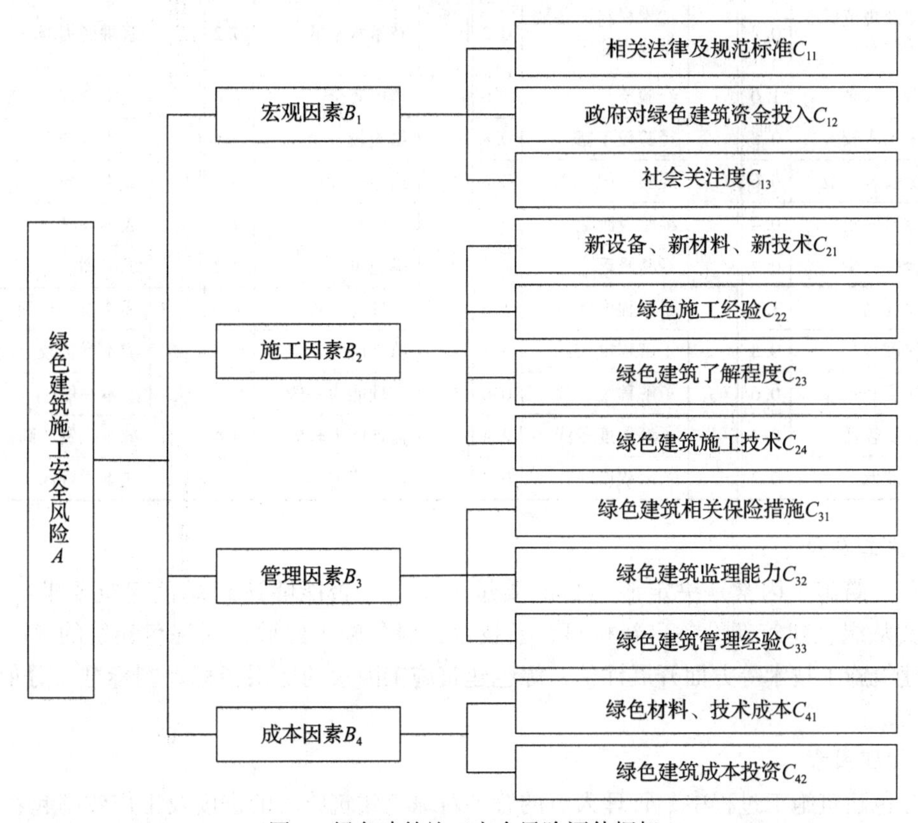

图 1　绿色建筑施工安全风险评估框架

3.2　底层指标评判标准及分值

将绿色建筑施工划分为宏观因素、施工因素、管理因素、成本因素 4 个指标进行安全风险评估。

3.2.1　宏观因素

绿色建筑施工宏观因素是指影响绿色建筑生产经营及质量效果的外部因素，主要由相关法律及规范标准、政府对绿色建筑资金的投入以及社会对绿色建筑的关注度。绿色建筑施工宏观因素底层指标的评判标准及分值见表 3 中 $C_{11} \sim C_{13}$ 所示。

表 3　绿色建筑施工底层指标的评判标准及分值

指标	评判标准	分值	指标	评判标准	分值	指标	评判标准	分值	指标	评判标准	分值
C_{11}	法律及规范标准完善	1.0	C_{21}	技术材料设备充足或稳定	1.0	C_{24}	技术水平高	1.0	C_{33}	管理能力强	1.0
	法律及规范标准相对完善	0.8		技术材料设备较充足或较稳定	0.8		技术水平较高	0.8		管理能力较强	0.8
	法律及规范标准不完善	0.6		技术材料设备一般	0.6		技术水平一般	0.6		管理能力一般	0.6
	法律及规范标准缺少	0.4		技术材料设备较缺乏或相对不稳定	0.4		技术水平较低	0.4		管理能力较弱	0.4
	法律及规范标准几乎没有	0.2		技术材料设备缺乏或不稳定	0.2		技术水平低	0.2		管理能力弱	0.2
C_{12}	资金投入多	1.0	C_{22}	经验丰富	1.0	C_{31}	措施齐全	1.0	C_{41}	成本合理	1.0
	资金投入较多	0.8		经验较丰富	0.8		措施较齐全	0.8		成本较合理	0.8
	资金投入一般	0.6		经验一般	0.6		措施一般	0.6		成本一般	0.6
	资金投入较少	0.4		经验较匮乏	0.4		措施较少	0.4		成本较高	0.4
	资金投入少	0.2		经验匮乏	0.2		措施少	0.2		成本高	0.2
C_{13}	关注度高	1.0	C_{23}	了解程度深	1.0	C_{32}	监理能力强	1.0	C_{42}	成本投资合理	1.0
	关注度较高	0.8		了解程度较深	0.8		监理能力较强	0.8		成本投资较合理	0.8
	关注度一般	0.6		了解程度一般	0.6		监理能力一般	0.6		成本一般	0.6
	关注度较低	0.4		了解程度较浅	0.4		监理能力较弱	0.4		成本投资较高	0.4
	关注度低	0.2		了解程度浅	0.2		监理能力弱	0.2		成本投资高	0.2

3.2.2　施工因素

绿色建筑施工因素是决定该项目的质量及安全是否能够达到绿色建筑要求的重要因素。本文从绿色建筑新设备、新材料、新技术，绿色施工经验，对绿色建筑的了解程度以及绿色建筑施工技术等方面开展评估。绿色建筑施工因素的底层指标评判标准及分值见表 3 中 $C_{21} \sim C_{24}$。

3.2.3　管理因素

在绿色建筑施工过程中，管理人员的管理对绿色建筑施工的进度及工作效率起着非常重要的作用。本文从绿色建筑相关保险举措、绿色建筑监理能力、绿色建筑管理能力 3 个方面开展评估。绿色建筑施工管理因素的底层指标评判标准及分值见表 3 中 $C_{31} \sim C_{33}$。

3.2.4　成本因素

绿色建筑施工成本体现了该项目管理的本质特征，成本控制的高低直接影响了绿色建筑的经济效益，具有很大的风险。本文从绿色材料、技术的成本，绿色建筑成本投资两个方面开展评估。绿色建筑施工成本因素的底层指标评判标准及分值见表 3 中 $C_{41} \sim C_{42}$。

3.3　构建判断矩阵及计算综合权重值

利用 AHP-S 方法计算判断矩阵的最大特征值和相应的权重值，再根据专家判断矩阵中每位专家权重值，加权计算出综合权重值。由于篇幅有限，本文省略专家对评估指标的判断矩阵，综合权重值见表4。

表4　综合权重值

评估指标	专家1	专家2	专家3	专家4	专家5	综合权重
B_1	0.082	0.070	0.059	0.059	0.065	0.066
B_2	0.448	0.368	0.280	0.514	0.595	0.423
B_3	0.235	0.194	0.147	0.147	0.170	0.175
B_4	0.235	0.368	0.514	0.280	0.170	0.336
专家权重	0.178	0.178	0.288	0.178	0.178	1
C_{11}	0.143	0.429	0.455	0.659	0.250	0.408
C_{12}	0.714	0.429	0.455	0.262	0.655	0.486
C_{13}	0.173	0.142	0.09	0.079	0.095	0.106
专家权重	0.162	0.175	0.299	0.203	0.161	1
C_{21}	0.125	0.099	0.100	0.083	0.059	0.089
C_{22}	0.375	0.284	0.300	0.083	0.146	0.211
C_{23}	0.375	0.518	0.300	0.417	0.514	0.434
C_{24}	0.125	0.099	0.300	0.417	0.281	0.266
专家权重	0.172	0.159	0.137	0.281	0.251	1
C_{31}	0.143	0.109	0.143	0.142	0.090	0.122
C_{32}	0.143	0.309	0.143	0.429	0.455	0.292
C_{33}	0.714	0.582	0.714	0.429	0.455	0.586
专家权重	0.299	0.146	0.146	0.110	0.299	1
C_{41}	0.25	0.5	0.167	0.333	0.25	0.3
C_{42}	0.75	0.5	0.833	0.667	0.75	0.7
专家权重	0.2	0.2	0.2	0.2	0.2	1

经验证，各层评估指标判断矩阵的随机一致性比率 R_C 均小于10%，故评估指标判断矩阵具有满意一致性。

4　结语

针对绿色建筑全寿命周期中最重要的施工阶段开展了安全风险评估，形成了一套将定性评估与定量评估相结合的绿色建筑安全风险评估体系。

（1）对基于AHP-S的绿色建筑安全风险评估方法开展分析研究。将层次分析法与熵权法相结合，为避免评估指标权重值由于人为因素过于主观化，邀请多位专家构建判断矩阵，运用几何平均法计算矩阵权重值并开展一致性检验，再运用熵权法计算专家判断矩阵权重值，加权计算出主观与客观相结合的综合权重值，评估结果更为准确。

（2）形成了一套针对绿色建筑施工阶段的安全风险评估体系。建立了绿色建筑施工安全风险评估框架，确定了底层评估指标评判标准，构建了评估指标判断矩阵并计算其综合权重值，形成了绿色建筑施工安全风险评估体系。

参考文献

［1］ 祁华，侯海方．基于AHP-模糊综合评价的绿色建筑设计阶段风险评价研究［J］．价值工程，2015，34（30）：82-84.

［2］ 蔡久顺，张执国，师鹏，等．基于模糊多层次灰色法的绿色建筑设计风险评价研究［J］．合肥工业大学学报（自然科学版），2015，38（07）：968-972，983.

［3］ 贾宏俊，高鹏，亓培鑫．基于AHP-多级可拓模型的绿色建筑全生命周期风险评价［J］．项目管理技术，2019，17（05）：56-61.

［4］ 洪文霞，鹿乘，赵德凤，等．基于组合赋权——云模型的绿色建筑微观风险评价研究［J］．西安建筑科技大学学报（社会科学版），2021，40（04）：72-79.

［5］ 孙玉峰，代霞，郭硕．绿色建筑项目全寿命周期风险评价方法探析［J］．山东工商学院学报，2021，35（05）：52-60.

［6］ 马媛．基于AHP-模糊综合评价法的绿色建筑投资决策风险研究［J］．兰州工业学院学报，2015，22（05）：77-81.

［7］ 曹小琳，李雅彬．绿色建筑项目全寿命周期成本风险评价［J］．建设监理，2015（06）：36-38，52.

［8］ 刘进．基于AHP-风险矩阵法的绿色建筑施工阶段风险评价［J］．武夷学院学报，2018，37（03）：74-77.

［9］ 常瑞阳．基于熵权模糊综合评价的绿色建筑施工风险研究［J］．价值工程，2015，34（19）：37-39.

［10］ 胡庆国，田学泽，何忠明．基于五元联系数集对分析模型的绿色建筑施工安全风险评价［J］．安全与环境学报，2021，21（05）：1880-1888.

［11］ 中华人民共和国住房和城乡建设部．建筑工程绿色施工评价标准：GB/T 50640—2010［S］．北京：中国计划出版社，2011.

［12］ 李波，朱四虎，路雁霞，等．基于层次分析法的城市地震灾害风险评估研究［J］．四川建筑科学研究，2019，45（2）：21-27.

基于 BIM 及 GIS 进行建筑垃圾智能化管理研究

徐　武　王　斌　谭佳佳　马　俊　汤　秀

湖南省第四工程有限公司　长沙　410000

摘　要：城市建设日新月异，导致建筑垃圾日益增加，调查我国建筑垃圾的数量已占到城市垃圾总量的 1/3 以上。建筑垃圾成为制约城市发展的一个难题，为保证建筑垃圾的有效处理与智能化管控，引入 BIM 及 GIS 技术，通过 BIM 的 5D、4D、3D 技术及 GIS 地图精确定位技术对建筑垃圾的存放、搬运进行智能化管理。

关键词：建筑垃圾；BIM；GIS；智能化

1　引言

建筑垃圾处理在项目建设中一直处于被忽视的位置，一般采取焚烧、就地掩埋，或者集中丢弃的方式进行处理。本研究通过应用 BIM 及 GIS 对建筑垃圾进行智能堆放、动态跟踪、集中存放、外运调配、环境影响分析，多方管理协调。智能化管理可保护环境，减少管理时间和成本，做好资源再利用，促进可持续化发展。

2　BIM 及 GIS 概述

BIM 建筑信息模型（Building Information Modeling）是一种应用于建设项目的设计、施工以及后续运营的辅助工具，通过对项目的模型建设及动态模拟，在项目设计、施工、运行和维护的全过程中进行数据共享和传递，使工程技术人员以及管理者对施工过程中的建筑信息有所了解和高效应对，为建立设计团队以及包括施工、运营单位在内的各建设主体提供多方协同管理平台。本研究主要采用湖南省“互联网+智慧工地”管理平台，在加强深化设计、提高施工效率、节约成本和缩短工期方面发挥重要作用。

GIS 地理信息系统（Geographic Information System 或 Geo-Information system）又称之为“地学信息系统”。它是一种独特的空间信息系统。它通过计算机硬、软件系统的应用，对整个或部分地球表层（包括大气层）空间中的有关地理分布数据进行采集、储存、管理、运算、分析、显示和描述的技术系统。其目的在于设置、添加、共享和应用地图上的信息产品，这些信息产品可辅助项目管理，管控资源定位工作，以及创建和优化项目地理信息。

BIM 与 GIS 技术的融合，应用 BIM 的微观建模与 GIS 宏观地图的相互交换以及互相操作，拓宽了 BIM 的应用。通过 BIM 对整个项目进行现场建模，然后结合 GIS 系统将项目模型建立在市级地图上，对建筑垃圾的各种场景进行研究分析，寻找最优的管理措施。本研究基于湖南省“互联网+智慧工地”管理平台建立建筑垃圾处理协同管理平台（图 1），实行各参与方共同协调管理。

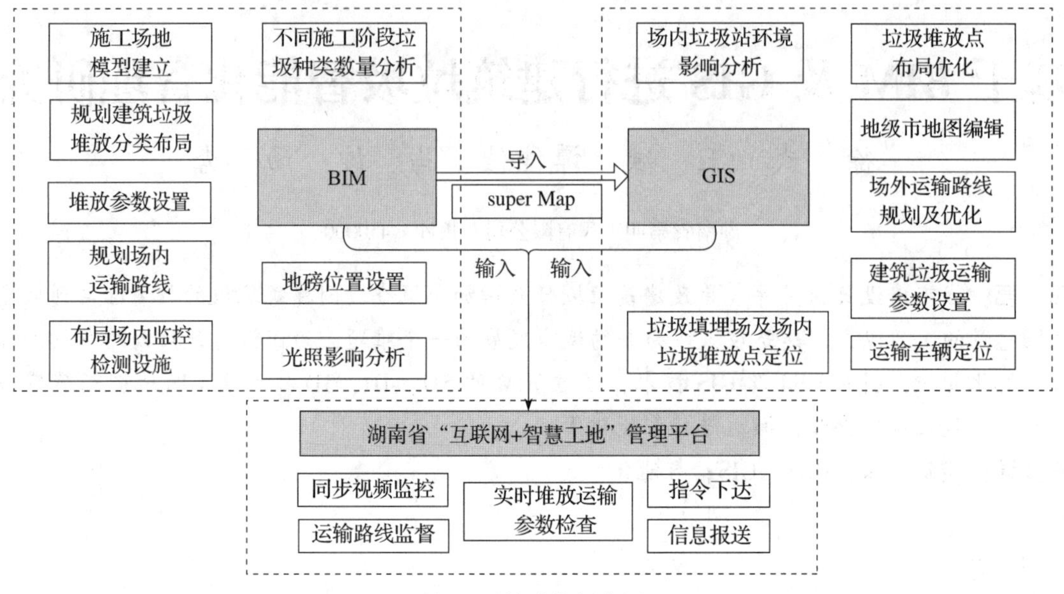

图 1　系统功能划分图

3　初期建设

3.1　BIM 的初期建设

在项目场地布置初期引入 BIM 设计，结合考虑建筑垃圾的分类堆放，在设置过程中考虑运输及堆放避免对施工的影响，同时考虑远离居住区和办公区。

基于湖南省“互联网+智慧工地”管理平台的建筑垃圾智能化管理协同平台的建立，通过智慧工地 6+*X* 中的 *X* 拓展功能建立网络管理平台，协调包括施工单位、建设单位、监理单位、当地环境管理部门、城市管理部门以及垃圾处理站、废品回收站。平台建设初期由技术人员完善项目信息，根据建筑垃圾智能化管理的需要对网站各功能进行编辑。在协同管理平台上将项目的地图位置导入 GIS 项目所在地市级地图。

3.2　GIS 的初期建设

针对项目位置，编辑项目所在的地级市的地图，主要包括行政边界、用地属性、河流、保护水源、公路和铁路、季节风向、垃圾处理厂及垃圾填埋厂的地理位置等信息。根据项目位置在地图上进行标注，然后将 BIM 的三维模型导入三维 GIS 平台进行显示，再综合分析。

在 GIS 地图平台上导入现场的封闭垃圾运输车的车辆信息、GPS 定位、外观信号、计划运输建筑垃圾类型。根据项目位置合理优化运输路线，根据不同的垃圾类型选择合适的运输路线，综合分析运输路线的人流强度以及风力风向，避免影响市民的正常生活。

4　BIM 数据接入 GIS 平台方式

目前 BIM 软件种类繁多，主要包括 Revit 系列、Micro-Station 平台、ArchiCAD、Solid-Works 和 CATIA。各软件都有各自的存储方式，且各自的存储格式也不一样，相对较为独立，没有相互联系的结构，这为 BIM 模型导入 GIS 平台带来了挑战。

BIM 的数据一般只有通过 Revit 软件方能体现，包括相关建筑的材质、结构类型、空间分布等数据信息。目前根据现有的技术读取 BIM 数据最有效的方法是利用专用的转换工具或插件将 BIM 的数据导入到 GIS 数据库中，即基于 BIM 软件库的原生支撑，将 BIM 数据转换到GIS数据库中。

目前国内常用SuperMap GIS软件，需自行安装多款BIM软件的转换插件和工具，如Autodesk旗下的Revit、AutoCAD和Civil3D软件，Bentley的MicroStation CONNECT Edition以及达索的CATIA软件。上述软件可以将数据的顶点及属性信息一次导出，并按BIM模型种类或CAD图层进行分类。导入到GIS的数据不但保留了BIM三维实体化的特点，而且在三维实体的基础上增加了更多的细节（LOD），如风向、水流等，加强了BIM的三维数据在三维GIS平台中的应用和浏览功能。为适应行业发展，SuperMap也为其他行业的标准格式-IFC提供了相应的转换工具。

5 BIM+GIS在建筑垃圾的堆放管理

在项目建设初期，通过BIM的软件的三维建模功能在施工现场合理布置垃圾存放点，根据不同类型、是否可回收利用等性质划分堆放区域，再将BIM的三维模型导入到GIS中进行环境影响综合分析，深入规划施工现场建筑垃圾堆放场地布置。

在GIS地图模型中加入堆放场地的堆放参数，包括堆放量、堆放材料的性质、封闭要求、堆放限制时间，设置完成之后同步到协同管理平台的地图页面，实时更新。

通过BIM的进度模拟确定施工各阶段的主要垃圾类型，确定各类垃圾的堆放位置，并在GIS地图上进行精确定位（图2）。

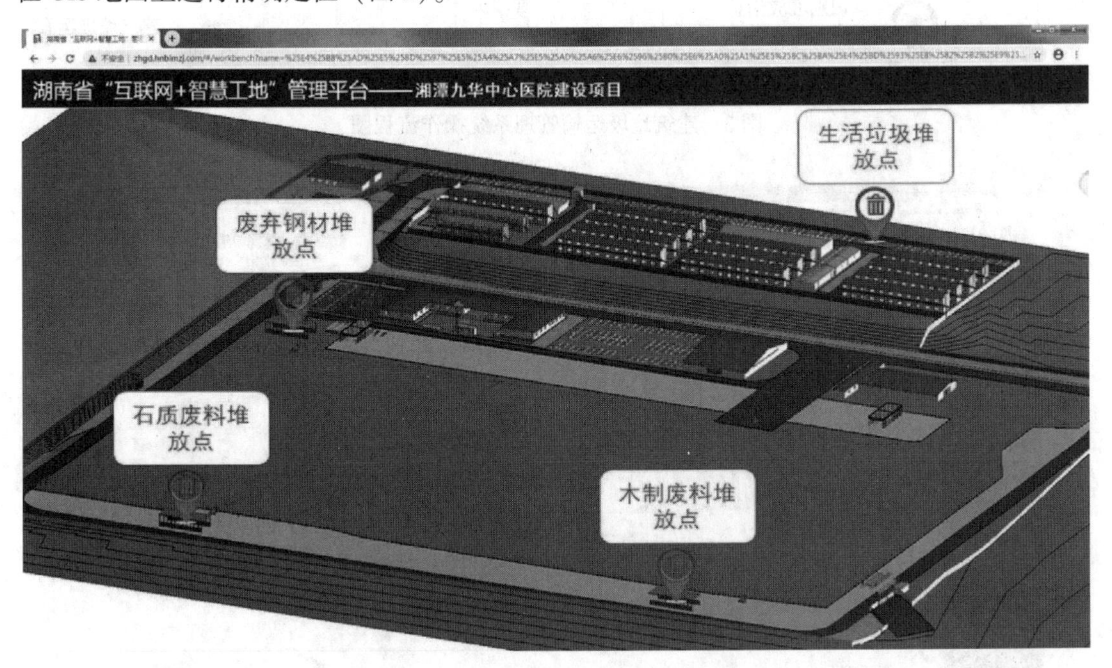

图2 平台显示场内垃圾堆放点BIM模型

6 BIM+GIS在建筑垃圾的运输管理

着重应用GIS的精确定位功能，以及BIM三维建模布局分析，同步协同管理平台的实时更新作用，对场地内的垃圾进行垃圾运输动态管理。

现场管理人员通过对垃圾堆放量的情况进行日常巡查，并及时上报建筑垃圾管理平台管理员，对现场信息进行及时更新，在建筑垃圾达到清理要求时，管理员及时在管理平台上报运输申请，包括运送的类别和质量，由环境管理部门对信息进行处理，指定合理的垃圾处理站，GIS 通过对项目所在地的交通情况及人流情况规划合理的运输路线，地图信息直接同步到 BIM 协同管理平台的地图信息中。

管理员规划建筑垃圾运输车辆对建筑垃圾开始运输，并同步上传运输车辆的过磅信息。GPS 定位可以很好地定位车辆的位置，对行驶路线的实时跟踪，通过 GPS 传入到协同管理平台，供环境管理部门、建设单位及监理单位监督。如果运输车辆运输路线偏离或者逗留时间过长，协同平台会立刻报警，由各部门进行调查，环境管理部门也可以此进行处罚。

垃圾处理站根据 GPS 定位了解运输车辆位置，合理安排建筑垃圾的倾倒位置，并安排进行车辆过磅，将过磅信息同步至平台供各部门监督（图 3、图 4）。

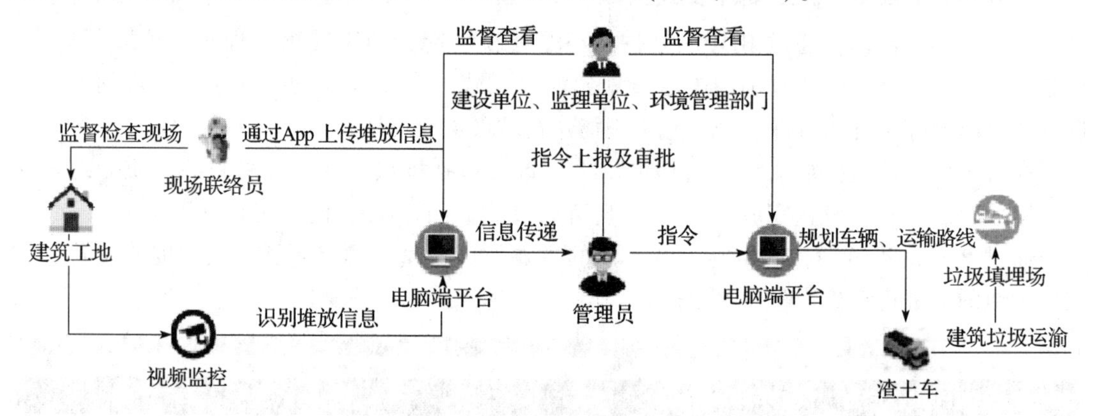

图 3　建筑垃圾运输管理系统操作流程图

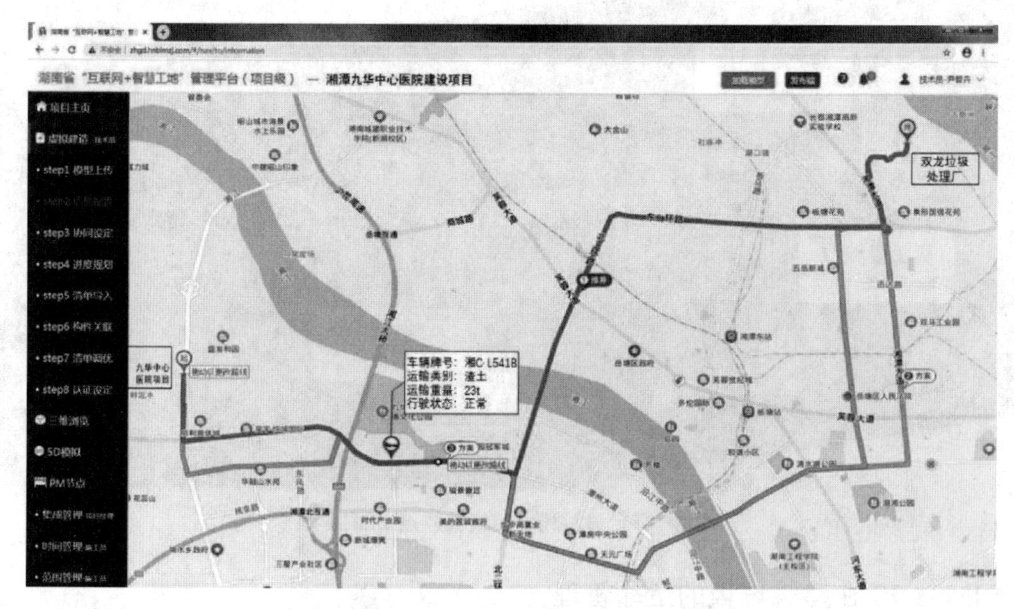

图 4　平台运输路线规划、运输车辆信息

7　监督管理

建立现场建筑垃圾堆放可视化平台，在各个建筑垃圾堆放点设置视频监控设施，并与协同管理平台进行互联，对建筑垃圾的堆放种类、堆放量进行 24h 监控，为环境管理部门监督提供便利，也可防止建筑垃圾在堆放过程中发生火灾及其他混乱情况。

在建设工地建筑垃圾出口及垃圾处理站入口的地磅处安装数值监控装置，实现过磅数值及时上传，防止运输过程的偷倒现象，通过管理平台的数据库管理，将运输信息进行收集整合，成为后续建筑垃圾运输费用结算的依据，并可将该费用作为安全文明施工费进行申报。

将建筑工地的终端监视器与协同管理平台连接起来。环境主要管理部门只需通过点击该工程的对应建筑功能信息，即可将工地建筑垃圾的情况实时反映在屏幕上，若管理项目较多，可直接选择一个项目在线监控建筑垃圾装车情况、运输防护情况、运输总量、运输类型。确保建筑垃圾按照预先申报的时间、申报的条件进行处理。

通过 GPS 定位、IC 智能卡监控技术结合运用，可在电脑终端反映出行使路线、途经区域、处置流向。有效监控建筑垃圾运输车辆的作业状态。一是保证按照综合确定路线行驶；二是保证建筑垃圾完整地运送至垃圾处理站。通过对核定车辆在出入口地磅上的数量之间的数值，确定有无运输损失，也可避免防止在运输过程中的偷倒现象。对于没有按照规定进行运输的、路途损失过大的由环境管理部门按照国家或者地方规定给予运输单位处罚。

8　结语

基于 BIM 与 GIS 的技术应用，通过湖南省“互联网+智慧工地”管理平台的综合管理，简化了建筑垃圾处理管理难度，以协同管理信息化网络平台为基础建设建筑垃圾处理体系，提升了建筑垃圾综合利用的社会化、科学化、规范化水平。对建筑垃圾全过程的实时监测和智能管控，实现了多方的数据共享，建立了资源化再利用的综合服务，该协同平台可充分利用湖南省“互联网+智慧工地”管理平台，减少了平台再建成本。整个管理体系数据源于实际，并实时更新存档，为后续的文明施工费结算作为依据。综合管理体系的建立和应用，为政府环境管理部门监管提供了监督平台；体系作为信息化、智能化管理体系，可提升施工企业的建筑垃圾处理效率；通过 BIM 和 GIS 的技术特点研究，开发建筑垃圾处理标准化流程；除环境管理部门外，城管部门也可同步建立特许经营资质核准和发放程序，促进管理体系内各政府、企业的有机融合，也可开放社会监督窗口，受群众监督，服务于群众。

参考文献

[1]　顾嘉臻，钱俊谕，王珊，等．建筑工程中 BIM+GIS 集成技术的应用研究［J］．中国房地产业，2017，(6)：173.

[2]　李劲，王华．基于 GIS 的城市生活垃圾规划管理智能决策系统的关键技术［J］．材料与冶金学报，2008，7 (1)：58-68.

[3]　李霞，李娜，张益宁，李松青．GIS 与物联网技术在智慧工地建设中的应用［J］．测绘与空间地理信息，2021，(1)：159-161.

[4]　徐刚，戴柱天，张翔，基于 BIM 的建筑垃圾决策管理系统架构研究［J］．智能建筑与城市信息，2018，(4)：61-62.

探讨绿色施工管理理念下如何创新建筑施工管理

何　彦　杨　鹏

湖南省第一工程有限公司　长沙　410011

摘　要：在践行科学发展观以及可持续发展理念的过程中，绿色施工管理理念深入人心，这一理念属于主流施工管理方式，有助于全面凸显施工管理工作的重要价值以及时代作用，确保施工企业获得更广阔的经济利润空间，实现经济效益的稳定提升。本文着眼于绿色施工管理理念的具体概念，探讨建筑施工管理创新工作的相关要求及策略，以期为推进我国建筑行业的稳定发展提供相应的借鉴。

关键词：绿色施工；管理理念；建筑施工；创新管理

1　概述

随着市场经济体制改革的不断完善，我国各行业的发展速度越来越快，建筑施工的模式以及手段产生很明显的变化。早期的建筑施工以经济效益的提升为核心，最终出现了许多的施工管理问题及矛盾，建筑质量难以得到保障。在新的时代背景之下，环境保护与经济发展备受关注，只有实现两者的齐头并进，才能够更好地体现科学发展观的核心要求，构建科学完善的施工管理制度。在严格监管以及管理的过程中真正保护环境，实现经济效益和社会效益的综合提升。

2　绿色施工管理理念

绿色施工管理理念主要是指管理公司着眼于建筑施工管理工作的核心要求，将环境保护工作与工程建设工作融为一体。企业一方面需要注重经济利益，另一方面需要始终坚持绿色科学无污染和工作原则以及核心要求，主动承担一定的社会责任，促进和谐社会的稳定建设，保障科学发展观的全面践行。有学者在对绿色施工管理理念进行分析时明确提出，这一理念的内容及形式比较复杂，所包含的工作要求以及管理原则不容忽略。

首先是全过程管控原则，这一原则要求管理工作人员着眼于整个建筑施工的全过程，以绿色施工管理工作的全面践行为基础，充分体现全过程保护工作的重要作用及优势。抓住绿色施工管理理念的核心要求，在践行全过程管控原则的基础上，积极规避各种安全隐患以及安全事故。维护施工人员的生命财产安全，保障建筑施工的安全性以及稳定性。另外，工作人员还需要以全过程管控原则为基础，以精细化施工管理工作为依据，严格把控不同的施工环节，确保对症下药。

其次则是共同发展原则，共同发展原则对建筑企业的稳定建设以及全面发展有重要的作用。企业需要以利益最大化为依据，着眼于整个建筑施工的具体要求，确保绿色施工管理理念发挥相应的作用，积极解决施工企业在发展过程中所遇到的各种困难以及矛盾，充分彰显绿色施工管理理念的优势。全面保护生态环境，维护原有的生态平衡，确保建筑企业以及施工方都能获得相应的收益。在此前提下，工作人员还需要根据建筑施工的具体过程，以共同发展为工作原则，全面提升社会效益、经济效益和环境效益。

最后则是绿色节能原则，绿色节能原则是时代发展的产物，符合绿色施工管理理念的核心要求，是该理念得以践行的基础以及前提。施工企业需要注重宏观分析以及微观研究，积极落实好节能环保措施，关注对不同管理环节以及施工环节的进一步解读。只有这样才能够确保建筑施工的环保性，尽量避免不必要的资源浪费。

3　绿色施工管理理念下创新建筑施工管理的价值

以绿色施工管理理念为基础的建筑施工管理工作取得的效果比较显著，能够实现管理创新以及管理改革，真正提升建筑工程施工质量以及水平，保障管理环节的全面落实。有学者在对绿色施工管理理念进行分析时明确提出，如果建筑企业能够着眼于建筑施工管理工作的宏观要求，积极践行绿色施工管理理念，那么对管理工作的全面改革及创新将会有非常显著的作用。

3.1　落实环境保护工作

在对建筑施工工作进行分析和研究时不难发现，环保问题比较严峻，这一问题的解决不容忽略，管理工作人员也意识到了这一问题的严峻性。其中绿色的施工管理理念则有助于解决目前的环保问题，促进环保工作的有效落实。在新的时代背景之下，施工管理工作比较复杂及多元，工作人员往往会因为环保问题而受到一定的束缚，整个施工现场的周围环境直接被破坏，动植物的生存环境失去原有的平衡，各种水污染以及空气污染等问题时有发生。结合这一现实条件，有一部分施工企业主动根据建筑施工的全过程，积极落实绿色环保管理理念。以内部环境的有效管理以及控制为基础，积极调整施工现场的周围环境，分析建筑施工过程中环境污染问题出现的实质原因，严格按照绿色施工管理工作的相关要求调整工作思路以及方略。将建筑施工的安全风险控制在有效的范围之内，充分体现环境保护工作的重要要求以及价值。

3.2　全面实现与时俱进

在市场经济快速改革的过程中，我国的循环经济发展实现了全面突破，不同领域的发展模式改变较为显著，作为建筑施工行业中最为有效的管理策略以及管理理念，绿色施工管理理念的作用不容忽略，这一理念符合与时俱进的发展要求，有助于充分彰显循环经济发展的时代价值以及优势。如果能够以绿色施工管理理念为基础，促进建筑施工工作的有效落实，那么对提升工程施工质量将会有重要的作用。管理工作人员会结合施工管理工作的相关要求，通过对绿色施工管理理念的进一步分析以及研究来为企业的稳定建设以及发展做好前期的铺垫工作，始终坚持技术创新、理念创新，确保绿色施工管理理念能够发挥相应的作用，真正体现企业可持续发展的时代作用。

4　绿色施工管理理念下创新建筑施工管理的策略

4.1　提升工作人员综合素养

绿色施工管理理念的有效践行离不开工作人员，工作人员的综合素质以及工作能力直接影响该理念的践行效果。因此管理层需要以专业能力的提升以及培养为基础，深化工作人员对绿色施工管理理念的认知以及理解，主动吸引更多优秀的专业技术人才。保障其具有丰富的管理经验，拥有扎实的专业知识，主动站在全过程的角度对建筑施工过程进行分析研究。

确保绿色施工管理工作的有效突破以及全面优化，真正提升整个建筑施工管理工作的质量以及水准。只有这样才能确保施工企业实现稳步运作，获得更广阔的经济发展空间，提升经济效益水平。

4.2 构建完善管理制度

不管是建筑施工管理工作的创新，还是绿色施工管理理念的践行都比较复杂，它包含不同的工作要求及工作环节。因此为了确保工作质量及效率，管理层需要以构建完善的管理制度为基础，关注内部监督与外部监督工作的有效落实，进一步优化管理策略，在绿色施工管理理念的指导下确保建筑施工管理工作的全面落实以及有效创新。只有这样才能有效应对复杂的外部环境，实现自身综合实力的全面提升。

4.3 坚持可持续发展

传统的建筑施工过程比较复杂以及多元，施工管理工作直接被忽略，因此整个现场的环境直接被破坏，生态稳定性较差，在绿色施工管理理念的影响下，施工企业开始着眼于整个建筑施工的具体流程，在全面管理的过程中真正实现环境效益与经济效益的齐头并进，确保可持续发展理念的全面落实。绿色施工管理理念的践行比较复杂及多元，施工企业需要站在宏观的角度，在追求经济利益的同时，积极把握生态效益以及社会效益，加强对整个施工成本的合理控制，进一步实现资源的合理利用以及有效配置。保障自身在激烈的市场竞争中获得一定的优势，占据一席之地，只有这样才能有效地应对时代发展的挑战。

5 绿色施工管理理念有效践行的建议

为深入推进绿色施工管理理念在建筑施工领域的践行，有如下建议：（1）在建设、环保等行政主管部门层面完善绿色施工法律法规及标准规范，加强行政监管。建筑施工企业健全绿色施工管理体系和管理制度，明确岗位绿色施工职责；（2）加大绿色施工的宣传、培训和交流。强化现场管理人员和作业人员的绿色施工理念和意识，提升管理水平。打造标杆式绿色施工示范工地；（3）加快推广高效低耗、节能环保的施工新技术、新材料。

6 结语

在对建筑工程项目管理工作进行分析和研究时不难发现，绿色施工理念的践行非常有必要，管理工作人员需要着眼于人员综合素质的提升，构建完善的管理制度，坚持可持续发展理念，确保对症下药和与时俱进。

参考文献

[1] 王固萍，顾伟明，夏根荣，等．浅议绿色施工理念在建设工程项目管理中的实现［J］．特种结构，2009，026（006）：110-113.

[2] 赵样平．浅谈总承包管理项目绿色施工策划与实施——以某电子商务中心为例［J］．建筑节能，2016，044（010）：122-12.

[3] 金立兵．美丽中国视角下的绿色建筑发展研究［J］．生态经济：中文版，2018，034（012）：76-81.

[4] 秦旋，等．基于可持续的绿色施工管理方法探究［J］．建筑经济，2012，000（009）：88-91.

BIM技术在钢结构吊装中的应用

董子权　邹思瑶　白　雪

德成建设集团有限公司　常德　415000

摘　要：随着我国建筑业的飞速发展，钢结构在建筑行业中占据着重要地位，而吊装是施工过程中不可或缺的一个环节。传统人工操作容易造成安全事故、效率低等问题；采用BIM技术可以将设计信息同步到三维模型之中，解决施工难题和不足之处；通过使用智能化仿真平台以及施工模拟，来优化构件之间的连接方式以及参数设定方法，提高工作效率并降低人力成本，从而达到经济效益最大化。本文以湖南省常德市某学院综合实习实训大楼建设项目钢结构连廊吊装为例，浅谈BIM技术在钢结构吊装施工中的应用。

关键词：BIM技术；钢结构连廊；吊装；施工模拟

在传统的钢结构吊装过程中，施工环境、材料特性和技术要求等均会影响吊装结果，且容易碰撞建筑物，造成成本及质量安全问题。湖南省常德市某学院综合实习实训大楼形状呈X形态置，由两条条状建筑物穿插叠合而成，钢连廊位于两者之间，施工场地狭小，造型奇特，不易于施工作业。因此，利用BIM技术来辅助钢连廊吊装，通过BIM技术建立本示例工程三维模型，进行反复地模拟和验算，使得施工方案更加安全合理，且更加符合现场实际情况，避免返工，从而提高工作效率，节约成本，减少工期。

1　钢结构概况

湖南省常德市某学院综合实习实训大楼建设项目的南面及北面各设置了一座钢结构连廊，连廊连接主楼与裙楼，整体质量约115t（北面）、140t（南面）。

2　BIM技术辅助钢结构吊装

BIM技术辅助钢结构吊装是指利用三维空间模型来模拟主体的受力，并通过对构件进行建模，将其拼接成一个完整实体。在设计过程中充分考虑施工环境、材料特性及工艺要求等因素影响后，选择合适的设计方案和施工方案。传统工程项目通常采用三轴联动装配方式实现垂直方向间位移控制或水平方向上纵向移动；而BIM技术则是利用三维空间模型来模拟主体结构受力变形情况下的动态平衡状态。

2.1　模型构建

项目利用Revit软件进行建筑、结构及外立面装饰专业建模，利用Tekla软件进行钢结构连廊建模。在建筑施工之前可展示其三维模型，且将施工现场吊装情况完全投射到三维模型中，以便进行吊装分析模拟，发现图纸不合理可进行优化，其中南面土建模型及钢结构连廊模型如图1、图2所示。

2.2　BIM技术辅助数据验算

吊装分析以及数据运算是施工过程中的关键部分。利用Tekla搭建完整的钢结构模型，将其导入Midas软件中，进行有限元受力分析。充分地结合三维模型，可以方便快速计算工程量，并将重合部分自动扣减；统计工程量，自动生成材料用量表，为材料采购数量提供准确的数据支持，为现场管理人员提供材料控制依据。

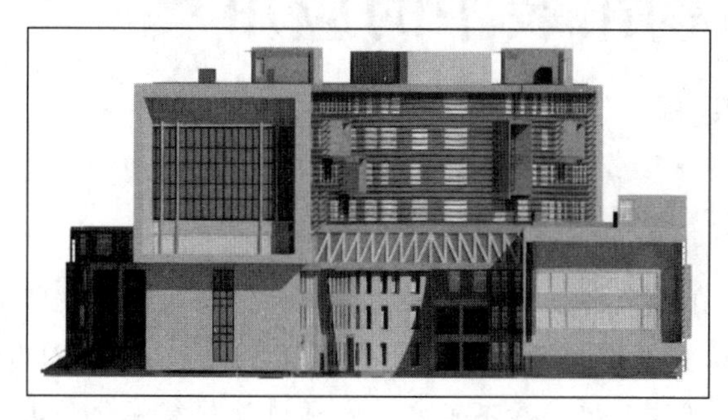

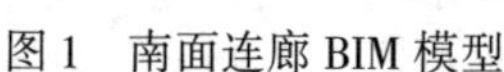

图 1　南面连廊 BIM 模型

图 2　南面钢结构连廊 Tekla 模型

2.2.1　单构件吊装重量

通过在 Midas 软件中对各拼装阶段的杆件受力有限元分析优化，本次吊装采用地面拼装、整体吊装、局部高空拼装的形式，采取钢连廊部分构件后拼装的形式，即吊装完成后再进行剩余钢构件的拼装，以减轻单构件吊装重量，确保吊装安全。钢连廊减少部分构件后的吊装总质量为南侧钢连廊 98t，北侧钢连廊 77t。

2.2.2　数据验算

以南面连廊验算为例。

（1）吊装阶段验算

原整体总重 $G_k=1400$kN，自重均布荷载标准值为 $q_{1k}=1400/29.42=47.6$kN/m，悬臂端减少重量 $\Delta G_k=1400-980=420$kN，减少的自重均布荷载 $\Delta q_k=420/11.87=35.4$kN/m，剩余悬臂部分自重均布荷载标准值为 $q_{2k}=47.6-35.4=12.2$kN/m。G_{L_1} 整体受力分析如图 3 所示。底面 2 根 G_{L_1}，单根 G_{L_1} 承担的近似线荷载标准值 $q_{3k}=12.2/2=6.1$kN/m，设计值 $q_3=6.1\times 1.3=7.9$kN/m。端部弯矩设计值最大受弯应力 $M=(7.9\times 11.87^2)/2=556.5$kN · m 受弯承载力满足要求。

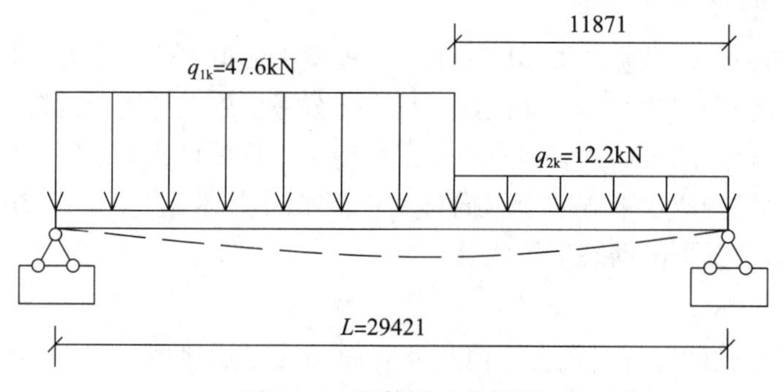

图 3　G_{L_1} 整体受力分析图

端部剪力设计值 $V=7.9\times 11.87=93.8$kN，保守起见，仅考虑工字钢腹板抗剪，最大剪应力：

$$\tau_{\max}=\frac{1.5V}{A_w}=\frac{1.5\times 93.8}{740\times 16\times 10^{-6}}=1.19\times 10^4\text{kN/m}^2<17.5\times 10^4\text{kN/m}^2$$

故抗剪满足要求。

端部最大挠度：

$$f=\frac{q_{3k}l^4}{8EI}=\frac{6.1\times(11.87\times10^3)^4}{8\times206\times10^3\times3.65\times10^9}\times10^{-3}=0.0201\text{m}<\frac{11.87\times10^3}{400}\times10^{-3}=0.0297\text{m}$$

故挠度满足要求。

G_{L_1} 悬臂端挠度、弯矩、剪力图如图4所示。

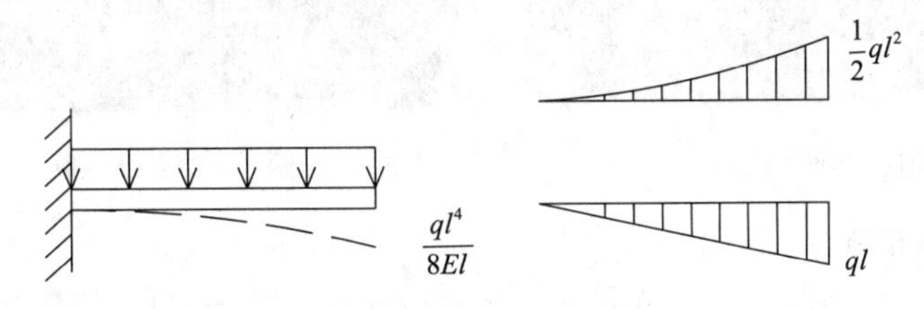

图4　G_{L_1} 悬臂端挠度、弯矩、剪力图

（2）拼装阶段验算

拼装阶段，连廊两侧搁置在牛腿上，处于简支梁状态。取不利工况，考虑满自重均有底面 G_{L_1} 承受，近似按分段均布荷载考虑。

受弯最不利位于拼装初期悬臂端根部，此时 G_{L_1} 承担的线荷载设计值分别为 $q_{2左}=47.6/2\times1.3=30.9$kN/m（范围17.55m），$q_{2右}=7.8/2\times1.3=5.1$kN/m（范围11.87m）（临时上人荷载占比很小，可忽略不计）。

相应右侧支座剪力为 V，$V\times29.42=30.9\times17.55^2/2+5.1\times11.87\times(17.55+11.87/2)$，求得，右侧支座剪力 $V=210.1$kN。

相应悬臂根部的弯矩 $M=210.1\times11.87-5.1\times11.87^2/2=2134.6$kN·m。

最大受弯应力：

$$\sigma_{\max}=\frac{M}{\gamma_X W}=\frac{2134.6\times10^6}{1.05\times9.14\times10^6}\times10^3=2.224\times10^5\text{kN/m}^2<2.95\times10^5\text{kN/m}^2$$

故受弯承载力满足。

受剪最不利位于拼装快结束的端部，此时 G_{L_1} 承担的线荷载设计值分别为 $q_3=47.6/2\times1.3=30.9$kN/m（范围全长），（临时上人荷载占比很小，可忽略不计）相应右侧支座剪力为 $V=30.9\times29.42/2=454.5$kN，保守起见，仅考虑工字钢腹板抗剪，最大剪应力：

$$\tau_{\max}=\frac{1.5V}{A_w}=\frac{1.5\times454.5}{740\times16\times10^{-6}}=5.76\times10^4\text{kN/m}^2<17.5\times10^4\text{kN/m}^2$$

故抗剪满足要求。

3　施工工艺

在吊装作业过程中，吊装场地受限、钢结构构件形状不规则、吊车移动范围和作业半径有限等问题常常存在。利用BIM技术进行吊装施工作业，借助BIM三维空间还原现场实际情况，模拟并确定最佳的吊车停放位置、运行轨迹，可更高效地将构件运送到指定位置，保证施工前期可以对施工现场做好充足的准备，为施工阶段提供良好的条件（图5、图6）。

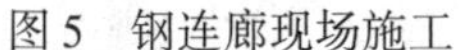

图 5　钢连廊现场施工

图 6　BIM 模拟钢连廊施工

3.1　吊车的选择及布置

依据钢结构连廊及钢桁架的吊装质量（北侧钢连廊 77t，南侧钢连廊 98t），结合汽车起重机起重性能及现场作业条件，钢连廊采用两台 220t 汽车起重机抬吊。

220t 汽车起重机选用工作幅度 9m，臂长 39.2m，起吊最大质量 73.5t。

3.2　钢连廊的吊装施工模拟

吊装过程模拟在 3DMax 软件中实现，通过改变吊车位置、调整吊车臂杆角度及被吊物件位置，可观察整个吊装过程中可能遇到的碰撞情况。根据吊装情况，确定最远吊装位置，对此位置进行重点模拟测试（图 7、图 8）。

图 7　连廊吊装效果图 1

图 8　连廊吊装效果图 2

根据吊车最远吊装位置和两台吊车之间距离，以吊车臂长、最大吊装质量及吊车性能表，确定最大作业半径为 9m。吊车活动区域和作业半径重合部分即为吊车站位区域。

多次移动两台吊车站位和臂杆角度，利用 BIM 三维视图、剖面等功能观察吊车与钢结构、吊车与吊车之间碰撞的情况，以及在吊车各种起吊高度、起重臂摆动及起升过程中，被吊物的倾斜程度，摆放形式、与建筑构筑物的最大距离等，找出多个可供参考的吊车最佳站位。

通过选取吊车站位，调整臂杆角度，调整旋转角度模拟吊车臂杆运动过程，确认起吊点位置，位于钢连廊下弦两侧主钢梁。观测吊装过程中臂杆与钢结构连梁的碰撞情况。若有碰撞，则调整臂杆运动轨迹，避免碰撞发生。若无法避免碰撞，则调整吊车站位重复模拟，直至碰撞消失，并记录数据。

通过以上步骤确定吊车的最终站位和吊装运动轨迹，整理记录数据，并对完成的模型进行动画编辑，最后将原始文件以记录数据和施工工艺为基础串联成完整的视频，用于指导吊装工作，并对现场工作人员进行技术交底。通过吊装过程模拟，钢结构连廊在起吊过程中，吊装构件未与任何物体发生碰撞，构件两端距离两端建筑构筑物最小距离仅0.02m，在实际现场吊装中，这一结论也得到了充分证实。

4　结语

利用BIM技术建立钢结构连廊模型，将建立的Tekla模型直接导入Midas，进行有限元分析，提高了分析效率；对施工过程进行分析，通过三维可视化模拟，将模型与实际情况相结合，根据现场环境、材料供应及施工要求等因素综合考虑选择最佳吊装方案。

通过把钢结构吊装方案与BIM技术相结合，提高了施工的质量、保证了施工安全，缩短了施工工期，取得了显著的经济及社会效益。

参考文献

[1]　李玉梅．基于BIM技术的异型钢结构吊装施工［J］．工程建设与设计，2018，(4)：258-260.

[2]　黄子浩．BIM技术在钢结构工程中的应用研究［D］．广州：华南理工大学，2013，24-42.

[3]　王建红．基于BIM技术的钢结构建筑施工进度优化研究［J］．中华建设，2018，(11)：72-73.

[4]　王培先．基于BIM技术的钢结构施工及风险管理实践研究［J］．江西电力职业技术学院学报，2018，(2)：8-9.

密肋楼盖在装配式工程中的应用与研究

何自清　邬瑞春　潘　琦

德成建设集团有限公司　常德　415000

摘　要：随着住宅产业化在我国的不断发展，装配式结构将成为未来建筑发展的主体，我国当前普遍采用预制装配式混凝土（PC）结构体系，目前，该结构体系仍存在装配率难以达到要求、连接节点装配复杂、结构抗震性能低等诸多缺点。所以，采用新型装配式结构体系迫在眉睫。本文以常德市某医院综合楼项目为例，通过对密肋空腔楼盖的设计、构件工厂化生产、现场施工等方面进行阐述，并结合目前国家及湖南省对装配率的要求，将密肋楼盖与PC构件进行比较，突出体现了密肋楼盖在装配式工程中的优势。

关键词：装配式；密肋楼盖；施工技术

近年来，为了满足建筑节能环保及可持续发展要求，国家大力提倡和推广预制装配式建筑，为此2016年国务院颁发了《国务院办公厅关于大力发展装配式建筑的指导意见》（国办发〔2016〕71号）文。为深入贯彻国务院第71号文，住房城乡建设部出台“建科〔2017〕77号”文，关于印发《“十三五”装配式建筑行动方案》《装配式建筑示范城市管理办法》《装配式建筑产业基地管理办法》的通知。行动方案要求，到2020年，全国装配式建筑占新建建筑的比例达到15%以上。2021年7月30日湖南省第十三届人民代表大会常务委员会第二十五次会议通过的《湖南省绿色建筑发展条例》中更明确规定“建筑面积三千平方米以上的政府投资或者以政府投资为主的公共建筑以及其他建筑面积二万平方米以上的公共建筑，应当采用装配式建筑方式或者其他绿色建造方式”。

装配率是评价装配式建筑的重要指标之一。住房城乡建设部科技与产业化发展中心发布标准《装配式建筑评价标准》（GB/T 51129—2017）中要求主体结构部分的评价分值不低于20分，湖南省住房和城乡建设厅发布湖南省工程建设地方标准《湖南省绿色装配式建筑评价标准》（DB J43/T322—2018）也有同样要求。但是结合建筑行业现状，装配式建筑的整体性与刚度较弱，装配式建筑的抗震冲击能力较差，所以竖向承重结构剪力墙、柱仍以现浇更为合适。为满足装配率要求，必须在水平构件上做文章。

而我国当前普遍采用预制装配式混凝土（PC）结构体系，为达到预制装配式水平构件投影面积≥80%的要求，必须采用叠合板加叠合梁、预制楼梯、预制阳台板、预制空调板的形式，这又弱化了建筑物整体性与刚度，难以满足本地区抗震设防烈度7度的要求。且装配式构件过多，需进行深化设计，明确各种构件规格，装配式构件工厂按现场需求进行生产，由于构件规格的多种多样，装配式工厂往往需要增加新的模具，在一定程度上影响了施工的整体效率和质量。

密肋楼板是近年来为适应大跨度、大荷载、大开间建筑的需要，在借鉴国外先进设计和施工经验的基础上产生并逐步得到广泛应用的一种新型结构体系。本项目将预制装配式空腔构件与密肋梁相结合，形成了模块化装配式预制密肋空腔楼盖，真正做到了预制构件模块化，标准化。

1　本工程设计概况

本项目为湖南省常德市某综合医院，采用装配式预制密助空腔楼板现浇框架剪力墙结构。竖向承重结构剪力墙、柱采用现浇，水平楼盖结构板采用装配式预制密助空腔结构，梁为现浇梁。楼层为由密肋梁和明梁（墙）共同组成的装配式预制密助空腔楼盖。单跨柱网间距为11700mm×8200mm，构件尺寸设计为：800mm×800mm×300mm；800mm×900mm×300mm；600mm×1000mm×300mm；400mm×800mm×300mm；面板厚50mm面板钢筋均满铺ϕ6@200mm×200mm，底板厚40mm，底板钢筋均满铺ϕ^{L}5@200mm×200mm。

2　装配式密肋空腔构件工厂化生产

（1）钢筋网片制作

根据各构件尺寸，计算钢筋下料长度，制成钢筋网片，钢筋之间采用点焊连接。底板钢筋需做90°弯钩，以便锚入密肋梁中（图1）。

（2）侧模制作安装

根据底板构件与面板构件的厚度，采用40mm×40mm×5mm与50mm×50mm×5mm的角钢制作侧模，四面侧模采用螺栓连接，侧模上按钢筋间距开出凹槽，钢筋放入凹槽内，保证钢筋水平与竖直位置的准确（图2）。

图1　钢筋网片

图2　钢筋网片与侧模

（3）底模制作安装

底模采用新型高分子材料制作，可重复使用，且免脱模机；在底面固定两根50mm×70mm木方，垫出高度，方便叉车运输。采用可拆卸固定夹具将侧模与底模进行固定，形成整体模具（图3）。

（4）混凝土浇筑

将整体模具放入公司自主研发的设备上，根据构件规格设置好所需混凝土量，自动浇筑混凝土并进行振捣。振捣完成后，用叉车运输到养护区域（图4）。

图3　底模与侧模固定

图4　混凝土浇筑及振捣

（5）底侧模拆除

运输到养护区域后，拆除固定夹具（图5），进行抹面收光养护工作，待混凝土初凝后拆除侧模（图6）。

图5　固定夹具拆除

图6　养护

3　产品检验

（1）外观检验（表1）

表1　外观质量

项目	质量要求
预制装配式空腔楼板构件上下面板	平整、光滑、无蜂窝麻面
钢筋网片	直径≥5mm，伸出构件外长度≥100mm，≤200mm 均匀分布，间距允许偏差为 10mm
钢筋保护层	厚度≥15mm

（2）尺寸偏差（表2）

表2　尺寸允许偏差　mm

项目	长度	宽度	高度	保护层厚度	对角线差	表面平整度
允许偏差	±5	±5	±8	±5	±8	5

（3）荷载性能

上层板：产品的抗压荷载应为≥10kN/m^2。下层板：产品的吊挂荷载应为≥1000N。整体抗压荷载：产品的整体抗压荷载应能承载构件堆放5层的要求，无破坏或损伤。

4　运输装卸及堆码

4.1　运输装卸方案

本构件采用竖立式运输，竖立式运输除了需注意超高限制外还要防止倾覆，必须制作专用钢排架，排架常有山形架和A字形架。构件与排架之间须有限位措施并绑扎牢固，同时做好易碰部位的边角保护。

4.2　预制构件堆放保护

装配式构件堆场四周采用围栏围护，与周围场地分开，围护栏杆上挂明显的标识牌和安全警示牌，做法同道路围栏。堆放时按吊装顺序、规格、品种、所用楼号等分类分区堆放。构件专用架及构件堆放如图7、图8所示。

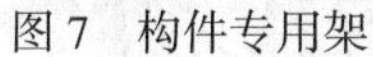

图7　构件专用架

图8　构件堆放

5　构件吊装、安装施工

5.1　施工工艺流程

安装模板→肋梁定位→吊装安装模块化装配式构件→框架梁钢筋及肋梁钢筋绑扎→水电管线安装→其他现浇钢筋绑扎→混凝土浇筑及养护→模板拆除。

5.2　施工工艺

（1）底板吊运及安装：模板铺设完成后，即可根据构件布置图在模板上弹线，确定每个构件的位置（图9）。根据图纸上相应位置构件的型号，将构件底板逐一吊运且钢筋弯头朝上放置在模板相应位置上（图10），预制构件底板应放置整齐，平整；并在构件底板四周与模板拼缝处打玻璃胶或贴胶条密封，防止混凝土浆渗入构件底板下部。

（2）肋梁绑扎：绑扎肋梁钢筋时应注意预制板钢筋与肋梁钢筋的搭接，采用模块化装配式构件时，底板钢筋从下部向上插入肋梁（图11）。

图9　按预制空腔构件平面图放线

图10　预制空腔构件底板吊装

图11　肋梁钢筋绑扎、管线预埋

（3）水电及消防管线安装：水平管线应布置在肋梁和现浇实心板区域。

（4）构件侧框的放置：水电及消防管线安装完成后摆放侧框。

（5）模块化装配式构件上板的吊运及安装：按图纸放置构件上板，构件上板钢筋直接压在肋梁上部即完成模块化装配式构件的安装（图12）。

（6）模块化装配式构件安装验收

模块化装配式构件吊装完成后，应按照设计图纸、排列详图、国家规范及相应标准进行验收，验收合格后方可进入下一道工序。

（7）混凝土浇筑（图13）

①浇筑混凝土前应对模块化装配式构件进行观察和维护，要检查构件是否松动、是否有

破损或移位等情况，如发现，必须及时处理。混凝土浇筑前对构件应充分浇水湿润。

图 12　预制空腔构件面板吊装

图 13　混凝土浇筑

②在构件安装和混凝土浇筑时，应铺设架空马道，严禁将施工机具直接放置在空腔构件上。

③混凝土使用粗骨料的最大粒径应根据箱体形式和混凝土浇筑要求确定。混凝土浇筑应分层浇筑。第一次先浇到板厚的 3/5，在第一次混凝土初凝前浇筑完毕。混凝土下料时不宜太猛，也不可集中下料，应均匀布料。堆积在构件表面的混凝土应及时铲走。

④浇筑混凝土的过程中，安排专人值班，要严密观察构件是否有移位的现象，一旦移位，应立刻停止混凝土浇捣，及时采取加固措施后再继续作业。

6　模板支撑和拆除方案

6.1　模板支撑

模板支架应具有足够的强度、刚度和稳定性；模板拼缝应严密。

上层排架搭设在空腔楼盖面上，钢管应支撑在现浇混凝土区域，如必须支撑在空腔构件表面上，应采用措施将钢管的集中荷载传力至现浇混凝土区域。

6.2　模板拆除与养护

（1）混凝土浇筑完毕后，应按施工方案及时采取有效的养护措施，并应符合相关规范规定。

（2）拆除顺序：一般是先拆非承重模板，后拆承重模板；先拆侧模板，后拆底模板。

（3）养护：模板拆除后，混凝土养护应根据施工方案确定。养护方式应考虑现场条件、环境温湿度、构件特点、技术要求、施工操作等因素。养护时间应根据水泥性能、外加剂、掺和料等情况综合确定，并符合相关规范要求。

7　结语

（1）抗震性能好

由于装配式密肋空腔楼盖的框架主梁及框架柱均为现浇，因此整个结构的框架节点核心区均为现浇结构，结构的整体抗震性能基本与全现浇结构无异，大大优于市场上的其他预制装配建筑。

（2）设计计算简便

装配式密肋空腔楼盖设计计算完全可以用现有的 PKPM、YJK 等常用结构设计软件进行常规设计计算，不额外增加设计计算工作量。楼板部分设计计算时与普通的密肋楼盖相同。因此设计计算较为简便，设计计算人员均能熟练掌握。

（3）经济性较好

相较于目前市场上常规的装配式建筑，装配式密肋空腔楼盖具有较好的经济性，其与预制叠合楼板相比造价略低。

（4）运输、吊装、施工便捷

普通预制构件体积大且质量较重，从而导致运输、吊装、施工困难，特别是对吊装提出了较高要求，造成施工风险较大，有时塔吊起重量成为了吊装施工制约因素。而装配式密肋空腔楼盖构件体积较小（一般最大也仅有 1000mm×1000mm×H），单个质量一般在 250～300kg 之间，与其他预制构件动辄数吨相比，质量只是其十几分之一，因此装配式密肋空腔楼盖构件运输、吊装、施工极其便捷，对现场的塔吊无特殊要求，现有的起重设备均能满足要求。同时对现场的施工工人也无特殊的施工技术要求。

（5）施工质量易于控制，效果与现浇混凝土结构无异

装配式密肋空腔楼盖构件是通过胡子筋与四周的现浇装配箱梁有效连接，从而确保构件连接的有效性，同时规避了普通预制构件之间钢筋对孔的难题。其最终的效果（特别是结构抗震性能）与普通现浇混凝土结构无异。

（6）预制率高

装配式密肋空腔楼盖取消次梁，采用现浇密肋梁+预制空腔板的结构形式，由于为大跨度密肋楼盖结构，因此板厚相对较厚，且由于无叠合层，因此预制率较高，一般可达到20%以上，因此对一般装配式建筑来说，预制装配率易于满足要求。

参考文献

[1] 李书进，魏平，傅礼铭，等．新型装配式双向密肋空腔叠合楼板试验研究［J］．混凝土，2018，(8)：120-124，128.

[2] 吴方伯，刘彪，邓利斌，等．预应力混凝土叠合空心楼板静力性能试验研究［J］．建筑结构学报，2014，(12)：10-19.

[3] 李林，高宗祺，张哲威，等．轻质芯模混凝土叠合密肋楼板试验研究与分析［J］．建筑结构，2014，(16)：68-71.

[4] 高岽．DCKJ 现浇混凝土密肋空腔楼盖施工技术［J］．福建建材，2016，(005)：88-90.

可周转内支撑体系在超厚剪力墙模板中的应用

邹　红　刘　维　王海波　王太忠　卢　山

湖南省第二工程有限公司　长沙　410000

摘　要： 在超厚剪力墙模板搭设与混凝土浇筑施工中，传统内支撑件（钢筋内支撑、水泥条内支撑）属于一次性构件，周转效率低，造价高。本文提出一种新的可周转内支撑体系，该体系由PVC管、镀锌钢管、对拉螺栓三个部件组成，在实际施工中无须焊接，便于制作，混凝土浇筑后镀锌钢管和对拉螺栓易于取出，周转效率高。同时，通过仿真计算，该新型内支撑能够使整个模板体系受力变形满足规范要求，保证了模板的功能性，在类似工程施工中进行推广使用，具有重要意义。

关键词： 超厚剪力墙；模板；可周转内支撑；超高层建筑

为了缓解城市人口剧增带来的居住压力，超高层建筑雨后春笋般涌现。超高层建筑中，抵抗水平力的竖向构件剪力墙一般较厚，尤其在大型公共建筑中，超常规厚度的剪力墙更是屡见不鲜。传统剪力墙模板内支撑构件[1-6]（如图1、图2）周转效率低、施工进度慢、造价高、结构成型观感差等弊端凸显，因此，为了保证剪力墙模板的平整度以及混凝土成型美观，传统模板内支撑件有待进一步发展。

图1　水泥条内支撑

图2　钢筋内支撑

1　工程概况

运达华雅城滨河广场项目位于长沙市雨花区长沙大道以南，劳动路以北地段，西邻万家丽高架桥，东接圭塘河西路。

项目总建筑面积246228.38m²，其中地下室58831.58m²（商业5588.09m²）；1号楼、2号楼、4号楼为高层商业建筑，建筑面积59700m²；3号楼为150m超高层建筑，建筑面积39119m²；5~14号楼为洋房，建筑面积82989.71m²；15号楼为小区幼儿园。结构形式整体采用框架–剪力墙（图3）。

图 3　运达华雅城滨河广场项目

2　施工难点与特点

项目中，商业 3 号楼为超高层建筑（150m），是整个工程的重点难点，主要体现在如下方面：

（1）一、二级抗震等级的剪力墙，厚度在 600mm、1000mm 不等，属于超厚剪力墙结构，剪力墙模板在安装紧固及混凝土浇筑时，须保证其变形满足规范要求，否则会降低观感质量甚至影响结构安全。

（2）受邻近圭塘河水位影响等，正负零以下超厚连续墙结构宜尽早完成。

（3）模板以及钢筋等建材二次利用以及周转率直接影响到生产成本。

鉴于此，本文提出了一种可周转超厚墙模板内支撑体系。应用表明：该体系制备简单、施工成本低，在满足剪力墙模板变形前提下，又保证了混凝土成型质量，在类似工程施工中进行推广使用，具有重要意义。

3　可周转内支撑体系介绍

根据模板支撑系统设计时对拉螺栓的间距，采用同墙厚的普通镀锌钢管作为模板内支撑，钢管外套同长的 PVC 塑料管（管内径比镀锌钢管外径大约 5mm）以便钢管周转使用，剪力墙对拉螺栓在钢管内穿过，如图 4~图 6 所示。

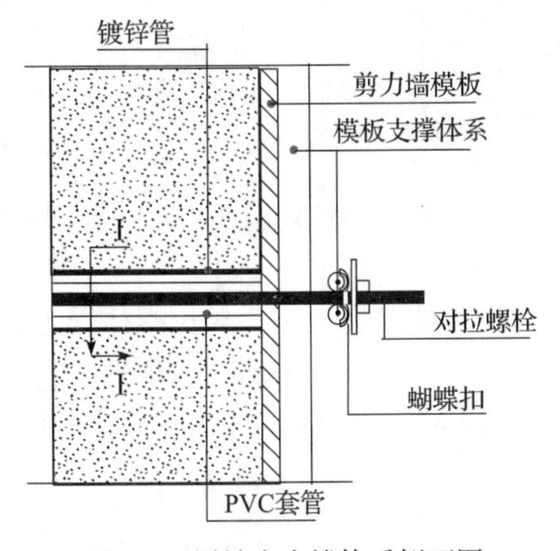

图 4　可周转内支撑体系侧面图

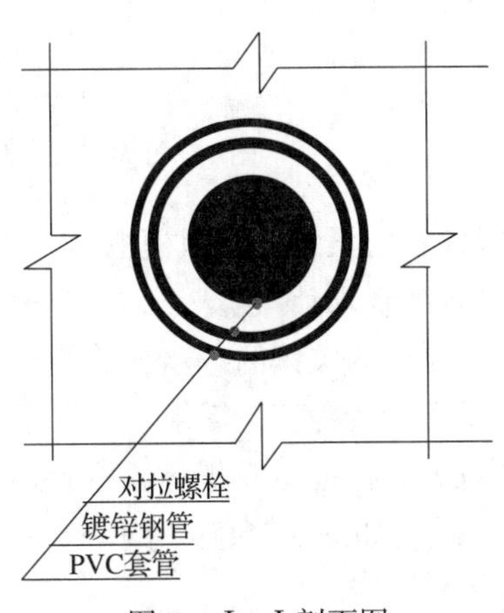

图 5　I－I 剖面图

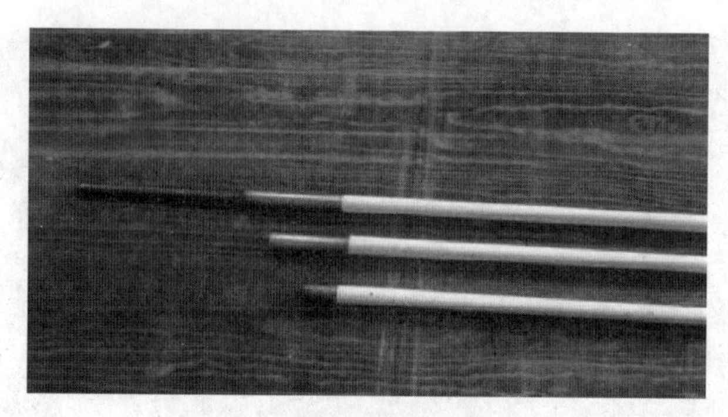

图 6　可周转内支撑实物图

4　剪力墙模板可周转内支撑体系施工步骤及技术措施

可周转支撑件剪力墙模板体系施工工艺流程图，如图 7 所示。

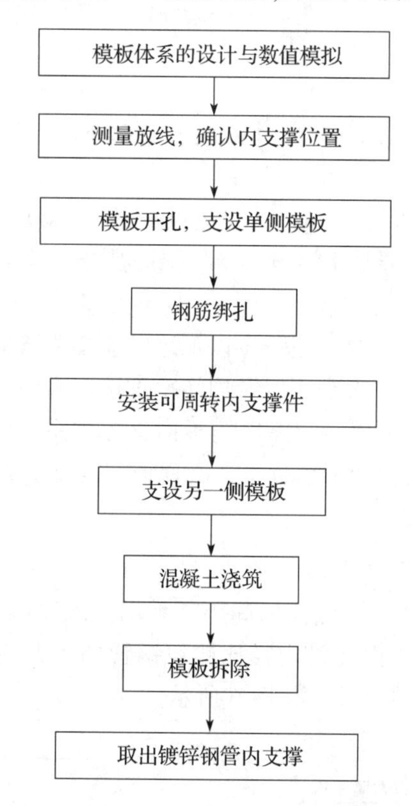

图 7　可周转支撑件剪力墙模板体系施工工艺流程图

4.1　模板体系的设计与数值模拟

4.1.1　模板体系设计

此步骤是较为关键的一步，数值模拟结果关系到模板的变形大小、对拉螺栓受力、混凝土成型质量等能否为实际需求。根据运达华雅城滨河广场项目中剪力墙的结构形式、高度等特点，选取如下标准层模板体系（3000mm×1000mm×18mm），相关尺寸与材料类型分别见表 1，模板结构如图 8、图 9 所示。

表1　超厚剪力墙模板体系各个部件设计尺寸

模板体系各部件名称	尺寸（mm）	备注
方木（次楞）	40×40	间距为200mm
钢管（主楞）	ϕ48	间距为500mm，底层钢管距地面200mm
PVC套管	ϕ30	最终留在剪力墙内，直径比镀锌钢管大，便于镀锌钢管拔取
镀锌钢管	ϕ25	直径比对拉螺栓大，便于对拉螺栓拔取
竹胶合板	18mm（厚度）	整个单元模板为3000mm×1000mm
对拉螺栓（配套蝴蝶扣、钢垫板等）	ϕ16	横向间距与纵向间距分别为400mm、500mm

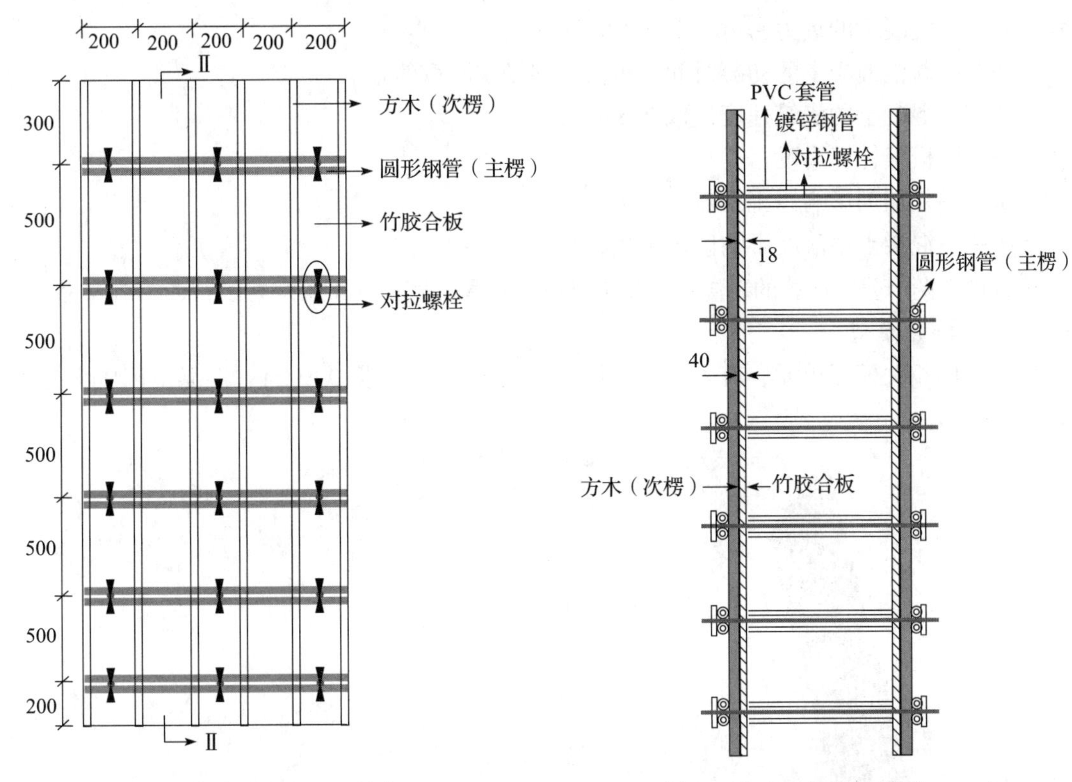

图8　模板体系立面图（单位：mm）

图9　Ⅱ-Ⅱ剖面图（单位：mm）

4.1.2　模板体系数值模拟

选取标准层剪力墙模板（3m×1m）进行数值模拟分析时，各部件的物理性能参数见表2。

表2　有限元分析参数汇总表

模板体系部件名称	弹模（Pa）	泊松比	模拟单元	计算指标	备注
方木（次楞）	9.8×10^{9}	0.25	Beam188	挠度、轴力	计算长度为3m
钢管（主楞）	2.07×10^{11}	0.3	Beam188	挠度、轴力	Q235
竹胶合板	9.00×10^{9}	0.28	Shell63	挠度变形	—
对拉螺栓（配套蝴蝶扣、钢垫板等）	2.07×10^{11}	0.3	Link8	轴向拉应力	只考虑受拉

Ⅱ－Ⅱ剖面图体现模板两侧的对称性，选取一侧模板进行数值模拟。同时，由于镀锌钢管与 PVC 套管只有在模板紧固时，这两者（受压为主）才起到对模板的支撑作用，两者受力大小对模板在后期浇筑混凝土时无影响，为了建模方便，在有限元模型中，可周转体系中只考虑对拉螺栓受力情况（受拉为主）。

（1）模板荷载标准值选取

参考《建筑施工计算手册》[7]，模板所受混凝土侧压力按照以下两个公式进行计算，取两者中较小值作为模板荷载标准值。

$$F=0.22\gamma_c t\beta_1\beta_2 V^{0.5} \tag{1}$$

$$F=\gamma_c H \tag{2}$$

式中，γ_c——混凝土的重力密度，取 24kN/m^3；

t——新浇混凝土的初凝时间，可按照现场实际取值；

V——混凝土的浇筑速度，取 2.5m/h；

H——模板计算高度；

β_1——外加剂影响修正系数，取 1；

β_2——混凝土塌落度影响修正系数，取 1。

根据以上两个公式计算的新浇筑混凝土对模板的最大侧压力分别为 79kN/m^2、72kN/m^2。

（2）有限元模型

据表 2 的相关模拟单元，有限元分析模型如图 10 所示；据式（2），混凝土侧压力分布如图 11 所示。

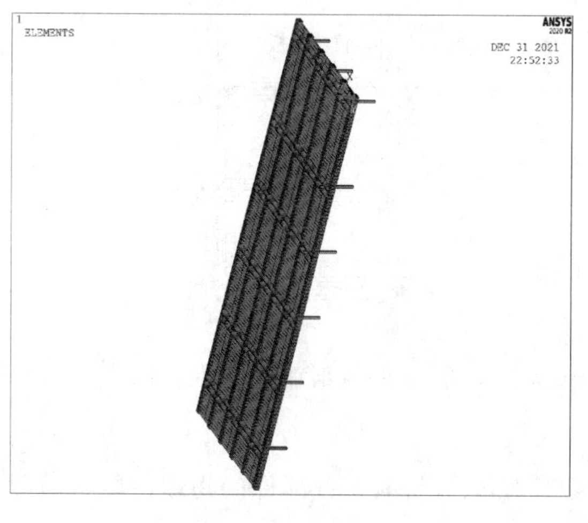

图 10　有限元模型图

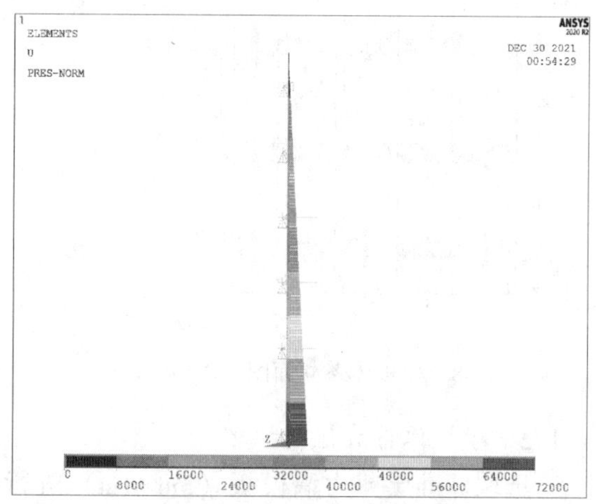

图 11　混凝土侧压力分布图

（3）数值模拟结果

从图中 12~图 15 中得知：模板最大变形为 0.5mm、钢管最大变形为 0.1mm、方木支撑最大变形为 0.5mm。变形均满足建筑施工规范要求[8]。同时，对拉螺栓最大轴力为 0.785×10^7Pa（受拉）远小于其屈服强度 235MPa。从分析图中得知：变形与轴向力最大位置处均发生在 $H=0.45$m 处。

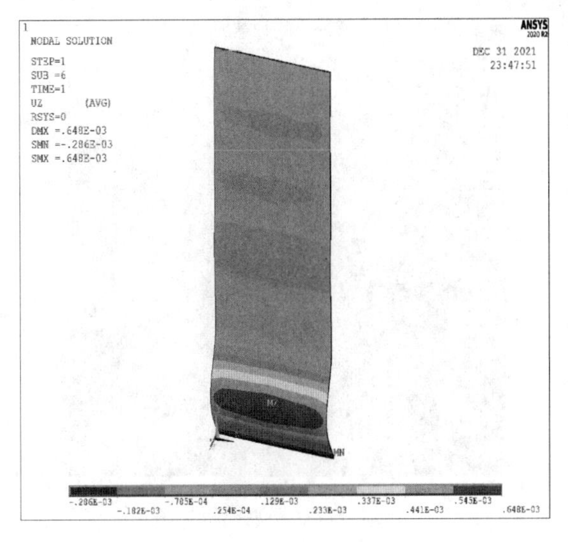

图12　木胶合板变形图

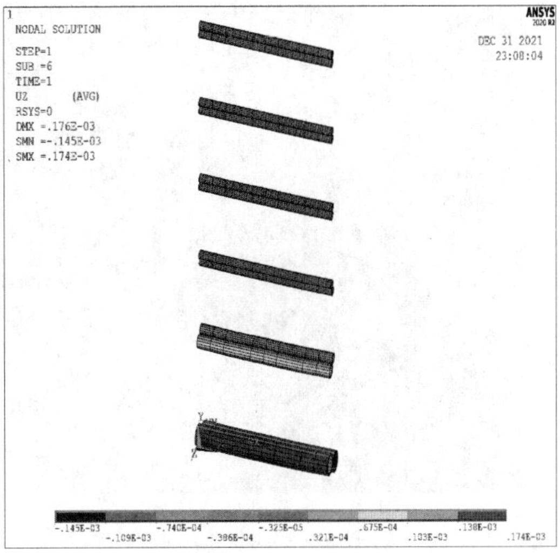

图13　钢管支撑变形图

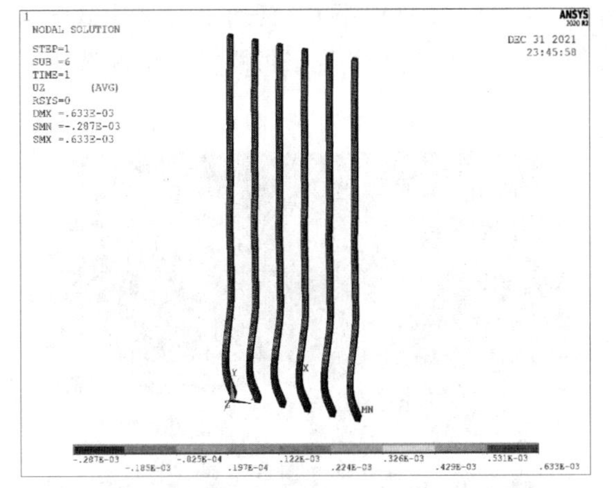

图14　方木支撑变形图

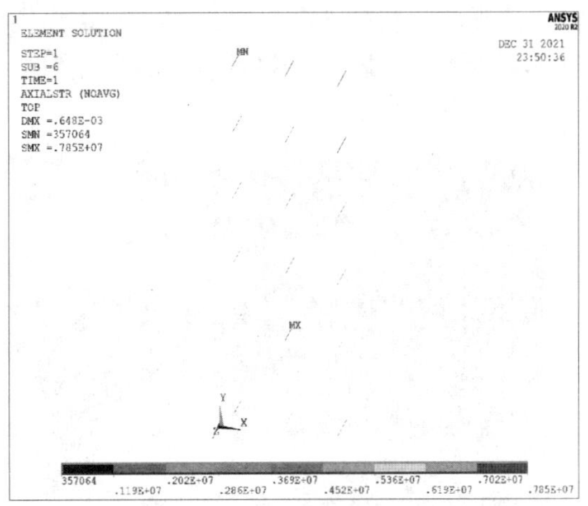

图15　对拉螺栓轴力图

4.2　测量放线，确认内支撑位置

根据支模专项方案及排板图放出模板控制线，确认高强对拉螺栓和钢管内支撑位置并核对无误，在模板上弹线确定具体位置。

4.3　模板开孔，支设单侧模板

在弹好线的墙侧面模板上采用钻孔机开孔，孔径大小严格控制，应略小于内支撑镀锌钢管内径，避免漏浆（图16）。制作好的模板按编号安装一侧就位，顺序自下而上进行，必须在下层模板全部紧固后，方可进行上一层的安装，当下层不能独立安设支撑件时，应采取临时固定措施。拼装高度为2m以上的竖向模板，不得站在下层模板上拼装上层模板（图17）。

4.4　钢筋绑扎

剪力墙一侧模板安装后，进行墙体钢筋的绑扎，预埋好水、电的线管盒等预埋件，墙体钢筋绑扎并验收合格后，在其骨架上焊好墙体厚度的控制筋。

图 16　侧模板上开孔

图 17　安装模板

4.5　安装可周转内支撑体系、对拉螺栓

按工序分别穿入高强对拉螺栓（螺栓规格按模板施工专项方案）、普通 JDG 紧定式热镀锌钢管内支撑、PVC 塑料套管（镀锌钢管内支撑及 PVC 塑料套管规格可跟实际情况选用），如图 18、图 19 所示。

图 18　镀锌钢管安装

图 19　PVC 管安装

4.6　支设另一侧模板

安装工艺同 4.3，模板之间拼缝严密，剪力墙两侧模板编号配套使用，在地上弹出剪力墙模板定位线（距剪力墙面约 300mm），在模板上弹出水平和铅垂线确定纵横向螺栓孔位置，便于内支撑体系安装。可周转内支撑体系与模板垂直，松紧一致，墙厚尺寸应正确。墙体模板安装应满足表 3 的要求。

表3　模板工程质量验收标准表

序号	项目		允许偏差（mm）	检查方法
1	轴线位移		4.0	钢尺检查
2	截面尺寸		±3.0	钢尺检查
3	表面平整度		3.0	塞尺、尺量
4	相邻面板高低差		2.0	钢尺检查
5	模板垂直度	≤5m	4.0	经纬仪、吊线锤、尺量
		>5m	6.0	
6	内支撑构件	长度	±1.0	钢尺检查
		侧向弯曲	≤L/1000	拉线、钢尺量最大弯曲处

4.7　混凝土浇筑

混凝土应分层浇筑，浇筑过程中振动棒遵循“快插慢拔”的原则，避免破坏到可周转钢管内撑外套的PVC套管，导致镀锌钢管内支撑无法取出周转。混凝土浇筑完毕后，设专人及时养护（图20）。

4.8　拆除模板

模板的拆除措施应经技术主管部门或负责人批准，拆除模板的时间按现行国家标准有关规定执行[9]。拆模的顺序和方法应按模板设计规定执行[10]，当设计无规定时，可采取先支的后拆、后支的先拆、先拆非承重模板、后拆承重模板，并应从上向下进行拆除。拆下的模板不得抛扔，应按指定地点堆放。

4.9　取出镀锌钢管内支撑

取出镀锌钢管及对拉螺栓，检查并清理干净入库备用（图21）。针对个别钢管内支撑在混凝土浇筑时因漏浆等问题造成拆模后内支撑无法取出的情况，可采用同规格钢管端头相对敲击，使其冲出。

图20　剪力墙成型

图21　取出镀锌管

5　效益分析

5.1　经济效益

不同方法造价分析见表 4。

表 4　不同方法造价分析对比

墙厚（mm）	剪力墙内撑做法		成本分析	成本对比分析（按标准层 $1000m^2$/层×10 层）
600	方法1	混凝土条内支撑	（1）水泥条内支撑：2.4 元/m×0.6m＝1.44 元； （2）ϕ16PVC 管：0.25 元/m×0.6m＝0.15 元； 剪力墙每 $1m^2$ 按 4 根设置：(1.44+0.15)×＝6.36 元/m^2	方法 3－方法 1＝6.36 元/m^2×1000×10－9.4 元/m^2×10000×1.1＝63600－10340＝53260 元； 方法 3－方法 2＝39.6 元/m^2×1000×10－9.4 元/m^2×10000×1.1＝396000－10340＝385660 元
	方法2	钢筋内支撑	（1）ϕ20 钢筋条支撑：9 元/m； （2）钢筋焊接人工费：200 元/工÷1000 根/工＝0.2 元/根； （3）钢筋切割下料人工费：200 元/工÷1000 根/工＝0.2 元/根； （4）ϕ22PVC 管：0.5 元/m； 剪力墙每 $1m^2$ 按 4 根设置：（9+0.2+0.2+0.5）×4＝39.6 元/m^2	
	方法3	本文做法	（1）ϕ20 镀锌钢管：2.6 元/m×0.6m＝1.56 元； （2）ϕ25PVC 管：0.9 元/m×0.6m＝0.54 元； （3）镀锌钢管、PVC 管切割人工费：0.25 元/根； 剪力墙每 $1m^2$ 按 4 根设置：（1.56+0.54+0.25）×4＝9.4 元/m^2	

注：以一个工程 10 层，每层剪力墙面积为 1000m，剪力墙内撑按 4 根/m^2 设置，可周转内撑考虑 10%的损耗率。

通过对比分析得知：本文方法较传统方法分别节约 5.326 万元、38.566 万元。同时，混凝土剪力墙越厚，层数越高，面积越大，经济效果越明显。

5.2　社会效益

（1）由于可周转体系的使用，使得钢材消耗降低，间接节约了能源消耗。

（2）较传统支撑体系而言，本周转支撑体系减少了材料的堆放面积，节约用地。

（3）本内支撑体系在现场封闭式加工坊内制作，并设有防噪声，防空气污染等措施，满足环保要求。

6　结语

本模板体系中的内支撑构件较传统内支撑构件制作过程简易、经济效益佳、可周转率高。尤其在超高层建筑等工程量大的剪力墙施工中效益更为突出。

工程应用表明：在模板紧固时，该新型可周转内支撑体系能对模板起到较好的固定与控制变形作用，且更高经济效益。

有限元分析结果表明：在仿真模拟工况中，模板侧压力仿真计算值与《建筑施工计算手册》中的两种计算混凝土侧压力方法中的较小值更为接近，在类似的工程条件（剪力墙厚度及模板支撑条件）下，选用 $F=\gamma_c H$ 计算侧压力更为准确。采用该种新型周转内支撑的模板体系挠度变形、对拉螺栓轴向力等均满足规范要求，能够保证超厚剪力墙的施工质量，在类似工程中存在一定使用与推广价值。

参考文献

[1] 周欣，余伟宁，寇鑫全．剪力墙拉片式铝模板施工技术在建筑工程中的应用分析［J］．建筑技术开发，2021，48（22）：50-51.

[2] 匡浩．新型型钢背楞竖向加固模板施工工艺［J］．建筑安全，2021，36（09）：48-50.

[3] 周守琼，殷华富，张杨，等．高层建筑剪力墙结构使用铝合金模板施工存在的潜在问题［J］．施工技术，2019，48（S1）：929-931.

[4] 杨绍光，李剑侠，浦绍川．直角钢管在模板加固工程中的设计与应用［J］．施工技术，2019，48（S1）：932-934.

[5] 姜吉坤，刘瑛，万世军．暗缝剪力墙自锁式安拆模板施工技术［J］．施工技术，2018，47（22）：104-107.

[6] 田永辉．超厚钢筋混凝土剪力墙模板的内支撑施工技术分析［J］．山西建筑，2019，45（07）：132-134.

[7] 汪正荣．建筑施工计算手册［M］．北京：中国建筑工业出版社，2007.

[8] 王珮云，肖绪文．建筑施工手册［M］．北京：中国建筑工业出版社，2012.

[9] 中华人民共和国住房和城乡建设部．建筑施工模板安全技术规范：JGJ 162—2008［S］．北京：中国建筑工业出版社 2008.

[10] 中华人民共和国住房和城乡建设部．建筑施工模板和脚手架试验标准：JGJ/T 414—2018［S］北京：中国建筑工业出版社 2018.

基于 BIM 技术桥梁桩基钢筋笼可视化吊装的力学分析及应用

何承锦　洪大雄　王　山　钟海军　冯赢蓉　胡炫宇　孙敏璇

湖南省第三工程有限公司　湘潭　411101

摘　要：长株潭轨道交通西环线一期工程船形山站桩基础施工过程中，针对大直径超长钢筋笼吊装施工中，采用 BIM、Abaqus 等软件建立模型和力学有限元分析，对不同状态下吊装方案进行比选。经过方案比选，模拟施工，选择了经济适用、安全可靠的吊装方案，确保了大直径超长钢筋笼的顺利吊装，确保了施工安全，缩短了施工工期，取得了良好的经济效益和社会效益。

关键词：BIM 技术；钢筋笼起吊辅助装置；有限元；力学分析

建筑领域桩基钢筋工程一般采用圆形钢筋笼。圆形钢筋笼采用整体吊装时，由于钢筋笼过长，钢筋笼易发生松散、变形以及吊至空中摆动较大，容易造成钢筋笼起吊处箍筋屈服，产生塑性变形及不方便起吊等问题，影响吊装的稳定性和安全性。BIM（建筑信息化模型）技术通过前期输入相关数据建立模型，可以对模型进行数值分析模拟、数据提取等功能，提高工作效率。

为了保证在起吊安装过程中的稳定性、安全性，对于超过一定长度和大小的钢筋笼安装，在吊装时需对起吊安装过程用 BIM 模型进行力学分析验证，提前模拟施工。运用 BIM 技术采用 Abaqus 有限元软件建立结构模型和使用 Abaqus 工程模拟相对简单的线性分析，通过进行约束和加载，分析结构应力状况的具体分布、最大变形量以及中性面位置，计算得出辅助装置起吊状态下不同方案吊装的安全性和稳定性。

本文结合长株潭轨道交通西环线一期总承包项目船形山站车站桩基钢筋笼起吊方案，运用 BIM 技术采用 Abaqus 有限元软件分析两种不同起吊方案的稳定性和安全性。

1　工程概况

长株潭城际轨道交通西环线是连接湖南长沙市岳麓区与湘潭市雨湖区，服务于长株潭城市群的一条城际轨道交通线路。一期工程自湘潭北站，主要沿潭州大道进行敷设，止于山塘站（不含），全线呈南北走向，线路全长约 17.23km，其中地下段长 6.72km，高架线长 9.49km，过渡段长 0.6km，路基段长 0.4km。共设车站 8 座，地下站 4 座，高架站 4 座，设北津车辆基地 1 座。

船形山站是长株潭轨道交通西环线第二个车站。根据设计图纸，车站基础采用桩基础，桩基础钢筋笼长度 18~25m，直径 849mm。根据项目实际情况，钢筋笼吊装方案对采用两点直接起吊和采用辅助装置起吊两点起吊进行比选。

2　基于 BIM 技术两种吊装方案模型建立和数据输入

2.1　基于 BIM 技术两点吊装钢筋笼方案模型建立和有限元分析

（1）建立桩基钢筋笼数值分析模型

根据设计图纸，建立总长 21m，直径为 849mm 的桩基钢筋笼数值分析模型，在接近顶部承台位置采用箍筋加密。

（2）确定网格尺寸和类型

先对桩基钢筋笼进行几何分割，再确定种子点密度。全局种子点密度是52mm。由于重力荷载作用下钢筋主要以弯曲及轴向变形为主，可忽略剪切变形影响，因此桩基钢筋笼部件网格采用两节点空间线性梁单元B31。采用自由网格的划分方法划分，如图1所示。

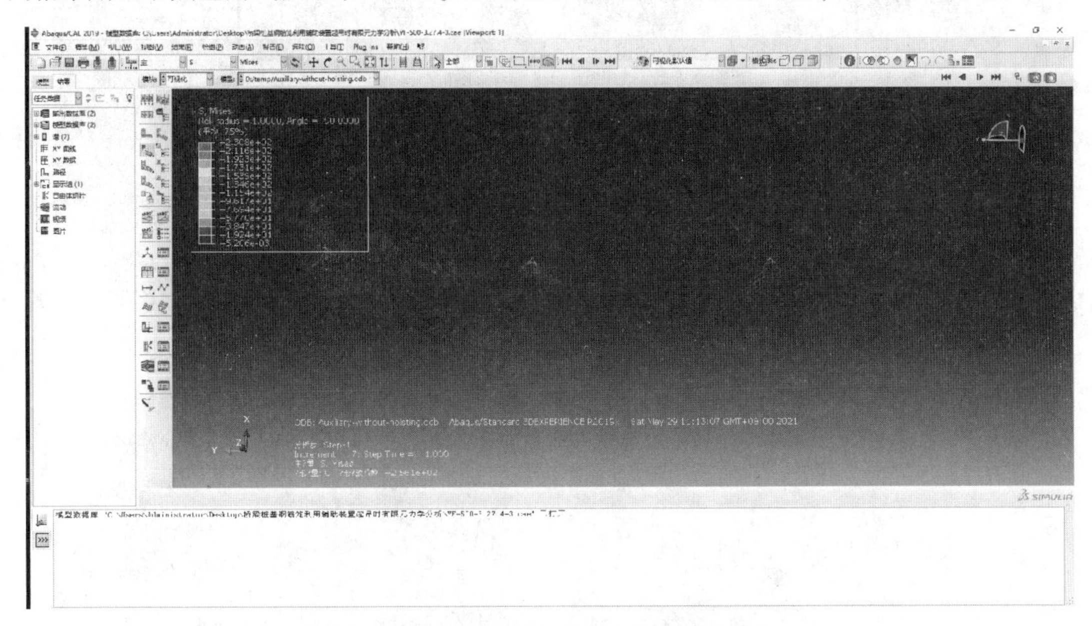

图1　两点起吊方案钢筋笼有限元计算模型

（3）建立材料模型

桩基钢筋笼为钢材材料，材料参数选用普通弹性本构，其中弹性模量取为206000MPa，泊松比取为0.3，密度为7.85g/cm^3，由于吊装方案禁止钢筋笼进入塑性发展范围，因此未输入材料塑性性能，分析结果也表明吊装过程中桩基钢筋笼整体应力水平不高。

（4）边界条件和载荷分析

采用常见两点起吊方案，第一个分析步，在靠近承台一侧吊点施加铰接约束边界条件，$U_1=U_2=U_3=0$；在靠近桩端一侧吊点施加滑动约束边界条件，$U_2=U_3=0$。第二个分析步，对模型整体施加重力场，重力加速度为9.8m/s^2。

2.2　基于BIM技术采用起吊辅助装置吊装方案模型建立与数据输入

（1）建立桩基钢筋笼和起吊辅助装置分析模型

根据设计图纸，建立总长21m，直径为849mm的桩基钢筋笼数值分析模型，在接近顶部承台位置采用箍筋加密。根据起吊辅助装置具体尺寸（图2），建立起吊辅助装置模型（图3）。

（2）确定网格尺寸和类型

先对桩基钢筋笼和起吊辅助装置进行几何分割，再确定种子点密度。全局种子点密度是52mm。由于重力荷载作用下钢筋主要以弯曲及轴向变形为主，可忽略剪切变形影响，因此整体部件网格采用两节点空间线性梁单元B31。采用自由网格的划分方法划分，如图4所示。

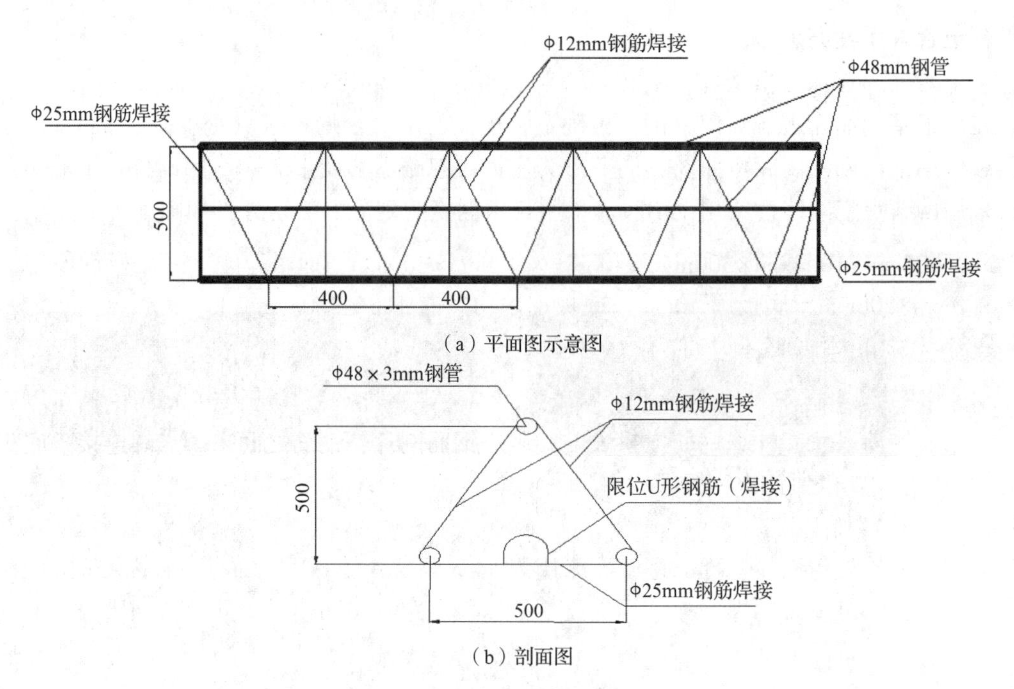

（a）平面图示意图

（b）剖面图

图 2　起吊辅助平面和剖面图（mm）

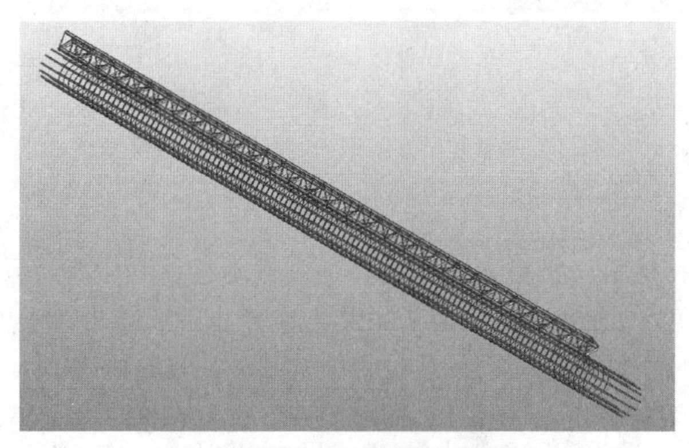

图 3　钢筋笼+吊装辅助装置模型

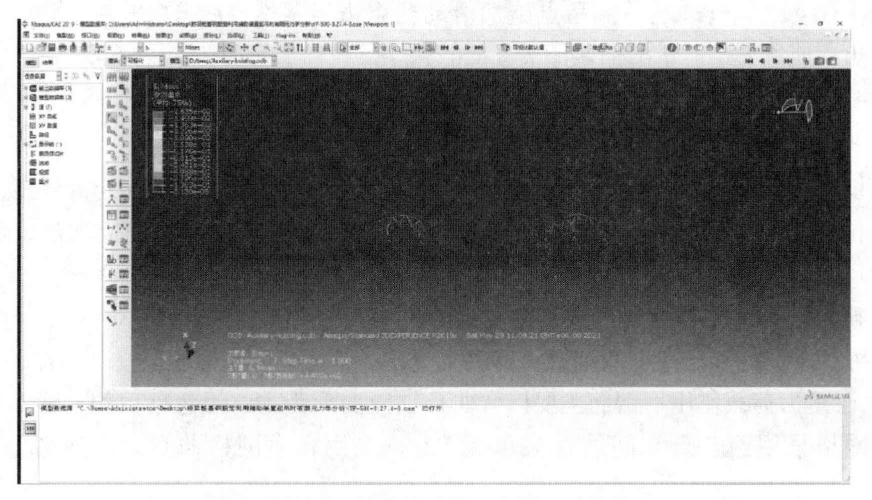

图 4　钢筋笼+吊装辅助装置有限元计算模型

（3）建立材料模型

桩基钢筋笼和起吊辅助装置为钢材材料，材料参数选用普通弹性本构，其中弹性模量取为206000MPa，泊松比取为0.3，密度为7.85g/cm^3，由于吊装方案不应使钢筋笼进入塑性发展范围，因此未输入材料塑性性能，分析结果表明吊装过程中部件整体应力水平不高。

（4）边界条件和载荷分析

采用常见两点起吊工况，第一个分析步，在靠近承台一侧吊点施加铰接约束边界条件，$U_1=U_2=U_3=0$；在靠近桩端一侧吊点施加滑动约束边界条件，$U_2=U_3=0$。第二个分析步，对模型整体施加重力场，重力加速度为9.8m/s^2。

3　基于BIM技术两种不同起吊方案有限元分析对比

（1）钢筋笼有限元计算模型如图5所示。两点直接起吊（未使用辅助装置）变形云图（图6）、矢量图（图7）和应力云图（图8）。

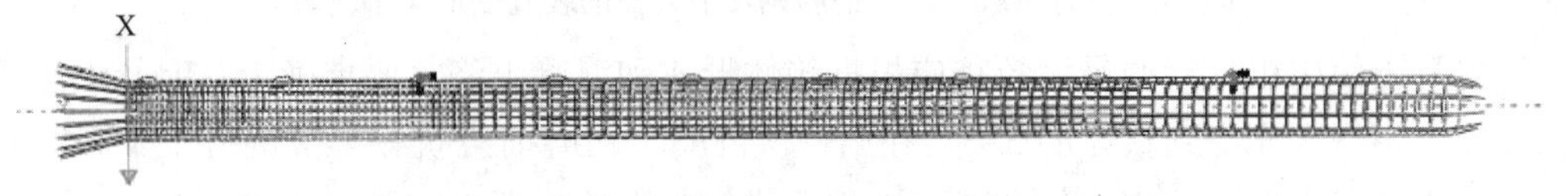

图5　钢筋笼有限元计算模型（图中点为吊点位置）

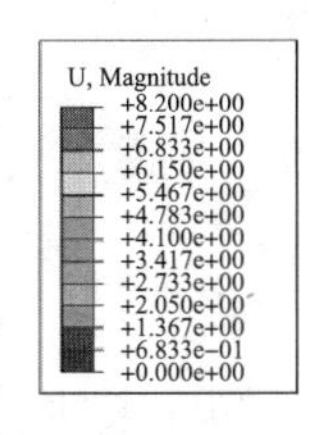

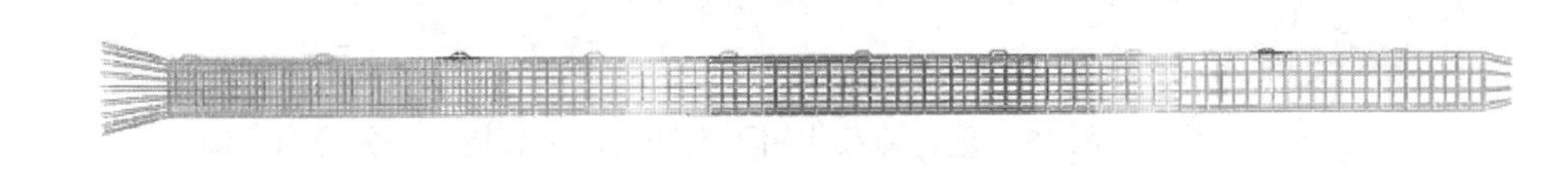

图6　重力荷载作用下钢筋笼变形云图

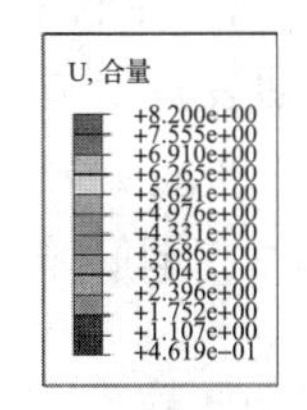

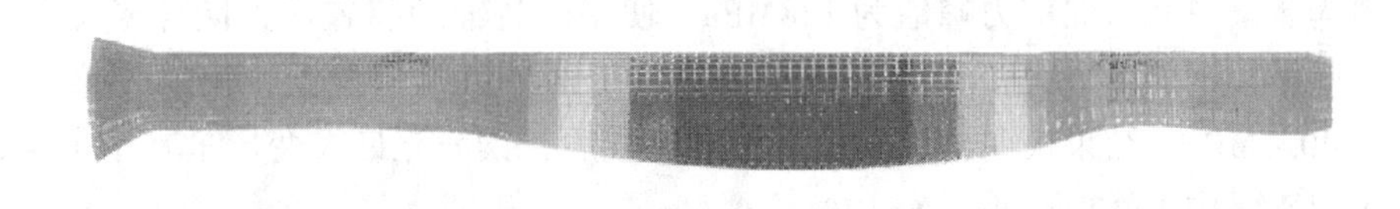

图7　重力荷载作用下钢筋笼变形矢量图

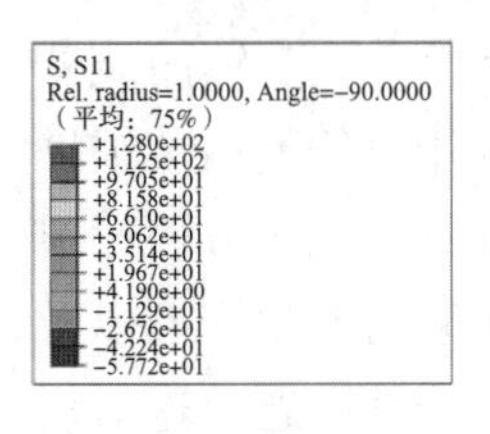

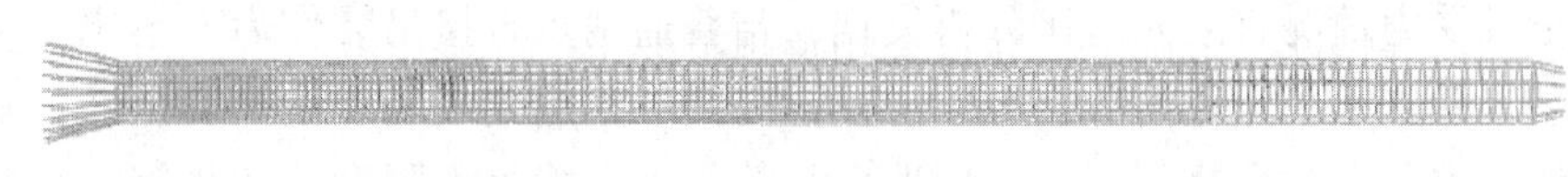

图8　重力荷载作用下钢筋笼应力云图

（2）钢筋笼及吊装辅助装置有限元计算模型如图9所示。使用辅助装置两点直接起吊变形云图（图10）、矢量图（图11）和应力云图（图12）

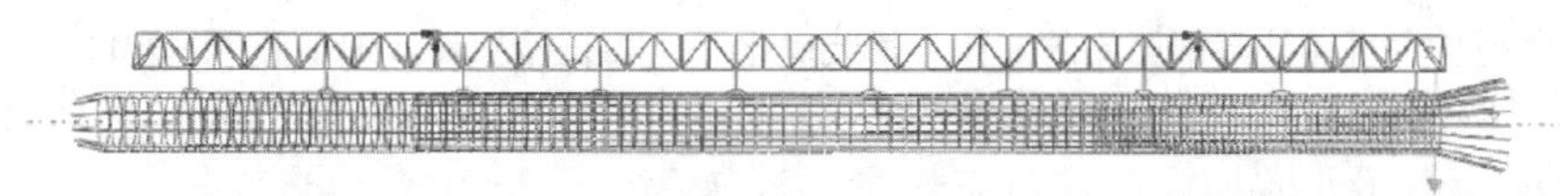

图9　钢筋笼及吊装辅助装置有限元计算模型（图中点为吊点位置）

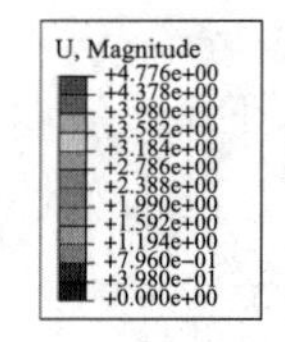

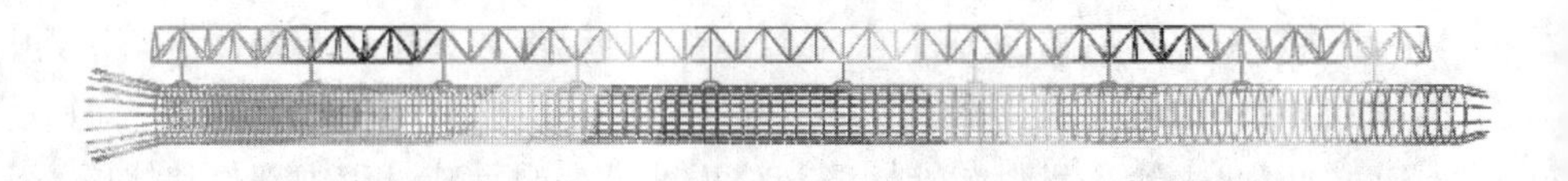

图 10　重力荷载作用下钢筋笼及吊装辅助装置变形云图

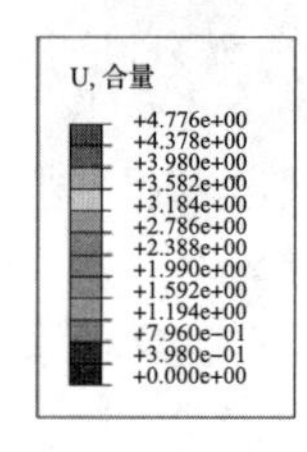

图 11　重力荷载作用下钢筋笼及吊装辅助装置变形矢量图

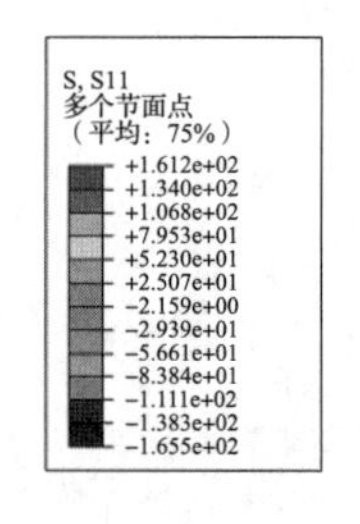

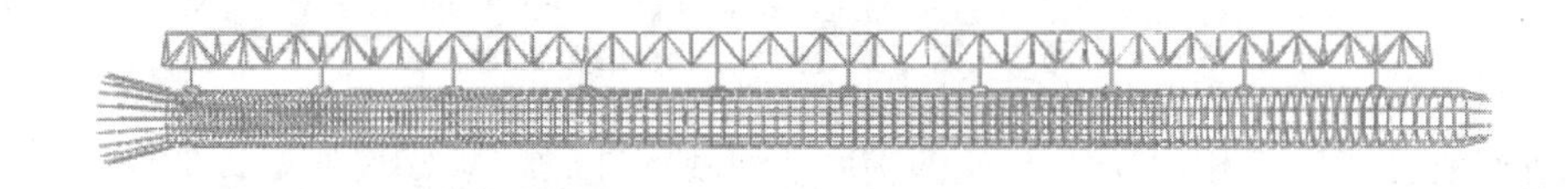

图 12　重力荷载作用下钢筋笼及吊装辅助装置应力云图

（3）由上述（1）、（2）两种不同起吊方案的变形云图、矢量图和应力云图可知，未使用吊装辅助装置时，采用两点起吊时，钢筋笼最大变形量为 8.2mm，位于两吊点跨中位置，钢筋笼梁单元弯曲应力峰值为 128MPa。使用吊装辅助装置后，同样采用在辅助装置上方两点起吊，钢筋笼最大变形量为 4.8mm，位于两吊点跨中位置，钢筋笼梁单元弯曲应力峰值为 40.1MPa。结果表明，使用吊装辅助装置后，钢筋笼最大变形量减小了 41.5%，钢筋笼梁单元弯曲应力峰值减小了 68.7%。

4　结语

通过应用 BIM 技术、Abaqus 软件对自重荷载影响下有无起吊辅助装置时桩基钢筋笼变形及受力情况有限元对比分析发现，与普通两点直接吊装作为方案比，采用钢筋笼吊装辅助装置两点起吊操作简单，可以大幅提高圆形钢筋笼成品质量及安全性。其具有施工方便、节约成本、多次重复利用，实用性更强等优点，能最大限度地防止钢筋笼吊装时发生变形以及保证施工安全。利用工程模拟相对简单的线性分析，能解决许多复杂的非线性问题，这对后续类似工作提供了借鉴意义。

参考文献

[1]　杨智涵．超长大直径桩基钢筋笼的制作与吊装优化［D］．长沙：长沙理工大学，2017.

[2]　温裕春，王善谣，王海峰．大型地下连续墙钢筋笼动态吊装过程分析［J］．城市道桥与防洪，2018，236（12）：18，161-164.

外墙自保温体系的施工技术

徐艺鹏

湖南建工集团有限公司　长沙　410000

摘　要：结合工程实例，介绍了采用“陶粒增强泡沫混凝土自保温砌块”为墙体、“自保温轻钢模网聚苯颗粒混凝土复合墙体”的外墙自保温体系的构造、组成材料及施工过程，积累了相关的施工经验，同时推广外墙自保温体系的应用。

关键词：陶粒增强泡沫混凝土自保温砌块；自保温轻钢模网聚苯颗粒混凝土复合墙体；外墙自保温体系；构造；施工技术

目前市场上常见外墙保温的做法主要分为内保温体系和外保温体系两种。其中内保温会多占用套内面积，“热桥”问题不易解决，容易引起开裂，影响居民的二次装修，且内墙悬挂和固定物件也容易破坏内保温结构。而外保温体系在近几年工程实践中暴露出膨胀聚苯板薄抹灰外墙外保温系统及胶粉聚苯颗粒外墙外保温系统在耐久性、耐火稳定性等方面存在缺陷，外保温材料易掉落，难以满足工程安全的要求。基于两种保温系统的优缺点，本文结合工程实践提出外墙自保温体系的施工技术。

1　工程概况

金阳·紫星广场商务区（一期）一区项目，建筑面积90355.23m²，由一栋商业综合体、一栋市民中心、两栋精品公寓、十栋独栋办公楼组成。通过市场调查与技术比选，决定在该工程中采用外墙自保温系统这项新型技术体系。其中市民中心栋号采用本公司研发的新技术进行试点——自保温轻钢模网聚苯颗粒混凝土复合墙体作为外墙，其他栋号外墙材料采用陶粒增强泡沫混凝土自保温砌块。

2　自保温体系的构造

两种外墙自保温体系构造如图1、图2所示。

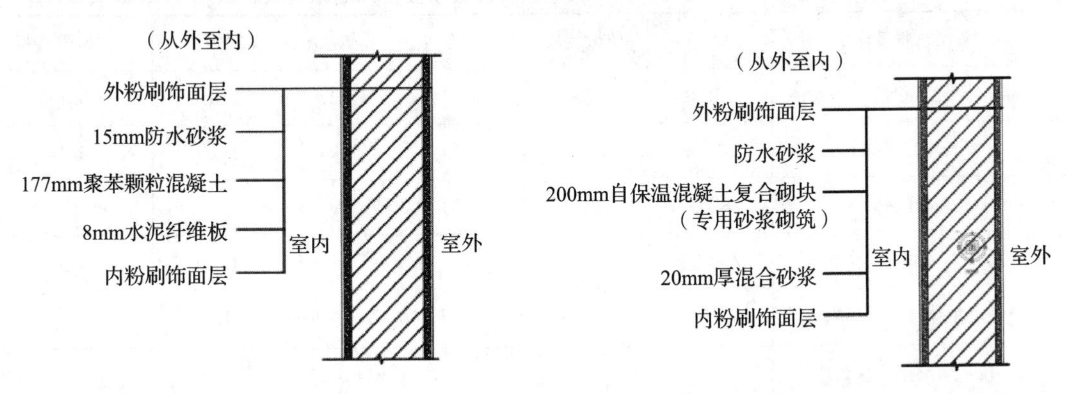

图1　自保温轻钢模网聚苯颗粒混凝土复合外墙构造　　图2　陶粒增强泡沫混凝土自保温砌块外墙构造

3 自保温体系的特点

3.1 自保温轻钢模网聚苯颗粒混凝土复合外墙的特点

（1）聚苯颗粒混凝土保温、抗渗性能佳，隔声减振、防火耐久、轻质高强。

（2）免模，节材提质。有筋镀锌扩张网和水泥纤维板充当模板的骨架作用，同时提高整体质量。

（3）有效解决墙体表面开裂问题。室内饰面材料为水泥纤维板，免抹灰可直接做油漆，防止表面开裂现象。

（4）工业化程度较高，有效减少劳动力需求。

3.2 陶粒增强泡沫混凝土自保温砌块外墙的优势

（1）原材料环保。利用淤泥、建筑工程垃圾、工厂粉尘等材料，加入其他辅助材料进行烧结，通过膨化获得一种低成本污泥陶粒，是一种新型建筑原料。

（2）复合材料，发挥性能优势。该砌块综合了陶粒和增强泡沫混凝土的优势，收缩率小、吸水率低、抗渗性能强、抗冻性好、防火和耐久性优、隔声吸声效果好，隔热自保温性能好，防火等级达到 A 级。

（3）强度高。陶粒是经过 1200℃的高温烧制而成的，稳定性好。陶粒的加入增强砌块强度。

（4）密度轻，提高抗震性能。陶粒增强泡沫混凝土自保温砌块密度低，一般为 725kg/m^3，只相当于普通混凝土砌块质量的 1/2。该砌块使建筑整体受荷减少，结合构造柱、圈梁等措施，有效提高抗震性能，提高墙体抗裂问题。

（5）整体性好陶粒具有微孔结构，更利于与砂浆、砌筑粉刷和其他装饰材料的链接咬合力。

（6）造价低。陶粒增强泡沫混凝土自保温砌块外墙自保温体系综合总价为 140 元/m^2，一般砌筑材料外墙的内、外保温体系综合总价约为 160 元/m^2，整体造价更低，且施工方便，免去保温层施工工序。

4 自保温体系的材料组成与节能计算

4.1 自保温轻钢模网聚苯颗粒混凝土复合外墙（表 1）

表 1 自保温轻钢模网聚苯颗粒混凝土复合外墙结构层参数

各层材料名称	厚度	导热系数	修正系数	蓄热系数	热阻值	热惰性指标
防水砂浆	15.00	0.930	1.00	11.370	0.016	0.183
聚苯颗粒混凝土	177.00	0.133	1.10	3.94	1.210	5.243
水泥纤维板	8.00	0.50	0.00	—	—	—
合计	200.00	—	—	—	1.226	5.426
外墙主体部位传热阻	$R_0=R_i+\sum R+R_e=0.11+1.226+0.05=1.386$					
外墙主体部位传热系数	$K=1/R_0=0.72$					

4.2　陶粒增强泡沫混凝土自保温砌块外墙（表2）

表2　陶粒增强泡沫混凝土自保温砌块外墙结构层参数

各层材料名称	厚度	导热系数	修正系数	蓄热系数	热阻值	热惰性指标
水泥砂浆	20.00	0.930	1.00	11.370	0.022	0.245
自保温混凝土复合砌块	200.00	0.1	0.90	2.15	2.222	4.300
混合砂浆	20.00	0.870	1.00	10.750	0.023	0.247
合　计	240.00	—	—	—	2.267	4.792
外墙主体部位传热阻	$R_0=R_i+\sum R+R_e=0.11+2.267+0.05=2.427$					
外墙主体部位传热系数	$K=1/R_0=0.41$					

两种形式外墙传热系数均满足要求。

5　自保温体系的施工

5.1　自保温轻钢模网聚苯颗粒混凝土复合外墙的施工

（1）测量、放线。清扫场地，查找轴线、控制线等基准线，确定外墙和窗洞口位置。

（2）安装轻钢龙骨。采用双排75龙骨，首先安装天地龙骨，再安装竖龙骨，竖龙骨的间距为410mm；天地龙骨与竖龙骨的连接处采用龙骨钳夹紧；天地龙骨和沿墙竖龙骨与主体的连接采用膨胀螺栓与射钉相结合，膨胀螺栓长度应≥60mm，安装间距应≤1200mm，射钉长度≥22mm，安装间距≤400mm。并排的两根竖龙骨不能紧挨在一起（避免产生热桥）；并排的两根竖龙骨应相互拉结；可采用30mm的扁钢或75mm的龙骨做拉结条板，拉结条板与竖龙骨采用自攻钉固定；窗洞口两侧各用2根50mm×50mm镀锌角钢取代竖龙骨，角钢上、下与锚板焊接，锚板采用膨胀螺栓与主体拉结（主体为钢结构，则角钢直接与主体焊接）。

（3）室外侧安装有筋镀锌扩张网。扩张网横向布置，上下左右互相搭接；采用自攻钉+螺旋射钉把扩张网固定在轻钢龙骨上，自攻钉+螺旋射钉应从扩张网的V形筋中打入；扩张网包边时，应把V形筋锯开1/2，用力把扩张网弯成所需角度即可（不得把V形筋和网面锯断）；窗洞口四周采用扩张网封口（图3）。

图3　有筋镀锌扩张网

（4）安装线管线盒。电工进场，预埋线管线盒，完成隐蔽工程验收。线盒宜前期做好预埋，后期如要增加埋墙线管布设，可进行开孔开槽处理，但聚苯颗粒混凝土强度较高，开孔开槽有一定的施工难度（图 4、图 5）。

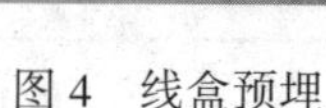

图 4　线盒预埋

图 5　管线预埋

（5）室内侧安装水泥纤维板。水泥纤维板应竖向安装（减少横向接缝）；采用自攻钉把水泥纤维板固定在轻钢龙骨上（图 6），自攻钉长度为 25mm，钉距应≤200mm，自攻钉钉帽应沉入面板 1mm；面板与面板之间，面板与主体梁、柱之间，应留 4mm 宽的伸缩缝（图 7）；面板横向接缝应打接头；留好灌浆口，灌浆口的尺寸为 100mm×100mm，每个竖龙骨格应开一个灌浆口。

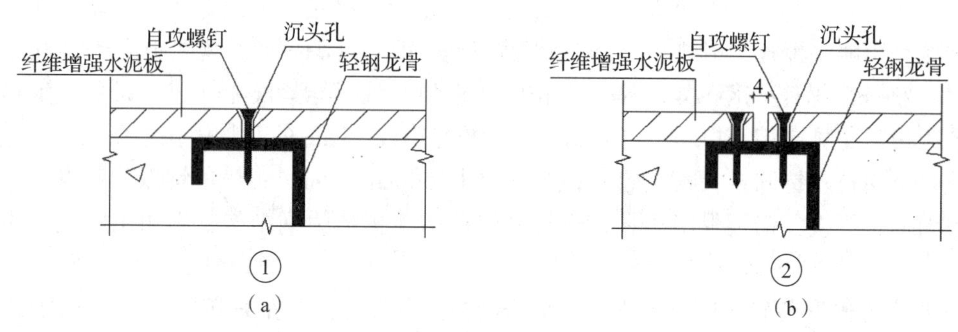

图 6　水泥纤维板安装

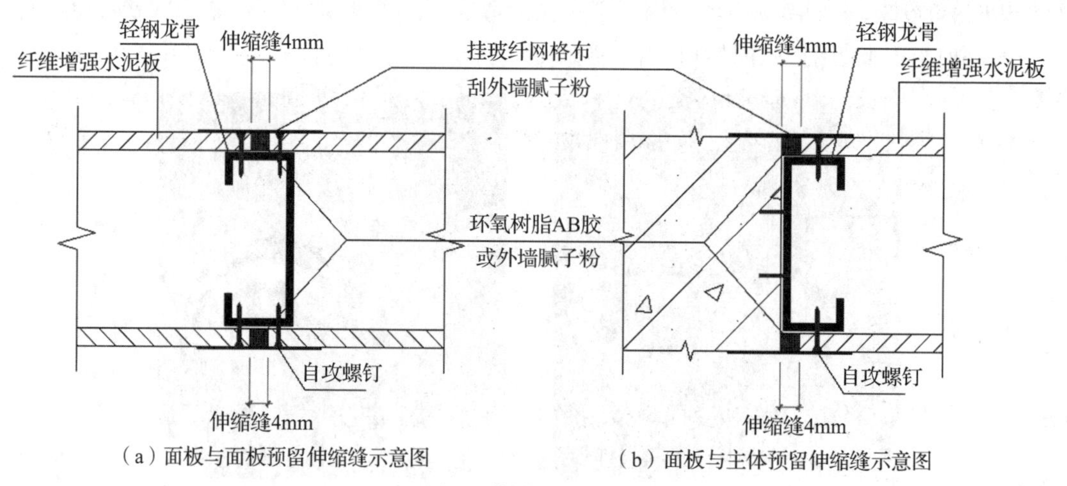

（a）面板与面板预留伸缩缝示意图　　（b）面板与主体预留伸缩缝示意图

图 7　伸缩缝示意图

（6）浇筑聚苯颗粒混凝土

应按照配合比要求拌制聚苯颗粒混凝土，在搅拌站预拌；原材料添加顺序是：先加水，再加灌墙宝，再加水泥，最后加聚苯颗粒；在室内侧2.5m高处开一排灌浆口，每个竖龙骨格需开一个，灌浆口尺寸90mm×90mm；顶部灌浆口留在室外侧，扩张网留100mm高不打钉，待灌浆后再打钉固定。室内侧也可以不留灌浆口，室外侧一边封扩张网，一边灌浆。浇筑聚苯颗粒混凝土时，不需要振捣，靠混凝土自身的重力和流动性，自流自密实；浇筑时，只需用橡皮锤轻轻敲击面板即可。分层灌浆，一次灌浆高度约0.8~1.2m；待前一次灌入的浆料初凝后，才能开始后一次灌浆。应一边灌浆，一边用橡皮锤轻轻敲击室内侧面板。

（7）处理室内侧面板接缝。待水泥纤维板干后（即水印消退），面板与面板之间，面板与主体梁、柱之间的接缝采用外墙腻子粉填实；接缝粘贴玻纤网格布。

（8）抹平灌浆口。用细砂拌制防水砂浆；人工进行抹平。

（9）在扩张网上喷防水砂浆。用细砂拌制防水砂浆，用喷浆机喷涂防水砂浆；靠尺刮平，木搓子搓紧，铁樘子收光。

（10）成品保护。复合墙体施工完毕后，应注意保护，严禁撞击与磕碰。墙板安装完毕后，所有须在墙体上开洞、开槽的工作需经总包方协商后方可施工，并采取有效保护措施，以避免墙体破损。复合墙体施工过程中及3d内不得承受侧向作用力。

5.2　陶粒增强泡沫混凝土自保温砌块外墙的施工

（1）原料准备

制造陶粒混凝土加气砌块的原料及混合配比（体积比）：①陶粒50%~75%，其堆积密度在300~400kg/m^3，强度1.5~2.0MPa，1h吸水率≤10%；②陶粉6%~8%，生产陶粒时产出的陶粉，其密度在500~600kg/m^3；③水泥8%~10%，型号42.5硅酸盐水泥；④粉煤灰4%~6%，发电产出的废弃粉煤灰；⑤混凝土发泡剂8%~11%；⑥水16%~18%。

（2）混合均化

按上述配比取陶粒、陶粉、水泥、粉煤灰、混凝土发泡剂和水用搅拌机进行混合搅拌均化，配得黏稠状陶粒混凝土物料。

（3）浇筑成型

将第二步获得黏稠状陶粒混凝土物料注入成型混凝土中，并使黏稠状陶粒混凝土物料充分填实在混凝土腔内，经过振动器振动使黏稠状陶粒混凝土物料充分密实。

（4）温室养护

将混凝土黏稠状陶粒混凝土物料进入在60~80℃温室内养护8~12h，得到有效的凝固期，成陶粒泡沫混凝土并输送出养护室。

（5）脱模切割

养护好的陶粒泡沫混凝土砌块坯连同模具送出养护室后，经过脱模后的陶粒自保温加气砌块坯；脱模后，通过圆锯片切割机按照市场建筑需求的尺寸进行切割，即可获得市场销售的陶粒自保温加气砌块成品，同时进行打包码垛成品堆放。

（6）现场砌筑

同《砌体结构工程施工规范》（GB 50924—2014）填充墙砌体工程施工工艺，与传统施工工艺一致。

6　节能效果评价

该工程在不同部位使用以上两项外墙自保温体系施工技术，通过围护结构热工性能的权衡判断，全年能耗小于参照建筑的全年能耗，满足《湖南省公共建筑节能设计标准》（DBJ

43/003—2017）节能建筑的规定。

7 结语

外墙自保温体系的施工技术在金阳·紫星广场商务区（一期）一区的施工过程中成功应用，取得了良好的效果，为今后的类似工程取得了宝贵的经验。其中，自保温轻钢模网聚苯颗粒混凝土复合外墙这项湖南建工集团有限公司自主研发的新技术，不仅解决了外墙保温的难题，而且提高了“装配率”，是真正绿色节能的新技术。

参考文献

［1］ 湖南省住房和城乡建设厅．湖南省轻钢模网改性聚苯颗粒混凝土结构技术规程：DBJ 43/T341—2019［S］．大连：大连理工大学出版社，2010.

［2］ 湖南省住房和城乡建设厅．现浇泡沫混凝土复合墙体技术规程：DBJ 43/T337—2019［S］．北京：中国建筑工业出版社，2019.

［3］ 湖南省住房和城乡建设厅．陶粒增强泡沫混凝土砌块建筑技术规程：DBJ 43 T309—2015［S］．大连：大连理工大学出版社，2015.

［4］ 湖南省住房和城乡建设厅．湖南省公共建筑节能设计标准：DBJ 43/003—2017［S］．北京：中国建筑工业出版社，2017.

夹芯混凝土外填充墙现浇一体成型施工技术

邓　衍　吴章永

湖南建工集团有限公司　长沙　410004

摘　要： 高层住宅建筑外墙采用砌体砌筑渗漏风险大、施工速度慢、抗震能力差，采用全实心钢筋混凝土外墙相对于砌体外墙自重大、对基础要求更高、成本上不节约。湖南建工集团有限公司以益阳荣盛华府项目一期工程为背景，研究推行全现浇夹芯混凝土外墙与铝模配套施工技术。外墙由砖砌体优化为钢筋混凝土+XPS（挤塑聚苯乙烯泡沫板）+钢筋混凝土的夹芯混凝土结构，原设计需要砌筑的外墙与主体结构一次浇筑成型，配合铝模施工工艺，可以实现外墙免抹灰，有缩短工期、节约成本、减少外墙渗漏、不增加自重等优点，从而取得显著的经济效益和社会效益。

关键词： 高层住宅；外墙；结构拉缝；夹芯混凝土

1　工艺特点

（1）与主体结构一次浇筑成型，配合铝模基本实现免抹灰，后续砌体工程量减少，外墙基本不需抹灰（存在局部修补），内墙抹灰量减少约 65%，大大缩短了施工工期、节约了工程成本。

（2）相较于外墙普通砖砌体，同体积夹芯混凝土自重减少约 6.5%，夹芯材料为 XPS，保温性能优越，可提升外墙的保温性能。

（3）施工工艺同结构剪力墙基本相同，只需增加结构拉缝材料（PVC-U 材质）及 XPS 安装工序即可，工艺成熟，施工简单、方便。

2　适用范围

适用于结构形式为剪力墙/框架-剪力墙的高层和超高层建筑且厚度≥180mm 的外填充墙。尤其是推行外墙免抹灰施工工艺的建筑物，采用本施工工法效果会更加显著。

3　工艺原理

外填充墙优化为钢筋混凝土+XPS+钢筋混凝土的夹芯混凝土结构，使用结构拉缝技术使其保持原设计受力状态，夹芯墙体钢筋锚入邻近剪力墙、柱、梁内，在内外侧钢筋网中央安装 XPS 板，两侧钢筋混凝土是夹芯混凝土外墙的受力骨架，承担围护结构的功能，XPS 板可起到节约材料、节省费用、减轻自重的作用，采用铝合金模板，夹芯混凝土墙与剪力墙采用相同强度等级混凝土一次浇筑成型，可形成免抹灰、低自重的全现浇外填充墙系统。

外墙砌体改夹芯混凝土配筋如图 1 所示，外墙砌体改夹芯混凝土窗台如图 2 所示。

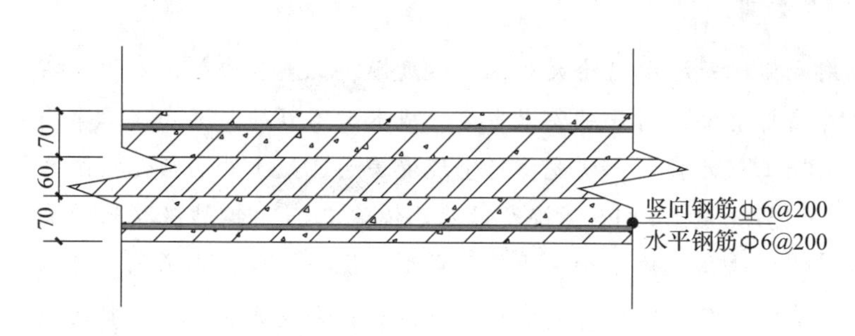

图 1　外墙砌体改夹芯混凝土配筋

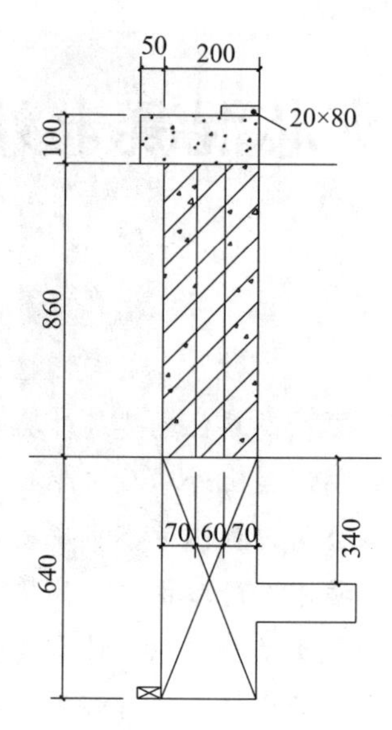

图 2　外墙砌体改夹芯混凝土窗台

4　施工工艺流程及操作要点

4.1　施工工艺流程

施工准备→测量放线→安装水平结构拉缝→钢筋绑扎→安装竖向结构拉缝→安装 XPS 板→模板支设→混凝土浇筑→拆模及养护。

4.2　操作要点

（1）施工准备

将原砖砌体外墙优化为夹芯混凝土结构，确定厚度、夹芯厚度、配筋等参数，选择优质的铝模厂家及安装队伍，保证后期混凝土墙体达到免抹灰效果，提前采购 XPS、结构拉缝材料，并要求材料供应商提供材料的检验报告、合格证，按规定做到先检后用。

（2）测量放线

依据图纸弹出夹芯混凝土外填充墙内、外边线，确保结构拉缝、钢筋绑扎和模板安装精度。

（3）梁面水平结构拉缝板固定安装

填充墙处混凝土浇筑至梁面以上 30mm 厚，在混凝土初凝前安装水平结构拉缝板，使拉缝板与混凝土黏结密实，未密实区域使用抹平工具推送混凝土填满充实，水平拉缝板不得在混凝土凝固后安装。水平结构拉缝板上应按照竖向钢筋间距预留孔洞，拉缝板安装完毕混凝土终凝前插入竖向钢筋（图 3、图 4）。

图 3　水平结构拉缝安装

（4）钢筋绑扎

先对夹芯混凝土外填充墙两侧主体结构钢筋进行绑扎，主体结构钢筋绑扎好后，待竖向结构拉缝板安装后，再进行夹芯混凝土外填充墙内外两侧钢筋网绑扎，内外两侧钢筋按照先外侧后内侧的施工顺序进行，内外钢筋网绑扎牢固，水平钢筋按照要求锚入邻近剪力墙、柱内，暂时不进行拉钩绑扎，拉钩于XPS板安装后绑扎。

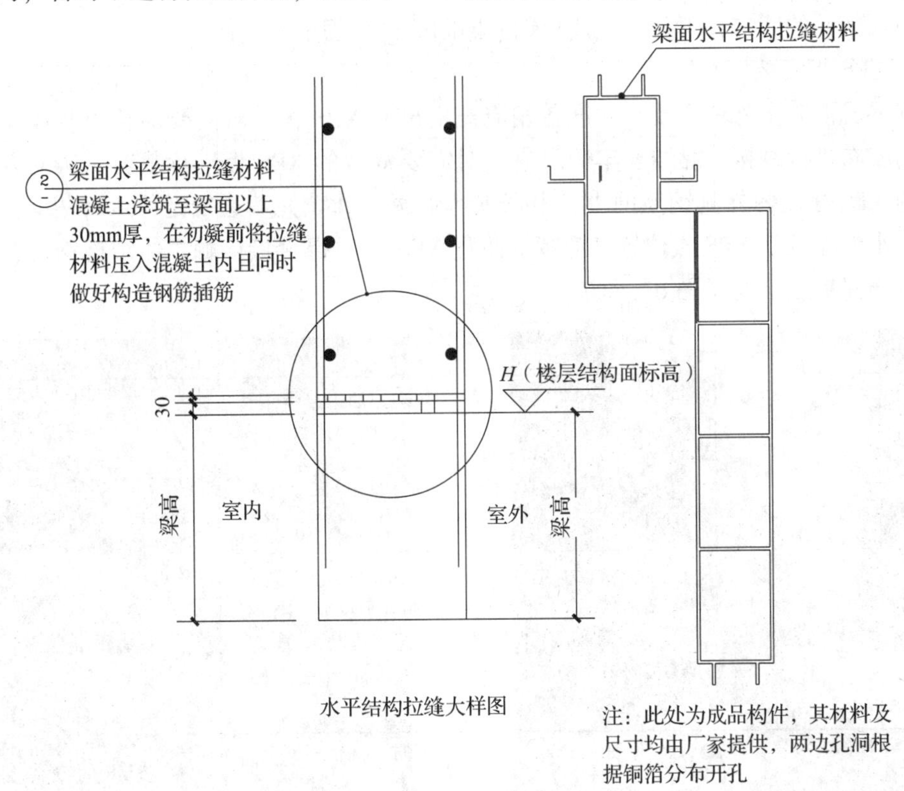

图4　水平结构拉缝大样图

（5）竖向结构拉缝板固定安装

主体结构钢筋绑扎好后，用铁丝将竖向结构拉缝板固定在剪力墙、柱钢筋上，竖向结构拉缝板上应按照水平钢筋间距预留孔洞（图5）。

图5　竖向结构拉缝安装

（6）强弱电等预留预埋

夹芯混凝土外填充墙上的户内开关、插座线盒及强弱电箱等须根据主体施工进度一次预埋到位，位置标高须满足（精装修）图纸设计要求，开关、插座线盒及强弱电箱的固定采用增加附加钢筋的固定，不得随意调整钢筋网间距进行固定。

（7）XPS板安装

根据夹芯混凝土外填充墙尺寸准备相应规格尺寸XPS板，对需要加长加宽加厚的XPS板用透明胶布进行拼接，黏结要牢固可靠，对需要裁剪的XPS板进行裁剪。从上方放置合适尺寸的XPS板至内外侧钢筋网中，根据夹芯混凝土外填充墙边线定位XPS板具体位置，然后绑扎水泥撑控制XPS板位置，应特别注意XPS板不得直接接触主体结构钢筋，确保主体结构钢筋保护层厚度（图6、图7）。

图6　XPS板安装（1）

图7　XPS板安装（2）

（8）模板支设

模板支设方法同主体结构墙体模板，XPS板上穿墙孔洞要采用电钻开孔，不得采用螺栓直接强行穿入，不得破坏XPS板，模板底部必须采用低强度等级砂浆封堵密实。

（9）浇筑混凝土

夹芯混凝土外填充墙采用与主体结构同强度等级混凝土连同主体结构一同浇筑，先从两侧邻近墙体下料，再浇筑夹芯混凝土外填充墙，分层对称均匀浇筑，分层厚度以500～1000mm为宜，浇筑混凝土时下料速度不宜过快。夹芯混凝土填充墙体混凝土采用背负式小型振动棒振捣密实，振捣时注意成品保护，不破坏XPS板。

（10）拆模及养护

夹芯混凝土模板拆除时，混凝土强度应符合规范要求和设计要求，设计无规定时，墙、柱侧模需要在混凝土强度达到1.2MPa后拆模，并保证棱角不因拆模而受损坏，螺栓孔洞用防水砂浆进行封堵。

5　材料与设备

①隔热性：远低于其他保温材料的导热系数，具有高热阻、低线性膨胀率的特点。夹芯XPS能够提高墙体保温性能，达到取消外墙保温层的效果。材料的导热系数见表1。

表1　导热系数表

材料名称	导热系数（W/(m·k)）
XPS板	0.028
泡沫玻璃保温板	0.045
挤塑板	0.030

②吸水性：作为一种保温隔热材料，吸水率是极其重要的技术指标，吸水率过高会导致隔热性能变差，XPS板的闭孔结构能有效阻止水分子渗透，即使在施工时遭到机械性破坏，XPS板仍能保持低吸水率。

③保温性：低导热系数是所有保温材料的必备条件，XPS板以聚苯乙烯为原料，而后者本身就是极佳的保温材料，加上该种板材是以挤出方式生产的，紧密的闭孔蜂窝聚光镜更能有效阻止热传导。

夹芯混凝土外填充墙施工所涉及的主要材料见表2。

表2　主要材料统计表

材料名称	规格、型号	用途
铝模模板	—	用于装模
XPS（挤塑聚苯乙烯泡沫板）	60mm厚	填充墙体，减少自重
钢筋	ϕ6	夹芯混凝土填充墙分布钢筋并用于固定XPS
水泥撑条	200mm	用于固定XPS且保证钢筋保护层厚度
结构拉缝板	20mm	用于隔离夹芯混凝土填充墙与结构墙、柱、梁

夹芯混凝土外填充墙施工所涉及的主要设备见表3。

表3　主要设备统计表

设备名称	规格、型号	用途
电钻	钻头规格为20×200×320（mm）	在XPS上开孔确保穿墙螺杆的施工
背负式振动棒	3m，1.1kW，振动棒规格35mm	用于夹芯混凝土墙体中混凝土振捣，避免将XPS（挤塑聚苯乙烯泡沫板）破坏

6　质量控制

（1）按照《混凝土结构工程施工质量验收规范》（GB 50204—2015）对夹芯混凝土外填充墙结构施工质量进行控制。

（2）XPS板质量应符合规范要求，破损的XPS板不得使用，XPS板安装位置准确，固定牢靠。

（3）钢筋网绑扎牢靠，不得漏绑，锚固长度符合要求。

（4）在安装水平结构拉缝时，应在混凝土初凝时安装，禁止混凝土终凝后安装。在安装竖向结构拉缝时，注意定位筋的长度不要超过墙体钢筋厚度，两端满足保护层厚度，拉缝板上口用胶带封口防止混凝土进入板内。

（5）模板垂直度、平整度、位移偏差符合免抹灰要求。

（6）在现场先进行样板施工，样板通过验收后方可进行大面积施工。

（7）隐蔽施工前必须经过班组、施工单位、监理单位、建设单位联合验收后方可进行隐蔽施工。

（8）拆模时注意边角等部位的成品保护。

7 安全措施

（1）设置专门的 XPS 板及结构拉缝材料堆放区，并设专人管理，做好防火防雨防风措施。

（2）严格执行安全教育条例，工人进场前进行三级教育，并做好安全活动记录，工人需经安全培训和考试合格后方可进场作业，各道工序施工前，工长要做好书面安全技术交底，认真执行安全操作规程及安全岗位责任条例。

（3）进入现场必须佩戴好安全帽，高空作业必须系好安全带。

（4）安装 XPS 板及结构拉缝材料时要使用专用架凳，架凳要牢固可靠。

（5）现场进行电焊等动火作业前，应办理动火证，防火措施应到位。

（6）现场施工临时用电必须按照施工方案布置并根据《施工现场临时用电安全技术规范》（JGJ 46—2005）检查合格后方可投入使用。

8 环保措施

（1）项目部成立以项目经理为组长的环保工作领导小组，明确责任分工。

（2）组织工人进行入场教育并加强日常教育，增强工人环境保护意识。

（3）XPS 板及结构拉缝材料装卸过程中，严禁抛掷和倾倒。

（4）切割后的 XPS 板及结构拉缝材料废料应及时清理至指定地点，做到工完场清。

9 效益分析

通过外墙砌体改夹芯混凝土并推行免抹灰施工工艺，与传统的砌体相比，大大减少了施工工序，减少人工费、周转材料费等，缩短了总工期，后期维护费用低。现将夹芯混凝土与传统砌体效益分析汇总见表 4。

表 4 夹芯混凝土与传统砌体效益对比表

效益	夹芯混凝土	实心混凝土	传统砖砌体	备注
经济效益	综合造价约 210 元/m^2（200mm 厚墙体）	综合造价约 235 元/m^2（200mm 厚墙体）	综合造价约 245 元/m^2（200mm 厚墙体，含内外抹灰）	综合造价未考虑工期对比对造价影响
工期效益	施工速度快	施工速度快	砌体二次砌筑，内外墙需抹灰，施工速度慢	采用本工法的施工速度比传统砌体每层进度快 3d 以上，工期效益显著
环保效益	产生建筑垃圾少，无扬尘	产生建筑垃圾少，无扬尘	产生的建筑垃圾多，粉尘多	采用本工法对环境破坏小
安全效益	材料质量轻，安全隐患少	抗震性能好，外墙抗渗能力提高	临边施工，材料存在高空坠落风险，安全隐患大	采用本工法施工安全可靠
社会效益	安全、环保、施工进度快、后期质量隐患小	安全、环保、施工进度快、后期质量隐患小	安全隐患较多、污染较大、施工工期长	采用本工法环保、安全、高效，操作简单方便，产生建筑垃圾少，可取得良好社会效益

（1）隔热性：导热系数≤0.028W/（m·k），远低于其他保温材料的导热系数，具有高热阻、低线性膨胀率的特点。

（2）吸水性：作为一种保温隔热材料，吸水率是极其重要的技术指标，吸水率过高会导致隔热性能变差，XPS板的闭孔结构能有效阻止水分子渗透，即使在施工时遭到机械性破坏，XPS板仍能保特低吸水率。

（3）保温性：低导热系数是所有保温材料的必备条件，XPS板以聚苯乙烯为原料，而后者本身就是极佳的保温材料，加上该种板材是以挤出方式生产的，能更有效地阻止热传导。

10　工程实例

（1）益阳荣盛华府一期工程使用该工法施工了8号楼、9号楼、10号楼、11号楼、12号楼、13号楼、14号楼3层～顶层原砌体外墙，施工面积达95000m^2，适用于高层和超高层框架/框架-剪力墙结构，安全、环保、质量有保证，且节省了工期，降低了施工成本，各方面效益良好。

（2）岳阳荣盛金鄂御府工程2号楼、6号楼3层～顶层原砌体外墙，约28000m^{2}使用了该工法施工，缩短了施工工期，降低了施工成本。

参考文献

[1]　李秀杰，杨洋．全现浇外剪力墙体系施工工艺［J］．城市住宅，2018，25（01）：126-128.

[2]　张杰．基于铝模的全混凝土外墙设计与施工技术［J］．居业，2018（04）：96-97.

[3]　周琳．铝合金模板体系下全现浇混凝土外墙在高层住宅建筑中的设计要点——以阳江保利共青湖三期项目为例［J］．低碳世界 2017（19）：151-153.

基于 BIM 技术城市狭窄场地施工平面管理

龙　艳　魏宏伟　文杰明　袁　忠　任　铸

湖南建工集团有限公司　长沙　410000

摘　要：随着建筑业的发展，对项目的组织协调要求越来越高，项目周边环境的复杂往往会带来场地狭小、基坑深度大、周边建筑物距离近、绿色施工和安全文明施工要求高等问题，并且加上有时施工现场作业面大，各个分区施工存在高低差，现场复杂多变，容易造成现场平面布置不断变化，且变化的频率越来越快，给项目现场合理布置带来困难。BIM 技术的出现给平面布置工作提供了一个很好的方式，通过应用工程现场设备设施族资源，可以形象直观地模拟各个阶段的施工现场情况，灵活地进行现场平面布置，实现现场平面布置合理、高效。

关键词：狭小场地；BIM 技术；分阶段

中国城镇化发展迅速，我国第七次全国人口普查数据显示，我国城镇化率高达 63.89%[1]。按照全球城镇化普遍的发展规律，当一个国家的城镇化率处于 30%～70%的区间时，一般发展增速会处于较快的水平。这就意味着我国的城镇化依然有着巨大的空间，而城镇化过程中蕴藏着更大的发展潜力。城市发展给建筑行业带来巨大的机遇，城市密度不断变大，随之而来的狭小场地施工，施工现场场地管理成为建筑工地较普遍存在的问题。依托于 BIM 技术，可以有效地解决场地狭小带来的场地布置难题。基于我司承建的中广天择总部基地二期项目，对施工场地平面管理的应用进行探讨，希望可以为施工场地平面管理提供思路。

1　成果背景

1.1　社会背景

中广天择总部基地二期工程是省委、省政府落实“创新引领、开放崛起”战略的重大措施，是长沙市委、市政府打造“国家创新创意中心”的战略布局。

1.2　企业背景

湖南建工集团成立于 1952 年，是一家具有总承包特级资质。2020 年入选“ENR 国际承包商”250 强，连续 17 年入选“中国企业 500 强”。近年来集团大力推广 BIM 技术，无论从现场管理还是施工方案编制，都严格按企业标准执行，集团“十四五”规划中强调：加大 BIM、物联网技术等研发力度，推动“智慧工地”建设，逐步构建 CIM[2] 能力，为未来参与“智慧城市”建设运营做好准备。

1.3　工程概况

项目为中广天择总部基地二期 2 号楼酒店式办公楼、3 号楼配套商业楼、4 号楼孵化器办公楼、二期地下室，总建筑面积 152142.08m^2，其中 2 号楼地上 28 层，地下 2 层，建筑高度：99.85m，建筑面积 41758.21m^2；3 号楼地上 3 层，地下 2 层，建筑面积 6414.41m^2；4 号楼地上 33 层，地下 2 层，建筑面积 62284.22m^2，建筑高度 135.6m；二期地下室，地下 2 层，建筑面积 41685.24m^2。项目地下室总占地面积 21607.7m^2（基坑占地面积为

22351.6m²)，场地围墙内面积为24135.2m²，施工场地非常狭窄，地下室基坑边线离临时围墙（净用地红线）距离仅为1.0~3.0m。

2　场地动态布置

2.1　布置思路

综合施工图纸后浇带的布置及项目总进度计划要求将地下室划分为Ⅰ区、Ⅱ区和Ⅲ区，先进行Ⅰ区、Ⅱ区地下室部分的施工，将Ⅲ区预留作为生产及配套设施场地，待Ⅰ区、Ⅱ区地下室顶板完成后将生产及配套设施移至Ⅰ区、Ⅱ区的地下室顶板上，再进行Ⅲ区的地下室部分施工。

2.2　分阶段场地布置设计

（1）Ⅰ区、Ⅱ区地下室施工阶段：预留Ⅲ区作为生产及配套设施场地，且预留车辆上下坡道，坡道坡度为10%，坡道顶设置洗车槽[3]；在Ⅰ区、Ⅱ区交界的基坑放坡处采用满堂脚手架搭设平台，作为现场临时办公区域，详见图1；坡道进行人车分流。Ⅲ区场内设置环形施工道路，道路旁设置排水沟，基坑内雨水抽排至基坑顶部三级沉淀池内，经三级沉淀后排至市政污水井内，具体详见图2。BIM模型创建完成后，导出为CAD图纸，指导现场施工，详见图3。

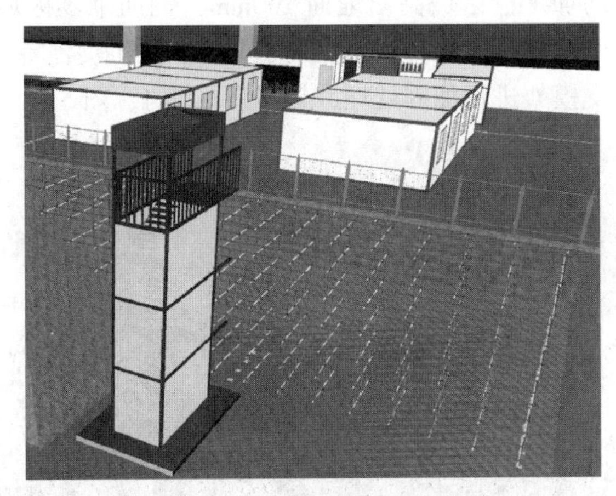

图1　搭设临时办公室平台

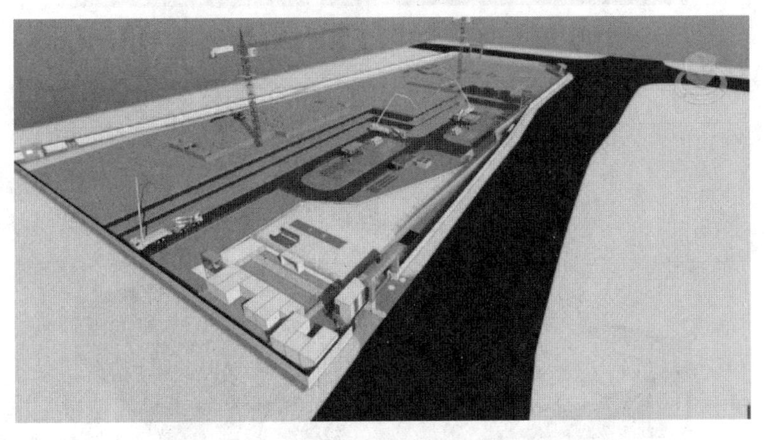

图2　Ⅰ区、Ⅱ区施工阶段场地布置BIM模型

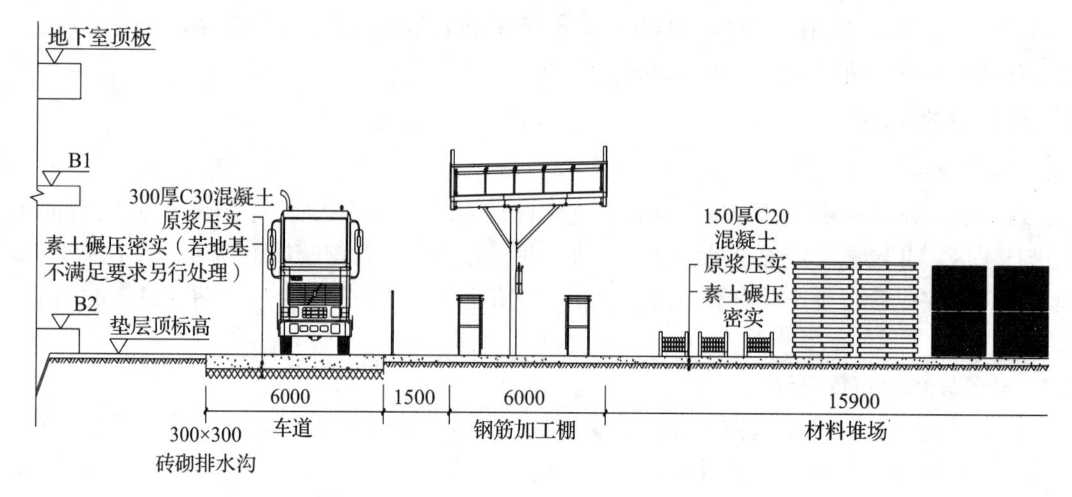

图 3　Ⅰ区、Ⅱ区施工阶段场地布置剖面图

（2）主体及装饰装修施工阶段

主体及装饰装修施工阶段将生产及配套设施搬迁至地下室顶板上，在永久消防道路位置设置临时施工道路，钢筋加工棚区域高出地面 100mm，钢筋堆场区域采用满堂支模架进行加固处理，排水设施使用基坑阶段的排水沟、集水井、三级沉淀池等，施工电梯、砂浆罐等设备基础范围采用满堂支模架进行加固处理，具体详见图 4、图 5。

图 4　主体施工阶段场地 BIM 模型

图 5　装饰装修施工阶段场地布置图

（3）项目活动场地布置

项目多次协办省、市级质量管理及安全生产标准化示范观摩活动，并协办长沙市2021年9月质量管理及安全生产标准化示范观摩启动仪式和2021年6月协办湖南建工集团总承包公司安全月启动仪式暨安康杯活动。在活动策划过程中，应用BIM技术进行会场布置。首先对原有的安全通道内宣传广告优化，东门入口处设置观摩路线图，安全通道两侧南侧设置主会场，安全通道北侧设置安全体验区及党建活动室，2号楼一层设置质量样板观摩区，2号楼五层设置实体样板观摩区，具体详见图6。

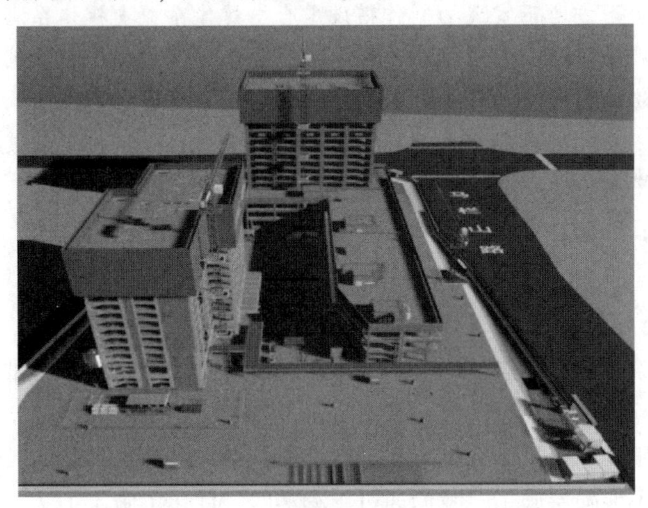

图6　质量、安全观摩活动场地布置BIM模型

3　结语

应用BIM技术能高效、直观地解决城市狭小场地布置。分段施工，预留部分区域作为生产及配套设施场地，为城市狭小场地提供一个思路。同时，根据项目特点搭设的临时办公区域平台的思路，对后续项目管理提供经验支持。

参考文献

［1］国家统计局．第七次全国人口普查公报［R］．北京：国家统计局，2021.

［2］中华人民共和国住房和城乡建设部．城市信息模型（CIM）基础平台技术导则［S］．北京：中华人民共和国住房和城乡建设部，2021.

［3］长沙市城市管理和执政执法局．长沙市渣土处置工地洗车作业平台及配套设施标准化建设技术和管理要求［S］．长沙：长沙市城市管理和行政执法局．2018.

半逆作法吊装剧院舞台钢结构施工应用

贺　敏　黄瑞华

湖南建工集团有限公司　长沙　410000

摘　要：在剧院舞台下方地下室现场制作搭设平台支撑体系，支撑体系满足整体刚度、稳定性要求。构件运至现场拼接，采用汽车吊在支撑平台上对钢构件进行吊装；舞台顶钢结构及工艺钢结构半逆作法安装顺序：舞台屋面主梁吊装→屋面次梁塔吊吊装→舞台格栅梁、柱地面分块拼接、吊装→后天桥地面分片拼接、吊装→假台口分片拼接、吊装→舞台格栅片塔吊吊装→屋面楼承板塔吊吊装→屋面混凝土浇筑。

关键词：半逆作法；吊装；舞台钢结构

1　前言

针对衡阳大剧院舞台屋面钢结构，传统施工方法有超大型塔吊、履带吊吊装，新型施工方法有滑移法、千斤顶整体提升法等。针对舞台内部工艺钢结构的情况，传统施工方法主要是在舞台屋面打孔用卷扬机吊装。针对大型变截面钢梁，滑移法不适用，采用大型吊车，舞台两侧混凝土结构不能随层施工。我们通过工程实践，优化了施工工法，其吊装平台申报并获批国家实用新型专利，在主舞台地下室制作安装钢平台，完成对舞台顶屋面钢结构和舞台工艺钢构件的安装。施工成本低，施工质量好、安全性高，场地适应性好。

2　项目简介

衡阳大剧院舞台顶钢结构主梁Ⅱ1600mm×600mm，跨度23.8m，单榀钢结构质量26.5t，共6榀，舞台格栅面积725m^2，其他工艺钢结构74.12t。永州两中心大剧院舞台顶主梁H2000mm×600mm，跨度33.8m，单榀钢结构质量21.02t，共12榀，舞台格栅面积746m^2，其他工艺钢结构81.03t。

3　施工工艺流程

吊装平台现场搭设→试吊验收→通道加固→测量放线→舞台屋面主梁吊装→临时固定→移动吊车重复吊装→主梁就位→屋面次梁塔吊吊装→舞台格栅梁、柱地面分块拼接、吊装→后天桥地面分片拼接、吊装→假台口分片拼接、吊装→支撑钢平台拆除→舞台格栅片塔吊吊装→屋面楼承板塔吊吊装→屋面混凝土浇筑。

4　施工方法

4.1　吊装平台设计与汽车吊选择

4.1.1　吊装平台设计

首先编制专项施工方案，并由专家论证后方可实施。吊装平台遵循简洁实用的原则，主要由固定支撑结构和位于固定支撑结构上的平台面层组成，平台结构体系满足整体刚度、稳定性要求，平台面层由铺设在顶端的路基钢板、路基钢板下方的结构梁以及结构梁下端型箱梁组成，平台支座钢管柱和底托采用焊接方式，钢管柱底部的柱脚底托与地面采用化学锚栓固定连接；可实现减少吊装平台的水平位移。其吊装平台结构简图、平台受力面结构图、底部支座结构图和截面尺寸如图1~图3、表1所示。

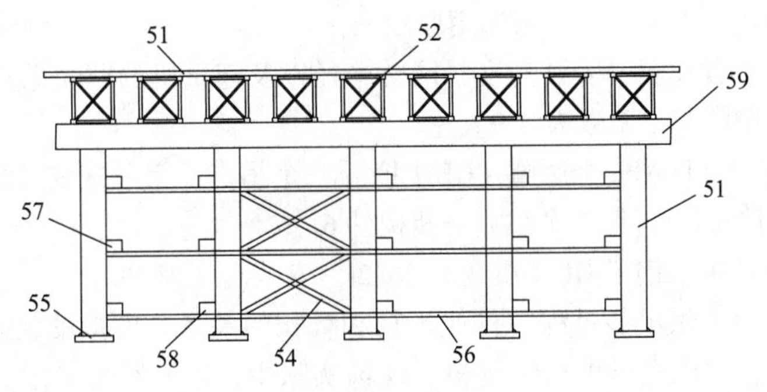

图1　吊装平台结构简图

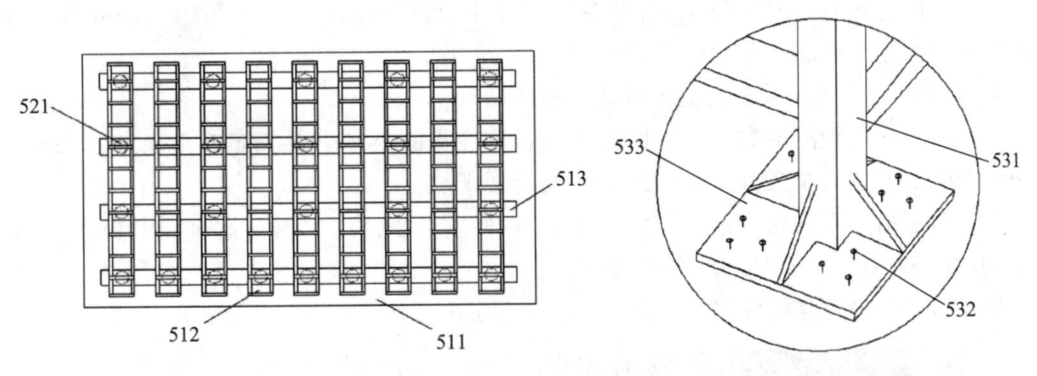

图2　平台受力面结构图　　图3　底部支座结构图

表1　吊装平台标准截面尺寸　　mm

截面号	截面信息
路基钢板	20钢板
结构梁	工字钢型桁架梁 160×80×5方通分配梁
型箱梁	HN500×200×10×16双拼成型箱梁
钢柱、柱间支撑、水平横梁	圆钢柱609×16 支撑245×6XG

4.1.2　汽车吊的选择

以衡阳大剧院为例，大剧院舞台区域台顶钢梁GL-1：Ⅱ焊接1600mm×600mm×30mm×35mm，跨度达23.8m，质量达26.5t，根据构件质量、跨度及位置分布可知，现场塔吊无法满足吊装需求，因此，选择合理的吊装设备和吊运方式是正确施工组织的最关键因素。

通过分析现场实际情况，吊装平台布置、建筑物内部的空间关系及构件实际重量等因素，宜选用汽车吊作为大剧院主舞台吊装主梁的起重吊装设备。汽车吊的选择是综合考虑到钢筋混凝土施工和钢骨钢结构吊装，特别是钢结构的吊装。汽车吊的选型和位置需根据现场吊装平台的布置、作业区域的回转半径、施工吊次以及钢构件的额定荷载而确定的。

从现场实际情况来看，大剧院主舞台一层楼面在±0~0.6m，楼面洞口间无其他结构型混凝土柱，洞口净宽为6.7m；一层楼面至二层梁底高度，净高在5.45m（一层最高点

0. 8m，二层标高 7. 25m，梁高 1m，7. 25−0. 8−1＝5. 45m），QY130 汽车吊高度 3. 95m，高度可以通行，对比厂商提供的各类型汽车吊的起重性能表后，拟采用 QY130 型汽车吊作为本区域的起重安装设备，QY130 汽车吊选用原因如下：

（1）本次主要构件质量、安装高度、回转半径以及起重机的臂长满足 QY130 汽车吊的要求，单机吊装选用的安全系数为 0. 9。

（2）本着经济、合理和安全原则，GL-1 拟分三个吊点，第一次安装左、右边侧；第二次吊点安装 3~5 构件部分；第三个吊点安装构件 6。

（3）本次安装的主梁钢梁 GL-1 质量为 26. 2t，安装高度为 33. 25m。

（4）通过分析汽车吊吊装过程中作业半径和臂长的关系，模拟吊装施工的安全性，对 QY130 汽车吊的可使用性进行可行性复核。现场实际中，当汽车吊吊距为 6. 05m 时，由于吊装方向存在有一定角度，需考虑吊车臂杆与屋面钢结构的空间操作性，故需复核吊杆与构件的关系，防止吊装过程中构件与吊臂冲突，经 3D 模拟演示可知，在吊距 6. 05m 时，吊臂与构件间距大于 300mm，符合要求。

对 QY130 汽车吊吊装施工的可行性复核计算：

第一典型吊点距离 10. 5m，高度 33. 10m，构件质量 26. 5t；该额定起重能力 29. 25t；总质量为 29. 25×0. 9＝26. 325t，大于 26. 5t，符合要求。

第二典型吊点距离 6. 05m，高度 33. 1m，构件质量 26. 5t；该额定起重能力 38t；总质量为 38×0. 9＝34. 2t，大于 26. 5t，符合要求。

吊装过程中吊臂与构件关系如图 4 所示。

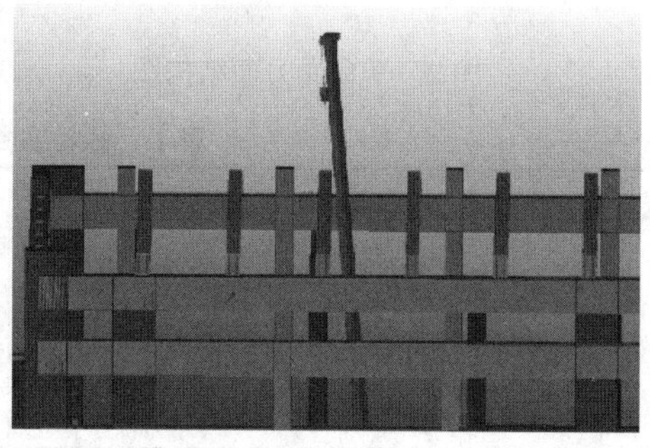

图 4　吊装过程中吊臂与构件关系示意图

4. 2　吊装平台现场搭设

（1）吊装平台的搭设是根据剧院舞台底部基础标高而确定的（图 5、图 6），主舞台底部基础层标高为−9. 3m，因此平台从基础底部处开始搭设，一层地面下部直至舞台台口区域均无地下室，为汽车吊进出场及材料移运等提供便利，搭设过程中应当对大剧院舞台地下底部进行回填夯实加固，回填夯实后可适当加厚加强钢筋，需浇捣混凝土楼面。

（2）基础层至一层（标高为 0. 6m）处，楼层预留置洞口尺寸为 14. 6m×19. 2m，为了施工安全，避免作业人员踏空坠落及其他人身安全的危险，平台需要满铺整个洞口。根据前文可知，所选用的汽车吊为 QY130 吊车，其汽车吊质量加配重约 100t，最大待吊构件为 26. 5t，经过计算后拟按以下方法搭设平台，吊装平台的搭设过程如下：

第一步：据吊车吊点确定钢柱位置；第二步：安装钢柱支撑系统；第三步：安装平台底部横梁；第四步：安装平台结构梁；第五步：安装平台顶面分配梁并满铺钢板。

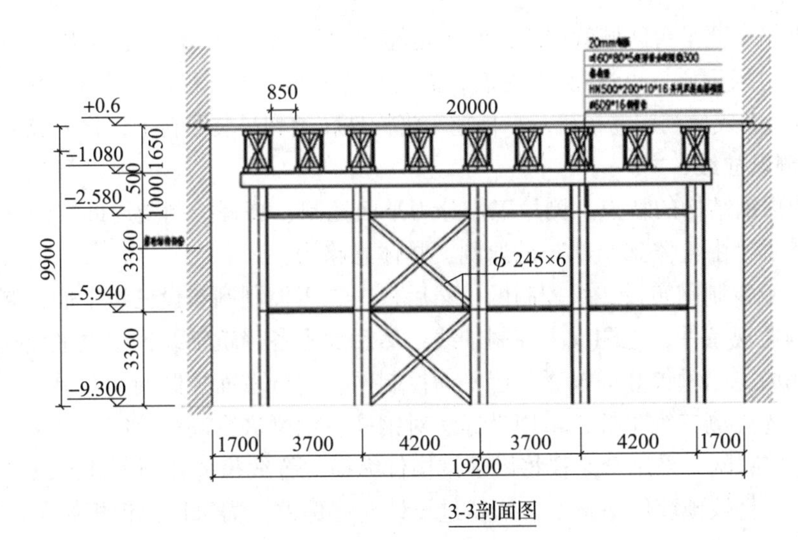

图5　平台结构剖面示意图

图6　平台整体效果图

（3）平台最大零件质量约为1.8t（钢板面板除外，钢板可以通过吊车通道到达平台位置，采用卷扬机转运至安装位置），平台位置均在1号7020塔吊覆盖范围内，所以平台的安装与拆卸全部可以通过塔吊完成。

4.3　平台通道搭设及加固

选择汽车吊作为大剧院主舞台区域的起重吊装设备，能够实现对屋顶钢构件吊装的施工。因此，本工程本着“满足需要，尽量缩短材料的二次运输”的原则，在吊装平台附近、剧院进出口搭设场地运输通道及临时加工场地，实现对场地空间的有效利用、加快施工进度，因此，对运输通道及加工场地采取加固措施是改善施工作业环境、减少施工对周边建筑影响的重要举措。

现主舞台一楼楼层标高与建筑外部室外地坪相差不大，舞台洞口底部为地下室的整板基础，洞口内无其他构造物，搭设条件较好，可以通过架设受力通道钢架（钢构式钢柱支撑上部吊装及转运平台）来布置场地运输通道，舞台一层台口位置往内混凝土平台区域有混凝土柱，可以作为舞台中部通道连接钢梁的受力连接点，由于通道跨度较大，需要对通道底部采取加固措施。需搭设双立杆满堂红脚手架（立杆间距0.6m×0.6m）供吊车通过，脚手架搭设大小为9m×5.95m×9.9m，工程量约530.145m^3。初步验证后，通道搭设高度、宽度及加固均具备条件，本方案可行。

待 QY130 吊车至平台区域就位后，利用运输通道做临时加工场地，主舞台的 6 支主梁质量约为 26.5t，分段后质量也达到 18t 左右，需要其他汽车吊配合移动、装卸及拼装时的构件翻边等工作，拼装完成后利用卷扬机及平板拖车将构件转运到吊装平台上，再完成吊装作业。

4.4　钢结构测量放线

针对舞台顶钢结构的特点，测量工作分为平面控制、高程控制及局部控制三部分，测量工作的开展遵循“由整体到局部”的原则，具体思路为：

（1）自首级控制网布设二级控制网，然后根据二级控制网布设三级平面控制网。

（2）根据通视条件，先测设主控制轴线，然后加密各建筑轴线，建立平面控制网。

（3）采用激光铅垂仪竖向投影首层平面控制网，进行平面控制网的传递。

（4）贴反光片测三维坐标，采用坐标法对钢柱、钢梁进行测量控制。

根据测量控制网，采用全站仪将屋顶钢构件纵横位置线投放在预埋件上，采用水准仪复核预埋件标高，复核预埋件平整度，如超过设计允许偏差，需采用薄钢板修正。测量过程中严格按照工程测量规范中的相关规定进行，并实行复核制度，做到点点有复核，测量作业完成后要做好书面记录，对施工过程中用到的全部测设数据，进行计算，并交由测量主管负责人复核，最后经监理工程师认证，方可投入使用并归档保存。

4.5　屋顶主梁吊装、临时固定及就位

4.5.1　作业前准备工作

吊装平台安装完毕后，需按设计图纸对各节点参数、部件安装进行复核。吊装作业前，使用全站仪测量吊装平台各个结构是否发生变形、位移，复核汽车吊的吊装受力点是否发生水平位移，检查汽车吊支腿间距、起重机的稳定性、构件的平稳性以及绑扎钢索的牢固性，对汽车吊的每个受力点位应当进行复核、采取受力支撑钢柱的支撑加固措施。在质量、安全方面检查无误后进行空载试验，起吊、放下进行多次试验，准确无误后再进行试吊。试吊结果合格后，报监理业主验收。

4.5.2　钢结构进场验收与现场拼接

（1）钢构件、材料验收的主要目的是将清点构件的数量并将可能存在缺陷的构件在地面进行处理，使得存在质量问题的构件不进入安装流程。钢构件进场后，按货运单检查所到构件的数量及编号是否相符，发现问题应及时在回单上说明并反馈制作工厂，以便工厂更换补齐构件。按设计图纸、规范及制作厂质检报告单，对构件的质量进行验收检查，做好检查记录。为使不合格构件能在厂内及时修改，确保施工进度，也可直接进厂检查。主要检查构件外形尺寸，螺孔大小和间距等。检查用计量器具和标准应事先统一。经核对无误，并对构件质量检查合格后，方可确认签字，并做好检查记录。对于制作超过规范误差或运输中变形、受到损伤的构件应送回制作工厂进行返修，对于轻微的损伤，则可以在现场进行修复。

（2）主舞台顶 6 支主梁因为长度超过 25m，需要分段运输在现场拼装，分段后较长段的构件质量约为 18t，汽车通过运输通道将材料运转到吊装平台上后，采用 50t 汽车吊卸货至平台上待安装区域。运输通道不但要考虑吊装顺序，也要考虑材料周转及组装场地空间关系，各主要材料转运必须注意位置和顺序。

4.5.3　屋顶钢结构主要空间关系

本次拟安装的大剧院主舞台屋顶部钢结构，钢梁安装位置的混凝土梁顶高度为 32.06m，安装后顶部高度为 33.15m，南侧观众厅顶部高度为 25.3m，该部分钢结构安装

时，四周其他房建主体工程均已完成，东西向预应力楼面高度为25.3m，舞台东西侧与预应力楼板东西侧距离20m（不包含下部其他楼层外延升宽度）。吊装过程中对汽车吊造成影响的同一安装高度障碍物的高度为33.25m，其中8个为劲性钢柱位。舞台钢结构下部全部为空洞，舞台底部标高为-9.3m，因此，钢结构吊装时，需要在舞台底部上搭设吊装平台。舞台钢结构位置主要空间关系如图7、图8所示。

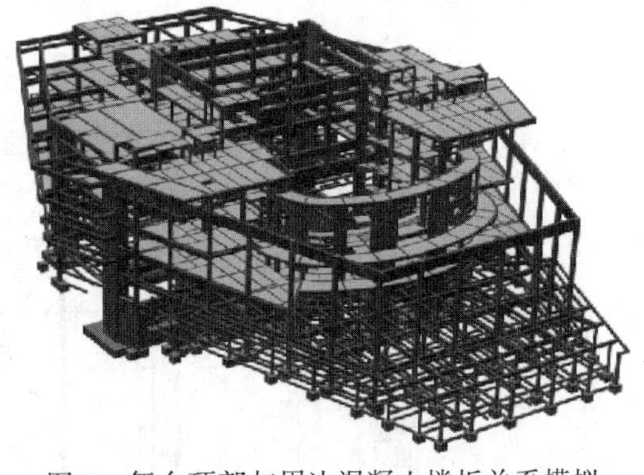

图7　舞台顶部与周边混凝土楼板关系模拟

图8　钢结构与土建主体空间关系模拟

4.5.4　本区域主要构件质量及吊距说明

如构件平面图（图9）所示，GL-1质量26.5t，安装高度33.25m，GL-2单根质量0.35~0.25t，高度分上、下两层，顶层高度33.25m。如图10~图12所示，汽车吊在起吊位置1时，汽车吊中心位于舞台正中心位置时，边侧两个主梁的吊距为10.5m，距第二排主梁中心为6.3m，汽车吊位于吊点2与吊点3位置时，吊点与待吊装主梁中心距离为6.05m；吊车从吊点1移动至吊点2再移动至吊点3的过程及最后工完出场，需注意拔杆方向及起落顺序问题。

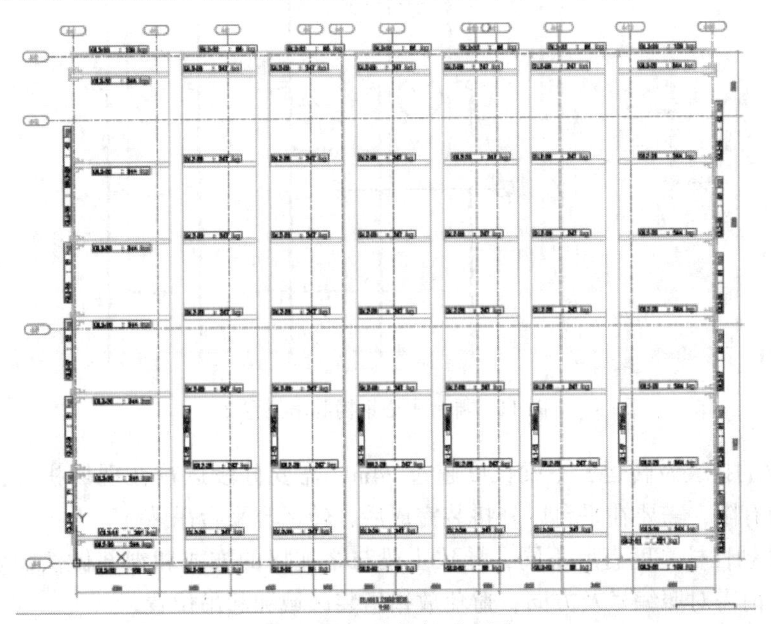

图9　本区域构件平面图

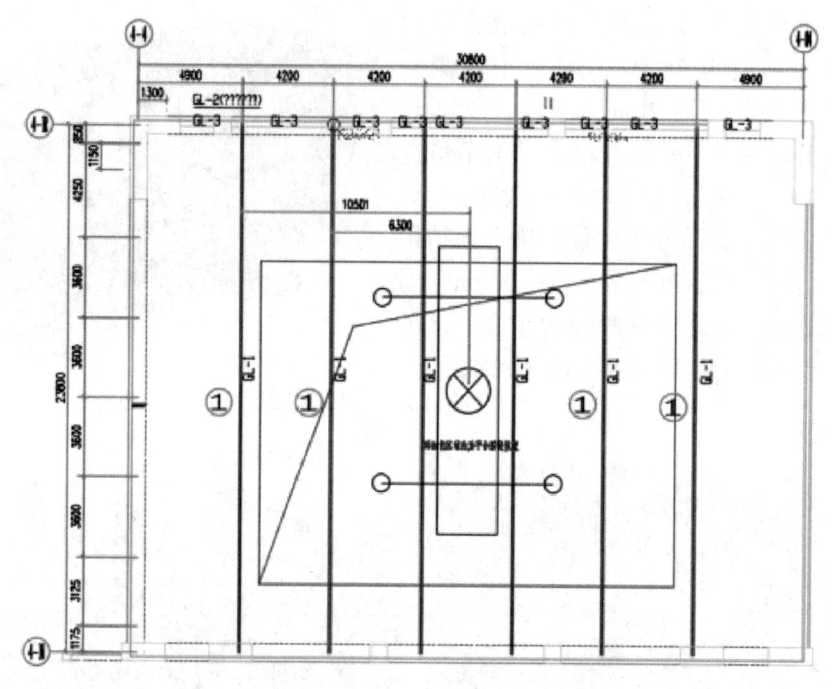

图 10　舞台中心钢构起吊位置 1

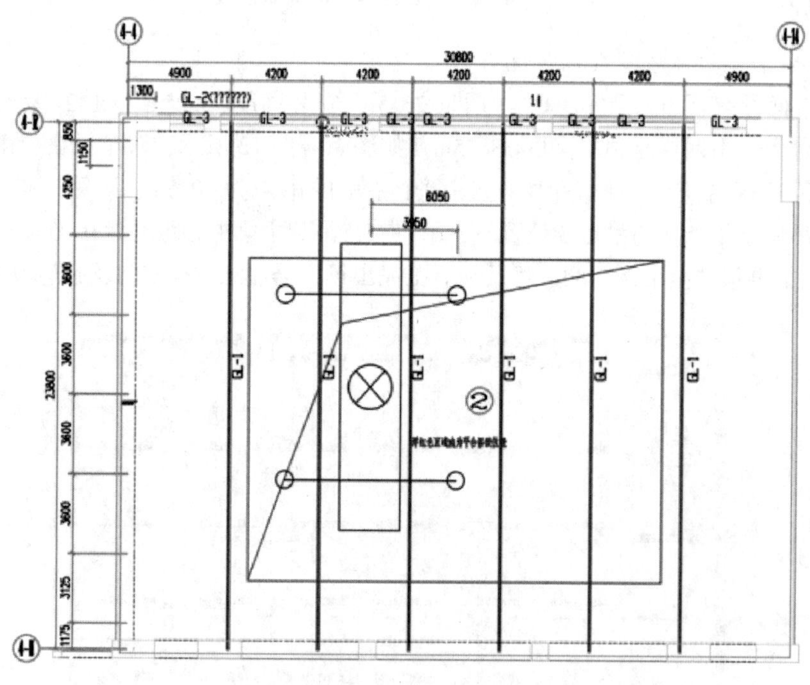

图 11　舞台中心钢构起吊位置 2

（1）主梁的拼装及转运，主梁长度超过 24m，需要分段运输在现场拼装；吊装平台空间及承载能力有限，需要在平台以外拼装完成后，转运至平台吊装。

（2）各个劲性柱高度有所不同，导致主梁与之连接的方式和细部做法需要区分。因主梁不同，安装前需对照编号及方向，避免放错组装区域和起吊位置。

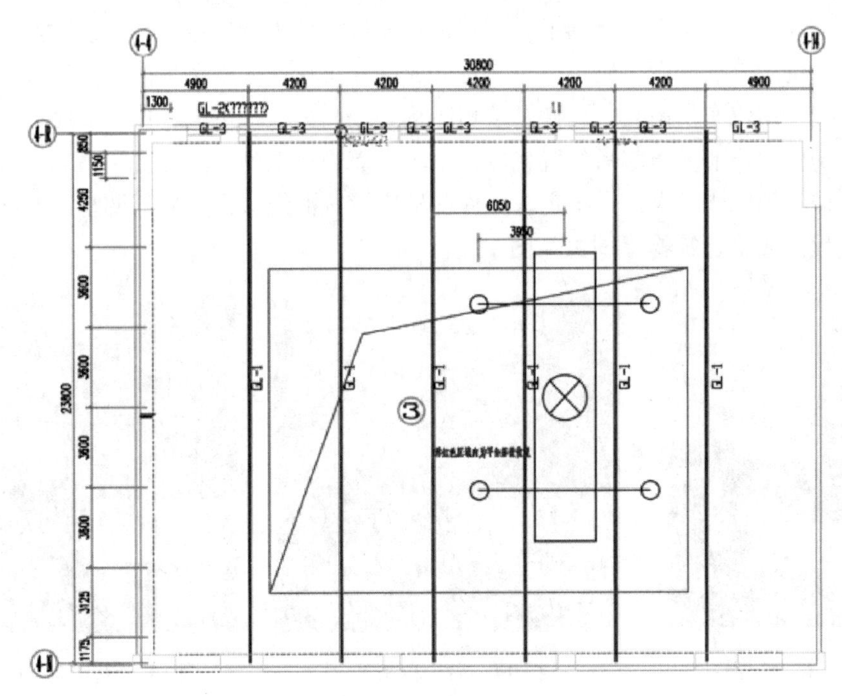

图12　舞台中心钢构起吊位置3

（3）屋顶钢梁安装

按照前文所叙说，6根主梁按照约定数字顺序进行安装主梁，安装主梁的吊点经过三个对应吊点位置，吊车就位后要复核吊点距离，避免起吊无法完成，所有吊点作业前，要按照最后起重实际作业路径，进行一次空转模拟检验吊具、吊高及与其他钢梁的关系问题。

剧院舞台屋面主钢梁首先按结构布置顺序拖运至平台后用汽车吊分件吊装至舞台顶，再用汽车吊及千斤顶配合挪至设计位置，钢梁端底部临时固定在建筑物上，钢梁安装过程中，每完成一段应测量其位置、标高和预拱度，不符合要求应及时校正。

屋面钢结构安装的注意事项：

（1）作业前支撑平台受力点必须对应拟定的汽车吊支腿位置，吊车就位后，必须再次复核，偏移范围不得超出下部受力支点。

（2）作业前复查汽车吊各个主要安全性能，特别是钢丝绳、安全限位、液压装置等。

（3）因为从吊点1转移到吊点2及吊点3过程中，因为下部空间不够，移动过程中，把杆收下来后，不能放下，只能反向立杆，短距离非作业状态移动时也要符合规范要求。

4.6　屋面次梁及楼承板吊装

（1）次梁安装时采用塔吊进行吊装，底层次梁必须先进行安装，次梁安装宜从西往东作业，再用塔吊分跨吊次钢梁并与主钢梁连接，解除临时固定，最后再吊装楼承板，绑扎钢筋浇筑混凝土。

（2）由于次梁HN400mm×200mm×8mm×12mm的质量较小，采用塔吊吊装，当次梁安装使用塔吊时，塔吊必须使用4倍率系统，次梁安装前，宜在次梁安装为设置临时支托，避免塔吊安装精度不能满足要求，并保证安全，就位时的调运速度必须平缓、稳定。

4.7　格栅层钢梁→后天桥→假台口码头分片组装分片吊装

屋顶钢构吊装方式根据结构的大小、位置所确定的。舞台格栅钢梁分片吊装将构件分成左、中、右三片，在吊装平台上调平对齐，再用连接构件进行连接固定，通过汽车吊提升至主体建筑设计位置上。假台口码头按左、右分成两片拼接选用汽车吊吊装，后天桥按左、右分成两片拼接选用汽车吊吊装。构件吊装顺序从一端向另一端进行，按此顺序，采用平板车将材料转运到楼层作业通道起吊位置就位，汽车吊缓慢移动到吊点位置，吊装过程中，汽车吊起升时操作必须同步、慢速、稳定，构件两端应设置溜绳，人为局部调整上升状态、避免构件起升过程中撞击建筑物（图 13~图 15）。

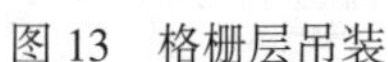
图 13　格栅层吊装　　　图 14　后天桥吊装　　　图 15　假台口码头安装

被吊构件需同步进行监测，在位置、标高、拱度等满足设计要求后才能进行固定，钢构件焊接严格按工艺指导书要求正确选择焊接顺序和施焊参数，减小焊接变形和焊后残余应力。

4.8　屋面混凝土浇筑及中间验收

混凝土制运、浇捣、养护及钢筋制安、支架、模板同钢筋混凝土框架结构，混凝土浇筑振捣时严格控制下料厚度，振捣混凝土时要振捣密实，不得有空鼓。浇筑过程中，派专人值班，振捣棒不得触碰各种预埋件，以免造成松脱、移位、漏浆。

4.9　吊装平台拆除及区域协调事项

钢结构安装验收合格后方可对吊装平台进行拆除，拆除顺序自上而下有序拆除，首先拆除上层路基钢板、结构梁、型箱梁，其次为下层钢管柱、斜支撑及其他水平支撑，拆除后的构件有序堆放，统一专人装车运出场外。

由于本次安装时土建主体部分基本完成，装修部分必然陆续进场，多工种作业，安全风险大，针对本区域施工工序面临问题提出解决办法。

5　结语

（1）本施工方法在现场制作吊装平台，采用钢平台逆作法对舞台顶钢结构及工艺钢结构施工，基本不受建筑造型影响。仅花费少量人工及材料费用，可以大幅减少机械台班费用。经统计采用本施工方法与采用大型塔吊吊装相比可节约费用 60%以上，节约工期 40%。

（2）采用本施工方法，绝大多数构件在地面可以完成安装及焊接工作，即使采取分段吊装、空中拼接的方法，也能提供安全可靠的操作空间，施工安全性及施工质量大大提高。整个施工过程受到业主和专家的一致好评，获得良好的社会效益。

（3）本施工方法所需设备及使用材料可以循环利用，绿色环保；通过减少对机械的使用和工期的缩短，减少了各种废料的产生及二氧化碳的排放，有利于环境保护。

（4）采用本施工方法，绝大多数钢构件在吊装平台通过汽车吊完成吊装施工，而非搭设满堂支架或使用塔吊，能够大幅度提高吊装效率，节约大量人工和机械台班费，减少了人工高空作业工作量，减少了对施工场地的局限性，安全性得到提高，有较好的经济性。

参考文献

［1］ 中华人民共和国住房和城乡建设部．钢结构设计标准：GB 50017—2017［S］北京．中国建筑工业出版社，2018.

［2］ 中华人民共和国住房和城乡建设部．建筑工程施工质量验收统一标准 GB 50300—2013.［S］北京．中国建筑工业出版社，2013.

［3］ 中华人民共和国住房和城乡建设部．钢结构工程施工质量验收标准 GB 50205—2020.［S］北京．中国计划出版社，2020.

［4］ 建筑施工手册第五版编委会．建筑施工手册：第五版．［M］北京．中国建筑工业出版社，2012.

地道桥斜交顶进 MIDAS 数值分析

辛亚兵[1] 刘 颖[3] 张明亮[2] 陈 浩[2]

1. 湖南建工交通建设有限公司，湖南 长沙 410004；
2. 长沙理工大学土木工程学院，湖南 长沙 410114
3. 湖南建工集团有限公司，湖南 长沙 410004

摘 要：为保证大交角浅覆土地道桥斜交顶进施工安全，以湖南平江至益阳高速公路NK1+100.2 地道桥顶进施工为工程背景，采用开发的地道桥顶进力计算软件计算斜交地道桥最大顶进力值；利用有限元软件 MIDAS GTS 建立地道桥和土体有限元模型，分析了顶进施工过程中箱体应力和土体位移分布规律，研究结果为地道桥顶进施工提供参考。

关键词：地道桥；最大顶进力；大交角；数值分析；有限元

地道桥顶进施工方法具有施工速度较快、对既有线路交通干扰较小等优点，在线路交叉施工中应用较为普遍[1-2]。但是由于受顶进力、地质条件等影响，箱体在顶进过程中的应力分布和箱体周边土体变形比较复杂。数值分析是研究地道桥的顶进结构及涵周土体的受力与变形特性方法之一。郭瑞[3] 采用 Marc 有限元软件建立浅覆土（与既有路线交角为 45°，平均覆土厚度 3.6m）地道桥有限元模型，分析了不同顶进长度、覆土厚度及摩阻系数对地道桥顶进结构应力应变变化规律。朱士东[4] 采用 ANSYS 建立了顶进框架桥（斜交角为 89.422°，覆土厚度为 2.2~2.5m）有限元模型，分析顶进过程中累计沉降值及其分布规律。周广友[5] 采用 FLAC 有限元软件建立了顶进框架桥（斜交角为 80°，覆土厚度为 1.55m）有限元模型，分析了顶进过程中路面沉降规律，研究表明，在顶进中箱涵中轴线正上方沉降值最大，最大值为 40mm。朱建栋[6] 采用 ANSYS 建立地道桥与土体有限元模型，分析了地道桥结构应力分布规律，从而为地道桥结构设计提供参考。

为研究大交角、浅覆土地道桥顶进施工中箱体应力特性和周边土体位移规律，以湖南平益高速公路 NK1+100.2 地道桥（斜交角为 135°，平均覆土厚度为 1.2m）顶进施工为工程背景。利用开发的基于钢盾构施工地道桥顶进力计算程序计算最大顶进力值；采用 MIDAS GTS 软件建立地道桥和周边土体有限元模型，分析了顶进过程中箱体应力和周边土体的沉降规律，从而为地道桥顶进施工提供数据参考。

1 工程概况

湖南平益高速平江南互通 NK1+100.2 地道桥长度为 48.0m，宽度为 16.9m，高度为 9.5m，顶板、侧壁厚度为 1.2m，底板厚度为 1.3m，地道桥内净宽为 14.5m，净空为 7.0m，路面及铺装层总厚度 65cm，顶部平均覆土厚度为 1.2m，其与已通车运营武深高速交角为 135°，地道桥采用 C40 混凝土浇筑。施工采用钢盾构法顶进施工。图 1 为地

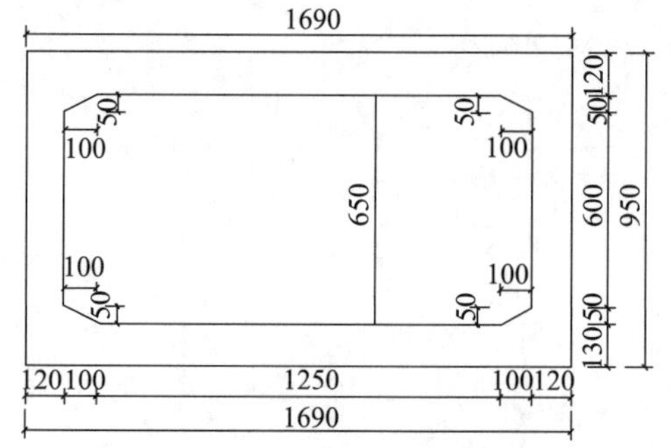

图 1 地道桥横截面尺寸（单位：cm）

道桥横截面尺寸图。

2　数值分析方案

2.1　有限元模型

利用有限元软件 MIDAS GTS 建立地道桥的有限元模型。其中土体部分采用实体单元建立，上下一共分为4层土体；地道桥结构也采用实体单元建立。为了更好地模拟出地道桥与周围土体的相互作用，本文特别对地道桥及涵周土体接触单元部分进行了网格加密处理，共划分118996个网格单元以及98198个节点。图2为地道桥有限元模型。

图2　地道桥有限元模型

2.2　参数选取

2.2.1　材料参数

地道桥周边土体以摩尔-库仑模型作为分析的本构模型。从工程地质资料可知，地道桥周边土体自上而下依次为粉质黏土、全风化泥质粉砂岩、强风化泥质粉砂岩、中风化泥质粉砂岩，其主要物理力学参数见表1。地道桥结构采用弹性本构进行分析。根据工程项目概况可知，地道桥采用C40钢筋混凝土，依据相关规范查得混凝土材料参数。

表1　土体计算参数表

材料分类	土层厚度（m）	弹性模量（MPa）	泊松比	密度（kN/m^3）	黏聚力（kPa）	内摩擦角（°）
全风化泥质粉砂岩	0.8	13.5	0.35	20	38	18
强风化泥质粉砂岩	3.2	23.5	0.34	21	40	20
中风化泥质粉砂岩	19.7	900	0.28	23	100	35

2.2.2　顶进力计算

采用自主研发的箱涵斜交顶进力计算程序（软件著作权登记号：2021SR0430413）计算地道桥最大顶进力值[7]。图3为最大顶进力计算程序操作界面。输入地道桥结构参数，土体参数和车道参数，即可输入最大顶进力计算值，本文计算取最大顶进力为22532.55kN。

2.3　分析工况

采用分段逐步顶进的形式进行地道桥顶进施工模拟。将箱涵分为数个2m长的小段，每一个工作步中，箱涵都向前顶进2m，通过对箱涵涵底板施加顶力作用，研究每个工作步箱涵结构的受力及位移情况。为了方便对比分析，可将箱涵顶进整体过程分为：空顶阶段（箱涵尚未进入土体阶段）、涵身入土1/6阶段、涵身进入1/3阶段、涵身入土1/2阶段、涵身入土2/3阶段、涵身入土5/6阶段、涵身全部入土阶段。表2为地道桥顶进数值模拟工况标。图4为不同阶段地道桥和土体网格划分。

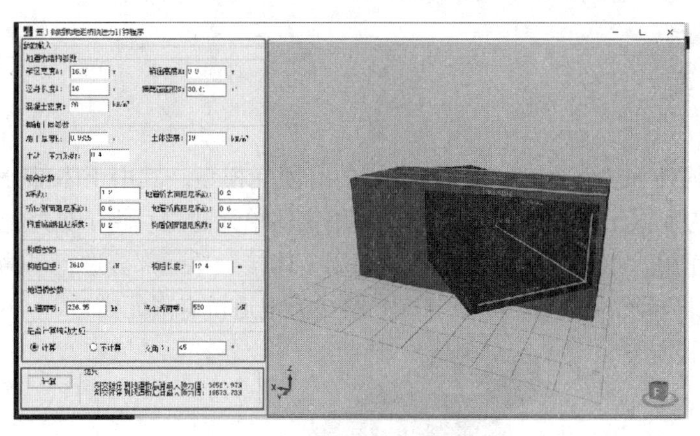

图 3　顶进力计算程序操作界面

表 2　地道桥顶进数值模拟工况

空顶阶段	涵身顶进 1/6 阶段	涵身顶进 1/3 阶段	涵身顶进 1/2 阶段	涵身顶进 2/3 阶段	涵身顶进 5/6 阶段	完全顶进阶段
工况 1	工况 2	工况 3	工况 4	工况 5	工况 6	工况 7

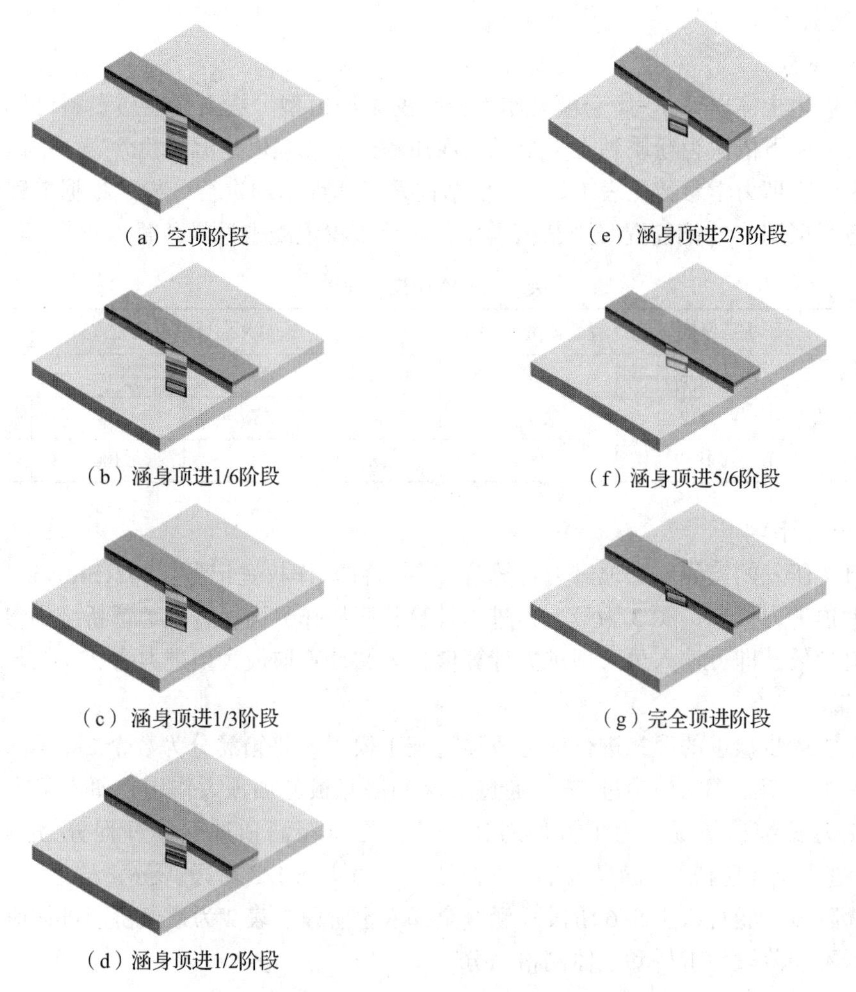

（a）空顶阶段

（b）涵身顶进1/6阶段

（c）涵身顶进1/3阶段

（d）涵身顶进1/2阶段

（e）涵身顶进2/3阶段

（f）涵身顶进5/6阶段

（g）完全顶进阶段

图 4　不同顶进阶段地道桥和土体网格划分

3　数值计算结果及分析

3.1　位移计算结果

图 5 为地道桥顶进 1/2 阶段位移云图。由图 5 可知，地道桥顶进过程中，顶进部分地道桥上部土体位移是位移发生主要区域，最大位移发生在地道桥前端中部上方土体，最大位移为 6.0mm。

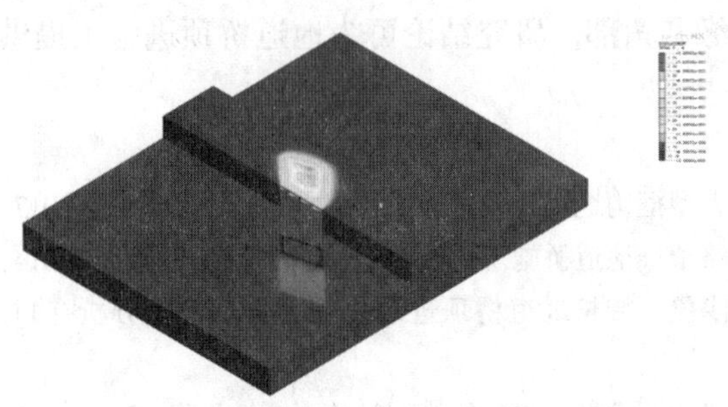

图 5　地道桥顶进 1/2 阶段位移云图

3.2　应力计算结果

图 6 为地道桥顶进 1/2 阶段地道桥应力云图。由图 6 可知，在顶进过程中，沿 X 轴方向地道桥最大应力出现在地道桥顶部上边缘，最大应力为 10.1MPa；沿 Y 轴方向地道桥最大应力出现在地道桥顶部下边缘，最大应力为 6.9MPa；沿 Z 轴方向地道桥最大应力出现在地道桥侧面外边缘，最大应力为 3.9MPa。

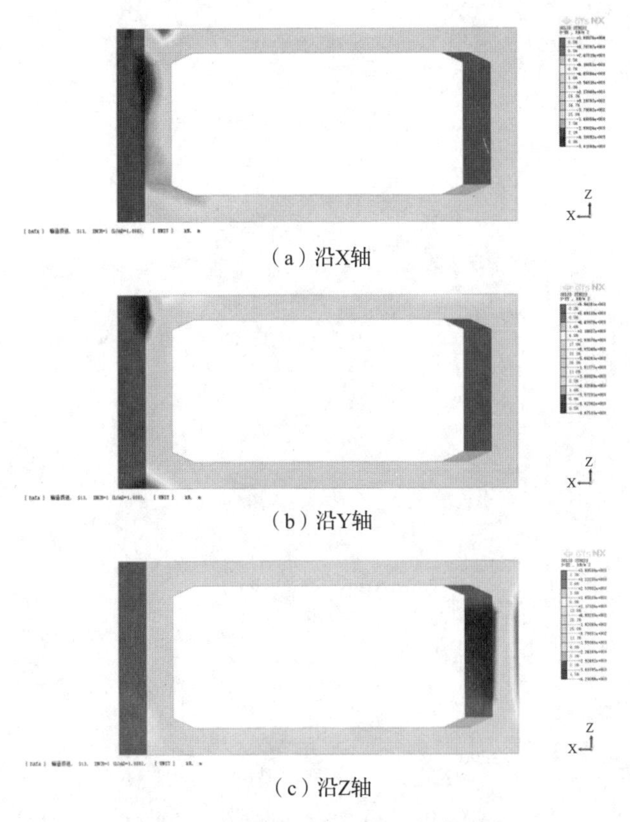

（a）沿X轴

（b）沿Y轴

（c）沿Z轴

图 6　地道桥顶进 1/2 阶段应力云图

4　结语

以湖南平江至益阳高速公路 NK1+100. 2 地道桥顶进施工为工程背景，采用开发的地道桥最大顶进力计算软件计算斜交最大顶进力值；利用 MIDAS GTS 有限元软件建立地道桥和土体有限元模型，分析了顶进施工过程中箱体应力和周边土体位移分布规律：位于顶入部分地道桥上部土体是位移发生主要区域，最大位移位于地道桥前端中部的上方土体；地道桥最大应力分布在箱体外边缘和角部。研究结论可为地道桥顶进施工提供参考。

参考文献

[1]　叶元春．下穿铁路的大型框构地道桥顶进施工技术［J］．市政工程，2017，10：1552-1554.

[2]　郑大轩．下穿高速公路顶推地道桥施工风险管理［J］．交通标准化，2014，42（9）：126-128.

[3]　郭瑞，王枫，洪刚．浅覆土特长地道桥顶进结构受力特性数值分析［J］．公路交通科技，2017，34（6）：94-98.

[4]　朱士东，徐振源．框架桥顶推设计与数值模拟计算［J］．公路，2019，11：94-97.

[5]　周广友，李聪，胡勇，等．箱涵顶进施工过程中路面沉降的数值模拟分析［J］．公路工程，2020，45（3）：29-37.

[6]　朱建栋，杜守继，付功义．地道桥结构与土相互作用的有限元分析［J］．岩土力学，2004，25（2）增刊：305-309.

[7]　辛亚兵，陈浩，谭鹏，等．基于钢盾构箱涵斜交顶进力计算程序开发与应用［A］．中国土木工程学会 2021 年学术年会论文集［C］. 2021.

无人机在幕墙工程中的应用

蒲　勇　谭　凯　廖　洋　贾晓叶　张　印

中建五局装饰幕墙有限公司　长沙　410004

摘　要： 施工现场的管理关系着整个工程建设项目的质量、安全，随着多年的工程建设发展，各家单位均制定了完善的管理体系及流程。而幕墙的施工，多为较高的外立面施工，其现场管理存在一定程度的特殊性，常规的视觉检查不易实施，因此随着民用无人机科技的进步，为幕墙的现场施工管理提供了新的途径。其便捷性及在复杂空间外立面的观测应用，进一步提高了现场管理效率和生产施工效率，进而保障项目的质量、安全处于可控状态。

关键词： 无人机；幕墙；施工管理；质量；安全

1　无人机在工程建设中的应用现状

现阶段，无人机的数字化应用技术日新月异，由于其高机动性和快捷的检测效率，且受空间、高度、设备、人员影响的因素较少，在工程建设中容易实现对空间物体的多角度信息捕获，从而助力现场高效施工管理。从无人机航拍形象进度到无人机巡航现场区域规划，再到无人机测绘扫描，将无人机强大的空间视觉优势发挥得淋漓尽致。在外立面幕墙施工中，无人机更具应用优势，笔者将结合幕墙施工过程明细，展示其应用特点。

2　无人机在幕墙视觉样板中的应用

幕墙工程在现场大面施工前，均会实施视觉样板。一方面是作为后续施工的依据，更重要的是为业主展示设计效果。而幕墙装饰属于空间装饰，特别是涉及空间异型造型的装饰，其受观测角度、天气、日照情况及装饰材料的光泽度和颜色选择的影响较大，因此，常存在样板验收后，因不同时间段的观测，业主方认为效果不一致，不美观，从而导致返工拆除的现象发生；或因观测角度和距离不佳，设计效果无法完全展现而导致样板未通过验收。

在此，无人机的高机动性及空间视觉无约束的优势得以体现。我们通过操作无人机，从远到近、到空间多角度的视频录制，再到不同时间段的不同光照条件下的巡航，统一制作样板展示影像资料，更有利于展示设计效果，助力幕墙样板施工及验收，图1即为某项目无人机巡航样板的实际影像。

3　无人机在幕墙施工管理中的应用

3.1　无人机在幕墙施工质量管理中的应用

幕墙施工多为外架拆除后，采用吊篮或高空车等机械设备进行。而构件式幕墙的龙骨安装施工过程中，存在大量的焊接作业，而焊接质量的检查多为目测法。但幕墙的焊接隐蔽位置多随空间高度和角度变化而变化。在以往的幕墙项目质量管理过程中，多为开动吊篮进行检查，但每台吊篮所覆盖的施工区域极为有限，且吊篮的升降速度有限，因此导致质量检查效率极慢且覆盖面不全。那么采用无人机的近景巡航，配套使用镜头变焦，就可以在避开吊篮等措施结构障碍的前提下，实现高效的焊接质量目测检查，如焊渣是否剔除，是否满焊接，是否夹渣、气孔、咬边等。采用此方法可采取两人成组，一人操作无人机，一人记录质量问题记录并进行定位编号，以此实现焊接质量问题的精准定位、精准整改和快捷复查，从而保证幕墙龙骨结构安全。图 2 为某项目采用无人机检查焊缝的实景。

图 1　某项目视觉样板巡航影像资料

图 2　无人机进行焊缝质量观测检查

另外，幕墙工程的防水性能是幕墙重要关键性能，尤其是涉及屋面防水的项目。其出现漏水的主要原因之一就是在抢工阶段漏打密封胶，且在一些异型幕墙中，人员不易上下，其胶缝的质量检查更无从说起，因此往往是出现漏水后，再去渗漏区域进行逐一排查，而在这过程中，已经造成了因渗漏导致的其他装饰等实体损失。那么，在密封胶施工过程中，我们采用无人机巡航，就可以实现在人员不易到达的地方进行全覆盖密封胶施工检查，可以高效检测出是否漏打，是否有气孔、开裂等问题，从而实现在施工过程中就解决渗漏隐患，避免财产损失。

3.2　无人机在幕墙施工安全管理中的应用

幕墙施工多为高处作业，其临边作业、高处作业和消防贯穿整个项目施工过程。因此如何做好施工安全管理，也是工程建设的重点工作。在以往幕墙项目的日常安全检查中，均为安全监督人员随机走场检查和定期的专项检查。其存在当项目体量大时，安全监督人员无法实现安全检查全覆盖。因此，出现了智慧工地和定点安检摄像系统的应用，但此系列的数字化监测措施仍处于初期阶段，功能还不完善，需要进一步发展。那么在这一时间段内，采用无人机进行安全检查就可以填补大部分的安全检查空白。比如幕墙施工中临边防护是否完整，吊篮内作业人员是否悬挂安全带，吊篮限位盘是否缺失等。利用无人机的高机动性，我们可以实现复杂错台环境下，各项安全设施的日检查，进一步保障项目的安全施工。

3.3　无人机在幕墙施工现场进度管理中的应用

幕墙施工的进度管理，在于现场材料的平面管理和立面形象管理。在平面管理过程中，我们可以通过无人机巡航，灵活地划分平面布置，进行材料和设备的调配，继而保障项目履约（图3）。

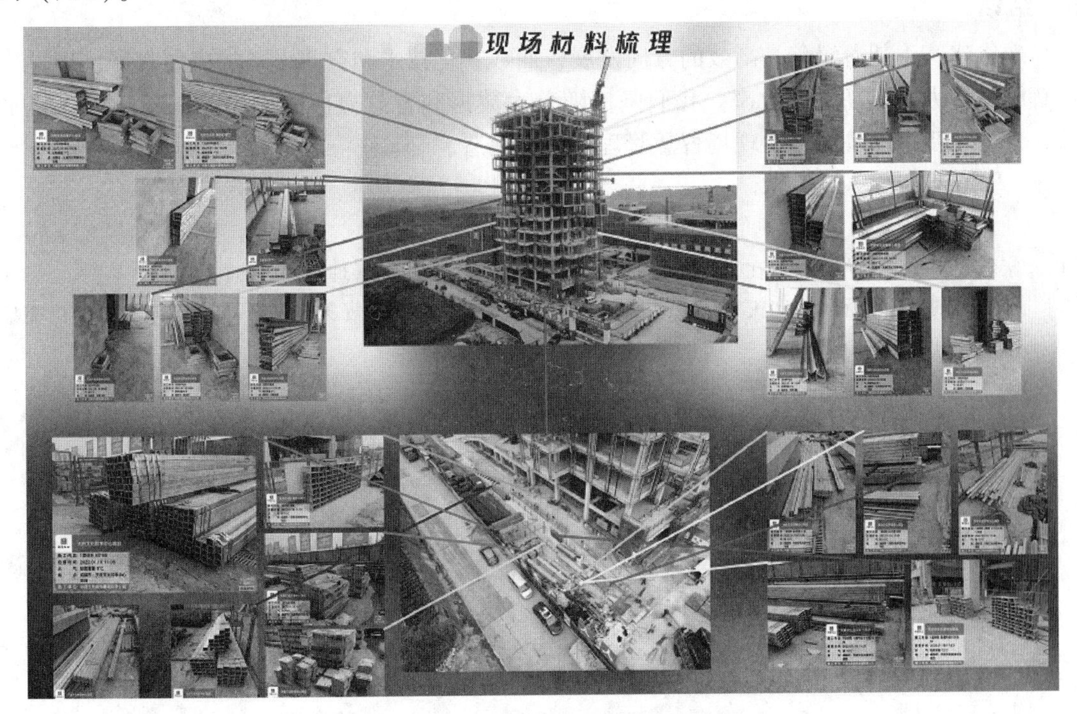

图3　无人机助力平面材料管理一览图

在幕墙施工的面板安装阶段，现场面板的梳理和查缺补漏显得尤为重要。通过无人机的高空拍摄，再对比排板图，可以清晰地得到面板缺失或遗漏信息，从而实现快速补单，进一步保障项目整体完工。图 4 即为某项目面层查漏影像。

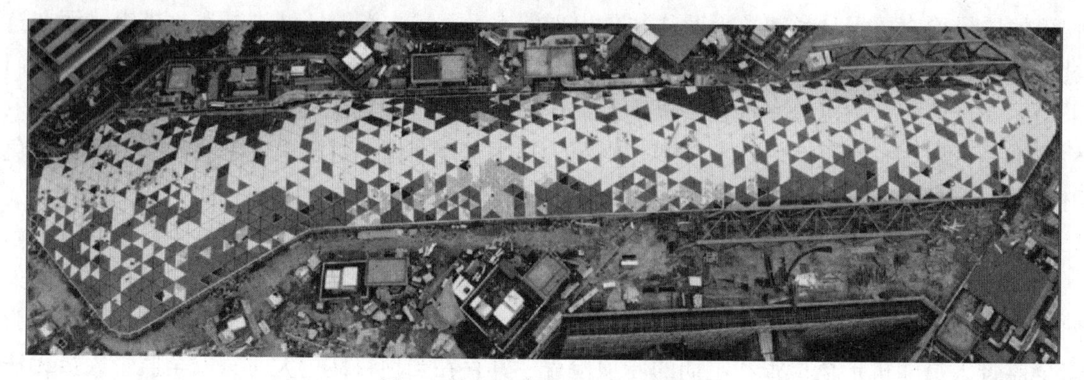

图 4　无人机助力面层查漏影像

4　实际应用中的问题

在现阶段的实际应用过程中，无人机的应用仍存在一些问题，亟待解决和提升。例如电池续航能力略显不足。在幕墙工程的巡航过程中，由于拍摄角度、范围等因素限制，需要层与面的多次拍摄配合，尤其需大量细部取景，因此幕墙工程量较大或造型较为复杂的工程需要频繁更换电池。其次，对无人机巡航成果的确认仍需长时间的人工校核，尚缺乏基于 BIM 或 AI 的智能辅助评判。若能实现相关的技术应用开发，将进一步解放生产力，提高管理效率。

5　结语

现代建筑正朝着绿色、高效的方向发展，而数字化技术和空间设备的应用发展，当进一步解放生产力，提高施工效率。我们坚信随着大数据和智慧摄像的应用，搭载于无人机平台，将进一步推动幕墙施工现场智慧管理，快速建造。

参考文献

[1]　宁新龙．浅谈无人机航拍在工程建设中的应用［J］．水利建设与管理，2019（1）：54.

[2]　任江，刘莹颖．无人机在工程建设领域的应用与发展［A］．2014（第五届）中国无人机大会论文集［C］，2014，734~738.

可独立拆卸抗震铝板装配式施工技术

田周周　安佰兴　李思洋　易望春　谢腾云

中建五局装饰幕墙有限公司　长沙　410000

摘　要：轨道交通作为重点民生工程，在满足设计效果和功能性的情况下同时要尽量减少施工成本、节能环保。地铁站房墙面铝板干挂形式多样，人流量大，经常存在碰撞现象，导致需要更换铝板，铝板大多采用螺钉固定形式，这种方式需要拆除铝板才能更换，且二次更换重新固定会对原有钢结构进行二次开孔破坏，从后期维护的方便性、抗震性、安装精度、施工周期等有非常大的弊端，从此方面入手本文介绍了一种不仅满足铝板可单块拆除，同时又满足安装快捷的装配式抗震铝板安装方式。

关键词：地铁；墙面；可拆卸；抗震；铝板

1　技术特点

1.1　结构简单、施工速度快、精度高、抗震性能好

地铁站房铝板墙面钢龙骨结构使用单独竖向龙骨形式替换了传统横竖钢龙骨形式，取消了横向钢龙骨，并将钢挂件与橡胶圈在厂家成品加工，减少了现场施工工序和现场施工造成的铝板墙面不平整情况，大大缩短了施工周期，不仅满足了每块铝板可单独拆卸，并提高了墙面铝板的平整度和抗震性，从而达到快速建造，减少施工成本投入。

1.2　维修成本低、绿色环保

一是地铁站房墙面可拆卸式抗震铝板施工工法实现了每块铝板可单独拆卸，后期运营造成的铝板损坏，每块可单独更换，降低了维修成本和维修周期；二是专业厂家对橡胶圈和钢挂件集中加工生产，减少了现场施工对橡胶垫的材料浪费，有利于环境保护。

2　技术原理

根据前期土建专业移交的现场土建一米线和轴线，与图纸尺寸结合，放出现场装饰一米线与轴线，根据现场尺寸进行综合排板图绘制，然后现场进行放线，包括墙面龙骨完成面线、竖向龙骨定位线、角码定位线、铝板完成面线、踢脚完成面线、地面完成线。

根据现场放线尺寸数据对铝板尺寸、挂件点位、挂件形式进行深化。对钢龙骨与成品钢挂件进行现场集中加工安装，在现场按照放线点位对预埋板进行钢龙骨安装，最后安装铝板即可，实现一次性安装到位，减少材料浪费和避免后期现场施工出现技术性错误造成施工周期延长。

3　实际工程应用

以重庆市轨道交通九号线一期工程项目——青岗坪站为实际载体，归纳总结出可独立拆卸抗震铝板装配式施工技术。该技术墙面钢龙骨结构使用单独竖向龙骨形式替换了传统横竖钢龙骨形式，取消了横向钢龙骨，并将钢挂件与橡胶圈统一在生产阶段集成加工，提高了安装精度，在现场对钢龙骨与挂件集中加工预拼装，大大缩短了施工周期，不仅每块铝板可单

独拆卸，并提高了墙面铝板的平整度和抗震性，有效地减少了现场施工工序和缩短了施工周期。

3.1　工程概况

重庆市轨道交通九号线一期工程装饰工程12标青岗坪站为地下2层局部4层的岛式明挖车站。车站共设7个出入口、3组风亭和3个安全出入口，车站主体及附属工程均采用明挖法施工；车站总长361.8m，标准段宽23.3m，有效站台长度为140m，宽13m，墙面铝板工程量约2700m^2。

3.2　工艺及流程（图1）

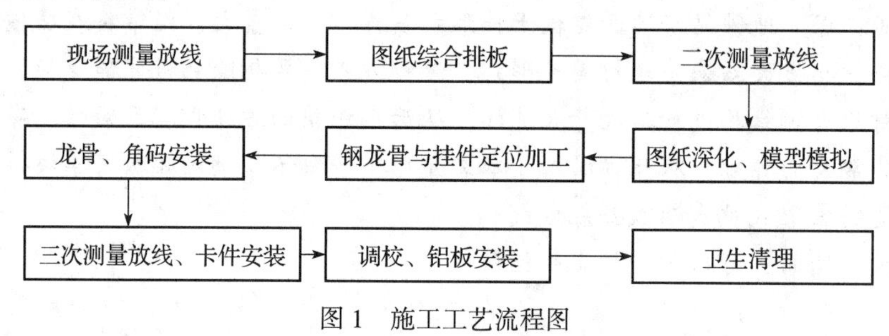

图1　施工工艺流程图

3.3　操作要点

3.3.1　现场测量放线、图纸综合排板

（1）根据前期土建专业移交的现场土建一米线和轴线，与图纸尺寸结合，放出现场装饰一米线与轴线。

（2）依据现场实际尺寸绘制综合排板图（图2），墙面所有专业点位进行强制定位，并所有专业对装饰专业进行开孔大小进行交底。

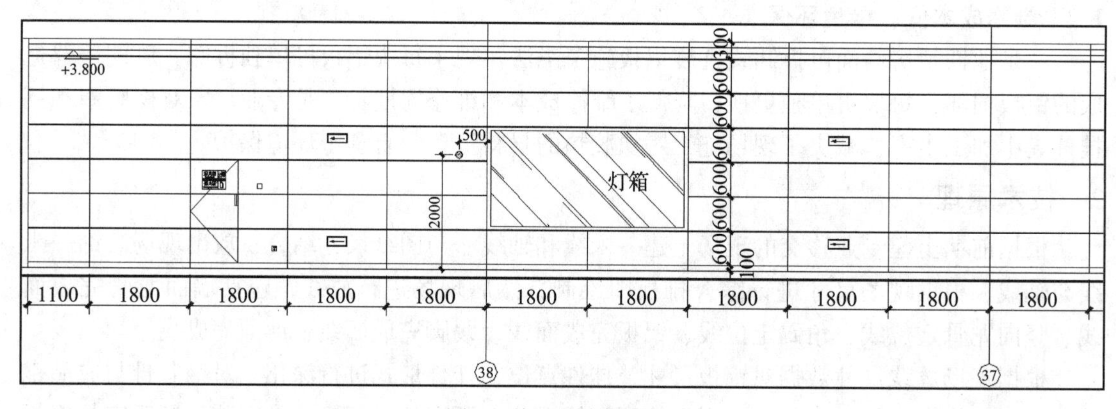

图2　墙面综合排板图

3.3.2　二次测量放线、图纸深化

（1）根据现场尺寸进行放线工作，墙面龙骨完成面线（图3）、竖向龙骨定位线（图4）、角码定位线、铝板完成面线、踢脚完成面线、地面完成线。

（2）根据现场放线尺寸数据对铝板尺寸及两侧挂口尺寸、成品挂件尺寸及点位、挂件安装方式进行图纸深化，按照1∶1比例模型建立，使用REVIT软件绘制成三维模型对安装方式及尺寸进行模拟安装。

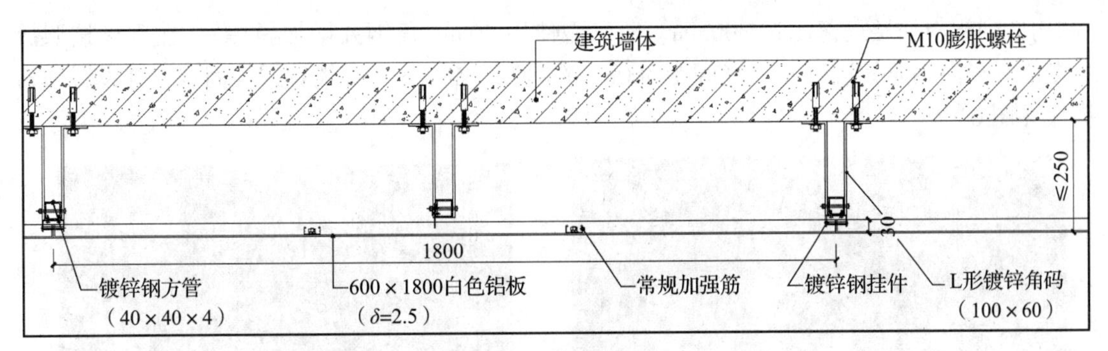

图3　铝板墙面横剖节点图

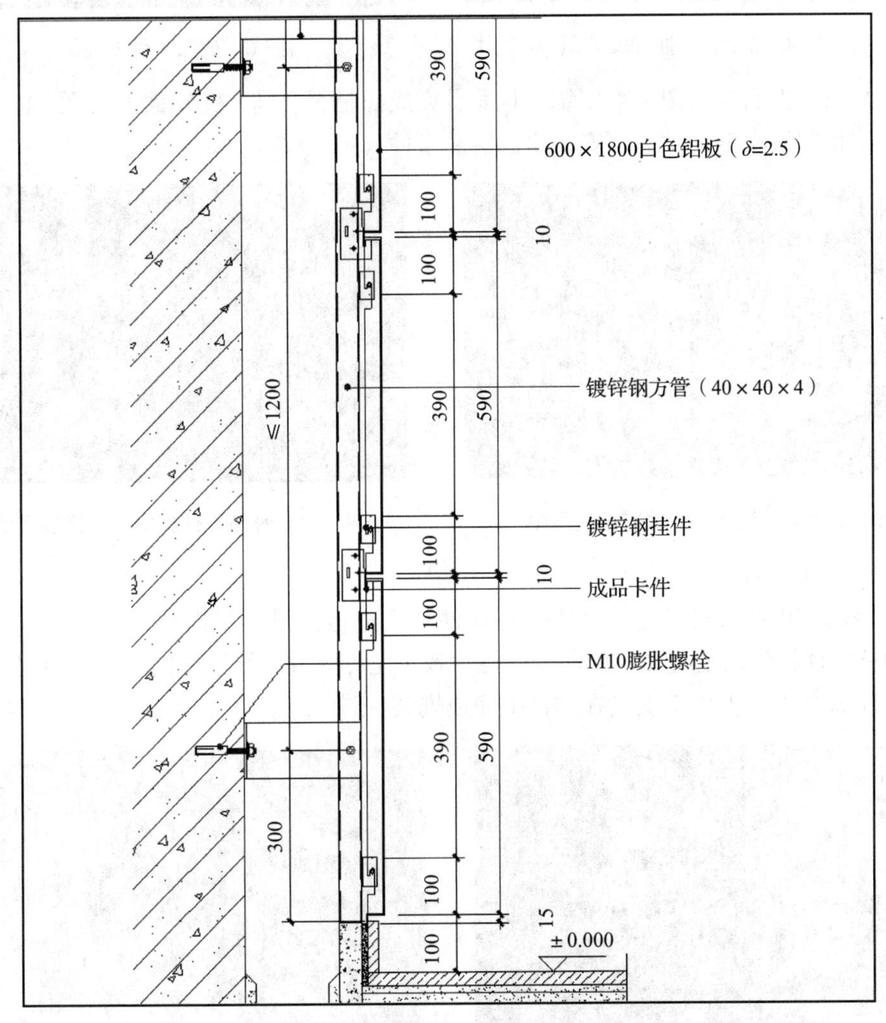

图4　铝板墙面纵剖节点图

3.3.3　钢龙骨、挂件定位加工、龙骨、角码安装、三次测量放线、卡件安装

（1）根据深化图纸与综合排板图尺寸，在现场对钢龙骨与成品钢挂件进行现场集中加工拼装（图5）。

（2）根据现场角码定位线使用M10mm膨胀螺丝固定角码，角码上、下间距≤1200mm，

（结构面到铝板面层局部超过 300mm，角码需使用 50mm 角钢并增加斜撑），在现场按照放线点位对竖向钢龙骨进行安装（间距 900mm），使用 M8mm 对穿镀锌螺栓固定，并设置弹簧垫片（图 6）。

图 5　成品定制钢挂件安装图

图 6　成品卡件安装图

（3）复核挂件高度与图纸高度统一且龙骨完成面是否在同一完成面上（图 7）。

（4）根据图纸在钢龙骨侧面安装定制成品卡件（图 8）。

图 7　龙骨、挂件、卡件安装模型图

图 8　钢龙骨与挂件集中加工拼装实景图

3.3.4　调校、铝板安装

（1）现场使用经纬仪对龙骨完成面与挂件高度进行测量，对部分角码高度、龙骨完成面进行调整，使挂件高度与加工图高度保持一致、龙骨完成面统一在同一完成面（图 9）。

（2）铝板从下往上依次安装在挂件上完成安装（图 10）。

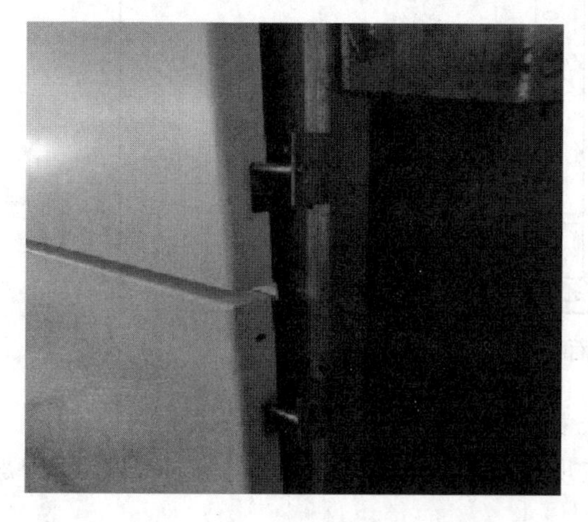

图 9　成品钢挂件与铝板连接现场照片

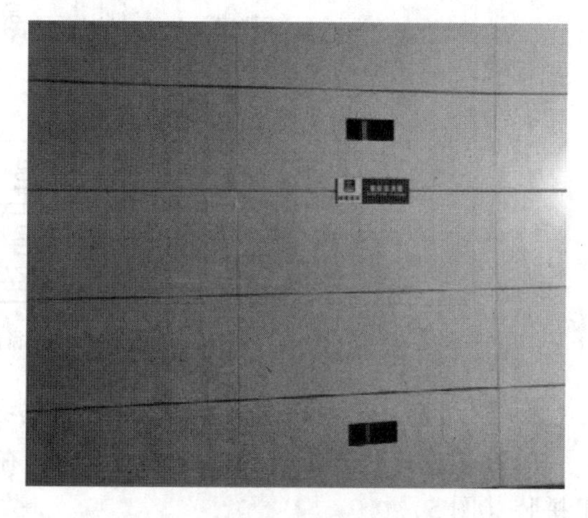

图 10　铝板面板安装现场照片

4　结语

该施工技术墙面钢龙骨结构使用单独竖向龙骨形式替换了传统横竖钢龙骨形式，取消了横向钢龙骨，并将钢挂件与橡胶圈统一集成加工，提高了安装精度，在现场对钢龙骨与挂件集中加工预拼装，大大缩短了施工周期，不仅每块铝板可单独拆卸，并提高了墙面铝板的平整度和抗震性，通过技术的成功应用，地铁站房墙面结构施工简单、基础结构定位准确，有效地减少了现场施工工序和缩短了施工周期。

参考文献

[1]　中华人民共和国国家质量监督检验检疫总局，建筑装饰用铝单板：GB/T 23443—2009 [S]. 北京：中国标准出版社，2009.

[2]　寇琦，装饰内墙干挂复合板施工技术 [J]. 陕西建筑，2019，5：80-83.

[3]　段兴华 . 地铁站房装修施工特点及管理对策 [J]. 现代城市轨道交通，2015，(4)：65-68.

ESG 理念下的绿色施工技术与管理创新实践——以机电安装企业为例

冷　天

湖南天禹设备安装有限公司　株洲　412000

摘　要：针对建筑企业对于绿色施工创新普遍动力不足的问题，提出了引入 ESG 理念，将其与企业管理制度融合。首先介绍了现阶段建筑业在资源消耗中的不足之处，然后分析了在 ESG 理念下，如何有针对性地在绿色施工管理与技术上进行创新，最后得出的结论是，建筑企业从创新中可以获得丰厚的回报。

关键词：ESG；绿色施工；创新

1　引言

目前，在建筑业生产工艺和生产过程中，随着建筑业技术水平的提高，可以降低能源消耗，提高能源利用水平。而企业通过提高自身施工工艺、更新施工机具设备，加速自身生产效率以及施工设备的能源利用水平，降低能源损耗，节约生产成本。

2007 年，国资委印发了《关于中央企业履行社会责任的指导意见》，明确提出了央企有必要认真承担社会职责，做到公司与社区、环境的全面协调和可持续发展的义务。而企业加强生态环境保护的重要举措就是减少污染物排放和使用清洁能源。ESG 是 environment（环境）、social（社区）和 governance（管理）的缩写，作为国内外流行的一种企业可持续发展重要指标，受到越来越多的关注。但建筑业国企也应该在环保等方面起带头作用，企业应该率先采取管理改革和技术创新，通过引入新的生产设备和技术，以降低污染排放量，提高土地资源利用率，从而达到企业可持续发展的目标。所以，在建筑业国企中引入 ESG 的经营理念，有利于企业实现健康科学的发展，也有利于企业落实创新、安全、绿化、开放式、资源共享的理念。

2　建筑业资源消耗现状

2.1　能源消耗

目前我国建筑业使用的能源多以煤、柴油和汽油产生电能为主，煤与油类能源消耗比重较大。能量消费构成对能量效率起了很大的作用，通过对能量消费结构加以科学合理地调节，可以大大提高能量的利用效率。例如在施工现场的夜间照明、施工人员的生活用电等方面，应该尽可能使用可再生能源，如太阳能和风能等。同时，还应注重提升可再生能源在建筑领域中的应用水平，例如利用太阳能进行采暖和制冷的技术、污水热泵技术、沼气与生活垃圾的利用、地热的分梯级使用等的应用和推广；对施工现场附近工矿企业所产生的余热余压的使用，等等，以节省化石能源和电能的投入。

2.2　建筑材料消耗

建筑安装工程会耗费大批建筑材料，而这些材料一方面取自于自然资源，另一方面又组成了施工成本的主要方面。在我国传统的水电安装中，由于各种管材、线缆、板材等建筑材料的基础工艺技术比较落后，各厂商在生产此类建筑材料时耗费了巨大的资源，加之部分建筑材料自身也存在着一定污染性，与环保的设计理念不相适应。同样，在设计阶段，因为未能考虑周全，也会造成建材的实际消耗量过大。

2.3　水资源消耗

在现场施工中，水资源的消耗量是十分庞大的。在给水体系中，如果竖向分区中的给排水压力过大，造成人们在使用时耗费比所需量更多的水资源。在现场器具、设备、车辆的冲洗，以及办公区、工作区、生活区等，都需要大量水源，如何选用用水器具，对水资源的保护有重大影响。

2.4　暖通空调及管道工程消耗

暖通空调的安装和运行不仅在施工过程中会产生能耗和材料损耗，在建筑物使用过程中也会产生能耗。

传统的暖通空调施工中，有大量设备与管道的敷设工作，存在着施工工序无法模拟、图纸无法可视化展示、关键构件无法性能分析、技术方案无法论证、管线敷设无法碰撞检测、数字化模型无法移交、施工安全无法模拟演练等问题，极容易因为安装不到位而造成返工，从而造成能源的消耗。

3　ESG理论对现代化建筑企业的帮助

可持续发展、经济外部性以及企业社会责任理论，是ESG的三个理论支撑。目前联合国建议的可持续发展理论主要包含：(1) 人类不破坏并支撑地球生活的资源体系，包括大气环境、水体、土地和海洋生物；(2) 合理使用可再生资源，防止过度开发和利用，要控制不可再生资源的开发率，以免危及后代的发展；(3) 对植物和动物加以保护，避免物种多样性的减少，危害后代的选择余地；(4) 使人类对空气、水体和自然等要素的危害最小，以维护自然生态体系的完好。从定义中可以看出，原始建筑业那种粗放式的施工已经不适应现阶段的要求，急需做出改变。

我国目前已经步入加速转换经济发展方式、全面深化改革开放、积极构建社会主义创新型国家的战略攻坚时期，为推进产业的转型升级、促进企业科技创新，国家推出了高新技术企业认定政策。高新技术企业认定是针对高新技术发展态势、行业发展状况所出台的重要政策措施，对公司的科研结构管理、研究经费归集、科技成果推广、技术人员培训、专利维护等方面均起到了很大的影响。而建筑业是我国国民经济的支柱行业，一直以来在高新技术企业认定方面的积极性不足，其原因如下：

(1) 在创新活动前期需要投入大量资金进行研发活动，需要购买相关设备、引进相关人才，建筑企业对此动力不足；

(2) 建筑企业的创新研发行为具有公共产品的特征。技术创新的最终表现形式是知识产权，但是由于建筑施工技术的模仿性以及隐蔽性，会造成随意侵犯知识产权的现象发生，其他缺乏技术积累、自主创新能力的企业，对工艺加以部分修改即为其所用，创新企业无法获得应有的创新收益，抑制了企业创新行为；

(3) 部分建筑企业对政策了解不足，缺乏申请动力。一部分企业在获取政策信息时，认为其在收入、利润、资产、税收等方面存在劣势，不符合国家政策要求，另一部分企业认为政策体系复杂，通过难度大。

而通过引入了 ESG 理念中的经济外部特征理论则能够帮助企业管理者意识到，高新技术企业认定也是经济外部特征理论的体现，从社会主义市场经济的视角，通过对企业负面外部特性采取罚项政策，虽然也能够纠正企业在环保方面的外部特性行为，但是监督成本却往往非常高，而通过对企业的正面外部特性实施激励功能政策，则能够更加合理地指导企业的低碳发展、绿色转型。

4 引入 ESG 理念后，建筑企业在绿色施工创新中的表现，以及获得的经济外部性激励

在进行创新活动和管理治理，以及进行高新技术企业认定后，建筑企业在绿色施工方面进步明显。

（1）在节电方面

制定电能指标，进行能耗监测，根据电能制度实施监督管理，制定严格的制度，避免电力设备空转。在建筑过程中应用先进电力技术设备，消除能耗过大的建筑设备，选用安装符合节能要求的电力设施。

（2）在建筑节材方面

应用于在保温隔热、防腐蚀、净化空气方面有良好可靠性能的建筑物，以增强建筑物节能效益；把坚固耐用、易于拆卸与维修的机器视为优选，尽可能选用装配式产品，增加垃圾的使用率，降低建筑垃圾；使用 BIM 技术，对所需要材料进行总体预览，避免由于准备不当造成大量材料的堆积剩余。

（3）在节约用水的方面

一是在施工流程中，通过节水型器具，如环保节水龙头，调节水流的输送速度，并增加节约用水器材的配置，以降低水的大量外流；二是对符合标准的水资源实现循环利用，通过针对现场器具、设施和车辆的冲洗，形成水循环，从而多重使用，以降低水浪费；三是在建筑物供水系统应用过程中，通过应用比如减压节流技术、真空等节水技术，合理地调控给水压力，以实现降低水资源耗费的目的。

（4）使用 BIM 技术

以实现可视化建模，规避了施工风险。运用 BIM 技术，对设备管路、支吊挂件、电缆桥架、光缆等敷设方式进行了深化设计，对不同装置的安装过程进行 BIM 模拟展示。在传统施工流程中，建设设备房涉及大量的机械设备与配件，若没有完全了解设备房的空间布局，很容易产生空间狭小等问题，如设备临时改造，则会造成极大的浪费。采用 BIM 技术后，可以清晰直观地了解各种情况，使风险达到可控，减少了工程中各种纠纷的发生。

（5）税收政策方面

首先，中小企业经过国家高新技术企业认证后能够享有 15%的税收优惠，税收优惠政策能够减少中小企业开展技术创新活动的成本费用，进而刺激中小企业扩大技术创新规模，主动参与各类技术创新活动；其次，企业创新过程中产生的研发费用能获得应纳税额加计扣除优惠。在经过国家高新技术企业认证之后，对于其品牌推广、服务价值打造、优惠政策倾斜等方面均有着很大的促进作用，并且能够向外部释放优质信号，在融资上市场会予以优先支持，帮助企业获取更多渠道的外部融资，缓解企业转型升级、扩大经营所面临的融资约束问题，这也符合 ESG 绿色金融的目标。

企业在取得企业效益的同时，也获得了社会效益，体现了社会责任，ESG 理论在建筑企

业中的进一步发展，也促使企业更加重视环境、社会和治理，从而形成良性循环。

5　结语

综上所述，ESG理念作为一种新理念、新方法，它的引入对于建筑企业的技术创新、管理升级以及转型升级能够提供巨大的助力，而建筑企业能从中获得巨大的收益，同时，也为降低碳排放以及碳达峰做出贡献。

参考文献

[1] 周维. 湖南省高新技术企业认定对企业创新的影响研究 [D]. 长沙：湖南大学，2020.
[2] 于贤思，张建彬，王宝阳. 浅谈机电安装工程质量、安全及信息技术管理 [J]. 中小企业管理与科技（上旬刊），2017（6）：40-41.

浅析绿色施工管理在建筑施工管理中的要点

熊　勇

湖南省第五工程有限公司　株洲　412000

摘　要： 据资料统计，建筑业是社会三大能源消耗行业之一，约占全社会总能耗1/3。推进节能建筑，绿色施工，实现低碳经济，对整个社会可持续发展起着至关重要的作用，也成为近年来建筑界一直在探索的课题。本文结合施工管理实际，讲述绿色施工在建筑施工管理中的要点。

关键词： 绿色施工；建筑施工；可持续发展；节能

绿色施工，从我做起。共同探索如何做好绿色施工，从施工过程中出发，分析施工生产管理的要素，研究施工生产管理的特殊性，找出施工生产管理的规律，把握施工生产管理的特征。创新分部分项工程的施工工艺，有效推进绿色施工。对于施工企业来说，如何用“可持续”的眼光重新审视现有的传统施工管理模式和施工技术，在行业的风口浪尖上抢占绿色发展的先机。

1　绿色施工的含义

绿色施工是指工程建设中，在保证质量、安全等基本要求的前提下，通过科学管理和技术进步，最大限度地节约资源与减少对环境负面影响的施工活动，实现“四节一环保”（节能、节地、节水、节材和环境保护）。

绿色施工是绿色建筑的组成部分和重要的阶段，是可持续发展思想在建筑施工管理中的应用。

2　绿色施工原则及框架

实施绿色施工，应依据因地制宜的原则，贯彻执行国家、行业和地方相关的技术政策，符合国家的法律、法规及相关的标准规范，实现经济效益、社会效益和环境效益的统一。施工企业应运用ISO 14000环境管理体系和OHSAS18000职业健康安全管理体系，将绿色施工有关内容细化到项目管理目标中去，使绿色施工规范化、标准化。

绿色施工总体框架由施工管理、环境保护、节材与材料资源利用、节水与水资源利用、节能与能源利用、节地与施工用地保护六个方面组成。这六个方面涵盖了绿色施工的基本指标，同时包含了施工策划、材料采购、现场施工、工程验收等各阶段的指标。

3　绿色施工在建筑施工管理中的要点

3.1　建立组织管理体系

（1）公司本部建立绿色施工管理体系，并制定相应的管理制度与目标，成立以职能部门为组长的“绿色施工指导小组”，监督和指导下属各项目绿色施工管理。

（2）项目部成立以项目经理为组长的“绿色施工管理小组”，并确保各项工作有专人负责实施。项目经理为绿色施工第一责任人，负责绿色施工的组织实施及目标实现，并指定绿色施工管理人员和监督人员。

3.2　确定绿色施工目标（表1）

表1　绿色施工目标

序号	环境目标	环境目标阐述
1	噪声	噪声排放达标，符合《建筑施工场界噪声限值》规定
2	粉尘	控制粉尘及气体排放，不超过法律、法规的限定数值
3	固体废弃物	减少固体废弃物的产生，合理回收可利用建筑垃圾
4	污水	生产及生活污水排放达标，符合《污水综合排放标准》规定
5	资源	控制水、电、纸张、材料等资源消耗，施工垃圾分类处理，尽量回收利用

3.3　明确任务分工

根据项目特点，做好任务分工及职能责任分配，明确项目各岗位和部门的绿色施工职责。在项目实施阶段对各管理人员的管理任务进行分解。管理任务分工应明确表示各项工作任务由哪个人员或部门（个人）负责，由哪些人员或部门（个人）参与，并在项目实施过程中不断对其进行跟踪调整完善管理。

3.4　做好详细规划

（1）在我们的施工管理中，需要建立起绿色施工管理制度体系，形成管理模式的可复制化。建筑施工前期，项目部召开绿色建筑施工专题会议，总结已完工项目的施工经验，搜集新兴绿色建筑施工管理办法，形成保障绿色建筑施工目标的相关决议。

（2）编制专项绿色施工方案，该方案应在施工组织设计中独立成章，并按有关规定进行审批。绿色施工方案应包括以下内容：①环境保护措施。制定环境管理计划及应急救援预案，采取有效措施，降低环境负荷，保护地下设施和文物等资源。②节材措施。在保证工程安全与质量的前提下，制定节材措施。如进行施工方案的节材优化，建筑垃圾减量化，尽量利用可循环材料等。③节水措施。根据工程所在地的水资源状况，制定节水措施。④节能措施。进行施工节能策划，确定目标，制定节能措施。⑤节地与施工用地保护措施。制定临时用地指标、施工总平面布置规划及临时用地节地措施等。

3.5　实施管理

（1）绿色施工应对整个施工过程实施动态管理，加强对施工策划、施工准备、材料采购、现场施工、工程验收等各阶段的管理和监督。

（2）结合工程项目的特点，利用横幅、工地宣传栏、黑板报、室内告示牌等对绿色施工进行宣传，通过宣传营造绿色施工的氛围。在施工现场的办公区和生活区设置明显的有节水、节能、节约材料等具体内容的警示标识，并按规定设置安全警示标志。

（3）公司、项目部定期组织绿色施工教育培训，认真学习《绿色施工导则》、《建筑工程绿色施工评价标准》和《全国建筑业绿色施工示范工程申报与验收指南》等文件，增强施工人员绿色施工意识；定期对施工现场绿色施工实施情况进行检查，做好检查记录。项目部由劳资部门组织对进入施工现场的所有员工、工程承包单位的领导及所有施工人员进行绿色施工知识及有关规定、标准、文件和其他要求的培训并进行考核，特别注重对环境影响大（如产生强噪声、产生扬尘、产生污水、固体废弃物等）的岗位操作人员的培训，以保证这些操作人员具有相应的环保意识和工作能力。

（4）项目总包单位要加强对各分包单位的管理，分包单位应服从总包单位的绿色施工管理，并对所承包工程的绿色施工负责。总包应与进入施工现场的各工程承包单位签订《环境、职业健康安全保护责任书》，并定期对分包单位的绿色施工情况进行检查和考核，对不合格的单位，及时下达整改通知书，限期进行整改。

（5）管理人员及施工人员除按绿色施工导则组织和进行绿色施工外，还应遵守相应的法律、法规、规范、标准和公司的相关文件等。

3.6　做好施工过程污染控制

（1）扬尘污染控制。施工现场周边采用轻质钢结构预制装配式围挡，堆土区全部用密目网覆盖。施工现场主要道路、材料堆放区和加工区应进行硬化处理，从事土方、渣土和施工垃圾的运输必须使用密闭式运输车辆，现场出入口设置冲洗车辆设施，出场时必须将车辆清理干净，不得将泥沙带出现场。施工现场易飞扬的细颗粒散体材料，如水泥，应密封存放。遇有四级及以上大风天气，不得进行土方回填、转运以及其他可能产生扬尘污染的施工。扬尘控制目标：①工地砂土100%覆盖；②工地路面100%硬化；③出工地车辆100%冲洗车轮；④拆除100%洒水压尘；⑤暂不利用场地100%绿化。

（2）固体废弃物控制。固体废弃物应分类堆放，并有明显的标志（如有毒有害、可回收、不可回收等）。危险固体废弃物必须分类收集，封闭存放，积攒一定数量后由各单位委托当地有资质的环卫部门统一处理并留存委托书。可回收再利用的一般废弃物须分类收集，并交给废品回收单位。如能重复使用的尽量重复使用（如双面使用废旧纸张、钢筋头再利用等）。加强建筑垃圾的回收利用，对于碎石、土方类建筑垃圾可采用地基填埋、铺路等方式提高再利用率。施工垃圾按指定地点堆放，不得露天存放。应及时收集、清理，采用袋装、灰斗或其他容器集中后进行运输，严禁从建筑物上向地面抛撒垃圾。生活垃圾应及时清理。

（3）光污染的控制。夜间施工，要合理布置现场照明，应合理调整灯光照射方向，照明灯必须有定型的灯罩，能有效地控制灯光方向和范围，并尽量选用节能型灯具。在保证施工现场施工作业面有足够光照的条件下，减少对周围居民生活的干扰。在高处进行电焊作业时应采取遮挡措施避免电弧光外泄。

（4）噪声污染控制。①施工时间应安排在6：00~22：00进行，因生产工艺上必须连续施工或特殊需要夜间施工的，必须在施工前到工程所在地的建设行政主管部门、环保部门申请，经批准后方可施工。项目部要协助建设单位做好周边居民工作。②施工现场的强噪声设备易设置在远离居民区一侧。③切断施工噪声的传播途径，可以对施工现场采取遮挡、封闭、绿化等吸声、隔声措施，减少噪声。对机械设备采取必要的消声、隔振和减振措施。

3.7　做好节材与材料资源的利用

（1）选用绿色材料，积极推广新材料、新工艺、促进材料的合理使用，节省实际施工材料消耗量。图纸会审时，应根据地质、气候居民生活习惯等提出各种优化方案，尽量选用能够就地取材、环保低廉、寿命较长的材料。

（2）加强材料计划管理。技术与经济相结合控制材料消耗。在项目施工前，根据优化的方案，准确提供所需的材料计划，并根据施工进度确定进场时间。按计划分批进料，现场所进的各种材料总量如无特殊情况不能大于总材料计划。

（3）加强施工现场管理，制定材料损耗控制目标，有针对性地制定并实施关键点控制措施，提高节材率；杜绝施工中的浪费，使实际材料损耗率小于额定损耗率，力争实行材料损耗控制目标。

3.8　做好节能与能源利用

（1）优先使用国家、行业推荐的节能、高效、环保的施工设备和工具，如选用变频技术的节能施工设备等。临时用电优先选用节能电线和节能工具，合理规划临电线路布置。临电设备采用自动控制装置，采用声控节能照明灯具对走廊、卫生间等提供照明。充分利用太阳能或地热，现场淋浴可设置太阳能淋浴或地热，减少用电量。

（2）规定合理的温、湿度标准和使用时间，提高空调和采暖装置的运行效率。夏季室内空调温度设置不得低于 26℃，冬季室内空调温度设置不得高于 20℃，空调运行期间应关闭门窗。室外照明宜采用高强度气体放电灯。

（3）实行用电计量管理，严格控制施工阶段的用电量。用电电源处应设置明显的节约用电标志，同时施工现场应建立照明运行维护和管理制度，及时收集用电资料，建立用电统计台账，提高节电率。施工现场分别设定生产、生活、办公和施工设备的用电控制指标，定期进行计量、核算、对比分析，并有预防与纠正措施。加强用电管理，做到人走灯灭。

4　结语

在建筑的建造过程中，需要消耗大量的自然资源，同时增加环境负荷。据统计，人类从自然界所获得的 30%以上的物质原料用来建造各类建筑及其附属设备。这些建筑在建造和使用过程中消耗了全球能量的 30%左右；与建筑有关的空气污染、光污染、电磁污染等占环境总体污染的 34%；建筑垃圾占人类活动产生垃圾总量的 40%。我国大力推广绿色施工管理，是一项意义重大而十分迫切的任务。

参考文献

[1]　张春．建筑施工管理与绿色建筑施工管理［J］．建材发展导向，2019（21）：312.

[2]　刘晓宁．建筑工程项目绿色施工管理模式研究［J］，武汉理工大学学报，2010（22）：196-198.

[3]　明庭果、王向梅：建筑工程项目绿色施工管理策略［J］．科技致富向导，2011（02）：206-207.

[4]　陈赟．绿色施工的应用与管理实践［C］．2013 中国建筑学会模板与脚手架专业委员会 2013 年年会，2013.

[5]　陈柱．浅谈绿色施工在项目中的应用［C］．2011 江苏省土木建筑学会建筑机械专业委员会 2011 年学术年会，2011.

BIM 技术在建筑项目工程施工阶段的应用研究

江谭飞

湖南省第五工程有限公司　株洲　412003

摘　要：BIM 技术在近几年被大家广为认知，其是新时代施工领域的核心技术，影响着建筑施工这个行业。互联网的不断进步，推动着科学技术的发展，它的出现和应用将为建筑业的设计、施工、运维等各个阶段提供新的生命力。BIM 技术能够全面地应用到项目工程中，在一定程度上提高了建筑工程的生产效率，提升建筑工程的集成化和精细化程度，以达到降低成本的效果和良好的行业效益。本文以某商业楼为案例，分析 BIM 在工程施工阶段的质量、进度、成本控制三方面的应用，以期 BIM 技术能在工程项目中得到广泛的应用。

关键词：BIM 技术；建筑施工；应用；研究

2020 年全国建筑行业的规模在逐步扩大，在建筑行业发展迅猛的同时，企业利润总额方面出现了下滑的趋势；建筑企业实现利润总额 8303 亿元，同比增长 0.3%，增速下降 4.8%。2020 年建筑业产值利润率为 3.15，近五年来利润率呈现下滑趋势，如图 1 所示。

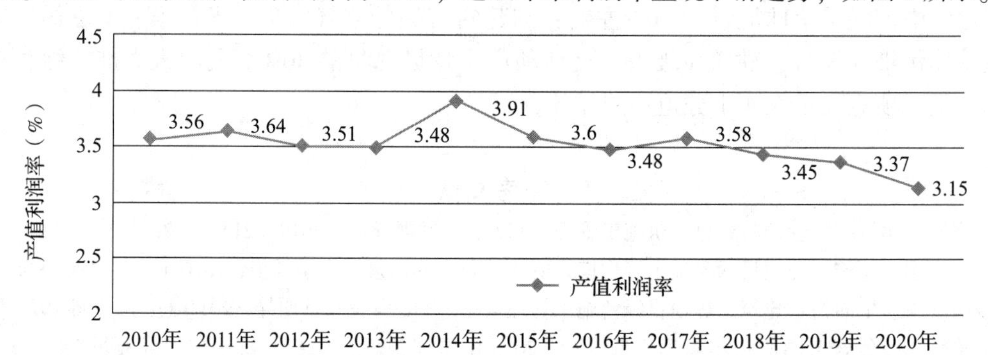

图 1　2010—2020 年建筑业产值利润情况

对于整个建筑施工行业来说，如果企业在发展过程中，目标是实现利润的增长，那么信息化是发展的必然支撑之一，BIM 技术是目前整个建筑施工领域关键的技术，进入中国市场已超过 10 年。BIM 技术以提高精细化的管理模式存在，对施工现场管理方面起着巨大的作用，为项目节约资金和信息协同创造了便利的条件。

BIM 技术刚刚引入我国时发展得比较缓慢，原因在于了解它的专业技术人员比较少，多数在沿海发达的地区，内陆和西部地区少之又少。近几年，国家越来越重视 BIM 技术的应用，BIM 技术在建筑行业的地位逐渐上升，专业的从业人员们意识到了 BIM 技术势必要取代 CAD 技术，并带来行业的便利性和高效性。本文基于 BIM 技术在建筑工程施工阶段的应用研究，总结出以下三方面意义。首先，关于 BIM 技术在工程施工质量管理方面，可以提前对图纸进行会审，规范施工图纸，避免出现二次返工；其次，BIM 技术在进度管理方面，能够编制施工进度，合理地进行施工，把握正确的施工工序；再者，BIM 技术在成本控制方面，利用广联达算量，提高工程算量的效率，能够更好地控制成本。

1　BIM技术在建筑施工质量管理应用

1.1　传统工程质量管理的弊端

传统工程的施工模式是根据CAD软件绘制施工图进行施工，建筑结构、暖通、电通、排水等施工图在一定程度上提高了工程施工的效率。但是CAD图纸信息是二维形式，会出现信息不全面等问题，使用CAD图纸进行施工的时候，存在三方面的缺陷：一是施工人员无法对其建立立体的图纸，只能根据经验或者直观地进行平面的分析，做不到具体又全面；二是在不同的平面图中发现信息不对称的时候，无法做到及时调整；三是不同管线出现碰撞在图纸上无法发现，施工中的不确定性影响着工程施工的质量。

1.2　BIM技术在工程质量管理中的优势

针对传统工程质量管理的弊端，运用BIM技术建立信息模型可以解决此类问题。首先BIM技术的应用最大的特点是可视化，能够建立三维的模型，直观立体地分析建筑模型，建立三维的数据，信息不仅能够全面而且准确；其次，建立的模型中包含着构件的属性，可以便于运用和调取构件信息，且做到统一性；BIM技术能确定管线之间的高度问题，提前进行优化管线，减少碰撞问题的发生。

1.3　BIM技术在工程质量管理中的应用

BIM技术可以进行质量管理，在工程的程序上实施动态的管理。BIM三维模型能够生成直观的动画，在整合或者局部都能检测到工程的质量状况。在施工阶段的质量可以进行控制，可以规避施工质量的相关问题，制定相关的制度规范，有效地对4M因素实施可控的行为，在施工前及时发现问题，预防出现二次返工的情况。

（1）在图纸会审方面：将2D图纸与三维的模型进行比对，可以得知图纸可能出现的问题，从而完善图纸设计和规范三维模型的建立，在项目施工质量控制的过程当中，把BIM技术运用到其中，可以有效地控制整个施工的流程，使之更加规范化。所以在施工阶段，施工人员依据标准进行规范化的施工，便可以增强施工的效率。

（2）质量管理信息的收集和录入：在施工现场较复杂、信息量较大的情况下，可以配合BIM+VR技术扫描生成影像，以视频的方式达到收集信息的全面和准确性。在信息录入方面，把现场的信息进行录入进入BIM模型中，以图片、视频的形式录入端口，生成下一个新的信息维度，使得信息数据更加地全面具体。

（3）管线综合优化：BIM基于质量管理，可以实施全过程信息化的记录。例如，在建立的排水模型、暖通模型中确定管线的位置和水平距离，合并各部分模型，形成系统的机电模型，为优化管线设备提供依据；按照管线综合排列的原则将机电模式进行优化，最后，在管线与墙衔接处设置孔洞和放置预埋件。

2　BIM技术在工程施工进度管理中的应用

2.1　传统工程进度管理的弊端

制定施工进度计划是施工进度进行管理的前提，其中，我国较为传统的进度管理的工具有甘特图、工程网络计划图等，甘特图在建筑行业的应用较为广泛，但是也存在一些问题，甘特图表达的方式较为抽象化，可视化的程度也较低，很多时候无法与三维的模型联系起来。工程网络计划图可以表达各工序之间的逻辑关系，可以快速地计算时间参数，然后确定工程施工的关键线路和关键工作，但缺点也显而易见，其不能有效地表达出工序和时间之间的相对应关系。

2.2　BIM 技术在工程进度管理中的优势

BIM 技术在工程进度管理中的应用有效解决了施工进度中的不足，可以提升进度管理中获取信息和处理信息的效率，BIM 技术在施工进度管理中的优势如下：

（1）提高工程施工进度和跟踪效率：BIM 技术在施工进度管理中，实时对虚拟环境进行优化和更新实际工程的进度，可以准确把握实际工程进度，将实际工程进度与进度计划进行对比，以总结出实际工程进度与计划进度之间的差值，更好地跟踪施工进度，以减少施工进度与计划进度的差异。

（2）提供流畅的信息沟通：在建设工程项目施工工序多且复杂的情况下，甘特图、网络图的信息过于抽象和片面化，已无法满足工程施工进度的需求。BIM 技术则可以建立多维信息化管理平台，提供流畅的信息沟通，不断地提高施工效率。

（3）进行施工进度模拟：运用 BIM 技术实施进度计划的同时，可以与建立的模型进行相互联系，BIM 技术能够提前进行施工进度模拟，以可视化的方式进行进度预演，发现不合理的方案及时优化处理。

2.3　BIM 技术在工程进度管理中的应用

BIM 技术可以进行工程进度控制，能够有效地管理施工现场，以虚拟化的方式进行实时监控施工现场，创建四维模型，模拟工程的进度计划，优化工程施工的工序。

（1）建立信息化交流平台：BIM 技术在工程进度方面的应用可以建立信息化的交流平台，针对工程的复杂程度和工程量大的情况，运用传统的管理技术是很难进行管理，但是 BIM 技术建立的信息交流平台可以对信息进行收集，整理成为系统的数据，实现跨部门信息合作交流，在一定程度上节约了资金成本和时间成本。

（2）编制项目进度计划：在编制项目的进度计划时，常用 project、斑马等软件，对编制项目的准备时间和工程工期进度，确定其开工和竣工时间，从而提高工程进度控制，如图 2 所示。

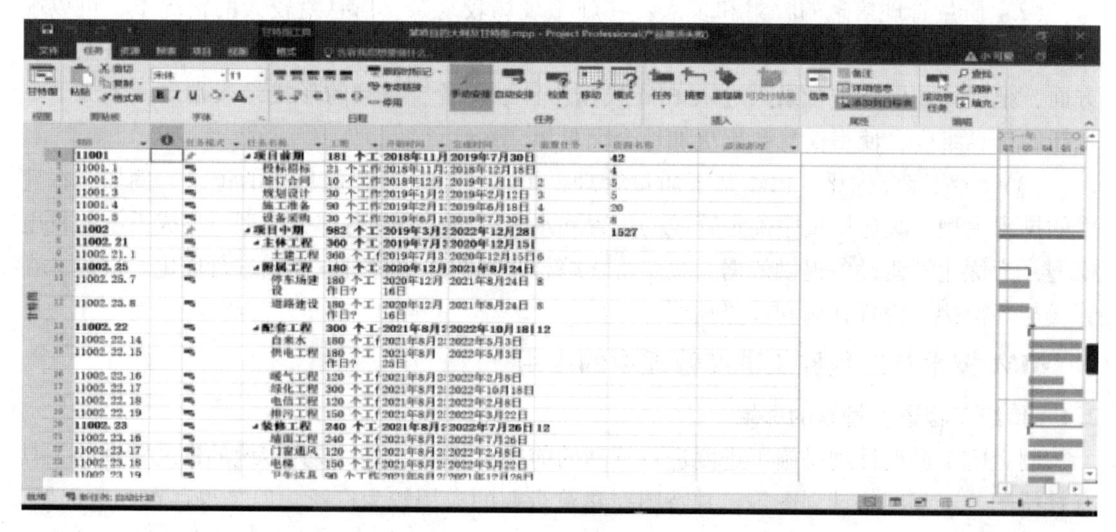

图 2　编制项目进度计划

（3）建立进度流程：以项目进度的计划为总目标，进行动态循环系统管理，运用 BIM 技术对整个施工阶段实施进度控制，通过三维 BIM 模型，对项目的进度计划进行管理，能够达到理想的工期要求和打破资源的限制。

（4）追踪项目进度信息：施工项目在施工阶段的信息是可以追踪的，可采集项目施工进度信息，并且能及时将信息更新到模型中。

3　BIM 技术在工程施工成本管理应用

3.1　传统工程成本管理的弊端

传统手工算量的模式导致工程成本的管理效率低，在计算工程量大、复杂的施工项目时，会出现成本偏差，无法对成本进行控制；工程项目资料的时效性差，大多数资料是以纸质的或者电子文档形式存在，把握在各个分项项目管理人员的手中，缺少实时共享，在复杂的施工现场中，还易出现资料丢失和数据信息不完善的情况；容易出现工程变更和索赔管理方面的纠纷问题。

3.2　BIM 技术在工程成本管理中的优势

BIM 技术可以进行成本管理，实现可视化和可拆分化，实现了量价一体化信息模式，对构件的工程量和施工资源进行优化，工程预算需要成本信息时，可以调出工程的造价进行查看和了解。将造价与图纸进行结合，构建基于 BIM 技术的建筑信息模型，能以可视化模型的方式为造价软件提供直观形象的三维模型计算；算量软件不再局限于图表和数据的形式，而是结合图纸建立的虚拟实体工程，为其提供三维乃至五维的形式与计算数据和公式原则相结合，不再拘泥于传统的手工计算模式，加快工程成本计算的效率，也减少了因为数据缺失或者进度款拨付期间因证据不足导致的工程索赔的问题，加快时间成本和工程成本管理的效率。

3.3　BIM 技术在工程成本管理中的应用

（1）可以快速结算工程量：在模型建立的同时，BIM 技术可以将工程数据以建筑构件进行储存、分析，把图纸标注的数据进行导入，系统根据设定的计算原则进行一键算量，最后导入数据便可得到一个完整的工程量，如图 3 所示。

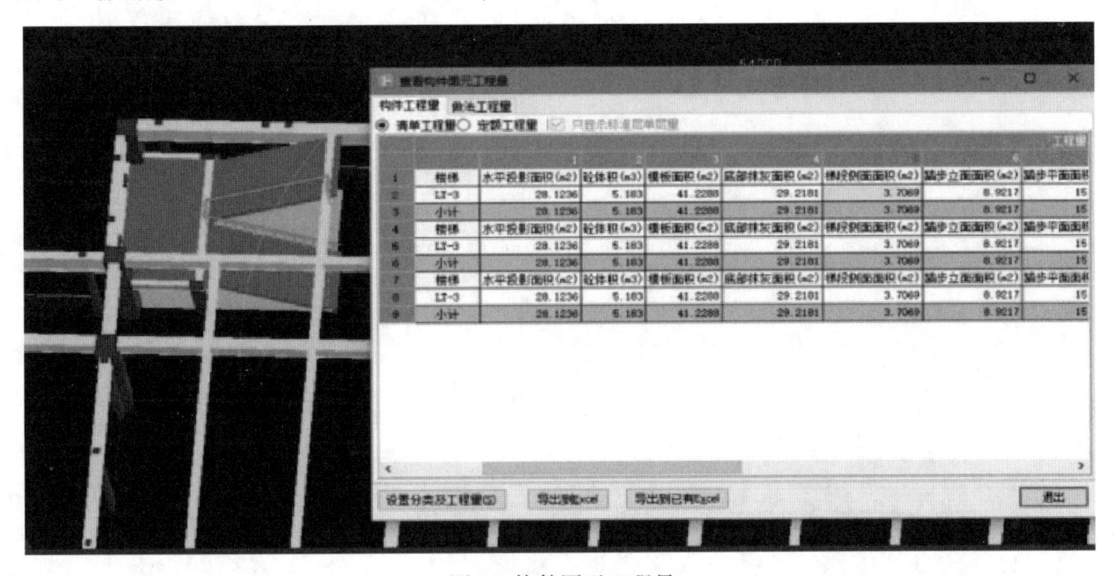

图 3　构件图元工程量

（2）进行动态成本管理：BIM 技术增加了时间维度和成本维度，建立了 BIM5D 模型，并利用该模型实时绘制了施工进度，及时统计确定实际成本的时间，如果出现成本过高的情况，可以及时采取有效的纠正措施，避免投资损失的控制，实现动态成本效益。

（3）进行碰撞检查：BIM 技术在设计时，可以进行碰撞检查，自动检查关于逻辑关系或者在设计方面出现不合理情况，能实时更新数据，及时解决出现的问题，优化图纸的质量，减少工程设计成本。在项目的下一阶段，将避免可能出现的问题和设计恢复，创造可能性和成本价值的目标。

4　结语

本文依据建筑行业的发展趋势，BIM 技术在近几年被大家广为认知，是新时代施工领域的核心技术，影响着建筑施工行业。对 BIM 技术的发展现状进行阐述，BIM 技术在建筑项目的施工阶段，从质量、进度、成本的应用进行探析，由此得到以下的结论：传统施工在质量、进度、成本管理中出现的弊端，运用 BIM 技术能够解决；在工程质量管理方面，可以进行质量信息的收集和录入，解决信息和数据不完善等问题；通过提高工程施工进度和跟踪效率，从而提升工程进度的效率；BIM 技术能利用软件进行一键算量，改善传统的算量计价方式，给企业带来成本效益的增加。

参考文献

[1]　YELIZ T G, DAVID A. Adoption of BIM in architectural design firms [J]. Architectural Science Review, 2017, 60 (6).

[2]　齐宝库，魏思宇 . BIM 功能及其应用分析 [J]. 建筑与预算 ，2019（6）：7.

[3]　刘芳 . BIM 技术在建筑工程项目中的应用研究 [D]. 大连：大连海事大学，2020.

[4]　徐紫昭 . 基于 BIM 技术的成本管理在某工程中的应用研究 [D]. 武汉：湖北工业大学，2020.

基于 BIM-5D 的工程造价精细化管理研究

王向丰

湖南省第五工程有限公司　株洲　412000

摘　要： 随着建筑业迅速发展，要实现可持续绿色发展目标，对建筑工程造价必须开展更高效的管理。本文首先对 BIM-5D 技术在工程造价管理的意义进行简要概述，并结合以往经验对 BIM-5D 技术在工程造价精细化管理中的具体应用进行了探讨与研究。

关键词： BIM-5D；工程造价；精细化管理

1　BIM-5D 概述

BIM-5D 是在建筑信息模型（Building Information Model，以下简称：BIM）的基础上加入时间进度轴与成本费用轴，并将工程进度、成本、质量、安全、合同、材料、图纸、变更等信息，为项目提供数据支持，实现有效决策和精细管理，达到节约工期、提高质量、减少工程变更和控制成本的目的，解决建设工程造价管理横向沟通中信息不畅和纵向沟通中信息逐级流失等问题，从而实现建设项目全寿命周期内动态的造价管理。

2　对工程造价精细化管理的意义

2.1　基于 BIM 的精细算量

利用 BIM-5D 技术的智能化和参数化特点，通过构建模型，分析和统计模型中工程量信息，达到很好的工程量统计效果。通过对中标合同预算、项目承包预算、计划成本、实际消耗成本之间进行实时动态的“四算对比”，随时了解项目的收入和盈亏情况，对主要的差异项目进行风险管理。

2.2　施工前预建造全过程分析

通过施工模拟和工艺模拟等手段实现可视化施工模拟和施工交底，明确复杂节点的工艺流程和处理方法，减少施工过程中的不确定性，从而达到控制成本的目的。

2.3　计划进度与实际进度的差异管理

施工管理阶段的成本控制和进度紧密相连，BIM-5D 技术通过工作分解结构（WBS）将进度和成本信息联系起来，将实际进度和成本与计划进度和成本进行对比分析，找到项目施工进度与成本控制的偏差，及时采取纠偏措施以满足进度和成本计划的要求。

2.4　变更动态管理

实时收集现场的数据，根据变更信息及时完成 BIM 模型修改，直观展示变更前后变化，调整其关联工程量。经过施工阶段的持续修改完善，竣工结算时 BIM-5D 模型统计出来的工程量就是实际发生的工程量。可实现框图出价，提高结算速度，减少结算争议。

2.5　人、材、机的管理与分析

利用 BIM-5D 系统可得出流水段、时间等条件下的人机料使用计划，帮助项目采购或限额领料做参考。同时录入实际材料使用量，进行人材机对比分析，比较预计量、合同量与实际使用量的差异，实现材料成本的动态管理。

2.6 项目分析和决策

通过 BIM-5D 成本控制的应用，分析施工进度与成本控制偏差。由于 BIM-5D 可以将成本控制的维度细化到分部分项、构件和各相关专业，由此可以找出成本偏差的深层次原因，分析成本控制的薄弱环节，有效实施动态成本管理和成本风险管控，为后期项目提供辅助决策。

3 BIM-5D 在全寿命周期中工程造价精益化管理的应用

3.1 项目设计阶段

BIM 技术为协同设计的实现提供了技术支撑，实现了三维协同设计。在这个模式中，多专业协同合作、并行设计，实时分享，可以充分提高各个设计专业之间的配合程度，使信息传递变得迅速有效，避免了重复劳动，设计效率得到了明显的提升。建立不同方案的 BIM 模型，快速计算多方案造价，采用价值工程的综合评价法对比选出方案和造价的最优选项，控制工程造价的源头，实现限额设计。按设计方案建立 BIM 模型后进行碰撞检查，对构件、管道等产生的碰撞、空间未封闭、标高不统一等问题实时进行修正，减少后期设计变更造成的损失。

3.2 项目招投标阶段

招标方可以根据 BIM 模型生成精确的工程量清单，从而减少由于人工操作所带来的人力耗费及错误的产生，显著提高效率及准确性。在投标过程中，投标方可以基于 BIM 模型进行施工方案的可视化模拟，对一些关键部位或重要的施工环节，通过动画方式展示施工计划，建立 3D 的施工现场布置，将各种施工计划形象、直观地展示给业主。基于 BIM-5D 模型进行进度模拟和资源优化。这样，一方面有利于施工方案的优化，也能更加有效地展示投标单位的综合实力，另一方面通过 BIM 模型导入企业定额，可以更加快速、精确地进行工程量的提取及确定相关报价。

3.3 项目施工阶段

3.3.1 进度管理

通过 BIM-5D 模型对建设项目进行施工进度模拟，可以直观准确地反映整个建设项目的施工过程，还可以实时跟踪当前进度状态，分析影响进度的因素，采取相应解决措施。同时，也可以对施工进度进行模拟、优化，在多个施工方案之间进行对比，确定最优化的施工方案。基于 BIM-5D 系统对项目进度计划进行模拟，并查看资源曲线，便于相关人员优化项目进度和资源配置。将施工任务与进度模型相结合，实现基于流水段的施工进度的精细化管理（图 1）。

3.3.2 质量管理

在建设项目的设计阶段及深化设计阶段，由于运用 BIM 技术进行了充分的专业协同及碰撞检查等工作，在最大程度上解决了建设项目设计中存在的错漏和碰缺问题，有利于施工工作的顺利开展及施工质量的保障。而运用 3D 交底、数字化样板等技术，也有利于施工人员对设计方案及技术的理解，保障施工成果的质量。同时，运用 BIM 技术可以更好地确定各个工序质量控制的要点，编制工序质量控制计划，主动控制影响质量的工序活动条件（人、机、料、方法和环境），为施工质量的检查提供依据。结合相应的监测技术及设备，还可以结合 BIM 模型，对重点部位开展施工质量的自动化检查、监测，减少问题产生的可能性，从而降低返工成本。

3.3.3 安全管理

保证安全就是保证利益。在施工准备阶段基于 BIM 模型，可以进行深入的安全环境分析，结合 4D 模型及相关的模拟分析技术，编制可视化的施工安全规划，提前发现施工

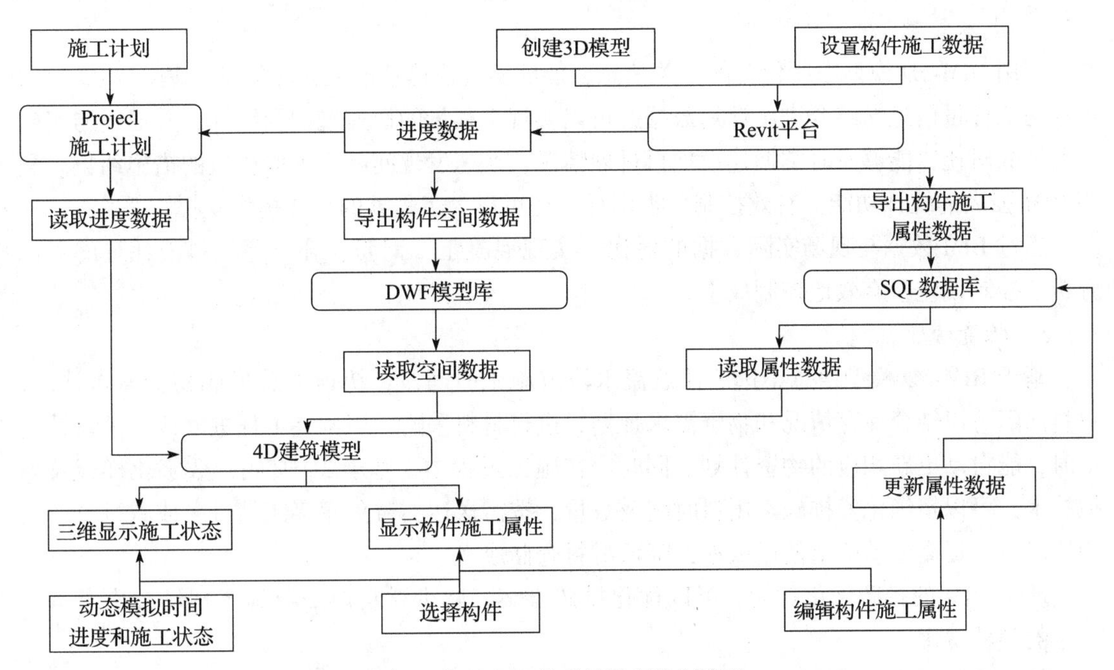

图 1　基于 BIM 的项目进度控制流程

中的安全隐患和重大危险源并及时排除。运用模拟仿真技术，对结构在不同施工阶段的力学性能和变形状态进行模拟分析，为施工安全提供保障。建立 3D 可视化动态监测系统，通过 3D 虚拟环境来直观、形象地发现各类危险源（图 2）。对大型设备的运行状态进行模拟、监测，防止危险的发生。通过施工现场临边防护的计划与实景对比，可以全面分析施工现场的重大危险源，对安全设施、标识等进行规划和分析，提高现场安全管理的水平。利用 BIM-5D 平台的安全管理系统，安全管理员对现场进行安全检查时可对发现的问题进行拍照上传，系统自动推送至相关人员。平台系统对安全问题进行统计汇总，自动生成安全检查报告。项目负责人可以通过安全看板对安全问题进行检查和整改，降低安全事故发生率。

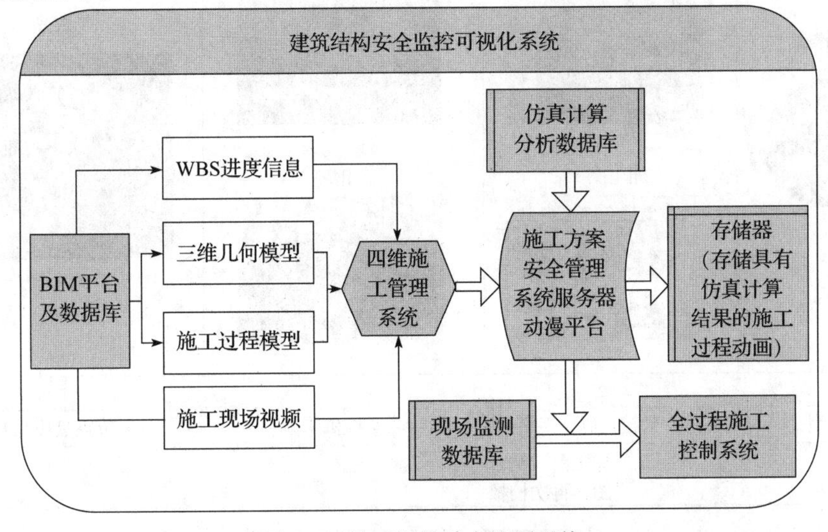

图 2　三维可视化动态监测系统

3.3.4 成本管理

利用 BIM-5D 模型中所包含的相关信息，能够实现快速精准地核算成本。基于 BIM 模型提取的工程量信息，结合进度计划数据，可以实现工程量的快速查询及统计，并通过与实际工程量的对比，能够及时掌握建设项目进展情况，快速发现问题，采取相应的措施纠偏。利用 BIM 强大的统计功能，有效控制各类消耗，还可以为工程款的结算提供支撑。

通过 BIM 数据与现场实际数据的对比，实现混凝土、钢筋、管线等材料消耗量的对比分析，控制偏差，有效地控制成本。

3.3.5 物资管理

基于 BIM-5D 模型信息，选定任意流水段或施工时间段，快速汇总形成物资需求计划，材料部门可以结合库存情况和物资需求计划，进行材料采购。当调整工程进度或产生设计变更时，能自动更新相应的物资计划。同时，在施工过程中，基于 3D 交底、数字化样板及模拟技术，可以精细化安排施工用料时间及数量，按需送达，避免库存产品过多或者过早产生积压成本，提高流动资金使用效率，降低材料仓储成本。

基于 BIM 的排砖优化功能，可以优化排砖方案，减少材料浪费及施工现场二次搬运所产生的额外费用。

物料跟踪验收管理系统运用大数据和物联网技术，通过地磅的智能监控，精准实时采集数据，实施项目数据监测全维度智能分析，实现了对商品混凝土、水泥、砂石、预拌砂浆、砌块等物资的精细化管理。

3.3.6 数字化加工

随着装配式建筑的推广，越来越多的建设项目开始采用工厂化生产、现场拼装的生产方式。可以将包含在 BIM-5D 模型中的构件信息准确、迅速、全面地传递给构件加工单位，作为构件按进度要求加工生产的依据。同时，基于 BIM 及相关信息化技术的装配模拟、生产、存储、运输、测绘、安装、复核等则为数字化建造提供坚实的基础，能够有效保障工程的顺利实施（图 3）。

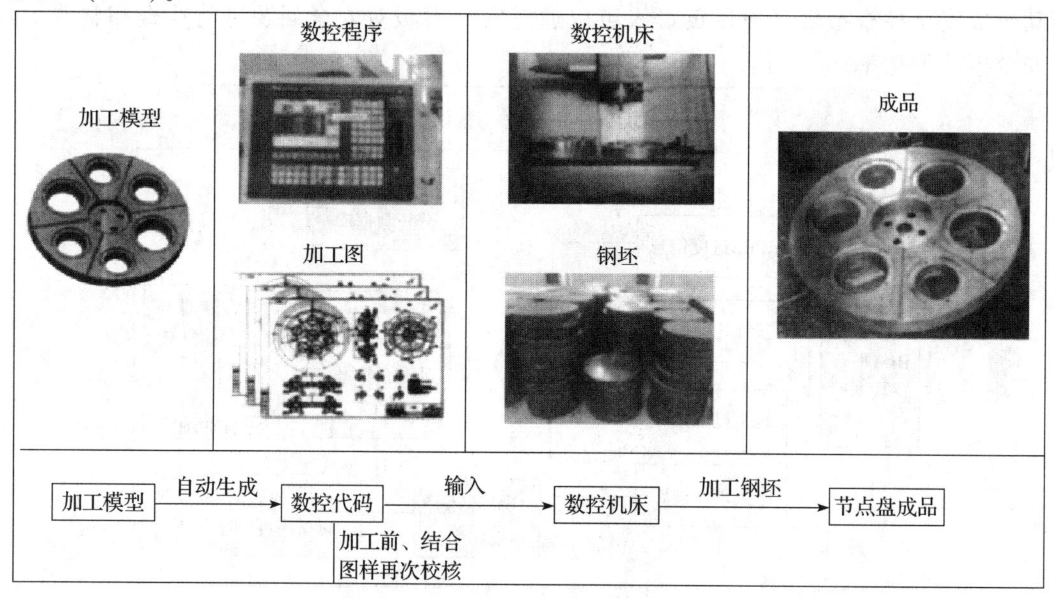

图 3　预制构件的数字化制造加工图

3.3.7　虚拟施工

虚拟施工是通过计算机仿真和虚拟现实等技术，建立建筑物三维模型和对施工过程进行模拟和分析，实现对施工过程事前控制和动态管理，对施工方案进行验证、优化和完善。通过BIM-5D软件建立起的集成工程建设项目各种相关信息的模型，施工前期即对建设项目的设计方案进行检测、对施工方案进行分析、模拟和优化，制订详细的进度计划和施工方案，并提前发现问题、解决问题，直至取得最佳的设计和施工方案，辅以施工模拟动画对复杂部位或工艺的展示，以直观的视觉化工具指导现场实际施工，减少施工作业面干扰，协调各专业工序，以免出现人、机待料现象。在建设项目施工过程中对模型进行实时维护，及时根据技术核定、设计变更和实际施工状况调整模型，工程结束后，能再现真实施工过程，作为责任追溯、审查核实和改进提升的依据。通过多维度的BIM-5D模型，相关负责人可实时获得建设项目的资金使用情况、成本支出情况、建设项目工期形象进度等内容，为建设项目的管控提供技术支撑。

3.4　项目运维阶段

应用BIM-5D模型提供的数据信息和三维可视化空间展示能力，将各种信息数据与运维管理系统有机联系起来，同时，将物业管理、设施设备管理、安防管理、空间管理、能耗管理、综合管理等各个子系统有效整合，能够动态管理运维状况，实时跟踪运营，对运维问题自动分类记录，协助运维人员提高管控能力，防止人为失误，保证高效运转，节约管理成本(图4)。

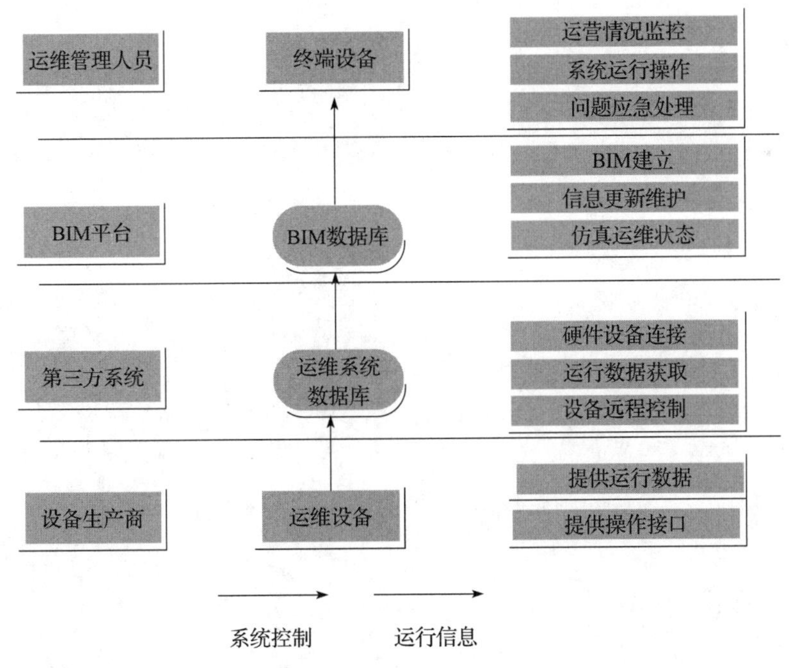

图4　基于BIM的运维系统架构图

4　结语

总而言之，在工程造价管理全寿命周期内应用BIM-5D技术，能够提高造价管理工作效率，对合理利用资源、降低成本、增加收入具有重要的现实意义。目前，BIM-5D技术尚处于发展阶段之中，缺乏行业或者国家统一的技术应用标准，仍需要不断地完善相应的管理信息技术与管理方法。相信随着科学水平的不断提升，BIM-5D 技术将越来越成熟，推进造价管理向集成化方向发展。

参考文献

[1] 张泳 . BIM 技术原理及应用［M］北京：北京大学出版社，2020.
[2] 颜昌辉 . 基于 BIM-5D 技术的工程造价全过程管理探讨［J］. 中国科技投资，2020（19）：87-89.
[3] 许超，靳萧夷 . 基于 BIM5D 工程造价全过程管理［J］. 四川建材，2016（4）：258-259.
[4] 张招华 . 基于 BIM-5D 的建筑工程项目造价管理研究［J］. 内蒙古煤炭经济，2015（4）：45-47.

BIM技术自适应族指导单元体下料及创优

杨云轩[1]　黄翠寒[2]

1. 湖南省第五工程有限公司
2. 湖南艺光装饰装潢有限责任公司　株洲　412000

摘　要：随着建筑行业的发展，如何通过新技术的运用，推动建筑行业持续、快速、健康地发展成为这个行业面临的新问题。BIM技术，通过实测实量的尺寸，运用BIM技术进行前期的单元体的排板设计，将二维的图纸投影至三维，进行空间布置，提前预览创优单元体的排板和布局，保证了后期创优单元体完成后的美观和材料利用率的最大化，使材料的耗损降到最低。

关键词：BIM技术；装饰装修；单元体；下料；创优

1　BIM技术指导单元体下料、创优的特点

BIM技术指导单元体下料、创优的特点：实测实量、软件操作简单、直观地进行可视化。通过计算机的配合，对创优单元体进行精确排板优化、下料，便于单元体快速、准确地进行施工。单元体由工厂直接按相关参数加工，将材料的损耗降到最低，又能提前对单元体进行编号定位，实现了单元体的快速施工以及保证了施工的精准度，避免了拆改造成的返工，提高了生产效率。

2　BIM技术自适应族指导单元体下料及创优的适用范围

适用于建筑中使用瓷片、大理石、铝板等单元体形式分格的区域。

3　BIM技术自适应族指导单元体下料及创优的工艺原理

3.1　工艺原理

基于工程特点，前期的施工策划、单元体的下料是单元体创优施工的重要组成部分，它需要充分考虑后期的施工过程与成品效果。根据施工工艺及设计图纸的要求，结合Revit软件进行建模，提前规划设计单元体的收口位置及方式，出具详细的单元体的编号图。

通过Revit软件进行三维建模，利用自适应族加参数提前设置收口位置及方式，精确计算单元体定位。将单元体模拟现实施工工序监理三维模型，使单元体的排板一目了然，然后对每块单元体进行编码，标注使用区域，最后再根据编码定位图进行单元体的创优施工。这样在满足单元体排板美观的同时又能保证单元体的准确下料，既减少单元体的损耗又避免重复返工。

3.2　工艺流程和操作要点

3.2.1　施工准备

（1）结合现场实际情况校核设计图纸中单元体的具体位置及尺寸；

（2）组织各专业相关人员进行综合布置；

（3）仪器配备（表1）。

表 1　仪器配备一览表

名称	型号	数量	用途	精度
激光垂准仪	DZJ3-L1	2	检测高精度的机械零件的垂直度	一测回垂准测量标准偏差 1/4 万；激光对点器对点误差（在 0.5～1.5m 内）≤1mm；视准轴与竖轴同轴误差≤5″；激光光轴与视准轴同轴误差≤5″
全站仪	KTS-442R10LC	1	检测高精度角度测量	1mm/0.1mm（可设置）
经纬仪	FDT02	1	测量水平角和竖直角	2″
红外线测距仪	H-D610	2	现场测距	±2mm
纤维皮卷尺	30m	2	距离测量	3mm
钢卷尺	7.5mm	2	距离测量	1mm

3.2.2　工艺流程

单元体下料流程如图 1 所示。

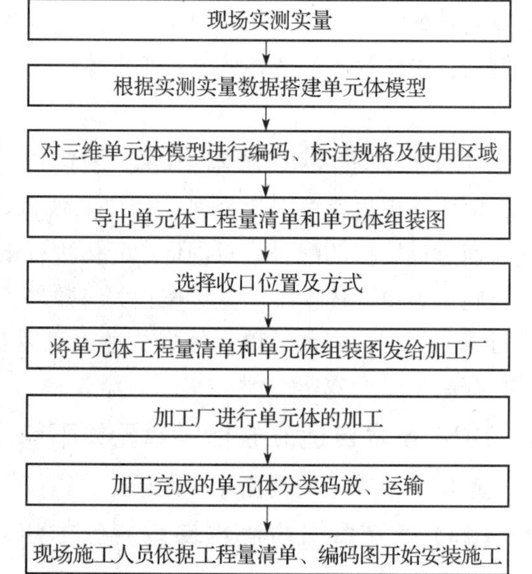
现场实测实量
根据实测实量数据搭建单元体模型
对三维单元体模型进行编码、标注规格及使用区域
导出单元体工程量清单和单元体组装图
选择收口位置及方式
将单元体工程量清单和单元体组装图发给加工厂
加工厂进行单元体的加工
加工完成的单元体分类码放、运输
现场施工人员依据工程量清单、编码图开始安装施工

图 1　单元体下料流程图

工艺流程中的主要步骤如下：

（1）现场实测实量

为了保证单元体下料的准确性，减少单元体加工的误差。根据现场实际情况，对主体结构进行现场实测实量，尽量把误差降到最低值（图 2）。

（2）根据实测实量数据搭建幕墙模型

根据现场实测实量的数据复核创优部分施工图，在 Revit 里面利用实测实量的数据和单元体施工图，基于主体结构模型，搭建单元体模型（图 3）。

（3）对三维幕墙模型进行编码及使用区域

根据搭建的三维幕墙模型输入分类、编码及使用区域的基本信息，做到准确定位单元体幕墙的位置，减少单元体在加工过程中的误差、遗漏（图 4）。

2020.04.29
09:24:39
“艺光幕墙”

图 2　现场实测实量建筑图纸

（4）导出单元体工程量清单和单元体组装图

利用Revit软件导出工程量清单，出具CAD二维图纸及三维图对工人进行可视化交底，防止因为安装失误造成材料的浪费，提高施工效率，节约用工成本（图5、图6）。

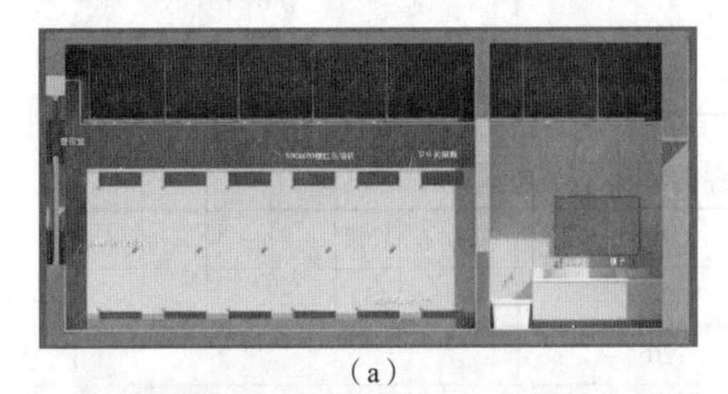

（a）

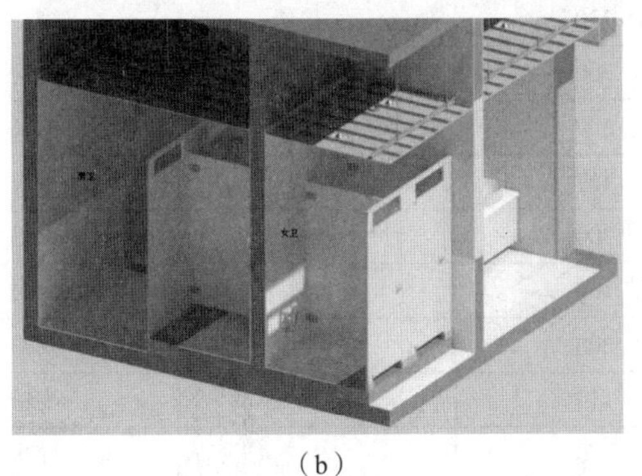

（b）

图3　基于Revit软件搭建单元体模型

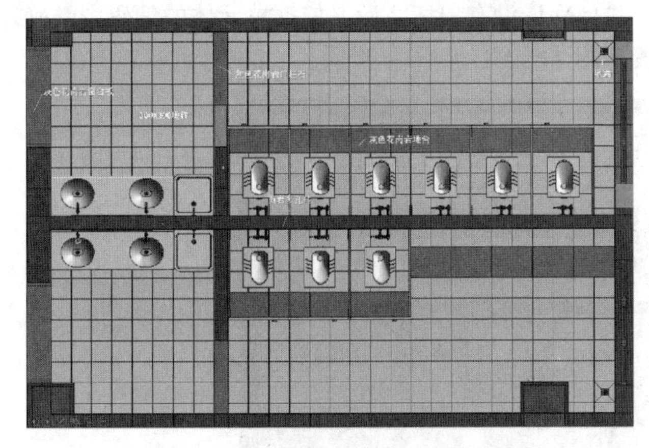

图4　单元体分类、编码及使用区域

A	B
族与类型	材质
地漏(2)(1): 地漏(2)	金属-铬(2)
有框镜子: 有框镜子	金属-铬(2)
主龙骨吊件加其他配件: 主龙骨吊件	金属-铬(2)
CS50×15—基于线: CS50×15—基于	瓷-象牙白
C50×20—基于线: C50×20—基于线	瓷-象牙白
C50×20—基于线: C50×20—基于线	瓷-象牙白
C50×20—基于线: C50×20—基于线	瓷-象牙白
C50×20—基于线: C50×20—基于线	瓷-象牙白
C50×20—基于线: C50×20—基于线	瓷-象牙白
C50×20—基于线: C50×20—基于线	瓷-象牙白
C50×20—基于线: C50×20—基于线	瓷-象牙白
C50×20—基于线: C50×20—基于线	瓷-象牙白
C50×20—基于线: C50×20—基于线	瓷-象牙白
C50×20—基于线: C50×20—基于线	瓷-象牙白
C50×20—基于线: C50×20—基于线	瓷-象牙白
C50×20—基于线: C50×20—基于线	瓷-象牙白
C50×20—基于线: C50×20—基于线	瓷-象牙白
C50×20—基于线: C50×20—基于线	瓷-象牙白
C50×20—基于线: C50×20—基于线	瓷-象牙白
C50×20—基于线: C50×20—基于线	瓷-象牙白
C50×20—基于线: C50×20—基于线	瓷-象牙白
C50×20—基于线: C50×20—基于线	瓷-象牙白
C50×20—基于线: C50×20—基于线	瓷-象牙白
C50×20—基于线: C50×20—基于线	瓷-象牙白
C50×20—基于线: C50×20—基于线	瓷-象牙白
C50×20—基于线: C50×20—基于线	瓷-象牙白
C50×20—基于线: C50×20—基于线	瓷-象牙白
C50×20—基于线: C50×20—基于线	瓷-象牙白
C50×20—基于线: C50×20—基于线	瓷-象牙白
C50×20—基于线: C50×20—基于线	瓷-象牙白
C50×20—基于线: C50×20—基于线	瓷-象牙白
C50×20—基于线: C50×20—基于线	瓷-象牙白
C50×20—基于线: C50×20—基于线	瓷-象牙白
C50×20—基于线: C50×20—基于线	瓷-象牙白
C50×20—基于线: C50×20—基于线	瓷-象牙白
CS50×15—基于线: CS50×15—基于	瓷-象牙白
CS50×15—基于线: CS50×15—基于	瓷-象牙白
C50×20—基于线: C50×20—基于线	瓷-象牙白
CS50×15—基于线: CS50×15—基于	瓷-象牙白
CS50×15—基于线: CS50×15—基于	金属-铬(2)
次龙骨挂件-CS50: 次龙骨挂件-CS50	金属-铬(2)
次龙骨挂件-CS50: 次龙骨挂件-CS50	金属-铬(2)
次龙骨挂件-CS50: 次龙骨挂件-CS50	金属-铬(2)
次龙骨挂件-CS50: 次龙骨挂件-CS50	金属-铬(2)
次龙骨挂件-CS50: 次龙骨挂件-CS50	金属-铬(2)

图5　单元体工程量清单

（5）单元体工程量清单和单元体施工图发给加工厂进行加工

将导出的单元体工程量清单和单元体施工图发送给单元体加工厂进行加工。将各种类型的原材料按尺寸在加工厂完成，保证了现场的绿色施工，工厂化的加工也保证了单元体的标准化和规范化（表2、表3）。

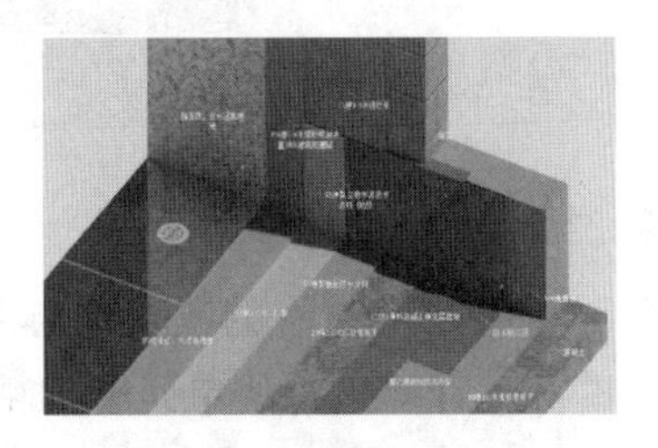

图6　单元体施工图

表 2　瓷砖地面尺寸表　　mm

编号	宽度	高度	数量	种类
CZ-01	300	300	1	白
CZ-02	300	300	1	靛蓝
CZ-03	300	150	1	深褐

表 3　瓷砖墙面下单表　　mm

编号	宽度	高度	数量	种类
DLS-01	300	300	132	白
DLS-01	300	120	12	白
DLS-01	104	120	1	白
DLS-02	300	300	28	靛蓝
DLS-03	600	300	37	深褐
DLS-03	600	167	1	深褐
DLS-04	300	300	37	深褐
DLS-05	300	167	1	深褐
DLS-04	300	300	172	浅粉
DLS-04	300	113	3	浅粉
DLS-05	2700	150	4	靛蓝

（6）安装施工人员依据工程量清单、编码图开始安装施工

施工人员核准单元体数量、规格，并且确认没有损坏之后，依据单元体的编码图，确定安装点，开始单元体的安装施工及步骤（图 7）。

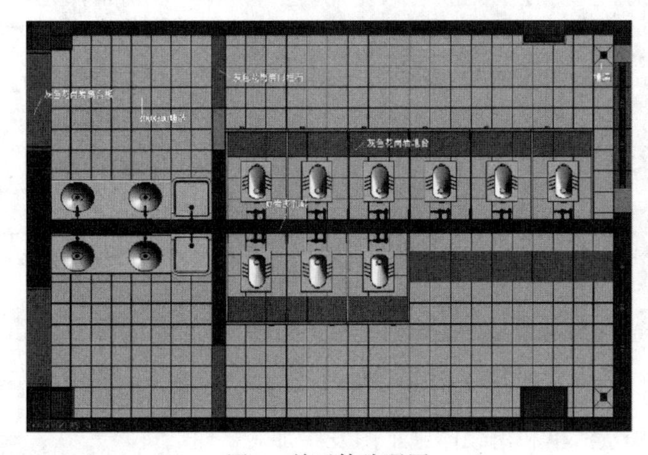

图 7　单元体编码图

4　结语

利用 BIM 技术的数字化与模拟性，通过建筑信息模型对项目所需求的各区域单元体进行模拟，计算出每块单元体的精确尺寸，在整个区域进行单元体材料分析、计算。根据 BIM 计算出的幕墙单元体的精确数据尺寸进行单元体的下料。利用 BIM 导出的编码图，发往单元体加工厂，加工厂再依据单元体的编码图，将加工好的单元体分类、分批运转至指定施工

区域。现场施工人员按照导出的编码图进行施工。本方法将单元体主材、收边封口材料等的浪费降至最低，达到节省材料、高效施工的目的。

通过该方法进行单元体的施工，比同类工程工期明显缩短，保证了创优工程的准确性，同时对现场施工环境不会造成二次破坏。节约了大量人、财、物的投入。该方法施工为同类工程施工提供了简便易于操作的参考依据，具有良好的推广价值。

参考文献

[1] 杨森森 . BIM 技术在建筑工程施工质量控制中的应用研究［D］. 长春：长春工程学院，2021.

[2] 徐宁霞 . 建筑工程中的 BIM 三维建模及碰撞解决方案［D］. 银川：宁夏建设职业技术学院，2021.

[3] 张兴刚 . BIM 技术在建筑装饰设计中的应用研究［D］. 泰州：泰州职业技术学院，2019.

[4] 刘薇薇 . BIM 技术在幕墙装饰工程中的应用［J］. 中国房地产业，2020（6）：46-47.

[5] 陈杰 . 建筑装饰装修工程 BIM 模型技术分析［J］. 居舍，2020.（15）：27.

浅析绿色施工管理在建筑工程项目中的应用

唐　淋

湖南省第五工程有限公司　株洲　412000

摘　要：建筑行业本身对能源的需求量较大，加之低碳环保、可持续发展理念不断深入人心，传统的工艺方式已不能完全适应建筑业市场的需要，采用绿色施工的技术与管理方法，可最大限度地减少对资源的浪费，缓解资源紧张的问题，最终实现建筑工程项目的低碳、环保及低耗能。本文拟通过娄底鑫湘半山豪庭项目一期工程绿色施工实施情况进行分析，对项目绿色施工管理措施进行探讨。

关键词：建筑工程；绿色施工管理；工程项目应用

1　绿色施工的概念

绿色施工是在工程建设中，在保证质量、安全等基本要求的前提下，经过科学管理和技术进步，最大限度地节约资源与减少对环境影响的施工活动。它涉及可持续发展的各个方面，包括减少物质化生产、可循环再生资源利用、清洁生产、能源消耗最小化、生态环境的保护等。

2　建筑工程实施绿色施工的意义

以绿色施工为宗旨，在工程施工过程中，最大限度地保护环境和减少污染，防止扰民，节约资源（节能、节地、节水、节材），提供环保、健康、舒适的环境，在工程施工过程中，贯彻环保优先原则、以资源的高效利用为核心的指导思想，追求环保、高效、低耗，统筹兼顾，实现环保（生态）、经济、社会综合效益最大化的绿色施工模式。

3　案例

3.1　工程名称

湖南省第五工程有限公司娄底鑫湘半山豪庭项目一期工程。

3.2　工程概况

本工程地处娄底市府政务中心、城南板块核心地段，工程总建筑面积 160027.00m^2，共包含 1 栋物业用房、2 栋商铺、1 栋住宅式公寓及 6 栋高层住宅。

3.3　项目特点

项目推行“EPC 总承包”管理模式，提升推进效率，缩短建设工期，降低施工成本，控制工程造价，保障工程质量。从项目临建建设至目前桩基础施工，在图纸设计、材料选择、质量管控、各类隐蔽工程及分部分项工程验收等各个环节上严格把关，对工程质量实行零容忍，力争创建省级及以上的优质工程。

新模式、新工艺较多：铝模+爬架、木模+装配式+新型悬挑架、铝模+装配式+爬架、全现浇混凝土外墙混凝土（免抹灰）、石膏砂浆薄抹灰、ALC 条板、一体化外墙板等。

3.4　项目难点

本工程位于娄底市市中心，东西两侧均为市区主干道，且周边均为居民住宅小区，结合建设单位开发目标要求，施工过程中对防尘、防噪声、夜间施工、声光源污染要求较高。

项目所在地地质条件复杂，石方爆破量较多，对安全生产及文明施工难度较大，施工场地狭小，对施工平面布置要求高。

3.5　施工平面布置

项目前期根据现场实际情况，结合BIM 5D技术，形成Revit三维模型，利用模型将现有场地布置与环境施工相结合，选择最优施工场地规划方案（图1）。

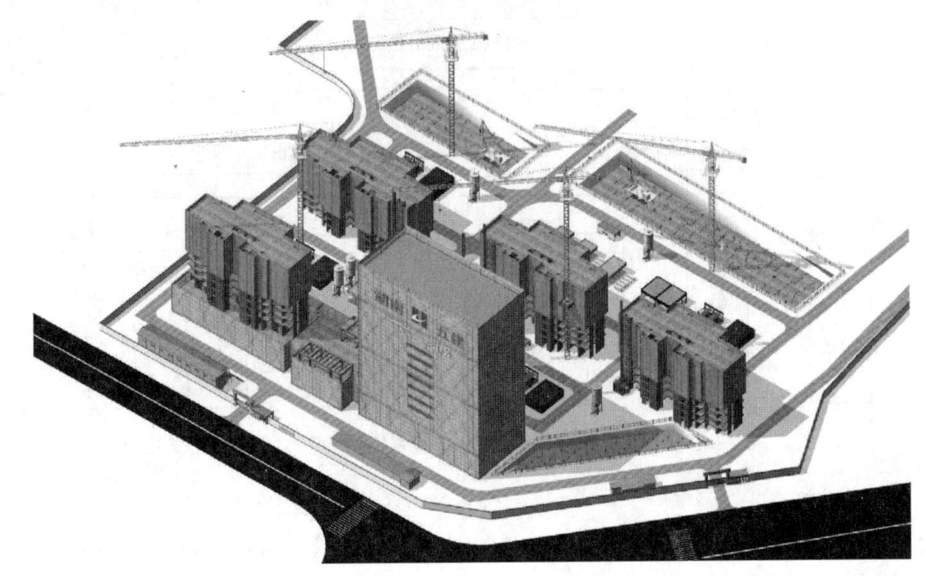

图1　基于BIM技术的施工平面布置（主体阶段）

3.6　鑫湘半山豪庭项目绿色管理原则

本工程施工中，在确保质量安全的前提下，贯彻环保优先原则、以资源的高效利用为核心的指导思想，追求环保、高效、低耗，统筹兼顾，实现环保（生态）、经济、社会综合效益最大化的绿色施工模式。

3.7　设计管理

项目可行性研究阶段，根据项目所在地的气候条件及当地人文、水文等条件，考虑充分利用原有地形地貌、水体、植被等，因地制宜、最大限度地保护环境。项目设计达到绿色二星级设计标准，节能率达到65%，从房间朝向、房屋体型设计、外立面主要色彩等方面考量，减少对太阳辐射的吸收；利用建筑被动式技术，应用自然界的阳光、风力、气温、湿度的自然条件，尽量不依赖常规能源，以规划、设计、环境配置的建筑技术来改善和创造舒适的居住环境，从给排水、电气、保温系统、围护结构等方面实现高质量的室内环境和室外环境。

3.8　建筑施工过程中绿色施工管理的实施措施

（1）人力资源措施

建立健全人力资源管理体系（图2），从项目开工至项目竣工，制定各项人力资源计划，项目管理团队均从公司选派优秀的管理人员，所有人员持证上岗，建立完善的项目组织机构，对进场作业人员进行交底、三级教育、购买工伤保险，保障所有作业人员的权益。

保证项目办公生活环境优良。临时办公用房采用“金鳞甲”钢结构单元体组合而成的集装箱式板房，墙体采用保温棉节能材料，玻璃采用双层中空安全玻璃，所有灯具均采用节能灯。现场设食堂，并按要求办理营业执照、卫生许可等相关证件，从业人员办理健康证；餐具每天消毒。设文体娱乐活动室、医务室及心理疏导室。

人员实名制管理均采用集团“智慧工地”平台，并与娄底市实名制平台联网，实施动态管理，工资发放、人员考勤、培训教育等实现同步监管。施工现场安全管理采用湘建·安施达工地卫士进行动态管理，对现场全面监管。

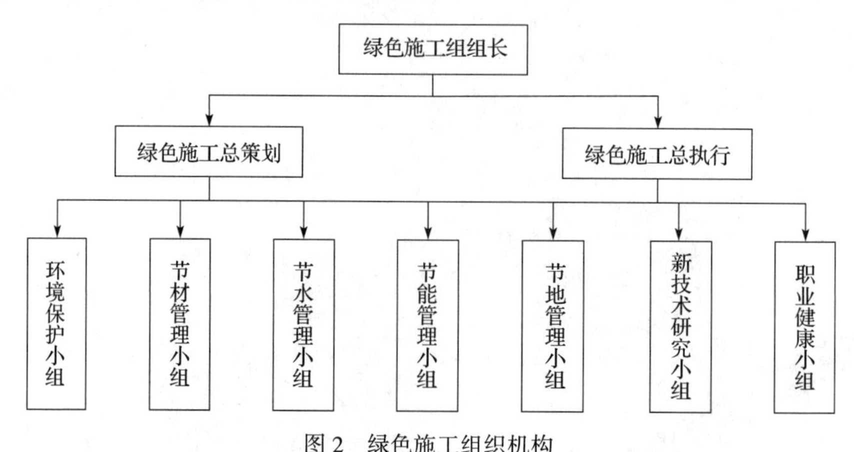

图 2　绿色施工组织机构

（2）节材措施

项目制定机械维修保养、限额领料、建筑垃圾再利用等一系列制度，现场道路、水电、消防永临结合，最大限度减少材料浪费。

根据施工进度需要提前做好材料计划，合理安排材料采购，实行限额领料，严格控制材料的乱用与乱领现象；现场机械设备逐台进行登记、建立台账、定期维护保养；多塔交叉作业制定专项施工方案，由专人负责起重机械管理，保障设备安全运行。

现场临时道路按照规划的道路路线进行布局，在工程竣工后以临时道路作为规划道路路基，避免后期机械施工及混凝土二次施工。

加强材料管理，现场装模均采用钢木方，增加材料周转次数，减少材料一次性摊销量，废旧模板用于洞口防护、楼梯间踏步护角等，现场钢材均采用 HRB400 型号钢材，14mm 以上钢材搭接均采用电渣压力焊或直螺纹进行连接，做到废物利用。

施工临时用水、临时消防用水与主体同步预留、预埋，正式消防用水、消火栓与现场进度同步施工，避免后期消防二次安装。

现场临建设施、安全防护设施采用定型化、工具化、标准化，如临边防护栏杆、施工电梯防护门、操作防护棚等，全部由公司器材部统一加工，项目部按需求领用。

为促进纸张的合理利用及再利用，降低建设耗材成本，项目部推行无纸化办公制度，项目各类审批均在公司 OA 系统进行流转审批，项目技术资料采用电子资料流转系统。

现场结构预拌混凝土、砌筑砂浆均采用商品混凝土，预拌砂浆，装配式叠合板、梯，预制墙板等绿色建材，减少材料浪费。

现场高层均采用全钢分片式爬架+铝模施工工艺，利用铝模早拆系统，减少钢管及模板使用量，铝模全混凝土免抹灰外墙，减少后期抹灰的材料及人工（图 3、图 4）。

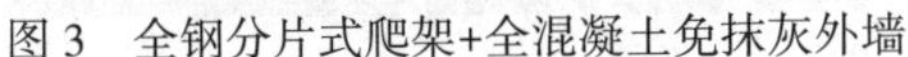

图3　全钢分片式爬架+全混凝土免抹灰外墙

图4　装配式板、梯

（3）节地措施

施工临时用地要有用地审批手续，项目部临时用地均在建设用地红线范围内，建设用地为荒地、非绿地、耕地。

根据施工现场实际情况，分阶段进行施工平面布置，结合BIM进行阶段性场地模拟，力求布置合理紧凑，材料堆场、材料加工棚均在塔吊覆盖范围内，并尽可能靠近施工升降机，比选最优方案（图5），临时道路设置科学合理，满足消防、安全、材料进出场及合理堆放要求，并对道路进行硬化、排水畅通。

采用安全网覆盖、基坑支护、场地绿化、道路硬化等措施，防止水土流失（图6）。

项目外墙全部采用全混凝土免抹灰外墙，内墙采用蒸压加气混凝土砌块或ALC预制条板，以达到保护耕地，减轻结构的自重，节约项目成本，加快施工进度的目的。

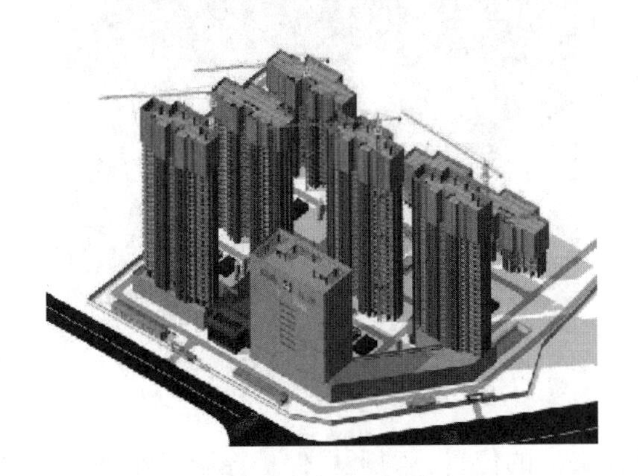

图5　施工平面布置

图6　道路硬化、场地绿化

（4）节能措施

根据现场主要耗能施工设备定期进行耗能核算，选择设备的功率与荷载要相匹配；施工现场配置塔吊及施工电梯均为变频控制（图7）；现场公共区域照明均采用节能灯、LED灯带等节能照明设备；采用声光控电源开关，塔吊照明采用时控开关，控制其开启及关闭时间。现场机械设备环保、高效、节能。

本工程施工临时设施结合日照和风向等自然条件，合理采用自然采光、通风和外窗遮阳设施；墙体及屋面板内安装保温岩棉，窗户采用铝合金中空双层玻璃，顶棚采用难燃石膏板吊顶；本工程办公、生活和施工现场，采用声光控定时节能照明灯具（图8），节能灯具配置率100%，有利于减小能源消耗。

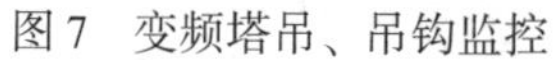

图7　变频塔吊、吊钩监控

图8　声光控节能灯

（5）节水措施

本工程编制了《临时用水施工组织设计》，加强节水管理。根据实际情况制定水资源消耗目标并进行目标分解，节水设备（设施）配置率达到100%，施工中采用节水工艺，混凝土养护和砂浆搅拌用水合理计划，洗车槽对废水进行三级沉淀，达到循环用水（图9），现场绿化采用喷灌式节水器具进行灌溉，非市政自来水利用量占总用水量30%以上。

混凝土养护和砂浆搅拌用水均采用收集的雨水和地下水，混凝土养护采用塑料薄膜覆盖的节水养护措施（图10）。标养箱采用成品智能标养箱，养护用水可进行回收后再利用。

图9　循环用水洗车池

图10　薄膜覆盖养护

（6）环境保护措施

实施施工组织设计时，把环境保护控制放在突出的位置，对环境保护控制工作进一步深化，在施工组织设计中针对大气污染、噪声、光污染、废水、固体废弃物等均制定有效的管理措施，建立健全环境保护体系，并在施工过程中严格按要求实施，加大绿色施工投入，巩固环境保护成果。

①大气污染防治措施

对产生扬尘污染的点位加强监管，落实好8个100%的达标要求：施工工地现场围挡和外架防护100%全封闭，围挡保持整洁美观，外架安全网无破损；施工现场出入口及车行道路100%硬化（图11）；施工现场出入口100%设置车辆冲洗设施；易起扬尘作业面100%湿法施工；裸露黄土及易起尘物料100%覆盖；渣土实施100%密封运输；建筑垃圾100%规范管理，必须集中堆放、及时清运，严禁高空抛洒和焚烧；非道路移动工程机械尾气排放

100%达标，严禁使用劣质油品，严禁冒烟作业。裸土覆盖、硬化道路、冲洗车辆、洒水降尘、工地绿化。施工过程中必须做到“六必须、六不准”：六必须即必须打围作业、必须硬化道路、必须冲洗设施、必须湿法作业、必须配齐保洁人员、必须定时清扫施工现场；六不准即不准车辆带泥出门、不准运渣车冒顶装载、不准高空抛撒灰渣、不准现场搅拌混凝土、不准场地积水、不准现场焚烧废弃物。

本工程所有施工道路均硬化处理，每天设专人负责清扫并洒水，并在现场采用洒水车、雾炮机、围挡喷淋、塔吊喷淋等设施进行扬尘治理，场内周边区域种植树木、草皮，对临时未施工的土方区域采用篷布进行覆盖，避免裸土外露及扬尘抑制（图12）。

土石方采取湿作业法进行作业，作业时安排专人进行淋水降尘，由于现场石方爆破较多，针对爆破作业专门制定了爆破专项施工方案，并组织专家论证，爆破时采用地毯等物体进行覆盖以防止飞石；土石方运输均采用新型环保渣土车，并安排专人进行洒水降尘、洗车，冲洗干净后方可放行，防止车辆带泥出场。

现场预拌混凝土及砂浆均采用预拌，减少散装水泥用量，水泥和其他细颗粒散体材料应放入库内存放，运输和卸运时要防止遗撒、飞扬，运输和卸运后要及时洒水清扫。

图11　道路硬化

图12　围挡喷淋

②水污染防治措施

对于施工现场混凝土输送泵洗管及冲洗车辆所产生的污水（图13），现场均在污水出口处设置污水沉淀池，经沉淀后二次利用或排入市政排污管道，并对沉淀池定期进行清理，防止污水溢出。

对项目部食堂设置隔油池（图14），食堂食品加工废料、食物残渣及剩菜剩饭均采用专用容器盛放，由专人定期进行清理。

图13　污水沉淀池

图14　隔油池

③噪声污染防治措施

现场采用密闭式砂浆搅拌机棚（图 15）、输送泵棚，从声源上减少噪声污染，浇混凝土时尽可能采用环保型振捣棒，尽量避开钢筋和模板，减少噪声，并对现场噪声进行监控（图 16），建立台账进行记录，尽量避免晚上 10：00 至凌晨 6：00 施工，如遇特殊情况需延长夜间作业时间，应提前协调取得批准，并与居委会和周围邻居联系，取得谅解。

现场铝合金、石材均在场外车间内进行加工，避免现场切割产生噪声。

设立扰民接待室，及时解决群众反映的环境保护问题。对于附近居民的扰民情况，项目部成立夜间施工、运输，施工噪声、大气污染等扰民协调小组，负责协调处理扰民工作。

图 15　密闭式搅拌机防护棚

图 16　现场噪声监测

④光污染防治措施

增加灯罩防止塔吊照明镝灯强光外泄，采用时控开关，控制其开启及关闭时间，避免塔吊强光对附近居民造成影响（图 17、图 18）。

图 17　塔吊镝灯增加灯罩

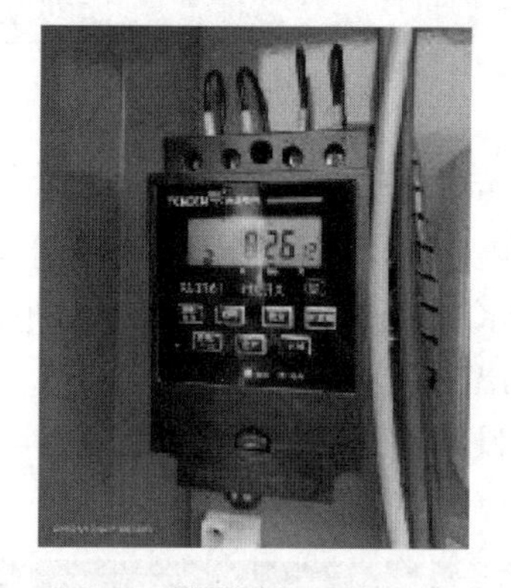

图 18　塔吊镝灯时控开关

3.9　新技术应用

本工程为多栋高层建筑，单体建筑多，建筑面积大，建筑高度高，为当地重点建设工程项目，具有重要的社会影响力，项目所应用的新技术可推动技术进步，带动公司整体技术水平的提高，进一步提升公司技术创新能力和核心竞争力，其应用的新技术在缩短工期、降低成本、提高工程质量、降低建筑能耗等方面均有着重要的意义，预计可创造经济效益 700 余万元，社会效益显著。

本项目在 2017 年住房城乡建设部重点推广“建筑业 10 项新技术”中，应用了钢筋与混凝土技术，模板脚手架技术，装配式混凝土技术，机电安装工程技术，绿色施工技术，防水技术与围护结构节能，抗震、加固、监测技术，信息化技术共八个大项 32 个小项新技术，并应用新钢筋直螺纹连接技术，梁柱节点混凝土施工缝拦截技术，户内配电箱预制槽口过梁，砌体免开槽技术，轻质隔墙板优化，成品 C 型钢综合支吊架系统，永临结合消防系统施工技术，临时用水剪力墙直埋技术，薄壁定型镀锌钢方管与钢木方组合支模施工，花篮拉杆式型钢悬挑脚手架，施工现场下沉式洗车池，井道内型钢整体提升脚手架等技术创新（图 19～图 22）。

图 19　花篮拉杆式型钢悬挑脚手架

图 20　梁柱节点混凝土施工缝拦截

图 21　成品 C 型钢综合支吊架系统

图 22　永临结合消防系统

4　结语

项目部在保质量、保安全的前提下，认真贯彻执行国家有关建设工程节能减排降耗和绿色施工的方针政策，通过科学管理和技术革新，最大限度地节约资源和减小对环境造成影响的施工活动，逐步实现“四节一环保”，共创造经济效益 1500 余万元，实现经济效益、社会效益和环境效益的统一，为社会节约资源和能源做出应有的贡献。

参考文献

聂勇．绿色施工技术在房建工程中的应用［J］．建筑施工，2017，（5）：701-702.

单元体与防火棉整体式幕墙施工技术

陈宪桥

湖南艺光装饰装潢有限责任公司　株洲市　412000

摘　要：为了提高施工质量，节约人工成本，减少材料的浪费，可采用防火保温岩棉与单元体整体式幕墙施工。此施工技术有施工速度快、质量有保障等优势。工厂集中加工对节约材料、保护环境、节约施工成本有显著影响。

关键词：单元体幕墙；铝板背板；防火保温岩棉；整体式

1　关键施工技术简介

将铝板背板、防火保温岩棉与单元体一起在工厂制作、安装成幕墙，解决了传统单元体安装后，在梁的位置安装防火保温岩棉难度大、质量无法保证的问题。其制作方法如下：

（1）将单元体幕墙在每层梁的骨架结构上用不锈钢螺丝固定 2mm 厚铝板背板，四周打防火密封胶。

（2）用岩棉钉（不少于 9 颗/m^2）固定好 105mm 厚防火保温岩棉（外贴单面铝箔）。

（3）用不锈钢螺丝将 3 条长 30mm、宽 1mm 厚铝条与防火棉固定在单元体框架内。

（4）防火棉与骨架四周的缝隙粘贴单面铝箔密封。

2　单元体幕墙与防火棉整体施工技术内容

2.1　施工技术特点和适用范围

（1）单元体整体式幕墙施工，既提高了施工质量，又提高了施工效率，减少了材料浪费，节省了人工费及脚手架搭设的费用。

（2）单元体整体式幕墙施工，减少了现场施工工序和人力投入，有利于缩短施工工期，降低工程施工成本。

（3）适用于所有单元体幕墙工程。

2.2　施工工艺流程

准备单元体幕墙施工图纸→确定单元体幕墙在水平防火层的位置→对单元体幕墙需要安装防火棉的位置进行标识→将标识好的图纸发给厂家交底、下料→定制铝板背板、防火保温岩棉→在工厂进行整体生产→封边收口→清洁、验收。

单元体幕墙大样图，如图 1 所示。

2.3　操作要点

（1）确定水平防火层在单元体上的位置；是否需要调整单元体现有骨架横梁位置，如需要，在施工前将单元体幕墙施工图纸进行深化设计。

（2）工厂定制铝板背板尺寸需比单元体骨架尺寸减小 5mm 的安装缝隙。

（3）安装铝板背板时需要预留出防火棉的厚度，安装后与单元体框架龙骨平整。

（4）防火密封胶的施工质量满足要求，防火棉安装完成后平整度符合要求，隐蔽验收符合要求。

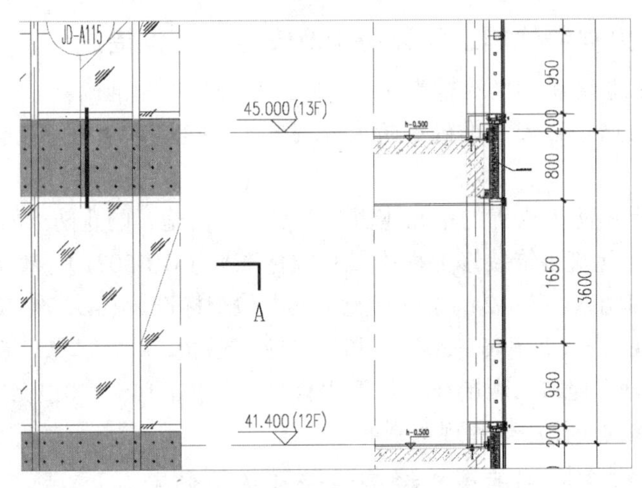

图 1　单元体幕墙的大样图

(5) 需要采取防雨措施，防止防火岩棉被雨水淋湿。

2.4　材料及设备

单元体骨架、2mm 厚铝板背板、不锈钢螺丝、电手钻、防火密封胶、岩棉钉、105mm 厚防火保温岩棉（外贴单面铝箔）、长 30mm 宽 1mm 厚铝条、单面铝箔封边条、记号笔、钢卷尺。

单元体幕墙防火棉的节点如图 2 所示。

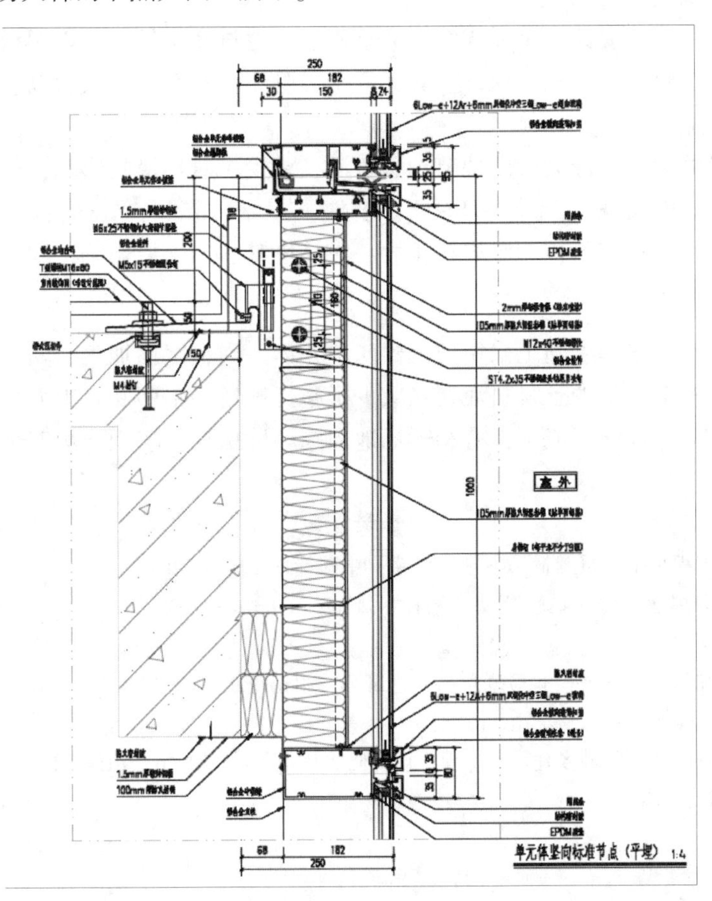

图 2　单元体幕墙防火棉的节点图

3 单元体幕墙防火棉整体施工质量控制及安全、环保措施

（1）工厂定制铝板背板、防火棉需交底清晰，加工尺寸需准确；

（2）铝板背板安装位置尺寸准确，防火棉安装平整度需满足要求，经验收后方可进入下一步工序；

（3）安装完成保温防火岩棉的单元体需要采取防雨措施，防止防火岩棉被雨水淋湿。

（4）严格执行《建筑装饰装修工程质量验收标准》（GB 50210—2018）、《建筑机械使用安全技术规程》（JGJ 33—2012）、《建筑施工安全检查标准》（JGJ 59—2011）、《施工现场临时用电安全技术规范》（JGJ 46—2005）和有关地方标准。

（5）执行《建设工程施工现场环境与卫生标准》（JGJ 146—2013），执行国家、地区、行业和企业有关环保的法律法规和规章制度。

4 该项关键技术推广应用前景、经济效益及环保效益

（1）技术推广应用前景

该项技术的应用需要提前策划，工厂生产，工地组装，可在各类单元体幕墙工程中推广应用。

（2）经济效益

施工工序简单易操作，投入成本较低，可节约大量的材料成本和人工成本以及措施费用，产生的经济效益不可估量。

该施工工法在不改变原有单元体结构的基础上，通过在工厂提前将铝板背板和防火棉同单元体安装成一个整体，质量有保证、施工安全风险小、安全生产效益高、节约施工成本。

（3）环保效益

通过本技术的运用，最大限度地节约了资源，减少了对环境的影响，如施工扬尘以及装饰建筑垃圾等，从而实现“四节一环保”（节能、节地、节水、节材和环境保护）的目的；该工法在施工过程中噪声低，无废弃物排放，对环境基本不造成影响。

5 结语

单元体防火棉整体幕墙施工采用防火棉与单元体一同在工厂加工、安装成整体，提高了施工质量和施工效率，减少了材料浪费；减少了施工现场的工序和施工人力投入，有利于缩短施工工期，降低工程施工成本；有利于场地周围环境保护，实现现场安全文明管理。

参考文献

[1] 雍本．幕墙工程施工手册［M］．3 版．北京：中国计划出版社．2017.

[2] 中华人民共和国建设部．玻璃幕墙工程技术规范：JGJ 102—2003［M］．北京：中国建筑工业出版社，2004.

[3] 中华人民共和国质量监督检验检疫总局．建筑装饰用铝单板：GB/T 23443—2009［M］．北京：中国标准出版社，2009.

[4] 中华人民共和国住房和城乡建设部．建筑设计防火规范：GB 50016—2014［M］．2018 版．北京：中国计划出版社，2014.

悬挑阳台装饰构造柱与主体一次浇筑成型施工技术

张鑫归

湖南建工集团第五工程有限公司　株洲　412000

摘　要：在传统的阳台装饰柱施工工艺中一般将其作为二次构件进行施工，待主体完工结构达到强度后再进行悬挑阳台装饰构造柱的施工。按此施工程序存在如下弊端：(1) 进度较慢，影响工期。(2) 存在安全隐患。主体完工后进入砌体与外墙面施工，多道工序交叉作业，安全难以控制。(3) 传统的二次装饰构造柱柱顶与悬挑梁底做断开处理，柱顶处装模及浇筑较为困难，隔断材料不易安放，且浇筑完后混凝土断面平整度不易控制，既不便于施工，质量安全也难以保证。

本工艺装饰柱隔断材料采用4.5cm挤塑板（其他规格不宜小于4.5cm，否则混凝土浇筑时挤塑板易断裂），置于阳台悬挑梁面端装饰柱底端，用作装饰柱与悬挑梁隔断。结构层施工时，事先在首层悬挑梁结构浇筑前预留好柱底短钢筋，根据测量出的钢筋间距在挤塑板上对应开孔，然后套装至柱底钢筋内，首层结构浇筑完后至二层结构施工时，绑扎装饰柱钢筋，钢筋非贯通设置，整体封模后与二层结构一起浇筑。从而达到一次浇筑成型的效果。在主体施工阶段，悬挑阳台支模架不拆除，待主体完工结构达到一定强度后方可进行支模架的拆除，在施工前应先验算悬挑梁的受力，再满足要求方可整体实施。通过在装饰柱柱底与结构断开形成软连接（断混凝土不断钢筋，钢筋非贯通设置），既节约工期又节约成本，且质量、安全有保障，同时避免了装饰柱作为二次构件进行重复地装模以及构造柱混凝土浇筑过程质量难以控制的问题，此工法能有效地节约工时及材料。

关键词：二次构件；一次性浇筑；挤塑板；隔断

岳阳市君山区某棚改小区工程，共9栋住宅楼，6栋9F+1单层四户含四个悬挑阳台板以及3栋16F+1单层三户含3块悬挑阳台板，其中共计528个阳台装饰柱，体量较大。本文介绍该棚户改造小区悬挑阳台装饰构造柱与主体一次成型施工技术。

1　工程概况

某棚改小区项目是由9栋住宅楼和地下车库以及社区服务中心、社区活动中心、门卫、消防控制室等辅助建筑物组成，占地面积4899m^2，总建筑面积69666m^2，其中住宅建筑面积48521m^2，地下车库建筑面积19201m^2。1~6栋建筑高度为30.5m，标准层层高为3m。7~9栋建筑高度为51.5m，标准层层高为3m。

悬挑阳台外侧均设置装饰构造柱GZ2，1~6栋为一层四户含4个悬挑阳台板（图1），7~9栋为品字形一层三户含3块悬挑阳台板。

装饰构造柱为7字形（后文4.2.1），长边（600mm）处邻外架，短边长度仅为200mm，作为二次构件装模施工操作不便，存在安全隐患，且施工进度慢，耗费人力。

本技术运用BIM技术对施工模型进行图解（图2），通过BIM三维模型生动直观地展示了操作要点及注意事项，再由技术人员结合现场实际指导完成施工过程，保证施工质量。

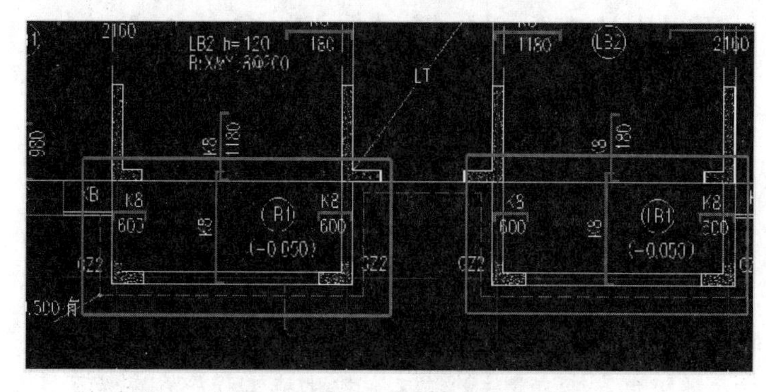

图 1　单层四户悬挑阳台板装饰构造柱布局图

图 2　挤塑板铺设三维模型图

2　工程施工特点

（1）1~9 栋均存在悬挑阳台板且体量大。作为二次构件后浇对工期影响较大。

（2）外侧临空，二次构件装模时存在较大安全隐患。

（3）作为后浇构件柱顶装模浇筑较为困难、烦琐。

3　工艺流程

装饰构造柱一次成型施工工艺流程如下：

根据施工图纸确定装饰柱尺寸→确定尺寸后进行挤塑板切割→在架空层悬挑阳台板钢筋绑扎时预留构造柱钢筋（接头错开设置）→测量钢筋间距套装挤塑板至钢筋内→支模架搭设→装饰柱钢筋绑扎、装模（钢筋非贯通）→混凝土浇筑、拆模、养护→隔断处挤塑板凿除→砂浆填补空隙表面抹平→主体结构完工后悬挑部分支模架整体拆除。

4　主要施工技术及操作要点

4.1　施工准备

（1）根据图纸熟悉 GZ2 尺寸及钢筋定位，预制隔断挤塑板（图 3）。

（2）组织材料、机具设备进场。

（3）组织施工人员进场，进行质量安全技术交底。

（4）材料与机具设备：

①挤塑板原材料；

②钢筋打磨机、切割小刀、钢卷尺、标记笔或其他标记物品；

③劳动力组织（表 1）。

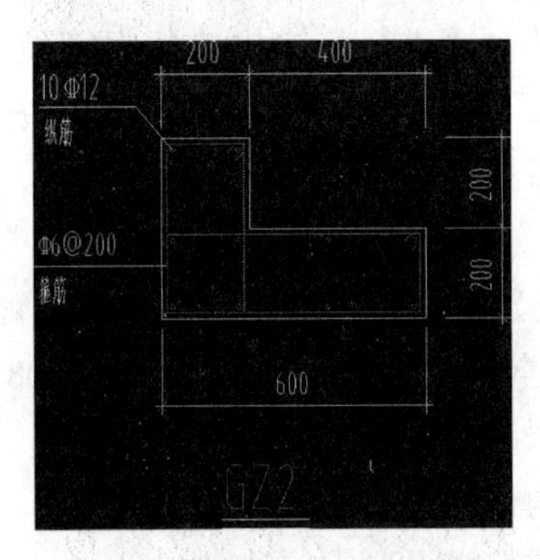

图3　装饰构造柱GZ2详图

表1　组成人员表

序号	工种	人数	工种内容
1	施工员	1	现场指导施工
2	技术员	1	对施工方法进行详细交底
3	木工	10	模板装模
4	混凝土工	5	振捣器做好标记并进行混凝土振捣
5	钢筋工	10	钢筋绑扎、装饰柱钢筋预留、尖头钢筋打磨

4.2　操作要点

悬挑阳台装饰柱底层隔断一次成型操作要点如下：

（1）确认悬挑阳台装饰柱尺寸，进行挤塑板切割（图4）。

图4　挤塑板定位开孔

通过设计图纸确定悬挑阳台装饰柱尺寸进行挤塑板切割，确保尺寸无误，同时准备一根打磨尖头的同型号装饰柱纵筋，并根据现场植筋位置，确认装饰柱钢筋孔位后，进行挤塑板凿孔处理，确保挤塑板安装到位，保证装模过程的顺利进行。

（2）钢筋预留（图5）

图5　悬挑梁梁顶构造柱钢筋预留

在每层悬挑阳台板钢筋绑扎时要进行装饰构造柱钢筋预留，装饰柱钢筋预留不宜过长，严禁箍筋绑扎，以便挤塑板能顺利嵌入形成隔断，构造柱纵筋严禁贯通，避免形成整体受力，按对应装饰柱纵筋位置进行预留，将纵筋绑扎于梁内。

（3）支模架搭设、装模

在支模架搭设时需严格按照《建筑施工承插型盘扣式钢管脚手架安全技术标准》（JGJ/T 231—2021）、《建筑施工模板安全技术规范》（JGJ 162—2008）要求进行，悬挑阳台板及悬挑梁处均需设置立杆支撑，按照高度设置至少两道水平拉杆，同时悬挑部位支模架需在主体完工之后进行整体拆除，确保构件强度100%满足要求。

支模架搭设需满足模板支撑架搭设要求：

①立杆间距≤1.2m。

②扫地杆离地20cm，第二道水平杆≤1.5m。支模架底部需要有垫层（垫层材料需轻柔材料）。

③扣件螺栓的拧紧力不小于40N·m，且不大于65N·m，扣件检查无裂纹，螺栓拧紧力矩达到65N·m时不得发生破坏。

④顶托允许伸出长度为30cm以内。

在悬挑阳台装饰柱装模之前，将已开孔的挤塑板套装至构造柱纵筋内，确保挤塑板已放置到位，底部装模需盖过挤塑板，尺寸符合设计要求，确保模板密封、严实，以免混凝土浇筑时出现浆体溢出，不易于挤塑板凿空。

（4）混凝土浇筑、拆模、养护

根据楼层高度确定混凝土振捣器的长度，在到达悬挑阳台装饰柱末端3~5cm位置时，在振捣器上设置一个标记（标记笔或其他），以免混凝土振捣过程中不慎将底部挤塑板破坏、捣碎，同时混凝土浇筑时尽量避免天泵直接浇筑，要循序渐进不能一次浇筑过多，可以采取先浇筑至楼板再用人工推送或通过振捣器振捣，以免混凝土冲击力过大破坏挤塑板。

拆模过程中，构造柱外侧两端模板可保留不拆，在进行砂浆填补、抹平之后再进行拆除，方便砂浆填补，或预制两块小模板用粗铁丝固定以进行后续砂浆填补工作。

（5）隔断处挤塑板凿空，砂浆填补磨平

将构造柱底预留的挤塑板采用机械进行凿空清除（图6），挤塑板凿空要安排专业作业人员，注意不要损坏柱底钢筋，同时不要破坏底部混凝土结构，避免造成底部混凝土开裂及破损等情况，凿空后安排作业人员采用1：2~1：2.5预拌砂浆填补凿空位置，并将表面抹平（图7）。

图6　构造柱底部凿除

图7　构造柱底部砂浆填补抹平

（6）支模架拆除

悬挑阳台板及悬挑梁部分的支模架留置至主体完工，待悬挑部位强度达到100%之后再进行整体拆除，以确保结构混凝土强度满足要求。

5　质量控制措施

（1）严格执行国家和行业有关施工质量及验收规范、规程和标准，如：《混凝土结构工程施工质量验收规范》（GB 50204—2015）。

（2）安装施工人员进场前，要认真熟悉图纸及相关施工规范、标准，项目部要向施工人员做施工技术交底，做好记录归档。做好原材料和半成品的验收，并检查资料是否及时准确。

（3）测量人员要按测量方案放好定位点，以保证安装精度，安装后进行复测。

（4）装饰柱底层应完全断开，隔断材料应完整且无碎裂、移位。

（5）加强装饰柱末端外观质量控制，下口断层处平整。

（6）建立健全质量保证和管理体系、规范和落实质量责任制，规范施工过程。

（7）坚持工序自检、互检、专检制度，上道工序检查验收合格后方可进行下道工序的施工。

（8）混凝土凿除时，确保保留混凝土面平整，几何尺寸准确，不损伤结构钢筋。

（9）钢筋加工前，检查钢筋出厂合格证和出厂检验报告，并见证取样送检，合格后方可进行加工，并确保钢筋绑扎和焊接质量。

（10）支撑架和支模架由技术熟练架子工进行搭设，须持证上岗。

（11）坚持隐蔽验收及复查制度。分项工程施工过程中，详细检查支撑架和支模架、钢筋绑扎和焊接质量及模板安装质量等，在通过自检、专检认可后应会同监理、建设、设计等单位代表进行隐蔽验收。

（12）自密实混凝土浇筑令经监理批准签发后方可浇筑混凝土，混凝土采用分层浇灌密实，及时做好混凝土施工记录和施工日记，并按规定留置试块。

（13）自密实混凝土抹面完成后，在混凝土表面覆盖一层塑料薄膜、一层麻袋，并及时浇水养护，养护时间不少于14昼夜。

6　安全控制措施

（1）严格贯彻执行国家颁发的《建筑机械使用安全技术规程》（JGJ 33—2012）、《施工现场临时用电安全技术规范》（JGJ 46—2005）、《建筑施工安全检查标准》（JGJ 59—2011）、《建筑施工扣件式钢管脚手架安全技术规范》（JGJ 130—2011）。

（2）建立健全安全保证和管理体系，加强施工人员的安全教育，提高安全意识，遵守工地安全施工有关规定，如穿好防滑鞋，戴好安全帽，高处作业系好安全带，穿防滑鞋，工具入袋。各工种上岗前应进行安全教育和安全技术交底，严格遵守安全操作规程，并持证上岗，高空作业人员必须经体检合格。

（3）设置专职安全员，负责混凝土置换施工的安全管理工作。制定安全生产岗位责任制，定期和不定期检查施工现场安全生产情况，重点检查高空作业，四口、五临边的防护，电气线路，机具设备等。防止高空坠落、物体打击、触电、机械伤人等事故发生，发现问题及时整改。

（4）注意设置确保施工安全的临时支撑，施工操作平台，并加强可靠性检查。

（5）安全用电：室内配线必须采用绝缘导线，采用架空电缆线。每台用电设备应有各自专用开关箱，必须实行“一机一闸”制，开关箱中必须装设漏电保护器，用电机具设备接零接地。非电工不得从事电气作业。

（6）用电设备外壳必须设有可靠的保护接零，必须定期检查焊机的保护接零线；接线部分不得腐蚀、受潮及松动。

（7）严禁支模架与外架相连，应分开搭设。

7　结语

某棚改小区工程的悬挑阳台装饰构造柱与主体一次成型施工技术运用，省去了作为二次构件烦琐的施工过程以及人力消耗，更区别于传统上层隔断所存在的缺陷。从节约成本、保证质量及绿色环保的角度看能更好地进行工程质量控制及建设安全隐患。同时取得了很好的经济效益，受到业主的一致好评，为企业树立了良好的形象。

参考文献

[1]　刘荣菲．混凝土构造柱的工程设计与施工［J］．黑龙江科技信息．2017（02）：268.

[2]　周春兰．浅谈混凝土构造柱的作用和质量控制［J］．江西建材．2007（04）：60-61.

[3]　中华人民共和国住房和城乡建设部．混凝土结构工程施工规范：GB 50666—2011［S］．北京：中国建筑工业出版社，2011.

[4]　中华人民共和国住房和城乡建设部．混凝土结构工程施工质量验收规范：GB 50204—2015［S］．北京：中国建筑工业出版社，2014.

关于一种装配式预制叠合板拼缝处理方法

陈 勇

湖南省第五工程有限公司 株洲 412000

摘 要：装配式混凝土建筑是指建筑物的结构体系由预制混凝土构件构成。构件在工厂集中加工预制后，在施工现场拼装。装配式施工是一种新型、绿色的建造方式。本文介绍了一种装配式预制叠合板拼缝处理的工程实际应用案例，包括该施工技术的工艺原理、工艺流程及处理方法，经后续检测应用效果，证明此方法有效可行。

关键词：预制叠合板；拼缝处理；装配式建筑

1 工程概况

建设内容及规模：本工程建筑面积约为56115.27m^2，主要建设内容包括：综合楼修缮，教学楼（15657.37m^{2}装配率34%）、报告厅、生活区（15597.87装配率33%，包括食堂、学生宿舍、教工宿）、体育馆、配套用房、地下室、大门、垃圾站施工等。建设单位为长沙东雅中学，北京世纪千府国际工程设计有限公司设计，湖南湖大建设监理有限公司监理。工程2021年4月开工，生活区2021年8月主体完工，教学楼2021年11月主体完工。

2 装配式预制叠合板拼缝处理施工技术

2.1 单向板与双向板各自优缺点

楼板一般是四边支承，根据其受力特点和支承情况，又可分为单向板和双自向板。在板的受力和传力过程中，板的长边尺寸L_2与短边尺寸L_1的比值大小，决定了板的受力情况。

根据弹性薄板理论，当板的长边与短边之比超过一定数值时，荷载主要是通过沿板的短边方向的弯曲（及剪切）作用传递的，沿长边方向传递的荷载可以忽略不计，这时可称其为“单向板”。

四边支承的长方形的板，如长跨与短跨之比相差不大，其比值小于2时称之为“双向板”。在荷载作用下，将在纵横两个方向产生弯矩，沿两个垂直方向配置受力钢筋。

区分单向板和双向板要注意如下条件：

（1）长边：短边≤2时，按双向板计算；

（2）2<长边：短边<3时，宜按双向板计算，如按沿短边方向受力的单向板计算时，应沿长边方向布置足够数量的构造筋；

（3）长边：短边≥3时，可按沿短边方向受力的单向板计算。

2.2 叠合板拼缝处理问题原因

根据装配式预制叠合板的受力特点及支承情况，叠合板可分为单向板和双向板。本项目为单向叠合板，单向叠合板的荷载主要是沿板的短边方向产生弯矩作用，单向叠合板底板之间采用分离式接缝（俗称“密拼缝”），可在任意位置进行拼缝。单向叠合板只有两侧出筋，其优点主要为安装方便且效率较高。缺点为拼缝比较明显，后期修补处理不当比较容易产生裂缝（图1~图4）。

图 1　叠合板拼缝监测

图 2　叠合板拼缝裂缝施工（1）

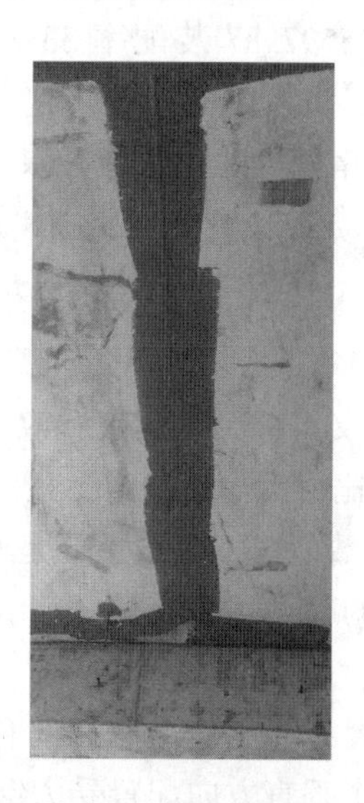

图 3　叠合板拼缝裂缝施工（2）

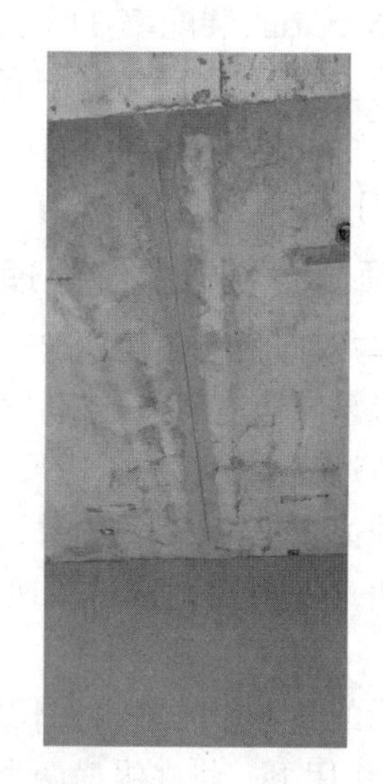

图 4　叠合板拼缝裂缝施工（3）

2.3　叠合板接缝实践中容易出现的问题

因接缝受力的强度大于整体板接缝的强度，故预制板之间容易出现以下的施工问题：

（1）底板之间容易出现黏结不牢且分层；

（2）混凝土浇筑初凝时出现网状裂缝；

（3）预制底板拼缝处会出现漏浆；

（4）在温度较低的时，会使混凝土出现受冻情况，从而导致建筑本身承载力和防水效果大打折扣。

2.4　技术工艺流程

施工工艺流程如下：

施工准备→基层处理→喷水湿润→第一遍抗裂砂浆→耐碱玻纤网格布→第二遍抗裂砂浆

→柔性腻子→普通腻子。

叠合楼板连接缝构造如图5所示。

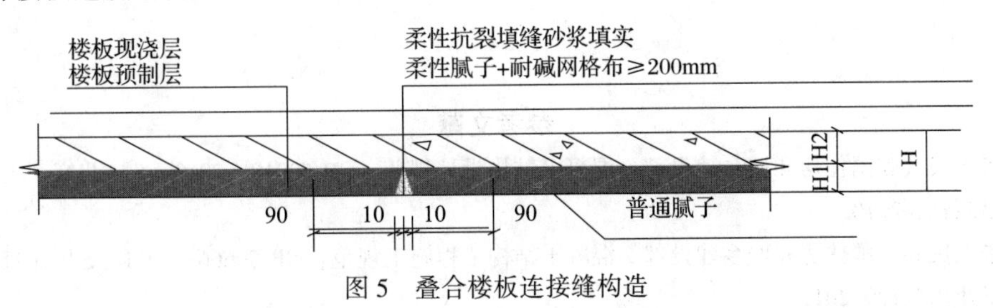

图5　叠合楼板连接缝构造

2.5　技术要点

本项目采用挂网填缝法，接缝部位采用抗裂砂浆、弹性腻子嵌缝及耐碱玻纤网格布等方式防止裂缝，基层处理后可直接刮腻子、刷涂料。

通过铲刀或钢丝刷去除杂物，主要为水泥浮浆和其他黏结的微粒；对基面适当喷水湿润处理，待楼面干透后抹第一遍抗裂砂浆，厚度为3~4mm，应抹密实、平整；表面宜比两侧板低2mm。压入耐碱玻纤网格布，网格布应展平，与楼板平面保持不变形，拼缝两侧搭接长度不宜≥200mm；挂网必须置于抹灰层内，网材与基体的厚度宜>3mm，第二遍抗裂砂浆厚度应为1~2mm，保证耐碱玻纤网格布不外露；待表面干透后刮柔性腻子收口。

3　实际效果

工程应用本技术后，整体质量好，为项目提前竣工打下坚实基础，同时也为后续项目的施工总结了宝贵的施工经验（图6、图7）。本项目施工得到了公司领导、代建单位、设计单位的大力支持，在节约成本的同时也提升了企业的知名度。

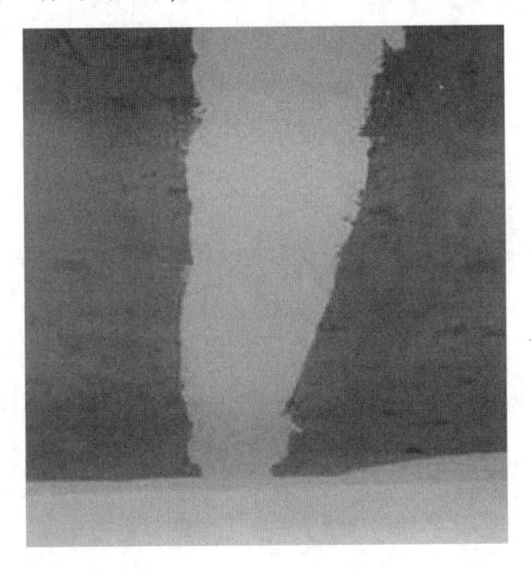

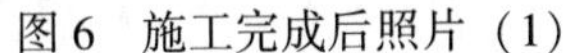

图6　施工完成后照片（1）

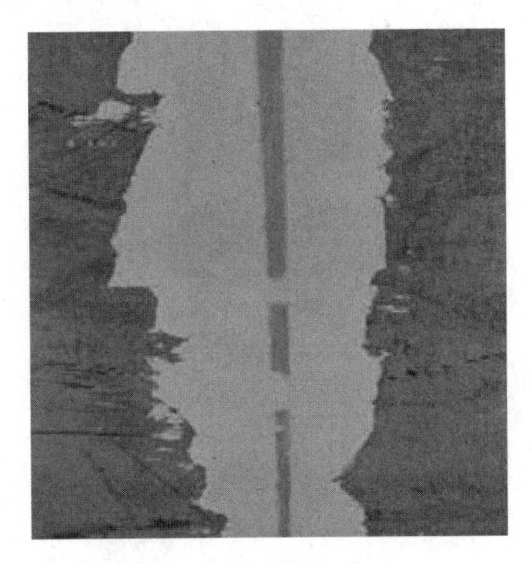

图7　施工完成后照片（2）

4　结语

装配式叠合板预制底板四周不出筋、中间采用密封拼缝连接构造，简化了生产及施工难度，对推进建筑装配式工业化提质增效有着积极的意义。随着相关技术规程的出台，实际工程项目也有了规范的支持，但因拼缝做法在连接构造的要求上较普通叠合板的要求进一步提高，项目中仍需关注叠合板的厚度；装配式叠合板可节约资源、减少对环境的影响，如扬尘、噪声以及建筑垃圾等，符合绿色施工、绿色建造的宗旨，是一种可推广的新型实用技术。

参考文献

[1] 中华人民共和国住房和城乡建设部．混凝土结构设计规范：GB 50010—2010［S］北京：中国建筑工业出版社，2010.

[2] 中华人民共和国住房和城乡建设部．混凝土结构工程施工规范：GB 50666—2011［S］北京：中国建筑工业出版社，2011.

[3] 中华人民共和国住房和城乡建设部．装配式混凝土结构技术规程：JGJ 1—2014［S］北京：中国建筑工业出版社，2014.

[4] 中国建筑业协会．装配式混凝土建筑施工规程：T/CCIAT0001—2017［S］北京：中国建筑工业出版社，2017.

[5] 湖南省住房和城乡建设厅．湖南省装配式混凝土结构建筑质量管理技术导则（试行）［S］. 长沙：湖南省住房和城乡建设厅，2016.

高空大跨度悬挑结构装配式桁架-型钢支模架基座施工技术

邱颂其　杨少军　饶　攀

湖南省第五工程有限公司　株洲　412000

摘　要：对于一般的高层建筑悬挑结构，如屋面挑檐，可利用悬挑工字钢搭设支模体系。但对于高空大跨度悬挑结构，如高层建筑两电梯井之间的机房顶层梁板跨度及悬挑长度过大，上方无建筑结构安装斜拉体系，下方无混凝土结构搭设支模架和安装工字钢斜撑，支模难度较大。采用装配式桁架-型钢支模架基座搭设架体可保证支模体系具有足够强度、刚度、稳定性，同时该基座能兼做施工操作平台，便于工人高空作业；桁架与型钢之间通过螺栓进行连接，便于安装与拆卸并能回收再利用，技术经济上可行。本文主要讲述了该技术的施工工艺。

关键词：桁架型钢组合体系；支模架基座；技术参数

1　引言

高层建筑凭借巨大的尺度及其震撼人心的视觉冲击力对城市形象产生至关重要的影响，甚至可以成为一个地区的标志，具有重要的美学价值。随着社会经济的不断发展，高层建筑造型艺术问题也逐渐暴露出来，在高大建筑的设计中往往重视结构的新颖性而忽略了施工过程中的安全性、经济性，涌现出大量高空大跨度悬挑结构。现就该结构的施工技术结合实践进行剖析。

2　工程概况

葛宁悦东方府一标段项目位于株洲市天元区。框架-剪力墙结构，建筑面积约147019m^2，由5栋33层高层和3栋17层小高层构成，建筑高度最高99.7m。其机房顶的相对标高为109.4m，屋面挑檐设计为悬挑结构，最大悬挑长度2.5m，并在两个单元独立电梯井间形成高空大跨度悬挑结构，梁板最大跨度为9.4m。支模时无法与上、下结构拉接或支撑。经各方技术专家对多个方案进行比选，最终选定采用装配式桁架-型钢支模架基座进行施工。

3　主要施工流程

钢桁架-型钢支模架基座施工流程：预埋件安装并检验合格→钢桁架、型钢构配件进场并检验合格→吊放安装钢桁架→吊放安装工字钢→摆放扫地杆、搭设梁底支架→安装梁底模板→绑扎钢筋→安装梁侧模→安装锁口立管、加固对拉螺栓→与相邻模板连接。

4　主要实施方法和风险防范

4.1　装配式桁架-型钢支模架基座的吊装方法

本项目中装配式桁架-型钢支模架基座的搭设基础为塔楼屋面层电梯井剪力墙或结构梁；钢桁架、型钢吊装前，先将混凝土表面清理干净，并在水准仪的配合下调整基础支撑面标高；在基础顶面用木工墨斗弹出纵横轴向十字基准线，作为钢桁架吊装的定位线；钢桁架、型钢运到现场后，将其分别摆放到吊车作业半径范围内，以方便钢构件吊装；根据钢构件形状、断面、长度和塔吊的机械性能等因素，本项目采用两点起吊法，吊点设置在 1/3 或 2/3 处。在吊点绑扎处，用木方将吊索和钢构件隔开，防止钢桁架棱角割断吊索。在钢桁架两端根部各绑扎一根麻绳（注意防护），作为牵制溜绳，以调整钢构件方向。绑扎就绪后，先将钢构件的一端吊离地面 200mm 左右，停机检查吊索绑扎情况和吊车稳定情况。确认一切正常后，塔吊缓慢吊升钢构件，直至将钢构件吊直并处于需安装的位置上方，指挥塔吊缓慢下钩，钢桁架下放到指定位置后，及时采用 U 形预埋件锚固、木楔顶紧及焊接连接杆等方法进行固定。基座上部型钢与钢桁架上均满焊有开孔的钢板，吊装型钢时两者之间通过螺栓进行连接，形成一个稳定的支模架基座及施工作业平台。

4.2　装配式桁架–型钢支模架基座的拆除方法

拆除作业前，由技术负责人进行拆除的技术交底，并做好记录，交底双方履行签字手续。模板拆除前必须办理拆除审批手续，经技术负责人、监理人审批签字后方可拆除。应划分作业区，周围围栏或竖立警戒标志，地面应设专人指挥，禁止非作业人员进入。待基座上模板及支撑架全部拆除完成后方可进行装配式桁架–型钢支模架基座的拆除，拆除型钢前先将吊点与起重机械上的钢丝绳连接牢固，逐一拧下螺栓后，从中间向两端拆除，吊运型钢时严禁下方站人；底部钢桁架拆除时，先拆除中部的连接杆，将吊点与起重机械钢丝绳连接牢固后，由外向内逐榀拆除。

4.3　装配式桁架–型钢支模架基座的施工安全风险防控措施

技术人员对钢桁架的弦杆及腹杆截面进行优化，将所有钢构件的质量控制在塔吊相应最大起重量的 80%以内；计算过程中，将悬挑型钢端部位移控制在 15mm 以内，保证整个支模体系的稳定性。钢构件吊点与钢丝绳之间加设软垫；吊装前先进行试吊，将钢构件吊离地面 0.2~0.5m 后，对塔吊机械状况、构件绑扎情况及受力状况等进行检查，合格后方可吊装；吊装时构件应缓慢上升，防止晃动；吊运到指定位置后，严格按照专项方案进行固定；应于显著位置及底部区域挂牌警示，在地面坠落半径范围外（不小于 6m）设置防护栏杆；支模区域临边应搭设防护栏杆，高度不小于 1.2m，严禁非作业人员靠近，支模架底部应设置安全兜网支模架、模板搭设方向及混凝土浇筑方向均为由内向外，对称施工；在支模体系搭设、钢筋绑扎、混凝土浇筑及养护过程中对立杆顶水平位移、支架整体水平位移、立杆的基础沉降、基座水平位移及竖向位移等项目进行实时监测，当监测数据达到预警值时，应采取控制措施。当监测数据达到报警值时，应立即启动安全应急预案，停止施工并疏散作业人员。

5　实施过程中的理论分析、计算等相关试验方法、技术参数

（1）以葛宁悦东方府一标段项目为依托，其中 5 栋高层塔楼机房顶层相对标高为 104.9m，该层两侧电梯井中间部分梁板为悬挑结构，悬挑长度为 2.3m，梁板最大跨度为 9.4m，支模时无法与上、下方结构拉接或支撑。为施工此高空大跨度悬挑结构，本团队先后组织建设、设计、施工单位的各方技术专家，召开方案比选会议，最终选定采用装配式桁架–型钢支模架基座进行施工。

（2）确定施工方案后，计算人员采用大型建筑有限元软件 Midas Gen 对装配式桁架–型钢支模架基座进行建模分析，在钢构件应力比、长细比满足规范要求的情况下，将上部型钢

悬挑端部竖向位移控制在 15mm 以内，以此确保上部支模体系的稳定性。

（3）装配式桁架-型钢支模架基座的技术参数如下：

①基座整体构造

装配式桁架-型钢支模架基座下部为钢桁架，上部为 50a 号工字钢，三维示意图如图 1、图 2 所示。

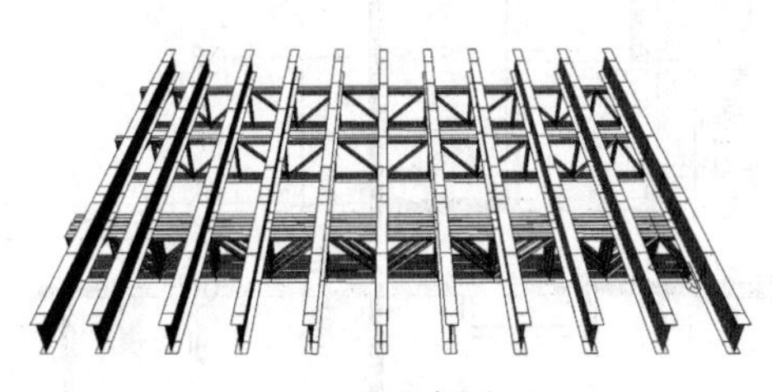

图 1　三维示意图（1）

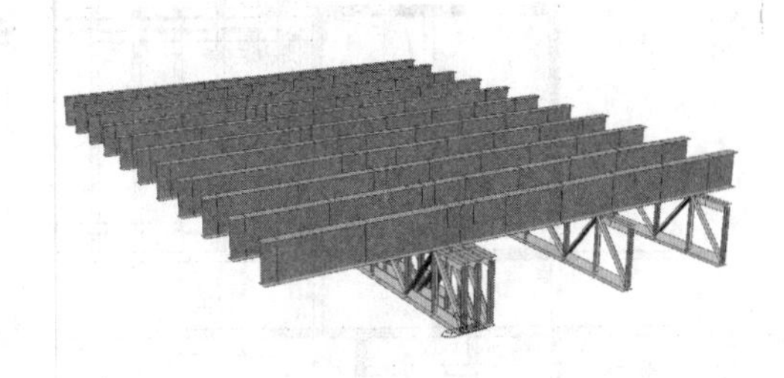

图 2　三维示意图（2）

②桁架-型钢基座细部尺寸

型钢采用 50a 号工字钢，全长 7.5m；钢桁架全长 9.8m，净跨度 9.4m，高 0.87m，均采用角钢在工厂焊接加工成型，上部弦杆为 125mm×80mm×10mm 双角钢截面，下部弦杆为 140mm×90mm×10mm 双角钢截面，腹杆为 50mm×4mm 双角钢截面，具体细部尺寸如图 3 所示。

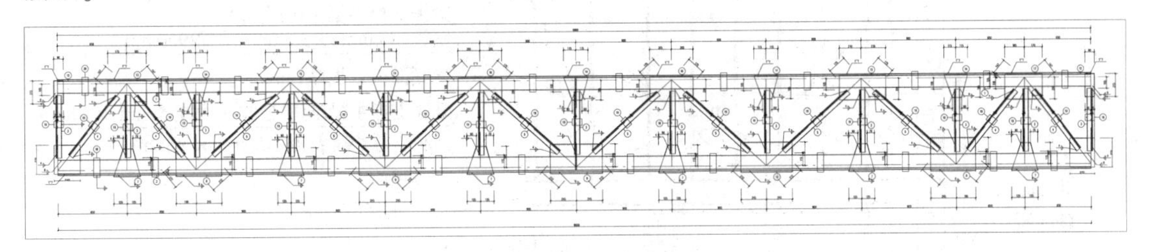

图 3　钢桁架细部尺寸图

③悬挑结构支模体系搭设参数

桁架-型钢基座架立在屋面层，基座底部相对标高为 99.1m，基座长 9.8m，宽 7.5m，高 1.37m；基座下部为 5 榀钢桁架，轴线间距依次为 250mm、250mm、2200mm、1800mm；上部为 11 根 50a 号工字钢，轴线间距为 900mm，工字钢悬挑部分长度为 2.5m；上部满堂支撑架高度为 4.43m，纵横向间距为 1150mm×900mm，步距为 1500mm；支模体系搭设平面图及剖面图如图 4、图 5 所示。

④桁架与型钢连接方式

基座下部桁架与上部型钢之间通过开孔钢板与螺栓连接，开孔钢板在工厂随加工满焊于钢构件上，安装时通过螺栓拧紧即可形成整体，如图 6 所示。

⑤有限元计算结果分析

上述方案中采用房建领域大型有限元软件 Midas Gen 对该钢桁架-工字钢组合基座进行建模。施工荷载、混凝土结构自重、模板自重、支模架自重均通过立杆以集中力的形式传递至悬挑工字钢顶部。整体受力计算通过后，采用 PKPM 软件 STS 模块对钢桁架节点设计以及加工图绘制。

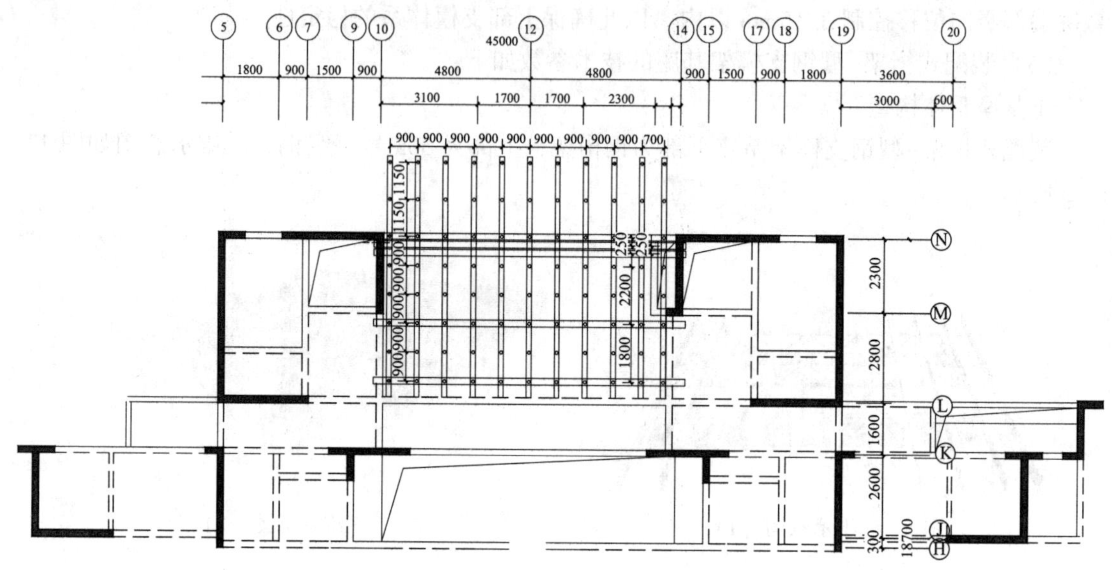

图 4　悬挑结构支模体系搭设平面图

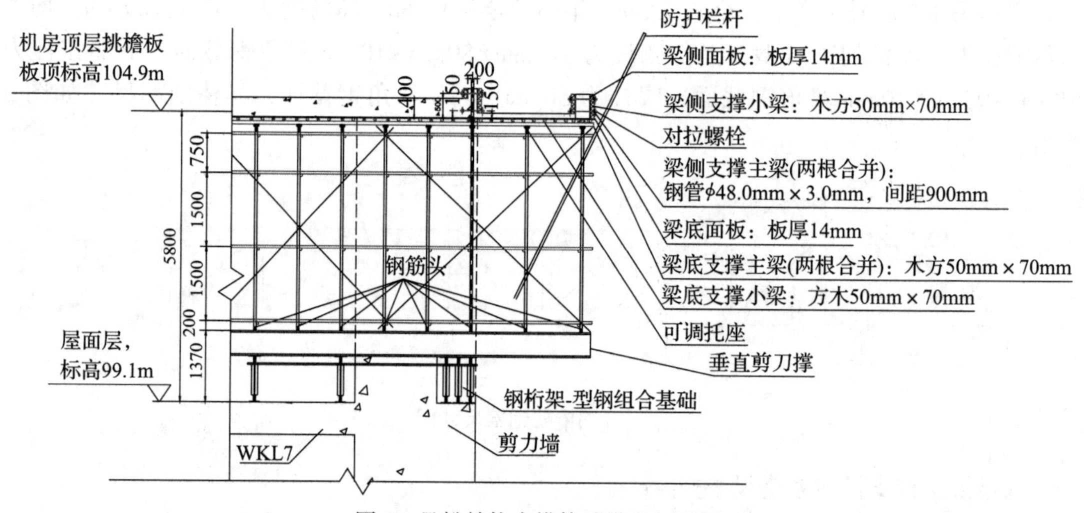

图 5　悬挑结构支模体系搭设剖面图

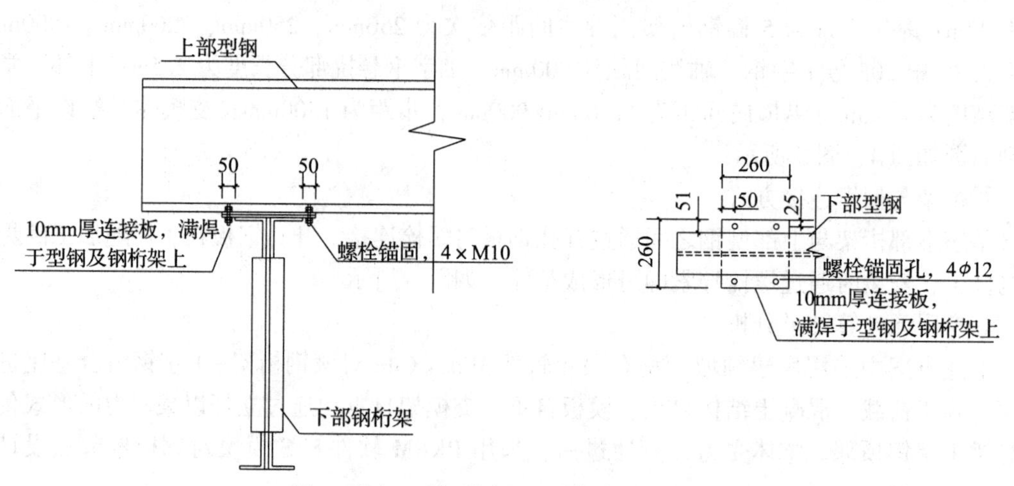

图 6　桁架-型钢基座上、下部锚固节点图

基座模型最大挠度出现在中间悬挑工字钢端部，为12.41mm<L/250（L为工字钢悬挑长度的两倍），满足规范《建筑施工扣件式钢管脚手架安全技术规范》（JGJ 130—2011）的要求，且能保证上部支撑架的整体稳定性。其中最不利工况下关键部位位移如图7所示。

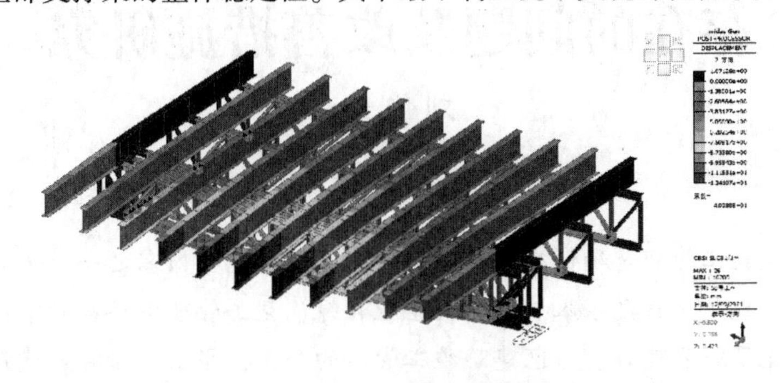

图7　基座模型整体位移图

6　结语

高层建筑的造型与城市整体形象息息相关，随着社会经济的不断发展，必将出现更多的高空大跨度悬挑结构。本技术立足于实际工程，以理论分析指导实际施工，不仅完成了葛宁悦东方府一标段项目5栋高层塔楼的高空大跨度悬挑结构施工，而且将紧密结合现场实际施工经验，总结完善出高空大跨度悬挑结构的施工工艺，对今后指导高层建筑中同类型结构施工具有重要意义。

参考文献

[1]　中华人民共和国住房和城乡建设部．钢结构工程施工规范：GB 50755—2012，[S]. 北京：中国建筑工业出版社，2012.

[2]　中华人民共和国住房和城乡建设部．钢结构工程施工质量验收标准：GB 50205—2020，[S]. 北京：中国建筑工业出版社，2020.

[3]　中华人民共和国住房和城乡建设部．建筑施工脚手架安全技术统一标准：GB 51210—2016，[S]. 北京：中国建筑工业出版社，2016.

新时期绿色建筑施工管理存在的问题及改善措施研究

刘俊云

湖南省第五工程有限公司　株洲　412000

摘　要：绿色建筑施工管理是确保建筑行业可持续发展的重要内容之一，企业积极倡导绿色施工是大势所趋，也是生存之根本。然而，企业在绿色施工管理中存在的不足也是非常突出的。本文简单概述了绿色建筑、绿色建筑施工管理的含义，指出了新时期建筑企业在开展绿色施工管理中存在的问题。如：施工监管力度较差、相关法律法规不完善、施工评价体系不健全、施工人员健康保障不到位、施工理念较落后以及施工技术有待提高等。为解决这些问题本文提出了相应的解决措施。

关键词：绿色建筑；施工管理；问题；改善措施

1　绪论

1.1　研究背景与意义

随着我国经济的高速发展，对能源的需求量越来越高，能源总量不断削减的同时，我们的环境也日趋恶劣。作为我国支柱产业的传统建筑行业在促进我国经济发展为人民创收的同时，也给我们赖以生存的环境造成了不利影响。近年来人们的环保意识与绿色理念不断提升，为推进环境友好型社会的建设，我国建筑行业先后实施了绿色建筑施工管理，但由于各种因素影响，开展得并不顺利，为此笔者结合国内众多建筑企业绿色施工管理现状展开相关研究，以期能够为新时期建筑企业的绿色施工管理提供参考。对于建筑企业而言，贯穿绿色发展理念，将该理念融汇于整个施工过程，不但能够显著提升其整体施工水平，还能在促进我国经济的高质量发展的同时保护好环境。

1.2　国内外研究现状

建筑行业绿色施工最先由国外学者 Kibert 提出，他认为这一发展理念是应对全球气候变化，保护现有能源与环境的必走之路。经过多年发展，绿色建筑施工理念愈发成熟，为了更好地推进该项工作，国外学者就绿色施工评价体系展开了相关研究。也有学者利用相关数理统计方法与评估系统构建了绿色施工评价体系，并基于搭建的体系就中国香港地区建筑企业绿色施工管理展开了研究，对企业绩效管理的成果和可操作性进行了评估。

先进的科学技术与理论指导是保证绿色施工管理不可或缺的因素。与西方发达国家相比我国绿色施工管理起步相对较晚，建筑企业采用的绿色技术较欧美等国家仍有一定差距，直到 2001 年我国才首次提出了绿色施工。随着我国对环境重视程度不断提升，绿色施工管理理念逐步在建筑企业发展起来，众多学者就如何更好地开展绿色施工展开了相关研究。

还有众多学者就建筑企业如何做好绿色施工管理工作展开了相关研究，他们的成果对于笔者完成本文的创作发挥了重要作用，但由于篇幅有限笔者不再一一论述。

1.3 研究内容

第一部分是绪论部分，主要包括新时期下绿色建筑施工管理研究背景、研究意义、研究内容、研究方法与国内外研究现状。

第二部分为相关理论概述，主要有绿色建筑、绿色建筑施工管理等。

第三部分介绍了绿色建筑施工管理的内涵及影响因素。

第四部分为当前绿色建筑施工管理中的现状及存在的问题，针对目前绿色建筑施工管理现状找出存在的问题，诸如施工监管力度较差、施工人员健康保障不到位、施工理念较落后、施工技术有待提高、施工评价体系不健全、相关法律法规不完善等。

第五部分为解决措施，针对新时期绿色建筑施工管理中存在的问题提出相应的改进措施，以期能够提高管理水平，促进绿色建筑施工管理高质量发展。

第六部分为结论，对本文的研究成果进行总结，提出进一步的计划和不足。

1.4 研究方法

（1）文献研究法。

利用知网、维普、百度文库等网络资源及图书馆相关书籍进行相关的文献资料搜集，通过整理与总结国内外绿色建筑施工管理相关成果确定本文研究方向与基本框架，为论文的后续研究提供相关依据。

（2）经验总结法。

在探讨绿色建筑施工管理的问题时，需要对绿色建筑施工管理的内涵及影响因素进行总结与归纳，研究中也需要对国内外提高绿色建筑施工管理水平的先进经验进行总结学习，进而提出切实可行的改进措施，全面提升绿色建设施工管理水平。

2 相关理论概述

2.1 绿色建筑

绿色建筑并不是开发建设屋顶花园、森林社区等一般意义上的绿色建筑，它是一个相对抽象的概念，是指被建设的不会对我们的环境造成危害，能够实现与自然和谐共处。与传统建筑相比，绿色建筑在建设期间不会打破生态平衡，对能源的消耗较相对较小，因此绿色建筑又被称为生态建筑。

2.2 绿色建筑施工管理

建筑行业施工管理工作是一门相对古老的学科。传统的建筑施工管理工作的重点是对相关施工方生产活动是否严格遵守国家现行的施工标准与法律政策进行监管；作为建筑施工管理者要确保施工时采用的材料符合国家质量要求；并对施工方是否严格按照预先施工计划开展相关工作进行监督。绿色施工理念的提出与发展，推动建筑企业施工管理内容的不断更新，当前阶段施工管理的重心既包括传统管理模式下的基本要求，也对环保、节能及绿色发展提出了新的见解。在对施工进程展开监督时，也要对施工的质量及其对环境的影响展开评估，确保施工不会造成能源浪费与环境破坏。绿色建筑施工管理理念是较为先进的理念，符合未来社会的发展要求。该理念既能保证施工的质量也不会对我们的生存环境造成破坏，有助于全人类的可持续发展，在一定程度上体现了文明的进步。

2.3 绿色建筑施工管理影响因素

各建筑企业绿色施工管理工作水平的高低与很多因素有关，既有客观因素也有主观因素。常见的影响因素主要有施工人员特别是管理人员的绿色管理理念与绿色施工技术水平、政府对建筑企业绿色施工监管力度的高低、现有法律法规的完善程度及绿色评估体系的可行性高低等。此外国家政策与发展方向也会对其产生影响。综合而言，我们在分析影响建筑企业绿色施工管理水平的高低时要做到全面，笔者将在下文结合新时期绿色建筑施工管理现状及存在的问题展开相关分析。

2.4　新时期绿色建筑施工管理中存在的问题

（1）绿色建筑施工管理的监管力度不足

绿色施工对环保要求较高，且具备一定的公益特征。作为政府监管部门要主动承担起绿色建筑施工管理工作的责任，为施工单位提供相应的指导。贯彻绿色施工理念，给予绿色施工强有力的支持。但由于我国绿色建筑施工管理起步较晚，建筑公司的施工管理技术不够先进，尚未建立科学有效的监督体系，导致行业内部监督效果并不理想。政府部门也尚未出台行之有效的管理标准，目前沿用的大多是传统建筑企业施工的规范，这就导致无法从制度上给予有效保障。尽管部分企业认可了绿色施工管理理念，但仍把成本投入与产出比放在首位，出现这种现象的根源在于相关部门对建筑商监督力度不够。

（2）缺少完善的法律法规政策体系

近年来，我国法治建设不断加深，各项社会活动与关系的开展都离不开法律的约束与保障。建筑企业在开展绿色施工管理时也应严格按照相关法律政策执行，但由于该理念在我国起步较晚，现有的法规政策无法给予其足够保障。当前阶段，众多建筑企业开展绿色施工管理工作时大多以《建筑法》以及《能源法》为依据办事，这两部现行的法律仅在理论上对绿色建筑及相关理念进行了简单阐述，并没有明确指出建筑企业在具体施工过程中应遵循的流程，这在很大程度上削弱了这两部法律的实用性。此外由于这两部法律法规颁布的时间相对较早，其对绿色建筑及施工管理的定义无法与现在的国情及建筑施工实际相吻合，比较落后，不能作为制度保障为新时期绿色建筑施工管理提供理论支撑。除此之外相关部门及建筑企业现行的绿色施工规范与流程较为抽象，无法精细到每项施工管理工作，这在一定程度上给相关管理人员开展绿色施工管理带来了不便。

（3）现有评估体系不健全

科学有效的建筑施工评价体系对于建筑企业提升自身的施工质量与效率至关重要，好的评估体系对于建筑企业而言有着事半功倍的作用。与传统建筑类型不同，绿色建筑对各方面的要求较为严格，由于目前人们对该理念及具体施工管理办法的了解程度不够，导致目前众多建筑企业制定的评估体系不够健全，无法更好地指导实际工作，不利于绿色建筑施工管理质量的提升。此外笔者在调查中发现尽管部分企业认可了绿色理念，但在实际操作中仍然沿用的是传统的评价体系，未能结合企业实际情况与地方环境条件制定科学有效的评估体系，这在一定程度上遏制了绿色建筑施工管理水平的提升。

（4）绿色施工人才缺乏，施工人员绿色管理意识较差

绿色建筑对技术要求较高，高科技的施工技术对施工人员的综合能力提出了较高要求。作为一种新兴的建筑管理模式，绿色建筑施工管理对人才的要求极为严格。由于绿色施工管理模式在我国发展时间较短，相应的人才比较短缺，特别是管理人员大多沿用传统的建筑管理模式，对新时期的绿色建筑管理技能与知识了解甚少，在实际建筑施工时选取的材料不能满足绿色施工的需要，采购的部分绿色原材料价格较高，无形中增加了公司投入成本，此外还存在采购过度造成浪费等现象。施工人员绿色管理意识较差还体现在对环保问题重视不

足，为了节省开支使用不达标的生产材料，导致建筑质量问题层出不穷的同时也给我们的环境造成了破坏。受多年传统建筑管理模式的影响，很多高层管理人员仍然墨守成规、故步自封，创新意识较差，主动学习新技术与管理模式的主动性不强，如果不能及时转变这种落后的管理观念，势必会给所在建筑企业及地方经济乃至我们的生存环境造成恶劣影响。

（5）施工技术较落后，有待提高

绿色建筑施工对施工技术水平要求极为严格，各建筑企业要想更好地展开绿色施工管理工作离不开先进技术与科学管理的保障。无论是基层施工人员还是管理人员都应对先进的绿色施工技术有所了解，但现实中很多企业职工包括管理者普遍存在着对先进技术学习主动性较差、绿色管理意识不足、专业的绿色施工管理技能较差等问题，如果不能及时改进提升势必会影响施工水平，导致管理效果难以达到预期。

此外先进的绿色建筑施工技术与设备及建筑所需的原材料成本相对较高，无形中增加了企业需要投入的成本。为了降低成本确保利润最大化，一些企业出现了以次充好，甚至放弃绿色施工管理的现象，没有将先进的技术与设备运用到管理工作中，这给建筑企业的绿色施工管理工作造成了不利影响。

3　新时期绿色建筑施工管理的改善措施

3.1　进一步完善相关法律法规制度

与社会其他生产经营活动一样，新时期绿色建筑施工管理工作能否顺利开展与现行法律政策的完善程度息息相关。健全完善的法律法规为建筑行业绿色管理提供保障的同时也会对其经营行为进行约束，保障其在合法合理范围内开展各项活动。完善的法律法规体系的建立离不开社会各界的努力，作为政府部门要加快绿色建筑施工管理的立法进程，并对现行的建筑施工法律进行实时地调整与更新，确保其符合新时代建筑企业发展需要。除了从立法上给予其足够的重视，相关执法工作推进也不能停滞。有关部门要依据目前建筑企业绿色施工管理中存在的各种违法违规行为出台有针对性的解决措施，进一步对现有的管理流程与评估体系进行规范，一旦出现违法施工行为要给予其应有的法律惩罚，确保建筑企业的绿色施工管理工作有法可依、有法必依。

3.2　强化监督力度，发挥政府部门的作用

科学有效的政府指导能够对新时期的绿色建筑施工管理工作提供强有力的保障，为此有关政府部门应充分发挥自己的职能，利用多种手段帮助建筑企业更好地践行绿色建筑施工管理，将政府职能落实到位。首先，相关部门要及时与建筑企业进行交流，结合企业反馈的意见与需求制定出有利于今后开展绿色施工管理的标准与规范。其次，要为政府部门与建筑企业搭建一个有效沟通的服务平台，该平台的建立可实现二者之间的实时沟通与交流，有助于自上而下更好地贯彻绿色管理理念，为建筑企业的绿色发展之路奠定雄厚的基础，创造广阔的发展空间。此外为了调动建筑企业绿色管理的积极性，政府部门可通过相应的奖惩制度对其进行有效引导，对于那些严格按照绿色管理理念进行施工管理的企业可通过减免税收的方法对其的科研投入进行补偿，而对于为了节省生产成本仍沿用传统建筑管理方式的企业可通过罚款的方式进行提醒。可以说作为政府主管部门只有充分发挥自己的引导作用，发挥好监督职能才能更好地帮助建筑企业走好绿色施工管理之路。

3.3　进一步健全绿色建筑评估管理体系

新时期绿色建筑施工管理质量的好坏与企业相应的评估管理体系是否健全完善息息相

关。因为作为建筑施工企业应不断调整完善其现有的绿色建筑管理评估体系，对不合适的评估指标予以及时调整，保障现有的评估体系能够符合当下企业的需要。为此企业可从以下几方面入手做出调整：一是相关政府部门要对绿色建设评估体系予以足够的重视，强化对现有体系的监管力度，对每项参评指标与活动主体都要严格审查；二是要避免出现故步自封、夜郎自大的想法，要积极学习借鉴其他地区与国家的绿色建筑管理评估办法与流程，找出自身的不足，进而提升自身的评估水平。三是要确保评价体系能够贯穿整个施工过程，从最开始的立项阶段到最后的验收，都要进行全程评估管理，只有这样才能从整体上做好绿色建筑施工管理工作。

3.4　提高管理人员的专业能力与综合素质

基层施工人员及管理人员的综合素质与专业技能决定了绿色施工管理水平的高低。为此建筑企业可通过组织线上、线下培训的方式进一步提升他们的业务能力，通过培训，使相关人员对绿色建筑施工理念有进一步认识，提升他们对绿色建筑重要性的认可程度。特别是对于管理人员而言，通过培训与交流学习，使他们的管理水平显著提升。为了保障培训效果，建筑公司可通过组织考试的方式对员工的培训效果进行检验，对于那些培训效果较好的员工可通过物质奖励与荣誉授予等方式刺激他们继续努力。此外建筑企业还可在选聘时提升员工入职门槛，确保招聘的新员工都是具有绿色发展理念的高质量人才。

3.5　做好技术支持工作，提升施工人员技术水平

为了提升施工人员的施工技术，建筑企业应加大科研创新力度，从内部提升自己创新能力。鉴于我国与欧美发达国家的施工技术差距，我们要汲取他们先进的绿色建筑施工管理技术。在开展绿色建筑施工时，施工人员要事先做好调查工作，明确在建工程潜在的能源消耗量以及适用的技术，只有这样才能保障施工技术发挥出应有的效果。此外还应将一体化的绿色建筑施工技术引入进来，并确认该技术的主导地位。由于不同管理阶段涉及的技术不同，作为施工人员要及时进行沟通，互相学习对方的优秀设计理念，进而全面提升设计水平，保证绿色建筑施工管理工作顺利开展。

4　建筑工程绿色发施工的推进建议

4.1　建立有效的绿色施工管理制度

针对管理人员对项目质量监控和管理的意识比较薄弱，在实际工作中无法严格按照相关管理标准对项目进行管理。所以，在实际设计中，施工企业应建立有效的绿色建筑管理体系，加强和提高监督管理人员的质量监控和管理意识，提高监督管理水平，确保绿色工程设计的有效开展，推动绿色建筑发展综合处理。要加强管理人员的素质管理，首先加强管理人员的培训，使管理技能不断加强，使建筑施工过程中污染物排放有效地减少，从而实现建设项目的绿色可持续发展。

4.2　要多使用绿色植被施工，注重节约资源化

针对嘉裕太阳城案例，应多使用绿色植被，进而能够有效保证整个绿色工程施工新的理念落到实处。此外施工单位要充分考虑绿色建筑工程的实际，制定绿色建筑工程资源综合利用的总体规划，这样在绿色建筑施工的整个过程中，控制绿色工程建筑材料的消耗，给建筑施工企业带来经济效益的同时也带来较为积极的社会影响。

5　结语

随着人们环保意识不断提升，社会对建筑这一能源消耗大、污染严重的传统行业的要求

日益严格，建筑企业纷纷寻求转型，更加注重生产过程中对环境造成的影响。绿色建筑施工管理理念逐步得到行业的认可，但受限于各种条件，新时期下一些建筑企业的绿色施工管理工作开展得并不顺利，如果不能及时解决，势必会给企业及国家经济、环境造成不利影响，基于此，本文展开相关研究。笔者结合所学理论知识就新时期建筑施工管理展开了研究，在研究中笔者发现现阶段很多企业在绿色施工中存在着监管力度不足、法律法规体系不完善、绿色施工评估体系不健全、绿色施工管理人才短缺及绿色施工技术相对落后等问题，为解决这些问题笔者提出了解决措施，认为今后应建立健全现有的绿色施工管理法律体系、强化政府监管力度、完善现有绿色施工评价体系，提高施工人员的专业能力与素质。

参考文献

[1] 付凯．绿色建筑工程管理中存在的问题与对策［J］．低碳世界，2018（7）：33-39.

[2] 侯思佳．浅谈绿色建筑工程管理中存在的问题与对策［J］．工程设与设计，2017（16）：154-155.

[3] KIBERT. Sustainable Construction，Green Building Design and Delivery［M］．1993.

[4] 阮诗华．绿色施工管理理念下的建筑施工管理探讨［J］．四川水泥，2019（7）：97.

[5] 李伟．建筑施工管理及绿色建筑施工管理分析［J］．绿色环保建材，2020（3）：22，24.

[6] 杨成龙．建筑施工管理及绿色建设施工管理解析［J］．绿色环保建材，2020（1）：85.

[7] 刘德胜．绿色建筑工程造价预算及其成本管理探析［J］．智能城市，2020，6（5）：79-80.

[8] 徐晟，黄建淞．绿色建筑施工与可持续发展的分析［J］．工程技术研究，2020，5（2）：15-16.

[9] 中华人民共和国建设部．绿色建筑评价标准：GBT 0378—2006［S］．北京：中国建筑工业出版社，2006.

[10] 邓士杰．论建筑施工绿色建筑施工技术问题以及应用分析［J］．建筑发展，2021，4（9）：11-12.

[11] 赵钦，田庆，刘云贺，等．绿色建筑评价新标准下BIM技术在施工管理中的应用研究［J］．西安理工大学学报，2017（2）．58-62.

[13] 陈杰．简述绿色建筑施工管理在建筑施工管理中的应用［J］．建筑与装饰，2020（5）：2.

[14] 张炳津．关于建筑施工管理及绿色建筑施工管理分析［J］．江西建材，2017（2）：273.

混凝土叠合楼板施工技术

唐继清　曹　科　林艺峰

湖南建工集团第五工程有限公司　株洲　412000

摘　要：叠合楼板是由预制板和现浇钢筋混凝土层叠合而成的装配整体式楼板。叠合楼板与传统的现浇板相比，抗裂性能大大提高，且施工方便、快捷，可节约工期30%。在绿色施工方面，叠合楼板产业化程度高，资源节约与绿色环保，所有预制构件全部工厂加工制作，在现场装配。本文着重阐述混凝土叠合楼板的施工工艺流程、主要施工方法、成品保护措施、安全质量控制措施。

关键词：混凝土叠合楼板；施工方法；成品保护；质量控制；安全控制

1　工程概况

意法时尚中心项目位于株洲市芦淞区服装商圈，地下3层，地上裙房10层，1号塔楼16层，2号塔楼20层，其中1~8层为专业服装市场，9层为餐饮综合配套服务，10层为时尚发布中心，11~20层为商务办公，总建筑面积约为16.68万m^2。建筑层高：地下3层、地下2层层高为3.8m，地下1层层高为5.1m；地上1层层高5.4m，2~9层层高5.0m，10~20层层高均为4.5m，屋顶层层高为3.0m。

本工程为重点设防类（乙类），地下3层框架结构、剪力墙抗震等级为四级；地下2层框架结构、剪力墙抗震等级为三级；地下1层至屋面框架结构、剪力墙抗震等级均为二级。

本工程建筑结构设计基准期为50年，设计使用年限为50年。

本工程预制板（PC板）范围：11层叠合楼板（1号塔楼、2号塔楼、连廊）；1号塔楼：12层叠合楼板、13~16层叠合楼板、屋面层叠合楼板；2号塔楼：12~14层叠合楼板、15~20层叠合楼板、屋面层叠合楼板。

本工程采用框架-剪力墙结构体系，塔楼标准层楼板及屋面采用装配式叠合楼板；地下室及裙楼楼板采用现浇混凝土梁板式体系。电梯机房、楼梯间（包括卫生间、厨房）楼板为现浇混凝土结构，其余楼板为预制叠合板与结构梁整体现浇的混凝土叠合楼盖结构。

2　工艺流程

定位线、标高线检查→完成剪力墙及结构梁钢筋、模板工程→搭设叠合板支撑架，并校正墙、梁侧模标高→设置预制楼板线位控制点→预制楼板吊装、固定→楼板现浇层管线预埋、板缝及上层钢筋安装→剪力墙、梁、现浇板、叠合楼板混凝土整体浇筑→混凝土养护→预制楼梯吊装。

3　主要施工方法

3.1　剪力墙、梁、现浇楼板施工

剪力墙、梁、现浇楼板的施工与常规现浇混凝土结构施工相同，具体施工按照本工程制定的《施工组织设计》《专项施工方案》施工。

3.2　叠合楼板模板及支撑施工

叠合楼板支撑架采用轮扣式支撑架，纵横立杆间距900mm×900mm、局部900mm×1200mm，纵横水平杆步距1200mm，顶托高度≤200mm。叠合楼板支撑架与梁支撑架连接成整体，并按要求设垂直和水平剪刀撑。梁支撑架按施工方案搭设，梁下立杆间距≤900mm。

模板材料采用50mm×70mm木方，要求平直、表面光滑；模板采用15mm厚木胶合板、表面平整光滑。在预制叠合板下方四周需设置≥30cm宽板带，其作用为方便安装人员操作，固定梁模板，预制叠合板支承受力。预制板长度≥3m时，在板中设置≥30cm宽板带。在板带四周需粘贴胶条，防止漏浆（图1、图2）。

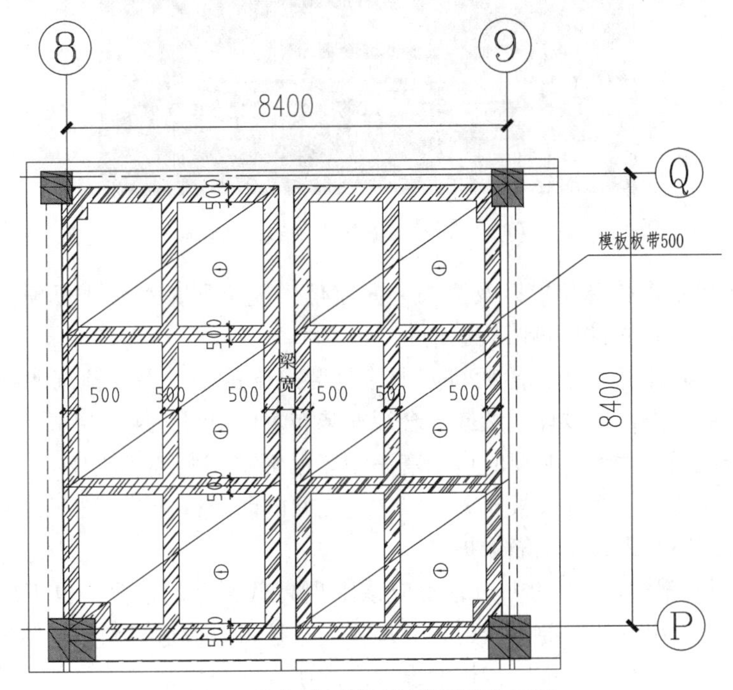

图1　叠合楼板模板板带平面布置图

图2　模板安装、板带设置

3.3　叠合楼板吊装、安装

（1）根据设计施工图，每块楼板起吊用4个吊点或6个吊点。吊装索链采用专用索链和4

个（6个）闭合吊钩，平均分担受力，多点均衡起吊，单个索链长度为4m。将构件吊离地面，观测构件是否水平，各吊点是否受力，构件基本水平、吊点全部受力后起吊（图3）。

图3　叠合楼板吊装

（2）根据图纸所示构件位置以及箭头方向就位，就位同时观察楼板预留孔洞与水电图纸的对应位置（以防止构件厂将箭头编错）。

（3）吊装时先吊铺边缘板，然后按照顺序吊装剩下的板。叠合预制薄板吊装应对准弹线缓慢下降，避免冲击；按设计图纸或叠合板安装布置图对号入座，用撬棍按图纸要求的支座处搁置，轻轻地调整对线，必要时借助塔吊绷紧吊绳（但板不离支座），铺以人工用撬棍共同调整长度，保证薄板之间及板与梁、墙、柱之间的间距符合设计图纸的要求，且保证薄板与墙、柱、梁的净间距大于钢筋保护层。

（4）楼板铺设完毕后，板的下边缘不应该出现高低不平的情况，也不应出现空隙，局部无法调整的支座处出现的空隙应做封堵处理；支撑柱可以作适当调整，使板的底面保持平整，无缝隙。预制构件在安装前、接槎处设置海绵条，防止漏浆。

（5）叠合板安装时先将叠合板一端钢筋伸入已绑扎角筋的梁内，将板端搁置在梁侧模上；然后将另一端伸出的钢筋插入未绑扎角筋的梁内，将该板端搁置在梁侧模上。板伸入梁墙上10mm，构件长边与梁或板与板拼缝按设计图纸要求安装。

（6）薄板安装就位后，应及时整理薄板两端伸出的锚固钢筋，锚固钢筋应伸入墙内或梁内，不得向上或向下弯成与板面垂直，亦不得将其压于板下，且要保证与梁或墙有足够的锚固长度大于100mm。

3.4　钢筋绑扎施工

（1）若预制叠合板仅双向出钢筋，则需选择一侧现浇梁上面一根角筋暂不绑扎，待叠合板安装完成后再绑扎主筋。

（2）若预制叠合板三面均出钢筋，则需选择两侧现浇梁上面一根角筋暂不绑扎，待叠合板安装完成后再绑扎主筋。

（3）若预制叠合板四面均出钢筋，则需选择三侧现浇梁上面一根角筋暂不绑扎，待叠合板安装完成后再绑扎主筋。

（4）梁钢筋绑扎严格按结构施工蓝图及设计变更单施工，梁筋与箍筋满扎，并垫设好混凝土保护层垫块。

（5）水电管线敷设经检查合格后，钢筋工进行楼板上层钢筋的安装（图4）。

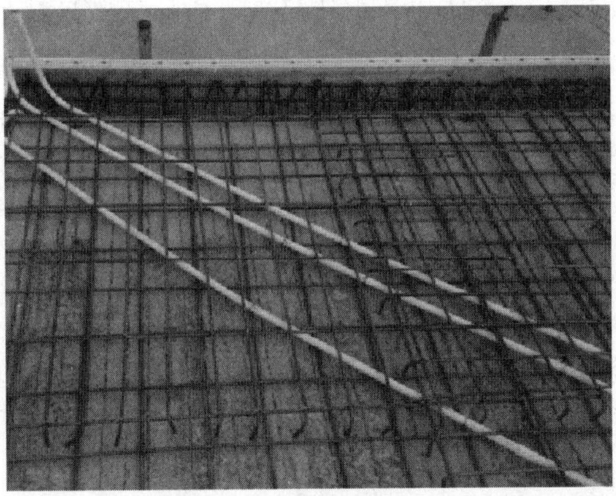

图4　梁筋、板筋的绑扎

（6）楼板上层钢筋设置在格构梁上弦钢筋上并绑扎固定，以防止偏移和混凝土浇筑时上浮。

（7）对已铺设好的钢筋、模板进行保护，禁止在底模上行走或踩踏，禁止随意移动、切断格构钢筋。

3.5　水电管线敷设、连接

（1）楼板下层钢筋安装完成后，进行水电管线的敷设与连接工作，为便于施工，叠合板在工厂生产阶段已将相应的线盒及预留洞口等按设计图纸预埋在预制板中。

（2）楼中敷设管线，正穿时采用刚性管线，斜穿时采用柔韧性较好的管材。避免多根管线集束预埋，采用直径较小的管线，分散穿孔预埋。施工过程中各方必须做好成品保护工作。

3.6　叠合楼板混凝土浇筑

混凝土浇筑顺序：混凝土柱、剪力墙→混凝土梁板。

（1）叠合楼板安装施工完毕后，首先由项目部施工及质检人员对楼板各部位施工质量进行全面检查。

（2）项目部施工及质检人员检查完毕并合格后报监理公司，由专业监理工程师进行复检。监理工程师及建设单位工程师复检合格后，方能进行叠合板柱墙、梁板混凝土浇筑。

（3）本工程的混凝土与叠合楼板、框架柱剪力墙、框架梁一起浇筑。混凝土浇筑前，清理叠合楼板上的杂物，并向叠合楼板上部洒水，保证叠合板表面充分湿润，但不宜有过多的明水。

（4）浇筑叠合层混凝土时，应特别注意用平板振动器振捣密实，以保证混凝土与薄板结合成整体。同时要求布料均匀，布料堆积高度严格按现浇层荷载加施工荷载 $1kN/m^2$ 控制。浇筑后，采用覆盖浇水养护，混凝土成型8h后开始进行养护，养护时间不得少于7d。

4　成品保护措施

（1）叠合板的堆放及堆放场地的要求应严格按相关规范规定执行。

（2）预制叠合板混凝土强度达到100%时方可进行吊装。

（3）叠合板上的甩筋（锚固筋）在堆放、运输、吊装过程中要妥善保护，不得反复弯曲和折断。

（4）吊装叠合板不得采用“兜底”、多块吊运。应按预留吊环位置，采用多个点同步单块起吊的方式。吊运中不得冲撞叠合板。

（5）硬架支模支架系统板的临时支撑应在吊装就位前完成。每块板沿长向在板宽取中加设通长木楞作为临时支撑。所有支柱均应在下端铺垫通长脚手板，且脚手板下为地基土时，要整平、夯实。

（6）不得在板上任意凿洞，板上如需要打洞，应用机械钻孔，并按设计和图集要求做相应的加固处理。

（7）克服板下挠、板裂：硬架支模和拼缝支撑其上皮标高必须准确，且必须有足够的刚度、强度与稳定度，以保证其不下沉、不倾斜。

（8）克服板的支座搁置长度不准，吊装就位时应认真调整。

（9）不合格的板不得吊运就位，要在吊装前认真检查，尤其是叠合板的人工粗糙面应符合要求，疏松层及浮浆应清除干净，以保证混凝土在叠合面结合良好。

5　质量控制措施

5.1　吊装过程质量控制措施

（1）板吊装顺序尽量依次铺开，不宜间隔吊装。

（2）每块板吊装就位后偏差不得大于2mm，累计误差不得大于5mm。

（3）承受内力的接头和拼缝，当其混凝土强度未达到设计要求时，不得吊装上一层结构构件；当设计无具体要求时，应在混凝土强度不小于10N/mm^{2}或具有足够的支撑时方可吊装上一层构件。已安装完毕的预制构件，应在混凝土强度达到设计要求后，方可承受全部设计荷载。

（4）预制构件吊装前，应按设计要求在构件和相应的支撑结构上标出中心线、标高等控制尺寸，按标准图或设计文件校核预埋螺杆（套筒）、连接钢筋等，并做出标志。

（5）预制构件应按标准图或设计的要求吊装。起吊时绳索与构件水平面的夹角不宜小于45°，否则应采用吊架。

（6）预制构件安装就位后，应采取保证构件稳定的临时固定措施，并应根据水准点和轴线（或控制线）校正位置。

（7）装配式结构中的接头和拼缝应符合设计要求。工序检验到位，工序质量控制必须做到有可追溯性。

5.2　混凝土浇筑过程质量控制措施

（1）控制重点：柱网轴线偏差的控制、楼层标高的控制、柱钢筋定位控制、叠合层内后置埋件精度控制、连梁在中间支座处底部钢筋焊接质量控制。

（2）柱轴线允许偏差：墙轴线允许偏差必须满足《工程测量规范》（GB 50026—2007）要求，测量控制由高至低的级别进行布控，允许偏差不得大于3mm。

（3）标高控制：标高在建筑物周边设置控制点，每层不少于3个引测点，以便于相互检测。每层标高允许误差不大于3mm，全层标高允许误差不大于15mm。

6　安全控制措施

（1）吊装前应检查机械、索具、夹具、吊环等是否符合要求并应进行试吊。吊装时注意，安装吊钩前必须要对构件上预埋吊环进行认真检查，看预埋吊环是否有松动断裂迹象，如有上述现象或其他影响吊装的现象，严禁吊装。

（2）PC 板吊装工人每次作业必须检查钢丝绳、吊钩、手拉葫芦、吊环螺丝等有关安全环节吊具，确保完好无损，无带病使用后方可进行作业。

（3）PC 板吊装、卸车需垂直起吊，在卸车过程中各相关人员相互配合，放置过程中，严格禁止非吊装人员进入吊装区域，PC 板上挂钩之后要检查一遍挂钩是否锁紧，起吊要慢、稳，保证 PC 板在吊装过程中不左右摇晃。在楼层外架上安装作业人员须佩戴安全带、安全帽等。

（4）在吊装区域、安装区域设置临时围栏、警示标志，临时拆除安全设施（洞口保护网、洞口水平防护）时也一定要取得安全负责人的许可，离开操作场所时需要对安全设施进行复位。PC 构件离开地面后，所有工人必须全部撤离 PC 板运行轨道及其附近区域。

（5）PC 板上预留的起吊点（螺栓孔）必须全部利用到位并用螺栓拧紧，严禁吊装工人贪图快速减少螺栓。

（6）PC 板吊装时多条吊装钢丝绳必须采用同规格、同长度（4m）进行吊装，否则吊装时受力不稳易发生脱落现象。

（7）PC 板在未经校正或固定之前，不准松绳脱钩。

（8）PC 板吊装工人必须与塔吊班组配合，禁止野蛮施工，遇有六级及六级以上大风 PC 板吊装工人不得强求塔吊班组继续作业，吊装作业应停止。

7　效益分析

本工程通过混凝土叠合楼板施工技术的运用，减少了现场模板的使用量，对比现浇楼板施工减少使用模板约 10000m^2，并减少了对施工场地周围环境的污染，符合绿色施工理念。该施工技术具备安装快速且简便的优点，对比现浇楼板施工约缩短 40 个工作日，从而减少了人工成本约 30 万元。叠合楼板的施工质量控制效果明显，有明显的经济效益和社会效益，值得推广使用。

由于叠合楼板具有节约资源、施工简便、可工厂化生产、减少污染、抗裂性和整体性好等优点，使用该工法进行施工可有效节约成本、缩短工期、提高施工质量、减少污染、保护环境，取得良好的经济效益和社会效益。

8　结语

本工程通过使用混凝土叠合楼板，增强了建筑物的抗震性能并且大大提高了施工效率和施工质量。在建筑业的高速发展过程中，绿色建筑、环保节能将是未来发展的主基调，而混凝土叠合楼板本身恰恰具有节能环保、节约成本等优势。对混凝土叠合楼板的合理使用，不仅能提升项目的经济效益，还给项目带来良好的社会效益。混凝土叠合楼板在未来将会被大力推广并使用。

参考文献

[1]　赵秋萍．装配式结构施工深化设计要点［J］．施工技术，2017，46（4）：21-24.

[2]　祁成财．预制混凝土叠合板设计、制作及安装技术［J］．混凝土世界，2016（5）：60-74.

[3]　赵超．装配式混凝土叠合板构造研究［D］．合肥：安徽理工大学，2019.

浅谈混凝土叠合楼板施工技术及接缝处理办法

唐继清　曹　科　林艺峰

湖南建工集团第五工程有限公司　株洲　412000

摘　要：叠合楼板是由预制板和现浇钢筋混凝土层叠合而成的装配整体式楼板。叠合楼板与传统的现浇板相比，叠合楼板的抗裂性能大大提高，且施工方便、快捷，可节约工期30%。目前国内混凝土叠合楼板的施工技术尚不成熟，仍存在许多问题需要解决，其中就包括了叠合板接缝处理问题。叠合板接缝是决定工程质量的关键一环，也是施工中最易被忽略的一环。本文着重阐述了混凝土叠合楼板的施工工艺流程、主要施工方法、接缝常见问题及控制措施。

关键词：混凝土叠合楼板；施工方法；成品保护；接缝处理

1　工程概况

意法时尚中心项目位于株洲市芦淞区服装商圈，地下3层，地上裙房10层，1号塔楼16层，2号塔楼20层，其中1~8层为专业服装市场，9层为餐饮综合配套服务，10层为时尚发布中心，11~20层为商务写字楼，总建筑面积约为16.68万m^2。地下3层、2层层高为3.8m，地下1层层高为5.1m；地上1层层高5.4m，2~9层层高5.0m，10~20层层高均为4.5m，屋顶层层高为3.0m。

本工程为重点设防类（乙类），地下3层框架结构、剪力墙抗震等级为四级；地下2层框架结构、剪力墙抗震等级为三级；地下1层至屋面框架结构、剪力墙抗震等级均为二级。

本工程建筑结构设计基准期为50年，设计使用年限为50年。

本工程预制板（PC板）范围：11层叠合楼板（1号塔楼、2号塔楼、连廊）；1号塔楼：12层叠合楼板、13~16层叠合楼板、屋面层叠合楼板；2号塔楼：12~14层叠合楼板、15~20层叠合楼板、屋面层叠合楼板。

本工程采用框架-剪力墙结构体系，塔楼标准层楼板及屋面采用装配式叠合楼板；地下室及裙楼楼板采用现浇混凝土梁板式体系。电梯机房、楼梯间（包括卫生间、厨房）楼板为现浇混凝土结构，其余楼板为预制叠合板与结构梁整体现浇的混凝土叠合楼盖结构。

叠合板的楼板厚度为130~160mm，预制板厚度为60mm。钢筋采用HPB300、HRB400，预制叠合板混凝土设计强度均为C30。装配式建筑总面积约23529.4m^2，各栋号工程概况详见表1。

表1　各栋号叠合楼板工程概况

序号	栋号	层数	预制板（块）	预制板板厚（mm）	现浇板板厚（mm）	混凝土等级	建筑面积（m^2）
1		11层	309	60	70~250	C30	3697.8
2	1号塔楼	12层	97	60	70~250	C30	1237.6
3		13~16层	96	60	70~250	C30	4929.6
4		屋顶层	100	60	100~250	C30	1232.4

续表

序号	栋号	层数	预制板（块）	预制板板厚（mm）	现浇板板厚（mm）	混凝土等级	建筑面积（m^2）
5	2号塔楼	12层	109	60	70~250	C30	1243.2
6		13~14层	109	60	70~250	C30	2486.4
7		15~20层	106	60	70~250	C30	7459.2
8		屋顶层	106	60	100~250	C30	1243.2
9	合计						23529.4

2　混凝土叠合楼板施工特点

（1）工厂化生产，构件质量得以保证，安全有保障。

（2）节约模板，节约资源，有效缩短工期，绿色环保。

（3）混凝土叠合楼板具有良好的整体性、连续性、抗裂性，有利于增强建筑整体抗震性能。

（4）混凝土叠合板单个构件重量轻，弹性好，便于施工。

3　工艺流程

定位线、标高线检查→完成剪力墙及结构梁钢筋、模板工程→搭设叠合板支撑架，并校正墙、梁侧模标高→设置预制楼板线位控制点→预制楼板吊装、固定→楼板现浇层管线预埋、板缝及上层钢筋安装→剪力墙、梁、现浇板、叠合楼板混凝土整体浇筑→混凝土养护→预制楼梯吊装。

4　主要施工方法及操作要点

4.1　剪力墙、梁、现浇楼板施工

剪力墙、梁、现浇楼板的施工与常规现浇结构施工相同。

4.2　叠合楼板模板及支撑施工

叠合楼板支撑架采用轮扣式支撑架，纵横立杆间距900mm×900mm、局部900mm×1200mm，纵横水平杆步距1200mm，顶托高度≤200mm。叠合楼板支撑架与梁支撑架连接成整体，并按要求设垂直和水平剪刀撑。梁支撑架按施工方案搭设，梁下立杆间距≤900mm。

模板材料采用50mm×70mm杉木方，要求平直、表面光滑；模板采用15mm厚木胶合板、表面平整光滑。在预制叠合板下方四周需设置≥30cm宽板带，其作用为方便安装人员操作，固定梁模板，预制叠合板支承受力。预制板长度≥3m时，在板中设置≥30cm宽板带。在板带四周需粘贴胶条，防止漏浆（图1、图2）。

4.3　叠合楼板吊装、安装

（1）吊装索链采用专用索链和4个（6个）闭合吊钩，平均分担受力，多点均衡起吊，单个索链长度为4m。将构件吊离地面，观测构件是否水平，各吊点是否受力，构件基本水平、吊点全部受力后起吊（图3）。

（2）吊装时先吊铺边缘板，然后按照顺序吊装剩下的板。叠合预制薄板吊装应对准弹线缓慢下降，避免冲击；应按设计图纸或叠合板安装布置图对号入座，用撬棍按图纸要求的支座处搁置，轻轻地调整对线，必要时借助塔吊绷紧吊绳（但板不离支座），铺以人工用撬棍共同调整长度，保证薄板之间及板与梁、墙、柱之间的间距符合设计图纸的要求，且保证薄板与墙、柱、梁的净间距大于钢筋保护层。

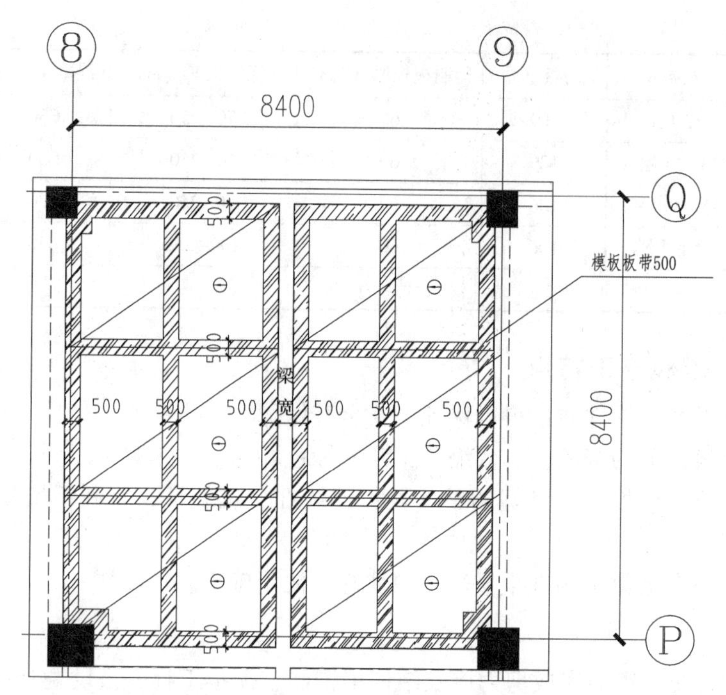

图 1　叠合楼板模板板带平面布置图

图 2　模板安装、板带设置

（3）楼板铺设完毕后，板的下边缘不应该出现高低不平的情况，也不应出现空隙，局部无法调整的支座处出现的空隙应做封堵处理。预制构件在安装前在接槎处设置海绵条，防止漏浆。

（4）叠合板安装时先将叠合板一端钢筋伸入已绑扎角筋的梁内，将板端搁置在梁侧模上；然后将另一端伸出的钢筋插入未绑扎角筋的梁内，将该板端搁置在梁侧模上。板伸入梁墙上 10mm，构件长边与梁或板与板拼缝按设计图纸要求安装。

（5）薄板安装就位后，应及时整理薄板两端伸出的锚固钢筋，锚固钢筋应伸入墙内或梁内，不得向上或向下弯成与板面垂直，亦不得将其压于板下，且要保证与梁或墙有足够的锚固长度大于 100mm。

图3　叠合楼板吊装

4.4　钢筋绑扎施工

（1）梁钢筋绑扎严格按结构施工蓝图及设计变更单施工，梁筋与箍筋满扎，并垫设好混凝土保护层垫块。

（2）水电管线敷设经检查合格后，钢筋工进行楼板上层钢筋的安装（图4）。

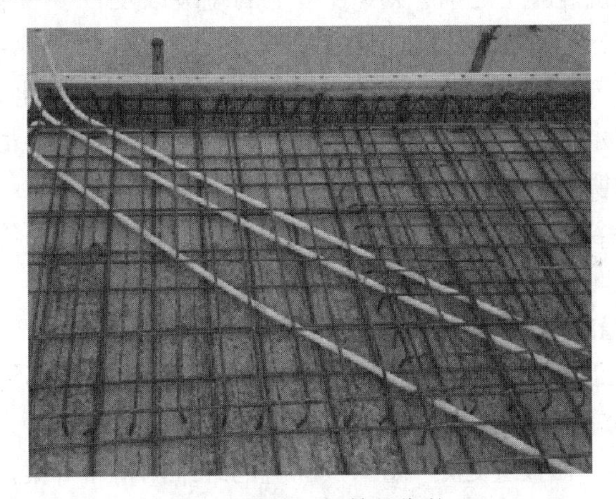

图4　梁筋、板筋的绑扎

（3）楼板上层钢筋设置在格构梁上弦钢筋上并绑扎固定，以防止偏移和混凝土浇筑时上浮。

4.5　叠合楼板混凝土浇筑

混凝土浇筑顺序：混凝土柱、剪力墙→混凝土梁板。

（1）本工程的混凝土与叠合楼板、框架柱剪力墙、框架梁一起浇筑。混凝土浇筑前，清理叠合楼板上的杂物，并向叠合楼板上部洒水，保证叠合板表面充分湿润，但不宜有过多的明水。

（2）浇筑叠合层混凝土时，应特别注意用平板振动器振捣密实，以保证混凝土与薄板结合成整体。同时要求布料均匀，布料堆积高度严格按现浇层荷载加施工荷载1kN/m^2控制。浇筑后，采用覆盖浇水养护，混凝土成型8h后开始进行养护，养护时间不得少于7d。

5 叠合楼板接缝处易出现的问题

5.1 叠合楼板与后浇混凝土接缝易出现的问题

（1）叠合楼板与后浇混凝土无法形成整体，接缝处出现明显分层现象。

（2）叠合楼板与后浇墙体接缝处出现漏浆情况。

（3）叠合楼板与后浇混凝土在凝固后出现明显的网状裂缝。

5.2 叠合楼板之间的拼缝问题

在叠合楼板吊装安装时，由于叠合楼板在工厂加工时的尺寸误差、吊装安装时的定位误差等因素，叠合楼板相互之间总存在 10mm 左右的通缝。叠合楼板的拼缝问题比较单一，也不可避免，只要吊装安装控制好标高，不出现错台等问题，叠合楼板的拼缝问题是容易解决的。

6 叠合楼板接、拼缝问题的解决措施

6.1 叠合楼板与后浇混凝土接缝的解决措施

（1）在叠合楼板工厂制作的过程中，对 PC 板（预制板）的上表面（与现浇混凝土的接触面）进行切割条缝处理，以增大 PC 板与现浇混凝土的接触面积，使 PC 板与现浇混凝土更好地结合，避免出现接缝处分层现象。

（2）在 PC 板上浇筑混凝土之前，对 PC 板上的垃圾以及石子等杂物进行清理，可有效避免 PC 板与后浇混凝土接缝处的分层现象。

（3）在 PC 板上浇筑混凝土之前，在 PC 板上进行湿水工作，此措施可保证 PC 板处于湿润状态。若不进行湿水工作，PC 板处于干燥状态，会吸收后浇混凝土内的水分，导致后浇混凝土在凝固后出现明显的网状裂缝。

（4）叠合楼板与后浇墙体接缝处及与模板接缝处可粘贴双面海绵条，用以封堵其间的缝隙，防止混凝土浇筑时出现漏浆情况。

6.2 叠合楼板之间拼缝的解决措施

（1）在墙板和楼板混凝土浇筑之前，应派专人对预制楼板底部拼缝及其与墙板之间的缝隙进行检查，对一些缝隙过大的部位进行支模封堵处理。

（2）板底批腻子时，在板缝处贴一层 10cm 宽的纤维网格布等柔性材料。

7 结语

本工程通过使用混凝土叠合楼板，增强了建筑物的抗震性能并且大大提高了施工效率和施工质量。对混凝土叠合楼板的合理使用，不仅能提升项目的经济效益，还给项目带来良好的社会效益。混凝土叠合楼板在未来将会被大力推广并使用。叠合楼板接缝、拼缝是施工中存在的极小问题，若不对其采取妥善措施将对整体工程质量产生巨大的影响，并对后期建筑物的使用带来严重后果。因此，在叠合楼板的施工中，需对接缝、拼缝采取正确的解决方法，从根本上解决问题。

参考文献

[1] 赵秋萍 . 装配式结构施工深化设计要点 [J]. 施工技术，2017，46（4）：21-24.

[2] 祁成财 . 预制混凝土叠合板设计、制作及安装技术 [J]. 混凝土世界，2016（5）：60-74.

[3] 赵超 . 装配式混凝土叠合板构造研究 [D]. 合肥：安徽理工大学，2019.

ALC墙板管卡法施工技术

龙海潮　陈　冲　李佳豪

湖南省第五工程有限公司　株洲　412000

摘　要：随着城市建设的发展，高性能、环保的轻质隔墙板成为内隔墙的主流，蒸压轻质混凝土墙板（ALC墙板）是一种新型隔墙材料，相对传统砌体隔墙，具有轻质高强度、各项性能优异、良好的可加工性、施工便捷等特点。ALC墙板内隔墙施工具有科学合理的节点设计和安装方法，它在保证节点强度的基础上，在确保墙体稳定性、安全性的同时，在平面内通过墙板具有的可转动性，使墙体具有适应较大水平位移的随动性，保证满足抗震设防烈度下主体结构层间变形的要求。同时，能够降低施工时的劳动强度，大大提高施工效率，有效地缩短建设工期。本文就第四代住房（未来社区）项目采用的管卡法安装施工进行阐述，说明该安装方法施工安全可靠、工序优化、成品质量高、节能环保，具有明显的经济效益和社会效益。

关键词：绿色施工；轻质隔墙；ALC墙板管卡法

1　工程概况

第四代住房（未来社区）项目为框架剪力墙结构，共13栋住宅建筑，层高为3.1m。楼层内墙采用100mm厚的ALC墙板进行施工，ALC墙板强度要求为A5.0，干密度为B06。ALC墙板作为一个新兴的施工工艺，必须要加强对施工质量的控制，施工前制定好可行的施工方案，指导施工。

ALC墙板内隔墙安装方法有U形卡法、直角钢件法、钩头螺栓法，相较于其他安装方法，管卡法在保证结构质量的前提下，能够更加快捷、经济、安全的进行施工。

2　施工前准备工作

2.1　施工工艺流程

深化设计排板，板材加工，运输至现场→复核、基层清理及凿毛、找平→测量放线→安装管卡→刷涂板边专用胶粘剂→初步安装→重评调整→固定管卡→接缝处理→开槽处理→清理、修补、勾缝→验收。

2.2　排板深化设计与加工

ALC墙板施工前根据建筑物的层高、墙体厚度、隔墙的位置，进行排板设计，再由厂家根据排板设计进行生产，板材与墙体要预留20~40mm用作填缝。从实际施工角度出发，在施工开始前解决图纸中存在的问题，充分利用图纸会审的机会，让设计符合施工实际，便于制作、运输、安装，提高经济效益。避免施工过程中出现问题，造成返工。

2.3　ALC墙板的运输与储存

板材运至作业面后分类、分散堆放，以免荷载过于集中，堆放处应平整。ALC墙板在室外堆放时必须采取措施进行保护、底部垫高，防止淋雨。

3　操作要点

3.1　复核、基层清理及凿毛、找平

墙板安装前复核墙体净高尺寸，板材实际长度应比墙体净高短 20~40mm，实际施工时要保证安装的墙板宽度符合要求，特别是门洞两侧的墙板，应先拼为整墙板再进行安装。清理墙板与楼顶面、地面、墙面的结合部位，对于光滑地面应进行拉毛处理，支座采用水泥砂浆进行找平。

3.2　测量放线

ALC 墙板按照定位要充分考虑装饰面的做法，使最终成型面能够和混凝土构件匹配。放线应清晰，位置准确，保证房间净空尺寸和门窗洞口位置，检查无误后再进行下道工序施工。

3.3　安装管卡

板材立起安装第一片板材时，板材与结构柱、外墙距离 80mm 处的上和下各设置一道管卡，管卡采用射钉固定在主体结构上。

3.4　涂刷板边专用胶粘剂

所有板材与板材之间、板材与混凝土柱之间，除了管卡连接外，安装前在立面应涂满专用胶粘剂。板材底部塞入三角木楔临时固定，使板材上部与上部主体结构顶紧。板下楔子不再撤出，楔子之间采用水泥砂浆填塞严实。有防火要求时，采用 PU 发泡剂或岩棉进行塞实。

3.5　初步安装

板材搬运至安装位置，板材从墙体一端向另一端依次安装，上、下端用木楔临时固定。用射枪将管卡露出部分与主体结构射入镀锌射钉固定，靠近下一片板材侧的管卡，顺安装方向固定在墙体或楼面上。从第二片板材起，在靠近下一片板材一侧上部和下部距离板端 80mm 处安装管卡，用同样方法接板，并对板片做调整，板材安装完后仅在两端位置外露固定片。

3.6　重平调整

板材安装完成后，采用靠尺、塞尺测量板面垂直度与平整度，对不合格板材进行调直，至合格为准，最后塞紧木楔（图 1）。

图 1　管卡及塞底木楔

3.7　门窗洞口板材安装

门窗洞口板材采用单块或多块横板安装时，最下端横板搁置在洞口两侧立板隔墙上的长度不得小于 100mm，支座面应铺施胶粘剂，并采用螺栓进行固定。

3.8　接缝处理

板材下端与楼面的缝隙用水泥砂浆预先坐浆，安装好后，木楔应在砂浆结硬后取出，且填补同质砂浆。板材上端与梁底缝隙用聚合物砂浆嵌填密实，ALC墙板之间拼接缝、与梁板墙接缝处均压入耐碱玻纤网格布。板材之间凸起两侧挂满砂浆，将板推挤凹槽挤浆至饱满，表面用专用修补砂浆补平。

3.9　成品保护

（1）板材进入施工现场，尽可能减少搬运，竖立后不可长距离调整移动以防缺棱掉角。板材安装过程中的边角破损，可待安装完成后进行修补。对于下道工序施工时会对产品造成污染与损坏的，应做好铺垫、包扎等保护措施。

（2）堆板场地应坚实、平整、干燥，板宜侧放（屋面板和楼板可平放），材料进场后，应及时搬运于楼内，严防雨雪淋湿，在室外放置必须有防雨、防潮措施。

（3）各专业工种应相互配合，不得颠倒工序，交叉作业时应做好工序交接，不能对成品、半成品造成破坏，严禁随意开槽、开洞，安装后7d内不得承受侧向作用力，施工梯架、工程用的物料不得施压在墙体上，验收以前必须有保护措施。

（4）运料车应平稳行驶，防止碰撞损坏。

（5）拆操作架时要注意，采取保护措施，防止损坏已安装好的墙体。

4　构造要求

4.1　ALC墙板直拼缝连接大样，内墙板顶（底）部管卡安装节点

施工时，管卡先与准备安装的墙板固定，与已安装墙板拼接立稳后，再钉入射钉与结构连接（图2）。

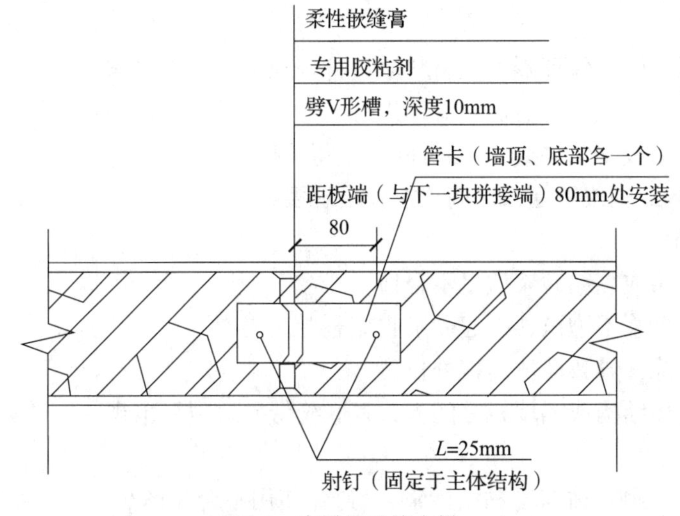

图2　直拼缝连接大样

4.2　墙垛构造要求

墙转角处和丁字墙处，采用L长为300~400mm销钉进行加强，沿墙高设置2根，位于墙上、下1/3处，销钉锚入不同方向的总深度不得小于板厚加150mm。

4.3　与主体结构的连接

大于4m的隔墙在十字相交处或与墙、柱连接处设管卡，可在距板顶和板底1/3处各设

一只管卡，中间间距≤1500mm。

4.4 墙体洞口构造

本项目采用铝模优化设计的门洞混凝土挂板，ALC 墙板顶部与挂板之间通过管卡进行连接加强。如果采用 ALC 墙板进行门洞施工，则按照图集《蒸压加气混凝土砌块、板材构造》（13J104）中相关做法进行施工。

5 质量控制措施

（1）加强技术管理，做好技术交底工作，对施工难点和重点进行讲解，进行可视化交底，施工之前要对 ALC 墙板内隔墙进行深化设计。

（2）不同材料合理分类、堆放整齐。加强原材料检验工作，进场的 ALC 墙板、专用胶粘剂等材料都必须有出厂合格证和试验资料，其墙板尺寸允许偏差、外观缺陷值和外观质量满足要求。

（3）施工过程中要对轴线、净空尺寸进行复核。

（4）施工过程中要严格把控 ALC 墙板安装的质量，对墙板的垂直度和平整度及时进行实测实量，严格把控墙板构造做法。

6 常见质量问题的预防与处理

6.1 隔墙板平整度、垂直度不符合要求

（1）原因分析：

①ALC 板材本身存在质量缺陷，表面平整度不符合要求。

②安装过程中，未及时对墙体进行复核。

③底部调整用木楔过早拆除，导致墙体失稳偏差。

（2）防治措施：

①进场时组织验收，保证隔墙板材料质量符合规范及施工要求。

②安装时，安装完成一面后需对墙体进行平整度、垂直度等测量，保证施工质量。

③木楔必须在墙板安装完成 7d 后拆除，不得早拆。

6.2 隔墙板与主体结构或隔墙板之间连接处出现裂缝

（1）原因分析：

①未用黏结砂浆或黏结砂浆质量不合格。

②连接处黏结砂浆不饱满，引起砂浆收缩裂缝。

③木楔过早拆除，导致墙体连接处拉裂。

④隔墙板与主体结构或隔墙板之间未放置嵌缝带导致裂缝出现。

（2）防治措施：

①采用隔墙板专用胶粘剂（黏结砂浆），避免使用不合格产品。

②隔墙板与主体结构或隔墙板之间按要求设置嵌缝带，增加嵌缝砂浆连接性。

③安装时，专用砂浆应铺满板顶及两边企口，保证连接处砂浆饱满。

④严格控制各工序间歇时间，木楔拆除与水电管线开槽等工序在隔墙板安装完成 7d 后方可进行。

7 结语

本工程充分地体现了 ALC 墙板管卡法的施工特点，同时结合内墙黏结砂浆薄抹灰、铝

模施工工艺可以大大缩短工期和降低成本，提高工程品质。通过对ALC板材的入场运输、加工、板材架立、板材拼接安装、构造加强进行严格控制，对板材排板进行优化，以达到板材外观完整、整洁、拼缝严密牢靠、构造到位，墙体垂直度、平整度符合要求。采用ALC墙板管卡法进行内隔墙施工能够有效降低成本，减少投入，施工过程节能、环保，工完场清，产生建筑垃圾较少，符合以人为本的低碳节能环保、绿色施工发展方向。通过工程实例，为今后ALC墙板的施工积累了宝贵的经验和高效的施工方法。只有加强ALC墙板管卡法施工的质量管理，施工组织，加强安装控制，做好深化设计，克服ALC墙板管卡法施工中的一些难点、常见的问题，确保工程质量，才能保证ALC墙板能更好地运用在城市建设当中。

参考文献

[1] 中华人民共和国住房和城乡建设部．蒸压加气混凝土制品应用技术标准：JGJ/T 17—2020 [S]. 北京：中国建筑工业出版社，2020.
[2] 中国建筑标准设计研究院．蒸压加气混凝土砌块、板材构造：13J104 [S]. 北京：中国计划出版，2014.
[3] 中华人民共和国建设部．蒸压轻质砂加气混凝土（AAC）砌块和板材结构构造：06CG01 [S]. 2007.
[4] 中华人民共和国建设部．蒸压轻质砂加气混凝土（AAC）砌块和板材建筑构造：06CG05 [S]. 2007.

预制混凝土构件常见质量缺陷及处理办法

贾凤亮

湖南建工五建建筑工业化有限公司　株洲　412000

摘　要：随着国家产业结构调整和建筑行业对绿色节能建筑理念的倡导，作为对建筑业生产方式的重大变革，装配式建筑既符合可持续发展理念，也是当前我国社会经济发展的客观要求，因其具备绿色节能、降本高效等施工特点，正逐步取代现有的传统建造方式；随着国家层面的大力布局，装配式生产制造企业如雨后春笋般比比皆是，但是相应的作业标准不统一、规范标准不一致等，造成了预制混凝土产品产生不同程度的质量缺陷，进而影响建筑业发展的速度。因此，对预制构件的质量检查工作必须落实到位，确保产品质量问题可追溯、可分析、可处理。

关键词：装配式建筑；质量缺陷；绿色建筑。

混凝土结构是我国建筑工程的主要形式，而混凝土预制构件则是其中的一个组成部分。目前大部分高层民用建筑，均采用预制混凝土构件现场施工，因为这样不仅能够提高劳动效率，而且还能够有效降低成本费用。然而混凝土预制构件在制作及养护时常出现某些外观缺陷，如何对其进行防治，是保证预制构件质量的重要因素，本文对此问题进行了初步分析研究。

1　预制构件常见质量问题

1.1　裂缝

在预制构件生产过程中，由于构件太薄、尺寸超长或踩踏桁架筋等都可使构件的整体性遭到破坏；构件内部受力钢筋腐蚀，也严重削弱了构件承载能力；对预制构件加工，必须严格按规定进行，在20℃左右，构件成型的前3d，每天至少浇水3次。如不符合规定，构件的刚度就会变差，严重影响构件质量，产生裂缝（图1、图2）；拆除分节脱模时，构件的混凝土强度不应低于设计强度的50%；拆除板、梁、柱、屋架等构件底模时，其混凝土强度：对于4m及小于4m的小型构件，不应低于设计强度的50%；对于大于4m的构件，不应低于设计强度的70%。拆除空心板的芯模时，混凝土强度应能保证不发生塌陷和裂缝，否则，就会降低预制构件的整体性能；吊运不当、环境因素也会影响构件的整体性能，产生不同程度的裂缝。

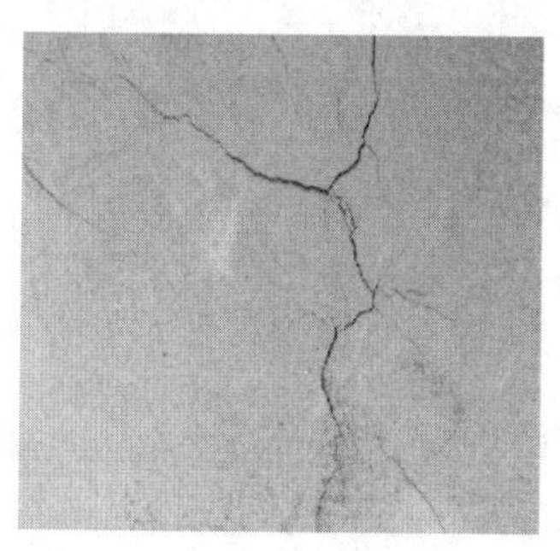

图1　塑性收缩裂缝

图2　混凝土干缩裂缝

1.2　缺棱掉角

当构件拆模过早时，造成混凝土边角随模板拆除破损；拆模操作过猛，边角受外力或重物撞击被碰掉；木模板未充分浇水湿润或湿润不够，混凝土浇筑后模板吸水膨胀将边角拉裂，拆模时棱角被粘掉（图3）；模板残渣未清理干净，未涂隔离剂或涂刷不匀。转运过程中，由于操作不当，造成构件磕碰也可能造成缺棱掉角。

1.3　露筋

当混凝土和易性不良，产生离析，靠模板部位缺浆或模板漏浆，则钢筋保护层过小，造成露筋现象发生（图4）；构件生产时，钢筋垫马凳不牢固，造成钢筋保护层过小，形成露筋；构件振捣过程中，过振或漏振造成钢筋加密区处钢筋外露，形成露筋。

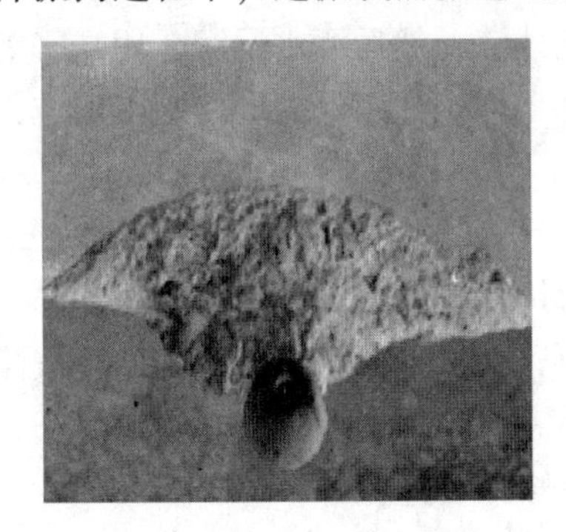

图3　吊钉处大崩角

图4　预制楼梯钢筋保护层过小

1.4　蜂窝麻面

当构件模板漏浆、振捣不足或过度、跑漏浆严重时，形成蜂窝麻面；由于脱模油涂抹不均匀或漏涂，造成拆模后混凝土粘连，形成此问题；当混凝土和易性较差时，振捣不到位造成构件内部蜂窝或外部麻面（图5）。

2　质量问题处理措施

2.1　裂缝的处理

图5　预制空调板侧面大面积麻面

表面微裂纹可用细砂纸轻轻打磨，使打磨形成的颗粒填充微裂纹区域，或采用粗海绵沾面层修补材料和干粉挤压微裂纹区域，直至干粉在微裂纹中填充密实。非结构受力部位，对于宽度<0.2mm的裂缝，为防止构件受到钢筋锈蚀，特别是钢筋保护层薄的部位，常采用裂缝修补材料进行裂缝修补，具体要求是沿裂缝清出一条宽约15～20mm的封闭区，长度为在裂缝两端各延长20～50mm，然后用钢丝刷打磨出新混凝土面，并彻底清理打磨面（用鼓风机吹或人工风均可），如有油污等杂质，还需用丙酮擦洗、晾干，待修补部位风干后，即进行裂缝修补材料修补作业，自然养护阴干，并注意凝固前不得有水浸入，凝固后用面层修补材料对修补表面饰面处理，养护完成后，用细砂纸（≥400目）进行打磨，淡化边界修补痕迹。对于宽度>0.2mm的裂缝，可在凿缝后，采用高强材料修补。预制构件的结构受力部位，如发现贯穿裂缝或开裂，已无修补价值时，建议报废处理。

2.2 缺棱掉角的处理

对于体积较小的破损，优先选用快速修补材料；先将碰伤处松散颗粒凿除，保持界面干燥，视情况进行支模或者免支模直接修补，填补后捣实刮平，有棱角部位时用靠尺将棱角取直。对于体积较大的破损，可采用细石混凝土进行填充密实处理，先将碰伤处松散或开裂部分颗粒凿除，并冲洗充分湿润，然后对要修补的部位重新支设模板，架设加强钢筋，再用高强度细石混凝土填补、捣实、保湿养护。待修补材料硬化后，拆除支撑模板，先用粗砂纸打磨修补区域，喷水润湿后再用面层修补材料对新混凝土表面进行饰面，保湿养护。养护完成后，用细砂纸（≥400 目）进行打磨，淡化抹痕和边界修补痕迹。

2.3 露筋的处理

如因振捣不密实造成的露筋，先凿除多余混凝土残渣，然后洒水湿润，用高一等级混凝土进行露筋处封填，待混凝土初凝后，进行表面修饰工作。如因保护层控制不到位，建议不做修补，做报废处理。

2.4 蜂窝麻面的处理

用毛刷沾水清洗麻面处松散颗粒，如有油污时可用稀草酸或丙酮溶液刷洗，修补前用水湿透。对照标准比色卡选择面层修补材料，采用水泥小桶拌和修补材料（面层修补材料应使用比色卡对照混凝土基色进行选择，下同）。修补完成后，进行保湿养护。养护完成后，再用细砂纸（≥400 目）进行打磨，淡化抹痕和边界修补痕迹。

3 预制构件质量问题处理意义

3.1 节约企业成本

通过预制构件常见质量问题的分析及处理，大大减轻了施工质量成本，一定程度上避免了不良品质构件的流转使用，提高客户满意度。

3.2 提高作业效率

预制构件常见质量问题可防可控，通过对常见质量问题的分析处理，及时制订可行性、高标准的质量控制文件，从生产前端控制好产品质量，避免因问题构件而造成的返工返修工作，从而提高一线员工的作业效率，达到降本增效的效果。

3.3 满足客户需求

质量是满足客户需求的基本保障，只有通过对预制混凝土构件质量问题的不断分析探索，对预制构件产品质量的不断追求，才能达到企业可持续发展、客户使用安全放心的双赢局面。

4 结语

预制混凝土构件生产中，受多种因素的影响，很容易出现各种质量问题，所以我们应针对不同类型、不同形式的构件进行及时有效的防治措施，加强对质量缺陷的处理，将质量问题在源头处予以防控，将质量问题所造成的危害性降至最低，最终实现装配式建筑全面发展。

参考文献

[1] 宁美岗．装配式建筑混凝土预制构件生产与管理［J］．砖瓦世界，2020，22：292.
[2] 潘泳．装配式混凝土结构预制构件质量控制研究［J］．商品与质量，2020，15：232.
[3] 李守飞．浅谈混凝土预制构件的质量管理［J］．装饰装修天地，2020，06：60.

房屋建筑工程施工中的节能环保技术分析

杨东旭

湖南省第五工程有限公司　株洲　412000

摘　要： 随着全球人口的不断增长，全球能源的消耗也在增加。与此同时，人民生活水平的提高，对建筑的需求在不断增加，也更加强调绿色施工技术的应用，打造节能减排项目，安装和使用节能设备，尽可能地减少对资源的损耗和对环境的破坏。本文以房建工程为背景，重点对其绿色节能施工技术展开探讨，论述绿色节能建筑施工技术的重要作用，对房屋建设在运用绿色节能施工过程中存在的问题进行详细分析，提出了房建施工对绿色节能施工技术的运用策略，以期加深人们对绿色节能施工技术的了解与认识。

关键词： 房屋建筑；工程施工；节能环保

随着我国经济的飞速发展和国民的富足，人们对房屋的功能性和建筑工程的施工效果等也有了更高的要求。在我国提出可持续发展和绿色发展理念之后，房屋建设开始重视与生态平衡和环境友好的关联性。就建筑工程而言，应用绿色节能建筑施工技术，不仅可以大大提高工程项目的施工效率，而且可以保证施工质量，同时可以及时解决传统项目在施工过程中存在的问题，对于居住者的居住体验有着很好的提升作用。因此，施工中应进一步推进绿色节能建筑施工技术的应用，以提升工程项目的现代化施工水准。

1　房屋建筑工程施工中的节能环保原则

1.1　创新性原则

科学技术的快速发展为建筑领域注入了活力。大量新技术、新设备以及新材料的应用使我国的建筑业得以快速发展。在应用绿色节能工艺时，需要重视创新性，并在实践工程中不断摸索，进一步改善应用效果。

1.2　实际性原则

绿色节能工艺涉及内容较多，在不同的工程项目中也存在一定差异。因此在具体的建筑工程项目中，应该充分尊重实际情况，综合多种因素，具体分析建筑工程施工中适用的节能技术，全面做到因地制宜，恰当选择绿色节能工艺。

2　房屋建筑工程施工中的节能环保技术现状

2.1　施工技术要求高，普及程度不足

尽管绿色节能施工技术可取得较好的施工效果，但其对操作者的作业水平、机械设备的性能、材料的质量等均提出更高的要求，需要绿色节能施工人员一直保持学习的态度，学习专业性和前沿性的绿色节能施工技术，但现阶段绿色施工技术尚未全面普及，施工技术也较为单一，其仍有诸多值得探索之处。

2.2　成本投入高，基础物资配置不足

我国绿色节能施工技术发展时间较短，应用水平还不够成熟，前期需要投入的成本较高，同时需要配置的基础物资数量也较多。绿色节能施工技术得以应用的关键前提之一在于

先进机械设备的支持，但碍于理念不正确、资金有限等缘故，我国大部分施工企业所配备的施工设备与相关设施较为落后，未能及时进行更新换代，而这些传统的施工设备与相关设施难以满足房建工程施工需求，导致绿色节能的相关工作在开展过程中受阻，影响绿色节能施工技术的应用，降低房建工程的节能性与环保性。

3 房屋建筑工程施工中的节能环保技术应用

3.1 墙体保温节能施工技术

保温节能施工技术是建筑工程外墙施工广泛应用的一种节能技术，具有保温、防震、节能、降本等多重功效。该技术的科学化应用，有效地降低了建筑工程施工的能耗，实现节能环保的目标。同时，在优化和改进工程质量，优化墙体性能等方面作用突出，有助于提高墙体的耐热能力、结构韧性和负荷能力；减少外墙裂缝等病害问题；减少外界温度变化对室温的影响。随着建筑行业的不断发展，外墙保温材料更加多样，技术和工艺也更加成熟，如外挂式外保温技术、聚苯板与墙体的一次浇筑技术、喷涂墙体保温技术、外墙保温砂浆技术、外墙夹芯保温技术等，可以根据具体工程项目的需要，针对性地选择和应用。

3.2 应用节能技术，落实节能设计

要想真正实现节能减排设计，应用节能技术必不可少。很多建设单位为了保障自身的经济效益忽视了节能工作，这样虽然能够在短时间内获取较高经济效益，但不利于环境保护，而且如果一旦被认定建筑节能不达标，则需要花费更多的时间、人力、物力进行返工，这样既不利于经济效益，也不能达到节能减排的效果。因此，要注重将建筑节能技术应用到施工过程中，实施绿色施工，提高建筑物的整体质量。比如，将太阳能电池板、太阳能热水器、墙体保温节能施工等技术应用到建筑中，降低建筑物对能源的消耗及污染程度。另外，施工单位应制定明确的建筑物绿色标准，监督相关人员按照标准施工，以此提高建筑物整体质量和效果。

3.3 屋顶节能环保技术

建筑屋顶设计和施工也需要强化绿色节能施工技术的应用。在屋顶设计和施工的时候，全面地分析当地的气候条件、降水情况，科学地计算和设计屋顶的斜坡度，如南方地区降水比较多，屋顶的坡度一般比较大，北方降水小，屋顶可平缓。根据房屋建筑节能、防渗等要求，选择适合的施工材料和技术工艺，如在屋顶涂上一层防水涂料或保温材料。在屋顶设置储存水系统，将收集到的雨水过滤、净化等，用作冲洗卫生间、洗车、灌溉，进行循环利用。安装太阳能系统，如太阳能集热及太阳能光伏发电。

3.4 太阳能技术的应用

太阳能属于可再生能源，已广泛应用在很多领域，将其转化为电能、热能可以起到节能、环保的作用。基于太阳能技术的特点，在房屋建筑工程中也可以加强对该技术的应用。在房屋建筑工程中，建筑内部供暖及制冷是能源消耗源头，为了实现建筑的绿色、节能、环保目标，可在建筑内部加强对太阳能技术的应用。在实践中，可以建设小区太阳能照明系统、太阳能热水器系统、集热蓄热墙式系统及采暖制冷热水供应一体化系统等。将太阳能作为新能源应用于房屋建筑工程，可以有效地实现节约型房屋建筑工程。

3.5 水资源节约利用施工技术

建筑工程施工期间，各环节均需应用大量水资源，比如混凝土搅拌、粉尘控制等。为保证水资源的合理、节约利用，助力绿色节能技术持续发展，就需对施工过程中水资源使用总

量进行合理控制，特别是混凝土搅拌、墙体养护两项工作，更应加以重视，避免水资源随意使用而造成浪费。此外，组织专业团队结合现场情况科学设计供水管线，确保供水操作有序进行。管线设计、施工时，应合理控制各管线间距，不宜过大，以此减少水资源供应期间的损耗，做到水资源浪费现象的细节管控。与此同时，在设置混凝土搅拌作业区域时，尽可能地将其设置在水资源集中且需求量大的部位，实现水的统一供应，既节省供水时间，还可做到对水资源的管控。为获得充沛水量，应打造水资源再利用系统，实现水资源的循环利用，比如，可在空阔区域开挖雨水、建筑废水收集池，借助过滤系统，完成非使用水源的有效处理与回收，促使施工现场水资源利用率得以提高。

4　结语

房屋建筑采用绿色施工技术可以更快、更好地保护生态环境。企业需要加强对施工人员在新绿色施工技术和专业知识方面的培训，不断提高施工人员的绿色施工意识、施工技术以及相应的能力，保证绿色施工技术能够被充分地应用到房屋建筑工程中去。

参考文献

［1］ 商烨青．绿色节能施工技术在房屋建筑工程中的应用［J］．工程建设与设计，2021（10）：136-137.
［2］ 彭佳昌．建筑节能环保型房屋工程保温材料的选择［J］．建材与装饰，2013（17）：129-130.
［3］ 隆永成，吴婧．节能环保型建筑的建设与发展［J］．中国科技博览，2010（9）：129-130.

第4篇

建筑经济与工程项目管理

从上市装饰企业看装饰公司发展——以金螳螂为例

陈博矜

湖南六建装饰设计工程有限责任公司　长沙　410000

摘　要：金螳螂是国内建筑装饰行业的龙头企业，品牌优势、效率优势、文化优势、独特资源为其构筑了宽广的护城河，远远超越竞争者，值得同行学习、借鉴。作者通过分析其财务数据、主营业务、行业发展概况、公司治理结构、未来发展展望，归纳出五点启示，希望能为其他装饰公司的发展提供帮助。

关键词：金螳螂；ROE；EPC；装配式装修

目前很多装饰公司的发展处于平缓期，他们下一步如何走，怎样制订“十四五”的发展计划呢。古语云“取法其上，得乎其中；取法其中，得乎其下”，本文试图通过分析苏州金螳螂建筑装饰股份有限公司（以下简称金螳螂），给大家一些有益的启示。

1　金螳螂财务情况

金螳螂所属行业为“建筑装饰”，我们不妨先看一下金螳螂的财务数据。

1.1　ROE（净资产收益率）

ROE（净资产收益率）=（净利润/净资产）×100%，反映企业自有资本的盈利能力。美国第四大银行 CEO 马克尔有着 30 年的工作经验，收购兼并过上百家银行，曾经有位马里兰州大学的学生问了他一个非常专业的问题：“马克尔先生，如果你收购企业的时候只关注一个指标，那你会选择哪一个？”，马克尔毫不犹豫地回答：“净资产收益率”。沃伦·巴菲特也曾表示，净资产收益率是衡量一家公司经营业绩的最佳指标。

由表 1 可知，金螳螂 2016—2020 年，ROE 维持在 15%左右（超过了 10%），属于优秀公司的行列。ROE 同业排名第四（表 2）。

1.2　总市值、营业收入、销售毛利率

以 2020 年年报、“申万”三级行业（装饰装修）、对比指标（总市值、营业收入、销售毛利率）进行同业对比。由表 3 可知，金螳螂 2020 年总市值 149.06 亿元，排名第一，营业收入 312.43 亿元，排名第一，销售毛利率 16.59%，排名第十二。

1.3　看期间费用率，了解公司的成本管控能力

大家知道：毛利润=营业收入-营业成本；毛利率=[（营业收入-营业成本）/营业收入]×100%。由表 3 可知，金螳螂 2020 年毛利率为 16.59%。

期间费用率=[期间费用（即“四费”：管理费用、财务费用、研发费用、销售费用之和，财务费用为负时不加）/营业收入]×100%。由表 4 可知，金螳螂 2017—2020 年期间费用率呈递减趋势。2020 年期间费用率为 6.62%。

表 1　ROE 及净利润增长率

年度	ROE	净利润增长率
2020	14.83%	1.04%
2019	16.55%	10.64%
2018	17.16%	10.68%
2017	17.88%	13.97%
2016	18.11%	5.06%

表 2　ROE 与同业对比

股票名称	总市值	净利润	ROETB
金螳螂	149.06 亿元	23.41 亿元	13.96%
当前排名	1	1	4
江河集团	75.36 亿元	11.28 亿元	11.01%
亚厦股份	74.24 亿元	3.32 亿元	3.82%
宝鹰股份	56.56 亿元	1.02 亿元	2.65%
中装建设	48.93 亿元	2.59 亿元	7.72%
大丰实业	46.19 亿元	3.12 亿元	13.77%
广田集团	45.96 亿元	-7.92 亿元	-12.56%
名家汇	40.83 亿元	-3.37 亿元	-26.26%
华凯创意	39.53 亿元	-6248.34 万元	-14.24%
洪涛股份	38.30 亿元	-3.33 亿元	-12.56%
中天精装	34.78 亿元	1.89 亿元	11.66%
东易日盛	32.51 亿元	2.17 亿元	20.09%
德才股份	30.26 亿元	1.87 亿元	27.30%
郑中设计	26.38 亿元	2628.01 万元	1.72%
柯利达	25.40 亿元	2359.85 万元	1.20%
时空科技	24.15 亿元	1.33 亿元	6.43%
全筑股份	23.72 亿元	1.79 亿元	5.77%
2020 年报	申万三级行业	对比指标	

表 3　总市值、营业收入、销售毛利率与同业对比

股票名称	总市值	营业收入	销售毛利率
金螳螂	149.06 亿元	312.43 亿元	16.59%
当前排名	1	1	12
江河集团	75.36 亿元	180.50 亿元	18.30%
广田集团	45.96 亿元	122.46 亿元	12.80%
亚厦股份	74.24 亿元	107.87 亿元	14.26%
宝鹰股份	56.56 亿元	59.55 亿元	16.13%
中装建设	48.93 亿元	55.81 亿元	17.29%
全筑股份	23.72 亿元	54.24 亿元	13.17%
德才股份	30.26 亿元	46.35 亿元	13.12%
瑞和股份	22.17 亿元	37.64 亿元	15.23%
洪涛股份	38.30 亿元	35.69 亿元	15.49%
东易日盛	32.51 亿元	34.47 亿元	36.28%
柯利达	25.40 亿元	26.57 亿元	11.83%
中天精装	34.78 亿元	25.65 亿元	16.05%
大丰实业	46.19 亿元	25.09 亿元	30.61%
建艺集团	21.93 亿元	22.69 亿元	16.60%
维业股份	22.55 亿元	21.11 亿元	13.57%
奇信股份	14.29 亿元	21.10 亿元	6.39%
2020 年报	申万三级行业	对比指标	

表4　期间费用率与毛利率的比例

年度	期间费用率	期间费用率/毛利率
2020	6.62%	39.88%
2019	8.65%	47.04%
2018	9.34%	47.88%
2017	9.06%	53.89%
2016	4.34%	26.23%

金螳螂2017—2020年期间费用率/毛利率呈递减趋势。2020年比率为39.88%，小于40%，说明四费对毛利润侵蚀少，表明金螳螂成本管控能力强。

2　金螳螂主营业务

金螳螂是一家以室内装饰为主体，融幕墙、景观、软装、家具、机电设备安装等为一体的综合性专业化装饰集团。公司承接的项目包括公共建筑装饰和住宅装饰等，涵盖酒店装饰、文体会展建筑装饰、商业建筑装饰、交通运输基础设施装饰、住宅装饰等多种业务形态。

3　行业发展概况

3.1　行业主要特点

建筑装饰行业是我国国民经济发展的重要组成部分。根据建筑物使用性质的不同，建筑装饰行业划分为公共建筑装饰业和住宅装饰业。在消费升级的趋势下，建筑装饰行业具有重复实施的特点，每个建筑物在主体结构竣工之后到使用寿命结束的整个生命周期内，需要多次进行装饰装修。因此，建筑装饰行业具有需求永续性的特点。

3.2　行业发展现状

疫情得到有效控制后，国内经济复苏，固定资产投资逐步加码，行业呈现出快速回暖势头。具体业务细分类别上，医疗、养老、文体、交通等新型民生类项目快速增加，酒店、旅游等消费升级类项目逐步回暖，传统类项目保持稳定。与此同时，随着大型及综合类项目增多，装饰工程总承包（EPC）模式逐渐被市场认可，龙头企业将迎来新的发展机遇。

3.3　行业竞争格局和发展趋势

国内建筑装饰市场受疫情冲击和内部竞争加剧的情况下呈现出更明显地分化：行业头部公司市场占有率持续扩大，现金流保持健康，不断开拓新业务和新技术；行业中部公司竞争压力显著增大，发展速度减缓；行业尾部公司业务萎缩、资金链紧张，逐步退出市场。因此，当前装饰行业正处于由分散市场向集中市场的加速过渡阶段，在经历过长期充分的市场竞争后，行业集中度开始显著提高，未来龙头公司市场占有率将持续提升。

4　金螳螂公司治理结构

金螳螂建立了现代企业管理制度。最高权力机构为股东大会，董事会成员由股东大会选举产生，董事会对股东负责。总经理由董事会任命，执行董事会的各项指令，对董事会负责。副总经理及部门负责人由总经理任命。监事会监督董事会、公司经理层日常工作。

由表1可知，金螳螂实际控制人为朱兴良，持股比例为36.75%。从上市公司角度看持股比例合理，有利于企业决策和运行。

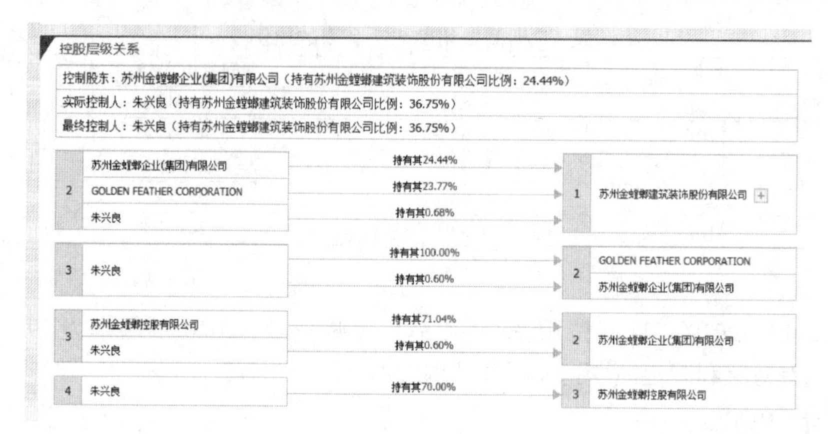

图 1　公司治理结构

5　金螳螂未来发展的展望

5.1　行业竞争格局和发展趋势

近年来，建筑装饰行业市场规模平稳增长，政策与标准推动市场发展，市场整合更加频繁，EPC（装饰工程总承包）等新型业务模式快速扩张，以装配化、智能化、BIM、VR 等技术为主的科技创新持续深化。未来伴随产业升级浪潮，绿色建筑室内装饰、科技装饰、信息化等将成为建筑装饰行业新一轮成长周期的重要推动力。

装饰行业近年来呈现出多种新趋势、新变化，突出地表现在业务类型和技术创新方面。

（1）业务方面

①装饰工程总承包（EPC）成为主流发展趋势

结合海内外建筑业发展脉络，装饰工程总承包是行业发展的必然趋势。一直以来，我国装饰项目的实施方式都是以设计和施工总承包相互独立进行的，从而衍生出设计单位和施工单位项目进度不一、图纸匹配度不高等方面的诸多问题，随着装饰工程总承包制度的深入推广，问题将得到极大改善。装饰工程总承包一方面可以降低管理难度、缩短工期、减少建筑成本，另一方面有助于提高施工效率与质量，为各方创造更多的经济价值。后续在国家政策的不断引导及市场力量的推动下，装饰工程总承包将进一步成为行业发展的主流趋势。

②全国重点区域建设的机遇

近些年，国家在区域发展的棋盘上不断落子、加紧布局，持续优化区域政策和空间布局，发挥各地优势，构建全国高质量发展的新局面。国家相继推出了粤港澳大湾区、长三角一体化、京津冀协同发展、雄安新区的建设，打造世界级创新平台和增长极。未来，一批具有国际一流水准的标杆工程将成为建筑装饰行业的重要发展机遇。

（2）技术创新方面

①装配式装修成为重要趋势

当前主要发达国家建筑现代化推进已经较为成熟，如美国、日本、新加坡等在装配化领域的渗透率非常高，我国近些年渗透率虽有所上升，但依旧存在差距，显示出我国装配化渗透提升空间巨大。装配式装修采用标准化设计、工厂化生产、装配式施工的新形式，具有施工品质好、安装精度高、绿色环保等优势，能够解决传统装饰施工面临的诸多难点并大幅降低人工依赖，未来具有广阔成长前景。

②BIM 成为行业趋势

BIM 具有可视化、协调性、模拟性、优化性、可出图性五大特点，这使得以 BIM 应用为载体的项目可以起到提高建筑质量、缩短工期、降低建造成本的作用。随着建筑装饰行业对设计、造价、施工、维护等流程工序及各类信息的可视化要求越来越高，BIM已经成为建筑业的一个技术象征，在众多大型及复杂的建筑项目中运用越来越广泛，成为金螳螂行业未来转型的技术方向。

5.2　金螳螂发展战略

行业中机遇与挑战并存。一方面经济复苏仍有诸多不确定因素，行业需求复苏道路曲折；另一方面，随着国家政策的推动和规范化程度的提高，行业出现了诸多新业态和新技术，EPC和装配式发展如火如荼。因此，想要在激烈的市场竞争中持续领跑就必须继续向技术创新要活力，向产业升级要动力。2021年，金螳螂将按既定战略推进公司各项运营工作，重点围绕EPC、装配式、属地深耕和二次装修市场，打造金螳螂新的核心竞争力。

（1）EPC战略：发挥金螳螂在设计、施工、景观、幕墙等全产业链配套优势及项目综合管理优势，整合行业资源。通过设计施工一体化提升大体量优质项目占比，构建竞争壁垒，进一步提升公司市场占有率和核心利润率。

（2）装配式装修战略：整合内外部资源，通过自主原创与联合研发，与国内一线企业密切合作，在项目承接、技术研发、资源整合等方面协作共享，推动装配式装修项目快速推广并落地，形成先发优势与规模优势。

（3）属地深耕战略：公司通过加强与地方政府的合作，打造当地标志性工程，与当地政府、大型企业建立信任与黏性，促进互利共赢。不断将业务由点到面、由面到体地迅速拓展，以实现深耕当地市场的战略目标，进一步推动公司走向全国。

（4）二次装修战略：重点聚焦大型文旅、场馆和酒店类业务，充分调动众多国内优质客户资源，并利用金螳螂在EPC和装配式领域的优势，有效抢占市场先机。

5.3　未来规划

（1）平台化建设加速推进，高质量发展行稳致远

持续完善和丰富营销大平台、专业设计平台和大工管平台的管理半径，提升公司在营销、设计、工程管理、审计收款等各个经营维度的精细化管理水平，推动金螳螂坚定迈向高质量发展征程。

（2）“联合作战”体系搭建完毕，长期增长潜能逐步释放

打造由营销、投标、设计、施工、职能等多部门相互支撑、相互协作的经营作战体系，使不同职能部门各司其职，更好地聚焦于施工质量、工期、客户满意度、收款等方面，进而体系化、系统化、全面化地让金螳螂变革措施能够真正发挥作用，实现公司的既定目标。

6　结语

（1）品牌优势是企业宽广的护城河。

（2）强大设计优势是企业承接五星级酒店、高端写字楼、文化场馆等国家、省级重、特大项目的法宝。

（3）强大供应链体系优势是项目成本控制最核心的手段。

（4）以三化（信息化、精细化、标准化）管理为抓手，解放人脑、降本增效、复制管理，实现企业做大做强。

（5）强大技术优势是保持企业永立潮头的不二法门。

金螳螂是建筑装饰行业的龙头企业，值得装饰人去反复仔细的研究、学习，希望本文能对大家有所帮助。

浅析 EPC 总承包项目工程造价控制要点及对策

梁　刚

湖南省第一工程有限公司　长沙　410011

摘　要：EPC 总承包项目的工程造价控制贯穿于项目决策、设计、实施、竣工结算等阶段，为了实现项目工程造价的有效控制，本文从工程总承包项目全过程造价管理角度，针对不同阶段造价控制要点进行分析，结合笔者工作实际，给出一些相应对策，以期为工程总承包项目造价控制提供依据和参考。

关键词：EPC 总承包；项目工程；造价控制；全过程造价管理；控制要点及对策

1　概述

近年来，随着国家、地方政府对房屋建筑及市政基础设施建设领域工程总承包相关法律法规及政策办法出台，工程总承包项目工程备受瞩目，传统的设计单位、施工总承包单位也逐渐转型试水工程总承包项目，但摸着石头过河，往往在实操过程中会出现偏差，尤其是工程造价和成本控制方面，出现了“三超”工程，即工程概算超估算，工程预算超概算，工程结算超预算，导致发、承包双方出现不同程度的财务风险、法律风险和经济纠纷，不仅违背了推行工程总承包的初衷，而且该模式的优势没有得到充分显现。所以 EPC 总承包项目工程造价控制显得尤为重要。

2　EPC 总承包项目工程造价特点及控制重难点

EPC 总承包项目工程造价具有系统性、全过程、关联性强等特点，虽然发、承包双方对工程总承包模式有一定的认识和实践，但现实案例中“超概”工程层出不穷，结算久久不能定案，严重影响各方的经济效益。造价控制的重难点主要体现在如何确保投资估算、设计概算的准确、合理；如何合理确定项目总投资及合同总价；怎样做好设计、施工、采购阶段的造价控制，等等。因此摸清造价控制要点，精准施策，要求发包、承包方具备全盘思维，要有前瞻性和预见性眼光，对造价控制全过程进行统筹。

3　EPC 总承包项目各阶段造价控制要点及对策

3.1　工程项目投资决策阶段造价控制要点及对策

投资阶段的造价控制是工程项目建设初期的准备环节，同时也是最容易被忽视的环节。投资估算、设计概算误差过大是造成投资效益低下、“三超”工程的根源。保证投资估算、设计概算的准确性、合理性是投资决策阶段的控制要点。首先，要组织相关人员与方案设计单位之间建立良好的合作关系，深入开展项目论证，对项目是否具有可行性进行客观的判断和分析；其次，组织专业性较强的专业单位或者专家对可行性研究投资估算进行内部评审，从专业的角度评估投资估算的准确性、合理性以及可靠性等。再者，由于国家政策调整、必要的设计变更、市场物价变化、业主方原因确需增加投资且可能超出概算的，建设单位应当提出调整方案及落实资金来源，并建立项目前期投资修正机制。因此，在实践中必须保证投资估算的不断强化，这样才能实现设计概算在规定的投资估算范围之内，将其作为基础，可以实现设计招标、设计方案科学合理地选择和利用。

3.2　工程项目设计阶段的造价控制

设计阶段的造价控制要做到"技术"与"经济"相结合，做到经济合理，技术可行，便于施工。利用总承包单位在设计或施工采购方面的优势，互相补充，协同管理，促进设计与施工、设计与采购的深度融合。例如桩基施工选型、设备选型、技术方案比选等。防止片面追求技术、材料设备先进性，任意提高设计标准和保险系数。这样才能将有限的资金用在刀刃上，避免不必要的资源浪费和损失，从而达到控制造价的目的。同时应大力推行限额设计，在限额设计理念的影响下，可以实现投资总额不被突破，还可以实现对工程量的有效控制。要结合项目建设情况，对设计标准、规模等进行确定，同时还要对不同专业和功能的投资进行合理分配，经过专业人员的运作和执行，避免出现不合理的设计及变更等问题，实现功能和设计的统一，进而实现造价的控制。

3.3　工程实施阶段造价控制要点及对策

实施阶段要做好合约规划，发、承包双方签订好总包合同，约定合同计价原则和计量规则，材料设备价格调整机制、工程变更索赔事宜、风险分担原则、合同双方的权责利等。这对于工程造价的控制至关重要，做到有"约"可循。投标阶段无法进行施工图设计的，工程总承包单位在收到设计任务书后应在合理期限内完成施工图设计并提交预算文件，在合理期限内审核完成并锁定合同总价，确保有效控制投资。另外做好询质定价工作也是实施阶段造价控制的关键一环。材料设备在工程造价占比大，材料设备价格合理确定对造价控制影响较大。由于前期设计、业主变更、暂估价等影响，造成材料设备档次，参数、规格型号未明确。建议在合同中约定询质定价机制及流程，后期需建设单位认质核价的材料和工程设备，应在计划采购前的合理时间内将样品、申报单和核价单等资料送建设单位审核，建设单位组织相关方询质定价，并在不影响施工的情况下及时确认，认可的价格作为竣工结算的依据。

3.4　工程竣工结算阶段造价控制要点及对策

大力推行过程结算（或分段结算）可实现投资和工程造价的有效控制。尤其对于投资金额大，工期长的项目。施工过程结算（或分段结算）是指发、承包双方在工程项目实施过程中，依据合同约定的结算周期（时间或进度节点），对已完工程价款进行结算的活动，其结算文件经发、承包双方签署认可后，作为竣工结算文件的组成部分，不再重复审核。笔者所在的湖南省怀化市新晃侗族自治县综合教育基地PPP项目中实行过程结算，将场平土石方、桩基工程、主体工程进行分段结算，装饰装修工程、室外及附属工程、安装工程结算在项目完工后报审。实践表明，该项目过程结算的施行，取得了较好的成效，不仅有利于建设方对投资的动态把控，及时纠偏，也有利工程总承包方及时掌握工程造价及成本。避免投资出现较大偏差，也缩短了项目结算周期，过程结算的推进大大节约了资金的财务成本。

4　结语

工程造价控制一直以来都是项目在规划和建设过程中的重点，不仅会直接影响到工程各个环节，而且还会影响最终的经济效益，所以充分掌握各阶段的造价控制要点，精准施策，在保证质量的同时，可以实现效益的有效提升。传统的施工总承包模式正逐步被工程总承包模式取代，任何的进步首先是思想观念的进步，让我们保持开放的心态，积极地吸收、吸纳先进的知识和管理理念，并将此运用到工作当中，以期事业获得更大的成功。

参考文献

[1] 刘笑，徐涛，庞斯仪，等，工程总承包项目全过程造价控制研究［J］. 建筑工程技术与设计，2021，19（05）：49-53.

[2] 李振文．浅谈建筑企业工程建设超概算的原因及控制措施［J］. 财经界，2020，（04）：82-83.

建筑施工管理创新及绿色施工管理探索

周诗哲

湖南省郴州建设集团有限公司　郴州　423000

摘　要：在我国经济社会转型发展过程中，关于建筑施工管理创新及绿色施工管理的相关探讨研究得到越来越多的重视，要想实现高效的工程管理对建筑行业发展产生促进作用，就需要重视及应用严谨的施工机制。本文对建筑施工管理创新及绿色施工管理进行了简要分析，以促进现代建筑工程不断提升整体水平。

关键词：建筑施工；管理创新；绿色施工；分析研究

1　前言

在现阶段社会运行发展的过程中，需要通过多种方式提升建筑施工管理水平，而在建筑工程创新发展的过程中，同样需要通过多种方式落实绿色施工管理原则，从而在提升整体施工质量的基础上，实现建筑施工管理水平和企业竞争优势的共同发展。因此，对建筑施工管理创新及绿色施工管理进行研究分析具有重要的现实意义。

2　现阶段我国建筑施工管理创新及绿色施工管理的重要性分析

我国建筑施工管理创新及绿色施工管理的重要性分析具有一定的系统性和复杂性，具体而言，我们可以从以下方面展开分析和探索：

在建筑企业运行发展过程中，绿色施工管理需要以环保为基础理念，在不断提升资源运行的基础上，实现与自然环境的和谐相处。当前阶段建筑企业绿色施工管理理念不仅要包含绿色设计，同时也需要在整体施工工作开展过程中应用多种类型的绿色材料和环保理念，使绿色元素在整个施工过程中得到有效融入。

绿色设计理念和整体施工进程的有效结合，不仅可以促进施工符合整体技术要求，同时也可以通过发挥先进科学技术成果的积极作用，提高资源应用的有效性程度。在施工工作开展过程中，绿色环保理念的落实可以实现与自然环境的和谐相处，在促进技术发展水平不断提升的基础上，为人类社会发展开辟更加良好的生存空间。

3　现阶段我国建筑施工管理创新及绿色施工管理的问题分析

我国建筑施工管理创新及绿色施工管理的问题分析具有一定的系统性和复杂性，具体而言，可以从以下方面展开分析和探索：

3.1　缺乏绿色环保理念

在建筑企业运行发展过程中，绿色施工管理理念在一些企业组织内部还停留在表层阶段，内部工作人员不仅不了解绿色施工管理的基本理念，同时对于绿色施工的规范要求缺乏完全认知。另一方面，当前阶段施工材料调配工作也存在多样化的问题，整体施工进程没有按照绿色要求开展，不仅出现了资源浪费的现象，也使得整体施工成本不断上升。同时在建筑垃圾处理方面，绿色施工理念的欠缺，使得建筑行业施工生产的开展对于周边生态环境造成了严重影响。

3.2 缺乏有效质量监管

通过调查研究发现，当前阶段许多房屋建筑施工管理工作开展过程中存在着质量监管不严的问题。这不仅使施工工作开展过程中的安全系数减小，同时也加大了在施工过程中发生不同类型安全事故的概率。当前阶段，建筑行业施工事故与施工管理存在密切联系，精细化管理的缺乏，导致施工效率较低以及整体质量监管过于松散。另一方面，当前阶段建筑企业施工工作开展过程中还存在不符合标准的施工工艺，这不仅使建筑施工最终完成指标难以得到有效保障，同时先进管理方案的缺乏，也使得质量控制水平难以得到有效提升。

3.3 管理利益不协调

建筑行业施工管理工作开展过程中，会涉及不同类型的专业分包，进而产生不同交集的利益纠葛。要想从根本上提升当前阶段建筑施工管理工作开展过程中的整体水平和质量，需要避免因为利益分配产生的各分包之间的冲突和矛盾。因此，在施工工作开展之前，需要通过多种方式做好准备工作，有效协调各方利益。这不仅可以避免矛盾纠纷的发生，同时可以提升对于全局的控制能力。另一方面，在建筑企业施工管理工作开展过程中，施工单位可能会同时承接多个施工项目。因此，在企业组织运行发展过程中，如何有效协调不同工程项目之间的关系，具有一定的难度。在管理工作开展过程中，需要通过多种方式提升利益调节水平，在减轻矛盾的基础上，促进施工水平和质量不断提升。

4 现阶段我国建筑施工管理创新及绿色施工管理措施的分析

我国建筑施工管理创新及绿色施工管理措施的分析具有一定的系统性和复杂性，具体而言，我们可以从以下方面展开分析和探索：

4.1 借助先进技术

在建筑企业绿色施工管理工作开展过程中，要想有效提升整体水平和质量，需要通过多种方式发挥先进科学技术成果和信息技术的积极作用，在实现施工管理创新的基础上，做到绿色施工和绿色管理。在整体施工管理工作开展过程中，要想有效提升整体水平，首先需要通过多种方式积极探索绿色施工管理的对策，在新的时代发展背景下，先进科学技术成果，需要在绿色施工管理工作开展过程中得到更加深入的应用。这不仅可以在一定程度上减少人力物力的耗费，同时可以在提升整体管理工作效率的基础上，促进绿色施工管理落实到位。

4.2 创新管理理念

当前阶段建筑行业施工管理工作开展过程中，要想有效提升绿色环保水平，首先需要通过多种方式树立良好的发展理念。在建筑施工管理工作开展过程中，要想有效落实绿色施工管理理念，需要通过多种方式加强对于内部施工管理工作人员的创新培训和绿色培训。另一方面，还需要在企业组织战略发展过程中，不断提升整体绿色施工意识，在内部管理工作开展过程中做好宣传工作。在当前阶段施工人员需要在整体施工进程中，有效严格落实绿色施工管理的具体措施，在提升整体管理工作有效性的基础上做到绿色施工。

4.3 探索绿色施工措施

为了更好地推进绿色施工管理，专业管理人员需要在建筑企业组织发展过程中，不断探索新型绿色施工措施，提升对于周边施工环境的控制能力，有效降低施工工作开展过程中，对于周边环境的污染。在施工管理工作开展过程中，需要通过多种方式降低粉尘污染和噪声污染的有效程度。不仅需要设置专业设施的方式，避免尘土飞扬，同时，还需要通过多种方式有效消除施工过程中出现的粉尘污染现象。针对施工过程中应用到的噪声较大的专业机械设备，需要通过分时段施工的方式，有效降低专业机械设备施工对周边居民正常生活的影响。

4.4　引进绿色施工材料

为了提升企业组织运行发展过程中实施绿色施工管理的经济效益，需要通过多种方式积极引入先进的绿色建筑材料和施工技术。当前阶段我国建筑企业组织运行发展过程中，内部工作人员为了提升整体施工的经济效益，可能会在施工过程中使用并不符合标准的建筑材料。这不仅仅使得整体施工质量受到影响，同时也对生态环境产生了严重破坏。因此，在绿色施工理念不断落实的过程中，需要通过多种方式转变传统的施工理念，通过应用新型低能耗建筑材料的方式，有效落实绿色环保基本理念。另一方面，在施工管理工作开展过程中，还需要通过多种方式进行不同类型资源的有效配置，通过提升能源消耗有效性的方式，促进建筑行业发展水平的不断提升和人类社会长远发展。

5　结语

综上所述，随着经济社会发展水平的不断提升以及建筑行业改革的逐渐深入，当前阶段关于建筑施工管理创新以及绿色施工管理的探索研究得到了越来越多的重视。通过分析发现，当前阶段建筑工程绿色施工管理工作开展过程中还存在一些短板和问题，例如缺乏绿色环保理念，缺乏有效质量监管以及管理利益不协调等。要想有效提升绿色管理水平，促进人类社会长远发展，需要采取多样化措施，首先需要借助先进技术，其次需要创新环保理念，最后需要探索绿色施工措施，引进绿色施工材料。

参考文献

[1]　裴景希．高层建筑绿色施工成本分析与控制方法研究［D］．南昌：华东交通大学，2016.
[2]　崔显．绿色建筑施工技术集成创新研究［D］．青岛：青岛理工大学，2016.
[3]　陈桢．基于价值工程的绿色建筑施工项目成本控制研究［D］．长春：吉林建筑大学，2016.
[4]　杨海龙．基于精益建设的绿色建筑工程施工质量管理模式研究［D］．长春：吉林建筑大学，2016.
[5]　杨崇尚．建筑施工企业绿色转型升级能力评价研究［D］．长春：吉林建筑大学，2018.
[6]　赵保奎．绿色建筑施工管理体系研究［D］．石家庄：石家庄铁道大学，2017.

常德财鑫工程实现全国施工安全生产标准化工地的实践

赵　欣[1]　杨永志[2]

1. 德成建设集团有限公司　常德　415000
2. 湖南怀德全过程工程咨询有限公司　常德　415000

摘　要：常德市财鑫投融资服务中心工程是德成建设集团有限公司与建设方合同中约定的创“鲁班奖”工程。该项目已于2021年11月获得“湖南省建设工程芙蓉奖”，于2022年申报“鲁班奖”。该项目成功创建全国最高安全奖项“全国建设工程项目施工安全生产标准化工地”的相关经验包括建立安全生产施工管理体系、落实安全生产管理工作、对关键点进行重点管理、绿色施工、BIM应用等，本文对上述实践与经验进行了总结，以期为同行提供借鉴与参考。

关键词：文明施工；安全生产；管理体系

1　工程概况

常德财鑫投融资服务中心工程是常德市重点工程和北部新城的地标性建筑。项目位于朗州路北路以西、月亮大道以北，总投资5.78亿元，占地面积2.6万m^2。总建筑面积约95286m^2，是一座集投资、保险、期货、证券、基金和住宅服务于一体的金融商业综合服务中心（图1）。

图1　常德财鑫投融资服务中心效果图

建筑整体方正，裙楼3层，两栋塔楼均为21+3层对称布置。项目设计秉承轴线与文脉、聚构与院落、空间与宜人的理念，作为常德市北部新城城市中心，呼应政务中心轴线，共享市民之家广场，两栋建筑塔楼共同围合，顶部设置4500m^2的空中花园，裙楼主楼各单元形成层次、尺度丰富的院落。

项目已于2020年6月18日竣工验收，荣获“湖南省建设工程芙蓉奖”，并于2022年1月荣获“2021—2022年度第一批中国安装工程优质奖（中国安装之星）”，于2022年申报“鲁班奖”。

项目建设过程中，严格遵循公司“安全第一、预防为主、消除隐患、杜绝事故、安全至上、全员遵守”的安全生产理念，荣获“2018年全国建设工程项目施工安全生产标准化工地”，现将其创建过程中的主要实践与经验进行介绍。

2　建立安全生产施工管理体系

（1）项目进场后，为杜绝一般及以上施工生产安全责任事故发生，建立以项目经理为第一责任人的安全生产管理领导小组，制定安全生产责任制，由各级责任人签字确认；并建立安全生产责任目标考核制度，定期对项目管理人员进行考核[1]。

（2）设立安全监督岗位，明确各自岗位管理职责。项目部设专职安全员三名。严格执行施工现场安全生产“六大纪律”“十项安全技术措施”。

（3）每周由项目经理带班检查，对检查中发现的问题定时间、定措施、定人员进行整改，将安全隐患消灭在萌芽状态。

（4）项目开工之前编制多个专项施工方案及应急预案，进行书面安全技术交底和安全检查整改，并广泛开展各项安全生产和安全教育培训活动，确保项目的安全生产状况持续稳定。

3　落实各项安全生产管理工作

3.1　文明施工措施

（1）标准化布置

项目部按照公司《企业标准图集》以及施工平面布置图的要求在现场入口设置统一的标准化大门、九牌二图、企业文化墙。施工现场设置定型化封闭围挡，搭设阻燃型活动板房办公楼。绿色园林化的办公环境增加了员工绿色施工的理念。

场区主要道路及加工区地面均采用混凝土硬化处理，安全宣传栏、现场事故应急救援预案公示牌，安全警示牌、消防集中点、安全防护用品等设施一应俱全。作业现场实施禁烟，同时设有吸烟室、茶水休息室和医务室，现场材料堆码整齐[2]。

施工现场设置封闭围挡。围挡墙面张贴安全生产、文明施工标语。工地现场大门由专业广告公司设计与施工，作业区大门由人行门禁与电动伸缩门组成，大门旁设门卫室，门卫严格执行管理制度及交接班制度，按规定对人员、车辆、物料进行登记检查。

（2）现场硬化道路

按照施工组织部署、施工平面布置图以及工程主要特点，在现场设置混凝土道路，保证交通运输通畅。建筑物周边设置排水明沟和暗沟，用于排除路面积水及回收雨水，利用场内雨水、地下水回收系统综合处理后用于场内绿化及治理扬尘用水。

（3）现场绿化

项目部合理设置绿化带，在生活区、办公区及现场等处设置绿化带，并由专业绿化施工人员进行设计与施工。对于绿化规划之外的裸露土体，抛撒草籽进行绿化覆盖。

（4）现场排污管理

市政污水井位于施工现场东面大门口附近，与现场排污系统无冲突。合理规划排污系统，实现雨污分流，现场污水经过必要的处理后排放进入市政污水井。

工地大门口设置洗车槽和沉淀池，施工用水经沉淀后再排入市政污染水管道。同时建立车辆冲洗制度，并落实责任人。

（5）现场施工清理

设置专门的垃圾堆放池，垃圾运输采用封闭运输，配备洒水车，安排专人进行现场洒水，防止灰尘飞扬，保护周边空气清洁。加强现场清理工作，保证现场和周围环境清洁文明。

（6）材料堆放

各种材料、工器具按企业标准的要求做好标识，分类堆放，放置定位化，做到整齐清洁、堆放有序。易燃易爆物品存放于专用库房，并设置消防器材。严格施工过程的管理，各工序要做到工完料清。建筑垃圾及时外运，多余的材料和使用结束的设备及时退场。

3.2　施工安全防护

进入施工现场的作业人员正确佩戴安全帽，悬空作业部位作业人员正确使用安全带。在楼内人员进出密集区搭设安全通道。项目部按照《企业标准图集》制作了洞口防护栏杆及临边防护栏杆，所有安全防护做到工具化、定型化，防护栏杆以黄黑相间的条纹标示。

（1）“三宝、四口、五临边”防护

临边防护、建筑物周边防护全部采用公司定型化产品，规格统一、安全可靠、装拆方便、周转率高。做到了安全防护标准化、定型化、工具化。正确使用“三宝”，对安全帽实行“红、黄、蓝”等颜色以便对工种间的区分（图 2）。

基坑周边，屋面与楼层周边，边长大于 1.5m 的洞口，未安装扶手的楼梯，都设置防护栏杆。防护栏杆采用脚手架钢管与扣件搭设，高度为 1.2m，挡脚杆与踢脚杆高度分别为 0.6m 和 0.2m，固定点间距做到不大于 2m。

边长为 0.5~1.5m 的洞口，设置以扣件扣接钢管而成的网格，并在其上满铺竹笆或脚手板；边长小于 0.5m 的洞口、安装预制构件时的洞口以及缺件临时形成的洞口，用坚实的胶合板等作盖板，并采取固定措施。

楼梯口、安全通道等搭设双层防坠棚。

（2）脚手架防护

主楼使用全钢型附着式升降脚手架，安全适用（图 3）。

图 2　现场临边防护

图 3　主楼的安全防护措施

裙楼采用落地式双排脚手架搭设。

①脚手架搭拆前编制专项施工方案，经公司相关部门专业人员审批后进行施工，并进行书面安全技术交底。脚手架严格按方案搭设，其立杆间距、大横杆步距、防护栏杆、剪刀撑、连墙件的设置符合有关脚手架规程。操作使用的脚手架，在施工范围及高度范围内均匀铺设好跳板和栏杆。脚手架外侧设置两道防护栏杆，满设密目式安全网，底层及操作层满铺跳板。

②脚手架基础采用 C10 槽钢，并做好排水明沟，确保脚手架基础不积水。同时利用建筑物防雷接地设施，做好防雷接地。外脚手架分层、分段进行验收，合格后挂牌使用。

③随着建筑结构和外脚手架的上升，底层各个进出固定通道口均搭设通道防护棚，张挂相应安全警示标志牌，设置安全通道口，以防止上部物体坠落伤人。

④施工层首层满铺脚手板，以上每两层满铺一次。架板内层间防护严格按规范要求设置，建筑物与架体内立杆间支挂安全平网防护，架体连墙件按方案要求采用刚性连墙杆，架体立杆间距、大横杆步距均匀垂直，剪刀撑沿架体高度水平方向连续设置，每次搭设完成后组织相关人员进行验收合格后再使用。

4　对施工用电、机械设备、消防安全进行重点管理

4.1　施工用电

（1）现场电工必须做到“装得安全、拆得彻底、修得及时、用得安全”，严禁乱拉乱接。

（2）现场施工用电由公司电气专业工程师根据施工组织设计与现场条件严格按施工用电规范进行设计，三级电箱的加工由具有相应生产能力与资质的专业电箱生产企业完成。施工用电采用TN-S三相五线制，安装漏电保护器，实行三级配电二级保护，用电设备做到“一机”“一箱”“一闸”“一漏”。漏电保护器的配置符合JGJ 46—2005规范的要求。配电箱内电气元件设置严格按规范要求进行设计，总分回路均设置了具有电气隔离功能的新型刀熔开关，符合标准要求[3]。

（3）配备专职用电管理员全面负责施工用电的管理，制定用电制度，规范用电线路设置及设施，定期进行用电线路及设备的检查，电线不乱拖、乱拉。材料运输堆放时，注意保护好电线，防止碰砸电线，造成电线包皮破碎剥落。

（4）建立定期检查制度，对配电室、总配电箱、分配电箱、开关箱、重复接地装置及一切电气线路与电气设备定期检查，并做好记录。所有机电设备均有安全防护设施和专人管理操作，机械操作人员持有操作上岗证。现场电气维护人员定期检查设备触电漏电保护是否完好有效。

4.2　机械设备管理

（1）所有机械设备均严格按企业标准的要求做安全、检查、验收、使用、维修保养、拆卸工作，使机械设备保持最佳的使用效能并确保安全使用。

（2）塔吊等大型起重机械在安装前由专业人员编制安装、拆卸方案，经批准后严格按方案实施。使用前经自检、专业检测机构检测验收合格后正式投入使用。起重机司机、指挥挂钩等人员一律持有效操作证上岗。严格执行“三限位、两保险、十不吊”规定。确保施工机械使用安全。

（3）木工机械。木工加工在搭设防护棚中集中加工配料，操作机械人员衣着、鞋子穿戴必须符合操作安全要求，加工完成后对周边的场地进行清理，做到工完料清。木工棚内严禁吸烟，并按规定设置安全标志及消防设施。

（4）钢筋机械。钢筋集中到作业防护棚统一加工，集中管理。作业棚按规定设置安全标志及操作规程。

（5）电气电焊机械。施工现场电气电焊（割）作业履行三级动火审批制度。作业前根据审批要求，清理施焊现场10m以内的易燃易爆物品，并采取规定的防范措施。

4.3　消防安全管理

（1）现场制订消防制度，建立消防责任网络。配备专职消防管理人员，负责消防管理

工作。由项目经理、安全员、消防员等组成消防安全领导小组，具体负责实施防火安全工作。

（2）定期组织学习消防知识，对全体施工人员进行消防教育，定期进行消防检查，定期开展消防演练，并做好记录。

（3）现场设置明显的防火标志和防火宣传牌以及宣传标语。吸烟需在吸烟室进行，防止流动吸烟的火灾隐患。

（4）现场动用明火前必须申请动火证，动用明火之前经有关人员批准，在规定的时间和地点使用明火，电焊（气焊架上配备小型灭火器）等明火作业前将作业内易燃、易爆物品清理干净，配有专人值班进行监护，且在收工前仔细检查周边环境，以免留下隐患。

（5）在建筑物楼层内、临时设施、材料库、生活区、办公区等处按规定设置足够的灭火器材，并由安全员检查落实到位，定期检查灭火器材的有效性。

（6）气割作业场所必须清除易燃物品，氧气、乙炔等必须与明火处保持一定的安全距离：乙炔瓶距明火距离不小于 10m，与氧气瓶距离不小于 5m。

（7）施工现场木料堆放处，木工制作间、现场木装修、油漆作业场所、焊割动火作业点均划为防火禁烟区，在禁烟区应设明显禁烟防火安全警告示牌，并配适用灭火器，施工现场木工制作间，在每天下班前专人负责整理打扫刨花、木屑、碎木料，不准在机具作业现场堆积。

（8）强化防火责任制，易燃易爆物品有专人管理，配备必须的消防器材，焊割工持证上岗，木工间设禁烟牌、易燃物及时清理，确保与明火有足够的安全距离，办公楼内严禁私拉乱接电线，严禁使用电炉等明火设备[4]。

5 绿色施工管理

5.1 扬尘控制

（1）施工现场采用 2.5m 高工艺围挡进行封闭，施工作业时大门处于常闭状态。

（2）施工现场非作业区达到了目测无扬尘的要求。对现场环道地面进行混凝土硬化。道路每天不定时洒水清扫，以防止扬尘产生。大门出口处设施洗车设施，出入车辆由专人负责清洗，确保车辆不带泥上路。为加大扬尘治理力度，项目部配备了除尘雾炮机，围挡喷雾系统、塔吊喷雾系统等降尘设施，降尘效果显著提升，扬尘治理实施到位。

5.2 噪声控制

人为控制噪声：尽量减少人为的大声喧哗，塔吊、混凝土泵车等指挥采用对讲机，增强全体施工人员防止噪声扰民的自觉意识。

场地规划安排：易产生噪声的成品、半成品加工作业尽量在加工棚内完成，减少因施工现场加工制作产生的噪声；强噪声机械（如：搅拌机、电锯、电刨、砂轮机等）施工作业棚远离居民区，并合理规划作业时间，减少影响居民的机会及程度。

作业时间安排：严格控制作业时间，尽量安排到白天作业；夜间作业采用低噪声机械设备，夜间施工超过 22：00 时到环保部门办理夜间施工许可证。

5.3 节材

项目部在工程开工前对所有需采购的进场材料总量进行了计划计算，根据不同的施工进度、库存情况等合理安排材料的采购、进场时间和批次，减少了库存。现场材料分类有序堆放。选用耐用方便的周转材料。如模板竹胶板、定型化护栏等。现场办公和生活用房采用周转式活动板房，地面铺设透水砖。采用 BIM 技术进行块料预排版，减少材料损耗。

5.4　节地

项目部在开工初期，利用 BIM 技术对现场总平面进行合理规划，最大资源化节约用地，保护生态资源环境，并按照总平面布置图进行部署，利用 BIM 技术进行动态管控，严格落实用地审批程序，确保用地指标。在裸露的土地上种植绿化，既减少了扬尘，又美化了环境。

5.5　节水

实行用水计量管理，严格控制用水量。办公区、生活区、作业区用水分区计量。用水器具优先采用节能环保型器具。设置雨水回收系统，雨水经回收后用于路面洒水降尘、绿化以及车辆冲洗。混凝土养护采用覆膜保湿养护。减少水资源浪费。

5.6　节能

现场办公区主干道照明采用太阳能路灯，室内照明均采用节能灯具，制订空调使用规定，夏季温度设置不得低于 26℃，冬季温度设置不得高于 20℃，减少电量消耗。定期对施工现场的机械设备以及办公区生活区的用电设备进行检查维修，减少电量损耗。优先使用节能、高效的施工设备及办公生活设施[5]。

6　创建过程中的 BIM 应用

项目利用 BIM 技术合理规划各施工阶段的场内平面布置，出具施工平面布置图和三维布置图，方便现场管理人员合理安排办公区域、生活区域、临水、临电等走向，对现场的临时道路、钢筋加工棚、木工加工棚、塔吊等位置进行合理规划[6]（图 4）。

图 4　利用 BIM 技术，出具施工平面图

7　结语

工程自开工开始，项目安全文明施工状况持续稳定，迎接多批次省市各级行业主管部门安全检查及观摩学习交流，施工安全生产达标既难也易，难在认真把控每一个细节，防微杜渐，易在只要坚持目标，落实好各项措施就一定能成功。

在今后的工作中，我们将一如既往地严格贯彻执行建设工程施工安全生产法律、法规和住房城乡建设部有关施工安全及安全生产标准化建设的各项规定，打造更多精品工程。在此对建设方和监理单位的大力支持和指导深表感谢。

参考文献

[1]　蒋大永，任凯．施工安全生产管理体系构建研究［J］．交通世界，2020（Z1）：202-203.

［2］ 李耀和，姜文俊．开工前标准化工地安全设施总平面布置方法［J］．神华科技，2016，14（06）：58-60.
［3］ 武琳盛．建筑工地施工用电安全技术措施［J］．智能城市，2021，7（12）：145-146.
［4］ 陈雄．安全生产法规［M］．重庆：重庆大学出版社，2019.
［5］ 张晓宁，吴旭，盛建忠，何建．绿色施工综合技术及应用［M］．南京：东南大学出版社，2014.
［6］ 张琥琼．BIM 技术在房地产项目规划方案评价中的应用研究［J］．住宅与房地产，2016（21）：160.

金鳞甲钢化集装箱的应用与前景

任　鼎　谭佳宇

湖南建工集团有限公司　长沙　410000

摘　要： 金鳞甲是一种采用钢结构的成品一体式移动集装箱，具有模块化、个性化、施工便利、结构稳定、环保、建造成本低、可回收等特点，可以作为施工临时住房及办公室。通过进行专项设计可满足实际使用中的各种需求，在工厂集中生产、集中装饰，使材料利用率最大化、生产周期最短，通过车辆整体运输方式使施工便利化。

关键字： 金鳞甲；集装箱；中湘智建；未来；绿色

1　金鳞甲组成

金鳞甲外观大小为 5994mm 长，2989mm 宽，2900mm 高，整体大小约为一个集装箱大小。内部大小为 5816mm 长，2700mm 宽，2649mm 高（图 1）。

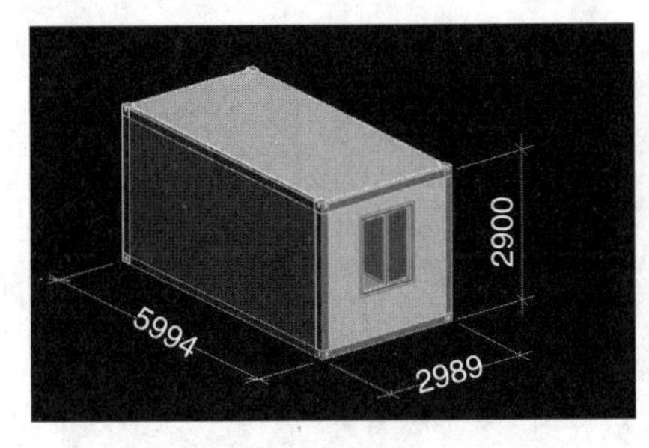

（a）外尺寸

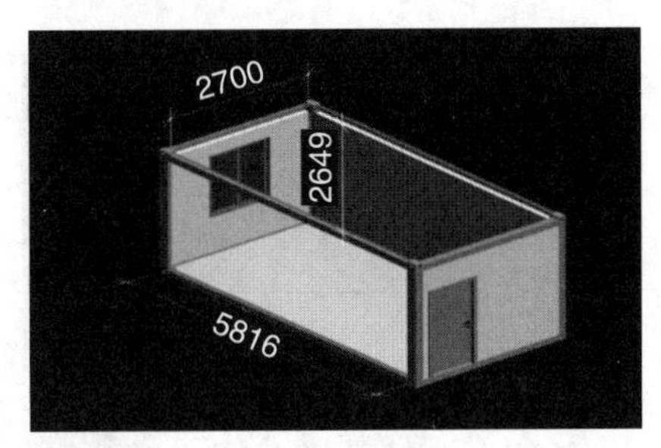

（b）内尺寸

图 1　金鳞甲单元房框架尺寸

墙采用双面涂层彩钢板，保温采用 50mm 岩棉；地面采用水泥纤维板；顶部采用镀锌彩钢板，保温采用单面铝箔岩棉；框架柱采用 3mm 厚高强镀锌板，长宽：210mm×150mm；门窗采用 75 系列门窗。内设灯具、强弱电、网络接口。

2　金鳞甲的制作

项目工地临建建设所采用的金鳞甲制作流程如图 2 所示。

2.1　金鳞甲框架制作

金鳞甲框架通过 Revit 进行框架设计，模块化生产（图 3）。

（1）钢材通过其他厂家进行成品制作，选用 S350 牌号结构级钢板，厂家根据设计图定型制作。

（2）钢材制作完毕后进行拼接组装，根据项目部临建布局进行调整。

（3）对拼接完成的框架进行检验，严格检验接头转角处的拼接完整性。

（4）增设吊装吊点，锁扣处需结实可靠。

（5）焊接龙骨，龙骨与框架连接可靠。

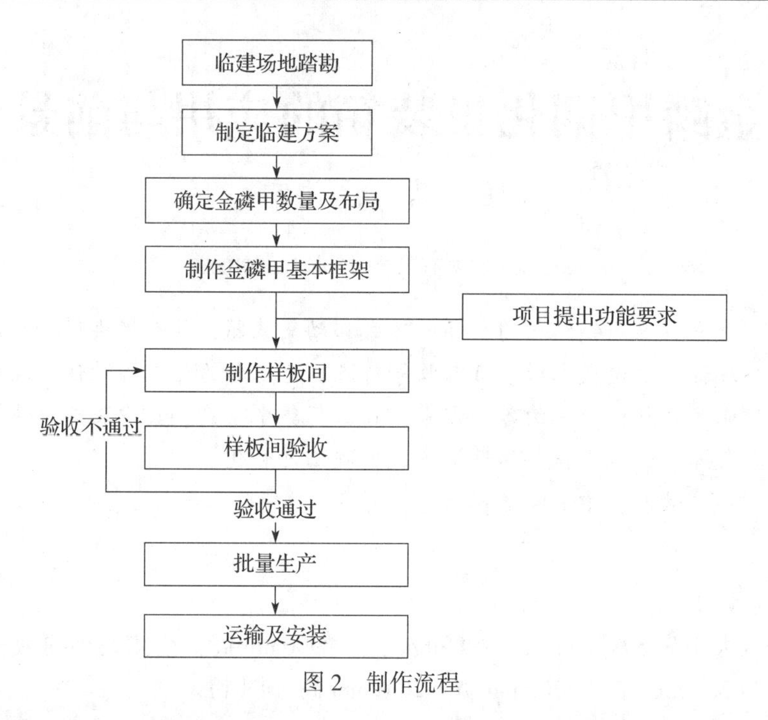

图 2　制作流程

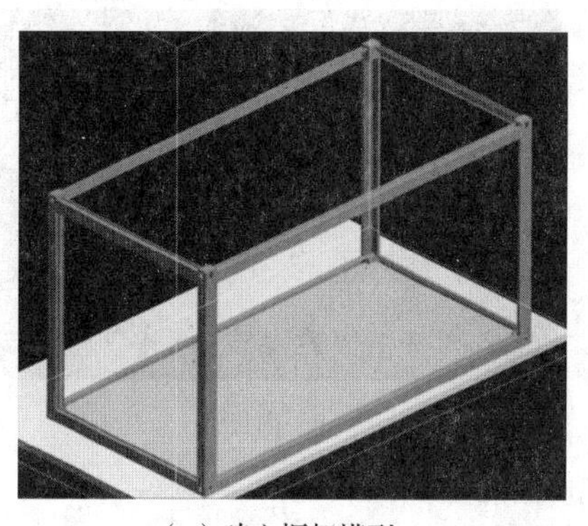

（a）建立框架模型

（b）模块化生产

图 3　框架制作

（6）对每一个成型框架进行检验，确保框架的物理性能及化学性能。

因钢材厚度为 3mm，规范选用焊接板厚为 3.2mm，且镀锌钢板接头为搭接接头。规范参数见表 1。

表 1　焊接接头规范参数

板厚（mm）	间隙（mm）	焊接位置	送丝速度（mm）	电弧电压（V）	焊接电流（A）	焊接速度（mm）	备注
3.2	0.8~1.5	平焊	67.2	19	135	3.8~4.2	焊丝：ER705-3 直径：0.9mm 干缩长度：6.4mm
		立焊	67.2	19	135	3.8~4.2	
		横焊	67.2	19	135	5.1	
		仰焊	59.2	19	135	3.8~4.2	

采取的构造及工艺措施，以保证新、旧两种钢材能协同工作。还应保证不致因加固、焊接顺序不当等施工原因而造成不应有的截面、构件几何形状的弯扭畸变。采用焊缝连接加固截面时，有较大焊接残余应力，它对钢结构的受力及耐久性都有影响，因而在加固构造及施

工措施中，应极力避免较大的应力集中，以使构件尤其受动荷载作用的构件在正常使用极限状态下能处于弹性范围内工作。

2.2　金鳞甲地面、墙面、屋面安装

安装顺序：地面水泥纤维板安装→墙体复合板门窗及插座留设→墙体暗埋管线安装→顶部镀锌彩钢板安装→顶部防水密封胶处理→吊顶管线走线→吊顶斑纹及装饰镀锌彩钢板安装→门窗灯具安装。

地面选用 18mm 优质水泥纤维板，根据《中密度纤维板》（GB/T 11718—2009）规范，要求详见表 2、表 3。

表 2　砂光板表面质量要求

名称	质量要求	允许范围	
		优等品	合格品
分层、鼓泡或炭化	—	不允许	
局部松软	单个面积≤2000mm²	不允许	3 个
板边缺损	宽度≤10mm	不允许	允许
油污斑点或异物	单个面积≤40mm²	不允许	1 个
压痕	—	不允许	允许

注：同一张板不应有两项或以上的外观缺陷。

表 3　水泥纤维板制作尺寸偏差、密度及偏差和含水率要求

性能		单位	公称厚度范围（mm）	
			≤12	>12
厚度偏差	不砂光板	mm	-0.30~+1.50	-0.50~+1.70
	砂光板	mm	±0.20	±0.30
长度与宽度偏差		mm/m	±2.0	
垂直度		mm/m	<2.0	
密度		g/cm³	0.65~0.80（允许偏差为±10%）	
板内密度偏差		%	±10.0	
含水率		%	3.0~13.0	

注：每张砂光板内各测量点的厚度不应超过其算术平均值的±0.15mm。

墙体保温采用 50mm 厚岩棉，与彩钢板形成“三明治”结构，一体化制作，示意图如图 4 所示。

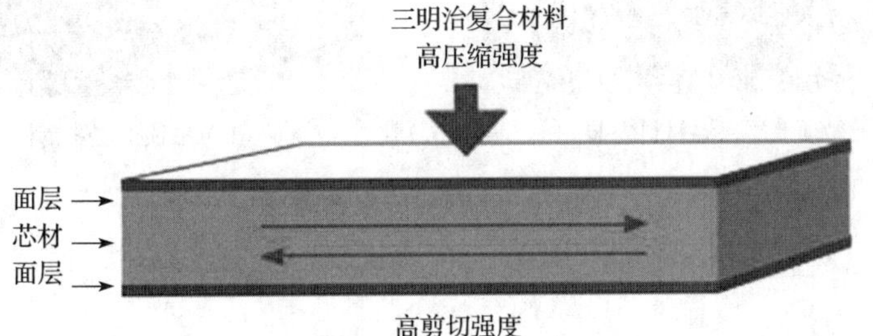
三明治复合材料
高压缩强度
面层
芯材
面层
高剪切强度
典型的三明治复合结构：
面层厚度薄，具有一定的强度和刚度，而芯材质量轻，
在一定荷载下，芯材结构强度足以保持面层材料的位置相对固定。

图 4　彩钢板结构示意图

墙面选用双面0.45mm涂层彩钢板，50mm保温岩棉，涂层性能应符合表4。

表4　涂层性能要求

<table>
<tr><th colspan="3">项目</th><th colspan="6">性能要求</th></tr>
<tr><td rowspan="3">60°光泽偏差</td><td colspan="2">光泽度<15</td><td colspan="6">±3</td></tr>
<tr><td colspan="2">16≤光泽度<80</td><td colspan="6">±10</td></tr>
<tr><td colspan="2">光泽度≥80</td><td colspan="6">−10</td></tr>
<tr><td colspan="3">附着力</td><td colspan="6">划格法0级</td></tr>
<tr><td colspan="3">弯曲试验[a]</td><td colspan="6">≤3T</td></tr>
<tr><td colspan="3">铅笔硬度</td><td colspan="6">≥1H</td></tr>
<tr><td colspan="3">耐反反向冲击性[b]</td><td colspan="6">≥9J</td></tr>
<tr><td rowspan="3">耐化学腐蚀性</td><td rowspan="2">耐酸性[c]</td><td>耐盐酸</td><td colspan="6">5%HCL无变化</td></tr>
<tr><td>耐硝酸</td><td colspan="6">无气泡等编号，$\Delta E \leq 5.0$</td></tr>
<tr><td colspan="2">耐砂浆性</td><td colspan="6">无变化</td></tr>
<tr><td rowspan="3">热工性能[d]</td><td colspan="2">近红外反射比</td><td rowspan="3">明度值
$L \leq 40$时</td><td>≥40%</td><td rowspan="3">明度值
$40<L<80$时</td><td>≥L</td><td rowspan="3">明度值
$L \geq 80$时</td><td>≥80%</td></tr>
<tr><td colspan="2">太阳光反射比</td><td>≥25%</td><td>≥40%</td><td>≥65%</td></tr>
<tr><td colspan="2">隔热温差</td><td>≥7℃</td><td>≥10℃</td><td>≥15℃</td></tr>
<tr><td rowspan="3">耐紫外线加速老化性能，2000h</td><td colspan="3">RUV2</td><td colspan="3">$\Delta E_e \leq 5$</td><td colspan="2">光泽保持率≥30%</td></tr>
<tr><td colspan="3">RUV3</td><td colspan="3">$\Delta E_e \leq 3$</td><td colspan="2">光泽保持率≥60%</td></tr>
<tr><td colspan="3">RUV244</td><td colspan="3">$\Delta E_e \leq 2$</td><td colspan="2">光泽保持率≥80%</td></tr>
</table>

注：[a]基板厚度大于0.80mm或规定的最小屈服强度不小于550MPa时对弯曲试验不作要求。
[b]适用于基板厚度大于0.40mm或规定的最小屈服强度小于550MPa时。
[c]适用于腐蚀等级为C3和C4等级时，服饰等级分级方法参见规范《建筑装饰用彩钢板》（JG/T 516—2017）附录C。
[d]适用于具有热反射性能的彩钢板。

吊顶上层采用100mm厚单面铝箔保温岩棉，下层采用0.5mm厚镀锌彩钢板，主龙骨采用3.0mm厚镀锌钢管，次龙骨采用1.6mm厚镀锌钢管（图5）。

（a）吊顶上层保温材料安装

（b）吊顶下层彩钢板安装

图5　吊顶安装示意图

3　运输及安装

在工厂完成后由货车整体吊装运输至安放地点，先提前确定运输路线及时间，安放地点事先配备好汽车吊或随车吊，单个金鳞甲质量约为2t。当无场地堆放或因现场道路无法布置汽车吊时采用随车吊（图6）。

吊装前先根据场地布置图对场地进行现场画线，确定吊装位置。吊装完成后进行拼接，接缝处采用黑色密封胶密封（图7）。

图6　汽车起重机械吊装

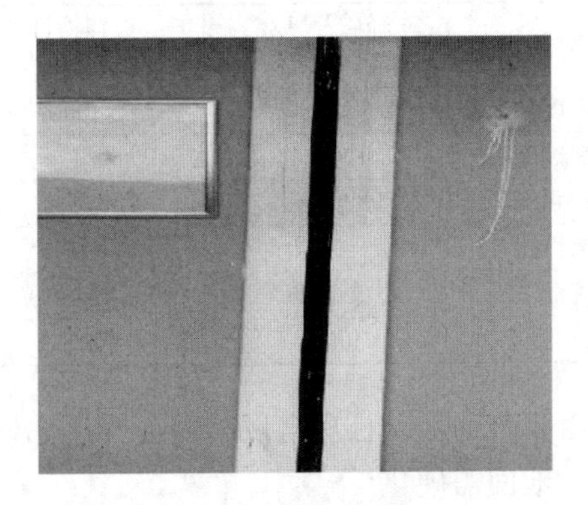

图7　密封胶密封接缝

4　后期回收

金鳞甲使用完毕后，可由工厂回收，回收流程如下：回收前准备工作→吊车回收→工程检验金鳞甲完整性→重新制作不能重复使用的部分→修补完善能重复使用的部分→重新组装→准备下次使用。

4.1　框架回收

（1）拆除金鳞甲外墙，裸露出结构框架。

（2）检测框架受腐蚀程度，腐蚀程度严重时，及时进行更换。

（3）检测镀锌钢材的强度和耐久性。

（4）耐久性不满足下次使用5年期限且强度发生严重缺损时，进行更换。

（5）检测焊接（拼接）部位是否变形，变形严重的及时更换，变形（强度）程度属于可修复的，进行修复。

（6）重新组装，下次重复使用。

4.2　墙面、地面、屋面回收

（1）进行屋面检测，检测彩钢板及保温层的完整性。

（2）进行墙面检测，检测彩钢板及三明治复合结构的完整性。

（3）进行地面检测，检测水泥纤维板及砂光板性能是否完整。

（4）电线电缆的检测，检测导线的完整性。

5　绿色施工的经济指标

传统彩钢板轻质板房的骨架采用的是轻钢龙骨，其钢材为普通钢材，防腐层仅为外表面一层涂层，易刮碰脱落，钢材无法抵抗水分子对内部钢材的腐蚀，防腐性较差。

轻钢龙骨的钢材厚度为1.5mm，受力形式容易形成长杆件受弯，易折断。

传统彩钢板活动板房墙体与框架的连接容易产生空隙，其保温和密闭性程度不高，且墙体为整体式岩棉夹芯彩钢板，无法在墙体暗埋电线电缆。

地面为轻钢结构，其承重能力及稳定性弱于水泥纤维板。

相比之下金鳞甲在材料上明显优于传统活动板房（表5）。

表 5 金鳞甲用材与普通活动板房的对比

指标	轻质骨架（普通活动板房）	镀锌钢材（金鳞甲）	岩棉夹芯彩钢板（普通活动板房）	双面涂层保温复合彩钢板（金鳞甲）
厚度	1.5mm	3.0mm	50mm	60~80mm
耐腐蚀度	中	高	底	高
结构强度	中	高	底	高
耐火性能	—	—	A 类 1.0h	A 类 2.0h
寿命	2 年	6 年	2 年	4 年
周转损耗率	10%	2%	25%	10%

由于普通活动板房搭设前需进行场地处理：

①地面需硬化。

②需埋设化粪池隔油池。

③需额外做排水沟，屋面排水槽。

④室内电线电缆水管需额外布置。

⑤室内首层地面需找平贴砖。

⑥门窗需额外安装。

金鳞甲的优势如下：

①可不进行地面硬化，但地基基础需夯实整平，可铺设一层整体基础板，替代水泥硬化地面。

②可不留设化粪池隔油池，隔油池和化粪池可与金鳞甲一体化制作。

③屋面无须设置排水沟，地面需设置明沟或暗沟，屋面在结构上已考虑排水路线，已留置排水管网。

④只需外接电源及网线，室内内部已暗埋走线。

⑤使用前无须再进行装饰施工，已配备一体式墙地面。

⑥无须再额外安装门窗。

单间金鳞甲占地面积约等于一个集装箱的占地面积为 18m^2，厚度为 250mm，普通板房活动板房单间占地面积约为 26m^2，厚度为 250mm。其水泥用量减少 31%。室内电线电缆无须施工，只需室外接强电，电线电缆材料节约 50%。金鳞甲为建筑材料的回收率为 88%，传统轻钢活动板房的材料的回收率为 65%，其材料回收率节约 23%。土地复垦将已破坏的土地进行恢复，传统活动板房所破坏的场地面积约为板房占地面积的 130%。金鳞甲所改变的土地面积为占地面积的 110%。

6 未来趋势

成品一体式集装箱（金鳞甲）属于模块化建筑的典范，不仅可以用来作为工地临时建筑，也可以作为商业或居住建筑。

6.1 居住建筑：北京“可持续实验室”

在北京顺义区马坡镇有一座由六个集装箱模块组合而成的“可持续实验室”（图 8）。整个建筑由六个白色铁皮集装箱模块拼接而成，包含住宅区、办公区、厨卫、生态创造空间以及屋顶和立体种植，造价约 30 万元。

该建筑地面基础采用的点为短基础，只在集装箱受力点位置制作基础，相对于传统临建混凝土平板基础混凝土量大大减少，对原始生态环境的破坏最小，通过选址，避开原有树

（a）设计图片　（b）吊装施工

（c）室外楼梯安装　（d）完工效果图

图8　可持续发展实验室

木，达到人与自然共存的效果。

项目的施工步骤分为：考察产品、沟通签约、出厂验收、运输到位、起吊、安装、装饰装修、绿化共八个步骤。

6.2　商业建筑：长沙贺龙体育馆叮叮 mall 商业中心

该商场利用多个集装箱灵活组合，通过不同的组合方式，呈现不同的外观形状（图9）。

比较集装箱商业与普通商业建筑，可知：

图9　叮叮 mall 商业中心

（1）集装箱建筑的建造工厂化、模块化、集装箱运输、机械化干作业安装符合当下节能减排的大计。特别是可以大大缩短开发商拿地空置期的时间，节约时间成本。

（2）集装箱建筑在运行过程中，部分业态的替换可以模块化，商业生命周期中业态的升级和变化过程封闭式的装修变化为整个模块的替换，快捷高效，保证经营的联系性。

（3）集装箱建筑拆除过程不会产生建筑垃圾，钢材等建筑材料可回收再利用。集装箱建筑具有灵活、可变的特点，与当前时代多变、快捷的生活方式十分的契合，在传统商业的升级换代过程中可以合理地借鉴和考虑。比如步行街店铺改造或是广场或屋面改造均能选用，更可以在改造过程中合理地分期，保证商业部分业态采取临时商铺的形式持续经营，使得商业广场在改造过程中的相关业态经营的连续和商业广场的人气。亦或世博会、奥运会等大型会展期间，或者地震、海啸等大型灾害重建过程中，为临时居住区居民提供有尊严有品质的住区、学校、商业综合体等，集装箱建筑均大有用武之地。

7　结语

在当今时代发展下，环境的日益恶化，砂石、钢筋、混凝土等传统建筑的原材料价格不断上涨，且在传统建筑的建造过程中对环境产生了不可逆的破坏。在这种状况下，装配式建筑的低破坏、少原料、快建造、可回收的特性受到了时代的青睐，钢化集装箱房（金鳞甲）作为装配式建筑的一种，具有以下优势：

（1）节约资源

集装箱房屋与砖混结构房屋相比，砖混结构房屋的施工用水量是集装箱房屋的 30 倍，混凝土损耗是 50 倍，减少施工垃圾和装修垃圾约 99%，建材的回收率比传统建筑提高 70%，成组楼房的安装，工期比传统建筑工期少 50%以上，同时集装箱房屋的保温性能是传统砖混结构房屋的 2 倍左右，因此集装箱房屋在建筑材料不易组织的地区或对环境保护有特殊要求的地区是一种非常好的选择。

（2）高效便捷

集装箱房之所以在经济发达地区迅速推广流行起来，有个很关键的地方就在于使用非常便捷，集装箱房在完成制作后，运到目的地放置到预先做好的基础上，安装通电后即可使用，在需要迁移的时候，集装箱房连同房内物品一起进行整体迁移，到达目的地放置到使用地点安装通电后就可以继续使用了，其便捷性是其他建筑无法比拟的。

（3）高舒适性

集装箱房可以根据用户需求进行装修，其舒适性完全可以达到普通住宅精装修的程度，因此集装箱房可以非常有效地改善工地作业人员的工作生活环境，所以很多人将集装箱房称为项目人员的第二个家。

（4）高安全保障性

由于集装箱房是整体钢结构作为骨架，本身即可承载 28t 左右，在抵抗自然灾害上相较于其他建筑如活动房、砖混结构房具有无可比拟的优势，尤其是自然灾害较多的地区，采用集装箱房无疑是为生命提供了最佳的保障。

（5）高耐用性

由于集装箱房是整体安装整体迁移的，迁移对房屋本身没有任何有害影响，无论迁移多少次，都不会造成对箱体大的损坏，因此只要居住使用过程中注意保护，集装箱房可以使用无限长的时间。

（6）高保值性

由于集装箱房是全钢结构主体架构，钢材用量接近 1.7～1.9t，这部分材料的价值不会因为时间而消失，因此集装箱房具有极高的保值性。

参考文献

［1］ 中华人民共和国住房和城乡建设部．钢结构钢材选用与检验技术规程：CECS300：2011［S］．北京：中国建筑工业出版社，2011.

［2］ 中华人民共和国住房和城乡建设部．钢结构加固设计标准：GB 51367—2019［S］．北京：中国建筑工业出版社，2019.

［3］ 中华人民共和国住房和城乡建设部．中密度纤维板：GB/T 11718—2009［S］．北京：中国标准出版社，2009.

［4］ 中华人民共和国住房和城乡建设部．建筑装饰用彩钢板：JG/T 516—2017. 北京：中国建筑工业出版社，2017.

简易屋面移动门吊拼接吊装施工应用

黄瑞华

湖南建工集团有限公司　长沙　410000

摘　要：简易屋面移动门吊由两榀桁架组成一个空间稳定体系，桁架梁与支腿柱采用焊接方式连接，支腿柱底部安装万向轮，空载可移动，吊装时门吊采用钢垫片及化学螺栓与主体建筑固定，起升机构为卷扬机及可人力调整位置的固定式滑轮组。钢构件可采用整件吊装；当被吊装构件长度大于洞口净空时，可将构件分为两段，一侧构件吊装到位后，一端固定在主体建筑预埋件上，另一端利用手动葫芦固定，采用相同方法吊装固定另一侧构件；使用手拉葫芦校正构件位置直至满足设计要求，复测准确后，然后在空中完成焊接组对。

关键词：简易；屋面；移动门吊；拼接；吊装

1　前言

随着城市化建设的推进，目前大型商业综合体、医院、酒店、多功能剧场等大型公共建筑林立于城市各大商圈，今后建成数量也会越来越多。此类大型公共建筑因为占地面积广，在建筑内部一般都设有中庭，中庭之间的连廊、上部采光顶等结构多采用钢结构制作。这些钢结构位置距离建筑外部都较大，构件也较重，采用普通吊车或者塔吊无法吊装或者需要使用大吨位吊车，非常不经济，同时因为屋面造型多样也无法使用构件整体单向滑移法安装。我们通过工程实践，在建筑屋面层制作安装简易门吊，完成对钢构件的安装。施工成本低，施工质量好，安全性高，场地适应性好。简易门吊申报并获得国家实用新型专利，成为企业工法。

2　项目简介

衡阳市青少年活动中心与美术馆工程地下 1 层，地上 4 层，框架结构，建筑面积 26548.88m^2。钢结构部分质量约 700t，主要分三个区域，分别为屋顶框架钢结构、采光顶钢结构及室外幕墙龙骨钢结构。其中采光顶构件质量约 108t，单支主梁质量约 3.7t，超出塔吊起吊重量，采光顶中线位置距离建筑外边最远距离约 34m，安装高度 22.5m，钢梁跨度 15.4m。衡阳市群艺馆及非遗中心为地下 1 层，地上 5 层，地上建筑面积 14715.73m^2，其中中庭最大跨度 21.5m，采光顶中线位置距离建筑外边最远距离约 28.6m，安装高度 28.15m，采光顶钢结构质量约 100t，单支主梁质量约 4t，中庭钢结构楼梯 3 个共 20t，单个楼梯约 6.67t；钢连廊约 10t，单支主梁约 3.5t。

3　施工工艺流程

施工工艺流程（图 1）。

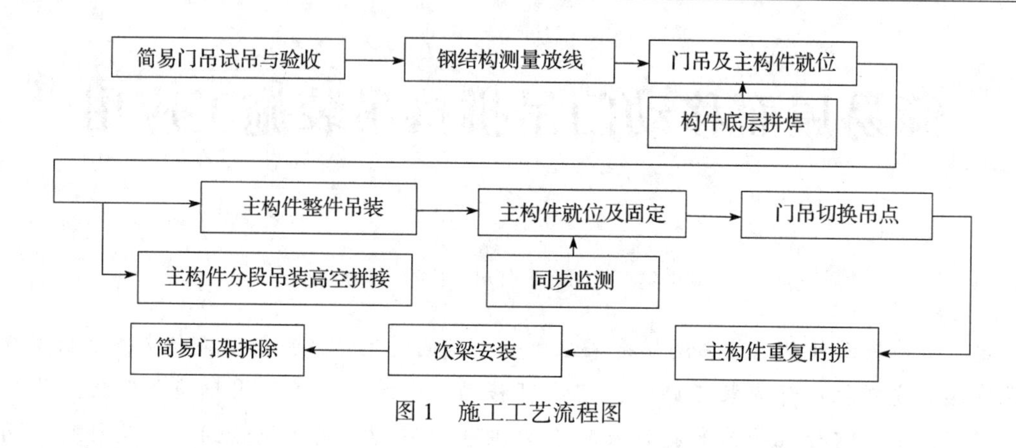

图 1　施工工艺流程图

4　工艺操作要点

4.1　简易屋面移动门吊的设计

首先编制专项施工方案，并由专家论证后方可实施。简易屋面移动门吊遵循简洁实用的原则，门吊桁架根据现场最大跨度、最大吊装荷载、桁架类型、支腿柱结构类型、刚度要求、材料规格截面、连接方式，支腿柱高度根据所吊装构件截面高度、构件底面到安装面（预埋件）安全距离、预埋件到屋面距离、吊钩高度及至桁架梁底面安全距离等参数通过有关结构软件计算确定。本法的计算简图、3D 模型和截面尺寸如图 2、图 3、表 1 所示。

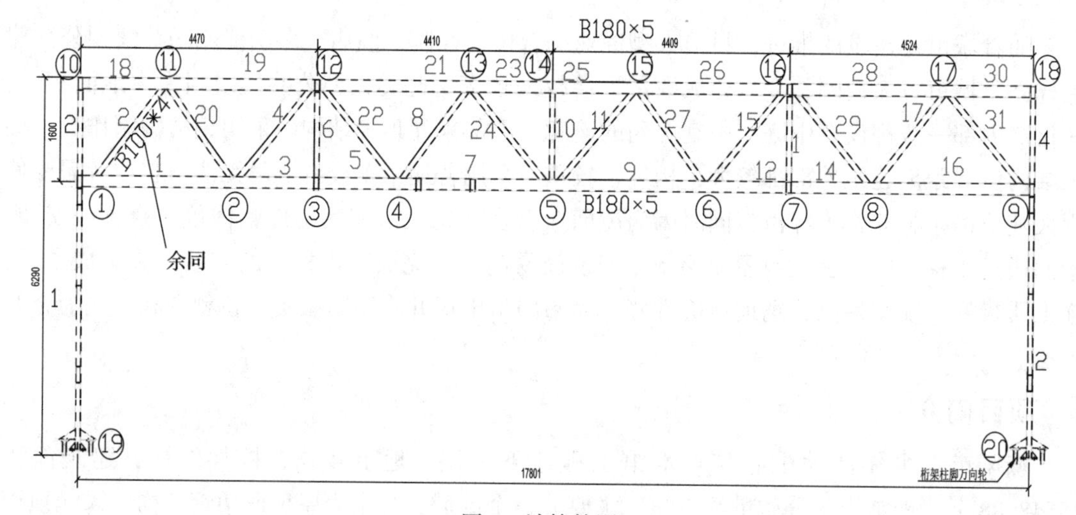

图 2　计算简图

图 3　简易门吊 3D 效果图

表1　标准截面尺寸　mm

钢柱、柱间支撑、水平横梁	200×100×8 钢方通
桁架梁上下弦杆	120×60×5 钢方通
桁架梁腹杆	180×5 钢方通

4.2　简易屋面移动门吊的现场制作

简易屋面移动门吊的制作在工地现场进行，简易屋面移动门吊桁架梁柱均采用 Q345B 矩形钢管制作，钢柱规格为 B200×100×8（mm），桁架上下弦杆规格为 B180×5（mm）、腹杆规格为 B100×5（mm）；柱间支撑及水平横梁规格 B200×100×8（mm），桁架梁两侧用∟50×4（mm）角钢焊接安全作业平台保证工人悬挂吊具及在桁架上其他作业时的安全。

图4　简易门吊 3D 效果图

为保证门吊多次使用和外表美观，需要进行防腐涂装，采用醇酸底漆和面漆，总厚度在 120μm 以上。做成后效果如图 4 所示。

4.3　简易门吊屋面拼接安装

简易屋面移动门吊先在现场地面焊接成片，单片质量控制在塔吊起重范围以内，采用塔吊吊至屋面拼装成型；如果没有塔吊，考虑简易屋面移动门吊能自由移动，可以采用小型吊车或者拔杆法将散件材料转运到屋面，在靠近建筑边缘位置完成拼接安装及后续的拆除工作。安装步骤如图 5 所示。

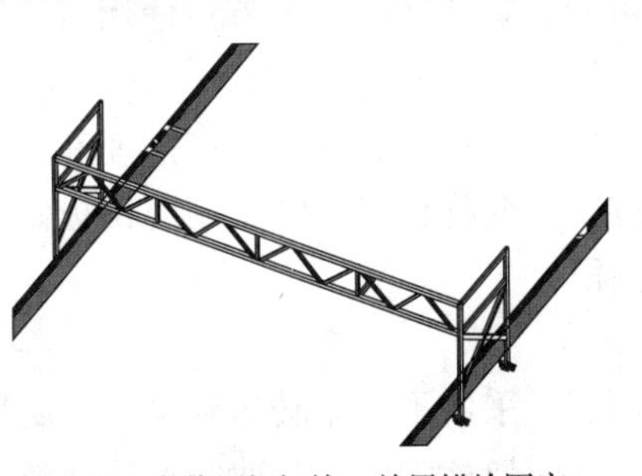

第一步：安装两侧钢柱，并用锚栓固定

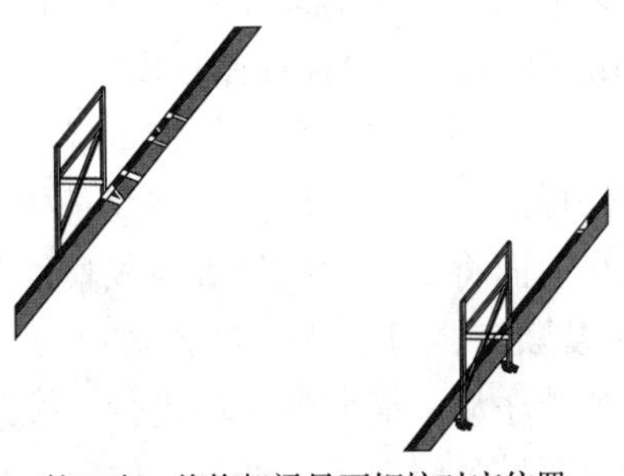

第二步：将桁架梁吊至钢柱对应位置

第三步：安装另一榀桁架及中间横梁

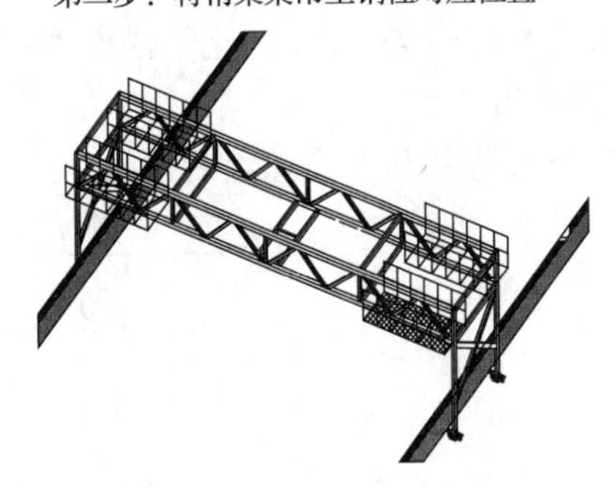

第四步：安装桁架梁两侧作业平台

图5　吊装桁架安装示意图

为方便简易门吊移动，柱脚需采取可拆卸万向轮的形式（图 6），但吊装时简易门吊柱脚底部与建筑主体间隙采用钢板塞紧，同时每个柱脚采用 4 个共 16 个 M12×160mm 化学锚栓固定。

根据吊装构件荷载选用卷扬机及滑轮组，采用 2 个 5t 卷扬机配滑轮组的抬吊方式进行吊装。将 2 台卷扬机分别固定在桁架两侧柱脚位置，并将滑轮组及吊钩在桁架上计算位置吊挂安装（图 7）。

图 6　可移动式柱脚

图 7　卷扬机安装固定

4.4　屋面结构复核与加固

施工前需对屋面结构进行复核，以满足门吊自身荷载及吊装荷载要求，如不能满足，需按计算结果从下层起在受力范围采用满堂脚手架进行支撑加固。

4.5　吊装系统的试吊与验收

简易门吊安装完毕后，需按设计图纸对各部件安装，电气设备全数检查，在质量、安全方面无误后进行空载试验。包括卷扬机、滑轮组、空钩升降正常和准确，无误后再进行试吊。试吊结果合格后，报监理业主验收，且报市安监站备案批准后方可使用。

4.6　钢结构测量放线及构件地面拼焊

根据测量控制网，采用全站仪将每榀屋顶钢构件纵横位置线投放在预埋件上，采用水准仪复核预埋件标高，复核预埋件平整度，如超过设计允许偏差，需采用薄钢板修正。按起吊长度及重量在地面将工厂预制件拼焊成整件或两段。

4.7　确定吊装顺序，门吊及构件就位

构件吊装顺序从一端向另一端进行，按此顺序，采用平板车转运到采光井底部楼层起吊位置就位。顶部吊装门架移动到吊点位置，吊装时门架柱脚底部与建筑主体间隙采用薄钢板塞紧，并采用 M12×160（mm）化学锚栓固定。

4.8　构件整体吊装

采用 2 个 5t 卷扬机配滑轮组的抬吊方式进行吊装（图 8）。

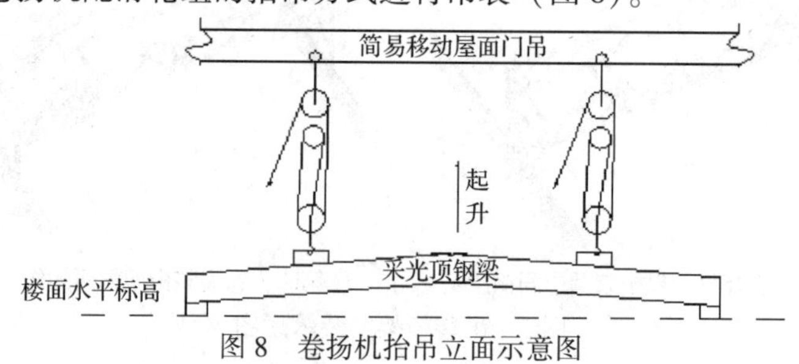

图 8　卷扬机抬吊立面示意图

被吊装构件采用两点吊装，在其两端1/2位置焊接吊点，钢丝绳采用6×37的钢丝绳，直径28mm。起吊时需保证钢丝绳基本处于垂直状态。

构件起升时两侧卷扬机必须同步，慢速，均匀。

吊装过程中，应在构件的两端设置溜绳，人为局部调整上升状态、避免构件起升过程中撞击建筑物。

构件转回至安装位置时，采用手拉葫芦及千斤顶微调构件在预埋件上的定位（图9）。

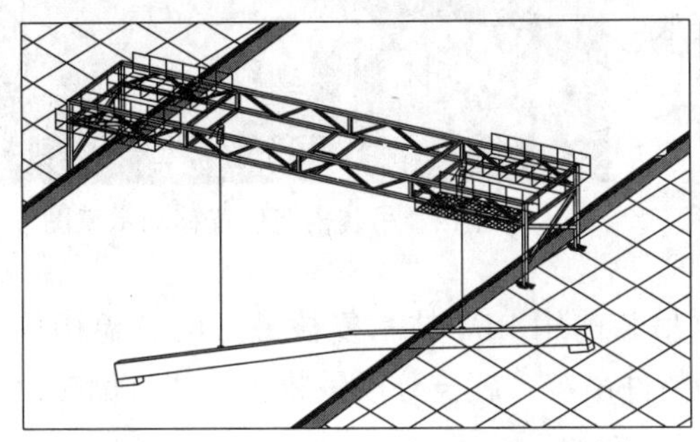

从底层起吊，需与钢桁架呈一定角度避开土建结构

起吊至待安装位置以上

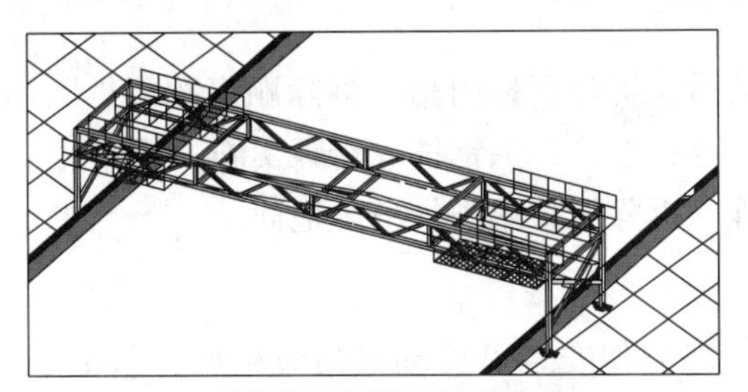

将构件角度转回至安装位置

图9　吊装示意图

4.9　构件分段吊装高空拼接

如果构件超长或者超重，可在桁架上加装施工吊篮，将构件分段起吊，一侧构件按上述步骤吊装到位后，一端简支在主体建筑预埋件上，另一端利用5t手拉葫芦固定；采用相同方法吊装固定另一侧构件；使用手拉葫芦校正构件位置直至满足设计要求，复测准确后，然后在空中完成找正就位、焊缝焊接、焊缝探伤、表面补漆等工序（图10）。

中庭屋面构件按设计采用CO_2气体保护焊焊接，严格按工艺指导书要求正确选择焊接顺序，减小焊接变形和焊后残余应力，焊接时严格按工艺卡所示参数施焊（图11）。

图10　构件分段起吊

图11　分段构件的空中组对

4.10 同步监测与构件就位固定

被吊构件需同步进行监测，在位置、标高、拱度等满足设计要求后才能进行固定（图12）。

图12 吊装桁架位置移动示意图

4.11 门吊切换吊点及构件重复吊拼

按照上述方法，吊装完一榀构件后，割除柱脚化学锚栓，抽出钢垫板，加设揽风、统一指挥人力移动钢桁架，切换吊点，依次将构件安装完成。

4.12 次梁安装

在第二榀构件安装完后，利用塔吊将中庭主钢构件两端及中间次梁安装好。

因为吊装主构件时需要稍微偏转构件，故吊装前用BIM技术复核最后两三榀构件安装空间是否满足吊装安全空间要求，因本工法有整件吊装，超长分段吊装，吊装时偏转角度较小，故吊装安全空间足够。

4.13 吊装桁架的拆除

在待吊构件全部安装后，拆除简易门吊。拆除顺序按照拆除吊钩滑轮组，拆除卷扬机，拆除横梁，拆除第一、二品桁架，拆除钢柱等步骤实施。拆除第二品桁架时可采用钢管抛撑等方式保证钢柱的稳定性，拆除后采用塔吊吊至地面。

5 结语

（1）该施工方法在现场制作安装可移动式吊装桁架，基本不受建筑造型影响。仅花费少量人工及材料费用，可以大幅减少机械台班费用。经统计采用本工法与采用大型汽车吊吊装相比可节约费用80%以上，节约工期50%。

（2）采用本方法，绝大多数构件在地面可以完成安装及焊接工作，即使采取分段吊装、空中拼接的方法，也能提供安全可靠的操作空间，施工安全性及施工质量大大提高。整个施工过程受到业主和专家的一致好评，获得良好的社会效益。

（3）本方法所需设备及使用材料可以循环利用，绿色环保；通过减少对机械的使用和工期的缩短，减少了各种废料的产生及二氧化碳的排放，有利于环境保护。

参考文献

[1] 中华人民共和国住房和城乡建设部．钢结构设计标准：GB 50017—2017［S］．北京：中国建筑工业出版社，2018.

[2] 中华人民共和国住房和城乡建设部．建筑工程施工质量验收统一标准：GB 50300—2013［S］．北京：中国建筑工业出版社，2013.

[3] 中华人民共和国住房和城乡建设部．钢结构工程施工质量验收标准：GB 50205—2020［S］．北京：中国建筑工业出版社，2020.

浅谈 GBF 高注合金方箱空心楼板的施工改进

魏宏伟[1]　陈　明[2]　文杰明[1]　袁　忠[1]　任　铸[1]

1. 湖南建工集团有限公司　长沙　410000
2. 长沙市规划设计院有限责任公司　长沙　410000

摘　要：GBF 高注合金方箱是以高分子树脂（PP、PE）为主要原料，经合金改性，用特殊工艺加工成型的高分子合金盆模，由一个开口盆模与一块硅钙板材对扣组合而成，用于现浇混凝土空心楼盖结构的非抽芯成孔高分子合金箱形内置模产品，具有质轻、隔声、隔热、抗震等性能，可以提升净空空间，加快施工进度。同时空心楼板存在如渗漏处理难度大，支架安装定位难度大等问题，本文主要针对 GBF 薄壁方箱在施工中容易出现的问题进行分析总结，为后续类似项目提供借鉴依据。

关键词：GBF 薄壁方箱；渗漏；支架；垫块

1　工程概况

项目为中广天择总部基地二期 2 栋酒店式办公、3 栋配套商业、4 栋孵化器办公、二期地下室，总建筑面积 152142.08m^2，其中 2 栋酒店式办公地上 28 层，地下 2 层，建筑高度：99.85m，建筑面积 41758.21m^2；3 栋配套商业地上 3 层，地下 2 层，建筑面积 6414.41m^2；4 号孵化器办公地上 33 层，地下 2 层，建筑面积 62284.22m^2，建筑高度 135.6m；二期地下室，地下 2 层，建筑面积 41685.24m^2。本项目采用建设部推广的科技成果项目“薄壁方箱及其在现浇混凝土空心楼盖中的应用”，地下室负一层 300mm、350mm、410mm 空心板，板内分别布置 500mm×500mm×160mm、500mm×500mm×210mm、400mm×400mm×210mm 规格 GBF 薄壁方箱。4 栋孵化器办公主楼 4 层~10 层、12 层~21 层、24 层~33 层为 350mm 空心板及 11 层、22 层为 400mm 空心板，板内分别布置 500mm×500mm×210mm、500mm×500mm×260mm 规格 GBF 高注合金方箱，配套采用 500mm×250mm 规格的半盒布置狭小区域。GBF 高注合金方箱空心楼板示意图，如图 1 所示。

2　产品特征

2.1　技术简介

为节约混凝土用量，减轻楼盖自重，结合楼板的受力特性，创造性地将中性轴附件的混凝土抽去，留下连接上、下两片使之共同受力及抗剪所需的混凝土肋，形成现浇空心楼盖[1]。现浇空心楼板充分挖掘了钢筋与混凝土两种材料的力学性能，既减轻了楼板 40%~55%自重，又保持了楼盖的 80%~90%的刚度以及 90%以上的承载力。其中抗弯主要由空心材料间的实心肋与上、下的翼缘承担，抗剪主要由实心肋承担。

2.2　产品特点

（1）此种楼板由于较为平整，没有凸出的主梁和次梁，使分隔墙的任意布置成为可能，空间更加开阔美观，这对经常需要变动间隔的公共建筑尤为适合。

（2）减小了结构高度，大约每十层楼就可以增加一层楼而总高度不变。

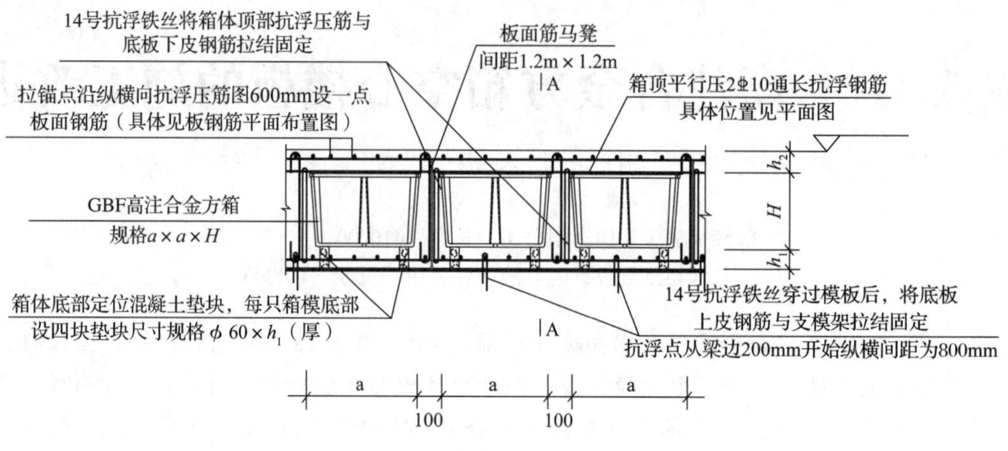

图 1　GBF 高注合金方箱空心楼板示意图

（3）大大降低了噪声的传递，具有良好的隔声效果。

（4）减少了热量的传递，使楼盖的隔热、保温性能得到了显著的提高。

（5）节约了材料、减轻自重，有利于抗震及减小竖向承重结构和基础的负荷和造价。同时施工简单，缩短了工期节约了成本，有显著的经济效益[2]。

（6）优异的抗震性能[3]。

（7）封闭空腔结构减少了热量的传递，隔热、保温性能好。

3　GBF 高注合金方箱空心楼板存在问题及解决方案

3.1　管道支架固定

本工程空心楼板空腔下部板厚仅为 70mm，安装管道支架板厚偏小。施工前先对 GBF 高注合金方箱[4] 布箱进行深化设计，施工时严格按照深化设计图纸，在模板上 1∶1 放样方箱位置，在后续支架安装过程中支架固定位置尽量设置在肋梁位置（图 2）。

3.2　抗浮措施

工程项目中，板钢筋间距与方箱尺寸模数存在偏差，在钢筋绑扎时适当调整钢筋绑扎位置，在肋梁位置必须绑扎钢筋（底筋），用于抗浮拉结（图 3）。

图 2　模板上 1∶1 放样图

图 3　肋梁处抗浮拉结

3.3　水电管线直径大于底板混凝土厚度

水电管线直径大于底板混凝土厚度或水电管道交叉预埋时，造成空心板不能正确安装或过高。根据 GBF 高注合金方箱布箱深化设计图（图 4），优化水电预埋管线；水电管线预埋时尽量将预埋管安装在肋梁位置，必要时预埋管线部位芯模可改换成 $a \times a \times 120$mm，让出管线位置，满足使用功能要求。

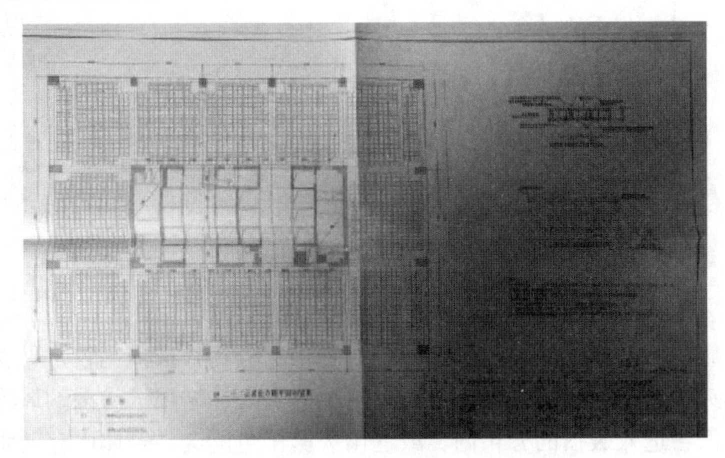

图 4　GBF 高注合金方箱布箱深化设计图

3.4　预制混凝土垫块安装

GBF 高注合金方箱底预制混凝土垫块高度 70mm，安装、施工过程中倾倒，导致箱底板厚无法满足设计要求（图 5）。针对此问题，提出如下整改措施。

图 5　方箱预制混凝土垫块倾倒

（1）GBF 高注合金方箱垫块更换为钢筋马凳（图 6）；

图 6　方箱成品钢筋马凳

（2）对薄壁方箱的外观进行改进：薄壁方箱底部对称设置四个直径 60mm 的圆柱体凹槽用于安装预制混凝土垫块，保证垫块安装、施工过程中的稳定性（图 7）。

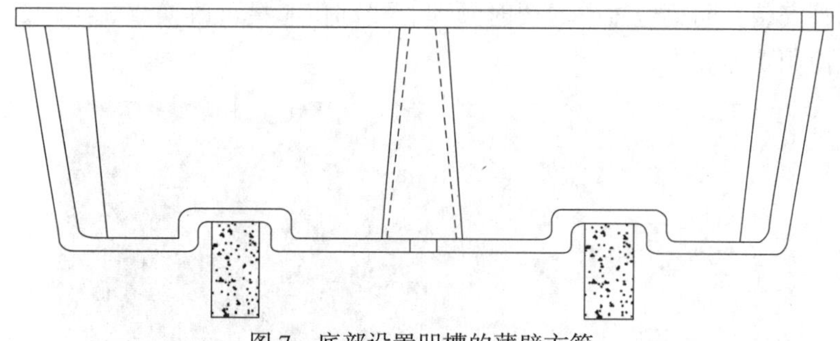

图 7　底部设置凹槽的薄壁方箱

3.5　渗漏风险

渗漏是建筑施工中最棘手的问题，在施工过程中，硅钙板破损比较常见，对已破损高注合金方箱采用五夹板或密目钢网等材料进行封堵填塞处理，增加了渗漏的风险。混凝土水化过程中产生的水汽会进入破损的方箱内，或遇雨天施工可能会在箱体内存蓄水分，随着薄壁方箱的损坏或装饰施工等，方箱内的水会顺着混凝土裂缝或螺杆慢慢地渗出。此类渗漏地渗漏源很难找到，且封堵难度较大（图 8）。

图 8　薄壁方箱破损封堵

4　结语

GBF 高注合金方箱空心楼板施工工艺已较为成熟，但是施工过程中依然存在一些问题。本文针对 GBF 高注合金方箱空心楼板质量控制要点[5] 及施工过程中存在的问题，采取相应的措施，不断提升施工质量，不断提升建筑品质，推动建筑行业健康发展。

参考文献

[1]　韦涛玉．现浇混凝土空心楼盖若干问题的探讨［D］．广州：华南理工大学，2012.

[2]　刘文斌．薄壁方箱现浇混凝土空心楼盖施工工艺浅探［J］．中国住宅设施，2018（10）：127.

[3]　耿丽．薄壁方箱现浇混凝土空心楼盖结构检测及数值分析［J］．土木工程与管理学报，2019（2）：154.

[4]　杨万明，史鹏飞．GBF 高注合金薄壁方箱现浇混凝土空心楼盖施工［J］．建筑施工，2020（13）：1533.

[5]　温森煌．薄壁方箱现浇钢筋混凝土空心楼盖施工质量监理控制要点［J］．福建建材，2013（11）：3.

建筑工程施工质量控制及管理措施分析

熊杰超

湖南长大建设集团股份有限公司　长沙　410000

摘　要：人口的大幅度增长，城市规模的不断扩大，推动了建筑业的快速增长，成为支撑我国经济的重要组成部分和主要增长点。随着建筑业的急速扩张，工程质量严重制约了整个行业的可持续发展。当前，施工质量控制和管理还是粗放的，没有做到精细化，相当一部分的建筑工程存在着质量通病和隐患。解决这些问题，就要运用工程施工质量控制的理论知识结合具体的管理措施，提升工程施工质量的同时延长建筑工程使用寿命。

关键词：建筑工程；施工质量控制；质量管理；措施分析

近年来，媒体报道了很多建筑工程的材料质量差、建筑结构不佳、粗制滥造等质量问题，低水平建设对整个工程的后期运行和维护产生严重影响，甚至可能导致安全事故造成人员伤亡与经济损失，给社会稳定发展造成不良后果。对于建筑工程来说，质量就是生命线，质量控制过程管理必须要全方位覆盖到工程的每个阶段，将具体质量控制措施落实到工程施工的每个环节。当前，建筑市场亟待满足高质量发展的要求，作为从业人员应该对施工质量管控措施进行积极探索，从根本上消除质量隐患和问题。

1　建筑工程质量控制概述

1.1　建筑工程质量控制概念

建筑工程质量控制是指在工程建设的过程中，对施工过程进行质量监督和管理。其主要内容包括：工程质量是否符合国家和行业的相关质量标准，施工过程是否有科学合理的质量控制体系，质量管理出现的偏差如何纠偏等。

1.2　建筑工程质量控制方法

（1）过程管理质量控制

过程管理质量控制是指通过对施工人员、材料、工艺、技术和机具等进行不断改进与创新，不断提高整个工程项目的成品质量。也就是通常所说的 PDCA 循环，如图 1 所示。

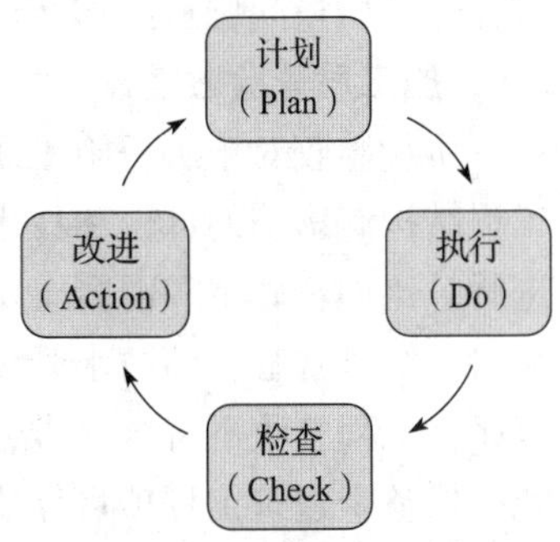

图 1　PDCA 循环示意图

（2）全面质量控制

全面质量控制就是要将施工全过程进行质量管控覆盖，根据具体的阶段特点采取针对性的保障措施。主要包括施工进场准备、施工工序、项目竣工验收和后期合同质保以及整个项目的建设评价等阶段。

2　建筑工程施工过程质量控制要点

2.1　施工准备阶段的质量控制

工程施工前期文件和图纸审核是保证工程建设质量至关重要的一步，因为工程后期的所有施工工序都是按照设计图纸进行施工，一旦设计图纸有错误会对质量造成不可弥补的影响。因此工程质量应以事前控制预防为主，图纸会审要结合实际的施工工序，及时发现设计图纸中的存在错误之处；设计图纸设计的施工工艺和技术能否操作；设计图纸中是否考虑安全问题；设计图纸要求的施工材料和机械设备是否可以在当地获得。设计图纸要明确常见质量问题防范与处治措施，在编制专项施工方案时注明防范与处治的具体做法，确保各个分项分部工程的质量。

2.2　施工工序的质量控制

施工工序质量控制是质量管理的核心工作，就是对关键施工工序的标准进行管控，然后落实到具体的施工过程中。比如：钢筋工程中的几何尺寸、模板工程中模板的平整度、预留孔中的公差等质量特征数据要进行准确的现场检测，控制好质量特征的偏差值区间。由于不同施工工序形成的质量特性值会受到很多因素的影响从而造成波动，实践证明只要控制住了关键工序的质量，施工质量就基本得到保障。

2.3　合理设置施工质量控制点

工程的重要进度节点、施工工艺要求高、难度大等关键部位是施工薄弱环节，最容易出现问题，质检部门必须及时发现和消除工程施工中的质量问题，通过合理设置质量控制点解决存在的质量问题。控制点质量的好坏或多或少都会对后期的施工质量产生影响，所以质量控制点选择要以具体工程实际施工条件为主，比如：（1）施工过程中关键工序或者隐蔽工程，例如：地下或者墙内的防水层施工，地下预埋管道的施工等；（2）对后续的工程有连续性直接影响的部位，例如：预应力结构中的钢筋工程、曲线模板的支撑和固定等施工环节。（3）施工中影响建筑结构的，例如：在楼面混凝土强度不够的情况下堆放构件、材料等重物导致楼面开裂，在承重结构的截面范围内随意开槽、打洞等减少受力面积。

2.4　PDCA 循环施工质量控制

施工质量的提高可以充分利用 PDCA（计划—设计—检查—纠正）的全过程循环方法进行，通过质量管理过程中发现的问题全面分析，对影响工程施工质量的因素进行不断的优化和改进。首先定期召开例会对工程施工质量状况进行检查、分析，各部门要定期向项目部提交工程施工报告，并且提出对应的施工质量改进措施。然后组织质检部门对项目班组进行定期的考核检查，及时发现和解决问题，这样可以有效促进工程施工质量改进。如此循环若干个周期，每一次循环都在一定程度上对项目质量管控过程进行完善，随着质量管控循环的进行，施工质量问题得到切实解决。

2.5　施工质量验收控制

质量验收对于工程施工质量控制有重要影响，对土建、装饰、安装、保温节能、消防等工程结构有影响的部位和技术上特殊要求的要进行实测。工程质量验收严格遵照程序和标准进行，比如：砂浆和混凝土试块强度是否符合设计及规范要求，屋面、厕所、厨房等有无渗漏水，给排水管、消防水管设施接头冒水，楼面、屋面、烟道开裂等。要履行质量验收签章程序，工程验收不符合要求，坚决不准许实施下一步施工。只有做好施工质量验收控制，才能确保整个建筑工程项目保质保量预期完工。

3　建筑工程施工质量管理措施

“人机料法环”又简称为 4M1E，即施工人员、材料、机械、方法和施工环境，是项目建设过程中五个影响质量的主要因素。为了保证工程建设高质量完成，应对影响工程质量的五大要素进行全过程、全方位、动态有效地控制，这样才能及时发现工程建设过程中存在的质量隐患和问题，精准施策，及时解决，减少工程返工损失同时提升工程使用的安全。

3.1　人的管理

人是工程施工建设的主体，是项目质量管理过程最主要的因素。参加工程施工的人员复杂，涉及不同单位、部门，还有施工中不同工种的工人。为了避免因分工职责不明确而导致质量出现问题，就必须通过制订工程管理组织机构框架，科学合理地配置施工人员，明确每个人对应的工作职责，充分发挥其主观能动性。在工程建设项目中，要制订项目奖罚制度，做到赏罚分明。引进高新技术人才，全面提高项目参与人员的专业技术素质和思想水平。

3.2　材料的管理

材料品牌、规格、型号、品种、花色日益增多，价格千差万别，质量参差不齐，必须使用合格的或经过处理后能够满足设计及规范要求的材料，避免因材料问题造成工程质量不合格。材料采购必须要严格进行市场调研，要做好对比工作，确保材料符合建筑设计要求。按合同要求的清单型号合理采购，从采购计划、选样、现场进货、质量检测、入库保管到最后使用，都必须严格遵守相关的规定制度。材料因素质量过程控制需要注意事项有很多，如：钢筋物理力学性，水泥安定性，砂石级配，混凝土配合比，预制构件断面尺寸不准等。对于材料进入施工现场的时候，严格进行取样与复检，从源头把关做好材料的质量控制和验收工作。同时材料在入库时要安排专人进行分门别类保管，避免产生质量问题。通过以上各个环节和程序对材料进行规范管理，为工程施工质量把好材料关。

3.3　机械设备管理

机械设备管理分三个方面，即使用、点检、保养。根据机械的性能及操作要求来培养，使其能够按照操作规程和使用说明书正确操作使用，这是机械设备管理最基础的内容。机械设备是否满足工程施工的实际需要，是否正常运作，工具的好坏等，都是影响施工质量的重要因素。使用前及早发现设备异常，防止设备非预期的使用，这是机械设备管理的关键。根据机械设备特性，按照一定时间间隔对设备进行检修、清洁、保养、上油等，防止设备劣化，延长设备的使用寿命，是设备管理的重要部分。机械设备的管理要落实到具体责任人，其合理利用可以提高施工能效，进一步提升工程质量。

3.4　施工方法管理

合理的施工方法会降低工程成本，加上正确的操作与防范，将大大提高工程质量合格率。施工方法的管理包括：合理制定的施工组织方法，比如总体施工组织设计，土建、钢结构、消防工程、电气暖通安装等专业工程施工方案。合理制定施工技术方法，对工程的每道工序和分项工程进行技术交底，例如：（1）为了加强房屋外墙面的防渗性，外墙的竖向灰缝饱满度达标，并且确保没有透光点。外墙包括脚手架孔洞、门窗周边、框架柱等细节地方，都要应用砂浆进行填补。（2）填充墙砌至接近梁底或底板时，应留有一定的间隙，填充墙砌筑完并间隔15d以后，方可将其补砌挤紧。（3）避雷、接地带应根据设计要求进行施工，焊缝应饱满，搭接长度应符合相关规范的要求。通过样板工程先行、开发新工法等方法，来不断提高和改善工程施工质量。

3.5　施工环境管理

工程中影响施工质量的环境因素有很多，如：工程地质、水文、气象等自然环境；如质量保证体系、质量管理制度等管理环境；如劳动组合、作业场所、工作面等作业环境。这些施工环境问题的绝不容忽视，充分认识其危害性，采取相应的管理措施进行行之有效地治理。项目部参观工程质量比较好的工程项目，不断进行观摩和学习他们的先进管理体系以及环境体系，及时对标找出存在的差距，更正存在的施工环境管理问题，避免走弯路情况的出现，从而达到以优取胜的目标。大力改善施工现场的环境，保持材料工具堆放有序，道路清洁无扬尘，项目现场环保美观。严禁施工现场焚烧废弃物，废弃材料要有专人进行专门的回收管理。项目部有效地开展职业安全健康活动，提供良好的施工作业环境，以保证工人身心健康。将施工环境管理工作纳入工程目标考核，建立目标责任、过程评价、奖惩等机制，为创造良好的施工环境奠定良好的基础。

4 施工案例应用

综上所述的建筑工程施工质量控制要点及管理措施分析，结合我公司荣获“芙蓉奖”的某商品房住宅小区工程为例，在基础主体、装修与安装等阶段，通过优质精品的技术和精细化的管理水平，以点带面切实解决质量常见问题。借鉴本次质量创优中先进的质量保证措施和优秀的管理方法，将其运用到今后的工程施工质量管理中，为我省打造出更多的优质建筑工程。

4.1 质量管理措施

项目进场后，收集中标通知书、施工合同、施工许可证、环保评价批复、消防设计审批、人防设计审批等工程文件，确保项目建设手续的合规合法性。第一，制订质量管理组织架构和相应管理人员的管理职责体系，主要包括：三检制度、实测实量制度、质量样板制度、质量例会制度、质量奖罚制度、成品保护制度等质量责任制度。第二，编制工程创优策划书，明确工程质量管理目标。通过工程创优策划专题会审批后，将目标分解到质量关键岗位人员和各施工班组落实，明确质量通病防治和质量控制措施；质量技术管理人员、特殊工种的配备齐全，必须持证上岗。第三，施工阶段和工程的重要部位必须编制专项质量方案、施工方案，方案操作性、针对性要强，施工要严格按专项方案组织实施。各种原材料、成品、半成品、构配件质量合格证明、检（试）验报告单和施工试验报告（记录）内容等，符合设计及规范要求；材料进场验收、检验、储存、搬运、使用、保管及不合格品的处理等记录齐全，单位工程使用的规范、标准、强制性条文、条例、法规台账齐全。第四，按照施工方案、创优策划要求编制质量与技术交底，按要求进行三级技术交底后再施工，质量验收记录合格且齐全。

4.2 质量控制要点

4.2.1 设计优化

建筑施工图设计的优化关系到建筑施工的质量、成本等。只有重视设计的细节，规范设计的同时结合实际情况，这样才能够合理控制建筑施工图的设计质量，让优化发挥实效。例如：地下室底板、外墙防水等级提升，采用防水质量好、环保无污染的材料和施工操作简便的刷涂工艺。

4.2.2 质量管理标准化

工程项目贯彻执行“策划先行，预防为主，综合治理”质量管理原则。即前期控制、过程管控、后期纠偏由重往轻三步走。施工前对施工班组进行详细的质量交底，过程中严格按照规范及图纸要求验收，施工完成后进行总结、归纳，持续优化。施工过程中注重事前预判及事中控制，提高质量标准，树立全员质量创优意识。每道工序大面积施工前，均要求各分包及施工班组先行做施工样板，样板经各方验收合格后方可进行大面积施工。

4.2.3　质量工艺标准化

现场施工过程中事前对班组进行质量及技术交底，严格执行公司质量工艺标准化手册，明确项目质量标准及正确做法，如：柱根部施工缝剔凿、外墙螺杆洞眼防水处理、卫生间降板标准化支模、PC斜撑杆等。过程中定期或不定期对质量问题进行分析总结，并提出整改措施与要求，将质量问题在施工现场得到及时解决，为后续质量创优提供有力保障。

4.2.4　精细化管理

项目原材料经建设、监理、施工三方验收合格后方可进场，现场取样送检合格后方可使用。施工过程中严格执行质量“三检”制度，确保每道工序符合要求。每道工序完成后必须进行挂牌验收，并形成影像资料上传到“广联达”项目管理系统。

4.2.5　质量通病重点防治

结合本住宅小区工程的实际情况，对常见的质量通病列出防治清单，便于施工时避免出现类似质量隐患和通病。如：（1）二次结构混凝土浇捣不密实现象，防治措施：构造柱浇筑混凝土前，必须将构造柱内的砖墙马牙槎和模板用水浇洒湿润，以免浇筑的混凝土浆料被砖墙砌体吸附而导致石子在柱内阻塞而产生蜂窝、麻面等不密实现象。（2）窗台和窗边无防水构造现象，防治措施：窗顶部位将过梁底面做成外低内高斜面，为窗边渗漏水设置一道结构防水。（3）预埋套管与结构楼板之间封堵不密实而产生渗漏的现象，防治措施：预留洞支模后分两次浇捣，并做闭水试验，确保细石混凝土密实，减少渗漏水现象。

4.2.6　实测实量

项目主体结构实测实量重点从截面尺寸、平整度、垂直度、钢筋保护层、楼板厚度、混凝土强度等方面把控，混凝土浇筑前外墙大角线复核、轴线位置过程中复核，实行实测实量数据上墙制度，隐蔽工程施工前挂牌验收，并运用好PDCA循环质量管理不断提升质量合格率。

4.2.7　成品保护

对已完成的成品及半成品进行及时有效保护，避免因施工造成二次损坏，产生不必要的质量隐患，增加维修成本。

5　结语

我国的城市化率水平还有很大的增长空间，建筑工程依然还是支柱产业，能带动几十个工业制造业的行业产品。好品质的建筑工程在任何城市仍然短缺，为了保证建筑业的良性发展，要把施工质量放在第一位。在实际工程项目中，将各项切实可行的管理制度贯彻实施，科学地进行现场施工管理，不断提升现场的资源配置与利用，对存在质量问题的施工案例进行总结分析并制订有效的防范措施，逐步提高工程施工质量控制与管理水平，促进建筑工程高质量建设，从而实现城市的和谐稳定发展。

参考文献

[1]　欧峻领. 房屋建筑工程中的施工质量控制关键因素总结［J］. 中国设备工程，2021（22）：258-259.

[2]　尉双平. 加强建筑工程管理及施工质量控制的有效对策研究［J］. 四川建材，2021，47（11）：186-187.

[3]　宗铁夫. 建筑工程施工质量管理方法及控制措施［J］. 江西建材，2021（04）：95，97.

[4]　中华人民共和国住房和城乡建设部办公厅. 关于加强保障性住房质量常见问题防治的通知［R］. 建办保〔2022〕6号.

网架结构坡屋面干挂西班牙 S 瓦施工技术方案分析

陈炯全　聂涛涛　尹　坚

湖南建工集团有限公司　长沙　410015

摘　要：网架结构在体育馆、影剧院、展览厅等大跨度结构中应用十分广泛。其屋面做法，既要满足结构安全性及防水功能性要求，又要满足现代审美对建筑造型的多样性要求，充分展现建筑物的特色。本文对玉溪市葛井苑建设项目建设中屋面网架结构干挂西班牙 S 瓦施工情况进行分析，对网架结构坡屋面干挂西班牙 S 瓦施工技术进行探讨，为相关人员提供参考。

关键词：网架结构；干挂；西班牙 S 瓦；防水

1　工程概况

葛井苑建设项目位于云南省玉溪市红塔区北城街道古城社区葛井庙村红龙路以东。项目总建筑面积 39087. 47m^2，分为五栋单体（综合保障楼、住宿楼、业务楼、训练馆、办公楼）及室外附属建筑。其中业务楼与训练馆屋面为网架结构。

2　工艺原理

网架结构坡屋面干挂西班牙 S 瓦施工技术，是用干挂西班牙 S 瓦代替传统做法中的水泥砂浆卧瓦。网架上部采用单层压型钢板，利用单层压型钢板与屋面 S 瓦的挂瓦条、顺水条形成的框架固定保温层，压型钢板上涂刷水性聚氨酯防水涂料，与上部的 S 瓦形成双重防水构造。S 瓦采用螺钉干挂在挂瓦条上，用硅酮结构密封胶对瓦周边进行密封处理（图 1）。

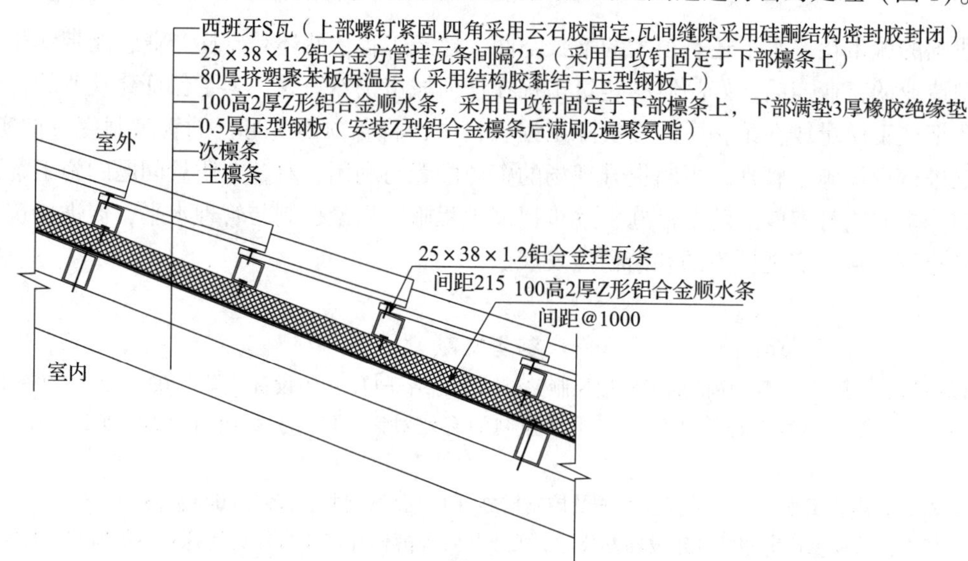

图 1　网架结构屋面干挂 S 瓦构造做法（mm）

3　网架结构坡屋面干挂西班牙S瓦优点

网架结构屋面干挂S瓦施工技术减少了传统水泥砂浆卧瓦施工带来的质量安全及进度风险，提高了工效，缩短了工期，且有效降低了屋面荷载，保证了结构安全性。屋面荷载的降低可以使网架结构下部新增其他荷载，网架结构下部可设计吊顶等多种形式，适用性强。其压型钢板上涂刷水性聚氨酯防水涂料，与坡屋面S瓦形成双重防水构造，极大地提高了屋面防水性能（表1）。

表1　网架结构屋面干挂S瓦施工技术优点分析

序号	项目	效果	原理分析
1	施工效率	较高	工序较少，施工工艺简单
2	安全性	高	①除屋脊部位外，不使用任何水泥砂浆，减少了材料运输、施工带来的安全风险； ②干挂的施工技术有效地降低了屋面荷载，保证了结构安全性
3	防水性能	好	①压型钢板上使用的水性聚氨酯防水涂料与金属制品有很强的黏附力，减少了机械连接所带来的渗漏风险； ②坡屋面的西班牙S瓦之前使用硅酮结构胶，硅酮结构胶弹性好、耐久性好不仅起到了密封的作用，还加固了干挂在屋面的S瓦，使整个屋面形成了上瓦下板的双重防水构造
4	观感质量	较好	西班牙S瓦属于优质的高档屋面瓦，抗弯曲性能、抗冻性能、抗渗性能等均优于其他装饰瓦，且铺盖后自然清新，格调独特，装饰效果好
5	适用性	较广泛	适用于各种网架结构坡屋面做法，且因为屋面荷载较小，网架结构下部可设计吊顶等多种形式，增加其适用性
6	施工成本	较低	①工艺简单，施工便捷，节约成本，加快施工进度； ②双层防水的构造以及关键节点的处理，很好地解决了屋面渗漏等问题，大幅减小了使用期间出现质量问题的风险，并且维修难度及成本均较低

4　工艺流程及技术操作要点

4.1　工艺流程

主、次檩条安装→成品天沟安装→涂刷防火涂料→压型钢板与铝合金顺水条安装→涂刷聚氨酯防水涂料→挤塑聚苯板保温层施工→铝合金方管挂瓦条安装→干挂S瓦→天沟檐口收边。

4.2　技术操作要点

4.2.1　主、次檩条安装

檩条材料进场后，施工单位需严格按照图纸及规范要求对檩条进行除锈涂漆。确保表面无可见的油脂和污垢，并且没有附着不掉的氧化皮、铁锈等。涂漆时，安装焊缝两侧80mm范围内不涂漆，等安装完毕后补涂。

安装前，需重新检查网架结构螺栓球、杆件等安装是否与图纸一致，并对标高进行复核。检查无误后，在网架结构螺栓球上安装找坡立柱，螺栓球与找坡立柱为螺栓连接。利用仪器复核安装的位置，水平距离等，标高已被找坡立柱固定，无须再次复核。待复核位置无误后方可进行主檩条安装。主檩条与找坡立柱连接方式为焊接（图2），主、次檩条连接方式为焊接。次檩条焊接要从跨中间向两边延伸，一跨一跨地向两侧推进，不得杂乱无章随意焊接。所有连接点按照设计要求焊接完成后，必须打磨、除锈、补底漆（图3）。

图 2　主檩条现场焊接

图 3　主、次檩条安装完成后补漆

4.2.2　成品天沟安装

成品天沟下部与螺栓球支托连接，一边与主檩条焊接。天沟安装施工完成后，应在监理工程师及建设单位的见证下进行灌水试验，将天沟系统落水管封堵后灌满水 24h 后进行检查，对不合格的安装部位立即进行修补后再次试验。

4.2.3　涂刷防火涂料

主、次檩条安装及补漆完成后需经过检查验收合格后才能进行防火涂料涂刷施工。施工前应将构件表面灰尘清理干净，严禁在潮湿的表面进行涂装作业。防火涂料采用超薄型防火涂料，滚涂施工（图 4）。当檩条表面防锈漆过于光滑时，可采用砂纸适当打磨后，再涂刷防火涂料。涂刷时用力均匀，方向一致，严禁漏涂，漏刷。防火涂料施工完毕后，需请第三方检测机构检测对涂料厚度进行检查（图 5）。

图 4　滚涂防火涂料

图 5　第三方检测机构进行厚度检测

4.2.4　压型钢板与铝合金顺水条安装

压型钢板以安装单元为单位成捆吊运至屋面，成捆堆置，应横跨多根钢梁，单跨置于两根梁之间时，应注意两端支承宽度，避免倾倒而造成坠落事故。

安装时，以第一块板为基准，第二块板的小波边压住第一块板的大波边。用自攻钉与下部檩条固定，依此类推完成全部压型钢板的安装。压型钢板安装完成后，再用自攻螺钉将 100mm 高 Z 形铝合金顺水条固定于钢板下部檩条位置，自攻钉下部满垫橡胶绝缘垫。

4.2.5　涂刷聚氨酯防水涂料

涂刷前，用扫帚将压型钢板表面的尘土杂物彻底清扫干净。对机械连接等部位更应认真清理，如发现有油污、铁锈等，要用钢丝刷、砂纸和有机溶剂等将其彻底清除干净。用辊刷均匀涂刷一层涂料，涂刷时要求均匀一致，不可过厚或过薄，涂刷厚度为1mm。在第一遍涂层基本固化后，再在其表面滚涂第二遍涂层，涂刷方法同第一遍涂层。为了确保防水工程质量，涂刮的方向必须与第一层的涂刷方向垂直。

4.2.6　挤塑聚苯板保温层施工

挤塑聚苯板直接放置在压型钢板上。由Z形铝合金顺水条的Z形槽，与上层挂瓦条将挤塑聚苯板固定。无须使用胶粘剂与压型钢板连接，施工操作便捷，节约工期。也不用螺钉固定，以免增加压型钢板渗漏隐患。

4.2.7　铝合金方管挂瓦条安装

在安装压型钢板时，已根据下部檩条位置安装好Z形铝合金顺水条，只需弹出横向线（挂瓦条线）。横向弹线（挂瓦条线）务必与已安装完成的顺水条垂直。放线完成后开始进行挂瓦条施工（图6），相邻挂瓦条接头应相互错开，挂瓦条接头必须设置在与顺水条交接部位，挂瓦条的连接点，应放在顺水条的中线上用自攻螺钉固定，并要相互错开。

图6　挂瓦条施工

4.2.8　干挂S瓦

铺瓦前进行选瓦，凡缺边、掉角、裂缝、翘曲不平、张口缺爪的瓦，不得在工程中使用。S瓦铺设时应面对屋面从下往上进行，同时纵、横方向每片瓦应拉通长线进行铺设，檐口瓦需挑出屋檐50mm，全部屋面瓦片必须使用自攻螺钉钉在挂瓦条上。瓦与瓦的缝隙用硅酮结构密封胶密封。屋面与山墙或柱泛水处节点，采用压型钢板做泛水板，用结构胶密封（图7）。

图7　干挂S瓦施工

4.2.9　天沟檐口收边

天沟外侧根据建筑物特色或使用单位要求用铝单板包边做造型，内侧用镀锌方管做龙骨，镀锌方管做龙骨的同时也对天沟进行了加固处理（图8）。

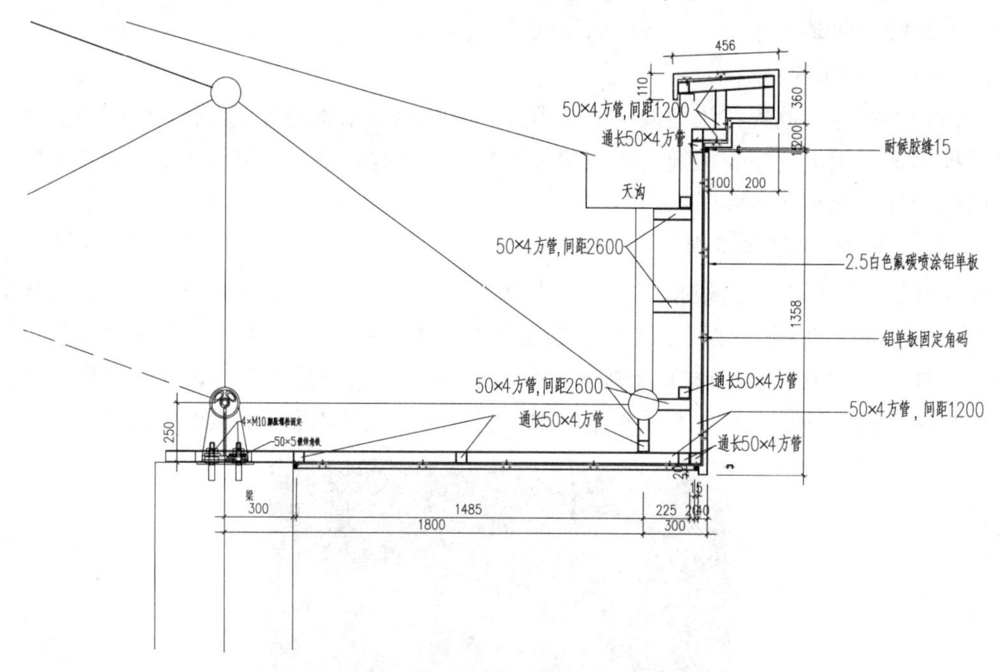

图8　天沟檐口收边做法（mm）

5　应用效果

葛井苑建设项目业务楼为框架结构，抗震设防烈度为8度，总建筑面积7466.60m²。地上5层，建筑高度25.5m，耐火等级为二级，防水等级Ⅱ级。屋顶类型为网架结构（46.8m×21.6m）坡屋顶，局部平屋顶（图9）。业务楼网架结构形式为正放四角锥下弦支撑，网架屋面支座标高21m，屋顶标高25.5m，钢网架质量约为27t。业务楼为标准的双坡屋面。

训练馆为框架结构，抗震设防烈度为8度，总建筑面积1767.7m²，地上1层，建筑高度14.4m，耐火等级为二级，防水等级Ⅱ级，屋顶为钢屋架。训练馆网架工程（36m×28.8m），网架结构形式为正放四角锥上弦支撑，网架屋面支座标高11.4m，屋顶标高14.4m，钢网架质量约为24t（图10）。与业务楼不同的是，训练馆可以看作为四个单坡屋顶，中间为平屋面，四角为不上人平屋面。

使用网架结构坡屋面干挂西班牙S瓦施工技术，使得项目顺利的完成。屋面也达到了良好的防水、保温、装饰效果，且业务楼网架结构下部为葛井苑大会议室，因使用单位对会议室装修设计要求，会议室需要在网架结构下部进行吊顶。干挂S瓦施工技术既保证了结构的安全性，也满足了使用单位的要求。建筑外观也得到了建设单位、使用单位以及当地政府的一致好评，取得了良好的社会经济效益。

6　结语

网架结构坡屋面干挂西班牙S瓦施工技术施工便捷，节约工期、安全可靠、防水效果优良，经济效益显著。

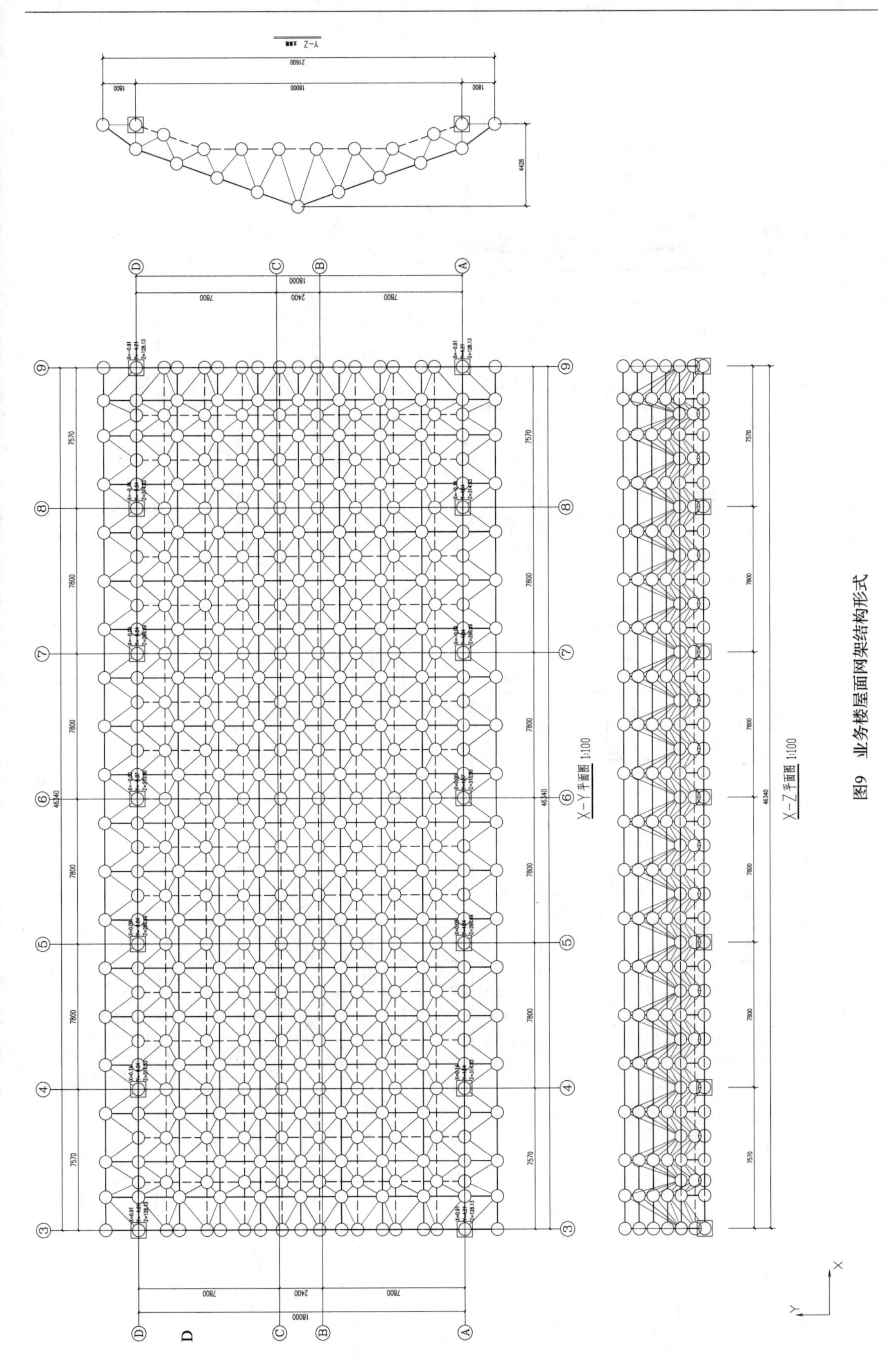

图9 业务楼屋面网架结构形式

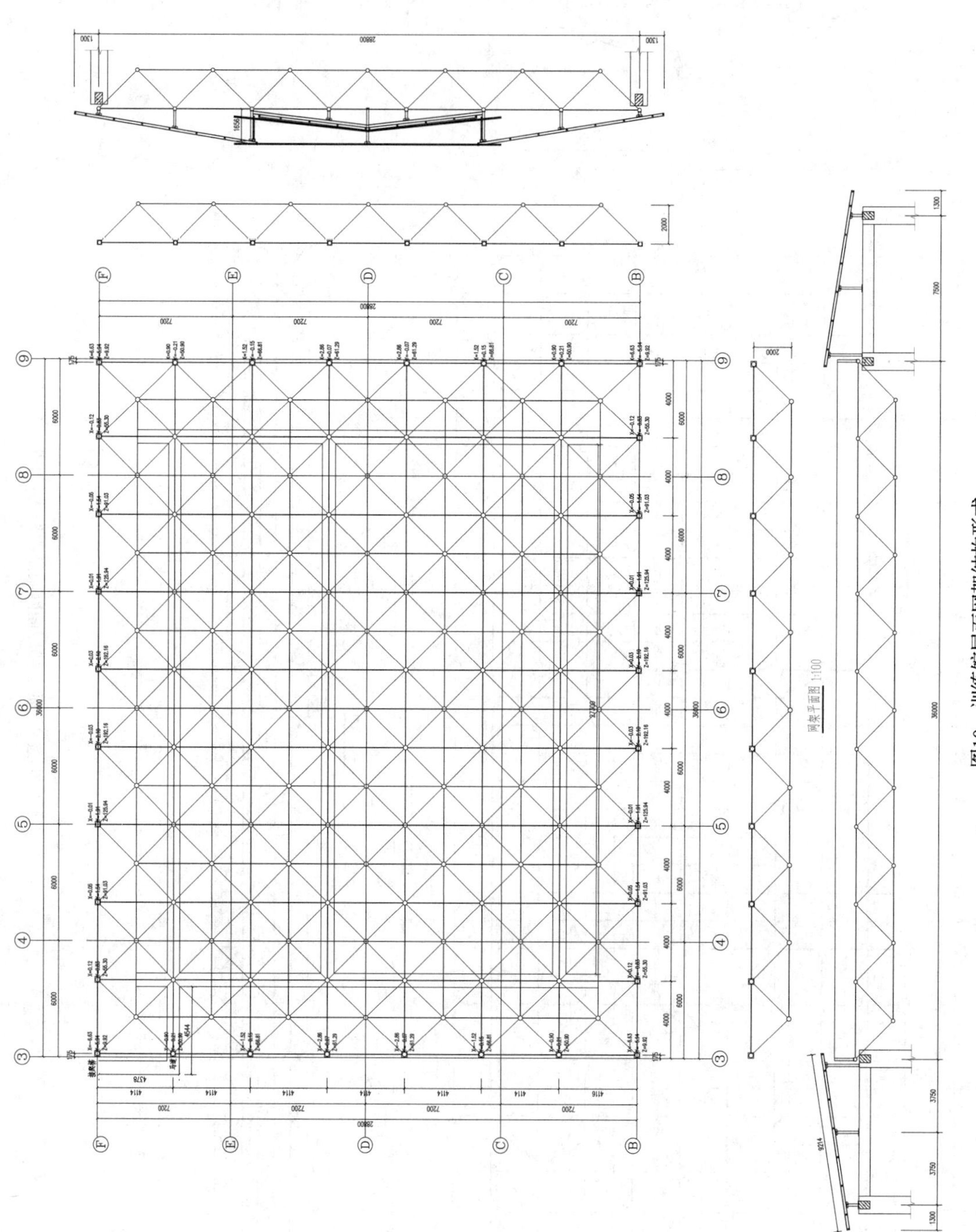

图10　训练馆屋面网架结构形式

参考文献

[1]　湖南建工集团有限公司葛井苑建设项目经理部．钢结构专项施工方案［Z］. 2019. 12
[2]　张子良，高峰，李波．坡屋面挂瓦施工质量研究［J］. 天津建设科技．2015（05）：45-46.
[3]　中华人民共和国住房和城乡建设部．屋面工程质量验收规范：GB 50207—2012［S］. 北京：中国建筑工业出版社，2012.
[4]　吕俊杰．S 瓦屋面施工质量控制要点［J］. 建筑工人．2014（01）：10-11.

基于物元-层次分析法的施工企业多项目管理绩效模型

刘　杰　李琰皓　郭志勇

中建五局装饰幕墙有限公司　长沙　410000

摘　要：针对评价模型构建的问题，建立基于物元-层次分析法评价模型对施工企业多项目管理绩效进行评价，利用层次分析法确定各指标权重，物元分析法对企业多项目管理进行全面评价，进而实现绩效评估程序，输出绩效评价结果。

关键词：构建模型；施工企业；层次分析法

1　层次分析法

层次分析法是由美国国家工程院院士萨蒂教授创始的一种可以解决将定性问题进行定量化的多准则决策分析法。它通过构建层次有序的结构体系将各因素联系到一起使复杂问题变得条理化，将专家的一些主观意见与分析者的客观判断结果关联起来，通过进行两两重要性比较进行定量描述。运用数学方法计算每层元素的重要性比对权重值，最后根据层次之间的总排序计算确定因素之间相对重要程度顺序。

1.1　层次分析法确定权重的步骤

在管理领域中，我们分析的事物常常由众多相互关联、相互制约的因素所影响，分析环境往往是复杂且定量化较低的，层次分析法为这类问题的决策和排序提供了一种简洁而实用的建模方法。

（1）从评价目标出发综合考虑各影响因素以及隶属关系将需要决策的对象分成多层次的结构体系。

（2）构建判断矩阵表，通过咨询专家对每一层各因素间进行比较确定两两间的相对重要性。

（3）对判断矩阵进行计算后，可以确定出某因素其隶属层所有因素的权重大小，并做归一化计算。

（4）根据判断矩阵计算特征向量后需要做一致性检验来验证逻辑合理性。如 A 比 B 重要很多，而 C 又比 A 重要，那么 C 比 B 一定要重要，否则前面假设不成立，判断矩阵出现矛盾则需要重新构建。

（5）最后是通过从最高层的权重分配依次往下确定每层相对于上层的权重值，最终得到的就是整个体系每层因素的真正权重。

以下有一个简单的图形来描述层次分析法工作的流程图 1。

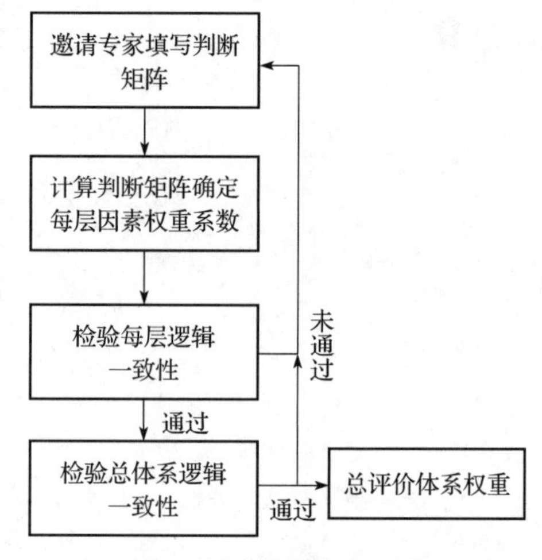

图 1　层次分析法流程图

1.2　层次分析法应用

在了解层次分析法步骤和结构后，引入重要性标度含义表为因素两两之间的比较提供了一个很好的量化基础，然后就可以邀请业内专家、学者为指标体系内的各层次指标进行重要程度的评分，为权重计算提供必要条件。重要性标度含义表见表1。

表1　重要性标度含义表

重要性标度	含义
1	表示两个元素相比，具有同等重要性
3	表示两个元素相比，前者比后者稍重要
5	表示两个元素相比，前者比后者明显重要
7	表示两个元素相比，前者比后者强烈重要
9	表示两个元素相比，前者比后者极端重要
2，4，6，8	表示上述判断的中间值
倒数	如果元素 Y_i 与元素 Y_j 重要程度相比较为 Y_{ij}，则元素 Y_j 与元素 Y_i 重要程度的比较值就为 $Y_{ji}=1/Y_{ij}$

该情况下构建的判断矩阵有如下性质：①$Y_{ij}>0$，②$Y_{ji}=1/Y_{ij}$，③$Y_{ii}=1$。

（1）构造判断矩阵

判断矩阵是专家对各因素间相对重要性做出的比较，这些比较结果用数值表示出来并写成矩阵形式：假如某一层的元素 Y 与其下一层的元素 Y_1，Y_2，…，Y_n 是隶属关系，表2就是该判断矩阵。

表2　判断矩阵

Y	Y_1	Y_2	…	Y_j	…	Y_n
Y_1	Y_{11}	Y_{12}	…	Y_{1j}	…	Y_{1n}
Y_2	Y_{21}	Y_{22}	…	Y_{2j}	…	Y_{2n}
…	…	…	…	…	…	…
Y_j	Y_{j1}	Y_{j2}	…	Y_{jj}	…	Y_{jn}
…	…	…	…	…	…	…
Y_n	Y_{n1}	Y_{n2}	…	Y_{nj}	…	Y_{nn}

（2）数据计算

层次分析法在获取判断矩阵时一般邀请多位专家打分保证指标权重的客观性，因此对同层次指标不同专家的评分需要做以下处理。

①回收各专家填写的判断矩阵对各元素取均值、计算离差：

$$\overline{By} = 1/n\sum_{p=1}^{n} B_{pij} \tag{1}$$

$$\Delta y = 1/n\sum_{p=1}^{n}(B_{py} - \overline{By})^2 \tag{2}$$

其中，$p=1$，2，…，n（n 为专家的个数）。

②将各指标均值与离差数据与指定标准对比，若满足标准可进行特征向量的计算，若相背离则需要同专家协商对判断矩阵进行修改，往复循环直至满足要求。

③当所有专家的打分根据相应调整满足要求后，就可以综合各专家意见获得各层次指标最终判断矩阵，以下是某个专家所填写的判断矩阵：

$$D_p=\begin{bmatrix} b_{p11} & b_{p12} & \cdots & b_{p1n} \\ b_{p21} & b_{p22} & \cdots & b_{p2n} \\ \vdots & \vdots & \vdots & \vdots \\ b_{pn1} & b_{pn2} & \cdots & b_{pnn} \end{bmatrix}(p=1,\ 2,\ \cdots,\ n) \tag{3}$$

综合各专家评分后所得某层次指标判断矩阵为：

$$D=\begin{bmatrix} 1/k\sum_{p=1}^{k} b_{p11} & 1/k\sum_{p=1}^{k} b_{p12} & n & 1/k\sum_{p=1}^{k} b_{p1n} \\ 1/k\sum_{p=1}^{k} b_{p21} & 1/k\sum_{p=1}^{k} b_{p22} & n & 1/k\sum_{p=1}^{k} b_{p2n} \\ \vdots & \vdots & \vdots & \vdots \\ 1/k\sum_{p=1}^{k} b_{pn1} & 1/k\sum_{p=1}^{k} b_{pn2} & n & 1/k\sum_{p=1}^{k} b_{pnn} \end{bmatrix} \tag{4}$$

$$=\begin{bmatrix} C_{11} & C_{12} & \cdots & C_{1n} \\ C_{21} & C_{22} & \cdots & C_{2n} \\ \vdots & \vdots & \vdots & \vdots \\ C_{n1} & C_{n2} & \cdots & C_{nn} \end{bmatrix}$$

（3）层次单排序

数据处理完后得到综合判断矩阵，紧接着对各判断矩阵之中进行特征向量和特征值的计算，本文运用方根法计算权重，并应满足下公式：

$$UW=\lambda_{\max}W \tag{5}$$

其中，$\lambda_{\max}$ 代表 U 的最大特征值；W 为对应于 $\lambda_{\max}$ 的正规化特征向量。

然后通过计算一致性指标 CI，验证矩阵的一致性：

$$CI=\frac{\lambda_{\max}-n}{n-1} \tag{6}$$

为了检验判断矩阵是否具有令人满意的一致性，将 CI 与平均随机一致性指标 RI 进行比较，当 $CR=\frac{CI}{RI}<0.1$ 时，此判断矩阵满足一致性逻辑。以下是不同的矩阵阶数对应的 RI 值见表 3 所示。

表 3　平均随机一致性指标 *RI*

阶数（n）	1	2	3	4	5	6	7	8
RI	0.00	0.00	0.58	0.90	1.12	1.24	1.32	1.41

以上可以根据判断矩阵计算低层次所有指标相对于高层次中的某一指标的关于重要性的权重系数，计算过程等价于该判断矩阵特征值与特征向量的求解，接着利用对应的特征值和特征向量得到正规化的特征向量 W，该 W 就是本层所有指标关于高层某指标的权重系数。依次计算出每一层次指标相对于上层次某指标重要性权重系数后，将高层指标权重系数传递

到底层，如某一级指标相对总指标的权重为0.6，那么隶属于该指标下的二级指标的权重所能分配到的总权重就是0.6，它的二级指标需要在单层排序权重基础上乘上0.6，这样得到的就是该指标评价模型进行总排序后最终的权重。

层析分析法在确定多层次指标评价模型时，可以有效地量化指标间的重要性程度，减小某些指标误差对整体评价体系的影响，降低了评价的风险。因此本文选择该方法来确定指标评价体系最重要的权重计算环节。

2　物元分析法

物元分析理论是由我国的蔡文教授所创立的解决矛盾问题、将复杂问题抽象化的一种方法。物元分析有两个研究重点：①研究单个事物和事物变化的理论；②基于可拓集合基础的数学分析理论。本文将用物元分析法建立评价对象与评价标准之间的关联度，以此达到多项目管理绩效评价的目的。无论侧重于哪个研究重点，物元都是该理论基本组成部分，我们有必要对其有个清晰的认识。

2.1　物元的基本概念

任何完整的事物都环绕着多种多样的特征，如果对于事物的每一特征都用一个数学上的量值来刻画它的程度和大小，那么我们就可以定义一个事物 N，对应于这个事物存在一个特征 C，用 Y 值来描述这个特征的程度大小。综上描述我们就可以定义 $R=(N,\ C,\ Y)$ 可以对事物做出一类描述，而通常我们称这个描述为物元。如果对一个多特征的事物进行描述的话就可以表示成以下形式：

$$R=\begin{bmatrix} N & C_1 & Y_1 \\ & C_2 & Y_2 \\ & \vdots & \vdots \\ & C_n & Y_n \end{bmatrix} \tag{7}$$

由此可以看出物元三要素：①事物，可以是客体、事情或者是现象，广义地来说任何存在的都能作为物元中的事物。②特征，是一个客体或一群客体特性的抽象表现，也可以是事物间的关系表现。③量值，用来对事物特征进行定量和定性化的要素，比如特征的程度、数量或者范围。

2.2　物元分析法的步骤

（1）建立物元矩阵

将事物的多个关键特征以及相应的表明特征程度的数值按规则建立物元矩阵描述待评价事物 P_0 如下：

$$R=(P_0,\ C_i,\ Y_i)=\begin{bmatrix} P_0 & C_1 & Y_1 \\ & C_2 & Y_2 \\ & \vdots & \vdots \\ & C_n & Y_n \end{bmatrix} \tag{8}$$

式中，P_0 表示待评价对象；C_i 为 P_0 的第 i 项特征，Y_i 为第 i 项特征对应的量值，即待评价对象各评价指标测得的原始数据。

（2）确定经典域和节域

如果 N_j 为标准等级事物，那么该标准等级事物所表示的第 j 等级相应的第 i 项特征 C_{ji}

的量值范围是 $Y_{ji}=(a_{ji}, b_{ji})$，这时经典域所对应的物元如下：

$$R_j=(N_j, C_i, Y_{ji})=\begin{bmatrix} N_j & C_{j1} & Y_{j1} \\ & C_{j2} & Y_{j2} \\ & \vdots & \vdots \\ & C_{jn} & Y_{jn} \end{bmatrix}=\begin{bmatrix} N_j & C_{j1} & [a_{j1}, b_{j1}] \\ & C_{j2} & [a_{j2}, b_{j2}] \\ & \vdots & \vdots \\ & C_{jn} & [a_{jn}, b_{jn}] \end{bmatrix} \tag{9}$$

若 N 表示所有评价等级范围内能取到的所有值（即数学中的定义域），则同样有 N 第 i 个特征值所对应的量值为 $Y_{pi}=(a_{pi}, b_{pi})$，因此可得节域所对应的物元可记作：

$$R_p=(N, C_i, Y_{pi})=\begin{bmatrix} N & C_1 & Y_{p1} \\ & C_2 & Y_{p2} \\ & \vdots & \vdots \\ & C_n & Y_{pn} \end{bmatrix}=\begin{bmatrix} N & C_1 & [a_{p1}, b_{p1}] \\ & C_2 & [a_{p2}, b_{p2}] \\ & \vdots & \vdots \\ & C_n & [a_{pn}, b_{pn}] \end{bmatrix} \tag{10}$$

显而易见，节域为该特征取值总范围，经典域也包含于其中。

（3）利用关联度函数计算关联度

关联函数表示待评价事物对应的特征量值满足某等级量值范围要求的程度。关联函数能够用数学公式描述出指标关联度的问题，这使得物元分析可以定量处理不相容问题。属于第 j 个等级第 i 个特征值数值的关联度函数 $K_j(Y_i)$ 可表示为：

$$K_j(Y_i)=\begin{cases} \dfrac{\rho(Y_i, Y_{ji})}{\rho(Y_i, Y_{pi})-\rho(Y_i, Y_{ji})} (Y_i \notin Y_{ji}) \\ -\dfrac{\rho(Y_i, Y_{ji})}{|Y_{ji}|} (Y_i \in Y_{ji}) \end{cases} \tag{11}$$

其中，

$$\rho(Y_i, Y_{pi})=\left|y-\frac{(a_{pi}+b_{pi})}{2}\right|-\frac{1}{2}(b_{pi}-a_{pi}) \tag{12}$$

$$\rho(Y_i, Y_{ji})=\left|y-\frac{(a_{ji}+b_{ji})}{2}\right|-\frac{1}{2}(b_{ji}-a_{ji}) \tag{13}$$

这样可以确定出该级指标属于上一级等级的关联度，然后综合该级指标可以确定出上一级指标的综合关联度。

（4）评定待评价对象等级

待评价对象 P_0 关于等级 j 的关联度为：

$$K_j(P_0)=\sum_{i=1}^{n} \lambda_i K_j(Y_i) \tag{14}$$

式中，λ_i 为每个项目绩效指标的权重系数。

若 $K_{j0}=\max\sum_{i=1}^{n} K_j(P_0)$ 则评定待评价对象 P_0 的等级为 j，且有：

①当 $0<K_{j0}<1$ 时，说明该指标与此等级要求有较好的契合度，数值越大则契合度越高。

②当 $-1<K_{j0}<0$ 时，说明该指标没有达到这个等级水平，但离这个等级不远，有转化的可能。

③当 $K_{j0}<-1$ 时，说明该指标不属于这个等级水平，而且离该等级较远没有转化的可能。

3　基于物元–层次分析法的评价模型

3.1　基于物元–层次分析法的评价模型构建思路

本文在前面已经构建了多项目管理评价指标体系，无论是组织绩效指标还是项目绩效指标都很快可以确定出物元，接着根据相关规范和专家调查确定相应的经典域和节域，之后通过关联函数计算出各指标实测数据与规定等级的关联度值，同时通过层次分析法给各指标关联度赋予权重，综合指标权重确定各层次指标的关联度等级。下面是物元–层次分析法用于绩效评价时的原理图，如图 2 所示。

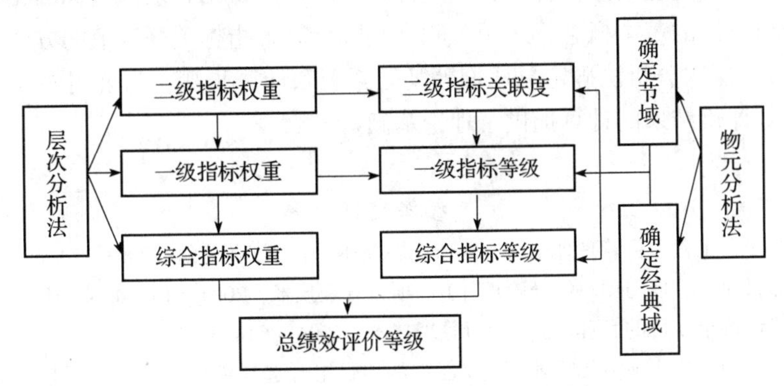

图 2　物元–层次分析法的评价原理图

3.2　确定待评物元综合绩效等级

首先根据企业管理者和专家的经验和知识，把评价体系各项指标状况分为不合格、待改进、合格、良、优五个等级，并汇总出各个等级标准的数据范围。之后建立待评物元计算各二级指标与各等级之间的关联度值，根据已有的关联度值判断原则确定各指标的等级。最后，综合二级指标关联度值和各指标权值向上层传递关联度值确定施工企业多项目管理绩效的总评定等级。

首先，计算待评多项目管理绩效指标的关联度：

$$K_j(P_0)=\sum_{i=1}^{n}W_kK_j(Y_i) \tag{15}$$

式中，W_k 为每个绩效指标的权值组成的向量。若 $K_{j0}=\max\sum_{i=1}^{n}K_j(P_0)$ 则评定待评价对象 P_0 的等级为 j（本文中 $j=1$，2，…，5）。

待评施工企业多项目管理绩效状况 P_0 的关联度进行正规化处理：

$$\overline{K}(P_0)=\frac{K_j(P_0)-\min\limits_{j=1}^{5}K_j(P_0)}{\max\limits_{j=1}^{5}K_j(P_0)-\min\limits_{j=1}^{5}K_j(P_0)} \tag{16}$$

若 $\overline{K_j}(P_0)=\max\limits_{i=1}^{5}\overline{K_j}(P_0)$，则称待评多项目管理绩效状况 P_0 的等级为 j，即：

$$\overline{J}=\frac{\sum_{j=1}^{5}j\overline{K_j}(P_0)}{\sum_{j=1}^{5}\overline{K_j}(P_0)} \tag{17}$$

则从 $\bar{J}$ 可以看出 P_0 偏向相邻等级的程度。如 $\bar{J}=4.873$ 表示 P_0 为第四等级偏向第五等级，而待评多项目管理绩效状况等级准确值是 4.873。运用物元-层次分析法最终不仅可以得出总的绩效评价等级，而且还能得出各个层面的绩效指标等级水平，进而可以具体针对每一个指标所对应的问题进行改进和完善。

4　结语

综上述，首先详细介绍了如何利用层次分析方法确定施工企业多项目管理绩效评价各层次指标的权重，并通过邀请专家打分且通过计算判断矩阵得出各层次指标的相对权重；接着介绍了物元分析方法的基本概念，运用关联度函数计算各指标关联度值的方法和步骤；最后介绍了利用物元-层次分析法确定总评价等级的原理和计算步骤，为公司多项目管理评价物元的建立及绩效评价结果的计算提供了理论基础。

参考文献

[1]　黄有亮，成虎．工程项目管理理论与实践新进展综述 [J]. 江苏建筑，2003，23（92）：100-104.
[2]　蔚林巍．项目化的管理与项目组合管理 [J]. 项目管理技术，2004（1）：45-47.
[3]　龚少文．浅谈群组项目的管理 [J]. 项目管理技术，2004（6）：32-36.
[4]　欧立雄，余文明．企业项目化管理中战略层次的项目组合选择模型 [J]. 科学技术与工程，2007，7（9）：2182-2186.
[5]　陈昌富．企业多项目风险管理模型与方法研究 [J]. 北京航空航天大学学报，2010，23（1）：64-67.

异型结构中复杂铝板挑檐施工技术

余传金　贾晓叶　肖能强　晏永林　肖　丹

中建五局装饰幕墙有限公司　长沙　410000

摘　要： 近些年我国城市化进程加快，一些公共建筑设计独特新颖、造型别致，这折射出建筑业的蓬勃发展及建筑技术水平的显著提高。通常采用幕墙装饰来体现，其中双曲造型最具特点。相应的材料加工精度、现场施工质量、施工进度的保障面临着重大的挑战，由此造就了大批新技术、新软件逐步在施工建筑工程实践中得到运用和提升，同时使得我国建筑技术水平得到了快速的发展和进步。

关键词： BIM 软件 Rhino（犀牛）应用；自编程；曲面材料曲率分析归类；降低材料成本；加快施工进度

1　应用背景

多元化、人性化、贴近自然极具活力，让建筑“富有生命”也是现代建筑师所推崇和追求的终极目标。这一过程中涌现出了众多三维造型可任意变幻的建筑形态。采用双曲面材实现外立面造型，施工难度比较大，施工过程中无论材料加工或者是安装精度要求极高，常规施工方案不仅造价高、加工生产耗时较长，施工质量及进度无法得到有效保障。装饰面材提前加工、精准加工、最大限度地降低材料加工损耗，有利于施工成本控制及进度的把控，施工质量从而得到有效提升。

2　技术原理

由于工程双曲结构的特点，施工之前 BIM 先行，根据土建结构施工图及幕墙现有设计图纸，利用 RHINO 建模，Grasshopper 编程分析数据。项目对土建结构实际测量，复核结构数据，将收集到的数据整理归集，并与模型图中给出的数据结合、对比、分析。从而得出现场结构施工偏差对已建模型的影响程度。确认模型图纸可行性后，提取出模型图中各龙骨前端、后端定位的三维坐标，转化成 CAD 图，便于现场施工。通过在模型图中对面材层的分割并一一提取，转化成 CAD 图后进行展开，并制成加工图，在保证尺寸精准的同时可提前下发加工厂进行加工。

3　实际工程应用

以成都广汇雪莲堂美术馆项目的曲面挑檐为实际载体，归纳总结出异型结构中复杂挑檐施工技术。该技术降低了人力成本，可在土建结构未完工时提前介入建模（图纸），通过模型图可以模拟检验装饰设计与土建结构有无冲突之处，直观形象。通过该技术的运用，材料可提前下单且准确度高。总之，实用性极高，可操作性强。

3.1　工程概况

该项目分为六个单体，1~5 号楼为配套用房及主楼，檐口均有悬挑铝板造型。其分布情况如图 1 所示。

图 1　挑檐分布效果图

3.2　工艺及流程

施工准备→测量放线→埋件预埋→BIM 建立模型→土建结构实测复核→数据比对→BIM 模型图优化调整→龙骨下单制作及弯弧→面材（铝板、不锈钢土槽）下单加工生产→骨架安装→铝板安装→铝板注胶→清洁。

3.2.1　施工准备

根据已有土建结构设计图纸结合幕墙设计要求采用 RHINO 建模（图 2）。

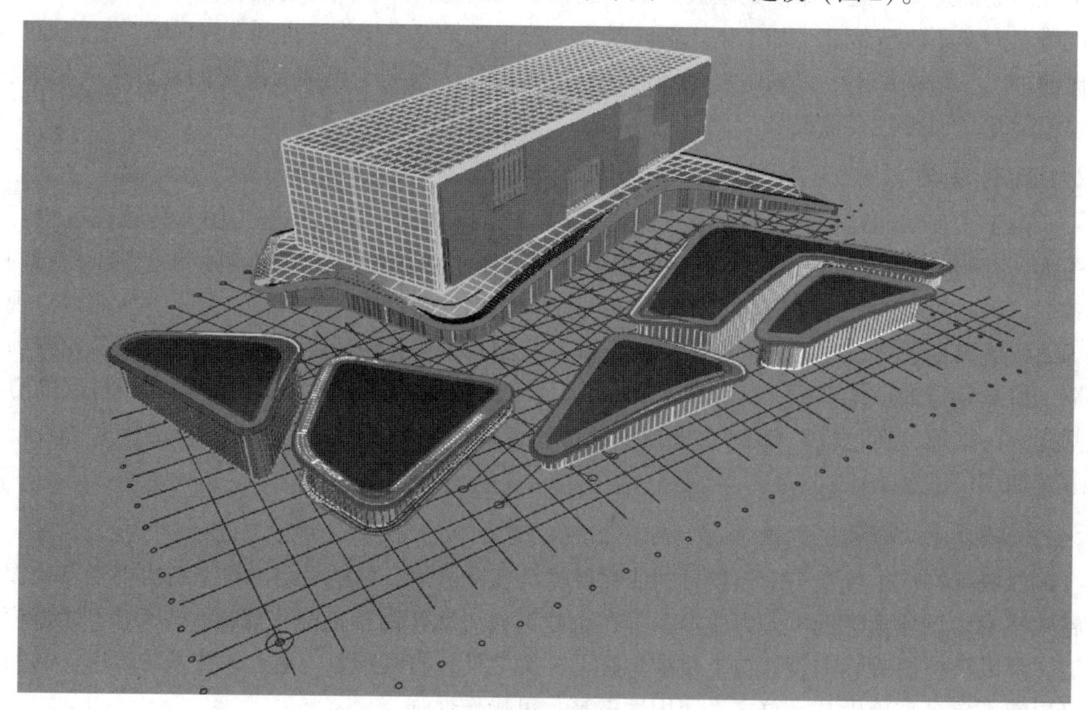

图 2　初期模型图效果

确认模型图纸可行性后，提取出模型图中主龙骨、次龙骨前端、后端定位三维坐标，转化 CAD 图，便于现场施工。依据龙骨定位坐标数据，采用全站仪现场打点，控制龙骨安装位置及前后端的标高。其方案实施简图如图 3、图 4 所示。

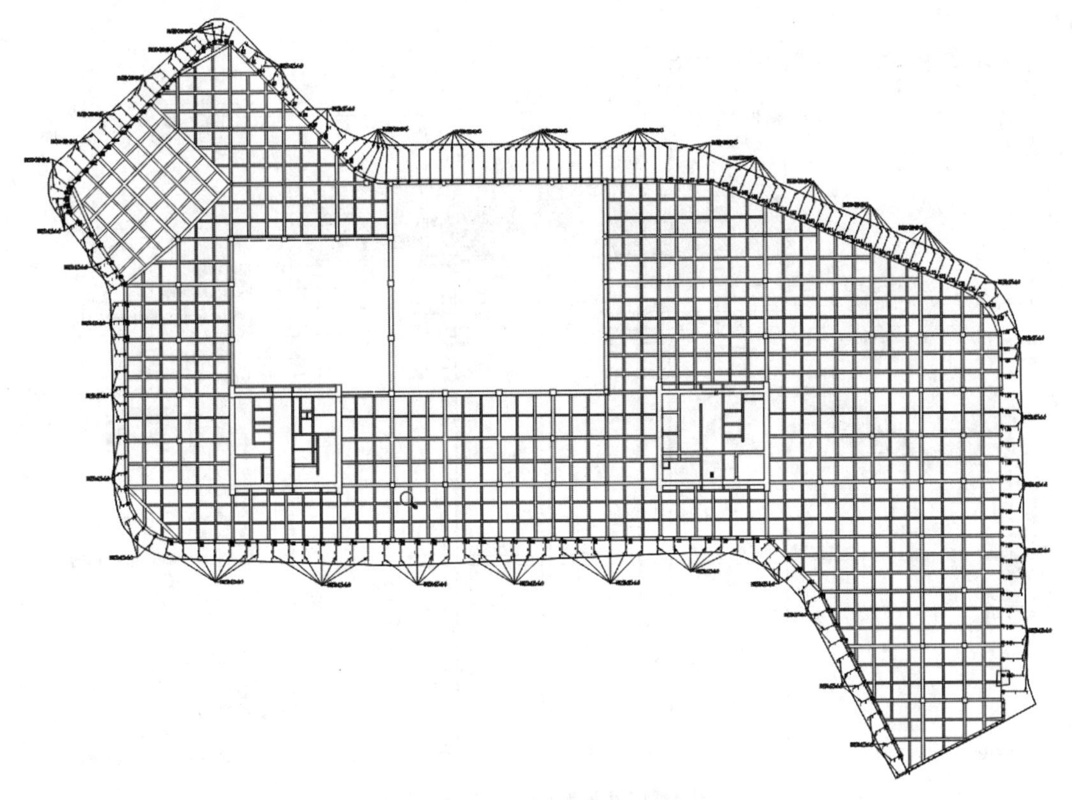

图 3　方案简图（1）

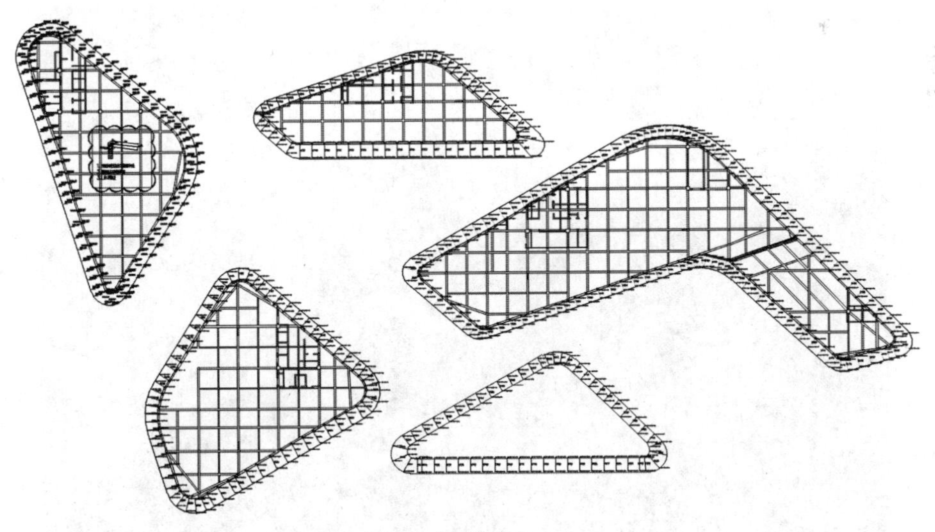

图 4　方案简图（2）

3. 2. 2　*龙骨定位及安装*

根据图纸中的坐标数据，主骨架的定位安装时，由于一端悬空，定位时先把后端坐标点标记在预埋板上，H 型钢在标记处先行点焊，下方要有托板临时支撑，托板与 H 型钢之间垫木楔，便于调节高低，再直接在 H 型钢前端上放置另一坐标点，通过不断地试调来完成

H 型钢的定位安装。满焊的过程中用全站仪至少复测 2 次，以检查焊接产生的应力对龙骨定位的影响程度。

其具体做法如图 5 和图 6 所示。

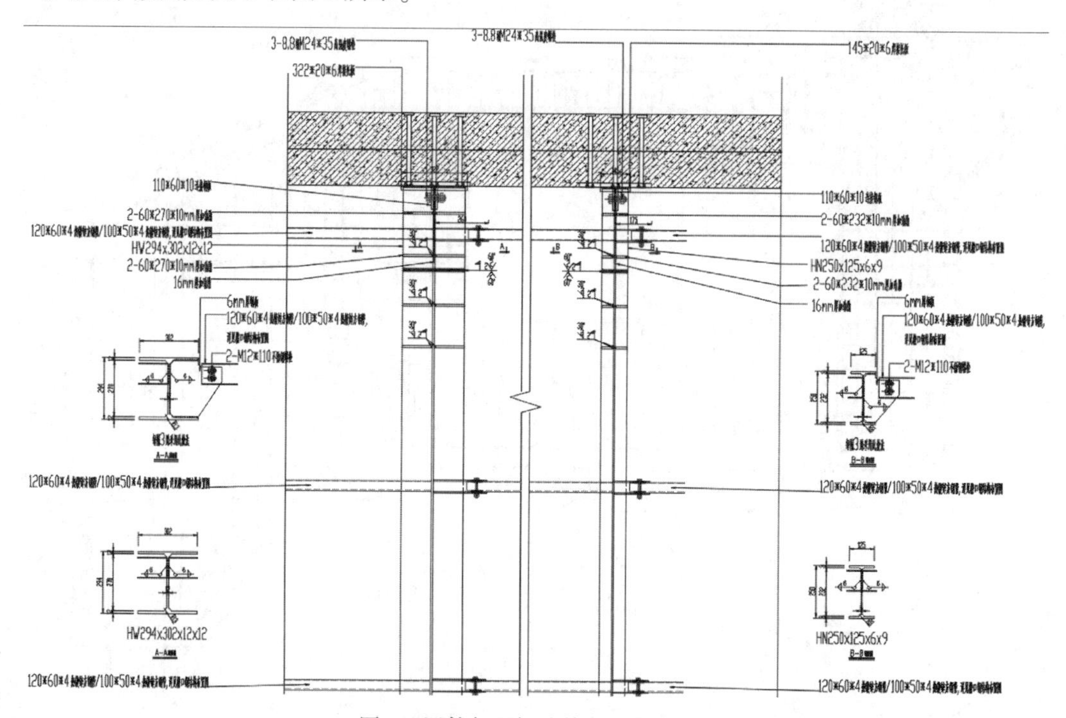

图 5　埋件与型钢连接节点剖面图

图 6　龙骨定位施工

3.2.3　龙骨施工

根据模型图中提供坐标原点，再依据龙骨定位坐标数据，采用全站仪现场打点，控制龙骨安装位置及前后端的标高。重点从三个方面把控。第一方面主龙骨 H 型钢的定点及尺寸要准。第二方面 H 型钢防止因焊接参数选取不当或焊接工艺不规范而引起焊接变形，采用焊接前进行焊接模拟工艺试验或坡口处预热等方法避免该问题。因该工程悬挑最大处超过了 5m，H 型钢满焊前起拱，使其变形量保证在可控范围内，调整校正完成后，对龙骨与主体连接件位置进行满焊处理。次骨架的定位安装同样采用坐标定位，由于主龙骨已安装完成，对于此龙骨的安装提供了参照基准，为现场实施提供了便利和安全条件。骨架施工实景如图 7 所示。

图 7　骨架施工实景图

3.2.4　面板安装施工

由于造型设计特点，每张铝板尺寸都不一样，厂家加工的过程中一一进行了相应的编号。根据每栋楼的编号图，先从圆弧处位置排板，依照编号依次安装，先装吊顶板—檐口铝板—压顶铝板。其实施效果如图 8、图 9 所示。

图 8　铝板安装效果（1）

图 9　铝板安装效果（2）

3.2.5　铝板胶缝注胶

铝板板间的接缝用耐候硅酮密封胶密封，密封胶的厚度和宽度应符合设计要求，密封胶在接缝内应形成相对两面黏结，不得形成三面黏结。注胶前，接缝的密封胶接触面上附着的油污等，用工业乙醇等清洁剂清理干净，潮湿表面应充分干燥。接缝内聚氯乙烯泡沫圆棒充填，保持平直，并预留注胶厚度；在铝板上沿接缝两侧贴防护胶带，使胶带纸边与缝边其直。胶缝要饱满、顺直、平滑，注胶应持续均匀，先平缝、后竖缝，用注胶枪把胶注入缝内，并立即用胶筒或弧形刮板将缝刮平；确认注胶合格后，取掉防护胶带纸。其效果如图 10 和图 11 所示。

图 10　打胶效果图（1）

图 11　打胶效果图（2）

3.2.6　整体完成效果图（图 12、图 13）

图 12　完成效果图（1）

图 13　完成效果图（2）

4　结语

该整套施工技术基于 BIM 软件的应用，体现了理论与实践有机结合，工程施工过程中既达到了节能的要求，又实现了节材降耗的效果。同时很好地保证了整体设计效果，又提高了施工效率，极大地缩短了该项作业内容的施工周期，为提高工程综合效益提供了强有力的技术支撑。

参考文献

［1］中华人民共和国建设部．金属与石材幕墙工程技术规范：JGJ 133—2001［S］．北京：中国建筑工业出版社，2001.
［2］中华人民共和国住房和城乡建设部．建筑抗震设计规范：GB 50011—2010［S］．北京：中国建筑工业出版社，2016.
［3］中华人民共和国住房和城乡建设部．钢结构设计标准：GB 50017—2017［S］．北京：中国建筑工业出版社，2017.

浅析跨江桥梁钢栈桥的设计与快速建造技术

鲍春晖　李秉海　吴　鹏　杨应生　戴　笠

中国建筑第五工程局有限公司　长沙　410000

摘　要：本项目位于中国红军长征出发地江西省于都县，为辅助新建起元大桥，在原址上将老桥爆破拆除后快速建造了钢栈桥。自开工以来，因老桥拆除、用地征拆、树木移植、国防光缆及通信等管线迁改工作进度缓慢，致使项目工期紧张。为保证起元大桥的合理建造工期，钢栈桥需实现快速建造。针对特殊的斜岩面河床地质并解决常规单排钢管桩钢栈桥施工的引孔植桩耗时长、江水易污染等问题，经方案比选和现场试桩，项目采用板凳桩快速建造技术施工桥。通过实践，本文总结钢栈桥实现设计与快速建造的经验，为同类钢栈桥设计与施工提供参考。

关键词：钢栈桥；设计与施工；快速建造

在跨河渡江类工程的建设中，为了运输材料、方便工程设备和人员通行，需修建临时性栈桥作为施工通道。作为一种较为特殊的桥型，栈桥应具有承载力强、施工简便、易于拆除以及可重复利用等特性。此外，钢栈桥的建造工期也要满足项目的工期和施工组织需要。因此，在栈桥设计中要尽量采用便于工厂化预制的结构型式或者标准构件。施工中针对不同环境选择合适施工方法，以实现钢栈桥的快速建造。

1　工程概况

本项目是于都县红色文化培训基地及配套设施建设工程，采用EPC总承包模式。建设内容包括：贡江北岸红色文化展览馆、贡江南岸红色文化培训中心、跨江起元大桥和周边道路等工程，建设内容遍布贡江两岸，项目施工组织需整体协调，工期紧张。因当地既有桥梁对工程机械设备实行限行管控，项目建设急需建立以栈桥为枢纽的跨江交通通道，解决建设范围内“馆、院、路、桥”难联动的施工困境，对钢栈桥的快速建造要求迫在眉睫。

此外，本项目钢栈桥重点为建设起元大桥服务，起元大桥跨越贡江全长515.9m，主桥标准断面宽40m。桥跨布置为北引桥35+40+35+37（m）+主桥40+40+168+40+40（m）+南引桥（30m），主桥结构体系为Y形连续刚构-拱组合体系，中承式单片拱肋布置，主跨主梁为钢梁，边跨为预应力混凝土钢构。桥梁跨越江面宽360m，水深约6~10m，设计百年一遇洪水位125.12m，河内水位117.8m。桥位地形为白垩系红层盆地，属河谷堆积地貌地带，两岸为Ⅰ级阶地和河漫滩区，地势总体相对较平坦开阔。桥位地质类型主要为第四系全新统人工填土层、第四系全新统人工耕植层、第四系全新统静水环境淤积层、第四系全新统冲积层及白垩系上统泥质细砂岩、砾岩。第四系土层结构松散，具有层序复杂、相变剧烈、厚度不均的特点。

2　钢栈桥设计

根据桥位两岸地形情况和水文资料，考虑栈桥在洪汛期安全性，钢栈桥桥面高程设计为125.13m。栈桥修建在起元大桥下游，栈桥中心线与起元大桥中心线平行并相距27.5m。栈桥全长约 360. 2m，每跨 12m，栈桥布跨（5×12）m+0. 2m+(15×12）m。栈桥南端设置斜坡道与施工便道，设计坡道比 6%，在栈桥桥台后设置 50m 长平坡段，具体布置如图 1 所示：

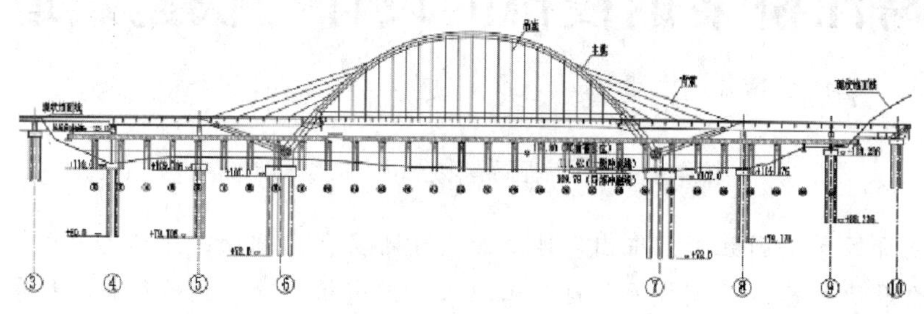

图 1　栈桥立面布置设计图

钢栈桥横断面桥面设计宽度 9. 0m。

下部结构基础为单排双柱式钢管桩（双排 6 根桩），钢管桩采用直径 720mm，壁厚 10mm，根据现场情况在两侧加设锚桩（2 根桩），钢管桩间设置横向连接，以保证整体稳定性。钢管桩长度 12. 5~23m，进入持力层风化砾岩至少 3. 5m。桩顶盖梁采用两根 45 号工字钢并焊双拼作为主横梁，主横梁与钢管桩焊接固定。

上部结构采用标准构件 321 型装配式钢贝雷梁作为纵向主梁，单片贝雷架高度 1. 5m，长度 3. 0m，宽度 0. 176m，横向设置 12 片，组与组之间设置剪刀撑，剪刀撑采用 8 号槽钢，贝雷片之间的间距为 0. 9m、0. 45m，等间距布置于下横梁上，贝雷架与下横梁间通过定位块固定牢固。防止贝雷桁梁左右偏移及扭转。

桥面系由型钢和花纹钢板焊接预制成的成品，直接将成品运输至现场安装即可；桥面两侧设置防护栏杆，具体如图 2 所示。

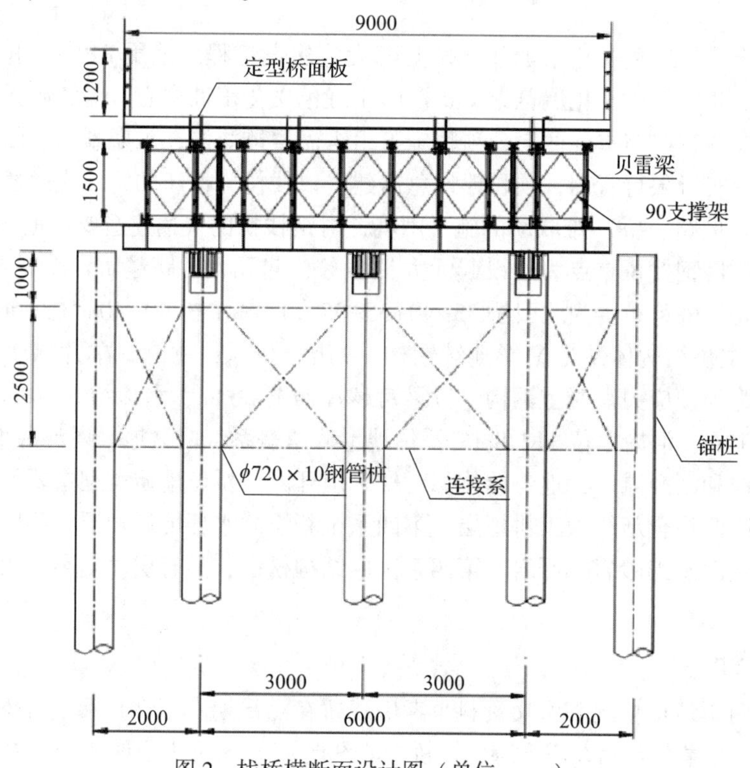

图 2　栈桥横断面设计图（单位：mm）

本栈桥主要设计特点：（1）强调采用装配式标准构件和预制成品构件，现场施工仅需简单拼接吊装，现场焊接工作量少，减少现场加工制作的工序，提高施工便利性，很大程度上提高施工速度。（2）强调结构强度，采用承载力高且轻型稳定的贝雷梁作为纵向主梁。（3）为实现快速建造，根据本项目特殊的倾斜岩面的复杂地质条件，基础部分采用“6+2”板凳桩的施工工艺，振送成桩，少引孔。通过设置锚桩可减少钻孔植桩工作量，加快施工进度，同时钢栈桥受力更合理，安全稳定性更高。

3　钢栈桥施工

因本项目桥梁工程上游修建有跃洲水坝，桥梁建设区段的河内水流相对平稳，河道内水位不高，坝前蓄水位为117.8m，降水少月份的水位线通常在115m左右，桥位段的河道宽度360m左右，所以本项目钢栈桥的建造中无法使用大型沉桩船或者浮吊船进行钢管桩插打作业，通过方案比选，项目选用陆上逐跨施工的“钓鱼法”工艺进行栈桥施工。

为实现快速建造，本项目施工组织的重点措施为：

（1）加强资源组织管理，两岸同步开工，实现平行施工。

（2）待钢栈桥架设初步完成时，在不影响钢栈桥通行的情况下，补充施工锚桩来补强整体栈桥结构的安全稳定性。

具体施工工艺流程：材料、设备的准备→钢管桩测量放样和定位→钢管桩加工、接口清理与焊接→钢管桩振动下沉→钢管桩间横、纵向连接系安装联结→主横梁安装→贝雷梁拼接、架设与安装→安设桥面横梁→安设桥面板、栏杆等附属设施→锚桩施工→竣工试验、验收后使用。

3.1　施工操作要点

（1）测量放样：测量人员根据栈桥设计图纸，计算出每根钢管桩的坐标和标高，根据计算结果在河岸边的控制点上设监测站，在钢管桩施工时进行实时监控测量，确保每根钢管桩定位准确，并做好施工测量记录。

（2）钢管桩加工、接口清理与焊接：钢管桩采用Q235无缝钢管，钢管桩接长采用对接满焊，焊缝要求饱满。钢管桩接长时，待接钢管桩就位后进行焊接施工；钢管桩对接前将接口两侧30mm内的铁锈、氧化铁皮、油污清除干净，并显露出钢材的金属光泽；两钢管接头采用对接平焊，接头处采用8块500mm×200mm×10mm的加劲钢板，以增强钢管桩整体刚度；钢管桩打入端应焊加强箍进行加强，如图3所示，防止钢管桩在打入过程中桩端因受锤击变形，送入端加强钢管桩刚度，保证钢管桩正常打入。

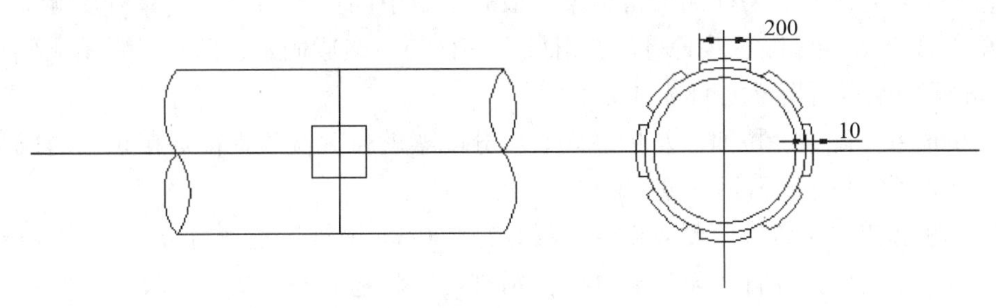

图3　钢管桩接长焊接示意图（单位：mm）

（3）振动下沉钢管桩：钢管桩插打采用85t履带吊和120振动锤振送成桩。插打钢管前采用全站仪对钢管桩的平面位置进行定位，设置导向架控制钢管桩的平面位置和垂直度。调整履带吊吊点至钢管桩桩位后，缓慢下放，并在自重作用下入土稳定。经过经纬仪从两个方向检测钢管桩垂直度满足要求后，启动振动锤，开始低档振动下沉，待钢管桩入土 3m 后即可振动下沉，振动下沉至设计标高，进入持力层中风化砾岩。沉桩施工以贯入度和标高两个指标作为沉桩停锤标准进行施工控制，沉桩时以控制桩尖设计标高为主，当桩尖已达设计标高而贯入度仍较大时应继续锤击，使贯入度接近控制贯入度，在复打钢管桩平均贯入度小于每分钟 10mm 时，可停止振桩。

（4）钢管桩间连接：钢管桩施工完成后，检查桩的偏斜及入土深度与设计无误后，在距钢管桩顶部 1m 处安装上横联，中间斜撑连接，下端安装下横联，连接系采用 2［20a 型槽钢，使用节点板与钢管焊接连接。焊缝均采用 $h_f=6$mm 的角焊缝，要保证焊缝质量。横桥向、纵桥向的钢管桩均需联结，保证栈桥整体稳定。纵、横向连接如图 4 所示。

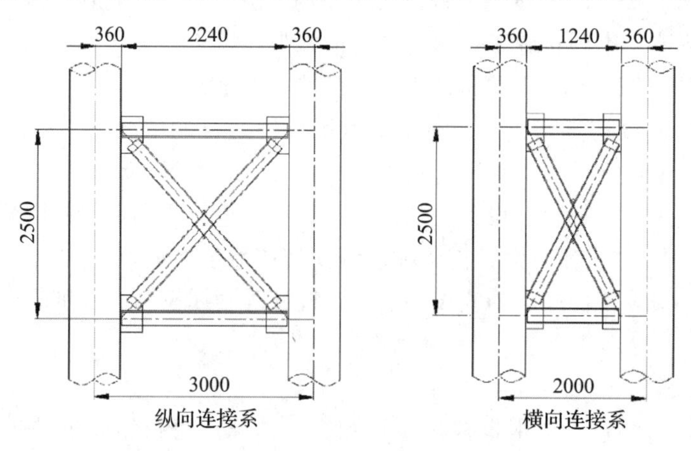

图 4　钢管桩纵、横向连接（单位：mm）

（5）贝雷梁安装：贝雷梁在材料堆场进行拼装，下垫枕木，将要安装的贝雷片吊起，分段拼装，贝雷片间插好上、下弦销栓并设保险插销。拼装完成后，确保各贝雷片轴心在一条直线上。用支撑架螺栓将竖向支撑架、水平上、下支撑架和贝雷片连成整体。为保证梁的刚度，贝雷片、加强弦杆和水平支撑架之间采用接头错位连接，这样可减少由于桁架接头变形产生的主梁位移。贝雷桁梁架设时，需在主横梁上进行测量放样，定出贝雷桁梁准确位置，将拼装好的一组贝雷桁梁运至吊车后面，采用吊车先安装钢栈桥内侧贝雷桁梁，准确就位后捆绑在横梁上，再安装外侧贝雷桁梁，最后吊装中间贝雷桁梁。全部吊装就位后采用［8 槽钢焊接成倒 U 型钢限位装置将贝雷桁梁下弦杆与主横梁固定，防止贝雷桁梁侧移，并采用［8 槽钢固定贝雷桁梁之间横向支撑。

（6）桥面系分配梁、桥面板及护栏安装：分配梁就位，摆放提前焊接预制的成品桥面板，安装成品栏杆并涂刷警示油漆。

（7）锚桩施工：于墩位两侧各设置一根直径 720mm 锚桩。先采用 7t 冲击钻冲击引孔，引孔至设计标高后将锚桩打入至砾岩层，使锚桩处于自稳状态，最后安装锚桩与纵、横连接系。

3.2　施工质量控制

钢栈桥施工过程中的质量控制要点见表 1，进行严格控制。

表1　钢栈桥质量控制表

序号	验收内容		标准
1	钢管桩	原材料是否合格	《桩用焊缝钢管》（SY/T 5040—2012）
		钢管桩对接焊缝	咬边：深度不超过0.5mm，累计总长度不超过焊缝长度的10%；超高≤3mm
		平面位置	平面偏差≤10cm
		垂直度	垂直度≤1%
		贯入度	最终10击的平均贯入度<8.2mm/击
2	承重梁	原材料是否合格	《热轧型钢》（GB/T 706—2016）
		平面位置	平面偏差≤5cm
		焊缝长度、厚度	满焊，焊缝高度≮8mm
3	钢管平联	下料长度	尺寸偏差≤2cm
		平面位置	平面偏差≤5cm
		焊缝长度、厚度	满焊，焊缝高度≮8mm
4	贝雷片	平面位置	平面偏差≤5cm
		插销及保险栓等	与设计图纸一致
5	分配梁	平面位置	平面偏差≤5cm
		U形固定螺栓等	与设计图纸一致
6	面板	厚度	与设计图纸一致
		焊缝长度、厚度	满焊，焊缝高度≤8mm

4　结语

本文以在江西省赣州市于都县红色文化培训基地及配套设施建设工程项目中的钢栈桥建造为背景，简介本项目钢栈桥通过设计、施工组织等技术手段来实现快速建造目标，满足了项目的工期建设需求。总结成果经验，在设计上：

（1）采用成熟轻型高强度的装配式标准构件，多使用预制加工的成品。

（2）针对特殊地质情况，有针对性地动态设计钢管桩长度和入岩深度。

（3）基础部分采取“6+2”板凳桩设计。

在施工上：

（1）强化资源组织，保证两岸平行同步施工。

（2）保证安全的情况下锚桩后补充施工可加快进度。

（3）快速建造过程中严控施工质量和安全。

希望以此为案例，分享一种实现钢栈桥快速建造的设计与施工的新思路，并总结操作要点和质量控制重点，供同行借鉴参考。

参考文献

[1]　范立础．桥梁工程［M］．2版．北京：人民交通出版社，2008.

[2]　石磊．金河湾黄河大桥工程项目钢栈桥设计及施工［J］．甘肃科技，2021（2）：24.

[3]　李永军．跨河特大桥水中施工技术［J］．交通世界，2014（32）：187-18.

创优工程资料管理

杨红玲

湖南省第五工程有限公司　长沙　410000

摘　要：创优工程是指国家级优质工程及省级优质工程。在项目建设中，往往涉及许多的技术资料，因此需要对资料管理工作进行优化来保证创优工程技术资料的完整性、真实性。创优工程技术资料的管理，需要了解目前在管理工作中存有的不足，并从管理要点及管理要求入手来分析如何对管理方法等进行创新来提升创优工程技术资料的管理效率，使技术资料可以得到科学化的处理及保管。

关键词：创优工程；资料整理；施工质量；管理措施

工程资料收集和整理是建设工程中的一项非常重要的内容，是总承包单位对整个建设工程管理的真实记录和反映。齐全的、完整的、真实的、有效的工程资料，是工程建设过程中及竣工验收的必备条件，是对整个工程进行检查、维护、管理、使用、改建和扩建的原始依据；也是贯穿整个项目的过程，牵涉到各个参建单位、专业分包单位的方方面面，是一项繁杂而琐碎的系统工程。工程资料能完整地记录整个建设工程，反映建设工程施工过程中的各种状态和责任，能够真实地再现施工时的情况，从而找到施工过程中的问题所在。随着建筑业的快速发展，建筑市场的不断规范，工程资料的管理尤为重要。同时，完整的工程资料也是对建设工程等级评定的客观依据。

近年来一系列新的标准相继出台，对工程资料的管理要求也不断提高，诸如：检验批要有原始记录、隐蔽验收要附实体照片等。多数项目中从事资料管理的人员越来越年轻，没有任何经验的新人参与到资料管理岗位中，由于专业知识的缺乏，众多的参建单位资料管控良莠不齐，工程资料的完整性及编制的深度往往不能满足要求，对后期的创优、创奖造成很大的困难，尤其是鲁班奖、国优奖工程项目。

多年来在某些工程、某些建筑公司的相关领导中，往往由于思想上不重视，管理不规范以及队伍管理素质较低等因素，导致工程资料管理落后于现场施工工序，到最后只好弄虚作假，闭门造车，许多必有的、应有的资料往往因未及时收集而缺失、缺项，无法体现整个工程的真实性和完整性。随着对建设工程施工过程的进一步规范和施工质量要求的提升，特别是在一些创优工程中，资料的作用及重要性越来越凸显出来，因此怎样如实地做好工程资料这一工作，就显得尤为重要了。

本人从事建设工程资料管理工作多年，一直在第一线工作，而我从 2006 年协助温州的一家建筑企业接触鲁班奖，至今历经了十六个年头，期间参与了多个湖南省优质工程和芙蓉奖、三个鲁班奖工程、四个国家优质工程、一个市政金杯奖、一个钢结构金奖的创奖工作，可以说是经验丰富。每完成一个项目都吸取了一定的教训，积累和总结了一些经验，心想着做下一个国家级奖时应该会好些，不会那么艰难，而实际上每一个国家级奖项都是那么的艰难，甚至是越来越艰难。

为了能在建设工程施工过程中尽善尽美，提前把控或在创奖资料整理时少走弯路，以达到更好的效果，个人将近几年来所参与的国家级奖项评选时专家组评委的意见做一个汇总，与同行进行交流和探讨，愿能起到共同学习、共同进步、共同提高的作用。

1　工程创优中资料的特点

建设工程创优离不开工程质量的管理、工程资料档案的管理。住房城乡建设部规定：自2014年6月1日起不再使用2002年发布的《建筑工程施工质量验收统一标准》，新标准中单位（子单位）工程质量控制资料、单位（子单位）工程安全和功能检验资料及主要功能检查记录，要求应“完整”，具体内容也比原标准多，而创优工程的基本要求是必须遵守国家标准规范，要达到“完整”也就是说不得漏项缺项，这对资料管理提出了很高的要求。如施工检验方面，要求混凝土工程在浇筑时试件的留置数量必须按规范执行，特别是桩基工程，最好做到一桩一组试块，便于专家的查阅。

2　工程资料编制中应特别注意的事项

由于建设工程资料种类繁多，数量巨大，不同的资料有不同的要求，但在众多的不同之中，又有一些共性的需特别注意问题，主要分为以下几点：

2.1　工程资料的完整性、有效性

创优工程资料的检查，不仅是对施工过程资料的检查，也是对整个工程建设资料的检查。一项工程从立项到交付使用过程中，涉及各环节各部门的资料必须齐全、完整、有效。除常规资料收集和整理外，需特别重点关注的有以下部分：

（1）建设工程的合法性和合规性，主要集中在建设单位前期资料中，项目技术负责人和资料员在工程开工前应及时向建设单位收集，并把建设单位所有的前期资料原件扫描，做成电子版资料。特别注意收集建设单位可行性研究报告、环评报告、地质勘察报告。

（2）监理单位和专业分包资料的收集：特别是燃气工程的安装资料、变配电工程的施工资料、市政管网工程资料、监理公司全套竣工资料、洁净工程资料、防辐射工程资料、光伏屋面工程资料、雨水收集系统工程资料、海绵城市工程资料、园林绿化工程资料、亮化工程资料。

（3）职能部门出具的验收报告：包括规划部门验收意见、消防工程的检测报告和验收意见、环保部门的检测记录和验收意见、人防部门的验收意见、自来水公司验收意见、生活饮用水水质检测、游泳池水质检测、水土保持专项验收意见、技术监督局对电梯的检测、燃气公司出具的验收意见、供电公司出具的验收意见或检测报告、气象部门出具的防雷验收意见、档案验收、质监部门出具的质监报告等。

（4）第三方监测的沉降观测资料的收集：要有监测方案、每次监测记录、最终监测报告。

（5）幕墙工程的设计计算书、深化设计的认可文件。

（6）节能工程计算书。

（7）安装工程中测试仪器仪表的校准记录。

（8）进口材料、设备的商检合格证明文件。

（9）工程施工过程声像档案资料收集。

①编制声像档案资料拍摄计划：根据工程特点，结合相关单位和部门要求，编制音像资

料拍摄计划。根据工程不同的施工阶段（地基与基础施工、主体结构施工、钢结构和网架工程施工、幕墙施工、装修工程施工、节能工程施工、安装预埋、机电安装、各分部及单位工程质量验收、竣工验收等）、不同的施工工艺和工程不同的功能区间进行编制，要注明拍摄内容（主题）、拍摄时间和图片（画面）要达到的具体效果（如线角顺直程度、混凝土结构的表面观感、亮点的局部特写等），防止拍摄内容漏项。

②明确拍摄的内容：一些关键工序、关键部位的施工［如基坑（槽）管沟开挖、地基验槽、防水、防腐工程、钢筋的施工、节能工程、幕墙工程、特殊施工的技术工艺、新技术、新工艺、新材料、安装预埋、排水管道安装、道路面层施工、绿化工程、亮化工程、电力埋管工程及配套设施、工程项目中重要试验、检测现场情况、单体建筑标志性的部位特写照片，例如屋顶、造型、残疾人坡道，落水管等］；重要节点、隐蔽工程的施工（如钢结构防腐施工、幕墙龙骨与结构的连接节点及防腐的施工、安装管线的预埋等）；细部处理及构造做法；新技术应用；质量亮点展示；主要公共功能区的整体效果（如走道、配电室、水泵房、设备机房、电梯前室、大厅、屋面、地下室、消防设施，电气设备，电梯设备、工程整体外观和四个立面等）。

2.2　做好建设工程资料目录

建设工程资料归档中原只对卷内目录提出要求，但对分项目录没有要求，如此便不能满足创优工程资料检查中关于“查找方便”的要求、因此，对每项资料都应做详尽的资料分项目录并编排页码，使每项资料在目录中都有体现以便对每项资料进行查找。另外，还应做一个资料的总目录，将工程所有涉及的资料依盒号及盒内册号编排进目录，以便对每册资料进行查找。最终形成工程的总目录、卷内目录、分册目录、分项目录、每项资料的五级检索体系，使查阅人员能方便地、快捷地从堆积如山的资料中及时准确地找到想要的资料。

2.3　加强对建设工程检（试）验资料的控制

在历次创优工程检查中，工程检（试）验资料的齐全、完整，往往是评审专家对工程整体的评价。因为工程的检（试）验资料直接反映工程实体质量，检（试）验资料存在的缺陷，往往易引发评审专家对工程实体质量的不利联想。另外，在施工过程中，检（试）验资料是否能及时、有效地出具，还直接影响着后续资料（如隐蔽验收、施工记录、检验批、原始记录等）的编制。因此，为保证工程的检（试）验资料的时效性、有效性，在开工之初即应编制整个工程的检（试）验计划，在计划中依照工程的实际情况，详细统计应进行的检（试）验项目，并根据工程量分别做好试验数量批次计划、检（试）验时间计划及见证计划。要做好原材料和工程检（试）验样品的选取、制作工作，避免出现不合格报告。检（试）验资料中应特别注意以下几点：

（1）桩基检测报告：桩基低应变检测比例最好为100%、桩基静载、超声波、抽芯检测比例符合设计和规范要求；I类桩不要低于95%；

（2）机电安装工程的主要材料的复试；

（3）焊接工程的工艺评定、焊缝检测记录；

（4）幕墙工程的检测（气密、水密、抗风压、平面变形）和设计有要求的性能检测报告（保温、隔声、防撞击等）；

（5）高强度螺栓连接相关检测；

（6）机电系统设备与材料节能检测、机电系统节能检测；

（7）外墙节能构造的实体检测；
（8）压力容器等特种设备检测、压力管道检测；
（9）空调系统检测；
（10）洁净区域洁净度检测；
（11）防辐射区域防辐射检测；
（12）安全玻璃性能检测和外窗性能检测；
（13）公共建筑中钢网架结构及设计有要求的承载力检测和金属屋面抗风检测。

2.4　建设工程资料的签字要完整、齐全有效

建设工程的各种资料必须经相关人员的签字认可才是完整的、有效的；这是整个工程资料的重中之重，严禁发生漏签现象，对没有原件的资料，在复印件上除加盖原件存放单位公章并注明原件存放处外，还应有抄件人签字及抄件日期。施工组织设计和施工方案的交底资料最好附图，应有签字栏，签字应齐全。

2.5　资料的交圈和闭合

一个单位工程虽然专业、系统众多，但最终是一个整体，各系统有效结合才能使单位工程正常运转。工程资料也是一个整体，虽然类别众多，但是却又相互联系，各工种、各专业、各系统资料要相互“交圈”和“闭合”，才是一套完整的、齐全的、有效的资料，如互相矛盾，自然逃不了做假的嫌疑，创优便也无从谈起了。同一项目不同表格之间也要交圈和闭合，如原材料进场检查记录中的数量应与合格证中的数量相一致。施工各个阶段的隐蔽验收、施工记录应与图纸、方案、技术交底交圈；隐蔽验收、施工记录正是检查图纸、方案、技术交底的内容是否做到位了，如不交圈就是自相矛盾。另外，工程变更中的内容，也应及时反映到各个相关资料中。

3　对应以往的工程资料常见问题，认真做好工程建档前的准备工作

3.1　工程开工前（或开工初期）

制订创优目标、签订创优协议。在工程施工前或开工初期，就应制订该工程创优的目标，并与相关各方签订创优协议。在选定创优目标时必须注意下列几点：首先，被选定的创优目标必须达到当地建设行政主管部门所规定的优质目标。其次，在与建设单位、设计单位、监理单位、勘察单位进行碰头会议时，向他们告知，最好是得到建设单位的支持。参建单位、专业分包单位、供货单位签订合同或协议时，对工程资料的技术标准、涉及内容、提供时间、套数（包括原件套数）等问题予以明确。对原材料进场报验时所注明的部位应有一个大致范围、资料报验、报审的时间和验收、审批的时间及各自应当承担的责任予以约定。要根据工程项目的规模、装修标准高低、工程的重要程度及影响、业主（建设方）的要求以及项目经理部的实力确定合理的创优目标和标准。再次，确定创优目标要切实可行，既不能不求进取也不能盲目冒进，制订不切实际的创优目标。

3.2　施工阶段

对各个单位工程的资料计划、准备情况要有一个预先评价，并及时督促总承包各施工管理部及参建单位完善相关资料。参建单位和专业单位必须每周将要发生的资料通过信息网络及时报送给总承包单位，总承包单位的资料管理人员监督其是否按规范和标准要求进行了报验和记录，并对违反规定的行为进行干预，每月末，总承包单位应对各专业分包单位的施工资料进行监督检查。

3.3 竣工阶段

总承包施工项目中的消防、电梯、人防、水质验收、燃气、变配电、园林绿化、亮化、市政管网、防雷检测、竣工测绘等对整个工程最终竣工验收影响较大。因此，总承包单位应将以上专业工程的施工单位和相关部门作为保证竣工验收重点管理内容，特制定以下措施，工程验收分解为事前（施工过程）、事中（过程检验）、事后（分项调试、综合调试及内检、外检和验收等）三大步骤，每个步骤再从专业特点分解为若干工序。针对以上项目进行责任分解和组合，明确其验收合格的措施及要求。

4 结语

工程资料是建设工程中必不可少的因素，也是工程施工全过程的依据。因此建设工程资料的编制也要以实体施工为中心，紧紧围绕如何更全面、更完美地展现建筑工程实体施工过程和施工质量进行编制。本文简单描述了优质工程的一些特点、在工程资料编制中应特别注意的事项及施工前、施工过程中、竣工阶段的事项，希望能为今后的资料创优提供经验参考。

参考文献

[1] 中国施工企业协会．国家优质工程奖评选办法：中施企协［2016］6号［S］. 2020年修订．2016.

[2] 中国建筑业协会．中国建设工程鲁班奖（国家优质工程）评选办法［S］. 2021年修订．2021.

[3] 湖南省建筑业协会．湖南省创精品工程过程检查实施办法：湘建协［2021］20号［S］. 2021.

[4] 湖南省建筑业协会．湖南省建设工程芙蓉奖评选办法：湘建协［2019］4号［S］. 2019.

[5] 中华人民共和国住房和城乡建设部．建筑工程施工质量验收统一标准：GB 50300—2013［S］. 北京：中国建筑工业出版社，2013.

[6] 江苏省市场管理局，江苏省住房和城乡建设厅．建设工程声像档案管理标准：DB32/T 4021—2021［S］. 南京．2021.

[7] 国家档案局．建设项目档案管理规范：DA/T 28—2018［S］. 北京：中国标准出版社，2018.

[8] 闫海滨，陈彩银．创优工程资料的编制和管理［J］. 建筑技术，2010（03）：516-518.

[9] 邓立．浅谈工程资料管理存在的问题及解决措施［J］. 建筑工程技术与设计，2017（04）：3992.

[10] 陈帼穗．大型建筑群质量创优中资料管理体会［J］. 广东土木与建筑，2013（01）：3.

建筑行业发生事故的致因分析和对策

李志忠

湖南省第五工程有限公司　株洲　412000

摘　要：目前我国建筑施工造成的伤亡事故屡见不鲜，这不仅对各建筑企业利益造成了重大的损害，同时也给人们带来痛苦和灾难，本文通过建筑行业的现状及事故发生的特点，分析出建筑行业事故发生的主要原因，提出相应事故的对策和建议，以减少或杜绝工程事故的发生。

关键词：建筑工程；伤亡事故；对策和建议

建筑行业是一个高危行业，施工作业人员具有多变和灵活的特点。建筑业的快速发展给我国经济建设注入了强大活力，但在发展的过程中不可避免地出现了一系列亟待解决的问题。在经济高速发展的同时，安全事故的频发严重制约了建筑业的高质量发展，因此预防和减少事故的发生变得尤为重要。

1　2021年建筑行业安全生产的现状

根据住建部门发布的2021年房屋市政工程生产安全事故数据一览表显示，2021年，全国累计发生房屋及市政工程生产安全事故734起、死亡840人。事故按照发生类型划分：高处坠落383起，占事故发生总数的52.2%；物体打击112起，占事故发生总数的15.2%；起重伤害55起，占事故发生总数的7.5%；坍塌54起，占事故发生总数的7.3%；机械伤害43起，占事故发生总数的5.9%；车辆伤害、触电、中毒和窒息、火灾和爆炸及其他类型事故87起，占事故发生总数的11.9%。全国共发生房屋市政工程生产安全较大及较大以上事故22起、死亡87人，与上年相比，事故发生数量减少1起、下降4.3%，死亡人数减少3人、下降3.3%。虽然事故总量下降、较大事故的发生率也同比下降，但事故发生次数和死亡人数仍然偏多，重大事故尚未完全杜绝，建筑业安全依然严峻。

2　建筑业事故发生的原因分析

2.1　安全管理制度不够完善

国家建设行政主管部门对建筑业的安全管理有相应的规范和文件，从事建筑业的各单位如按照规定严格执行，一般不会发生事故。但在实际的生产中，大部分的建筑企业安全意识薄弱，没有相应的从事安全生产管理的监督机构，很多从业人员在生产、生活中存在明显安全隐患，缺乏相应的保护措施，导致安全事故的发生。

2.2　安全生产投入不够

在现实中，建筑企业为了降低成本，对安全生产方面的投入一减再减。部分设备老旧，带病作业，致使因为机械本身原因造成事故。安全防护材料质量不过关，比如架管原材料锈蚀严重，壁厚远小于规范要求，使用过程中造成外架倾斜、倒塌，支模体系失稳等，导致安全事故层出不穷。

2.3　管理人员岗位责任落实不严

建筑企业没有专门的部门对安全施工进行监督和管理，对明显存在违章作业和安全隐患的地方，没有相关的管理人员进行提醒，很容易造成事故。有些建筑企业虽然配备了专门的部门和人员进行管理，但管理人员数量及管理水平参差不齐，对工人安全教育及安全管理流于形式，安全管理资料只为应付上级主管部门检查，没有落到实处。

2.4 施工者素质的缺失

在建筑施工中，工种多，专业工种少，人员流动量大。对于有丰富经验的专业工人工资一般都较高，有些建筑企业为了减少工资成本，招募了很多没有工作经验和操作技能的工人。对这部分工人的培训不规范，考核不专业，工人对基本的工作环境和工作程序都并不了解，最终由于安全生产意识不到位或者操作不规范而导致事故的发生。

3 预防工伤事故发生的对策

（1）作为建筑企业的管理者，应该完善管理机制，并根据市场的不断更新，与生产环境的不断变化，建立完善的建筑企业的管理制度，将安全管理的责任落实到实处，从而对施工人员的操作进行规范，减少安全隐患，减少安全事故的发生。同时设置专门的安全管理机构并配备足够从事安全生产管理的人员，定岗位、定职责、定人员，由此减少建筑企业生产过程中事故的发生频率。

（2）保证安全生产的投入，积极引进先进的生产设备，积极推进使用新材料、新工艺。提高施工的安全性，减少事故发生概率；建筑企业应加大对技术的创新与研究，推动科技成果的加速转化，建立健全安全生产的技术管理体系，培养专业的技术人员，生产前对生产过程中可能发生的安全事故进行排查、规避，生产过程中对可能发生事故的生产场所进行检查，预防生产过程中所造成的安全事故，从而保障人们的生命财产安全。

（3）培养专业的施工安全管理人员，加强学习，提高自我的安全管理水平，定期培训，使其始终保持高度的安全管理意识。建立完善的考核机制，奖惩结合，特别针对安全管理过程中专业素养不能满足安全管理要求的，或者安全生产管理过程中安全事故率高的施工人员，管理人员要及时发现，及时调整。

（4）加强对施工人员的教育培训，培训考试合格后方能进场施工。坚持新工人进场三级安全教育及施工技术交底，使其对其从事的工作环境、工作内容以及可能发生的危险均能有深入的了解，提高安全意识以及发生危险的应急处理能力。

4 结语

综上所述，如果在技术上与管理上加以完善与提升，可以减少事故的发生频率；对于建筑施工人员来说，减少建筑施工中所产生的事故可以保证自身的生命财产安全；对于建筑施工单位来说，可以减少施工伤亡事故所带来的经济损失；对于整个国家来说，也可以提高国民经济效益。本文从建筑施工的现状入手，分析在建筑施工的过程中导致伤亡事故的主要原因，及如何从根源上预防工程伤亡事故的发生，旨在推动建筑事业的高质量发展。

参考文献

[1] 赵挺生，卢学伟，方东平．建筑施工伤害事故诱因调查统计分析［J］．施工技术，2003（12）：108.
[2] 陈文军．建筑施工高处坠落的原因及对策［J］．宁波大学学报（理工版），2007（3）：132.
[3] 朱飞．建筑施工伤亡事故的致因分析和对策［J］．江西建材，2016，11（09）；267.

浅谈种植屋面虹吸排水与传统防水的优劣对比

蔡　晓

湖南省第五工程有限公司　株洲　412000

摘　要：本文将重点阐述种植屋面采用虹吸排水系统和传统做法的工作原理及防水效果的优劣对比。

关键词：种植屋面；虹吸排水；重力式排水；防水效果

1　前言

由于国家大力发展海绵城市建设，推进城市建设绿色化发展，近年来，绿色建筑逐渐进入人们的视野，立体绿化、屋顶花园成为开发商的新宠。怎样更有效地解决种植屋面防水与排水这一难题，虹吸式屋面排水系统逐渐走入人们的视线。它有异于传统种植屋面重力式排水的特点，作为新材料、新技术、新工艺，目前正处于推广阶段。它与传统做法各有利弊，工程需根据实际情况合理区别运用。

2　工作原理及应用范围

2.1　虹吸式排水系统原理

虹吸式排水系统也称压力流雨水排水系统，是利用伯努利方程进行排水管道内压力计算，通过管道、管配件的管径变化从而改变排水管道内的压力，形成满管流，在压力的作用下快速排水的系统。采用特殊设计的雨水斗，使雨水在很浅的天沟水深状态下，即可在管道中形成满流状态，利用建筑的高度和落水的势能，在管道中造成局部真空，使雨水斗及水平管中的水流获得附加压力，造成虹吸现象。

应用范围：它广泛应用于大型商场、厂房、体育馆、展览馆、机场等跨度大，结构复杂的屋面，利用“虹吸”原理，采用屋面“雨水虹吸”，是解决屋面排水的有效途径。

2.2　传统重力式排水系统原理

传统重力式排水系统的原理是利用屋面结构或者建筑上的坡度，让水自然地流入屋面雨水斗，再依靠重力作用顺着排水立管流下，有组织地排到室外雨水管网系统。

应用范围：非结构复杂的大型屋面均可应用。

3　两种排水方式对防水效果的影响

3.1　虹吸式排水系统下的种植屋面

PDS防护虹吸排水收集系统是一种零坡度、有组织排水收集系统，它的排水原理是土壤渗入水不断通过高分子防护排（蓄）异型片流至虹吸排水槽，在虹吸排水槽上安装透水管，虹吸排水槽内水在空隙、重力、透气的作用汇集到出水口，出水口通过管道变径的方式使虹吸直管形成满流从而形成虹吸，虹吸排水槽内的水不断被吸入观察井，对植物进行浇灌，从而对雨水进行循环利用。

若虹吸排水槽与高分子防护排水异型片、透水管质量不合格或者管材连接焊接不到位，均会影响排水槽内水的汇集和排放，无法进行有组织排水，因此，对材料和施工精度要求极高。如施工工艺能达到虹吸排水系统的理论要求，此方法便于装修，更为美观。若材料及施工工艺达不到要求，将造成一定的渗水隐患。

PDS系统种植屋面构造做法：建筑顶板→找平层→防水层→蓄排水板→过滤层→种植土。此法取消了找坡层、隔离层、保护层，整个屋面为零坡度。

PDS系统施工工艺：定位规划弹线→铺设粘霸→铺设虹吸排水槽→铺设异型片→安装观察管和防尘盖→铺设土工布→安装虹吸管→安装观察井→安装雨水回收系统。

排水槽原理：虹吸排水槽将种植屋面分成若干个排水区域，渗透水通过高分子异型片汇集到虹吸排水槽，虹吸排水槽内的水通过空隙、重力和透气汇集到出水口，形成分区域有组织排水。

虹吸排水槽与高分子防护排水异型片的搭接：虹吸排水槽下方铺设330mm宽粘霸，虹吸排水槽沿粘霸中心线粘贴固定，排水槽两侧的粘霸宽度必须满足≥60mm宽，高分子异型片沿虹吸排水槽边铺设，黏结固定。最后将600mm宽土工布覆盖在土工布上，并用密封胶密封。

高分子防护排水异型片的搭接：在防水层上铺设粘霸→高分子异型片沿粘霸中心线平缝黏结→在下层土工布复合面上涂抹胶水→接缝处土工布复合，宽度150mm。

由此可以看出，整个排水系统的雨水收集排水槽和过水的异型片直接采用粘霸粘贴在防水层之上，且虹吸排水槽和高分子异型片及高分子异型片之间都是采用粘霸进行粘贴，粘霸的质量是否合格，施工程序是否符合要求，在整个虹吸排水系统中起到至关重要的作用。

3.2　重力式排水下的传统种植屋面

传统种植屋面防水构造做法：建筑顶板→找坡层→找平层→防水层→隔离层→排（蓄）水层→过滤层→种植土。

传统的屋面防水做法是首先清理基层，涂刷基层处理剂，防水卷材施工，附加层施工，铺贴卷材，做24h蓄水试验，不渗不漏为合格，否则应返工，重新进行蓄水试验，合格后方可进行防水保护层施工，最后再进行成品保护，这样可以保证防水效果，及时找出薄弱部位并进行修整，确保防水施工质量。

4　优劣对比

虹吸排水系统的核心技术是虹吸雨水斗和管道系统水力计算。其材料属于专业厂家的定型化产品，专业性强且技术保密性强，因此防排水、防水效果很大程度上取决于材料厂家的资质和力量。因此，从施工工艺角度来看，传统做法质量更容易保障。

虹吸排水系统的排水能力是按照极限排水量取值，已达到实际最大值，没有安全余量，系统本身不能负担超过设计值的雨水量。当屋面雨水量超过设计排水量时，屋面容易积水。因此，从排水安全方面来看，传统的重力式雨水系统要优于虹吸雨水系统。

但虹吸排水系统可实现零坡度排水，可取消找坡层，利用虹吸的原理可减少雨水斗、雨水管数量及口径，减少相对应的雨水出户管水量和室外雨水检查井数量。同时它的水力条件好，排水量是同等口径的重力流雨水斗的3~4倍，并能承担更大面积的屋面排水，而且节省管材和方便施工，满足现代大型屋面排水的需求。

虹吸排水系统在江苏、云南等省运用较广，有普遍的成功案例，且出台了相关省级的PDS防护虹吸排水收集系统应用技术规程、市级海绵城市建设技术标准及标准图集，是可借鉴的具有持续推广价值的新技术。此技术在湖南处于不断实践与推广阶段，目前有部分成功案例，例如长沙绿地香树花城三期小区屋面及车库顶板防护虹吸雨水收集系统（PDS）是将高分子防护排（蓄）水异型片上多余的水通过虹吸排水槽收集至 PPL 集水笼，雨水收集面积 $15000m^2$，集水笼容积 $48m^3$，每年可收集雨水约 4000 多 m^3，雨水收集后可做园林浇灌用水，节约水资源。

5　结语

凡事有利必有弊，需辩证地看待两种做法，各有可取之处。在方案比选时，要充分了解建筑特点、使用功能，合理分析所处环境，综合选用最合适的方案。对于大型屋面、车库顶板，当重力流雨水系统无法满足排水要求的情况下，可采用虹吸排水系统做法；而对于小型屋面建议采用重力流排水系统下的传统做法。

参考文献

[1] 中华人民共和国建设部．建筑给排水及采暖工程施工质量验收规范：GB 50242—2002［S］. 北京：中国计划出版社，2002.

[2] 中国建筑设计研究院·建筑给排水设计手册［M］. 2 版．北京：中国建筑工业出版社，2008.

[3] 中华人民共和国建设部．建筑给排水设计标准：GB 50015—2019［S］. 北京：中国计划出版社，2010.

建筑工程施工安全管理的问题及对策研究

周　毅

湖南省第五工程有限公司　株洲　412000

摘　要：建筑行业由于本身的特性，安全管理极为重要。本文首先介绍了课题相关研究现状，并阐述了建筑工程施工安全管理相关概念及特点。然后通过分析我国建筑施工安全管理现状，指出现存问题及原因，发现制约我国建筑工程施工安全管理的原因包括人员安全意识淡薄、行业监管不完善、安全业绩指标体系不健全、安全教育培训不到位。最后分别从提高安全意识、构建全员参与的安全管理体系、建立合理的安全工作业绩指标、加强建筑施工安全教育等几个方面入手，提高建筑施工安全管理。

关键词：建筑工程；安全管理；对策研究

1　引言

随着社会的进步和经济的发展，安全问题正越来越多地受到整个社会的关注与重视。搞好安全生产工作，保证人民群众的生命和财产安全，是实现我国国民经济可持续发展的前提和保障，是提高人民群众的生活质量，促进社会稳定与创造和谐社会的基础。本文对建筑工程项目施工安全管理存在的问题进行详细分析，为此提出切实可行的相应对策。安全生产施工的整个过程都是由施工项目来引导完成的，在施工项目的运作过程中，始终对生产因素的安全性进行检查，对于在施工过程中出现的不安全因素进行减少或消除，保证施工项目的顺利完成，进而保证建筑项目的整体工程质量。本文希望通过对工程建设中存在的各种问题进行研究，找出其改进办法，更好地去处理实际工程质量治理中出现的问题，从而更好地提升房屋建筑工程质量治理措施。

2　建筑工程施工安全管理现存问题

2.1　安全意识淡薄

所有工作的起始必然是人的思想工作，大多数企业都设立安全部门，负责安全生产监督管理工作。某些企业的安全管理人员，仅仅为了应付检查把安全工作停留在纸上（制定安全生产方案、签订责任书、填写记录表格），没有把安全工作落在实处，使得本应贯彻的安全生产工作严重滞后、失管，隐患频频发生。另一方面作为企业管理层的某些领导在面对经济效益和安全成本投入时，出现了选择上的两难，认为安全投入是增加经营成本，降低利润，从认识上忽视了安全生产对企业发展中发挥的决定因素。更有甚者认为工地出现事故是正常的，事后补救赔偿就可以了。

2.2　行业安全监管有待完善

我国随着城市化的飞速发展，建设项目庞大，但是监督队伍却存在力量薄弱的现象。据有关资料统计，由于安全执法人员力量的不足，每位安全执法人员平均要监管将近百余个施工工地，检查效果可想而知。检查的方式存在不足，在执法检查前一般都采取事先通知的形式，告诉被查单位具体的检查时间、检查内容，给检查工作造成一种平时想怎么干就怎么干，只要检查前做好准备应付检查即可；检查工作流于形式，检查结果的真实性和可靠性有待商榷。

我们某些地区的领导为了保护自己在任期内的政绩，对于已经发生的安全事故存在大事化小、小事化了的想法，出于自身政绩考虑采取瞒报、漏报甚至不报的情况频频出现。能私下解决最好，实在不行就把问题轻描淡写地一笔带过，使得安全检查中发现的违法问题不能受到法律的制裁。

2.3　建筑安全业绩评估指标体系不健全

通过“安全检查评分表”给建筑企业打分，是目前安全检查执法机构进行业绩评估的主要方式。这种方式存在一定的弊端，其无法持续反映项目施工安全的状况，是一种被动的检查，并且存在偶然性。根据统计显示，每当开展安全检查的一段时期内，安全形势一片大好，但是检查结束后，各类安全事故又开始萌发。而且通过“安全计划评分表”这种模式，只是能反映本期安全检查，被查单位目前是否符合相关制度要求，没有一个持续性的跟踪对照。制定一个符合我国建筑业安全业绩指标体系，有助于政府安全监督管理机构、甲方、保险公司等单位掌握施工企业安全状况和业绩的需要，从而使得建筑企业更加注重本企业的安全工作提升安全形象，在市场竞争中力争上游。

2.4　安全教育培训不到位

建筑业目前大部分的一线劳动力多采用劳务分包的形式，这些人大多是来自农村。他们总体文化水平偏低，缺乏安全防护意识，安全技术技能也相对较低，再加之这些人的流动性较大，所以企业对他们的培训教育也是草草了事，不投入过多的时间精力。这些人中，作为最基层的操作者占有很大比例，在作业过程中不了解安全知识，安全意识严重不足。每当安全事故发生时，重伤、死亡的人员基本都是这部分人群。使项目的全体成员具备基本的安全意识是保障项目安全实施的首要任务。作为参与项目的某些管理者，自身不重视安全生产工作，抱有侥幸心理，认为安全培训可有可无，没有将施工现场的安全工作摆在首位，轻视、漠视安全工作。公司领导对建筑安全的重要性缺乏理解与认识，重视程度不够，把安全生产工作只停留在表面，纸上谈兵，没有落到实处，从而导致安全事故的发生。

3　建筑安全管理存在问题原因分析

3.1　缺乏正确安全意识

企业的发展离不开科学的管理，任何工作的开展都应该以人为本，无论是管理者或者被管理者，首先要在思想上正确认识安全工作。被动地从“要他安全”转换到“他要安全”是一个漫长而艰巨的任务。使管理者消除侥幸心理，树立正确的安全观念；充分发挥员工或被管理者的主动性、自觉性和积极性，是安全管理最终目标。

3.2　安全监督行业管理水平有待提高

由于我国建筑业飞速发展，施工企业数量和规模增强迅速。相较前者而言，建筑行业安全监管人员数量、文化程度技能水平的增长幅度明显滞后。目前由于体制原因，政府部门存在着权责分离、职能重叠的现象，对施工安全问题，出现多部门同时监管，各自管理要求不一致，导致形不成合力，施工企业疲于应付各方检查。另外作为执法者，本身应该具有良好职业素养，但现状往往是事与愿违，给建筑工程安全也带来不同程度的影响。

3.3　建筑安全业绩评估指标缺乏全面考虑

企业安全业绩评估体系片面地追求以结果为导向的评估方式，未能将过程中的资源投入到考核体系。由于事故的发生具有偶然性的，存在严重安全隐患的施工企业，既没有及时整改，领导也未加以重视，虽然事故没有发生，但长此以往容易滋生侥幸心理。最终酿成大祸。正确反映施工企业安全生产业绩的考核体系，是需要结合我国现阶段建筑业发展水平、过程导向与结果导向相结合、体现建筑安全管理特点等要素的综合指标来研究制定的。

3.4　人员素质偏低

随着科技的发展，涌现出越来越多的新技术新设备，这需要施工人员具备相应的知识水平和技术能力。但反观我们的施工队伍，绝大多数人员来自农村，文化程度普遍不高，安全意识淡薄，缺乏对工作的责任感，再加上企业对他们的培训不足，成为发生安全事故的潜在隐患。施工企业应随着现代技术的提高，开拓教育的新方法，通过体验式安全教育、VR 技术、技能比武等多种形式，让每位施工人员具备与现行行业规范相符的职业技能和安全意识。

4　建筑工程施工安全管理的对策研究

4.1　提高各层级安全意识

要从管理层入手，让企业的高层明晰安全工作的重要性，执法守法。一个企业如何开展安全生产管理，取决于企业高层的安全意识，一个没有安全观念只考虑经营业绩的领导将无法实现企业安全生产。目前的建筑业市场竞争激烈，某些企业为了在市场中生存，追求盈利，不惜以安全为代价降低安全投入，认为事故不会发生在自己的身上。更有甚者，特别是中小型建筑企业，对于安全投入更是无知而无畏，为了盈利可以牺牲一切，在面对安全与利润的选择上，只看到后者，使得本应投入到安全上的资金一降再降，安全工作变成了空架子。通过现象分析本质，企业的一把手能否执法守法，具备相应的安全意识是企业做好安全生产的首要任务。

4.2　加强安全监督队伍建设

随着我国的经济改革，市场经济得到飞速发展，大量的就业机会吸引农民工进城就业，建筑业市场随之扩大。但发展中人们只看到了经济利益，忽视了安全的重要，没有把人的生命放在首位，因为建筑施工导致的重大事故频频出现，造成的经济损失数额巨大，重伤或者死亡的基本都是这些来自农村的农民工。

大多数农民工由于文化素质较低，缺乏专业的培训教育，不能做到安全作业，也不具备相应的安全意识，从意识上就错误地认为事故都是无法避免的。还有就是作为企业安全相关制度的缺失，为了获得利润最大化，一味地压缩工期，降低安全监管力度，忽视安全管理，以致发生事故造成一个个鲜活的生命灰飞烟灭，企业的经济和社会影响受到灭顶之灾。所以说，企业的发展是靠经营获取利润，而平稳的经验发展，是需要安全生产保驾护航的，一个有效的安全保障系统和牢固的安全思想意识，是每个企业安身立命之本。无论是政府还是企业，面对安全管理工作，都应该强化安全监管机制，建立安全监督部门并设立专职安全监督员。通过法律的手段对生产过程进行监督管理，贯彻落实安全生产岗位责任制度，用责任说话，学习掌握各级法律法规和相应的规范要求，使安全生产能够长期保持制度上的正常运行并发挥其预期功能，有效地将事故遏制在初期，降低事故的发生率，让企业的运行平稳有序、健康持久。

4.3　健全建筑安全工作业绩评估指标

首先，要充分适应建筑安全管理特点。建筑安全绩效指标评估工作涉及两个重要的环节：一个是建设主管部门，另一个是安全生产工作，两个缺一不可，如何有机地融合两个重要元素，是主要任务。所以在指标体系的设计阶段，应该充分考虑建筑业安全管理的特点。

建筑业相比其他行业有共性也有其特殊性，建筑业具有涉及领域较多，工艺复杂，安全管理工作的管理对象类型多、职责范围交叉、工作环节众多等特点。所以我们不应该直接将政务绩效评估的指标模式套用在建筑业，应该充分考虑建筑业的生产特点，结合客观实际制定出与建筑业特点相适应的、可持续的安全管理政策和绩效评估指标模式，既充分集合建筑业实际，又有体现建设主管部门安全管理生产的特点。

其次，要将过程与结果导向相结合。结果导向模式是以最终结果是否达到既定目标为判断依据，对如何实现这一目标所采用的措施和办法并不重视。过程导向则正好相反，注重为了达到既定目标的过程环节即“过程决定结果”，把重点放在项目实施期间的制度建立，着重过程引导结果这一原则。综上看来把两种理念有机地结合才是推动绩效评估工作的科学手段，因此只有我们合理妥善地将这过程导向和结果导向原则相互结合，才能使评价指标体系具有全面性。

4.4　健全安全教育培训管理体制

首先，各地市建筑工程施工安全监督管理部门，要建立专门的安全培训机构，负责组织管理和指导本行政区域内建筑施工企业安全教育培训工作。建筑施工企业要设置专职安全培训部门或配备专职安全培训管理人员，具体落实本企业安全教育培训工作。

其次，建筑施工安全培训管理部门制定并组织落实本行政区域内建筑业企业职工安全教育培训规划和年度计划。建筑总承包企业，每年年初把本企业职工安全教育培训规划和年度计划报建筑工程施工安全监督管理部门备案。

最后，认真落实住房城乡建设部《建筑企业职工培训教育暂行规定》，实行分级培训，统一管理。省级培训机构重点负责施工企业、项目部负责人和专职安全管理人员以及特种作业人员安全培训考核发证工作；各地市有条件的建筑施工企业，经市一级建筑安全监督管理机构审核确认后，可以对本企业职工进行安全培训工作，并接受建筑安全监督管理机构的指导和监督；其他建筑施工企业安全培训工作，由建筑安全监督管理机构负责组织实施。

5　结语

建筑工程安全管理的研究还将在很长一段时间里作为我们关注的一个重要课题，需要通过我们的努力，结合我国实际情况，强化政府监管力度、提高企业安全管理水平，降低建筑工程事故发生的概率，有效保障人民生命财产的安全，企业的健康发展以及社会的稳定。

参考文献

[1]　钟起全．探究建筑工程施工管理中存在的难点问题及优化策略［J］．中国建设信息化，2020（23）：62-63.

[2]　许文鹏．建筑工程施工安全管理工作的浅析［J］．建筑与预算，2020（11）：29-31.

[3]　谷鹏举，于龙，徐旭．建筑施工现场安全管理问题分析及对策［J］．建筑安全，2020，35（03）：28-30.

[4]　李锦涛．建筑工程施工过程中安全管理问题和对策解析［J］．建材与装饰，2020（02）：191-192.

[5]　罗娥樱，潘年相．建筑工程强化建筑工程安全管理策略分析［J］．建材发展导向，2020，18（24）：73-74.

浅谈引水工程中 PCCPDE 管的施工质量管理

尹家龙

湖南省工业设备安装有限公司　长沙　410007

摘　要：PCCPDE 管是作为国内近年推广的新型管材之一，具备耐压强度高、抗渗密封好、施工简单便捷、使用寿命长等优势，结合了预应力混凝土管与钢管两者的优点，特别适应于大管径和高承压的项目要求，已在多数的引水工程项目中得到了应用。文章通过某市自来水公司引水工程的施工实践，分析 PCCPDE 管在施工阶段的质量管理，为类似项目的实施提供借鉴。

关键词：引水工程；PCCPDE 管；管道施工；质量管理

1　工程概况及管材简介

某市自来水公司的引水工程，输水路线约 73.2km，为单管敷设，主要采用 PCCPDE 管，管径为 DN1400~DN1600，全段公称压力为 0.6MPa。

PCCPDE 是双胶圈埋置式预应力钢筒混凝土管的简称，是指由钢筒及其内、外两侧混凝土层组成管芯，并在管芯混凝土外侧缠绕环向预应力钢丝，然后制作水泥砂浆保护层，接头采用了两根橡胶密封圈进行柔性密封连接的管子。本工程所用管子的外形尺寸信息如图 1、表 1 所示。

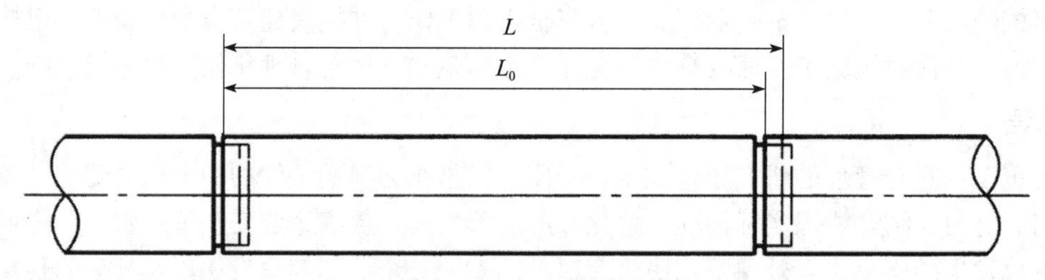

图 1　PCCPDE 管外形

表 1　PCCPDE 管基本尺寸　mm

公称内径 D_0	最小管芯厚度 t_c	保护层净厚度	钢筒厚度 t_y	承口深度 C	插口长度 E	最小承口工作面内径 B_b	最小插口工作面外径 B_s	接头内间隙 J	接头外间隙 K	胶圈直径 d	有效长度 L_0	管子长度 L	参考质量 (t/m)
1400 1600	100	25	1.5	160	160	1503 1703	1503 1703	25	25	20	5000	5135	1.53 1.74

PCCPDE 管结构示意图如图 2 所示。

2　施工工序

PCCPDE 管施工工序如图 3 所示。

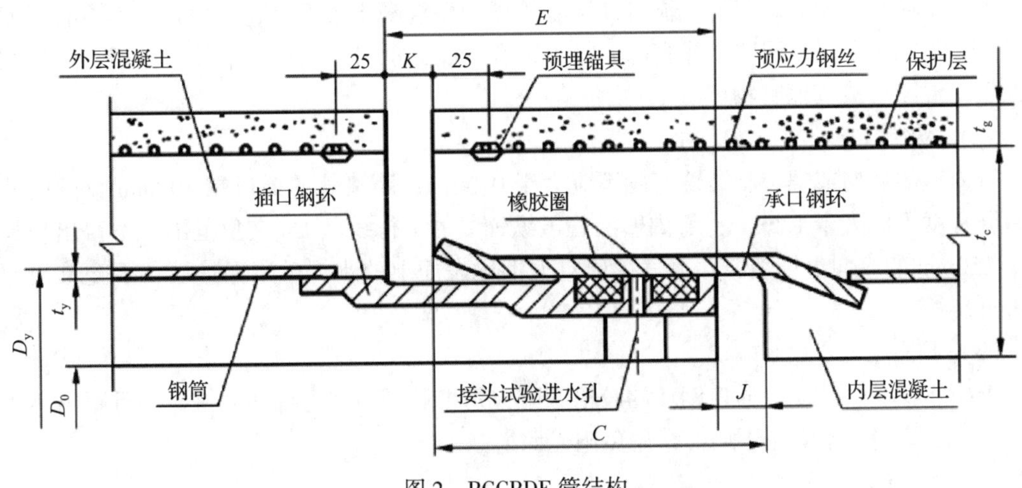

图2　PCCPDE管结构

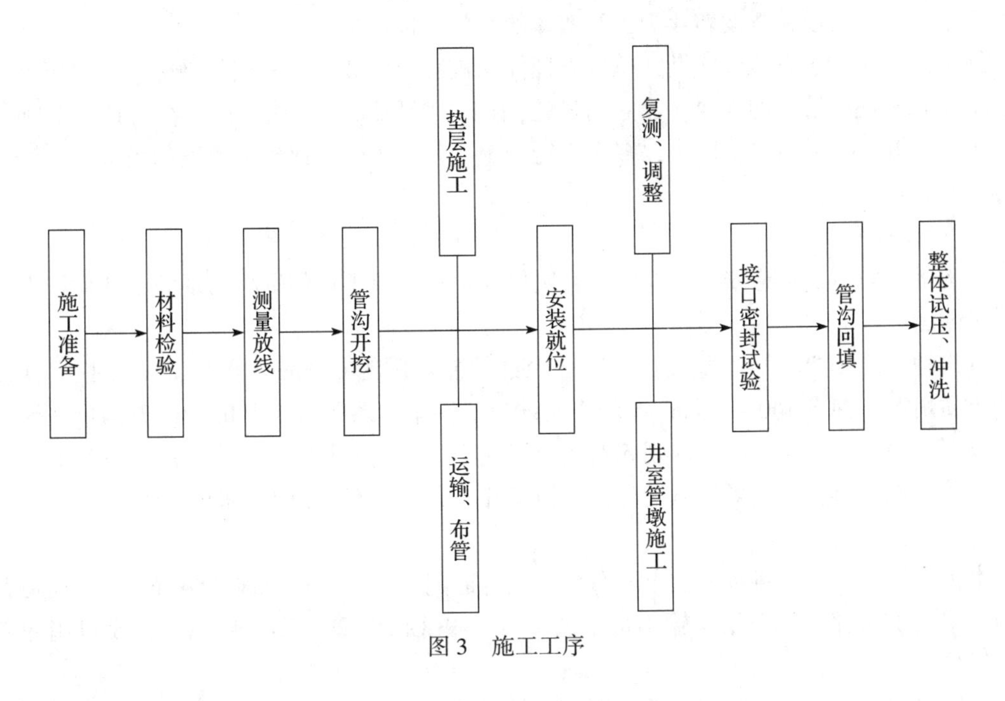

图3　施工工序

3　质量管理

3.1　质量管理体系

施工准备阶段，组织进行合同和设计方案的交底以及图纸会审工作，确立项目质量控制目标；成立项目质量管理架构，明确各岗位的质量管理职责；组织编制施工组织设计、质量计划、检试验计划、质量验收制度等管理文件，构建质量控制流程；最终，建立健全项目质量管理体系。

3.2　关键工序的质量控制措施

3.2.1　材料验收

材料验收是质量控制的首要环节，施工前应先进行材料验收工作，并核对出场证明书。

（1）外观质量

管子外壁水泥砂浆保护层，不应有剥落、分层、空鼓现象；管子承口、插口端部的管芯混凝土，不应有掉角、缺料、孔洞等缺陷；管子内壁混凝土表面应光洁平整，不应有深度或直径大于 10mm 孔洞、凹坑、蜂窝麻面等不密实情况；承口、插口的钢环工作面，不应粘有水泥浆、混凝土或其他脏物。

（2）裂缝检查

管内壁的环向或螺旋状裂缝宽度不应大于 0.5mm；距离管的插口端 300mm 范围内的环向裂缝宽度不应大于 1.5mm；管内壁沿管子纵轴线的平行线呈 15°夹角范围，不得出现长度大于 150mm 的纵向可见裂缝；覆盖在预应力钢丝表面上的水泥砂浆保护层，不允许出现任何可见裂缝。

（3）胶圈

胶圈体积、尺寸应与插口钢环的胶槽匹配；每根胶圈最多允许 2 处拼接，且距离不小于 600mm；胶圈储存于阴凉干燥处，避免阳光照射。

3.2.2　测量控制

测量控制是将设计方案转化为工程实体的有效保证。

施工前，应与建设单位或勘察单位办理控制桩移交手续，并复核其坐标、高程等是否无误；根据施工现场情况的需要，建立测量控制网；“勤测量、严控制”，在管道安装前、安装过程中、安装完成后等工序中，多次进行测量、复核工作，以确保管道的坐标、高程、流向等符合设计要求。

3.2.3　管沟地基

管沟地基质量是管道安装的保障，否则极易出现管道不均匀沉降的现象，从而引发严重的质量问题。

管沟地基应按要求开挖至设计高程，允许偏差范围为±30mm，严禁无故超挖；视开挖后的土质情况，铺设 150~300mm 厚的中粗砂垫层，压实系数不低于 0.90；若沟槽底遇到淤泥、卵石、岩石、硬质土、不规则碎石块及浸泡土质，应将其挖除后作相应的管基处理；管道经过软弱地基时，视现场具体情况，作换填片石或打碎石桩加固等措施处理。

3.2.4　管道安装

本标段管线沿北环路敷设，布置在北侧人行道侧，距道路中心线 38~46m，运输道路较便利，采用 13m 平板车单层运输不可堆放，需将 PCCPDE 管绑牢、垫稳、管段口用橡胶垫包裹保护。

吊管采用汽车吊并在专职起重指挥员指挥下进行，采用尼龙带或钢丝绳双支点进行兜身吊装，吊装着力点平衡、均匀、稳固（图 4），禁止穿心吊或单根绳索单支点吊装。

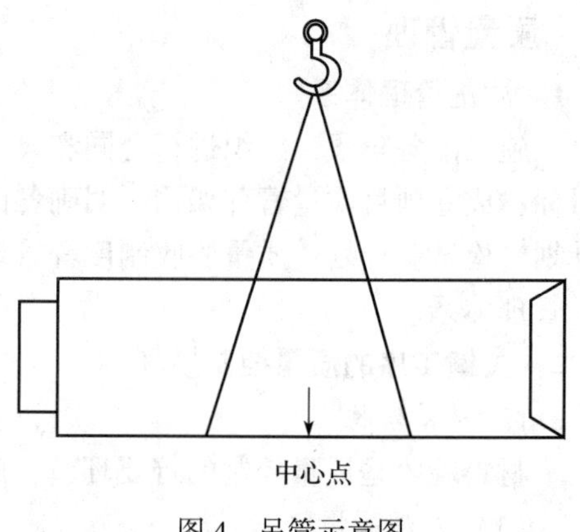

图 4　吊管示意图

管道安装前，先用清水清理管段承口、插口及橡胶密封圈，并用干净的塑料布包扎防止污染，同时清除干净管内杂物；胶圈润滑剂由配套厂商提供，涂抹部位为胶圈及承口扩张部分，应均匀涂抹，并将胶圈在两手之间转动，检查润滑剂是否涂好。胶圈安装后，应与插口凹槽、管壁均匀平整贴合，不扭曲歪斜。

管道承口朝来水方向，承插口的安装过程宜平稳，缓慢控制接头处的内外间隙为25mm，接口的允许转角不大于1°。管口承插完毕后，用钢尺检查接头内外间隙，沿圆周每200mm检查一点，经检查确认接口安装符合要求后，方可进行接口密封试验。

当管线转角大于3°或安装阀组时，需采用PCCPDE厂家配套的钢制插口、承口，将PC-CPDE管转换为钢管段后安装。

3.2.5　管墩施工

为保证管线运行稳定性，在井室、弯头、三通等处应设固定支墩。

管墩与锚定件位置准确、牢固；管墩设置在坚实地基上，水平管墩后背应为原状土，与土体紧密接触，若有空隙应以管墩材料填实；管子安装完毕，应将管道表面清理干净后，再进行管墩施工；管墩强度达到设计强度后，方可拆除临时固定支架和水压试验。

3.2.6　接口密封试验

PCCPDE管安装后，进行接口密封试验的目的是检查两道胶圈与管壁接合紧密、符合设计试验压力；采用手动试压泵连接插口端的注水孔，宜进行三次接口密封试验，试验压力为2倍设计压力且不小于0.2MPa，恒压2min，无压降则为合格。

第一次试验是在管道承插口对接完成后，验证橡胶圈与承插口间隙的密封性；第二次试验是在后一节管道安装后、前一节管道接口再重新做一次，防止后一节管道安装不当而引起前一节管道接口的扰动，也是对第一次试验的复核；第三次试验是在管沟回填后、整体试压前，排除管沟回填不均匀密实而造成管口偏移，以确保管段整体试压的成功。

若接头处出现渗漏现象，可能是胶圈安装时破裂或安装不到位，应将管子抽出后重新安装、试验；接头密封试验合格后，用1∶2.5防水砂浆将接头内外间隙封堵。

3.2.7　管沟回填

管沟回填是管道工程中的重要工序，回填的质量好坏直接影响管道的安全，须严格按照设计及规范要求实施。

管道安装完成并经验收合格后，应及时进行沟槽的回填；回填前应清除沟槽内杂物，并排除积水；回填材料不得含有石块和砖块，压实系数应满足设计要求；管道两侧至管顶的回填土应对称均匀摊铺，严禁单侧回填，防止管道出现轴线位移和接口变形；沟槽底至管道顶500mm范围内的回填料，采用人工分层夯实，每层回填高度不大于300mm；夯填时应夯夯相连，重叠的宽度不得小于200mm，分段回填时不得漏夯。管沟回填分区如图5所示。

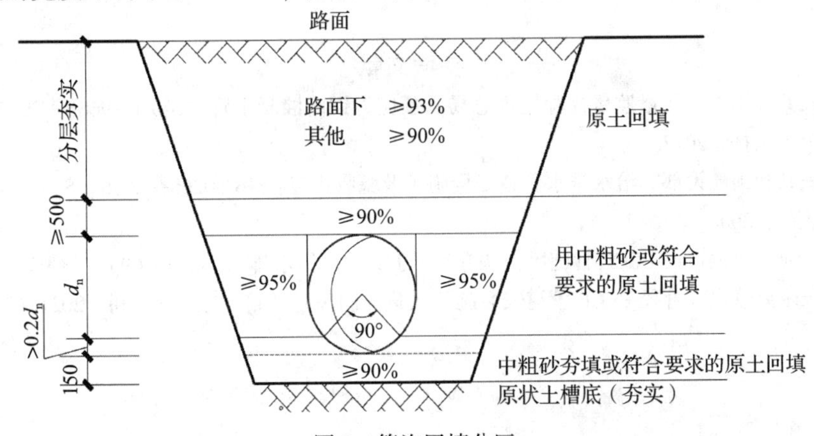

图5　管沟回填分区

3.2.8　水压试验

水压试验是管道施工整体质量验收的重要环节，是新建管道转入投产运营的关键保障。

管道水压试验应分段进行，每段不宜超过 1km。本工程试压段划分特点是利用两端长度 20m 以上的钢管段加盲板作为试压的后背（图 6），工作原理是以钢管和土体的摩擦力和管端的推阻力，平衡管道试压时压强在管端的推力。

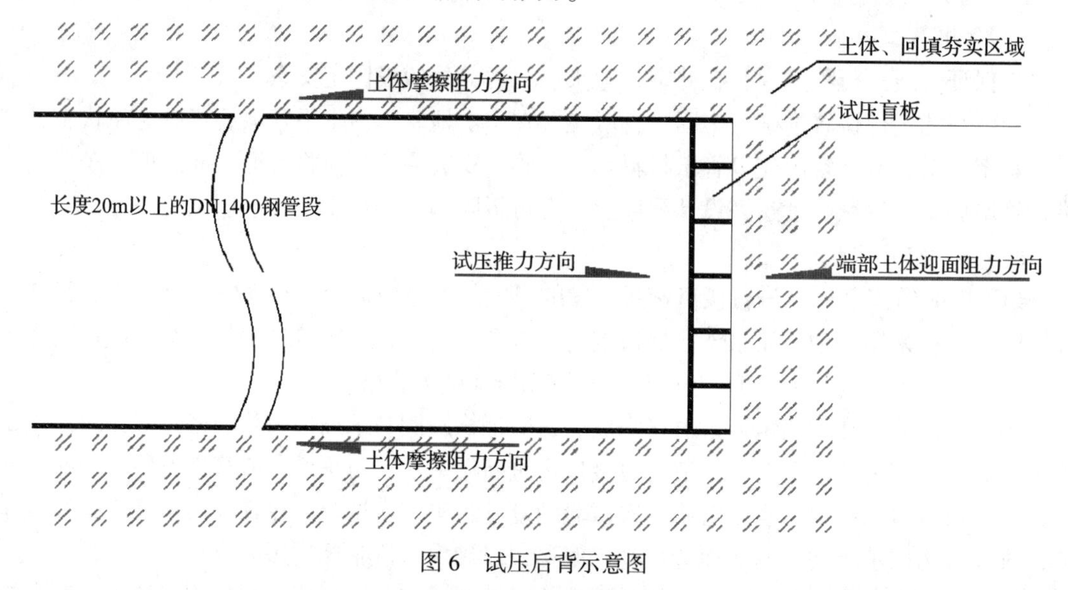

图 6　试压后背示意图

试压前，除管道接口外，要求管沟回填至管顶 1m 左右以作配重，试压盲板后背为原状土，若土质松软时应采取加固措施，以确保管段试压过程固定不偏移；试压表至少在管段最高点、最低点设置 2 块，并经检验合格；管段宜在高处设置排气点、低处设置排污点；试验管段先用无压水浸泡 3d 以上，再进行试验；试压过程应缓缓升压至试验压力 0.9MPa，稳压 30min、压力降幅不大于 0.03MPa 即为合格。

4　结语

综上所述，本文结合某引水工程，从质量管理体系和关键工序质量控制措施方面着手，最终确保本工程顺利完工、竣工验收一次合格，同时，也为新型管材之一的 PCCPDE 管在后续同类项目的施工质量管理工作积累了经验。

参考文献

[1]　中华人民共和国国家质量监督检验检疫总局．预应力钢筒混凝土管：GB/T 19685—2017［S］．北京：中国标准出版社，2017.

[2]　中华人民共和国建设部．给水排水管道工程施工及验收规范：GB 50268—2008［S］．北京：中国建筑工业出版社，2008.

[3]　唐忠德，应宪．大口径 PCCP 管施工方法介绍［J］．中国给水排水，2002（9）：88-90.

[4]　张旭．长距离输水大管径 PCCP 管道安装施工质量控制探讨［J］．内蒙古水利，2021（7）：66-68.

35kV 变压器 10kV 侧绝缘击穿事故的分析

周　南　赵思亮

湖南省工业设备安装有限公司　长沙　410007

摘　要：2020 年 12 月，某发电厂 2 号厂房 10kV 高压配电间 394 开关柜（变压器开关柜）出线电缆终端头起火，在操作 394 开关分闸时，引发对应的 35kV 4 号主变 C 相低压侧（10kV）绝缘击穿，造成该变压器返厂维修。为防止类似情况的发生，提高工程质量和应急处置能力，本文结合事故分析及措施综述如下，以供参考。

关键词：ECS 系统；主变低压侧；绝缘击穿；操作过电压；故障录波

9：12：34 电气 ECS 报警，4 号发电机后备保护“基波定子接地保护”报警，检查发电机运行情况及 10kV Ⅳ段母线 ECS 盘面参数情况：10kV Ⅳ段母线电压不正常，B 相电压为 0，A 相、C 相电压升高至线电压 10.7kV，零序电压 3U0 为 9.7kV。判断 10kV Ⅳ段母线 B 相接地并至现场检查（图 1）。

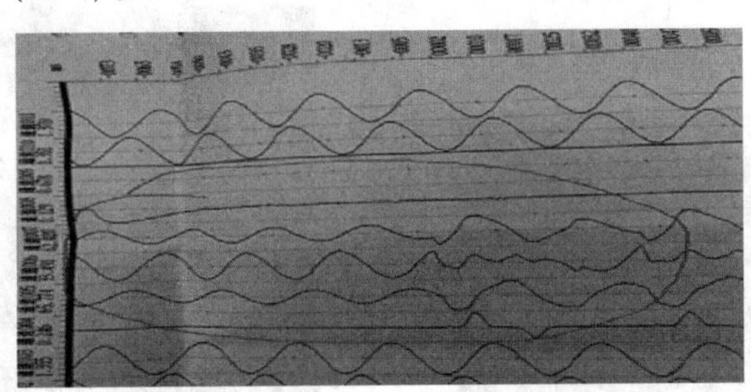

图 1　电缆 B 相绝缘击穿后，B 相电压为零，B 相单相接地（ECS 记录）

9：22 检查发现 2 号厂房 10kV 配电室冒烟，35kV4 号主变 10kV Ⅳ段母线末端某开关柜内有明火，判断为 10kV Ⅳ段母线 TV 3X44 开关柜着火，值长下令立即开始将该 10kV Ⅳ段母线上的负荷进行转移并停电。

9：58 现场观察开关柜内无明火，烟量较小，靠近检查，发现 4 号主变 10kV 联络线 394 开关柜下端头电缆 B 相有明显烧焦的痕迹（图 2）。

10：04 现场人员发现 4 号主变 10kV 联络线 394 开关柜下端头复燃，向中控室汇报后立即撤出 2 号厂房 10kV 配电室。

10：05 中控室确认人员全部撤出后将 4 号主变 10kV 联络线 394 开关断开，此时现场人员听到开关柜内有较大的电弧放电声，同时 4 号主变跳闸，报“比率差动保护”“本体重瓦斯保护”，汇报调度，申请将 4 号主变转检修检查。

11：44 将 4 号主变转检修，对 4 号主变进行检查。

13：08 对 4 号主变进行油质取样分析。用 2500V 兆欧表摇测 4 号变压器低压侧绕组绝缘不合格，化验油样乙炔严重超标，判定为绕组内部故障，需返厂维修（图 3）。

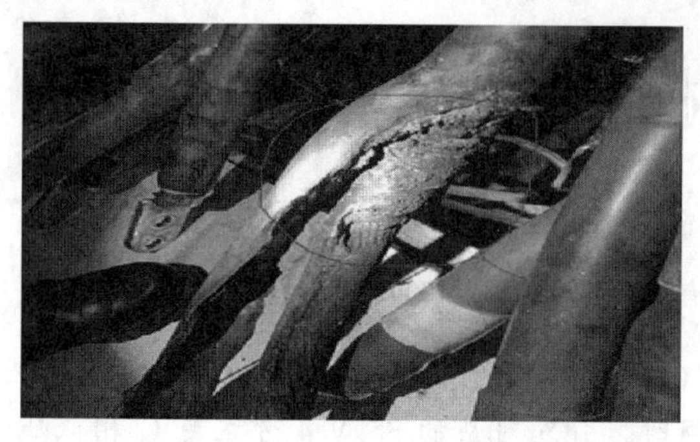

图 2　2 号厂房 10kV Ⅳ段 394 电缆 B 相绝缘击穿起火

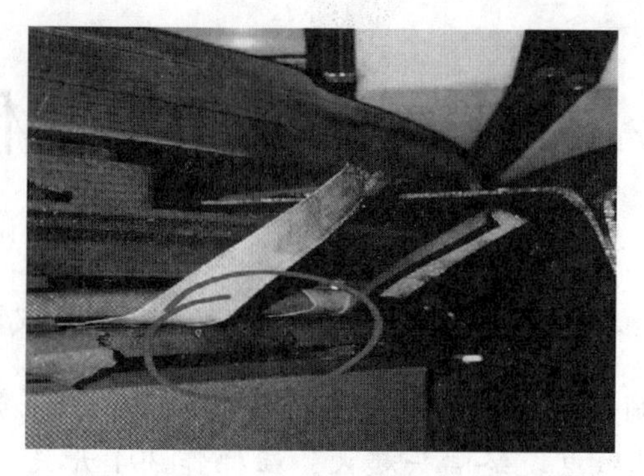

图 3　4 号主变低压侧 C 相绝缘击穿处

1　检查故障电缆头的情况

（1）故障电缆烧损最严重处位于终端电缆外半导体层切断处与主绝缘交界的断口区域，未见电缆热缩应力管或受烧损后残留物（图 4）。

（2）对故障的电缆终端进行验证性解体检查，可见电缆外半导体层切断处与主绝缘过渡界面呈 90°台阶，未进行 45°倒角处理，界面有轻微的由于局部放电产生的痕迹，主绝缘及半导体屏蔽层表面以及半导体层断口处有明显的划痕（图 5）。

图 4　电缆终端未找到电缆热缩应力管或受烧损后残留物

图 5　半导体与主绝缘交界面形貌及主绝缘形貌

2　保护设备动作、故障录波及现场检查情况

2.1　查 ECS 原始记录

（1）8 点 45 分 05 秒，4 号主变低压侧零序过压告警；8 点 56 分 30 秒，4 号主变高压侧电量保护 1 运行异常；8 点 56 分 30 秒，4 号主变高压侧电量保护运行异常；9 点 12 分 34 秒，4 号发电机后备保护，基波定子保护动作（图 6）。

（2）9 点 29 分 36 秒，4 号发电机组测控，主保护装置告警同时跳闸；9 点 38 分 02 秒，4 号主变低压侧，340 断路器分（图 7）。

（3）9 点 38 分 02 秒，4 号主变低压侧，本体重瓦斯合；9 点 38 分 02 秒，4 号主变低压侧，非电量跳闸信号合；9 点 49 分 26 秒，4 号主变高压侧，540 断路器分（图 8）。

图6 ECS 9点前后原始记录

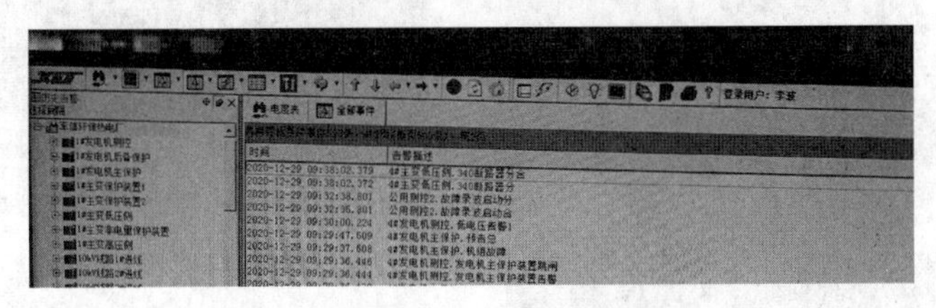

图7 ECS 9点30分前后原始记录

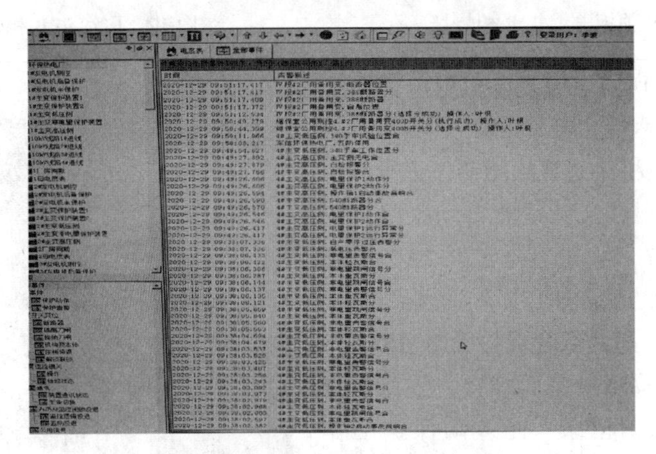

图8 ECS 9点50分前后原始记录

（4）10点02分08秒，4号发电机测控，中性点接地报警（图9）。

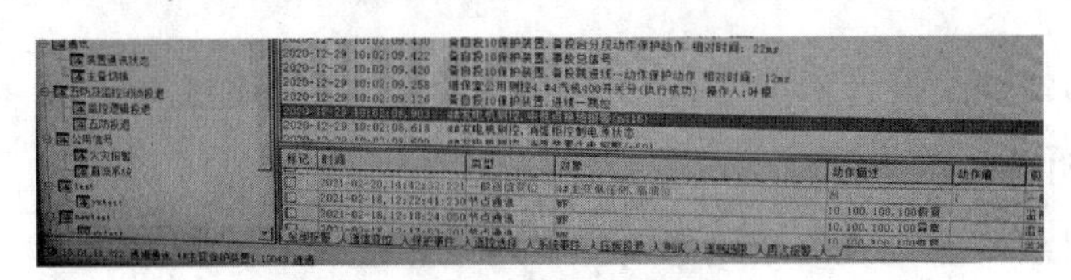

图9 ECS 10点前后原始记录

（5）10点05分35秒，线路4光差动保护动作；10点05分36秒，4号主变比率差动保护动作（图10）。

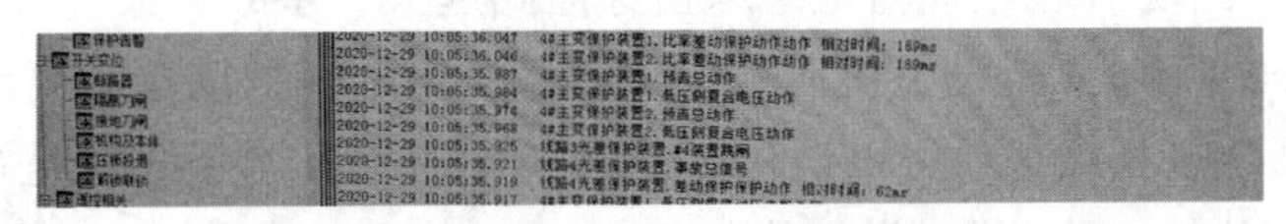

图10 ECS 10点05分前后原始记录

2.2　查看 2 号厂房 10kV 配电室 394 开关柜综合保护装置

检查发现 394 开关柜 WXH-823C 微机线路保护装置未见短路保护、过电流保护，反时限过电流保护、零序保护报警和保护动作记录。

2.3　查看 2 号厂房电气设备

（1）检查发现 2 号厂房 10kV 配电室 394 开关柜电缆头 B 相烧坏、烧坏处变形（图 11、图 12）。

图 11　394 开关柜电缆头 B 相烧坏

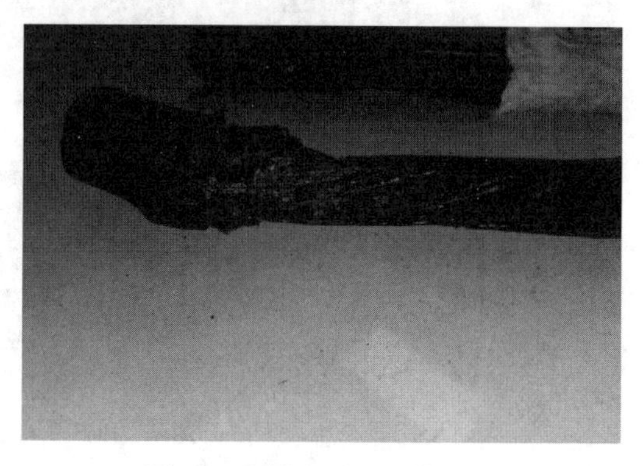

图 12　电缆头 B 相烧坏变形

（2）检查发现现场 4 号发电机组电力系统线路电抗器未接入运行。

2.4　查看 4 号发电机组消弧线圈动作记录

THT-PXHK 偏磁式消弧线圈自动跟踪补偿装置：9 时 30 分 27 秒：电容电流 9.2A、电感电流 8.7A、残流 0.5A（图 13）

2.5　查看 110kV 升压站综合保护设备资料

（1）4 号主变故障报警后有轻、重瓦斯报警记录、过电流保护记录、光差动保护动作记录。

（2）未见 4 号主变过电压保护动作记录、过电流保护记录。

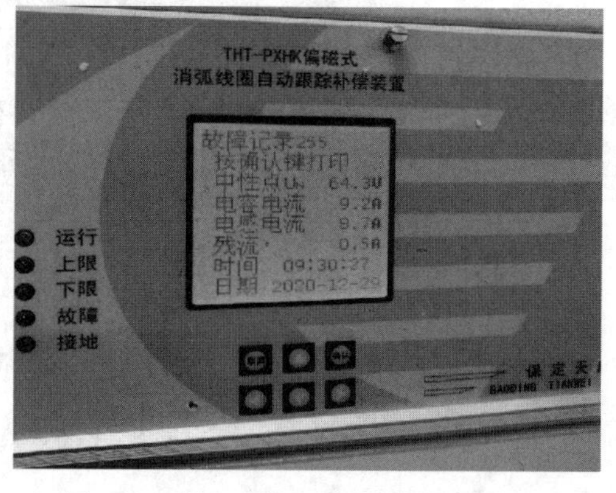

图 13　4 号发电机组消弧线圈动作记录

（3）电缆预防性试验报告未见（该变压器正常运行期已超过 3 年）。

3　事故原因分析

3.1　394 开关柜出线 B 相电缆终端绝缘击穿对地短路起火原因分析

（1）ECS 原始记录上 8 点 45 分 05 秒，4 号主变低压侧零序过压告警；8 点 56 分 30 秒，4 号主变高压侧电量保护 1 运行异常，4 号主变高压侧电量保护运行异常；9 点 12 分 34 秒，4 号发电机后备保护，基波定子保护动作；在这 27 分 29 秒时间内值班人员指令和操作未见，致使 394 开关柜出现 B 相电缆对地绝缘击穿短路起火，事故扩大。

（2）9 点 12 分 34 秒，4 号发电机后备保护，基波定子保护动作后当值人员机械教条遵守“10kV 不接地系统单相接地后可以运行 2 小时”的规程（本条款应是在保证事故不扩大情况下使用），对事故扩大化预期研判不够。

（3）电缆终端头施工质量存在瑕疵。

3.2　4号主变C相绝缘击穿损坏原因分析

主变低压侧B相单相接地后，B相电压降为零，A/C相电压升高为线电压（1.732倍相电压），当断开低压侧394开关时，产生操作过电压，将主变C相绝缘薄弱处击穿，击穿后与接地的B相形成了相间短路，主变差动保护动作，重瓦斯保护动作，切除故障设备。

4　结语

（1）电缆终端头施工质量存在瑕疵。

（2）当值人员对零序报警未引起足够重视，对事故扩大化预见性不足。

（3）394开关柜没有零序保护、过电流保护。

（4）高压电力电缆、高压电气设备运行到一定年限后未按照电力运行规程对变压器、电力电缆作预防性试验检查（有无绝缘老化等缺陷）。

（5）4号主变C相绝缘击穿损坏是空载线路分闸过电压引起的。

5　防范措施

（1）加强高压配电室巡查、端子测温，发现异常情况及时汇报、消缺。

（2）高压电缆接头增设温度测温点并监控。

（3）利用小修或者大修停电机会，对高压电缆进行相关电气预防性试验（绝缘电阻、直流耐压、泄漏电流），通过这些预防性试验，及时发现电缆终端是否存在缺陷。

（4）加强对操作人员的专业技能及应急处置能力培训及演练，从源头上化解事故隐患或控制事故扩大。

（5）施工人员需提高技能，加强电力电缆终端施工质量。

奋进中的湖南建设投资集团

湖南建设投资集团有限责任公司成立于 2022 年 7 月，由原湖南建工集团有限公司与湖南省交通水利建设集团有限公司合并组建而成，是一家以工业民用建筑施工、路桥市政建设施工、水利水电水务水运港口码头建设施工、房地产、工程建筑勘察设计咨询等为主业的大型千亿级国有企业集团，主体信用等级为 AAA。集团正大力弘扬“一流创新精工奉献”的企业精神，乘改革东风，奋进前行。

实力强劲，行业争先

在投资、建设、运营的建筑业产业链上具备较强实力，

集团注册资本 400 亿元，总资产约 2200 亿元，净资产约 660 亿元，年施工能力 3000 亿元以上，年经营规模、完成产值、实现营业收入均超过千亿元。目前，拥有 7 家特级、多家一级总承包资质子公司。现有包括 51 名博士、2300 名硕士在内的共计 4 万多在册职工。其经营区域已覆盖全中国，在亚洲、非洲、拉丁美洲和大洋洲等 50 多个国家和地区建有公司或者工程项目部。连续入选“中国企业 500 强”“ENR 国际承包商 250 强”“中国承包商及工程设计企业双 60 强”；是湖南省第一家获评“省长质量奖”的省属建筑企业，并荣获“全国五一劳动奖章”“全国优秀施工企业”“全国建设科技进步先进集体”等称号。

勇于创新，技术先进

拥有装配式建筑科技创新基地，先后获批国家博士后科研工作站等科研平台。湘西矮寨大桥展现了国内最高的设计、施工水平，创下四项“世界第一”；“轨索滑移法”被世界公认为“第四种架桥方法”。围绕智能建造、新型建筑工业化、建筑产业互联网三大方向，成立“中湘智能建造有限公司”，为湖南首家建筑行业智能建造企业；“像造汽车一样造房子”，发展“金鳞甲”钢结构模块化建筑；与中国建设银行湖南省分行合作开发“易匠通”专业用工服务平台，解决劳务实名制管理与工资发放相互割裂的问题，保障农民工合法权益。

质量立企，精工细作

先后承建或参建了矮寨大桥、长株潭城际西环线、平益高速、长沙贺龙体育馆、长沙黄花国际机场、湖南省博物馆、港珠澳大桥、塞内加尔竞技摔跤场等国内外标志性工程。先后有1000余项工程获评鲁班奖、詹天佑奖及林德恩斯大奖、GRAA国际道路成就奖等，累计荣获1600余项国家级和省部级设计、施工、科技奖项。其中，国家科技进步一等奖1项，国家科技进步二等奖10项，中国建设工程最高奖135项鲁班奖。主持或参与了包括京港澳国道主干线、湘西矮寨大桥、长沙霞凝港在内的湖南省90%以上的交通、水利重点项目的工程建设。湖南醴潭高速、广西崇靖高速、福建邵光高速，以及省内最大BOT项目平益高速更是打造了重点项目建设的新模式、新标准和新标杆。

敢于担当，奉献社会

履行国企经济责任、政治责任、社会责任，高质量完成湖南省易地扶贫搬迁项目近600万平方米的建设任务，获评“全国脱贫攻坚先进集体”。落实习近平总书记对边境小康村建设的指示精神，圆满完成西藏玉麦边境小康乡村建设。援建塞内加尔竞技摔跤场项目，由习近平主席向塞国总统移交项目“金钥匙”，成为中塞友谊新标志。并在汶川抗震救灾、精准扶贫、乡村振兴、除冰保畅、水上救援和新冠肺炎疫情防控中，充分展现了国有企业的社会责任担当。

置身新时代，开启新征程。湖南建设投资集团将以习近平新时代中国特色社会主义思想为指导，全面深入贯彻党的二十大精神，重点围绕建筑业打造设计、施工、运营和投融资产业链，成为链主企业，致力建设世界卓越的建设投资企业。